国 际 化　　智 能 化　　优 质 化

# 技术创新推动
# 中国白酒高质量发展

## 2021 第五届中国白酒（国际）学术研讨会论文集

The 5th International Symposium on Baijiu Technology

主编　徐　岩
副主编　周庆伍　范文来　吴　群

中国轻工业出版社

**图书在版编目（CIP）数据**

技术创新推动中国白酒高质量发展：2021 第五届中国白酒（国际）学术研讨会论文集 /徐岩主编. — 北京：中国轻工业出版社，2021. 12

ISBN 978-7-5184-3671-2

Ⅰ. ①技… Ⅱ. ①徐… Ⅲ. ①白酒-酿酒工业-学术会议-文集 Ⅳ. ①TS262. 3-53

中国版本图书馆 CIP 数据核字（2021）第 194273 号

责任编辑：江 娟 王 韧　　策划编辑：江 娟　　责任终审：劳国强
整体设计：锋尚设计　　责任校对：晋 洁　　责任监印：张 可

出版发行：中国轻工业出版社（北京东长安街 6 号，邮编：100740）
印　　刷：三河市国英印务有限公司
经　　销：各地新华书店
版　　次：2021 年 12 月第 1 版第 1 次印刷
开　　本：787×1092　1/16　印张：43. 75
字　　数：803 千字
书　　号：ISBN 978-7-5184-3671-2　定价：298. 00 元
邮购电话：010-65241695
发行电话：010-85119835　传真：85113293
网　　址：http：//www. chlip. com. cn
Email：club@ chlip. com. cn
如发现图书残缺请与我社邮购联系调换
210940K1X101ZBW

# 序　言

中国白酒是中华传统文化和科技传承的载体。随着中国全面建成小康社会，消费者对白酒等传统发酵食品更优质、更健康的要求日益提升；随着第四次工业革命的浪潮，企业对传统产业逐步实现机械化、数字化、信息化、智能化改造，走新型工业化道路的需求迸发；随着全球化趋势和中华文化的传播，以白酒为代表的中国优秀传统发酵食品正在走向世界，为人类命运共同体做出新的贡献。此时，如何提升产品的品质，提高生产的效率，带动消费的国际化和年轻化，都需要在传承的基础上进一步依靠科技力量，以白酒为代表的传统产业向着更优质化、更智能化、更国际化的理性升级已经成为行业的共识和发展的趋势。

2007 年 4 月，在中国酒业协会（原中国酿酒工业协会）领导下，在江南大学牵头启动“中国白酒 169 计划”攻关任务以来，于 2011 年 11 月召开第一届白酒学术研讨会，搭建了大专院校和企业的合作平台，促进了学术界与企业界的深度交流。10 年来，江南大学连续主办了四届白酒学术研讨会。研讨会围绕白酒发酵高效、优质、安全及健康问题展开深入讨论，并不断将白酒科技研究推向新的高度。在风味化合物的解析方面：从白酒风味化合物种类的认识，到风味功能和生理功能化合物的解析，再到中国白酒风味数据库的建立和风味导向学术理论的形成。在微生物方面：从对白酒各香型发酵微生物多样性的混沌到清晰认识，再到功能微生物的解析及应用，以及生态发酵理论体系的提出；在对白酒酿造的不断认识过程中，运用科学的理论从风味化学到风味感知，从微生物学到微生物组学，从工程学到现代技术的集成，将化学与生物学紧密连接，将微生物学与生态学连接，将理论与实践连接，形成了多学科交叉的研究体系。同时，从人才培养到龙头企业研发平台的建立，为行业的高质量发展提供了科技的动能及有力的支撑。

站在新时代的起点，在中国酒业协会指导下，由江南大学主办，安徽古井贡酒股份有限公司承办，2021 第五届中国白酒（国际）学术研讨会即将隆重召开。本次学术研讨会受到行业的高度关注，也得到美国俄勒冈州立大学 Michael Qian 教授、美国伊利诺伊大学 Keith Cadwallader 教授、莫奈尔化学感官中心 Peihua Jiang 教授、荷兰瓦格宁根大学 Rene Wijffels 教授等国外专家和行业协会领导的大力支持，得到了众多白酒生产企业及专家、学者的广泛关注，有近 30 家大型白酒生产及研发单位发来稿件，经过审阅、筛选、修订，最终收录 50 余篇，汇编成《技术创新推动中国白酒高质量发展——2021 第五届中国白酒（国际）学术研讨会论文集》（以下简称“论文集”）。本论文集所收录的文章涵盖本次会议的“国际化”“智能化”及“优质化”三大主题。其中汇集了国内外专家学者的科技前沿动态，也记录了生产一线科技工作者的最新成果，整体反映了国内外当前白酒理论研究、产业技术的最新发展趋势。

我相信本次会议的召开，将对我国白酒研究风味导向技术逐步转向白酒生态发酵技术起到积极的推动作用，从而为实现优质及高效的智能化白酒酿造技术打下坚实的理论基础；在此我也坚信在全行业广大科技工作者不断积极探索的过程中，白酒行业必将取得日新月异的发展。最后，预祝本次会议取得圆满成功。

宋书玉

2021. 9. 26

# 目 录

## 第一篇　专题篇



## 第二篇　白酒生态发酵技术

## 第三篇 优质白酒品质特征

## 第四篇 现代化酿造工艺与装备

## 第五篇　发酵食品安全性研究



## 第六篇　发酵食品的健康价值

# 第一篇

# 专题篇

# 生态发酵技术及其在白酒生产中的应用

班世博，杜如冰，吴群，徐岩
（酿造微生物学与应用酶学研究室，工业生物技术教育部重点实验室，
江南大学，江苏无锡　214122）

**摘　要**：白酒作为中国传统发酵食品，因其独特和丰富的风味备受消费者的青睐。但作为自然接种的发酵食品，其产品常存在自然发酵过程难以控制、不同批次稳定性差和存在安全隐患等问题。综合上述问题，通过生态发酵技术对白酒发酵提出针对性技术方案，包括上游的发酵过程微生物菌群解析、中游核心微生物重构以及下游的发酵过程控制三部分技术。本综述阐述了控制白酒发酵过程的完整策略，旨在进一步深化生态发酵技术在白酒发酵中的应用并对白酒发酵的未来发展提供新思路。

**关键词**：白酒；生态发酵；微生物组学；合成微生物组；发酵过程调控

# The Ecological Fermentation Technology and its Application in *Baijiu* Production

BAN Shibo, DU Rubing, WU Qun, XU Yan
(Lab of Brewing Microbiology and Applied Enzymology, Key Laboratory of Industrial Biotechnology of Ministry of Education, Jiangnan University, Jiangsu Wuxi 214122, China)

**Abstract**: *Baijiu*, as a traditional fermented food in China, is favored by consumers for its unique and rich flavor. However, *Baijiu* is usually produced by manual way with natural inoculation, which resulted in some problems such as difficult to control the fermentation process, poor stability and safety risks. To sum up the above problems, we put forward the

基金项目：基于结构调节的酱香型白酒发酵功能微生物高阶相互作用分子机制（32172175）。
作者简介：班世博，男，博士研究生，主要从事白酒发酵微生物学研究。E-mail：l. ban@stu. jiangnan. edu. cn。
通信作者：徐岩，男，博士，教授，主要从事酿造微生物学与应用酶学的研究。E-mail：yxu@jiangnan. edu. cn。

specific technical scheme of *Baijiu* fermentation through ecological fermentation technology, including three parts of the microbiota deconstruction technology (upstream), core function microbiota recombination technology (middle) and fermentation process control technology (downstream). This review expounds the complete strategy of controlling the *Baijiu* fermentation process, aiming at further deepening the application of ecological fermentation technology in *Baijiu* fermentation and providing new ideas for the future development of *Baijiu* fermentation.

**Key words**: *Baijiu*, Ecological fermentation, Microbiome, Synthetic microbiota, Fermentation process regulation

## 1 前言

中国白酒属世界六大蒸馏酒之一，与其他蒸馏酒相比，白酒发酵是一个边糖化边发酵的复杂过程。同时，白酒发酵作为一个多菌多酶的混菌发酵体系，丰富的原料、复杂的菌群与长时间的发酵和储存过程使得白酒风味物质超过300种[1]，使其成为风味物质含量最高的蒸馏酒种。

白酒发酵以空气、地面、设备表面等环境以及酒曲提供的微生物作为起始菌群[2]，发酵过程通过降解原料中的淀粉、蛋白质等大分子物质产生可利用的寡糖、氨基酸、肽等小分子物质进行发酵与代谢产生丰富的风味物质及其前体物质。如何实现白酒发酵的稳定、安全和可控是目前亟待解决的问题。目前基于微生物组学、发酵工程学、风味化学等领域的研究使人们对白酒发酵过程的微生物结构及风味代谢特征有了逐渐深入的认识，因此，本综述系统总结了白酒发酵过程的特征及应用生态发酵技术实现白酒定向发酵过程的可行性，旨在推动白酒发酵体系自动化和可控化的发展，加速白酒行业的产业转型与升级。

## 2 白酒发酵特征

### 2.1 白酒的生产工艺特征

白酒作为典型的传统发酵食品（图 1），通常将粉碎后的原料经过拌料、蒸煮、加曲等步骤后以固态的形式入池发酵。白酒发酵过程具备以下特征，如下所述。

（1）以酒曲为发酵剂　西方发酵食品通常使用单菌或几种纯种菌株作为发酵剂，而白酒通常使用酒曲作为发酵剂[3]。酒曲中携带的复杂微生物群不仅为发酵过程提供了酶系和风味（前体）物质，其中的微生物同样直接参与白酒发酵。例如，酒曲中的芽孢杆菌和乳酸菌是产生风味化合物及前体物质的主要微生物；酵母中如酿酒酵

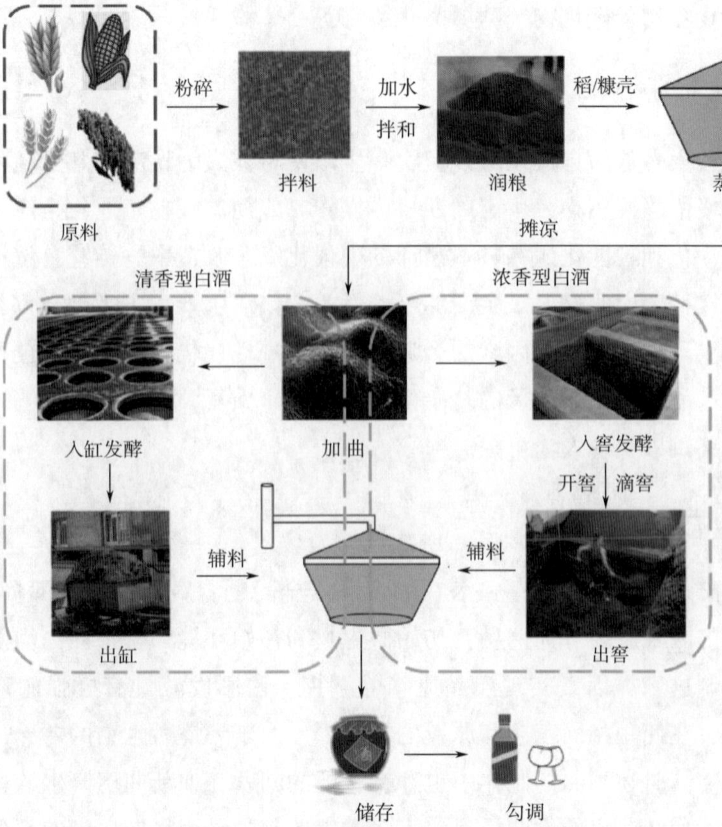


图 1 中国白酒主要的生产工艺

Fig. 1 The main production technology of *Baijiu*

母、毕赤酵母主要贡献酯类化合物及乙醇；一些丝状真菌如曲霉、根霉等可以产生很多水解酶（如 α-淀粉酶和葡萄糖淀粉酶等），有助于实现边糖化边发酵的过程[4]。

（2）发酵过程菌群来源丰富 乙醇产生于密闭发酵过程，此阶段通常将原料与大曲粉混合放入窖池/地缸内，进行 30d 甚至更久的密闭发酵。以清香型白酒为例，大曲主要提供了参与发酵的真菌菌群，包括 *Pichia*、*Saccharomycopsis* 和 *Aspergillus* 等；参与发酵的 63%～91% 的细菌和 20%～39% 的真菌是由发酵环境中的地面和操作工具等提供的[5]。在这种自然发酵过程中，不同的发酵体系存在独特的菌群组装模式。一般发酵早期存在一些如 *Aspergillus* 为主的丝状真菌，诸如 *Saccharomyces*、*Pichia* 和 *Saccharomycopsis* 等酵母主要存在于发酵初期到中期。细菌在整个发酵过程都存在，乳酸菌主要存在于微生物厌氧发酵阶段，随着发酵时间的延长而逐渐占据主导地位。

（3）风味化合物复杂多样 白酒中各类风味化合物仅占不足 2%，但它们对白酒品质起着至关重要的作用。目前，白酒中已检测出超过 1000 种挥发性化合物，其中鉴定出 300 种以上能够促进液体风味的化合物，包括醇、酸、酯、醛、酮、吡嗪、呋喃、酚、芳香族化合物、硫化物、萜烯类化合物等。

## 2.2 不同发酵食品的可调控性

食品发酵过程大多数为自然发酵，但实际生产中存在人为调节。基于纯种微生物的发酵过程对环境依赖性较小、生产周期短、操作方式简单，在工业化生产中已经实现了机械化、自动化和智能化。在日本酱油的现代化工艺改造中，传统自然接种的制曲工艺改为人工接种，大幅提升了生产的可控性[6]。白酒生产工艺大部分都处于自然接种阶段，受制于环境和工艺等因素的影响，难以实现现代化。虽然目前也存在人工接种麸曲白酒等产品，但白酒涉及的复杂菌群难以完全重复，在现代化工艺推动的进程中白酒风味始终难以实现人为可控。

## 2.3 白酒传统生产工艺调控研究

开放式的发酵过程会使产品存在潜在的食品安全问题，对于自然发酵食品而言，驱动微生物演替的因素主要分为两种：初始微生物和初始环境因子。在白酒发酵过程中，通常也是控制这三类因素实现产品风味的调控。白酒发酵具有极强的环境依赖性，有研究表明，在使用相同工艺和原料的情况下，由于环境微生物的差异，导致新厂区的酒质不佳。同时在酒曲的制作中也存在相同的问题，如新曲房产生的大曲升温不良、感官香气不如老曲房的大曲。目前大多数工艺都是采用将老厂区的部分操作工具、窖泥、稻草等可迁移的微生物载体直接在新厂区应用，以迅速提升新厂区产酒的酒质，这种传统的环境强化方式也存在一定效果。

### 2.3.1 初始微生物的调控

传统发酵食品微生物通常来源于环境，种群复杂。目前西方发酵食品已经开发出用单一或特定纯种微生物代替自然微生物的发酵技术，然而白酒的风味复杂性及发酵环境的独特性增加了发酵过程简化微生物的难度。大曲和环境被认为是贡献微生物的主要来源，其中大曲主要贡献了真菌，而环境主要贡献了细菌。受发酵温度参数等因素影响，大曲通常难以实现均匀发酵，不同类型的大曲会有较大的差异。如中温大曲发酵终点会产生清茬曲、红心曲和后火曲，高温大曲发酵终点存在黄褐色、黑褐色、灰白色三种不同颜色的大曲。大曲发酵的不均匀性和不稳定性也是引起白酒发酵品质差异的主要因素之一。与此同时，发酵环境难以实现人为控制，环境因素通常受季节和产区生产情况的影响，也存在较大的差异。因此目前控制初始微生物最有效的方式为微生物菌剂直接添加的方式[7]。在中高温大曲发酵起点添加 *B. amyloliquefaciens*，实现了大曲中 *Bacillus*、*Clavispora*、*Aspergillus*、*Pichia*、*Saccharomycopsis* 等微生物的强化，同时有效提升了大曲中芳香族化合物、吡嗪的含量[7]。通过在制曲初始阶段添加 *S. cerevisiae*，有效提高了大曲中腈酶的含量并实现了白酒中 46.45% 的氰化物降解[8]。除了调控大曲，在白酒发酵初始阶段也可以添加一些有益菌株进行白酒风味改善。例如在初始阶段添加 *Bacillus* 可以明显提升白酒风味物质的生成量[9]。因此白酒发酵过程初始微生物的调控可以基于大曲微生物调整或发酵初始微生物的添加实现，见表 1。

**表 1　白酒发酵可调控微生物及代谢产物**

**Table 1　Regulation of microorganisms and metabolites of *Baijiu* fermentation**

| 产品类型 | 发酵基质状态 | 调控微生物 | 代谢产物 | 参考文献 |
| --- | --- | --- | --- | --- |
| 高温大曲 | 固态发酵 | *B. amyloliquefaciens* | 2,3,5,6-四甲基吡嗪 | [13] |
| 中高温大曲 | 固态发酵 | *B. velezensis*, *B. subtilis* | 2,3,5,6-四甲基吡嗪、苯甲醇 | [9] |
| 小曲清香型白酒 | 固态发酵 | *S. fibuligera*, *S. cerevisiae* | 醇类、酯类、醛类、酮类 | [14] |
| 酱香型白酒 | | *A. oryzae* | α-淀粉酶、葡萄糖淀粉酶 | [15] |
| | | *L. buchneri* | 酸类 | [16] |
| | | *Z. bailii* | 醇类、醛类、酮类 | [17] |
| | | *T. coremiiforme*, *D. coudertii* | D-阿拉伯糖醇、山梨醇 | [18] |

2.3.2　初始环境因子的调控

初始环境对于发酵过程的驱动作用是至关重要的，在实际生产中也存在一些环境因子的控制，如水分、pH、氧气、温度等。酱香型白酒发酵的起始温度决定了微生物演替速率，发酵起始的高温可以提高最终总酸的含量并降低总酯的含量[1]。原料是初始环境的重要提供者之一，提供了各种糖类、有机酸、氨基酸和微量物质。原料可以直接影响细胞代谢及最终风味化合物的形成，不同的原料也是造成不同白酒风味差异的主要原因之一[10]。其次，原料作为部分微生物的来源，可以贡献大多数参与发酵的微生物。例如葡萄酒的区域性就源于葡萄原料表皮微生物的区域性差异特征[11-12]。因此，初始环境和原料的选择是调控白酒风味的首要因素。

## 3　白酒生态发酵技术及应用探究

### 3.1　生态发酵技术概念及白酒发酵生态学研究

生态发酵技术是一种基于微生物生态学和微生物组学原理的发酵工艺优化技术。狭义的生态发酵技术一般以调整微生物接种比例并定向控制发酵菌群高效产出目标产品为主，但生态发酵技术还包含传统发酵原位体系微生物群落解构及发酵微生物菌群的重构[19]。同时，白酒的研究也是一个对生态发酵研究逐渐深入的过程，针对白酒的研究可以分为三个阶段，如下所述。

（1）从 20 世纪 80 年代至 21 世纪初，白酒研究主要集中于特征风味物质及工艺，例如基于微生物层面实现清香型白酒“增乙降乳”[20]和浓香型白酒“增己降乳”[21]，对于可培养微生物计数和分离等，主要围绕纯种可培养微生物筛选进行下游白酒品质提升。对于生产工艺的调控，浓香型白酒出现了“原窖分层”的革新工艺，在清香型白酒生产中通过选择地缸、地面的材料控制发酵温度等条件。

（2）在 21 世纪初，白酒工业的研究中已经出现了生态学的概念[22]，21 世纪前十年对于白酒的研究也偏向了生态学领域分析，例如研究酒醅微生物及其理化因子。同时风味研究从特征物质的提升转变为基于微生物群落与风味物质相关性进行研究[23]。此阶段的研究逐渐向微生物群落和更多的风味物质分析靠拢，白酒研究更加倾向于白酒特征微生物重构及特征风味分析，同时此阶段也开始有研究注意发酵环境的影响情况。

（3）从 21 世纪第二个十年至今，是微生物分析技术迅速发展的阶段，同时揭示白酒上游原位体系微生物结构的技术更加丰富。从 PCR-DGGE[24]技术到高通量测序，基于分子技术[25]对于微生物群落结构的解析结果逐渐丰富并准确，不同香型白酒发酵过程微生物演替规律也逐渐清晰。目前关于白酒发酵微生物重组技术的研究中，基于合成微生物组的生态发酵技术在一定程度上简化了复杂菌群的重构步骤，同时在一定程度上减少了重构菌群对原始环境微生物富集过程的依赖性。组学技术的出现进一步推动了解析上游酿造微生物结构的进展，同时系统地将生态发酵技术的三个层面紧密连接。

### 3.2 生态发酵技术在白酒发酵过程的适用性

生态发酵技术的核心是对微生物结构的解析简化以及人为重构并实现控制，主要包括三个方面。

（1）上游技术　包括发酵过程微生物菌群结构及菌种的安全性和发酵性能评价，为微生物重构组装提供研究基础与依据。

近年来，研究人员对食品发酵微生物菌群的组成及演替规律进行了大量研究。以清香型白酒发酵为例[26]，基于高通量测序技术，发酵过程中细菌和真菌可分别得到 722 和 1504 个 OTUs（分类指数单元）。通过物种注释发现清香型白酒发酵过程中的细菌主要是 *Pseudomonas*、*Bacillus*、*Lactobacillus*、*Pediococcus*、*Leuconostoc*、*Weissella* 在内的 49 个细菌属和 *Pichia*、*Saccharomyces*、*Saccharomycopsis*、*Rhizopus*、*Clavispora*、*Candida*、*Aspergillus* 在内的 34 个真菌属。发酵过程的微生物多样性逐渐降低，转变

为 *Lactobacillus*、*Pichia*、*Saccharomyces* 主导的过程。通过对白酒发酵过程中酵母的原位体系代谢特征解析，可以明确不同种微生物对白酒风味的调节作用，为原位体系重构提供了依据[27]。明确白酒发酵过程微生物演替动力规律，为合成微生物组的实现提供了科学依据。

在发酵过程功能菌株的筛选研究中，基于不同的发酵体系特征使用选择性培养基筛选得到了大量可培养微生物。例如在基于高温条件从高温大曲中筛选嗜热丝状细菌 *Laceyella sacchari*，测定其全基因组发现此耐热细菌具备与四甲基吡嗪合成相关的蛋白质编码基因[28]。

（2）中游技术　旨在基于功能微生物构建合成微生物菌群，筛选出最优配比的纯种微生物复合菌剂，包括设计、组装、优化和测试四个模块。

白酒作为复杂的自然发酵体系，逐一鉴定形成风味的微生物群是难以实现的，但鉴定核心微生物是控制发酵的首要条件。基于 PLS-DA、Pearson 相关性分析等统计学手段是一种有效的方式，同时基于宏基因组学等多组学技术联用的手段可以更加准确地确定白酒发酵过程的核心微生物。西方发酵食品通过合成微生物组代替传统自然发酵菌群的尝试并取得了较好的结果[29-30]。在白酒研究中，通过优势微生物、风味相关微生物、普遍存在微生物、共线性微生物四个条件最终界定了 5 株微生物进行合成微生物组的构建，进行固态发酵实验发现该合成微生物组较好地重现了清香型白酒发酵终点 77.27% 的风味物质[26]。同样的思路应用于小曲清香型白酒中，通过筛选其高级醇代谢积累阶段的优势微生物如 *Saccharomyces*、*Pichia*、*Lactobacillus*，通过筛选及合成微生物组进行共培养发酵，发现高级醇显著降低[31]。徐岩等建立了基于风味导向的白酒发酵智能化生产技术及应用的技术，并在白酒实际生产中实现了微生物的定向可控发酵[32]。但目前合成微生物组技术体系的构建与实现仍处于起步阶段，在实际的菌群结构设计中需要考虑以下方面：一是株水平微生物的分离培养，由于发酵过程微生物的多样性，核心微生物的确定及最适株水平微生物的分离仍然存在技术问题。通过结合可培养组学和定向分离技术对发酵过程可培养微生物进行大规模筛选，可以有效获得大量参与发酵的微生物。同时筛选的菌株的最终目的是具备工业应用的发酵功能，包括发酵过程胁迫耐受性、产风味能力和安全性；二是基于合成微生物组发酵产品的质量评价体系，目前大多数发酵食品的质量评价体系以风味特征和口感、色泽等感官参数作为依据，缺少一种统一量化的参数作为依据。因此目前需要推行特征化、精确化和可量化的白酒质量评价标准，这为合成微生物组的不断设计、构建、优化提供了更为有效的参考。

（3）下游技术　是以合成微生物组为发酵剂应用于实际生产，包括合成微生物组的放大培养以及发酵过程人工控制，是科研成果与实际生产结合的重要环节。

目前发酵食品也存在各种合成微生物组或纯种微生物的产品，如纯种大曲、曲粉、人工麸曲等。在酸乳发酵的工业化生产中已经实现了商业菌粉的普及，这极大促进了酸乳快速、简便、统一的制作过程。但白酒发酵过程微生物菌群复杂，不同白酒具有地域差异和酿造工艺的差异，同时不同香型白酒对最终白酒风味的需求不同，因此白酒领域的直投式发酵剂仍处于初步开发阶段，应借助多组学、风味化学和感官科学技术对白酒发酵微生物代谢机理及白酒特征进一步量化后，进一步实现白酒下游微生物菌剂的应用与普及。

生态学领域早有研究表明，通过调整发酵参数（原料、发酵理化参数）可以实现对产品质量的控制。原料除了为发酵菌群提供可利用的营养物质，不同特征的原料携带的微生物会影响发酵过程中微生物菌群结构和功能，同时原料中的营养物质[10]如还原糖比例及碳氮比例也会起到调控菌群发酵的作用。温度、水分、氧气、酸度和乙醇含量在白酒发酵过程中都是微生物演替的影响和驱动因素，同时这些因素在发酵过程中都具备可控条件。如酸面团发酵过程控制温度在 21℃ 可以使成熟酸面团微生物完全由乳酸菌组成，从而达到抑制无效微生物的生长[33]。酸乳发酵过程调整发酵温度高于乳酸菌生长温度，有助于酸度和风味物质积累并达到抑制污染菌的效果。在实际生产过程中，酒曲形状的不同直接影响了酒曲的容重（如饼曲和散曲），从而进一步影响酒曲发酵过程水分、酸度等指标的变化[34]。大曲发酵过程微生物代谢产热从而进一步为耐热微生物的生长代谢提供条件，而耐热微生物和酶系的差异正是区分不同类型大曲的关键因素。乳酸菌在生长过程中产酸会抑制酵母生长代谢，而酵母产醇同样可以对酵母生长代谢产生作用。虽然发酵过程中存在复杂的驱动因子和微生物相互作用，基于发酵过程理化因子与微生物或风味物质的关系构建关联模型可以实现对发酵过程的间接调控。

预测模型的构建为理解和优化发酵过程提供了一种新的思路。例如，通过构建白酒发酵过程中淀粉转化、水分减少和升温模型，可以更好地解释发酵过程理化参数的改变与乙醇转化的关系[35]。基于时间序列分析也可以构建并预测关键微生物与风味物质未来的变化规律[36]。同时模型构建还可以应用于预测优化发酵过程微生物生长等发酵性能指标。在其他发酵体系中，简化的菌群可以通过初始的环境因素进行调控与预测，例如 pH、时间和温度等。除了非生物因素发挥作用外，生物因子在发酵过程中的影响也不可忽视，包括初始微生物丰度、生长滞后期和微生物相互作用关系等。随着影响因子的增加，模型的准确性也在不断提高，但基于生态发酵技术下游实用性考虑，构建模型应采用尽可能少的参数并考虑一些尚未揭示的未知因素。在白酒发酵过程现代化的过程中，构建模型也是实现智能化生产的基础之一。例如，劲牌有限公司目前完成了机械化工艺改革，实现了管理信息化、过程数据化和操作自动化[37]。今世缘酒业圆盘制曲系统及自动化生产线及酒质预测模型也实现了白酒的机械化和自动化生产[38]。

白酒生态发酵技术原理见图 2。

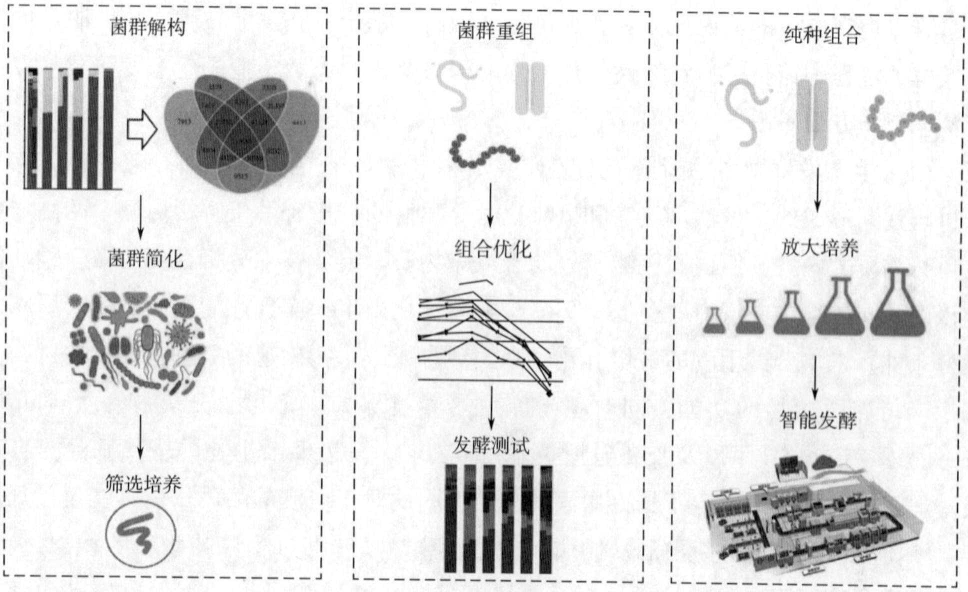


图 2　白酒生态发酵技术原理

Fig. 2　Principle of *Baijiu* ecological fermentation technology

生态发酵技术的关键步骤在于将解析的原位微生物组合重构的过程，有效地合成微生物组才能在下游生产中实现更好的效果。通常菌群重构的方式有自上而下（Top-down）和自下而上（Bottom-up）两种方式，如下所述。

（1）基于自上而下方式实现小曲清香型白酒菌群简化与调控　通过研究小曲清香型白酒中原位体系微生物演替与高级醇积累规律，从原位混菌体系中发现 *S. cerevisiae* 和 *P. kudriavzevii* 具有产高级醇的能力。基于可培养方式筛选出降低高级醇的两类酵母，通过修饰发酵体系中的碳氮比实现了高级醇的有效调控和 *P. kudriavzevii* 培养系统中的高级醇预测模型构建[39]。

（2）基于自下而上方式模拟酱香型白酒发酵体系菌种相互作用　基于基因组学、转录组学和发酵特征分析得出 *Z. bailii* 的发酵特征，进一步重现白酒发酵过程的菌种互作，发现 *Z. bailii* 和 *S. cerevisiae*、*L. buchneri* 及 *B. licheniformis* 间存在一定的生长促进或抑制作用。同时代谢能力存在显著变化，出现部分基因表达上调/下调显著的情况[40]。

## 4　展望——基于生态发酵技术实现白酒定向调控发酵

生态发酵技术在白酒生产过程的实现旨在以定向、稳定和安全的方式生产白酒。虽然基于生态发酵技术的上、中、下游技术可以有效地重现发酵过程微生物并实现核心微生物组合发酵，但白酒种类繁多，微生物复杂多样，基于生态学构建的合成微生物组难以重现白酒的关键风味和特征风味。因此，基于生态发酵技术实现白酒定向调控发酵的过程中需要进行针对性的微生物解构与重建。白酒工业的生态发酵技术发展可从以下两方面考虑。

（1）生态发酵微生物筛选及工艺调控　白酒的风味主要从制曲、酿酒、储存三个过程逐渐形成的，虽然多组学和风味化学等学科的分析有助于解析白酒中的高产特定风味物质的菌种，但白酒风味不等同于风味物质。组学技术分析得到的微生物功能应该在不同体系中进行有效验证，不断探索和优化微生物实现产酶、产酒、产风味的发酵条件。未培养微生物的可培养化也是实现合成微生物构建的关键步骤。需进一步揭示未培养微生物的功能，同时基于原位培养技术如扩散室、分离芯片（iChip）、Trap 技术、I-Tip 技术以及胶囊包埋技术（GMDs）等实现微生物的分离筛选。自然发酵体系的工艺直接决定了最终白酒的品质，因此对于白酒的品质研究不能仅仅局限于某一阶段，系统地分析白酒从制曲、发酵、蒸馏、储存过程风味物质的积累过程，更有助于分阶段调控白酒品质，多系统协调控制白酒发酵过程的生化反应和化学反应，这也是简化构建白酒调控模型的有效方式。

（2）核心微生物构建原则多元化　应对不同的发酵系统和不同的生产需求，应提出适用的核心微生物界定原则，如基于产品特征、风味或代谢物形成阶段和菌群互作等原则构建核心微生物菌群。在未来的研究中，需要明确不同发酵系统中产品特征信息，以发酵产品特征为起点，自下而上地逐步揭示影响产品特征的关键因子和核心微生物；不同工艺的白酒风味产生往往产生于不同的阶段，明确目标风味或代谢物的产生阶段，从而针对特定微生物代谢阶段进行核心微生物的确定；白酒发酵过程中微生物相互作用往往围绕特定几种微生物进行，基于 MMinte 等工具预测菌群代谢物及其演替的相互作用，以关键相互作用特征为目标构建合成微生物组也是定向调控发酵的有效途径。

## 参考文献

［1］Wu Q, Zhu Y, Fang C, et al. Can we control microbiota in spontaneous food fermentation? - Chinese liquor as a case example［J］. Trends in Food Science & Technology, 2021, 110: 321-331.

［2］Du H, Wang X S, Zhang Y H, et al. Exploring the impacts of raw materials and environments on the microbiota in Chinese *Daqu* starter［J］. International Journal of Food Microbiology, 2019, 297: 32-40.

［3］Zheng X W, Tabrizi M R, Nout M J R, et al. *Daqu*-a traditional Chinese liquor fermentation starter［J］. Journal of the Institute of Brewing, 2011, 117 (1): 82-90.

[4] Jin G Y, Zhu Y, Xu Y. Mystery behind Chinese liquor fermentation [J]. Trends in Food Science & Technology, 2017. doi: 10. 1016/j. tifs. 2017. 02. 016.

[5] Wang X S, Du H, Zhang Y, et al. Environmental microbiota drives microbial succession and metabolic profiles during Chinese liquor fermentation [J]. Applied and Environmental Microbiology, 2018, 84 (4) . doi: 10. 1128/AEM. 02369-17.

[6] Zhang L J, Zhang L, Xu Y. Effects of *Tetragenococcus halophilus* and *Candida versatilis* on the production of aroma-active and umami-taste compounds during soy sauce fermentation [J] . Journal of the Science of Food and Agriculture, 2020, 100 (6): 2782-2790.

[7] Wang P, Wu Q, Jiang X J, et al. *Bacillus licheniformis* affects the microbial community and metabolic profile in the spontaneous fermentation of *Daqu* starter for Chinese liquor making [J]. International Journal of Food Microbiology, 2017, 250: 59-67.

[8] Shen T, Wu Q, Xu Y. Biodegradation of cyanide with *Saccharomyces cerevisiae* in *Baijiu* fermentation [J]. Food Control, 2021, 127. doi: 10. 1016/J. FOODCONT. 2021. 108107.

[9] He G Q, Dong Y, Huang J, et al. Alteration of microbial community for improving flavor character of *Daqu* by inoculation with *Bacillus velezensis* and *Bacillus subtilis* [J]. LWT-Food Science and Technology, 2019, 111: 1-8.

[10] Liu C C, Feng S B, Wu Q, et al. Raw material regulates flavor formation via driving microbiota in Chinese liquor fermentation [J]. Frontiers in Microbiology, 2019, 10: 1520.

[11] Ranaweera R K R, Gilmore A M, Capone D L, et al. Authentication of the geographical origin of Australian cabernet sauvignon wines using spectrofluorometric and multi-element analyses with multivariate statistical modelling [J] . Food Chemistry, 2021: 335. doi: 10. 1016/j. foodchem. 2020. 127592.

[12] Bokulich N A, Thorngate J H, Richardson P M, et al. Microbial biogeography of wine grapes is conditioned by cultivar, vintage, and climate [J] . Proceedings of the National Academy of Sciences of the United States of America, 2014, 111 (1): 13.

[13] Chen H Z, Xu J, Li Z H. Temperature control at different bed depths in a novel solid - state fermentation system with two dynamic changes of air [J] . Biochemical Engineering Journal, 2004, 23 (2): 117-122.

[14] Su C, Zhang K Z, Cao X Z, et al. Effects of *Saccharomycopsis fibuligera* and *Saccharomyces* cerevisiae inoculation on small fermentation starters in Sichuan-style *Xiaoqu* liquor [J]. Food Research International, 2020, 137: 109425.

[15] Chen B, Wu Q, Xu Y. Filamentous fungal diversity and community structure as-

sociated with the solid state fermentation of Chinese Maotai-flavor liquor [J]. International Journal of Food Microbiology, 2014, 179: 80-84.

[16] 张艳，杜海，吴群，等．酱香型白酒发酵中两株主要乳酸菌对酿造微生物群体的影响 [J]. 微生物学通报，2015，42 (11)：2087-2097.

[17] Xu Y, Zhi Y, Wu Q, et al. Zygosaccharomyces bailii is a potential producer of various flavor compounds in Chinese Maotai-flavor liquor fermentation [J]. Frontiers in Microbiology, 2017. doi: 10. 3389/FMICB. 2017. 02609.

[18] 王晓丹，白晓燕，朱国军，等．产多元醇酵母对酱香型白酒发酵的强化应用 [J]. 食品工业，2021，42 (2)：162-166.

[19] 杜如冰，任聪，吴群，等．生态发酵技术原理与应用 [J]. 食品与发酵工业，2021，47 (1)：266-275.

[20] 朱海涛．浅谈清香型白酒应用微生物增乙降乳 [J]. 酿酒科技，1992 (1)：9-10.

[21] 施安辉，安文龙，杨立庆，等．浓香型白酒“增己降乳”的微生物学技术 [J]. 酿酒科技，1994 (5)：91-92.

[22] 吴衍庸．白酒工业生态中的微生物生态学 [J]. 酿酒科技，2001 (5)：32-33.

[23] 赵东，乔宗伟，彭志云．浓香型白酒发酵过程中酒醅微生物区系及其生态因子演变研究 [J]. 酿酒科技，2007 (7)：37-39.

[24] 高亦豹．聚合酶链式反应-变性梯度电泳技术（PCR-DGGE）研究中国白酒大曲中微生物群落结构 [D]. 无锡：江南大学，2010.

[25] 杜如冰．芝麻香型白酒酿造过程乳酸菌定量以及代谢特征 [D]. 无锡：江南大学，2019.

[26] Wang S L, Wu Q, Nie Y, et al. Construction of synthetic microbiota for reproducible flavor compound metabolism in Chinese light-aroma-type liquor produced by solid-state fermentation [J]. Applied and Environmental Microbiology, 2019, 85 (10): e03090-18.

[27] Kong Y, Wu Q, Zhang Y, et al. In situ analysis of metabolic characteristics reveals the key yeast in the spontaneous and solid-state fermentation process of Chinese light-style liquor [J]. Applied and Environmental Microbiology, 2014, 80 (12): 3667-3676.

[28] Li D N, Huang W, Wang C X, et al. The complete genome sequence of the thermophilic bacterium *Laceyella sacchari* FBKL4. 010 reveals the basis for tetramethylpyrazine biosynthesis in Moutai-flavor *Daqu* [J]. MicrobiologyOpen, 2019, 8 (12): e922.

[29] Lee A H, Neilson A P, O'Keefe S F, et al. A laboratory-scale model cocoa fermentation using dried, unfermented beans and artificial pulp can simulate the microbial and

chemical changes of on-farm cocoa fermentation [J]. European Food Research and Technology, 2019, 245 (2): 511-519.

[30] Wolfe B E, Button J E, Santarelli M, et al. Cheese rind communities provide tractable systems for *in situ* and *in vitro* studies of microbial diversity [J]. Cell, 2014, 158 (2): 422-433.

[31] 曲冠颐, 唐洁, 姜健, 等. 小曲清香型白酒发酵过程微生物菌群合成高级醇代谢特征 [J]. 食品与发酵工业, 2021, 47 (11): 32-37.

[32] 徐岩. 基于风味导向技术的中国白酒微生物及其代谢调控研究 [J]. 酿酒科技, 2015 (2): 1-11+16.

[33] Menezes L A A, Sardaro M L S, Duarte R T D, et al. Sourdough bacterial dynamics revealed by metagenomic analysis in Brazil [J]. Food Microbiology, 2020, 85. doi: 10.1016/j.fm.2019.103302.

[34] Wang B W, Wu Q, Xu Y, et al. Specific volumetric weight-driven shift in microbiota compositions with saccharifying activity change in starter for Chinese *Baijiu* fermentation [J]. Frontiers in Microbiology, 2018. doi: 10.3389/FMICB.2018.02349.

[35] Jin G Y, Uhl P, Zhu Y, et al. Modeling of industrial-scale anaerobic solid-state fermentation for Chinese liquor production [J]. Chemical Engineering Journal, 2020, 394: 124942.

[36] Wang S L, Xiong W, Wang Y Q, et al. Temperature-induced annual variation in microbial community changes and resulting metabolome shifts in a controlled fermentation system [J]. mSystems, 2020, 5 (4): e00555-20.

[37] 杨强. 劲牌公司白酒生产机械化发展历程与体会——在全国第四届清香型白酒高峰论坛上的发言 [J]. 酿酒, 2011, 38 (5): 12-13.

[38] 王延才. 今世缘打破白酒香型地域限制的重大意义 [J]. 中国酒, 2020 (1): 49.

[39] Jiang J, Liu Y C, Li H H, et al. Modeling and regulation of higher alcohol production through the combined effects of the C/N ratio and microbial interaction [J]. Journal of Agricultural and Food Chemistry, 2019, 67 (38): 10694-10701.

[40] 许焰. 酱香型白酒酿造拜耳接合酵母风味代谢特征及机制分析 [D]. 无锡: 江南大学, 2017.

# Volatile Sulfur Compounds in Alcoholic Beverages

Michael C. Qian
Oregon State University

Volatile sulfur compounds can have major aroma impact to *Baijiu* and other alcoholic beverages due to their low sensory thresholds. However, their impacts to the aroma of different alcoholic beverages are complex. At low concentrations, sulfur compounds can be positive to contribute a more complex aroma profile. However, at high concentrations, volatile sulfur compounds have negative impact, responsible for loss of the bouquet and even the generation of off-flavor. Constituents of the sample matrix, including ethanol, affect sensitivity and accuracy of volatile sulfur analysis in wine and alcoholic beverages. The analysis and practical considerations for common sulfur volatiles, including hydrogen sulfide ($H_2S$), methanethiol (MeSH), dimethyl sulfide (DMS), dimethyl disulfide (DMDS), dimethyl trisulfide (DMTS), diethyl disulfide (DEDS), methyl thioacetate (MeSOAc), and ethyl thioacetate (EtSOAc) in wine and other alcoholic beverages will be discussed. Furthermore, the factors affecting the formation of volatile sulfur compounds and off-flavor, such as strains of yeast for fermentation, yeast assimiable nitrogen and fermentation conditions, will be addressed.

Aging process can also impact the sulfur composition. Examples will be given to study the impact of wine closure on sulfur composition during wine bottle aging process. Different wine closures (cork, screw cap with different liners) will have different gas exchange rate. While the right amount of oxygen ingress through the closures is important for wine bottle aging, too much oxygen ingression can oxidize the wine, and too little oxygen ingression could change the sulfur equilibrium and induce sulfur off-flavor formation. This presentation will discuss the sulfur formation and dynamics in wine.

## Biography, Michael C. Qian

Dr. Michael C. Qian is a full professor of flavor chemistry at Oregon State University, and the Fellow of American Chemical Society, Fellow of American Chemical Society- Agricultural and Food Chemistry Division, Advisory board member of Journal of Agricultural and Food Chemistry. He received his BS in Chemistry from Wuhan University, MS from University of Illinois at Urbana-Champaign, and PhD from University of Minnesota under the supervision of Dr. Gary Reineccius. Before joining Oregon State University, he worked in industry for ten years at various positions.

Professor Qian's research at Oregon State University involves both basic understanding and practical application of flavor chemistry. Dr. Qian's research interests at Oregon State University include aroma/flavor chemical and biochemical generation in food and beverage systems, with a focus on wine and wine grapes. He has made significant contribution to the basic understanding of viticultural practices on volatile and volatile precursor formation in wine grapes, and the implication to wine quality.

Dr. Qian organized many scientific symposia at American Chemical Society's national meetings as well as Pacifichem. He is the initiator and the Chair of the $1^{st}$, $2^{nd}$ and the $3^{rd}$ International Flavor and Fragrance Conference (IFFC). He has held various officer positions in the Agricultural and Food Chemistry Division of the American Chemical Society, including the Chair position of the division in 2014. He received the Distinguished Service Award from the Agricultural and Food Chemistry Division (AGFD) of the American Chemical Society in 2018. Dr. Qian was elected as the Fellow of American Chemical Society, Fellow of American Chemical Society-Agricultural and Food Chemistry Division. He is also an honorary professor in many universities and research institutes including Sun Yat-sen University, Jiangnan University.

# How Odor-active Compounds Contribute the Taste of Food and Beverages

Thierry Thomas-Danguin
Center for Taste, Smell and Feeding Behaviour, CSGA
INRAE, CNRS, AgroSup Dijon, University of
Bourgogne Franche-Comté, Dijon, France

The olfactory dimension of food and beverages, namely their odor and aroma, is critical to their identity and typicality and thus to their acceptability and liking by consumers. Food odor and aroma result from the processing of complex mixtures of volatile compounds reaching the sense of smell either ortho-nasally or retro-nasally. Nevertheless, the overall perception of food flavor relies on the brain integration of simultaneous chemosensory perceptions including not only odor but also taste and chemesthesis. Taste is elicited by non-volatile water-soluble compounds activating the gustatory receptors in the oral cavity, while chemesthetic sensations arise when chemical compounds activate receptors associated with the trigeminal nerve that mediate pain, touch, and thermal perception from the oronasal cavity. In the context of the integrated flavor perception, we demonstrated that well-selected odorants could enhance taste perception such as sweetness or saltiness through the so-called odor-induced taste enhancement (OITE). This finding lets us consider the new perspective that odor-active compounds not only contribute to odor and aroma but also indirectly contribute to taste. As a consequence, odor-active compounds can be used to maintain taste while reducing sugar/salt/fat concentration in healthier reformulated food products or to overcome off-flavor issues such as bitterness induced by specific ingredients. This presentation highlights several results we obtained, which emphasize the main features of OITE from the mandatory perceptual congruence between odor and taste to the methodologies that can be applied to screen odor-active compounds to reveal their taste-enhancing properties. We especially developed Gas Chromatography-Olfactometry Associated Taste (GC-OAT) combined with a cutting-edge odor recombination system (OLFACTOSCAN) to identify taste-associated aroma compounds that can modulate the taste of several food systems such as fruit juices and cakes.

## Biography, Thierry Thomas-Danguin

Thierry Thomas-Danguin is senior research scientist at France's National Research Institute for Agriculture, Food and Environment (INRAE). He is a specialist of chemosensory perception in humans. He has a background in chemistry enriched by an expertise in psychophysics, psychophysiology and neurobiology of the chemical senses and a Habilitation in Food Sciences. For more than twenty years, he has been conducting research on the chemosensory and neurophysiological aspects of olfaction, gustation and chemesthesis. He co-authored over 100 publications published in international peer review journals, and serves as editorial board member of the International Journal of Food Science and as editorial advisory board member of Flavour and Fragrance Journal. He is an active member of the Global Consortium for Chemosensory Research.

The central aim of his research is to understand the role of perceptual interactions, induced by odor mixtures processing or cross-modal smell-taste integration, in odor objects and food flavor coding and perception. At the Centre for taste, smell and Feeding Behavior in Dijon, he leads a research team focusing on flavor, food oral processing and perception, which endeavor to unravel the chemical, biological, and cerebral mechanisms of food flavor construction and perception in order to develop a healthier and sustainable diet, but nonetheless tasty, which may be better appreciated by consumers and therefore contribute to their health and wellness in a more sustainable way.

# Structure, Function, and Genetics of Taste Receptors

Peihua Jiang
Associate Member, Monell Chemical Senses Center

The sense of taste enables humans and other species to evaluate food contents before ingestion. Humans can perceive five basic taste qualities, including sweet, umami (savory), salty, bitter and sour tastes. Over the past 20 years, our understanding of the receptor repertoire for different taste qualities and their associated taste transduction has expanded significantly. In this talk, I will focus on our understanding of how the human T1R2/T1R3 sweet taste receptor detects chemically and structurally diverse compounds that taste sweet to humans. Also, I will highlight the need for us to understand how the sweet taste receptor can achieve its remarkable ability of being a receptor of low sensitivity but high specificity toward sugars. Where sweet is attractive to humans and animals, bitter taste is generally aversive. Medications tend to be bitter, and the bitterness associated with medications can hamper their usage. We have embarked on a mission to develop bitter blockers. Recently, we identified 6-methylflavone as a blocker for the human TAS2R39 bitter receptor, which can be activated by an intense bitter compound tenofovir alafenamide (TAF, anti-HIV medication). Furthermore, we showed 6-methylflavone can block TAF bitterness for certain but not all human subjects we tested. We postulate that a cocktail of bitter blockers may be required for a complete blockade of TAF bitterness. Our work is ongoing.

## Biography, Peihua Jiang

The research in Dr Jiang's lab aims to: ①identify and characterize adult taste stem cells, with a focus on the mechanisms supporting taste tissue homeostasis; ②understand how the taste and gut systems adapt to dietary nutrients and infectious agents; ③understand the relationship between taste receptor function and an animal's feeding ecology. A variety of approaches are used to address these questions, including lineage tracing, organoid culture, virus production, cell-based assays, surgical models, genetically engineered mouse models, RNAseq, and routine molecular biology and cell culture techniques.

# 第二篇

# 白酒生态发酵技术

# 不同窖龄窖泥菌群对酒醅微生物菌群及风味物质产生的影响

高江婧[1,2]，任聪[1]，刘国英[1]，王慧琳[1]，叶方平[2]，徐岩[1]
（1. 酿造微生物学与应用酶学研究室，工业生物技术教育部重点实验室，江南大学，江苏无锡 214122）
2. 安徽古井贡酒股份有限公司，安徽亳州 236820）

**摘　要：**采用高通量测序方法对不同窖龄窖泥和酒醅微生物菌群进行分析，发现不同窖龄窖池由于窖泥菌群结构的不同，导致从窖泥迁移至酒醅中的微生物菌群以及酒醅风味物质代谢出现明显分化，进而影响酒体风味物质含量的差异。老窖池在长周期发酵过程中窖泥的主体梭菌纲微生物（如己酸菌属、喜热菌属等）不断迁移进入底层酒醅，使得酒醅中的丁酸、己酸及酯类等有益风味物质含量持续积累，但同时异嗅物质4-甲基苯酚含量也随发酵时间延长而出现递增趋势，并可随蒸馏进入原酒。而新窖池窖泥由于缺失梭菌纲微生物，酒醅中的丁酸、己酸合成能力不足，这些前体酸类物质的缺乏，导致无法合成种类多样的酯类物质，进而导致新窖池原酒中大量风味物质含量偏低，但新窖池产生的异嗅物质也较少。本研究表明，优质浓香型白酒生产在一定程度上依赖于老窖池，但老窖池不是生产优质浓香型白酒的唯一决定性因素，优质浓香型白酒生产需综合考虑窖池窖龄和发酵工艺。

**关键词：**浓香型白酒；酒醅；窖泥；微生物菌群；风味物质

作者简介：高江婧，女，博士研究生，高级工程师，主要从事白酒酿造微生物学的研究。E-mail：gaojiangjinga@163.com。
通信作者：徐岩，男，博士，教授，主要从事酿造微生物学与应用酶学的研究。E-mail：yxu@jiangnan.edu.cn。

# Effect of Pit Mud Microbiota with Different Ages on the Fermented Grains Microbiota and Flavor Compounds Formation

GAO Jiangjing[1,2], REN Cong[1], LIU Guoying[1], WANG Huilin[1], YE Fangping[2], XU Yan[1]

(1. Lab of Brewing Microbiology and Applied Enzymology, Key Laboratory of Industrial Biotechnology of Ministry of Education,Jiangnan University, Jiangsu Wuxi 214122, China;
2. Anhui Gujing Distillery Co. ,Ltd., Anhui Bozhou 236820, China)

**Abstract**: High-throughput sequencing was applied to analyze the microbial community of pit mud and fermented grains from different age cellars. The results showed that the different microbial community structure in pit mud resulted in an obvious differentiation of microbial community and flavor compounds in fermented grains from different age cellars, which eventually resulted in significant differences of flavor compounds content in raw liquor from different age's cellars. For the aged cellar, the dominant Clostridia anaerobes in aged pit mud such as *Caproiciproducens* and *Calamator* continuously migrated into fermented grains during the long-term fermentation, resulting in bulk accumulation of butyrate, caproate and esters, whereas, the off-flavor compounds 4-methyl phenol was also increased along with prolonged fermentation. Because of distilling into raw liquor, high concentration of 4-methyl phenol will decrease the quality of raw liquor. For the new cellar, due to lack of the anaerobes such as Clostridia species, the production of butyrate, caproate and other volatile acids was insufficient, therefore, the lack of these acid-precursors led to much less ester compounds synthesized. Even though, the new cellar also produced less off-flavor compounds such as 4-methyl phenol. This study showed that the production of high quality strong-aroma *Baijiu* depends on the aged cellar to a certain extent. However, the aged cellar was not the only decisive factor to produce high quality strong-aroma *Baijiu*. The production of high quality strong-aroma *Baijiu* need comprehensively consider the cellar age as well as the fermentation techniques.

**Key words**: Strong-aroma *Baijiu*, Fermented grains, Pit mud, Microbiota community, Flavor compounds

## 1 前言

浓香型白酒酿造的长期实践经验“老窖出好酒”是对窖泥质量与浓香型白酒品

质相关性的最好诠释。一般认为窖龄长的老窖池所生产的原酒中的重要风味物质含量要远远高于窖龄短的新窖池[1]。根据以往的研究，不同窖龄窖池的窖泥微生物菌群结构上存在较大差异，新窖池的窖泥以高含量的乳杆菌为主要特征，而老窖池则以丰富的梭菌纲、拟杆菌纲、产甲烷菌群等为主要特征[2-6]，因此推测新老窖池菌群结构的不同，将对发酵过程中酒醅的菌群结构演替变化产生不同的影响，并最终影响到酒醅的风味物质演替变化和原酒的品质。

虽然目前已有大量文献报道了不同窖龄窖泥微生物多样性及其菌群结构的差异，但是有关不同窖龄窖池原酒的关键风味物质差异、不同窖龄窖泥菌群如何影响酒醅微生物菌群以及如何影响酒醅关键风味物质的产生却鲜有研究报道。为此，本文跟踪了不同窖龄窖池长周期发酵过程中底层酒醅的主要风味物质和微生物菌群的变化规律，重点关注了不同窖泥菌群结构对酒醅风味物质和微生物菌群的影响，为解析窖泥菌群结构与浓香型原酒品质关系提供基础数据支撑。

## 2　材料与方法

### 2.1　材料

在浓香型白酒酿造车间，选取正常生产班组的 2 口老窖池，窖龄均为 27 年，即为 A1 和 A2 窖池；选择 2 口新窖池，窖龄均为 3 年，记为 N1 和 N2 窖池；采用自制酒醅取样器分别取样不同发酵时间点的酒醅样本，连续跟踪取样直至 156d 发酵结束。本研究取样的酒醅样本均为窖池下部的酒醅。发酵结束后，采用五点取样法取窖泥 100g 并混合均匀。酒醅和窖泥样本均冻存于-20℃冰箱待用。所有样本取样时间为 2016 年。

### 2.2　主要仪器及试剂

GC7890-5975C 气相色谱-质谱联用仪（美国 Agilent Technologies 有限公司）；固相微萃取样品前处理平台（德国 Gerstel 公司）；GC7890-FID 气相色谱-火焰离子化检测仪（美国 Agilent Technologies 有限公司）；UPLC H-Class 超高效液相色谱（美国 Waters 公司）；FE 20 精密 pH 计（梅特勒-托利多公司）；分析天平（梅特勒-托利多公司）。

己酸乙酯、乳酸乙酯、乙酸乙酯、乙酸、乳酸、丁酸、己酸、4-甲基苯酚、叔戊醇、乙酸正戊酯和 2-乙基丁酸等标准品均为色谱纯，购买于美国 Sigma-Aldrich 试剂公司；无水乙醇为色谱纯，购买于上海安谱公司；DNA 提取试剂盒购买于美国 Qiagen 公司。

### 2.3　酒样及酒醅的挥发性组分分析

酒样挥发性组分检测采用 GC-FID 进行定量分析，取 10mL 酒样，加入 100μL 混合内标（叔戊醇、乙酸正戊酯和 2-乙基丁酸）后充分混匀后进样分析[7]。色谱柱为

CP-wax 57 CB 毛细管柱（50m×0.25mm×0.25μm）；气相进样口温度为230℃；检测器温度为230℃；载气为高纯氮；流速为1.0mL/min；进样量为1μL；分流比为30∶1；程序升温条件为：初始温度35℃，保持0min，以4℃/min升到60℃，保持4min，再以6℃/min升到195℃，保持20min。

酒样中的挥发性酚类物质采用顶空固相微萃取结合气质联用仪（HS-SPME-GC-SIM）进行定量分析，吸取8mL上清液置于20mL顶空瓶，加入内标50μL 2,6-二甲基苯酚。采用PA萃取头进行萃取，于50℃恒温萃取40min后，在气相色谱进样口热解析5min。色谱柱为DB-WAX毛细管柱（60m×0.25mm×0.25μm，加拿大J&W Scientific）；载气为氦气（纯度≥99.999%）；进样方式：不分流进样；流速1.6mL/min；进样口温度：250℃；程序升温：初始柱温40℃，保持2min，以6℃/min升至190℃，保持2min，以6℃/min升至230℃，保持15min；质谱检测器温度：230℃；电离方式：电子轰击电离源（EI）；电离能量：70eV；离子扫描范围为35~350u。

酒醅主要风味物质定量分析方法：称取酒醅（窖泥）样本10g，加入60%的无水乙醇20mL涡旋混匀，浸提30min后，10000r/min离心10min，取上清液过膜，加入混合内标（叔戊醇、乙酸正戊酯和2-乙基丁酸）后进行气相色谱分析。方法同酒样挥发性组分定量方法。

酒醅中挥发性酚类组分定量方法：称取酒醅样本5g，加入10%的无水乙醇25mL涡旋混匀，浸提30min后，10000r/min离心10min，吸取8mL上清液置于20mL顶空瓶，并加入内标50μL 2,6-二甲基苯酚，后续方法同酒样挥发性酚类物质定量方法。

## 2.4 乳酸分析

酒醅（窖泥）样本用超纯水浸泡离心，并经适当稀释后，采用超高效液相色谱法[8]测试上清液的乳酸含量。色谱柱为Waters Acquity UPLC HSS T3（100mm×2.1mm×1.8μm），流动相为0.02mol/L $KH_2PO_4$，流速为0.1mL/min，进样量为1μL，使用二极管阵列检测器，检测波长为208nm。

## 2.5 窖泥理化指标分析

窖泥水分采用烘干法；窖泥与纯水1∶4比例充分混匀后，采用pH计测定窖泥pH；氨基态氮含量采用紫外-可见分光光度法测定[9]。

## 2.6 酒醅和窖泥微生物DNA的提取

对于酒醅样本，采用灭菌的PBS缓冲液提取酒醅中的微生物细胞，以去除杂质，收集细胞沉淀，然后采用DNeasy Ultraclean Microbial Kit提取酒醅微生物总基因组DNA。窖泥微生物总基因组DNA利用DNeasy Power-Soil Kit进行提取。利用琼脂糖电泳对提取的微生物 DNA 进行质量检测，合格后进行建库、测序。

### 2.7 高通量测序与数据分析

建库与测序在上海美吉生物技术有限公司完成。高通量测序针对细菌 16S rRNA 基因 V3-V4 区域，扩增引物为 338F（5′-ACTCCTACGGGAGGCAGCAG-3′）和 806R（5′-GGACTACHVGGGTWTCTAAT-3′）。测序平台为 Illumina MiSeq。使用 Usearch（vsesion 7.0）将序列按照 97% 相似度聚类，进行操作分类单元（Operational taxonomic units，OTU）划分，提取代表序列，得到 OTU 表。将细菌 OTU 代表序列与 Silva（Release138）数据库比对，进行分类学注释。

## 3 结果与讨论

### 3.1 不同窖龄窖泥菌群结构分析

本研究取样的不同窖龄窖泥分别为 3 年和 27 年，不同窖龄窖池的窖泥理化因子与菌群多样性指标如表 1 所示，新窖池窖泥具有典型的低 pH、高乳酸含量特征；而老窖池窖泥具有近中性 pH、低乳酸含量特征，且老窖池窖泥的氨基态氮含量显著高于新窖池窖泥。挥发性有机酸含量测试结果表明，老窖泥丁酸含量显著低于新窖泥，而乙酸和己酸含量新老窖泥无显著差异。对不同窖龄窖泥的群落组成分析可知，老窖池窖泥的丰富度 Chao1 指数和 Shannon 多样性指数均显著高于新窖池。

**表 1　不同窖龄窖池的窖泥理化因子与菌群多样性指标**

**Table 1　Physicochemical properties and microbial community diversity indexes in the pit mud with different cellar ages**

| 参数 | 新窖池窖泥（3 年窖龄） | | 老窖池窖泥（27 年窖龄） | |
|---|---|---|---|---|
| | N1 | N2 | A1 | A2 |
| 水分/% | 38.66 | 39.01 | 42.36 | 41.50 |
| pH | 3.96 | 4.13 | 6.30 | 6.58 |
| 氨基态氮/(mg/100g) | 82.6 | 89.6 | 361.2 | 295.6 |
| 乳酸/(mg/kg) | 26358.81 | 20475.12 | 865.05 | 3501.05 |
| 乙酸/(mg/kg) | 2492.62 | 1939.70 | 3439.22 | 1760.71 |
| 丁酸/(mg/kg) | 1147.21 | 1430.14 | 700.40 | 451.98 |
| 己酸/(mg/kg) | 2269.35 | 2958.71 | 1729.98 | 2561.82 |
| Chao1 | 301.64 | 314.80 | 400.17 | 344.02 |
| Shannon | 1.21 | 0.78 | 3.75 | 3.40 |

新窖泥和老窖泥的细菌群落组成存在显著差异，尤其是两者的高丰度物种差异较大。在纲水平，新窖泥细菌群落主要以芽孢杆菌纲为主，其相对丰度达到 80% 以上，

其次是梭菌纲，其相对丰度占比小于10%。而老窖泥细菌群落则以梭菌纲和拟杆菌纲微生物为主，其中梭菌纲相对丰度占比达到50%以上，拟杆菌纲相对丰度达到30%以上。在属水平，新窖泥中乳杆菌属的相对丰度占到80%以上，其次是梭菌属（*Clostridium_sensu_stricto_1*），相对丰度为5%左右。老窖泥中的微生物分布比较均匀，主要包括梭菌纲的已酸菌属（*Caproiciproducens*）、喜热菌属（*Caloramator*），拟杆菌纲的 *Petrimonas*、*Fermentimonas*、*Proteiniphilum*，以及互营单胞菌属（*Syntrophomonas*）、*Anaerocella*、*Sedimentibacter* 等。上述新老窖池窖泥的理化指标、微生物菌群结构特征与以往的研究报道基本一致[2, 10]，见图1。

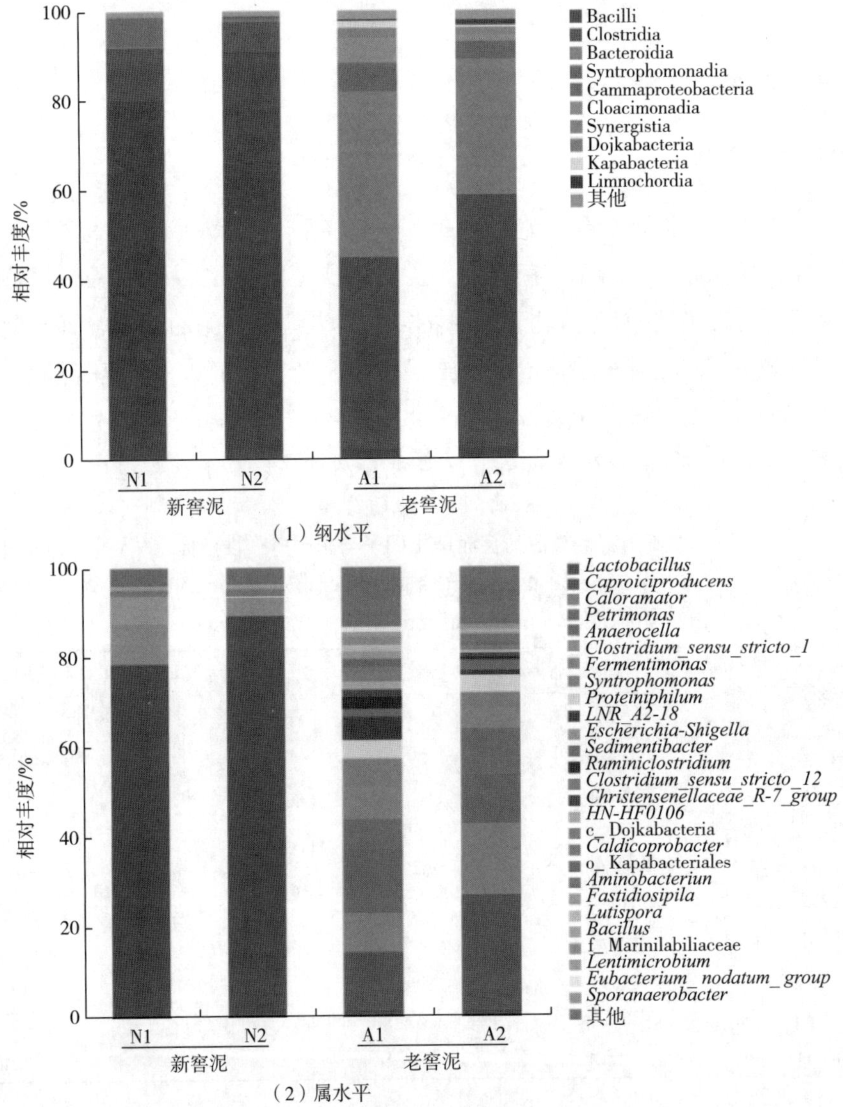


图1 不同窖龄窖泥细菌群落组成

Fig. 1 The bacterial community composition of pit mud with different cellar ages

## 3.2　不同窖龄窖池的酒醅主要风味物质产生规律

不同窖龄窖池长周期发酵进程中底层酒醅的主要风味物质含量变化如图 2 所示。新窖池与老窖池酒醅中的乳酸、乳酸乙酯在发酵初期（0~20d）均迅速增加，发酵 20d 后均呈现缓慢增加趋势，但在发酵 120d 后逐渐出现分化，新窖池酒醅中的乳酸、乳酸乙酯在 120d 后呈现继续增加趋势，而老窖池酒醅则呈现缓慢下降趋势［图 2(1)和图 2(2)］。

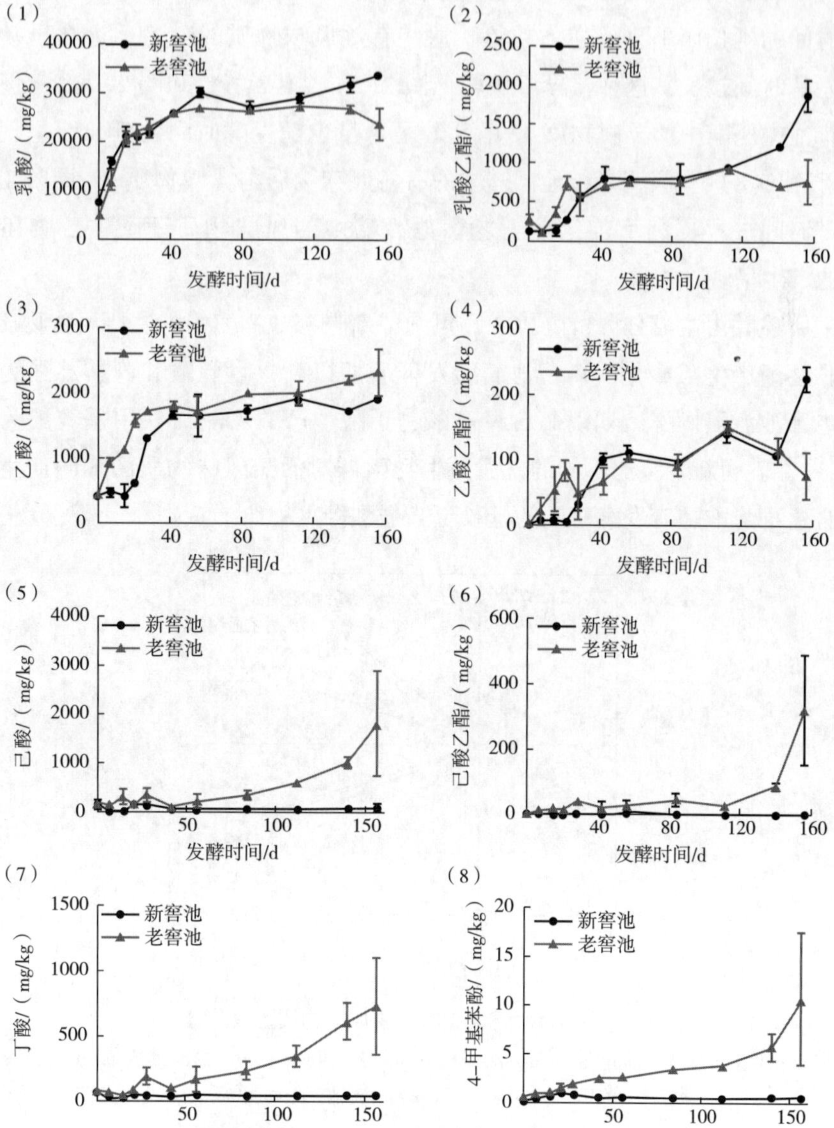


图 2　不同窖龄窖池底层酒醅主要风味物质随发酵时间的变化规律

Fig. 2　Dynamics of major flavor compounds in the bottom layer of fermented grains from different age cellars during fermentation

与乳酸变化趋势不同的是，老窖池酒醅的乙酸含量虽然在发酵初期（0~20d）迅速增加，但后期则呈现缓慢的持续增加趋势，且整个发酵过程中老窖池酒醅中的乙酸含量均高于新窖池酒醅［图2(3)］。老窖池酒醅发酵后期乳酸含量缓慢下降、乙酸含量缓慢增加可能与老窖泥微生物菌群对酒醅持续发挥代谢作用有关。新老窖池乙酸乙酯含量变化见图2(4)。

新窖池酒醅中的有益风味物质丁酸、己酸以及己酸乙酯含量在整个发酵过程中几乎没有变化或是仅有少量增加；而老窖池酒醅中的丁酸、己酸以及己酸乙酯含量均随着发酵时间的延长而呈显著递增趋势，这些有益风味物质的含量远远高于新窖池酒醅，且发酵时间越长，这种差异愈显著［图2(5)、图2(6) 和图2(7)］；但与此同时，老窖池中酒醅中的异嗅物质4-甲基苯酚含量也随发酵时间的延长而呈现显著增加趋势［图2(8)］，表明老窖池酒醅中的有益风味物质与异嗅物质PC同时出现，且都随发酵时间进程逐渐增加，推测老窖池酒醅中的风味物质丁酸、己酸和主成分（PC）的产生呈现正相关。

综上所述并由主成分分析（PCA）可知，新老窖池酒醅中的主要风味物质随发酵时间延长逐渐产生了分化，新窖池酒醅发酵后期以高含量乳酸和乳酸乙酯为主要特征，而老窖池酒醅发酵后期以高含量己酸、丁酸、己酸乙酯、4-甲基苯酚为主要特征（图3），表明新老窖池不同的窖泥微生物菌群对酒醅风味物质的代谢产生了显著影响，且这种影响随着发酵时间的延长更为强烈。

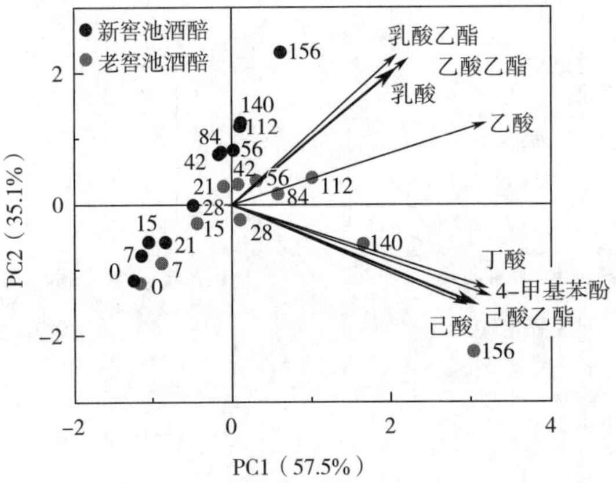


图3　不同窖龄窖池酒醅主要风味物质主成分分析

Fig. 3　Principal component analysis of major flavor compounds in fermented grains from different age cellars

注：数字表示发酵天数，为2个相同窖龄窖池风味物质定量结果的均值。

## 3.3　不同窖龄窖池酒醅微生物菌群随发酵时间的变化规律

为进一步认识不同窖龄窖池酒醅微生物菌群随发酵时间是否出现显著差异，选取新老窖池底层酒醅 3 个关键时间点（14d、56d 和 140d）进行细菌群落测序分析。由主坐标分析（PCoA 分析）结果可知，新窖池酒醅和老窖池酒醅的细菌群落组成存在显著差异，且在发酵 56d 后逐渐出现分化（图 4），这一结果与新老窖池酒醅风味物质出现分化基本一致，表明酒醅风味物质的变化可能主要由于酒醅微生物菌群结构的变化引起。

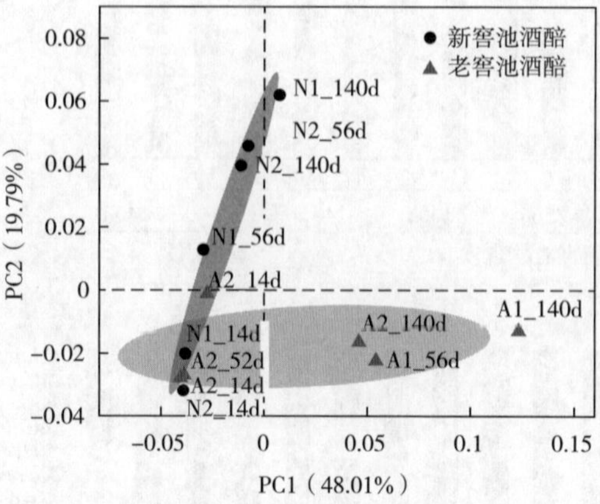


图 4 不同窖龄窖池酒醅细菌群落的主坐标分析

Fig. 4 Principal co-ordinates analysis of bacteria community in fermented grains from different age cellars

由测序分析结果可知，新老窖池酒醅中的细菌群落均以芽孢杆菌纲（Bacilli）的乳杆菌属（*Lactobacillus*）为主，其在所有酒醅样本中的相对丰度均占到 80% 以上，表明乳杆菌属是酒醅中的绝对优势菌（图 5）。在发酵 14d 时，新老窖池酒醅中的乳杆菌属的相对丰度均达到 95% 以上，这与发酵初期新老窖池酒醅中乳酸含量迅速增加相对应，表明新老窖池酒醅中的乳杆菌属在发酵初期均大量繁殖，代谢生成了高含量的乳酸，但随着发酵时间的延长，新老窖池酒醅中的乳杆菌属相对丰度均出现一定程度的下降趋势（图 5）。

由于乳杆菌属在各酒醅样品中的含量均占到 80% 以上，所以对酒醅样本按最小测序序列数抽平，并去除乳杆菌属的微生物后，对新老窖池不同发酵时间酒醅的细菌群落组成进行分析，结果如图 6 所示。新窖池酒醅中，发酵 14d 时主要微生物以 $\alpha$-变形菌纲（Alphaproteobacteria）的醋杆菌属（*Acetobacter*）为主，但随发酵时间延长其丰度显著下降，取而代之的是 $\gamma$-变形菌纲（Gammaproteobacteria）、放线菌纲（Actinobacteria）、拟杆菌纲（Bacteroidia）和芽孢杆菌纲［图 6(1)］。新窖池酒醅中梭菌纲微生物的占比仅为 3% 以下，这与新窖泥中低丰度的梭菌纲微生物对应。新窖泥中因缺少梭菌纲微生物，无法为酒醅提供充足的梭菌纲产酸功能微生物菌群，因而导致发酵后期酒醅丁酸、己酸等有益风味物质生成量较低。而老窖池酒醅随着发酵时间延

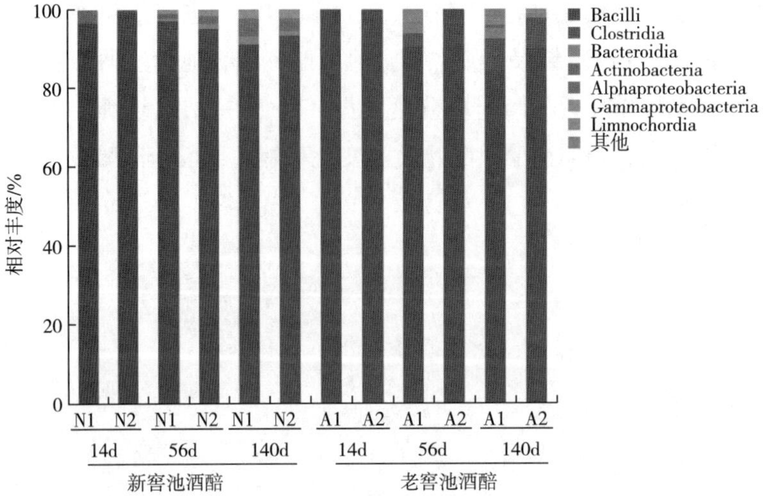


（1）纲水平

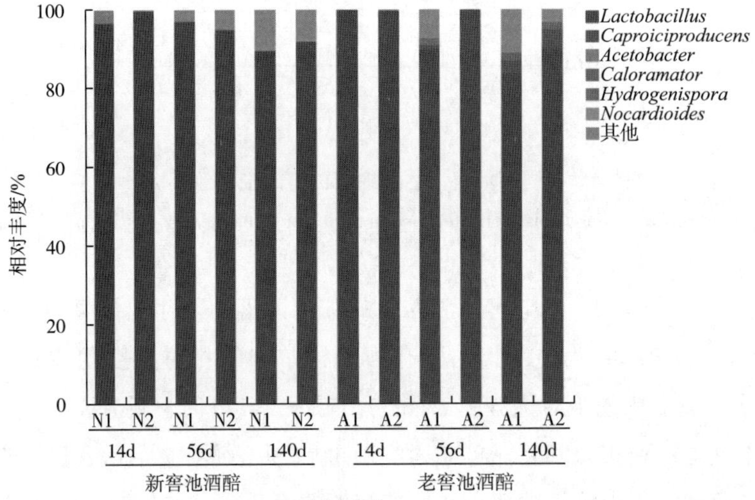


（2）属水平

图 5　不同窖龄窖池酒醅细菌菌群随发酵时间的变化

Fig. 5　Dynamic of bacterial community in fermented grains from different age cellars during fermentation

长，梭菌纲（Clostridia）微生物的相对丰度逐渐上升［图 6(1)］，这与老窖池窖泥中高丰度的梭菌纲微生物对应，推测在发酵后期（56~140d）老窖泥中的梭菌纲微生物逐渐进入酒醅并大量繁殖，使得其相对丰度逐渐增大。在属水平上，老窖池酒醅中主要是梭菌纲的已酸菌属（*Caproiciproducens*）和喜热菌属（*Caloramator*）的相对丰度随发酵时间延长呈现显著递增趋势，这 2 个属亦是窖泥中的主要高丰度微生物［图 6(2)］。推测窖泥中的这两个属可以耐受更高的酒醅酸性环境，因而更容易迁移到酒醅中，且这些微生物迁移至酒醅后，对酒醅中的丁酸、已酸等有益风味物质的大量合成起重要作用。已有文献报道，窖泥中的主体已酸菌为梭菌纲瘤胃菌科下的已酸菌属微生物[11]，该属的重要物种（如 *Ruminococcaceae bacterium* CPB6）已实现纯培养分离[12]，其可利用乳酸生成己酸，因此在长周期发酵后期，老窖池酒醅中较高含量的己酸菌属微生物可能解释了发酵后期乳酸含量略有下降而己酸含量升高的现象。此外，己酸菌属微生物偏酸性的 pH 生长条件为其迁移至酒醅提供了重要证据。而喜热菌属微生物作为另外一种迁移至酒醅的重要物种，其代谢特征和功能仍有待深入研究。

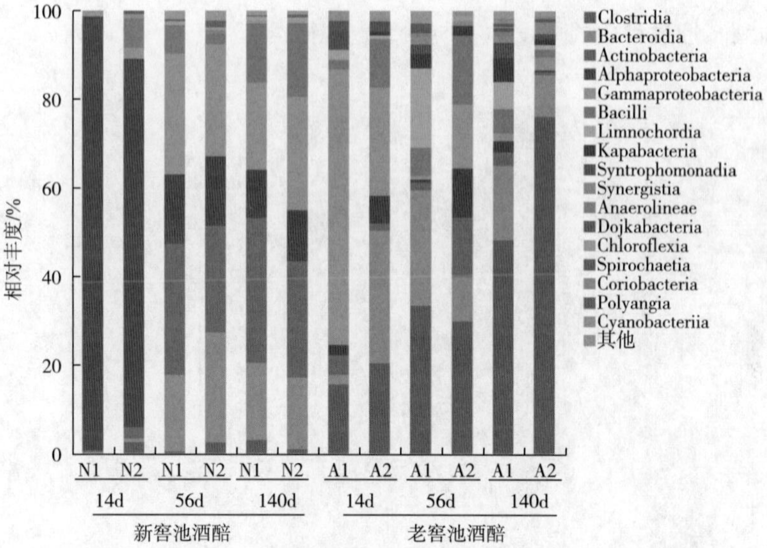


（1）纲水平

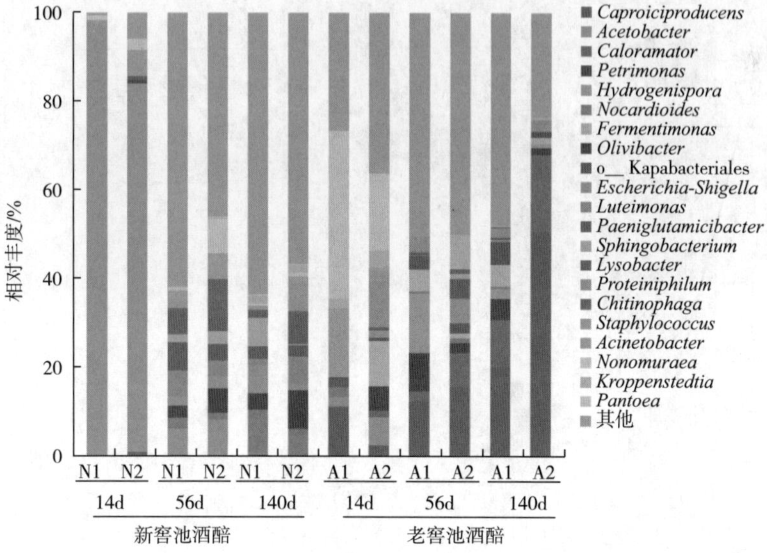


（2）属水平

图 6　不同窖龄窖池酒醅扣除乳杆菌属后的细菌菌群随发酵时间的变化

Fig. 6　Dynamic of bacterial community except for *Lactobacillus* in fermented grains from different age cellars during fermentation

## 3.4 不同窖龄窖池生产的原酒风味物质差异分析

为进一步表征不同窖龄窖池生产的原酒风味物质的含量差异，对新老窖池底层酒醅蒸馏的原酒进行取样分析，分别摘取前段、中段和后段原酒。不同窖龄窖池原酒挥发性风味物质含量差异如图 7 所示，酯类、醇类和醛酮类物质主要在蒸馏前段和中段大量馏出；酸类和挥发性酚类物质由于极性较强，主要在蒸馏后段馏出。该结果与以往浓香型白酒蒸馏过程中的挥发性物质的变化规律类似[13]。

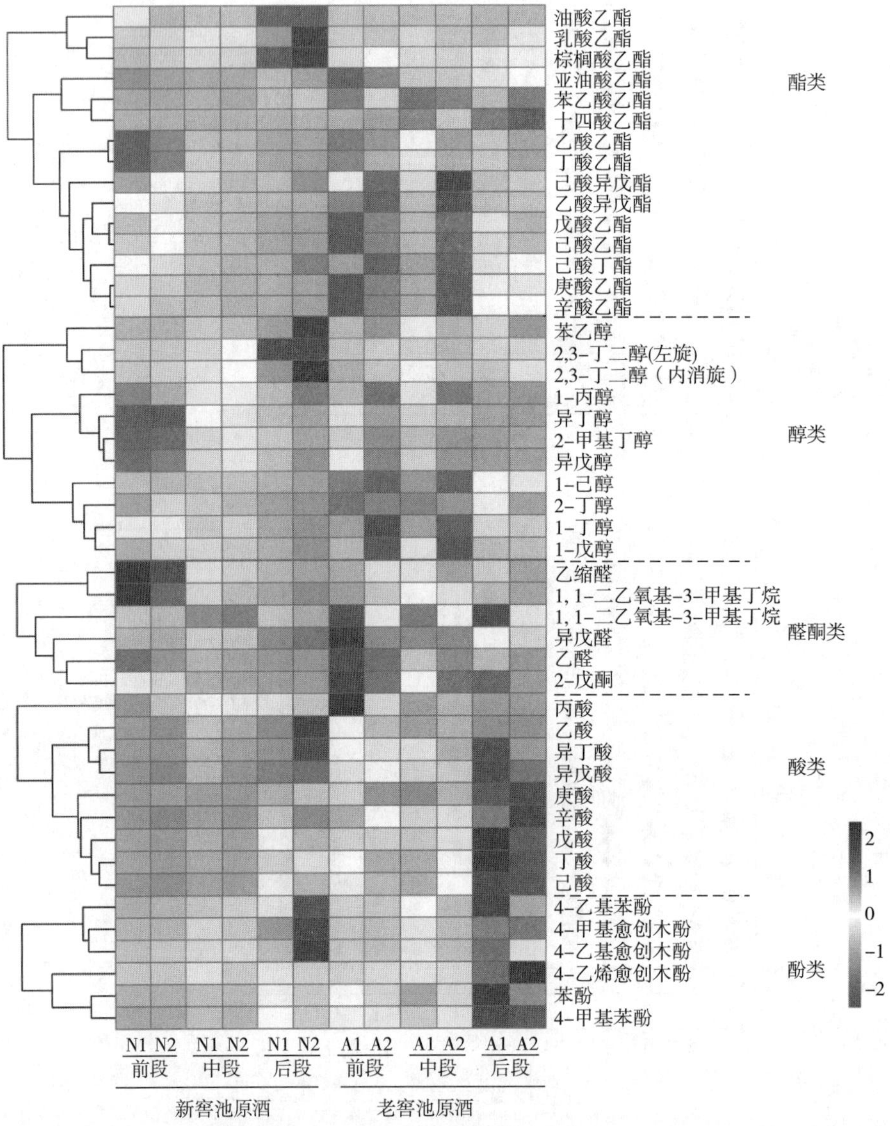


图 7　不同窖龄窖池原酒挥发性风味物质含量差异

Fig. 7　Heat map of the volatile flavor compounds in raw liquors from different age cellars

对于酯类物质而言，老窖池原酒中的大多数酯类物质含量显著高于新窖池，除了己酸乙酯外，戊酸乙酯、庚酸乙酯、辛酸乙酯、己酸丁酯、己酸异戊酯、乙酸异戊酯、十四酸乙酯和苯乙酸乙酯等在老窖池原酒中的含量均显著高于新窖池。而乳酸乙酯和长链脂肪酸乙酯（棕榈酸乙酯和油酸乙酯）在新窖池原酒中的含量高于老窖池。新窖池原酒乳酸乙酯含量高于老窖池，该结果与新窖池酒醅长周期发酵过程中乳酸乙酯在发酵后期显著高于老窖池酒醅的结果一致。

对于醇类物质而言，新窖池原酒的2,3-丁二醇、苯乙醇含量高于老窖池，而1-丙醇、异丁醇、异戊醇和2-甲基丁醇在新窖池和老窖池原酒中的含量相差不大；而老窖池的直链醇（1-丁醇、1-戊醇、1-己醇和2-丁醇）的含量显著高于新窖池，以往研究表明，这些直链醇类物质也是窖泥微生物贡献的主要风味物质[7]。老窖池原酒中多数醛酮类物质（如乙醛、异戊醛、2-戊酮）的含量也显著高于新窖池。

对于酸类物质而言，在新窖池原酒蒸馏后段可检测出一定量的乙酸、异丁酸和异戊酸；但其丁酸、戊酸、己酸、庚酸和辛酸的含量则远远低于老窖池原酒，这与老窖池酒醅长周期发酵后期检测到大量的丁酸、己酸含量的结果一致，老窖池原酒中这些挥发酸含量的大量馏出与老窖泥微生物菌群的贡献息息相关。

此外，挥发性酚类物质中，新窖池和老窖池后段原酒中均含有较高的4-甲基愈创木酚、4-乙基愈创木酚和4-乙基苯酚，推测这三种酚类物质可能主要是由来源于酒醅的微生物代谢产生；而4-甲基苯酚在老窖池后段原酒中的含量显著高于新窖池原酒，这也与长周期发酵过程中老窖池酒醅4-甲基苯酚含量持续增加而新窖池酒醅4-甲基苯酚含量几乎不变的规律相一致。进一步表明老窖池窖泥在贡献有益风味物质的同时，也产生了异嗅风味物质4-甲基苯酚，并可通过蒸馏进入原酒中。前期研究已初步表明窖泥中部分梭菌纲微生物可产生4-甲基苯酚，如 *Clostridium aminovalericum*、*Eubacterium contortum* 等[14-15]，因此后续可进一步通过调控窖泥菌群来改善原酒品质。

## 4　结论

通过对不同窖龄窖泥和酒醅微生物菌群结构时序特征的分析，发现新老窖池由于窖泥菌群结构的不同，导致从窖泥迁移至酒醅中微生物的菌群以及时序特征存在明显分化，进而导致酒体风味的显著差异。对于老窖池而言，由于在酒醅中占有绝对优势的乳杆菌属在窖泥中的相对丰度却较低，表明即使在较长的发酵周期（长达5个月）过程中，酒醅中占有绝对优势的乳杆菌属并未能入侵到窖泥微生物体系中。表明老窖泥菌群具有较好的鲁棒性，能够抵抗酒醅中乳酸菌的入侵。老窖泥的主体梭菌纲微生物在长周期发酵过程中能不断迁移到酒醅中，促进酒醅丁酸、己酸等风味物质的显著增加。而新窖池的窖泥以高含量的乳杆菌属为主要特征，新窖泥由于厌氧菌群物种多样性低，尚未形成稳定的菌群结构，厌氧功能微生物因数量较少而难以进入酒醅层，随着发酵时间的延长，新窖池酒醅中的乳杆菌属则极易入侵至窖泥体系中。进一步表明“老窖出好酒而新窖出好酒较难”的机理在于，新老窖池窖泥菌群结构的差异以及窖泥微生物向酒醅的迁移不同。

由于新窖池窖泥物种多样性低，缺乏优质窖泥的功能微生物菌群（如重要的梭菌纲微生物），因此即使延长发酵时间，酒醅中的丁酸、己酸含量也得不到有效积累，由于前体挥发性酸类物质的缺乏，也无法合成种类多样的酯类物质，进而导致新窖池原酒中多数风味物质含量偏低。此外，延长新窖池发酵时间后，发酵后期酒醅中的乳酸和乳酸乙酯含量继续呈现增加趋势，表明酒醅中的乳酸杆菌属在发酵后期仍然继续增加，并可能大量进入窖泥体系，通过代谢乳酸降低窖泥的 pH，从而造成窖泥菌群稳态的失调[16]。因此，对于新窖池而言，过长的发酵周期可能不利于新窖泥的老熟。为提升新窖泥的质量，除了对新窖泥进行菌群调控外，适宜的发酵周期可能有利于新窖泥的快速老熟。

新建窖池窖泥老熟一般需要 5~10 年，本研究数据采集时间为 2016 年，窖龄为 3 年。随后的跟踪分析表明，在优化养窖方式后，窖龄达到 5 年以上时，窖泥菌群逐步趋向于老窖泥菌群的特征，新建窖池未出现退化特征，新窖池的老窖特征风味物质合成逐渐加强。

老窖池由于窖泥物种丰富，多样性极高，在延长发酵时间后，老窖泥中的主体梭菌纲厌氧微生物不断迁移进入酒醅，使得酒醅中的丁酸、己酸等有机酸含量持续积累；同时延长发酵时间后，也为有机酸与乙醇通过酯化反应生成酯类风味物质提供了更为充足的时间，因而发酵后期（120d 后），在酒醅中检测到了己酸乙酯的大量合成。上述因素是导致老窖池原酒中风味物质种类和含量优于新窖池原酒的主要原因。但是延长发酵时间后，发现底层酒醅中的异嗅物质同时产生，且发酵时间越长，异嗅物质 4-甲基苯酚的积累量越高，并可随蒸馏进入原酒，从而影响原酒品质。虽然有文献报道 4-甲基苯酚作为肠道微生物的代谢物在低剂量时具有一定的健康功能，如减少肥胖，降低 2 型糖尿病风险，降低脂肪肝和改善葡萄糖稳态等功能[17]。但是 4-甲基苯酚在 46%（体积分数）酒精水溶液中的嗅觉阈值仅为 166. 97μg/L，超过阈值会呈现出“酚味”“泥臭”等异味，对白酒的风味产生负面影响[18]。目前通过调整酿造工艺和调控窖泥微生物菌群等措施可有效控制原酒中 4-甲基苯酚的含量[19-21]。此外，延长发酵时间也存在出酒率偏低、窖池周转率偏低等问题，因此，应综合考虑多种因素制定合理的发酵周期。本研究结果为进一步提升和调控浓香型原酒品质奠定了理论基础。

本研究表明，优质浓香型白酒生产在一定程度上依赖于老窖池，但老窖池不是生产优质浓香型白酒的唯一决定性因素，特别是当今浓香型白酒消费逐步从重视香气走向重视口感，优质浓香型白酒生产需综合考虑窖池窖龄和发酵工艺。

## 参考文献


[1] 胡晓龙．浓香型白酒窖泥中梭菌群落多样性与窖泥质量关联性研究［D］．无锡：江南大学，2015.

[2] Tao Y, Li J B, Rui J P, et al. Prokaryotic communities in pit mud from different-aged cellars used for the production of Chinese strong-flavored liquor [J]. Applied and Environmental Microbiology, 2014, 80 (7): 2254-2260.

[3] 辜杨，项兴本，王少磊，等．基于窖泥微生物相对定量与绝对定量联用的窖泥老熟特征分析［J］．微生物学报，2021-04-01. doi：10.13343/j.cnki.wsxb.20210008.

[4] 张应刚，邓宇．基于高通量测序的不同窖龄窖泥微生物结构与多样性分析［J］．中国沼气，2019，37（3）：3-8.

[5] 刘茂柯，唐玉明，赵珂，等．浓香型白酒窖泥微生物群落结构及其选育应用研究进展［J］．微生物学通报，2017，44（5）：1222-1229.

[6] 王春艳，宋建阳，吕慧鑫，等．基于高通量测序的宋河浓香型白酒不同窖龄窖泥细菌群落结构分析［J］．中国酿造，2019，38（9）：163-166.

[7] Gao J J, Liu G Y, Li A J, et al. Domination of pit mud microbes in the formation of diverse flavour compounds during Chinese strong aroma-type *Baijiu* fermentation [J]. LWT-Food Science and Technology, 2021, 137. doi: 10.1016/J.LWT.2020.110442.

[8] 马雷，沈小梅，李安军，等．超高效液相色谱法测定白酒中乳酸的含量［J］．食品与发酵科技，2016，52（1）：84-86.

[9] 沈怡方．白酒生产技术全书［M］．北京：中国轻工业出版社，1998.

[10] 张明珠，吴学凤，穆冬冬，等．基于高通量测序的窖泥原核微生物群落结构及其理化因子相关性分析［J］．食品科学，2020：1-12.

[11] 任聪，辜杨，杜海，等．基于新老窖泥的微生物菌群结构判定浓香型白酒生产中的主体己酸菌［J］．食品与发酵工业，2018，44（12）：8-14.

[12] Zhu X Y, Zhou Y, Wang Y, et al. Production of high-concentration *n*-caproic acid from lactate through fermentation using a newly isolated Ruminococcaceae bacterium CPB6 [J]. Biotechnology for Biofuels, 2017, 10 (1). doi: 10.1186/s13068-017-0788-y.

[13] 张琦，沈才洪，孙啸涛，等．浓香型白酒蒸馏过程中挥发性风味物质的变化

规律 [J]. 现代食品科技, 2018, 34 (6): 244-254.

[14] 刘博, 杜海, 王雪山, 等. 基于高通量测序技术解析浓香型白酒中窖泥臭味物质 4-甲基苯酚的来源 [J]. 微生物学通报, 2017, 44 (1): 108-117.

[15] Du H, Liu B, Wang X S, et al. Exploring the microbial origins of *p*-cresol and its co-occurrence pattern in the Chinese liquor-making process [J]. International Journal of Food Microbiology, 2017, 260: 27-35.

[16] Hu X L, Du H, Ren C, et al. Illuminating anaerobic microbial community and cooccurrence patterns across a quality gradient in Chinese liquor fermentation pit muds [J]. Applied and Environmental Microbiology, 2016, 82 (8): 2506-2515.

[17] Bria F, Alzaid F, Sonomura K, et al. The natural metabolite 4-cresol improves glucose homeostasis and enhances $\beta$-cell function [J]. Cell Reports, 2020, 30 (7): 2306-2320. e5.

[18] 朱燕. 中国白酒中一种"陈味"物质的发现与确认 [D]. 无锡: 江南大学, 2010.

[19] 杜海, 徐岩. 一种控制泥臭味物质 PC 的复合菌剂及应用 [P]. 中国专利: CN106047777B, 2019. 06. 21.

[20] 徐岩, 高江婧, 任聪, 等. 一种快速富集窖泥不产异嗅物质功能菌群的方法及其应用 [P]. 中国专利: CN111088189A, 2020. 05. 01.

[21] 宫璐婵, 任聪, 高江婧, 等. 重组 4-甲基苯酚消减乳酸菌的构建及其在白酒酿造体系中的功能 [J]. 微生物学通报, 2020, 47 (3): 749-758.

# 绵柔型白酒酿造核心微生物研究进展

张龙云，张聪芝，高涛，蒲春
（江苏洋河酒厂股份有限公司，江苏宿迁 223800）

**摘　要**：本文论述了洋河酒厂绵柔型白酒酿造微生物的研究进展情况，全面介绍了空气微生物、大曲微生物、酒醅微生物、窖泥微生物近年来的研究成果，确定了核心微生物群落结构分布及其演替规律，选育了多株优势微生物应用到酿酒生产，促进了绵柔型白酒品质的提升。

**关键词**：绵柔型白酒；核心微生物；群落结构；代谢特征

# Research Progress of Core Microorganisms in the Brewing of Soft Style of *Baijiu*

ZHANG Longyun, ZHANG Congzhi, GAO Tao, PU Chun
(Jiangsu Yanghe Distillery Co., Ltd., Jiangsu Suqian 223800, China)

**Abstract**: This article discussed the research progress of the soft style of *Baijiu* brewing microorganisms of Jiangsu Yanghe Distillery Co., Ltd., it comprehensively introduced the research results of air microorganisms, *Daqu* microorganisms, mash microorganisms, and pit mud microorganisms in recent years. We have discovered the distribution of the core microbial community structure and its succession rules, and selected multiple dominant microorganisms to be applied to the *Baijiu* production process. This has promoted the quality of soft style of *Baijiu*.

**Key words**: Soft style of *Baijiu*, Core microorganisms, Community structure, Metabolic characteristics

作者简介：张龙云，男，硕士，主要从事酿造微生物研究。
通信作者：高涛，男，硕士，主要从事酿酒微生物研究。E-mail：1720583995@qq.com。

## 1 前言

绵柔型白酒作为中国白酒重要的香型之一，与其他白酒一样都是微生物发酵与代谢的结果，微生物在酿酒过程中发挥着极其重要的作用，是一系列生化反应发生并形成主体物质、风味物质及其前体物质的基础，正是复杂的微生物代谢活动造就了绵柔型白酒的典型风格[1]。随着现代生物技术的发展，江苏洋河酒厂股份有限公司对绵柔型白酒酿造核心微生物——环境微生物、大曲微生物、酒醅微生物、窖泥微生物的研究逐渐深入，认识到它们构成了绵柔型白酒酿造的微生物基础。

从水质、土壤、气候等自然条件，再到空气、生产场地等酿造条件，优势产区微生物与酿酒环境微生物是目前研究的热点，优质的环境微生物与绵柔型白酒风格形成具有重要的关系[2]；开放式多菌种共同发酵的生产过程，如出甑、摊凉等不可避免地与空气接触，空气中微生物种类和数量对酒醅发酵有很大影响[3]。

传统大曲是酿酒发酵的动力，它是一种富含酿酒所需要的菌系、酶系、物系的复合载体，在绵柔型白酒生产中具有提供菌源、糖化发酵、生香等功能，公司对传统大曲微生物的研究较早，采用传统与现代生物学技术，致力于大曲微生物菌群结构与演替规律的研究、大曲基础功能微生物的选育与应用，这些是提高绵柔型白酒品质的重要手段。

作为酿酒发酵过程的主体，酒醅微生物同样扮演着重要的角色，窖内发酵过程是一种多菌种参与的固态发酵过程[4]；酒醅微生物主要来自大曲、窖泥和空气，在发酵过程中酒醅微生物群落呈一种动态、有规律的演变过程[5]。研究酒醅微生物群落结构的变化规律、开发酒醅微生物资源可以更好地指导酿酒生产。目前对酒醅微生物的研究正逐渐由传统的手段发展到高通量技术的应用，利用宏转录组学技术，明确了绵柔型白酒发酵过程酒醅微生物群落结构及功能变化特征，及其与有机酸等代谢合成的相关性[6]。

优质窖泥微生物是富含己酸菌、丙酸菌、丁酸菌、醋酸菌、放线菌、乳酸菌、酵母菌、甲烷菌、硫酸盐还原菌和硝酸盐还原菌等多菌种的复合菌群，它们之间的互利共生代谢是绵柔型白酒风格形成的基础[7]；20 世纪及 21 世纪初期对于窖泥的研究聚焦于己酸菌的应用，以增加己酸菌、提高己酸乙酯含量为目的，随着研究的深入逐渐由单一微生物应用向群体微生物研究与应用发展，研究窖泥微生物群落结构与演变规律、菌群扰动对微生物代谢的影响，近年来逐渐突破了未培养菌群的可培养化研究与应用技术[8-9]。

## 2 材料与方法

### 2.1 材料

2.1.1 研究对象

空气：洋河酒厂生产车间内空气环境。大曲：洋河酒厂中高温大曲。酒醅：洋河酒厂生产车间发酵酒醅。窖泥：洋河酒厂生产车间窖池窖泥。

2.1.2 培养基

细菌固体培养基：牛肉膏 5g，蛋白胨 10g，氯化钠 5g，琼脂 2%，定容至 1000mL，121℃灭菌 15min。

孟加拉红琼脂培养基：蛋白胨 5g，葡萄糖 10g，磷酸二氢钾 1g，无水硫酸镁 0.5g，琼脂 20g，孟加拉红 0.003g，氯霉素 0.1g，定容至 1000mL，121℃灭菌 15min。

2.1.3 主要试剂

基因组 DNA 提取试剂盒、酵母菌基因组 DNA 提取试剂盒和真菌基因组 DNA 提取试剂盒均购自上海生工生物工程有限公司；牛肉膏、蛋白胨和葡萄糖等化学试剂均购自国药集团化学试剂有限公司。

2.1.4 主要仪器

ZHWY-2102C 恒温培养振荡器、DNP-9162 电热恒温培养箱，均购自上海智城分析仪器有限公司；DHG-9101-1A 电热恒温鼓风干燥箱（上海三发科学仪器有限公司）；SW-CJ-1A 标准型净化工作台（无锡深蓝科技有限公司）；8600 超低温冰箱（美国 Thermo-Fisher Scientific 公司）；YXQ-LS-75S11 立式压力蒸汽灭菌锅（上海博迅实业有限公司医疗设备厂）；2-16PK 高速冷冻离心机（德国 Sigma 公司）。

### 2.2 方法

2.2.1 空气中微生物筛选方法

采用空气沉降法，在测定环境中按照均匀布点的原则选择具有代表性的 5 个点（采样点避开通风口，避开车间工作时间），揭开含有细菌固体培养基和孟加拉红琼脂培养基的皿盖，在空气中暴露 5min，将采集细菌后的营养琼脂平皿倒置于 37℃培养箱培养 24h，将采集酵母菌/霉菌后的孟加拉红琼脂平皿倒置于 30℃培养箱培养 48h，根据菌落形态不同，进行菌种编号和计数[10]。

2.2.2 大曲样品处理方法

选取春季、夏季制作后储存 6 个月等级为优等、一等和二等的中高温大曲，编号后分别粉碎过 40 目筛，装入无菌袋，-80℃冰箱保存。

2.2.3　酒醅样品处理方法

酒醅样品取自公司正常生产窖池，每个样品分别于 5 个班组同一批次 5 个窖池的上、中、下三层采集，合并混合均匀后作为该时间点的酒醅样品（300g）。在 71d 的发酵周期内，分别取发酵 0、3、7、10、15、21、28、37、51、63 和 71d 的样品，总计 11 个样品，样品混合均匀后装入无菌袋，于-80℃冻存，并送去测序。

2.2.4　窖泥样品处理方法

窖泥样品取自公司正常生产窖池，对应酒醅样品采集的窖池，每个窖池的窖泥分别取自窖底和四壁，混合均匀后装入无菌袋，于-80℃冻存，并送测序。

2.2.5　分子生物学鉴定

利用 16S rDNA/18S rDNA/ITS 法对优势菌株进行分子生物学鉴定。使用上海生工生物工程有限公司的细菌基因组 DNA 提取试剂盒、酵母菌基因组 DNA 提取试剂盒和真菌基因组 DNA 提取试剂盒提取菌株基因组 DNA[11]。提取的细菌 DNA 送到南京金斯瑞生物科技有限公司进行测序，将测得的基因序列利用 NCBI 数据库进行比对。

2.2.6　高通量测序方法

酒醅、大曲、窖泥样品直接送样至北京优吉科技有限公司进行高通量测序，细菌 16S rRNA 基因 V3-V4 区通用引物为 338F（5′-ACTCCTACGGGAGGCAGCAG-3′）806R（5′-GGACTACHVG GGTWTCTAAT-3′），真菌 ITS 基因 ITS1-ITS2 区通用引物为 ITS1F（5′-CTTGGTCATTTAGA GGAAGTAA-3′）和 ITS2R（5′-GCTGCGTTCT-TCATCGATGC-3′），采用 Illumina 平台进行高通量测序。

采用 QIIME2 对高通量测序数据进行质控与降噪，使用 Usearch 去除嵌合体序列，在 97%相似性条件下对 OTU 进行聚类，同时过滤 Reads 数为 1 的 OTU，选取最丰富序列为 OTU 代表序列，利用 SILVA 数据库对细菌 OTU 代表序列进行分类学注释，利用 UNITE 数据库对真菌 OTU 代表序列进行分类学注释。

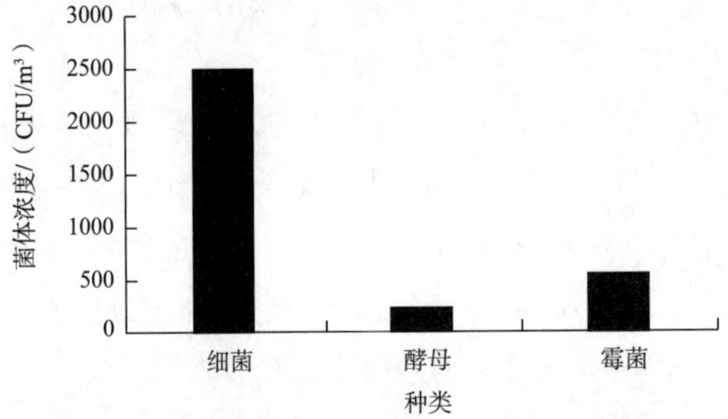


图 1　环境空气微生物浓度

Fig. 1　Concentration of microorganisms in ambient air

# 3　结果与分析

## 3.1　空气微生物研究

### 3.1.1　空气微生物群落结构分析

通过对厂区空气微生物的研究发现，厂区空气微生物的菌体浓度从高到低分别是：细菌>霉菌>酵母菌，且细菌占有绝对数量优势（图1），细菌组成中以芽孢杆菌属为主，有 *Acinetobacter baumannii*、*Bacillus amyloliquefaciens*、*Bacillus kochii* 等8株优势菌，占总细菌的79.14%（图2）；酵母菌组成中以毕赤酵母菌属为主，有 *Pichia manshurica*、*Meyerozyma guilliermondii*、*Torulaspora delbrueckii* 等6株优势菌，占总酵母菌的81.58%（图3）；霉菌组成中以枝孢属和曲霉属为主，有 *Cladosporium*、*Lichtheimia ramosa*、*Aspergillus niger* 等5种优势菌，占总霉菌的82.71%，见图4。

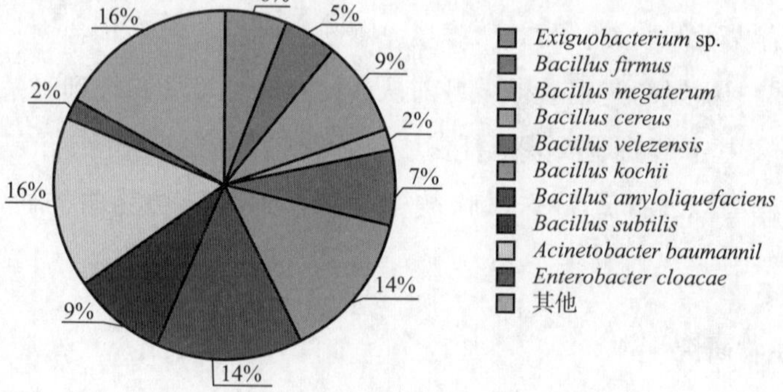


图2　环境空气中的细菌组成

Fig. 2　Composition of bacteria in ambient air

注：图例从6%所指处顺时针排列。

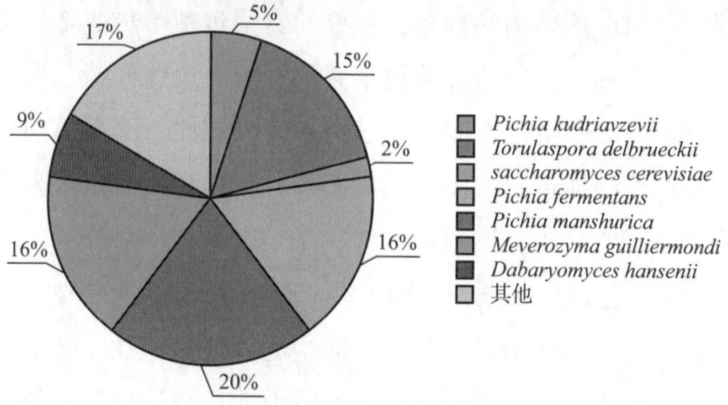


图3　环境空气中的酵母组成

Fig. 3　Composition of yeast in ambient air

注：图例从5%所指处顺时针排列。

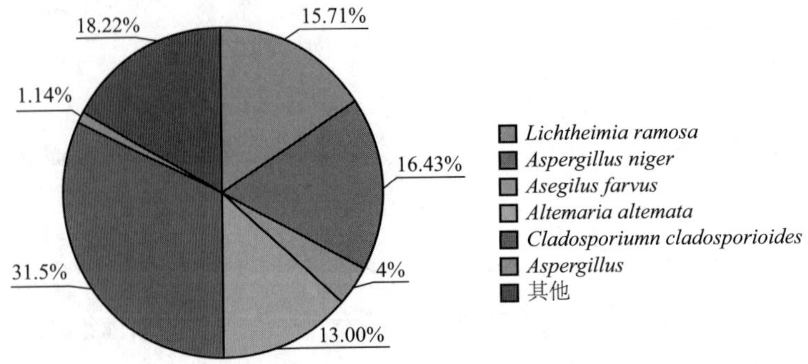


图 4　环境空气中的霉菌组成

Fig. 4　Composition of molds in ambient air

注：图例从 15.71%所指处顺时针排列。

3.1.2　空气微生物选育及应用

张龙云等[12]从洋河空气环境中筛选到 10 株产芝麻香细菌，代谢产物主要为吡嗪类化合物、芳香族化合物、醛类、酮类、多元醇、烯醇类、呋喃类化合物及其他杂环化合物等，还有少量的酸类、酯类、噻唑、噻吩、吡啶、吡咯化合物，应用于芝麻香曲的研制，取得了良好的应用效果。目前从洋河空气环境中筛选到一系列的功能微生物，如高产 γ-氨基丁酸的地衣芽孢杆菌，高产蛋白酶的枯草芽孢杆菌，高产愈创木酚的枯草芽孢杆菌以及高产特殊风味的微生物，为特殊功能曲的研制奠定了菌种基础。

## 3.2　大曲微生物研究

3.2.1　大曲群落结构与主体微生物演替规律研究

随着高通量技术与现代分子生物学技术的发展，传统大曲生产过程中微生物的群落结构组成与代谢演替规律逐渐明晰[13]，我们采用高通量测序技术分析了黑曲、黄曲、白曲中真菌、细菌群落结构的特点，主要的真菌包括嗜热曲霉、嗜热丝孢霉、曲霉、酵母菌、根霉和毛霉，主要的细菌包括芽孢杆菌、放线杆菌、高温放线杆菌和乳酸菌。截至目前，在高温曲生产方面不过分追求高温制曲、提高黄曲占比是行业的一致观点，通过工艺调控增加黄曲占比，利用多菌种定向强化技术提高芽孢杆菌数量是提高高温大曲质量的有效手段，见图 5。

苏葛等[11]利用高通量技术分析了洋河大曲春季曲、夏季曲细菌、真菌的相对丰度，剖析了不同季节、不同质量等级大曲的微生物群落多样性，开发出高通量技术评判洋河大曲质量等级的方法，对指导大曲生产及大曲科学评价体系的构建具有重要意义。李燕荣等[14]利用可培养的方式，全面剖析了洋河大曲发酵期内微生物更迭过程，确定了曲皮和曲心酵母、细菌、霉菌等微生物的动态消长规律，见表 1。

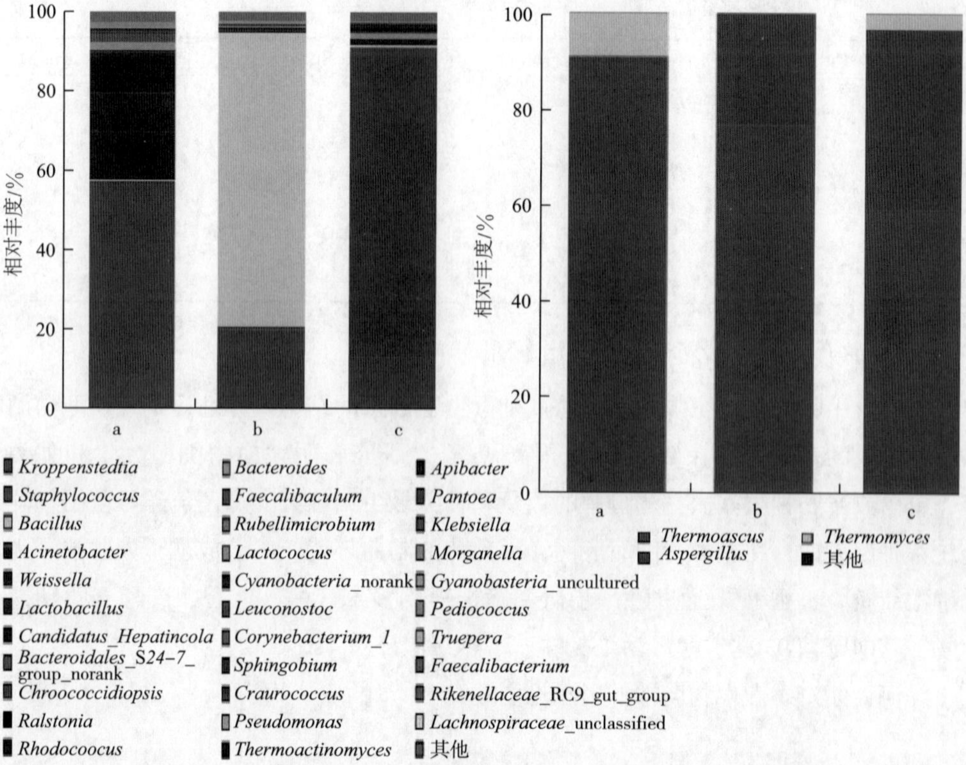


（1）细菌群落　　　　（2）真菌群落

图 5 大曲微生物群落属水平分布

Fig. 5 Genus-level distribution of microbial community

注：a—优等曲；b——一级曲；c—二级曲

**表 1　发酵期大曲细菌数量变化**

**Table 1　Changes of bacterial number in *Daqu* during fermentation period**

| 发酵时间/d | 发酵阶段-取样阶段 | 曲皮/(×$10^5$CFU/g) | 曲心/(×$10^5$CFU/g) |
|---|---|---|---|
| 1 | 主发酵 | 550 | 0 |
| 2 | 主发酵-Ⅰ | 77.5 | 4.5 |
| 3 | 并房-Ⅱ | 100 | 16.9 |
| 4 | 潮火期 | 200 | 17.7 |
| 5 | 潮火期 | 130 | 22.2 |
| 6 | 潮火期-Ⅲ | 120 | 40.6 |
| 7 | 大火期 | 135 | 175 |
| 8 | 大火期-Ⅳ | 134 | 243 |
| 9 | 大火期 | 133 | 288 |
| 10 | 大火期 | 27 | 20 |
| 12 | 大火期-Ⅴ | 64 | 12 |
| 14 | 后火期 | 70 | 15 |

续表

| 发酵时间/d | 发酵阶段-取样阶段 | 曲皮/($\times10^5$CFU/g) | 曲心/($\times10^5$CFU/g) |
|---|---|---|---|
| 16 | 后火期-Ⅵ | 83 | 32.5 |
| 18 | 后火期 | 64.3 | 22.5 |
| 21 | 养曲期 | 19.6 | 40 |
| 24 | 养曲期 | 73 | 55 |
| 28 | 养曲期-Ⅶ | 212.5 | 75 |
| 31 | 养曲期 | 200 | 51.5 |

### 3.2.2 大曲基础微生物的选育与应用

洋河所用大曲与传统浓香型大曲基础微生物菌系的结构差异性，是绵柔型白酒风格特色形成的基础。早在 2011 年，周新虎等[15]研究表明大曲中细菌数量和种类最多，霉菌数量和种类其次，酵母菌的数量和种类最少，细菌、霉菌、酵母菌结构均与传统浓香型大曲存在差异，同时表明洋河独特的制曲环境、工艺成就了大曲独一无二的绵柔品质。王耀等[16]通过进一步研究筛选得到多株产酶、产香、产酯有益功能微生物，其中霉菌 93 株、酵母菌 112 株、嗜热芽孢杆菌 41 株。

洋河大曲产香微生物菌株的形态见图 6。

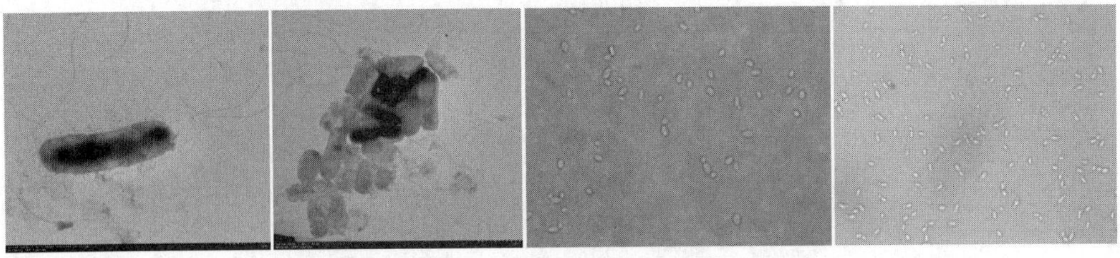

图 6 洋河大曲产香微生物菌株的形态

Fig. 6 Morphology of aroma-producing microorganism strains in *Daqu*

大曲典型风味微生物系统发育树见图 7。

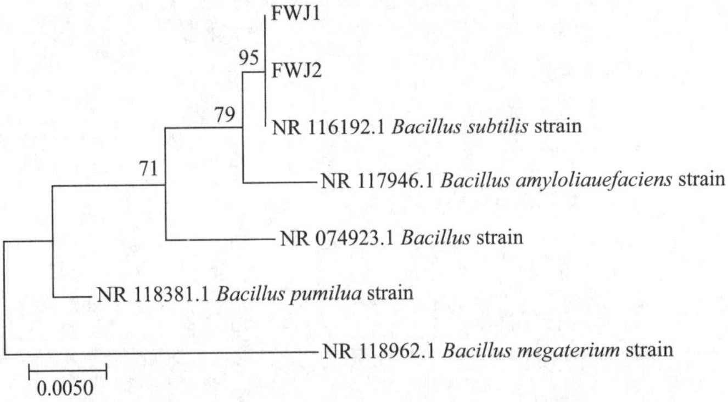


图 7 大曲典型风味微生物系统发育树

Fig. 7 Microbial phylogenetic tree of typical flavor in *Daqu*

近年来，基于风味与健康双导向，针对特殊风味需求，从大曲中有针对性地选育了一系列典型风味微生物，具有代谢产生吡嗪、愈创木酚、乙偶姻、2,3-丁二醇、吡咯等典型风味化合物的功能，采用机械化圆盘扩培的方式富集风味微生物、积累典型风味成分，取得了良好的生产效果。同时，我们通过筛选高产蛋白酶菌株，将酒糟中的蛋白质进行水解，得到具有一定生物活性的多肽，有效提升了丢糟的经济价值[17,18]。

### 3.3　酒醅微生物研究

#### 3.3.1　酒醅细菌群落结构分析

酒醅发酵过程中主要的细菌（属水平、平均相对丰度>1.0%）：*Lactobacillus*（81.84%）、*Bacillus*（4.39%）、*Saccharopolyspora*（3.47%）、*Weissella*（1.84%）和 *Staphylococcus*（1.77%）；发酵前期细菌组成比较丰富，主要为：*Lactobacillus*、*Bacillus*、*Saccharopolyspora*、*Weissella* 和 *Staphylococcus*；在 10d 之后酒醅中细菌逐渐变得单一，相对丰度 99% 以上的细菌为 *Lactobacillus*（图 8）。

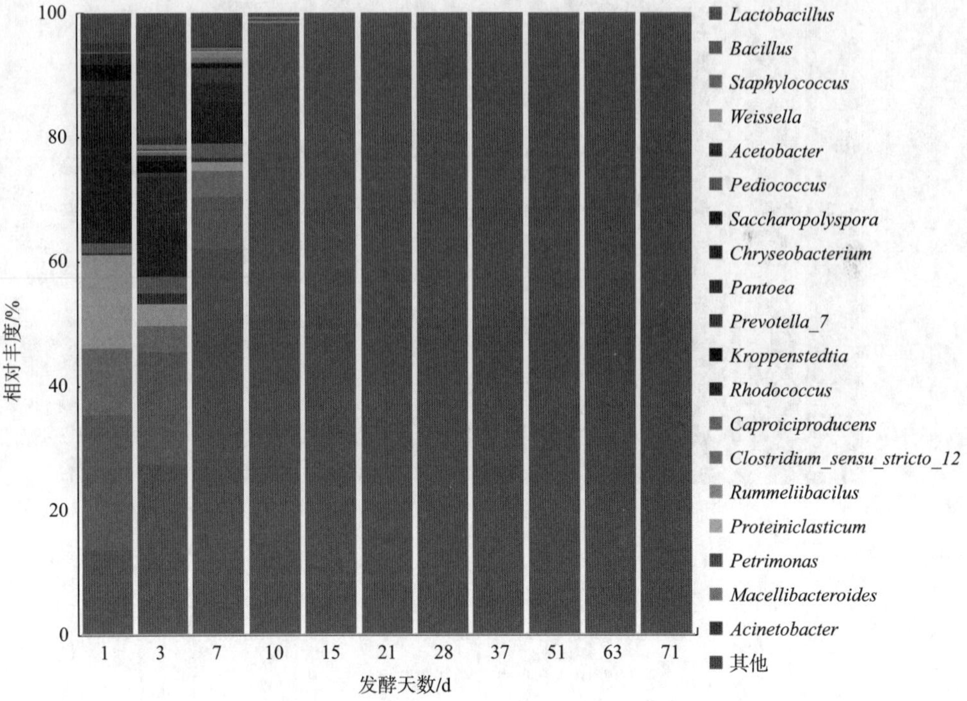


图 8　酒醅发酵过程中细菌群落属水平分布

Fig. 8　Genus-level distribution of bacterial community during fermentation process of fermented grains

3.3.2 酒醅真菌群落结构分析

酒醅发酵过程中的主要真菌(属水平、平均相对丰度>1.0%):*Thermoascus*(88.82%)、*Rhizomucor*(3.01%)、*Thermomyces*(2.7%)和 *Aspergillus*(1.7%);窖内酒醅发酵 1~7d 后,真菌群落组成以 *Thermoascus* 和 *Thermomyces* 为主,总占比超过 96.34%,窖内酒醅发酵 10~21d,*Thermoascus* 和 *Thermomyces* 占比有所下降,但总占比依然超过 92%,*Rhizomucor*、*Pseudeurotium*、*Aspergillus* 占比有所上升,总占比超过 5%。21d 后,*Thermoascus* 占比继续降低,平均占比为 85.95%,但依然是绝对优势菌属,其他优势菌属有 *Rhizomucor*(4.44%)、*Aspergillus*(2.44%)、*Thermomyces*(2.34%)和 *Penicillium*(1.25%)。此外 *Meyerozyma*、*Xeromyces*、*Penicillium*、*Alternaria*、*Gibberella* 也占据一定比例,见图 9。

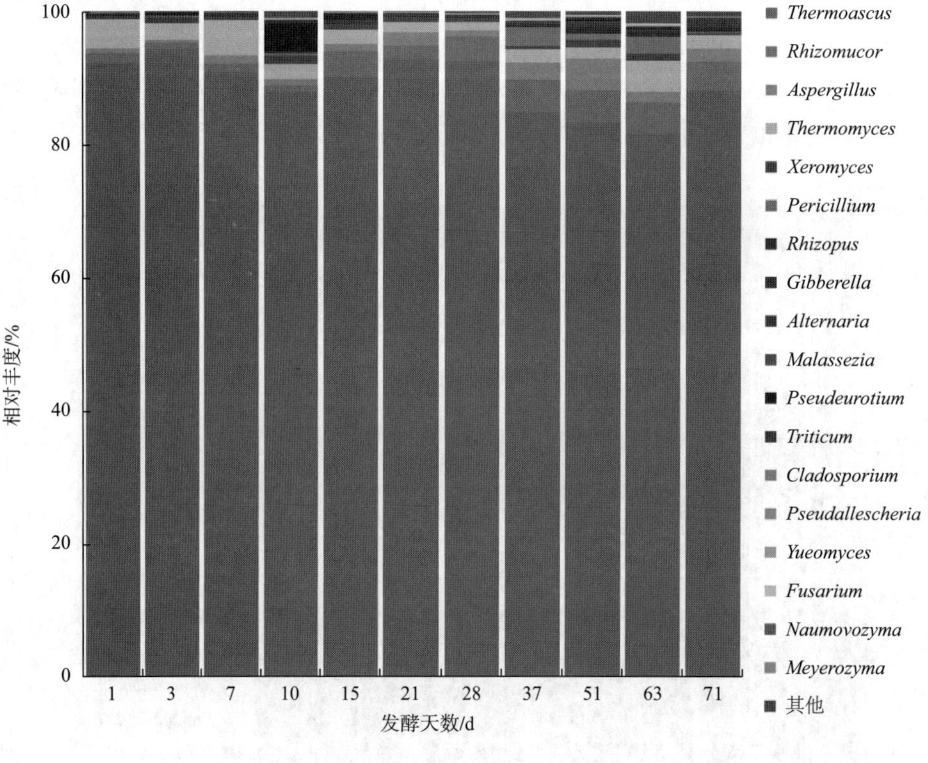


图 9 酒醅发酵过程中真菌群落属水平分布

Fig. 9 Genus-level distribution of fungi community during fermentation process of fermented grains

3.3.3 酒醅微生物选育及应用

白酒窖内发酵过程是多类微生物参与的物质代谢和转化过程。酒醅微生物群落演替过程直接关系到原酒产量和质量。对酒醅微生物发酵过程与风味物质的研究也较多,田源等[19]通过对窖内发酵过程酒醅中微生物的宏转录基因组进行分析,解析与正丙醇合成相关的微生物和代谢途径，经过验证发现3条酒醅微生物合成正丙醇的途径，分别是真菌合成正丙醇的2-甲基苹果酸代谢途径和苏氨酸代谢途径，细菌合成正丙醇的丙酸代谢途径，从酒醅中分离并验证了 *Lactobacillus vaginalis* JP44 等多株微生物具有合成正丙醇的能力。甘广东等[20]从酒醅中筛选到3株优势酵母菌，经过鉴定分别是 *Saccharomyces cerevisiae*、*Meyerozyma guilliermondii* 和 *Geotrichum terrestre*，并发现它们的主要代谢产物为庚酸乙酯和乙酸，最高庚酸乙酯产量为146.03mg/100mL，最高乙酸产量为243.78mg/100mL。刘凡[21]等着眼于酒醅发酵过程有机酸合成研究，从酒醅中分离得到了产乙酸（醋杆菌）和乳酸（乳酸菌及芽孢杆菌）的12株细菌，并通过考察白酒窖内发酵的温度、乙醇含量和初始 pH 与分离菌株产酸性能的关系，提出通过调节入窖时的初始 pH，来合理调控白酒乳酸含量的策略。

## 3.4　窖泥微生物研究

### 3.4.1　窖泥微生物群落结构研究

近年来洋河酒厂联合江南大学等高校平台，致力于推动洋河窖泥微生物群落结构的系统研究，明确不同位置、不同窖龄窖泥微生物的结构差异与代谢演替规律，进一步指导窖泥微生物调控、提高绵柔型白酒品质。勾文君等[22]采用高通量的方法解析了洋河窖泥细菌群落结构，窖泥中细菌主要分为梭菌纲（Clostridia）、拟杆菌纲（Bacteroidia）、互营养菌纲（Synergistia）和芽孢杆菌纲（Bacilli）；20年窖龄的窖泥中氢孢菌属（*Hydrogenispora*）和瘤胃梭菌属丰度显著增加，通过相关性分析确定了瘤胃梭菌属为窖泥中影响最大的核心微生物。任聪等[23]研究了新、老窖泥的微生物菌群结构和进化关系，发现窖泥中主体己酸菌为梭菌纲下的己酸菌属微生物。基于此，我们通过多菌种复合应用于窖池养护、新窖泥制作，使窖壁窖泥己酸菌属丰度提高243.72%、甲烷杆菌属丰度提高88.84%，并可以抑制 *Petrimonas* 属、甲烷八叠球菌属微生物的生长导致其丰度下降，改变了窖池主体菌群微生物丰度，对提高绵柔型原酒绵厚度与丰满度具有重要意义。

### 3.4.2　窖泥微生物的选育与应用

21世纪初期洋河酒厂已经开始选育己酸菌，研究其培养与代谢规律并应用于人工老窖、培育新窖泥及窖池养护，陈翔等[24]开发出己酸菌纯种培养与混合培养技术应用于窖泥的生产，有效提高了第一排次出酒优级率。王耀等[25]筛选得到一株克氏芽孢杆菌，经培养基优化有效提高了己酸的产量。周新虎等[26]详细介绍了不同窖龄窖泥中的微生物数量差异、窖泥功能菌液以及人工老窖泥的生产工艺，应用新窖老熟技术构建了良好的窖内“多微共酵生态体系”，出酒率、升级率显著提高，酒质明显改善，主体风味物质显著增加，醇厚感突出，复合感强，酒体结构更加协调，绵柔风格更加突出，见图10。

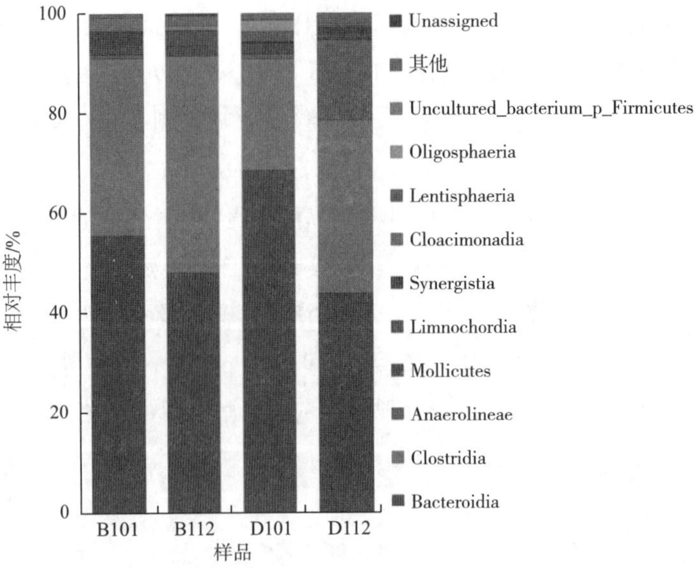


图 10　窖泥中细菌群落门水平分布

Fig. 10　Phyla-level distribution of bacterial community in pit mud

注：B101，101 车间窖池壁；B112，112 车间窖池壁；
D101，101 车间窖池底；D112，112 车间窖池底。

## 4　结论

本文系统阐述了绵柔型白酒环境微生物、大曲微生物、酒醅微生物、窖泥微生物方面近年来的研究情况；通过对厂区空气微生物的筛选，确定空气微生物的菌体浓度从高到低分别是：细菌>霉菌>酵母菌，且细菌占有绝对数量优势，其组成以芽孢杆菌属为主，主要代谢产生吡嗪类化合物、芳香族化合物、杂环化合物等风味与健康成分。采用高通量测序技术分析了洋河大曲群落结构的特点，主要的真菌包括嗜热曲霉、嗜热丝孢霉、曲霉、酵母菌、根霉、毛霉，主要的细菌包括芽孢杆菌、放线杆菌、高温放线杆菌和乳酸菌，明确了细菌、酵母菌、霉菌的演替规律；针对性地选育了一系列典型微生物，通过多菌种定向强化技术富集风味微生物、积累典型风味成分，取得了良好的生产效果，有效提高了吡嗪、愈创木酚健康成分的代谢，提高了酒糟循环经济价值。在酒醅微生物与窖泥微生物研究方面，全面确定了窖内微生物的结构组成、发酵演替规律，确定发现窖泥中主体己酸菌为梭菌纲下的己酸菌属微生物，推动了发酵过程微生物群落结构解析及其与代谢合成的相关性研究。

## 参考文献

[1] 周新虎，陈翔，张春林，等．功能微生物在洋河酒厂中的应用［C］．北京：2014 国际蒸馏酒技术高峰论坛，2014.

[2] 陈翔，陆其刚，张龙云．浅析湿地环境对白酒绵柔品质的影响［J］．酿酒科技，2018（8）：47-49.

[3] 吴建军．空气对浓香型白酒发酵的影响［D］．无锡：江南大学，2004.

[4] Zhang W X, Qiao Z W, Shigematsu T, et al. Analysis of the bacterial community in Zaopei during production of Chinese Luzhou-flavor liquor［J］. Journal of the Institute of Brewing, 2005, 111（2）：215-222.

[5] Yan S B, Wang S C, Wei G G, et al. Investigation of the main parameters during the fermentation of Chinese Luzhou-flavour liquor［J］. Journal of the Institute of Brewing, 2015, 121（1）：145-154.

[6] 刘凡，周新虎，陈翔，等．洋河浓香型白酒发酵过程酒醅微生物群落结构解析及其与有机酸合成的相关性［J］．微生物学报，2018，58（12）：2087-2099.

[7] 沈怡芳．白酒生产技术全书［M］．北京：中国轻工业出版社，1998.

[8] 陈翔，范文来，戴群，等．己酸菌的选育及其应用于生产的研究［J］．酿酒，2001，28（4）：44-46.

[9] 卢萌萌，任聪，聂尧，等．白酒酿造窖泥未培养微生物菌群的可培养化策略［J］．食品与发酵工业，2020，46（19）：9-16.

[10] 李涛．空气微生物采样及发展趋势［J］．中国卫生检验杂志，2003，13（5）：538-539.

[11] 苏葛，王晓慧，董大伟，等．高通量测序技术在洋河大曲质量等级判定中的应用［J］．酿酒科技，2019（1）：86-90.

[12] 张龙云，蒲春，高涛．酿造环境中细菌的筛选及代谢产物研究［J］．酿酒科技，2019（12）：113-118.

[13] Yang Y, Wang S T, Lu Z M, et al. Metagenomics unveils microbial roles involved in metabolic network of flavor development in medium-temperature daqu starter［J］. Food Research International, 2021, 140：110037.

[14] 李燕荣，杨勇，张龙云，等．中高温大曲发酵过程微生物消长规律探析［J］．酿酒科技，2019（5）：89-93.

[15] 周新虎，陈翔，李燕荣，等．洋河大曲主要菌系的研究［J］．酿酒科技，2011（9）：56-59.

[16] 王耀，张龙云，张春林，等．有益功能微生物在强化大曲生产中的应用

[J]. 酿酒科技, 2014 (12): 53-59+62.

[17] 杨建梅, 王晓慧, 王永伟, 等. 大曲中高产纤维素酶菌株的选育及其在绵柔型白酒丢糟中的应用 [J]. 酿酒科技, 2016 (8): 71-75.

[18] Peng L, Kong X Y, Wang Z M, et al. *Baijiu* vinasse as a new source of bioactive peptides with antioxidant and anti-inflammatory activity [J]. Food Chemistry, 2021, 339. doi: 10. 1016/j. foodchem. 2020. 128159.

[19] 田源, 孔小勇, 方芳. 浓香型白酒发酵过程微生物合成正丙醇途径解析 [J]. 微生物学报, 2020, 60 (7): 1421-1432.

[20] 甘广东, 陆其刚, 冯海燕, 等. 酒醅中优势酵母菌的筛选及生理生化特性分析 [J]. 酿酒, 2016, 43 (1): 31-35.

[21] 刘凡, 仇钰莹, 周新虎, 等. 洋河浓香型白酒酒醅中产酸细菌与有机酸合成的相关性研究 [J]. 食品与发酵工业, 2018, 44 (12): 22-29.

[22] 勾文君, 田源, 孔小勇, 等. 洋河酒窖泥细菌群落结构与菌株产酸能力分析 [J]. 微生物学通报, 2020, 47 (6): 1651-1661.

[23] 任聪, 幸杨, 杜海, 等. 基于新老窖泥的微生物菌群结构判定浓香型白酒生产中的主体己酸菌 [J]. 食品与发酵工业, 2018, 44 (12): 8-14.

[24] 陈翔, 王亚庆, 邵海燕, 等. 己酸菌纯种培养与混合培养技术在窖泥生产中的应用 [J]. 酿酒, 2009, 36 (3): 35-37.

[25] 王耀, 李喆, 甘广东, 等. 窖泥中产酸功能菌筛选及发酵条件初探 [J]. 酿酒, 2015, 42 (1): 52-56.

[26] 周新虎, 陈翔, 李浩, 等. 有益功能微生物在酿酒生产中的研究及应用 [J]. 酿酒, 2013, 40 (5): 33-40.

# 今世缘浓香型白酒发酵过程酒醅酵母菌群结构解析

袁小转，季方，刘梦夏，胡佳佳，贾渲，胡媛媛，吴建峰
（江苏今世缘酒业股份有限公司，江苏高沟 223411）

**摘　要：**通过传统酵母菌分离方法和真菌 ITS 高通量技术相结合，对今世缘浓香型白酒发酵过程酒醅酵母菌群结构进行解析。结果表明，今世缘浓香型窖池酒醅中的优势酵母菌种为 *Naumovozyma castellii*、*Kazachstania humilis*、*Saccharomyces cerevisiae* 和 *Pichia fermentans*。它们具有优良的生酸、产醇、产酯性能，对出酒率及酒体风味起着重要的作用。同时高通量测序结果显示，随着发酵过程的进行，菌群向耐酸、耐酒精的群落发展，酵母多样性也不断降低。浓香型白酒发酵过程酵母菌群的明确，可揭示本香型和今世缘品牌白酒风味形成的生物学基础，为精准控制酿酒工艺和风味需求的调整提供可靠的生物学依据。

**关键词：**浓香型白酒；酒醅；酵母菌群；高通量测序

# Analysis on Structure of Yeast Community in Fermented Grains during the Fermentation Process of King's Luck Strong-flavour *Baijiu*

YUAN Xiaozhuan, JI Fang , LIU Mengxia, HU Jiajia,
JIA Xuan, HU Yuanyuan, WU Jianfeng
(Jiangsu King's Luck Brewery Co. ,Ltd., Jiangsu Gaogou 223411, China)

**Abstract:** The structure of yeast community in fermented grains during the fermentation process of King's Luck strong-flavour *Baijiu* was analyzed through the combination of traditional yeast separation method and fungus ITS high-throughput technology. The results

作者简介：袁小转，女，硕士，工程师，主要从事酿酒微生物的研究工作。E-mail：403503347@qq.com。
通信作者：吴建峰，男，博士，高级工程师，主要从事白酒酿造的研究工作。E-mail：hylswjf@vip.163.com。

showed that the dominant yeast species in the fermented grains were *Naumovozyma castellii*, *Kazachstania humilis*, *Saccharomyces cerevisiae* and *Pichia fermentans*. They had the properties of producing acid, alcohol, and ester, and has an important effect on liquor yield and liquor flavor. At the same time, high-throughput results showed that with the progress of fermentation, the flora community developed into acid-tolerant and alcohol-tolerant communities, and the diversity of yeast also decreased. The clarification of yeast group in strong-flavour *Baijiu* fermentation process can reveal the biological basis for the formation of strong-flavour *Baijiu* and King's Luck brand, and provide a reliable biological basis for precise control of brewing technology and adjustment of flavor demand.

**Key words**: Strong-flavour *Baijiu*, Fermented grains, Yeast community, High-throughput sequencing

## 1 前言

酒醅是固态发酵法酿造白酒时，窖内正在发酵或已发酵好的固体物料。参与浓香型白酒发酵过程的微生物类别和数量很多，酒醅微生物（细菌、酵母菌和霉菌）主要来自曲粉、窖泥和自然环境，以酒醅为载体，在白酒窖内发酵过程中进行复杂的物质能量代谢，生成各类代谢产物和风味物质，对酒醅的发酵起到重要的影响作用[1-3]。

由于受地区、气候的影响，加上不同地区、不同酒厂采用的工艺、酒曲和窖泥的不同，所以同是浓香型白酒，酒醅微生物分布也不同。酵母菌是窖池中三大功能微生物菌群之一，不同香型窖池酵母菌种群有很大的差异，其种类及数量影响整个窖池酿造微生态，并在发酵过程中不断进行消长变化，对酒醅产酒、生酸、生香等起着重要作用[4]。

本研究采用传统的酵母分离与高通量测序技术相结合，并对核心酵母特性进行研究，分析今世缘浓香型白酒发酵过程酒醅酵母菌群结构，以确定核心功能酵母菌，为浓香型白酒的酒体地域典型性和白酒品质的控制提供生物学理论支撑。

## 2 材料与方法

### 2.1 材料与试剂

样品来源：江苏今世缘酒业股份有限公司酿酒四车间 63 组池口和八车间 96 组池口。样品为对应池口使用的大曲，发酵时间分别为 0、5、10、15、20、30、40、50、60、70、88d 的中层酒醅不同位置混合样品。

酵母菌分离采用 YPD 和 pH 3.0 YPD 2 种培养基。其中 YPD 培养基：酵母膏 10g，蛋白胨 20g，葡萄糖 20g，琼脂 20g，水 1000mL。pH 3.0 YPD 培养基：酵母膏 10g，蛋白胨 20g，葡萄糖 20g，琼脂 40~45g，水 1000mL，pH 3.0。

主要仪器：C100BPCR 扩增仪（美国伯乐公司）；德国 Sigma 3K15 高速冷冻离心机（上海基慧生物科技有限公司）；DZF-6050B 真空干燥箱（上海一恒科学仪器有限公司）；NanoDrop2000 超微量分光光度计（苏州亚凡生物技术有限公司）；GT-1 旋涡混合器（上海琪特分析仪器有限公司）；7890B 气相色谱仪（美国 Agilent Technologies 有限公司）；1200 液相色谱仪（美国 Agilent Technologies 有限公司）。

主要试剂：磷酸二氢钠（分析纯，上海沪试）；磷酸氢二钠（分析纯，上海沪试）；Tris［上海生工生物工程有限公司］；HCl（分析纯，上海沪试）；氯化钠（分析纯，上海沪试）；SDS 乙酸钠（分析纯，上海沪试）；三氯甲烷（分析纯，上海沪试）；异戊醇（分析纯，国药集团化学试剂有限公司）；无水乙醇（分析纯，上海沪试）；DNA 提取酚（北京索莱宝科技有限公司）；微生物直接 PCR 试剂盒 MDP（HEROGEN BIOTECH）；Taq PCR Mastermix［天根生化科技（北京）有限公司］。

### 2.2 方法

#### 2.2.1 传统微生物分离

2 种酵母菌分离培养基的灭菌方式均为 118℃ 灭菌 20min，且所有培养基添加终浓度为 200mg/L 的氯霉素。

将酒醅 10g 加入 90mL 无菌水中，振荡摇匀 30min 标记为 $10^{-1}$ 稀释梯度，依次稀释至 $10^{-6}$ 梯度，混匀后吸取 100μL 不同稀释梯度菌悬液以滚珠法均匀涂布于 2 种培养基。28℃ 恒温培养箱中培养 48h 后进行菌株纯化、保藏。

#### 2.2.2 菌株鉴定

已纯化的微生物菌株采用 Microbe Direct™PCR Kit 对分离获得的纯菌株进行 DNA 快速提取后，以 DNA 为模板，配制 25μL 反应体系，于 PCR 扩增仪中进行扩增。酵母菌采用 26S rRNA D1/D2 区域序列的扩增，引物采用 NL1（5′-GCATATCAATAAGCGGAGGAAAAG-3′）和 NL4（5′-GGTCCGTGTTTCAAGACGG-3′）。PCR 反应体系（25μL）：10×buffer 2.5μL，dNTPs 2μL，$Mg^{2+}$ 1.5μL，引物（25μmol/L）各 0.5μL，DNA 模板 1μL，rTag 酶 0.15μL，$ddH_2O$ 16.85μL。1.2% 琼脂糖凝胶电泳检测扩增目标产物后送至上海生工生物工程有限公司进行测序，然后使用 Chromas 软件查看序列峰图质量，掐头去尾后上传至 NCBI，使用 BLAST 完成与模式菌株的比对，并用 MEGA 7.0 软件的邻接法（Neighbor-Joining）构建系统发育树进行系统进化分析，结合相关文献，对酵母菌进行鉴定。

2.2.3 真菌 ITS 高通量测序

称取 7.5g 酒醅样品用 30mL 无菌的 0.1mol/L PBS 缓冲液悬浮，加入三颗玻璃珠，涡旋振荡 5min，200× *g* 离心 5min，取上清。同法用 PBS 缓冲液洗涤沉淀，共重复三次，集中三次洗涤后离心所得全部上清，9000× *g* 离心 3min，收集全部细胞沉淀。总 DNA 的提取参考 Wang 等[5]的方法。真菌引物用 ITS2 扩增子合并引物接头而得。对各样品总 DNA 进行 PCR 扩增，并对其产物进行纯化、定量和均一化形成测序文库。先将构建好的文库进行文库质检，质检合格的文库用 Illumina MiSeq PE300 进行高通量测序。运用 Trimmomatic 软件对各样品原始测序序列进行质量数据控制，过滤掉低质量的数据，再用 fastq-join、flash、pear 等软件分别进行两端数据拼接，根据 uparse pipeline 对相似度在 97% 水平以下的 Tags 进行 OTU 聚类，在聚类过程中去除冗余、去除重复的单序列、嵌合体等，得到 OTU 的代表序列。利用 NCBI 网站的在线比对引擎 BLAST 将 OTU 的代表序列与 GenBank 数据库中的序列进行比对，获得各 OTU 的鉴定信息。

2.2.4 核心菌株特性对比试验

6 株不同来源的酵母试验菌株：*Saccharomyces cerevisiae*-JP（分离自酒醅）、*Saccharomyces cerevisiae*-YL（分离自原料）、*Saccharomyces cerevisiae*-JQ（分离自高温曲）、*Naumovozyma castellii*-JP（分离自酒醅）、*Kazachstania humilis*-JP（分离自酒醅）、*Saccharomycopsis fibuligera*-DQ（分离自中高温大曲）。

种子制备：将试验菌株分别从固体斜面上用接种环挑取适量菌体接到 5mL 液体培养基中，于摇床 200r/min、28℃ 培养 24h，将培养好的菌液（镜检计数）转接入 150mL 的 12°Bx 玉米糖液中，并进行镜检计数。

发酵液制备：将制备好的 12°Bx 玉米糖液分装于 250mL 三角瓶中，每瓶 150mL，118℃、20min 高压灭菌后冷却至室温备用。

试验方法：在超净工作台中以 3% 的接种量接种菌浓度约 $10^8$CFU/mL 的菌液，作为单独发酵实验组，每个菌株设置三个平行，同时设置添加 3% 的玉米糖液作为空白对照。均用发酵栓封口，28℃ 培养至跟踪结束。

检测指标：理化指标主要包括发酵力、酒精度、酸度、残糖等；风味的色谱指标包括有机酸、乙醇、高级醇及酯类物质。各指标均参照企业方法。

2.2.5 数据处理

采用 Origin 2019b 软件进行数据处理与作图分析。

## 3 结果与分析

### 3.1 传统微生物分离与鉴定

由图1可知，窖池酒醅中分离出9属13种酵母菌，共计1225株。优势种为 *Naumovozyma castellii*（同物异名 *Saccharomyces castellii*），次要优势种群为 *Kazachstania humilis*（同物异名 *Candida humilis*）、*Saccharomyces cerevisiae* 和 *Pichia fermentans*。

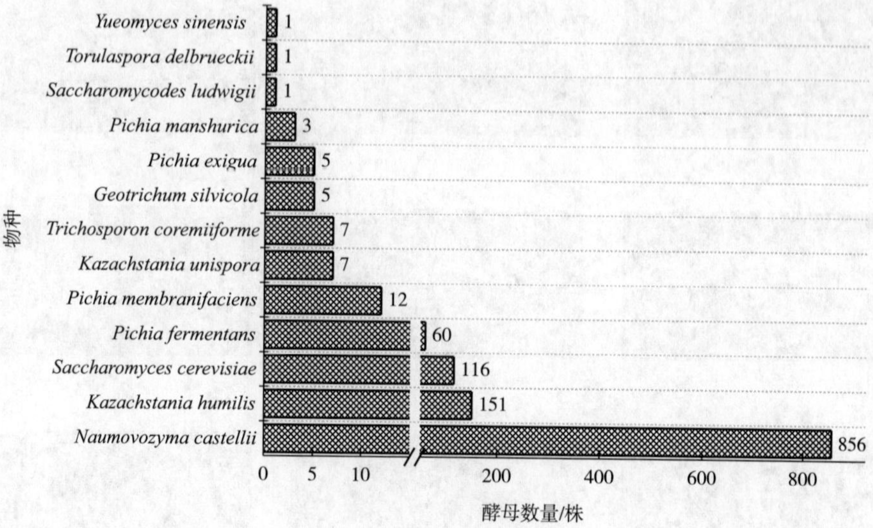


图1 传统微生物分离酵母菌种类

Fig. 1 Types of traditional microbial isolates of yeast

由图2可知, *N. castellii* 菌落乳白色，圆形，边缘整齐，表面湿润，不反光；细胞卵球形。*K. humilis* 菌落乳白色，圆形，边缘整齐，表面湿润，不反光；细胞卵圆形。*S. cerevisiae* 菌落乳白色，有光泽、平坦、中心较尖，边缘整齐；细胞为圆形至椭球形。*P. fermentans* 菌落乳白色微黄，凸起，表面粗糙、有褶皱，边缘锯齿状，不透明；细胞卵形至椭球形。*Pichia membranifaciens* 菌落乳白色，表面褶皱、干燥，边缘锯齿状，不透明；细胞杆状。*Kazachstania unispora* 菌落乳白色，片状较大，边缘大波浪状；细胞圆形。*Trichosporon coremiiforme* 菌落白色，圆形，表面绒毛、褶皱，向上堆积生长；细胞杆状。*Geotrichum silvicola*（同物异名 *Galactomyces candidum*，*Galactomyces candidus*）菌落白色，圆形较大，表面绒毛状；细胞粗杆状。*Pichia exigua* 菌落乳白色，圆形，较小，表面褶皱，中间凸起；细胞圆形至椭球形。*Pichia manshurica* 菌落乳白色，圆形，中间凸起，表面粉状；细胞卵圆形。*Torulaspora delbrueckii* 菌落白色，圆形，表面光滑，中间凸起，不透明；细胞圆形。*Yueomyces sinensis* 菌落乳白色，有光泽、中心凸起较尖、侧面呈三角形，边缘整齐；细胞椭圆形至梭形。

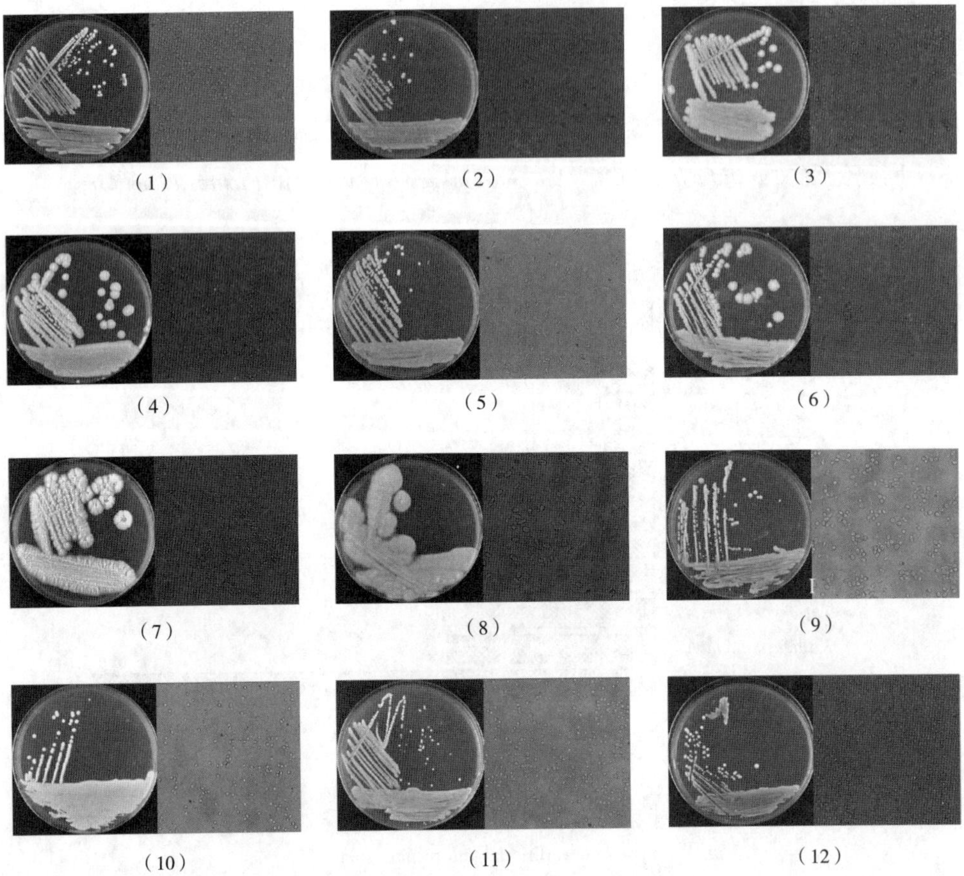


图 2　酵母菌菌落和单细胞形态特征

Fig. 2　Morphological characteristics of yeast colonies and single cell

注：(1) *N. castellii* 的菌落形态和光学显微镜下的细胞形态；(2) *K. humilis* 的菌落形态和光学显微镜下的细胞形态；(3) *S. cerevisiae* 的菌落形态和光学显微镜下的细胞形态；(4) *P. fermentans* 的菌落形态和光学显微镜下的细胞形态；(5) *P. membranifaciens* 的菌落形态和光学显微镜下的细胞形态；(6) *K. unispora* 的菌落形态和光学显微镜下的细胞形态；(7) *T. coremiiforme* 的菌落形态和光学显微镜下的细胞形态；(8) *G. silvicola* 的菌落形态和光学显微镜下的细胞形态；(9) *P. exigua* 的菌落形态和光学显微镜下的细胞形态；(10) *P. manshurica* 的菌落形态和光学显微镜下的细胞形态；(11) *T. delbrueckii* 的菌落形态和光学显微镜下的细胞形态；(12) *Y. sinensis* 的菌落形态和光学显微镜下的细胞形态。

各酵母菌落为 YPD 培养基上 28℃培养 2d 的形态；细胞形态均在 10×40 倍光学显微镜下观察。

由图 3 系统发育树可以看出，优势种 *S. cerevisiae* 与 *K. unispora*（同物异名 *Saccharomyces unisporus*）具有较近的亲缘关系，与优势种 *N. castellii* 的亲缘关系稍远，与 *T. coremiiforme* 的亲缘关系最远。优势种 *K. humilis* 与 *T. delbrueckii* 具有较近的亲缘关

系，*P. membranifaciens* 与 *P. manshurica* 的亲缘关系较近，与优势种 *P. fermentans* 的亲缘关系稍远。

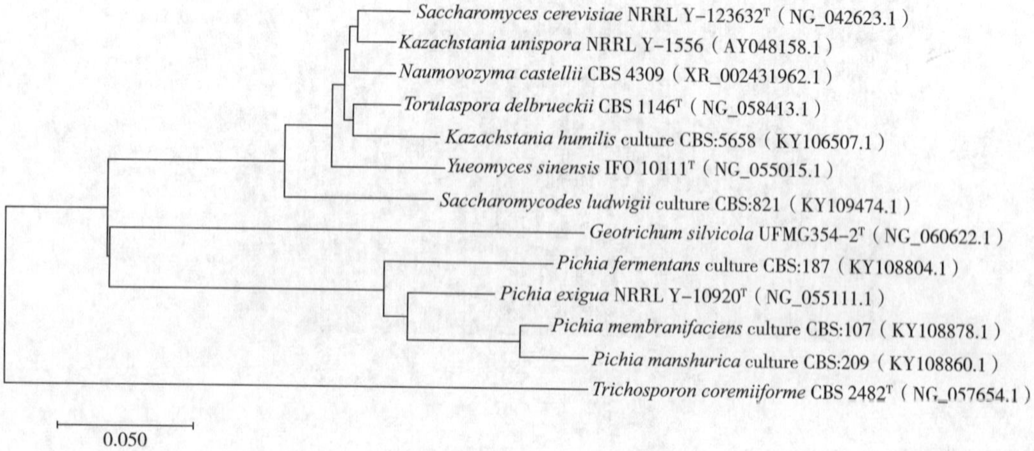


图 3　酒醅酵母分类群的系统发育进化树

Fig. 3　Phylogenetic evolutionary tree of fermented grains yeast taxa

## 3.2　真菌高通量

在属水平上，酒醅发酵过程中真菌主要为酵母菌，优势菌属为 *Naumovozyma*、*Pichia* 和 *Kazachstania* 三属。*Naumovozyma* 在 96 组中相对丰度整体高于 63 组中的分布；*Kazachstania* 在 63 组发酵过程中显著富集，一直持续到发酵结束。两组窖池的差异性除了表现在优势菌属在发酵过程的分布丰度有明显不同外，另外其他次要菌属差异也比较明显，如 *Acremonium* 在 63 组中过程中较丰富，*Kregervanrija* 在 96 组中后期明显富集。两组窖池所用的大曲主要优势真菌为 *Pichia* 和 *Aspergillus*。而 *Saccharomyces* 在两组中分布丰度均较低，仅在入池当天相对丰度稍高（6. 40% ~12. 12%）。

据文献[6]报道，洋河浓香型白酒以嗜热真菌属（*Thermomyces*）、热子囊菌属（*Thermoascus*）和根毛霉属（*Rhizomucor*）等丝状真菌为窖内发酵整个阶段的优势菌属，而 *Naumovozyma* 是发酵中后期相对丰度最高的酵母菌。

在种水平上，酒醅发酵过程中主要优势种为 *N. castellii* 和 *K. humilis*，这与传统微生物分离方法得到的结果一致。63 组和 96 组两组窖池酒醅真菌分布差异性较大（图 4，图 5），酒醅发酵 5d 时，*P. fermentans* 在 96 组（37. 85%）的相对丰度高于 63 组（22. 69%），可推测在主发酵期此菌具有高产乙醇贡献度。发酵 10d 时，63 组仍以 *N. castellii* 为主，而 96 组以 *Pichia exigua* 为优势菌，发酵 15d 时，63 组 *P. fermentans* 相对丰度高于 96 组。发酵 20~30d 时，63 组 *K. humilis* 与 *N. castellii* 二者相对丰度相

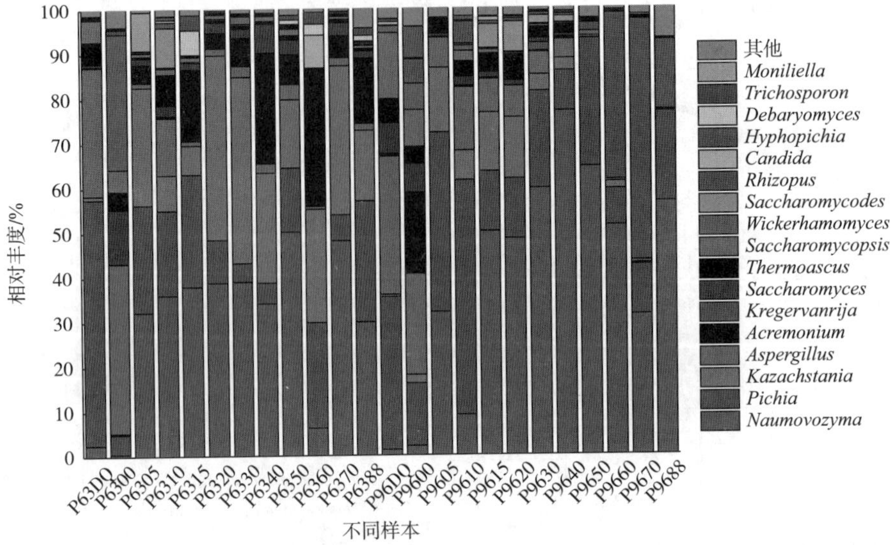


图 4 酒醅真菌属水平的相对丰度

Fig. 4 Relative abundance of fermented grains of fungi at genus level

当，且 *K. humilis* 的高丰度一直持续至发酵结束；而 96 组同期仍以 *N. castellii* 为绝对优势菌，至发酵后期酵母菌种 *Kregervanrija pseudodelftensis* 显著富集，高达 53.78%（发酵 70d），高于同期的 *N. castellii*（31.25%）。两组窖池所用大曲以上真菌比例均较低，主要优势真菌为 *Pichia kudriavzevii*、*Aspergillus costiformis*、*Saccharomycopsis fibuligera*、*Thermoascus aurantiacus* 等。

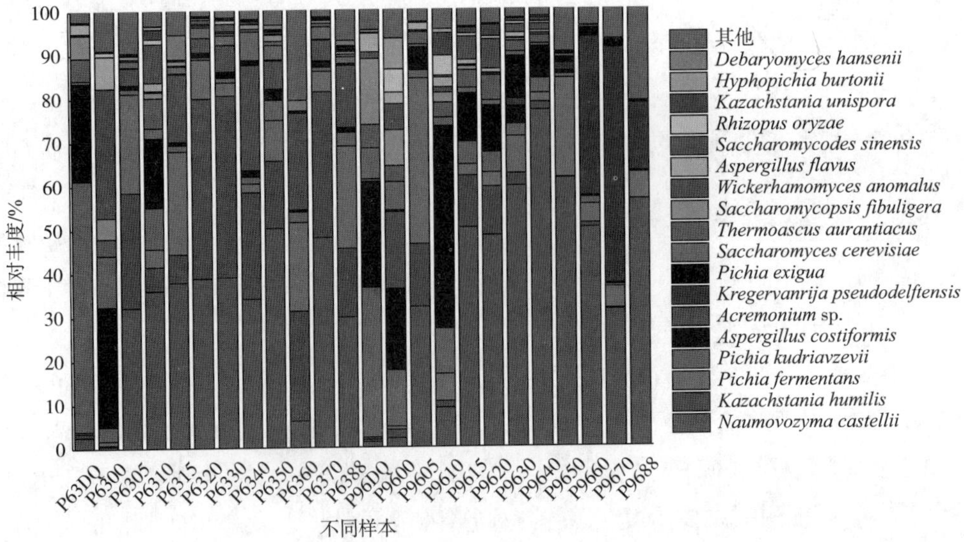


图 5 酒醅真菌种水平的相对丰度

Fig. 5 Relative abundance of fermented grains of fungi at species level

### 3.3 核心菌株特性

通过筛选6株不同来源的酵母菌株进行发酵试验，对其发酵液的理化及风味色谱指标进行检测。图6(1) 显示，不同菌株发酵液产酸均达到1.0mmol/10g以上，*K. humilis* 产酸能力最强，高于其他菌株，*N. castellii* 的产酸能力低于 *S. cerevisiae*。由图6(2) 可知，*S. cerevisiae* 的糖利用率最高（97.45%～97.86%），其次为 *K. humilis*（91.11%），另外 *N. castellii* 的糖利用率也良好，达到66.34%。从图6(3) 和图6(4) 不同菌株的发酵力和发酵液酒精度指标检测来看，*S. cerevisiae* 的产酒性能最好，其次为 *K. humilis*，*N. castellii* 也具有良好的产酒能力。而 *S. fibuligera* 相比其他5株菌，其理化性能均最弱。

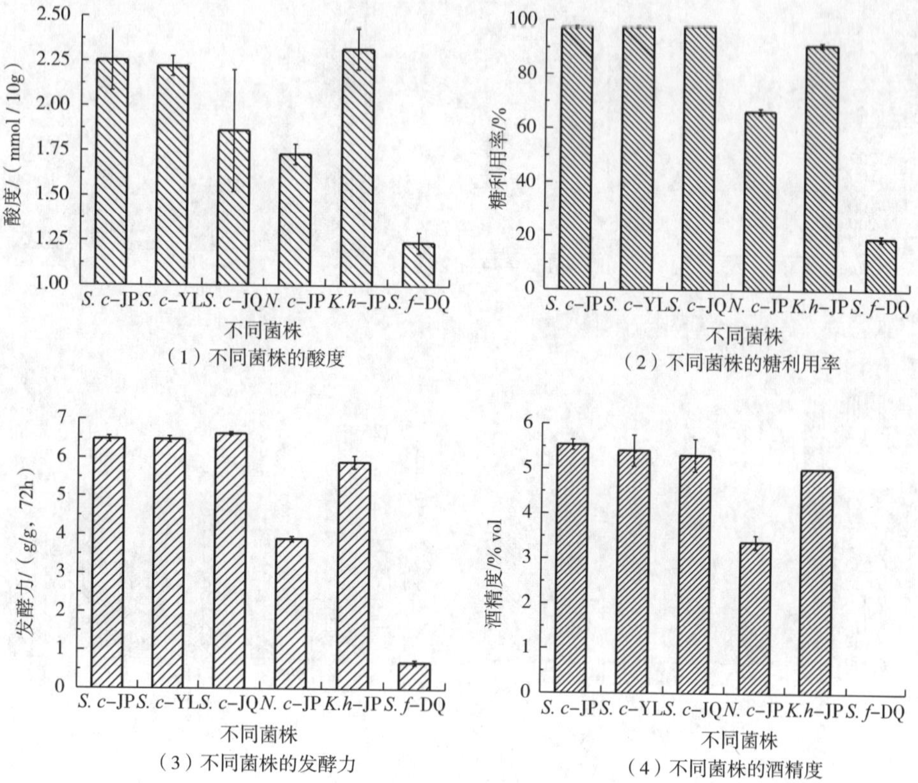


图6 不同酵母菌株理化指标

Fig. 6 Physicochemical indexes of different yeast strains

图7(1) 显示，6株酵母均消耗乳酸，*S. cerevisiae* 和 *N. castellii* 利用乳酸的能力最强，其次为 *K. humilis*。与文献有关报道 *Saccharomyces* 和 *Naumovozyma* 与乳酸合成负相关的结论相吻合[6]。从各发酵液的乙酸检测来看，*N. castellii* 产乙酸能力最强，远远超过其他菌株，达到1536.83mg/100mL，其他菌株低于335mg/100mL，另外从酒

醅分离的 *S. cerevisiae* 可利用乙酸。从图 7(2) 己酸产生量来看，*S. cerevisiae* 产己酸能力最强，其不同来源的菌株性能也不尽相同，分离自酒醅的菌株产己酸最强，其次是原料、酒醅。*K. humilis*，*N. castellii* 和 *S. fibuligera* 的产己酸能力最低。从图 7(3) 检测的酯类物质来看，6 株酵母主要产乙酸乙酯，*S. cerevisiae* 产乙酸乙酯和己酸乙酯能力均高于其他非酿酒酵母，*N. castellii* 产乙酸乙酯能力稍高于 *K. humilis*。3 株非酿酒酵母的产己酸乙酯能力均较弱。从图 7(4) 产生的醇类物质来看，*S. cerevisiae* 和 *N. castellii* 产异戊醇能力较强，*K. humilis* 产$\beta$-苯乙醇能力最好，*N. castellii* 和 *K. humilis* 的产异丁醇量最高，另外 6 株菌产正丁醇能力均最弱，其中 *N. castellii* 与 *S. cerevisiae* 的产正丁醇性能相当。

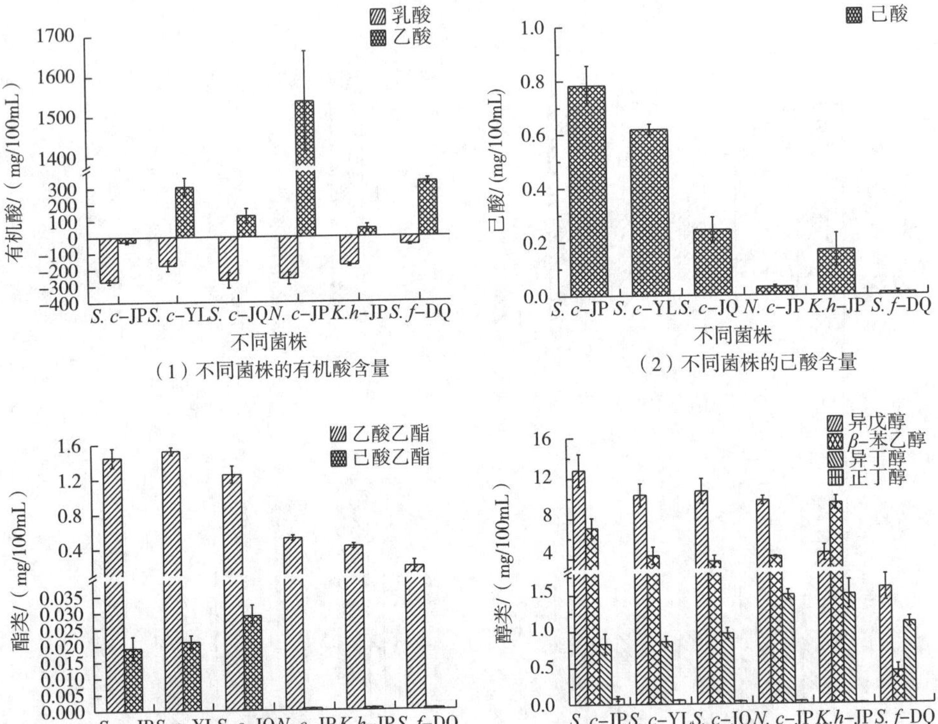


（1）不同菌株的有机酸含量

（2）不同菌株的己酸含量

（3）不同菌株的酯类含量

（4）不同菌株的醇类含量

图 7　不同酵母菌株风味色谱指标

Fig. 7　Flavor chromatographic indexes of different yeast strains

## 4 结论

本研究通过传统酵母分离方法和真菌 ITS 高通量技术相结合，对今世缘浓香型白酒发酵过程酒醅酵母菌群结构进行解析。结果表明，今世缘浓香型窖池酒醅中的优势酵母菌物种为 *N. castellii*、*K. humilis*、*S. cerevisiae* 和 *P. fermentans*。它们具有优良的生酸、产醇、产酯性能，对出酒率及酒体风味起着重要的作用。

文献报道[7]，一些酵母菌物种包括 *N. castellii*、*S. cerevisiae* 和 *Saccharomyces* 属的其他一些菌种，以及 *Kazachstania* 属（如 *K. humilis*）和 *Nakaseomyces* 属的物种，更偏向进行发酵途径，为 Crabtree 阳性酵母，即使在氧气存在下葡萄糖也转化为乙醇。*N. castellii* 可以利用葡萄糖和半乳糖碳源，将其转化为乙醇、$CO_2$ 和极少量的甘油和乙酸盐。*S. cerevisiae* 是中国白酒发酵过程中重要的产乙醇功能菌株，并具有较高乙醇耐受性。*Kazachstania* 属菌株的代谢方式为产生、积累、再消耗，当培养基质中葡萄糖殆尽时，乙醇作为碳源会被 *Kazachstania* 吸收代谢，*K. humilis* 具有高产甘油、低产乙醇的能力[8-9]。这可能是发酵后期乙醇含量减少的原因之一。*P. fermentans* 具有高产酯酶活性，可促进酯类香气物质的累积，并具高产 β-苯乙醇能力。与 *S. cerevisiae* 混合发酵可显著增加酒样发酵香气中的乙酸酯、$C_6$ ~ $C_{12}$ 脂肪酸及其酯类、异戊醇与苯乙醇的含量[10-13]。

同时高通量测序结果显示，随着发酵过程的进行，菌群向耐酸、耐酒精的群落发展，酵母菌多样性也不断降低。浓香型白酒发酵过程酵母菌群的明确，可揭示本香型和今世缘品牌白酒风味形成的生物学基础，为精准控制酿酒工艺和风味需求的调整提供可靠的生物学理论依据。

## 参考文献


[1] 金伟，谢玉球，时晓，等．浓香型白酒生产中酿酒微生物研究与应用现状[J]．酿酒科技，2016（3）：106-109.

[2] Hu X L，Du H，Ren C，et al. Illuminating anaerobic microbial community and cooccurrence patterns across a quality gradient in Chinese liquor fermentation pit muds［J］. Applied and Environmental Microbiology，2016，82（8）：2506-2515.

[3] Liu J，Wu Q，Wang P，et al. Synergistic effect in core microbiota associated with sulfur metabolism in spontaneous Chinese liquor fermentation［J］. Applied and Environmental Microbiology，2017，83（24）：e01475-17.

[4] 甘广东，陆其刚，冯海燕，等．酒醅中优势酵母菌的筛选及生理生化特性分析［J］．酿酒，2016，43（1）：31-35.

[5] Wang H Y，Zhang X J，Zhao L P. Analysis and comparison of the bacterial community in fermented grains during the fermentation for two different styles of Chinese liquor［J］. Journal of Industrial Microbiology and Biotechnology，2008，35（6）：603-609.

[6] 刘凡，周新虎，陈翔，等．洋河浓香型白酒发酵过程酒醅微生物群落结构解

析及其与有机酸合成的相关性［J］. 微生物学报，2018，58（12）：2087-2099.

［7］Karademir A A，Cohn M. *Naumovozyma castellii*：an alternative model for budding yeast molecular biology［J］. Yeast，2017，34（3）：95-109.

［8］Merico A，Sulo P，Piškur J，et al. Fermentative lifestyle in yeasts belonging to the *Saccharomyces* complex［J］. FEBS Journal，2007，274（4）：976-989.

［9］尤雅，段长青，燕国梁. 扁平云假丝酵母与酿酒酵母混合发酵对葡萄酒乙醇含量及香气的影响［J］. 食品科学，2018，39（20）：146-154.

［10］李婷. 川南白酒窖池中产酯酵母的筛选及其葡萄酒增香酿造的潜力分析［D］. 杨凌示范区：西北农林科技大学，2017.

［11］李婷，陈景桦，马得草，等. 优选非酿酒酵母与酿酒酵母在模拟葡萄汁发酵中生长动力学及酯酶活性分析［J］. 食品科学，2017，38（22）：60-66.

［12］王倩倩，覃杰，马得草，等. 优选发酵毕赤酵母与酿酒酵母混合发酵增香酿造爱格丽干白葡萄酒［J］. 中国农业科学，2018，51（11）：2178-2192.

［13］Huang C J，Lee S L，Chou C C. Production of 2-phenylethanol，a flavor ingredient，by *Pichia fermentans* L-5 under various culture conditions［J］. Food Research International，2001，34（4），277-282.

# 1 株 *Wickerhamomyces* 酵母菌对浓香型白酒发酵的影响

简晓平

（四川省宜宾市高洲酒业有限责任公司，四川宜宾　644000）

**摘　要**：为了探究一株 *Wickerhamomyces anomalus* 酵母菌对浓香型白酒发酵的影响，将该株酵母菌接种至糟醅中发酵，并分析糟醅的理化性质、风味物质及微生物区系的变化。结果显示，此酵母菌能使糟醅中氨基态氮的含量极显著增加，乙醇显著减少；乙酸生成量极显著减少，正丁醇极显著增加，仲丁醇显著增高，异戊醇、苯甲醇和丁酸乙酯显著减少；增加糟醅中细菌和真菌群体的多样性和丰度，使 *Sphingobacterium*、*Botryotinia* 丰度降低，使 *Lactobacillus*、*Xeromyces* 丰度增加。结果表明，*W. anomalus* 酵母菌对浓香型白酒发酵有着广泛而深远的影响。

**关键词**：*Wickerhamomyces*；浓香型白酒；糟醅理化性质；风味物质；微生物区系

# Influences of a *Wickerhamomyces* Strain on Fermentation of Strong-flavored Liquor

JIAN Xiaoping

(Sichuan Yibin Gaozhou liquor Co., Ltd., Sichuan Yibin 644000, China)

**Abstract**: In order to explore the effect of a *Wickerhamomyces anomalus* yeast in the Strong-flavored liquor, the strain was inoculated to fermentation grains, and the fluctuation of physicochemical indexes, flavor substances and microflora in fermented grains were analyzed after fermentation. It was found that the inoculation of this yeast strain significantly increased the content of amino-N in the fermented grains and significantly decreased the ethanol, and appreciably decreased the amount of acetic acid, isoamyl alcohol, benzyl alcohol

基金项目：宜宾学院创新团队项目：固态发酵技术研究与产品开发（2018ZRTD01）。

作者简介：简晓平，男，本科，高级工程师，主要从事酒体设计、白酒酿造技术的研究。E-mail：461518079@qq.com。

and ethyl butyrate, but increased the *n*-butanol and sec-butyl alcohol. Furthermore, the yeast strain increased the diversity and abundance of bacterial and fungus in the fermented grains, *Lactobacillus* and *Xeromycess* became dominant strains instead of *Sphingobacterium* and *Botryotinia*. The results showed that *W. anomalus* yeast extensively and deeply influenced fermentation of Strong-flavored liquor.

**Key words**: *Wickerhamomyces*, Strong-flavored liquor, Physicochemical properties of fermented grains, Flavor substances, Microbial flora

## 1 前言

浓香型白酒发酵是以糟醅为介质，通过酒曲和窖泥中微生物的共代谢，生成酒精及多种风味物质，其中，酵母菌作为白酒酿造微生物中的重要类群，在糖化原料、产酒、形成香气产物等方面都起着重要的作用，部分酵母菌株已用于白酒酿造[1]，但现有白酒用商业酵母菌剂均为酿酒酵母，而已有研究[2]表明，非酿酒酵母可通过分泌多种风味酶促进风味物质生成。*Wickerhamomyces anomalus* 酵母作为非酿酒酵母，用于芒果酒、苹果酒及面包发酵效果均较好[3]；叶萌祺[4]和王益姝[5]的研究发现，其可在高酸度条件下生长良好，生成大量酯类，并且保证生成的酯类不被降解[6]。You 等[7]从宜宾浓香型白酒产区分离了大量功能酿酒酵母，其中 1 株 *W. anomalus* 酵母体现了很好的产酯能力，本研究通过在糟醅中强化接种该酵母，通过糟醅中碳氮转化和风味物质生成情况，探讨酵母对浓香型白酒发酵过程中物质代谢的影响，同时采用高通量测序分析该酵母对糟醅中微生物区系的影响，从产物生成及酿造微生物生态两个方面评价 *W. anomalus* 酵母对浓香型白酒发酵的影响，为该酵母的推广应用提供理论依据。

## 2 材料与方法

### 2.1 材料与试剂

菌株：从浓香型白酒糟醅中分离得到一株 *Wickerhamomyces anomalus* 酵母菌，保藏编号 S432Y-42-C（现保存于四川省固态发酵资源利用四川省重点实验室)。

糟醅：由宜宾高洲酒业有限责任公司提供。

### 2.2 实验方法

#### 2.2.1 菌悬液制备

目的酵母菌接种至 50mL YPD 液体培养基中活化，再转接至 YPD 固态培养基上，28℃恒温培养至形成单菌落，然后挑取单菌落接种至 YPD 液体培养基中，28℃恒温扩培 2d。将扩培后的培养液在 8000r/min 条件下，低温离心 5min，取沉淀以无菌水洗涤离心 3 次后，调节菌体浓度为 $10^8$ 个/mL，4℃保存备用。

2.2.2　发酵

固态发酵体系：在浓香型白酒酿造车间，入窖粮糟加 1%（体积分数）黄水混匀后，分装入 1L 的玻璃坛［每坛（0.83±0.05）kg］，每个玻璃坛接种 50mL 菌悬液，充分混匀后封口（封口材料自内向外依次为窖皮泥、坛盖、保鲜膜、牛皮纸）。

混菌处理：添加黄水的糟醅装入玻璃坛后，接种 50mL 菌悬液，充分混匀后封口。

纯菌对照：添加黄水的糟醅装入玻璃坛后，$1\times10^5$ Pa 灭菌 30min，冷却至 35℃左右接种 50mL 菌悬液封口。

空白对照：以等体积的无菌水代替 50mL 菌悬液接种未灭菌的糟醅。

处理和对照均设 3 个重复，室温条件下遮光发酵 60d。

2.2.3　理化指标检测

（1）淀粉含量　通过 GB/T 5009.9—2008，采用酶水解法来测定淀粉的含量[8]。

（2）还原糖含量　通过 GB/T 5009.7—2008，采用斐林试剂滴定法来测定还原糖的含量[9]。

（3）酸度　通过 GB/T 9736—2008，采用滴定分析法来测定酸度[10]。

（4）氨基态氮　通过 GB/T 12143.2，采用甲醛值法来测定氨基态氮的含量[11]。

2.2.4　风味物质及乳酸检测

将固液态发酵样品加入 200mL 的去离子水，蒸馏得到 100mL 的蒸馏液，所有的蒸馏液均用 0.22μm 膜过滤备用。

采用 FFAP 色谱柱（50m×0.25mm×0.25μm，美国 Agilent 有限公司）和 LZP-930 色谱柱（50m×0.25mm×0.25μm，兰州物理化学研究所）检测有机酸及其他主要风味物质，采用 $C_{18}$ 柱（250mm×4.6mm×5μm）应用液相色谱法检测乳酸含量[12]。

## 3　结果与分析

遮光发酵 60d 后，对所有处理及其对照组进行观察测定和分析。以下分别讨论 S432Y-42-C 酵母对糟醅中碳氮源利用、风味物质生成及微生物区系的影响。

### 3.1　S432Y-42-C 对糟醅中碳氮源利用的影响

白酒发酵过程中，糟醅中糖类物质（特别是还原糖）含量变化直接反映了微生物的生长状况及发酵速度的快慢，蛋白质及氨基态氮含量对白酒品质有较大影响，因此对糟醅发酵前后的主要碳氮物质含量进行检测。

从图 1 可知，与接种 S432Y-42-C 酵母菌株的灭菌糟醅相比，混菌糟醅中淀粉、还原糖含量略低，其含量差异都未达到显著水平，而混菌糟醅中乙醇含量显著高于纯菌发酵，可能是因为：第一，强化接种菌株和糟醅微生物共同作用加强了发酵体系糖化酶作用，从而提高了淀粉转化率，导致还原糖生成量增多，因此乙醇生成量增多；第二，糟醅灭菌后，由于高温作用，产酒酵母减少，使整个发酵体系发酵力减弱。

与空白对照相比，混菌发酵糟醅淀粉、氨基态氮和还原糖含量略高，残余淀粉高于空白糟醅，说明加入强化菌株后降低了淀粉利用率，因此乙醇含量也相应降低，可能是由于加入强化酵母后影响了糟醅的微生物区系，进而影响到糟醅的微生物共代谢网络，使糟醅中糖化酶的产生及作用受到一定抑制。同时，混菌发酵体系中氨基态氮含量极显著高于空白对照组，可能是接种此酵母后促使蛋白酶活性增加，合成氨基态氮的微生物增多。

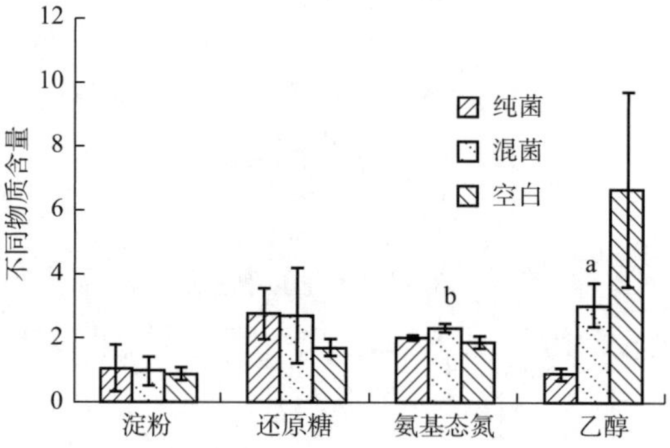


图 1　S432Y-42-C 对糟醅中碳氮利用的影响

Fig. 1　Influence on the degradation of carbon and nitrogen in fermentative grains caused by S432Y-42-C

注：淀粉、还原糖的单位是 mg/100g，氨基态氮的单位是 g/kg，乙醇的单位是 g/10mL，a 表示与纯菌糟醅组的差异达到显著水平（$P<0.05$），b 表示与空白对照组的差异达到极显著水平（$P<0.01$）。

## 3.2　S432Y-42-C 对糟醅中风味物质含量的影响

### 3.2.1　S432Y-42-C 对糟醅中醇类物质含量的影响

由表 1 可知，与接种 S432Y-42-C 的纯菌发酵糟醅相比，接种 S432Y-42-C 的混菌糟醅中 5 种高级醇生成量均高于纯菌糟醅，并且其中仲丁醇和异戊醇含量差异达到显著水平，正丁醇达到极显著水平，除乙醇外的总醇生成量明显高于纯菌发酵生成量，除此之外，苯甲醇含量显著低于纯菌发酵体系，说明该酵母菌株与糟醅中其他微生物的相互作用倾向于增加高级醇的生成。

与空白对照组相比，混菌发酵糟醅中正丁醇含量极显著高于空白糟醅，除了异戊醇、苯甲醇和正己醇外，其余醇类含量均高于空白糟醅，高级醇总量也明显高于空白组，但是未达到显著水平，由此推测出可能是接种 S432Y-42-C 酵母菌与发酵体系中的酶形成协同作用促进了醇类物质大量生成。

**表 1　S432Y-42-C 对糟醅中醇含量的影响**　单位：g/L

**Table 1　Fluctuation of alcohols in fermentative grains caused by S432Y-42-C**　Unit：g/L

| 醇类物质 | 纯菌 | 混菌 | 空白 |
|---|---|---|---|
| 甲醇 | 0. 8802±0. 1935 | 1. 3550±0. 1241 | 0. 8925±0. 1842 |
| 正丙醇 | 0. 0312±0. 0080 | 0. 2887±0. 1346 | 0. 2679±0. 2122 |
| 仲丁醇 | 0. 0081±0. 0029 | 0. 0280±0. 0098[a] | 0. 0216±0. 0163 |
| 异丁醇 | 0. 1486±0. 0400 | 0. 2947±0. 0881 | 0. 2424±0. 0624 |
| 正丁醇 | 1. 8850±1. 4931 | 15. 7336±1. 2216[b] | 6. 5583±1. 1256 |
| 异戊醇 | 0. 0268±0. 0092 | 0. 0702±0. 0211[a] | 0. 1277±0. 0599 |
| 苯甲醇 | 0. 1144±0. 0031 | 0. 05610±0. 0155[a] | 0. 0771±0. 0162 |
| β-苯乙醇 | 0. 0090±0. 0013 | 0. 0096±0. 0010 | 0. 0094±0. 0023 |
| 正己醇 | 2. 8495±0. 4156 | 3. 2402±0. 8150 | 3. 7724±0. 2836 |
| 糠醇 | 5. 7538±4. 5095 | 6. 7106±1. 8219 | 5. 6567±2. 0827 |
| 高级醇总计 | 2. 0997 | 16. 4152 | 7. 2179 |
| 醇总计 | 11. 7066 | 27. 7867 | 17. 626 |

注：a 表示与纯菌糟醅组的差异达到显著水平（$P<0.05$）；b 表示与纯菌糟醅、空白对照组的差异均为极显著水平（$P<0.01$）。

### 3. 2. 2　S432Y-42-C 对糟醅中有机酸和酯类物质含量的影响

由表 2 可知，与接种 S432Y-42-C 酵母菌株的灭菌糟醅相比，混菌发酵糟醅中乙酸含量极显著低于纯菌发酵，已酸含量略高，丁酸、乳酸含量较低，总酸含量也比较低，但含量差异均未达到显著水平。可能原因是接入了 S432Y-42-C 酵母菌株对乙酸菌、丁酸菌和乳酸菌产酸有抑制作用，导致相应菌株生成酸量减少。总的来说，糟醅灭菌与否，对产酸量有影响，且乙酸含量差异已达到极显著水平。

与空白对照组相比，混菌发酵糟醅酸度略低，总酸含量较低，其中混菌发酵糟醅中乙酸含量显著低于空白糟醅，而对于其他有机酸类物质，尽管表 2 显示各处理组有一定差异，但显著性分析表明各处理组间差异均不显著。

**表 2　S432Y-42-C 对糟醅中有机酸含量的影响**　单位：g/mL

**Table 2　Fluctuation of organic acids in fermented grains caused by S432Y-42-C**

Unit：g/mL

| 酸类物质 | 纯菌 | 混菌 | 空白 |
|---|---|---|---|
| 乙酸 | 1. 0310±0. 1547 | 0. 7231±0. 1729[b] | 0. 9529±0. 1341 |
| 丁酸 | 0. 1422±0. 0221 | 0. 1343±0. 0288 | 0. 1616±0. 0283 |

续表

| 酸类物质 | 纯菌 | 混菌 | 空白 |
|---|---|---|---|
| 己酸 | 0. 1130±0. 0017 | 0. 1385±0. 0243 | 0. 1213±0. 0290 |
| 乳酸 | 6. 0481±0. 3409 | 5. 6386±0. 4701 | 6. 0590±0. 4401 |
| 总酸 | 7. 3343 | 6. 6345 | 7. 2948 |
| 酸度 | 0. 301±0. 0618 | 0. 2467±0. 0125 | 0. 2633±0. 0189 |

注：b 表示与纯菌糟醅、空白对照组的差异均达到极显著水平，$P<0.01$。

由表 3 可知，与接种酵母菌株的灭菌糟醅相比，混菌发酵糟醅中丁酸乙酯、乳酸乙酯和己酸乙酯含量略高，乙酸乙酯含量较低，总酯含量略低，其原因可能是糟醅灭菌后产酸菌减少，酯化酶灭活，并且在高温条件下挥发性酸和醇减少也导致酯生成量减少，而乙酸乙酯含量较低可能是由于加入的 S432Y-42-C 菌削弱了乙酸菌的产酸力，从而生成乙酸量较少，进而生成的相应酯较少。总体来说，接种此株酵母后，对糟醅中酯的合成有一定程度的影响，但只有丁酸乙酯含量差异达到显著水平。

与空白对照相比，混菌发酵糟醅的乙酸乙酯、乳酸乙酯含量略高，丁酸乙酯、己酸乙酯含量较低，总酯含量略低。可能是接入的 S432Y-42-C 菌对整个发酵体系有一定影响，丁酸菌、己酸菌酸化力减弱，酯化力减弱，而增强了乙酸菌、乳酸菌的酯化力，从而使四种主体酯有减有增。由此可见，接种 S432Y-42-C 酵母菌株对糟醅中四种酯含量和总酯含量均有一定程度的影响，但是均未达到显著水平。

总体来说，混菌发酵糟醅的酸度均比纯菌糟醅和空白对照低，其中混菌中乳酸含量均比纯菌和空白中低，而乳酸乙酯生成量却均高于纯菌和空白，说明接种该菌株后促使其他风味物质转化成了乳酸乙酯；并且四种主要的有机酸和酯含量均较低，从而说明接种 S432Y-42-C 酵母菌株后可在一定程度上减弱浓香风味。

**表 3　S432Y-42-C 对糟醅中酯含量的影响**　单位：g/L

**Table 3　Fluctuation of esters in fermented grains caused by S432Y-42-C**　Unit：g/L

| 酯类物质 | 纯菌 | 混菌 | 空白 |
|---|---|---|---|
| 乙酸乙酯 | 2. 4726±2. 3505 | 0. 6985±0. 7291 | 0. 5846±0. 2152 |
| 丁酸乙酯 | 0. 0172±0. 0041 | 0. 0941±0. 0243[a] | 0. 1569±0. 0467 |
| 乳酸乙酯 | 8. 5848±0. 7055 | 10. 0172±1. 0508 | 9. 6572±0. 02904 |
| 己酸乙酯 | 0. 1947±0. 0510 | 0. 2991±0. 0711 | 0. 8121±0. 3163 |
| 总酯 | 11. 2693 | 11. 1089 | 11. 2108 |

注：a 表示与纯菌发酵糟醅的差异达到显著水平，$P<0.05$。

### 3.2.3　S432Y-42-C 对糟醅中醛类物质含量的影响

由图 2 可知，与接种 S432Y-42-C 菌株的灭菌糟醅相比，混菌发酵糟醅中异丁醛、糠醛和乙缩醛含量比较低，而只有乙醛含量略高，可能原因是：第一，纯菌的乙醇含量较少，氧化生成乙醛量较低；第二，混菌糟醅中的微生物可能抑制了接种酵母菌株生成醛类物质。总的来说，糟醅不灭菌对乙醛、异丁醛、糠醛、乙缩醛含量均有影响，但均未达到显著水平。

与空白对照组相比，混菌发酵糟醅中乙醛含量降低，而异丁醛、糠醛和乙缩醛均升高，但都未达到显著水平，说明此菌株对醛类物质生成有一定影响，接入此菌株增加了异丁醛和糠醛生成量，从而可能使白酒产生不良风味。

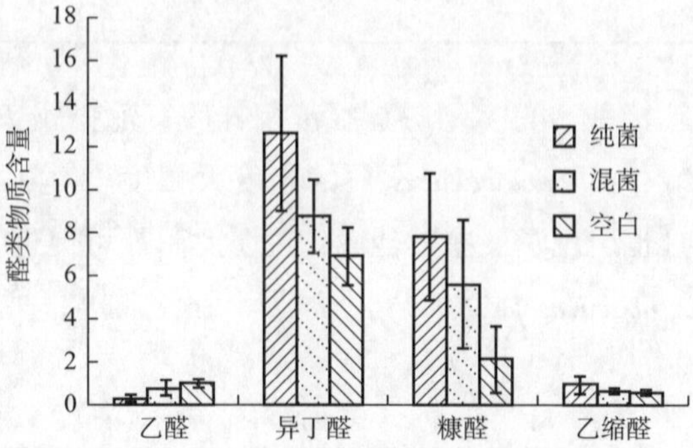


图 2　S432Y-42-C 对糟醅中醛类物质含量的影响

Fig. 2　Fluctuation of aldehydes in fermentative grains caused by S432Y-42-C

注：乙醛、糠醛、乙缩醛的单位是 g/L，异丁醛的单位是 mg/L。

## 3.3　S432Y-42-C 对糟醅微生物区系的影响

### 3.3.1　S432Y-42-C 对细菌区系的影响

由表 4 可知，两个样本的覆盖率均超过 92%，能很好地反映糟醅样本中细菌微生物菌群的真实信息。接种 S432Y-42-C 后糟醅的有效序列数减少，但操作分类单元数增加，同时香农（Shannon）指数增高表明该酵母提高了糟醅中细菌的多样性，即该体系的均匀度提高了，微生物的类群数越高，对于生态系统来说越稳定。

**表 4　S432Y-42-C 对细菌区系多样性的影响**

**Table 4　Influence on the bacteria diversity in fermentative grains caused by S432Y-42-C**

| 样品编号 | 序列总数 | 操作分类单元数 | Shannon 指数 | ACE 指数 | Chao1 指数 | 覆盖率 | Simpson 指数 |
|---|---|---|---|---|---|---|---|
| 空白对照 | 27359 | 2047 | 3.066166 | 8823.4171 | 5230.508475 | 0.949889 | 0.228224 |
| S432Y-42-C | 23930 | 2458 | 3.471123 | 13042.66875 | 7437.432526 | 0.929085 | 0.260196 |

从表 5 可以看出，接种 S432Y-42-C 后，糟醅中细菌门从 15 个增加到 22 个，并且在纲、目、科、属、种水平上均有较大幅度的增长，此现象可能是因为接入的 S432Y-42-C 菌株影响了原有的生态平衡，促进一些丰度较低的微生物种属生长，从而提高了物种多样性。

**表 5　　不同分类水平下高通量测序类群数**

**Table 5　　The bacteria populations revealed by high-throughput sequencing in different classification levels**

| 样品 | 门 | 纲 | 目 | 科 | 属 | 种 |
|---|---|---|---|---|---|---|
| 空白糟醅 | 15 | 28 | 52 | 83 | 136 | 113 |
| S432Y-42-C | 22 | 45 | 83 | 160 | 376 | 267 |

从图 3 可以看出，接种 S432Y-42-C 酵母菌株后，优势属 *Pseudomonas* 和 *Sphingobacterium* 的丰度锐减，而 *Lactobacillus* 属的丰度大幅度增高了，*Kroppenstedtia* 属丰度也明显增加了，并且也出现了一些其他属，说明此菌株可促进某些属的生长来提高菌体多样性，例如 *Lactobacillus* 属。

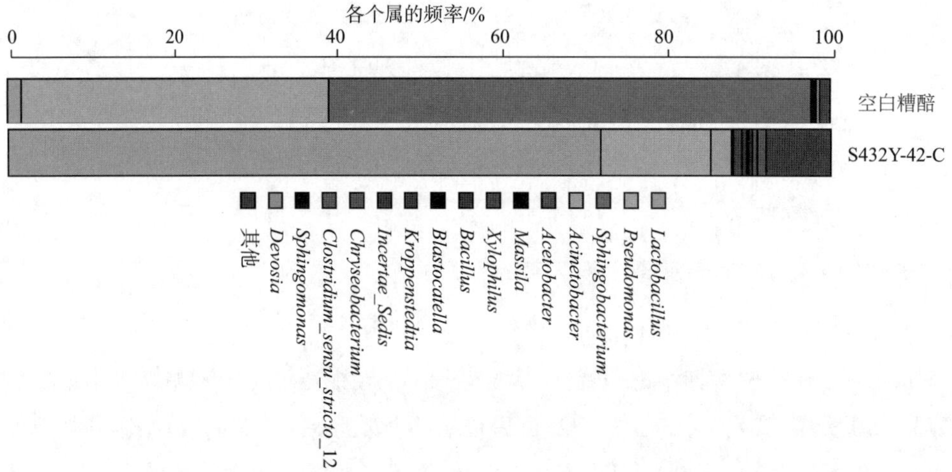


图 3　S432Y-42-C 对糟醅中细菌区系构成的影响

Fig. 3　Influence on bacteria flora in fermentative grains caused by S432Y-42-C

3.3.2　S432Y-42-C 对真菌区系的影响

由表 6 可知，接种 S432Y-42-C 后糟醅的有效序列数减少，操作分类单元数减少，空白组样本的覆盖率超过 99%，能很好地反映糟醅样本中真菌微生物菌群的真实信息，而另一样本的覆盖率超过 81%，也能大致反映糟醅样本中细菌微生物菌群的真实信息。同时香农指数和 ACE 指数变化表明该酵母增大了糟醅中真菌的多样性及丰度。

表 6　　S432Y-42-C 对真菌区系多样性的影响

Table 6　　Influence on the fungus diversity in fermentative grains caused by S432Y-42-C

| 样品编号 | 序列总数 | 操作分类单元数 | Shannon 指数 | ACE 指数 | Chao1 指数 | 覆盖率 | Simpson 指数 |
|---|---|---|---|---|---|---|---|
| 空白对照 | 19658 | 377 | 1. 265966 | 745. 5037 | 606. 9672 | 0. 991454 | 0. 64255 |
| S432Y-42-C | 422 | 130 | 4. 135829 | 515. 7819 | 315. 8824 | 0. 810427 | 0. 034417 |

由表 7 可知，接种 S432Y-42-C 后，糟醅中真菌纲从 21 个下降到 17 个，目从 58 个下降到 37 个，科从 97 个下降到 59 个，属从 144 个下降到 73 个，种从 215 个下降到 96 个。其中丰度最高的纲是 Eurotiomycetes，丰度最高的目是 Saccharomycetales，丰度最高的种是 *Zygosaccharomyces pseudobailii*。

表 7　　不同分类水平下高通量测序类群数

Table 7　　The fungus populations revealed by high-throughput sequencing in different classification levels

| 样品 | 门 | 纲 | 目 | 科 | 属 | 种 |
|---|---|---|---|---|---|---|
| 空白糟醅 | 6 | 21 | 58 | 97 | 144 | 215 |
| S432Y-42-C | 6 | 17 | 37 | 59 | 73 | 96 |

从图 4 可以看出，接种 S432Y-42-C 酵母菌株后，优势真菌属 *Botryotinia* 大幅度减少，酵母属 *Lodderomyces* 消失，而 unclassified_Fungi、*Xeromyces* 等属的丰度不同程度地增高，说明此菌对真菌区系影响较大。

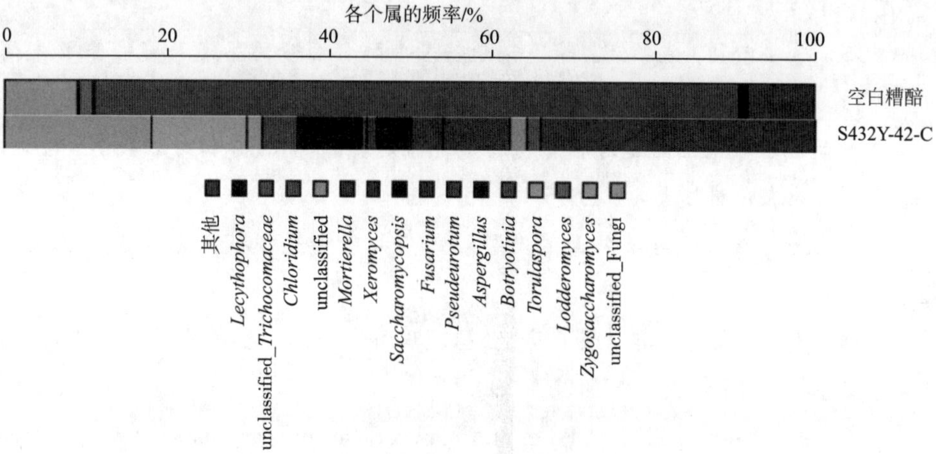


图 4　S432Y-42-C 对糟醅中真菌区系构成的影响

Fig. 4　Influence on fungus flora in fermentative grains caused by S432Y-42-C

## 4 结论

研究表明，固态发酵的影响因素和不确定因素较多，所以固态发酵不均匀，导致数据波动较大。本研究模拟固态发酵，分别从对糟醅碳氮转化、风味物质生成及微生物区系的影响这三个方面探究 1 株 *W. anomalus* 酵母对浓香型白酒发酵的影响，发现如下。

4.1 接种 S432Y-42-C 酵母对淀粉、还原糖影响不大，对乙醇有显著影响，对氨基态氮有极显著影响，减弱了糟醅发酵力，同时极显著促进蛋白质分解。

4.2 该酵母倾向于增加甲醇、仲丁醇、正丁醇、糠醇、异丁醛和糠醛的生成，减少异戊醇、苯甲醇、丁酸乙酯、己酸乙酯、乙酸和乳酸的生成，其中仲丁醇、异戊醇、苯甲醇、丁酸乙酯已达到显著水平，而正丁醇和乙酸已达到极显著水平。

4.3 接种该酵母后均增加了糟醅中细菌和真菌多样性和丰度，且对真菌区系影响更大。

因为固态发酵的不均匀性，且糟醅中微生物之间的作用较复杂，因此对于上述结论中涉及的相关现象产生的何种原因、机理还不清楚，后续还需要进行更深一步的探索、研究。

### 参考文献

[1] 侯建光，郭富祥，樊建辉，等．响应面法优化陶香型窖池中异常威克汉姆酵母发酵产乙酸乙酯条件［J］．酿酒科技，2016（10）：77-81.

[2] 崔艳，刘金福．非酿酒酵母在葡萄酒酿造中应用的研究现状［J］．中国酿造，2010（11）：13-16.

[3] 岑涛，岳田利，袁亚宏，等．云南芒果中酵母菌分离鉴定及在芒果酒发酵中的应用［J］．食品科学，2015，36（11）：119-124.

[4] 叶萌祺．苹果酒酿造过程香气物质调控及 FT-NIRS 分析方法研究［D］．杨凌示范区：西北农林科技大学，2015.

[5] 王益姝．生香酵母及其面团发酵过程与面包香气特征研究［D］．无锡：江南大学，2016.

[6] 张玉然，李文平，郭兰英，等．2 株酒用酵母的分子鉴定及耐受性研究［J］．济宁医学院学报，2016，39（6）：387-390.

[7] You L，Wang S，Zhou R P，et al. Characteristics of yeast flora in Chinese strong-flavour liquor fermentation in the Yibin region of China［J］. Journal of the Institute of Brewing，2016，122（3）：517-523.

[8] GB 5009. 9—2016，食品安全国家标准　食品中淀粉的测定 [S].

[9] GB 5009. 7—2016，食品安全国家标准　食品中还原糖的测定 [S].

[10] GB/T 9736—2008，化学试剂 酸度和碱度测定通用方法 [S].

[11] GB/T 12143—2008，饮料通用分析方法 [S].

[12] You L，Wang T，Yang Z R，et al. Performance of indigenous yeasts in the processing of Chinese strong - flavoured liquor during spontaneous mixed solid - state or submerged fermentation [J]. Journal of the Institute of Brewing，2015，121 (2)：295-303.

# 清香型白酒不同生产时期发酵过程微生物差异性研究

蔚慧欣，韩英，王军燕

（山西杏花村汾酒厂股份有限公司技术中心，山西汾阳　032205）

**摘　要**：为探究清香型白酒不同生产时期差异性发酵规律，本研究对两个时期环境与发酵过程微生物进行跟踪检测，通过可培养方法与高通量测序揭示立醅与挑醅期发酵过程中的微生物群落结构；利用多样性分析与多元统计分析，找出立醅期与挑醅期发酵过程微生物的相似性与差异性；采用冗余分析发现环境因子的变化与微生物的相关性。研究结果表明，立醅期微生物多样性低于挑醅期，两时期发酵起始的菌群结构相似，发酵中后期、挑醅期占比较高的真菌属主要为 *Aspergillus*、*Thermoascus*、*Monascus*、*Hyphopichia*、*Pichia*；立醅期占比较高的真菌属为 *Hanseniaspora*、*Saccharomycopsis*、*Kazachstania*；挑醅期占比较高的细菌为 *Lactobacillus*（*Lactobacillus acetotolerans*）、*Sporolactobacillus*、*Weissella*、*Luteimonas*、*Buchnera*；立醅期占比较高的细菌属为 *Lactobacillus*（*Lactobacillus brevis*、*Lactobacillus plantarum*）、*Pediococcus*、*Acinetobacter*、*Gluconobacter*、*Enhydrobacter*。冗余分析表明，环境因子中酸度变化对两个时期微生物群落结构演替的驱动也有很大的影响。本研究以解决公司实际生产问题为切入点，结果揭示两个时期发酵过程微生物的差异性，对科学把控发酵进程和发酵工艺现代化升级改造有重要意义。

**关键词**：清香型白酒；微生物群落结构；环境因子；差异性研究

基金项目：国家重点研发计划项目（2016YFD0400503）。

作者简介：蔚慧欣，女，硕士研究生，工程师，主要从事白酒发酵微生物的研究。E-mail：hxyu2015@163.com。

通信作者：韩英，女，硕士，正高级工程师，主要从事酿酒相关的研究。E-mail：qxhy0708@163.com。

# Research on the Differences of Microbial Community Structure in the Fermentation Process of Fen-flavor Liquor

YU Huixin, HAN Ying, WANG Junyan
(Technology Center, Shanxi Xinghuacun Fenjiu Distillery,
Shanxi Fenyang 032205, China)

**Abstract**: In order to explore the different fermentation rules of Fen-flavor liquor in different production periods, the microorganisms in the environment and fermentation process of the two periods were tracked and detected. Revealing the microbial community structure in the fermentation process during the standing and picking periods by culturable methods and high-throughput sequencing; diversity analysis and multivariate statistical analysis were used to find out the similarities and differences of microorganisms in the fermentation process during the period of standing and picking fermented grains; the correlation between the changes of environmental factors and microorganisms was found by RDA. The results showed that the microbial diversity was lower in the standing stage than in the challenging stage, and the microbial community structure was similar at the beginning of fermentation. In the middle and late stages of fermentation, *Aspergillus*, *Thermoascus*, *Monascus*, *Hyphopichia*, *Pichia* were the main fungi in the challenging stage; *Hanseniaspora*, *Saccharomycopsis*, *Kazachstania* were the most common fungi in the standing stage; *Lactobacillus* (*Lactobacillus acetotolerans*), *Sporolactobacillus*, *Weissella*, *Luteimonas*, *Buchnera* were the dominant species in the challenging phase; *Lactobacillus*(*Lactobacillus brevis*, *Lactobacillus plantarum*), *Pediococcus*, *Acinetobacter*, *Gluconobacter*, *Enhydrobacter*. RDA showed that the change of acidity in environmental factors also had a great impact on the succession of microbial community structure in the two periods. The research is based on solving the actual production problems of the company, and the results reveal the differences of microorganisms in the fermentation process of the two periods, which is of great significance for scientifically controlling the fermentation process and modernizing the fermentation technology.

**Key words**: Fen-flavor liquor, Microbial community structure, Environmental factors, Difference research

## 1　前言

中国白酒酿造过程是一种多菌种参与的固态发酵体系，是一种古老、经济且对人体有益的食品发酵技术[1]。虽然白酒产量一直处于高速发展阶段，但名优白酒酿造受到严苛的酿造环境制约，优质酒的供需矛盾反而越来越尖锐。目前，白酒科研工作者提出白酒生态发酵技术，通过重视微生态系统建立起完善的科学理论体系，进一步实现以质能提升助力量能提升[2]。

清香型白酒地缸发酵过程中核心微生物菌群易受温度、酸度、原料等外界环境因素的影响，在全年的生产周期中，白酒的风味物质构成在不同时期呈现规律性的变化，进而出现新产酒酒质波动现象[3]。每年 9 月初立醅，开始新一轮的生产，在实际生产中发现该时期出酒率正常，但原酒中存在总酸、总酯的含量较低等问题。夏季挑醅期气温升高，细菌生长旺盛，导致酒醅升酸高但出酒率低，酒体易出现酸高、乳酸乙酯与乙酸乙酯比例不协调现象。以汾酒为典型代表的清香型白酒清香纯正的特征主要源于其主体香乙酸乙酯与适量乳酸乙酯的协调与平衡[4]，而白酒中风味物质的平衡与发酵过程中微生物的菌群结构有着密切的关联，此外，白酒发酵过程中，来源于空气、地面、工具、设备的环境微生物也会参与发酵过程。因此解决这一系列问题需要从不同时期的环境微生态着手研究，然而目前对发酵环境微生态还缺乏系统的研究。

近年来，对清香型白酒不同生产周期的研究开始有报道，如 Pang 等[5]对汾酒立醅与圆排期酿酒过程微生物群落结构和风味物质的研究，结果表明耐酸乳杆菌的缺失是造成两时期发酵差异的主要因素。Wang 等[6]从四季发酵过程微生物菌群与风味代谢差异中找到关键驱动因素。研究[7-8]表明，清香型白酒生产过程中新、老车间的微生物菌群结构的差异会导致发酵过程中风味物质的差异。但对于立醅与挑醅期的差异鲜有专门研究。本研究以解决公司实际生产问题为切入点，针对立醅及挑醅生产环境中的微生物多样性进行分析，揭示两个时期发酵过程的特点，对提升汾酒发酵质量控制有实际指导价值。

## 2 材料与方法

### 2.1 样品采集

发酵过程酒醅样品：取样于山西杏花村汾酒厂股份有限公司，采样时间点为大茬发酵 0、7、15、28d，选择全厂有代表性的四个车间的四个班组作为平行样品，每个酒醅样品 300g。样品挖取地缸表面中心向下 30cm 处各 3 个，共 120 个样品。用无菌袋采样后迅速放于冰盒内，取样时间与样品处理时间隔不大于 20min。

地缸表面样本采集：按照工厂生产要求将地缸清洗后进行涂抹取样，将无菌棉拭子用无菌 PBS 溶液润湿，以 S 形边旋转边涂抹，然后将涂抹棉拭子利用离心管内壁折断到含有 50mL 无菌 PBS 缓冲液的离心管中，每批材料所需要的 8 个地缸均进行涂抹取样，每个地缸分别选择3个不同的采样点。取完样品后，将离心管置于冰上。

利用纽扣温度计进行地缸后发酵的连续记录，温度计埋在4个地缸中心位置。

## 2.2 主要试剂与仪器

### 2.2.1 主要试剂及耗材

MRS培养基、两性霉素、冰乙酸、乳酸、YPD培养基、氯霉素、孟加拉红培养基、琼脂（北京索莱宝科技有限公司）；玻璃珠（美国Sigma公司）；一次性平皿90mm；RNaseA、琼脂糖、Lysozyme溶菌酶（天根生化科技有限公司）；引物（上海生工生物工程有限公司）；月桂酸钠、盐酸、乙二胺四乙酸、磷酸钠、氯化钠、三氯甲烷、异戊醇、异丙醇、无水乙醇（国药集团股份有限公司）；2×Taq MasterMix、DL 2000 DNA Marker（宝生物工程大连有限公司）。

### 2.2.2 主要仪器

BioSpectrometer® basic 核酸浓度测定仪（美国Thermo Fisher Scientific公司）；PowerPac Basic核酸电泳仪（美国BIO-RAD公司）；Geldoc-it310凝胶成像系统（英国UVP公司）；FMB40制冰机（日本SANYO公司）；RC-6TM Plus离心机（Eppendorf公司）；QL-866涡旋仪（美国赛洛捷克公司）；LT-36VLC8人工气候生长培养箱（美国Percival公司）；ZHJH-C1109C超净工作台（西安志诚电子责任有限公司）；MAC-350P高压灭菌锅（日本SANYO公司）；ML204电子天平（梅特勒-托利多公司）；Milli Q Plus超级纯水仪（Bio-Rad公司）；移液器（Eppendorf公司）；WP750中型机械微波炉（广东格兰仕集团有限公司）；LQ-300DE超声波清洗机（昆山市超声仪器有限公司）等。

## 2.3 试验方法

### 2.3.1 酒醅理化指标的测定

酒醅水分、酸度、还原糖检测方法参照企业标准Q/XF J 09・195—2013。

### 2.3.2 酒醅可培养微生物的分离方法

培养基：MRS培养基+两性霉素（乳酸菌）、YPD培养基+氯霉素（酵母菌）、孟加拉红培养基+氯霉素（丝状真菌）[9]。

取10g酒醅样品溶于90mL无菌水中，充分混匀，形成$10^{-1}$的菌悬液，作为原液。依次10倍稀释，制成6个梯度的悬浊液，分别吸取100μL涂布于相应培养基中，做3组平行。真菌、细菌分别于30℃、37℃培养箱培养。3d后取出计数统计。

每克样品中乳酸菌数=同一稀释度3个培养皿的菌落平均数×稀释倍数×10

### 2.3.3 酒醅总DNA的提取

酒醅总DNA提取采用月桂酸钠法，称取20g酒醅，悬浮于180mL PBS缓冲液中，涡旋振荡，静置1min收集上清液。12000r/min，4℃离心1min收集细胞沉淀，液氮速冻并充分研磨；将研磨好的粉末转移到混合裂解液中，涡旋振荡20min；加入等体积的酚：氯仿：异戊醇（25：24：1），摇匀；混合液在12000r/min，4℃条件下离心10min，吸取上清液；加入10μL RNAase，于37℃静置30min；加入等体积的酚：氯仿：异戊醇，抽提1次；加入0.7倍体积异丙醇，置于-20℃，30min；4℃，12000r/min离心20min，收集沉淀；用70%乙醇洗涤沉淀2次，真空干燥；加入20μL的$ddH_2O$溶解30min，-20℃保存备用。

采用核酸浓度测定仪确定DNA浓度，分析$A_{260}/A_{280}$评价DNA纯度，采用琼脂糖凝胶电泳检查DNA纯度及浓度。

2.3.4　Miseq扩增测序以及序列处理

利用细菌核糖体16S rRNA基因的V3-V4高变区进行扩增，建立克隆文库测序，相关引物对为338F（5′-ACTCCTACGGGAGGCAGCAG-3′）和806R（5′-GGACTACHVGGGTWTCTAAT-3′）。真核微生物扩增的序列为ITS2区域，相关引物对为ITS3（5′-GCATCGATGAAGAACGCAGC-3′）和ITS4（5′-TCCTCCGCTTATTGATATGC-3′）[10]。样品提取的总DNA样本在北京奥维森生物科技有限公司的基因扩增系统中进行PCR反应。通过Illumina平台（MiSeq PE300）进行Paired-end测序，单条序列读长为300bp。

测序下机的原始序列进行低质量reads过滤去除，去除barcode引物序列和嵌合体等。使用Usearch对获得高质量的Tags进行聚类分析，序列相似性为97%水平以上的划分为同一个操作分类单元（OTU）。细菌采用SILVA 16S rRNA数据库，真菌采用NT数据库进行比对，在80%的相似性阈值对OTU代表序列进行分类。

2.3.5　生物信息学与统计学分析

通过Qiime（Version 1.8.0http：//qiime.org/）平台进行OUT基础分析，并计算Alpha多样性分析、Beta多样性分析中的PLS-DA（偏最小二乘判别）分析[11-13]及多元化统计分析中的LDA Effect Size分析。

冗余分析（RDA）[14]研究立醅与挑醅微生物菌群结构变化受理化因子的具体影响。

# 3　结果与分析

## 3.1　不同时期发酵过程中理化性质的变化

温度在发酵过程中的普遍规律是“前缓，中挺，后缓落”，也是一个重要的参考因素。通过对比不同时期发酵过程中温度的变化趋势（图1），结果显示，立醅、挑醅期顶温在3~4d都已达到，且立醅期高于挑醅期近8℃，差异较大，这与立醅期酵母菌生物量高、产热多相关。

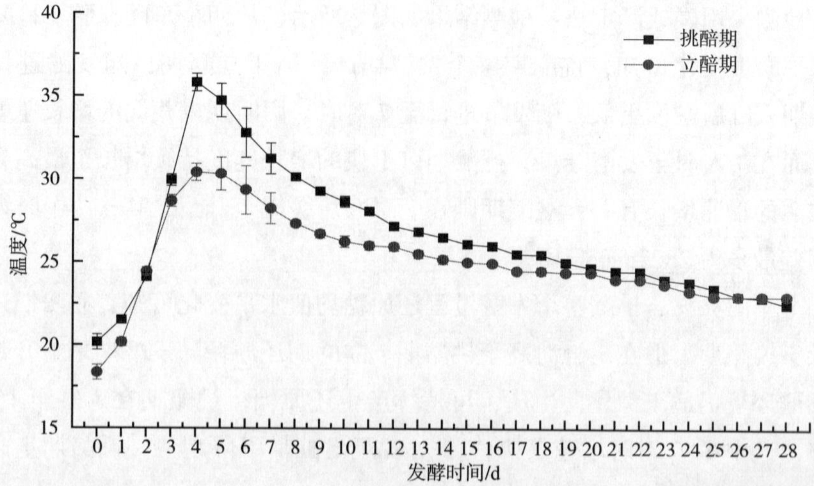


图 1 立醅与挑醅期发酵酒醅样品温度变化

Fig. 1 Changes of temperature of fermented grains in LP and TP

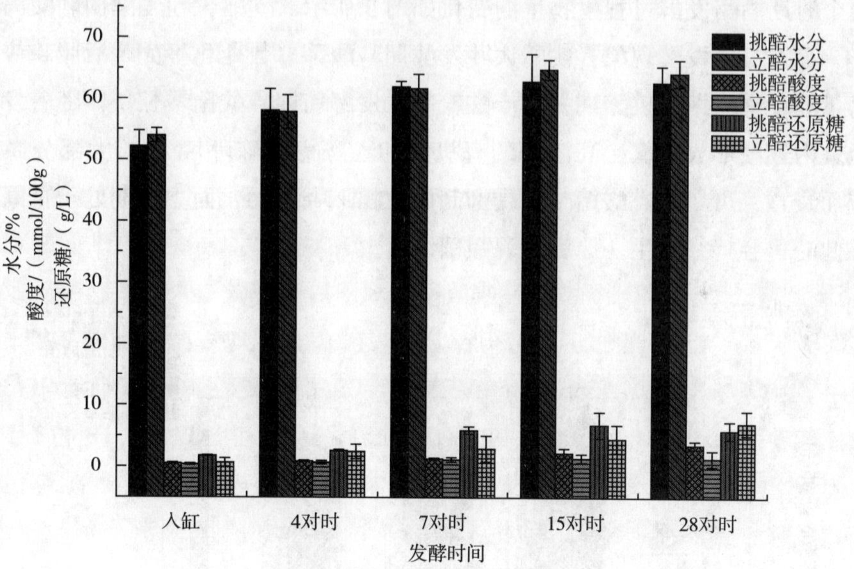


图 2 立醅与挑醅期发酵酒醅样品理化指标变化

Fig. 2 Changes of physicochemical criteria of fermented grains in LP and TP

从入缸水分看，如图 2 所示，四个车间立醅期均高于挑醅期，挑醅发酵期水分在 15 对时下降，其他节点均上升；立醅期水分随发酵进行逐渐升高，在出缸时略下降；挑醅期入缸水分低于立醅期 1.75%，但在出缸时立醅期水分高于挑醅期 1.5%，立醅发酵更加充分，出酒率高①，并且水分差异体现在 7 对时后的发酵情况。

① 注：1 对时为 1 天，即 24h。

酸度检测采用碱式滴定法，检测结果如图 2 所示，从四个车间立醅、挑醅发酵过程均值水平酸度变化可知，挑醅期整个发酵期产酸高于立醅期，随发酵进程酸度递增；立醅期入缸后酸度更低，随发酵进行至 7 对时，两时期以相同的增长速度均呈上升趋势，而在 7 对时至发酵结束，挑醅期以更快的增长速度持续增长至最高，这与该时期产酸菌的迅速增长有关；立醅期则在 7 对时后缓慢上升至最高，两个时期在出缸时酸度相差最多为 2.22mmol/100g。

从四个车间立醅、挑醅整个发酵过程还原糖均值水平变化可知，立醅期还原糖整体水平低于挑醅期，但在出缸时高于挑醅期。立醅期还原糖随发酵期呈上升趋势，可能由于发酵环境仍适于糖化菌生成，可持续产生还原糖。挑醅期在入缸至 15 对时呈上升趋势，其中 4~7 对时增速最快，15 对时至出缸呈下降趋势，挑醅期生产存在出酒率低与还原糖降解不足相关。

## 3.2 不同时期发酵过程可培养微生物生物量的动态变化

两个时期酒醅发酵过程生物量的变化如图 3 所示。立醅大茬发酵期乳酸菌总数呈马鞍形，存在二次发酵现象；挑醅大茬发酵期乳酸菌总数变化呈先增后减趋势，产酸菌生物量高于立醅期；挑醅期材料产酸较高，发酵前期乳酸菌增长快，随着发酵的进行，地缸内逐渐形成厌氧、高浓度的有机酸和乙醇等特殊环境[15]，大部分微生物不能适应而衰亡，可培养乳酸菌生长受抑制而大幅下降至无，而立醅期处于全周期产酸最弱，此时仍会持续产生还原糖，乳酸菌继续上升。

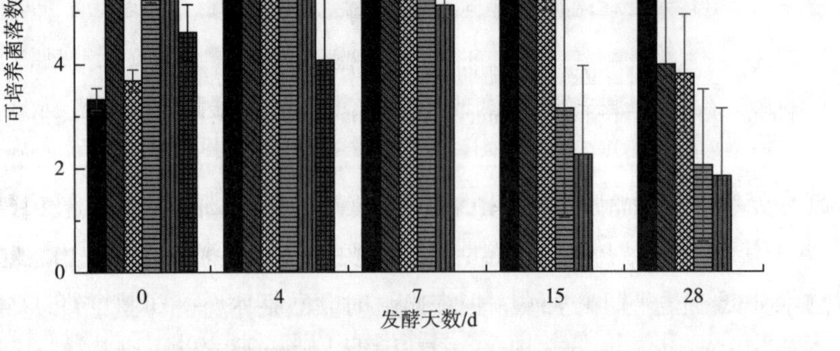


图 3 立醅与挑醅期发酵过程中微生物生物量变化

Fig. 3 Microorganisms viable counts of fermented grains in LP and TP

挑醅与立醅大茬发酵期，酵母菌菌落数变化趋势均是先上升后下降；挑醅期在入缸时酵母菌显著高于立醅期两个数量级，立醅期在发酵 0~4 对时酵母菌以更快的速度增长，其生物量略超过挑醅期；立醅期在第 5 天左右数量最多，之后立醅期酵母菌缓慢下降至较低水平与入缸数量级持平；挑醅期在第 4 天左右数量达到最高，之后迅速下落，数量级与入缸时相差 3 个数量级。两时期酵母菌的演替与顶火温度的高低有关，立醅期酵母增长更快，顶火温度更高，超过 35℃，顶火过后，两时期酵母菌均开始衰亡。

立醅大茬发酵期霉菌总数先上升后下降，由于立醅期发酵环境酸度较其他时期偏低，霉菌在整个发酵期都存在；大茬挑醅发酵期霉菌总数在入缸至 4 对时上升后至 7 对时下降至无，夏季发酵环境酸度较其他时期上升快，抑制霉菌生长。

## 3.3　不同时期发酵过程微生物多样性及群落结构

### 3.3.1　不同时期发酵过程微生物 Alpha 多样性分析

由图 4 可知，立醅期大茬发酵样品的细菌和真菌 Alpha 多样性均显著低于挑醅期样品，反映立醅期参与发酵的微生物结构更简单，更稳定，物种丰度与多样性均较低。从两个时期的 OTU 分布 Venn 图上看，可以比较直观地表现出挑醅期的 OTU 数目高于立醅期。

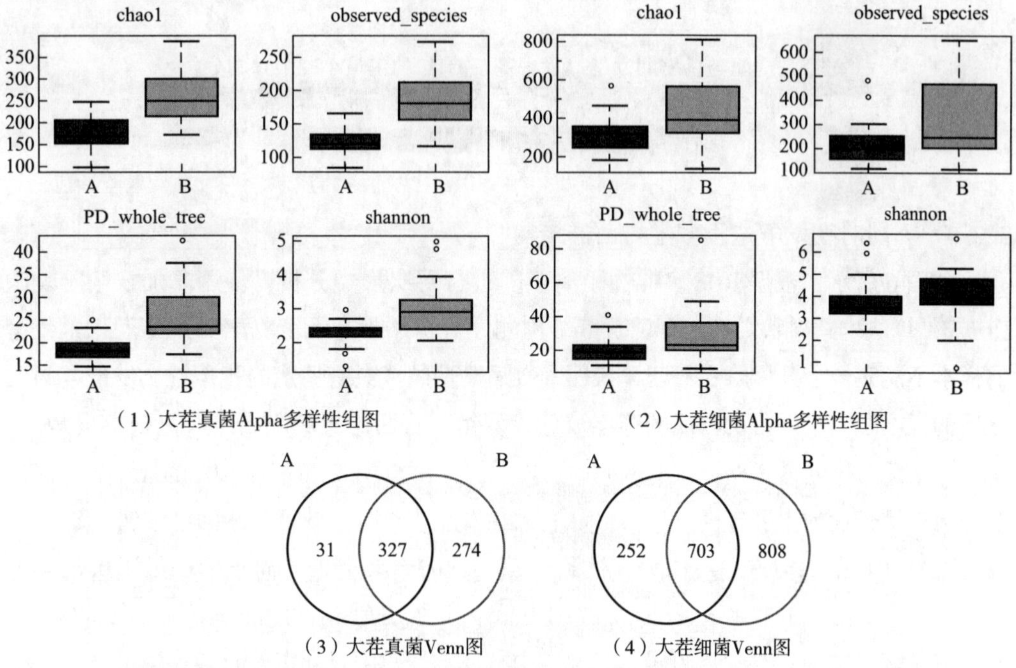


图 4　立醅与挑醅期发酵过程微生物 Alpha 多样性分析

Fig. 4　Alpha indexes of microbes of fermented grains in LP and TP

注：A、B 分别代表立醅期、挑醅期发酵样品；chao1：菌种丰富度指数；observed_ species：实测 OTU 数；PD_ whole_ tree：谱系多样性指数；shannon：群落多样性指数。

### 3.3.2 不同时期发酵过程微生物 Beta 多样性分析

运用 PLS-DA 分析，通过建立微生物含量与两个时期发酵样品之间的关系模型，得到样品类别的预测（图 5），结果两个时期无论细菌和真菌均呈两种模型。立醅期和挑醅期的样本距离较远，明显地分成两组，揭示了两个时期细菌与真菌群落结构具有一定的差异，且高通量测序和传统培养的结果相一致。

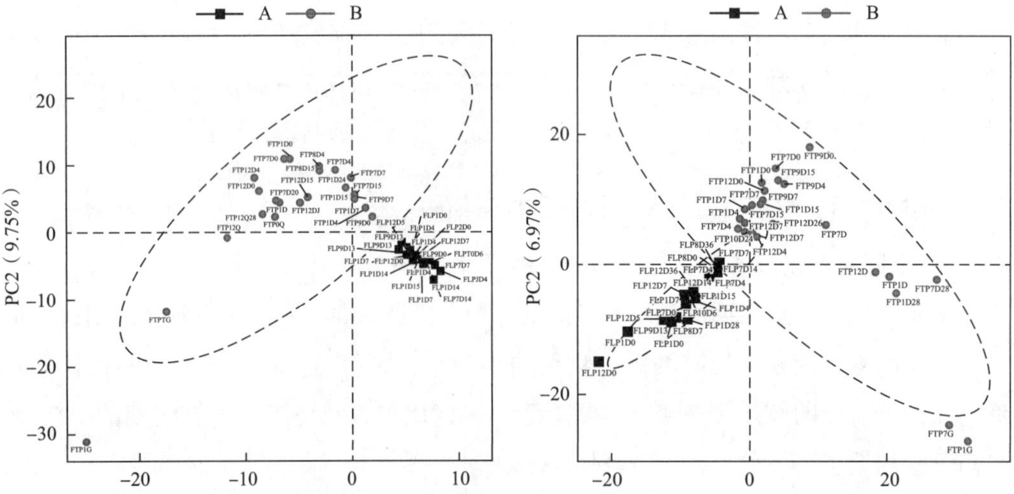


（1）真菌　　（2）细菌

图 5　立醅与挑醅期发酵过程中基于 OTU 的偏最小二乘判别分析

Fig. 5　Partial least squares discrimination analysis based on OTU level of fermented grains in LP and TP

### 3.3.3 不同时期发酵过程微生物菌群结构

如图 6 所示，根据 Beta 多样性距离矩阵进行层次聚类分析，使用非加权组平均法 UPGMA 算法构建树状结构，真菌群落结构测序分析结果显示，立醅与挑醅期入缸发酵的样本不能完全分开，聚在一起，说明入缸后真菌组成具有一定的相似性。发酵 4 对时之后的样本距离较远，两时期的样本被分为两组。真菌的发酵起始阶段以根霉（*Rhizopus*）、复膜孢酵母属（*Saccharomycopsis*）以及毕赤酵母属（*Pichia*）为优势菌属，此外，根霉属在挑醅期的丰度较高（20.29%）。大茬发酵 4 对时至结束，酿酒酵母属（*Saccharomyces*）在真菌中均占绝对优势，达到真菌丰度的 60% 以上，而毕赤酵母菌属的丰度迅速降低，挑醅期的复膜孢酵母属占比更低。挑醅期地缸表面的真菌以 *Kazachstania* 属、酿酒酵母属为主要优势菌属，其次为根霉属、毕赤酵母属以及复膜孢酵母属。

由图 7 细菌群落结构可以看出，细菌的聚类分析结果和真菌显示了类似的趋势。为了进一步揭示不同时期微生物菌群的具体差异，我们从属水平上对两个酒醅发酵中细菌群落结构的演替变化进行研究。挑醅期地缸表面的细菌乳杆菌属（*Lactobacillus*）

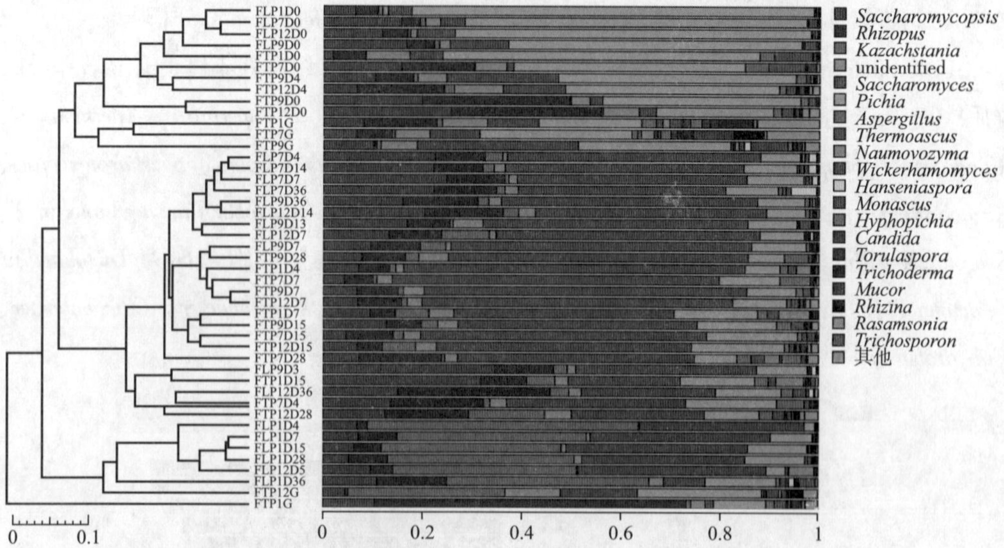


图 6　立醅与挑醅期发酵过程真菌属水平层级聚类柱状图

Fig. 6　Hierarchical cluster histogram of fungi at the genes level of fermented grains in LP and TP

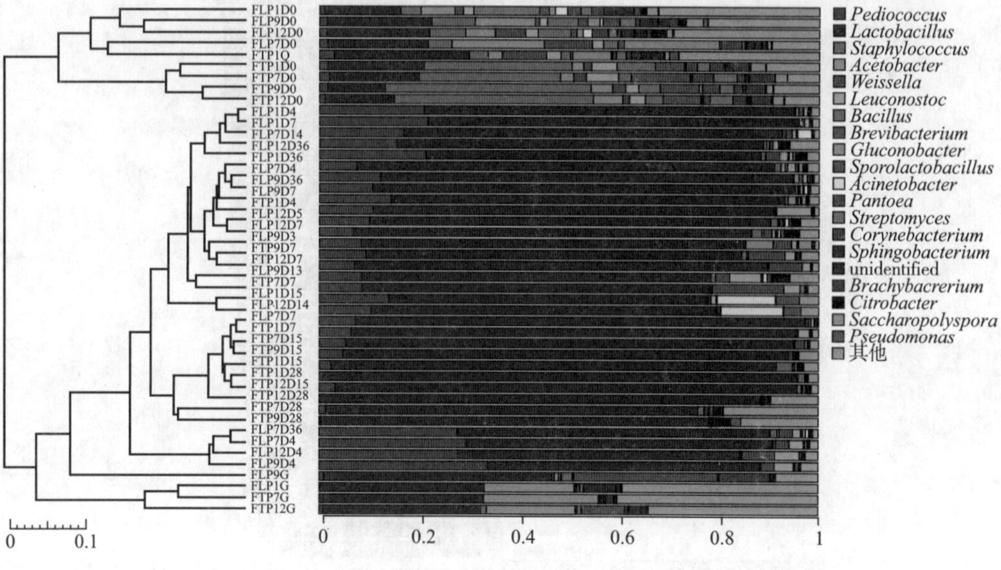


图 7　立醅与挑醅期发酵过程细菌属水平层级聚类柱状图

Fig. 7　Hierarchical cluster histogram of bacteria at the genes level of fermented grains in LP and TP

的丰度达到 36.8%，其次是醋酸菌属（*Acetobacter*），其丰度为 9.1%。细菌的发酵起始阶段以乳杆菌属、葡萄球菌属（*Staphylococcus*）以及醋酸菌属为优势菌属，此外，葡萄球菌属在挑醅期的丰度较高（38.52%），且多样性高于立醅期。两个时期大茬发酵从 4 对时至结束，乳杆菌属与片球菌属（*Pediococcus*）在细菌中均占绝对优势，达到细菌丰度的 85% 以上，而其他属的丰度迅速降低，且挑醅期的片球菌属占比较低。

### 3.3.4 不同时期发酵过程微生物菌群结构 LEfSe（LDA Effect Size）分析

LDA Effect Size 分析可以实现两个分组之间的比较，找到组间在丰度上有显著差异的物种（$P<0.05$）。由图 8 可得，挑醅期差异性真菌属前五个为 *Aspergillus*、*Thermoascus*、*Monascus*、*Hyphopichia*、*Pichia*；立醅期差异性真菌属为 *Hanseniaspora*、*Saccharomycopsis*、*Kazachstania*；挑醅期差异性细菌属前五个为 *Lactobacillus*（*Lactobacillus acetotolerans*）、*Sporolactobacillus*、*Weissella*、*Luteimonas*、*Buchnera*；立醅期差异性细菌属为 *Lactobacillus*（*Lactobacillus brevis*、*Lactobacillus plantarum*）、*Pediococcus*、*Acinetobacter*、*Gluconobacter*、*Enhydrobacter*。

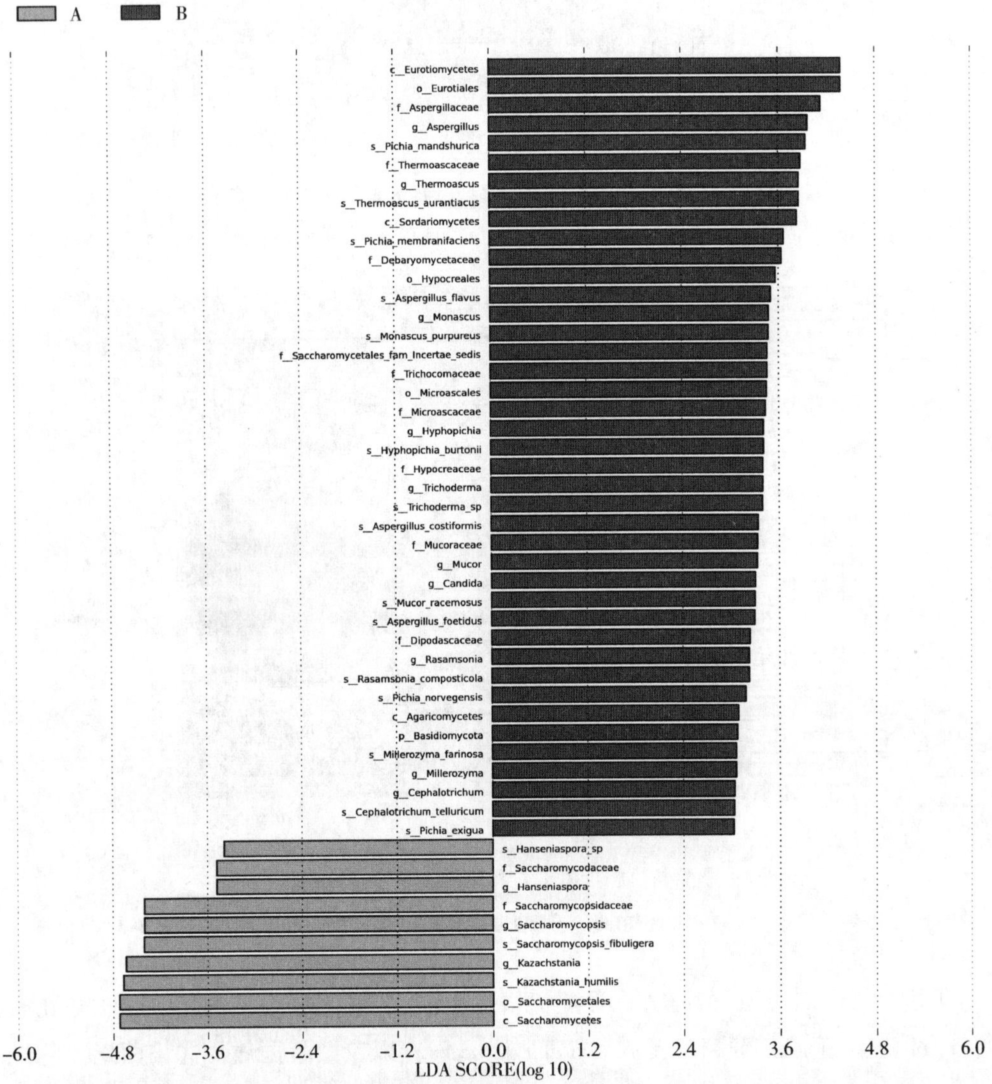


图 8 基于分类信息的 LEfSe 分析的 LDA 分布柱状图

Fig. 8 LDA distribution histogram of LEfSe analysis based on classification information of fermented grains in LP and TP

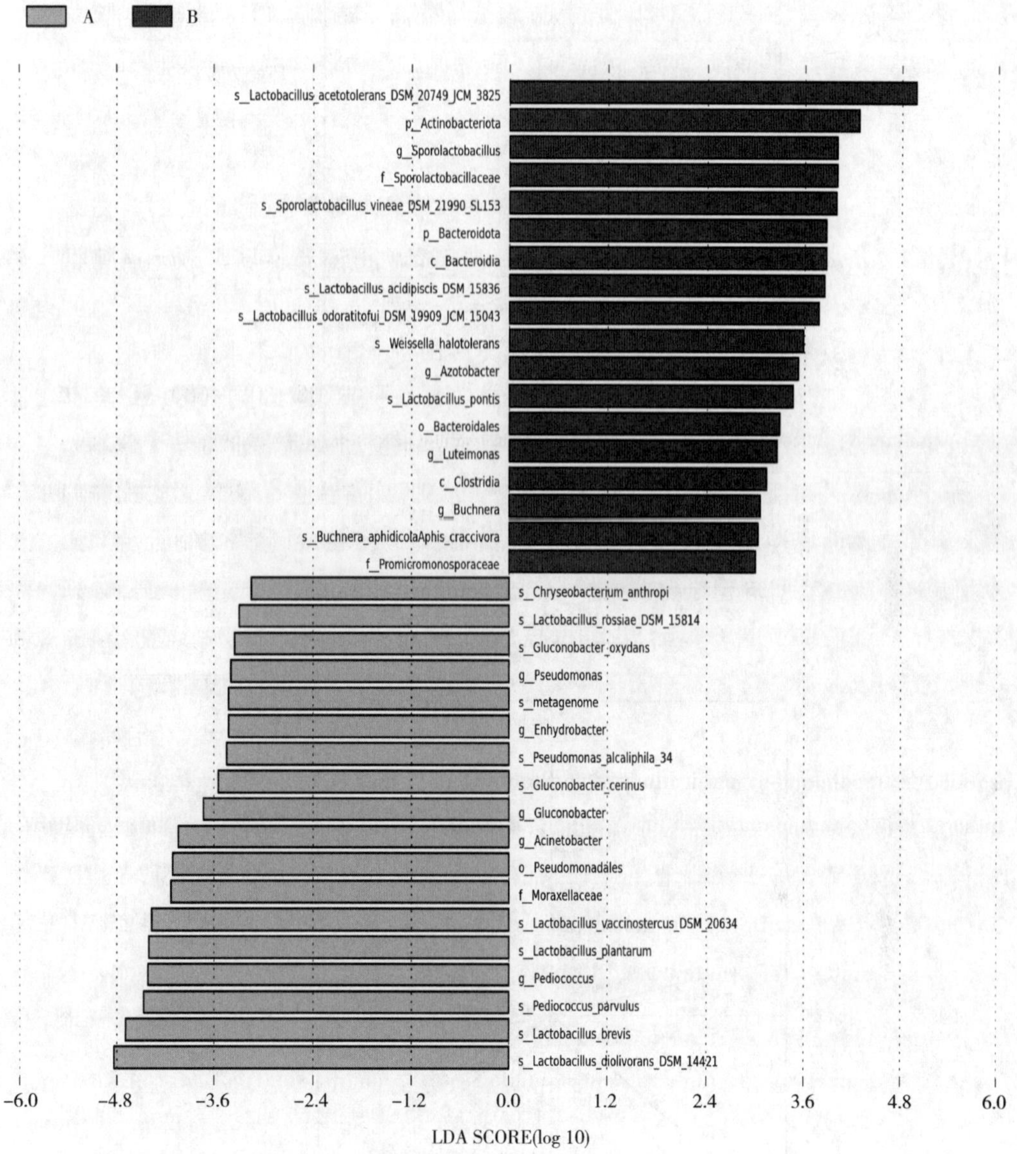


图 8　基于分类信息的 LEfSe 分析的 LDA 分布柱状图（续）

Fig. 8　LDA distribution histogram of LEfSe analysis based on classification information of fermented grains in LP and TP

## 3.4　环境因子对不同时期发酵过程微生物的影响

立醅期与挑醅期的环境差异会影响微生物的组成与分布，可通过 RDA 解析基于微生物演替与环境因子之间的关系（图 9）。由图 9 得，两个时期样品存在明显的组间差异，环境因子变化与两时期微生物群落结构的演替有显著的相关性，且酸度对核

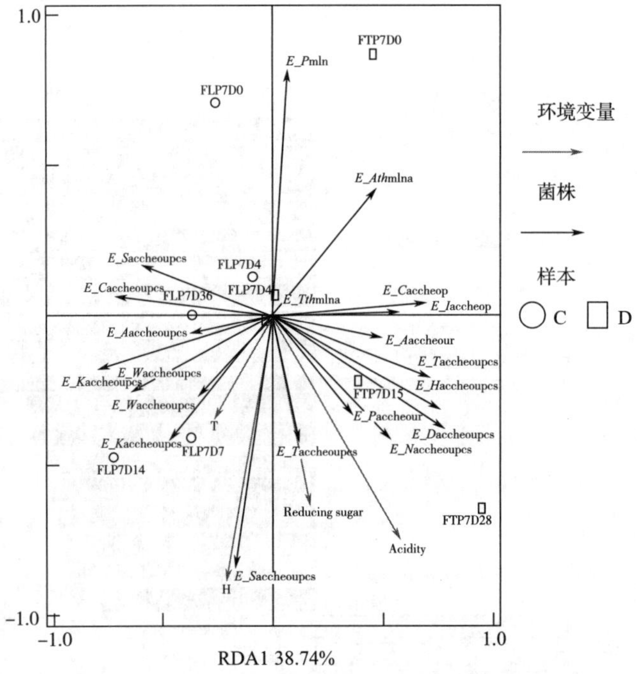


（1）真菌

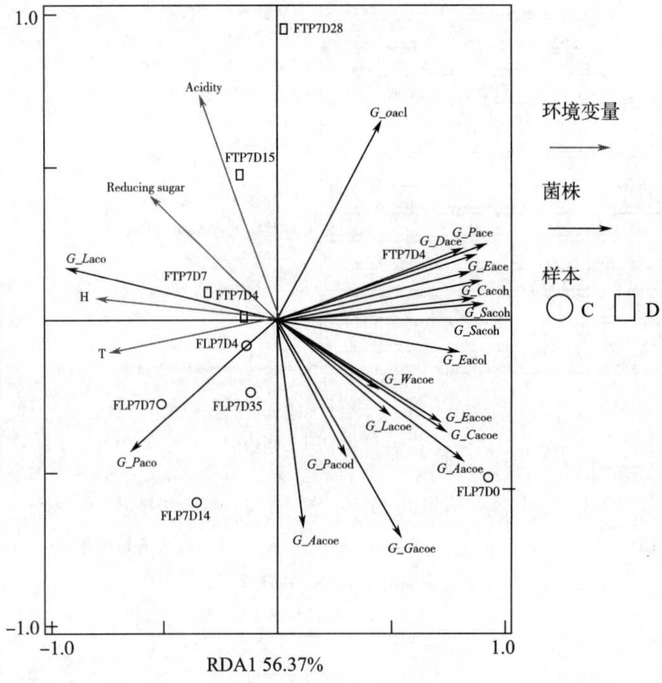


（2）细菌

图 9　立醅与挑醅期环境因子与微生物之间的相关性

Fig. 9　Correlation between environmental factors and microorganisms of fermented grains in LP and TP

注：环境因子箭头标注 H、T、Acidity、Reducing sugar 分别指水分、温度、酸度、还原糖。

心微生物群的演替比水分、温度等具有更重要的影响。温度的变化与立醅发酵 4 对时至发酵结束的微生物正相关。水分的变化与立醅发酵 4 对时至发酵结束的真菌正相关，主要有 *Saccharomyces*；与挑醅发酵 4 对时至 15 对时的细菌正相关，主要有 *Lactobacillus*。酸度、还原糖的变化与挑醅发酵 15 对时至发酵结束的真菌呈正相关，且与 *Pichia*、*Saccharomycopsis*、*Candida*、*Torulaspora*、*Thermoascus*、*Alternaria* 的变化呈负相关；与挑醅发酵 4 对时至 15 对时的细菌呈正相关，主要有 *Lactobacillus*、*Pediococcus* 等（$R^2>0.5$，$P<0.001$）。

## 4　结论

传统白酒固态发酵中，微生物菌群的组成不仅涉及酒曲中的微生物，同样集合了多种环境中的复杂微生物种群，且受环境因子以及微生物之间的相互作用的影响。立醅与挑醅是清香型白酒新一轮发酵的始末两个时期，基于此特殊性，在大生产中最易出现质量不稳定、优质率下降的问题。本文针对这一现象，对两个时期环境与发酵过程微生物进行跟踪检测，研究发现由于立醅期产酸弱，酵母菌生物量较高，乳酸菌反之，微生物多样性较低。研究证实了不同时期微生物菌群构成的相似性与差异性，发酵起始的菌群结构在立醅与挑醅期比较相似，体现生产用曲的一致性；环境因子中酸度变化与两时期微生物群落结构的演替有最显著的相关性，而环境微生物的变化最终会导致白酒中风味物质结构的差异性，进一步表明发酵条件的改变会驱动白酒发酵过程微生物的演替及代谢规律。此外，研究还发现不同车间的地缸表面菌群结构相似，保证了新产酒的质量稳定性。研究首次发现在挑醅期发酵过程存在更多的红曲霉，在已有报道中，对浓香型白酒酿造中通过分离筛选探讨其利用乳酸的特殊性[15]对于下一步清香型白酒热季“增乙降乳”可能有一定的调控作用。

### 参考文献

[1] Giorgio G. Studying the dynamics of microbial populations during food fermentation [J]. FEMS Microbiology Reviews, 2004, 28 (2): 251-260.

[2] 徐岩 .2019 年第四届中国白酒学术研讨会论文集（基于风味导向的白酒生态发酵技术构建与发展趋势）[M]. 北京：中国轻工业出版社, 2019.

[3] 余培斌，陈丙友，陈建新 . 白酒地缸发酵过程中酒醅温度及理化指标分析 [J]. 食品与发酵工业, 2019, 45 (10): 48-53.

[4] 曹云刚，胡永钢，马燕红，等 . 汾酒酒醅发酵过程中香气成分的变化规律 [J]. 食品科学, 2010, 31 (22): 367-371.

[5] Pang X N, Han B Z, Huang X N, et al. Effect of the environment microbiota on

the flavour of light-flavour *Baijiu* during spontaneous fermentation [J]. Scientific Reports, 2018, 8 (1): 49-55.

[6] Wang S L, Xu Y. Temperature-induced annual variation in microbial community changes and resulting metabolome shifts in a controlled fermentation system [J]. Applied and Environmental Microbiology, 2020, 5 (4): e00555-20.

[7] 许伟, 张晓君, 李崎, 等. 微生物分子生态学技术在传统发酵食品行业中的应用研究进展 [J]. 食品科学, 2007, 28 (12): 521-525.

[8] Wang X S, Du H, Zhang Y, et al. Environmental microbiota drives microbial succession and metabolic profiles during Chinese liquor fermentation [J]. Applied and Environmental Microbiology, 2018, 84 (4): e02369-17.

[9] 关凯乐. 清香型白酒汾酒发酵微生物群落结构与演替研究 [D]. 北京: 中国科学院大学, 2019.

[10] Hong X T, Chen J, Liu L, et al. Metagenomic sequencing reveals the relationship between microbiota composition and quality of Chinese Rice Wine [J]. Scientific Reports, 2016, 6 (1): 45-47.

[11] Miller G E, Engen P A, Gillevet P M, et al. Lower neighborhood socioeconomic status associated with reduced diversity of the colonic microbiota in healthy adults [J]. PLoS ONE, 2016, 11 (2): e0148952.

[12] Jiang X T, Peng X, Deng G H, et al. Illumina sequencing of 16S rRNA tag revealed spatial variations of bacterial communities in a mangrove wetland [J]. Microbial Ecology, 2013, 66 (1): 96-104.

[13] Segata N, Izard J, Waldron L, et al. Metagenomic biomarker discovery and explanation [J]. Genome Biology, 2011, 12 (6): R60.

[14] Beyter D, Tang P Z, Becker S, et al. Diversity, productivity, and stability of an industrial microbial ecosystem [J]. Applied and Environmental Microbiology, 2016, 82 (8): 2494-2505.

[15] 明红梅, 郭志, 周健, 等. 浓香型大曲中产香微生物的筛选及鉴定 [J]. 现代食品科技, 2015, 31 (4): 186-191.

# 应用 SMRT 测序技术研究酱香型白酒高温大曲制作过程真菌多样性

吴成，程平言，谢丹，黄魏，李岭卓，张健，尤小龙，胡峰

[贵州茅台酒厂（集团）习酒有限责任公司，贵州遵义 564622]

**摘　要**：为解析高温大曲中真菌多样性及特征，采用 PacBio Sequel 测序平台对酱香型白酒仿生机制曲和传统人工曲制作过程中真菌多样性及其特征进行了研究。从曲坯成型入仓到发酵结束出仓，共检出 6 个门、17 个纲、32 个目、64 个科、114 个属、162 个种。在门水平上，Ascomycota 和 Basidiomycota 为优势菌门；在属和种水平上，主要优势真菌物种群落的组成结构相似，但在相对丰度和小类真菌物种的组成上存在差异。在曲坯成型入仓环节，*Pichia kudriavzevii*、*Kazachstania humilis*、*Wicherhanmomyces anomalus* 和 *Candida tropicalis* 为优势真菌种，其主要属于动物内寄生菌-未定义腐生营养型（Animal Endosymbiont-Undefined Saprotroph）共位群；从一次翻曲到曲坯发酵结束出仓，*Thermoascus aurantiacus*、*Thermoascus crustaceus*、*Byssochlamys spectabilis*、*Thermomyces lanuginosus* 为优势真菌种，其主要属于未定义腐生营养型（Undefined Saprotroph）共位群。高温大曲制作过程中真菌群落间存在复杂的相互作用关系，多数真菌属之间呈显著正相关调节机制，其中包括 55 个真菌属呈显著正相关，6 个真菌属呈显著负相关。本研究揭示了酱香型白酒高温大曲制作过程中真菌群落组成及其特征，为深入研究酱香型白酒高温大曲发酵机制奠定了科学基础。

**关键词**：酱香型白酒；高温大曲；单分子实时测序；机械制大曲；真菌表型预测

基金项目：遵义市优秀青年科技创新人才培养项目（遵优青［2019］1 号）；贵州省科技计划项目（黔科合成果［2020］2Y042）。

作者简介：吴成，男，硕士，主要从事酿造微生物及工艺的研究。E-mail：742990507@qq.com。

通信作者：胡峰，男，正高级工程师/硕士，主要从事白酒酿造技术创新管理及产业化示范推广的研究。E-mail：1316809474@qq.com。

# Using SMRT Sequencing Technology to Investigate Fungal Diversity on the Process of High-temperature *Daqu* Making of Sauce-flavor *Baijiu*

WU Cheng, CHENG Pingyan, XIE Dan, HUANG Wei,
LI Lingzhuo, ZHANG Jian, YOU Xiaolong, HU Feng
[Guizhou Maotai Distillery (Group) Xijiu Co. , Ltd.,Guizhou Zhunyi 564622, China]

**Abstract**: In order to analysis fungal diversity and characteristics in high-temperature *Daqu*, PacBio Sequel sequencing platform was applied to investigate fungal diversity on the process of high-temperature *Daqu* in mechanical-making and manual-making. From *Daqu*-shaping to maturing, a total of 6 phyla, 17 classes, 32 orders, 64 families, 114 genera and 162 species were detected. At phyla level, Ascomycota and Basidiomycota were the dominant phyla. At genus and species level, the composition of dominant fungal populations was similar, but there were differences in relative abundance and composition in small fungal species. In *Daqu*-shaping operation, the dominant fungal species were *Pichia kudriavzevii*, *Kazachstania humilis*, *Wicherhanmomyces anomalus*, and *Candida tropicalis*, which were mainly the Animal Endosymbiont-Undefined Saprotroph. From primary overturn *Daqu* operation to disassembly, the main fungal species were *Thermoascus aurantiacus*, *Thermoascus crustaceus*, *Byssochlamys spectabilis*, and *Thermomyces lanuginosus*, which mainly belonged to the Undefined Saprotroph. During the production of high-temperature *Daqu*, most of fungal genera showed a significant positive correlation regulation mechanism, including 55 fungal genera showing a significant positive correlation, and 6 fungal genera showing a significant negative correlation. This study revealed fungal community composition and characteristics on the process of high-temperature *Daqu* making of sauce-flavor *Baijiu*, and laid a scientific foundation for the in-depth study of the fermentation mechanism of high-temperature *Daqu* of sauce-flavor *Baijiu*.

**Key words**: Sauce-flavor *Baijiu*, High-temperature *Daqu*, Single molecule real-time sequencing, Mechanical *Daqu*-making, Phenotypic prediction of fungi

## 1 前言

高温大曲是以小麦为原料，加入水和母曲，在发酵过程中品温最高可达 60~70℃

的一种糖化剂和发酵剂，其具有提供微生物菌源、糖化发酵、产酒生香的作用，决定着白酒的风味及品质[1]。高温大曲中蕴含着丰富的微生物类群，主要包括细菌、霉菌和酵母菌，其中霉菌是高温大曲糖化的主要来源；酵母菌具有产酒精、酯类、酮类、烯类、酚类物质的功能，它们对大曲的风味和品质有着至关重要的作用[2-3]。

近年来，高通量测序技术被广泛应用于酿酒微生物多样性的研究中[4]，相关研究采用二代高通量测序技术对高温大曲真菌多样性进行了研究，结果表明高温大曲中优势真菌菌群及小类菌群的组成在不同香型白酒、不同地域及不同发酵时间呈现出相似性和差异性[1,5-10]。高温大曲中霉菌主要包括 *Aspergillus*、*Mucor*、*Rhizopus*、*Monascus* 和 *Trichoderma*，其中 *Aspergillus* 是最主要的优势霉菌，其可以产生液化淀粉酶、糖化淀粉酶、纤维素酶和脂肪酶等酶类[11]；酵母菌主要包括 *Saccharomyces*、*Hansenula*、*Candida*、*Pichia* 和 *Torulaspora* 等[12]，张杰等[13]从高温大曲中筛选到了耐高温的三株酵母菌，分别属于 *Candida*、*Trigomopsisi* 和 *Rhodosporidium*，具有较好的应用前景。因此，对高温大曲中真菌群落进行研究有利于进一步挖掘功能微生物。

传统的高温大曲制作主要是通过人工踩制的方式，存在劳动强度大、生产效率低、人工成本高的缺点。目前，现代生物技术、自动化和电子信息技术等已应用于白酒生产中，以改进传统白酒生产工艺、降低劳动强度、提高白酒质量和风味[14]，进而推进了机械化在高温大曲制作中的应用[15]。高温大曲机械化制曲过程与人工踩曲类似，在前期的研究中发现，仿生机制高温大曲与传统人工踩制高温大曲在不同发酵时间微生物种类、数量及各理化指标基本一致[16]，但缺乏对两种高温大曲微生物的群落组成情况的研究；郭敏[7]采用二代高通量测序技术对酱香型白酒仿生机制曲和传统人工高温大曲发酵过程中真菌多样性进行了研究，发现了 Ascomycota 和 Bassidiomycota 两个门，以及 *Thermoascus*、*Thermomyces* 和 *Byssochlamys* 等 58 个真菌属，但其中有很大比例的菌种没有得到准确鉴定。

与二代测序技术相比，以 Pacific BioSciences（PacBio）公司的单分子实时测序技术（Single Molecule Real-time Sequencing，SMRT）为代表的三代高通量测序技术具有读取序列长度长、无需 PCR 扩增、精确度高的优点，目前已开始被应用于酿酒微生物多样性的研究中[17-19]。韩琬[20]选择真菌的 ITS 区及 18S rRNA 基因序列全长作为目的扩增片段，采用 PacBio SMRT 测序技术对三种不同日本清酒曲（*koji*）中真菌多样性进行了研究，最终检测出了 10 种真菌菌种，相对丰度在 90.00% 以上，其中 *W. anonmalus* 为优势真菌种。但 SMRT 测序技术目前较少见到其在高温大曲微生物多样性中的应用研究报道。

因此，本研究采用 PacBio SMRT 测序技术对酱香型白酒高温大曲制作过程中（包括曲坯成型入仓、一次翻曲、二次翻曲、曲坯出仓）真菌多样性及特征进行研究，比较仿生机制高温大曲与传统人工高温大曲真菌多样性异同，旨在解析酱香型白酒高温大曲制作过程真菌群落组成及其特征，为进一步阐明高温大曲发酵和调控机理提供理论参考。

## 2 材料与方法

### 2.1 样品采集

高温大曲样品采集自贵州茅台酒厂（集团）习酒有限责任公司制曲车间，共采集到样品 8 个，其中仿生机制曲 4 个、传统人工曲 4 个。具体采样方法为：曲坯成型入仓（AQ）、一次翻曲（YF）、二次翻曲（EF）和曲坯出仓（CQ）每个工艺环节按发酵仓的门、中、窗不同位置各取三块高温大曲，于 4℃条件下立即带回实验室粉碎后按 1∶1∶1 比例混合为一个样品。样品编号为：AQ1、YF1、EF1、CQ1、AQ2、YF2、EF2 和 CQ2（1 表示样品为仿生机制曲；2 表示样品为传统人工曲）。

### 2.2 试剂及设备

Power DNA Isolation Kit 试剂盒（美国 Mibio 公司）；9902 Applied Biosystem PCR 仪（美国 ThermoFisher Scientific 公司）；Legend Micro21 高速离心机（德国 EPPENDORF 公司）；PacBio Sequel 测序平台（美国 PacBio 公司）。

### 2.3 PacBio SMRT 测序方法

样品总 DNA 采用 PowerSoil DNA Isolation Kit 试剂盒进行提取，具体操作步骤参照试剂盒说明书。

采用正向引物（F-CTTGGTCATTTAGAGGAAGTAA）和反向引物（R-TCCTCCGCTTATTGATATGC）对 ITS 区域进行全长测序。PCR 反应条件为：95℃ 预变性 5min；95℃变性 30s；50℃退火 30s；72℃ 延伸 1min；30 次循环；72℃ 终延伸 7min，之后降至 4℃。PCR 反应体系包括：2×KOD FX Neo buffer 10μL，2mmol/L dNTP 4μL，正向引物（10μmol/L）和反向引物（10μmol/L）各 1μL，KOD FX Neo（TOYOBO）DNA 聚合酶 0.4μL，模板 DNA 50ng，用 $ddH_2O$ 补至总体系 20μL。使用 MagicPure Size Selection DNA Beads 磁珠对 PCR 产物进行纯化后，用 Nanodrop 2000 对其定量形成测序文库（SMRT Bell）。建好的文库先进行文库质检，质检合格的文库按照质量比 1∶1 采用 PacBio Sequel 平台进行混样测序。

### 2.4 数据处理及分析

在全长多样性测序中，由于测序片段的大小远远小于测序长度，因此目标片段会重复测多次（Passes），通常当 Passes 数目大于 4 时，CCS 的准确性就可达 99% 以上。

因此，测序完成后，通过 SMRT Link 软件将原始下机数据校正得到 CCS（Circular Consensus Sequencing）序列数据，按照最小 Passes≥5 识别 CCS 序列。然后对 CCS 序列进行 Barcode 识别、过滤、去除嵌合体后，得到有效 CCS 序列，使用 Usearch 软件对有效 CCS 序列在 97.0% 相似度水平下进行聚类，获得可操作分类单元（Operational Taxonomic Unit，OTU）。以 UNITE 为参考数据库进行物种注释，使用 QIIME2 软件计算 Chao1、Shannon 和 Simpson 指数分析样品 Alpha 多样性；使用 TBtools 软件基于物种相对丰度对样品进行热图聚类分析；FUNGuild[21] 数据库可用于样品中的真菌物种进行表型预测分析；使用 Cytoscape 软件对真菌物种间相关性进行分析。

## 3　结果与分析

### 3.1　测序数据质量及 Alpha 多样性指数分析

对 8 个高温大曲样品采用 PacBio Sequel 测序后，对序列进行识别、过滤、去除嵌合体后共获得 58410 条有效 CCS 序列，每个样品至少有 7046 条有效序列，样品平均序列长度为 554~596bp（表 1）。使用 QIIME2 软件分析各样品 Alpha 多样性指数，Chao1 指数可以反映样品中物种数量，Shannon 和 Simpson 指数可以反映样品中物种多样性。从 AQ 到 CQ 环节，仿生机制曲和传统人工曲的真菌多样性呈现逐渐降低趋势，对于仿生机制曲而言，Chao1 指数逐渐下降，Shannon 和 Simpson 指数在 AQ 和 EF 环节较高，在 YF 和 CQ 较低；而在传统人工曲中，Chao1、Shannon 和 Simpson 指数在 YF 和 CQ 环节较高，在 AQ 和 EF 环节较低，表明高温大曲真菌群落组成在两种高温大曲中有差异。同时，各样品中的 Coverage 在 0.9699~0.9997，表明测序深度足够、各样品测序量充分，测序结果能够真实反映各样品中真菌群落结构和多样性。

**表 1　样品测序及 Alpha 多样性指数结果**

**Table1　The results of PacBio Sequel sequencing and Alpha—diversity indexes**

| 样品编号 | 样品识别 CCS 数 | Clean CCS | Effective CCS | 样品平均序列长度（Avg Len）/dp | 覆盖率 | 检测出的物种数 | Chao1 | Shannon | Simpson |
|---|---|---|---|---|---|---|---|---|---|
| AQ1 | 7494 | 7421 | 7397 | 592 | 0.9997 | 107 | 110.33 | 3.68 | 0.82 |
| YF1 | 7494 | 7397 | 7371 | 561 | 0.9975 | 42 | 62.00 | 1.82 | 0.54 |
| EF1 | 7513 | 7398 | 7361 | 554 | 0.9699 | 26 | 40.20 | 3.06 | 0.82 |
| CQ1 | 7483 | 7252 | 7046 | 594 | 0.9993 | 10 | 16.00 | 1.51 | 0.59 |
| AQ2 | 7439 | 7475 | 7349 | 550 | 0.9992 | 72 | 75.50 | 2.78 | 0.70 |
| YF2 | 7547 | 7463 | 7437 | 594 | 0.9995 | 87 | 95.43 | 3.07 | 0.74 |

续表

| 样品编号 | 样品识别 CCS 数 | Clean CCS | Effective CCS | 样品平均序列长度(Avg Len)/dp | 覆盖率 | 检测出的物种数 | Chao1 | Shannon | Simpson |
|---|---|---|---|---|---|---|---|---|---|
| EF2 | 7424 | 7282 | 7240 | 596 | 0.9991 | 11 | 20.50 | 0.43 | 0.12 |
| CQ2 | 7559 | 7373 | 7209 | 589 | 0.9981 | 19 | 28.00 | 1.37 | 0.53 |

注：Clean CCS 为识别并去除引物后的序列；Effective CCS 为经长度过滤且去除嵌合体后用于后续分析的有效 CCS 数。

## 3.2 高温大曲制作过程中的真菌多样性

使用 Usearch 软件对有效 CCS 序列在 97.0% 相似度水平下进行聚类，共得到 178 个 OTU；采用 UNITE 数据库对每个 OTU 进行注释比对，最终检测到 6 个门、17 个纲、32 个目、64 个科、114 个属和 162 个种。

### 3.2.1 门水平上真菌群落组成

由图 1 可知，在门水平上共检出 6 个真菌门，包括 Ascomycota、Basidiomycota、Chytridiomycota、Glomeromycota、Mortierellomycota 及 Mucoromycota，其中 Ascomycota 为绝对优势菌门，其相对丰度在各样品中达 91.01% 以上；其次是 Basidiomycota，它在 AQ1、EF1、AQ2、YF2 中被检出。

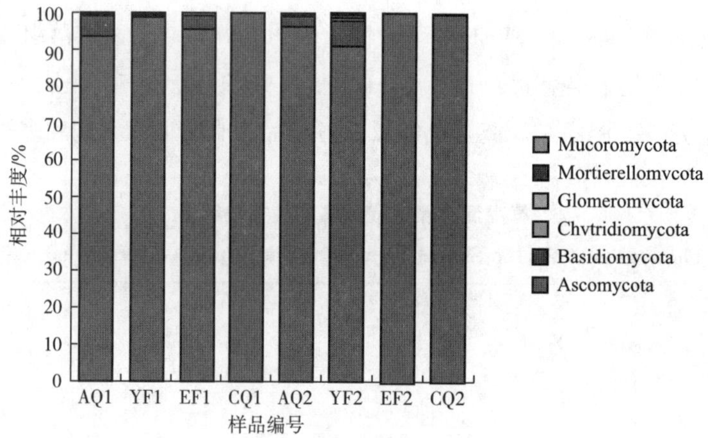


图 1 门水平上真菌群落组成

Fig. 1 Fungal diversity of phylum

### 3.2.2 属水平上的真菌群落组成

将相对丰度在 1% 以上的真菌属认定为优势菌属，在属水平上共检出包括 *Thermoascus*、*Byssochlamys*、*Thermomyces*、*Pichia*、*Kazachstiania*、*Wickerhamomyces*、*Geotri-*

*chum*、*Aspergillus*、*Candida* 等 21 种优势真菌属，其相对丰度在 91.16% 以上。由图 2 可知，从曲坯成型入仓到出仓环节，高温大曲真菌群落组成在仿生机制曲和传统人工曲中都呈现逐渐降低的趋势。在仿生机制曲和传统人工曲制作过程中，*Pichia* 和 *Kazachstina* 含量都逐渐降低，至 EF 和 CQ 环节已基本检测不出；*Wickerhamomyces* 在 AQ 和 YF 环节都能被检出，含量为 9.09% ~ 23.10%；*Thermoascus* 和 *Thermomyces* 含量逐渐上升，至曲坯出仓为主要的优势真菌属；*Byssochlamys* 数量呈现先上升后下降的趋势，是 EF 环节中主要的优势真菌属。

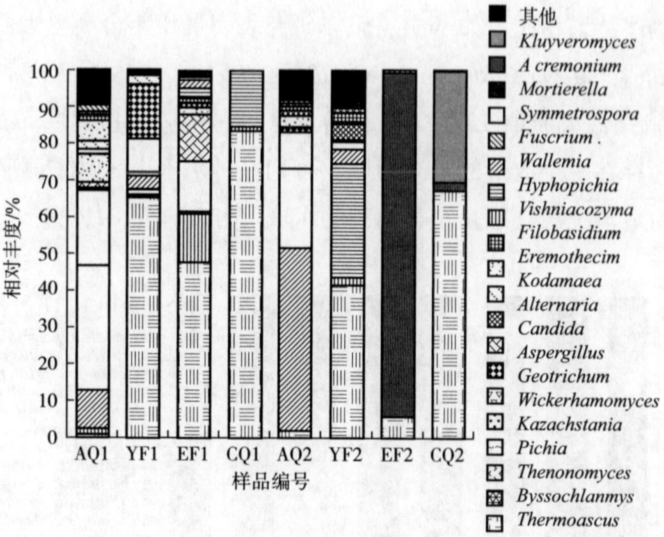


图 2 属水平上真菌群落组成

Fig. 2 Fungal diversity of genus

### 3.2.3 种水平上真菌群落组成

在种水平上，将相对丰度在 1% 以上的真菌认定为优势菌种，共检出包括 *T. aurantiacus*，*T. crustaceus*，*B. spectabilis*，*T. lanuginosus*，*P. kudriavzevii*，*K. humilis*，*W. anomalus*，*G. silvicola*，*C. tropicalis* 和 *A. subflavus* 等 24 个优势菌种，总的相对丰度含量在 88.74% 以上，如图 3 所示。在 AQ 环节，酵母菌如 *P. kudriavzevii*（10.34%/49.10%），*K. humilis*（33.64%/21.64%），*W. anomalus*（20.61%/9.81%）和 *C. tropicalis*（7.09%/1.59%）为主要优势菌种；随着发酵温度升高，酵母菌数量及种类逐渐下降，至 YF 环节 *T. auarntiacus*（65.48%/39.53%）成为主要优势菌种；到 EF 环节，仿生机制曲中真菌群落组成较传统人工曲丰富，EF1 与 EF2 比，除 *T. aurantiaus* 和 *B. spectabilis* 外，还检出了一定量的 *T. crustaceus*，*W. anomalus* 和 *A. subflavus*，各相对丰度在 10.00% 以上，同时还检出了少量的 *Hyphopichia burtonii*，*Wallemia canadensis* 和 *A. versicolor* 等；在 CQ 环节，以 *T. aurantiacus*（27.64%/

6.31%)，*T. crustaceus*（55.77%/61.03%），*B. spectabilis*（1.15%/2.11%）和 *T. lanuginosus*（1.50%/30.12%）为主的耐高温丝状真菌成为优势菌种。

酱香高温大曲发酵过程中，在 AQ 环节两种高温大曲中以酵母菌为主要优势菌种，其可能是来源于母曲和周围环境[22]；随着发酵温度升高（YF 至 EF 环节），由于大多数真菌不能在高温下存活，耐热丝状真菌及少部分耐热酵母菌成为主要优势菌种，郭敏[7]的研究表明酱香型白酒高温大曲发酵过程中，大多真菌类微生物易受高温环境的调控；到 CQ 环节，两种大曲中真菌群落组成类似但在相对丰度上存在差异，可能与曲坯发酵结束后仿生机制曲和传统人工曲水分和酸度存在差异有关[16]。同时，与二代高通量测序结果相比，如 Wang 等[23]研究表明贵州茅台高温大曲中主要优势菌属包括 *Aspergillus*，*Mucor*，*Rhizopus*，*Candida*，*Pichia* 和 *Sacccharomyces* 等；沈毅等[24]从四川郎酒高温大曲中发现 *T. languginosus*，*A. cibarius* 和 *Thermoascus* sp. 为主要优势菌种，且还存在一定数量的未知菌属，可知在种水平上 SMRT 测序技术更有利于揭示真菌群落组成情况，特别是小类菌种的组成（相对丰度<1%）。

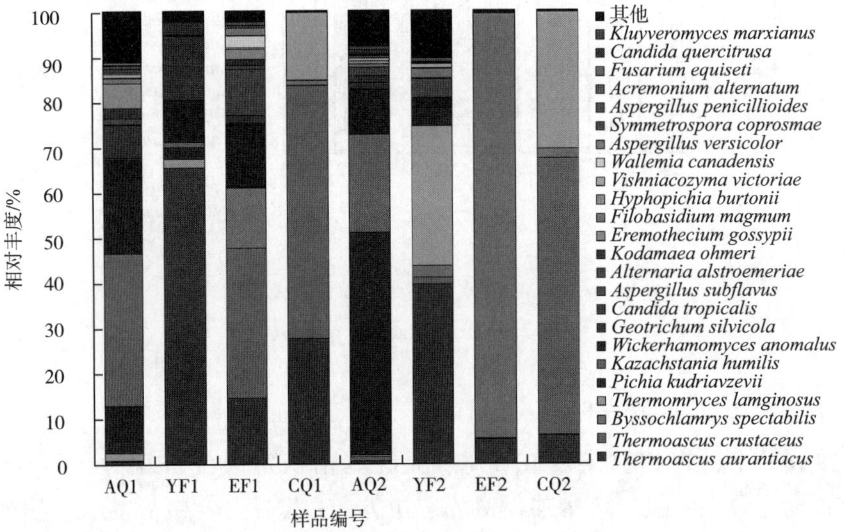


图 3　种水平上真菌群落组成

Fig. 3　Fungal diversity of species

### 3.2.4　优势真菌种相对丰度热图

选择相对丰度前 50 的真菌种基于 Z-score 方法进行聚类分析，前 50 种真菌总的相对丰度在 91.94%以上，如图 4 所示。根据聚类结果将 8 个高温大曲大致分为三类：①AQ1 和 YF2；②CQ1 和 CQ2 样品；③AQ2、YF1、EF1 和 EF2 样品，可能是优势菌种相对丰度及小类菌种的组成存在差异而导致样品之间具有差异性。

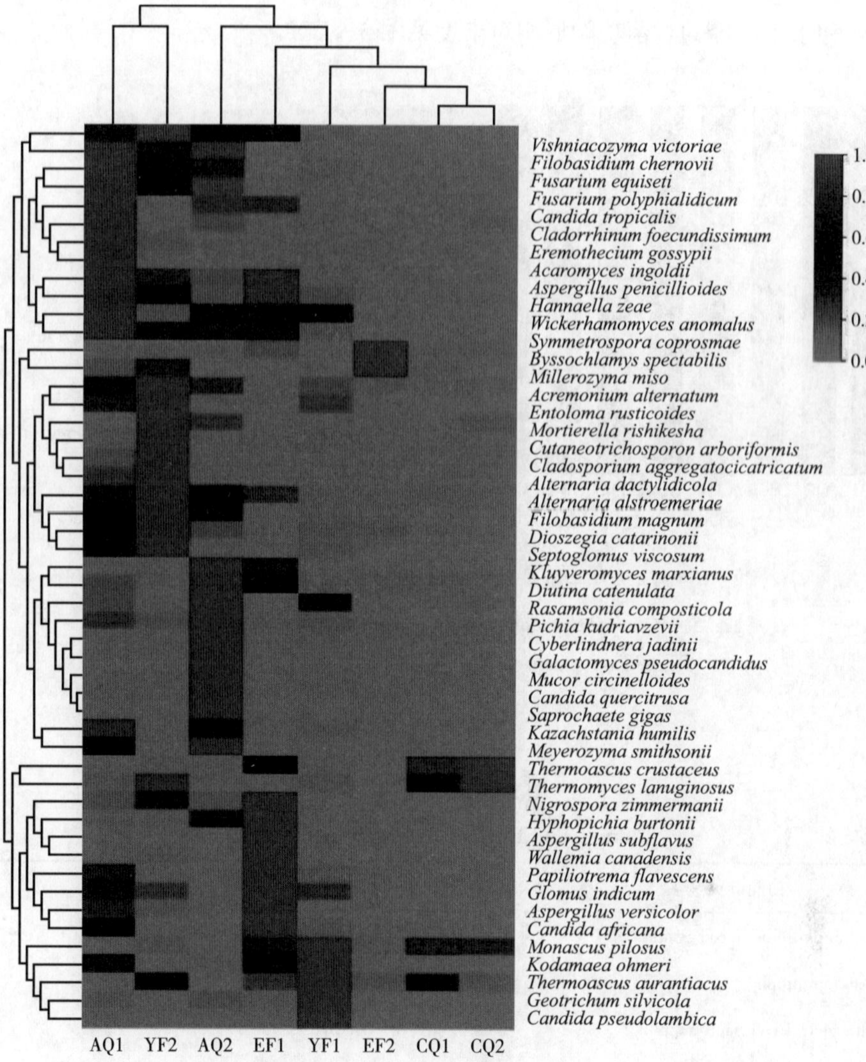


图 4　相对丰度前 50 的种水平上的相对丰度热图

Fig. 4　Relative abundance heatmap of top 50 species

### 3.3　真菌表型预测分析

利用 FUNGuild 对高温大曲种真菌群落进行功能预测，在 162 个真菌中，共有 79 个真菌种被划分为 3 个真菌功能群，分别为病理营养型（Pathotroph）、共生营养型（Symbiotroph）和腐生营养型（Saprotroph）。根据对环境资源的吸收利用方式，将高温大曲真菌分为 22 个共位群，其中在 AQ1 样品中共位群最为丰富，其次是 YF2 样品。AQ 环节动物内寄生菌-未定义腐生营养型是高温大曲中丰度最高的共位群，随着发酵的进行，其丰度逐渐降低，而未定义腐生营养型丰度逐渐上升，成为最主要的共位群，YF 至 CQ 环节，其丰度含量至少为 98.84%。

基于种水平注释的真菌功能群相对丰度见图 5、表 2。

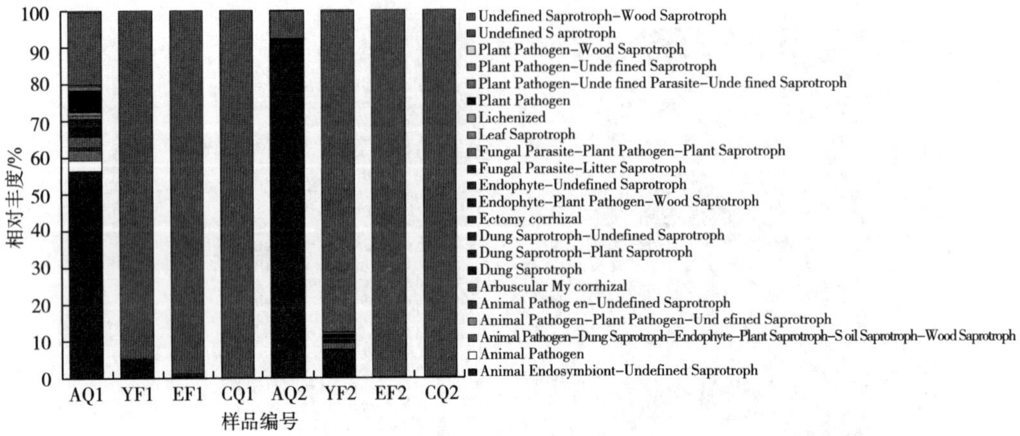


图 5 基于种水平注释的真菌功能群相对丰度

Fig. 5 Relative abundance of fungal functional groups (guilds) based on species with distribution frequency level

注：中英文对照见表 2。

**表 2 图 5 中的中英文对照**

**Table 2 Chinese and English Compare in Figure 5**

| 功能群英文名 | 功能群中文名 |
|---|---|
| Undefined Saprotroph-Wood Saprotroph | 未定义腐生营养型-木制腐生营养型 |
| Undefined Saprotroph | 未定义腐生营养型 |
| Plant Pathogen-Wood Saprotroph | 植物致病菌-木制腐生营养型 |
| Plant Pathogen-Undefined Saprotroph | 植物致病菌-未定义腐生营养型 |
| Plant Pathogen - Undefined Parasite - Undefined Saprotroph | 植物致病菌-未定义寄生虫-未定义腐生营养型 |
| Plant Pathogen | 植物致病菌 |
| Lichenized | 地衣型 |
| Leaf Saprotroph | 叶子腐生菌 |
| Fungal Parasite-Plant Pathogen-Plant Saprotroph | 真菌寄生虫-植物致病菌-植物腐生营养型 |
| Fungal Parasite-Litter Saprotroph | 真菌寄生虫-垃圾腐生营养型 |
| Endophyte-Undefined Saprotroph | 内寄生菌-未定义腐生营养型 |
| Endophyte-Plant Pathogen-Wood Saprotroph | 内寄生菌-植物致病菌-木制腐生营养型 |
| Ectomycorrhizal | 外生菌根型 |

续表

| 功能群英文名 | 功能群中文名 |
| --- | --- |
| Dung Saprotroph-Undefined Saprotroph | 粪便腐生营养型-未定义腐生营养型 |
| Dung Saprotroph-Plant Saprotroph | 粪便腐生营养型-植物腐生营养型 |
| Dung Saprotroph | 粪便腐生营养型 |
| Arbuscular Mycorrhizal | 丛枝菌根型 |
| Animal Pathogen-Undefined Saprotroph | 动物致病菌-未定义腐生营养型 |
| Animal Pathogen-Plant Pathogen-Undefined Saprotroph | 动物致病菌-植物致病菌-未定义腐生营养型 |
| Animal Pathogen-Dung Saprotroph-Endophyte-Plant Saprotroph-Soil Saprotroph-Wood Saprotroph | 动物致病菌-粪便腐生营养型-内寄生菌-植物腐生营养型-土壤腐生营养型-木制腐生营养型 |
| Animal Pathogen | 动物致病菌 |
| Animal Endosymbiont-Undefined Saprotroph | 动物内寄生菌-未定义腐生营养型 |

## 3.4 相关性分析

为进一步研究上述主要微生物之间的相互关系，选取属水平相对丰度>1%的物种，计算其物种之间的斯皮尔曼相关系数，并筛选相关性>0.1 且 $P$<0.05 的数据构建相关性网络，结果如图 6 所示。

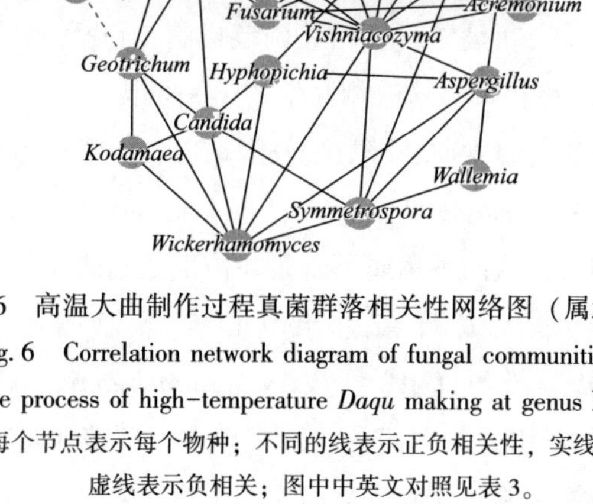


图 6　高温大曲制作过程真菌群落相关性网络图（属水平）

Fig. 6　Correlation network diagram of fungal communities in the process of high-temperature *Daqu* making at genus level

注：图中每个节点表示每个物种；不同的线表示正负相关性，实线表示正相关，虚线表示负相关；图中中英文对照见表 3。

表 3　　图 6 中英文对照

Table 3　　Chinese and English Compare in Figure 5

| 菌种英文名 | 菌种中文名 |
|---|---|
| *Thermoascus* | 嗜热子囊菌属 |
| *Byssochlamys* | 丝衣霉菌属 |
| *Pichia* | 毕赤酵母属 |
| *Kazachstania* | 哈萨克斯坦酵母属 |
| *Wickerhamomyces* | 威克汉姆酵母属 |
| *Geotrichum* | 地霉属 |
| *Aspergillus* | 曲霉属 |
| *Candida* | 假丝酵母属 |
| *Alternaria* | 链格孢属 |
| *Eremothecium* | 假囊酵母属 |
| *Filobasidium* | 黑葱花酵母属 |
| *Vishniacozyma* | 维希尼克酵母属 |
| *Wallemia* | 节担菌属 |
| *Fusarium* | 镰刀霉属 |
| *Mortierella* | 被孢霉属 |
| *Symmetrospora* | 对称孢子菌属 |
| *Hyphopichia* | 生丝毕赤酵母属 |
| *Acremonium* | 枝顶孢霉属 |
| *Kodamaea* | 柯达酵母属 |

结果表明多数真菌属之间呈显著正相关调节机制，包括 55 个真菌属呈现显著正相关，6 个真菌属呈显著负相关。这些相互生物学关系构成了高温大曲发酵过程的基本生物学调控机制，也是高温大曲发酵过程发酵动力、风味动力形成和调控机制的基本组成。由图 6 可知，*Thermoascus* 与 *Pichia*，*Filobasidium*，*Eremothecium* 和 *Fusarium* 四种真菌属呈显著负相关，这四种菌属不管是在仿生机制曲还是在传统人工曲中的含量都呈下降趋势，至曲坯发酵结束出仓已基本检测不出。*Byssochlamys* 与 *Kazachstania*、*Geotrichum* 呈显著负相关，*Pichia*、*Kazachstania*、*Candida*、*Wickerhamomyces* 四种酵母呈现显著正相关，它们在曲坯成型入仓环节含量最多，随着发酵的进行含量逐渐降低，这可能主要是受到发酵温度的影响。

## 4 结论

酱香型白酒高温大曲制作过程真菌群落组成丰富，本研究采用 PacBio Sequel 测序平台共发现 6 个门、17 个纲、32 个目、64 个科、114 个属和 162 个种，从曲坯成型入仓到发酵结束出仓，真菌多样性呈现逐渐降低的趋势。在 AQ 环节，*P. kudriavzevii*、*K. humilis*、*W. anomalus* 和 *C. tropicalis* 为主要优势真菌种；在 YF 环节，*T. auarntiacus*、*T. curstaceus*、*P. kudriavzevii*、*W. anomalus* 和 *G. silvicola* 为主要优势真菌种；在 EF 环节，仿生机制曲真菌群落组成较传统人工曲丰富，主要优势真菌种为 *T. aurantiaus* 和 *B. spectabilis*；在 CQ 环节，*T. aurantiacus*、*T. crustaceus*、*B. spectabilis*、*T. lanuginosus* 为主要优势真菌种。但是，仿生机制曲和传统人工曲的优势真菌在相对丰度及小类菌种的组成上存在差异性。基于属水平对真菌群落基于斯皮尔曼相关系数进行相关性分析，结果表明多数真菌属之间呈显著正相关调节机制，其中包括 55 个真菌属呈显著正相关，6 个真菌属呈显著负相关。表明在酱香型白酒高温大曲制作过程中，真菌群落微生物之间存在复杂的相互作用关系，本课题组拟在后续的工作中进一步研究。进一步利用 FUNGuild 对高温大曲种真菌群落进行功能预测，在 162 个真菌种中，共有 79 个真菌种被划分病理营养型（Pathotroph）、共生营养型（Symbiotroph）和腐生营养型（Saprotroph）。AQ 环节动物内寄生菌-未定义腐生营养型是高温大曲中丰度最高的共位群，随着发酵的进行，其丰度逐渐降低，而未定义腐生营养型丰度逐渐上升，成为最主要的共位群。

本课题对真菌内转录间隔区（Internal Transcribed Spacer，ITS）全长进行 SMRT 测序，与二代高通量测序技术相比，SMRT 测序技术虽然具有读取序列长度长、精确度较高的优点，但其通量较低。同时，SMRT 测序结果准确性有赖于参考序列的长短及数据库的完整性。唐勇等[19]研究发现针对 16S rRNA 基因的 SMRT 测序中，RDP 数据库在属及以上水平注释准确性较高，而 greengene 数据库具有种水平的注释优势，其建议在进行 SMRT 测序时，参考序列应该选择更长的基因序列或者综合多个数据库进行注释。基于此，我们也同时采用 UNITE 和 Genbank 数据库对测序数据进行注释比对，结果表明 UNITE 较 Genbank 数据库更适用于 ITS 区域全长序列的注释比对。但相关研究表明在二代高通量测序技术中，Genbank 与 RDP、SILVA 数据库相比，更适用于真核微生物鉴定尤其是酵母菌的鉴定[25]，这可能与测序时选择的参考序列长短有关。在后续的研究中，本课题组将进一步比较不同的真菌数据库结果。此外，本研究结果表明与二代高通量测序技术相比，SMRT 测序技术更适合于在种水平上对真菌多样性进行分析。但是目前以 Roche454 和 Illumina 测序平台为主的二代高通量测序技术在微生物多样性研究中仍是主力[4]，因为尽管 SMRT 测序错误率较低，且可以通过提高循环测序深度（Passes）降低错误率，但是目前 SMRT 存在的系统错误及无法完全排除嵌合体序列干扰等问题仍是 SMRT 测序技术在微生物多样性研究应用中的挑战[26]。

综上所述，酱香型白酒高温大曲发酵过程真菌群落组成丰富，仿生机制曲和传统人工曲在优势菌种丰度和小类菌种群落组成上存在较大差异，本研究为挖掘高温大曲中功能酵母菌和丝状真菌，以及进一步阐明高温大曲发酵机理奠定了理论基础。

## 参考文献


[1] Zheng X W, Tabrizi M R, Nout M J R, et al. Daqu–a traditional Chinese liquor fermentation starter [J]. Journal of the Institute of Brewing, 2011, 117 (1): 82–90.

[2] 沈怡方. 白酒生产技术全书 [M]. 北京：中国轻工业出版社, 1998.

[3] Wu Q, Chen L Q, Xu Y. Yeast community associated with the solid–state fermentation of traditional Chinese Maotai–flavour liquor [J]. International Journal of Food Microbiology, 2013, 166 (2): 323–330.

[4] 吴成, 王春晓, 王晓丹, 等. 高通量测序技术在酿酒微生物多样性研究中的应用 [J]. 食品科学, 2019, 40 (3): 348–355.

[5] 李豆南, 邱树毅. 酱香大曲微生物菌群结构及微生物功能研究概述 [J]. 中国酿造, 2017, 36 (1): 5–11.

[6] 胡佳音, 周森, 赵卫鹏, 等. 清、浓、酱三种大曲真菌多样性初步分析 [J]. 酿酒科技, 2016 (8): 87–90.

[7] 郭敏. 基于高通量测序对酱香大曲制曲微生态多样性的研究 [D]. 贵阳：贵州大学, 2019.

[8] 李静心, 王艳丽, 何宏魁, 等. 基于高通量测序技术解析高温大曲和中高温大曲的真菌群落结构 [J]. 食品与发酵工业, 2018, 44 (12): 52–59.

[9] 蒋英丽, 邓皖玉, 王亚军, 等. 酱香高温大曲微生物菌群演化规律研究 [J]. 酿酒科技, 2018 (12): 33–38+44.

[10] 杨旭, 马歌丽, 王光路, 等. 高通量测序解析白酒中高温大曲细菌和真菌群落结构 [J]. 中国酿造, 2020, 39 (6): 119–123.

[11] Xu Y, Wang D, Fan W L, et al. Traditional Chinese biotechnology [J]. Advances in Biochemical Engineering/Biotechnology, 2010, 122: 189–233.

[12] Zhao Q S, Yang J G, Zhang K Z, et al. Lactic acid bacteria in the brewing of traditional Daqu liquor [J]. Journal of the Institute of Brewing, 2020, 126 (1): 14–23.

[13] 张杰, 侯小歌, 王俊英, 等. 高温大曲中酵母菌的分离、鉴定及耐高温性 [J]. 中国酿造, 2011 (11): 112–114.

[14] Liu H, Sun B. Effect of fermentation processing on the flavor of *Baijiu* [J]. Journal of Agricultural and Food Chemistry, 2018, 66 (22): 5425-5432.

[15] 曾凡君, 罗胜, 杨刚仁, 等. 高温仿生机制曲在酱香习酒生产中的应用 [J]. 酿酒科技, 2016 (5): 80-82+85.

[16] 张健, 李波, 程平言, 等. 传统与仿生机制高温曲培养过程中生化指标的对比研究 [J]. 酿酒科技, 2018 (9): 105-109.

[17] Schadt E E, Turner S, Kasarskis A. A window into third-generation sequencing [J]. Human Molecular Genetics, 2010, 19 (R2): R227-R240.

[18] Mosher J J , Bowman B, Bernberg E L, et al. Improved performance of the PacBio SMRT technology for 16S rDNA sequencing [J]. Journal of Microbiological Methods, 2014, 104: 59-60.

[19] 唐勇, 刘旭. SMRT 测序技术及其在微生物研究中的应用 [J]. 生物技术通报, 2018, 34 (6): 48-53.

[20] 韩琬. 应用单分子实时测序技术对米曲中微生物多样性的研究 [D]. 呼和浩特: 内蒙古农业大学, 2016.

[21] Nguyen N H, Song Z, Bates S T, et al. FUNGuild: An open annotation tool for parsing fungal community datasets by ecological guild [J]. Fungal Ecology, 2016, 20: 241-248.

[22] 周天慈, 何宏魁, 周庆伍, 等. 基于高通量扩增子测序技术解析中高温大曲微生物来源 [J]. 食品与发酵工业, 2021, 47 (16): 66-71.

[23] Wang M Y, Yang J G, Zhao Q S, et al. Research progress on flavor compounds and microorganisms of Maotai flavor *Baijiu* [J]. Journal of Food Science, 2019, 84 (1): 6-18.

[24] 沈毅, 程伟, 邓小波, 等. 酱香高温大曲、酒醅和窖泥的真菌多样性分析 [J]. 酿酒科技, 2019 (3): 17-23.

[25] Wang C X, García-Fernández D, Mas A, et al. Fungal diversity in grape must and wine fermentation assessed by massive sequencing, quantitative PCR and DGGE [J]. Frontiers in Microbiology, 2015, 6: 1156.

[26] Schloss P D, Jenior M L, Koumpouras C C, et al. Sequencing 16S rRNA gene fragments using the PacBio SMRT DNA sequencing system [J]. PeerJ, 2016, 4: e1869.

# 偏高温大曲发酵过程中物质及微生物区系的研究

江东材，朱和琴，罗陟，彭礼群
（四川省宜宾市叙府酒业股份有限公司技术中心，四川宜宾 644000）

**摘 要**：采用聚合酶链式反应-变性梯度凝胶电泳（PCR-DGGE）技术结合传统分析方法，对柔雅香型白酒生产过程中的偏高温大曲各阶段进行了物质和微生物区系分析，结果表明发酵过程物质变化规律与微生物的繁殖密切相关；细菌从拌料制醅中检测出16个种增加到最高23个种（一次翻曲），最终收曲阶段22个种，其中有9个种贯穿整个制曲阶段，整个过程检测出8个属、25个种，其中 *Bacillus*、*B. licheniformis* 分别为制曲过程中的优势属和种。

**关键词**：大曲；物质；微生物区系；演变规律

# The Study on Substance and Microflora in the Fermentation of High-temperature *Daqu*

JIANG Dongcai, ZHU Heqin, LUO Zhi, PENG Liqun
(Technical Center of Yibin Xufu Liquor Co. ,Ltd., Sichuan Yibin 644000,China)

**Abstract**: Using PCR-DGGE technology and traditional analysis methods, we analyzed the substance and microbial flora of the High-temperature *Daqu* in the production process of Rouya-flavor *Baijiu*. The results showed that the substantial change in the fermentation process was closely related to the reproduction of microorganisms. The number of detected bacteria was increased from 16 species in the beginning to 23 species in the first stirring, finally to 22 species. There were 9 species throughout the fermentation. We found 25 species in 8 genera throughout the whole process, in which *Bacillus* and *B. licheniformis* were the dominant genus and species in the fermentation process of *Daqu*.

基金项目：通风收虫装置在曲药生产及储存过程中的应用研究（2020GY02）。
作者简介：江东材，男，本科，工程师，主要从事酿酒微生物及酿酒工艺研究。E-mail：365844962@qq.com。

**Key words**: *Daqu*, Substance, Microflora, Succession

## 1　前言

中国白酒是世界六大蒸馏酒之一，是我国特有的民族传统产业，也是我国食品饮料行业中重要的组成部分。曲药在我国白酒行业中普遍使用，主要为白酒发酵提供多种发酵菌种和复合酶系，曲药中的微生物群落与白酒的风格、风味、口感及品质的关系极为密切。

目前行业对酱香型白酒、浓香型白酒、清香型白酒等曲药中微生物的相关研究已有较多报道[1-5]。柔雅香型白酒生产所用的偏高温大曲是宜宾叙府酒业股份有限公司自主研发，也是“一步法”多粮浓酱兼香型白酒生产工艺[6]中提及并使用的曲药，其工艺特点为品温高于传统浓香型白酒的中高温大曲的最高品温 2~3℃（最高品温 63℃）。目前对偏高温大曲发酵过程中的可培养细菌群落及其演替开展了较为系统的研究[7]，初步揭示了该香型可培养细菌演替的独特性，但还未解析偏高温大曲发酵过程中微生物群体结构的独特性。因此，通过免培养技术对偏高温大曲发酵微生物群落开展研究，不仅有利于提高、完善多粮浓酱兼香型白酒工艺，也对于探究固态多菌种发酵体系中温度对微生物群落、代谢产物的影响（机制）提供重要的借鉴意义。此外，这些菌株也是潜在的资源，在白酒乃至其他行业等具有广泛的应用前景。

## 2　材料与方法

### 2.1　样品采集

分别在制曲过程中的拌料制醅（0d）、第一次翻曲（4~5d）、第二次翻曲（8~10d）、堆烧（18~20d）、收曲（40d）时采集样品。拌料样品为拌和均匀的小麦粉，曲药样品为随机选取的 5 块曲药的四角、曲心、曲包的混合样。数据为全年多轮次生产检测的平均值。

### 2.2　样品处理

现场采集样品采用无菌袋封装，常规检测样品立即检测，微生物检测样品立即采用-80℃冰箱冷冻处理，保温密封送上海生工生物工程股份有限公司检测微生物数据。

### 2.3　仪器及试剂

仪器：HHB11600-BS-Ⅱ电热恒温培养箱（上海跃进医疗仪器厂）、DHG-9203AS 电热恒温鼓风干燥箱（宁波江南仪器厂）、HHS21-Ni8 电热水浴锅（苏州江东精密仪器有限公司)。

试剂：葡萄糖、蔗糖、无水硫酸钠、盐酸、硫酸、五水硫酸铜、氢氧化钠，均为分析纯，均购自成都市科龙化工试剂厂。

### 2.4 常规检测方法

取样样品在公司实验室立即进行水分、酸度、糖化力、液化力、发酵力、酯化力检测，检测方法参考文献[8-9]。

## 3 结果与分析

### 3.1 大曲发酵过程中温度变化趋势

通过对曲醅品温的监控，符合“前缓、中挺、后缓落”的规律，最高品温可达62~63℃。曲醅3次翻曲过程中对本身品温基本无影响，只在一次翻曲、二次翻曲阶段品温略有回落。曲醅中挺时间较长，且最高品温较传统偏高温制曲品温高2~3℃，结合后期微生物和物质的变化情况，提高品温及延长中挺期可能有利于对微生物菌群的筛选、酶类的富集及特殊风味物质的形成，这也是该工艺相对于传统偏高温大曲的区别所在，见图1。

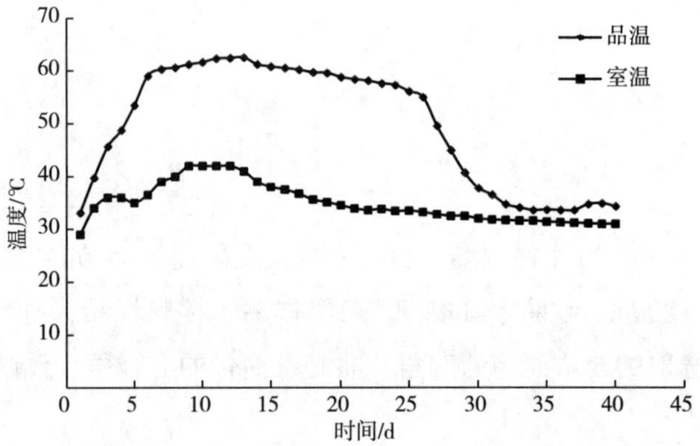


图1 偏高温大曲发酵过程中品温和室温变化趋势

Fig. 1 The change of internal temperature and room temperature in the fermentation of high-temperature *Daqu*

### 3.2 大曲发酵过程中物质变化规律

#### 3.2.1 大曲发酵过程中水分、酸度变化趋势

偏高温大曲发酵各阶段水分、酸度变化趋势见图2。

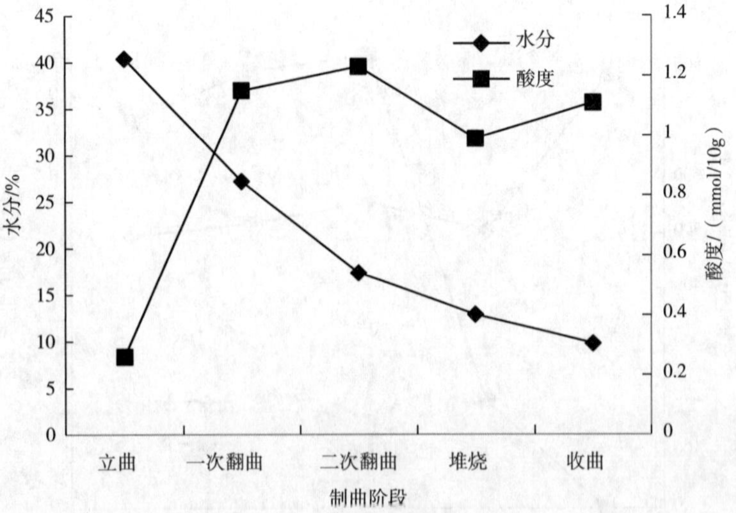


图 2　偏高温大曲发酵各阶段水分、酸度变化趋势

Fig. 2　The change of moisture and acidity in the fermentation of high-temperature *Daqu*

新鲜曲醅水分控制在40%左右，随着发酵的进行品温逐渐升高，曲醅水分呈现快速下降的趋势，至收曲时水分<10%。酸度随着品温的升高快速上升，至二次翻曲达到最大值，随后小幅度地回落，这可能与曲醅后期进行风味物质的转化有关。

3.2.2　大曲发酵过程中糖化力、液化力变化趋势

小麦中富含丰富的淀粉酶，经润麦后被激活，刚踩制成型的曲醅糖化力较高，但不能运用于糟醅发酵。随着曲醅品温升高，微生物代谢开始旺盛，曲醅糖化力呈现先下降后回升的趋势，该现象可能是小麦自身糖化酶的钝化失活及微生物代谢酶类的积累交叉过程，后期糖化力基本保持在 500mg/（g · h） 左右。小麦自身液化酶含量很低，故刚踩制成型的曲醅检测出液化力很低，但是随着发酵的进行，曲醅中液化力快速上升，到二次翻曲时达到最大，至收曲阶段小幅回落，这表明液化力变化趋势与微生物代谢密不可分，后期回落可能与微生物的衰亡有关，这与章克昌[10]所著书一致，见图 3。

3.2.3　大曲发酵过程中发酵力、酯化力变化趋势

原始曲醅中产气微生物（发酵力）和酯化微生物（酯化力）含量很低，只有通过发酵产能获得目标微生物（产物）。发酵力主要体现在酵母产 $CO_2$ 及少量产气细菌，酵母在一次翻曲前的曲醅中大量存在[11-12]，故发酵力较高，随着品温上升（二次翻曲可达 60℃），酵母大量衰亡，细菌和霉菌大量生长，发酵力随之下降，至收曲时稳定在 300mL/g 左右。酯化力随着品温升高也快速升高，至二次翻曲时稳定在 7.2g/L 左右，见图 4。

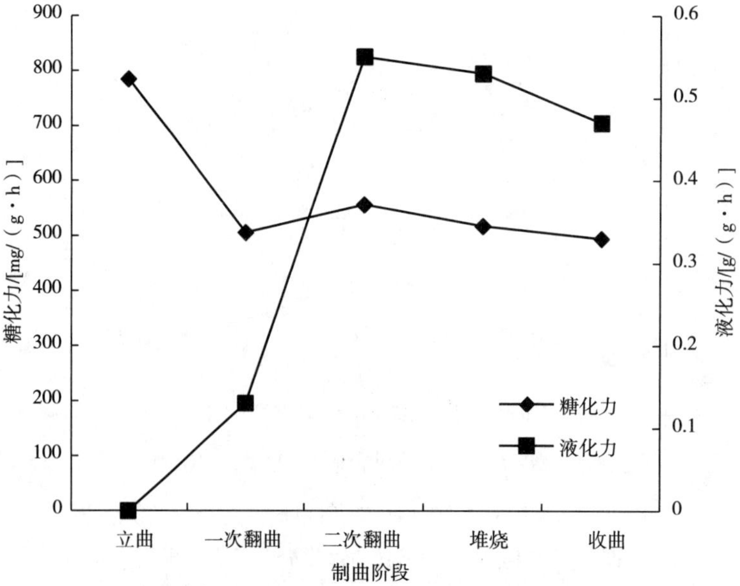


图 3 偏高温大曲发酵各阶段糖化力、液化力变化趋势

Fig. 3 The change of saccharification and liquefaction force in the fermentation of high-temperature *Daqu*

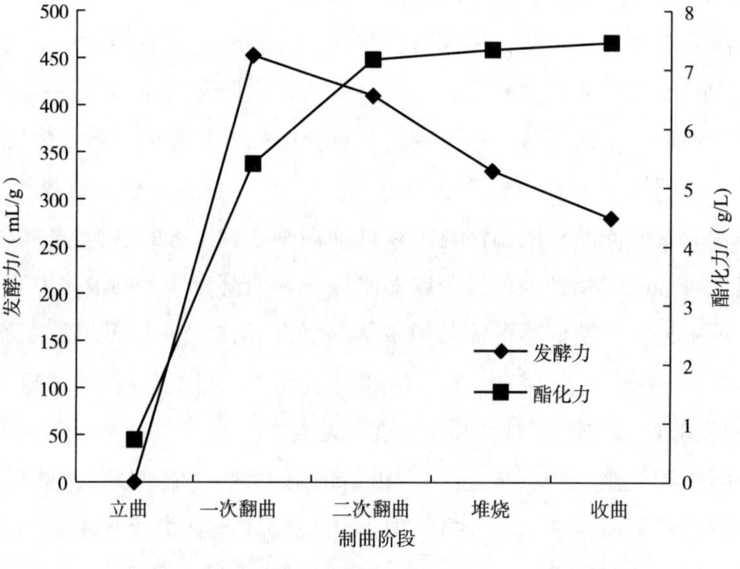


图 4 偏高温大曲发酵各阶段发酵力、酯化力变化趋势

Fig. 4 The change of fermentation force and esterification force in the fermentation of high-temperature *Daqu*

### 3.3　大曲发酵过程中微生物区系分析

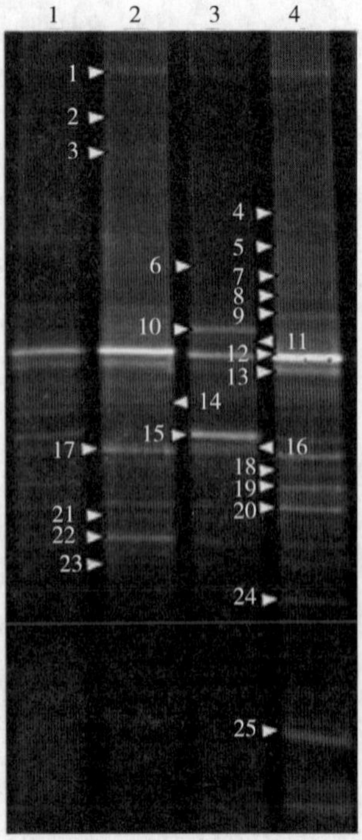


图 5　不同阶段细菌群落的 DGGE 轮廓图

Fig. 5　The profile of bacterial DGGE in the different fermentation stages of high-temperature *Daqu*

1—曲醅　2——次翻曲　3—二次翻曲　4—收曲

生产过程中 4 个主要阶段主要目标物群落的变性梯度凝胶电泳（Denatured Gradient Gel Electrophoresis，DGGE）轮廓图谱如图 5 所示。检出 DNA 数量、亮度及各目标物的谱图特征，群落结构有显著的差异。9 条谱带（1、12、13、15、17、19、20、21 和 22）代表参与整个过程的菌群，其谱带的强度则反映了该微生物的相对含量。在原料中检出了 16 条谱带，细菌的种类较多，但仅有 3 条优势谱带，优势菌种类较少。在一次翻曲样品中检出了 23 条谱带，谱带位置和强度与在原料中检出的有明显的区别。在原料中强度较弱的 3 条谱带（17、20、22）则强度增加，又检出了另外 2 条强度较高的谱带（谱带 12 和 13），二次翻曲中仅检出了 13 条谱带，5 条强度较高的条带（10、12、15、20、22）均在曲坯和一次翻曲中检出，谱带 10 仅在二次翻曲中强度较大。在收曲中检出了 22 条谱图，其中谱带 12、13、17、19、20、24、25 这 7 条谱带强度较高，谱带 25 仅在收曲中强度较高。

代表性的 PCR-DGGE 谱带测序比对相似度>95% 的细菌，主要包括 8 个属及不可培养的微生物，分别是乳酸菌属（*Lactobacillus*）、芽孢杆菌属（*Bacillus*）、魏斯菌属（*Weissella*）、葡萄球菌属（*Staphylococcus*）、片球菌属（*Pediococcus*）、明串珠菌属（*Leuconostoc*）、肠杆菌属（*Enterobacter*）和肠球菌属（*Enterococcus*）等，优势菌是乳酸菌和芽孢杆菌。在 4 种类型的样品中均检出了 *L. versmoldensis*、*L. crustorum*、*L. nodensis*、Uncultured bacterium、*S. succinus*、*P. pentosaceus*、*B. licheniformis*、*B. subtilis* 和 *B. methylotrophicus*。在原料中的优势菌群为：Uncultured bacterium、*L. nodensis* 和 *S. succinus*。经过制曲后，温度和水分变化使得群落结构改变，见表 1。

表 1　细菌 DGGE 条带的序列分析

Table 1　The sequence analysis of bacterial DGGE

| 条带编号 | 最大相似菌株 | 相似度/% |
|---|---|---|
| 1 | *Lactobacillus versmoldensis* | 96 |
| 2 | *Weissella confusa* | 100 |
| 3 | *Weissella cibaria* | 100 |
| 4 | Uncultured bacterium | 99 |
| 5 | *Bacillus pumilus* | 100 |
| 6 | *Bacillus sonorensis* | 95 |
| 7 | *Staphylococcus aureus* | 99 |
| 8 | *Leuconostoc mesenteroides* | 98 |
| 9 | *Lactobacillus alimentarius* | 99 |
| 10 | *Lactobacillus paralimentarius* | 100 |
| 11 | *Enterobacter cloacae* | 100 |
| 12 | Uncultured bacterium | 98 |
| 13 | *Lactobacillus nodensis* | 97 |
| 14 | *Staphylococcus felis* | 99 |
| 15 | *Staphylococcus succinus* | 100 |
| 16 | *Enterococcus* sp. | 100 |
| 17 | *Lactobacillus crustorum* | 100 |
| 18 | *Pediococcus acidilactici* | 99 |
| 19 | *Pediococcus pentosaceus* | 99 |
| 20 | *Bacillus licheniformis* | 100 |
| 21 | *Bacillus subtilis* | 99 |
| 22 | *Bacillus methylotrophicus* | 100 |
| 23 | *Enterobacter asburiae* | 100 |
| 24 | *Bacillus amyloliquefaciens* | 100 |
| 25 | *Enterococcus faecalis* | 100 |

一次翻曲的优势菌是 Uncultured bacterium、*L. nodensis*、*L. crustorum*、*B. licheniformis* 和 *B. methylotrophicus*。此外 *L. crustorum*、*B. licheniformis* 和 *B. methylotrophicus* 也转化为优势菌。二次翻曲的优势菌是 *L. paralimentarius*、Uncultured bacterium、*S. succinus*、*B. licheniformis* 和 *B. methylotrophicus*。而收曲时优势菌则转化为 Uncultured bacterium、*L. nodensis*、*L. crustorum*、*P. pentosaceus*、*B. licheniformis*、*B. amyloliquefaciens* 和 *E. faecalis*。

检出的乳酸菌主要包括乳酸杆菌属（*L. versmoldensis*、*L. alimentarius*、*L. paralimentarius*、*L. nodensis*、*L. crustorum*）、魏斯菌属（*W. confusa*、*W. cibaria*）和片球菌属（*P. acidilactici*、*P. pentosaceus*）。这些微生物产生的乳酸与醇类缩合形成乳酸酯。这些组分及乳酸是酒体的重要挥发性组分。此外，乳酸菌的某些代谢产物也能被其他微生物作为底物，促进美拉德反应，调节白酒酿造初期酒醅的酸度。检出的 *L. alimentarius* 的代谢产物如苯乳酸、对-羟苯肼乳酸等具有抑制某些真菌生长及降低产毒能力（黄曲霉毒素），达到除毒的功效。片球菌（*Pediococcus*）可降低胺的含量，有利于发酵产品的风味形成。*W. confusa* 及 *W. cibaria* 等不仅是浓香型大曲的优势菌，也是其他香型大曲的优势菌，*W. cibaria* 对产品质构特性影响较大，它们在后续的过程中产生的有机酸等组分对酒体风格的形成有较大的贡献度。虽然对大曲中乳酸菌多样性及功能稍有了解，但其功能和作用机理仍需进一步研究。

芽孢杆菌（*B. pumilus*、*B. subtilis*、*B. licheniformis* 和 *B. amyloliquefaciens* 等）始终贯穿大曲生产的整个过程，除具有将淀粉降解为微生物可利用的小分子底物的功能外，也产生挥发性物质。*B. methylotrophicus* 首次在大曲中检出，该菌具有产耐酸、耐热纤维素酶的能力。*B. licheniformis* 和 *B. subtilis* 在大曲中大量地检测出，且 *B. licheniformis* 作为大曲中的绝对优势菌种，与可培养细菌群落结构演替结果一致[7]，发挥着极其重要的作用，代谢产物包括酸类、酯类、醇类、酮类及吡嗪类和芳香族化合物。这些组分具有呈酸和增香的作用，对白酒风格及风味的贡献是重要的。检测出葡萄球菌（*S. aureus*、*S. felis* 和 *S. succinus*）、肠球菌（*E. faecalis*）及肠杆菌（*E. asburiae*），其中肠杆菌能够固定或利用原料中的氮源，为其他细菌提供代谢所需的物质及能量。肠球菌（*E. faecalis*）也产生乳酸，对风味物质的形成有重要的影响。

## 4 结论

柔雅香型白酒大曲是从偏高温大曲中衍生出来的工艺，其整体情况遵循偏高温大曲发酵工艺特征，但仍与传统的偏高温大曲生产工艺有一定的差异。本研究通过采用 PCR-DGGE 解析用于柔雅型白酒生产的大曲发酵过程中的微生物群落结构，结合发酵过程物质变化规律明确物质变化情况与微生物代谢息息相关。发酵过程中酸度呈现先升后降至趋于平稳的趋势，与微生物转化风味物质有一定相关性。糖化力、液化力、发酵力与酯化力的产生表明微生物发酵对于曲药的重要性。从拌料制醅检测出的 16 个种增加到最高（一次翻曲）23 个种，最终收曲阶段 22 个种。整个制曲阶段累积检测出 8 个属 25 个种，其中 9 个种贯穿整个制曲阶段，芽孢杆菌属（*B. pumilus*、*B. subtilis*、*B. licheniformis* 和 *B. amyloliquefaciens* 等）始终贯穿大曲生产的整个过程，其中 *B. licheniformis* 为制曲过程中的绝对优势菌种。

## 参考文献

[1] 王海燕. PCR-DGGE 技术对清香型汾酒微生物群落结构演变规律的研究 [D]. 无锡：江南大学，2014.

[2] 颜林春. 高温大曲的细菌菌群结构分析和酿酒功能菌的选育及强化大曲的研究 [D]. 福建：福建师范大学，2012.

[3] 肖蓓. 酱香大曲中细菌类群关系研究与功能细菌筛选 [D]. 贵阳：贵州大学，2015.

[4] 姚栗. 芝麻香型白酒高温大曲细菌群落多样性研究 [D]. 北京：北京林业大学，2013.

[5] 张明春，曹敬华，向苇，等. 白云边酿酒大曲微生物分析研究 [J]. 酿酒科技，2010 (2)：65-67.

[6] 陈泽军，陈云宗，周瑞平，等. 多粮浓酱兼香型白酒生产方法 [P]. 中国专利：ZL200910059543. X，2009. 06. 10.

[7] 周瑞平，王涛，陈云宗，等. 偏高温大曲发酵过程中可培养细菌群落研究 [J]. 食品科学，2013，34 (13)：198-201.

[8] 景泉，洪森，海波. 酒曲生产实用技术 [M]. 北京：中国食品工业出版社，1988.

[9] 唐玉明，姚万春，任道群，等. 浓香型大曲发酵力测定条件探讨 [J]. 酿酒科技，1996 (6)：67-69.

[10] 章克昌. 酒精与蒸馏酒工艺学 [M]. 北京：中国轻工业出版社，2008.

[11] 朱婷婷. 牛栏山大曲可培养微生物多样性分析 [J]. 酿酒科技，2018 (5)：75-79.

[12] 朱和琴，周瑞平，江东材，等. 不同小麦生产偏高温大曲的研究 [J]. 酿酒科技，2012 (10)：65-68.

# 常压室温等离子体诱变选育高酸性蛋白酶活性白曲霉

周庆伍[1]，何宏魁[1,2]，曹润洁[1,2]，杜成龙[2]，周鹏磊[2]，马叶胜[2]，王冕[2]，袁志强[2]

(1. 安徽古井贡酒股份有限公司，安徽亳州　236800；

2. 安徽瑞思威尔科技有限公司，安徽亳州　236800)

**摘　要**：为提高菌株白曲霉的酸性蛋白酶活性，采用实验室保藏菌种 B01 白曲霉为诱变出发菌株，对 B01 菌株进行常压室温等离子体诱变（ARTP），诱变条件：功率 240W；气流量 15L/min；12 个时间梯度处理。结果表明：当诱变时间为 180s 时，致死率达到 92%，此时为最佳诱变时间。利用脱脂奶粉作为选择培养基关键因子进行初筛并利用福林酚法对诱变菌株三级曲进行复筛，选出 6 株高酸性蛋白酶活性的菌株：YB16-1，YB16-3，YB16-4，YB16-11，YB16-13，YB16-14，并且经过福林酚法验证。最终筛选出白曲霉菌株 YB16-13 具有高酸性蛋白酶活性：三级种曲的酸性蛋白酶活性均值达到 344μg/(g · min)，比出发菌株 B01 提高 93%。YB16-13 经过多次传代，酸性蛋白酶活性仍比较稳定。

**关键词**：白曲霉；常压室温等离子体诱变（ARTP）；酸性蛋白酶活性

# Breeding of High Yield Acid Protease *Aspergillus albicans* by Atmospheric and Room Temperature Plasma (ARTP)

ZHOU Qingwu[1], HE Hongkui[1,2], CAO Runjie[1,2], DU Chenglong[2],
Zhou Penglei[2], MA Yesheng[2], WANG Mian[2], YUAN Zhiqiang[2]

(1. Anhui Gujing Gongjiu Co. ,Ltd., Anhui Bozhou 236800, China;

2. Anhui Rise Well Technology Co. , Ltd., Anhui Bozhou 236800, China)

**Abstract**: In order to improve the activity of acid proteinase of *Aspergillus albicans*, the

作者简介：周庆伍，男，硕士，正高级工程师，国家白酒评委，主要从事酿酒发酵技术研究与管理的工作，发表论文三十多篇，取得专利二十多项。E-mail：zqw@ gujing. com. cn。

通信作者：曹润洁，女，硕士，工程师，主要从事酿酒微生物及白酒酿造工艺的研究，发表论文十余篇。E-mail：caorunjie@ gujing. com. cn。

laboratory preserved strain B01 was used as the mutagenesis starting strain. The strain B01 was treated with atmospheric and room temperature plasma (ARTP). The power of mutagenesis was 240W; Gas flow 15SLM; 12 time gradient processing. The results showed that when the mutagenesis time was 180s, the fatality rate reached 92%, which was the best mutagenesis time. 6 strains with high acidic proteinase activity YB16-1, YB16-3, YB16-4, YB16-11, YB16-13 and YB16-14 were selected by preliminary screening and re-screening using skim milk powder as the key factor of medium selection, and using the Folin-reagent method to complex mutagenesis strain level 3 curved screen. Finally, *Aspergillus albicans* strain YB30-3 was screened out with high acidic protease activity: the tertiary kojic acid protease activity reached 344μg/(g · min), which was 93% higher than that of the original strain B01. After many passages, the activity of acid protease in the mutant strain YB16-13 was still stable.

**Key words**: *Aspergillus albicans*, Atmospheric and room temperature plasma (ARTP), Acid protease activity

## 1 前言

白酒是以高粱等淀粉质原料为主料，加入酒曲为糖化、发酵剂，经蒸煮、糖化、发酵、蒸馏、储存、勾调而成的蒸馏酒[1]。酒曲作为中国白酒酿造的糖化、发酵和生香剂，其品质对酒的产率和风格有极大的影响[2]。

白曲霉具有蛋白酶活性强、耐酸度高、培养条件粗放等特点[3]。由于酸性蛋白酶具有较好的耐酸性，因此被广泛地应用于食品、医药、轻工、皮革以及饲料加工工业中[4]。白曲霉麸曲在高酸度、高蛋白的酒醅环境中可发挥其酸性蛋白酶活性高的优势，有利于提高白酒出酒率及促进风味物质的生成[5]。酸性蛋白酶是一种能在低 pH 下水解蛋白质为多肽和氨基酸的一类酶，其最适 pH 为 2.5~5.0[5]。

常压室温等离子体（Atmospheric and Room Temperature Plasma，ARTP）诱变是指通过发射均匀且粒子丰富的等离子体射流，使活性粒子透过细胞膜作用于脱氧核糖核酸（Deoxyribonucleic Acid，DNA）物质，引起 DNA 的多样性损伤，细胞启动 SOS 修复机制，在修复过程中产生种类丰富的错配位点，最终稳定遗传，进而获得大量突变株，是一种获得安全性高的优良菌种的可靠方法[6-9]。该研究以实验室保藏的白曲霉菌株为出发菌株，采用 ARTP 诱变技术进行菌种选育，获得酸性蛋白酶活性高的菌株，为白酒、食醋等产品的发酵生产和规模化制曲提供优质菌种资源。

## 2 材料与方法

### 2.1 菌种和培养基

菌种：白曲霉（*Aspergillus albicans*）B01 为本实验室保藏菌株。

菌种保藏（斜面）培养基：麦芽浸粉 130.0g/L，氯霉素 0.1g/L，琼脂 15.0g/L，蒸馏水 1000mL，pH 为 6.0±0.2（25℃），121℃灭菌 20min。

初筛培养基：脱脂奶粉 4.5g，磷酸二氢钠 1.05g，磷酸氢二钠 0.95g，硫酸镁 0.5g，硫酸亚铁 0.01g，琼脂 15.0g，蒸馏水 1000mL，121℃灭菌 20min。

种子培养基：马铃薯浸出粉 6.0g/L，葡萄糖 20.0g/L，氯霉素 0.1g/L，琼脂 15.0g，蒸馏水 1000mL，pH 5.4~5.8，25℃，115℃灭菌 20min。

麸曲培养基：250mL 三角瓶装入 20g 麸皮和 20mL 水，搅拌均匀后用封口膜封口，自然 pH，121℃灭菌 20min。

### 2.2 试剂

磷酸二氢钠、磷酸氢二钠、硫酸亚铁、硫酸镁、氯化钠、氢氧化钠、三氯乙酸、乳酸、甘油均为分析纯，（中国医药集团有限公司）；琼脂（BR）（中国医药集团有限公司）；脱脂奶粉（内蒙古伊利实业集团股份有限公司）；干酪素（BR）（AOBOX 有限公司）；福林酚试剂（BR）（罗恩试剂）。

### 2.3 仪器

ME 204E 电子天平（梅特勒-托利多公司）；电热恒温水浴锅（龙口市先科仪器有限公司）；SX-700 高压灭菌锅（TOMY 公司）；BSC-1300ⅡA2 生物安全柜（苏净安泰空气技术有限公司）；MHP-100 智能霉菌培养箱（上海三发科学仪器有限公司）；UV9000 紫外可见分光光度计（上海元析仪器有限公司）；pHS3C/0-14 pH 计（上海仪电科学仪器股份有限公司）；ARTP-Ⅳ-A 诱变仪（无锡源清天木生物科技有限公司）。

### 2.4 方法

#### 2.4.1 ARTP 诱变处理方法

将试管斜面 30℃活化 3d 的白曲霉菌体用无菌生理盐水冲洗、过滤，孢子悬液浓度调节至 $10^6$~$10^7$CFU/mL，添加甘油至体积分数为 5%。将菌悬液均匀涂抹在载片表面，用镊子将菌物载片转移到载物台。设定参数为功率 240W；工作气流量为 15L/min；等离子体发射源与样品距离约为 5mm；操作温度 23.0~35.0℃，分别照射

0、60、80、100、120、140、160、180、200、220、240、260s，处理后将载片转移到装有 1mL 生理盐水的 EP 管中，振荡洗脱形成新的菌悬液，不同梯度稀释后涂布平板，培养 48h 后观察菌落形态特征。

2.4.2　菌悬液的制备以及致死率计算

将活化好的白曲霉菌种接种于麦芽汁琼脂培养基上，培养温度 30℃，培养 24~48h，本试验采用对数期 26h 时的白曲霉，将对数期的白曲霉用 0.9%生理盐水调整其孢子浓度，在光学显微镜下计数，将菌浓度调至 $10^6$~$10^8$CFU/mL。本试验最终白曲霉菌孢子浓度为 $3×10^6$CFU/mL。将配制的 $3×10^6$CFU/mL 孢子悬浮液与 5%甘油均匀混合，以保护白曲霉孢子。采用平板活菌计数法（CFU 法）来计算 ARTP 处理的致死率，获得致死曲线，见式（1）。

$$致死率=（对照菌落数-诱变平板菌落数）/对照菌落数×100\% \quad (1)$$

2.4.3　突变菌株筛选

挑选 ARTP 诱变 180s 的平板上的菌落点种于初筛培养基上，30℃培养 48h，观察记录透明圈和菌落大小，计算出 $K$ 值（式 2）。挑取 $K$ 值较大并且孢子数较多的菌落接种于麦芽浸粉试管斜面培养基，于 30℃培养 48h，试管内布满白色菌丝后停止，然后于 4℃冰箱保存备用。

$$K = 透明圈直径(T)/菌落直径(L) \quad (2)$$

2.4.4　福林酚法复筛菌株

种子菌株培养：将初筛的诱变菌株接种于种子培养基上，30℃培养 48h，制备种子菌株平板。

三角瓶二级种曲制备：从种子菌株平板中挑取 1.0$cm^2$左右的菌块接入麸皮培养基，30℃培养 48h。

三角瓶三级种曲制备：按照 1%接种量，将上述二级曲接入麸皮培养基，30℃培养 48h。

首先根据上述制备种曲的方法制备突变菌株单菌株的三级种曲，然后利用 GB/T 23527—2009 中福林酚法测酸性蛋白酶活性的方法测算突变菌株三级种曲的酸性蛋白酶活性值。

## 2.5　突变菌株遗传稳定性试验

将总酶活性高的突变菌株在麸曲培养基中连续传代培养 10 次，培养条件为 30℃、48h。依次称取一定质量的第 2、4、6、8、10 代三级种曲，对其酸性蛋白酶活性进行测定，检测突变菌株的遗传稳定性。

## 3　结果与分析

### 3.1　致死率曲线

采用平板活菌计数法绘制白曲霉菌株的致死率曲线。由图1可知，ARTP对白曲霉B01菌株具有较强的致死效应，ARTP处理120s白曲霉菌株诱变致死率达到84.6%，处理160s后致死率基本稳定在90%以上，处理240s致死率接近100%。为获得较高的正突变率以方便筛选，选取ARTP处理180s（致死率约92.6%）作为后续处理的条件。

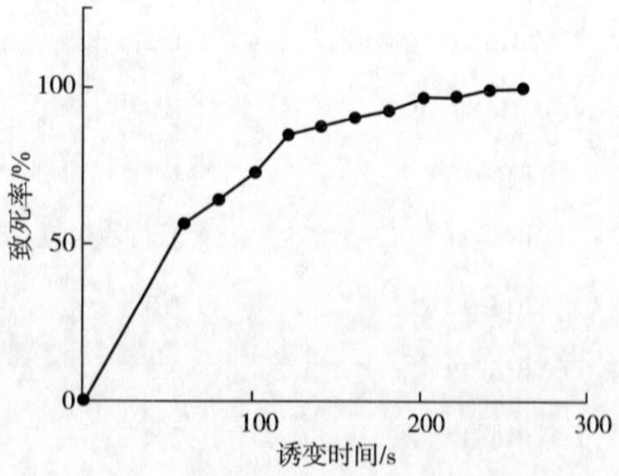


图1　ARTP诱变时间与致死率的关系

Fig. 1　Relationship between mutagenesis time and mortality rate of ARTP

由图1可知，等离子体对米曲霉菌株的致死率有明显的剂量-效应关系，ARTP处理时间越长，致死率越高，在1~120s致死率迅速增加；诱变时间为140s时，致死率达到87.5%；180s时致死率达到92.60%；240s时其接近100%。为获取较高的正突变率、较高的蛋白酶活性菌株，本试验将致死率设定为90%以上[9]，因此选取180s为ARTP诱变时间。

### 3.2　初筛结果

将菌株B01在ARTP仪上诱变处理180s，稀释涂布于固态基础培养基上，30℃培养2d后将单菌落挑出继续划线纯化培养，菌株共计30株，编号为YB16-1~YB16-30。从中挑选出*K*值较高的突变株，结果见表1。

**表1　初筛诱变菌株的*K*值**

**Table 1　*K* value of the screened mutagenic strain**

| 编号 | *T*值/cm | *L*值/cm | *K*值 |
|---|---|---|---|
| 对照 | 1.1 | 0.9 | 1.22 |
| YB16-1 | 2.3 | 1.1 | 2.09 |
| YB16-2 | 1.0 | 0.9 | 1.11 |
| YB16-3 | 2.2 | 1.1 | 2.00 |
| YB16-4 | 2.5 | 1.1 | 2.27 |

续表

| 编号 | *T* 值/cm | *L* 值/cm | *K* 值 |
|---|---|---|---|
| YB16-5 | 1.1 | 0.9 | 1.22 |
| YB16-6 | 0.9 | 0.8 | 1.13 |
| YB16-7 | 1.1 | 0.9 | 1.22 |
| YB16-8 | 1.2 | 0.9 | 1.33 |
| YB16-9 | 1.0 | 0.9 | 1.11 |
| YB16-10 | 1.1 | 1.0 | 1.10 |
| YB16-11 | 2.3 | 1.1 | 2.09 |
| YB16-12 | 1.3 | 0.9 | 1.44 |
| YB16-13 | 2.3 | 1.0 | 2.30 |
| YB16-14 | 2.4 | 1.1 | 2.18 |
| YB16-15 | 0.8 | 0.8 | 1.00 |
| YB16-16 | 1.3 | 0.8 | 1.62 |
| YB16-17 | 1.2 | 1.0 | 1.20 |
| YB16-18 | 1.5 | 1.0 | 1.50 |
| YB16-19 | 1.0 | 0.8 | 1.25 |
| YB16-20 | 1.3 | 0.9 | 1.44 |
| YB16-21 | 1.2 | 0.9 | 1.33 |
| YB16-22 | 0.8 | 0.7 | 1.14 |
| YB16-23 | 1.5 | 1.0 | 1.50 |
| YB16-24 | 1.7 | 0.9 | 1.89 |
| YB16-25 | 1.1 | 0.8 | 1.38 |
| YB16-26 | 1.2 | 0.8 | 1.50 |
| YB16-27 | 0.8 | 0.8 | 1.00 |
| YB16-28 | 1.1 | 0.9 | 1.22 |
| YB16-29 | 1.5 | 1.0 | 1.50 |
| YB16-30 | 1.3 | 0.8 | 1.62 |

由表 1 可知，突变菌株 YB16-1、YB16-3、YB16-4、YB16-11、YB16-13、YB16-14 等 6 个菌株的 *K* 值较大，分别为 2.09、2.00、2.27、2.09、2.30、2.18，其中菌株 YB16-13 的 *K* 值最大。仅仅依据初筛培养基的 *K* 值不能最终确定白曲霉酸性蛋白酶活性的高低，还需进一步采用福林酚法验证，确定酸性蛋白酶活力高的

菌种。

## 3.3　复筛结果

### 3.3.1　标准曲线绘制

配制浓度为0、10、20、30、40、50、60μg/mL 的 L-酪氨酸标准工作溶液（表2），分别吸取1mL上述各浓度酪氨酸于试管内，依次加入5mL 0.4mol/L 碳酸钠溶液和1mL福林酚试剂，40℃显色20min，取出冷却后于680nm处测吸光值，以不含酪氨酸的试管吸光值为0，绘制浓度对吸光值的曲线。要求在标准曲线上吸光值为1时，对应的酪氨酸数（*K*值）在95~100。

**表2　酪氨酸标准溶液**

**Table 2　Tyrosine standard solutions**

| 试管编号 | 0 | 1 | 2 | 3 | 4 | 5 | 6 |
|---|---|---|---|---|---|---|---|
| 酪氨酸标准储备液/mL | 0 | 1 | 2 | 3 | 4 | 5 | 6 |
| 加水量/mL | 10 | 9 | 8 | 7 | 6 | 5 | 4 |
| 稀释液浓度/（μg/mL） | 0 | 10 | 20 | 30 | 40 | 50 | 60 |

按照图2方法，得*K*值99.2，符合*K*值95~100范围规定。酪氨酸含量与吸光值的关系几乎呈线性，并且相关性较好，可以用此标准曲线来测定待测物的α-氨基酸含量。

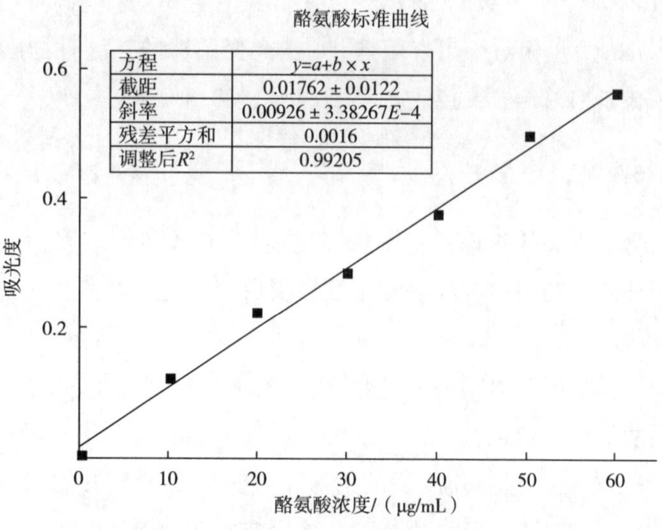


图2　酪氨酸标准曲线

Fig. 2　Standard curve of tyrosine

3.3.2 福林酚法结果验证

根据上述制备种曲的方法，分别制备突变菌株 YB16-1、YB16-3、YB16-4、YB16-11、YB16-13、YB16-14 单菌株的三级种曲，原菌株制备的三级种曲作为对照样，用福林酚法分别测定其酸性蛋白酶活性，所得结果如图 3 所示。

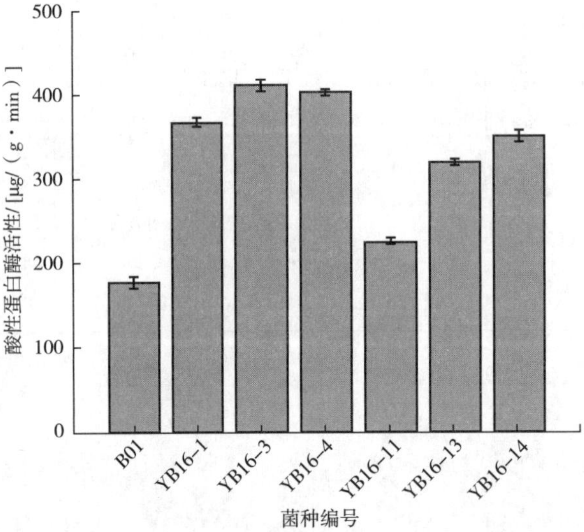


图 3 原始菌株（B01）和突变菌株的三级种曲酸性蛋白酶活性

Fig. 3 Activity of three kinds of kojic acid protease in the original (B01) and mutant strains

从图 3 中可以看出，ARTP 诱变后菌株 YB16-1、YB16-3、YB16-4、YB16-11、YB16-13、YB16-14 的三级种曲酸性蛋白酶活性均明显高于出发菌株 B01 [178.36μg/(g·min)]。相对于出发菌株，6 株突变菌株的三级种曲酸性蛋白酶活性分别提升了 107.2%，131.4%，126.9%，26.9%，80.3%和 97.0%。

## 3.4 遗传稳定性检测

将酸性蛋白酶活性高的 6 株诱变菌株经过连续 10 代传代培养，偶数代菌株每批次制备 3 个平行种曲，利用福林酚法测定酸性蛋白酶活性，考察诱变菌株的遗传稳定性，结果如图 4 所示。

由图 5 可知，诱变菌株 YB16-13 酸性蛋白酶活性的稳定性相对其他 5 株菌株更好，且酸性蛋白酶活性均值最高，为 343.86μg/(g·min)，较出发菌株（B01）酶活性提高了 92.79%。故经 ARTP 诱变后的菌株 YB16-13 具有较好的遗传稳定性，可以进行后续发酵试验。同时表明，利用 ARTP 诱变技术结合福林酚法是一种能在短时间内选育出高酸性蛋白酶活性的白曲霉菌株的优良方法[10]。

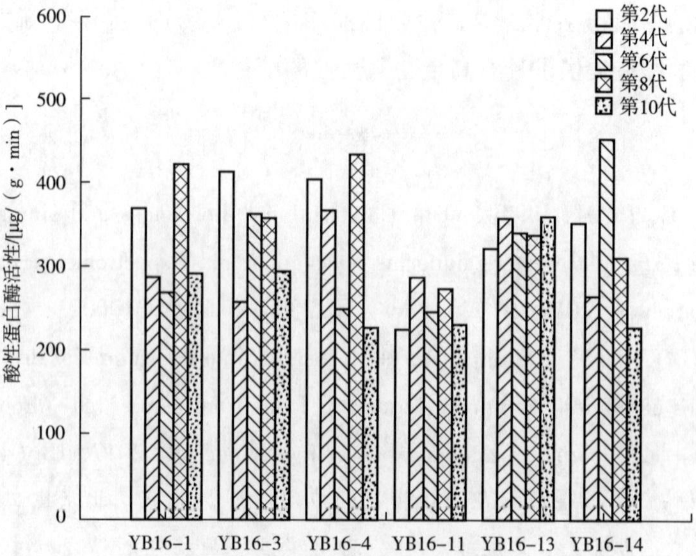


图 4　突变株偶数代酸性蛋白酶活性

Fig. 4　Inheritable stability of mutant strains

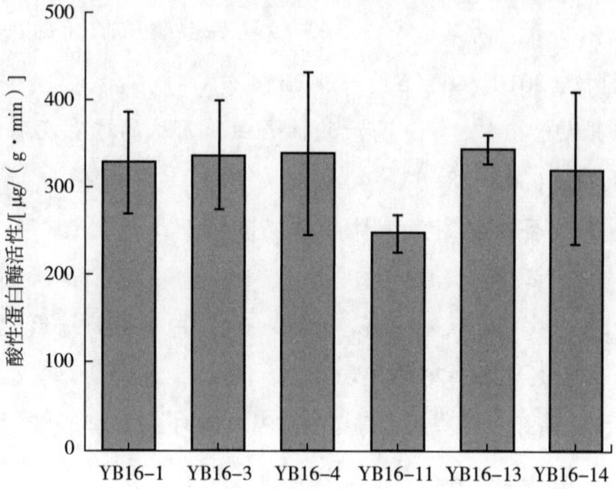


图 5　突变菌株偶数代酸性蛋白酶活性平均值

Fig. 5　Average values of acid proteinase of mutant strains

## 4　结论

ARTP 诱变白曲霉菌株 B01 具有良好效果，时间为 180s 时其致死率能达到 92.6%。通过初筛和复筛，选育出白曲霉菌种 YB16-13，其酸性蛋白酶活性均值为 343.86μg/

(g·min)，比出发菌株提高了 92.79%，且可以稳定遗传，为后续生产提供了较高酸性蛋白酶活性的白曲霉菌种。本试验为白曲霉菌种诱变选育提供了新方法的理论参考，并且为白酒酿造提供了具有高蛋白酶活性的菌种。

## 参考文献

[1] Fang C, Du H, Jia W, et al. Compositional differences and similarities between typical Chinese *Baijiu* and western liquor as revealed by mass spectrometry-based metabolomics [J]. Metabolites, 2019, 9 (1) . doi: 10. 3390/metabo 9010002.

[2] He G Q, Liu T J, Sadiq F A, et al. Insights into the microbial diversity and community dynamics of Chinese traditional fermented foods from using high-throughput sequencing approaches [J]. Journal of Zhejiang University-Science B, 2017, 18 (4): 289-302.

[3] 吴伟伟. 酸性蛋白酶在酒精生产的应用 [D]. 北京: 北京化工大学, 2016.

[4] 吕伟民, 赵云财, 夏海华, 等. 酒用酸性蛋白酶在酒精发酵中的应用 [J]. 酿酒, 2003, 30 (3): 33-34.

[5] 戚淑威. 产偏酸性蛋白酶菌株的筛选及其酶应用特性的研究 [D]. 昆明: 云南师范大学, 2006.

[6] 沈玉洁, 张明春, 向苇, 等. 高产酸性蛋白酶菌株的筛选及发酵条件研究 [J]. 食品与发酵科技, 2010, 46 (6): 32-35.

[7] 李西波, 张旭, 杨柳, 等. 高产酸性蛋白酶菌株的选育及酶学性质研究 [J]. 中国调味品, 2018, 43 (3): 28-33, 40.

[8] 邓颜威. 酸性蛋白酶高产菌株的诱变育种及工艺优化 [D]. 杭州: 浙江工业大学, 2013.

[9] 范新蕾, 肖成建, 顾秋亚, 等. ARTP 诱变选育葡萄糖氧化酶高产菌株及发酵条件优化 [J]. 工业微生物, 2015 (1): 15-19.

[10] 刘文龙, 钱娟娟, 王兴吉, 等. ARTP 与紫外线复合诱变选育高产酸性蛋白酶菌株的研究 [J]. 食品与发酵科技, 2018, 54 (6): 5-8.

# 产酸细菌对清香型小曲酿造质量的影响

陈申习[1,2]，曹敏[1,2]，江威[1,2]，唐洁[1,2]，刘源才[1,2]，杨强[1,2]
（1. 劲牌有限公司劲牌研究院，湖北大冶　435100；
2. 中药保健食品质量与安全湖北省重点实验室，湖北大冶　435100）

**摘　要**：为研究产酸细菌对清香型小曲酿造质量的影响，从小曲及其发酵酒醅中分离鉴定了5株细菌，通过添加到公司桂花曲中进行酿造验证，当3株细菌：戊糖片球菌、塞内加尔醋杆菌和短乳杆菌固态麸皮种以质量比1：1：2组合，按照酒曲20%的比例添加到桂花曲中进行发酵。酒质方面，相比对照组，原酒中乙酸乙酯含量提高15%，杂醇油含量下降7%，正丙醇含量下降5.5%，提升了小曲酿造质量。

**关键词**：产酸细菌；桂花曲；酒质

# Effects of Acid Producing Bacteria on the Brewing Quality of Light-aroma-type *Xiaoqu*

CHEN Shenxi[1,2], CAO Min[1,2], JIANG Wei[1,2],
TANG Jie[1,2], LIU Yuancai[1,2], YANG Qiang[1,2]
(1. Jing Brand Research Institute, Jing Brand Co., Ltd., Hubei Daye 435100, China;
2. Hubei Provincial Key Lab for Quality and Safety of Traditional Chinese Medicine Health Food, Hubei Daye 435100, China)

**Abstract**: In order to study the effect of acid producing bacteria on the brewing quality of light-aroma-type *Xiaoqu*, 5 strains of bacteria were isolated and identified from *Xiaoqu* and its fermented grains. These three strains, *Pediococcus pentosaceus*, *Acetobacter senegalen-*

基金项目：湖北省重点研发计划项目（2020BBA050）。

作者简介：陈申习，男，博士，高级工程师，主要从事食品微生物筛选及代谢产物解析的研究。E-mail：chenshenxi2006@163.com。

通信作者：杨强，男，博士，教授级高级工程师，主要从事白酒酿造工艺及产品设计的研究。E-mail：yq@jingpai.com。

*sis*, and *Lactobacillus brevis*, were mixed at the mass ratio of 1 ∶ 1 ∶ 2 and added to *Guihuaqu* at the ratio 20% of *Jiuqu* for fermentation, in terms of *Baijiu* quality, compared to the control, the content of ethyl acetate of *Baijiu* increased by 15%, the contents of fusel oil and *n*-propanol decreased by 5.5% and 7%, respectively, which better improved the brewing quality of *Xiaoqu*.

**Key words**: Acid producing bacteria, *Guihuaqu*, *Baijiu* quality

## 1 前言

有机酸类是白酒中重要的呈味物质，适当比例的有机酸能使酒体更加饱满，有利于消除白酒中的苦味并促进新酒老熟。乙酸、丁酸、己酸和乳酸作为白酒中“四大酸”，占有机酸含量的90%以上[1]，其含量和比例的变化对白酒风格的形成起着重要的作用。四大酸一方面是白酒中主要酯类物质如乙酸乙酯、丁酸乙酯、己酸乙酯和乳酸乙酯合成的重要前体物质[2]，这四种酯类物质含量决定了白酒香型的风格。另一方面，白酒中四大酸含量适宜时有助于白酒风味的提升。清香型小曲白酒中含有的主要酯类风味物质为乙酸乙酯和乳酸乙酯，因此从发酵过程中筛选具有产酸功能的细菌，如产乙酸菌和产乳酸菌来提升白酒发酵过程中乙酸和乳酸产量，进而提高原酒中的酯类物质含量，是提升清香型小曲白酒质量的重要策略。

## 2 材料与方法

### 2.1 材料

#### 2.1.1 实验样品及试剂

实验样品：清香型小曲白酒发酵酒醅取自劲牌有限公司酿造车间；酿酒酵母 Y1 和清香型小曲（桂花曲）为劲牌公司制曲车间生产；固态发酵小试所用高粱为糯高粱，来自黑龙江大庆。

试剂：葡萄糖、酵母浸粉、乙酸钠、琼脂粉等试剂为生化纯或分析纯级别，乙醛、甲醇、正丙醇、乙酸乙酯等标准品为色谱纯级别，以上试剂均购自中国医药集团有限公司。

#### 2.1.2 仪器设备

1mL Finnpipette 移液枪（美国 ThermoFisher Scientific 公司）；AL204 电子分析天平（梅特勒-托利多公司）；JJ1000 电子天平（常熟双杰测试仪器厂）；SFG-02B 电热恒温鼓风干燥箱（上海精宏实验设备仪器厂）；QYC-200 全温空气摇床（上海福玛实验设备有限公司）；YXQ-LS-75S 蒸汽灭菌锅（上海博讯实业有限公司）；SPX-

100B-Z 生化培养箱（上海博讯实业有限公司）；BCM-1600A 洁净工作台（苏州安泰空气技术有限公司）；5424R 艾本德小型离心机［艾本德（中国）仪器有限公司］；Agilent 7890A 气相色谱仪（配有氢火焰检测器和 7863 型自动进样器，美国 Agilent Technologies 公司）；Nikon ECLIPSE E200LED MV Series 显微镜（日本 Nikon 公司）。

## 2.2 实验方法

### 2.2.1 培养基制备[3-4]

MRS 乳酸菌培养基：蛋白胨 1%，牛肉浸膏 1%，酵母浸粉 0.5%，葡萄糖 0.5%，乙酸钠 0.5%，柠檬酸二铵 0.2%，吐温-80 0.1%，七水硫酸镁 0.02%，七水硫酸锰 0.005%，磷酸氢二钾 0.2%，琼脂 2%，pH 6.8，121℃灭菌 30min。

高粱汁液态培养基：高粱 200g →粉碎→加水 800mL，β-淀粉酶 10g，糖化酶 10g →60℃恒温箱，糖化 24h →过滤得滤液，调整糖度为 10°Bx。

高粱固体培养基：取 1kg 粳高粱放置于不锈钢容器中，添加温度为 60℃的蒸馏水没过高粱表面，培养箱控制温度为 60℃，浸泡 18h，然后沥干泡粮水，用抹布包裹高粱进行初蒸（121℃、30min）、焖粮（80℃、40min）、复蒸（115℃、15min），即为高粱固体培养基。

麸皮培养基：取一定质量麸皮，添加蒸馏水，使得含水量在 45%～50%，于 121℃灭菌 45min。

### 2.2.2 菌株分离与筛选[5-6]

将酒曲和酒醅样品用粉碎机粉碎后，制成粉状备用。称取样品 5g，放入盛有 95mL 无菌水并带有玻璃珠的 250mL 三角瓶中，200r/min 振摇 30min，使样品与水充分混合，制成菌悬液。用 1mL 移液枪从三角瓶中吸取 1mL 菌悬液注入盛有 9mL 无菌水的试管中，制成 $10^{-1}$稀释度的溶液，按照同样的方法分别制成 $10^{-2}$、$10^{-3}$和 $10^{-4}$稀释度的溶液。然后分别从 $10^{-1}$、$10^{-2}$、$10^{-3}$和 $10^{-4}$稀释度试管中吸取 0.2mL 溶液放入制备好的无菌 MRS 培养皿中，每个梯度设置两个平行，用无菌玻璃涂棒将菌液在平板上涂布均匀，然后平放于实验台上 20～30min，使菌液渗入培养基表层内，然后将平板倒置于 37℃培养箱中培养。培养 48h 后，用无菌接种环把平板上的单个菌落挑出，划线接种于另一个空白 MRS 平板上，继续培养。经过 2～3 次平板划线后得到初步纯化的 5 个不同菌落，转入 MRS 斜面试管低温保存，分别命名为 1-8、1-9、2-2、2-6 和 2-8。

### 2.2.3 细菌麸皮制作

接种分离纯化细菌于含有 5mL 的 MRS 试管中 37℃、150r/min 振荡培养 24h，然后接入灭菌的 200mL MRS 液态培养基中，37℃，150r/min 培养 48h 后作为种子液，取 30mL 种子液接种至灭过菌的 100g 麸皮培养基中，37℃培养 48h，将麸皮培养物在

35℃下干燥 6~8h，即为细菌麸皮纯种。

2.2.4 菌株液态发酵小试

把纯菌落接种在盛有 10mL MRS 液态培养基的无菌试管中，37℃摇床振荡培养两天后用移液枪吸取一定体积菌液与酵母或桂花曲混合后接种于盛有 50mL 高粱汁培养基的 250mL 三角瓶发酵栓中，瓶塞上装有 2.5mol/L 硫酸密封。每株菌接种三个发酵栓作为平行，对照样为空白高粱汁培养基不接种任何菌液，37℃生化培养箱恒温培养，每隔 24h 小心振荡发酵栓并称重，当失重小于 0.2g 时，停止培养，记录发酵前后发酵栓失重，将培养后的发酵液离心、过滤后送气相色谱检测。

2.2.5 菌株固态发酵小试

在无菌实验室模拟清香型小曲白酒大生产工艺条件，具体操作工艺流程为：泡粮（60℃，20h）、初蒸（121℃，30min）、焖粮（60℃，1h）、复蒸（115℃，15min）、撒曲（1%）、糖化（24h）、发酵（7d）。其中蒸粮结束后，熟粮应完全透心，一致性好，水分在 55%左右；发酵时称取糖化醅 500g 与配糟（配糟采用车间大生产蒸馏后的鲜糟）按质量 1∶1 比例混匀后入瓶，瓶塞上装有 2.5mol/L 硫酸密封，在培养箱中 37℃发酵 7d。发酵结束后，采用固态蒸馏，接取 100mL 馏液经气相色谱检测风味物质含量。

2.2.6 气相色谱检测

发酵液气相色谱检测方法参考文献中所述方法[7]。

## 3 结果与分析

### 3.1 菌株鉴定及耐乙醇性能检测

3.1.1 分离菌株分子生物学鉴定

将分离自酒曲和发酵酒醅中的 5 株细菌进行基因组 DNA 提取，并以此为模板使用细菌通用引物 27F/1492R 扩增相应的区域，聚合酶链式反应（Polymerase Chain Reaction，PCR）扩增产物经电泳检测，将纯化后的产物进行测序，将测序结果在美国国家生物技术信息中心（National Center for Biotechnology Information，NCBI）数据库上进行相应序列比对，与库中菌株同源序列相似性≥99%即能初步鉴定该序列所对应的菌株，细菌鉴定结果见表 1。

通过分子鉴定，菌株 1-8、1-9、2-2、2-6 和 2-8 分别鉴定为乳酸片球菌、戊糖片球菌、短乳杆菌、热带醋杆菌和塞内加尔醋杆菌。其中三株为乳酸菌，两株为醋酸菌。

表 1　细菌鉴定结果

Table 1　The identification results of bacteria

| 菌株编号 | 菌株拉丁名 | 中文名 |
|---|---|---|
| 1-8 | *Pediococcus acidilactici* | 乳酸片球菌 |
| 1-9 | *Pediococcus pentosaceus* | 戊糖片球菌 |
| 2-2 | *Lactobacillus brevis* | 短乳杆菌 |
| 2-6 | *Acetobacter tropicalis* | 热带醋杆菌 |
| 2-8 | *Acetobacter senegalensis* | 塞内加尔醋杆菌 |

3.1.2　分离菌株耐乙醇能力检测

为了检测 5 株细菌对发酵过程产生的乙醇耐受能力，设置了 5%、7%、9%、11%、13%乙醇质量体积浓度梯度的高粱汁培养液，考察细菌的耐乙醇能力，结果见图 1。

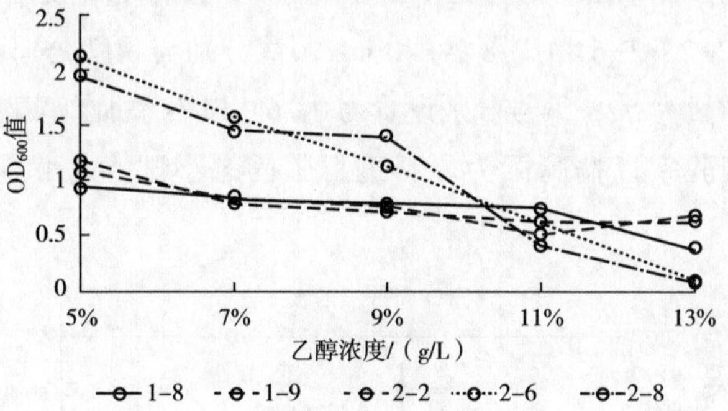


图 1　细菌耐受乙醇结果

Fig. 1　Results of bacterial tolerance to ethanol

从结果来看，当培养液乙醇的质量体积分数达到 13%时，醋酸菌生长受到明显抑制，但乳酸菌仍有一定的生长，说明乳酸菌对乙醇的耐受性高于醋酸菌。

## 3.2　菌株液态小试发酵能力检测

为了探究分离的 5 株细菌对清香型小曲发酵质量是否有提升作用，在实验室开展了一轮小试发酵实验，以车间使用的酿酒酵母 Y1 为对照，5 株菌分别与 Y1 按照体积比 1∶1 配比后在高粱汁液态培养基中发酵，当失重小于 0.2g 时停止发酵，发酵结果见表 2。

从发酵 $CO_2$ 失重量看，添加乳酸菌有助于 Y1 酵母的发酵，添加醋酸菌没有提升酵母的发酵能力。但酵母中添加了醋酸菌，发酵液中乙酸含量提升非常明显，说明两株醋酸菌可以高产乙酸。

表 2　　5 株细菌在高粱汁液态培养基中发酵能力

Table 2　　Fermentation ability of 5 bacteria strains in liquid medium of sorghum juice

| 菌株 | $CO_2$失重/g | 乙酸/(mg/L) | 乙酸乙酯/(mg/L) | 杂醇油/(mg/L) |
|---|---|---|---|---|
| Y1 | 1. 43±0. 11 | 363. 46±35. 02 | 11. 16±0. 99 | 117. 41±2. 56 |
| 1-8+Y1 | 1. 56+0. 05 | 355. 57±14. 01 | 10. 73±0. 24 | 126. 27±2. 65 |
| 1-9+Y1 | 1. 51±0. 11 | 362. 36±17. 32 | 10. 19±0. 10 | 118. 11±1. 98 |
| 2-2+Y1 | 1. 44±0. 06 | 751. 52±40. 53 | 10. 49±0. 76 | 117. 19±4. 58 |
| 2-6+Y1 | 1. 43±0. 01 | 1987. 33±95. 41 | 10. 46±0. 41 | 67. 54±4. 33 |
| 2-8+Y1 | 1. 38±0. 03 | 2233. 19±426. 16 | 10. 77±0. 09 | 67. 04±9. 09 |

## 3. 3　菌株液态种实验室固态小试发酵能力检测

为进一步研究 5 株细菌对清香型小曲在固态发酵条件下的发酵能力，将活化好的菌株 1-8、1-9、2-2、2-6 和 2-8 各取 5mL 菌液分别与劲牌公司酿造用的桂花曲混合，其中桂花曲质量为 5g，编号分别设置为 2~6，以不添加产酸菌的桂花曲为对照，编号设为 1，在实验室以糯高粱为原料进行了固态小试，发酵周期为 7d，结果见图 2。

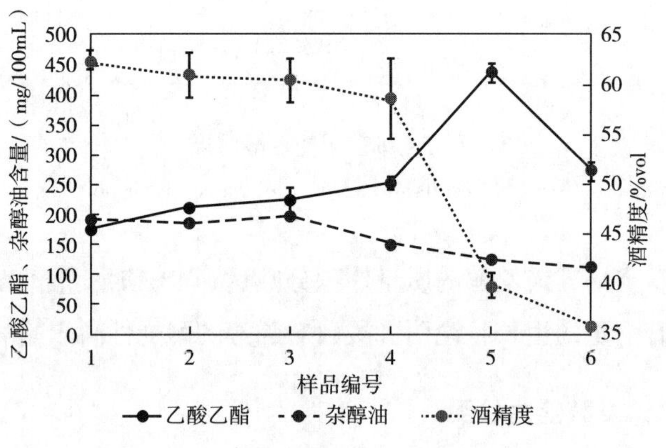


图 2　产酸菌固态小试结果

Fig. 2　Results of acid producing bacteria solid-state fermentation test

发酵结果表明，添加乳酸菌到桂花曲中，对最终发酵酒精度无明显影响，而添加醋酸菌会严重抑制酵母发酵产酒，其中添加了菌株 2-6 和 2-8 样品组合发酵后酒精度相比对照分别下降了 36. 2% 和 42. 7%。另外，添加产酸菌与桂花曲共同发酵时均能提升原酒中乙酸乙酯含量，菌株 1-8、1-9、2-2、2-6 和 2-8 分别提高 17. 7%、26. 6%、43. 7%、146%、52. 9%。同时，5 株菌中除了 1-8 和 1-9 两株乳酸菌无明显降杂醇油的效果外，其余3株菌2-2、2-6和2-8添加到酒曲中发酵分别降低原酒中杂醇油含量21.9%、35.2%和41.2%，明显改善了原酒酒质。

## 3.4 菌株固态麸皮种实验室固态小试发酵能力检测

为进一步模拟清香型小曲白酒生产工艺，按照菌种固态麸皮种制作工艺，制备了5株产酸菌的麸皮种，在实验室进一步开展固态小试。

### 3.4.1 两株醋酸菌麸皮种固态小试实验

将两株醋酸菌2-6和2-8麸皮种分别按照10%、20%和30%的质量比添加到桂花曲中，添加酒曲的总质量为5g。编号设置为2~7，以不添加产酸菌的桂花曲为对照，编号设为1，在实验室以糯高粱为原料进行了固态小试，发酵规模为1kg，发酵周期为7d，色谱见图3。

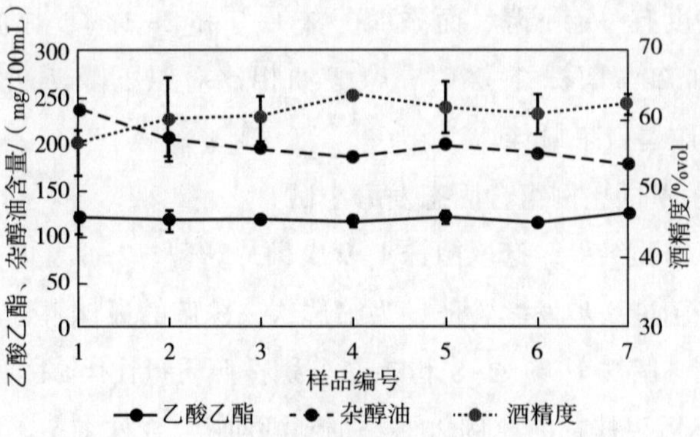


图3 醋酸菌固态小试结果

Fig. 3 Results of acetic acid producing bacteria solid-state fermentation test

结果表明，醋酸菌制备成麸皮种后添加到桂花曲进行发酵，对酒精度影响不大，与液态种不同，说明醋酸菌在不同培养基下对发酵产生了不同的效果。原酒杂醇油方面，相比对照均有下降，其中添加30%的菌株2-8时，发酵后原酒酒精度相比对照上升9.2%，乙酸乙酯上升3.8%，杂醇油下降24%，酒质改善效果最佳，后续将选择菌株2-8进一步验证。

### 3.4.2 三株乳酸菌麸皮种固态小试实验

将三株乳酸菌1-8、1-9和2-2麸皮种分别按照10%和20%的质量比添加到桂花曲中，添加酒曲的总质量为5g。编号设置为2~7，以不添加乳酸菌的桂花曲为对照，编号设为1，在实验室以糯高粱为原料进行了固态小试，发酵规模为1kg，发酵周期为7d，色谱见图4。

结果表明，乳酸菌麸皮种与桂花曲混合发酵时，发酵后原酒中酒精度略有不同。另外，乙酸乙酯有不同程度的提升，杂醇油有一定下降。其中，添加菌株1-8于桂

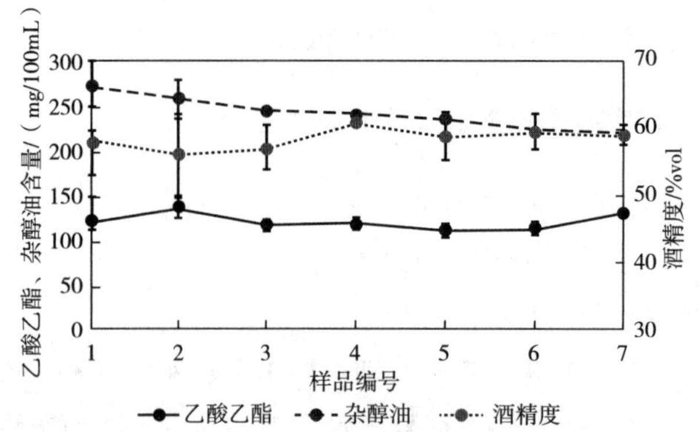


图 4 乳酸菌固态小试结果

Fig. 4 Results of lactic acid producing bacteria solid-state fermentation test

花曲中发酵，酒精度有一定下降，而添加菌株 1-9 和 2-2 时，原酒酒精度有一定提升。当桂花曲添加 20% 菌株 2-2 时，杂醇油相比对照下降 7.9%，乙酸乙酯提高 23.7%，综合酒质改善效果最佳。

3.4.3 三株产酸菌不同比例组合固态发酵小试

综合以上发酵实验结果，选取菌株 1-9 戊糖片球菌、2-8 塞内加尔醋杆菌和 2-2 短乳杆菌三株产酸菌进一步发酵验证。为筛选这三株菌的最佳组合比例，设置了三个比例进行发酵实验，菌株 1-9、2-8 和 2-2 分别按照质量比 1∶1∶2、1∶2∶3 和 2∶1∶3 进行组合，然后以桂花曲比例 20% 添加到酒曲中，3 株细菌不同添加比例对桂花曲发酵质量影响见表 3。

**表 3　3 株细菌不同添加比例对桂花曲发酵质量影响**

**Table 3　Effects of different addition ratios of 3 strains of bacteria on the fermentation quality of *Guihuaqu***

| 菌株组合 | 酒精度/%vol | 乙酸乙酯/(mg/100mL) | 杂醇油/(mg/100mL) | 正丙醇/(mg/100mL) |
|---|---|---|---|---|
| 桂花曲 | 45.65 | 71.58 | 152.86 | 47.79 |
| 1∶1∶2 | 46.17 | 82.61 | 141.56 | 45.16 |
| 1∶2∶3 | 45.83 | 67.24 | 133.34 | 43.17 |
| 2∶1∶3 | 44.94 | 68.92 | 141.19 | 44.41 |

从结果来看，当 1-9∶2-8∶2-2 组合为 1∶1∶2 时，发酵后酒精度略有上升。酒质方面，乙酸乙酯含量提高 15%，杂醇油含量下降 7%，正丙醇含量下降 5.5%，综合酒质效果最佳。

## 4　结论

采用 MRS 培养基从清香型小曲白酒酒曲和酒醅中分离出 5 株细菌，经分子鉴定分别为乳酸片球菌、戊糖片球菌、短乳杆菌、热带醋杆菌和塞内加尔醋杆菌。经在高粱汁液态培养基和固态培养基进行发酵能力检测，两株醋酸菌热带醋杆菌和塞内加尔醋杆菌具有较强的产乙酸能力。通过添加到劲牌桂花曲中进行混合发酵验证，最终发现当戊糖片球菌 1-9、塞内加尔醋杆菌 2-8 和短乳杆菌 2-2 三株产酸菌按照 1∶1∶2 组合，并以酒曲 20% 质量比添加到桂花曲中，并应用于清香型小曲白酒发酵小试实验中，相比对照，原酒中乙酸乙酯含量提升 15%，杂醇油含量下降 7%，正丙醇含量下降 5.5%，综合酒质效果最佳。本研究为研究清香型小曲白酒发酵中产酸菌资源以及提升小曲白酒酿造质量提供了理论参考。

### 参考文献

[1] 张博．白酒中酸酯含量及平衡性在勾兑中的作用 [J]. 酿酒科技, 2005 (3): 52-53.

[2] 沈怡方．白酒中四大乙酯在酿造发酵中形成的探讨 [J]. 酿酒科技, 2003 (5): 28-31.

[3] 杨强, 唐洁, 杨生智, 等．清香型小曲白酒产酯酵母的筛选及应用 [J]. 酿酒科技, 2016 (1): 78-80.

[4] 唐洁, 陈申习, 张磊, 等．绿衣观音土曲培养过程中微生物及酶系的动态变化 [J]. 中国酿造, 2020, 39 (5): 97-104.

[5] 陈申习, 唐洁, 张龙, 等．清香型小曲白酒机械化生产中微生物动态变化研究 [J]. 中国酿造, 2018, 37 (6): 68-72.

[6] 杨生智, 王喆, 冯春, 等．绿衣观音土曲中主导糖化菌的分离与鉴定 [J]. 酿酒科技, 2008 (12): 73-74.

[7] 王海瑞, 陈军．气相色谱内标法测定白酒中高级醇与酯类 [J]. 农产品加工 (学刊), 2014 (15): 55-56.

# 纯种酒曲强化剂的制备及其工艺优化

刘茗铭[1]，边名鸿[2]，赵金松[1,2]，杨官荣[1]，邱声强[1,3]，冯方剑[1]，杨亚娇[1]

（1. 四川省酒业集团有限责任公司，四川成都 610000；

2. 四川轻化工大学，四川自贡 643000；

3. 四川省川酒集团酱酒有限公司，四川泸州 646000）

**摘 要**：本研究将一株扣囊复膜酵母制备成纯种酒曲强化剂，通过单因素试验探究原料粉碎程度、水分含量、接种量、培养温度、培养时间等因素对其糖化效果的影响。在单因素试验基础上结合 Box-Behnken 设计对各参数进行分析，结果表明，对糖化力的影响强弱为：接种量>发酵时间>水分含量，利用 Design-Expert V8.0.6.1 软件进行发酵条件优化组合，得到最佳发酵条件为水分含量 59.75%、发酵时间 72.93h、接种量 9.48%，此时糖化力最大，达到 169.913U/g。考虑到实际情况，得到酵母强化剂最佳制备工艺条件为大米粉碎度 60~90 目、水分含量 60%、酵母种子液接种量为 9.5%、30℃恒温固态发酵 73h。

**关键词**：扣囊复膜酵母；酒曲强化剂；响应面优化

# Preparation and Process Optimization of Purebred *Jiuqu* Fortifier

LIU Mingming[1], BIAN Minghong[2], ZHAO Jinsong[1,2], YANG Guanrong[1],

QIU Shengqiang[1,3], FENG Fangjian[1], YANG Yajiao[1]

(1. Sichuan Liquor Group, Sichuan Chengdu 610000, China;

2. Sichuan University of Science & Engineering, Sichuan Zigong 643000, China;

3. Sichuan Liqur Group Maotai-favor Liquor Co., Ltd., Sichuan Luzhou 646000, China)

**Abstract**: In this study, a strain of buckle-capsule coated yeast was prepared into a

作者简介：刘茗铭，女，硕士，助理工程师，主要从事白酒工程方面的研究工作。E-mail：506274740@qq.com。

通信作者：边名鸿，女，硕士，副教授，主要从事发酵工程方面的研究工作。E-mail：14659799@qq.com。

pure breed distiller's kojae fortifier, and the influences of raw material grinding degree, moisture content, inoculation amount, culture temperature, culture time, and other factors on its saccharification effect were investigated through single factor test. Based on single factor test, the parameters were analyzed with Box-Behnken design. The results showed that the influence on saccharification power was inoculation amount > fermentation time > moisture content. The optimal fermentation conditions were obtained by using Design-Expert V8.0.6.1 software to optimize the combination of fermentation conditions. The optimum preparation conditions of yeast fortifier were obtained as follows: rice grinding degree 60~90 mesh, moisture content 60%, inoculation amount of yeast seed liquid 9.5%. The optimum preparation conditions of yeast fortifier were as follows: rice grinding degree 60~90 mesh, moisture content 60%, inoculation amount of yeast seed liquid 9.5%, solid-state fermentation at 30℃ for 73h.

**Key words**: *Saccharomycopsis fibuligera*, *Jiuqu* fortification, Response surface optimization

## 1 前言

在白酒酿造过程中，微生物的种类和数量对白酒的风味和品质都有着重要影响[1]，随着对白酒酿造微生物的深入研究，研究者们已从大曲中分离筛选出上千种微生物菌种，揭开了大曲微生物群系的面纱[2]。酵母作为白酒酿造微生物中的一员，无论对产酒还是产酯都起着至关重要的作用。扣囊复膜酵母是一类产子囊孢子的二形态酵母[3]，可形成酵母菌样出芽细胞及菌丝状细胞，能够分泌淀粉酶、酸性蛋白酶及β-葡萄糖苷酶[4-5]。自 Eugene[6]首次报道扣囊复膜酵母能水解淀粉以来，已有大量学者开始研究该菌株，其作为优势菌株广泛存在于淀粉质含量高的酒曲中和发酵前期的酒醅中，且随着发酵进行数量迅速减少[7]，也是大曲发酵前期的优势菌种，在白酒酿造过程中被广泛分离使用[8-10]。功能性微生物是指对发酵有着积极影响，能明显提高某种物质品质的小部分微生物[11]。

目前，对酿酒功能性微生物研究主要集中在菌株的筛选和运用，通过对筛选得到的菌株进行功能研究，有目的地将其应用到大曲发酵生产和白酒酿造生产中，以期改善大曲的性能、提高出酒率、改善酒质[12-13]。孙思佳等[14]将扣囊复膜酵母通过表面喷洒和内部混料的方式应用于芝麻香型高温大曲的生产，强化大曲曲块表面“穿衣”效果，提升曲块感官质量、糖化力和液化力。胡宝东[15]用 FBKL1.1006 菌株强化大曲，提升了还原糖的利用率，增加了吡嗪类物质总含量。王婧[16]将产四甲基吡嗪的芽孢杆菌 FBKL1.0199 和 FBKL1.0201 应用于粹沙酱香型白酒的酿造中，大大提高了四甲基吡嗪的含量，使酒体更加协调、苦味减少，酱香风味更加突出。虽有不少学者对功能性微生物进行了初步筛选和应用，但将功能性微生物固态发酵后再用于白酒酿造中还存在较大的空白。固态发酵是一个较为复杂的过程，许多外界参数都会对发酵过程有一定的影响，这些不同的参数都需要一一确定，参数的变化会直接影响固态发酵的效果[17]。因此，为了达到最好的发酵状态，获取最佳发酵产物，必须对发酵工艺参数进行优化，确定最佳工艺参数。扣囊复膜酵母作为白酒酿造中重要的功能微生物之一，将其制成强化剂直接用于白酒酿造中具有重要意义。

本试验将一株具有糖化功能的扣囊复膜酵母制作成酒曲强化剂，通过对大米的粉碎度、初始水分、接种量、培养温度等发酵参数进行单因素试验，并依据单因素的试验结果，采用响应面分析法对酵母强化剂的制备条件进行优化分析，得到酒曲强化剂的最佳制备工艺，为后期强化剂的应用奠定基础。

## 2 材料与方法

### 2.1 材料

扣囊复膜酵母菌株，分离自酱香型大曲；大米。

### 2.2 培养基

酵母液体培养基（g/100mL）：胰蛋白胨 1.0，酵母膏 0.5，NaCl 1.0。

YPD 培养基（g/100mL）：酵母浸膏 1.0，蛋白胨 2.0，葡萄糖 2.0，琼脂 2.0。

### 2.3 试验方法

#### 2.3.1 酵母强化剂制备工艺单因素试验设计

以固态发酵产物糖化力为指标，分别考察不同大米粉碎度（不粉碎，0~30、30~60、60~90、90~120、120 目以上），水分含量（40%、45%、50%、55%、60%、65%、70%），酵母接种量（2%、4%、6%、8%、10%、12%、14%），发酵温度（26、28、30、32、34、36℃）、发酵时间（12、24、36、48、60、72、84、96、108h）5 个因素对酵母强化剂固态发酵效果的影响。单因素试验过程中，以固定其他 4 个因素的参数为基础，变化另一个参数来进行优化。酵母强化剂制备工艺的单因素试验基本条件为：大米粉碎程度为 0~30 目，初始水分含量为 50%，酵母接种量为 10%，酵母生长量为 $10^7$CFU/mL，发酵温度为 28℃，发酵时间为 60h。

#### 2.3.2 响应面优化制备工艺

根据单因素试验结果可知，酵母菌强化剂的制备工艺受水分含量、发酵时间和接种量的影响较大，大米粉碎度和发酵温度都有明显的最佳条件，故以糖化力（$Y$）为响应值，以水分含量（$A$）、发酵时间（$B$）和接种量（$C$）为因变量，设计三因素三水平响应面试验，采用 Box-Behnken 设计试验，探究不同因素和水平对固态发酵的影响，获取优化的工艺组合，利用优化工艺进行验证。响应面试验因素设计表见表 1。

**表 1　响应面试验因素设计表**

**Table 1　Response surface test factor design table**

| 水平 | 因素 | | |
|---|---|---|---|
| | 水分含量（$A$）/% | 发酵时间（$B$）/h | 接种量（$C$）/% |
| -1 | 55 | 60 | 8 |
| 0 | 60 | 72 | 10 |
| 1 | 65 | 84 | 12 |

将响应面试验优化得到的最佳工艺条件进行验证试验，空白对照组为单因素所得的最佳工艺条件，即大米粉碎度为 60～90 目、水分含量为 60%、接种量为 10%、30℃发酵 72h。

2.3.3　检测方法

糖化力测定：用斐林法[18]测定糖化酶的酶活性。糖化酶的酶活性定义为：1g 干曲在 30℃、pH 4.6 条件下，反应 1h，将可溶性淀粉分解为 1mg 葡萄糖所需要的糖化酶量为 1 个酶活性单位（U/g）。

2.3.4　数据统计与分析

采用 Origin 软件进行作图，采用 SPSS 软件进行数据方差分析，以 $P<0.05$ 表示差异显著，采用 Duncan's 新复极差法进行多重比较，试验结果均测定 3 次，测定结果以（平均值±标准误差）表示[19]，试验结果图表中，不同字母代表数值之间有显著差异；采用 Design-Expert V8.0.6.1 软件进行响应面分析。

## 3　结果与分析

### 3.1　不同原料粉碎度对发酵效果的影响

在酒曲固态发酵进程中，原料的粉碎程度对于微生物的发酵作用有着较大的影响。以大米为原料，粉碎程度过大，物料过黏，氧气含量不足，不利于发酵散热；粉碎程度过小，物料过于疏松，保水性减弱，物料容易发干[20]。用不同粉碎程度的原料进行发酵，其发酵效果由糖化力来衡量。由图 1 可知，不粉碎的大米虽不容易发黏，但由于没能破碎，微生物作用只限于物料表面，所产生的糖化力较低；当大米粉碎程度为 60～90、90～120 目时，发酵效果都比较理想，粉碎程度为 60～90 目为最佳，此时发酵产物的糖化力最高。

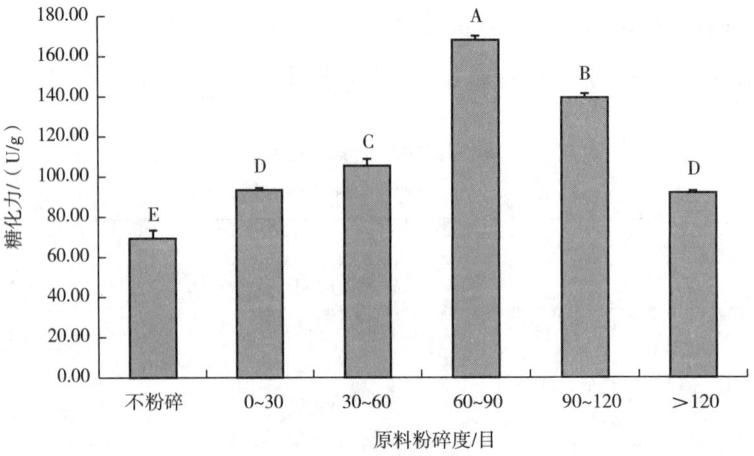


图 1　不同原料粉碎度对发酵效果的影响

Fig. 1　Influence of grinding of different raw materials on fermentation effect

## 3.2　不同水分含量对发酵效果的影响

合理的料水比可以使发酵基质有较好的疏松性，空间充足，空气传递性较好，菌体代谢产生的酶能更好地传输作用[20]。由图 2 可以看出，糖化力随着水分的增加呈现先增加后降低的趋势。水分含量过低，培养基后期表面会逐渐干燥，不利于微生物生长繁殖及产酶；水分含量过高又会导致曲料结合紧密，无法充分散热，致使温度难以控制，影响菌株的生长和产酶[20]。当初始含水量为 60% 时，糖化力最高。

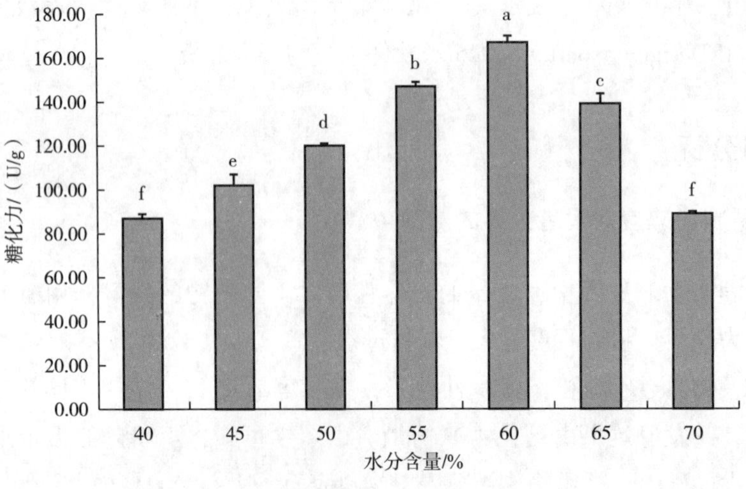


图 2　不同水分含量对发酵效果的影响

Fig. 2　Influence of different moisture contents on fermentation effect

### 3.3　不同接种量对发酵效果的影响

在固体发酵过程中，微生物的接种量对试验结果有着较大的影响，接种量过大，培养基的消耗速度快，微生物个体所能利用的资源空间相对减少，不利于发酵产酶；反之，接种量过小，菌体繁殖能力不够，发酵动力不足[20]。由图3可以看出，随着接种量的增大，糖化力呈现先增多后减少的趋势，这与微生物本身的繁殖呈一定相关性。当接种量为10%时，固态发酵产物糖化力达到最大值。

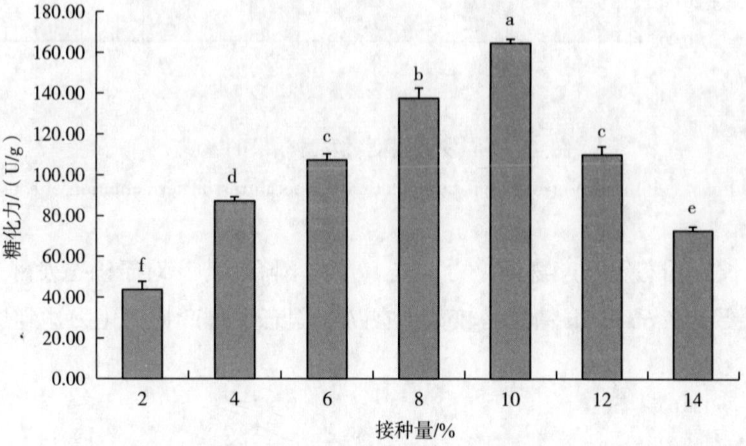


图3　不同接种量对发酵效果的影响

Fig. 3　Influence of different inoculation amounts on fermentation effect

### 3.4　不同发酵温度对发酵效果的影响

由图4可以看出，固态发酵产物糖化力随温度的上升呈现出先增加后降低的趋势。微生物的生长代谢受温度的影响较大，同时温度对酶的代谢也有很大的影响。培养温度较低，微生物生长缓慢，产酶稀少；培养温度过高，会抑制甚至杀死微生物[20]。当发酵温度为30℃，固态发酵产物糖化力达到最大值，因此选择30℃为最佳发酵温度。

### 3.5　不同发酵时间对发酵效果的影响

如果发酵时间太短，微生物生长繁殖时间过短，无法充分利用底物，自身生长代谢不足，无法获得足够的产量；发酵时间过长，发酵环境对菌体本身越来越不利，且无法获得更多的代谢产物，菌体会自溶[20]。为了获得最佳的发酵效果，可根据具体的发酵环境和目的，通过试验来确定一个最佳的发酵时间。由图5可以看出，随着发

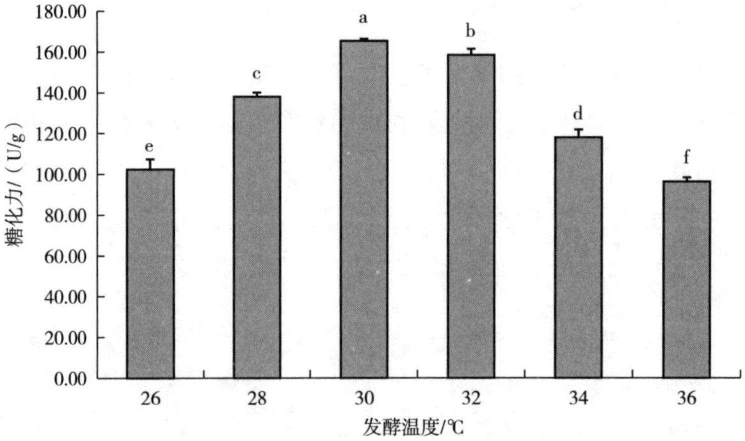


图 4　不同发酵温度对发酵效果的影响

Fig. 4　Influence of different fermentation temperatures on fermentation effect

酵时间的延长，固态发酵产物糖化力呈先上升后下降趋势，对于固态发酵来说，发酵终点至关重要。在 60~72h 糖化力较大，在 72h 固态发酵产物糖化力达到最大值。

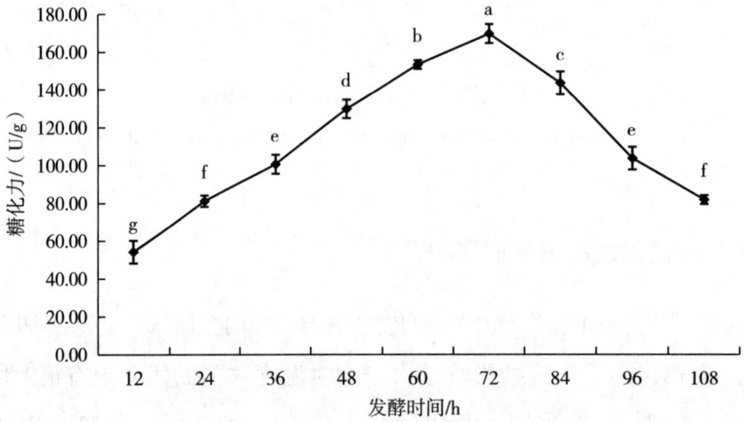


图 5　不同发酵时间对发酵效果的影响

Fig. 5　Influence of different fermentation time on fermentation effect

## 3.6　响应面优化制备工艺

在单因素试验结果上结合 Box-Behnken 设计，以糖化力（*Y*）为响应值，以水分含量（*A*）、发酵时间（*B*）和接种量（*C*）为因变量，各因素水平设置值见表 1，以优化制备酵母强化剂的工艺参数，Box-Behnken 试验结果见表 2，采用 Design-Expert V8. 0. 6. 1 软件对表 2 的试验数据进行回归模型方差分析，结果见表 3，得到以糖化力为响应值的回归方程如下所示。

$$Y = 169.17 - 0.42A + 1.95B - 5.02C - 4.46AB + 4.95AC - 6.67BC - 20.28A^2 - 25.33B^2 - 11.14C^2$$

表 2 响应面试验方案及结果

Table 2 Response surface test scheme and results

| 序号 | 水分含量（A）/% | 发酵时间（B）/h | 接种量（C）/% | 糖化力（D）/(U/g) |
|---|---|---|---|---|
| 1 | 0 | 1 | 1 | 121.66 |
| 2 | 0 | 0 | 0 | 170.34 |
| 3 | 0 | 0 | 0 | 168.42 |
| 4 | −1 | −1 | 0 | 119.05 |
| 5 | 1 | −1 | 0 | 123.79 |
| 6 | 0 | 0 | 0 | 171.80 |
| 7 | 1 | 0 | −1 | 137.94 |
| 8 | −1 | 1 | 0 | 132.25 |
| 9 | 0 | 0 | 0 | 172.27 |
| 10 | 0 | 0 | 0 | 163.04 |
| 11 | 1 | 0 | 1 | 140.05 |
| 12 | 0 | 1 | −1 | 147.29 |
| 13 | −1 | 0 | −1 | 145.36 |
| 14 | 0 | −1 | 1 | 131.46 |
| 15 | 1 | 1 | 0 | 119.14 |
| 16 | 0 | −1 | −1 | 130.41 |
| 17 | −1 | 0 | 1 | 127.66 |

表 3 回归模型方差分析

Table 3 Analysis of variance of regression model

| 来源 | 平方和 | 自由度 | 均方 | F 值 | P 值 |
|---|---|---|---|---|---|
| 模型 | 6056.09 | 9 | 672.90 | 53.13 | <0.0001 |
| A | 1.45 | 1 | 1.45 | 0.11 | 0.7454 |
| B | 30.54 | 1 | 30.54 | 2.41 | 0.1644 |
| C | 201.70 | 1 | 201.70 | 15.93 | 0.0053 |
| AB | 79.66 | 1 | 79.66 | 6.29 | 0.0405 |
| AC | 98.11 | 1 | 98.11 | 7.75 | 0.0272 |

续表

| 来源 | 平方和 | 自由度 | 均方 | *F* 值 | *P* 值 |
|---|---|---|---|---|---|
| *BC* | 177.96 | 1 | 177.96 | 14.05 | 0.0072 |
| $A^2$ | 1732.47 | 1 | 1732.47 | 136.80 | <0.0001 |
| $B^2$ | 2701.94 | 1 | 2701.94 | 213.35 | <0.0001 |
| $C^2$ | 522.24 | 1 | 522.24 | 41.24 | 0.0004 |
| 残差 | 88.65 | 7 | 12.66 | — | — |
| 失拟项 | 32.62 | 3 | 10.87 | 0.78 | 0.5652 |
| 纯误差 | 56.04 | 4 | 14.01 | — | — |
| 总和 | 6144.75 | 16 | — | — | — |

注：决定系数 $R^2=0.9856$，调整决定系数 $R^2_{adj}=0.9670$。

由表 3 可知，用响应面法建立的二次回归模型极显著（$P<0.0001$），失拟项不显著（$P=0.5652>0.05$），即所构建的模型与试验的差异较小，说明其他因素对模型的干扰程度低，该回归模型拟合度良好，能够很好地对响应值进行预测。回归方程的可信度分析显示，相关系数 $R^2$ 为 0.9856，与 $R^2_{adj}$ 较接近，均大于 0.9，说明预测值与试验值有较好的相关性，试验误差较小，说明可用此模型分析预测固态发酵产酶最佳条件。

在总的作用因素中，*C*、*BC*、$A^2$、$B^2$、$C^2$ 为极显著（$P<0.01$），*AB*、*AC* 为显著（$P<0.05$），各因素对糖化力的影响强弱次序为：接种量（*C*）>发酵时间（*B*）>水分含量（*A*）。

图 6 为各因素间交互作用的响应面三维曲面及等高线图，它能直观反映各实验因素的交互作用情况，响应面越陡峭，表明两因素间的交互作用越明显[21-22]；当等高线呈圆形时表示两因素交互作用不显著，而呈椭圆形或马鞍形时则表示两因素交互作用显著[23-24]。

图 6(1) 中等高线虽为椭圆形，但较接近圆形，这表明两者间有一定的交互作用，但交互作用较弱。从图 6(2) 可以看出，接种量的变化曲面比水分含量的变化曲面陡峭，说明接种量对糖化力的影响更显著一些，与方差分析结果相符。图 6(3) 等高线图呈明显的椭圆形，说明接种量和发酵时间之间交互作用均较为显著，对糖化力影响较大。利用 Design-Expert V8.0.6.1 软件进行发酵条件优化组合，得到酵母强化剂的最佳发酵条件为：水分含量 59.75%，发酵时间 72.93h，接种量 9.48%，此时糖化力最高，达到 169.913U/g。考虑到实际情况，将最佳发酵条件修改为：水分含量 60%，发酵时间 73h，接种量 9.5%，在此优化条件下进行三次验证试验，结果为（174.98±3.73）U/g，与最优条件下的理论值基本接近，空白对照组为（159.18±2）U/g，差异显著（$P<$

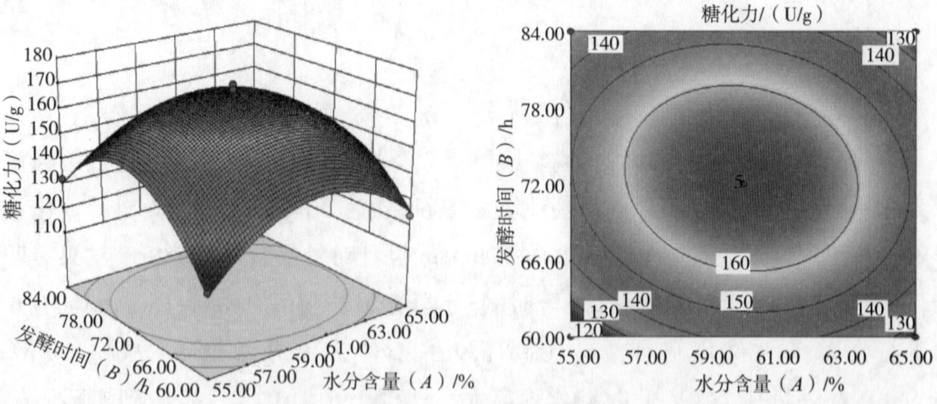


（1）糖化力、发酵时间、水分含量响应面及其等高线图

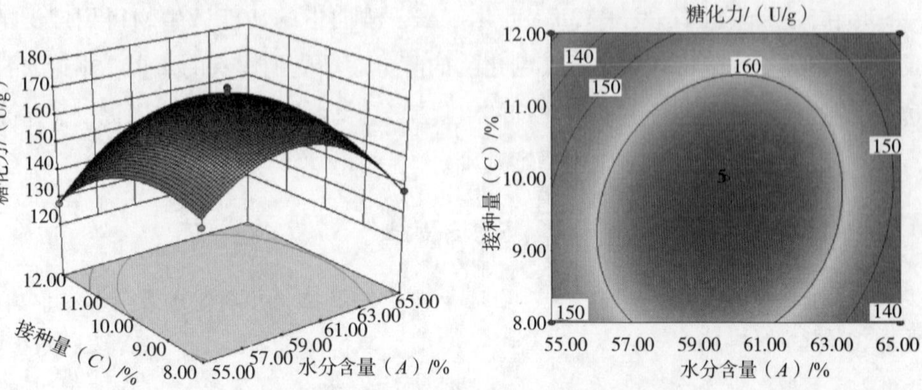


（2）糖化力、接种量、水分含量响应面及其等高线图

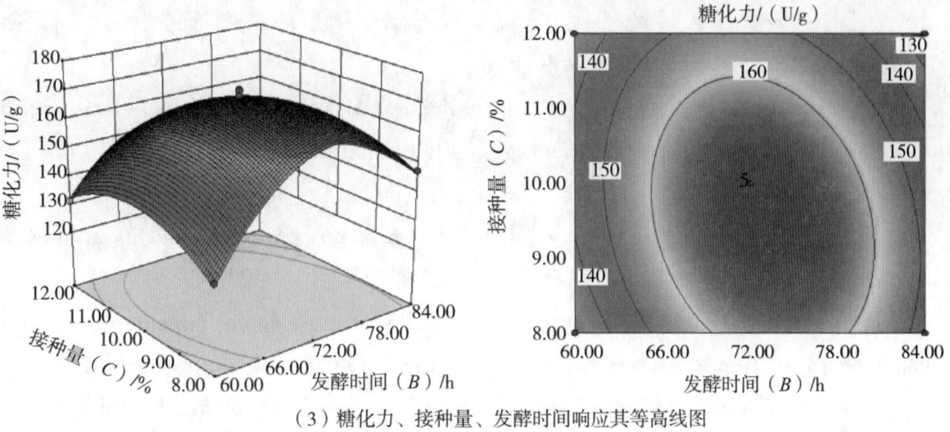


（3）糖化力、接种量、发酵时间响应其等高线图

图 6　各因素间交互作用的响应面及等高线图

Fig. 6　Response surfaces and contour plots of interaction among various factors

0.05），说明采用响应面法优化酵母强化剂的制备工艺条件是可行的，所得优化工艺条件较可靠。

## 4 结论

本研究将一株产糖化酶的扣囊复膜酵母制备成纯种酒曲强化剂，通过单因素试验探究原料粉碎程度、水分含量、接种量、培养温度、培养时间等因素对其糖化效果的影响，在单因素试验基础上结合 Box-Behnken 设计对各参数进行分析，结果表明：对糖化力的影响强弱为：接种量>发酵时间>水分含量，利用 Design-Expert V8.0.6.1 软件进行发酵条件优化组合，得到最佳发酵条件为水分含量 59.75%，发酵时间 72.93h，接种量 9.48%，此时糖化力最大，达到 169.913U/g。考虑到实际情况，酵母强化剂最佳工艺条件为大米粉碎度 60~90 目，水分含量 60%，酵母种子液接种量为 9.5%，30℃恒温固态发酵 73h。近几年来，酒曲中的功能微生物得到广泛的关注和研究，扣囊复膜酵母作为具有产糖化酶的酵母逐渐受到学者的重视，本论文探究了扣囊复膜酵母制备成纯种酒曲强化剂的最优工艺，为功能菌株的应用提供了一定的数据支撑，也为后续强化剂的应用奠定基础。

### 参考文献

[1] 赵爽，杨春霞，窦屾，等．白酒生产中酿酒微生物研究进展［J］．中国酿造，2012，31（4）：5-10.

[2] 王耀，张龙云，张春林，等．有益功能微生物在强化大曲生产中的应用［J］．酿酒科技，2014（12）：53-59+62.

[3] 苏畅，马莹莹，杨建刚．扣囊复膜酵母在酿酒中的应用研究进展［J］．食品研究与开发，2018，39（1）：205-209+220.

[4] Wickerham L J, Lockwood L B, Pettijohn O G, et al. Starch hydrolysis and fermentation by the yeast *Endomycopsis fibuliger* [J]. Journal of Bacteriology, 1944, 48 (4): 413-427.

[5] Chi Z M, Chi Z, Liu G L, et al. *Saccharomycopsis fibuligera* and its applications in biotechnology [J]. Biotechnology Advances, 2009, 27 (4): 423-431.

[6] Eugene J, Hyeno J E, Lee S E, et al. Cellulosic alcoholic fermentation using recombinant *Saccharomyces cerevisiae* engineered for the production of *Clostridium* cellulovorans endoglucanase and *Saccharomycopsis fibuligera* β-glucosidase [J]. FEMS Microbiology Letters, 2010, 301 (1): 130-136.

[7] 申孟林，张超，王玉霞．白酒大曲微生物研究进展［J］．中国酿造，2016，35（5）：1-5.

[8] 乔晓梅，赵景龙，杜小威，等．高通量测序法对清香大曲真菌群落结构的分析［J］．酿酒科技，2015（4）：28-31.

[9] 李永博，李星，唐敏，等．浓香型大曲中产β-葡萄糖苷酶微生物的筛选鉴定

及其产酶条件优化 [J]. 食品科技, 2017, 42 (12): 17-22.

[10] 胡佳音, 周森, 赵卫鹏, 等. 清、浓、酱三种大曲真菌多样性初步分析 [J]. 酿酒科技, 2016 (8): 87-90.

[11] 侯小歌, 王俊英, 李学思, 等. 浓香型白酒窖池主要功能性微生物的研究进展 [J]. 酿酒科技, 2013 (2): 96-101+106.

[12] 李晓霞. 汾酒大曲中高产四甲基吡嗪菌株的筛选及其在酿酒中的应用研究 [D]. 临汾: 山西师范大学, 2016.

[13] 刘茗铭. 高温大曲中产香功能微生物的筛选及其应用研究 [D]. 自贡: 四川轻化工大学, 2019.

[14] 孙思佳, 翟磊, 许玲, 等. 扣囊复膜孢酵母 CICC 33077 在芝麻香型白酒高温大曲生产中的应用 [J]. 酿酒科技, 2018 (7): 76-82.

[15] 胡宝东. 酱香大曲的强化及其特性研究 [D]. 贵阳: 贵州大学, 2016.

[16] 王婧. 酱香大曲中产吡嗪类物质芽孢杆菌的筛选及其应用研究 [D]. 贵阳: 贵州大学, 2016.

[17] 唐堂, 王琪, 周卫强, 等. 固态发酵技术研究分析及应用 [J]. 工业微生物, 2020, 50 (5): 55-59.

[18] 林艳, 马莹莹, 张宿义, 等. 米曲糖化酶活力测定方法的比较研究 [J]. 酿酒科技, 2015 (6): 23-27+31.

[19] 周平, 罗惠波, 黄丹, 等. 中高温大曲中一株耐热地衣芽孢杆菌耐受性及产酶特性的初步研究 [J]. 食品科技, 2016, 41 (11): 14-20.

[20] 刘茗铭, 周阳子, 袁乐梅, 等. 酒曲中高产糖化酶霉菌的筛选及其固态发酵产酶条件优化 [J]. 食品与发酵工业, 2018, 44 (10): 118-123.

[21] 刘倩, 齐计英, 韩静, 等. 响应面法优化回流提取紫薯花青素工艺 [J]. 生物技术通报, 2014 (12): 97-104.

[22] 罗凯, 黄秀芳, 周毅峰, 等. 响应面试验优化复合酶法提取碎米荠多糖工艺及其抗氧化活性 [J]. 食品科学, 2017, 38 (4): 237-242.

[23] Peng B Z, Lei Y J, Zhao H, et al. Response surface methodology for optimization of fermentation process parameters for improving apple wine quality [J]. Journal of Food Science and Technology, 2015, 52 (11): 7513-7518.

[24] 陈晨, 胡文忠, 田沛源, 等. 超声辅助提取香蕉皮多酚工艺优化及其抗氧化性的分析 [J]. 食品科学, 2014, 35 (2): 12-17.

# 纯种酒曲强化剂在小曲酒酿造中的应用

刘茗铭[1]，边名鸿[2]，杨官荣[1]，赵金松[1,2]，邱声强[1,3]，冯方剑[1]，杨亚娇[1]

（1. 四川省酒业集团有限责任公司，四川成都 610000；
2. 四川轻化工大学生物工程学院，四川自贡 643000；
3. 四川省川酒集团酱酒有限公司，四川泸州 646000）

**摘　要：** 本研究以川法小曲酒的酿造工艺为基础，将制成的纯种酒曲强化剂应用于小曲酒的酿造中，对小曲酒发酵过程进行动态跟踪检测，同时对酿造出的小曲酒进行理化检测和风味成分分析，并进一步研究不同市售小曲的适用性。结果表明：两组试验在温度、水分含量、酸度、还原糖含量、淀粉含量方面的变化规律基本一致，但试验组各项指标均优于空白组。对酒醅和酒样进行 GC-MS 分析，试验组的挥发性成分种类和含量均高于空白组，以酯类、芳香族类物质最为突出，乙酸乙酯的含量为1125. 804mg/L，提高了 64. 41%，所得酒样总酸为 0. 536g/L、总酯为 1. 373g/L。将不同市售小曲进行固态发酵，6 组试验组出酒率都在 40% 以上，试验组的酒精度均高于空白组，结合酒醅数据可知，强化剂的添加有利于糖化产酒。强化剂的应用可在一定程度上提高小曲酒的糖化出酒率，三组试验组出酒率分别提高了 4. 95%、4. 59%、2. 85%，同时对酒体总酸、总酯也有一定程度的影响，在不同小曲中均有一定的作用，具有广泛的适用性。

**关键词：** 小曲酒；酵母强化剂；细菌强化剂；GC-MS

作者简介：刘茗铭，女，硕士，助理工程师，主要从事白酒工程的研究工作。E-mail：506274740@ qq. com。
通信作者：边名鸿，女，硕士，副教授，主要从事发酵工程方面的研究工作。E-mail：14659799@ qq. com。

# Application of Purebred Jiuqu Fortifier of Pure Yeast in the Brewing of *Xiaoqu* Wine

LIU Mingming[1], BIAN Minghong[2], YANG Guanrong[1], ZHAO Jinsong[1,2],
QIU Shengqiang[1,3], FENG Fangjian[1], YANG Yajiao[1]
(1. Sichuan Liquor Group, Sichuan Chengdu 610000, China;
2. Sichuan University of Science & Engineering, Sichuan Zigong 643000, China;
3. Sichuan Liqur Group Maotai-favor Liquor Co. , Ltd., Sichuan Luzhou 646000, China)

**Abstract**: In this study, based on the brewing process of Sichuan *Xiaoqu Baijiu*, the purebred fermented *Xiaoqu* fortifier was applied to the brewing process of *Xiaoqu Baijiu* to dynamically track and detect the fermentation process of *Xiaoqu Baijiu*. Meanwhile, the physicochemical test and flavor component analysis of the brewed *Xiaoqu Baijiu* were carried out to further study the applicability of *Xiaoqu Baijiu* sold in different markets. The results showed that the changes of temperature, moisture, acidity, reducing sugar content, and starch content in the two groups were basically the same, but each index of the test group was better than that of the blank group. GC-MS analysis of fermented grains and liquor samples showed that the types and contents of volatile components in experimental group were higher than those in blank group, especially ester and aromatic compounds. The content of ethyl acetate was 1125. 804mg/L, which increased by 64. 41%. The total acid and total ester in fermented grains were 0. 536g/L and 1. 373g/L, respectively. After solid state fermentation of different market dainties, the alcohol yield of the 6 groups was all over 40%, and the alcohol content of the experimental group was all higher than that of the blank group. In combination with the fermented grains data, it could be seen that the addition of fortifier was beneficial to the saccharization of wine production. The application of fortifier can improve the saccharification yield of *Xiaoqu Baijiu* to a certain extent, and the yield rate of the three groups increased by 4. 95%, 4. 59%, and 2. 85%, respectively. At the same time, it also has a certain effect on the total acid and total ester of the liquor, and has a certain effect on different *Xiaoqu*, and has a wide applicability.

**Key words**: *Xiaoqu Baijiu*, Yeast fortifier, Bacterial fortifier, GC-MS

## 1 前言

小曲白酒是指以高粱、大米等为原料，小曲为糖化发酵剂，经固态或半固态糖化、发酵、蒸馏而成[1]。其具有用曲量小、发酵周期短、出酒率高，酒体柔和、纯净、爽口等特点[2-3]。小曲白酒产量较高，约占我国白酒总产量的六分之一，是我国主要白酒品种之一[4]。我国南方各地有许多小曲白酒厂家，采用高粱、玉米等为原料，采用固态法培菌、发酵、蒸馏的小曲白酒，常称为川法小曲白酒[5-6]。为满足市场发展需求和消费者健康理念需求，研究者们对小曲酒进行研究[7-9]。目前，主要对小曲酒的酿酒原料、发酵菌种、工艺技术、风味成分等方面[10-15]进行了深入研究，通过制成混合小曲，发酵生产小曲白酒，提高了出酒率和总酯含量[16]。小曲白酒是我国具有传统特色的主要蒸馏酒之一，其成分简单、酒体干净，成为传统的药酒、保健酒的优良酒基[17-19]，也是新生代白酒的主要基酒。为顺应市场的发展，满足消费者的需求，小曲白酒也不断被白酒行业协会及权威专家提及[20]。在白酒生产中添加适量的产香功能菌，可在一定程度上增强白酒的风味，保证酒质，目前已有将功能菌株应用于白酒酿造生产中的研究。李晓霞[21]从汾酒大曲中筛选高产四甲基吡嗪（TTMP）的菌株的并将其应用在清香白酒的酿造中，芽孢杆菌制剂使 TTMP 含量大幅增加，大曲清香型白酒的口感更加绵甜。沈玉洁[22]将筛选出的 3 株嗜热功能菌制成麸曲，模拟酒厂的固态发酵过程，发酵完成后得到的基酒理化指标均优于不加功能菌的普通基酒，香味物质也有所增多。功能菌剂目前虽已有一定的研究，但主要针对在大曲酒和麸曲酒的酿造生产中，在小曲酒中的应用研究较少。

本试验在川法小曲酒的酿造工艺上，将制成的纯种酒曲强化剂应用于小曲酒的酿造中。对纯种酒曲强化剂的添加方式、不同市售小曲的适用性进行研究，并对发酵过程进行动态跟踪检测，同时对酿造出的小曲酒进行理化检测和风味成分分析；从而了解强化剂在小曲酒酿造中的作用及对白酒风味物质的影响，为功能菌剂的使用提供可靠的基础数据，进而为将其运用到生产实践中奠定基础。

## 2 材料与方法

### 2.1 试验材料

高粱、糠壳均购于宜宾本地；小曲为三种不同小曲，命名为①、②、③，分别购于宜昌、泸州、成都。

### 2.2 强化剂

酵母强化剂：大米粉碎度 60～90 目，水分含量 60%、扣囊复膜酵母接种量为 9.5%，30℃恒温固态发酵 73h。

细菌强化剂为小麦：麸皮=9：1，水分含量为 55%，地衣芽孢杆菌接种量为 8%，40℃恒温固态发酵 20h。

## 2.3　试验方法

2.3.1　小曲酒的酿造工艺，实验室模拟小曲酒发酵工艺见图 1。

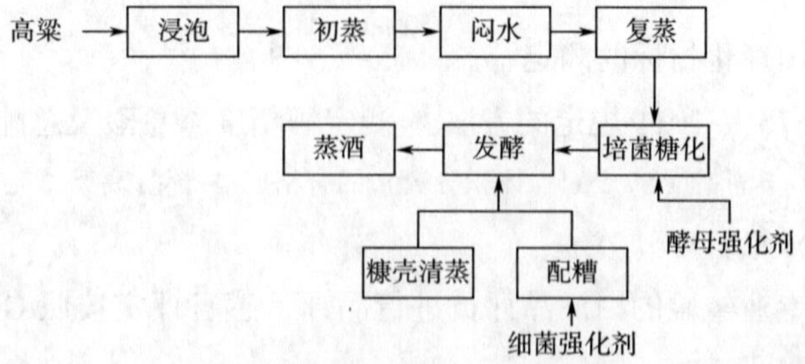


图 1　小曲酒酿造工艺流程图

Fig. 1　Process flow chart of *Xiaoqu Baijiu* brewing

浸泡：先用沸水浸泡高粱，先水后粮，由边缘向内部翻拌高粱一次，刮平，过程中不再搅拌，避免产酸，加水后温度大约 74℃。当水温变凉，放去凉水，再加入 60℃左右的热水，泡粮过夜。

初蒸：蒸汽上来再倒入粮食无盖初蒸 10min，圆汽后再加盖蒸 20min。

焖水：初蒸后将焖水（焖水温度 40~45℃，水应从下往上漫过粮食）淹过高粱，焖水 1~2h，高粱开口。

复蒸：大火复蒸，圆汽加盖蒸 50~60min，手捏软绵，无硬心，若没达到此效果再敞蒸 20min。

糠壳清蒸：糠壳添加量为原料高粱的 5%，清蒸糠壳 20~30min，待其冷却后平铺于白瓷盘底部。

培菌糖化：将经复蒸后的粮食搅散，冷却至室温，分三次添加入小曲（三次添加量尽量一致），小曲的加入量为粮食质量的 0.5%；置于白瓷盘中盖上纱布，于 30℃糖化 24h。

发酵：将糖化后原料、糠壳、配糟（原料：配糟 = 1：3 或 3.5）混合均匀，一起加入发酵罐，发酵罐中事先铺一层配糟，再加入配好的糟子，倒入坛中（压紧），表面铺一层配糟，封口发酵（留一定空间 1~2cm），发酵 7d。

蒸酒：在蒸锅中加一定量水，加热到上汽再将糟醅装入蒸锅，糟醅松散但堆积，保证出酒温度不要过高，掐头去尾接酒。

空白组：按照以上工艺流程，使用 750g 高粱，扬冷后加入市售小曲发酵产酒。

试验组：添加配糟质量 0.5% 的细菌强化剂于配糟中，培养 72h 品温控制在 45~55℃。酵母强化剂于扬冷后加入，先分三次加入小曲，再添加酵母强化剂，强化剂与小曲的质量比为 0.5：1；糖化完成后加入细菌发酵后的配糟混匀发酵，其他操作均与空白组保持一致。

2.3.2 理化指标的测定

2.3.2.1 酒醅理化指标的测定

根据 DB34/T 2264—2014 规定的方法[23]测定酒醅中温度、水分、酸度、还原糖、淀粉含量。

2.3.2.2 酒体理化指标的测定

根据 GB/T 26761—2011 规定的方法[24]测定酒精度、总酸及总酯含量。

出酒率/% =酒精度 57% vol（体积分数）的合格原酒产量/高粱总耗用量/kg

2.3.2.3 酒样感官评分

选择 10 名有专业经验的白酒品评员进行品评，感官评定按照 GB/T 26761—2011 进行[24]，评分标准见表 1。

**表 1　　小曲酒评分标准**

**Table 1　　*Xiaoqu Baijiu* scoring criteria**

| 项目 | 标准 | 评分 |
|---|---|---|
| 色泽和外观 | 无色或微黄，清亮透明，无悬浮物，无沉淀 | 10 |
| 香气 | 香气自然，纯正清雅 | 25 |
| 滋味 | 酒体醇和，甘洌净爽 | 50 |
| 典型性 | 具有本品的典型风格 | 15 |

2.3.3 酒醅及酒样挥发性成分分析

色谱条件：J&W122-7062 色谱柱（60.0m×0.25mm×0.25μm）；载气为 He；分流比为 50∶1；进样口温度为 230℃。

质谱条件：电离方式为 EI；电离电压 70eV；恒压 10Pa；连接杆温度 230℃。

移取酒样 1.0mL，装入 1.5mL 样品瓶中，加入 100μL 浓度为 20mg/100mL 的乙酸丁酯内标。升温程序：初始柱温 40℃保持 3min，以 10℃/min 的速度升温至 120℃，然后以 20℃/min 的速度升温至 180℃，最后以 40℃/min 的速度升温至 245℃，保持 5min。

称取酒醅 2g，装入 5mL 顶空样品瓶中，温度设为 55℃，平衡时间为 20min，萃取时间为 50min。升温程序：初始柱温 40℃保持 3min，以 10℃/min 的速度升温至 120℃，然后以 15℃/min 的速度升温至 200℃保持 5min，最后以 10℃/min 的速度升温至 245℃，保持 5min。

2.3.4 数据统计与分析

采用 Origin 软件作图，采用 SPSS 软件进行数据方差分析，以 $P<0.05$ 表示差异显著，采用 Duncan's 新复极差法进行多重比较，试验结果均测定 3 次，测定结果以

（平均值±标准误差）表示[25]，试验结果图表中，不同标注字母代表数值之间有显著差异；采用 Design-Expert V8.0.6.1 软件进行响应面分析。

## 3　结果与分析

### 3.1　发酵过程中酒醅理化指标分析

分别在糖化阶段加入酵母强化剂，在配糟中加入细菌强化剂，两种强化剂共同应用于小曲酒的酿造中，设置空白组、试验组，具体操作见“2.3.1 小曲酒的酿造工艺”，研究发酵过程中酒醅理化指标的变化。

#### 3.1.1　发酵过程中酒醅温度变化

发酵过程中酒醅内的温度是不断变化的，温度的变化与酒醅中微生物的生长代谢密不可分，对试验组和空白组每天同一时间进行温度检测，酒醅发酵过程中温度变化如图 2 所示。两组试验的温度变化较为一致，基本符合小曲酒酒醅温度的变化规律[26]。发酵第一天温度大幅上升，可能是糖化完成后酒醅糖分较高，同时添加配糟混匀入罐夹带了空气，好氧微生物生长代谢活跃，酒醅温度上升较快。发酵第二天发酵温度达到顶峰，接着温度开始逐渐缓慢下降，随着氧气被微生物消耗，好氧微生物的生长和代谢活动逐渐减弱，酵母开始生产乙醇，微生物代谢、生酸生酯反应所散失的热量已经超过其合成的热量，这些因素共同造成温度缓慢下降，到发酵结束时温度降到 30℃左右。

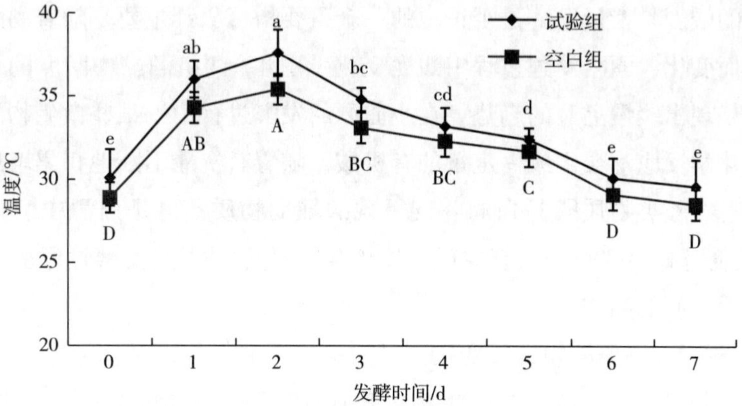


图 2　发酵过程中酒醅的温度变化

Fig. 2　Temperature variation of fermented grains during fermentation

#### 3.1.2　发酵过程中酒醅水分含量变化

酒醅中水分含量的变化反映酒醅产酒能力及微生物代谢繁殖情况，对试验组和空白组每隔一定时间进行水分含量的测定，结果如图 3 所示。酒醅发酵过程中，水分含量变化趋势基本相同，均是前一阶段有所上升，到后期逐渐稳定。微生物在生长繁殖和发酵过程中消耗水分的同时，也会代谢产生一些物质来增加酒醅的水分，当酒醅中消耗的水分含量低于产生的水分含量时，就造成酒醅中的水分含量呈上升趋势[27]。试验组中微生物种类较空白组多，代谢产物多，因此试验组酒醅水分含量会高于空白组。

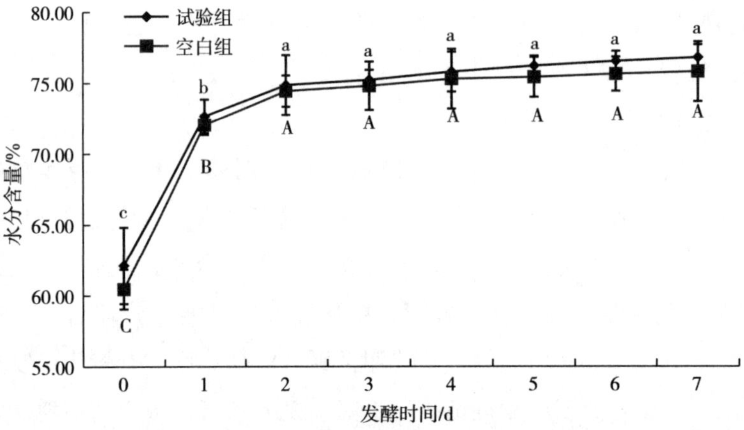


图 3　发酵过程中酒醅的水分含量变化

Fig. 3　Changes of water content in fermented grains during fermentation

### 3.1.3　发酵过程中酒醅酸度变化

酒醅中的酸度是衡量发酵是否正常的一个重要指标，其主要是随着酒醅中有机酸含量的变化而变化，酒醅发酵过程中酸度变化见图 4。两组酒醅中酸度的变化趋势基本一致，均呈现出缓慢上升的趋势。在小曲酒的发酵过程中，某些微生物的代谢作用及物质间的化学反应都会生成一定量的有机酸，随着有机酸不断地积累增加，酸度也随之不断上升。酸类物质既是白酒香气呈现的辅助物质，也是白酒中酒格的呈味物质[27]，但酸度过高会抑制一些有益微生物的生长代谢，酒醅发酵过程受到影响，从而影响蒸馏后基酒的品质。

### 3.1.4　发酵过程中酒醅淀粉含量变化

淀粉是大分子糖类，被某些微生物生长代谢产生的酶类分解后，生成小分子的糖，便是酒醅微生物赖以生存利用的能量物质之一，酒醅淀粉含量的变化规律见图 5。酒醅中淀粉的含量从发酵开始到发酵结束的过程中呈现逐渐降低的变化趋势。发酵前 3 天变化速度较快，淀粉含量大幅度地减少，3 天之后缓慢变化且相对稳定。发酵前期微生物代谢旺盛，淀粉利用速度较快；发酵后期由于氧气含量降低，酵母进行厌氧发酵产生酒精，淀粉消耗变缓慢，淀粉含量相对稳定，下降幅度较小。试验组和

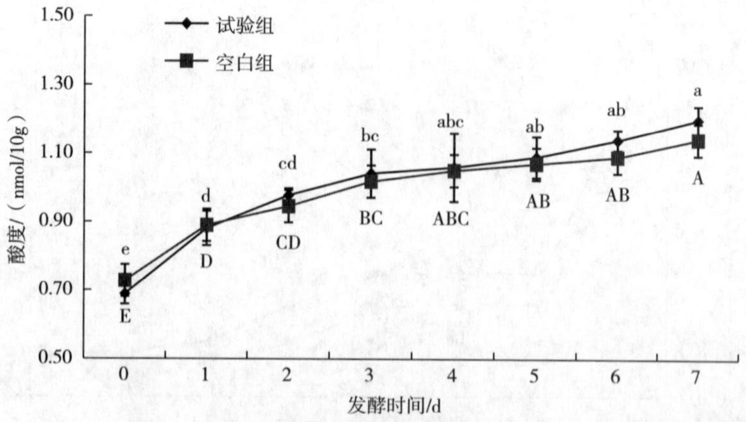


图 4　发酵过程中酒醅的酸度变化

Fig. 4　Changes of acidity in fermented grains during fermentation

空白组的淀粉含量变化趋势基本一致，试验组淀粉含量均低于空白组，说明强化剂的添加有利于淀粉的转化利用。

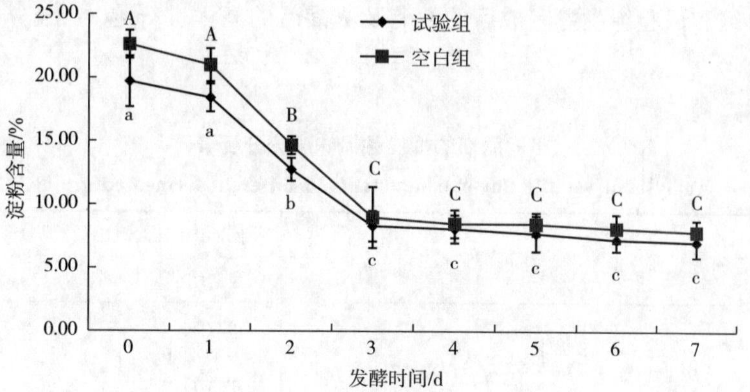


图 5　发酵过程中酒醅的淀粉含量变化

Fig. 5　Changes of starch content in fermented grains during fermentation

3.1.5　发酵过程酒醅中还原糖含量的变化

发酵过程中每隔一定的时间检测酒醅的还原糖含量，其变化规律如图 6 所示。两组还原糖含量的变化趋势一致。糖化后酒醅还原糖含量最高，发酵第一天还原糖含量陡然下降，这与温度猛然上升是有一定联系的。微生物利用还原糖生长代谢，消耗较大；发酵后期由于淀粉被利用的速度降低，而还原糖的消耗不断增加，使酒醅中由淀粉分解而来的还原糖不断下降。发酵结束后，两组试验的酒醅还原糖含量基本一致，而试验组糖化后的还原糖含量明显高于空白组，说明试验组还原糖的利用率较高，这也是试验组出酒率相对较高的原因之一。

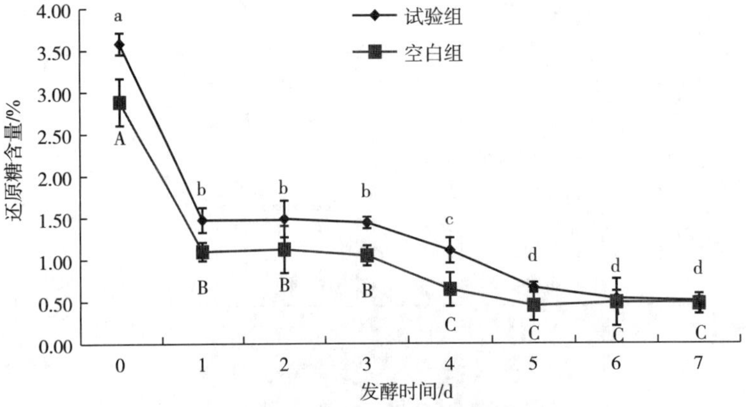


图 6 发酵过程中酒醅的还原糖含量变化

Fig. 6 Changes of reducing sugar content in fermented grains during fermentation

## 3.2 酒醅及酒样挥发性成分分析

将空白组和试验组发酵完成后的酒醅及蒸馏后的酒样进行 GC-MS 分析，结果见表 2、表 3。

**表 2 不同酒醅的挥发性风味成分分析表**

**Table 2 Analysis of volatile flavor components in different fermented grains**

| 化合物种类 | 编号 | 物质名称 | 不同酒醅的挥发性风味成分含量/% | |
|---|---|---|---|---|
| | | | 空白组 | 试验组 |
| 醇类 | 1 | 丙二醇 | 0.28 | — |
| | 2 | 乙醇 | 3.25 | 6.71 |
| 酸类 | 3 | L-乳酸 | 1.77 | — |
| | 4 | 蝶呤-6-羧酸 | — | 0.05 |
| | 5 | 庚酸 | — | 0.45 |
| | 6 | 己酸 | 3.07 | 3.45 |
| | 7 | 十四酸 | 0.11 | — |
| | 8 | 辛酸 | 0.94 | 0.94 |
| | 9 | 亚麻酸 | 0.41 | — |
| | 10 | 亚油酸 | — | 0.14 |
| | 11 | 乙酸 | 4.28 | 4.09 |

续表

| 化合物种类 | 编号 | 物质名称 | 不同酒醅的挥发性风味成分含量/% | |
|---|---|---|---|---|
| | | | 空白组 | 试验组 |
| 酯类 | 12 | （Z）-十六烯酸甲酯 | — | 0.06 |
| | 13 | 10-十六碳烯酸乙酯 | 0.28 | — |
| | 14 | 9-十六碳烯酸乙酯 | 0.28 | 0.22 |
| | 15 | L-(-)-乳酸乙酯 | 6.12 | 5.70 |
| | 16 | 丙位十二内酯 | 0.08 | 0.07 |
| | 17 | 丁二酸二乙酯 | 0.10 | — |
| | 18 | 反油酸乙酯 | 5.13 | 5.08 |
| | 19 | 庚酸乙酯 | 0.86 | 0.73 |
| | 20 | 癸酸乙酯 | 0.30 | 0.51 |
| | 21 | 己酸丁酯 | 0.43 | 0.32 |
| | 22 | 己酸己酯 | 2.32 | 2.37 |
| | 23 | 己酸戊酯 | 0.28 | 0.27 |
| | 24 | 壬酸乙酯 | 0.35 | 0.16 |
| | 25 | 十四酸乙酯 | 1.41 | 1.44 |
| | 26 | 辛酸乙酯 | 3.08 | 3.27 |
| | 27 | 乙酸己酯 | 0.50 | 0.30 |
| | 28 | 乙酸辛酯 | 0.07 | — |
| | 29 | 乙酸乙酯 | 5.43 | 12.37 |
| | 30 | 乙酸异戊酯 | 0.44 | 0.64 |
| | 31 | 月桂酸乙酯 | 0.23 | 0.21 |
| | 32 | 正己酸乙酯 | 7.77 | 8.37 |
| | 33 | 棕榈酸乙酯 | 12.60 | 12.73 |
| 芳香族类 | 34 | 2,4-二叔丁基苯酚 | 0.06 | — |
| | 35 | 3-苯丙酸乙酯 | 0.51 | 0.49 |
| | 36 | 4-氨基-4-（N,N-二甲基氨基）-1,2-二苯乙烯 | — | 0.03 |
| | 37 | 苯乙醇 | 1.37 | 2.74 |
| | 38 | 苯乙酸乙酯 | 1.17 | 1.77 |
| | 39 | 丁酸苯乙酯 | — | 0.09 |
| | 40 | 对甲苯酚 | 0.92 | — |
| | 41 | 乙酸苯乙酯 | 0.84 | 0.78 |

续表

| 化合物种类 | 编号 | 物质名称 | 不同酒醅的挥发性风味成分含量/% | |
|---|---|---|---|---|
| | | | 空白组 | 试验组 |
| 醛酮类 | 42 | 5-羟甲基糠醛 | 0.14 | — |
| | 43 | 乙醛 | 0.20 | — |
| 烷烃类 | 44 | 1-甲氧基-己烷 | 0.57 | — |
| | 45 | 甲基硅烷 | — | 0.41 |
| | 46 | 十六烷 | — | 0.06 |
| | 47 | 十四烷 | — | 0.18 |
| 其他 | 48 | L-(-)-岩藻糖 | 0.23 | — |
| | 49 | 醋酸铵 | — | 0.07 |
| | 50 | 对甲苯酚 | — | 0.72 |
| | 51 | 己酸酐 | 0.09 | 0.08 |
| | 52 | 乙偶姻 | 3.57 | 5.61 |
| | 53 | 乙酸铵 | 0.02 | — |

将发酵完成后的酒醅进行 GC-MS 分析，结果如表 2 所示。试验组酒醅挥发性风味成分中，乙偶姻、苯乙醇、苯乙酸乙酯、己酸己酯、十四酸乙酯、辛酸乙酯、乙醇、乙酸、乙酸乙酯、乙酸异戊酯、正己酸乙酯、棕榈酸乙酯相对含量高于空白组。乙偶姻呈奶油香气，可由酵母、芽孢杆菌、其他微生物发酵代谢生成，是美拉德反应的中间产物，与四甲基吡嗪的形成密不可分[28]。苯乙醇含量也高于试验组，由前期实验可知，在固态发酵中，苯乙醇为功能酵母菌的主要风味物质，添加了强化剂的试验组苯乙醇含量高，说明在小曲酒酒醅发酵过程中，酵母菌是起到一定增香作用的，且其他酯类含量也有所提高。同时，乙酸乙酯的含量有较大程度的增加，是小曲酒的主体香味物质。虽然由酒醅风味成分含量可以看出添加强化剂有一定效果，增强了酒醅的香气，但需对蒸馏后酒样的挥发性风味成分进行综合分析，深入研究强化剂对风味成分的影响。将发酵后蒸馏接酒的酒样进行 GC-MS 分析，结果如表 3、表 4、图 7 所示。

**表 3　　不同酒样的挥发性风味成分分析表**

**Table 3　　Analysis of volatile flavor components of different liquor samples**

| 化合物分类 | 编号 | 物质名称 | 不同酒样的挥发性成分相对含量/(mg/L) | |
|---|---|---|---|---|
| | | | 空白组 | 试验组 |
| 醇类 | 1 | 3-甲基-3-庚醇 | 3.429 | — |
| | 2 | 异丁醇 | 28.478 | 41.654 |

续表

| 化合物分类 | 编号 | 物质名称 | 不同酒样的挥发性成分相对含量/(mg/L) | |
|---|---|---|---|---|
| | | | 空白组 | 试验组 |
| 醇类 | 3 | 异戊醇 | 43.760 | 77.187 |
| | 4 | 正己醇 | 2.289 | 6.528 |
| 酸类 | 5 | 2-甲基丁酸 | — | 5.709 |
| | 6 | 丁酸 | 0.808 | 1.554 |
| | 7 | 己酸 | 5.536 | 11.165 |
| | 8 | 戊酸 | 4.240 | — |
| | 9 | 乙酸 | 3.419 | 7.890 |
| 酯类 | 10 | 2-羟基异丁酸甲酯 | — | 6.569 |
| | 11 | 9-十六碳烯酸乙酯 | — | 8.679 |
| | 12 | 丙酸丁酯 | — | 2.292 |
| | 13 | 丁酸乙酯 | 2.209 | 10.442 |
| | 14 | 庚酸乙酯 | 2.142 | — |
| | 15 | 乳酸乙酯 | 12.386 | 78.424 |
| | 16 | 十八酸乙酯 | — | 8.627 |
| | 17 | 十四酸乙酯 | — | 4.394 |
| | 18 | 戊酸乙酯 | 3.314 | — |
| | 19 | 辛酸乙酯 | 2.181 | 6.041 |
| | 20 | 亚硝酸丙酯 | — | 3.720 |
| | 21 | 乙酸乙酯 | 684.763 | 1125.804 |
| | 22 | 乙酸异丁酯 | 1.309 | 4.344 |
| | 23 | 乙酸异戊酯 | 0.518 | 2.714 |
| | 24 | 异戊酸乙酯 | — | 2.811 |
| | 25 | 油酸乙酯 | — | 7.680 |
| | 26 | 正己酸乙酯 | 6.458 | 14.836 |
| | 27 | 棕榈酸乙酯 | 9.010 | 29.831 |
| 芳香族类 | 28 | 3-苯丙酸乙酯 | 1.749 | — |
| | 29 | 苯甲醛 | 3.252 | — |
| | 30 | 苯乙醇 | 3.631 | 14.093 |
| | 31 | 苯乙醛 | 4.119 | 3.868 |
| | 32 | 苯乙酸乙酯 | 0.948 | 2.253 |
| | 33 | 乙酸苯乙酯 | — | 2.694 |

续表

| 化合物分类 | 编号 | 物质名称 | 不同酒样的挥发性成分相对含量/(mg/L) | |
|---|---|---|---|---|
| | | | 空白组 | 试验组 |
| 醛酮类 | 34 | 丁醛二乙缩醛 | — | 1.450 |
| | 35 | 呋喃甲醛 | 9.515 | 15.169 |
| | 36 | 乙醛 | 41.423 | 82.959 |
| | 37 | 乙缩醛 | 25.449 | 40.752 |
| 其他 | 38 | 双乙酰 | 0.989 | 1.922 |
| | 39 | 乙偶姻 | 20.449 | 46.136 |

由表3可知，两种酒样共有39种挥发性风味成分。乙酸乙酯是小曲酒中的主体香味成分，带有水果香，可以使白酒适口性更好，协调和平衡各种香味物质。苯乙醇具有清甜的玫瑰花香味，也是米香型白酒的主要风味物质，能给酒体带来甜蜜清新的舒适感。在试验组中，这两种物质的含量均大大高于空白组的含量，由前期试验可知，酵母固态发酵的风味成分以苯乙醇为主，细菌固态发酵的风味成分中苯乙醇含量也较高，同时酒醅中苯乙醇的含量也有所提高，说明强化剂在小曲酒酿造中起了积极作用，增加了苯乙醇的含量。乙酸乙酯的增加，有可能是细菌和酵母的加入，促进了酒醅中微生物的作用，代谢反应生成了更多的乙酸乙酯。添加强化剂的酒样乙酸含量也有所增加，适量的酸有利于酒体口感的改善，酸在白酒中既有呈香的作用，又有呈味的作用，能调味解暴。自然界乙偶姻存在于许多食品中，它具有奶油的香味，又是合成四甲基吡嗪的重要成分之一。少量的双乙酰能赋予酒体蜂蜜味的香甜。

**表4　不同酒样风味成分归类表**

**Table 4　Classification of flavor components of different liquor samples**

| 分组 | 类别 | | | | | |
|---|---|---|---|---|---|---|
| | 醇类 | 酸类 | 酯类 | 芳香族类 | 醛酮类 | 其他 |
| 空白组 | 4 | 4 | 11 | 4 | 3 | 2 |
| 试验组 | 3 | 4 | 16 | 6 | 4 | 2 |

由表4可以看出试验组酯类、芳香族类、醛酮类物质种类都多于空白组，特别是酯类物质的种类更加丰富，酯类是中国白酒中呈香的主要物质，对白酒的综合特征起着关键性的作用。由图7可以明显看出，试验组不同种类物质的总含量均高于空白组，基本上含量比都在6∶4左右，不仅仅是酯类含量高，其他化合物含量均有一定的提高，从而可以说明强化剂的应用有利于小曲酒挥发性风味成分的形成。

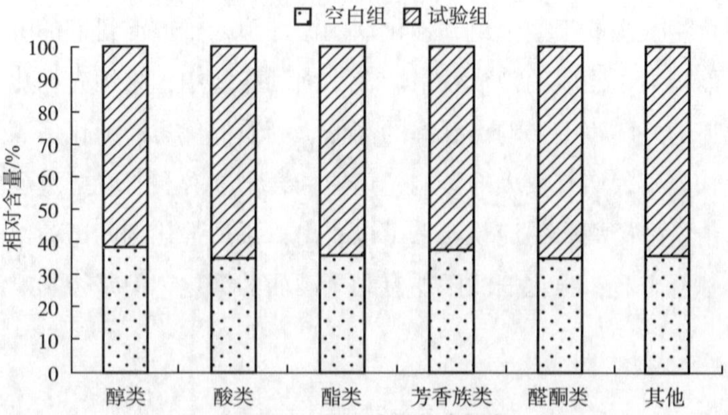


图 7　两组酒样不同种类挥发性成分含量对比

Fig. 7　Comparison of the contents of volatile components in different types of two liquor samples

由表 5 可知，试验组酒样的理化指标均高于空白组，酒精度高，出酒率高，总酸总酯含量均有不同程度的提升，酒体清亮透明、香气自然、纯正清雅、酒体醇和、甘冽净爽，略带蜜香和烘焙香，尝味更加醇厚，诸味协调，余味长。

**表 5　　　　酒样理化分析表**

**Table 5　　Physical and chemical analysis of liquor samples**

| 分析项目 | 空白组 | 试验组 |
|---|---|---|
| 酒精度/%vol | 49.7±1.2 | 51.3±1.5 |
| 出酒率/% | 50.3±1.8 | 51.7±2.0 |
| 总酸/(g/L) | 0.478±0.03 | 0.536±0.02 |
| 总酯/(g/L) | 1.116±0.07 | 1.373±0.1 |
| 感官品评 | 清亮透明、香气自然、较纯正清雅、酒体较醇和、较甘洌净爽、有余味 | 清亮透明、香气自然、纯正清雅、酒体醇和、甘洌净爽、略带蜜香和烘焙香、尝味更加醇厚、诸味协调、余味较长 |

综合酒醅、酒体的理化指标数据及挥发性风味成分分析可得，强化剂的添加是有利于小曲酒酿造的，不仅提高了原料利用率和小曲酒出酒率，同时还保证了小曲酒品质，丰富了风味成分。

## 3.3　不同小曲酒醅及酒样分析

按照空白组、试验组的操作方法，采用不同的小曲进行发酵试验，研究酒曲强化剂在不同酒曲中的应用效果，结果如表 6、表 7 所示。由表 6 可知，添加强化剂的试验组糖化后的温度均比不添加强化剂的空白组高，同时试验组水分含量、酸度、还原糖含量、淀粉含量也都高于空白组。强化剂的添加引入了产淀粉酶的酵母，微生物系丰富活跃，从而提高了酒曲的糖化效果。在小曲酒酿造中，采用先糖化后发酵的特殊工艺，糖化效果的好坏直接影响出酒率的高低、酒质的优劣。糖化后酒醅还原糖的含量对于其微生物繁殖代谢有较大的影响，还原糖含量高有利于发酵过程中酵母和霉菌的生长作用。由发酵后酒醅的淀粉含量可以看出，添加强化剂的试验组淀粉利用率均高于空白组。综合来看，强化剂的添加有利于酒曲的糖化，但是否影响酒质还需更进一步的分析。

**表 6　不同小曲发酵前后酒醅数据**

**Table 6　Data of fermented grains before and after different *Xiaoqu* fermentation**

| 小曲组别 | 样品 | 温度/℃ | 水分含量/% | 酸度/(mmol/10g) | 还原糖含量/% | 淀粉含量/% |
|---|---|---|---|---|---|---|
| ①空白组 | 糖化后 | 30.8±1.3[ab] | 59.62±0.7[cd] | 0.32±0.07[f] | 1.18±0.12[e] | 24.65±1.1[a] |
| | 发酵后 | 30.2±1.6[ab] | 75.59±0.9[a] | 1.28±0.02[d] | 0.34±0.20[h] | 11.78±1.4[d] |
| ①试验组 | 糖化后 | 31.8±1.1[a] | 60.40±0.5[cd] | 0.42±0.03[e] | 3.03±0.09[c] | 21.69±1.9[bc] |
| | 发酵后 | 31.7±1.7[a] | 76.55±0.5[a] | 1.76±0.02[b] | 0.38±0.13[gh] | 8.56±2.1[ef] |
| ②空白组 | 糖化后 | 28.7±0.8[bc] | 58.57±1.3[d] | 0.33±0.08[f] | 2.88±0.17[cd] | 20.93±1.9[bc] |
| | 发酵后 | 26.4±0.9[d] | 69.78±1.7[b] | 1.73±0.06[b] | 0.73±0.10[f] | 7.28±1.3[ef] |
| ②试验组 | 糖化后 | 30.5±1.5[ab] | 59.09±1.5[cd] | 0.35±0.03[ef] | 6.09±0.15[a] | 19.48±1.5[c] |
| | 发酵后 | 26.8±1.2[cd] | 70.04±1.2[b] | 1.45±0.04[c] | 1.03±0.14[e] | 6.39±1.7[f] |
| ③空白组 | 糖化后 | 29.9±1.7[ab] | 58.27±1.9[d] | 0.35±0.02[ef] | 2.64±0.18[d] | 22.57±0.9[ab] |
| | 发酵后 | 28.9±0.8[bc] | 70.70±0.7[b] | 2.33±0.07[a] | 0.62±0.12f[g] | 9.82±1.4[de] |
| ③试验组 | 糖化后 | 30.1±1.1[ab] | 61.17±0.9[c] | 0.31±0.03[f] | 5.12±0.23[b] | 21.69±1.7[bc] |
| | 发酵后 | 29.2±0.9[b] | 71.29±1.2[b] | 1.71±0.03[b] | 0.74±0.10[f] | 7.98±1.3[ef] |

将不同小曲发酵完后的酒醅蒸馏接酒，计算出酒率并对酒体进行理化分析，结果见表 7。从出酒率上看，6 组试验组出酒率都在 40% 以上，试验组的酒精度均高于空白组，结合酒醅数据可知，强化剂的添加是有利于糖化产酒的。试验组总酸稍高于空白组，这可能是因为强化剂的添加丰富了微生物菌系，细菌的引入导致酒体总酸增高，但适量的酸度可以提高酒体的口感，同时酒体总酯均有不同程度的提高。结合酒醅与酒体的试验数据，分析可得强化剂的应用可在一定程度上提高小曲酒的糖化出酒，同时对酒体总酸、总酯也有一定程度的影响，在不同小曲中均有一定的作用，具有广泛的适用性。

表 7　不同小曲发酵后出酒率及酒质数据

**Table 7　Data of liquor yield rate and liquor quality after different *Xiaoqu* fermentation**

| 小曲组别 | 酒精度/%vol | 出酒率/% | 总酸/(g/L) | 总酯/(g/L) | 感官评分 |
|---|---|---|---|---|---|
| ①空白组 | 45.3±1.8$^{c}$ | 44.4±1.3$^{d}$ | 0.376±0.04$^{bc}$ | 0.868±0.05$^{c}$ | 81±1$^{cd}$ |
| ①试验组 | 48.8±0.8$^{b}$ | 46.6±1.6$^{c}$ | 0.390±0.07$^{bc}$ | 0.915±0.03$^{c}$ | 84±1$^{bc}$ |
| ②空白组 | 49.9±0.4$^{ab}$ | 50.1±1.2$^{ab}$ | 0.335±0.03$^{c}$ | 0.772±0.04$^{d}$ | 79±3$^{d}$ |
| ②试验组 | 50.8±0.3$^{a}$ | 52.4±0.9$^{a}$ | 0.418±0.04$^{bc}$ | 0.902±0.06$^{c}$ | 85±2$^{ab}$ |
| ③空白组 | 50.1±0.7$^{ab}$ | 49.8±1.3$^{b}$ | 0.468±0.06$^{ab}$ | 1.016±0.02$^{b}$ | 84±1$^{bc}$ |
| ③试验组 | 51.2±0.4$^{a}$ | 51.2±0.5$^{ab}$ | 0.550±0.08$^{a}$ | 1.284±0.07$^{a}$ | 88±2$^{a}$ |

## 4　讨论

本研究以川法小曲酒的酿造工艺为基础，将制成的纯种酒曲强化剂应用于小曲酒的酿造中，对小曲酒发酵过程进行动态跟踪检测，同时对酿造出的小曲酒进行理化检测和风味成分分析，并进一步研究不同市售小曲的适用性。结果表明：两组试验在温度、水分、酸度、还原糖含量、淀粉含量的变化规律基本一致，但试验组各项指标均优于空白组。对酒醅和酒样进行 GC-MS 分析，试验组的挥发性成分种类和含量均高于空白组，以酯类、芳香族类物质最为突出，乙酸乙酯的含量为 1125.804mg/L，提高了 64.41%，所得酒样总酸为 0.536g/L、总酯为 1.373g/L。将不同市售小曲进行固态发酵，6 组试验组出酒率都在 40%以上，试验组的酒精度均高于空白组，结合酒醅数据可知，强化剂的添加有利于糖化产酒。强化剂的应用可在一定程度上提高小曲酒的糖化出酒，3 组试验组出酒率分别提高了 4.95%、4.59%、2.85%，同时对酒体总酸、总酯也有一定程度的影响，在不同小曲中均有一定的作用，具有广泛的适用性。通过动态跟踪剖析小曲酒发酵过程中酒醅的各项理化指标变化，对酒体的风味成分进行分析，并验证纯种酒曲强化剂用不同小曲的发酵作用，为强化剂的使用提供了理论数据支撑，也为小曲酒品质的提高和技术创新提供理论依据和实践基础。

### 参考文献

[1] 肖东光．白酒生产技术 [M]．北京：化学工业出版社，2005.

[2] 曾祖训．提高质量，着力品牌——促进川法小曲酒的发展 [J]．酿酒，2003，30 (5)：5-8.

[3] 曾徐浩，郑刚，杨志坚，等．适用于现代机械化生产小曲白酒的新型淀粉酶 [J]．酿酒，2018，45 (1)：88-92.

[4] 吴赫川，马莹莹，杨建刚，等. 川法小曲白酒发展现状及其瓶颈问题分析[J]. 安徽农业科学，2014，42（33）：11850-11853+11856.

[5] 杨建刚，吴赫川，周健，等. 基于顶空固相微萃取技术结合气相色谱质谱联用法的川法小曲白酒挥发性成分研究[J]. 食品安全质量检测学报，2015，6（7）：2666-2679.

[6] 李大和. 充分发挥川法小曲酒的优势开发适销对路的新产品[J]. 酿酒，2001，28（4）：27-30.

[7] 徐成勇，郭波，周莲，等. 酿酒小曲研究进展[J]. 食品与发酵工业，2002，28（3）：72-75.

[8] 唐洁. 清香型小曲酒微生物群落结构及功能的研究[D]. 无锡：江南大学，2012.

[9] 陆其刚，李喆，张广松，等. 不同小曲对清香型小曲酒生产的影响[J]. 酿酒科技，2017（12）：73-77.

[10] 李锐利. 高产乙酸乙酯酵母的选育及在清香型小曲酒中的应用研究[D]. 武汉：湖北工业大学，2011.

[11] 周天银. 川法小曲白酒生产经验总结[J]. 酿酒科技，2008（8）：78-81.

[12] 田新惠，唐玉明，任道群，等. 杂交糯高粱酿造清香型小曲白酒工艺初步优化研究[J]. 中国酿造，2013，32（11）：51-54.

[13] 伍国明，潘荣邦，伍芳华. 提高碎米半固态小曲酒质和产酒率的研究[J]. 酿酒科技，2008（11）：17-19+22.

[14] 罗高建，纪大鹏. 小曲白酒生产中乙酸乙酯、乳酸乙酯影响因素的探讨[J]. 酿酒科技，2004（6）：47-49.

[15] 凌生才. 固态法小曲白酒出现怪味的解决方法[J]. 酿酒科技，2006（1）：124-125.

[16] 柯文甫，柯英杰，柯立群. 多微曲半固态法生产小曲白酒[J]. 酿酒科技，2003（2）：34-35.

[17] 王东，龚晓林，娄国平，等. 技术进步与创新，助推江津小曲白酒的发展[J]. 酿酒，2011，38（2）：26-28.

[18] 车利伟，赵华，庞书彦，等. 苦荞小曲酒生产工艺[J]. 食品与发酵工业，2015，41（2）：147-151.

[19] 刘璟，陈登，刘博. 基于模糊PID控制的小曲白酒发酵研究[J]. 科学与信息化，2018（27）：95-96.

[20] 田新惠，唐玉明，任道群，等. 杂交糯高粱酿造清香型小曲白酒工艺初步优化研究[J]. 中国酿造，2013，32（11）：51-54.

［21］李晓霞．汾酒大曲中高产四甲基吡嗪菌株的筛选及其在酿酒中的应用研究［D］．临汾：山西师范大学，2016.

［22］沈玉洁．高温大曲中嗜热功能菌的筛选及应用性能研究［D］．武汉：湖北工业大学，2011.

［23］DB34/T 2264—2014，固态发酵酒醅分析方法［S］．

［24］GB/T 26761—2011，小曲固态法白酒［S］．

［25］Wang C L，Shi D J，Gong G L. Microorganisms in *Daqu*：a starter culture of Chinese Maotai-flavor liquor［J］. World Journal of Microbiology and Biotechnology，2008，24（10）：2183-2190.

［26］乔晓梅，赵景龙，杜小威，等．高通量测序法对清香大曲真菌群落结构的分析［J］．酿酒科技，2015（4）：28-31.

［27］李永博，李星，唐敏，等．浓香型大曲中产β-葡萄糖苷酶微生物的筛选鉴定及其产酶条件优化［J］．食品科技，2017，42（12）：17-22.

［28］陈诗佳，李玲玲，陈叶福，等．高产乙偶姻酵母菌种的选育与提高白酒中四甲基吡嗪含量的研究［J］．酿酒科技，2018（10）：114-119.

# 第三篇

# 优质白酒品质特征

# 基于非靶向代谢组学技术判别酱香型习酒质量等级研究

尹艳艳，杨军林，田栋伟，蒋力力，陈明学，尤小龙，程平言

［贵州茅台酒厂（集团）习酒有限责任公司，贵州遵义 564622］

**摘　要**：采用超高效液相色谱串联高分辨率质谱（UPLC-HRMS）结合非靶向代谢组学技术分析不同质量等级酱香型习酒，筛选不同等级酒样的主要特征化合物，并建立主成分分析（PCA）模型判别酱香型习酒质量等级。酒样经 UPLC-HRMS 检测，运用 Compound Discoverer 3.2 代谢组学分析软件处理检测数据并分析酒样中特征化合物信息，聚类热图和主成分分析可明显区分不同质量等级酒样，且 4 个不同等级酒样分类结果与盲样预测结果基本符合实际酒样信息。故通过 UPLC-HRMS 结合非靶向代谢组学技术可用于区分酱香型习酒的不同质量等级，同时可反映出不同质量等级酒样的差异性及其相应特征化合物信息。

**关键词**：高效液相色谱串联高分辨率质谱（UPLC-HRMS）；非靶向代谢组学；白酒；聚类分析；主成分分析

# Research Progress on Quality Grade Discrimination of Jiangxiang Xijiu Using Non-targeted Metabolomics

YIN Yanyan, YANG Junlin, TIAN Dongwei, JIANG Lili,
Chen Mingxue, You Xiaolong, CHENG Pingyan

［Guizhou Maotai Distillery (Group) Xijiu Co., Ltd., Guizhou Zunyi 564622, China］

**Abstract**: This study was used to analyze different quality grades of Jiangxiang Xijiu,

基金项目：遵义市优秀青年科技创新人才培养项目（遵优青［2019］1号）；贵州省科技计划项目（黔科合［2020］2Y042）；遵义市科技计划项目（遵市科合 R&D［2019］4号）。

作者简介：尹艳艳，女，硕士，助理工程师，主要从事白酒食品安全研究工作。E-mail：1262827470@qq.com。

通信作者：程平言，女，硕士，高级工程师，主要从事白酒酿造技术创新管理及产业化示范推广工作。E-mail：xjjszx149@sina.com。

and to screen the main characteristic compounds of different grade liquor samples, and to establish a model to distinguish the quality grade by UPLC-HRMS combined with non-targeted metabolomics. The liquor samples were detected by UPLC-HRMS, and the metabolomic analysis software (Compound Discoverer 3.2) was used to analyze the information of characteristic compounds in the samples. The results showed that the clustering heat map and principal component analysis could clearly distinguish the different grades of samples, it was basically conformed to the actual information of liquor sample of the classification results of four different grades of liquor samples and the prediction results of blind samples. Therefore, it could be used to distinguish different quality grades of Jiangxiang Xijiu, and meanwhile it could reflected the differences of liquor samples with different quality grades and their corresponding characteristic compound information by UPLC-HRMS combined with non-targeted metabolomics.

**Key words**: Ultra-high performance liquid chromatography-high resolution mass spectrometry (UPLC-HRMS), Non-targeted metabolomics, Liquor, Cluster analysis, Principal component analysis

## 1 前言

中国白酒作为世界六大蒸馏酒之一，其香型种类繁多，风格迥异。酱香型白酒作为一种重要的香型，化学组分最复杂，因风味独特而备受世界各国消费者的喜爱[1]。传统上，酱香型白酒的质量定级划分主要依靠感官品评法[2]，但该方法因受人感官、精神状态等主观因素的制约，存在质量定级结果不稳定的问题。

随着现代仪器分析技术的快速发展，色谱、质谱等技术已被用于白酒的风味物质分析[3-4]、香型鉴别[5-6]以及真假酒鉴别[7]中。液相色谱串联质谱结合非靶向代谢组学技术是一种基于高通量检测技术、综合分析多种数据集特征量或者目标物的分析方法[8]，被广泛应用于食品掺假鉴定[9]、品质鉴别[10]以及食品产地溯源[11]等方面。非靶向代谢组学以无偏向的方式分析寻找尽可能多的组分，再通过统计学方法寻找能够反映组间差异的特征化合物，从而对不同个体之间的差异做出判别[12]。王喆等[13]采用超高效液相色谱高分辨率质谱检测技术结合组学分析，对不同工艺生产的小曲白酒中不挥发风味物质进行分析。田宏等[14]将固相微萃取-气相色谱质谱检测手段结合代谢组学数据处理技术应用于白酒真假鉴定和品质研究中。本研究通过 UPLC-HRMS 对不同等级酱香型习酒进行全扫描分析，同时结合非靶向代谢组学分析技术，快速有效地识别出不同等级酒样的差异性，以期实现对酱香型习酒质量的等级划分。

## 2 材料与方法

### 2.1 仪器与试剂

仪器：Q Exactive Focus 高分辨质谱仪（美国 ThemoFisher Scientific 公司）；UltiMate 3000 高效液相色谱仪（美国 Dionex 公司）；Hypersil GOLD 液相色谱柱（100mm×2.1mm×1.9μm，美国 ThemoFisher Scientific 公司）；电子分析天平（美国 OHAUS 公司）；涡旋振荡器（上海琪特分析仪器有限公司）；艾科普超纯水机（美国 Millipore 公司）。

试剂：甲酸（质谱纯，美国 ThemoFisher Scientific 公司）；甲醇（色谱纯，美国 ThemoFisher Scientific 公司）；甲酸胺（色谱纯，美国 ThemoFisher Scientific 公司）；实验用水为艾科普纯水仪制备的超纯水（18.2MΩ/$cm^2$）；白酒样品为贵州茅台酒厂（集团）习酒有限责任公司不同等级成品酒（感官品评质量等级排序：A 组>B 组>C 组>D 组），见表 1。

表 1 白酒样品编号表

Table 1 The numbers of *Baijiu* samples

| 样品系列 | 样品数量 | 样品编号 |
|---|---|---|
| A 组 | 7 | A1、A2、A3、A4、A5、A6、A7 |
| B 组 | 7 | B1、B2、B3、B4、B5、B6、B7 |
| C 组 | 7 | C1、C2、C3、C4、C5、C6、C7 |
| D 组 | 7 | D1、D2、D3、D4、D5、D6、D7 |
| 预判组 | 4 | XA、XB、XC、XD |

### 2.2 前处理方法

待测酒样直接经 0.22μm 水相滤膜过滤后上机分析。

### 2.3 试验条件

#### 2.3.1 色谱条件

色谱柱：Hypersil GOLD 液相色谱柱（100mm×2.1mm，1.9μm）；柱温：35℃；进样体积：10μL；流动相：A 相为水相（含 5mmol/L 甲酸铵，0.1% 甲酸），B 相为甲醇（含 5mmol/L 甲酸铵，0.1% 甲酸）；流速：0.3mL/min；梯度洗脱程序见表 2。

#### 2.3.2 质谱条件

离子化模式：电喷雾电离源（HESI）正/负离子模式；喷雾电压 3.5kV；鞘气压

力 40psi（1psi=6894.76Pa）；辅助气压力 10arb（仪器自带单位）；离子源加热温度 380℃；离子传输管温度 350℃；扫描模式为 Full Mass/dd-MS2（Discovery）；扫描范围为 50~750m/z。

表 2　梯度洗脱程序
Table 2　The gradient elution program of UPLC-HRMS

| 时间/min | A 相/% | B 相/% |
|---|---|---|
| 0 | 95 | 5 |
| 26 | 5 | 95 |
| 30 | 5 | 95 |
| 31 | 95 | 5 |
| 35 | 95 | 5 |

## 2.4 数据处理

酒样经 UPLC-HRMS 检测获得的数据通过 Thermo Xcalibur 工作站得到总离子流图。使用 Compound Discoverer 3.2 软件对数据进行统计学分析，并通过比对数据库来预测组分的名称、分子式、代谢途径等，软件分析参数见表 3。

表 3　Compound Discoverer 3.2 软件分析参数
Table 3　The analysis parameters of Compound Discoverer 3.2 software

| 参数 | 内容 |
|---|---|
| 质量偏差* | 5ppm（质量偏差单位，仪器自带单位） |
| 保留时间偏差 | 0.2min |
| 信号强度偏差 | 30% |
| 化合物最小元素组成 | C、H |
| 化合物最大元素组成 | C19、H190、Br3、Cl4、K2、N10、Na2、O15、P3、S5 |
| 筛查数据库 | ChEBI、ChemBank、ChEMBL、Chemical Biology Department, Max Planck Institute of Molecular Physiology、ChemSpider SyntheticPages、Chemspiderman、Human Metabolome Database、KEGG、NIST、NIST Spectra、Planta Piloto de Química Fina. Universidad de Alcalá、PlantCyc、PubMed、Wikipedia、Yeast Metabolome Database |

注：* 质量偏差（ppm）$=\frac{\text{测得分子质量}-\text{理论分子质量}}{\text{理论分子质量}}\times e^{6}$。

# 3 结果与分析

## 3.1 谱图分析

从 Thermo Xcalibur 工作站中分别提取 A 组、B 组、C 组、D 组 4 个等级酒样的

UPLC-HRMS 总离子流图。如图 1 所示，直观对比发现 4 个不同等级酒样间总离子流图无明显差异，出峰种类大致相同，仅部分成分含量略有不同。根据总离子流图无法直观表现出不同等级酒样间的差异性，因此需借助统计学方法对样本数据进行分析。

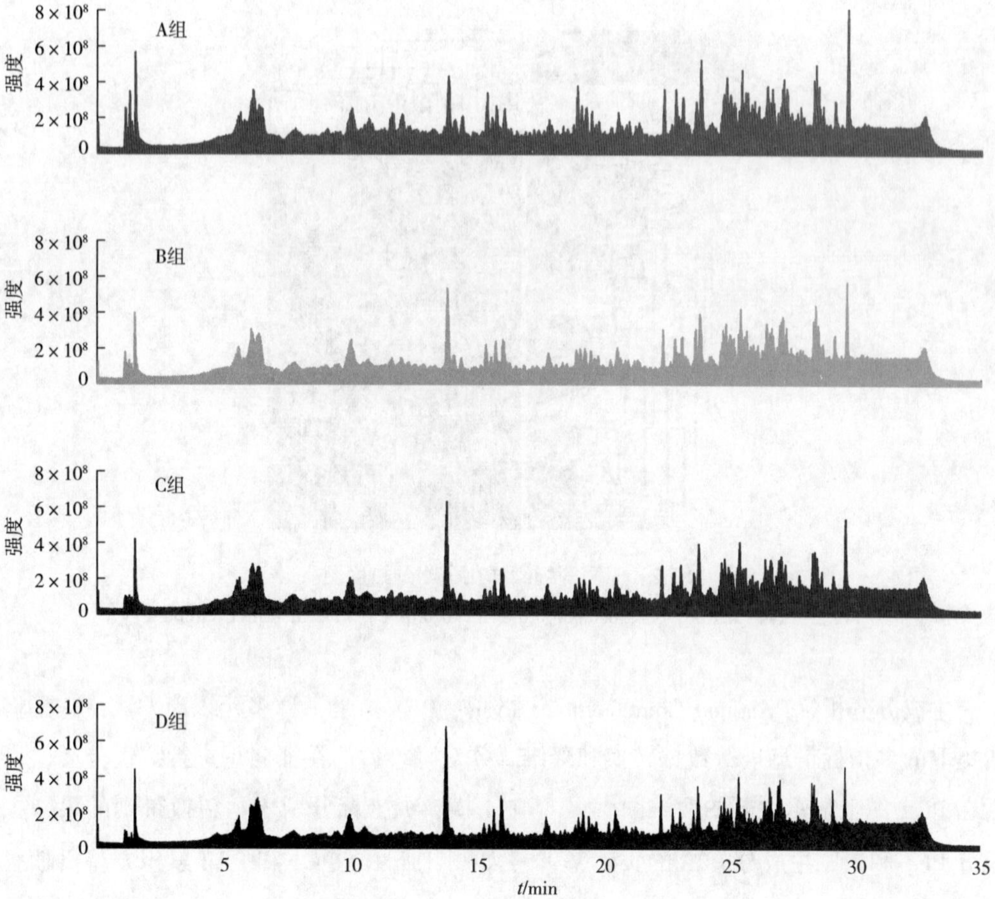


图 1　不同等级酒样总离子流图

Fig. 1　TIC of different grades of liquor samples

## 3.2　统计学分析

本研究以酒样中代表性化合物的丰度绘制不同等级酒样的聚类热图。其颜色深度的不同反映了酒样中化合物的丰度情况，色度卡从-5.2 到 0.2 再到 5.5 依次表示化合物的丰度逐次升高[11]。对于同一种化合物来说，丰度越高则含量越高。如图 2 所示，从总体角度可以看出 A 组在图中深色区域多，相反 D 组在图中浅色区域最多，说明不同组的化合物含量排序为：A 组>B 组>C 组>D 组。从聚类热图整体颜色深度判断可以将 A 组、B 组、C 组、D 组明显区分开，且分类结果与实际酒样信息基本符合。

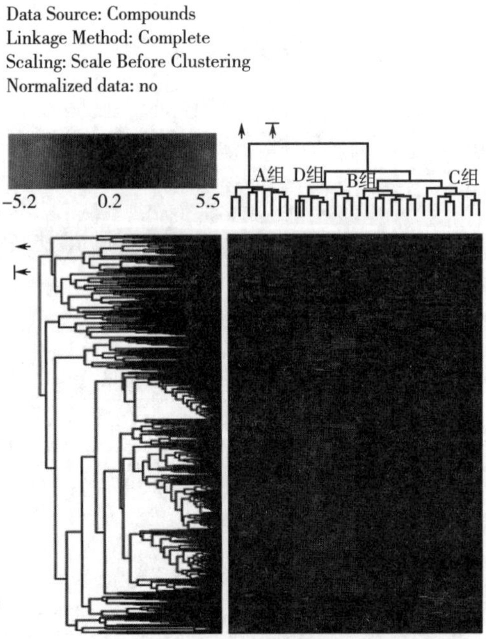


图 2　不同等级酒样化合物的热度图

Fig. 2　The heat analysis of compounds in different grades of liquor samples

主成分分析（Principal Component Analysis，PCA）是一种多元统计方法，它是将所提取的多指标信息进行数据转换和降维，并对降维后的特征向量进行线性分类，最后在 PCA 图上显示主要的两维图[15]。其中，横、纵坐标分别表示转换得到的第一主成分 PC1 和第二主成分 PC2 的贡献率[16]。如图 3 所示，PC1 和 PC2 累积方差贡献率之和为 71.7%，所提取的主成分包含了样品的绝大部分数据，说明该方法具有全面性和可靠性。第一主成分 PC1 贡献率高达 61.8%，不同组在横坐标轴上的距离越大，说明组间差异性越大。同一组样品虽在纵坐标方向上有一定的距离，但 PC2 对累积方差的贡献率仅有 9.9%，说明组内之间的实际差异较小。因此，A 组与 B 组的差异性最小，C 组其次，D 组的差异性最大，这与聚类分析结果和实际酒样信息基本符合。此外，该 PCA 模型同组样品集中在较小的范围，且不同组样品之间无重叠现象且相距较远，故有利于对未知等级酒样的有效区分。

### 3.3　特征离子的筛选

通过 Compound Discoverer 3.2 软件中的火山图，初步筛选不同等级酒样中含量表

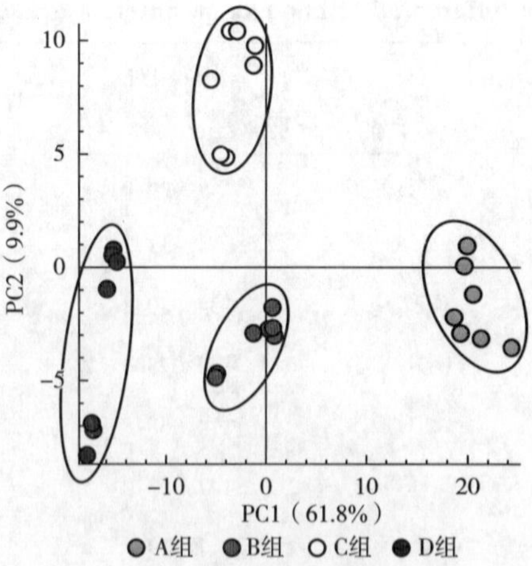


图 3　不同等级酒样 PCA 得分图

Fig. 3　Principal component analysis scores plot of different grades of liquor samples

达有明显差异的化合物。根据差异化合物的质谱数据与软件中数据库进行比对定性，确定其差异性化合物。结合 UPLC-HRMS 检测到的化合物均可呈现于火山图中（图 4），图 4 中靠近中间纵坐标轴的点代表各组样品均能检测到的离子，而越远离中间纵坐标轴的点是不同组样品差异性越大的化合物。以 $P<0.05$，Fold Change = 2 为条件进行筛选，与二级质谱数据库进行比对共定性出 13 种差异化合物，如表 4 所示。其中 L-异亮氨酸在 A 组酱香型习酒中有明显的高表达，而二十二碳六烯酸甲酯在 D 组酱香型习酒中有明显的高表达（图 5）。

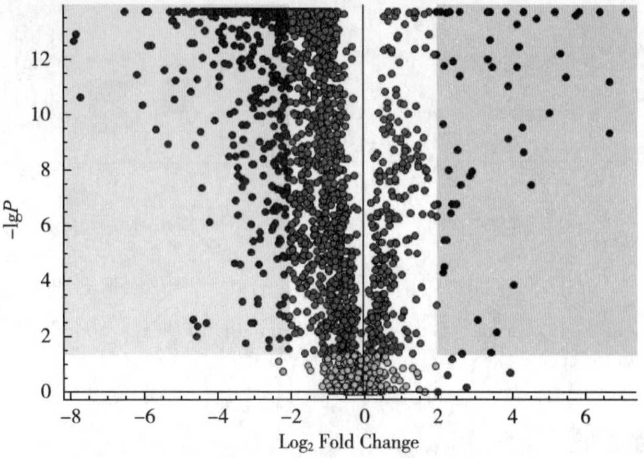


图 4　不同等级酒样的火山图

Fig. 4　The volcano plot of different grades of liquor samples

表 4　　不同等级酒样差异化合物信息

Table 4　Information of differential compounds in different grades of liquor samples

| 化合物 | 分子式 | 精确相对分子质量 | 保留时间/min | m/z Cloud 匹配得分 |
|---|---|---|---|---|
| L-异亮氨酸 | $C_6H_{13}NO_2$ | 114.06825 | 1.511 | 89.4 |
| DL-精氨酸 | $C_6H_{14}N_4O_2$ | 174.11172 | 1.257 | 87.0 |
| DL-苹果酸 | $C_4H_6O_5$ | 134.02048 | 1.444 | 90.0 |
| 乙酸丙酸乙酯 | $C_7H_{12}O_3$ | 144.07866 | 15.359 | 88.5 |
| 己内酯 | $C_6H_{10}O_2$ | 114.06848 | 20.502 | 91.9 |
| L-谷氨酸 | $C_5H_9NO_4$ | 147.05310 | 1.294 | 91.1 |
| 甜菜碱 | $C_5H_{11}NO_2$ | 117.07917 | 1.294 | 94.9 |
| 胆碱 | $C_5H_{13}NO$ | 103.10006 | 1.230 | 93.6 |
| 腺嘌呤 | $C_5H_5N_5$ | 135.05456 | 1.377 | 92.4 |
| 咖啡醇 | $C_{20}H_{28}O_3$ | 316.20131 | 25.481 | 96.8 |
| D-(+)-脯氨酸 | $C_5H_9NO_2$ | 115.06361 | 1.341 | 96.2 |
| D-肉碱 | $C_7H_{15}NO_3$ | 161.10522 | 1.262 | 97.4 |
| 二十二碳六烯酸甲酯 | $C_{23}H_{34}O_2$ | 348.26412 | 27.202 | 99.4 |

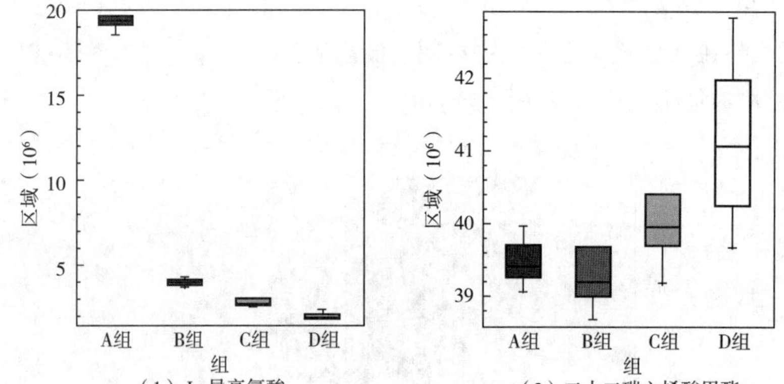

（1）L-异亮氨酸　　（2）二十二碳六烯酸甲酯

图 5　不同等级的酒样差异化合物的峰面积箱型图

Fig. 5　Peak area box diagrams of differential compounds in different grades of liquor samples

## 3.4　方法有效性验证

依据所建立的 PCA 模型对已通过感官品评定级的酒样进行盲样检测，如图 6 所示，盲样均匀分布在模型的对应区域。由此表明该 PCA 模型具有较好的预测效果，可实现对不同等级酒样进行质量定级。

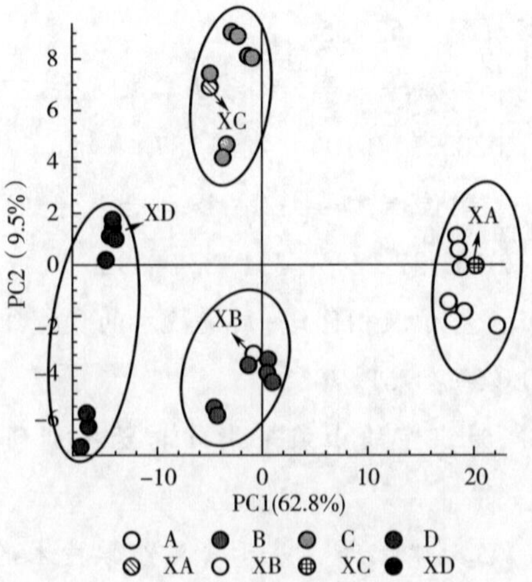


图6 不同等级酒样PCA模型预测结果

Fig. 6 PCA mode of prediction result different grades of liquor samples

## 4 讨论

本研究提出一种利用UPLC-HRMS结合非靶向代谢组学分析技术用于酱香型习酒质量等级的判别方法，该方法操作简单、分析速度快，且酒样无需预处理，最大程度地保留酒样中的化学成分。通过代谢组学技术中的聚类分析和主成分分析，可有效区分不同等级的酒样，同时通过谱图数据库比对可筛选出不同等级酒样中差异性化合物。此外，通过对已知样本的预判测试，表明所建立的PCA模型可有效用于不同等级酒样的判别分析。该研究为酱香型习酒质量等级判别提供了科学客观的数据支撑，有效降低了依据个人感官品评定级所引起的主观误差。

### 参考文献

[1] 唐平，山其木格，王丽，等．白酒风味化学研究方法及酱香型白酒风味化学研究进展［J］．食品科学，2020，41（17）：315-324.

[2] 袁晔，赵国敢，陈诚，等．原酒品评定级过程质量控制方法研究［J］．酿酒，2018，45（3）：29-32.

[3] 粟新峰．基于GC-QTOF MS技术的浓香型白酒原酒质量等级评价技术研究［D］．自贡：四川轻化工大学，2019.

[4] 洪泽淳，熊含鸿，李南，等．基于全二维气相色谱-飞行时间质谱对酱香型

白酒风味成分的研究 [J]. 酿酒科技, 2018 (4): 121-125.

[5] 朱玲, 蔡尽忠, 刘奔. 气相-离子迁移谱法对三种不同香型白酒的风味分析 [J]. 广东化工, 2020, 47 (5): 53-55.

[6] 魏泉增, 范江涛, 刘嘉玲, 等. 偏最小二乘方法在不同白酒香型判别分析中的应用 [J]. 中国酿造, 2020, 39 (10): 183-187.

[7] 熊月丰, 陈山乔, 陶佳佳, 等. LC-MS 结合代谢组学技术鉴定真假白酒的研究 [J]. 食品工业科技, 2016, 37 (9): 331-334+392.

[8] 赵春霞, 许国旺. 基于液相色谱-质谱技术的代谢组学分析方法新进展 [J]. 分析科学学报, 2014, 30 (5): 761-766.

[9] 俞邱豪. 基于代谢组学的小浆果果汁真伪鉴别研究 [D]. 杭州: 浙江大学, 2017.

[10] 刘嘉飞, 张静, 汪廷彩, 等. 基于食品组学技术的干邑白兰地真假鉴别研究 [J]. 食品安全质量检测学报, 2019, 10 (13): 4099-4104.

[11] 张宏蕊, 张九凯, 韩建勋, 等. 基于代谢组学技术的玛咖产地鉴别 [J]. 食品科学, 2019, 40 (20): 217-226.

[12] Li Z C, Lu Y, Guo Y F, et al. Comprehensive evaluation of untargeted metabolomics data processing software in feature detection, quantification and discriminating marker selection [J]. Analytica Chimica Acta, 2018, 1029: 50-57.

[13] 王喆, 曹倩雯, 韩娇, 等. 高分辨质谱及组学分析在小曲白酒风味成分差异鉴别上的应用 [J]. 酿酒科技, 2019 (3): 110-114+121.

[14] 田宏, 熊月丰, 包斌, 等. 基于 HS-SPME-GC-MS 代谢组学技术分析不同系列白酒特征性化合物 [J]. 现代食品科技, 2017, 33 (3): 317-322.

[15] 杜晋叶, 史畅, 马立娟, 等. 主成分分析研究白酒基酒香气成分 [J]. 中国酿造, 2020, 39 (7): 62-68.

[16] 孙宗保, 周轩, 吴建峰, 等. 基于超高效液相色谱-高分辨质谱的白酒基酒等级判别 [J]. 中国酿造, 2019, 38 (4): 42-46.

# 乙醇浓度对白酒中风味物质释放的影响规律研究

陆佳玲[1,2]，陈双[2]，徐岩[2]

（1. 宜宾五粮液股份有限公司，技术研究中心，四川宜宾　644007；

2. 江南大学生物工程学院酿造微生物与应用酶学研究室，江苏无锡　214122）

**摘　要：** 低度化已成为我国白酒行业发展的主要趋势，对白酒降度过程中风味组分释放规律解析是研究白酒风味轮廓变化的基础。本研究利用静态顶空气相-离子迁移谱仪（Static Headspace-gas Chromatography-ion Mobility Spectrometry，SHS-GC-IMS）分析了浓香型和酱香型白酒降度过程中风味组分挥发量的变化趋势。结果表明，浓香型白酒中检测出的34个化合物中24个发生显著变化，酱香型白酒中检测出的38个化合物中29个发生显著变化。同一香型酒样中不同的化合物具有不同的变化趋势，相同化合物在不同酒样中的变化趋势也不完全相同。降度过程中酒精度变化对香气化合物释放的影响大于其他物质浓度变化。在模拟酒样中探究乙醇对8个醇类、8个酯类化合物释放的影响，发现16个香气物质挥发量与酒精度均显著呈线性负相关。

**关键词：** 白酒；风味物质；乙醇；释放；静态顶空气相结合离子迁移谱

# Effect of Ethanol Concentration on the Release of Flavor Substances in *Baijiu*

LU Jialing[1,2], CHEN Shuang[2], XU Yan[2]

(1. Technology Research Center, Wuliangye Yibin Co., Ltd., Sichuan Yibin 644007, China;

2. Laboratory of Brewing Microbiology and Applied Enzymology, School of Biotechnology, Jiangnan University, Jiangsu Wuxi 214122, China)

**Abstract:** The low-alcohol is the major trend of Chinese *Baijiu* industry develop-

作者简介：陆佳玲，女，硕士，主要从事食品风味的研究工作。E-mail：lujialingptj@163.com。

通信作者：徐岩，男，博士，教授，主要从事酿造微生物学与应用酶学的研究。E-mail：yxu@jiangnan.edu.cn。

ment. The analysis of the changes of flavor components volatility during dilution is the basis for the research of aroma perception changes. Chinese strong-flavor *Baijiu* and sauce-flavor *Baijiu* were used as sample in this study. The changes of flavor substances volatility during dilution were analyzed by static headspace combined with ion mobility (SHS-GC-IMS). A total of 34 compounds were detected and there were 24 compounds having significant changes in Chinese strong-flavor *Baijiu*. While a total of 38 compounds were detected and there were 29 compounds having significant changes in Chinese sauce-flavor *Baijiu*. Besides, different compounds had different trends in the same flavor *Baijiu* and the same compound had different trends in the volatilization of different flavor *Baijiu* samples. The results of this paper indicated that the influence of alcohol content on the release of aroma compounds was greater than that of other substance concentration. The influence of ethanol on the volatility of the 8 alcohols and 8 esters was studied by SHS-GC-IMS. The result showed that the volatility of each compound was significantly negatively correlated with alcohol content.

**Key words**: *Baijiu*, Flavor substances, Ethanol, Release, Static headspace-gas chromatography-ion mobility spectrometry

## 1 前言

中国白酒是世界六大蒸馏酒之一，历史悠久，风味独特。近年来，随着市场需求变化和国家政策指引，白酒低度化逐渐成为白酒产业发展的主要趋势[1-4]。但低度白酒生产过程中，往往容易出现风味寡淡、失去原有产品风格等问题[5-6]。消费者对白酒的第一印象主要源自其香气轮廓，而香气被感知到的前提是，风味物质从溶液中释放出来。其中，风味物质的种类决定消费者感知到的香气属性，风味物质浓度大小将会影响到香气强弱[7]。因此，通过测定稀释酒样中各风味物质顶空浓度的变化，以表征降度对白酒中风味物质挥发的影响，有助于从香气释放的角度解析低度酒风味轮廓变化的成因。但目前对于白酒降度过程中风味物质释放变化规律的研究较少。

酒精饮料中的成分有乙醇、水、香气化合物和其他物质。乙醇作为酒精饮料中含量最高的香气成分，它对其他风味物质释放的影响也是国际关注的重要问题。大量研究表明，乙醇浓度降低会增加风味物质的挥发量[8-11]。但目前的研究主要集中在低酒精度领域，这主要是因为高乙醇浓度对分析仪器的高要求。高浓度乙醇会造成拖尾现象，还有固相微萃取方法的竞争吸附问题，使得某些芳香物质难以被检测或者检测结果不能准确反映该化合物在顶空中的浓度[12]。因此，静态顶空法（Static Headspace，SHS）相较于顶空固相微萃取更适合研究白酒中风味物质的释放规律。由于气相-离子迁移谱仪（Gas Chromatography-ion Mobility Spectrometry，GC-IMS）能对样品中的组分进行二次分离，且具有操作简便、响应快速、灵敏度高等特性，被广泛运用于食品风味分析[13]。为准确、快速探究乙醇对白酒中风味物质释放的影响，本文采用静态顶空气相-离子迁移谱仪（Static Headspace-gas Chromatography-ion Mobility Spectrometry，SHS-GC-IMS）进行研究。

本研究以浓香型白酒和酱香型白酒为例，采用HS-GC-IMS检测白酒降度前后风味物质挥发量的变化趋势，以及乙醇对风味物质释放的影响。试图通过白酒中风味物质释放规律研究，探究白酒降度过程中风味轮廓变化的成因。

## 2　材料与方法

### 2.1　材料与试剂

本研究选择具有代表性的浓香型（61.8% vol）、酱香型（53% vol）白酒样品各一个，分别记作N、J，购自品牌官方旗舰店。

色谱级乙醇（北京百灵威科技有限公司）；超纯水由Mili-Q纯水仪（美国Millipore公司）制备。

$C_4$~$C_9$直链酮（上海Sigma-Aldrich贸易有限公司）。

本实验使用的化合物标准品均为色谱级，均购自上海Sigma-Aldrich贸易有限公司或北京百灵威科技有限公司。

### 2.2　仪器与设备

静态顶空气相-离子迁移谱（SHS-GC-IMS）：TurboMatrix16自动进样器（美国Perkin Elmer公司）；GC-2010气相色谱（日本Shimadzu公司）；FlavourSpec®离子迁移谱模块（德国GAS公司）。

### 2.3　方法

#### 2.3.1　样品的制备

为模拟降度白酒的生产过程，将浓香型酒样N加超纯水稀释到50% vol、40% vol、30% vol、20% vol，分别记为N-50、N-40、N-30、N-20。此外，降度后，乙醇浓度以及其他物质浓度均发生变化，为保持其他物质浓度不变，从而进一步探索乙醇浓度对香气释放和感知的影响，另使用61.8% vol酒精水溶液稀释酒样N，稀释比例与N-30一致，记为N-30E。

酱香型样品制备与浓香型类似。将酱香型酒样J加超纯水稀释到40% vol、30% vol、20% vol，分别记为J-40、J-30、J-20；使用53% vol酒精水溶液稀释酒样J，稀释比例与J-30一致，记为J-30E。白酒样品信息如表1所示。

表 1　白酒样品信息

Table 1　The information of *Baijiu* samples

| 序号 | 编号 | 香型 | 酒精度/% vol | 其他物质浓度/% | 稀释液 |
|---|---|---|---|---|---|
| 1 | N | 浓香 | 61.8 | 61.8 | 无 |
| 2 | N-50 | 浓香 | 50.0 | 50.0 | 超纯水 |
| 3 | N-40 | 浓香 | 40.0 | 40.0 | 超纯水 |
| 4 | N-30 | 浓香 | 30.0 | 30.0 | 超纯水 |
| 5 | N-20 | 浓香 | 20.0 | 20.0 | 超纯水 |
| 6 | N-30E | 浓香 | 61.8 | 61.8 | 61.8% vol 酒精水溶液 |
| 7 | J | 酱香 | 53.0 | 53.0 | 无 |
| 8 | J-40 | 酱香 | 40.0 | 40.0 | 超纯水 |
| 9 | J-30 | 酱香 | 30.0 | 30.0 | 超纯水 |
| 10 | J-20 | 酱香 | 20.0 | 20.0 | 超纯水 |
| 11 | J-30E | 酱香 | 53.0 | 53.0 | 53% vol 酒精水溶液 |

本研究探究了在不同酒精度的酒精水溶液中（60% vol、50% vol、40% vol、30% vol、20% vol），两个系列的化合物挥发量的变化规律。两个系列的化合物分别是酯类（乙酸乙酯、丙酸乙酯、丁酸乙酯、戊酸乙酯、己酸乙酯、庚酸乙酯、辛酸乙酯、壬酸乙酯）和醇类（丙醇、丁醇、戊醇、己醇、2-丁醇、2-甲基丁醇、3-甲基丁醇、芳樟醇）。模拟液样品信息如表 2 所示。

表 2　模拟液样品信息

Table 2　The information of model system

| 序号 | 编号 | 酒精度/% vol | 化合物 | 化合物浓度/(mg/L) |
|---|---|---|---|---|
| 1 | Z-20 | 20 | 酯类化合物[a] | 10 |
| 2 | Z-30 | 30 | 酯类化合物 | 10 |
| 3 | Z-40 | 40 | 酯类化合物 | 10 |
| 4 | Z-50 | 50 | 酯类化合物 | 10 |
| 5 | Z-60 | 60 | 酯类化合物 | 10 |
| 6 | C-20 | 20 | 醇类化合物[b] | 10 |
| 7 | C-30 | 30 | 醇类化合物 | 10 |
| 8 | C-40 | 40 | 醇类化合物 | 10 |
| 9 | C-50 | 50 | 醇类化合物 | 10 |
| 10 | C-60 | 60 | 醇类化合物 | 10 |

注：a 酯类化合物包括：乙酸乙酯、丙酸乙酯、丁酸乙酯、戊酸乙酯、己酸乙酯、庚酸乙酯、辛酸乙酯、壬酸乙酯；

b 醇类化合物包括：丙醇、丁醇、戊醇、己醇、2-丁醇、2-甲基丁醇、3-甲基丁醇、芳樟醇。

2.3.2　SHS-GC-IMS 分析

仪器条件：将 1mL 样品置于 20mL 的气密瓶中，封上盖子在 25℃下静置 8h 以平衡。用 90℃的自动进样针吸取 100μL 顶部空间气体，气体经过 140℃的传输线到达 200℃ GC 进样口，随后进入 DB-FFAP 柱（60m×0.25mm×0.25μm）中，柱子初始温度为 40℃，保持 3min，以 4℃/min 升至 150℃，保持 5min，分流比为 5∶1。最后气体经过 150℃的连接处，到达 45℃的迁移管。利用 STANDALONE 软件收集数据。

化合物的定性与定量：在与样品相同的条件下，根据挥发性化合物的离子迁移谱和保留指数与纯标准品进行比较，以鉴定化合物。使用 $C_4 \sim C_9$ 直链酮混合物计算保留指数。除了与纯标准品的保留指数进行比较外，还将其与文献中报道的保留指数进行比较，最终确定目标化合物。使用 VOCal 软件计算每个目标化合物的峰体积，以峰体积的大小表征顶部空间化合物浓度。

2.3.3　数据分析

使用 Origin 2020b 软件作图，SPSS 软件进行相关性分析。

## 3　结果与分析

### 3.1　白酒稀释后风味物质挥发量的变化规律

为模拟白酒饮用的真实状态，酒样不经过稀释，直接在 25℃下静置平衡 8h。采用静态顶空法进样方式，避免顶空固相微萃取法因为高酒精度造成的竞争吸附现象而不能真实反映顶部空间化合物的真实含量比例问题[12]。利用 SHS-GC-IMS 测定稀释样品顶部空间中各风味组分的信号峰强度变化，表征风味组分在稀释过程中挥发量的变化[13]。

在浓香、酱香型酒样原样及其稀释样品中分别检测到 34、38 个化合物，其含量如附表 1、附表 2 所示。

在样品稀释过程中，酒精度与物质浓度均梯度下降，分别以酒精度和物质浓度为自变量，对检测到的香气化合物的变化进行单因素方差分析。如表 3 所示，浓香型酒样中，香气化合物随着酒精度改变发生显著变化的化合物有 24 个（占比 71%），随着物质浓度改变发生显著变化的化合物有 4 个（占比 12%）；酱香型中分别有 24 个（占比 63%）、12 个（占比 32%）。这表明，白酒降度前后，化合物的挥发量受酒精度变化的影响大于物质浓度。

如附表 1 所示，在用超纯水稀释过程中，不同的化合物挥发量会呈现出不同的变化趋势。

表 3　　单因素方差分析香气化合物信号峰强度显著变化的个数及百分数
Table 3　　ANOVA for aroma compounds

| 自变量 | 浓香 | | 酱香 | |
|---|---|---|---|---|
| | 个数 | 百分数/% | 个数 | 百分数/% |
| 物质浓度 | 4 | 12 | 12 | 32 |
| 酒精度 | 24 | 71 | 24 | 63 |

浓香型白酒加水稀释过程中（附表 1），共有 24 个化合物的顶空浓度具有显著变化。其中，2,6-二甲基吡嗪、二甲基硫的挥发量变化与酒精度变化呈显著正相关；戊醛、丁醛、2-甲基丁醇、异戊醛、己醛、异丁醛、2-甲基丁醛的挥发量与酒精度变化呈显著负相关。其余化合物的挥发量随着酒精度的上升呈现先上升后下降的趋势，己醇、丁酸乙酯、异戊酸乙酯、己酸乙酯、乙酸乙酯、戊酸乙酯、2-戊醇、丁醇、2-甲基丁酸乙酯、异丁酸乙酯在 30%vol 时达到最大值；丙酸乙酯、2-戊酮、乙酸异丁酯、乙酸异戊酯在 40%vol 时达到最大值；异丁醇在 50%vol 时达到最大值。

酱香型白酒加水稀释过程中（附表 2），共有 29 个化合物的顶空浓度具有显著变化。醋酸异丙酯、2,6-二甲基吡嗪、异丙醇、丙酮、乙醛的挥发量变化与酒精度变化呈显著正相关；戊醛、己醇、异戊醛、己醛、2-丁酮、2-甲基丁醛的挥发量与酒精度变化呈显著负相关。另有化合物的挥发量随着酒精度的上升呈现先上升后下降的趋势，其中，苯甲醛、辛醛、2-甲基丁醇、硫代丁酸甲酯、丁醇在 30%vol 时达到最大值；丙酸乙酯、丁酸乙酯、异戊酸乙酯、己酸乙酯、乙酸乙酯、1-烯-3-辛醇、2-甲基丁酸乙酯、异丁醇、仲丁醇、异丁酸乙酯在 40%vol 时达到最大值。丙烯醛的挥发量随着酒精度的上升呈现先下降后上升的趋势，在 30%vol 时达到最大值。戊醇、异丁醛的挥发量随着酒精度的上升呈下降趋势。

白酒降度过程中，各风味组分挥发量并不都呈现相同的变化趋势，这可能是白酒降度过程中各香气属性变化趋势各有区别的重要原因[14]。

如图 1 所示，两种香型白酒中，均检测出的化合物（具有显著变化）共有 17 个，包括丁醇、戊醛、异戊醛、2,6-二甲基吡嗪、己醛、丙酸乙酯、异丁醇、2-甲基丁醇、2-甲基丁醛、丁酸乙酯、异戊酸乙酯、己醇、己酸乙酯、乙酸乙酯、2-甲基丁酸乙酯、异丁醛、异丁酸乙酯。其中，丁醇、戊醛、异戊醛、2,6-二甲基吡嗪、己醛 5 个化合物在两种香型白酒中的变化趋势相同，丙酸乙酯、异丁醇、2-甲基丁醇、2-甲基丁醛、丁酸乙酯、异戊酸乙酯、己醇、己酸乙酯、乙酸乙酯、2-甲基丁酸乙酯、异丁醛、异丁酸乙酯 12 个化合物的变化趋势不同。不同的化合物在不同香型白酒的降度前后，其挥发量变化并不总是呈相同趋势。

白酒在稀释前后，各风味物质挥发量变化规律有所差异，相同风味物质在不同香

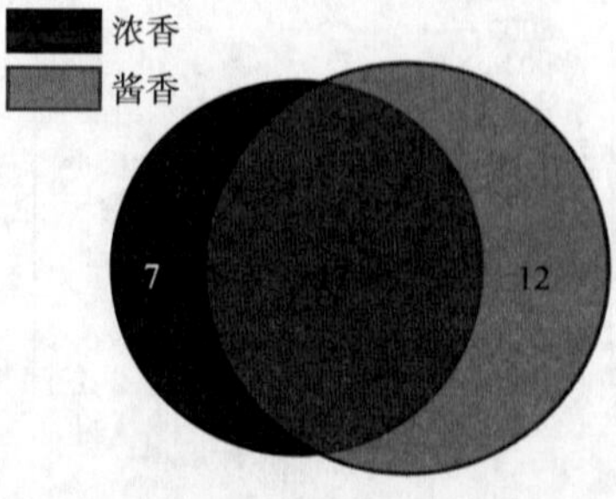


图 1　两种香型白酒中化合物分布韦恩图
Fig. 1　Venn diagram of compounds in 2 *Baijiu* samples

型酒样中的变化趋势也不完全相同。白酒中挥发性风味物质的释放不仅取决于溶液中挥发物的浓度，而且还受挥发性物质之间的相互作用、不挥发性物质以及酒精度的影响[11, 15]。酒样在被超纯水稀释过程中，酒精度和物质浓度均发生变化，根据单因素方差分析结果可知，酒精度对风味物质挥发量变化的影响大于物质浓度。因此，为探究风味物质挥发量变化规律成因，本实验进一步研究了酒精-水模拟体系中酒精度对风味物质挥发量的影响。

## 3.2　模拟体系中酒精度变化对化合物挥发量的影响

本研究检测了酒精度变化时，8 个乙酯类化合物（乙酸乙酯、丙酸乙酯、丁酸乙酯、戊酸乙酯、已酸乙酯、庚酸乙酯、辛酸乙酯、壬酸乙酯）和 8 个醇类化合物（丙醇、丁醇、2-甲基丁醇、3-甲基丁醇、戊醇、已醇、2-丁醇、芳樟醇）挥发量的变化。

在 20% vol、30% vol、40% vol、50% vol、60% vol 酒精水溶液中，8 个乙酯类化合物信号峰强度变化如附表 3 所示，线性拟合曲线如图 2 所示。乙酯类化合物的挥发量随着酒精度的升高而下降，除壬酸乙酯以外，其余 7 个化合物的信号峰强度变化与酒精度变化呈极显著负相关，$R^2 \geqslant 0.8$。壬酸乙酯的 $R^2$ 最低，仅为 0.53。与其余化合物不同的是，壬酸乙酯在 30% vol 酒精水溶液中的信号峰强度大于 20% vol 酒精水溶液。

8 个醇类化合物信号峰强度变化如附表 2 所示，各线性拟合曲线如图 3 所示。与乙酯类化合物挥发量变化趋势一致，醇类化合物的信号峰强度变化与酒精度变化呈显著负相关，$R^2 > 0.85$。

各风味物质挥发量变化受酒精度变化的影响程度不同，但 16 种风味物质的挥发量与酒精度均呈显著负相关。酒样在被水稀释过程中，酒精度的降低会增加化合物的挥发量，物质浓度的降低会减少物质的挥发量，两种效应的叠加最终使风味物质的挥发量发生变化[10, 16, 17]。不同风味物质由于其疏水性、极性、碳链长度等物理化学性

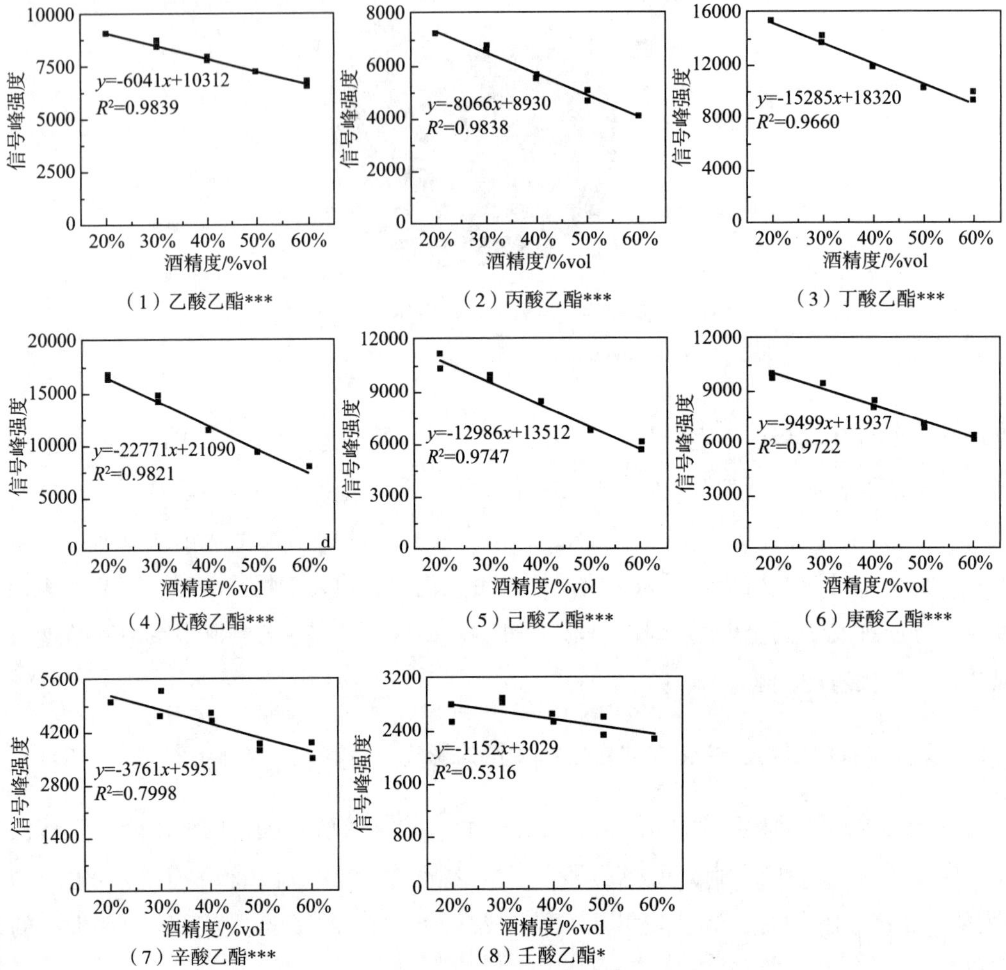


图 2　5 种乙醇溶液中乙酯类化合物挥发量变化散点图

Fig. 2　Scatter plots of volatility of ethyl esters in 5 concentration ethanol solutions

注：*，**，***分别代表 $P<0.05$，$P<0.01$，$P<0.001$。

质不同，受到两种效应的影响程度不同。因此，白酒稀释后，各风味物质挥发量变化趋势也各有区别[10, 18, 19]。而相同风味物质在不同香型酒样中挥发量呈现不一样的变化趋势，这可能与各香型酒样中其他成分有关，其成因需要进一步探索。

## 4　结论

本文使用 SHS-GC-IMS 分析降度稀释酒样中风味组分挥发量变化规律。浓香型、酱香型白酒中分别鉴定出 34、38 种风味组分，其中，具有显著变化的风味组分分别有 24、29 个。通过单因素方差分析可得，风味物质挥发量变化受酒精度的

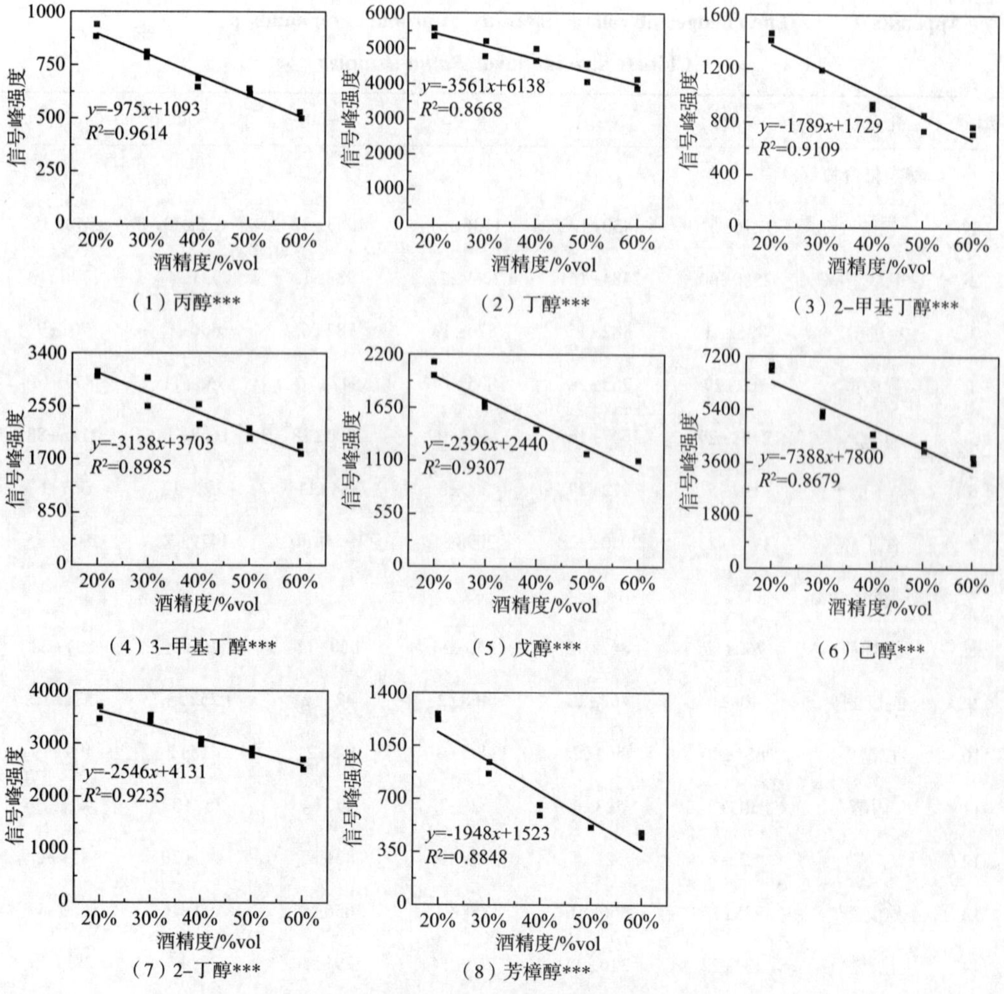


图 3　5 种乙醇溶液中醇类化合物挥发量变化散点图

Fig. 3　Scatter plots of volatility of alcohols in 5 concentration ethanol solutions

注：*，**，***分别代表 $P<0.05$，$P<0.01$，$P<0.001$。

影响大于物质浓度的影响。且相同化合物在不同香型酒样中挥发量的变化趋势并不总是相同的，因此，虽然风味物质挥发量的变化受酒精度的影响大于物质浓度，但白酒中的其他组分对风味物质挥发量变化也具有重要贡献，其作用机制需要进一步探索。

通过 SHS-GC-IMS 检测酒精水模拟体系中酒精度对风味物质挥发量的变化，以探究白酒降度过程中风味物质挥发量变化规律成因。研究表明，酒精度变化对白酒中各风味物质挥发量的影响较为一致，16 种风味物质的挥发量与酒精度均呈显著负相关。

附表 1　　浓香型酒样中香气化合物信号峰强度变化

Appendix 1　　The changes of voltage intensity of aroma compounds in Chinese strong-flavor *Baijiu* samples

| 编号 | 化合物 | N-20 | N-30 | N-40 | N-50 | N-30E | N |
|---|---|---|---|---|---|---|---|
| | **醇类化合物** | | | | | | |
| 1 | 己醇[b] | 1276±51 | 1430±132 | 1136±51 | 1053±32 | 822±13 | 940±35 |
| 2 | 2-甲基丁醇[b] | 2530±60 | 2484±161 | 2269±22 | 1988±12 | 1431±47 | 1730±13 |
| 3 | 2-戊醇[b] | 826±31 | 882±15 | 876±49 | 782±6 | 666±1 | 707±9 |
| 4 | 异丙醇 | 709±29 | 765±28 | 835±19 | 847±16 | 755±11 | 859±14 |
| 5 | 丁醇[b] | 2492±29 | 2647±169 | 2442±99 | 2290±28 | 1668±48 | 2115±88 |
| 6 | 异丁醇[ab] | 197±5 | 312±17 | 369±3 | 384±11 | 291±12 | 367±6 |
| 7 | 仲丁醇 | 1779±23 | 2050±128 | 2098±1 | 1959±30 | 1429±32 | 1914±85 |
| | **醛酮类化合物** | | | | | | |
| 8 | 丙烯醛 | 760±67 | 842±42 | 850±24 | 860±11 | 803±29 | 851±28 |
| 9 | 2-戊酮[b] | 408±0 | 462±13 | 468±2 | 423±6 | 252±3 | 381±12 |
| 10 | 戊醛[ab] | 651±10 | 564±2 | 493±6 | 435±21 | 415±2 | 409±19 |
| 11 | 丙醛 | 505±5 | 523±4 | 528±1 | 477±4 | 352±33 | 473±19 |
| 12 | 丁醛[b] | 522±6 | 527±8 | 459±9 | 436±3 | 445±20 | 413±2 |
| 13 | 异戊醛[b] | 935±21 | 866±16 | 758±7 | 656±8 | 502±16 | 550±1 |
| 14 | 己醛[ab] | 337±22 | 316±22 | 291±14 | 291±1 | 281±3 | 281±26 |
| 15 | 丙酮 | 740±18 | 899±9 | 999±16 | 1073±21 | 740±8 | 1140±4 |
| 16 | 异丁醛[b] | 1169±9 | 1209±12 | 1164±2 | 1064±10 | 678±12 | 944±20 |
| 17 | 2-丁酮 | 479±18 | 477±8 | 487±0 | 485±3 | 442±1 | 503±9 |
| 18 | 2-甲基丁醛[b] | 1289±0 | 1216±62 | 1007±7 | 802±4 | 447±31 | 587±3 |
| 19 | 糠醛 | 833±10 | 909±23 | 922±34 | 866±30 | 674±9 | 905±45 |
| | **酯类化合物** | | | | | | |
| 20 | 丙酸乙酯[b] | 2434±63 | 2802±83 | 2843±52 | 2766±2 | 2284±20 | 2631±38 |
| 21 | 丁酸乙酯[b] | 11045±23 | 12844±823 | 12027±55 | 11399±81 | 8146±393 | 10112±97 |
| 22 | 庚酸乙酯 | 995±48 | 1124±170 | 1088±9 | 1069±3 | 974±74 | 1049±65 |
| 23 | 醋酸异丙酯 | 234±28 | 311±24 | 359±2 | 389±16 | 274±20 | 404±3 |
| 24 | 异戊酸乙酯[b] | 392±6 | 563±119 | 507±12 | 484±9 | 299±10 | 378±19 |

续表

| 编号 | 化合物 | N-20 | N-30 | N-40 | N-50 | N-30E | N |
|---|---|---|---|---|---|---|---|
| 25 | 乙酸异丁酯[b] | 69±8 | 83±2 | 86±8 | 72±1 | 61±2 | 69±3 |
| 26 | 己酸乙酯[b] | 25191±203 | 36732±7737 | 34640±47 | 34672±74 | 24475±1011 | 30135±302 |
| 27 | 乙酸异戊酯[b] | 953±35 | 1098±224 | 1144±21 | 1004±57 | 779±22 | 894±12 |
| 28 | 乙酸乙酯[b] | 10380±51 | 10905±24 | 10829±20 | 10532±43 | 8698±57 | 10075±30 |
| 29 | 戊酸乙酯[b] | 5193±182 | 7018±1354 | 6407±48 | 6080±200 | 4287±36 | 5246±141 |
| 30 | 2-甲基丁酸乙酯[b] | 261±14 | 327±29 | 294±6 | 280±5 | 224±13 | 246±0 |
| 31 | 异丁酸乙酯[b] | 944±36 | 1180±136 | 1090±15 | 964±12 | 635±13 | 876±45 |
| | **其他化合物** | | | | | | |
| 32 | 2,6-二甲基吡嗪[b] | 2190±11 | 2467±146 | 2889±57 | 3108±35 | 2617±132 | 3271±39 |
| 33 | 二甲基硫[ab] | 272±8 | 336±22 | 368±11 | 389±11 | 348±5 | 395±8 |
| 34 | $\alpha$-蒎烯 | 675±8 | 708±28 | 715±43 | 708±34 | 510±21 | 663±1 |

注：a. 随着物质浓度变化其挥发量发生显著变化的化合物；b. 随着酒精度变化其挥发量发生显著变化的化合物（在 $\alpha$=0.05 时，Fisher 最小显著差异检验）。余同。

**附表 2　　酱香型酒样中香气化合物信号峰强度变化**

**Appendix 2　　The changes of voltage intensity of aroma compounds in Chinese sauce-flavor *Baijiu* samples**

| 编号 | 化合物 | J-20 | J-30 | J-40 | J-30E | J |
|---|---|---|---|---|---|---|
| | **醇类化合物** | | | | | |
| 1 | 己醇[b] | 218±9 | 213±10 | 163±11 | 126±13 | 141±7 |
| 2 | 2-甲基丁醇[b] | 3046±92 | 3063±29 | 2695±22 | 2114±7 | 2280±48 |
| 3 | 1-烯-3-辛醇[a] | 365±13 | 418±25 | 513±9 | 396±15 | 509±16 |
| 4 | 异丙醇[ab] | 338±5 | 395±28 | 441±18 | 464±20 | 465±5 |
| 5 | 丙醇 | 1305±4 | 1276±27 | 1201±13 | 1272±5 | 1320±86 |
| 6 | 丁醇[b] | 2760±16 | 2920±101 | 2754±5 | 1966±41 | 2398±29 |
| 7 | 戊醇[b] | 444±40 | 423±28 | 416±14 | 333±39 | 325±24 |
| 8 | 异丁醇[ab] | 362±11 | 549±5 | 685±28 | 538±2 | 664±19 |
| 9 | 仲丁醇[b] | 1202±28 | 1390±30 | 1518±40 | 1161±17 | 1375±12 |
| | **醛酮类化合物** | | | | | |
| 10 | 苯甲醛[b] | 585±26 | 603±33 | 585±16 | 489±21 | 528±5 |

续表

| 编号 | 化合物 | J-20 | J-30 | J-40 | J-30E | J |
|---|---|---|---|---|---|---|
| 11 | 丙烯醛[b] | 905±14 | 863±37 | 905±21 | 952±3 | 932±19 |
| 12 | 2-戊酮 | 261±10 | 295±2 | 287±10 | 183±11 | 267±33 |
| 13 | 戊醛[b] | 457±70 | 451±35 | 400±11 | 352±16 | 311±6 |
| 14 | 丙醛 | 875±8 | 969±12 | 996±35 | 675±23 | 880±40 |
| 15 | 丁醛 | 246±6 | 253±12 | 249±1 | 216±11 | 234±7 |
| 16 | 辛醛[b] | 236±4 | 279±26 | 252±6 | 173±16 | 205±15 |
| 17 | 异戊醛[ab] | 1140±1 | 981±13 | 881±3 | 800±10 | 774±11 |
| 18 | 己醛[ab] | 319±0 | 249±4 | 185±3 | 144±8 | 141±2 |
| 19 | 丙酮[a] | 1571±2 | 1783±8 | 1939±26 | 1684±14 | 2010±11 |
| 20 | 乙醛[ab] | 215±1 | 280±1 | 323±5 | 305±9 | 346±5 |
| 21 | 异丁醛[b] | 1224±14 | 1213±4 | 1198±13 | 896±10 | 1056±5 |
| 22 | 2-丁酮[b] | 958±11 | 956±30 | 881±5 | 792±21 | 824±11 |
| 23 | 2-甲基丁醛[b] | 2082±35 | 1845±41 | 1645±12 | 1120±14 | 1238±10 |
| 24 | 糠醛 | 3444±43 | 3788±2 | 3810±87 | 2771±5 | 3515±97 |
| | **酯类化合物** | | | | | |
| 25 | 丙酸乙酯[ab] | 2994±46 | 3343±34 | 3601±21 | 3180±19 | 3523±16 |
| 26 | 丁酸乙酯[b] | 5033±41 | 5509±95 | 5962±38 | 4542±38 | 5297±162 |
| 27 | 醋酸异丙酯[a] | 464±9 | 504±10 | 580±15 | 494±7 | 620±3 |
| 28 | 异戊酸乙酯[b] | 1395±7 | 1445±17 | 1584±0 | 970±20 | 1256±27 |
| 29 | 乙酸异丁酯 | 107±5 | 132±18 | 162±20 | 85±3 | 123±2 |
| 30 | 己酸乙酯[ab] | 1460±63 | 1833±10 | 2113±29 | 1416±4 | 1791±24 |
| 31 | 乙酸异戊酯 | 196±8 | 235±6 | 254±6 | 148±1 | 210±2 |
| 32 | 乙酸乙酯[a] | 9259±26 | 9842±11 | 10575±54 | 9190±60 | 10283±95 |
| 33 | 戊酸乙酯 | 775±3 | 915±12 | 953±6 | 653±20 | 836±18 |
| 34 | 2-甲基丁酸乙酯[b] | 933±3 | 972±3 | 1026±44 | 715±7 | 852±41 |
| 35 | 异丁酸乙酯[b] | 1797±2 | 2008±43 | 2235±14 | 1456±22 | 1865±20 |
| | **其他化合物** | | | | | |
| 36 | 2,6-二甲基吡嗪[a] | 1867±28 | 2309±75 | 2609±31 | 2206±39 | 2754±68 |
| 37 | 硫代丁酸甲酯[b] | 4240±4 | 4735±122 | 4379±214 | 3394±116 | 3819±11 |
| 38 | α-蒎烯 | 533±66 | 554±22 | 594±38 | 510±14 | 550±36 |

附表 3　　化合物在不同酒精度中的信号峰强度变化

Appendix 3　　The changes of voltage intensity of aroma compounds in different concentration ethanol

| No. | 化合物 | 信号峰强度 | | | | |
|---|---|---|---|---|---|---|
| | | 20% vol | 30% vol | 40% vol | 50% vol | 60% vol |
| | 乙酯类 | | | | | |
| 1 | 乙酸乙酯***[a] | 9027±41 | 8637±181 | 7853±72 | 7270±24 | 6689±108 |
| 2 | 丙酸乙酯*** | 7249±41 | 6670±115 | 5596±110 | 4904±283 | 74099±15 |
| 3 | 丁酸乙酯*** | 15375±64 | 13956±313 | 11881±130 | 10212±73 | 9605±388 |
| 4 | 戊酸乙酯*** | 16667±280 | 14538±391 | 11497±66 | 9312±67 | 7894±181 |
| 5 | 己酸乙酯*** | 10766±600 | 9801±122 | 8474±44 | 6745±46 | 5800±268 |
| 6 | 庚酸乙酯*** | 9841±77 | 9359±43 | 8231±252 | 6975±200 | 6283±101 |
| 7 | 辛酸乙酯*** | 5044±10 | 4985±478 | 4628±136 | 3838±93 | 3737±282 |
| 8 | 壬酸乙酯* | 2658±182 | 2846±52 | 2591±73 | 2480±205 | 2265±15 |
| | 醇类 | | | | | |
| 9 | 丙醇*** | 912±38 | 802±7 | 662±25 | 622±9 | 514±13 |
| 10 | 正丁醇*** | 5449±140 | 4986±278 | 4810±255 | 4324±340 | 4000±167 |
| 11 | 2-甲基丁醇*** | 1438±38 | 1181±3 | 919±11 | 793±88 | 737±44 |
| 12 | 3-甲基丁醇*** | 3072±35 | 2791±332 | 2428±237 | 2101±115 | 1848±92 |
| 13 | 戊醇*** | 2048±93 | 1681±22 | 1409±16 | 1160±3 | 1110±24 |
| 14 | 正己醇*** | 6802±113 | 5258±79 | 4369±269 | 4113±160 | 3681±120 |
| 15 | 2-丁醇*** | 3577±162 | 3477±74 | 3051±47 | 2837±84 | 2624±128 |
| 16 | 芳樟醇*** | 1236±25 | 899±54 | 620±47 | 505±7 | 459±18 |

注：a 对化合物信号峰强度变化与酒精度变化进行皮尔逊相关性分析；*，**，***分别代表 $P<0.05$，$P<0.01$，$P<0.001$。

## 参考文献

[1] 刘勇．谈低度化白酒发展现状 [J]. 酿酒，2020，47（3）：26-27.

[2] 孙西玉，梁邦昌．中国低度白酒的历史沿革与白酒发展趋势 [J]. 酿酒科技，2007（6）：73-76.

[3] 杨孟涵．低度酒技术，厚积薄发渐成主流 [N]. 华夏酒报，2018-12-11.

[4] 王延才．中国酒业协会第五届理事会第三次（扩大）会议 2015 年中国酒业工作报告 [J]. 酿酒，2016，43（3）：4-15.

[5] 张馨元，徐岩，王栋，等．优质低度与高度浓香型白酒挥发性风味组分差异特征解析 [J]. 食品与发酵工业，2020，46 (15)：66-71.

[6] 史路路，颜雪辉，吕梅，等．低度白酒生产方式的研究进展 [J]. 酿酒，2013，40 (2)：17-19.

[7] Ickes C M, Cadwallader K R. Effects of ethanol on flavor perception in alcoholic beverages [J]. Chemosensory Perception, 2017, 10 (4): 119-134.

[8] Alexandra Boelrijka W B, Maurits B, Harry Gruppenb F V, et al. The effect of co-solvent on the release of key flavours in alcoholic beverages; comparing *in vivo* with artificial mouth-MS nose measurements [C]. Century-weurman Flavour Research Symposium, 2003.

[9] Conner J M, Birkmyre L, Paterson A, et al. Headspace concentrations of ethyl esters at different alcoholic strengths [J]. Journal of the Science of Food and Agriculture, 1998, 77 (1): 121-126.

[10] Boothroyd E L, Linforth R S T, Cook D J. Effects of ethanol and long-chain ethyl ester concentrations on volatile partitioning in a whisky model system [J]. Journal of Agricultural and Food Chemistry, 2012, 60 (40): 9959-9966.

[11] Goldner M C, Zamora M C, Di Leo Lira P, et al. Effect of ethanol level in the perception of aroma attributes and the detection of volatile compounds in red wine [J]. Journal of Sensory Studies, 2009, 24 (2): 243-257.

[12] Hartmann P J, Mcnair H M, Zoecklein B W. Measurement of 3-alkyl-2-methoxypyrazine by headspace solid-phase microextraction in spiked model wines [J]. American Journal of Enology and Viticulture, 2002, 53 (4): 285-288.

[13] Wang S Q, Chen H T, Sun B G. Recent progress in food flavor analysis using gas chromatography-ion mobility spectrometry (GC-IMS) [J]. Food Chemistry, 2020, 315. doi: 10. 1016/j. foodchem. 2019. 126158.

[14] 陆佳玲，陈双，徐岩．清香型白酒降度过程中香气感知特征及风味组分挥发性变化规律 [J]. 食品与发酵工业，2021，47 (15)：36-42.

[15] Conner J M, Paterson A, Piggott J R. Agglomeration of ethyl-esters in model spirit solutions and malt whiskeys [J]. Journal of the Science of Food and Agriculture, 1994, 66 (1): 45-53.

[16] Petrozziello M, Asproudi A, Guaita M, et al. Influence of the matrix composition on the volatility and sensory perception of 4-ethylphenol and 4-ethylguaiacol in model wine solutions [J]. Food Chemistry, 2014, 149: 197-202.

[17] Villamor R R, Evans M A, Mattinson D S, et al. Effects of ethanol, tannin and

fructose on the headspace concentration and potential sensory significance of odorants in a model wine [J]. Food Research International, 2013, 50 (1): 38-45.

[18] Aznar M, Tsachaki M, Linforth R S T, et al. Headspace analysis of volatile organic compounds from ethanolic systems by direct APCI-MS [J]. International Journal of Mass Spectrometry, 2004, 239 (1): 17-25.

[19] Tsachaki M, Aznar M, Linforth R S T, et al. Dynamics of flavour release from ethanolic solutions [J]. Developments in Food Science, 2006, 43: 441-444.

# 不同质量等级贵州酱香型白酒风味物质特征差异分析

何菲，唐平华，王迁，苟怡，蒋洪久
（仁怀酱香白酒科研所，贵州仁怀　564500）

**摘　要**：为探究酱香型白酒风格特征与风味物质之间的关联性及其组分间的变化差异特征，实验采用气相色谱-质谱联用仪直接进样对25个特征明显的样品进行全谱段102种组分检测分析。结果表明，同企业样品物质含量的离散程度、变化趋势、物质香气特征等与风格特征有一定的联系，影响着质量等级间品质差异程度和个性特征；不同企业来源样品的整体风格特征受48种关键化合物的影响，多以醛酮类、多元醇、高级脂肪酸酯、苯环芳香类、呋喃类等化合物为主，对酒体的香气和口味产生了重要贡献或关联影响。

**关键词**：酱香型白酒；质量等级；风味物质；差异分析；偏最小二乘判别分析

# Analysis of Flavor Characteristics of Different Quality Grades of Guizhou Jiang-flavor *Baijiu*

HE Fei, TANG Pinghua, WANG Qian, GOU Yi, JIANG Hongjiu
(Renhuai Research Institute of Jiang-flavor *Baijiu*, Guizhou Renhuai 564500, China)

**Abstract**: In order to explore the correlation between Jiang-flavor *Baijiu* characteristics and flavor substances and the difference of characteristic changes among components, direct injection gas chromatography-mass spectrometry was used to detect and analyze 102 components in the full spectrum of 25 collected samples with obvious characteristics. The results showed that the discrete degree of substance content, the trend of change, and the aroma characteristics of substance had a certain relationship with the style characteristics, which affected the quality difference and personality characteristics among quality levels. The overall

基金项目：酱香型白酒工艺识别及产地溯源的研究｛遵市科合支撑GY〔2021〕1号｝。
作者简介：何菲，男，硕士，工程师，主要从事食品/酿酒工程的研究。E-mail：916002484@qq.com。

characteristics of the samples from different enterprises were influenced by 48 key compounds, most of which were aldehydes and ketones, polyhydric alcohols, higher fatty acid esters, benzene aromas, furans and other compounds, which made an important contribution or associated influence to the aroma and taste of *Baijiu* style.

**Key words**: Jiang-flavor *Baijiu*, Quality grade, Flavor components, Difference analysis, PLS-DA

## 1 前言

酱香型白酒是中国最初的四大香型白酒之一[1]，随着贵州酱香型白酒的发展与演变，逐渐形成了以贵州茅台酒、贵州习酒、贵州珍酒、贵州金沙酒、贵州贵酒等为代表的区域品牌[2]，其风格特点以“微黄或无色透明、酱香突出、幽雅细腻、醇厚丰满、回味悠长、空杯留香持久”为人们青睐[3]。酱香型白酒除了恰当比例的乙醇和水带来的醇香和刺激感外，其质量等级还受剩下2%微量成分的影响，主要包括色谱骨架成分、协调成分和复杂成分，决定了自身的香气和味道[4]。当前，利用色谱和光谱技术较多地诠释了白酒香味成分的真实组成特点[5-6]。

酱香型白酒基酒和成品酒分型定级一直是行业内研究的热点和难点，每届品酒师职业考试和培训更是把白酒的质量等级差作为考核和选拔的重点[7-8]。目前，以现有的国家标准和团体标准，多以食品安全指标和感官要求为主、理化指标（总酸、总酯、己酸乙酯等）为辅进行安全品质评价，而理化指标大多并未设置限值范围，导致难以对其准确定位评价[9-10]。文献[11-18]报道，多以独立企业样本为研究对象进行等级分类评价，建立多元统计模型提取关键性重要风味物质，但难以全面推广到同类企业中运用与实践。本研究以贵州酱香型白酒代表酒样为研究对象，采用直接进样法通过GC-MS（Gas Chromatograph-Mass Spectrometry）对不同企业来源品质差异酒样的102组风味物质进行定性和定量检测，统计分析同企业不同质量等级样品间物质含量特征变化规律，建立企业来源判别模型筛选关键香味物质，以期为贵州酱香型白酒的感官评价与品质提升计划提供理论依据。

## 2 材料与方法

### 2.1 材料与仪器

#### 2.1.1 仪器与设备

GC/MS-TQ 8040 三重四级杆气质联用仪（日本Shimadzu公司）；BS 244S 电子天平（感量：0.0001g，北京赛多利斯仪器系统有限公司）；Milli-QAA10 超纯水系统

(德国默克密理博公司)；10～100μL、100～1000μL、1～10mL 移液器［艾德本（中国）有限公司］。

2.1.2 试剂与药品

乙醇（色谱纯，德国默克股份联合公司）；105 种化合物定性和定量所用的物质(包含：叔戊醇、乙酸正戊酯、2-乙基丁酸 3 种内标物质)，均为色谱标准对照品(纯度≥99.0%)，均购自天津西玛科技有限公司。

2.1.3 实验样品

本研究所用的 25 个不同质量等级酱香型白酒样品，分别来自品酒师培训课程上五家企业提供的样品，按企业来源和质量等级（从高到低）依次编号为 MT-1、MT-2、MT-3、MT-4、MT-5，XJ-1、XJ-2、XJ-3、XJ-4、XJ-5，CN-1、CN-2、CN-3、CN-4、CN-5，ZJ-1、ZJ-2、ZJ-3、ZJ-4、ZJ-5，JS-1、JS-2、JS-3、JS-4、JS-5。

## 2.2 实验方法[19]

2.2.1 标准溶液配制与样品制备

称取 102 种标准对照品配制高浓度储备液，根据预实验酒样初测浓度，配制合适的 102 种组分混标溶液。同时取 10mL 102 种组分混标溶液和待测酒样，分别加入 0.2mL 的 1%（体积分数）的 3 种组分内标溶液，振荡混匀静置稳定后，用于 GC-MS 分析。

2.2.2 GC-MS 分析条件

气相色谱条件：SH-Rtx-Wax 色谱柱（30m×0.25mm×0.25μm)；进样口温度 220℃；载气为氦气（He，纯度≥99.999%)；载流模式为恒流；分流进样（分流比：30：1)；进样量 1μL；流速 1mL/min；升温程序：起始温度 30℃，保持 2min，以 3℃/min 升温至 180℃，再以 15℃/min 升温至 210℃，保持 8min。

质谱条件：电离方式为电子电离（Electron Ionization，EI）源；电离能量 70eV；离子源温度 240℃；接口温度 220℃；采集方式为选择离子扫描（Selective Ion Monitoring，SIM)。

2.2.3 定性定量方法

预先对实验室样本直接进样进行全谱库化合物检索并结合正构烷烃保留值确定采购的标准物质，配制合适浓度的混标溶液后，对加有内标组分的混合标样进行全扫描(Q3 Scan）得到总离子流色谱图（Total Ion Chromatogram，TIC)，利用总离子流色谱图和仪器配置的美国国家标准技术研究所（National Institute of Standards and Technology，NIST）17.lib 和 NIST17s.lib 逐一对各组分峰进行相似度检索识别，确定各组分的色谱峰保留时间、定量离子和定性参考离子，最后采用内标法定量计算出分析样品各组分浓度含量。

### 2.3　数据分析

数据采用 SIMCA 14.1 进行偏最小二乘判别分析（Partial Least Squares Discrimination Analysis，PLS-DA），利用 Microsoft Excel 2010 软件进行描述统计和数值离散程度（变异系数）分析，利用 IBM SPSS Statistics 25.0 软件进行单因素方差分析（One-way Analysis of Variance，ANOVA）。

## 3　结果与分析

### 3.1　酱香型白酒风味物质 GC-MS 分析结果

根据 2.2 实验方法测定 25 个来自五家企业的五个质量等级的 102 种组分风味物质，包括醛酮类化合物 23 种，醇类化合物 23 种，酸类化合物 11 种，酯类化合物 42 种，苯环类化合物 9 种，呋喃类化合物 6 种，统计结果详见表 1（由于实验样本数据量较大，本研究仅列出 25 个研究样品各组分浓度的平均值、最大值、最小值和中位数）。

25 个样本数据的平均值中浓度≥100mg/L 的物质从高到低依次为正丙醇、乙酸、乙酸乙酯、乳酸乙酸、乙缩醛、乙醛、3-甲基丁醇、甲醇和仲丁醇 9 种，100mg/L>浓度≥10mg/L 的物质依次为异丁醇、糠醛、1，2-丙二醇、丙酸、丁酸乙酯、丙酸乙酯、甲酸乙酯、2,3-丁二醇（左消旋）、甲酸、3-甲基丁醛、2-甲基丁醇、正丁醇、丁酸、1-甲氧基-2-丙醇、2,3-丁二醇（内消旋）、已酸乙酯、2-糠醛二乙基乙缩醛、1，1-二乙氧基-3-甲基丁烷、乙酸丙酯、丙酮、异丁酸、已酸、乙偶姻、异戊酸、异丁酸乙酯、糠醇、2-甲基丁醛、亚油酸乙酯、棕榈酸乙酯、异丁醛、$\beta$-苯乙醇、1，1-二乙氧基-2-甲基丙烷、3-甲基丁酸乙酯和 DL-白氨酸乙酯 34 种；10mg/L>浓度≥1mg/L 的物质依次为戊酸乙酯、苯乙酸乙酯、二乙氧基甲烷、1，1-二乙氧基-2-甲基丁烷、正丙醛、正已醇、油酸乙酯、戊酸、苯甲醛、正戊醇、2-甲基丁酸乙酯、1，3-丙二醇、3-甲基乙酸丁酯、乙腈、丁二酸二乙酯、2-戊酮、丙酸丙酯、丙酮醇、苯乙醛、乙酸苯乙酯、仲戊醇、月桂酸、丙酮酸乙酯、双乙酰、5-甲基呋喃甲醛、乙酰丙酸乙酯、庚酸乙酯、乙酸异戊酯、1,1,3-三乙氧基丙烷、辛酸和乙酸丁酯 31 种；浓度<1mg/L 的物质依次为 2-乙酰基呋喃、3-乙氧基-1-丙醇、辛酸乙酯、苯甲醇、豆蔻酸乙酯、2-乙酰基-2-呋喃甲醛、苯丙酸乙酯、庚酸、3-甲基-3-丁烯-1-醇、癸酸乙酯、(2,2-二乙氧基乙基)-苯、乳酸甲酯、棕榈油酸乙酯、2-甲基乙酸丁酯、2-羟基丁酸乙酯、正庚醇、乙酸仲丁酯、正辛醇、丁酸丁酯、已酸丙酯、4-乙氧基-2-丁酮、硬脂酸乙酯、十五酸乙酯、月桂酸乙酯、乳酸丁酯、壬酸乙酯、苯酚和已酸丁酯 28 种。

表 1　　风味物质含量 GC-MS 分析结果　　单位：mg/L，$n=25$

Table 1　　Results of flavor components contents analysis by GC-MS

unit：mg/L，$n=25$

| 峰序 | 化合物名称 | 保留时间/min | 平均值 | 最大值 | 最小值 | 中位数 |
|---|---|---|---|---|---|---|
| 1 | 乙醛 | 1.920 | 412.61 | 988.92 | 210.81 | 298.68 |
| 2 | 正丙醛 | 2.405 | 7.59 | 17.37 | 2.83 | 5.55 |
| 3 | 异丁醛 | 2.580 | 13.52 | 29.84 | 5.08 | 10.89 |
| 4 | 丙酮 | 2.605 | 20.49 | 34.28 | 9.25 | 18.91 |
| 5 | 甲酸乙酯 | 2.755 | 55.82 | 177.72 | 19.76 | 33.43 |
| 6 | 二乙氧基甲烷 | 3.085 | 7.97 | 34.54 | 1.66 | 4.53 |
| 7 | 乙酸乙酯 | 3.615 | 1492.42 | 2928.61 | 865.67 | 1296.21 |
| 8 | 乙缩醛 | 3.735 | 591.44 | 1412.20 | 274.02 | 410.28 |
| 9 | 甲醇 | 3.800 | 134.63 | 174.94 | 91.03 | 130.09 |
| 10 | 2-甲基丁醛 | 4.035 | 15.57 | 35.08 | 6.49 | 13.66 |
| 11 | 3-甲基丁醛 | 4.155 | 53.06 | 118.89 | 22.29 | 47.99 |
| 12 | 丙酸乙酯 | 5.485 | 59.31 | 155.51 | 17.38 | 37.96 |
| 13 | 异丁酸乙酯 | 5.765 | 15.98 | 41.97 | 7.50 | 13.78 |
| 14 | 2-戊酮 | 5.910 | 2.36 | 5.13 | 0.63 | 1.82 |
| 15 | 乙酸丙酯 | 5.995 | 24.57 | 82.45 | 5.06 | 16.01 |
| 16 | 双乙酰 | 6.125 | 1.34 | 3.66 | 0.08 | 0.77 |
| 17 | 1，1-二乙氧基-2-甲基丙烷 | 6.195 | 11.83 | 27.48 | 3.92 | 10.42 |
| 18 | 乙酸仲丁酯 | 6.440 | 0.51 | 1.44 | 0.07 | 0.41 |
| 19 | 乙腈 | 6.780 | 2.55 | 7.01 | 0.54 | 2.00 |
| 20 | 乙酸异丁酯 | 7.390 | 1.21 | 1.71 | 0.55 | 1.22 |
| 21 | 仲丁醇 | 7.960 | 118.57 | 372.89 | 31.34 | 87.05 |
| 22 | 丁酸乙酯 | 8.325 | 59.42 | 137.71 | 16.12 | 44.07 |
| 23 | 正丙醇 | 8.480 | 2220.91 | 6799.54 | 684.91 | 1679.40 |
| 24 | 丙酸丙酯 | 8.675 | 2.11 | 11.39 | 0.27 | 1.06 |
| 25 | 2-甲基丁酸乙酯 | 9.010 | 4.94 | 14.65 | 2.05 | 4.11 |
| 26 | 3-甲基丁酸乙酯 | 9.690 | 11.73 | 36.30 | 5.04 | 10.19 |
| 27 | 乙酸丁酯 | 9.830 | 1.03 | 2.32 | 0.41 | 0.78 |
| 28 | 1，1-二乙氧基-2-甲基丁烷 | 10.010 | 7.79 | 18.06 | 2.99 | 6.82 |
| 29 | 1，1-二乙氧基-3-甲基丁烷 | 10.220 | 26.53 | 60.37 | 10.64 | 24.31 |

续表

| 峰序 | 化合物名称 | 保留时间/min | 平均值 | 最大值 | 最小值 | 中位数 |
|---|---|---|---|---|---|---|
| 30 | 异丁醇 | 11.305 | 97.25 | 122.09 | 49.01 | 104.82 |
| 31 | 2-甲基乙酸丁酯 | 11.925 | 0.58 | 0.74 | 0.32 | 0.60 |
| 32 | 3-甲基乙酸丁酯 | 11.995 | 2.93 | 5.06 | 1.51 | 2.92 |
| 33 | 仲戊醇 | 12.505 | 1.65 | 3.57 | 0.44 | 1.29 |
| 34 | 戊酸乙酯 | 12.585 | 9.36 | 18.38 | 1.27 | 7.33 |
| 35 | 正丁醇 | 13.470 | 50.81 | 90.54 | 25.98 | 47.12 |
| 36 | 1-甲氧基-2-丙醇 | 15.615 | 46.27 | 89.45 | 20.99 | 34.27 |
| 37 | 2-甲基丁醇 | 16.285 | 51.79 | 71.05 | 25.31 | 53.01 |
| 38 | 3-甲基丁醇 | 16.335 | 169.50 | 231.66 | 80.75 | 173.52 |
| 39 | 丁酸丁酯 | 16.595 | 0.42 | 1.22 | 0.08 | 0.21 |
| 40 | 己酸乙酯 | 17.360 | 30.12 | 67.37 | 2.53 | 21.64 |
| 41 | 3-甲基-3-丁烯-1-醇 | 18.060 | 0.78 | 1.24 | 0.30 | 0.88 |
| 42 | 正戊醇 | 18.295 | 5.14 | 6.92 | 3.61 | 5.00 |
| 43 | 4-乙氧基-2-丁酮 | 18.405 | 0.40 | 0.64 | 0.21 | 0.38 |
| 44 | 丙酮酸乙酯 | 18.985 | 1.35 | 3.06 | 0.56 | 1.01 |
| 45 | 乙偶姻 | 19.310 | 17.40 | 32.63 | 6.76 | 16.74 |
| 46 | 丙酮醇 | 19.920 | 2.00 | 3.06 | 1.28 | 1.86 |
| 47 | 1,1,3-三乙氧基丙烷 | 20.895 | 1.19 | 1.77 | 0.88 | 1.10 |
| 48 | 乳酸甲酯 | 21.165 | 0.65 | 0.97 | 0.32 | 0.71 |
| 49 | 己酸丙酯 | 21.335 | 0.42 | 1.64 | 未检出 | 0.33 |
| 50 | 庚酸乙酯 | 22.020 | 1.30 | 4.06 | 0.09 | 0.64 |
| 51 | 乳酸乙酯 | 22.345 | 634.61 | 983.27 | 426.87 | 601.46 |
| 52 | 正己醇 | 22.965 | 7.52 | 13.94 | 2.43 | 7.79 |
| 53 | 3-乙氧基-1-丙醇 | 23.740 | 0.91 | 1.71 | 0.52 | 0.86 |
| 54 | 2-羟基丁酸乙酯 | 25.015 | 0.58 | 1.14 | 0.40 | 0.54 |
| 55 | 己酸丁酯 | 25.550 | 0.19 | 0.42 | 0.06 | 0.14 |
| 56 | 辛酸乙酯 | 26.515 | 0.91 | 2.27 | 0.31 | 0.58 |
| 57 | 乙酸 | 26.700 | 2136.26 | 3034.73 | 1629.71 | 2024.22 |
| 58 | 糠醛 | 27.300 | 81.91 | 156.63 | 28.81 | 80.26 |
| 59 | 正庚醇 | 27.420 | 0.57 | 1.09 | 0.22 | 0.50 |
| 60 | 2-糠醛二乙基乙缩醛 | 27.585 | 26.66 | 60.53 | 9.92 | 24.27 |

续表

| 峰序 | 化合物名称 | 保留时间/min | 平均值 | 最大值 | 最小值 | 中位数 |
|---|---|---|---|---|---|---|
| 61 | 2-乙酰基呋喃 | 28. 945 | 0. 99 | 1. 41 | 0. 64 | 0. 95 |
| 62 | 甲酸 | 29. 350 | 53. 32 | 195. 73 | 14. 52 | 32. 91 |
| 63 | 苯甲醛 | 29. 490 | 5. 19 | 9. 34 | 2. 04 | 4. 92 |
| 64 | 乳酸丁酯 | 29. 970 | 0. 27 | 0. 72 | 0. 14 | 0. 20 |
| 65 | 丙酸 | 30. 495 | 67. 50 | 144. 08 | 24. 55 | 45. 36 |
| 66 | 2,3-丁二醇（左消旋） | 30. 655 | 53. 57 | 71. 38 | 39. 19 | 52. 42 |
| 67 | 壬酸乙酯 | 30. 780 | 0. 23 | 0. 55 | 0. 11 | 0. 16 |
| 68 | DL-白氨酸乙酯 | 30. 940 | 11. 08 | 18. 51 | 6. 93 | 10. 89 |
| 69 | 正辛醇 | 31. 665 | 0. 45 | 0. 82 | 0. 21 | 0. 40 |
| 70 | 5-甲基呋喃甲醛 | 31. 665 | 1. 34 | 2. 62 | 0. 46 | 1. 25 |
| 71 | 异丁酸 | 31. 775 | 18. 32 | 25. 60 | 13. 72 | 18. 93 |
| 72 | 2,3-丁二醇（内消旋） | 32. 165 | 43. 17 | 67. 20 | 21. 76 | 42. 89 |
| 73 | 1，2-丙二醇 | 32. 645 | 68. 67 | 115. 42 | 37. 30 | 65. 01 |
| 74 | 2-乙酰基-2-呋喃甲醛 | 33. 285 | 0. 84 | 1. 31 | 0. 60 | 0. 79 |
| 75 | 乙酰丙酸乙酯 | 33. 775 | 1. 31 | 1. 99 | 0. 85 | 1. 29 |
| 76 | 丁酸 | 34. 095 | 48. 26 | 106. 06 | 13. 81 | 43. 81 |
| 77 | 苯乙醛 | 34. 270 | 1. 91 | 3. 60 | 0. 37 | 1. 87 |
| 78 | 癸酸乙酯 | 34. 850 | 0. 68 | 1. 44 | 0. 26 | 0. 59 |
| 79 | 糠醇 | 35. 430 | 15. 66 | 29. 31 | 2. 63 | 14. 39 |
| 80 | 异戊酸 | 35. 745 | 16. 55 | 23. 97 | 9. 93 | 15. 87 |
| 81 | 丁二酸二乙酯 | 36. 145 | 2. 46 | 3. 89 | 1. 37 | 2. 54 |
| 82 | (2,2-二乙氧基乙基)-苯 | 37. 620 | 0. 67 | 1. 35 | 0. 14 | 0. 65 |
| 83 | 戊酸 | 38. 275 | 5. 45 | 10. 94 | 0. 66 | 5. 01 |
| 84 | 1，3-丙二醇 | 39. 785 | 4. 06 | 7. 61 | 0. 97 | 3. 95 |
| 85 | 苯乙酸乙酯 | 39. 940 | 8. 00 | 14. 16 | 3. 63 | 7. 96 |
| 86 | 乙酸苯乙酯 | 40. 940 | 1. 71 | 4. 90 | 0. 41 | 1. 55 |
| 87 | 己酸 | 42. 165 | 18. 04 | 37. 21 | 1. 27 | 14. 80 |
| 88 | 月桂酸乙酯 | 42. 405 | 0. 31 | 0. 60 | 0. 09 | 0. 32 |
| 89 | 苯甲醇 | 43. 020 | 0. 91 | 1. 16 | 0. 67 | 0. 89 |
| 90 | 苯丙酸乙酯 | 43. 370 | 0. 84 | 1. 79 | 0. 36 | 0. 71 |
| 91 | $\beta$-苯乙醇 | 44. 180 | 13. 06 | 16. 04 | 10. 17 | 12. 74 |

续表

| 峰序 | 化合物名称 | 保留时间/min | 平均值 | 最大值 | 最小值 | 中位数 |
|---|---|---|---|---|---|---|
| 92 | 庚酸 | 45.860 | 0.84 | 2.00 | 0.09 | 0.52 |
| 93 | 苯酚 | 47.350 | 0.23 | 0.36 | 0.16 | 0.23 |
| 94 | 豆蔻酸乙酯 | 49.315 | 0.90 | 1.41 | 0.19 | 1.02 |
| 95 | 辛酸 | 49.375 | 1.13 | 2.38 | 0.52 | 0.89 |
| 96 | 十五酸乙酯 | 52.555 | 0.34 | 0.58 | 未检出 | 0.38 |
| 97 | 棕榈酸乙酯 | 55.590 | 14.40 | 27.22 | 0.63 | 14.04 |
| 98 | 棕榈油酸乙酯 | 56.100 | 0.59 | 1.20 | 未检出 | 0.59 |
| 99 | 硬脂酸乙酯 | 59.240 | 0.38 | 0.99 | 未检出 | 0.28 |
| 100 | 月桂酸 | 59.535 | 1.42 | 2.44 | 未检出 | 1.49 |
| 101 | 油酸乙酯 | 59.570 | 6.70 | 11.84 | 0.35 | 7.49 |
| 102 | 亚油酸乙酯 | 60.515 | 14.71 | 28.33 | 0.84 | 15.76 |

## 3.2　同企业不同等级样品风味物质特征差异比较

由于5个梯度质量等级的酒样来自5家不同生产企业，生产酿造技艺和地域环境气候存在一定的差异，不同企业同一标注等级酒体感官风格特征存在显著差异，且质量等级区分程度强弱存在明显的差异，故本节仅对同一企业来源的各质量等级酒样风味含量进行差异比较分析。实验分别统计各企业不同质量等级样品物质浓度的离散程度，如表2所示；物质浓度含量≥0.10mg/L，且变异系数（CV）≥40%的化合物如表3至表7所示；另外，浓度含量存在递增或递减趋势的化合物也对其做了补充添加（CV≥30%）。

**表2　　样品风味物质浓度离散程度变化范围数量**

**Table 2　　The number of variation ranges of flavor components concentration dispersion degree of samples**

| 企业 | CV（物质数量） | | | |
|---|---|---|---|---|
| | ≥20% | ≥30% | ≥40% | ≥50% |
| MT | 29 | 12 | 10 | 7 |
| XJ | 74 | 51 | 26 | 19 |
| CN | 38 | 24 | 13 | 5 |
| ZJ | 31 | 14 | 8 | 0 |
| JS | 49 | 25 | 16 | 10 |

**表 3　MT 企业不同质量等级样品风味物质浓度　单位：mg/L**

**Table 3　Concentrations of flavor substances in samples of different quality grades from MT enterprise　unit：mg/L**

| 排序 | 化合物名称 | MT-1 | MT-2 | MT-3 | MT-4 | MT-5 | CV/% |
|---|---|---|---|---|---|---|---|
| 1 | 己酸 | 7.36 | 2.25 | 2.45 | 1.51 | 1.27 | 84.26 |
| 2 | 己酸乙酯 | 10.84 | 4.26 | 3.98 | 3.40 | 2.53 | 66.57 |
| 3 | 庚酸乙酯 | 0.36 | 0.16 | 0.15 | 0.12 | 0.09 | 62.18 |
| 4 | 双乙酰 | 1.21 | 0.67 | 2.03 | 3.66 | 3.53 | 60.54 |
| 5 | 戊酸 | 2.17 | 0.95 | 0.87 | 0.66 | 0.67 | 59.31 |
| 6 | 庚酸 | 0.27 | 0.12 | 0.11 | 0.09 | 0.09 | 56.79 |
| 7 | 戊酸乙酯 | 3.79 | 1.91 | 1.88 | 1.58 | 1.27 | 47.24 |
| 8 | 苯乙醛 | 2.30 | 1.96 | 2.15 | 2.57 | 0.37 | 46.27 |
| 9 | (2,2-二乙氧基乙基)-苯 | 0.76 | 0.77 | 0.83 | 0.87 | 0.14 | 44.57 |

**表 4　XJ 企业不同质量等级样品风味物质浓度　单位：mg/L**

**Table 4　Concentrations of flavor substances in samples of different quality grades from XJ enterprise　unit：mg/L**

| 排序 | 化合物名称 | XJ-1 | XJ-2 | XJ-3 | XJ-4 | XJ-5 | CV/% |
|---|---|---|---|---|---|---|---|
| 1 | 丙酸丙酯 | 6.39 | 0.35 | 0.31 | 3.19 | 5.21 | 89.52 |
| 2 | 乙酸丙酯 | 57.70 | 11.87 | 5.06 | 29.46 | 82.45 | 86.87 |
| 3 | 乙酸仲丁酯 | 1.04 | 0.19 | 0.14 | 0.56 | 1.38 | 81.77 |
| 4 | 油酸乙酯 | 2.51 | 0.58 | 0.35 | 1.46 | 3.32 | 76.70 |
| 5 | 棕榈酸乙酯 | 4.11 | 1.03 | 0.63 | 2.44 | 5.51 | 75.08 |
| 6 | 亚油酸乙酯 | 5.54 | 1.51 | 0.84 | 3.33 | 7.31 | 73.27 |
| 7 | 正丙醇 | 5508.96 | 1588.44 | 684.91 | 3062.75 | 6799.54 | 73.20 |
| 8 | 仲丁醇 | 233.47 | 80.62 | 36.08 | 128.29 | 287.73 | 68.56 |
| 9 | 丙酸乙酯 | 74.16 | 21.54 | 23.62 | 45.07 | 94.54 | 61.69 |
| 10 | 丙酸 | 117.94 | 28.99 | 43.45 | 83.34 | 144.08 | 58.11 |
| 11 | 己酸丙酯 | 0.52 | 0.18 | 0.16 | 0.34 | 0.64 | 57.37 |
| 12 | 2-戊酮 | 1.91 | 2.31 | 0.64 | 0.63 | 1.39 | 54.61 |
| 13 | 乙酸苯乙酯 | 0.79 | 0.94 | 2.44 | 2.29 | 1.06 | 52.54 |
| 14 | 正丙醛 | 10.29 | 5.55 | 2.83 | 5.17 | 11.48 | 51.85 |
| 15 | 二乙氧基甲烷 | 6.01 | 6.61 | 2.35 | 2.03 | 4.53 | 48.26 |
| 16 | 乙腈 | 1.61 | 1.64 | 0.54 | 0.59 | 1.45 | 47.73 |
| 17 | 己酸丁酯 | 0.13 | 0.19 | 0.06 | 0.10 | 0.10 | 44.02 |

续表

| 排序 | 化合物名称 | XJ-1 | XJ-2 | XJ-3 | XJ-4 | XJ-5 | CV/% |
|---|---|---|---|---|---|---|---|
| 18 | 正己醇 | 6.89 | 8.59 | 3.01 | 3.10 | 6.15 | 43.96 |
| 19 | 仲戊醇 | 1.37 | 1.29 | 0.44 | 0.64 | 1.23 | 42.45 |
| 20 | 正辛醇 | 0.37 | 0.59 | 0.21 | 0.26 | 0.37 | 41.00 |
| 21 | 双乙酰 | 0.19 | 0.23 | 0.24 | 0.08 | 0.12 | 40.09 |

**表 5　　CN 企业不同质量等级样品风味物质浓度　　单位：mg/L**

**Table 5　　Concentrations of flavor substances in samples of different quality grades from CN enterprise　　unit：mg/L**

| 排序 | 化合物名称 | CN-1 | CN-2 | CN-3 | CN-4 | CN-5 | CV/% |
|---|---|---|---|---|---|---|---|
| 1 | 糠醇 | 2.63 | 4.42 | 4.92 | 13.94 | 24.51 | 91.10 |
| 2 | 乙酸苯乙酯 | 0.41 | 0.59 | 0.75 | 1.52 | 2.33 | 71.28 |
| 3 | (2,2-二乙氧基乙基)-苯 | 0.39 | 0.47 | 0.50 | 0.92 | 1.35 | 55.98 |
| 4 | 二乙氧基甲烷 | 34.54 | 27.21 | 23.91 | 14.47 | 4.53 | 55.72 |
| 5 | 双乙酰 | 0.77 | 0.39 | 0.40 | 0.34 | 1.01 | 51.21 |
| 6 | 丙酸 | 142.56 | 112.21 | 98.46 | 62.24 | 26.94 | 50.74 |
| 7 | 3-甲基丁酸乙酯 | 36.30 | 27.99 | 24.26 | 15.78 | 7.47 | 49.72 |
| 8 | 乙腈 | 7.01 | 5.36 | 4.60 | 3.09 | 1.44 | 49.61 |
| 9 | 丙酸乙酯 | 155.51 | 121.91 | 105.72 | 69.61 | 31.87 | 49.24 |
| 10 | 苯乙醛 | 1.29 | 1.34 | 1.49 | 2.63 | 3.60 | 49.17 |
| 11 | 甲酸 | 195.73 | 145.26 | 120.78 | 78.85 | 47.80 | 48.91 |
| 12 | 2-甲基丁酸乙酯 | 14.65 | 11.82 | 10.39 | 7.06 | 3.37 | 46.15 |
| 13 | 异丁酸乙酯 | 41.97 | 33.46 | 29.08 | 21.19 | 12.55 | 40.86 |
| 14 | 5-甲基呋喃甲醛 | 1.33 | 1.07 | 0.89 | 0.65 | 0.46 | 38.76 |
| 15 | 甲酸乙酯 | 177.72 | 135.40 | 118.96 | 91.48 | 62.95 | 37.17 |
| 16 | 乙醛 | 988.92 | 815.59 | 730.73 | 544.72 | 361.75 | 35.26 |
| 17 | 糠醛 | 71.72 | 58.66 | 52.28 | 40.28 | 28.81 | 32.85 |
| 18 | 乙缩醛 | 1412.20 | 1163.19 | 1071.60 | 836.38 | 558.89 | 32.23 |
| 19 | 乙偶姻 | 32.63 | 32.10 | 32.07 | 22.36 | 13.63 | 31.65 |
| 20 | 乳酸丁酯 | 0.30 | 0.46 | 0.56 | 0.61 | 0.72 | 30.31 |
| 21 | 1-甲氧基-2-丙醇 | 87.67 | 69.66 | 68.43 | 58.36 | 35.11 | 30.11 |
| 22 | 2-糠醛二乙基乙缩醛 | 23.16 | 19.27 | 16.83 | 14.26 | 9.92 | 30.01 |

表 6 ZJ 企业不同质量等级样品风味物质浓度 单位：mg/L

Table 6 Concentrations of flavor substances in samples of different quality grades from ZJ enterprise unit：mg/L

| 排序 | 化合物名称 | ZJ-1 | ZJ-2 | ZJ-3 | ZJ-4 | ZJ-5 | CV/% |
|---|---|---|---|---|---|---|---|
| 1 | 戊酸 | 3. 14 | 2. 89 | 3. 71 | 4. 48 | 8. 37 | 49. 53 |
| 2 | 乙酸苯乙酯 | 1. 60 | 2. 67 | 3. 27 | 4. 90 | 1. 79 | 46. 86 |
| 3 | 丙酸丙酯 | 0. 27 | 0. 54 | 0. 84 | 1. 04 | 1. 11 | 46. 15 |
| 4 | 己酸 | 10. 34 | 9. 35 | 9. 69 | 11. 56 | 23. 08 | 45. 33 |
| 5 | 庚酸 | 0. 53 | 0. 42 | 0. 48 | 0. 52 | 1. 06 | 43. 27 |
| 6 | 庚酸乙酯 | 0. 65 | 0. 56 | 0. 55 | 0. 64 | 1. 30 | 42. 83 |
| 7 | 乙酸仲丁酯 | 0. 07 | 0. 18 | 0. 20 | 0. 28 | 0. 29 | 42. 78 |
| 8 | 正辛醇 | 0. 67 | 0. 50 | 0. 34 | 0. 23 | 0. 31 | 42. 17 |
| 9 | 己酸乙酯 | 16. 45 | 15. 57 | 16. 11 | 18. 89 | 33. 10 | 37. 05 |
| 10 | 戊酸乙酯 | 5. 66 | 6. 12 | 7. 26 | 8. 73 | 13. 11 | 36. 72 |
| 11 | 己酸丙酯 | 0. 15 | 0. 17 | 0. 17 | 0. 22 | 0. 32 | 33. 65 |
| 12 | 正庚醇 | 0. 84 | 0. 67 | 0. 44 | 0. 43 | 0. 42 | 33. 19 |

表 7 JS 企业不同质量等级样品风味物质浓度 单位：mg/L

Table 7 Concentrations of flavor substances in samples of different quality grades from JS enterprise unit：mg/L

| 排序 | 化合物名称 | JS-1 | JS-2 | JS-3 | JS-4 | JS-5 | CV/% |
|---|---|---|---|---|---|---|---|
| 1 | 双乙酰 | 2. 18 | 2. 78 | 0. 52 | 0. 38 | 0. 28 | 94. 96 |
| 2 | 硬脂酸乙酯 | 0. 53 | 0. 99 | 0. 28 | 0. 08 | 0. 17 | 88. 99 |
| 3 | 丙酸丙酯 | 2. 88 | 3. 34 | 4. 17 | 11. 39 | 1. 72 | 81. 76 |
| 4 | 棕榈酸乙酯 | 19. 72 | 26. 67 | 13. 25 | 4. 70 | 4. 39 | 70. 18 |
| 5 | 油酸乙酯 | 9. 25 | 11. 84 | 7. 08 | 2. 64 | 2. 26 | 62. 92 |
| 6 | 月桂酸 | 1. 86 | 2. 44 | 1. 54 | 0. 54 | 0. 51 | 61. 13 |
| 7 | 乙酸丙酯 | 31. 85 | 25. 56 | 36. 63 | 78. 92 | 21. 49 | 59. 44 |
| 8 | 亚油酸乙酯 | 15. 31 | 23. 30 | 14. 96 | 8. 31 | 4. 08 | 55. 78 |
| 9 | 仲丁醇 | 182. 80 | 102. 21 | 121. 47 | 228. 31 | 372. 89 | 53. 62 |
| 10 | 十五酸乙酯 | 0. 48 | 0. 58 | 0. 34 | 0. 22 | 0. 12 | 53. 18 |
| 11 | 棕榈油酸乙酯 | 1. 00 | 1. 20 | 0. 74 | 0. 58 | 0. 29 | 46. 64 |
| 12 | 3-乙氧基-1-丙醇 | 0. 70 | 0. 78 | 0. 70 | 0. 82 | 1. 71 | 46. 17 |

续表

| 排序 | 化合物名称 | JS-1 | JS-2 | JS-3 | JS-4 | JS-5 | CV/% |
|---|---|---|---|---|---|---|---|
| 13 | 乙酸仲丁酯 | 0.82 | 0.43 | 0.67 | 1.44 | 0.91 | 43.72 |
| 14 | 豆蔻酸乙酯 | 1.08 | 1.21 | 0.99 | 0.62 | 0.35 | 42.03 |
| 15 | 丁酸丁酯 | 0.47 | 0.66 | 0.37 | 1.05 | 0.67 | 40.61 |
| 16 | 丙酮酸乙酯 | 0.76 | 1.08 | 1.41 | 0.98 | 2.06 | 40.13 |
| 17 | 1，2-丙二醇 | 115.42 | 74.73 | 80.10 | 60.74 | 37.30 | 38.85 |
| 18 | 乙偶姻 | 21.50 | 19.08 | 16.93 | 16.74 | 7.70 | 31.89 |

表2至表7表明，各企业样品物质浓度离散程度最大的是XJ企业样品和CN企业样品，其次是JS企业样品，最后是ZJ企业样品和MT企业样品；质量等级间浓度的递增或递减趋势程度（变化种类数量）从高到低依次分别为CN企业样品、MT企业样品、JS企业样品、ZJ企业样品和XJ企业样品。测定的102种组分风味物质中，XJ企业样品相对差异的物质种类最多，每个质量等级样品风格特征明显，等级间差异显著，感官品评最易区别，前两档样品陈酿香显著、酒体幽雅协调，后两档样品异香异嗅味明显、酒体寡淡粗糙。CN企业样品风味物质浓度多呈现递增或递减的趋势，以醛类、呋喃类、酸类物质变化趋势最明显，草木香、青草香、花香等放香程度和协调舒适程度依次减弱，而后两档样品不愉快的异杂味突出、酒体寡淡粗糙。MT企业样品风味物质浓度相对接近，仅有己酸、己酸乙酯、庚酸乙酯、戊酸、苯丙酸乙酯等物质浓度呈现递减的趋势，但后两档样品的双乙酰含量明显比前两档样品高，前两档样品陈酿香、芳香、曲香等复合香优雅舒适，而后两档样品则存在明显的盐菜异味；JS企业样品的风味物质，前两档样品的双乙酰、$C_{14}$ ~ $C_{18}$高级脂肪酸酯、月桂酸、1,2-丙二醇、乙偶姻等物质含量明显高于后两档样品，凸显了陈酿香、焦香、煳香等舒适的复合香，而后两档则出现了不协调的草木香、青草香，前后区分明显；ZJ企业样品感官品评区分难度最大，风味物质浓度含量相对差异小，后两档样品中的戊酸、己酸、己酸乙酯、戊酸乙酯等物质浓度明显高于前两档样品含量，凸显了不愉快的窖泥异嗅味。

综上分析，按照酱香型白酒“微黄或无色透明，酱香突出，幽雅细腻，酒体醇厚，回味悠长，空杯留香持久”感官评价标准，针对发酵香、陈酿香、空杯香、异香、口味和口感等感官优势或缺陷[20]，并结合风味物质浓度变化趋势和量比关系，可将同企业不同质量等级样品（即质量等级1、质量等级2、质量等级3、质量等级4、质量等级5）的中档样品（质量等级3）作为品质风格特征区分判断的分水岭，前后两端相邻样品整体感官特点上有一定的相似之处，前端从陈酿老熟程度、复合香层次、酒体丰满程度上，质量等级1比质量等级2更具特色和优点；后端从酒体寡淡粗糙程度、异杂味缺陷程度上，质量等级 5 则比质量等级 4 表现更加突出暴燥。测定的 102 种组分物质浓度中，五家企业的质量等级区分与风味物质含量的关联不尽相同，但挥发性有机酸（丙酸、己酸、戊酸、庚酸等）、醛酮/缩醛/呋喃类（双乙酰、乙醛、乙缩醛、糠醛等）、挥发性脂肪酸酯（丙酸乙酯、戊酸乙酯、己酸乙酯等）、高级脂肪酸酯等物质对香气和口味的个性特征贡献或影响值得重视。

### 3.3 不同企业样品风味物质特征差异比较

虽然不同企业同一标注等级间感官风格特征存在显著差异，但同一企业的五个等级样品存在诸多相似之处，本节选取企业作为类别研究目标，对收集的 25 个样品检测的乙醛、正丙醛、异丁醛等 102 个风味物质浓度含量进行有监督的 PLS-DA 分析，考察不同企业样品间风味物质含量的特征差异。

通过 PLS-DA 模型［$R^2X$（cum）= 0.848，$R^2Y$（cum）= 0.914，$Q^2$（cum）= 0.85］可将五家企业样品有效区分，模型解释变量（$R^2Y$）接近 1，预测能力（$Q^2$）大于 0.5，且经过 20 次置换验证 $Q^2$ 回归线截距为负值（-0.755），说明模型无过拟合现象，可用于不同样品企业类别判断[21-23]，其 $R^2X$［1］、$R^2X$［2］、$R^2X$［3］因子得分 3D 散点图如图 1 所示，PLS-DA 变量重要因子（Variable Importance for the Projection，VIP）如图 2 所述。

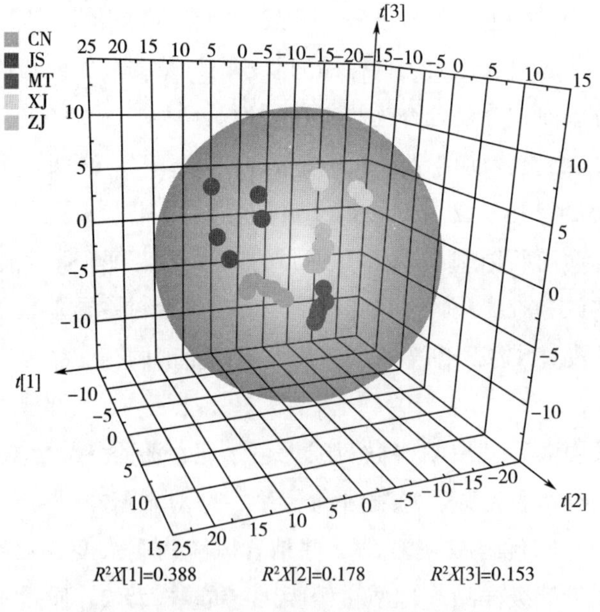


图 1　不同企业样品 PLS-DA 3D 散点图

Fig. 1　PLS-DA 3D scatter plot of samples from different enterprises

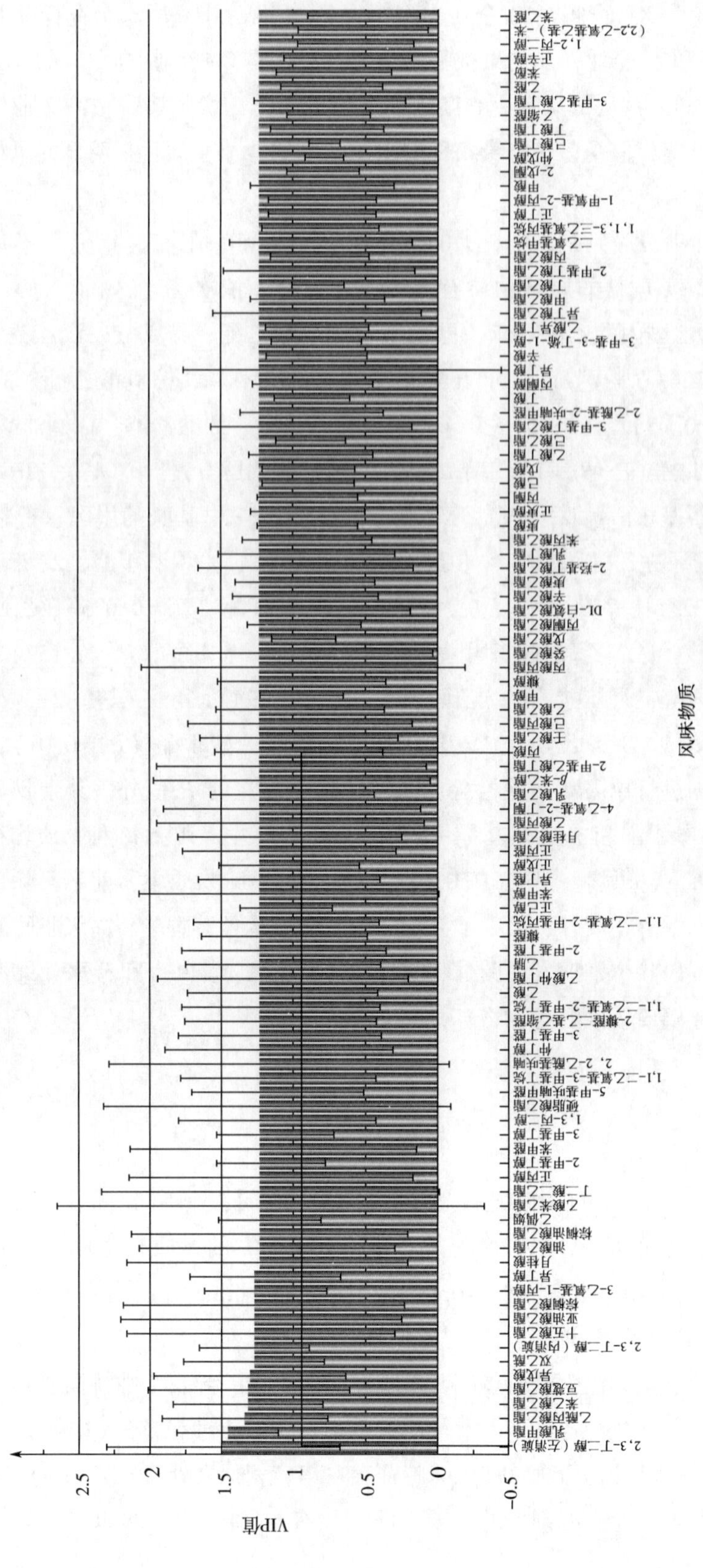


图 2　不同企业样品风味物质 PLS-DA VIP 值

Fig. 2　PLS-DA VIP values of flavor substances in samples from different enterprises

如图 1 所示，除 XJ 企业与 ZJ 企业单个样品距离相近外，每家企业样品相互聚拢，MT 企业样品和 ZJ 企业样品的聚拢程度最大，其次是 CN 企业样品，最后是 JS 企业样品和 XJ 企业样品；从每家企业的接近程度可以看出，贵州酱香白酒企业间酒体也在相互模仿或借鉴，但受诸多自身条件的限制或制约，相互间存在明显的风格特征差异。

为了筛选对企业分类判别影响较大的风味物质，以 VIP 值>1 为指标[24]，确定对企业来源判别有重要贡献的风味物质有 50 种（图 2），依次为 2,3-丁二醇（左消旋）、乳酸甲酯、乙酰丙酸乙酯、苯乙酸乙酯、豆蔻酸乙酯、异戊酸、双乙酰（$P$ = 0.001）、2,3-丁二醇（内消旋）、十五酸乙酯、亚油酸乙酯、棕榈酸乙酯、3-乙氧基-1-丙醇（$P$ =0.053）、异丁醇（$P$ =0.001）、月桂酸、油酸乙酯、棕榈油酸乙酯、乙偶姻、乙酸苯乙酯（$P$ =0.016）、丁二酸二乙酯、正丙醇（$P$ =0.017）、2-甲基丁醇、苯甲醛、3-甲基丁醇、1,3-丙二醇、硬脂酸乙酯、5-甲基呋喃甲醛、1,1-二乙氧基-3-甲基丁烷、2-乙酰基呋喃、仲丁醇（$P$ =0.019）、3-甲基丁醛、2-糠醛二乙基乙缩醛、1,1-二乙氧基-2-甲基丁烷、乙酸、乙酸仲丁酯（$P$ =0.025）、乙腈、2-甲基丁醛、糠醛、1,1-二乙氧基-3-甲基丙烷、正己醇、苯甲醇（$P$ =0.159）、异丁醛、正戊醇、正丙醛、月桂酸乙酯、乙酸丙酯（$P$ =0.074）、4-乙氧基-2-丁酮、乳酸乙酯（$P$ =0.001）、$\beta$-苯乙醇（$P$ =0.010）、2-甲基乙酸丁酯（$P$ =0.01）；以企业来源为分组依据进行单因素方差检验，发现除括号标注的 $P$ 值外，其余物质的 $P$ 值均<0.0001，除苯甲醇和 3-乙氧基-1-丙醇不存在差异外，其余 48 种物质均存在显著差异（$P$<0.05）或极显著差异（$P$<0.01）。这 48 种风味物质中，前半段除部分挥发的异戊酸、双乙酰等物质外，集中了大量的多元醇、苯环芳香酯、高级脂肪酸酯等高沸点物质；后半段除个别挥发性助香醇类物质外，也大量集中了低碳醛、缩醛、呋喃杂环醛类等香味阈值较低的化合物。

## 4 结论

本研究采用 GC-MS-SIM 方法直接进样，对 25 个不同企业不同质量等级中的 102 种挥发性风味进行全面解析，共检测平均浓度≥100mg/L 的物质有 9 种，100mg/L>平均浓度≥10mg/L 的物质有 34 种，10mg/L>平均浓度≥1mg/L 的物质有 31 种，平均浓度<1mg/L 的物质有 28 种。

研究以同企业质量等级为分析基础，发现样品间等级差异及个性特征差异受风味物质含量离散程度、变化趋势等多因素量比关系影响，以质量等级 3（中档）为分水岭，前后两端相邻样品的物质含量和风味特征存在诸多相似之处；以样品企业来源为类比对象，发现影响企业来源判别的重要风味物质有 48 种，它们多以醛酮类、多元醇、高级脂肪酸酯、苯环芳香类、呋喃类等化合物为主，对酒体的香气和口味产生了重要贡献或关联影响。本研究对样品进行了全谱段挥发性风味物质差异特征分析，可为贵州酱香型白酒质量等级的感官评价和质量提升提供一定的理论支撑。

## 参考文献

[1] Wei Y, Zou W, Shen C H, et al. Basic flavor types and component characteristics of Chinese traditional liquors: A review [J]. Journal of Food Science, 2020, 85 (12): 4096-4107.

[2] 墨菲．黔酒企业携手打造世界酱香型白酒核心区 [J]. 中国食品, 2019 (23): 57-63.

[3] GB/T 18356—2007, 地理标志产品 贵州茅台酒 [S].

[4] Wang M Y, Yang J G, Zhao Q S, et al. Research progress on flavor compounds and microorganisms of Maotai flavor *Baijiu* [J]. Journal of Food Science, 2019, 84 (1): 6-18.

[5] Jia W, Fan Z B, Du A, et al. Recent advances in *Baijiu* analysis by chromatography based technology-a review [J]. Food Chemistry, 2020, 324: 126899.

[6] 郭燕, 程铁辕．现代检测技术在固态法白酒真实性中的应用 [J]. 食品安全质量检测学报, 2020, 11 (14): 4693-4701.

[7] 贯志勇．中国白酒品评宝典 [M]. 北京: 化学工业出版社, 2016.

[8] 吴广黔．白酒的品评 [M]. 北京: 中国轻工业出版社, 2008.

[9] 贵州省质量技术监督局．贵州酱香型白酒技术标准体系 [M]. 北京: 中国标准出版社, 2000.

[10] 仁怀酱香白酒科研所, 贵州省产品质量监督检验院仁怀分院．仁怀产区大曲酱香酒技术标准体系 [M]. 北京: 中国标准出版社, 2020.

[11] Zhang J, Tian Z Q, Ma Y Q, et al. Origin identification of the sauce-flavor Chinese *Baijiu* by organic acids, trace elements, and the stable carbon isotope ratio [J]. Journal of Food Quality, 2019: 1-7.

[12] 陆伦维, 钟敏, 冯小兵, 等．基于主成分分析判别不同等级酱香型白酒的研究 [J]. 酿酒科技, 2020 (2): 17-21+28.

[13] 樊杉杉, 唐洁, 乐细选, 等．基于 HS-SPME-Arrow-GC-MS 和化学计量学的小曲清香型原酒等级判别 [J]. 食品与发酵工业, 2021, 47 (13): 254-260.

[14] 吴政治, 李劲．基于 MATLAB 遗传算法的清酒质量等级优化 [J]. 计算机科学, 2014, 41 (S2): 65-68.

[15] 吴政治, 李劲．基于 GA-PSO 算法的清酒质量等级研究 [J]. 信息技术,

2015（6）：130-133+137.

[16] 栗新峰，张良，李芳芳，等．基于 GC-QTOF MS 技术的浓香型白酒原酒质量等级评价 [J]. 食品工业科技，2019，40（15）：235-241.

[17] 穆蕾，钱承敬，李少晖，等．馥郁香型白酒等级鉴别的研究 [J]. 食品安全质量检测学报，2018，9（10）：2316-2320.

[18] 毕艳亮，宁芊，雷印杰，等．基于改进的遗传算法优化 BP 神经网络并用于红酒质量等级分类 [J]. 计算机测量与控制，2016，24（1）：226-228.

[19] 何菲，陈仁远．基于因子分析和神经网络分析预测评价酱香酒轮次与工艺 [J]. 中国酿造，2020，39（2）：162-168.

[20] T/GZRHJX 004—2019，仁怀产区大曲酱香酒风味轮应用指南 [S].

[21] Borràs E, Ferré J, Boqué R, et al. Olive oil sensory defects classification with data fusion of instrumental techniques and multivariate analysis (PLS-DA) [J]. Food Chemistry, 2016, 203: 314-322.

[22] 刘晌蒂，邓静，龚梦佳，等．一种基于全波长 UV 建立 HPLC 指纹图谱的质量控制模式：以不同等级的玄参为例 [J]. 中国中药杂志，2020，45（19）：4652-4657.

[23] 崔丹丹，曾令杰，黄嘉玲，等．基于主成分聚类和 PLS 回归分析的穿心莲质量等级评价研究 [J]. 中草药，2019，50（13）：3200-3206.

[24] 唐平，卢君，毕荣宇，等．赤水河流域不同地区酱香型白酒风味化合物分析 [J]. 食品科学，2021，42（6）：274-281.

# 典型浓香型白酒风味物质组成探究

梁金辉，叶方平，沈小梅，梁臣臣，张光耀，胡心行，刘国英，汤有宏
（安徽古井贡酒股份有限公司，安徽亳州　236800）

**摘　要**：白酒是一种以粮谷为主要原料，以大曲、小曲或麸曲等为糖化发酵剂，经蒸煮、糖化、发酵、蒸馏而制成的蒸馏酒。白酒中含有种类较多的风味物质，这些风味物质的含量低，但是它们是直接影响白酒香气和口感的主要成分。本研究以市售主流浓香型白酒为研究对象，从定性和定量两方面对其风味物质组成进行了全面解析，明晰了主要浓香型白酒的风味构成，为白酒企业酒体设计提供指导以及为产品品质提升奠定基础。

**关键词**：浓香型白酒；风味物质；活性物质

# Research on Formation of Flavoring Components of Typical Nongxiang *Baijiu*

LIANG Jinhui, YE Fangping, SHEN Xiaomei, LIANG Chenchen,
ZHANG Guangyao, HU Xinhang, LIU Guoying, TANG Youhong
(Anhui Gujing Gongjiu Co., Ltd., Anhui Bozhou 236800, China)

**Abstract**: *Baijiu* is a distilled liquor that takes grains as the raw materials and *Daqu*, *Xiaoqu* or *Fuqu* as the saccharification fermentation starter, with the process of cooking, saccharification, fermentation ' and distillation. Although low levels of aroma compounds in *Baijiu* , these aroma compouds are the main components which have significant influence on the flavoring and tasting of *Baijiu* . In this paper, flavoring components of typical Nongxiang *Baijiu* were analysed comprehensively with qualitative and quantitative analytical tech-

作者简介：梁金辉，男，硕士，董事长，主要从事固态发酵技术研究。E-mail：ljh@gujing.com.cn。
通信作者：叶方平，女，硕士，工程师，主要从事白酒发酵技术研究。E-mail：yefangping@gujing.com.cn。

niques. Knowing the flavoring components of Nongxiang *Baijiu* will provide guidance for liquor body design and improvement of product quality.

**Key words**: Nongxiang *Baijiu* ,Flavoring components, Bioactive substances

## 1 前言

中国白酒历史悠久，工艺独特，被列为世界著名六大蒸馏酒之一。中国白酒是以高粱、糯米、大米、玉米、小麦等为主要原料，以稻壳、玉米芯、高粱糠等为辅料，采用固态或半固态法酿造、蒸馏而成，其工艺复杂性是其他蒸馏酒无法比拟的[1]。中国白酒的主要成分是乙醇和水，占比约为98%，而对白酒风味起着重要贡献作用的香味物质含量仅占白酒总量的2%左右[2-3]，主要包括高级醇、酯类、醛类、有机酸、多元醇、芳香族化合物以及吡嗪、萜烯、呋喃等杂环类化合物，白酒的香型、口感和风格就是由这些微量的香味物质的成分、种类、含量及量比关系所决定的，归根结底还是由白酒酿造过程中的生产工艺、原料、气候环境等的不同决定的[4-5]。随着分析技术的快速发展，研究人员在白酒中检测到的挥发性微量成分已达到1800多种[6-7]。

作为我国白酒市场占有率最高的白酒，浓香型白酒具有“窖香浓郁、绵软甘洌、香味谐调、尾净余长”的风味特征，其香气以酯类香气为主，主体香味成分是己酸乙酯，己酸乙酯的高含量、低阈值决定了这类香型白酒的主要风味特征[8-9]。

随着人们对白酒品质、健康、安全等方面要求的提高，目前对酒类的研究主要集中在健康、酿造微生物代谢机理、风味组学以及食品安全等领域，而对酒中的常规组分如挥发性风味物质常规组分、色谱骨架成分等研究较少。本研究利用全二维气相色谱飞行时间质谱联用仪（GC×GC-TOFMS）、气相色谱质谱联用技术（GC-MS）、气相色谱仪（GC）对市售主流浓香型白酒从定性和定量两方面对其风味物质组成进行了全面解析，明晰了主要浓香型白酒的风味构成，旨在为白酒企业酒体设计提供指导以及为产品品质提升奠定基础。

## 2 材料与方法

### 2.1 材料

市场购买的13种浓香型白酒。

### 2.2 主要仪器与设备

全二维气相色谱-飞行时间质谱联用仪（美国力可公司）；多功能样品前处理平台（德国 Gerstel 公司）；7890B 气相色谱仪（美国 Agilent Technologies 公司）；

7890A-5975C 气相色谱质谱联用仪（美国 Agilent Technologies 公司）。

## 2.3 实验方法

### 2.3.1 样品前处理方法

（1）全二维定性分析样品的制备方法　用移液管移取一定量的酒样置于 50mL 容量瓶中，加超纯水稀释定容至酒精度为 10% vol，混匀。用移液管准确移取 8mL 稀释后的酒样置于 25mL 的顶空瓶中，用 GC×GC-TOFMS 进行分析。

（2）气相色谱样品的制备方法　用移液管吸取目标酒样 10mL 置于比色管中，加入 0.1mL 内标混合溶液（叔戊醇、乙酸正戊酯、2-乙基丁酸），混合均匀后倒入样品瓶中进行检测分析。

（3）气相色谱质谱联用分析样品制备方法　用移液管移取一定量的酒样置于 50mL 容量瓶中，加超纯水稀释定容至酒精度为 10% vol，混匀。用移液管准确移取 8mL 稀释后的酒样置于 25mL 的顶空瓶中，加入内标 2,6-二甲基苯酚，用 GC-MS 进行分析。

### 2.3.2 GC×GC-TOFMS 分析方法

进样口温度 230℃；载气为 He；流速为 1.0mL/min；不分流；程序升温设置：一维柱温箱初始温度 40℃，保持 2min，然后以 4℃/min 的升温速率升温至 180℃，再以 6℃/min 的升温速率升温至 230℃，保持 15min，二维柱温箱初始温度 45℃，保持 2min，然后以 4℃/min 的升温速率升温至 180℃，再以 6℃/min 的升温速率升温至 230℃，保持 15min；柱系统：采用 DB-wax 一维柱（60m×0.25mm×0.25μm）、Rxi-17sil 为二维柱（2m×0.18mm×0.18μm），两根色谱柱通过毛细管柱连接器以串联方式连接；调制器补偿温度：10℃；调制器设置：调至周期 6s（冷喷 2s，热喷 1s）；冷却剂为液氮，热调制气体为压缩空气，冷调制气体为氮气；质谱条件：质谱检测器为飞行时间质谱，EI 离子源温度 200℃，电离电压：-70eV，传输线温度 250℃，采用全扫描方式，质量采集范围为 30~400amu，采集频率为 100 张全谱图/s，检测器电压为 1570V。

### 2.3.3 气相色谱分析方法

程序升温：起始温度 35℃，然后以 3℃/min 的升温速率升温至 60℃，保持 2min，再以 5℃/min 的升温速率升温至 200℃，保持 15min；载气：高纯氮，流速 1mL/min；分流比为 20∶1；氢气流速 30mL/min；空气流速 400mL/min；FID 检测器温度：250℃；进样量：1μL。

### 2.3.4 气相色谱质谱联用分析方法

色谱条件：起始温度 40℃，保持 2min，然后以 4℃/min 的升温速率升温至 190℃，保持 2min，再以 6℃/min 的升温速率升温至 230℃，保持 15min；载气为氦气；流速 1mL/min；进样口温度 250℃；采用全自动固相微萃取和全自动进样方式进行样品的吸附和解析。

质谱条件：离子源：EI 源；离子源温度：200℃；四级杆温度：150℃；电子能：70eV；扫描质量范围：33~400amu。

2.3.5 GC×GC-TOFMS 数据处理方法

GC×GC-TOFMS 所得原始数据经 Pegasus4D 的工作站自动处理，定性所用的图谱库为 NIST/EPA/NIH Version2.0，所得数据再经进一步处理得到最终结果。在相同 GC×GC 条件下分析一系列正构烷烃（$C_6$~$C_{30}$），在 ChromaTOF 软件中建立保留指数计算方法，以确定每个化合物的一维色谱柱保留指数，与文献报道的该化合物的保留指数进行比较，偏差在 30 以内的化合物作为可信度较高的结果。

## 3 结果与分析

### 3.1 GC×GC-TOFMS 定性分析

利用 GC×GC-TOFMS 分析 13 种浓香型白酒，结合自动解卷积、质谱匹配度、保留指数比对等手段进行定性解析，各个浓香型白酒中均鉴定出 400 种以上的化合物，并分为 12 类，结果如图 1 所示。

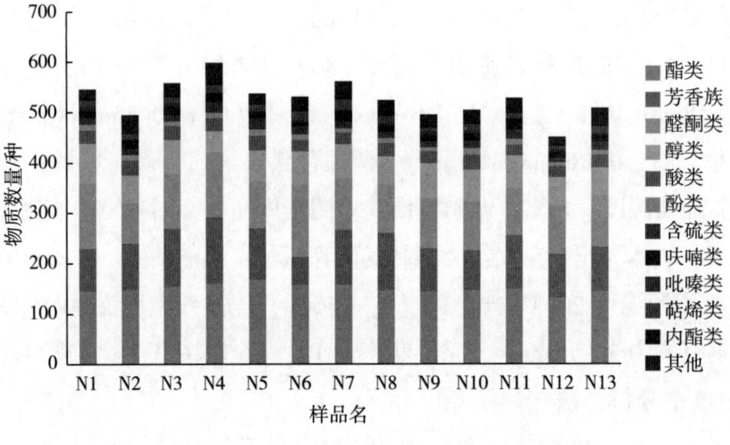


图 1 浓香型白酒中风味物质及其分类

Fig. 1 Flavor materials and classificaitons of Nongxiang *Baijiu*

从图 1 可知，从整体来看，除 N12 外，其余酒样中挥发性风味物质数量为 500~600 种，风味组分最丰富的是 N4，接近 600 种。化合物分类结果表明，浓香型酒样中酯类物质数量最丰富，占比超过 1/4，其次是醛酮类化合物、芳香族化合物、醇类物质等。除上述物质外，浓香型白酒中还含有丰富的吡嗪类、萜烯类、内酯类、含硫类等活性物质。

## 3.2　风味构成特征分析

白酒中色谱骨架成分主要包括己酸乙酯、乳酸乙酯、乙酸乙酯、丁酸乙酯、戊酸乙酯等酯类物质（图2），乙酸、丁酸、己酸等有机酸类物质，正丙醇、异丁醇、异戊醇等高级醇类物质。

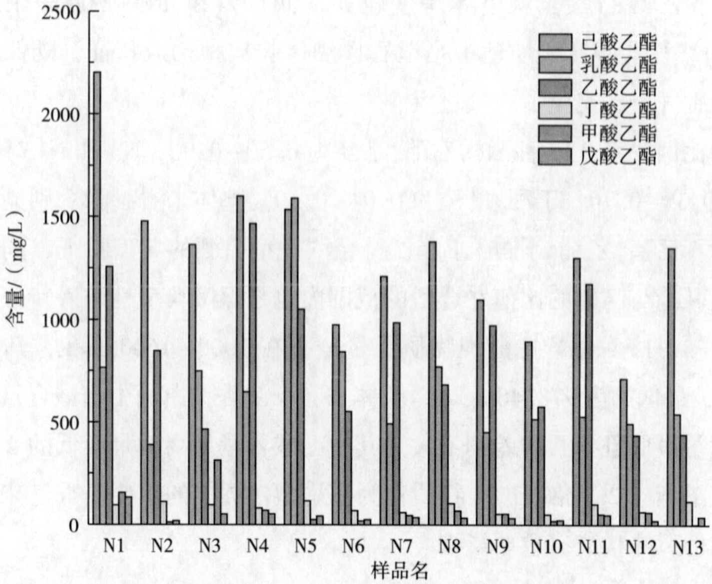


（1）浓香型白酒中的主要酯类物质

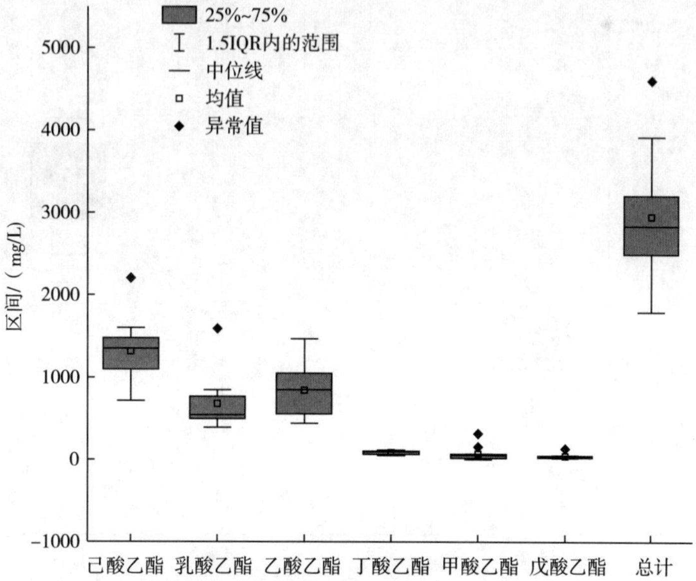


（2）浓香型白酒主要酯类物质含量分析

图2　浓香型白酒中主要酯类物质含量分布图

Fig. 2　Distribution of main esters in Nongxiang *Baijiu*

由图 2 可知，酒样 N1、N4、N5 的酯类风味物质总量较高，高于 3000mg/L，N2、N12 的较低，低于 2000mg/L。13 种酒样虽同为浓香型白酒，但其中几种主要酯类物质的含量也存在较大差异。己酸乙酯含量最高的 N1 是最低的 N12 的 3 倍之多，己酸乙酯含量整体分布在 1200~1600mg/L；乳酸乙酯含量最高的 N5 是最低的 N2 的 4 倍左右，乳酸乙酯含量整体分布在 380~800mg/L；乙酸乙酯含量最高的 N5 是最低的 N12 的 3 倍多，乙酸乙酯含量整体跨度较大，低含量在 400~600mg/L，高含量在 900~1500mg/L。酯类风味物质适中是浓香白酒风味典型构成特征，既保证了浓香白酒适当浓郁的香气，又避免了香气过重。

四大酯的比例关系：13 种酒样乙酯/己酯为 0.50~0.90，N3 和 N13 该比值较低，乳酯/己酯为 0.35~0.70，丁酯/己酯为 0.04~0.10。整体来看，除个别酒样，四大酯的含量关系为：己酯>乙酯>乳酯>丁酯，符合浓香型白酒的典型特征，同时乙酯与己酯的比值以及乳酯与己酯的比值在合适的范围内也是保障典型性浓香特征的基础。

由图 3 可知，13 种酒样中酸类物质总量分布在 1000~1600mg/L，其中最高的为 1579.51mg/L，最低的为 978.40mg/L。整体来看，浓香型白酒中己酸含量略高于乙酸含量，丁酸含量最低且各酒样差别不大。其中己酸含量最高的是最低的 2.7 倍，乙酸含量最高的是最低的 2.8 倍。酸类物质作为浓香型白酒中的重要呈香呈味物质，其含量高低对白酒的风味构成有重要影响。

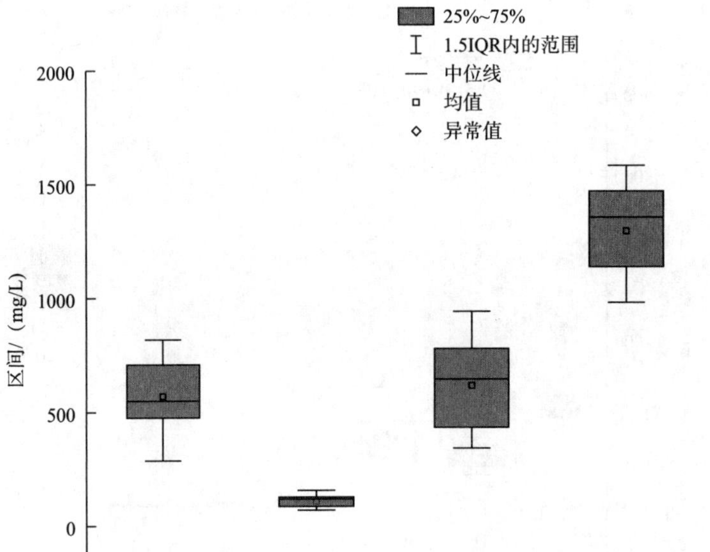


图 3 浓香型酒类主要酸类物质分布情况

Fig. 3 Distribution of main acids in Nongxiang *Baijiu*

白酒中适量的高级醇类可以提高酒体的醇厚感，但若含量过高，会给酒体带来苦涩感和引起饮后上头[10]。从图 4 可知，13 种酒样中总醇含量差异较大，其中最低的为 176. 65mg/L，最高的为 1330. 57mg/L，整体分布在 500~1200mg/L。几种高级醇中正丙醇的含量最高，其次是异戊醇、异丁醇。据文献[11]报道，较低含量的高级醇类是浓香型白酒产品饮后舒适度好的可能原因之一，因此降低浓香型白酒中高级醇类物质的含量也是提高白酒品质的重要技术手段。

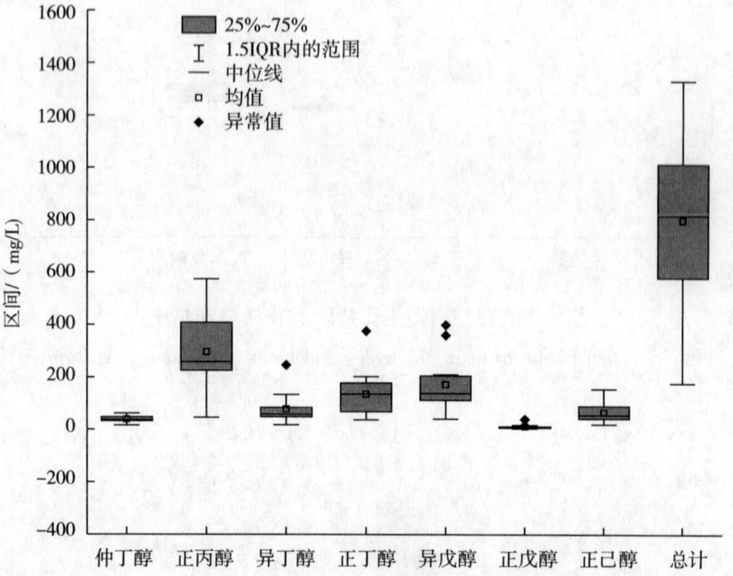


图 4　浓香型酒类主要醇类物质分布情况

Fig. 4　Distribution of main alcohols in Nongxiang *Baijiu*

醛酮类物质作为白酒中重要的风味构成组分，其含量高低对白酒品质具有重要影响。由图 5 可知，白酒中醛酮类物质中乙醛含量是最高的，其次是乙缩醛。绝大部分酒样的醛酮类物质总量分布在 550~800mg/L，N3 总量最高，N6 和 N10 总量较低。酒样中乙醛含量为 250~650mg/L，N3、N4 较高，N6、N10 较低。

### 3. 3　健康活性物质分析

浓香型白酒中含有丰富的萜烯、吡嗪、内酯、酚类等健康活性物质，而具有抗氧化活性的酚类物质也是白酒健康活性物质的重点研究对象（图 6）。酚类物质作为天然的抗氧化剂，广泛存在于食物和饮品中，有助于细胞抵抗氧化压力，继而预防或延缓与氧化压力相关退行性疾病的发生，此外，能够通过抑制自由基的生成来维持细胞稳态。

整体来看，浓香型酒样中均含有一定量的愈创木酚类物质，其中以愈创木酚含量

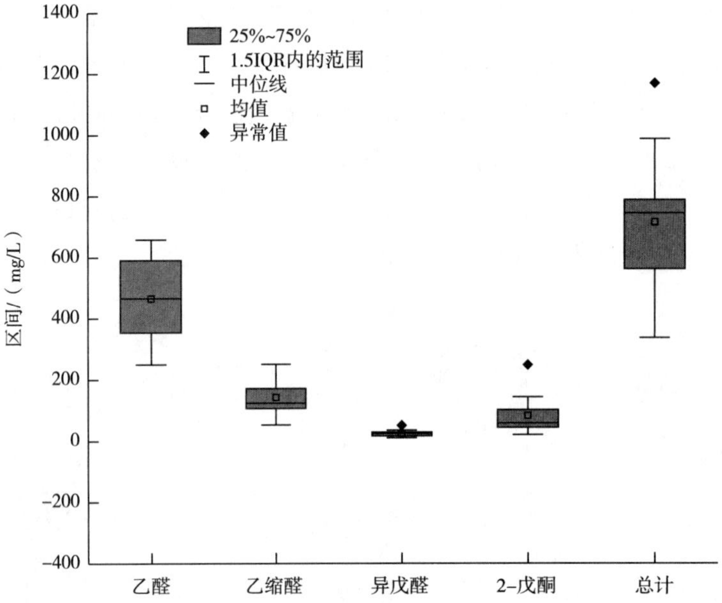


图 5　浓香型酒类主要醛酮类物质分布情况

Fig. 5　Distribution of main aldehydes and ketones in Nongxiang *Baijiu*

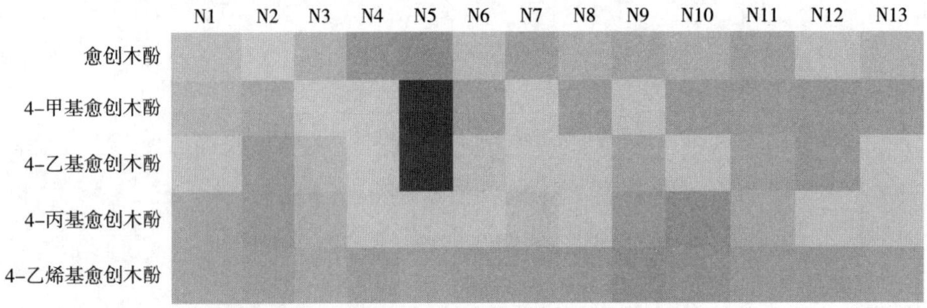


图 6　浓香型酒类酚类物质含量差异热点图

Fig. 6　Heat map of the phenolic substances in Nongxiang *Baijiu*

最高，其次是 4-乙基愈创木酚，4-乙烯基愈创木酚是含量最低的酚类物质。愈创木酚类物质含量较高的是 N5、N4、N11，尤以 N5 酒样中 4-甲基愈创木酚和 4-乙基愈创木酚含量最高，N2、N12 酒样中愈创木酚类物质含量较低。虽然同为浓香型白酒，但由于其生产工艺、环境、气候等的差异，也会导致酒样的风味组成有所不同。

## 4　结论

本论文利用多种样品前处理技术结合气相色谱、气相色谱-质谱联用仪、全二维气相色谱飞行时间质谱联用仪等先进的仪器设备对主要浓香型白酒进行定性定量分析，明晰了主要浓香型白酒的风味构成，为白酒企业酒体设计提供指导以及为提高产品品质奠定基础。

（1）酒样中挥发性风味物质数量为500~600种，风味组分最丰富的是N4，接近600种。酯类物质数量最丰富，占比超过1/4，其次是醛酮类、芳香族、醇类等，浓香型白酒中还含有丰富的吡嗪类、萜烯类、内酯类、含硫类等健康活性物质。

（2）四大酯的比例关系：13种浓香型白酒的乙酯/己酯为0.50~0.90，N3和N13的乙酯/己酯较低，乳酯/己酯为0.35~0.70，丁酯/己酯为0.04~0.10。整体来看，四大酯的含量关系为：己酯>乙酯>乳酯>丁酯。

（3）13种浓香型白酒中酸类物质总量分布在1000~1600mg/L，整体来看，己酸含量略高于乙酸含量，丁酸含量最低且各酒样差别不大。己酸含量最高的酒样是最低的2.7倍，乙酸含量最高的酒样是最低的2.8倍。

（4）N2酒样中酯类物质、醇类物质、愈创木酚类物质含量最低，但其酸类物质含量最高，醛酮类物质含量也较高。

（5）不同浓香型酒样中总醇含量差异较大，其中最低的为176.65mg/L，最高的为1330.57mg/L，整体分布在500~1200mg/L。几种高级醇中正丙醇的含量最高，其次是异戊醇、异丁醇。

虽然13种酒样同为市售典型浓香型白酒，占高端浓香型白酒市场份额的80%左右，但其风味物质构成仍有所不同，这也解释了为何不同浓香型白酒在口感、风味上存在较大差异。了解不同浓香型白酒的风味构成及其工艺特点，对于酒体的设计、优化生产工艺、提升产品品质具有重要的借鉴意义。

## 参考文献

［1］赖登燡．中国十种香型白酒工艺特点、香味特征及品评要点的研究［J］．酿酒，2005，32（6）：1-6.

［2］张琦，徐勇，沈才洪，等．浓香型白酒挥发性风味成分分析研究进展［J］．酿酒科技，2017（12）：98-104.

［3］汤道文，谢玉球，朱法余，等．白酒中的微量成分及与白酒风味技术发展的关系［J］．酿酒科技，2010（5）：78-81.

［4］张杰，程伟，潘天全，等．浓香型白酒风味成分研究现状及展望［J］．酿酒，2019，46（1）：29-32.

［5］王忠彦，尹昌树．白酒色谱骨架成分的含量及比例关系对香型和质量的影响［J］．酿酒科技，2000（6）：93-96.

［6］Liu H L，Sun B G. Effect of fermentation processing on the flavor of *Baijiu*［J］. Journal of Agricultural and Food Chemistry，2018，66（22）：5425-5432.

[7] 孙宝国，吴继红，黄明泉，等．白酒风味化学研究进展 [J]. 中国食品学报，2015，15 (9)：1-8.

[8] 沈怡方．白酒生产技术全书 [M]. 北京：中国轻工业出版社，1998.

[9] Fan W L, Qian M C. Identification of aroma compounds in Chinese "Yanghe Daqu" liquor by normal phase chromatography fractionation followed by gas chromatography/olfactometry [J]. Flavor and Fragrance Journal, 2006, 21 (2): 333-342.

[10] 格绒泽仁，皇甫洁，韩兴林，等．浓香型白酒饮后不适感关键高级醇类物质关联性判定新方法 [J]. 食品与发酵工业，2019，45 (14)：191-195.

[11] 韩兴林，姚逸萍，倪永培，等．迎驾贡白酒"甜感"的风味构成基础分析 (一) [J]. 酿酒，2019，46 (6)：30-34.

# 西凤酒酒醅理化指标快速分析技术研究

冯雅芳，贾智勇，邰延伟，王元

（陕西西凤酒股份有限公司，陕西凤翔 721400）

**摘　要**：应用近红外光谱技术结合西凤酒生产工艺特点，建立了一套适用于西凤酒酒醅水分含量、酸度、淀粉含量、还原糖含量的检测分析模型和方法，提高了酒醅理化指标检测效率，节约了人力和时间成本，使日益增多的样品能够被及时分析，并使分析数据能够及时有效地反馈到车间，以指导车间日常生产。

**关键词**：近红外光谱；酒醅检测；西凤酒

# Study on Rapid Analysis Technology of Physical and Chemical Indexes of Xifeng Liquor Fermented Grains

FENG Yafang, JIA Zhiyong*, TAI Yanwei, WANG Yuan

(Shanxi Xifeng Liquor Co., Ltd., Shanxi Fengxiang 721400, China)

**Abstract**: Set of detection and analysis models and methods for moisture, acidity, starch and reducing sugar content in fermented grains of Xifeng Liquor were established by using near-infrared spectroscopy technology combined with the production process characteristics of Xifeng Liquor. The detection efficiency of physical and chemical indexes of fermented grains was improved, manpower, and time cost were saved, and more and more samples could be analyzed in time, and the analysis data can be timely and effectively fed back to the workshop to guide the daily production.

**Key words**: Near-infrared spectroscopy, Detection of fermented grains, Xifeng liquor.

---

作者简介：冯雅芳，女，本科，工程师，高级品酒师、酿酒师、食品安全师，主要从事制曲、制酒工艺研究。E-mail：354269184@qq.com。

通信作者：贾智勇，男，硕士，高级工程师，中国酿酒大师、中国白酒大师，主要从事白酒酿造相关研究。E-mail：18590730858@163.com。

## 1 前言

西凤酒是凤香型白酒的典型代表。近年来，随着企业提质扩能项目的建设和高质量的发展，基酒的产能和制酒生产过程中酒醅的检测量越来越大，而酒醅理化指标（水分含量、酸度、淀粉含量、还原糖含量等）的检测是白酒生产过程中监测日常生产的关键环节，是提高基酒产量和质量的重要保障。传统的化学分析方法由于检测时间长、过程烦琐等问题，难以实现大批量的快速定量检测，不能很好地满足生产管控工作中及时发现问题和纠偏的需求。因此建立一种更科学、更标准、更快速的酒醅分析方法对酒的生产具有重要的意义。

近年来，近红外光谱分析技术在食品检测方面有着较快的发展，其作为一种快速检测方法，具有样品无需预处理、多组分同时测定、分析速度快、无化学药品消耗、对检测样品无污染等优点，能满足白酒生产对酒醅样品大批量、快速检测的需求，是一种理想的检测方法。近红外光谱技术的测量过程分为建模和预测两部分：建模是在样品光谱信息与化学检测数据之间建立模型；预测是通过模型分析未知样品的近红外光谱信息，通过模型计算出样品的各项组分。要保证近红外检测的准确性，建立一个稳定可靠的模型至关重要。

由于西凤酒生产工艺的独特性，每个生产周期需要历经立窖、破窖、顶窖、圆窖、插窖、挑窖六个生产阶段，不同生产阶段酒醅性状不同，酒醅理化参数也不同，因此建模、验证和预测的难度较大。本试验结合西凤酒独特的生产工艺和酒醅类型多的特点，历时 2 年多研究，检测 1000 多组样品，最终建立了一种快速、高效的近红外固态发酵酒醅常规指标检测模型。检测模型经优化和验证后，利用近红外技术建立的相关模型与常规方法进行同步分析，结果显示，水分含量、酸度、淀粉含量、还原糖含量模型预测值与人工检测值相比，误差小、模型相对较好、预测性强，在实际生产过程中，可用于发酵酒醅常规指标的检测。

## 2 材料与方法

### 2.1 酒醅样品

从西凤酒厂各制酒车间不同生产阶段采集的 1000 多组出池和入池酒醅样品。

### 2.2 仪器

AntarisⅡ傅里叶近红外光谱仪（美国 ThermoFisher Scientific 公司），配置漫反射镀金积分球和漫反射样品杯及压样器，仪器控制软件为 Result TM 和近红外化学计量学软件 TQ Analyst TM。

### 2.3 试验方法

#### 2.3.1 化学分析

酒醅中的水分含量、酸度含量、淀粉含量、还原糖含量分别按照西凤酒的企业标准进行检验。所提供的建模数据和验证数据均由操作熟练、经验丰富的化验员提供。

#### 2.3.2 近红外光谱分析

酒醅样品采用漫反射积分球和直径 5cm 的石英窗片的样品杯，将样品压实、贴紧到样品杯的石英窗片上，测定其漫反射吸收光谱，光谱分辨率 $16cm^{-1}$，扫描次数 128 次，得到平均光谱，每个样品经过扫描得到一张光谱。

## 3 结果与分析

### 3.1 数据采集

本次试验从西凤酒厂制酒车间共采集 1404 组酒醅样品，其中立窖阶段 215 组，破窖阶段 237 组，顶窖阶段 208 组，圆窖阶段 518 组，插窖阶段 103 组，挑窖阶段 123 组。其中出池酒醅 530 组，入池酒醅 874 组，每组酒醅样品做 3 组平行样的出池和入池酒醅，见表 1。

**表 1　各指标具体数据量及平行数据量**

**Table 1　Specific data volume and parallel data volume of each index**

| 指标 | 数据量/个 | | 平行数据量/个 | |
|---|---|---|---|---|
| | 出池 | 入池 | 出池 | 入池 |
| 酸度 | 530 | 874 | 1650 | 2682 |
| 淀粉 | 462 | 555 | 1386 | 1665 |
| 还原糖 | 505 | — | 1515 | — |
| 水分 | 530 | 874 | 1650 | 2682 |

### 3.2 模型建立及优化

将采集的 1404 个样品进行光谱测试，每一条光谱分别与对应样品的化验值进行匹配，形成数据集后，根据西凤酒不同生产阶段，利用 TQ Analyst TM 软件中的偏最小二乘算法（PLS）对采集的白酒样品的近红外光谱和对应的 4 个指标的实验室分析值进行回归分析，单独建立每个理化指标不同阶段的近红外模型。

对模型进行优化，利用内部交叉验证法在优化模型的同时对模型进行检验，以确保模型最优。用模型自身的基本参数（主要考察预测值与化学分析值的决定系数 $R^2$ 和均方差 RMSECV）衡量校正模型的质量优劣，见表 2。

**表 2　各指标决定系数（$R^2$）和均方差（RMSECV）**

**Table 2　Coefficient of determination and mean square error of each index**

| 酒醅指标 | 水分含量 | 酸度 | 淀粉含量 | 还原糖含量 |
|---|---|---|---|---|
| 建模数据量/个 | 827 | 839 | 478 | 510 |
| 决定系数（$R^2$）/% | 96.76 | 99.31 | 92.01 | 79.72 |
| 均方差 | 0.931 | 0.0848 | 0.440 | 0.0381 |

由图 1 可以看出：决定系数 96.76%，均方差 0.931，数据呈线性分布，分布较均匀。个别数据水分预测值误差偏大，主要由于建立定标模型时样品的选择和经典实验室化学分析值的误差导致，但整体预测值在误差允许的范围内，模型总体较好。

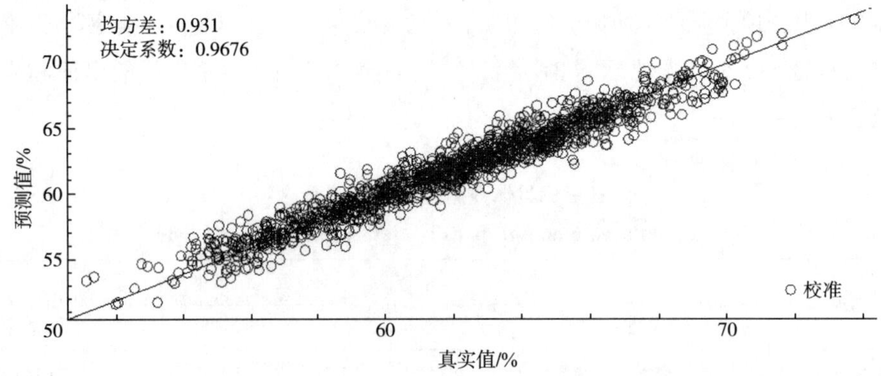


图 1　酒醅水分含量指标模型图

Fig. 1　Water content index model of fermented grains

由图 2 可以看出：决定系数 99.31%，均方差 0.0848，数据呈线性分布，分布较均匀，模型预测效果良好。由于西凤酒独特的生产工艺，立窖时入池酸度在 0.5mmol/g 左右，破窖开始入池酸度在 1~3mmol/g，导致线性不连续，但对模型预测无影响。

由图 3 可以看出：决定系数 92.01%，均方差 0.440，数据呈线性分布，分布较均匀，模型总体较好。

由图 4 可以看出：决定系数 79.72%，均方差 0.0381，数据呈线性分布，分布较均匀，均方差小，误差较小，模型总体较好。决定系数取决于样品集中组分的最大值

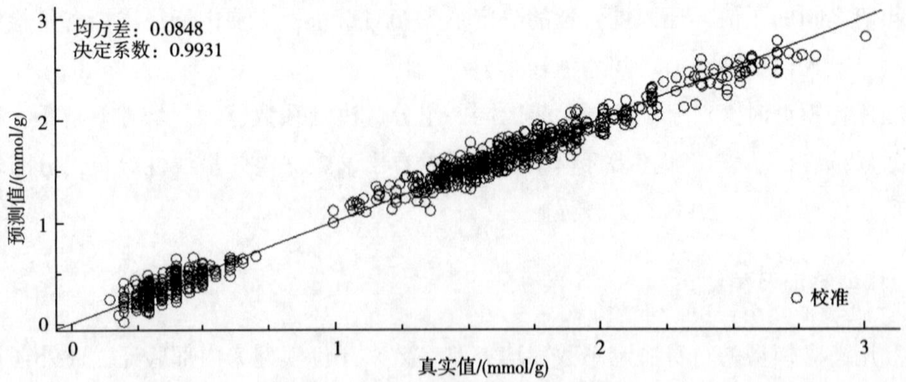


图 2 酒醅酸度指标模型图

Fig. 2 Acidity index model of fermented grains

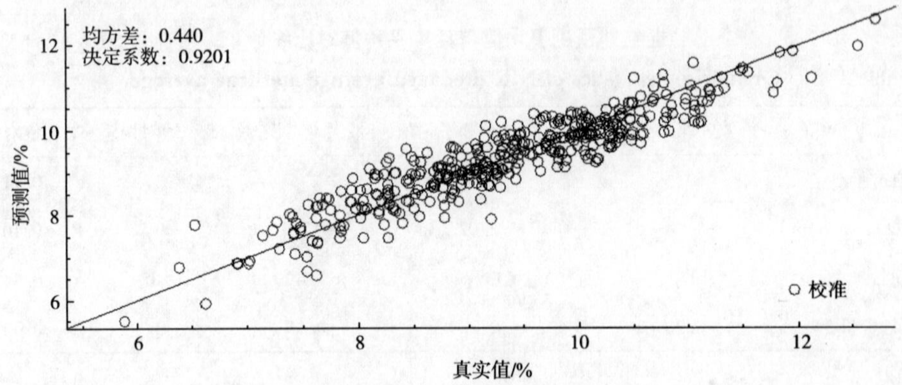


图 3 酒醅淀粉含量指标模型图

Fig. 3 Starch content index model of fermented grains

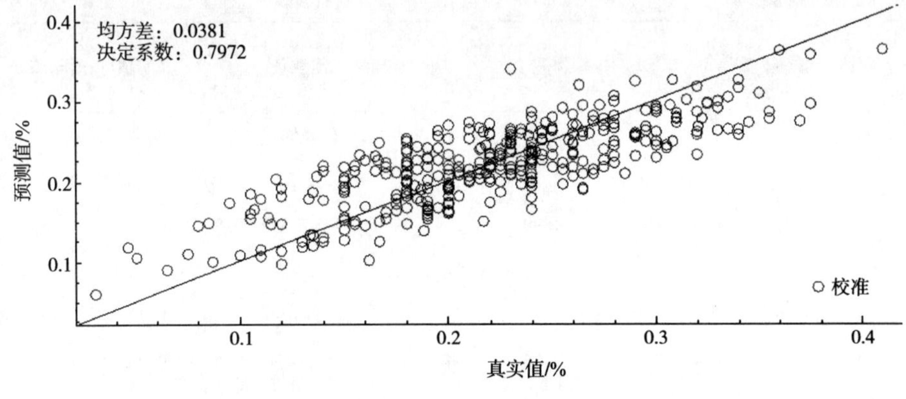


图 4 酒醅还原糖含量指标模型图

Fig. 4 Reducing sugar content index model of fermented grains

和最小值之间的差值，还原糖含量的决定系数相对偏小，主要由于还原糖含量检测数值较小，最大值和最小值之间差值较小。

在优化模型时，对于同一样品集的同一组分，决定系数越大，均方差越小，模型预测效果越好，从表2和各指标模型图中可以看出，数据整体呈线性分布，分布较均匀，所建模型较好，预测能力较强。

### 3.3 模型验证及预测

利用建立模型的自身决定系数和均方差参数来评价模型为内部验证，此外还需进行外部验证，通过内、外部验证共同评价所见模型的质量。通过对30组酒醅样品近红外预测值与化学分析方法对比分析，进行外部验证，进一步验证模型预测值的准确度和可靠性，见表3和表4。

表3　近红外预测平均值与真实平均值对比统计

Table 3　Comparison statistics of NIR predicted average and true average

| 指标 | 真实平均值 | 近红外预测平均值 | 最大绝对误差 | 最小绝对误差 | 平均绝对误差 |
|---|---|---|---|---|---|
| 水分含量/% | 62.6 | 62.13 | 2.5 | 0 | 0.71 |
| 酸度/(mmol/g) | 1.98 | 2.02 | 0.35 | 0 | 0.10 |
| 淀粉含量/% | 13.62 | 13.87 | 1.49 | 0.05 | 0.84 |
| 还原糖含量/% | 0.20 | 0.22 | 0.15 | 0 | 0.06 |

表4　各项酒醅指标近红外预测值与真实值外部验证

Table 4　External validation of NIR predicted and true values of fermented grains indexes

| 序号 | 水分含量/% | | | 酸度/(mmol/g) | | | 淀粉含量/% | | | 还原糖含量/% | | |
|---|---|---|---|---|---|---|---|---|---|---|---|---|
| | 真实值 | 预测值 | 绝对误差 | 真实值 | 预测值 | 绝对误差 | 真实值 | 预测值 | 绝对误差 | 真实值 | 预测值 | 绝对误差 |
| 1 | 60 | 58.5 | 1.5 | 2.5 | 2.49 | 0.01 | 9.71 | 9.54 | 0.17 | 0.2 | 0.14 | 0.06 |
| 2 | 59 | 58.5 | 0.5 | 2.35 | 2.31 | 0.04 | 11.3 | 12.34 | 1.04 | 0.25 | 0.26 | 0.01 |
| 3 | 62 | 61.6 | 0.4 | 1.73 | 1.99 | 0.26 | 8.49 | 8.75 | 0.26 | 0.18 | 0.25 | 0.07 |
| 4 | 61 | 61.8 | 0.8 | 1.5 | 1.57 | 0.07 | 11.32 | 10.96 | 0.36 | 0.12 | 0.08 | 0.04 |
| 5 | 63 | 62.5 | 0.5 | 1.7 | 1.67 | 0.03 | 17.65 | 19.19 | 1.54 | 0.13 | 0.17 | 0.04 |
| 6 | 60 | 59.3 | 0.7 | 2.4 | 2.36 | 0.04 | 17.96 | 18.87 | 0.91 | 0.28 | 0.18 | 0.1 |
| 7 | 66 | 65.4 | 0.6 | 1.54 | 1.63 | 0.09 | 9.51 | 10.05 | 0.54 | 0.19 | 0.19 | 0 |
| 8 | 67 | 65.7 | 1.3 | 1.46 | 1.81 | 0.35 | 17.11 | 15.48 | 1.63 | 0.17 | 0.19 | 0.02 |
| 9 | 60 | 59.4 | 0.6 | 1.35 | 1.39 | 0.04 | 7.35 | 7.9 | 0.55 | 0.18 | 0.27 | 0.09 |

续表

| 序号 | 水分含量/% | | | 酸度/(mmol/g) | | | 淀粉含量/% | | | 还原糖含量/% | | |
|---|---|---|---|---|---|---|---|---|---|---|---|---|
| | 真实值 | 预测值 | 绝对误差 | 真实值 | 预测值 | 绝对误差 | 真实值 | 预测值 | 绝对误差 | 真实值 | 预测值 | 绝对误差 |
| 10 | 63 | 63.3 | 0.3 | 1.46 | 1.73 | 0.27 | 15.3 | 15.86 | 0.56 | 0.25 | 0.29 | 0.04 |
| 11 | 63 | 63.4 | 0.4 | 2.47 | 2.55 | 0.08 | 8.51 | 9.89 | 1.38 | 0.19 | 0.28 | 0.09 |
| 12 | 60 | 60.3 | 0.3 | 2.28 | 2.23 | 0.05 | 16.68 | 15.19 | 1.49 | 0.24 | 0.22 | 0.02 |
| 13 | 62 | 60.3 | 1.7 | 1.5 | 1.65 | 0.15 | 11.1 | 10.46 | 0.64 | 0.14 | 0.22 | 0.08 |
| 14 | 63 | 60.5 | 2.5 | 2.15 | 2.2 | 0.05 | 16.66 | 15.57 | 1.09 | 0.3 | 0.23 | 0.07 |
| 15 | 61 | 60.6 | 0.4 | 2.33 | 2.36 | 0.03 | 8.54 | 9.2 | 0.66 | 0.29 | 0.21 | 0.07 |
| 16 | 62 | 61.9 | 0.1 | 2.45 | 2.28 | 0.17 | 8.59 | 9.85 | 1.26 | 0.26 | 0.24 | 0.02 |
| 17 | 64 | 62.0 | 2.1 | 2.55 | 2.58 | 0.03 | 7.62 | 9.4 | 1.78 | 0.16 | 0.25 | 0.09 |
| 18 | 61 | 60.6 | 0.4 | 2.65 | 2.84 | 0.19 | 8.18 | 8.94 | 0.76 | 0.28 | 0.24 | 0.04 |
| 19 | 67 | 67.0 | 0.0 | 2.14 | 2.2 | 0.06 | 16.36 | 15.56 | 0.8 | 0.12 | 0.24 | 0.12 |
| 20 | 62 | 60.6 | 1.4 | 1.7 | 1.79 | 0.09 | 17.36 | 18.19 | 0.83 | 0.12 | 0.25 | 0.13 |
| 21 | 61 | 60.8 | 0.2 | 1.75 | 1.75 | 0 | 16.5 | 16.83 | 0.33 | 0.2 | 0.22 | 0.02 |
| 22 | 67 | 67.3 | 0.3 | 2.35 | 2.25 | 0.1 | 18.48 | 17.6 | 0.88 | 0.19 | 0.22 | 0.03 |
| 23 | 62 | 61.0 | 1.0 | 1.55 | 1.66 | 0.11 | 16.04 | 17.09 | 1.05 | 0.18 | 0.22 | 0.04 |
| 24 | 65 | 65.1 | 0.1 | 2.33 | 2.27 | 0.06 | 12.25 | 12.18 | 0.07 | 0.17 | 0.26 | 0.09 |
| 25 | 66 | 65.2 | 0.8 | 1.35 | 1.48 | 0.13 | 10.03 | 11.12 | 1.09 | 0.13 | 0.26 | 0.13 |
| 26 | 61 | 60.3 | 0.7 | 1.7 | 1.72 | 0.02 | 17.31 | 17.36 | 0.05 | 0.11 | 0.15 | 0.04 |
| 27 | 60 | 60.6 | 0.6 | 2.23 | 2.09 | 0.14 | 19.2 | 20.37 | 1.17 | 0.25 | 0.15 | 0.1 |
| 28 | 61 | 61.1 | 0.1 | 1.55 | 1.76 | 0.21 | 18.41 | 17.84 | 0.57 | 0.26 | 0.27 | 0.01 |
| 29 | 64 | 62.9 | 1.2 | 1.85 | 1.86 | 0.01 | 16.79 | 15.59 | 1.2 | 0.23 | 0.27 | 0.04 |
| 30 | 66 | 66.2 | 0.2 | 2.38 | 2.15 | 0.23 | 18.4 | 18.95 | 0.55 | 0.14 | 0.29 | 0.15 |

如表3和表4所示，水分含量的近红外预测值与真实值的平均误差为0.71，绝对误差不超过1的数据占总验证数据量的比值为77%，绝对误差不超过1.5的数据占总验证数据量的比值为90%。酸度的近红外预测值与真实值的平均误差为0.10，绝对误差不超过0.20的数据占总验证数据量的比值为83%。淀粉含量的近红外预测值与真实值的平均误差为0.84，绝对误差不超过1.20的数据占总验证数据量的比值为80%。还原糖含量的近红外预测值与真实值的平均误差为0.06，绝对误差不超过0.10的数据占总验证数据量的比值为87%。

利用所建模型预测值与化学分析方法检测结果进行比较，水分含量、酸度、淀粉含量、还原糖含量的预测值绝对误差偏小，分析结果准确度和可靠性良好，预测性强，模型相对较好。

## 4 结论

本试验利用傅立叶变换近红外光谱技术结合偏最小二乘回归法（PLS）建立了酒醅中水分含量、酸度、淀粉含量、还原糖含量的定量分析模型，克服了常规分析方法的很多缺点。结果表明：仪器对窖池酒醅样品的水分含量、酸度、淀粉含量、还原糖含量都有良好的检测能力，用近红外模型预测酒醅样品各个组分含量的方法可行，模型测量精确度能够满足实际生产需要，并且提高了酒醅理化指标检测效率，节约了人力和时间成本，使日益增多的样品能够被及时分析，并使分析数据能够及时有效地反馈到车间，指导车间日常生产[1-5]。

### 参考文献

[1] 刘翠玲，吴静珠，孙晓荣．近红外光谱技术在食品品质检测方法中的研究［M］．北京：机械工业出版社，2016.

[2] 林房，吴宏萍，薛锡佳，等．近红外光谱快速分析白酒酒醅指标的研究［J］．酿酒，2017，44（6）：80-84.

[3] 沈小梅，刘国英．近红外光谱分析技术在酒醅常规指标检测上的应用［J］．酿酒，2019，46（1）：97-100.

[4] 张恩阳，夏维高，闫晓剑．近红外光谱的原理及应用［J］．信息记录材料，2017，18（6）：26-27.

[5] 黄艳，王锡昌．近红外光谱分析在食品检测中的最新进展［J］．食品研究与开发，2007，28（7）：137-140.

# 比色法测白酒中杂醇油含量方法优化及验证

黄河[1]，黄婷[2]，王媚[1]，赵金松[1,2]
（1. 四川省川酒集团科技开发有限公司，四川成都 610000；
2. 四川轻化工大学生物工程学院，四川宜宾 644000）

**摘 要**：白酒中的杂醇油含量高低不仅影响酒体风格，还会引发“上头”现象，对人体健康产生危害。如何准确检测和有效降低白酒中杂醇油含量是白酒行业共同面对的难题。为提高分析的准确度，从国家标准比色法测定白酒中杂醇油的方法出发，通过控制变量和重复性试验得到一种稳定性良好、准确度高的试验方法。优化后试验方法为：酒样经过蒸馏预处理，取5g/L的二甲氨基苯甲醛-硫酸溶液4mL作为显色剂，100℃水浴30min，1+1硫酸溶液作为稀释剂，摇匀后立即于波长494nm处测定吸光度。该方法检出限为0.002g/100mL；定量限为0.006g/100mL；曲线线性相关系数为0.9996；精密度测试的相对标准偏差（以及变异系数CV）为0.016%，正确度测试的加标回收率为97.6%~101%。

**关键词**：白酒；杂醇油；检测技术；比色法

# Optimization and Validation of Colorimetric Method for Determination of Fusel Oil in Liquor

HUANG He[1], HUANG Ting[2], WANG Mei[1], ZHAO Jinsong[1,2]
(1. Sichuan Liquor Group Technology Development Co., Ltd., Sichuan Chengdu 610000, China;
2. School of Biological Engineering, Sichuan University of Science and Engineering, Sichuan Yibin 644000, China)

**Abstract**: The content of fusel oil in liquor not only affects the liquor style, but also

作者简介：黄河，女，本科，助理工程师，主要从事酒体风味化学及食品安全技术研究。E-mail：3267446155@qq.com。
通信作者：赵金松，男，博士，教授，正高级工程师，主要从事酿酒技术、酒体设计、分析检测及食品安全的研究工作。E-mail：420940314@qq.com。

causes the phenomenon of headache, which is harmful to human health. How to accurately detect and effectively reduce fusel oil content in liquor is a common problem faced by liquor industry. In order to improve the accuracy of analysis, a new method with good stability and high accuracy was obtained by controlling variable and repeatability test, which was based on the colorimetric method in national standard for the determination of fusel oil in liquor. The optimized test method was as follows: after the liquor sample was pretreated by distillation, 4mL of 5g/L dimethylaminobenzaldehyde-sulfuric acid solution was taken as the color developer, 100℃ water bath for 30min, 1+1 sulfuric acid solution was used as the diluent, and the light absorption value was immediately measured at 494nm wave length after shaking. The detection limit (LOD) of this method was 0.002g/100mL. Limit of quantification (LOQ) was 0.006g/100mL; The linearity of curve was 0.9996. The relative standard deviation (RSD) [and coefficient of variation (CV)] of the precision test was 0.016%, and the recoveries of the accuracy test was 97.6%~101%.

**Key words**: Liquor, Fusel oil, Detection technology, Colorimetric method

## 1 前言

杂醇油（Fusel oil）是粮食发酵制酒精精馏后剩余的高沸点残液，组成复杂，是碳原子数大于 2 的脂肪族醇类的统称[1-2]，这些醇的分子质量大于乙醇，又称为高级醇，在白酒中正丙醇（$n$-propanol）、异丁醇（Isobutanol）和异戊醇（Isoamyl-alcohol）的含量较高[3-4]。

在白酒发酵过程中，糖类和氨基酸经发酵会产生杂醇油[5]。杂醇油的含量及其各种醇间的比例对白酒的风味至关重要[6-7]。当杂醇油与白酒中酸、酯的含量达到一定的量比关系时，它会赋予酒体醇甜绵香的口感，增加酒的醇香感，呈现复合香，使酒体有后劲，香气诱人[8]。但含量过高的杂醇油是造成白酒苦味、涩味和浑浊的原因之一[9-11]，不但没有呈香、呈味的作用，反而会将苦、涩、冲、辣等邪杂味带入酒体而影响风味，使酒体失去原有风格，降低白酒饮用的舒适度。高含量的杂醇油还会影响人体健康[8]，杂醇油在人体内氧化速度比乙醇慢、存留时间长，导致人神经系统充血，引发头痛，也就是常说的“上头”现象[12-13]。正丙醇具有与乙醇相似的生理作用，对黏膜有刺激性，在酒中含量过多则呈苦味和乙醚味；异戊醇通常是杂醇油中含量最多的组分，一般占杂醇油总量的 45% 以上，甚至高达 65%。它能刺激饮用者的眼睛和呼吸道，使人头部充血、头疼、眩晕、恶心、呕吐、腹泻，是导致人醉酒上头的主要原因之一；异丁醇是含量仅次于异戊醇的杂醇油，含量过多则令酒体的苦味增强，刺激人的眼、鼻，但毒性不如异戊醇大[14-15]。因此，在白酒生产过程中有效控制杂醇油的含量，对于白酒品质的提升以及人们的健康至关重要。

在 GB 2757—2012《食品安全国家标准　蒸馏酒及配制酒卫生标准》中，已经取消了杂醇油指标，即删除理化指标表中“杂醇油（g/100mL，以异丁醇与异戊醇计）≤0.20”项[16]。然而，新酒中杂醇油含量的准确检测和有效把控技术仍是白酒质量控制的关键点。目前用于测定白酒中杂醇油的方法一般采用化学分析法、光谱分析法、色谱分析法等，光谱分析法具有测定快速、预测性高、简便快捷、低成本、无污染以及不破坏样品等优点；但模型构建中样品需要量大，且对样品状态、测试方式、测试条件都有较严格要求，获取不易，同时还存在分析软件操作复杂等原因，极大地限制了该方法的应用；气相色谱法对白酒中的杂醇油测定具有较高的准确度和精密度，但测定过程相对烦琐，耗时较长[7]；化学分析法实验要求简单，操作简便，广泛应用于一般试验，也是国标法之一；但由于该法反应控制（对外部条件如温度、时间等）要求较严格，每次测定结果总有一定偏差，给白酒中的杂醇油测定带来了许多不便[17]。因此，本试验针对化学分析法存在的显色不稳定、重现性差、测定误差大及线性关系不理想等缺点[18]，采用随机区组重复性试验进行研究和优化。

## 2　材料与方法

### 2.1　试剂材料[19]

#### 2.1.1　试剂与材料

对二甲氨基苯甲醛、浓硫酸、95%乙醇、盐酸间苯二胺、异戊醇、异丁醇、活性炭，以上试剂均为分析纯，均购自成都化通天下商贸有限公司；清香型白酒（四川省酒业集团有限责任公司）。

#### 2.1.2　溶液

各种浓度的对二甲氨基苯甲醛-硫酸溶液（显色剂）；无杂醇油的乙醇溶液；1+4 硫酸溶液；1+1 硫酸溶液；杂醇油标准溶液：准确吸取 0.080g 异戊醇和 0.020g 异丁醇于 100mL 容量瓶中，加无杂醇油乙醇 50mL，再加水稀释至刻度，此溶液每毫升相当于 1mg 杂醇油，置于低温下保存；杂醇油标准使用液：吸取杂醇油溶液 5.0mL 于 50mL 容量瓶中，加水稀释至刻度，此溶液每毫升相当于 0.10mg 杂醇油；实验室二级水。

### 2.2　仪器与设备[19]

T2600 紫外可见分光光度计（上海佑科仪器仪表有限公司）；SPX622ZH 电子分析天平（美国奥豪斯公司）；JA2003N 电子天平（上海佑科仪器仪表有限公司）；HH-S11.8 数显恒温水浴锅（常州迈科诺仪器有限公司）；D1020 低温恒温槽（常州

杰博森仪器有限公司)；全玻璃蒸馏仪器等；10mL 具塞比色管。

## 2.3 试验原理及方法[19]

### 2.3.1 试验原理

本试验测定标准以异戊醇和异丁醇表示，异戊醇和异丁醇在硫酸的作用下生成戊烯和丁烯，再与显色剂对二甲氨基苯甲醛作用显橙黄色，与标准系列比较定量。

### 2.3.2 试验方法

吸取 1.0mL 试样于 10mL 容量瓶中，加水至刻度，混匀后，吸取 0.10mL，置于 10mL 比色管中。含糖着色、沉淀、浑浊的蒸馏酒和配制酒应先蒸馏，取其蒸馏液作为试样。

吸取 0、0.10、0.20、0.30、0.40、0.50mL 杂醇油标准使用液（分别相当于 0、0.010、0.020、0.030、0.040、0.050mg 杂醇油），置于 10mL 比色管中。

于试样管及标准管中各准确加水至 1mL，摇匀，放入冷水中冷却，沿管壁加入 2mL 对二甲氨基苯甲醛-硫酸溶液（显色剂，5g/L），使其沉至管底，再将各管同时摇匀，放入沸水浴中加热 15min 后取出，立即放入冰浴中冷却，并立即各加 2mL 水，混匀，冷却。10min 后用 1cm 比色杯以零管调节零点，于波长 520nm 处测吸光度，绘制标准曲线比较，或与标准色列目测比较定量。

## 2.4 试验优化方案设计

### 2.4.1 随机区组试验

随机区组试验设计能很好地对试验环境条件和非处理条件进行局部控制，以最大限度地保证同一区组中的不同处理之间的非处理条件相对一致，进而有效降低试验误差。试验前，测定杂醇油标准溶液的波长吸收范围，以最大吸收值确定试验波长，再分别对酒样前处理方法、显色剂浓度、显色剂用量、水浴时间、水浴温度、稀释剂酸度、冷却时间进行单因素随机区组重复性试验。取恒温至 20℃ 的白酒，分别进行不处理、直接蒸馏、盐酸间苯二胺处理后蒸馏、活性炭吸附过滤处理；选择显色剂浓度为 2.5、5、7.5、10g/L；显色剂用量为 0.5、1.0、2.0、3.0、4、5、6、7、8mL；水浴时间为 0、10、20、30、40、50、60min；水浴温度为 60、70、80、90、100℃；稀释剂为纯水、1+4 硫酸、1+1 硫酸、浓硫酸；冷却时间为 0、5、10、15min，每个处理组重复 3 次，测定其吸光度，共测试 148 组数据。

### 2.4.2 酒样前处理方法

对相同试样分别进行不同方法前处理。

（1）不处理样品　按试验方法进行操作并测定。

（2）直接蒸馏　取 100mL 试样于 250mL 全玻璃蒸馏器中，加 50mL 水，再加入玻璃珠数粒，蒸馏，用100mL容量瓶收集馏出液100mL，取馏出液按试验方法进行操作并测定。

（3）盐酸间苯二胺处理后蒸馏 凡试样中能脱水生成不饱和烃的化合物，如醛、缩醛、酮等都能与对二甲氨基苯甲醛显色产生干扰，所以醛类含量0.1%以上的试样，需以盐酸间苯二胺处理试样，消除醛类物质干扰再测定。处理步骤：吸取100mL试样，加入盐酸间苯二胺0.5g，煮沸回流1h，再蒸馏，收取至90mL左右时，向蒸馏瓶中加入10~15mL水，继续蒸馏直至收取100mL为止，取馏出液按试验方法进行操作并测定[20-21]。

（4）活性炭吸附过滤 吸取100mL试样于250mL烧杯中，加入0.15g的酒类专用活性炭，搅拌均匀，置于-5℃条件下冷冻处理15h，并及时进行过滤处理，按试验方法进行操作并测定[22]。

## 2.5 优化方法验证设计

方法验证的目的是进一步确认方法的科学性，考察方法在各环境条件下的适用性和可操作性。通过高、低浓度加标试验以及平行重复测定，根据GB/T 27417—2017《合格评定 化学分析方法确认和验证指南》[23]规定的方法线性范围、检出限（LOD）、定量限（LOQ）、精密度（方法重复性）、正确度（加标回收率）等特性指标要求，验证优化后的方法是否稳定可靠，是否具有科学性、合理性、实用性，是否满足定量方法线性回归方程的相关系数要求，且能够量值溯源。

## 2.6 数据处理

### 2.6.1 杂醇油含量计算

对各组数据进行显著性分析，采用Origin软件绘制关系图表。在定量测试分析中，试样杂醇油含量计算见式（1）[19]。

$$X = \frac{M \times 100}{V_1 \times (V_2/10) \times 1000} \tag{1}$$

式中 $X$——酒样中杂醇油的含量，g/100mL

$M$——稀释液中杂醇油的质量，mg

$V_2$——测定用试样稀释体积，mL

$V_1$——吸取酒样的体积，mL

结果保留2位有效数字。

### 2.6.2 方法检出限、定量限计算

采用GB/T 27417—2017《合格评定 化学分析方法确认和验证指南》[23]中空白标准偏差法评估LOD，即通过分析大量的样品空白或加入最低可接受浓度的样品空白来

确定 LOD，独立测试的次数不少于 10 次（$n \geqslant 10$），计算出检测结果的标准偏差（$S_i$），LOD 表示方法为：$0+3S_i$。

LOQ 的考虑主要是从其可靠性考虑，通常以 3 倍的 LOD 作为 LOQ。检出限和定量限通常保留 1 位有效数字。

2.6.3 方法精密度（重复性）计算

GB/T 27417—2017《合格评定　化学分析方法确认和验证指南》[23] 中对方法重复性的规定，重复性的测定通常在自由度至少为 6 的情况下，较短时间内对某一水平浓度的样品进行 7 次平行测定，其平均值、标准偏差、相对标准偏差（以及变异系数：CV 值）分别按式（2）、式（3）、式（4）进行计算：

$$\bar{x}_i = \frac{\sum_{k=1}^{n} x_k}{n} \tag{2}$$

$$S_i = \sqrt{\frac{\sum_{k=1}^{n} (x_k - \bar{x})^2}{n-1}} \tag{3}$$

$$RSD_i = \frac{S_i}{\bar{x}_i} \times 100\% \tag{4}$$

式中　$x_k$——对某一浓度水平样品进行的第 $k$ 次测试结果

$\bar{x}_i$——对某一浓度水平样品测试的平均值

$S_i$——对某一浓度水平样品测试的标准偏差

$RSD_i$——对某一浓度水平样品测试的相对标准偏差

标准偏差和相对标准偏差一般保留 2 位有效数字。

2.6.4 方法正确度（加标回收率）计算

回收试验用于评估系统误差，可通过计算回收率来进行评价。GB/T 27417—2017《合格评定　化学分析方法确认和验证指南》[23] 中对方法正确度（加标回收率）的规定，加标回收率按式（5）计算。

$$R = (C_1 - C_2)/C_3 \tag{5}$$

式中　$C_1$——加标之后测定的浓度

$C_2$——加标之前测定的浓度

$C_3$——加入目标物质后的理论浓度

加标回收率通常保留 3 位有效数字。

## 3 结果与分析

### 3.1 吸收光谱图的绘制和吸收点的确定

从图 1 可以看出，在试验条件下，杂醇油标准溶液与对二甲基苯甲醛反应生成的橙黄色物质在 420～580nm 光区均具有吸收点，取最大吸收值波长处 494nm 为测定波长。

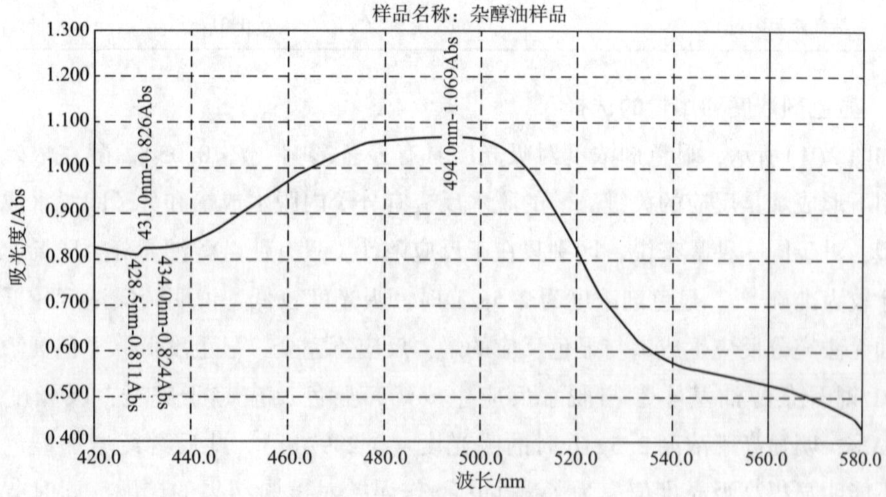


图 1　溶液光谱吸收曲线

Fig. 1　Spectral absorption curve of solutions

## 3.2　随机区组试验

### 3.2.1　前处理方式的选择

如表 1 所示，不同前处理方式对酒样杂醇油检出具有显著影响（$P<0.05$）。经盐酸间苯二胺处理回流再蒸馏的酒样吸光度值偏低，说明前处理过程中杂醇油有损失，一方面可能是回流效果差，在高温汽化情况下杂醇油挥发；另一方面也可能是蒸馏过程中添加水对杂醇油浓度造成稀释。经直接蒸馏、活性炭吸附过滤后的酒样，其吸光度值显著高于未处理酒样吸光度值（$P<0.05$），蒸馏和吸附过滤方式均可有效除去酒中影响杂醇油反应显色的物质，其中，直接蒸馏后的酒样吸光度值远高于活性炭吸附过滤后的酒样吸光度值，说明活性炭吸附过滤效果相对较差，无法完全去除酒中干扰显色的物质，故以下试验均采用直接蒸馏的方法处理酒样。

**表 1　不同前处理下样品吸光度比较**

**Table 1　Comparison of absorbance of samples under different pretreatments**

| 前处理方法 | 吸光度平均值/Abs | 标准偏差 | 5%显著分析 |
|---|---|---|---|
| 不处理 | 0.581 | 0.000118 | ab |
| 直接蒸馏 | 0.694 | 0.0001 | a |

续表

| 前处理方法 | 吸光度平均值/Abs | 标准偏差 | 5%显著分析 |
|---|---|---|---|
| 盐酸间苯二胺处理后蒸馏 | 0.522 | 0.000141 | b |
| 活性炭吸附过滤 | 0.602 | 0.000125 | ab |

### 3.2.2 显色剂浓度和用量的选择

如图 2(1)所示，显色剂浓度对吸光度具有显著影响（$P<0.05$）。醇在浓硫酸脱水作用下形成烯是反应的关键。醇的脱水反应有分子内脱水成烯和分子间脱水成醚两种类型，对于同一种醇来说，区别只在于反应条件。只有使杂醇油充分生成烯，检测结果才较为准确[24]。显色剂浓度为 2.5g/L 时，吸光度较低，说明硫酸浓度较低导致杂醇油无法充分反应生成参与显色反应的烯，反应不完全，显色度低。显色剂浓度达到 5g/L 时，杂醇油基本参与脱水反应生成烯，显色反应趋于完全，吸光度值为 0.631Abs，明显高于浓度 2.5g/L 时的吸光度（0.239Abs），此后继续增加显色剂浓度，不能明显提高吸光度值，为了减少因操作误差对试验结果的影响，同时节约试剂、提高试验操作安全性，故选择 5g/L 的对二甲氨基苯甲醛-硫酸溶液作为试验显色剂。

如图 2(2)所示，显色剂用量对吸光度具有显著影响（$P<0.05$）。随着显色剂用量的增加，溶液吸光度值呈先上升后下降的趋势，在显色剂用量为 4mL 时，溶液吸光度值达到最大值，为 2.108Abs，明显高于其他试验组的吸光度（$P<0.05$）。显色剂用量低于 4mL 时，硫酸含量较低，无法充分将酒中杂醇油转变为烯；高于 4mL 时，酒中杂醇油生成烯反应完全，但过量的浓硫酸存在溶液中，使溶液 pH 急剧降低，影响溶液吸光度测定的灵敏度，测定值偏低。为保证试验显色反应趋于完全，同时提高测定结果准确度，选择显色剂用量为 4mL。

### 3.2.3 水浴条件的确定

如图 2(3)所示，0~30min，吸光度值不稳定，随着时间延长急速上升，30min 后趋于平缓，证明此时反应基本完全，继续延长水浴时间，溶液中杂醇油已完全消耗，反应趋于平衡，无法再生成显色物质烯。为了获得较高的吸光度值从而提高试验的准确性，同时避免延长实验时间造成试验难度和成本的提高，选择 30min 作为最佳水浴时间。

图 2(4)表明，水浴温度对吸光度有显著影响（$P<0.05$）。杂醇油脱水反应需在沸腾条件下进行，当水浴温度过低，阻碍脱水反应的正向进行，杂醇油反应不完全，试样显色效果差，测定值偏低。水浴温度 60~100℃时，吸光度值呈上升趋势，并在 100℃时达到峰值，为 2.252Abs，此温度下吸光度显著高于其他试验组（$P<0.05$）。这一试验结果与 GB/T 5009.48—2003《蒸馏酒与配制酒卫生标准的分析方法》中分

光光度[19]方法一致，故沿用国标中的沸水浴条件。

3.2.4　稀释剂的选择

如图2(5)所示，稀释剂的酸度对试验灵敏度、稳定性均有显著影响（$P<0.05$）[25]。吸光度值随着稀释剂的酸度增加而增大，1+1硫酸和浓硫酸作为稀释剂时，吸光度值高且标准偏差均低，说明显色反应灵敏度较高，反应趋于完全。相比之下，1+1硫酸稀释剂下6次吸光度值相对标准偏差达到最低，为0.086%，远低于浓硫酸作为稀释剂时吸光度的相对标准偏差（0.45%），其稳定性更好，同时考虑试验操作的安全性，尽量避免实验人员与浓硫酸的直接接触，故选择1+1硫酸作为稀释剂。

3.2.5　冷却时间的确定

如图2(6)所示，随着冷却时间的延长，样品吸光度逐渐降低，一方面可能是因为显色反应完全后，溶液中的其他反应干扰了显色；另一方面可能是因为醇脱水反应条件为沸水浴，外界条件和溶液内硫酸同时供热，冷却后，溶液温度降低使脱水反应逆向进行，显色物质含量减少，故显色值低。综上，选择加入稀释剂摇匀后立即测定。

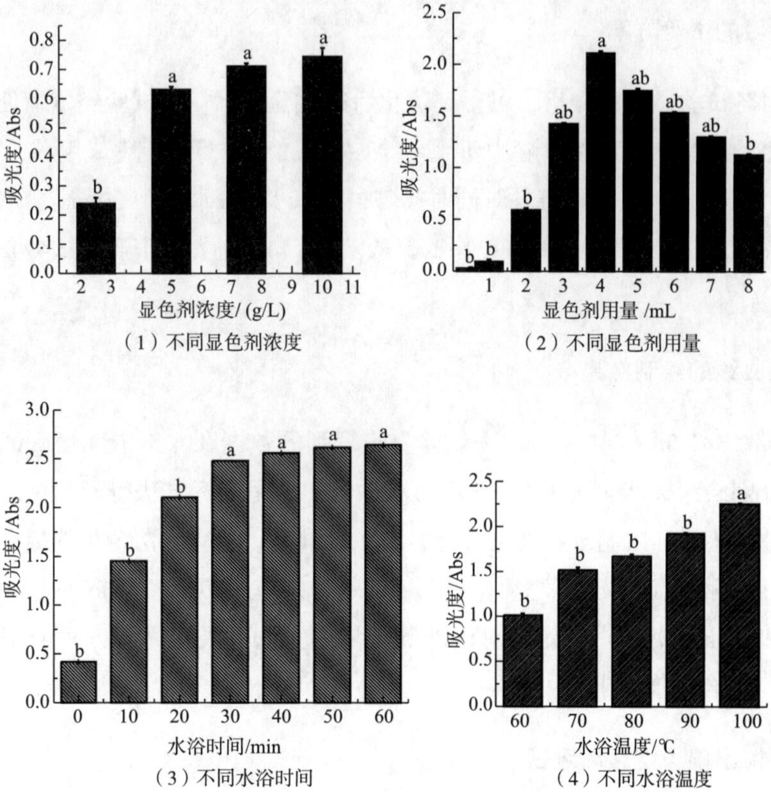


图2　不同因素水平对吸光度值的影响

Fig. 2　Influence of different factors on absorbance value

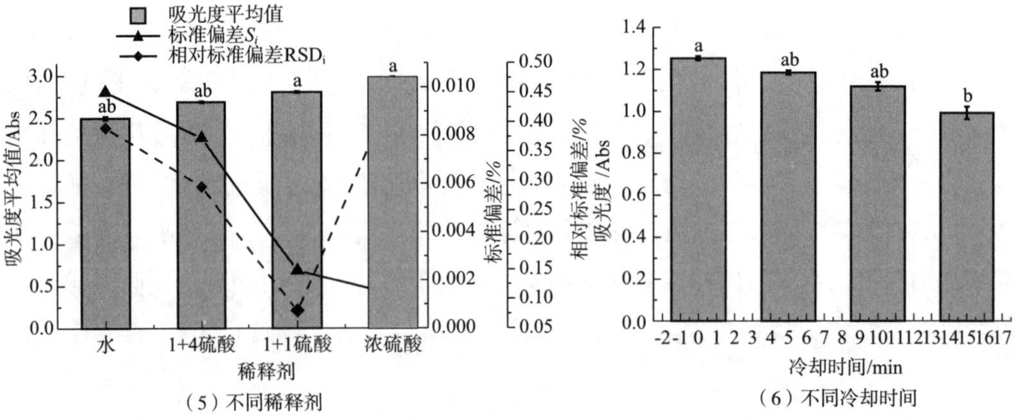


图 2 不同因素水平对吸光度值的影响(续)

Fig. 2 Influence of different factors on absorbance value

## 4 优化后的方法验证

### 4.1 优化后的试验方案

通过对各试验结果的分析，可得到优化后的试验方案：将试验经蒸馏处理，试样管及标准管摇匀后，于冷水浴中沿管壁加入 4mL 对二甲氨基苯甲醛－硫酸溶液(5g/L)，使其沉至管底，再将各管同时摇匀，放入 100℃水浴中 30min 后取出，立即放入冰浴中冷却，并立即各加 2mL 1+1 硫酸溶液，混匀后立即于波长 494nm 处测吸光度。

### 4.2 标准曲线的绘制结果

将按照 GB/T 5009. 48—2003 中试验方法得到的数据及 4. 1 中优化后试验方法得到的数据分别绘制标准曲线，见图 3。由图 3 可知，用国标方法得到的标准曲线，由于试验条件的不足和限制，相关系数低，结果不准确。优化方法测得的标准曲线相关系数高，且各标准点吸光度值整体较高。GB/T 27417—2017《合格评定　化学分析方法确认和验证指南》中规定，对于准确定量的方法，线性回归方程的相关系数不低于 0. 99，符合标准要求。

### 4.3 方法检出限、定量限测试

由于全程序空白实验中未检出目标化合物，按照样品分析的全部步骤，加入标准溶液，重复 10 次试验，将各测定结果换算为样品的浓度，计算 10 次平行测定的标准

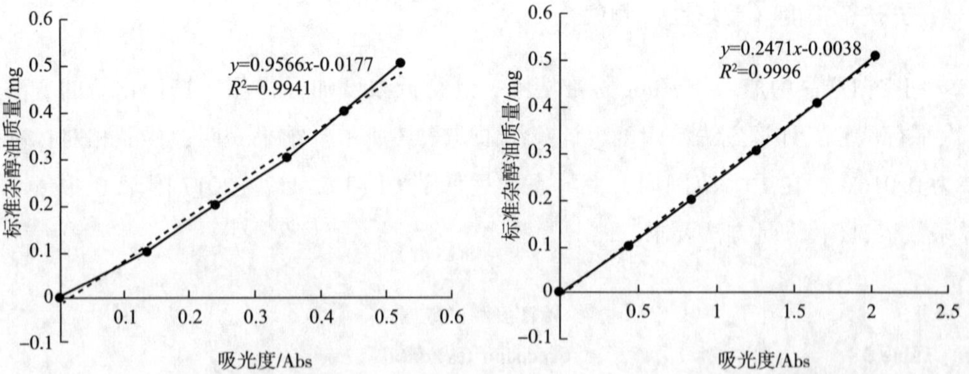


（1）国标标准曲线　　（2）优化法标准曲线

图 3　标准曲线比较

Fig. 3　Comparison of standard curves

偏差，结果见表 2。优化后方法检出限为 0.002g/100mL，远远低于 GB/T 5009.48—2003 中杂醇油检出限 0.03g/100mL。

表 2　方法检出限、定量限数据表

Table 2　Data of detection limit and quantification limit

| 平行样品编号 | 测定质量/mg | 试样中杂醇油含量/(g/100mL) |
|---|---|---|
| 1 | 0.0504 | 0.10 |
| 2 | 0.0502 | 0.10 |
| 3 | 0.0501 | 0.10 |
| 4 | 0.0497 | 0.099 |
| 5 | 0.0496 | 0.099 |
| 6 | 0.0497 | 0.099 |
| 7 | 0.0497 | 0.099 |
| 8 | 0.0497 | 0.099 |
| 9 | 0.0496 | 0.099 |
| 10 | 0.0501 | 0.10 |
| 平均值 $X_i$/(g/100mL) | — | 0.099 |
| 标准偏差 $S$/(g/100mL) | — | 0.00066 |
| 检出限 LOD/(g/100mL) | — | 0.002 |
| 定量限 LOQ/(g/100mL) | — | 0.006 |

### 4.4 方法精密度（重复性）测试

向空白样品中加入 0.30mg 标准溶液，制得低浓度加标样品。按优化后的方法做 7 次平行试验，计算方法精密度，计算结果如表 3 所示。结果表明，样品相对标准偏差为 0.016%，在 10% 范围内，变异系数远低于 GB/T 27417—2017 附录 B 中最小变异系数 1.3%，满足方法要求。

**表 3　精密度测试数据**

**Table 3　Precision test data**

| 平行号 | 含量/mg | 平行号 | 含量/mg |
|---|---|---|---|
| 1 | 0.2931 | 6 | 0.2929 |
| 2 | 0.2927 | 7 | 0.2927 |
| 3 | 0.2929 | 平均值 $X_i$/mg | 0.2936 |
| 4 | 0.2929 | 标准偏差 $S_i$/mg | 0.000047 |
| 5 | 0.2928 | 相对标准偏差 $RSD_i$（变异系数 CV）/% | 0.016 |

### 4.5 方法正确度（加标回收率）测试

分别向空白样品中加入 0.05mg 和 0.30mg 标准物质，制得高、低浓度加标样品。按标准方法各做 7 次平行，计算加标回收率，计算结果如表 4 所示。结论：高、低两个浓度的加标样 7 次测定结果加标回收率范围满足 90% ~ 110%。

**表 4　正确度测试数据**

**Table 4　Accuracy test data**

| 平行号 | 低浓度加标样品准确度 | | | | 高浓度加标样品准确度 | | | |
|---|---|---|---|---|---|---|---|---|
| | 样品编号 | 实测值/mg | 加标量/mg | 加标回收率/% | 样品编号 | 实测值/mg | 加标量/mg | 加标回收率/% |
| 1 | 低浓度加标-1 | 0.0504 | | 101 | 高浓度加标-1 | 0.2941 | | 98.0 |
| 2 | 低浓度加标-2 | 0.0502 | | 100 | 高浓度加标-2 | 0.2937 | | 97.9 |
| 3 | 低浓度加标-3 | 0.0501 | | 100 | 高浓度加标-3 | 0.2931 | | 97.7 |
| 4 | 低浓度加标-4 | 0.0497 | 0.05 | 99.4 | 高浓度加标-4 | 0.2929 | 0.30 | 97.6 |
| 5 | 低浓度加标-5 | 0.0496 | | 99.2 | 高浓度加标-5 | 0.2927 | | 97.6 |
| 6 | 低浓度加标-6 | 0.0497 | | 99.4 | 高浓度加标-6 | 0.2952 | | 98.4 |
| 7 | 低浓度加标-7 | 0.0497 | | 99.4 | 高浓度加标-7 | 0.2927 | | 97.6 |

续表

| 平行号 | 低浓度加标样品准确度 | | | | 高浓度加标样品准确度 | | | |
|---|---|---|---|---|---|---|---|---|
| | 样品编号 | 实测值/mg | 加标量/mg | 加标回收率/% | 样品编号 | 实测值/mg | 加标量/mg | 加标回收率/% |
| 实际杂醇油含量/mg | 0 | | | | 0 | | | |
| 加标样品平均值 $X_i$/mg | 0.0499 | | | | 0.2935 | | | |
| 加标回收率范围/% | 99.2~101 | | | | 97.6~98.4 | | | |

## 4.6　实际样品检测

对不同浓度的标准样品分别采用国标法和优化方法进行随机重复测试，测试结果见图4。数据表明，采用优化后的试验方法测试样品，测试结果显著高于国标法测试结果。

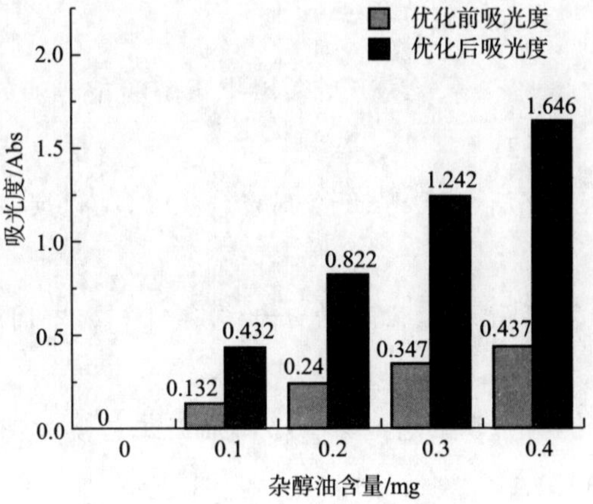


图4　优化前后样品吸光度值比较

Fig. 4　Comparison of sample absorbance befores and after optimization

## 5　结论

方法优化后，方法检出限为0.002g/100mL；定量限为0.006g/100mL；曲线线性相关系数为0.9996；精密度测试的相对标准偏差（以及变异系数CV）为0.016%，正确度测试的加标回收率为97.6%~101%，满足标准要求。根据以上论证，优化后的方法适用于测定白酒中杂醇油的含量。此法操作安全，精密度、正确度较高，回收率高，变异系数小，稳定性高，目标物反应趋于完全，宜推广应用，在实际应用中获得了满意效果，适合一线检测单位使用。

## 参考文献

[1] 栾中华 . ASPEN 模拟杂醇油中2-甲基丁醇和3-甲基丁醇的精馏分离及验证 [J]. 化学工程与装备, 2020 (11): 25-27.

[2] 严锦, 方尚玲, 蒋威, 等 . 降低小曲酒中杂醇油含量的研究进展 [J]. 酿酒, 2012, 39 (6): 32-35.

[3] 李珍, 杨洋 . 改良气相色谱分析法分离测定11种杂醇油 [J]. 食品安全导刊, 2017 (33): 74-75.

[4] 赵文献, 祝美云, 冯刚 . 浓香型白酒中杂醇油的测定 [J]. 安徽农业科学, 2007, 35 (2): 528+530.

[5] 李俭, 吴海丽, 陈金凤, 等 . 白酒中铅、锰、甲醇、杂醇油含量的测定方法研究 [J]. 中国酿造, 2013, 32 (8): 138-140.

[6] 张敏倩, 刘功良, 费永涛, 等 . 白酒酿造中杂醇油调控技术的研究进展 [J]. 中国酿造, 2020, 39 (5): 8-12.

[7] 张香, 秦丹, 曾璐, 等 . 发酵型果酒中甲醇和杂醇油的研究进展 [J]. 中国酿造, 2020, 39 (8): 17-21.

[8] 冯亮, 杨瑶 . 白酒中杂醇油的测定 [J]. 现代食品, 2018 (18): 103-106+113.

[9] 张瑞瑞 . 白酒杂醇油酯化酶的分子构建 [J]. 中国酿造, 2019, 38 (5): 86-89.

[10] 李长军, 杨生智, 曹亚龙, 等 . 小曲酒新工艺澳洲高粱发酵酒醅秋季杂醇油升高原因的研究 [J]. 酿酒科技, 2019 (1): 81-85.

[11] 皮聪 . 杂醇油与白酒生产质量 [J]. 酿酒科技, 2014 (4): 95.

[12] 尹红梅, 李天娇, 杨睿, 等 . 白酒中杂醇油的测定 [J]. 黑龙江科学, 2020, 11 (22): 17-19.

[13] 闵春艳, 唐杰, 吴杨, 等 . 气相色谱法测定鹿血酒中的甲醇和杂醇油 [J]. 药学研究, 2017, 36 (8): 446-449+456.

[14] 李杰民, 刘国明, 吴翠琼, 等 . 发酵条件对桑椹白兰地原料酒杂醇油的影响 [J]. 酿酒科技, 2016 (12): 79-82.

[15] 王立钊 . 固态白酒工艺中杂醇油生成影响因子的研究 [D]. 保定: 河北农

业大学，2006.

[16] 郭辉祥，冯平，王东，等. 固态白酒中杂醇油分布规律与工艺关联性解析 [J]. 酿酒科技，2018（11）：53-58.

[17] 吕国良. 白酒中杂醇油测定误差的原因及改进措施 [J]. 中国酿造，2006（4）：72-73.

[18] 张正尧，张建萍，梁萍. 在葡萄酒中采用优化比色法检测杂醇油含量的实验报告 [J]. 企业科技与发展，2007（14）：84-86.

[19] GB/T 5009.48—2003，蒸馏酒与配制酒卫生标准的分析方法 [S].

[20] 张建才，孟军，王雷. 比色法测葡萄酒中杂醇油含量的方法优化 [J]. 中国酿造，2013，32（5）：121-124.

[21] 陈丽娟，郭春芳. 比色法测白酒中杂醇油含量方法探讨 [J]. 酿酒，2001，28（5）：71-72.

[22] 王庆，田贵勤，韩国强. 小曲白酒除浊技术的研究 [J]. 现代食品，2020（6）：184-188.

[23] GB/T 27417—2017，合格评定　化学分析方法确认和验证指南 [S].

[24] 金春钰. 白酒中杂醇油分析方法的研究进展 [J]. 酿酒科技，2005（10）：113-116.

[25] 范衍琼. 分光光度法测定蒸馏酒及配制酒中杂醇油 [J]. 光谱实验室，2005，22（2）：304-306.

# 仁怀产区大曲酱香型白酒技术标准体系的构建

玉光惠[1]，陈仁远[2]，何菲[1]，先春[2]，唐平华[1]，赵文武[2]

（1. 仁怀酱香白酒科研所，贵州仁怀　564500；

2. 贵州省酒类产品质量检验检测院，贵州仁怀　564500）

**摘　要**：仁怀市是全国酱香型白酒酿造原产地和核心产区，是全国白酒产业的重要组成部分，以贵州茅台酒为引领的酱香型白酒产业是贵州省优势特色产业。强化标准引领，提升产品和服务质量，是促进白酒产业高质量发展的重要途径。本文基于现行有效的酱香型白酒国家标准、地方标准、行业标准、团体标准等及相关技术研究成果分析，回顾酱香型白酒主要标准的制定及发展路径，结合仁怀产区传统大曲酱香型白酒酿造工艺及生产实践，构建了以基础标准、生产技术标准、产品质量标准、检验检测标准为主的仁怀产区大曲酱香型白酒技术标准体系，以期为进一步完善酱香型白酒技术标准体系以及提升酱香型白酒产品质量提供参考和标准支撑。

**关键词**：仁怀产区；大曲酱香型白酒；标准体系；构建

# Standardization of *Daqu* Jiangxiang *Baijiu* Brewing Technique in Renhuai Producing Region

YU Guanghui[1], CHEN Renyuan[2], HE Fei[1],

XIAN Chun[2], TANG Pinghua[1], ZHAO Wenwu[2]

(1. Institute of Renhuai Jiangxiang *Baijiu*, Guizhou Renhuai 564500, China;

2. Guizhou Liquor Product Quality Inspection and Testing Institute,

Guizhou Renhuai 564500, China)

**Abstract**: City of Renhuai is the original and main producing region of Jiangxiang

基金项目：贵州省仁怀市地方标准体系建设专项基金项目（J020180002）。

作者简介/通信作者：玉光惠，男，硕士，工程师，主要从事酱香型白酒酿造相关的研究工作。E-mail：987875361@qq.com。

*Baijiu* in Guizhou province of China, as well as a key part of *Baijiu* industry all over the country. The Jiangxiang *Baijiu* industry leading by Kweichow Moutai, is the dominant industry in Guizhou province. Strengthening standards, improving quality of product and level of service is an important way to promote the high quality development for *Baijiu* industry. In this paper, we review the formulation and development path of main standards of Jiangxiang *Baijiu*, and set up standardization of *Daqu* Jiangxiang *Baijiu* brewing technique based on national standards, local standards, industry standards and group standards of Jiangxiang *Baijiu*, in combination with the production techniques and practices of traditional *Daqu* Jiangxiang *Baijiu* in Renhuai, the general basic standards, standards of producing techniques, quality standards of product and inspecting standards are formed. This standardization system will provide reference and standard support for further improving and perfecting the technical standard system and quality of Jiangxiang *Baijiu*.

**Key words**: Renhuai producing region, *Daqu* Jiangxiang *Baijiu*, Standardization, Formulation

## 1　前言

贵州白酒酿造历史悠久、工艺独特、文化厚重，是全国白酒产业的重要组成部分，以仁怀产区贵州茅台酒为代表的酱香型白酒为主导的白酒产业是贵州省的优势特色产业和传统支柱产业。近年来，仁怀产区酱香型白酒产量、产值、利税及营业收入等均占仁怀市工业总量的90%以上，占贵州省白酒行业总量的80%以上。2020年统计数据显示，仁怀市规模白酒工业产值998.15亿元，实现主营业务收入1169.45亿元，占贵州省白酒工业产值1221亿元的95.78%，占全国白酒工业产值5836亿元的20.04%；实现利润总额712.97亿元，占贵州省1221亿元的95.78%，占全国1585.4亿元的44.97%。

2014年，全国白酒行业进入发展低谷期，仁怀启动了酱香型白酒地方技术标准体系建设工作，着手相关标准的制定工作。2015年，由仁怀酱香型白酒科研所、贵州省酒类产品质量检验检测院、贵州茅台酒股份有限公司等单位组成起草工作小组，在《贵州酱香型白酒技术标准体系》[1]基础上，发布实施了《仁怀大曲酱香酒技术标准体系》[2]。

2016年以来，全国白酒行业复苏，在贵州茅台引领下的酱香型白酒产业规模和效益快速发展，对酱香型白酒的质量和标准要求不断提高，广大消费者对优质酱香型白酒的要求越来越高。2019年，贵州省提出了将赤水河流域产业带打造成世界酱香型白酒产业基地核心区，仁怀市提出了打造“生态基础最牢固、生产工艺最独特、产品品质最卓越、标准体系最权威、产区品牌最响亮、酱酒文化最鲜明”的酱香酒核心产区发展目标。本文对《仁怀产区大曲酱香酒技术标准体系》[3]的构建路径进行总结分析，以期为进一步补充和完善酱香型白酒标准、打造权威标准体系以及提升酱香型白酒产品质量提供标准支撑和参考。

## 2 构建方法

### 2.1 资料收集

通过国际标准组织[4]、国家标准信息查询[5]、国家标准全文公开系统[6]、全国标准信息公共服务平台[7]、地方标准信息服务平台[8]、贵州省地方标准查询服务平台[9]等收集相关酱香型白酒标准（规程）和文献，对相关标准及文献进行统计分析。

### 2.2 调研与取样

对贵州省内外不同规模、不同产区的酱香型白酒生产企业开展调研，了解企业生产中涉及的生产技术、基酒及成品酒等标准需求及存在的困难。设计取样跟踪布点企业，对企业不同年份、不同批次的一至七轮次基酒、综合基酒和成品酒等进行酒样采集。

### 2.3 酒样检验检测与验证

对各批次抽样酒体进行理化检测与感官品评，同时收集非传统大曲酱香工艺酱香型白酒、国内其他产区酱香型白酒等进行检验检测，开展不同生产工艺、不同产区的酱香型白酒鉴别研究，开展实验验证分析。

### 2.4 体系结构及内容

根据 GB/T 13016—2018《标准体系构建原则和要求》[10]，结合仁怀产区大曲酱香型白酒传统生产工艺特点实际及企业标准需求，确定仁怀产区大曲酱香型白酒技术标准体系结构和内容。

## 3 结果与分析

### 3.1 酱香型白酒相关标准分析

研究中收集到的标准资料表明，酱香型白酒国家标准、地方标准及团体标准等大多由贵州省相关部门、单位及有关企业主导制定（表 1）。2007 年 9 月，GB/T 18356—2007《地理标志产品 贵州茅台酒》发布，代替了 GB 18356—2001《茅台酒（贵州茅台酒）》，并于 2011 年、2015 年做了修订。2011 年 7 月，GB/T 26760—

2011《酱香型白酒》发布，是现行通用的酱香型白酒国家标准。2021年2月，全国白酒标准化技术委员会组织筹建《白酒质量要求　第4部分：酱香型白酒》国家标准起草工作组，并于4月在贵州省仁怀市茅台镇召开了标准起草工作启动会，这是从GB/T 26760—2011发布实施十年后的第一次重要修订，将对酱香型白酒的质量提出更高的要求。

2014年1月，贵州省发布了由65项标准组成的《贵州省酱香型白酒技术标准体系》，其中收集了49个国家标准和行业标准，首次编制发布了16个省级地方标准。2018年12月，贵州省卫生健康委员会批准发布了仁怀市制定的轮次基酒和综合基酒相关食品安全地方标准（表1）。

**表1　贵州省酱香型白酒相关标准**

**Table 1　Related standards of Guizhou Jiangxiang *Baijiu***

| 序号 | 标准（体系）名称 | 标准号（标准数量） | 发布年月 | 有效性 |
| --- | --- | --- | --- | --- |
| 1 | 茅台酒（贵州茅台酒） | GB 18356 | 2001年4月 | 废止 |
| 2 | 地理标志产品　贵州茅台酒 | GB/T 18356 | 2007年9月 | 有效 |
| 3 | 酱香型白酒 | GB/T 26760—2011 | 2011年7月 | 有效 |
| 4 | 贵州省酱香型白酒技术标准体系 | （16项地方标准） | 2014年1月 | 有效（部分废止） |
| 5 | 大曲酱香型白酒生产技术规范 | DB52/T 873—2018 | 2018年6月 | 有效 |
| 6 | 酱香大曲生产技术规范 | DB52/T 1298—2018 | 2018年6月 | 有效 |
| 7 | 食品安全地方标准　仁怀大曲酱香酒一至七轮次基酒 | DBS52/035—2018 | 2018年12月 | 有效 |
| 8 | 食品安全地方标准　仁怀大曲酱香酒综合基酒 | DBS52/035—2018 | 2018年12月 | 有效 |
| 9 | 仁怀大曲酱香酒技术标准体系 | （10项团体标准） | 2015年9月 | 被替代 |
| 10 | 遵义大曲酱香型白酒 | T/GZSX 030—2018 | 2018年6月 | 有效 |
| 11 | 仁怀产区大曲酱香酒技术标准体系 | （7项团体标准） | 2019年12月 | 有效 |

近年来，国家标准化工作改革方向侧重于团体标准建设，酱香型白酒标准方面的制修订也较多地倾向于团体标准[2]。2015年9月，《仁怀大曲酱香酒技术标准体系》发布，随后2016年8月，中国酒业协会发布团体标准T/CBJ 003—2016《固态法酱香型白酒原酒》；2018年6月，贵州省食品工业协会发布团体标准T/GZSX 030—2018《遵义大曲酱香型白酒》；2019年12月，《仁怀产区大曲酱香酒技术标准体系》发布；2020年12月，遵义市启动“年份酒”标准体系建设工作，着手制定大曲酱香型年份白酒标准。

## 3.2　调研与取样结果

标准体系起草期间，课题组调研了茅台酒厂、郎酒公司、习酒公司、金沙酒业、青酒公司、珍酒公司、国台酒业等省内外重点白酒生产企业，并赴中国食品发酵工业研究院、中国标准化研究院、中国酒业协会及中国标准化协会等单位考察学习。在调研中，将酱香型白酒特征成分分析和实物标准样品的制备列入重点调研内容，根据多数企业和专家的意见和建议，基于酱香型白酒的酿造工艺复杂性，取样范围应该覆盖产区内酱香型白酒生产企业，基础样品总量不低于500个；特征成分从采集大量基础样品的理化数据、风味组分中分析和研究，选取1~2个有益成分或健康因子作为特征成分；通过建立实物标准样品研制基地企业，选取具有代表性、典型性和差异性且来源真实的基础样品，鉴定以感官品评为主、理化检测为辅等。

## 3.3 理化分析和感官特征

优质大曲酱香型白酒是科学合理的酿造环境、酿造工艺和勾调技术有机结合的结晶，“酱香突出、幽雅细腻、酒体醇厚、回味悠长、空杯留香持久”是对其感官上的高度总结和评价。稳定优质的轮次基酒是决定成品酒质量、档次和形成酒体风格的重要基础[11]，对轮次基酒的研究是总结和评价酱香型白酒理化指标和感官特征的前提。

### 3.3.1 理化分析

酒精度、总酸、总酯、己酸乙酯和固形物是酱香轮次基酒质量管理的重要指标[12]，对仁怀产区大曲酱香轮次基酒质量状况的研究结果表明，按照2015年发布的《仁怀大曲酱香酒技术标准体系》中轮次基酒的理化要求，抽检酒样中一轮次基酒酒精度、二轮次基酒总酸、五轮次基酒总酸和总酯的合格率较低，其中一轮次基酒酒精度达到57%vol以上的仅为21.05%，二轮次和五轮次基酒的总酸合格率均低于50%，五轮次基酒的总酯合格率为52.94%。

研究中进一步对基酒中感官影响较大的乙醛、正丙醇、乙酸乙酯及乳酸乙酯对比分析。结果表明，一轮次基酒乙醛含量偏低（最低为0.32g/L）、正丙醇含量偏高(最高为27.8g/L)；二轮次基酒乙醛含量偏高（最高为1.7g/L）、正丙醇含量偏低(低于检出限0.05g/L)；其余轮次基酒中乙醛及正丙醇含量差异较小；一轮次、二轮次和七轮次基酒的乙酸乙酯含量差异较大；一轮次、四轮次和五轮次基酒乳酸乙酯含量差异较大[12]。在研究多酚类物质时发现，大曲酱香轮次基酒中总多酚的含量随着基酒轮次的增加呈上升趋势，除一、二轮次基酒变化不明显外，其他轮次基酒总多酚含量呈现明显的上升趋势[13]。

课题组在研究基酒和成品酒特征风味成分时发现，各轮次基酒中的异戊醛、乙酸、苯乙酸乙酯、糠醛、乙酸乙酯、2,3,5-三甲基吡嗪等化合物含量是区分不同轮次的关键成分，并初步建立了基于因子分析和神经网络分析预测评价酱香酒轮次与工艺的模型[14]。同时，通过对91个轮次基酒样品进行定性定量分析，确定以含量较高的15个共有组分乙酸乙酯+乙缩醛、丁酸乙酯、己酸乙酯、乳酸乙酯、乙醛、异戊醛、糠醛、正丙醇、异丁醇、正丁醇、异戊醇、乙酸、丙酸、正丁酸和正戊酸，进行主成分分析和判别分析，建立了一种识别大曲酱香轮次基酒的方法[15]。

3.3.2　感官特征

课题组多次组织国家白酒评委、省级白酒评委、品酒师等对仁怀产区大曲酱香轮次基酒、综合基酒和成品酒进行感官检验，通过分析感官检验结果，最后确定标准体系中各轮次基酒、综合基酒和成品酒的感官要求。在分析总结传统酿造工艺生产轮次基酒感官特征中发现，优质轮次基酒的感官特征主要表现为：一轮次基酒有愉悦的粮香、酸香、酯香等芳香，带酱味、生粮味、酸味、涩味，微苦；二轮次基酒有酱香，带花果香、草木香等芳香，略有生糊香，味甜、干净，略有酸涩味；三轮次基酒酱香突出，有曲香等复合的特殊香气，酒体醇厚、酱味较突出，醇甜，尾净，后味长；四轮次基酒酱香突出，含花果香、曲香等特殊香气，酒体较醇厚、酱味突出，丰满、味净，后味绵长；五轮次基酒酱香明显，略有焦香、类似芝麻香等特殊香气，后味微涩、苦；六轮次基酒酱香较明显，略有焦煳香，酱味较明显，后味长，余味略苦；七轮次基酒有酱香、焦煳香，略带糟香，酱味较明显，有焦煳味，后味微苦、略带糟味[16]。实际生产中，优质的轮次基酒经过合理的贮存、勾兑调味，才可能成为优质半成品综合基酒和出厂成品酒，见表2。

**表2　　仁怀产区大曲酱香轮次基酒、综合基酒和成品酒主要感官特征**

**Table 2　　Sensory characteristics of *Daqu* Jiangxiang *Baijiu* of Renhuai production region**

| 轮次 | 感官特征 |
|---|---|
| 一轮次基酒 | 有酱香、粮香、酸香、酯香；带生粮味、酸味、涩味，后味微苦 |
| 二轮次基酒 | 有酱香、粮香、酸香、草木芳香；味甜，干净，有酸涩味 |
| 三轮次基酒 | 酱香突出，带曲香、复合香；味净，酒体醇和，后味长 |
| 四轮次基酒 | 酱香突出，带曲香、复合香，浓厚；味净，酒体醇厚，后味绵长 |
| 五轮次基酒 | 酱香明显，略有焦香；酒体较醇厚，后味微苦，后味长 |
| 六轮次基酒 | 有酱香，有焦煳香；酒体较丰满，略有焦煳味，后味长 |
| 七轮次基酒 | 有酱香，有焦煳香、糟香；有酱味，有焦煳味，余味略苦，略带糟味 |
| 综合基酒 | 酱香突出、复合香明显、空杯留香；酒体醇厚丰满，诸味协调，回味长 |
| 成品酒 | 酱香突出、幽雅细腻、空杯留香持久；酒体醇厚、丰满、协调，回味悠长 |

由于传统工艺大曲酱香型白酒酿造过程主要以开放式环境发酵、经验式手工操作方式生产，如果关键酿造环节操作不当、使用不合格的原辅料或糖化发酵剂、酿造环境卫生条件差、贮存过程管理不善等，就会出现基酒质量的稳定性、重复性、一致性

差等普遍现象。在轮次酒感官检验中发现，各个轮次基酒中会出现不同程度的异香、异味或酒体寡淡、味短等特征，如咸菜味、馊味、霉味、腥味、泥臭味，可能出现糠味、油味、汗味、尘土味和黄水味等，这些问题的出现势必会导致大曲酱香型白酒优级率降低，使得成品品质下降，降低企业经济效益等后果。因此，制定相关技术标准，引导企业严格管理、规范生产尤为重要。

### 3.4 体系结构及内容的确定

《仁怀产区大曲酱香酒技术标准体系》是在分析研究 DBS52/035—2018《食品安全地方标准　仁怀大曲酱香酒一至七轮次基酒》、DBS52/035—2018《食品安全地方标准　仁怀大曲酱香酒综合基酒》和《贵州省酱香型白酒技术标准体系》等标准基础上，对《仁怀大曲酱香酒技术标准体系》进行制定与修订。与《仁怀大曲酱香酒技术标准体系》比较，标准体系及标准在名称上增加了“产区”二字，标准数由原来的 10 项优化为 7 项，主要将一至七轮次基酒的单个标准整合为了一个标准。标准体系在结构上主要包括基础标准、产品标准、指南标准、生产技术标准及检测方法五个部分共计 7 项标准及 3 个检测方法（图 1），其中优化修订了 4 项标准：《仁怀产区大曲酱香一至七轮次基酒》《仁怀产区大曲酱香综合基酒》《仁怀产区酱香大曲生产技术规范》和《仁怀产区大曲酱香酒生产技术规范》，制定了 3 项新标准：《仁怀产区大曲酱香酒》《仁怀产区大曲酱香酒风味轮应用指南》和《仁怀产区大曲酱香酒标准样品系列制备技术规范》。

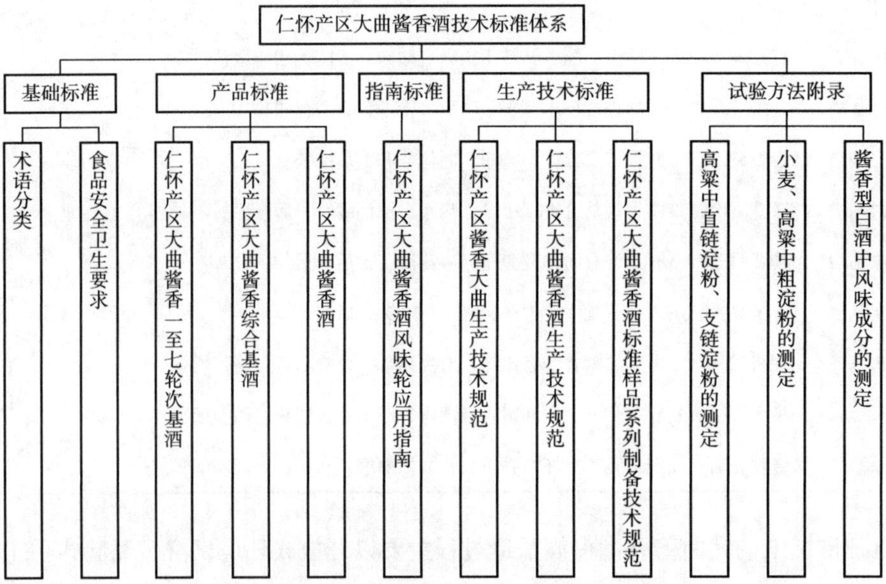


图 1　标准体系结构图

Fig. 1　The structure chart of standardization system

### 3.4.1　基础标准

标准体系中的术语定义分布于各个标准中，轮次基酒和综合基酒标准在原有标准基础上修订并新增了各轮次基酒、小盘勾、大盘勾、勾调、大曲酱香酒风味成分、大曲酱香酒风味轮、大曲酱香轮次基酒和综合基酒标准样品等术语和定义。为进一步结合生产实际和满足企业对标准的需求，基于风味轮和标准样品分别制定了技术规范，利于在生产实际中的操作和使用。标准体系中的食品卫生安全要求体现在基酒和成品酒产品标准中，以符合 GB 2757—2012《食品安全国家标准　蒸馏酒及配制酒》、GB 8951—2016《食品安全国家标准　蒸馏酒及配制酒生产卫生规范》和 GB 14881—2013《食品安全国家标准　食品生产通用卫生规范》要求为主。

### 3.4.2　系列产品标准

传统大曲酱香型白酒酿造工艺与其他香型白酒的显著区别在于一年一个生产周期，两次投料，原料历经多次循环蒸煮、拌曲、堆积、发酵，期间多次循环蒸馏摘取形成七个不同轮次的基酒，经盘勾形成综合基酒，又经贮存、勾兑调味、检验、包装等工序才形成大曲酱香型白酒成品酒。标准体系中，新增生产过程的卫生要求及生产区域范围等内容，优化了基酒的感官和理化要求，形成了以轮次基酒、综合基酒和成品酒为主的系列产品标准。

根据生产实际调研和试验结果分析，轮次基酒和综合基酒按质量等级分成优级、一级、二级和三级共 4 个，在色泽和外观的感官要求上将酒体允许出现白色絮状沉淀或失光的临界温度由 10℃ 调整为 15℃，以 GB/T 10345—2007《白酒分析方法》和《仁怀产区大曲酱香酒风味轮应用指南》为感官检验方法，对各质量等级基酒感官要求划分评分范围。在理化指标上，针对基酒各质量等级的酒精度、总酸、总酯、固形物、已酸乙酯和吡嗪总量 6 项指标提出要求，其中要求轮次基酒酒精度不低于 51%vol，综合基酒不低于 52.3%vol；固形物应低于 0.70g/L；已酸乙酯应低于 0.40g/L。在生产实际中，基酒的总酸、总酯指标的变化范围相对较大，在设定对应各个质量等级的临界值时，课题组整理分析了 1000 余批次抽样检测数据，结合感官数据，经多次验证最终确定各轮次及综合基酒的总酸、总酯指标，其中轮次基酒总酸不低于 1g/L，总酯不低于 1.6g/L；综合基酒总酸不低于 1.2g/L，总酯不低于 2.0g/L。

课题组先后采集了仁怀产区不同海拔、规模的代表企业的轮次基酒及综合基酒样品 600 余批次，采集了产区外样品（四川省、湖北省、山东省等）50 余批次，采集了传统大曲酱香工艺、麸曲酱香工艺、碎沙酱香工艺和串香工艺等[17]酒体样品 100 余批次，并检测分析其 58 种风味成分[14]。检测分析结果发现，在供试的轮次基酒及综合基酒样品体中，吡嗪类及总多酚随着轮次基酒次数增多，其含量增加趋势明显，且不同工艺其含量不同，仁怀产区大曲酱香基酒和成品酒中的含量明显高于其他工艺和产区，尤其是吡嗪总量最高可达 32.13mg/L 以上。这两类成分在区分不同产区、不同工艺的酱香型白酒中具有一定的参考价值。在征求意见稿中曾增加吡嗪总量和总多酚作为仁怀产区大曲酱香型白酒的理化指标要求，经征求企业和专家意见，鉴于这两类成分指标属非限制性测定指标，其数据的采集和稳定性分析等工作还需进一步研究，仅在轮次基酒中保留了吡嗪总量指标，并规定一至二轮次基酒吡嗪总量（以三甲基吡嗪和四甲基吡嗪之和计）不低于 1.00mg/L，三至五轮次基酒吡嗪总量不低于 2.50mg/L，六至七轮次基酒吡嗪总量不低于 4.50mg/L。

体系在基酒标准基础上，制定了成品酒标准《仁怀产区大曲酱香酒》，形成了较完整的产品系列标准。在标准中，规定了生产范围仅限于仁怀市行政区域内，对调味进行了定义，提出了生产原料、工艺、感官和理化指标等要求，产品按酒精度分为高度酒和低度酒，其中高度酒酒精度范围 45%~55%vol，按质量等级分为特级、优级、一级和二级；低度酒酒精度在 30%~45%vol，按质量等级分为优级、一级和二级。

在系列产品标准中，都规定了真实性要求，通过建立风味气相/气质指纹图谱数据库和 $^{13}C/^{12}C$ 同位素质谱数据库溯源产品的真实信息，一方面引导企业规范诚信生产，另一方面用于鉴真防伪，防止以次充好、假冒伪劣产品扰乱市场，保护消费者权益。

### 3.4.3 大曲酱香型白酒风味轮

基于传统大曲酱香型白酒轮次基酒、综合基酒及成品酒复合多样的风味感官特征，课题组开展了大曲酱香型白酒风味轮编制的研究，绘制了包含香气和味觉特征的 5 个层次、173 个描述语的风味轮，并以此为基础制订了《仁怀产区大曲酱香酒风味轮应用指南》用于对仁怀产区大曲酱香一至七轮次基酒、大曲酱香综合基酒和大曲酱香酒进行感官特征描述与感官质量评价。在标准中，设计了大曲酱香酒的杯测法评分细则和基于风味轮的感官定量描述分析方法，将白酒感官品评和风味轮有机结合起来，可将同类型酱香型白酒进行比较分析，通过香气特征柱状图和口感特征雷达图直观地判定产品的不同香气和口感风格和品质高低。

### 3.4.4 生产技术

体系中的《仁怀产区酱香大曲生产技术规范》和《仁怀产区大曲酱香酒生产技术规范》是对仁怀地方传统手工酿酒技艺的规范和总结，包括制曲、制酒、贮存、勾兑、检验、包装六大环节。根据调研和企业生产实际，在酱香大曲生产技术规范中对制曲工艺流程图、入仓发酵的翻仓工序、曲仓（发酵仓和干燥仓）结构和要求进行了优化，提出了科学合理的生产用曲感官和理化要求。

在大曲酱香酒生产技术规范中，优化了工艺流程图，按制酒、贮存勾兑、调味贮存和包装 4 大部分组成；增加了小盘勾、大盘勾、分型分级等工序和控制要求，按生产实际提出盘勾过程中可“先贮存后勾兑”或“先勾兑后贮存”；将高粱单宁要求由原来的 1.0%~1.5%修改为≥1.0%，以符合企业酒用高粱实际情况；规范中包含 6 项资料性附录，从生产现场环境管理、生产运输管道、制酒生产的工艺参数、制酒生产工序作业操作、生产过程中关键控制点和生产过程中不合格项目的处理 6 大方面为执行标准企业提供了科学合理、可操作性强的技术要求和规范。

3.4.5　标准样品制备技术

2016 年 8 月，根据仁怀产区内企业布点情况及调研结果，根据企业规模、效益、生产管理等情况，标准编制牵头单位与贵州国台酒业有限公司、贵州钓鱼台国宾酒业有限公司等 5 家规模白酒企业合作，共同启动建设仁怀产区大曲酱香酒实物标准样品来源基地。课题组依托实物标准样品来源基地，深入研究了大曲酱香型白酒基酒和成品酒感官和理化特性，参考 GB/T 18795—2012《茶叶标准样品制备技术条件》，新制定了《仁怀产区大曲酱香酒系列标准样品制备技术规范》。规范中，对仁怀产区大曲酱香酒系列标准样品进行了定义，提出了包括基酒和成品酒在内的产品分类分级要求，尤其提出了以配对和配制方式进行样品制备的技术路线，研究确定了标准样品的原料、制备方法、包装、标签和标识、证书、有效期、使用和保管等内容。

3.4.6　淀粉和风味成分的测定

大曲酱香型白酒酿造过程中，需严格把控物料（包括高粱、小麦、大曲等原料及酿造过程的酒醅等），体系中附有酿酒大曲、固态发酵酒醅、高粱淀粉和小麦、高粱中粗淀粉的测定和分析方法，为生产过程主要物料监测和管理提供了方便。此外，附录中酱香型白酒中 58 种风味成分的测定，便于在标准使用过程中对基酒和成品酒进行风味成分测定、成分分析，建立产区或企业各质量等级酒体成分数据库，掌握产区和各企业酒体风味成分，结合感官品评，不断调整和提升产品质量。

## 4　结论

2019 年，《产业结构调整指导目录（2019 年本）》取消了对白酒生产线的限制，全国酒类行业在生产技术、质量安全、标准化体系、溯源体系等各方面都提出了更高的要求，白酒行业进入高质量发展时期。《仁怀产区大曲酱香酒技术标准体系》立足地方白酒产业发展现状和现实需求，顺应白酒行业的高质量发展新趋势，通过归纳总结传统大曲酱香型白酒的生产技术，研究和挖掘大曲酱香型白酒产品内在特质，突破了常规标准编制中缺乏系统、延续、协调性不足的局限，构建了覆盖大曲酱香型白酒基础标准、产品标准、生产技术、检验检测方法等较完善的技术标准体系。尤其在标准样品制备技术规范上，其可操作性强，为企业丰富产品线、个性化营销提供了可能，同时为打击以次充好、假冒伪劣产品等市场行为方面提供有效参考。此外，大曲酱香酒风味轮在应用上，可以为大曲酱香酒基酒、成品酒的感官质量定级和风味描述提供有效的支撑。

总体而言，《仁怀产区大曲酱香酒技术标准体系》丰富和完善了已有的酱香型白酒标准，在促进酱香型白酒基础研究、技术水平和工艺水平的提高，促进仁怀地方白酒产业高质量发展过程中必将发挥其应有的作用。

## 参考文献


[1] 贵州省质量技术监督局．贵州酱香型白酒技术标准体系 [M]. 北京：中国标准出版社，2000.

[2] 仁怀酱香白酒科研所，贵州省产品质量监督检验院仁怀分院．仁怀大曲酱香酒技术标准体系 [M]. 北京：中国标准出版社，2016.

[3] 仁怀酱香白酒科研所，贵州省产品质量监督检验院仁怀分院．仁怀产区大曲酱香酒技术标准体系 [M]. 北京：中国标准出版社，2020.

[4] International Organization for Standardization. ISO-standards [EB/OL]. [2021-08-08]. https：//www. iso. org/home. html.

[5] 市场监管总局国家标准信息查询 [EB/OL]. [2021-08-08]. http：//www. gov. cn/fuwu/bmfw/zggjbzhglwyhgjbzxxcx/index. html.

[6] 国家标准全文公开系统 [EB/OL]. [2021-08-08]. http：//openstd. samr. gov. cn/bzgk/gb/.

[7] 国家标准技术审评中心．全国标准信息公共服务平台 [EB/OL]. [2021-08-08]. http：//std. samr. gov. cn/.

[8] 国家标准技术审评中心．地方标准信息服务平台 [EB/OL]. [2021-08-08]. http：//dbba. sacinfo. org. cn/.

[9] 贵州省市场监督管理局．贵州省地方标准查询服务平台 [EB/OL]. [2021-08-08].

[10] GB/T 13016—2018，标准体系构建原则和要求 [S].

[11] 彭茵．稳定优质的轮次基酒是酱香型企业经济效益的源泉 [J]. 酿酒，2005，32 (2)：43-44.

[12] 王俊，陈仁远，赵文武，等．仁怀大曲酱香轮次基酒质量状况研究 [J]. 中国酿造，2016，35 (11)：103-107.

[13] 何菲，先春．影响不同酱香酒总多酚含量的因素探讨 [J]. 中国酿造，2020，39 (1)：181-185.

[14] 何菲，陈仁远．基于因子分析和神经网络分析预测评价酱香酒轮次与工艺 [J]. 中国酿造，2020，39 (2)：162-168.

[15] 先春，何菲，陈仁远，等．一种识别大曲酱香轮次基酒的方法 [J]. 中国酿造，2017，36 (6)：132-136.

[16] 赵文武，陈仁远．大曲酱香轮次基酒感官质量问题探讨 [J]. 现代食品，2020，3 (5)：92-95+99.

[17] 冯永渝，寻思颖．关于起草国家标准《酱香型白酒》工作的研究 [J]. 酿酒科技，2010 (7)：103-106.

# 小曲清香型白酒挥发性组分特征解析

唐洁[1]，樊杉杉[2]，杨强[1]，刘源才[1]，陈申习[1]，陈双[2]，徐岩[2]

（1. 中药保健食品质量与安全湖北省重点实验室，劲牌有限公司，
劲牌研究院，湖北大冶　435100；
2. 江南大学生物工程学院酿造微生物学与应用酶学研究室，
工业生物技术教育部重点实验室，江苏无锡　214122）

**摘　要**：为了全面解析小曲清香型白酒挥发性特征组分，采用 HS-SPME 结合 LLME 两种前处理方式对小曲清香型白酒典型酒样挥发性组分进行提取，再结合 GC×GC-TOF/MS 全面解析酒样中的挥发性成分。结果表明：通过 GC×GC-TOF/MS 分析准确鉴定出小曲清香型白酒中 638 种挥发性化合物，并对这些香气属性进行检索，发现 210 种潜在香气组分，包括酯类香气化合物 43 种，羰基化合物 36 种，醇类香气化合物 30 种，萜烯类香气化合物 20 种，芳香族香气化合物 18 种，有机酸类香气化合物 16 种，含硫香气化合物 13 种，呋喃类香气化合物 12 种，内酯类香气化合物 10 种，酚类香气化合物 8 种，含氮类香气化合物 4 种。该研究对全面认知小曲清香型白酒中的挥发性物质提供了新的见解，为今后提高小曲白酒的品质和香气等提供了技术基础。

**关键词**：清香型小曲白酒；GC×GC-TOF/MS；挥发性组分；潜在香气组分

基金项目：湖北省重点研发计划项目（2020BBA050）。

作者简介：唐洁，女，硕士，主要从事酿造微生物学研究。E-mail：tjjnan@163.com。

通讯作者：陈申习，男，博士，高级工程师，主要从事酿造微生物学研究。E-mail：chenshenxi2006@163.com。

通信作者：陈双，男，博士，副教授，主要从事酒类风物化学及酿造技术研究。E-mail：shuangchen@jiangnan.edu.cn。

# Analysis on Characteristics of Volatile Components of Light-aroma-type *Xiaoqu Baijiu*

TANG Jie[1], FAN Shanshan[2], YANG Qiang[1], LIU Yuancai[1], CHEN Shenxi[1], CHEN Shuang[2], XU Yan[2]

(1. Hubei Provincial Key Laboratory for Quality and Safety of Traditional Chinese Medicine Health Food, Jing Brand Research Institute, Jing Brand Co., Ltd., Hubei Daye 435100, China; 2. Lab of Brewing Microbiology and Applied Enzymology, Key Laboratory of Industrial Biotechnology of Ministry of Education, Jiangnan University, Jiangsu Wuxi 214122, China)

**Abstract**: To fully analyze the volatile characteristic components of light-aroma-type *Xiaoqu Baijiu*, HS-SPME combined with LLME was applied to extract the volatile components of the typical liquor samples of *Xiaoqu Baijiu*, and GC×GC-TOF/MS was used for comprehensive analysis volatile components in samples. The results showed that 638 volatile compounds in light-aroma-type *Xiaoqu Baijiu* were accurately identified and these aroma attributes were searched. 210 potential aroma components were found, including 43 ester aroma compounds, 36 carbonyl compounds, 30 alcohol aroma compounds, 20 terpenic aroma compounds, 18 aromatic compounds, 16 organic acid aroma compounds, 13 sulfur aroma compounds, 12 furan aroma compounds, 10 lactones aroma compounds, 8 phenolic aroma compounds, and 4 nitrogen-containing aroma compounds. This research provides new insights into the comprehensive understanding of volatile substances in light-aroma-type *Xiaoqu Baijiu*, and provides a technical basis for improving the quality and aroma of *Xiaoqu Baijiu*.

**Key words**: Light-aroma-type *Xiaoqu Baijiu*, GC×GC-TOF/MS, Volatile components, Potential aroma components

## 1　前言

小曲清香型白酒是以高粱等粮食作物为原料，以小曲为糖化发酵剂制成的最具我国传统特色的主要蒸馏酒之一，普遍生产于我国湖北、四川、湖南、福建和贵州等地[1]。小曲清香型白酒作为清香型白酒的重要类别，酒质清香淡雅，回甜醇净，符合现代年轻消费者的饮用要求，是生产药酒及配制酒的优质基酒[1]。与其他白酒相比，小曲清香型白酒生产工艺简单，用曲量最少，发酵周期短，出酒率最高。近些年通过酿造菌种的筛选[2]和生产工艺的智能化推进[3-5]，小曲清香型白酒最先实现了酿造过程的机械化和信息化，极大地提高了白酒生产效率和出酒率的稳定性。

20 世纪 90 年代初，曾祖训等[6, 7]最先开始川法小曲酒风味化学的研究，利用填充柱和毛细管柱对一些酸类、醇类、酯类、醛类及高沸点化合物进行了含量检测，通过与其他香型白酒成分含量对比，发现川法小曲酒以乙酸乙酯、乳酸乙酯和高级醇为主，区别于其他白酒。通过感官品评发现其口感与清香型白酒类似，但有突出优雅的“糟香”而区别于麸曲清香和大曲清香，因此单独确定其为一种新的香型，即小曲清香型白酒。2001 年杨强等[8]对湖北地区小曲清香型白酒中的 36 种香味组分含量进行解析归纳，提出乙酸乙酯、乳酸乙酯和正丙醇为小曲清香型白酒的特征成分。2019 年，孙细珍等[9]利用顶空固相微萃取（Head Space Solid Phase Microextraction，HS-SPME）结合气相色谱-嗅闻-质谱（GC-O-MS）技术解析出小曲清香型白酒中的“糠味”和“水嗅味”分别主要来源于土味素和异戊酸乙酯，并通过感官品评进行验证。2020 年孙细珍等[10]运用分子感官科学的思路分别解析了由现代工艺和传统工艺生产的小曲清香型白酒的特征香气组分，从小曲清香型白酒中鉴定出辛酸乙酯、乙醛、1-辛烯-3-醇等 32 种香气活性组分，进一步通过香气重组和缺失实验验证了这些香气化合物对于小曲清香型白酒的香气贡献。

全二维气相色谱（GC×GC）通过串联两根不同极性的毛细管色谱柱对复杂样品进行分离，样品从进样口进入后首先经过第一根色谱柱分离后再次进入第二根色谱柱进行分离，通过这种方式提高了峰容量，可以满足白酒中复杂组分的一次性分离解析，同时也提高了分辨率和灵敏度[11]。结合灵敏度高、扫描范围宽、分析速度快的飞行时间质谱仪（TOF/MS）进行物质鉴定，可以实现复杂样品组分快速分离与准确鉴定[12]。目前 GC×GC-TOF/MS 已成功应用于酱香型白酒[13]、浓香型白酒[14]、清香型白酒[15]、芝麻香型白酒[16]等中挥发性组分的分析，但对于小曲清香型的研究未见报道。本研究采用 HS-SPME 结合液-液微萃取（Liquid-liquid Microextraction，LLME）两种方式对小曲清香型白酒典型酒样进行前处理，利用全二维飞行时间质谱（Gas Chromatography/time-of-flight Mass Spectrometry，GC×GC-TOF/MS）全面解析其中的挥发性组分，为提升小曲清香型白酒质量和品质提供技术支撑。

## 2 材料与方法

### 2.1 材料与试剂

#### 2.1.1 白酒样品

本研究所用小曲清香型白酒原酒样品由劲牌有限公司提供，经专业评酒员感官认定的具有小曲清香型白酒典型风格的原酒样品。

2.1.2　实验材料

试剂：氯化钠、氢氧化钠、硫酸、无水硫酸钠，均为分析纯，均购买于中国国药上海化学试剂公司；无水乙醇、二氯甲烷，均为色谱纯，均购买于百灵威科技有限公司。

标准品：化合物定性定量的标品（色谱纯，上海 Sigma-Aldrich 公司及百灵威科技有限公司）；内标化合物叔戊酸、2-甲氧基苯酚-D3、正己醇-D13、乙酸-2-苯乙酯-D3 和 $C_6 \sim C_{30}$正构烷烃标样（色谱纯，上海 Sigma-Aldrich 公司）。

## 2.2　实验方法

2.2.1　HS-SPME 与 LLME 结合提取小曲清香型白酒挥发性组分

为了较为全面地富集小曲清香型白酒中的挥发性组分，本研究采用 HS-SPME 结合 LLME 的方法对样品进行前处理。其中 HS-SPME 具有选择性高、灵敏度高、快速、无需溶剂和样品量低的特点，对于白酒中较易挥发的化合物具有良好的吸附效果。LLME 是一种采用少量溶剂萃取的方法，采用极性较强的溶剂，可以萃取出较难挥发的化合物。将 HS-SPME 和 LLME 两种方法相结合起来，可以快速、全面地提取样品中的挥发性化合物。

2.2.1.1　HS-SPME 分析

参照实验室前期建立的方法[17]，通过加入煮沸 5min 后冷却至室温的超纯水将酒样稀释至 10%vol，吸取 10mL 稀释过的酒样至 20mL 顶空瓶中，加入 3g NaCl 至饱和，用带 PTFE/蓝色硅胶隔垫的空心磁性金属盖密封。通过 Gerstel 多功能自动萃取进样装置 MPS2 进行 HS-SPME，具体过程如下：使用 2cm 的 50/30μm DVB/CAR/PDMS 萃取头进行萃取，在 50℃下平衡 5min 后，以 400r/min 的转速萃取 45min。萃取结束后在 GC 进样口（250℃）解吸附 5min。

2.2.1.2　LLME 分析

参照 Chen 等[18]的方法，取 30mL 稀释至 10%vol 的酒样至 60mL 样品瓶中，加 NaCl 至饱和，然后加入 5mL 萃取剂 $CH_2Cl_2$，通过涡旋振荡仪以 500r/min 的转速将混合样品萃取 5min，静置待分层后分离有机相，添加无水 $Na_2SO_4$干燥过夜。最后将提取物氮吹浓缩至 500μL，并保存在-20℃直至分析，进样时吸取 1μL。

2.2.2　GC×GC-TOF/MS 全面解析小曲清香型白酒挥发性组分

按照研究室前期构建的方法进行 GC×GC-TOF/MS 分析[19]。

GC×GC 条件：7890B 气相色谱（美国 Agilent Technologies 公司），第一维色谱柱使用 DB-FFAP 毛细管柱（60m×0.25mm×0.25μm，美国 Agilent Technologies 公司），第二维色谱柱使用 Rx-17Si 毛细管柱（0.8m×0.25mm×0.36μm，美国 Restek 公司）。两根色谱柱之间通过四喷口双级热调制器串联，传输温度为 240℃。以高纯 He（>

99.999%）作为载气，设置流速为 1mL/min，进样口温度为 250℃。一维色谱柱采用如下程序进行升温：以 45℃为初始温度并保持 3min，以 4℃/min 升温至 150℃保持 2min，以 6℃/min 升温至 200℃后再以 10℃/min 升温至 230℃并保持 10min。二维色谱柱的温度设置全程比一维色谱柱高 5℃。调制补偿温度为 20℃，4s 为一个调制周期，热脉冲时间为 0.8s。

TOF/MS 条件：离子源电压 70eV，温度为 230℃，传输线温度 240℃，离子扫描范围 35.00~400.00amu，扫描频率 100 色谱图/s。

化合物鉴定：首先利用仪器自带的 ChromaTOF® 4.61.1.0（LECO Corporation）软件解析采集的数据，自动对信噪比在 50 以上的色谱峰进行解卷积，并与自带质谱库（Wiley 9、Nist 和 Replib）进行比对，根据比对结果生成"峰表"。"峰表"包括化合物名称、一维保留时间、二维保留时间、相似度、反相似度、可能性和保留指数（Retention Index，RI）等信息。首先筛选出正、反相似度均高于 700 并且可能性超过 4000 的物质作为初步鉴定结果；接着剔除柱流失产生的化合物（含硅、金属元素的化合物）以及卤素化合物等化合物；最后比对各化合物计算出的 RI 与文献中该物质的 RI，当相差结果在 50 以内时认为定性可靠，将这些物质作为最终的定性结果。

## 3 结果与分析

### 3.1 HS-SPME 与 LLME 结合 GC×GC-TOF/MS 对小曲清香型白酒挥发性组分分离鉴定比较

HS-SPME 技术是食品挥发性组分分析时常用的前处理技术[20]，因为其具有灵敏度高、操作简单、物质损失少和不需要使用有机溶剂的特点，是解析酒精饮料挥发性化合物时的首选方式[21]。但 HS-SPME 对极性和水溶性较强的化合物萃取效果并不好，为了更为全面地解析小曲清香型白酒的挥发性组分，本研究同时采用了 LLME 进行挥发性组分的提取，LLME 是一种微型化的液-液萃取，根据相似相溶的原理将挥发性组分提取至有机相中，具有操作简单方便、萃取剂用量少、可提取强极性物质的特点[22-23]，然后利用 GC×GC-TOF/MS 进行挥发性组分的解析。

图 1 为小曲清香型白酒样品中挥发性组分由 HS-SPME 和 LLME 提取后经 GC×GC-TOF/MS 得到的 2D 色谱图，图中的黑点即代表一个色谱峰。比较两图可以看出，样品经 HS-SMPE 处理后的色谱峰数量［3271 个色谱峰，图 1(1)］要明显高于 LLME［1168 个色谱峰，图 2(2)］。从一维时间来看，200~3000s 区间内 HS-SPME 处理后得到的色谱峰更为密集，但 2500s 之后 LLME 处理后的色谱峰密度略高于 HS-SPME。说明 HS-SPME 对挥发性较强的极性较弱的化合物具有很好的吸附效果。LLME 处理谱图在整个扫描时间范围内色谱峰较少，后期略高于 HS-SPME 处理

结果，说明 LLME 对极性较强的组分的提取效果较好，但在萃取过程中容易损失一些挥发性强的组分。

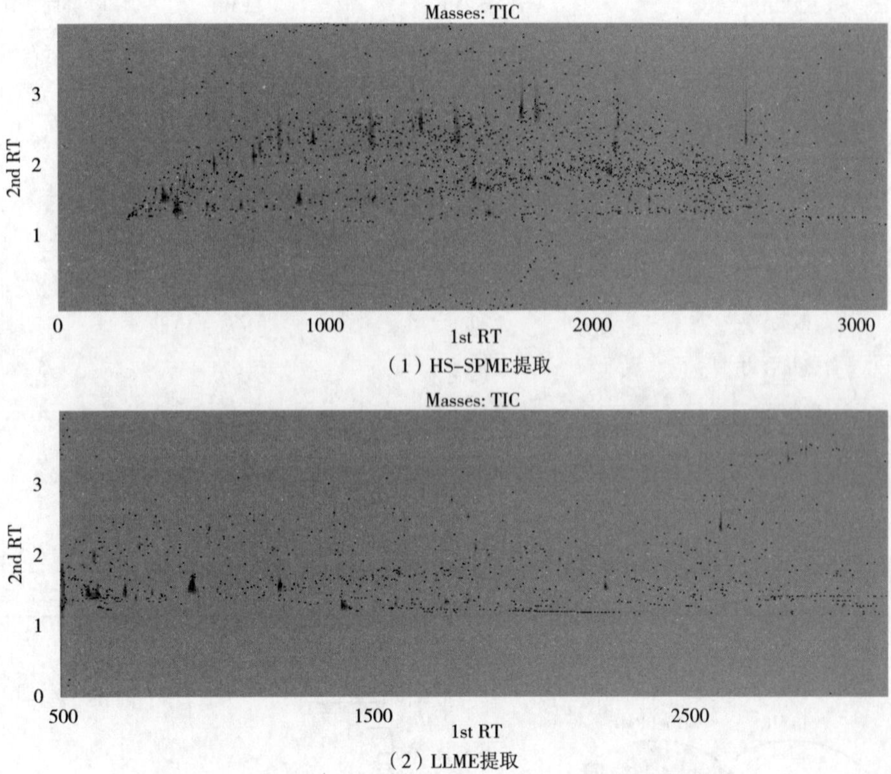


图 1　小曲清香型白酒中挥发性组分经 HS-SPME 和 LLME 提取后 GC×GC-TOF/MS 分析的 2D 色谱图比较

Fig. 1　Comparison of 2D total ions chromatograms (TIC) of volatile components in light-aroma-type *Xiaoqu Baijiu* extracted by HS-SPME and LLME

进一步通过仪器自带 Pegasus 4D 工作站对 HS-SPME 和 LLME 样品处理后 GC×GC-TOF/MS 分析结果进行了定性分析。通过正反相似度、可能性、物质性质和 RI 对各挥发性组分进行准确鉴定。表 1 和图 2 比较了 HS-SPME 和 LLME 两种前处理方式经 GC×GC-TOF/MS 分析后准确鉴定挥发性物质的情况，结果显示 HS-SPME 共鉴定出 577 种挥发性组分，而 LLME 共鉴定出 288 种组分，从挥发性化合物数量的鉴定结果来看，HS-SPME 的萃取效果远远超过 LLME。除了酸类和酚类化合物，HS-SPME 对其他物质的提取效果均优于 LLME。尤其是羰基类化合物的提取，采用 HS-SPME 技术共鉴定出 104 种羰基化合物，而 LLME 仅鉴定出 47 种，这可能是在萃取过程中挥发性组分损失造成的。

表 1 HS-SPME 和 LLME 结合 GC×GC-TOFMS 分析鉴定化合物比较

Table 1 Comparison of volatile compounds detected in light-aroma-type *Xiaoqu Baijiu* by HS-SPME-GC×GC-TOF/MS and LLME-GC×GC-TOF/MS

| 挥发性组分 | HS-SPME | LLME | 共同含有 |
|---|---|---|---|
| 酯类 | 128 | 83 | 67 |
| 羰基化合物 | 104 | 47 | 38 |
| 芳香族化合物 | 98 | 28 | 25 |
| 醇类 | 86 | 55 | 44 |
| 萜烯类 | 42 | 6 | 4 |
| 呋喃类 | 28 | 11 | 8 |
| 酸类 | 20 | 27 | 20 |
| 含硫化合物 | 19 | 6 | 5 |
| 内酯类 | 11 | 7 | 4 |
| 含氮化合物 | 5 | 0 | 0 |
| 酚类 | 5 | 10 | 5 |
| 其他 | 31 | 8 | 7 |
| 总计 | 577 | 288 | 227 |

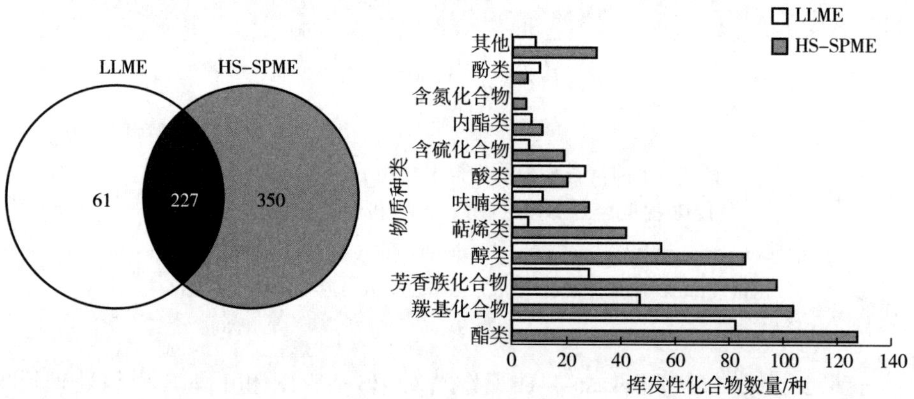


（1）韦恩图 （2）柱状图

图 2 通过 HS-SPME 和 LLME 结合 GC×GC-TOF/MS 分析准确鉴定化合物的比较

Fig. 2 Comparison of identification compounds obtained by HS-SPME-GC×GC-TOFMS and LLME-GC×GC-TOFMS

虽然通过 HS-SPME 可以鉴定出小曲清香型白酒中的大部分挥发性组分，但通过 LLME 仍能鉴定出 61 种 HS-SPME 无法检出的物质，说明两种前处理方式在小曲清香型白酒中挥发性组分的选择性上存在差异。其中 LLME 检出的酸类物质和酚类物质要明显多于 HS-SPME。这可能是由于酸类和酚类化合物极性较强，HS-SPME 不能很好地吸附强极性化合物造成的。上述结果表明仅通过单一的前处理方式无法完全提取小曲清香型白酒的所有挥发性组分，结合多种手段进行前处理才能尽可能完整地获取小曲清香型白酒中的所有挥发性组分。

## 3.2 GC×GC-TOF/MS 解析小曲清香型白酒中的挥发性化合物

通过 HS-SPME 和 LLME 结合 GC×GC-TOF/MS 分析，从小曲清香型白酒中共准确鉴定出 638 种挥发性化合物，对其挥发性组分的认识从 121 种增加到 638 种，说明小曲清香型白酒虽然工艺简单，但其微量组分并不简单，通过这些微量组分的共同作用构成了小曲清香型白酒独特的风味特征。图 3-3 为准确鉴定的各类挥发性化合物在二维正交分离谱图上，将不同类别的物质进行区分的情况。各类化合物的分布具有一定的规律，一维柱为极性柱，各类物质根据极性的大小出峰顺序有所不同，酯类、醇类、羰基类化合物等极性相对较弱的物质先出峰，酸类、酚类、内酯类等强极性化合物后出峰，其中酯类化合物分布范围最广。从图 3 中各类物质的趋势线可以看出，各类同源化合物在二维色谱图中呈直线或曲线分布，而且随着碳原子数目的增加，一维和二维保留时间随之增加，这是由于随着碳数增加，各类化合物的极性和沸点逐渐增强[24]。

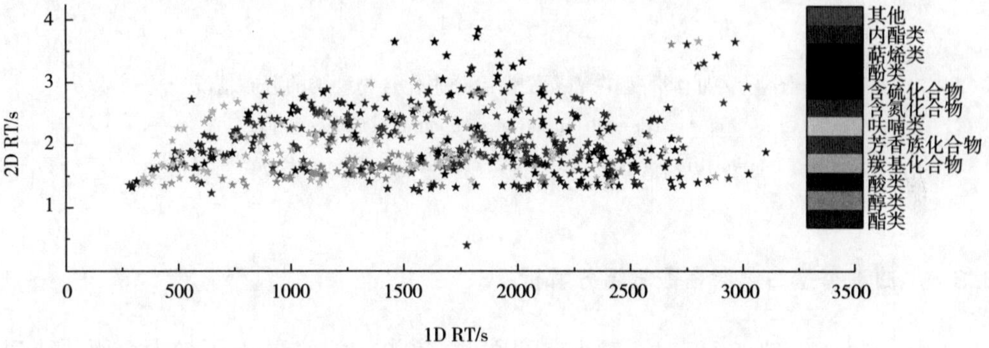


图 3　小曲清香型白酒准确鉴定挥发性组分时间分布图

Fig. 3　The time distribution of volatile components in light-aroma-type *Xiaoqu Baijiu*

如图 4 所示，从小曲清香型白酒中检测到数量最多的一类是酯类化合物，共 144 种，分为直链酯（以乙酯为主）、支链酯、不饱和酯、羟基酯、羰基酯、二酯和环基酯；其次是羰基化合物，共 113 种，主要包括直链脂肪醛、支链脂肪醛和不饱和醛等醛类，羟基/羰基酮、连二酮和环酮等酮类以及缩醛类化合物；检测到 101 种芳香族化合物，按照具体结构这些芳香族化合物可以分为芳香烃、芳香酯、芳香醇、芳香酸、芳香醛、芳香酮、芳香缩醛和芳香醚；醇类化合物有 97 种，分为直链脂肪醇、支链脂肪醇、2-醇、3-醇、4-/5-醇、不饱和醇、环状支链醇、含氧侧链醇和多元醇；首次在小曲清香型白酒中发现大量的萜烯类物质，共 44 种，主要包括萜烯酮、萜烯醇、萜烯氧化物和萜烯醛等；呋喃类化合物 31 种，分为呋喃衍生物、苯并呋喃、呋喃酮和糠醛类等；在小曲清香型白酒中共检测到酸类物质 27 种，分为直链脂肪酸、支链脂肪酸和不饱和脂肪酸；此外还检测到含硫化合物 17 种；内酯类化合物 14 种；酚类化合物 10 种；含氮化合物 9 种和其他化合物 31 种。

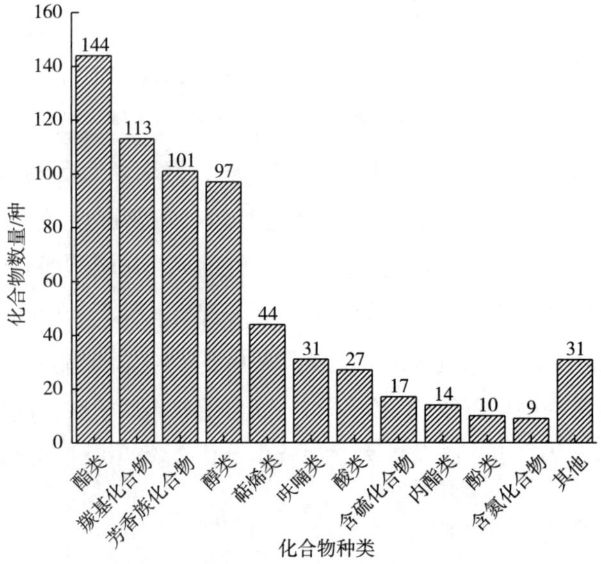


图 4　小曲清香型白酒挥发性组分中化合物种类的分布情况

Fig. 4　The distribution of compound classification of volatile compounds in light-aroma-type *Xiaoqu Baijiu*

## 3.3　小曲清香型白酒潜在香气组分解析

通过 GC×GC-TOF/MS 分析对小曲清香型白酒的化学本质有了较为全面的认识，但不是所有的物质都对小曲清香型白酒具有香气贡献。为了从大量的挥发性组分中挖掘出具有香气贡献的香气物质，本研究结合酒精饮料文献报道结果和风味物质相关网站如 Flavornet、Flavor DB 等，筛选出 210 种可能对小曲清香型白酒香气特征具有贡献的潜在香气组分，便于后期对小曲清香型白酒特征香气进行下一步解析。

如图 3 至图 5 所示，这 210 种潜在香气组分包括酯类香气化合物 43 种，羰基化合物 36 种，醇类香气化合物 30 种，萜烯类香气化合物 20 种，芳香族香气化合物 18 种，有机酸类香气化合物 16 种，含硫香气化合物 13 种，呋喃类香气化合物 12 种，内酯类香气化合物 10 种，酚类香气化合物 8 种，含氮类香气化合物 4 种。酯类化合物是白酒中最丰富且最重要的香气化合物种类，主要呈现果香和花香，给小曲清香型白酒带来水果般、清甜的香气骨架。酯类物质一般是在发酵过程中由酰基辅酶 A 及脂肪酸类物质与醇类物质反应生成[25]。羰基化合物主要包括醛类和酮类，主要呈现青香、黄瓜等清新的香气和奶油等甜香。白酒中的醛类物质是由同碳数的醇或相对应的醇氧化而成的，酮类物质由同碳数的醛或相对应的醛氧化而成的。醇类物质香气描述大都是醇香、果香，是在酒精发酵过程中由酵母等微生物作用于淀粉、氨基酸等转化而成[26]。白酒中的萜烯类化合物具有呈香或呈味作用，也具有一定的功能活性作用，由谷物等酿造原料带来[27]。芳香族化合物阈值低、香气浓郁，使酒体更加协调饱满，主要代谢途径是酵母和细菌利用酿酒原料中的单宁、木质素等物质进行发酵转化而成[28]。酒中的酸类化合物大部分是在发酵过程中由酵母代谢生成，其次来自原料、酒曲以及由醇、醛氧化而来，这些酸所呈现出来的是酸味、汗臭味或干酪味，不属于怡人的香气，但酸类物质是酒精饮料中不可或缺的重要协调成分和呈味物质[29]。

根据这些潜在香气组分的香气描述词和物质结构特征，将所有化合物归类整理出如图 5 所示的小曲清香型白酒潜在香气化合物分类图，主要分为水果香、青香、

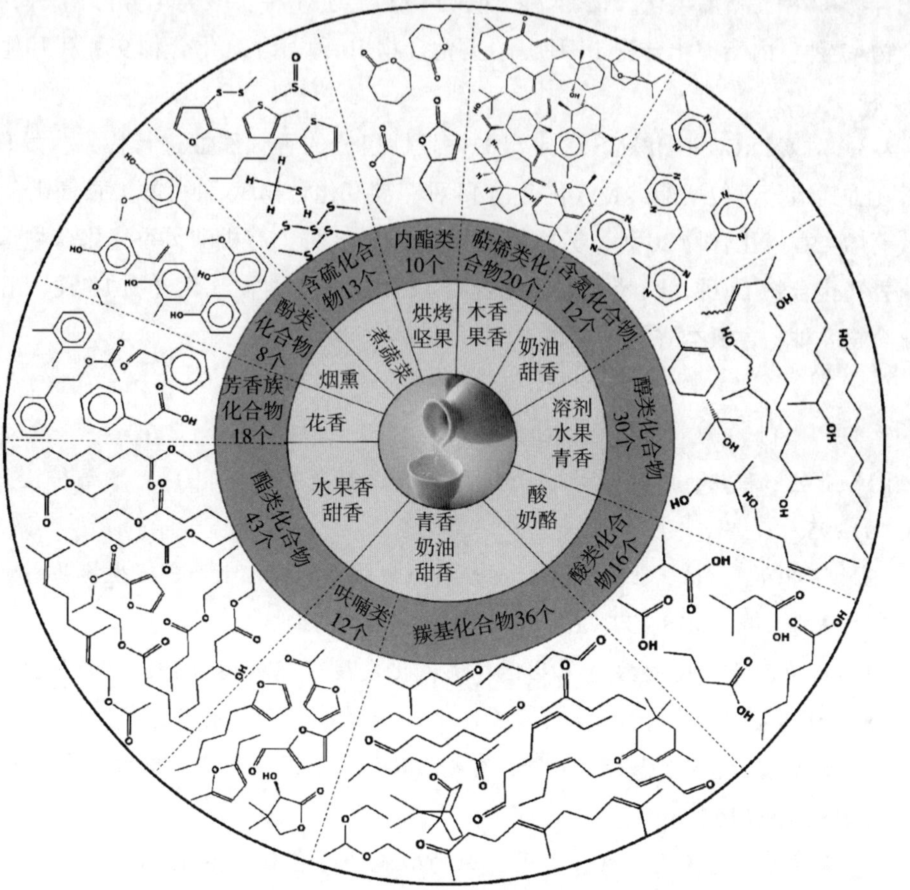


图 5　小曲清香型白酒香气化合物分类及部分化合物结构式

Fig. 5　Classification according to aroma characteristics of compounds in light-aroma-type *Xiaoqu Baijiu*

酸、溶剂、奶油、木香、烘烤、煮蔬菜、烟熏和花香共 10 类，表明多种香气组分协同作用、互相协调，构成了小曲清香型白酒独特的香气特征。

## 4 结论

4.1 通过 HS-SPME 和 LLME 对小曲清香型白酒的挥发性组分进行提取，采用 GC×GC-TOF/MS 进行分析鉴定，结果发现采用 HS-SPME 方法提取的挥发性组分种类明显多于 LLME 方法，但 LLME 鉴定出的酸类物质和酚类物质要多于 HS-SPME。因此不同前处理方式对挥发性组分的选择性不同，结合使用多种前处理方式有利于全面解析小曲清香型白酒挥发性组分。

4.2 通过 GC×GC-TOF/MS 分析，准确鉴定出小曲清香型白酒中 638 种挥发性化合物，其中包括酯类化合物 144 种，羰基化合物 113 种，芳香族化合物 101 种，醇类化合物 97 种，萜烯类化合物 44 种，呋喃类化合物 31 种，酸类化合物 27 种，含硫化合物 17 种，内酯类化合物 14 种，酚类化合物 10 种，含氮化合物 9 种和其他化合物 31 种。

4.3 对 GC×GC-TOF/MS 鉴定出的挥发性组分的香气属性进行检索，发现 210 种潜在香气组分，包括酯类香气化合物 43 种，羰基化合物 36 种，醇类香气化合物 30 种，萜烯类香气化合物 20 种，芳香族香气化合物 18 种，有机酸类香气化合物 16 种，含硫香气化合物 13 种，呋喃类香气化合物 12 种，内酯类香气化合物 10 种，酚类香气化合物 8 种，含氮类香气化合物 4 种。

### 参考文献

[1] 张杰，程伟，彭兵，等．小曲清香型白酒研究概述 [J]. 酿酒科技，2017 (9)：91-95.

[2] 陈申习，唐洁，张龙，等．清香型小曲白酒机械化生产中微生物动态变化研究 [J]. 中国酿造，2018，37 (6)：68-72.

[3] 宿萌．传统白酒酿造工业化、机械化发展研究概述 [J]. 酿酒科技，2020 (2)：87-91.

[4] 许德富，张良，张宿义，等．智能化装备在中国白酒产业中的发展前景 [J]. 酿酒，2018，45 (1)：5-7.

[5] 潘大金，潘天全，程伟，等．白酒酿造的绿色化与智能化研究现状及展望 [J]. 酿酒，2020，47 (2)：19-24.

[6] 曾祖训，赖永祥，曹炜，等．川法小曲白酒属于小曲清香型白酒的研究-四川小曲酒香型确定的研究 [J]. 酿酒科技，1992 (5)：7-14.

[7] 曾祖训. 小曲清香型白酒的工艺特征与香型风格 [J]. 酿酒, 1995 (5): 37-41.

[8] 杨强, 王衍, 童国强. 清香型小曲酒的香味组分特点及风味特征 [J]. 酿酒科技, 2001 (2): 75-76.

[9] 孙细珍, 杨强, 张帆, 等. 小曲清香型白酒中异嗅味-糠味和水嗅味物质研究 [J]. 酿酒科技, 2019 (11): 30-34.

[10] 孙细珍, 杜佳炜, 黄盼, 等. 现代工艺和传统工艺酿造小曲清香型白酒感官表征及风味成分分析 [J]. 食品科学, 2021, 42 (6): 282-290.

[11] Mondello L, Tranchida P Q, Dugo P, et al. Comprehensive two-dimensional gas chromatography-mass spectrometry: a review [J]. Mass Spectrom Review, 2008, 27 (2): 101-124.

[12] Dallüge J, Beens J, Brinkman U A T. Comprehensive two-dimensional gas chromatography: a powerful and versatile analytical tool [J]. Journal of Chromatography A, 2003, 1000 (1): 69-108.

[13] Zhu S K, Lu X, Ji K L, et al. Characterization of flavor compounds in Chinese liquor Moutai by comprehensive two-dimensional gas chromatography/time-of-flight mass spectrometry [J]. Analytica Chimica Acta, 2007, 597 (2): 340-348.

[14] Yao F, Yi B, Shen C H, et al. Chemical analysis of the Chinese liquor Luzhoulaojiao by comprehensive two-dimensional gas chromatography/time-of-flight mass spectrometry [J]. Scientific Reports, 2015, 5 (1): 7931-7938.

[15] 刘志鹏, 车富红, 李善文, 等. 全二维气相色谱-飞行时间质谱法分析不同季节酿造的青稞酒挥发性组分特征 [J]. 食品与发酵工业, 2019, 45 (15): 218-226.

[16] 陈双, 徐岩. 全二维气相色谱-飞行时间质谱法分析芝麻香型白酒中挥发性组分特征 [J]. 食品与发酵工业, 2017, 43 (7): 207-213.

[17] Gao W J, Fan W L, Xu Y. Characterization of the key odorants in light aroma type Chinese liquor by gas chromatography-olfactometry, quantitative measurements, aroma recombination, and omission studies [J]. Journal of Agricultural and Food Chemistry, 2014, 62 (25): 5796-5804.

[18] Chen S, Wang C C, Qian M, et al. Characterization of the key aroma compounds in aged Chinese rice wine by comparative aroma extract dilution analysis, quantitative measurements, aroma recombination, and omission studies [J]. Journal of Agricultural and Food Chemistry, 2019, 67 (17): 4876-4884.

[19] 王露露. 酱香型白酒中呈"盐菜味"异嗅味关键香气化合物解析 [D]. 无

锡：江南大学，2020.

[20] Wiśniewska P，Śliwińska M，Dymerski T，et al. Application of gas chromatography to analysis of spirit-based alcoholic beverages [J]. Critical Reviews in Analytical Chemistry，2015，45 (3)：201-225.

[21] 范文来，徐岩．白酒香气物质研究的方法学 [J]．食品科学技术学报，2018，36 (3)：1-10.

[22] 王松，史冬梅，刘国英，等．液液微萃取分析不同层酒醅原酒的挥发性成分 [J]．精细化工，2020，37 (5)：1010-1017.

[23] 林文轩，敖灵，董蔚，等．白酒风味物质前处理方法的研究进展 [J]．食品与发酵工业，2021，47 (15)：307-314.

[24] Brokl M，Fauconnier M L，Benini C，et al. Improvement of ylang-ylang essential oil characterization by GC × GC-TOFMS [J]. Molecules，2013，18 (2)：1783-1797.

[25] 刘峻溪，王俊芳，韩爱芹，等．葡萄酒中酯类物质的生物合成及其影响因素 [J]．酿酒科技，2016 (9)：43-47.

[26] 曹雪丹，李二虎，方修贵，等．蓝莓酒主发酵前后挥发性成分变化的GC-MS分析 [J]．食品与发酵工业，2015，41 (3)：179-184.

[27] 沈怡方．白酒生产技术全书 [M]．北京：中国轻工业出版社，1998.

[28] 庄名扬．中国白酒香味物质形成机理及酿酒工艺的调控 [J]．四川食品与发酵，2007，43 (2)：1-6.

[29] 栾金水．黄酒中风味物质的研究 [J]．中国酿造，2002 (6)：21-24.

# 赤水河两岸酱香型白酒风味化合物差异性分析研究

唐维川[1]，邱声强[2]，云岭[2]，赵金松[1,3]

（1. 四川轻化工大学生物工程学院，四川宜宾　644000；
2. 四川省川酒集团酱酒有限公司，四川泸州　646500；
3. 四川省酒业集团有限责任公司，四川泸州　646000）

**摘　要**：酱香型白酒主要产于贵州仁怀（右岸）和四川古蔺一带（左岸）的赤水河畔，两岸酒体风格存在明显区别。为探究赤水河两岸酱香型白酒风味化合物的差异，本研究通过气相色谱结合化学计量学方法对赤水河两岸 17 种酒样进行检测分析。结果表明，酯类物质有 6 种，酸类物质有 7 种，醇类物质有 9 种，其他类物质有 4 种，两岸酱香型白酒风味化合物种类相似，但含量差异较大，右岸酱香型白酒总酯显著高于左岸地区。构建酒样正交偏最小二乘模型及聚类热图分析发现，不同地区酒样聚集趋势明显，结合重要性因子（VIP 值）分析，表明正丙醇、乙酸乙酯、乙醛、乙酸、乙缩醛、乳酸乙酯等 6 种化合物差异是造成赤水河两岸酱香型白酒风味差异的重要成分。本研究为不同地区酱香型白酒的设计与快速区分提供了一定的理论参考和数据支撑。

**关键词**：酱香型白酒；风味化学；差异分析；赤水河流域

# Research on the Difference of Flavor Compounds of Jiangxiangxing *Baijiu* from the both sides of Chishui River

TANG Weichuan[1], QIU Shengqiang[2], YUN Ling[2], ZHAO Jinsong[1,3]

(1. Sichuan University of Science & Engineering, Sichuan Yibin 644000, China;
2. Sichuan Chuanjiu group Sauce Wine Co., Ltd., Sichuan Luzhou 646500, China;
3. Sichuan Liquor Group Co., Ltd., Sichuan Luzhou 646000, China)

作者简介：唐维川，男，硕士研究生，主要从事酱香型白酒生产工艺及白酒风味化学的研究。E-mail：466864328@qq.com。

通信作者：赵金松，男，博士，教授，正高级工程师，主要从事酿酒技术、酒体设计、分析检测及食品安全的研究工作。E-mail：420940314@qq.com。

**Abstract**: Jiangxiangxing *Baijiu* is mainly produced on the banks of the Chishui River in Renhuai of Guizhou and Gulin of Sichuan. The *Baijiu* in the two regions has their characteristics. In order to study the difference in flavor compounds of Jiangxiangxing *Baijiu* on both banks of the Chishui River, this research used gas chromatography combined with thermometric methods to detect and analyze 26 skeleton flavor components of 17 *Baijiu* samples on both sides of the Chishui River. The results show that there are 6 kinds of esters, 7 kinds of acids, 9 kinds of alcohols, and 4 kinds of other substances. The flavor compounds of Jiangxiangxing *Baijiu* in the two places are similar in types, while their contents are quite different. The total esters in Guizhou is significantly higher than the Sichuan region. Through the establishment of *Baijiu* samples OPLS-DA model and clustering heat map analysis, *Baijiu* samples in different regions have obvious aggregation trends, combined with the importance factor (VIP value) analysis, which shows that 1-propanol, ethyl acetate, acetaldehyde, acetic acid, acetal and ethyl lactate are the important components that cause the difference in flavor of Jiangxiangxing *Baijiu* on both sides of Chishui River. This research provides a theoretical basis for the design and differentiation of Jiangxiangxing *Baijiu* in separate regions.

**Key words**: Jiangxiangxing *Baijiu*, Flavor chemistry, Difference analysis, Chishui river basin

## 1 前言

酱香型白酒是中国四大基础香型白酒之一，其主要产于贵州仁怀和四川古蔺一带的赤水河畔[1]。目前，酱香型白酒持续走热，市场占比逐年上升，未来发展趋势良好[2]。酱香型白酒的风味成分也是十二种香型中最复杂的，至今仍未确定其主体香成分，其风味组分一直是酒体风味化学研究的热点[3-5]。唐平等[6]对不同酱香型白酒风味成分进行比较，发现不同地区酱香型白酒中的香气成分呈现出一定的分布规律。Fan 等[7]通过液-液萃取法鉴定出了茅台酒和郎酒中的 186 种芳香活性物质，并确定了香气贡献较高的物质。酱香型白酒的风格差异一定程度上受生产工艺、地理位置、气候环境及微生物多样性等因素影响，而赤水河流域独特的紫砂页岩地貌、丹霞石红土地貌和微生物多样性为酱香型白酒的酿造提供了得天独厚的天然资源[8-9]。因此，赤水河两岸也分布着众多著名的酱香型白酒企业，如贵州茅台酒、国台酒位于赤水河右岸贵州地区，是贵州产区代表性产品；郎酒、赤渡酱酒位于赤水河左岸四川地区，是四川产区代表性产品[10]。同为酱香型白酒，赤水河流域两岸酱香型白酒风格特征具有较为明显的差异，两地生产工艺也存在较大区别[11]。但目前对川、黔两地酱香型白酒风味差异的分析研究较少，形成两岸酱香型白酒风格差异的原因有待进一步研究。

本文以赤水河两岸 8 个酒企的 17 种成品酒为样品，通过气相色谱结合化学计量学对风味化合物进行检测分析，旨在研究赤水河两岸酱香型白酒风味化合物中的差异性成分，为酱香型白酒的酒体设计、分类提供理论参考与数据支撑。

## 2　材料与方法

### 2.1　试剂与仪器

酒样：试验酒样由市售或酒企之间交换获得。右岸（贵州）地区 9 个样品（DYT、GT1、GT2、GT3、XJ1、XJ2、MT1、MT2、ZJ），左岸（四川）地区 8 个样品（LJ1、LJ2、TJ1、TJ2、CJ1、CJ2、CJ3、CJ4），共计 17 个成品酒样品，皆为赤水河流域酱香型高度白酒。

试剂：无水乙醇、甲醇、仲丁醇、丙醇、异丁醇、丁醇、戊醇、异戊醇、己醇、β-苯乙醇、乙酸、丙酸、丁酸、异丁酸、戊酸、异戊酸、己酸、乙酸乙酯、丁酸乙酯、己酸乙酯、戊酸乙酯、乳酸乙酯、糠醛、乙醛、乙缩醛、2-戊酮、乙酸丁酯等 26 种标准物质，均为色谱纯，纯度>99.0%，均来自天津光复化学试剂有限公司。

仪器：GC7890B 气相色谱（美国 Agilent Technologies）；CP－wax 毛细管柱（50m×0.25mm×0.20μm，美国 Agilent Technologies 公司）。

### 2.2　试验方法

总酸总酯测定：按照 GB/T 10345—2007《白酒分析方法》[12]，取 50mL 酒样，加酚酞指示剂，以氢氧化钠滴定变色，以此计算总酸含量。再加 25mL 氢氧化钠标准液，冷凝回流 30min 后，用硫酸滴定至红色消失，同时取 50mL 乙醇，重复操作作为空白试验，以此计算总酯含量。

风味化合物测定：色谱条件：在 35℃下保持 5min，再以 3.5℃/min 速率升温至 200℃后保持 5min；进样口温度 230℃；分流比 50∶1；载气为 He；载气流速 1mL/min；进样量 1μL。定性分析：利用化合物出峰保留时间与标准样品出峰保留时间进行定性分析。定量分析：用 60%乙醇溶液定容标准样品至 100mL 容量瓶中，标样体积分数为 0.02%。对混合标样溶液进样检测，通过标准物质含量与峰面积计算出校正因子 $f$[13,14]。选择同一样品，按照上述试验条件连续进行 6 次试验，对样品共有峰的保留时间和峰面积进行统计。

### 2.3　数据分析

气相色谱检测以乙酸丁酯为内标物，对酒样风味化合物进行定量分析。通过 SIMCA14、SPSS 22.0、Origin 2021 等数据分析软件对风味化合物进行化学计量学分析。

# 3 结果与分析

## 3.1 两岸酱香型白酒总酸、总酯含量的测定

酸和酯是白酒中的呈香、呈味物质，具有调味的作用，总酸是指白酒中的有机酸的总和，总酯是白酒中酯类芳香化合物的总和。根据 GB/T 26760 中规定，高度酱香型白酒总酸含量≥1.40g/L，总酯含量≥2.20g/L 即为优级酒[15]。本研究对 17 个酒样的总酸总酯进行测定，结果如表 1 所示。

表 1 不同成品酒的总酸和总酯 单位：g/L

Table 1 Total acids and total esters of different *Baijiu* samples Unit：g/L

| 地区 | 样品 | 总酸含量 | 总酯含量 | 地区 | 样品 | 总酸含量 | 总酯含量 |
|---|---|---|---|---|---|---|---|
| GZ | MT1 | 2.61 | 3.82 | SC | CJ1 | 2.52 | 3.63 |
| GZ | MT2 | 2.67 | 3.82 | SC | CJ2 | 2.41 | 3.76 |
| GZ | GT1 | 2.92 | 4.32 | SC | CJ3 | 2.39 | 2.72 |
| GZ | GT2 | 2.41 | 3.67 | SC | CJ4 | 2.40 | 3.65 |
| GZ | XJ1 | 2.02 | 3.53 | SC | LJ1 | 2.45 | 2.75 |
| GZ | XJ2 | 2.69 | 3.79 | SC | LJ2 | 2.69 | 3.87 |
| GZ | GT3 | 2.92 | 4.27 | SC | TJ1 | 2.47 | 3.48 |
| GZ | DYT | 2.56 | 3.69 | SC | TJ2 | 1.76 | 2.75 |
| GZ | ZJ | 2.24 | 3.62 | | | | |

经测定，17 个酒样的总酸、总酯均达到高度酒优级标准，右岸（贵州）酱香型白酒总酸、总酯含量分别为 2.02~2.92g/L、3.53~4.32g/L；左岸（四川）酱香型白酒总酸、总酯含量分别为 1.76~2.69g/L、2.72~3.87g/L。两岸酱香型白酒总酸、总酯含量范围存在明显差异，通过独立样本 $t$ 检验，对不同地区酱香型白酒总酸、总酯含量差异进行显著性分析，结果如表 2 所示。

独立样本 $t$ 检验结果显示，右岸酱香型白酒总酸含量略高于左岸，但两岸总酸含量不存在显著差异，而两岸酱香型白酒总酯含量存在显著差异，且右岸高于左岸地区。酱香型白酒中乙酸乙酯与乳酸乙酯含量及占比极高，占 33%~46%，是主要的酯类化合物，对酒体风格口感变化有重要影响。总酯含量差异显著，说明两岸风味口感差异可能与乙酸乙酯、乳酸乙酯含量存在重要联系，但具体联系仍需进一步比较。

表 2　　不同地区总酸、总酯含量独立样本 $t$ 检验　　单位：g/L

Table 2　　$t$ test of independent samples of total acid and total ester in different regions　　unit：g/L

| 分类 | 地区 | | |
|---|---|---|---|
| | SC | GZ | $P$ |
| 总酸含量 | 2.37±0.27 | 2.56±0.30 | 0.229 |
| 总酯含量 | 3.33±0.50 | 3.84±0.28 | 0.027* |

注：* 表示 $P<0.05$，差异显著。

## 3.2　两岸酱香型白酒的风味化合物比较

气相色谱检测 17 个酒样，对 26 种风味化合物进行定性、定量分析，将其分为酯、酸、醇、其他四类，并做含量百分数堆积图分析，结果如图 1 所示。其中酯类化合物 6 种，在成品酒样中含量最高，达 35%~47%，以乳酸乙酯和乙酸乙酯为主，酯类化合物是酱香型白酒中的主要呈香物质，也是决定酒体香型风格的重要化合物，赤水河右岸（贵州）酱香型白酒酯类含量占比略高于左岸（四川）。酸类化合物共 7 种，占比为 16%~23%，其在白酒中起调味解暴的作用，碳链越短，酸味越强，乙酸含量高是造成酱香型白酒总酸含量高，有明显酸味的主要原因。醇类化合物 9 种，占比在 15%~40%，以正丙醇为主，酒样 MT1、MT2 中醇类含量占比明显高于其他酒样，醇类在白酒中起到助香的作用，同时也是合成酯类化合物的前体物质。其他类化合物包括醛、缩醛、酮共 3 种，乙醛和乙缩醛为主要化合物，能赋予白酒辛辣感和刺激感，乙醛偏高是造成新酒味苦、辛辣的主要原因，而乙缩醛则是白酒老熟的重要标志。左岸地区酒样中乙醛和乙缩醛含量明显高于右岸地区，可能是造成两岸酱香型白酒风味口感差异的重要原因。

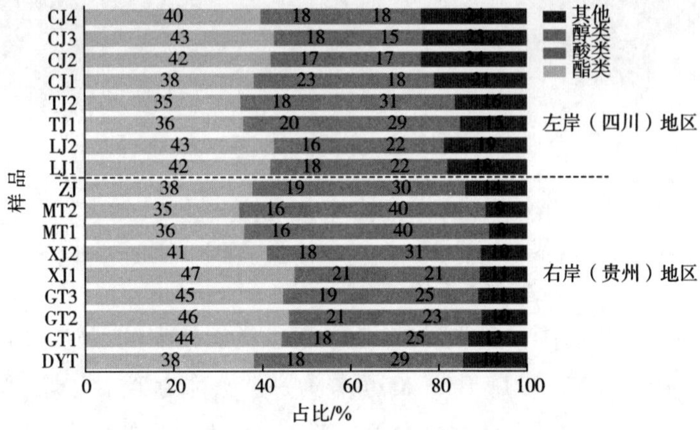


图 1　不同成品酒中风味化合物含量百分数堆积图

Fig. 1　Stacked graph of the percentage of flavor compounds in different *Baijiu* samples

通过分析发现，川黔两地酱香型白酒在风味成分的组成结构上存在较为明显的差异，但两岸酱香型白酒风味化合物具体的相似性和差异性，还需进一步分析。

### 3.3 两岸酱香型白酒风味化合物聚类分析

聚类分析是一种利用样本之间相似性和差异性进行分类的统计方法，能够将具有相似特征的样本进行聚集。以 17 个样品的 26 种风味化合物为变量进行分析，结果如图 2 所示，风味化合物编号见表 3。

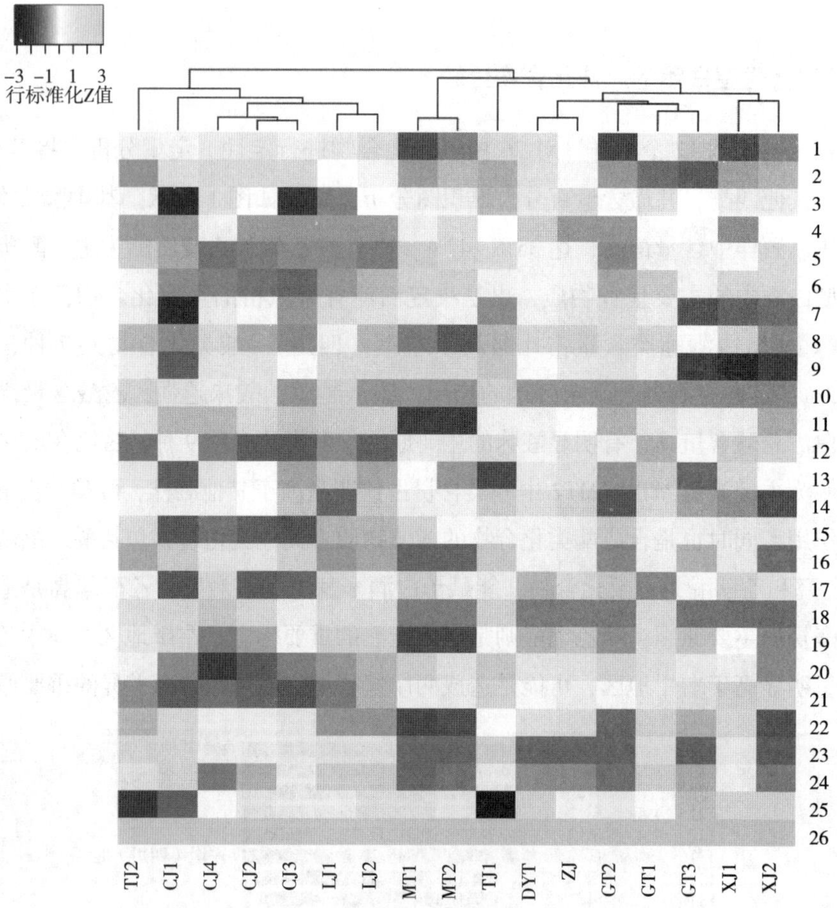


图 2 不同酒样风味化合物的聚类热图

Fig. 2 Cluster heat map of different *Baijiu* flavor compounds

如图 2 所示，两岸的酱香型白酒可以分为两大类，其中 TJ、CJ、LJ 可聚为一类，称为第一大类；MT、DYT、ZJ、GT、XJ 可聚为一类，称为第二大类。第一大类中酒样全部为赤水河左岸（四川）酱香型白酒。第二大类中，除 TJ1 外，全部为赤水河右岸（贵州）酱香型白酒。

表 3 不同酒样的风味化合物含量

Table 3 Contents of flavor compounds in different *Baijiu* samples

| 编号 | | MT1 | MT2 | GT1 | GT2 | XJ1 | XJ2 | GT3 | DYT | ZJ | CJ1 | CJ2 | CJ3 | CJ4 | LJ1 | LJ2 | TJ1 | TJ2 |
|---|---|---|---|---|---|---|---|---|---|---|---|---|---|---|---|---|---|---|
| 1 | 乙 醛 | 48.1 | 58.8 | 77.12 | 46.15 | 53.0 | 63.3 | 72.16 | 76.8 | 82.5 | 79.65 | 98.54 | 92.68 | 96 | 96 | 110.4 | 116.1 | 87.8 |
| 2 | 乙缩醛 | 30.78 | 36.2 | 20.95 | 29.5 | 33.3 | 37.1 | 16.6 | 44.4 | 47.6 | 78.82 | 93.84 | 88.76 | 92.836 | 50.2 | 58.7 | 34.2 | 27.7 |
| 3 | 甲 醇 | 17.38 | 17.58 | 18.7 | 16.35 | 17.0 | 17.5 | 15.8 | 19.1 | 20.5 | 7.18 | 16.01 | 9.14 | 14.96 | 12.4 | 15.9 | 14.1 | 16.9 |
| 4 | 2-戊酮 | 2.2 | 3.7 | 1.2 | 0 | 0.0 | 1.2 | 1.6 | 6.9 | 0.0 | 0 | 0 | 0 | 1.8 | 0 | 0.0 | 1.2 | 0 |
| 5 | 仲丁醇 | 15.9 | 12.4 | 6.5 | 3.87 | 7.4 | 10.9 | 8 | 7.8 | 8.4 | 4.84 | 3.16 | 3.68 | 3.02 | 3.7 | 3.5 | 6.1 | 5.8 |
| 6 | 正丙醇 | 383.89 | 409.95 | 142.59 | 109.28 | 147.8 | 284.0 | 160.79 | 206.6 | 224.2 | 80.44 | 57.858 | 50.1 | 70.712 | 98.1 | 120.5 | 226.3 | 168.5 |
| 7 | 异丁醇 | 19.6 | 18.8 | 19.48 | 21.26 | 14.4 | 14.7 | 13.7 | 19.1 | 20.7 | 10.24 | 18.378 | 15.736 | 19.86 | 21.8 | 20.9 | 15.2 | 19.5 |
| 8 | 正丁醇 | 5.86 | 5.2 | 11.36 | 7.68 | 11.2 | 6.4 | 8.1 | 11.7 | 12.7 | 6.38 | 6.874 | 6.3 | 7.76 | 8.75 | 7.1 | 7 | 7.2 |
| 9 | 异戊醇 | 40.8 | 40.78 | 45.63 | 48.5 | 29.7 | 31.8 | 30.6 | 44.0 | 47.6 | 32.74 | 48.16 | 42.8 | 48.462 | 51.2 | 50.6 | 39.66 | 46.4 |
| 10 | 正戊醇 | 0 | 0 | 0 | 0 | 0.0 | 0.0 | 0 | 0.0 | 0.0 | 0.9 | 0.9 | 0 | 0.8 | 1.5 | 0.0 | 1.6 | 1.5 |
| 11 | 正己醇 | 0 | 0 | 2.5 | 1.4 | 1.8 | 1.4 | 1.8 | 1.8 | 1.9 | 1.3 | 1.6 | 1.5 | 1.3 | 4.1 | 3.6 | 2.2 | 2.6 |
| 12 | 乙 酸 | 180.5 | 185.9 | 158.78 | 175 | 209.2 | 201.8 | 172.9 | 176.0 | 192.4 | 167.04 | 135.26 | 135.18 | 146.4 | 148.9 | 140.4 | 197.96 | 141.2 |
| 13 | 糠 醛 | 22.3 | 17.8 | 34.99 | 18 | 29.1 | 22.8 | 15.5 | 26.1 | 28.1 | 14.36 | 22.81 | 18.92 | 27.04 | 19.95 | 18.4 | 12.48 | 27.4 |
| 14 | 丙 酸 | 5.2 | 5 | 4.5 | 3.3 | 3.9 | 3.2 | 4 | 5.9 | 6.5 | 4.56 | 4.68 | 4.32 | 5.018 | 3.35 | 4.3 | 7.2 | 4.6 |
| 15 | 异丁酸 | 2.8 | 2 | 1.87 | 3.2 | 2.2 | 2.3 | 2.1 | 2.1 | 2.2 | 0.998 | 1.1 | 0.996 | 1.2 | 1.6 | 1.6 | 1.8 | 1.76 |
| 16 | 正丁酸 | 2.3 | 2.1 | 5.9 | 3.1 | 6.3 | 2.7 | 3.9 | 5.7 | 6.2 | 10.78 | 6.66 | 8.8 | 6.958 | 3.5 | 3.6 | 4.3 | 3.8 |
| 17 | 异戊酸 | 4.36 | 3.2 | 2.4 | 4.86 | 2.8 | 3.5 | 3.1 | 2.6 | 2.8 | 1.9 | 2 | 2.1 | 2.8 | 2.8 | 3.2 | 3.4 | 2.97 |
| 18 | 正戊酸 | 0 | 0 | 1.5 | 0 | 0.0 | 0.0 | 0 | 0.0 | 0.0 | 1.7 | 0.6 | 0.9 | 0.5 | 1.5 | 1.6 | 2.1 | 1.5 |
| 19 | 正己酸 | 0 | 0 | 4.88 | 1.7 | 3.1 | 1.7 | 2.4 | 2.1 | 2.2 | 5.14 | 1.894 | 3.26 | 1.1 | 6 | 6.2 | 3.2 | 4.2 |
| 20 | β-苯乙醇 | 4.7 | 4 | 4.06 | 4.4 | 3.6 | 2.8 | 3.77 | 3.9 | 4.0 | 2.7 | 2.332 | 2.6 | 1.912 | 2.86 | 3.0 | 3.1 | 3.28 |
| 21 | 乙酸乙酯 | 253.37 | 261.7 | 271.33 | 250.01 | 301.0 | 286.1 | 280.8 | 248.0 | 260.1 | 184.058 | 191.04 | 180.54 | 195.54 | 201.6 | 224.5 | 308.68 | 207.36 |
| 22 | 丁酸乙酯 | 2.86 | 3.1 | 8.69 | 3.67 | 8.0 | 3.6 | 5.06 | 7.7 | 7.8 | 8.12 | 6.52 | 7.14 | 6.29 | 4.4 | 4.5 | 5.99 | 5 |
| 23 | 戊酸乙酯 | 0 | 0 | 1.87 | 0 | 1.6 | 0.0 | 0 | 0.0 | 0.0 | 2 | 1 | 1.5 | 0.9 | 1.8 | 1.8 | 2.5 | 2.3 |
| 24 | 己酸乙酯 | 1.4 | 1.9 | 8.49 | 1.78 | 4.2 | 2.2 | 3.2 | 2.5 | 2.6 | 7.94 | 3.4 | 5.3 | 1.798 | 9 | 9.3 | 4.3 | 6.57 |
| 25 | 乳酸乙酯 | 183.8 | 173.2 | 161.16 | 169.78 | 202.8 | 202.0 | 146.1 | 150.0 | 163.0 | 114.86 | 177.476 | 171.5 | 159.62 | 170.17 | 187.0 | 68.59 | 91 |
| 26 | 辛酸乙酯 | 0 | 0 | 0 | 0 | 0 | 0 | 0 | 0.0 | 0 | 0 | 0 | 0 | 0 | 1.5 | 1.5 | 0 | 0 |

在第一大类中，可分为两小类，TJ 为一类，CJ 和 LJ 聚为一类，CJ 与 LJ 酒样均来自古蔺县二郎镇。在第二大类中，可分为两小类，MT 系列聚为一类，TJ1、GT、ZJ、DYT、XJ 等酒样聚为一类，其中 TJ1 自成一小类，XJ 系列聚为一小类。在第二大类中，MT 在酱香型白酒中具有较为独特的地位，是茅香型的典型代表，XJ 位于贵州习水县，其余酒厂位于贵州仁怀及毗邻地区。以上分析结果表明，赤水河两岸酒企在风味化合物微观层面存在较为显著的区别，两地环境（地理位置、海拔）和生产工艺存在的区别对白酒中挥发性风味化合物组成结构具有显著影响。此外，川黔两地消费者对酱香型白酒口感风味的喜好存在差异，一定程度上对当地酱香型白酒风味口感的设计造成影响，导致赤水河两岸酱香型白酒风格与口感各不相同又各具特色。唐平等[6]通过 HS-SPME/LLE-GCMS 对赤水河流域贵州地区 6 个酒企、四川地区 1 个酒企的酱香型白酒进行分析，结果表明不同地区酱香型白酒风味化合物存在地域性差异，与本研究所得结果一致，且聚类结果相似。

### 3.4 赤水河两岸酒样风味化合物正交偏最小二乘判别分析

正交偏最小二乘判别分析（Orthogonal Partial Least Squares Discrimination Analysis，OPLS-DA）是一种将正交信号校正与偏最小二乘（PLS）进行结合的判别方式。为进一步探索赤水河两岸酱香型白酒之间的关系，将 17 个酒样根据地区分为 SC、GZ 两类，利用 OPLS-DA 对其 26 种风味化合物进行分析，结果见图 3、图 4。

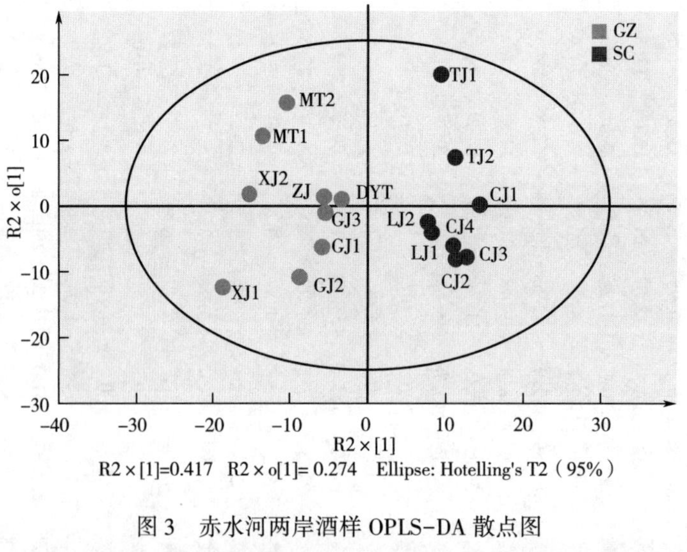


图 3 赤水河两岸酒样 OPLS-DA 散点图

Fig. 3 OPLS-DA scatter plot of *Baijiu* samples from both sides of Chishui River

由图 3 可见，OPLS-DA 能够有效区分不同酒样，X 轴的负半轴酒样皆来自赤水河右岸，X 轴正半轴酒样皆来自赤水河左岸。右岸酒样中，MT 系列酒明显集中于第

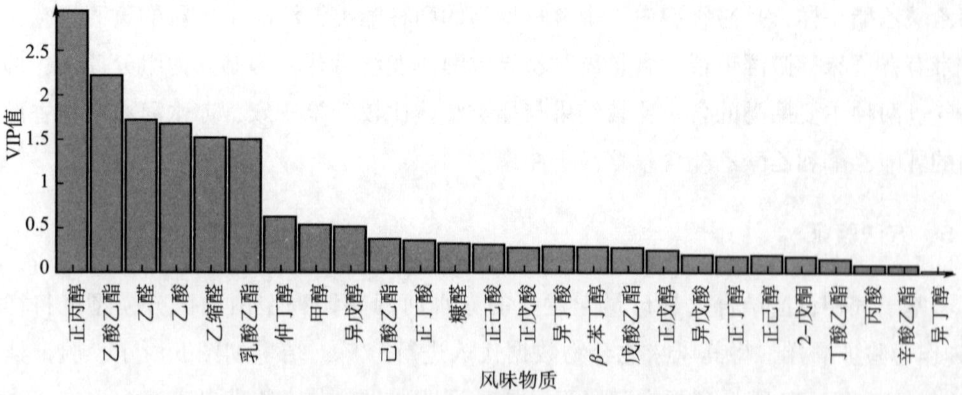


图 4　赤水河两岸酒样风味化合物 VIP 值

Fig. 4　VIP Value of flavor compounds of *Baijiu* samples from both sides of Chishui River

二象限，与其他酒样散点距离较远，XJ 系列酒位于负半轴最左边区域，其他酒样集中于中点位置。左岸酒样中，TJ 系列酒位于第一象限，距离其他三点较远，CJ 系列酒与 LJ 系列酒集中于中点位置，LJ 更加靠近中点。通过 OPLS-DA 散点图能够更加直观、准确地区别赤水河两岸的酒样，对同一区域酒样的区分作用更为直观、明显。

为进一步探究两岸酱香风味化合物存在的差异，利用重要性因子（VIP）值量化风味化合物对酒样分类的贡献，筛选重要的特征物质。图 4 为赤水河两岸酒样风味化合物 VIP 值分布图，变量的分类贡献度与 VIP 值呈正相关，VIP 值越大，该风味化合物对两岸酱香型白酒差异贡献越大。

为筛选对赤水河两岸酱香型白酒风味差异具有重要贡献的风味化合物，筛选贡献度较大、VIP 值>1 的 6 种风味化合物进行分析，包括正丙醇（VIP = 2.95402）、乙酸乙酯（VIP = 2.21826）、乙醛（VIP = 1.71673）、乙酸（VIP = 1.68519）、乙缩醛（VIP = 1.51948）、乳酸乙酯（VIP = 1.50520）。其中，正丙醇属于白酒中常见的高级醇，具有成熟的水果香、醇香，有苦味，是酒精发酵的产物，含量过高则会导致酒体带苦涩味。传统的酱香型白酒坤沙工艺中，一次酒和二次酒正丙醇含量较高。赤水河右岸地区酱香型白酒正丙醇含量约高于赤水河左岸酱酒一倍。乙酸乙酯是酱香型白酒中含量最高的酯类化合物之一，具有苹果香气、清香，味刺激、带涩，味短。乙酸带有酸味，是乙酸乙酯的前体物质，酱香型白酒所用高温大曲为细菌曲，因此产乙酸较高，这也是酱香型白酒总酸较高，带酸味的原因之一。赤水河两岸酱香型白酒乙酸乙酯、乙酸含量差异较小，右岸略高于左岸。乙醛的功能基团是醛基，带有绿叶及青草味，味微甜，带涩，新酒中乙醛含量通常较高，是造成新酒辛辣、有刺激感的主要原因。乙醛和乙缩醛在特定条件下可以相互转换，乙缩醛带有青草气味、果香，味微甜，能够赋予酒体谐调丰润的风格，同时也是酒体老熟的重要标志之一。两岸酱香型白酒中的乙醛和乙缩醛差异较为显著，左岸乙醛和乙缩醛含量均高于右岸。乳酸乙酯同乙酸乙酯一样，是酱香型白酒中含量最高的两种酯类，淡时呈优雅的黄酒气味，浓时带有青草味，微涩带苦，含量高时易导致酒体发涩带苦，抑制其他组分挥发，抑制香气。两种主要酯类的含量比较结果与酯类整体比较结果一致，赤水河右岸酱香型白酒的乳酸乙酯和乙酸乙酯含量略高于左岸。

### 3.5 方法验证

基于气相色谱结合化学计量学建立的赤水河两岸酱香型白酒区分模型，将样品 YZ 作为验证酒样，将其风味化合物数据代入进行分析，结果如图 5 所示。验证样品 YZ 与 CJ、TJ、LJ 等系列酒样归属于一地，证明验证酒样 YZ 来自赤水河左岸。本方法能够快速、准确地对赤水河两岸成品酒进行识别，也说明赤水河两岸地区酱香型白酒风味成分具有一定的分布规律且能够通过本方法进行辨别。

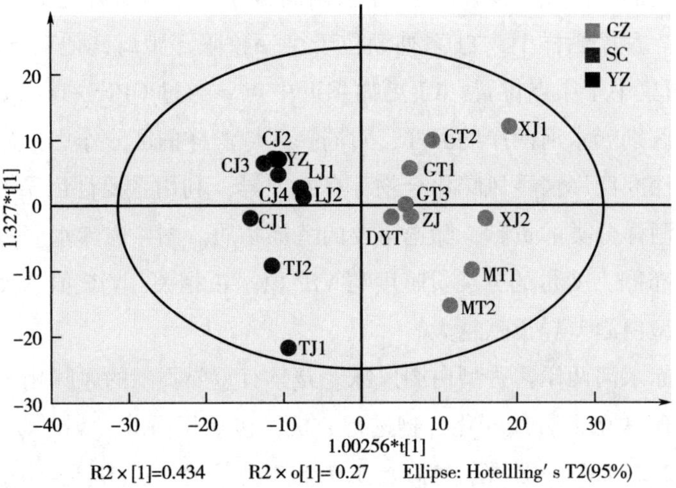


图 5　验证酒样 OPLS-DA 散点图

Fig. 5　Scatter plot of validate *Baijiu* OPLS-DA

## 4　结论

本文以酱香型白酒风味化合物为基础，选用了 17 个赤水河流域不同地区的酒样作为研究对象。通过独立样本 *t* 检验对两地酒样总酸、总酯含量的差异进行显著性分析，结果表明两地酒样总酯含量存在显著性差异，赤水河右岸地区总酯含量显著高于左岸。对其 26 种风味化合物进行分析，其中酯类化合物 6 种、酸类化合物 7 种、醇类化合物 9 种、其他类化合物 4 种，两岸酒样风味化合物种类相似，组合比例与含量差异较大。以 17 种酒样的风味化合物数据建立 OPLS-DA 模型及聚类热图分析，两岸酒样出现明显的聚类、分离趋势。结合重要性因子（VIP）值对造成差异性的关键风味化合物进行分析，发现正丙醇、乙酸、乙酸乙酯、乳酸乙酯、乙醛、乙缩醛等6种化合物是造成赤水河两岸酱香型白酒差异性的主要风味组分，表征了酱香型白酒风味化合物在赤水河两岸具有一定的相似性和差异性。本研究为川黔两地酱香型白酒的风味、口感差异提供了一定的理论支撑，为酒体设计提供了一定的数据参考。

## 参考文献

[1] 黄小刚．赤水河流域酒文化研究进展［J］．中国酿造，2019，38（12）：205-207.

[2] 郭旭，周山荣．新市场环境下中国酱香型白酒营销策略研究［J］．中国酿造，2018，37（8）：203-207.

[3] 王荣钰，赵金松，苏占元，等．酱香型白酒关键酱香风味物质研究现状［J］．酿酒科技，2020（6）：81-86.

[4] 王晓欣，范文来，徐岩．应用GC-O和GC-MS分析酱香型习酒中挥发性香气成分［J］．食品与发酵工业，2013，39（5）：154-160.

[5] 杨亮，何珺珺，罗楚翔，等．采用GC×GC-TOF-MS分析酱香型白酒缺陷酒挥发性风味物质［J］．中国酿造，2019，38（8）：67-72.

[6] 唐平，卢君，毕荣宇，等．赤水河流域不同地区酱香型白酒风味化合物分析［J］．食品科学，2021，42（6）：274-281.

[7] Fan W L，Xu Y，Qian M C. Identification of aroma compounds in Chinese "Moutai" and "Langjiu" liquors by normal phase liquid chromatography fractionation followed by gas chromatography/olfactometry［M］. Washington：American Chemical Society，2012.

[8] 寇永全．论中国赤水河侏罗纪桫椤王国生物钟酱香酒的科学研究［J］．酿酒科技，2012（1）：116-120+122.

[9] Xi H，Huang Y M，ELżbieta G H，et al. Rapid analysis of *Baijiu* volatile compounds fingerprint for their aroma and regional origin authenticity assessment［J］. Food Chemistry，2020，337：128002.

[10] 李淳风．青花郎的恒产与恒心［J］．南风窗，2021，37（10）：4.

[11] 邱声强，唐维川，赵金松，等．酱香型白酒生产工艺及关键工艺原理简述［J］．酿酒科技，2021（5）：86-92.

[12] GB/T 10345—2007，白酒分析方法［S］.

[13] 胡雪，李锦松，唐永清，等．基于GC-MS结合化学计量学的浓香型白酒分类方法［J］．食品与发酵工业，2021，47（8）：212-217.

[14] 王明，王逍，陈嘉杰，等．白酒中特征手性物质的SLE-GC-MS识别方法［J］．食品与发酵工业，2021，47（5）：180-185.

[15] GB/T 26760—2011，酱香型白酒［S］.

# 气相色谱法检测白酒中 34 种微量组分

杨亚娇[1]，黄婷[2]，刘茗铭[1]，王媚[1]，杨官荣[1]，赵金松[1,2]
（1. 四川省酒业集团有限责任公司，川酒研究院，四川成都　610000；
2. 四川轻化工大学，四川宜宾　640000）

**摘　要**：为满足白酒企业对白酒中多种微量组分的检测需求，以叔戊醇、乙酸正戊酯、2-乙基丁酸为内标，通过对仪器升温程序、分流比、柱流量等因素的单一改变进行方法条件优化，选用白酒专用色谱柱 CP-WAX 57 CB（50m×0.25mm×0.2μm）和氢火焰离子化检测器（FID），以标准品保留时间定性，以内标法定量，建立白酒中的乙醛、乙酸乙酯、甲醇、正丙醇、己酸乙酯、己酸等 34 种微量组分的气相色谱检测方法。34 种微量组分能够实现有效分离，在各质量浓度范围内线性关系良好，相关系数（$R^2$）均>0.995，精密度相对标准偏差（RSD）为 0.2%～4.7%，加标回收率在 80%～120%。该检测方法重现性好，操作简单，准确度与精密度均满足检测要求，可广泛应用于企业对白酒中多种微量组分的检验检测中。

**关键词**：白酒；气相色谱；微量组分；内标法；分析检测

# The 34 Trace Components of Liquor Detected by Gas Chromatography

Yang Yajiao[1], Huang Ting[2], Liu Mingming[1],
Wang Mei[1], Yang Guanrong[1], Zhao Jinsong[1,2]
(1. Sichuanliquor Group Co., Ltd., Sichuan liquor Research Institute,
Sichuan Chengdu 610000, China;
2. Sichuan University of Science & Engineering, Sichuan Yibin 640000, China)

**Abstract**: In order to meet the requirements of liquor enterprises for the detection of

作者简介：杨亚娇，女，本科，助理工程师，主要从事白酒仪器分析检测与研究工作。
通信作者：赵金松，男，博士，教授，正高级工程师，主要从事酿酒技术、酒体设计、分析检测及食品安全的研究工作。E-mail：420940314@qq.com。

multiple trace components in liquor, tert-amyl alcohol, $n$-amyl acetate, and 2-ethylbutyric acid were used as internal standards. The method conditions were optimized by a single change of the instrument heating program, split ratio, column flow and other factors. The special chromatographic column CP-WAX 57 CB (50m × 0.25mm × 0.2μm) and flame ionization detector (FID) for liquor were selected. Qualitatively by the retention time of the standards, and quantified by the internal standard method, a gas chromatography detection method for 34 kinds of trace components in liquor, such as acetaldehyde, ethyl acetate, methanol, $n$-propanol, ethyl caproate, and caproic acid, was established. The 34 kinds of trace components could be effectively separated. The linear relationships were good in each mass concentration range. The correlation coefficients ($R^2$) were all above 0.995. The relative standard deviations (RSD) of precision were 0.2%~4.7%. The recovery rates of standard addition were between 80% and 120%. The detection method had good reproducibility, simple operation, and both accuracy and precision met the detection requirements. The method could be widely used in the detection of various trace components in liquor by enterprises.

**Key words**: Liquor, Gas chromatography, Microcomponent, Internal standard method, Analysis of test

## 1 前言

白酒是中国特有的蒸馏酒，是世界六大蒸馏酒之一。白酒主要由水、自身发酵产物乙醇及其他呈香呈味物质构成，其中98%~99%为乙醇水溶液，1%~2%为微量香味组分，这些微量组分决定着白酒的风味构成[1]。白酒中的微量组分主要为酯类、醇类、酸类、醛类、芳香族、呋喃等化合物，其中酯类、醇类、酸类、醛类对白酒的风格、口感有着重要的影响，这四类物质的比例含量影响着白酒的典型风格。酯类组分主要是增香作用，是白酒香气的主体成分；醇类组分是白酒醇甜的主要因素，也是酯类物质形成的前体物质之一；酸类组分是协调白酒口感和味道的重要元素；乙醛及乙缩醛等可以协调白酒的香气，可增强白酒净爽的口感[2-3]。我国白酒酿造工艺多样，不同酿造环节、不同香型的白酒中微量组分含量各有差异，能够对微量组分进行准确的定性、定量分析，控制白酒中的主要香味组成成分，对于白酒勾兑技术以及白酒的质量控制有着重要的意义[4]。气相色谱是一种先进且便捷的分离、分析技术，鉴于其分离效果好、样品用量少、操作简便等优点[5]，目前利用气相色谱检测的项目大多是对于白酒中酯类、醇类微量组分，对于一些重要的醛类及高沸点酸类组分的检测，以及气相色谱仪的检测方法及优化方向还有待探究。本研究使用气相色谱法，选用白酒专用色谱柱 CP-WAX 57 CB 毛细管柱同时检测白酒中 34 种微量组分，以内标法定量，通过检测方法的优化，使各组分均得到有效的分离，进而对各组分进行准确的定性、定量分析。

## 2 材料与方法

### 2.1 仪器与试剂

仪器：7890B 气相色谱仪（美国 Agilent Technologies 有限公司，配 FID 检测器）；UPT-I-10T 超纯水机（四川优普超纯科技有限公司）；AX224ZH 电子分析天平（美国奥豪斯有限公司）。

试剂：乙醛、甲酸乙酯、乙酸乙酯、乙缩醛、甲醇、丁酸乙酯、仲丁醇、正丙醇、乙酸丁酯、异丁醇、乙酸异戊酯、戊酸乙酯、正丁醇、2-甲基丁醇、3-甲基丁醇、己酸乙酯、正戊醇、庚酸乙酯、乳酸乙酯、正己醇、辛酸乙酯、乙酸、壬酸乙酯、丙酸、丁酸、异戊酸、戊酸、己酸、$\beta$-苯乙醇、庚酸、辛酸、棕榈酸乙酯、糠醛、叔戊醇、乙酸正戊酯、2-乙基丁酸，均为色谱纯，纯度≥99%（上海麦克林生化科技有限公司）。

本试验用水均为超纯水，符合 GB/T 6682—2008《实验室用水标准》；溶剂均为无水乙醇（GR）加水配制而成的 60%（体积分数）乙醇溶液，试验酒样为四川省酒业集团有限责任公司某产品酒样。

### 2.2 试验方法

#### 2.2.1 标准溶液配制

分别称取适量的各酯类、醇类、酸类、醛类物质于 50mL 容量瓶中，用 60% 乙醇溶液定容，混匀，制成各酯类、醇类、酸类、醛类混合储备液，于 0~4℃ 低温冰箱中密封保存。

#### 2.2.2 三内标混合储备液（2%，体积分数）

分别吸取 1mL 的叔戊醇、乙酸正戊酯、2-乙基丁酸于 50mL 容量瓶中，用 60% 乙醇溶液定容，混匀，于 0~4℃ 低温冰箱中密封保存。

#### 2.2.3 微量组分混合系列标准工作曲线

分别吸取 0.1，0.2，0.5，1.0，1.5，2mL 的上述各酸类、醇类、酯类、醛类混合储备液于 7 个 10mL 容量瓶中，用 60% 乙醇溶液定容，再加入 0.1mL 的三内标混合储备液，混匀，制成标准曲线工作液。

#### 2.2.4 样品的制备

吸取 10mL 样品至 10mL 容量瓶中，加入 0.1mL 三内标混合储备液，充分摇匀作为待测样品。

2.2.5 气相色谱条件

色谱柱：CP-WAX 57 CB（50m×0.25mm×0.2μm，聚乙二醇石英毛细管柱，美国 Agilent Technologies 有限公司）；进样口温度 240℃；检测器温度 220℃；进样量 1mL；载气流量：1.0mL/min；分流比：30∶1；氢气（$H_2$）∶空气（$O_2$）∶尾吹气（$N_2$）= 400∶40∶25。

升温程序：初温 31℃，保持 8min；以 2℃/min 升至 110℃；以 20℃/min 升至 210℃，保持 10min。

2.2.6 仪器方法条件的优化试验

本试验以各微量组分的谱图中峰的分离度、峰形为参考指标，通过不同仪器条件的单一变量设置，分别探究进样分流比、载气流速、柱温升温程序、尾吹气流量对检测效果的影响，选择各单因素条件变化的最佳条件以得到最优色谱条件。

## 3 结果与分析

### 3.1 色谱柱的选择

白酒的成分种类繁多，在色谱柱的选用上需要充分考虑柱类型、分离效果等因素。现行的白酒分析相关国家标准中，选用 LZP-930 白酒分析专用柱、FFAP 和 PEG-20M 毛细管柱，经研究，后两者对于性质较为相似的乙酸乙酯和乙缩醛这两种物质的分离度不好[6]，会影响定量的准确性，乙酸乙酯和乙缩醛都是白酒中重要的呈香呈味物质。本试验选用聚乙二醇石英 CP-WAX 57 CB（50m×0.25mm×0.2μm）毛细管柱[7]，可以将目标化合物进行有效的分离，特别是对于乙酸乙酯/乙缩醛、2-甲基丁醇/3-甲基丁醇、乳酸乙酯/正己醇的分离，各组分峰形对称且尖锐，重现性较好，是白酒气相色谱分析的优良选择。

### 3.2 仪器方法条件的单因素试验

3.2.1 分流比的选择

气相色谱仪的分流在于防止色谱柱的过载导致检测谱图出现峰形异常的现象，同时也要防止分流歧视。本试验选择分流比 40∶1、30∶1、20∶1、10∶1 的条件进行结果对比（图 1）。由图 1 可知，分流比越小，各组分峰的间隙越小，分离程度越低。经过对比发现，当分流比为 40∶1 时，样品中含量较低的庚酸、辛酸的色谱峰不能进行有效积分，属于分流歧视现象，并且酸类组分的拖尾现象严重；当分流比为 30∶1 时，正丁醇和乙酸正戊酯（图 1 中编号为 1、2 的峰）的分离效果最好。乙酸正戊酯是酯类、醛类组分的内标物，应减少内标峰的干扰。故优化的分流比选择为 30∶1。

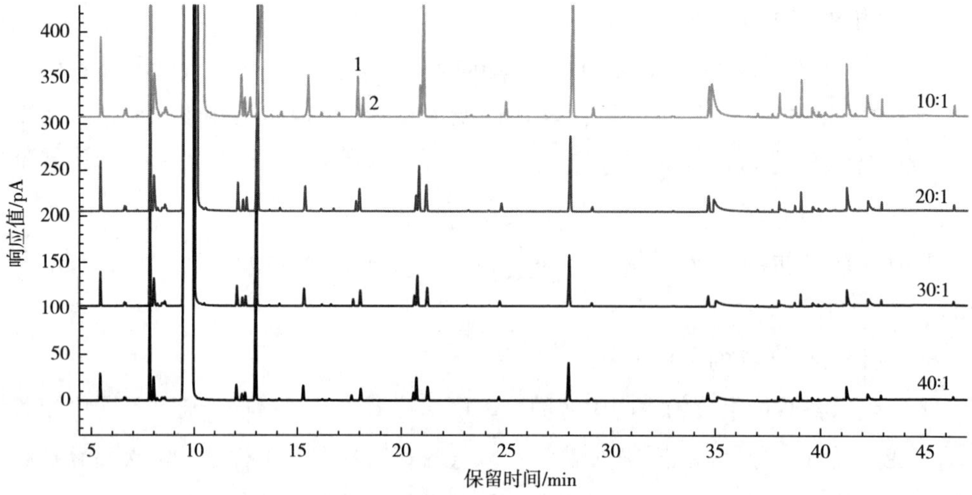


图 1　不同分流比的谱图对比

Fig. 1　Comparison of spectra of different split ratios

注：峰 1 代表正丁醇峰；峰 2 代表乙酸正戊酯峰。

### 3.2.2　载气流速的优化选择

气相色谱毛细管柱的载气流速一般设置为 0.5～1mL/min。本试验先后设置 0.5，0.8，1.0mL/min 的柱流量做对比，见图 2。通过对比发现，化合物的保留时间随着载气流速的增大而缩短；0.5mL/min 的分离效果较差，其中正丁醇/乙酸正戊酯（图 2 中编号为 1、2 峰）、糠醛/乙酸（图 2 中编号为 3、4 峰）均未分开；当载气流速为

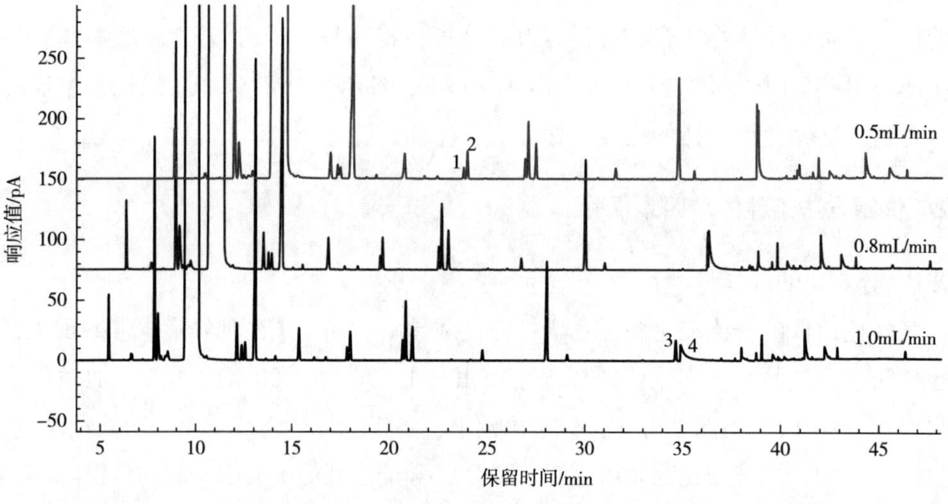


图 2　不同载气流速的谱图对比

Fig. 2　Comparison of spectra of different carrier gas flow rates

注：图中编号 1、2 的峰代表正丁醇、乙酸正戊酯峰；图中编号 3、4 的峰代表糠醛、乙酸峰。

0.8mL/min 时，编号为 1、2 峰得到了明显的分离，但编号为 3、4 峰未完全分离。综合来看，1mL/min 的载气流速让各化合物都得到了较好的分离，随着流速的增大，峰面积逐渐变小，峰形逐渐变得尖锐[8]，故优化方法的载气流速选择 1.0mL/min。

3.2.3　柱温升温程序的优化选择

柱温是影响柱效、分析时间、分离度的重要因素[9]。白酒中微量组分十分复杂，化合物沸点各不相同，对于白酒的气相色谱分析而言，选择合适的升温程序至关重要，通过多阶升温的方式以实现多种组分的有效分离，根据各目标组分峰的分离效果、峰形状态来进行适当的优化。本试验根据样品各组分实际分离效果初步设置了 3 种柱温升温程序，样品谱图结果对比见图 3。

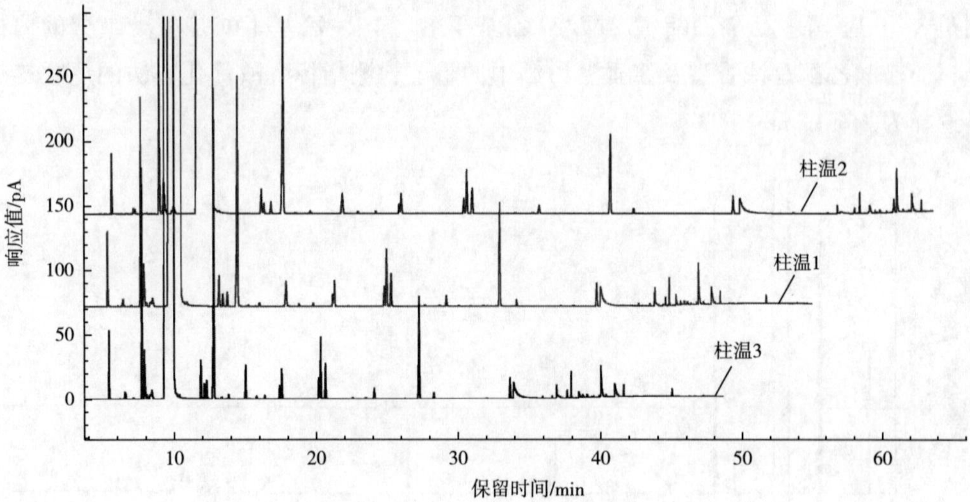


图 3　不同升温程序的谱图对比

Fig. 3　Comparison of spectra of different heating programs

柱温 1：初温 40℃，保持 8min；以 2.0℃/min 升温至 105℃，保持 2min；以 25℃/min 升温至 210℃，保持 10min。

柱温 2：初温 30℃，保持 5min；以 1.5℃/min 升温至 105℃，保持 2min；以 20℃/min 升温至 210℃，保持 5min。

柱温 3：初温 35℃，保持 1min；以 3.0℃/min 升温到 70℃；以 3.5℃/min 升温到 180℃；再以 15℃/min 升温到 210℃，保持 5min。

初温较低有利于低沸点物质的有效分离，而较缓的升温速率有利于峰分离，但过低的初始柱温和升温速率不利于仪器柱温达到就绪状态，增加了仪器耗能和样品的分析时间，降低了检测效率。通过对比发现，随着初始温度的降低，甲酸乙酯峰能够有更好的分离效果；随着初温保持时间的延长，叔戊醇/丁酸乙酯峰分离度降低。综合来看，当升温速率为 2℃/min 时，各组分峰的分离效果较好，由于糠醛/乙酸峰较难分离，根据酸类化合物的高沸点性质，在乙酸峰后的升温速率选择 20℃/min，以改善酸类的拖尾现象，缩短样品的分析时间；仪器高温状态的保持时间选择 10min，以减少高沸点物质在检测器端的残留。经过条件改变与样品谱图的对比，最终选择的柱温为：初温 31℃，保持 8min；以 2℃/min 升至 110℃；以 20℃/min 升至 210℃，保持 10min。

3.2.4 不同尾吹气流量的优化选择

气相色谱仪毛细管柱内的载气流量很低，对于一般的检测器流量应至少达到 20mL/min 的载气流量，为了保持检测器的高灵敏工作状态，增加尾吹气作为一路补充载气直接进入检测器。本试验分别设置 40、32、25mL/min 的尾吹气流量做对比，见图 4。由图 4 对比可得，随着尾吹气流量的减小，各组分的分离度更好，特别是 3-甲基丁醇/己酸乙酯、戊酸/2-乙基丁酸峰。2-乙基丁酸是酸类组分的内标物，而己酸乙酯是浓香型及酱香型白酒中的重要检测指标。故优化方法的尾吹气流量选择为 25mL/min。

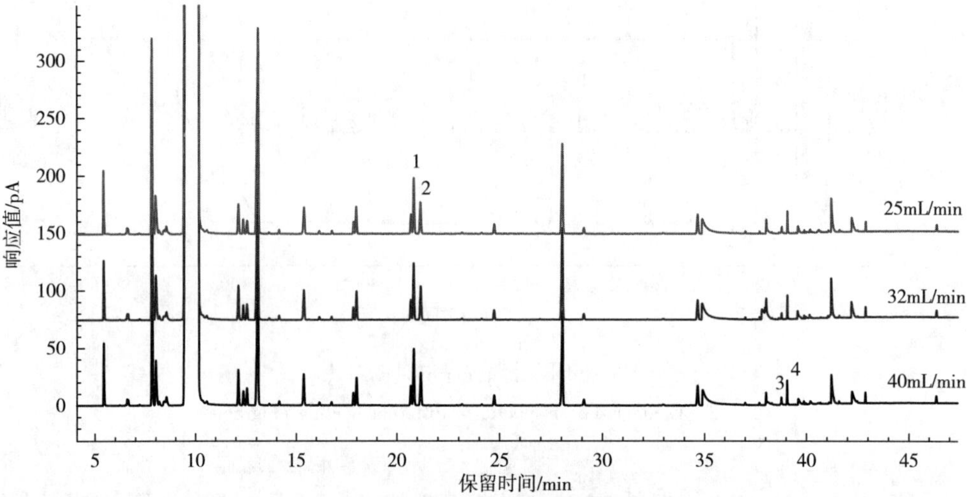


图 4 不同尾吹气流量的谱图对比

Fig. 4 Comparison of spectra of different tail blow flow rates

注：图中编号 1、2 的峰代表 3-甲基丁醇、己酸乙酯峰；
图中编号 3、4 的峰代表戊酸、2-乙基丁酸峰。

## 3.3 气相色谱仪的保养及维护

气相色谱仪的仪器状态有赖于保养及维护。气相色谱仪的维护主要为三个部分：进样端、色谱柱的老化、检测器的保养。

3.3.1 进样端

样品的进样系统是色谱分析的重要误差来源之一。白酒基质较为简单，故采取直接进样的方式，但对于有机醇、酯、酸的分析，分流比较大，当样品量大时，在进样端口仍容易出现有机物附着的情况。进样端的进样隔垫、分流/不分流衬管是日常需要注意更换的配件，另外，当发现峰面积重现性不好、峰粘连、峰形拖尾等情况，需要考虑排查进样针进样量是否有差异、分流平板及进样口壁是否需要清洁等问题。

3.3.2　色谱柱的老化

色谱柱是色谱分析的关键配置，色谱柱中样品高沸点物质的残留积累容易造成柱污染，出现鬼峰、重现性不好、基线噪声增高等问题，影响目标物的分析效果，所以在必要情况下，需要进行柱老化。保持一定的载气流速，取下检测器端的柱连接并堵上端口，柱温设置先用低温吹扫一段时间，再以较慢的速率升温至低于色谱柱最高耐受温度20℃的温度，保持时间适当加长。

3.3.3　检测器的保养

在长期且大量的检测工作中，检测器端也容易有残留物污染，作为色谱仪的重要部分，应适当注意检测器的保养。当进行了大量的检测工作或较脏样品的分析后，可以选择保持载气流速，设置高温烘烤进样口和检测器。

## 3.4　定性及定量检测

按照优化后的仪器参数“2.2.5 气相色谱条件”，对34种微量组分进行了单标液定性检测，以保留时间定性。配制了34种微量组分的混合标准液按照“2.2.4 样品的制备”的制样流程添加0.1mL内标溶液进行测定，各组分峰分离度较好，峰形较为尖锐，各组分在60min之前均出峰，谱图结果见图5。

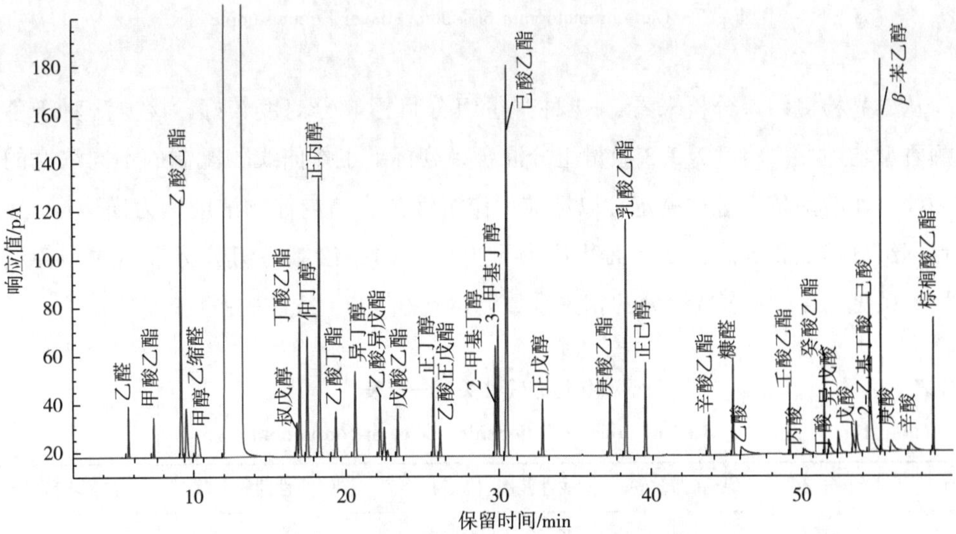


图5　34种微量组分标准溶液气相色谱图

Fig. 5　Gas chromatogram of 34 kinds of trace component standard solutions

不同类型白酒的特征指标不一，可能影响保留时间较为相近的目标峰的出峰情况，因此，本试验选择对酱香型及浓香型两大香型的白酒样品进行了检测，色谱图见图 6 和图 7。

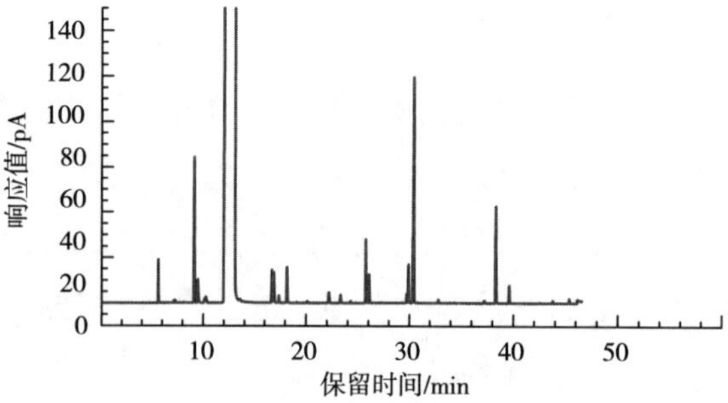


图 6　浓香型白酒样品检测气相色谱图

Fig. 6　Gas chromatogram of Luzhou-flavor liquor sample

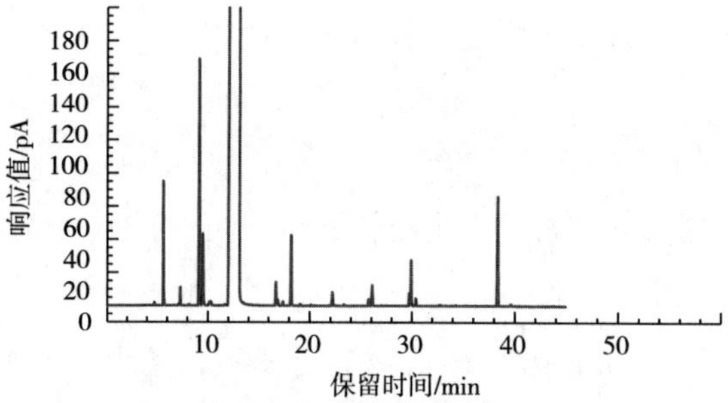


图 7　酱香型白酒样品检测气相色谱图

Fig. 7　Gas chromatogram of Maotai-flavor liquor sample

从样品检测结果分析来看，34 种微量组分目标峰分离度较好，该方法对于各种白酒香型均适用。将“2. 2. 3 微量组分混合系列标准工作曲线”配制的不同浓度的标准曲线工作溶液依次进样测定，以标准工作溶液浓度与内标物浓度比为横坐标（$x$），以目标组分峰面积与内标物峰面积比为纵坐标（$y$），绘制各组分标准曲线。各组分线性关系见表 1。大多数组分的相关系数能达到 0. 999，线性关系良好。

**表 1　各组分线性关系一览表**

**Table 1　List of linear relationships of each component**

| 序号 | 组分名称 | 保留时间/min | 线性范围/(mg/L) | 线性回归方程 | 相关系数（$R^2$） |
|---|---|---|---|---|---|
| 1 | 乙醛 | 5. 609 | 40. 379～1615. 163 | $y$=0. 1365$x$+0. 0156 | 0. 99890 |
| 2 | 甲酸乙酯 | 7. 292 | 10. 827～433. 097 | $y$=0. 3779$x$-0. 0241 | 0. 99852 |

续表

| 序号 | 组分名称 | 保留时间/min | 线性范围/(mg/L) | 线性回归方程 | 相关系数（$R^2$） |
|---|---|---|---|---|---|
| 3 | 乙酸乙酯 | 9.122 | 69.969~2798.778 | $y$=0.6038$x$-0.0533 | 0.99945 |
| 4 | 乙缩醛 | 9.470 | 19.967~798.660 | $y$=0.6451$x$+0.0007 | 0.99978 |
| 5 | 甲醇 | 10.139 | 22.517~900.698 | $y$=0.4354$x$+0.0114 | 0.99932 |
| 6 | 丁酸乙酯 | 16.918 | 29.733~1189.328 | $y$=0.8763$x$+0.0102 | 0.99955 |
| 7 | 仲丁醇 | 17.410 | 20.070~802.791 | $y$=0.8570$x$-0.0114 | 0.99980 |
| 8 | 正丙醇 | 18.193 | 50.040~2001.589 | $y$=0.8436$x$+0.0222 | 0.99982 |
| 9 | 乙酸丁酯 | 19.285 | 10.309~412.359 | $y$=0.8857$x$+0.0039 | 0.99935 |
| 10 | 异丁醇 | 22.192 | 10.170~406.793 | $y$=0.9865$x$-0.0059 | 0.99978 |
| 11 | 乙酸异戊酯 | 22.451 | 6.878~275.139 | $y$=0.9786$x$+0.0038 | 0.99947 |
| 12 | 戊酸乙酯 | 23.328 | 10.019~400.752 | $y$=0.9192$x$+0.0404 | 0.99961 |
| 13 | 正丁醇 | 25.775 | 10.150~405.994 | $y$=0.9565$x$-0.0008 | 0.99977 |
| 14 | 2-甲基丁醇 | 29.738 | 11.439~457.542 | $y$=1.3195$x$-0.0119 | 0.99973 |
| 15 | 3-甲基丁醇 | 29.904 | 20.170~806.783 | $y$=0.8760$x$-0.0116 | 0.99974 |
| 16 | 己酸乙酯 | 30.397 | 79.566~3182.652 | $y$=1.0403$x$+0.0364 | 0.99961 |
| 17 | 正戊醇 | 32.813 | 7.083~283.316 | $y$=1.0409$x$-0.0037 | 0.99972 |
| 18 | 庚酸乙酯 | 37.242 | 10.227~409.068 | $y$=1.1319$x$+0.0092 | 0.99952 |
| 19 | 乳酸乙酯 | 38.304 | 69.647~2089.395 | $y$=0.6403$x$+0.0113 | 0.99988 |
| 20 | 正己醇 | 39.593 | 11.507~460.288 | $y$=1.0824$x$-0.0113 | 0.99964 |
| 21 | 辛酸乙酯 | 43.779 | 6.247~249.876 | $y$=1.2102$x$+0.0096 | 0.99904 |
| 22 | 糠醛 | 45.371 | 20.070~802.791 | $y$=0.7869$x$+0.0170 | 0.99959 |
| 23 | 乙酸 | 45.907 | 81.099~1216.482 | $y$=0.1831$x$-0.0457 | 0.99509 |
| 24 | 壬酸乙酯 | 49.171 | 6.089~182.655 | $y$=1.2718$x$-0.0009 | 0.99991 |
| 25 | 丙酸 | 50.295 | 6.710~268.380 | $y$=0.4066$x$+0.0095 | 0.99941 |
| 26 | 癸酸乙酯 | 51.468 | 5.891~176.715 | $y$=1.3349$x$-0.0018 | 0.99991 |
| 27 | 丁酸 | 51.794 | 6.643~199.300 | $y$=0.6427$x$-0.0080 | 0.99947 |
| 28 | 异戊酸 | 52.435 | 6.028~241.117 | $y$=0.7541$x$+0.0164 | 0.99978 |
| 29 | 戊酸 | 53.397 | 6.432~257.264 | $y$=0.6723$x$-0.0211 | 0.99859 |
| 30 | 己酸 | 54.480 | 40.808~1632.329 | $y$=0.7842$x$-0.0324 | 0.99987 |
| 31 | $\beta$-苯乙醇 | 55.182 | 16.387~655.486 | $y$=1.2624$x$-0.0062 | 0.99979 |
| 32 | 庚酸 | 55.835 | 6.374~254.976 | $y$=0.8187$x$-0.0140 | 0.99926 |
| 33 | 辛酸 | 57.296 | 6.128~245.124 | $y$=0.8019$x$-0.0081 | 0.99982 |
| 34 | 棕榈酸乙酯 | 58.727 | 10.059~301.778 | $y$=1.4627$x$+0.0024 | 0.99971 |

### 3.5 精密度试验

配制标准曲线的第二浓度点的混合标准溶液，在相同的色谱条件下重复测定6次，计算各组分的相对标准偏差（RSD），结果见表2。各组分的相对标准偏差RSD<5.0%，表示本方法具有良好的精密度。

**表2　各组分测量值（$X$）及相对标准偏差（$n=6$）**

**Table 2　Measured values of each component ($X$) and relative standard deviation ($n=6$)**

| 组分名称 | $X_1$/(g/L) | $X_2$/(g/L) | $X_3$/(g/L) | $X_4$/(g/L) | $X_5$/(g/L) | $X_6$/(g/L) | RSD/% |
|---|---|---|---|---|---|---|---|
| 乙醛 | 0.1740 | 0.1700 | 0.1740 | 0.1780 | 0.1770 | 0.1760 | 1.6 |
| 甲酸乙酯 | 0.0300 | 0.0300 | 0.0300 | 0.0300 | 0.0290 | 0.0290 | 1.7 |
| 乙酸乙酯 | 0.2310 | 0.2310 | 0.2210 | 0.2210 | 0.2200 | 0.2220 | 2.3 |
| 乙缩醛 | 0.0730 | 0.0720 | 0.0700 | 0.0700 | 0.0700 | 0.0710 | 1.8 |
| 甲醇 | 0.0840 | 0.0840 | 0.0840 | 0.0830 | 0.0840 | 0.0850 | 0.8 |
| 丁酸乙酯 | 0.1090 | 0.1090 | 0.1090 | 0.1090 | 0.1060 | 0.1050 | 1.7 |
| 仲丁醇 | 0.0810 | 0.0810 | 0.0820 | 0.0820 | 0.0810 | 0.0810 | 0.6 |
| 正丙醇 | 0.2030 | 0.2020 | 0.2050 | 0.2050 | 0.2040 | 0.2050 | 0.6 |
| 乙酸丁酯 | 0.0380 | 0.0380 | 0.0370 | 0.0380 | 0.0370 | 0.0380 | 1.4 |
| 异丁醇 | 0.0410 | 0.0410 | 0.0420 | 0.0420 | 0.0410 | 0.0410 | 1.2 |
| 乙酸异戊酯 | 0.0255 | 0.0260 | 0.0260 | 0.0260 | 0.0260 | 0.0260 | 0.8 |
| 戊酸乙酯 | 0.0380 | 0.0380 | 0.0380 | 0.0380 | 0.0380 | 0.0370 | 1.1 |
| 正丁醇 | 0.0420 | 0.0410 | 0.0420 | 0.0420 | 0.0420 | 0.0420 | 1.0 |
| 2-甲基丁醇 | 0.0470 | 0.0470 | 0.0470 | 0.0480 | 0.0470 | 0.0470 | 0.9 |
| 3-甲基丁醇 | 0.0830 | 0.0820 | 0.0840 | 0.0840 | 0.0830 | 0.0840 | 1.0 |
| 己酸乙酯 | 0.3060 | 0.3060 | 0.3070 | 0.3060 | 0.3070 | 0.3070 | 0.2 |
| 正戊醇 | 0.0290 | 0.0290 | 0.0300 | 0.0300 | 0.0300 | 0.0300 | 1.7 |
| 庚酸乙酯 | 0.0400 | 0.0400 | 0.0400 | 0.0400 | 0.0400 | 0.0410 | 1.0 |
| 乳酸乙酯 | 0.3050 | 0.3020 | 0.3190 | 0.3330 | 0.3040 | 0.3340 | 4.7 |
| 正己醇 | 0.0480 | 0.0470 | 0.0480 | 0.0490 | 0.0480 | 0.0490 | 1.6 |
| 辛酸乙酯 | 0.0250 | 0.0250 | 0.0250 | 0.0250 | 0.0250 | 0.0260 | 1.6 |
| 糠醛 | 0.0850 | 0.0850 | 0.0840 | 0.0870 | 0.0900 | 0.0850 | 2.5 |

续表

| 组分名称 | $X_1$/(g/L) | $X_2$/(g/L) | $X_3$/(g/L) | $X_4$/(g/L) | $X_5$/(g/L) | $X_6$/(g/L) | RSD/% |
|---|---|---|---|---|---|---|---|
| 乙酸 | 0.2782 | 0.2986 | 0.3151 | 0.2970 | 0.2973 | 0.3003 | 3.6 |
| 壬酸乙酯 | 0.0260 | 0.0250 | 0.0260 | 0.0260 | 0.0260 | 0.0260 | 1.6 |
| 丙酸 | 0.0230 | 0.0230 | 0.0230 | 0.0240 | 0.0210 | 0.0220 | 4.6 |
| 癸酸乙酯 | 0.0250 | 0.0250 | 0.0260 | 0.0260 | 0.0260 | 0.0260 | 2.0 |
| 丁酸 | 0.0290 | 0.0280 | 0.0280 | 0.0260 | 0.0270 | 0.0290 | 4.2 |
| 异戊酸 | 0.0150 | 0.0160 | 0.0160 | 0.0170 | 0.0160 | 0.0160 | 4.0 |
| 戊酸 | 0.0230 | 0.0230 | 0.0210 | 0.0210 | 0.0220 | 0.0220 | 4.1 |
| 己酸 | 0.1790 | 0.1810 | 0.1790 | 0.1800 | 0.1800 | 0.1750 | 1.2 |
| β-苯乙醇 | 0.0690 | 0.0680 | 0.0680 | 0.0680 | 0.0720 | 0.0670 | 2.6 |
| 庚酸 | 0.0270 | 0.0270 | 0.0280 | 0.0280 | 0.0250 | 0.0260 | 4.4 |
| 辛酸 | 0.0290 | 0.0280 | 0.0280 | 0.0290 | 0.0300 | 0.0300 | 3.1 |
| 棕榈酸乙酯 | 0.0440 | 0.0440 | 0.0440 | 0.0460 | 0.0480 | 0.0470 | 3.9 |

### 3.6 回收率试验

取白酒样品按照2.2.4的方式进样检测，得出样品中的组分含量本底值。分别取“2.2.1标准溶液配制”储备液0.1、0.5、1.5mL于3个10mL容量瓶中，用样品稀释至刻度，加入0.1mL内标溶液混匀，制成各组分低、中、高浓度加标样品溶液，上机测定，计算各组分的回收率，样品的定量结果及回收率见表3。各组分在低、中、高浓度加标下的回收率在80%~120%，该方法的目标组分加标回收率良好。

**表3　样品定量结果及加标回收率**

**Table 3　Sample quantitative results and standard recovery rates**

| 序号 | 组分名称 | 本底值/(g/L) | 加标量/(g/L) | 测定值/(g/L) | 回收率/% |
|---|---|---|---|---|---|
| 1 | 乙醛 | 0.393 | 0.0808 | 0.4778 | 105.0 |
| | | | 0.4038 | 0.8430 | 111.4 |
| | | | 1.2114 | 1.8160 | 117.5 |
| 2 | 甲酸乙酯 | 0.014 | 0.0217 | 0.0350 | 97.0 |
| | | | 0.1083 | 0.1290 | 106.2 |
| | | | 0.3248 | 0.3460 | 102.2 |

续表

| 序号 | 组分名称 | 本底值/(g/L) | 加标量/(g/L) | 测定值/(g/L) | 回收率/% |
|---|---|---|---|---|---|
| 3 | 乙酸乙酯 | 0. 598 | 0. 1399 | 0. 7580 | 114. 3 |
| | | | 0. 6997 | 1. 3390 | 105. 9 |
| | | | 2. 0991 | 2. 5730 | 94. 1 |
| 4 | 乙缩醛 | 0. 061 | 0. 0399 | 0. 1070 | 115. 2 |
| | | | 0. 1997 | 0. 2230 | 81. 1 |
| | | | 0. 5990 | 0. 6280 | 94. 7 |
| 5 | 甲醇 | 0. 008 | 0. 0450 | 0. 0590 | 113. 2 |
| | | | 0. 2252 | 0. 2590 | 111. 5 |
| | | | 0. 6755 | 0. 7070 | 103. 5 |
| 6 | 丁酸乙酯 | 0. 128 | 0. 0595 | 0. 1910 | 105. 9 |
| | | | 0. 2973 | 0. 4250 | 99. 9 |
| | | | 0. 8920 | 0. 9710 | 94. 5 |
| 7 | 仲丁醇 | 0. 028 | 0. 0401 | 0. 0710 | 107. 1 |
| | | | 0. 2007 | 0. 2390 | 105. 1 |
| | | | 0. 6021 | 0. 6290 | 99. 8 |
| 8 | 正丙醇 | 0. 083 | 0. 1001 | 0. 1860 | 102. 9 |
| | | | 0. 5004 | 0. 6170 | 106. 7 |
| | | | 1. 5012 | 1. 5690 | 99. 0 |
| 9 | 乙酸丁酯 | 0. 000 | 0. 0206 | 0. 0200 | 97. 0 |
| | | | 0. 1031 | 0. 1050 | 101. 9 |
| | | | 0. 3093 | 0. 2950 | 95. 4 |
| 10 | 异丁醇 | 0. 027 | 0. 0203 | 0. 0480 | 103. 2 |
| | | | 0. 1017 | 0. 1310 | 102. 3 |
| | | | 0. 3051 | 0. 3180 | 95. 4 |
| 11 | 乙酸异戊酯 | 0. 000 | 0. 0138 | 0. 0130 | 94. 5 |
| | | | 0. 0688 | 0. 0670 | 97. 4 |
| | | | 0. 2064 | 0. 1950 | 94. 5 |
| 12 | 戊酸乙酯 | 0. 040 | 0. 0200 | 0. 0620 | 109. 8 |
| | | | 0. 1002 | 0. 1400 | 99. 8 |
| | | | 0. 3006 | 0. 3200 | 93. 2 |

续表

| 序号 | 组分名称 | 本底值/(g/L) | 加标量/(g/L) | 测定值/(g/L) | 回收率/% |
| --- | --- | --- | --- | --- | --- |
| 13 | 正丁醇 | 0. 039 | 0. 0203 | 0. 0580 | 93. 6 |
| | | | 0. 1015 | 0. 1420 | 101. 5 |
| | | | 0. 3045 | 0. 3170 | 91. 3 |
| 14 | 2-甲基丁醇 | 0. 015 | 0. 0229 | 0. 0380 | 100. 5 |
| | | | 0. 1144 | 0. 1360 | 105. 8 |
| | | | 0. 3432 | 0. 3570 | 99. 7 |
| 15 | 3-甲基丁醇 | 0. 098 | 0. 0403 | 0. 1360 | 94. 2 |
| | | | 0. 2017 | 0. 2980 | 99. 2 |
| | | | 0. 6051 | 0. 6300 | 87. 9 |
| 16 | 己酸乙酯 | 1. 328 | 0. 1591 | 1. 5100 | 114. 4 |
| | | | 0. 7957 | 2. 1330 | 101. 2 |
| | | | 2. 3870 | 3. 4780 | 90. 1 |
| 17 | 正戊醇 | 0. 002 | 0. 0142 | 0. 0160 | 98. 8 |
| | | | 0. 0708 | 0. 0780 | 107. 3 |
| | | | 0. 2125 | 0. 2210 | 103. 1 |
| 18 | 庚酸乙酯 | 0. 001 | 0. 0205 | 0. 0190 | 88. 0 |
| | | | 0. 1023 | 0. 0990 | 95. 8 |
| | | | 0. 3068 | 0. 3100 | 100. 7 |
| 19 | 乳酸乙酯 | 0. 692 | 0. 1393 | 0. 8500 | 113. 4 |
| | | | 0. 6965 | 1. 3460 | 93. 9 |
| | | | 2. 0894 | 2. 5090 | 87. 0 |
| 20 | 正己醇 | 0. 018 | 0. 0230 | 0. 0410 | 99. 9 |
| | | | 0. 1151 | 0. 1390 | 105. 2 |
| | | | 0. 3452 | 0. 3600 | 99. 1 |
| 21 | 辛酸乙酯 | 0. 000 | 0. 0125 | 0. 0120 | 96. 0 |
| | | | 0. 0625 | 0. 0670 | 107. 3 |
| | | | 0. 1874 | 0. 1880 | 100. 3 |
| 22 | 糠醛 | 0. 002 | 0. 0401 | 0. 0470 | 112. 1 |
| | | | 0. 2007 | 0. 2130 | 105. 1 |
| | | | 0. 6021 | 0. 6050 | 100. 2 |

续表

| 序号 | 组分名称 | 本底值/(g/L) | 加标量/(g/L) | 测定值/(g/L) | 回收率/% |
| --- | --- | --- | --- | --- | --- |
| 23 | 乙酸 | 0.334 | 0.0811 | 0.4010 | 82.6 |
| | | | 0.4055 | 0.7120 | 93.2 |
| | | | 1.2165 | 1.6430 | 107.6 |
| 24 | 壬酸乙酯 | 0.000 | 0.0122 | 0.0130 | 106.8 |
| | | | 0.0609 | 0.0550 | 90.3 |
| | | | 0.1827 | 0.1540 | 84.3 |
| 25 | 丙酸 | 0.000 | 0.0134 | 0.0160 | 119.2 |
| | | | 0.0671 | 0.0700 | 104.3 |
| | | | 0.2013 | 0.1980 | 98.4 |
| 26 | 癸酸乙酯 | 0.000 | 0.0118 | 0.0120 | 101.9 |
| | | | 0.0589 | 0.0530 | 90.0 |
| | | | 0.1767 | 0.1450 | 82.1 |
| 27 | 丁酸 | 0.096 | 0.0133 | 0.1110 | 112.9 |
| | | | 0.0664 | 0.1550 | 88.8 |
| | | | 0.1993 | 0.2760 | 90.3 |
| 28 | 异戊酸 | 0.000 | 0.0121 | 0.0100 | 82.9 |
| | | | 0.0603 | 0.0680 | 112.8 |
| | | | 0.1808 | 0.1850 | 102.3 |
| 29 | 戊酸 | 0.000 | 0.0129 | 0.0140 | 108.8 |
| | | | 0.0643 | 0.0620 | 96.4 |
| | | | 0.1929 | 0.1910 | 99.0 |
| 30 | 己酸 | 0.307 | 0.0816 | 0.4030 | 117.6 |
| | | | 0.4081 | 0.7090 | 98.5 |
| | | | 1.2242 | 1.4860 | 96.3 |
| 31 | $\beta$-苯乙醇 | 0.003 | 0.0328 | 0.0390 | 109.8 |
| | | | 0.1639 | 0.1970 | 118.4 |
| | | | 0.4916 | 0.5140 | 103.9 |
| 32 | 庚酸 | 0.000 | 0.0127 | 0.0150 | 117.7 |
| | | | 0.0637 | 0.0750 | 117.7 |
| | | | 0.1912 | 0.1980 | 103.5 |

续表

| 序号 | 组分名称 | 本底值/(g/L) | 加标量/(g/L) | 测定值/(g/L) | 回收率/% |
|---|---|---|---|---|---|
| 33 | 辛酸 | 0.000 | 0.0123 | 0.0130 | 106.1 |
| | | | 0.0613 | 0.0700 | 114.2 |
| | | | 0.1838 | 0.1990 | 108.2 |
| 34 | 棕榈酸乙酯 | 0.000 | 0.0201 | 0.0220 | 109.4 |
| | | | 0.1006 | 0.0900 | 89.5 |
| | | | 0.3018 | 0.2920 | 96.8 |

## 4　结论

本试验以叔戊醇、乙酸正戊酯、2-乙基丁酸三混标为内标，选择CP-WAX 57 CB (50m×0.25mm×0.2μm) 白酒分析专用色谱柱，经过不同的试验选择最优色谱条件，建立了白酒中34种微量组分的气相色谱检测方法。用该方法检测，各组分分离度较好，灵敏度较高，线性关系较好，回收率在80%~120%，能够满足检测的相关要求，经济且便捷，适用于各种香型白酒的分析，在白酒行业中能够满足酒体勾兑、产品质量把控的基本需要，具有较高的实用价值，可广泛应用。本试验仍有一些不足之处，针对酸类峰形拖尾的问题，认为可采用极性与中等极性固定液按照一定比例混合涂制的新柱[10]或其他柱，例如：DB-WAX UI、CP-WAX CP 97723A 等。

### 参考文献

[1] 沈怡方. 白酒生产技术全书 [M]. 北京：中国轻工业出版社，1998.

[2] 汤道文，谢玉球，朱法余，等. 白酒中的微量成分及与白酒风味技术发展的关系 [J]. 酿酒科技，2010 (5)：78-81.

[3] 张金修，李静，郭芳文. 白酒中微量成分对人体的作用 [J]. 酿酒科技，2014 (10)：143.

[4] 刘莎，周玉，余义，等. 气相色谱同时测定白酒中22种风味物质的方法研究 [J]. 酿酒科技，2019 (2)：113-116.

[5] 李春红. 气相色谱分析方法的建立及其在分离酒风味物质中的应用 [D]. 大连：大连工业大学，2008.

[6] 李芳芳，袁丽，吴卫宇. 气相色谱法定量检测白酒中酯、醇、酸等微量组分 [J]. 酿酒，2015，42 (1)：104-107.

[7] 孙细珍. CP-WAX毛细管柱在白酒香味组分分析中的应用 [J]. 酿酒科技，

2005 (12): 87-89.

[8] 曹静. 关于气相色谱内标法测定白酒中甲醇含量的研究 [J]. 现代食品, 2018 (24): 97-100.

[9] 王争争, 范丽丽, 常建军, 等. 气相色谱仪柱温箱升温程序的调试方法 [J]. 食品安全质量检测学报, 2021, 12 (3): 1147-1153.

[10] 刘晨旭, 梁芳琴. 新型白酒分析专用柱分离性能优化研究 [J]. 酿酒科技, 2016 (9): 55-58.

# 利用 GC×GC-TOFMS 研究五粮液酿造原辅料中的游离态香气成分

陈荻，郑佳，刘志鹏，赵东，乔宗伟
（宜宾五粮液股份有限公司，四川宜宾 644007）

**摘 要**：五粮粉和熟糠是五粮液酿造的重要原辅料，对白酒风味的影响程度至今仍不清晰。本研究模拟白酒的蒸馏过程获得了五粮粉与熟糠中的游离态香气成分，利用固相萃取（SPE）和全二维气相色谱-飞行时间质谱仪（GC×GC-TOFMS）对其组成情况进行了分析。结果表明，醇类、醛类、酯类、酮类、呋喃类及芳香族类化合物是五粮粉和熟糠中的主要香气成分。熟糠中游离态香气成分较五粮粉复杂，芳香族化合物较多，而五粮粉则含有丰富的高级醇，尤以1-己醇的含量最高。己醛、2,3-丁二酮、2-甲基-3-丁烯-2-醇、2-甲基-1-丙醇和3-甲基-2-丁醇是五粮粉中的优势组分。

**关键词**：五粮粉；熟糠；GC×GC-TOFMS；蒸馏；游离态香气成分

# Free Form Aroma Compounds in Raw and Auxiliary Materials for Wuliangye by GC×GC-TOFMS

CHEN Di, ZHENG Jia, LIU Zhipeng, ZHAO Dong, QIAO Zongwei
(Wuliangye Yibin Co., Ltd., Sichuan Yibin 644007, China)

**Abstract**: 5-grains and rice husk are important raw materials for Wuliangye, and their influence on *Baijiu* flavor remains unclear. In this study, free form aroma compounds in 5-grains and rice husk were isolated by simulated the distillation process, and analyzed using solid phase extraction coupled with full two-dimensional gas chromatography time of flight

作者简介：陈荻，女，硕士，主要从事白酒风味的研究工作。E-mail：Dilys_ chendi@ 163. com。
通信作者：郑佳，男，博士，高级工程师，主要从事白酒风味及酿造微生物的研究工作。E-mail：zheng-wanqi86@ 163. com。

mass spectrometry (GC×GC-TOFMS). The results showed that alcohols, aldehydes, esters, ketones, furans, and aromatic compounds were the main flavor compounds in both. Free form aroma compounds were more complex in steamed rice husk than that in 5-grains, and more abundant aromatic compounds and high alcohols was detected in steamed rice husk and 5-grains, respectively. 2,3-butanedione, 2-methyl-3-buten-2-ol, 2-methyl-1-propanol, and 3-methyl-2-butanol were detected as the predominant compounds in 5-grains.

**Key words**: 5-grains, Steamed rice husk, GC×GC-TOFMS, Distillation, Free form aroma compounds

## 1 前言

粮食和熟糠是白酒酿造过程中必不可少的原辅料。白酒因工艺和原料类型的不同，酒体风格迥异。高粱是酿造白酒的主要原料，对比各香型，浓香型白酒的用料更复杂丰富，包括单一高粱或者高粱、小麦、糯米、大米、玉米、大麦、豌豆等混合粮食配方[1]。五粮液是我国多粮浓香型白酒的典型代表，采用大米、玉米、高粱、小麦和糯米等五种粮食酿造而成，具有多种粮食的复杂风味特性，早在1963年的第二届评酒会上，五粮液凭借其独特的酒体被专家组给予高度评价，具有"香气悠久、味醇厚、入口甘美、入喉净爽、各味协调、恰到好处"的风格特点[2]。"混蒸混烧、续糟发酵"是五粮液乃至川派浓香型白酒的典型工艺[3]。"混蒸混烧"即将出窖的糟醅拌和一定比例的粮食和熟糠，上甑，先缓火蒸馏取酒，最后再加大火蒸煮粮食；"续糟发酵"则是在出窖的糟醅中加入一定比例的新鲜粮食，蒸煮后再重新入窖发酵，新料加入的同时，循环至顶层的糟醅被丢弃，周而复始，因而浓香型白酒酿造素有"千年老窖万年糟，酒好还需窖池老"之说[4]。由此可见，糠壳和粮食是除酒糟外参与蒸馏过程的重要基质，在白酒风味的形成中扮演着重要角色。

然而，关于白酒风味的研究，已有的报道多关注白酒的发酵过程[5, 6]，对蒸馏过程中原辅料的香气贡献研究有限。荀才明[7]、陈果忠[8]、吴幼茹[9]等对粮谷的蒸煮风味进行了研究，但实验过程均采用同时蒸馏萃取法提取粮食的蒸煮风味，未见有实际生产蒸馏的研究报道。近年来，赵东[10]、郑佳[11]等采用模拟生产过程蒸馏方式研究了生糠清蒸过程中的香气成分，但是熟糠对白酒的香气贡献还有待深入探究。

全二维气相色谱飞行时间质谱联用技术（GC×GC-TOFMS）具有高灵敏度、高分辨率、高分离度等特点，在复杂基质中挥发性成分的分离与鉴定中具有突出优势[12, 13]。因此，本研究模拟白酒的蒸馏过程，采用GC×GC-TOFMS分析了五粮粉和熟糠的蒸馏香气，旨在为探讨原辅料对酒质的影响提供数据支撑，为生产工艺优化提供参考。

## 2　材料与方法

### 2.1　试验材料

生产用熟糠和五粮粉，均来自宜宾五粮液股份有限公司酿酒车间。

### 2.2　试剂和仪器

二氯甲烷和甲醇（色谱级，百灵威公司）；正戊烷（分析纯，阿拉丁公司）；无水硫酸钠（ACS 级，阿拉丁公司）；LiChrolut EN 小柱（0.2g/3mL，德国 Merck 公司）。

7890B 气相色谱（美国安捷伦科技有限公司）；Pegasus 4D 飞行时间质谱仪（美国 LECO 公司）；液氮型调制器（美国 LECO 公司）；DB-WAXext 一维色谱柱（30m×0.25mm×0.25μm，美国安捷伦科技有限公司）；Rxi-17Sil MS 二维色谱柱（1.6m×0.1mm×0.1μm，美国 Restek 公司）。

### 2.3　样品蒸馏

称取 1kg 样品于自制不锈钢甑桶中（甑容为 10L），底锅中加入 1L 蒸馏水，打开电炉蒸馏 20min，收集所有蒸馏液。

### 2.4　香气成分提取

吸取 20mL 样品蒸馏液，上样于预先分别由 5mL 甲醇、二氯甲烷和 10% 乙醇水溶液平衡的 LiChrolut EN 小柱，流速保持 3~5mL/min，上样结束后，用 5mL 洗涤填充层，再在真空下抽干，利用 3mL 二氯甲烷洗脱，无水硫酸钠除水，温和 $N_2$ 吹扫浓缩至 0.25mL。

### 2.5　GC×GC-TOFMS 条件

GC 条件：进样口温度 230℃，一维柱箱起始温度 45℃，保持 3min，再以 5℃/min升温至 230℃并保持 10min。GC 二维柱箱全程保持比一维柱箱高 5℃。调制补偿温度 20℃。调制周期为 4s（热脉冲时间 0.8s）。色谱柱采用恒流模式（流速为 1mL/min），载气为高纯氦气（纯度>99.999%）。进样口为不分流进样方式，进样量为 1μL。

TOFMS 条件：GC 连接线温度 240℃，电离电压 70eV，离子源温度 230℃，检测器电压 1430V，原子质量 35~400amu，数据采集频率 100 色谱图/s。

## 2.6 数据处理

采用 ChromaTOF 软件进行自动解卷积和谱库比对，并结合风味成分标准物质保留时间、待测物质的保留指数与文献报道比对进行物质的综合鉴定。选择相似度大于800、信噪比（S/N）大于 50 的组分作为主要分析对象。

# 3 结果与分析

## 3.1 二维总离子流图

本研究模拟了白酒的蒸馏过程，获得五粮粉及熟糠中的游离态香气成分，并利用 GC×GC-TOFMS 对其进行分析，图 1 和图 2 为两种蒸馏液的总离子流图。结果显示，熟糠蒸馏液中的游离香气成分多于五粮粉蒸馏液，分别为 375 种和 179 种。

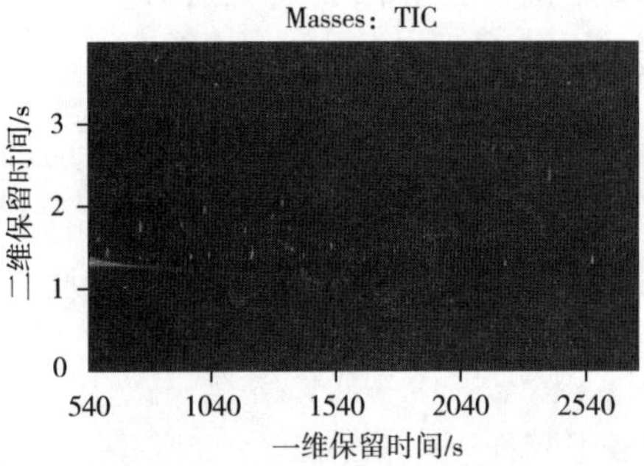


图 1　五粮粉蒸馏液中香气成分的二维总离子流图

Fig. 1　Two-dimensional total ion chromatograms of aroma compounds from 5-grains

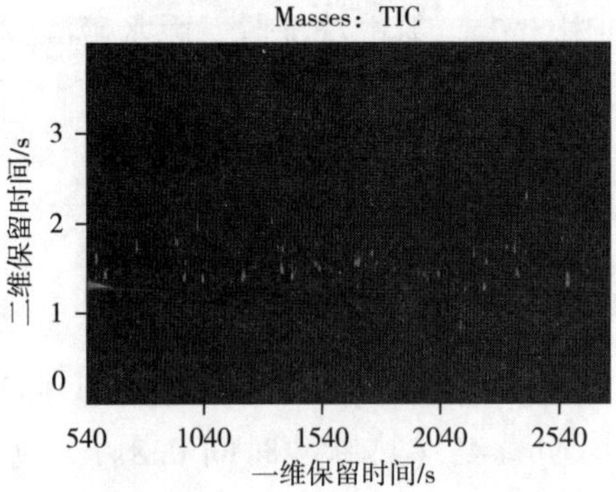


图 2　熟糠蒸馏液中香气成分的二维总离子流图

Fig. 2　Two-dimensional total ion chromatograms of aroma compounds from steamed rice husk

### 3.2 主要香气成分类型

对五粮粉和熟糠中游离态香气成分进行分类统计，结果如图3所示。五粮粉中的游离香气成分种类排序依次为：醇（39）>酮（30）>醛（26）>酯（23）>芳香族（17）>呋喃（15）>酸（7）>内酯（6）>含氮化合物（5）>含硫化合物/萜烯（4）>吡嗪（3），熟糠中的排序则为：酮（69）>醇（48）>酯（47）>芳香族（46）>呋喃（35）>醛（31）>萜烯（22）>含氮化合物（18）>酸（15）>内酯（6）>含硫化合物（12）>吡嗪（7）>其他（1）。可知，醇类、醛类、酯类、酮类、呋喃类及芳香族类化合物是五粮粉和熟糠中的优势组分，在熟糠中的丰富程度明显高于五粮粉。浓香型白酒中的风味物质多为酯、酸、醇、醛、酮等，从种类上看，粮粉和熟糠壳对醇、醛、酮、酯、呋喃及芳香族化合物具有重要贡献。

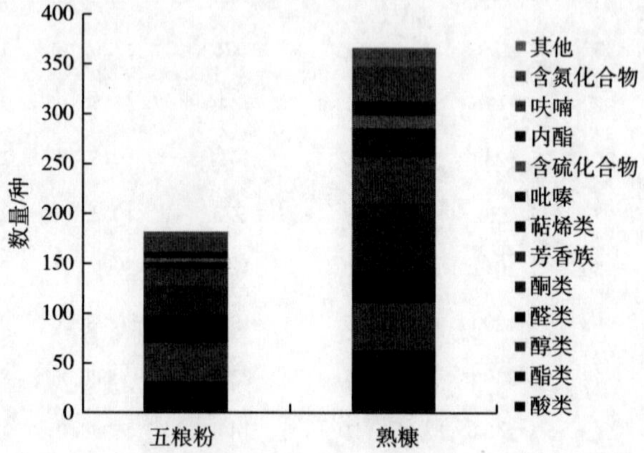


图3　五粮粉和熟糠中游离态香气成分的类型和数量

Fig. 3　Types and numbers of free form aroma compounds in 5-grains and steamed rice husk

### 3.3 五粮粉中的重要香气成分

表1为五粮粉中峰面积大于1.00%的挥发性成分。从香气特征来看，五粮粉蒸馏出的香气成分多具有甜香和果香，其中，2,3-丁二酮、已醛、正已醇、棕榈酸乙酯及2,3-二氢苯并呋喃等物质的峰面积占比在7.00%以上，是值得关注的成分。

**表1　五粮粉中峰面积大于1.00%的成分**

**Table 1　Aroma compounds with peak area over 1.00% in 5-grains**

| 化合物 | 相似度 | 一维保留时间/s | 二维保留时间/s | 保留指数 | 信噪比 | 峰面积占比/% | 香气特征 |
|---|---|---|---|---|---|---|---|
| 2-丁醇 | 933 | 640 | 1.36 | 1014 | 600.97 | 2.83 | 甜杏味 |

续表

| 化合物 | 相似度 | 一维保留时间/s | 二维保留时间/s | 保留指数 | 信噪比 | 峰面积占比/% | 香气特征 |
|---|---|---|---|---|---|---|---|
| 正丙醇 | 950 | 664 | 1.33 | 1032 | 177.25 | 1.81 | 醇甜味 |
| 2-甲基-3-丁烯-2-醇 | 896 | 664 | 1.37 | 1032 | 672.36 | 1.34 | 草本、泥土味 |
| 异丁醇 | 934 | 748 | 1.37 | 1095 | 2663.70 | 1.95 | 威士忌气味 |
| 3-甲基-2-丁醇 | 835 | 748 | 1.43 | 1095 | 226.40 | 1.25 | 果香 |
| 异戊醇 | 901 | 956 | 1.39 | 1204 | 3536.10 | 2.24 | 辛辣果香 |
| 戊醇 | 947 | 1028 | 1.41 | 1251 | 6363.60 | 3.97 | 甜香 |
| 正己醇 | 948 | 1204 | 1.45 | 1360 | 17081.00 | 7.51 | 嫩叶气息 |
| 1-辛烯-3-醇 | 955 | 1360 | 1.48 | 1457 | 8249.20 | 1.53 | 蘑菇味 |
| 己醛 | 943 | 748 | 1.76 | 1095 | 4955.90 | 7.28 | 青草味 |
| 戊醛 | 932 | 580 | 1.61 | 976 | 1820.10 | 1.88 | 发酵面包、果味 |
| (*Z*)-2-庚醛 | 922 | 1176 | 1.71 | 1344 | 5155.10 | 2.90 | — |
| 壬醛 | 904 | 1288 | 1.88 | 1411 | 1015.40 | 1.17 | 油脂、甜橙气味 |
| 2,3-丁二酮 | 982 | 576 | 1.39 | 973 | 1053.80 | 7.14 | 甜香 |
| 己酸乙酯 | 950 | 1012 | 1.96 | 1241 | 3999.70 | 2.50 | 水果、甜香 |
| 乳酸乙酯 | 968 | 1200 | 1.39 | 1358 | 11878.00 | 2.34 | 水果、奶油味 |
| 棕榈酸乙酯 | 912 | 2396 | 2.37 | 2269 | 11592.00 | 8.52 | 奶油香 |
| 糠醛 | 962 | 1408 | 1.41 | 1487 | 4537.10 | 1.28 | 杏仁味 |
| 2-戊基呋喃 | 858 | 1012 | 1.92 | 1241 | 449.86 | 2.49 | 果蔬、泥土味 |
| (*R*)-3-羟基-γ-丁内酯 | 836 | 2016 | 1.67 | 1931 | 806.20 | 1.99 | — |
| 2,3-二氢苯并呋喃 | 882 | 2564 | 1.34 | 2428 | 14528.00 | 7.53 | — |
| 棕榈酸 | 850 | 2316 | 2.62 | 2193 | 503.31 | 1.48 | 泥土味 |

醇类是白酒中重要的助香剂和醇甜剂，五粮粉中主要的醇类包括2-丁醇、正丙醇、异戊醇、1-戊醇等白酒中典型的高级醇，正丙醇能带来爽口感，其余高级醇多具有酒精气味或果香，在作为芳香成分的同时，还能增加酒体的甜度和醇厚感[14]。同时，1-己醇的含量达到了7.51%，是醇类物质中含量最高的。陈果忠等[8]发现，小麦、高粱、大米中都含有较高含量的正己醇，这可能是五粮粉中正己醇含量高的原因。1-辛烯-3-醇具有典型的蘑菇味，被认为是酒中的异味物质[15, 16]。此外，正丙醇和2-甲基-3-丁烯-2-醇以及异丁醇和3-甲基-2-丁醇在一维存在共流出现象，但在二维实现了分离，可能受方法分离度限制，2-甲基-3-丁烯-2-醇、异丁醇和3-甲基-2-丁醇在报道的一维色谱分析中未被检出[7, 8]。

五粮粉中检测到了较多的醛类，包括己醛、戊醛、(Z)-2-庚醛、壬醛等，其中，壬醛被证实在五种粮食的蒸馏风味中均有贡献[9]，己醛则是五粮粉中重要的香气活性成分[17]，这两种醛均具有典型的青草味。2,3-丁二酮是五粮粉中唯一含量高于1.00%的酮类，占比达7.14%，具有典型的干酪味，对浓香型白酒呈香具有重要贡献。

酯是浓香型白酒中种类最丰富的物质[18]，本研究中，五粮粉中有3种乙酯占比高于1.00%，分别为己酸乙酯、乳酸乙酯和棕榈酸乙酯，己酸乙酯具有典型的水果味、菠萝味，棕榈酸乙酯由于香气阈值较高，而气味贡献不明显，但在小麦中含量较高[9]。

五粮粉中检出了4种主要的呋喃类化合物，糠醛和2-戊基呋喃在5种粮食中都有检出[9]，2,3-二氢苯并呋喃可能来源于玉米[7]。

### 3.4　熟糠中的重要香气成分

熟糠中峰面积占比大于1.00%的成分如表2所示。与五粮粉不同，熟糠中各成分的峰面积占比更为平均，在气味方面，甜香物质减少。

熟糠的游离香气成分分析显示，γ-壬内酯和4-乙烯基愈创木酚在熟糠蒸馏液中的占比都超过1.00%，可赋予其粮香。糠醛在熟糠香气中占比较高，为3.68%，有研究[19]指出，白酒中的糠醛由戊糖与低聚糖在高温下脱去一个水分子后环化而成，主要在蒸馏过程中产生，作为白酒中主要的苦味物质之一，糠醛含量可作为蒸馏过程优化的潜在控制指标。同时，熟糠中检测到较多种类的芳香族化合物，包括苯甲醛、苯乙醛、苯并噁唑、苯乙酮、苯乙醇等，以上成分在五粮粉中的占比均未超过1.00%，可见高含量的芳香族化合物是糠壳蒸馏香气的特点所在。此外，熟糠中检出的甲硫醇可能是白酒中邪杂味的成分之一，芝麻香型的白酒中就检出了甲硫醇[20]。赵东[10]、郑佳[11]等研究了生糠的清蒸香气成分，共检测到180种风味化合物，这些化合物大多具有典型的青草味、花香味及油脂味，其中，己醛是主要的醛类，1-戊酮、丙酮、2-戊酮是主要的酮类，正己醇、3-甲基-2-丁醇是主要的醇类，对比发现，熟糠的蒸馏香气组成结构差异明显，呈现出青草味、油脂味的物质减少，芳香族类呈现典型的丁香、烘焙味等物质占比提高。

五粮粉和熟糠峰面积占比高于1.00%的物质中都检测到了异戊醇、1-戊醇、1-己醇、1-辛烯-3-醇、戊醛、己醛、己酸乙酯、乳酸乙酯、糠醛、(R)-3-羟基-γ-丁内酯和2,3-二氢苯并呋喃，除1-辛烯-3-醇、(R)-3-羟基-γ-丁内酯和2,3-二氢苯并呋喃外，其余物质均有在浓香型的白酒中检出[18]，说明原辅料可能是白酒中这些物质的重要来源。

表 2　　熟糠中峰面积占比大于 1.00%的成分

Table 2　Aroma compounds with peak area over 1.00% in steamed rice husk

| 化合物 | 相似度 | 一维保留时间/s | 二维保留时间/s | 保留指数 | 信噪比 | 峰面积占比/% | 香气特征 |
|---|---|---|---|---|---|---|---|
| 异戊醇 | 936 | 956 | 1.42 | 1204 | 10229.00 | 2.04 | 辛辣果香 |
| 戊醇 | 955 | 1028 | 1.41 | 1251 | 7362.70 | 1.35 | 甜香 |
| 正己醇 | 954 | 1204 | 1.46 | 1360 | 22035.00 | 3.31 | 嫩叶气息 |
| 1-辛烯-3-醇 | 956 | 1360 | 1.51 | 1457 | 7971.40 | 3.47 | 蘑菇味 |
| 1,4-戊二烯-3-醇 | 815 | 2348 | 1.69 | 2223 | 90.34 | 2.65 | — |
| 2-乙烯氧基乙醇 | 825 | 2596 | 1.12 | 2458 | 158.55 | 2.35 | — |
| 戊醛 | 883 | 580 | 1.62 | 976 | 6487.40 | 3.02 | 发酵面包味、果味 |
| 己醛 | 947 | 748 | 1.77 | 1095 | 5491.60 | 1.96 | 青草味 |
| 2-戊酮 | 963 | 576 | 1.6 | 974 | 6464.60 | 2.84 | 醇甜果香 |
| 己酸乙酯 | 969 | 1012 | 2 | 1241 | 10919.00 | 4.81 | 水果甜香 |
| 乳酸乙酯 | 960 | 1200 | 1.41 | 1358 | 44735.00 | 2.13 | 水果奶油味 |
| γ-壬内酯 | 937 | 2176 | 1.67 | 2067 | 33046.00 | 1.80 | 椰子奶油味 |
| 糠醛 | 953 | 1408 | 1.43 | 1487 | 17652.00 | 3.68 | 杏仁味 |
| (*R*)-3-羟基-γ-丁内酯 | 894 | 2016 | 1.71 | 1931 | 1179.30 | 1.07 | — |
| 2,3-二氢苯并呋喃 | 856 | 2564 | 1.35 | 2428 | 21996.00 | 4.72 | — |
| 4-乙烯基愈创木酚 | 937 | 2356 | 1.46 | 2230 | 13313.00 | 2.03 | 炒花生味 |
| 苯乙醇 | 943 | 2024 | 1.45 | 1938 | 11235.00 | 1.29 | 玫瑰花香 |
| 苯甲醛 | 969 | 1508 | 1.56 | 1553 | 18357.00 | 1.36 | 甜杏味 |
| 苯乙醛 | 941 | 1680 | 1.57 | 1672 | 10263.00 | 4.79 | 风信子香味 |
| 苯乙酮 | 966 | 1692 | 1.6 | 1681 | 16755.00 | 1.30 | 山楂味 |
| 苯并噁唑 | 804 | 1684 | 1.52 | 1675 | 785.89 | 1.29 | — |
| 甲硫醇 | 930 | 1396 | 1.53 | 1479 | 7122.70 | 1.04 | 腐臭味、蒜味 |

## 4　结论

本研究利用 GC×GC-TOFMS 研究了五粮液酿造的原辅料中游离态香气成分。五粮粉和熟糠中的游离态香气成分均以醇类、醛类、酯类、酮类、呋喃类及芳香族类化合物为主。五粮粉中含有丰富的高级醇，熟糠中的芳香族化合物更为丰富。

## 参考文献

[1] 信春晖, 许玲, 于盼盼, 等. 浅述粮谷原料在白酒酿造中的作用 [J]. 酿酒, 2016, 43 (5): 44-48.

[2] 李维青. 浓香型白酒流派 [J]. 酿酒科技, 2009 (12): 112-116.

[3] 张崇军, 隋明, 吴霞, 等. 浓香型大曲白酒生产工艺探讨 [J]. 粮食与食品工业, 2018, 25 (2): 62-65.

[4] 李大和, 李国红. 浓香型白酒的独特魅力 [J]. 酿酒科技, 2018 (7): 140-144.

[5] 刘凡, 周新虎, 陈翔, 等. 洋河浓香型白酒发酵过程酒醅微生物群落结构解析及其与有机酸合成的相关性 [J]. 微生物学报, 2018, 58 (12): 2087-2099.

[6] 罗晶, 祝水兰, 王丽, 等. 浓香型白酒酿造微生物与风味物质组成的研究进展 [J]. 中国酿造, 2020, 39 (4): 1-6.

[7] 苟才明, 谢正敏, 练顺才. 多粮浓香型白酒专用玉米品种蒸煮香气成分研究 [J]. 安徽农业科学, 2019, 47 (15): 183-187.

[8] 陈果忠, 李世锋, 任列华, 等. 浓香型基础酒和酿造用粮食及大曲的香味成分研究 [J]. 食品工业科技, 2018, 39 (3): 250-258.

[9] 吴幼茹, 刘诗宇, 樊晓璐, 等. GC-O-MS 分析 5 种酿酒原料中蒸煮香气成分 [J]. 食品科学, 2016, 37 (24): 94-98.

[10] 赵东, 郑佳, 彭志云, 等. 利用顶空固相微萃取、液液萃取和香气分馏技术鉴定糠壳的挥发性成分 [J]. 酿酒科技, 2016 (12): 31-39.

[11] 郑佳, 赵东, 彭志云, 等. 蒸糠过程中香气成分的变化规律 [J]. 食品与发酵工业, 2017, 43 (10): 8-15.

[12] 肖雪, 陈啸天, 钱沉鱼, 等. 全二维气相色谱技术在酒类挥发性化学成分检测中的应用 [J]. 中国酿造, 2019, 38 (3): 5-9.

[13] Zhu S K, Lu X, Ji K L, et al. Characterization of flavor compounds in Chinese liquor Moutai by comprehensive two-dimensional gas chromatography/time-of-flight mass spectrometry [J]. Analytica Chimica Acta, 2007, 597 (2): 340-348.

[14] 洪泽淳, 熊含鸿, 李南, 等. 基于全二维气相色谱-飞行时间质谱对酱香型白酒风味成分的研究 [J]. 酿酒科技, 2018 (4): 121-125.

[15] Stephane L G, Brunhilde. D, Monique P, et al. Characterization of some mushroom and earthy off-odors microbially induced by the development of rot on grapes [J]. Journal of Agricultural and Food Chemistry, 2006, 54 (24): 9193-9200.

[16] 杜海, 范文来, 徐岩. 顶空固相微萃取 (HS-SPME) 和气相色谱-质谱

(GC-MS) 联用定量白酒中两种异味物质 [J]. 食品工业科技, 2010, 31 (1): 373-375+377.

[17] 彭智辅, 赵东, 郑佳, 等. 利用 AEDA 比较五粮粉一次蒸煮与二次蒸煮中的香气活性成分 [J]. 食品与发酵工业, 2017, 43 (11): 1-8.

[18] 周庆伍, 李安军, 汤有宏, 等. 基于全二维气相色谱-飞行时间质谱对古井贡酒风味成分的剖析研究 [J]. 酿酒, 2016, 43 (2): 75-81.

[19] 赵书圣, 范文来, 徐岩, 等. 酱香型白酒生产酒醅中呋喃类物质研究 [J]. 中国酿造, 2008 (21): 10-13.

[20] 陈双, 徐岩. 全二维气相色谱-飞行时间质谱法分析芝麻香型白酒中挥发性组分特征 [J]. 食品与发酵工业, 2017, 43 (7): 207-213.

# 酒鬼系列酒的 GC-IMS 分析鉴别

鲁祥凯[1]，杨彪[1]，樊保民[1]，孙啸涛[2]

（1. 北京工商大学化学与材料工程学院，北京 100048；

2. 北京工商大学轻工科学技术学院，北京 100048）

**摘　要**：白酒的仪器鉴别通常需要对样品中特定组分进行定性、定量检测分析。采用气相色谱-离子迁移谱（GC-IMS），无需对组分进行定性、定量解析，根据白酒挥发组分相对含量信息，即可通过特征提取和判别模型对白酒进行鉴别。本研究对不同勾调批次的 9 种酒鬼酒共 23 个样品进行 GC-IMS 分析，共检出 99 种微量组分。通过指纹图谱可直观判断勾调批次的稳定性和不同档次白酒之间的组分差异。通过相关性分析提取主要特征，采用 Fisher 判别模型对样品进行鉴别，正确率为 100%。GC-IMS 可以为白酒的生产质量控制提供简单的评价方法，并且可以准确地鉴别同品系不同档次的白酒样品。

**关键词**：白酒；气相色谱-离子迁移谱；特征提取；相关性分析；Fisher 判别；鉴别

# Analysis and Identification of Jiugui Liquors with GC-IMS

LU Xiangkai[1], YANG Biao[1], FAN Baomin[1], SUN Xiaotao[2]

(1. College of Chemistry and Materials Engineering, Beijing Technology and Business University, Beijing 100048;

2. School of Light Industry, Beijing Technology and Business University, Beijing 100048)

**Abstract**: The instrument identification of Chinese *Baijiu* usually requires qualitative and quantitative analysis of specific components in the samples. According to the relative con-

---

基金项目："十三五"国家重点研发计划项目课题"发酵食品危害物识别监控技术及特征鉴别技术研究"（2018YFC1604101）。

作者简介：鲁祥凯，男，硕士，主要从事白酒风味分析的探究。E-mail：luxkiia@163.com。

通信作者：杨彪，男，博士，教授，主要从事食品包装材料、食品安全的研究。E-mail：ybiao@btbu.edu.cn。

tent of volatile components obtained by gas chromatography–ion mobility spectrometry (GC–IMS), *Baijiu* can be identified by feature extraction and Fisher discriminant model, and no qualitative and quantitative analysis is needed. Hereon, a total of 23 samples of 9 kinds of Jiugui liquors with different batches were analyzed by GC–IMS with headspace sample preparation methods, the fingerprint spectrums were collected, and a total of 99 trace components were detected. The stability of the blending batch and the difference of components in different grades of Jiugui liquors can be visually observed via fingerprint spectrums. The component features were extracted by correlation analysis, and the Fisher discriminant model was used to identify the samples with an accuracy of 100%. GC–IMS provides a simple evaluation method for the quality control in *Baijiu* production process, and can accurately identify the different grades *Baijiu* under the same strain.

**Key words**: *Baijiu* , GC–IMS, Feature extraction, Correlation analysis, Fisher discriminant, Identification

## 1 前言

白酒的鉴别主要通过提取典型的差异性组分信息来实现。近年来已发展出光谱、色谱结合质谱等定性、定量方法以及传感器等特异性响应方法，结合模式识别技术可对白酒的香型、等级、年份以及产地进行鉴别[1-5]。根据白酒中由原料引入的部分微量无机元素或同位素含量可较为准确地鉴别白酒[6-9]。例如姜涛等[10]检测了黔川两地白酒中 15 个特征元素，依据其中 6 种元素（Mn、Ga、Sc、V、Na 和 Cs）的含量建立了两种判别模型，对两地白酒鉴别的正确率分别为 94.7% 和 100%。但是生产批次、储存时间以及粮源稳定性会导致信息的不稳定，因此该类方法仅能作为参考。通过色谱及光谱对白酒中部分组分定性、定量分析或者采集特定范围内的光谱也可有效地鉴别白酒[11-16]。霍丹群等[17]定性、定量分析了不同产地 7 种白酒中的 10 种组分，通过建立的判别模型对 93.9% 的未知酒样实现鉴别。徐睿等[18]通过多种处理方法对 8 种白酒（金沙蓝钻酒和其他白酒）的近红外光谱进行处理，最终以 4119.20～9881.46$cm^{-1}$的光谱特征建立金沙蓝钻酒相似度匹配模型，鉴别正确率达 100%。现代分析手段中，通过白酒中某些物质与传感器的特异性响应也可以达到鉴别白酒的目的[19-23]。Li 等[24]使用电子鼻结合多维尺度支持向量机算法实现对 10 个品牌白酒 98.3% 的正确鉴别；田婷等[25]采用电子鼻结合主成分分析实现对不同轮次的酱香型白酒分类识别，识别指数达 95%。传感器主要是针对白酒中特定物质种类进行响应，无法做到全面分析，有时还受到酒精的影响[26]。目前，已报道的白酒仪器鉴别方法需要对白酒中特定物质组分进行定性、定量或半定量检测分析，进而提取特征建立鉴别模型。

近年来，气相色谱-离子迁移谱（GC-IMS）凭借高分离效率、高灵敏度以及响应速度快的优势逐渐成为检测分析挥发性有机物的有效方法[27-29]。Chen 等[30]依据指纹图谱，对 3 个产地共 122 个黄酒样品进行区分，建立二次判别模型对训练集产地分类正确率为 97.47%，预测集产地正确率为 95.35%。Zhou 等[31]从不同年份的白云边陈酿酒的特征风味指纹图谱中选取了 60 个特征，结合主成分分析可将 3 年和 5 年陈酿酒完全区分，但 15 年和 20 年陈酿酒因过于相似无法完全区分。

本研究将 GC-IMS 用于白酒的鉴别，对未加预处理的酒鬼酒系列样品直接顶空制样，获得指纹图谱，通过指纹图谱中各微量组分相对含量提取白酒主要特征，建立判别模型，实现对同品系不同档次白酒的准确鉴别。

## 2　材料与方法

酒鬼酒（馥郁香型）共 9 种不同档次（每种包括 2~3 个批次）的样品。样品采用 A-B-C 代码表示，其中 A 代表酒精度，B 代表酒的种类编号，C 代表勾调批次。如：52-7 是 52°7 号酒样，52-7-2 是 52°7 号样的第二勾调批次样品。FlavourSpec 1 H1-100053 气相色谱-离子迁移谱仪（德国 GAS 公司），采用 Rtx-Wax 色谱柱（30m×0.53mm×1μm，美国 Restek 公司），配 Combi PAL 自动顶空进样装置（瑞士 CTC 公司）。

样品于室温下密封避光储存，检测前采用顶空制样。顶空制样及分析流程如下：取原始白酒样品 0.5mL 于 20mL 顶空瓶中密闭振荡加热孵化，孵化温度为 70℃，孵化时间 15min，待达到液-气挥发平衡后从顶空瓶上部空间取样 200μL 用于检测。顶空进样针温度 85℃。气相色谱柱温 60℃，漂移管温度 45℃，载气和漂移气均为氮气（99.999%）。气相色谱载气流速为：0~2min：2mL/min；2~10min：2~10mL/min；10~30min：10~90mL/min；30~40min：90mL/min。离子迁移谱漂移气速始终保持 150mL/min，每个样品重复测 3 次。

## 3　结果与分析

### 3.1　指纹谱图

除水和乙醇外，酒鬼酒样品中共检测到 99 种挥发组分（含二聚体）。通过仪器软件内置数据库鉴定出 58 种挥发性组分，未定物 41 种（从 100 开始编号）。提取各组分信号峰形成酒鬼酒指纹图谱（图 1）。

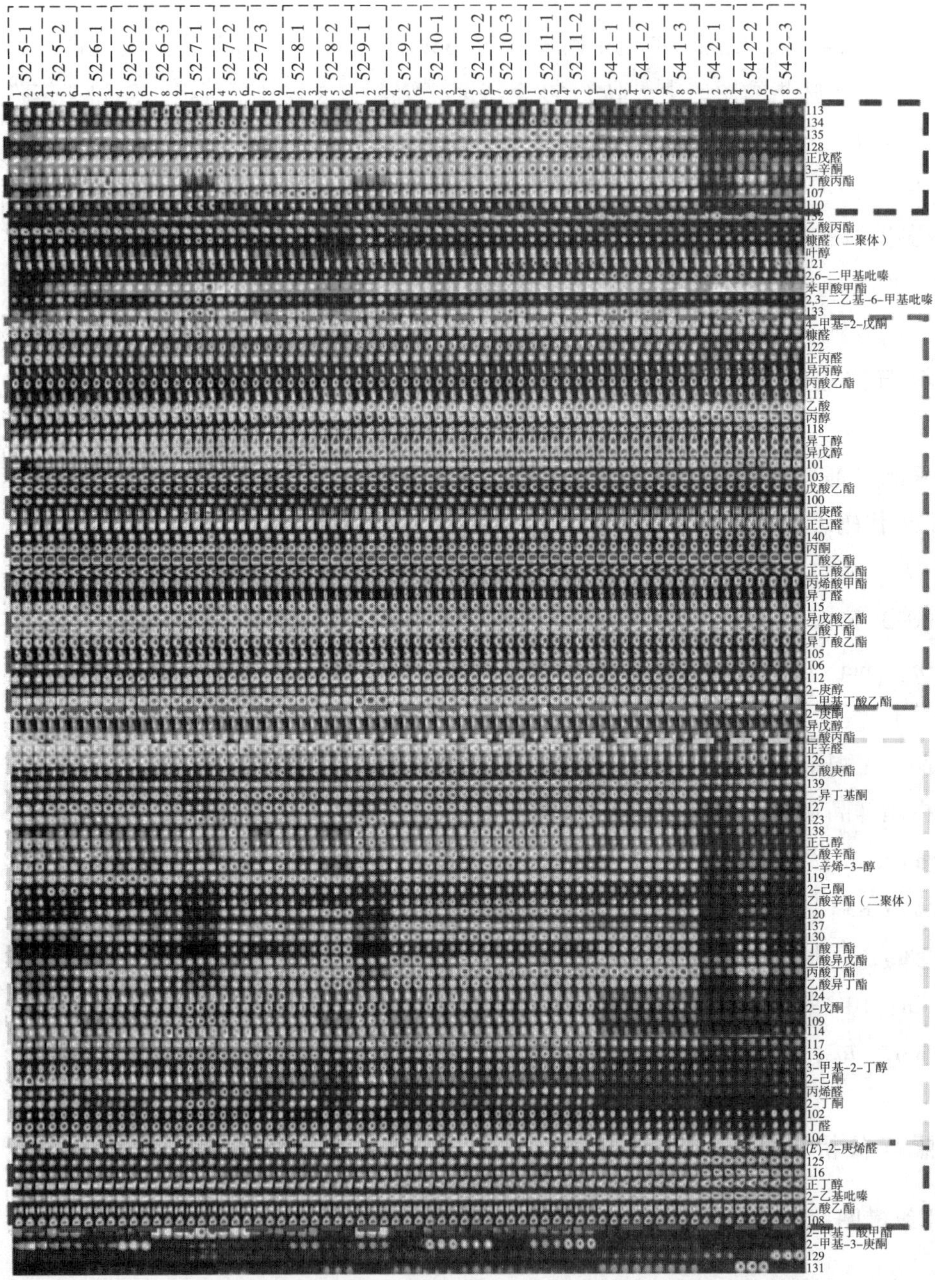


图 1 酒鬼酒样品指纹图谱

Fig. 1 The fingerprint spectrums of Jiugui liquor samples

由指纹图谱可以发现，每种酒样平行检测三次的图谱差别极小，说明检测结果的稳定性很好。此外，对照不同勾调批次的指纹图谱，可以观察到同一品牌白酒勾调批次之间的差异，直观反映出生产过程中的质量稳定性。根据检测结果计算欧氏距离，并取平均值。两样品间欧氏距离差异越大，则说明两者之间区别越大。通过比较发现，同一白酒样品平行检测 3 次，欧氏距离差异均未超过 0.3，进一步证明检测结果十分稳定。样品 52-7、52-8、52-9、54-2 的勾调批次间平均欧氏距离差异均大于 0.8，显示其批次间差异相对较大，这与指纹图谱的直观结果相一致。

图 1 中横坐标为检测到的挥发物质名称或编号，纵坐标为酒样编号。图中左三框中的物质主要为醇、酯类以及少量的醛类，在所有样品中检测到的含量均较高且无明显差异，为共有基本特征物质。左一框所标物质中，未定物 108 在各样品中含量均较高，差异不明显；未定物 116、125、乙酸乙酯、2-乙基吡嗪、正丁醇和反式-2-庚烯醛等物质在 54-2 白酒中含量显著高于其他酒鬼酒样品。左二框中未定物 102、104、109、114、117、124、136、丁醛、丁烯醛、2-丁酮、2-己酮、2-戊酮和 3-甲基-2-丁醇等物质在 54-1 和 54-2 中含量明显低于其他酒样，而未定物 119、120、123、126、127、130、137、138、139、乙酸异丁酯、丙酸丁酯、乙酸异戊酯、丁酸丁酯、乙酸辛酯、乙酸庚酯、反式-2-己烯醛、正辛醛、1-辛烯-3-醇、正己醇、二异丁基酮等物质仅在 54-2 白酒中含量较低，其中未定物 120、130、137、丁酸丁酯、乙酸辛酯（*D*）和反式-2-己烯醛在 52-5 两个批次、52-7-1 和 52-9-1 白酒中含量均较低。指纹图谱最右侧标记框中，未定物 110、107、113、128、134、135、丁酸丙酯、正戊醛和 3-辛酮等物质在 54-2 白酒中含量最低，在 52-5 和 54-1 白酒中含量略高于 54-2，但低于其他酒样。其中较为明显的是在 52-7 和 52-9 的第一批次中未定物 107 和 110 含量均较低。值得注意的是，图 1 中左侧 4 种物质中，未定物 129 只在 54%vol 白酒中检测到，2-甲基丁酸甲酯只在 52%vol 白酒中检测到，未定物 131 在 52-8-2、52-9-2 和 52-10-2 中以及所有 54%vol 白酒中检测到，2-甲基-3-庚酮在 52-6-2、52-7-1、52-8、52-9-1、52-10-1/2、52-11、54-1-2/3 和 54-2-3 中检测到，其余样品中均未检测到。

样品中 54%vol 样品（湘泉）与其他 52%vol 样品区别明显，检测到的挥发物质相对量明显低于其他样品。

### 3.2　鉴别模型

本研究针对 GC-IMS 获取的组分信息，分别针对全部组分特征和相关性分析后提取的主要特征，通过一起输入和步进法两种方式建立 Fisher 判别模型，从而对酒鬼系列酒进行鉴别。

将酒鬼酒共 69 组挥发性组分数据按组分层划分训练集和测试集，共划分出 23 个测试集，消除类别属性，作为未知酒样进行鉴别。其余数据作为训练集，提取酒鬼酒主要特征，建立鉴别模型。将检测到的全部 99 种组分记作完全特征集 JA，并将所有物质依此设为变量 $X_1$，$X_2$…… $X_{99}$，见表 1。

表 1 组分与变量的对应关系

Table 1 Variables and components

| 变量 | 物质 | 变量 | 物质 | 变量 | 物质 |
|---|---|---|---|---|---|
| $X_1$ | 2-乙基吡嗪 | $X_{27}$ | 2-甲基丁酸甲酯 | $X_{53}$ | 异丁醛 |
| $X_2$ | 乙酸丙酯 | $X_{28}$ | 126 | $X_{54}$ | 正丙醛 |
| $X_3$ | 戊酸乙酯 | $X_{29}$ | 反式-2-己烯醛 | $X_{55}$ | 丙烯酸甲酯 |
| $X_4$ | 2-己酮 | $X_{30}$ | 3-甲基-2-丁醇 | $X_{56}$ | 叶醇 |
| $X_5$ | 丁醛 | $X_{31}$ | 丙烯醛 | $X_{57}$ | 137 |
| $X_6$ | 125 | $X_{32}$ | 乙酸乙酯 | $X_{58}$ | 117 |
| $X_7$ | 2，6-二甲基吡嗪 | $X_{33}$ | 正辛醛 | $X_{59}$ | 115 |
| $X_8$ | 122 | $X_{34}$ | 2-戊酮 | $X_{60}$ | 104 |
| $X_9$ | 2-庚酮 | $X_{35}$ | 丁酸乙酯 | $X_{61}$ | 133 |
| $X_{10}$ | 132 | $X_{36}$ | 113 | $X_{62}$ | 丙醇 |
| $X_{11}$ | 己酸丙酯 | $X_{37}$ | 140 | $X_{63}$ | 丙酸丁酯 |
| $X_{12}$ | 116 | $X_{38}$ | 127 | $X_{64}$ | 102 |
| $X_{13}$ | 2-丁酮 | $X_{39}$ | 131 | $X_{65}$ | 106 |
| $X_{14}$ | 丙酮 | $X_{40}$ | 114 | $X_{66}$ | 异戊醛 |
| $X_{15}$ | 109 | $X_{41}$ | 136 | $X_{67}$ | 乙酸 |
| $X_{16}$ | 101 | $X_{42}$ | 异戊酸乙酯 | $X_{68}$ | 苯甲酸甲酯 |
| $X_{17}$ | 异戊醇 | $X_{43}$ | 正己醇 | $X_{69}$ | 1-辛烯-3-醇 |
| $X_{18}$ | 111 | $X_{44}$ | 123 | $X_{70}$ | 2-甲基丁酸乙酯 |
| $X_{19}$ | 正己酸乙酯 | $X_{45}$ | 100 | $X_{71}$ | 乙酸丁酯 |
| $X_{20}$ | 正己醛 | $X_{46}$ | 108 | $X_{72}$ | 107 |
| $X_{21}$ | 丙酸乙酯 | $X_{47}$ | 异丙醇 | $X_{73}$ | 2,3-二乙基-5-甲基吡嗪 |
| $X_{22}$ | 129 | $X_{48}$ | 反式-2-庚烯醛 | $X_{74}$ | 103 |
| $X_{23}$ | 121 | $X_{49}$ | 119 | $X_{75}$ | 丁酸丁酯 |
| $X_{24}$ | 异丁酸乙酯 | $X_{50}$ | 124 | $X_{76}$ | 2-庚醇 |
| $X_{25}$ | 正丁醇 | $X_{51}$ | 134 | $X_{77}$ | 丁酸丙酯 |
| $X_{26}$ | 118 | $X_{52}$ | 异丁醇 | $X_{78}$ | 正庚醛 |

续表

| 变量 | 物质 | 变量 | 物质 | 变量 | 物质 |
|---|---|---|---|---|---|
| $X_{79}$ | 正戊醛 | $X_{86}$ | 乙酸异丁酯 | $X_{93}$ | 138 |
| $X_{80}$ | 二异丁基酮 | $X_{87}$ | 3-辛酮 | $X_{94}$ | 2-甲基-3-庚酮 |
| $X_{81}$ | 乙酸庚酯 | $X_{88}$ | 乙酸异戊酯 | $X_{95}$ | 112 |
| $X_{82}$ | 139 | $X_{89}$ | 糠醛 | $X_{96}$ | 130 |
| $X_{83}$ | 乙酸辛酯 | $X_{90}$ | 105 | $X_{97}$ | 乙酸辛酯（二聚体） |
| $X_{84}$ | 135 | $X_{91}$ | 128 | $X_{98}$ | 120 |
| $X_{85}$ | 4-甲基-2-戊酮 | $X_{92}$ | 糠醛（二聚体） | $X_{99}$ | 110 |

相关性分析提取特征：采用 Person 相关性选取与类别属性相关性大的特征。保留与组变量相关性系数 $\alpha \geqslant 0.4$ 且显著相关（$P<0.05$）的变量，筛除相关性弱以及相对冗余的变量，最终提取出 61 个特征变量，将此提取特征集合记作 JB。

采用一起输入法，将 JA 和 JB 特征集输入，建立 Fisher 判别模型，分别记作模型 M1 和 M2（篇幅原因略去详细数据）。两种模型对训练集样品分类正确率均达到 100.0%，但经留一法交叉验证发现，M1 和 M2 分别能对 87.0% 和 89.1% 的样品实现正确分类，说明这两个 Fisher 判别模型性能较差，需对原特征进行提取。

模型 M3：根据以上结论，采用步进法对原特征进行筛选，设置 $F$ 概率进入为 0.05，消除为 0.1，对 JA 和 JB 特征集进一步进行提取。JA 经 27 次反复建模共提取出 25 个主要特征，建立模型 M3。25 个特征分别为未定物 103、108、109、110、111、113、115、123、125、126、129、133、1-辛烯-3-醇、2-庚酮、2-己酮、丙醇、丁醛、丁酸丁酯、二异丁基酮、己酸丙酯、糠醛、乙酸乙酯、正庚醛、正己酸乙酯、正戊醛。Wilk's Lambda 检验结果 $P=0.000$，说明该模型具有统计学意义。取 8 个判别函数，其特征值分别为 3897.208，575.711，277.766，97.871，77.556，13.200，8.329 和 3.024，分别能够解释模型方差变化的 78.72%，11.63%，5.61%，1.98%，1.57%，0.27%，0.17% 和 0.06%。前两个 Fisher 线性判别函数共可解释 90.35% 的方差变化，包含了主要的信息，可描述各特征的差异与联系。以前两个 Fisher 线性判别函数作散点图（图 2）。由图 2 可知，除 52-6 和 52-7 相距十分近以外，其余酒鬼酒区分度均较好。两种系列的酒鬼酒，即 54-1（湘泉盒优）、54-2（湘泉简优）和其余白酒区分度十分明显，说明采用前两个函数便能够将不同系列的酒鬼酒区分。该模型对训练集鉴别正确率达 100%，采用留一法交叉验证正确率也为 100%，所建立模型的 Fisher 线性判别函数系数如表 2 所示。

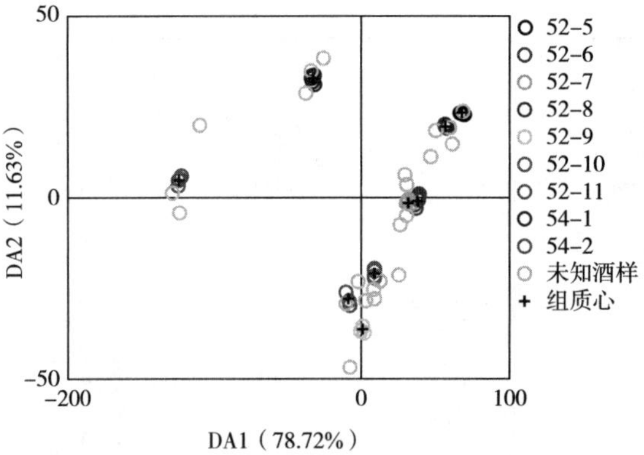


图 2　模型 M3 的 Fisher 线性判别函数散点图

Fig. 2　The scatter diagram of Fisher linear discriminant function for model M3

**表 2　模型 M3 的 Fisher 线性判别函数系数**

**Table 2　The coefficients of Fisher linear discriminant function of model M3**

| 变量 | 物质 | $F_1$ | $F_2$ | $F_3$ | $F_4$ | $F_5$ | $F_6$ | $F_7$ | $F_8$ |
|---|---|---|---|---|---|---|---|---|---|
| $X_4$ | 2-己酮 | 0.108 | 0.005 | -0.007 | -0.030 | 0.037 | 0.014 | 0.040 | -0.022 |
| $X_5$ | 丁醛 | -0.099 | 0.004 | -0.042 | 0.016 | 0.013 | -0.019 | -0.023 | 0.002 |
| $X_{13}$ | 2-丁酮 | -0.026 | 0.146 | 0.041 | -0.052 | 0.005 | 0.028 | -0.005 | -0.025 |
| $X_{14}$ | 丙酮 | 0.031 | -0.032 | -0.012 | -0.009 | -0.012 | 0.007 | 0.007 | 0.000 |
| $X_{15}$ | 未定物 109 | 0.044 | 0.112 | 0.056 | -0.135 | 0.014 | 0.023 | 0.005 | 0.035 |
| $X_{16}$ | 未定物 101 | -0.021 | 0.004 | 0.092 | 0.025 | -0.007 | 0.026 | -0.001 | 0.012 |
| $X_{19}$ | 正己酸乙酯 | -0.005 | 0.003 | -0.001 | 0.000 | -0.001 | 0.001 | 0.000 | 0.001 |
| $X_{21}$ | 丙酸乙酯 | -0.011 | 0.016 | 0.015 | 0.023 | 0.002 | 0.010 | -0.003 | 0.006 |
| $X_{22}$ | 未定物 129 | 0.135 | 0.056 | 0.015 | 0.002 | 0.015 | 0.002 | 0.009 | 0.002 |
| $X_{23}$ | 未定物 121 | 0.115 | -0.147 | -0.076 | 0.000 | -0.010 | 0.026 | 0.018 | 0.028 |
| $X_{24}$ | 异丁酸乙酯 | -0.001 | -0.003 | 0.029 | 0.007 | -0.006 | -0.006 | 0.002 | 0.000 |
| $X_{27}$ | 2-甲基丁酸甲酯 | 0.109 | -0.167 | -0.002 | 0.143 | 0.009 | -0.079 | 0.020 | 0.008 |
| $X_{28}$ | 未定物 126 | 0.046 | -0.063 | 0.008 | 0.037 | -0.011 | 0.018 | 0.002 | 0.000 |
| $X_{31}$ | 丙烯醛 | -0.021 | -0.013 | -0.103 | -0.011 | 0.000 | 0.025 | 0.000 | 0.008 |
| $X_{32}$ | 乙酸乙酯 | 0.008 | 0.005 | -0.006 | -0.004 | 0.002 | 0.002 | 0.002 | 0.000 |
| $X_{37}$ | 正辛醛 | -0.032 | 0.039 | 0.011 | -0.024 | -0.030 | 0.019 | 0.006 | 0.005 |
| $X_{40}$ | 未定物 140 | 0.023 | -0.012 | 0.009 | 0.006 | 0.012 | -0.001 | -0.007 | -0.002 |
| $X_{43}$ | 未定物 114 | -0.069 | 0.046 | 0.061 | 0.049 | 0.029 | 0.010 | 0.038 | -0.032 |
| $X_{45}$ | 正己醇 | 0.026 | -0.044 | 0.054 | 0.033 | 0.006 | -0.003 | -0.016 | 0.002 |

续表

| 变量 | 物质 | $F_1$ | $F_2$ | $F_3$ | $F_4$ | $F_5$ | $F_6$ | $F_7$ | $F_8$ |
|---|---|---|---|---|---|---|---|---|---|
| $X_{46}$ | 未定物 100 | -0.006 | -0.005 | 0.104 | 0.034 | 0.007 | 0.009 | -0.003 | 0.008 |
| $X_{50}$ | 未定物 108 | 0.030 | -0.029 | 0.004 | -0.013 | 0.002 | -0.010 | 0.007 | -0.002 |
| $X_{51}$ | 未定物 124 | 0.014 | 0.056 | -0.007 | 0.000 | 0.098 | -0.033 | -0.067 | 0.015 |
| $X_{58}$ | 未定物 134 | 0.206 | -0.089 | -0.048 | 0.132 | -0.059 | 0.099 | -0.056 | 0.001 |
| $X_{59}$ | 未定物 117 | 0.021 | -0.019 | -0.050 | -0.004 | 0.019 | -0.006 | 0.048 | -0.013 |
| $X_{61}$ | 未定物 115 | 0.083 | -0.044 | 0.049 | -0.076 | -0.006 | 0.041 | 0.010 | 0.023 |
| $X_{37}$ | 未定物 133 | -0.068 | 0.168 | 0.007 | -0.063 | -0.087 | 0.069 | 0.016 | 0.026 |
| $C$ | 常量 | 46.150 | -100.245 | -205.269 | 56.206 | 123.143 | -233.438 | -104.323 | -206.415 |

根据表 2 中系数建立模型判别函数：

$$F_1=0.108X_4-0.099X_5-0.026X_{13}+\cdots\cdots-0.068X_{61}+46.150$$

$$F_2=0.005X_4+0.004X_5+0.146X_{13}+\cdots\cdots+0.168X_{61}-100.245$$

$$\vdots$$

$$F_8=-0.022X_4+0.002X_5-0.025X_{13}+\cdots\cdots+0.026X_{61}-206.415$$

根据 Fisher 线性判别函数 $F_1 \sim F_8$，将未知酒样的 25 个特征数据代入函数中，计算函数值，即为样本坐标，然后分别计算与 9 个组质心的距离（$G$），并将其鉴别归入最近距离的组。模型 M3 对酒样鉴别正确率为 100%（表 3）。

**表 3　　酒样与模型 M3 中各组质心距离以及鉴别结果**

**Table 3　　The distance between liquor samples and the center of mass of each group in model M3 and identification results**

| 未知样 | $G_1$ | $G_2$ | $G_3$ | $G_4$ | $G_5$ | $G_6$ | $G_7$ | $G_8$ | $G_9$ | 预测 | 实际 |
|---|---|---|---|---|---|---|---|---|---|---|---|
| 1 | 16.28 | 34.84 | 42.79 | 34.27 | 85.05 | 70.89 | 90.44 | 103.51 | 185.01 | 1 | 1 |
| 2 | 6.65 | 44.84 | 47.39 | 27.56 | 93.13 | 77.85 | 99.39 | 106.64 | 191.95 | 1 | 1 |
| 3 | 67.78 | 25.02 | 36.75 | 67.52 | 41.17 | 45.65 | 62.34 | 91.16 | 152.59 | 2 | 2 |
| 4 | 35.44 | 16.67 | 27.95 | 37.25 | 69.77 | 60.83 | 82.37 | 90.49 | 171.08 | 2 | 2 |
| 5 | 53.11 | 8.78 | 27.57 | 53.77 | 51.85 | 48.57 | 66.85 | 85.27 | 155.68 | 2 | 2 |
| 6 | 44.51 | 26.57 | 13.61 | 34.69 | 54.08 | 39.02 | 61.29 | 72.35 | 153.38 | 3 | 3 |
| 7 | 55.12 | 22.76 | 13.17 | 47.19 | 40.93 | 33.30 | 56.79 | 77.31 | 150.06 | 3 | 3 |
| 8 | 46.01 | 22.82 | 14.45 | 36.63 | 54.17 | 38.78 | 60.65 | 74.67 | 154.67 | 3 | 3 |
| 9 | 27.67 | 38.12 | 31.97 | 11.83 | 77.44 | 58.97 | 79.76 | 87.04 | 175.37 | 4 | 4 |

续表

| 未知样 | $G_1$ | $G_2$ | $G_3$ | $G_4$ | $G_5$ | $G_6$ | $G_7$ | $G_8$ | $G_9$ | 预测 | 实际 |
|---|---|---|---|---|---|---|---|---|---|---|---|
| 10 | 29.13 | 49.45 | 38.85 | 6.60 | 83.62 | 65.30 | 88.79 | 95.39 | 184.76 | 4 | 4 |
| 11 | 86.82 | 56.10 | 42.70 | 75.31 | 12.94 | 24.15 | 44.51 | 75.50 | 132.55 | 5 | 5 |
| 12 | 105.35 | 65.87 | 61.91 | 96.61 | 18.56 | 42.07 | 47.46 | 88.49 | 128.88 | 5 | 5 |
| 13 | 79.87 | 53.69 | 39.72 | 66.35 | 29.22 | 5.84 | 31.61 | 73.73 | 137.81 | 6 | 6 |
| 14 | 82.70 | 51.93 | 37.98 | 69.93 | 20.51 | 15.27 | 41.79 | 76.34 | 138.24 | 6 | 6 |
| 15 | 76.00 | 47.47 | 33.93 | 62.58 | 27.83 | 7.52 | 35.73 | 73.71 | 140.49 | 6 | 6 |
| 16 | 90.50 | 65.37 | 53.73 | 75.60 | 40.72 | 20.68 | 14.37 | 66.29 | 129.44 | 7 | 7 |
| 17 | 101.83 | 71.60 | 66.01 | 88.60 | 47.52 | 36.36 | 8.33 | 70.68 | 125.22 | 7 | 7 |
| 18 | 100.92 | 86.28 | 74.25 | 86.21 | 83.44 | 69.94 | 75.38 | 14.45 | 109.20 | 8 | 8 |
| 19 | 112.57 | 92.90 | 82.31 | 97.54 | 82.24 | 70.43 | 68.31 | 8.91 | 97.26 | 8 | 8 |
| 20 | 108.30 | 91.48 | 80.96 | 93.51 | 85.51 | 71.85 | 70.85 | 9.68 | 101.34 | 8 | 8 |
| 21 | 193.40 | 161.77 | 156.14 | 183.93 | 128.99 | 137.52 | 127.29 | 105.59 | 15.58 | 9 | 9 |
| 22 | 177.05 | 152.42 | 144.03 | 166.12 | 126.51 | 126.23 | 117.29 | 84.84 | 27.04 | 9 | 9 |
| 23 | 196.23 | 165.77 | 160.11 | 186.45 | 135.16 | 140.66 | 129.02 | 105.82 | 7.09 | 9 | 9 |
| 正确率 | | | | | | | | | | | 100% |

模型 M4：预提取特征集 JB 经 30 次反复建模共提取出 26 个主要特征，建立模型 M4。26 个特征分别为未定物 100、101、108、109、114、115、117、121、124、126、129、133、134、140、2-丁酮、2-己酮、2-甲基丁酸甲酯、丙酸乙酯、丙酮、丙烯醛、丁醛、乙酸乙酯、异丁酸乙酯、正己醇、正己酸乙酯、正辛醛。Wilk's Lambda 检验结果 $P=0.000$，说明该模型具有统计学意义。取 8 个判别函数，其特征值分别为 4543.627，1240.219，268.338，132.687，22.366，17.911，8.880 和 3.798，分别能够解释模型方差变化的 72.84%，19.88%，4.30%，2.13%，0.36%，0.29%，0.14% 和 0.06%。前 2 个 Fisher 线性判别函数共可解释 92.72% 的方差变化，可描述特征间的差异与联系。以前两个 Fisher 线性判别函数作散点图（图 3），对酒鬼酒具有较好的区分度。与图 2 相比，没有出现 52-6 和 52-7 的叠合，说明经过相关性分析提取的特征，结合步进法建立的模型，对酒鬼酒具有更高的区分度。该模型对训练集鉴别正确率达 100%，采用留一法交叉验证正确率也为 100%。所建立的模型 Fisher 线性判别函数系数如表 4 所示。

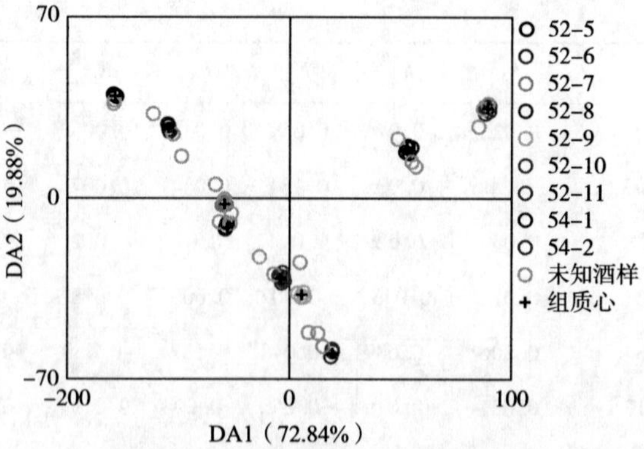


图 3　模型 M4 的 Fisher 线性判别函数散点图

Fig. 3　The scatter diagram of Fisher linear discriminant function for model M4

**表 4　模型 M4 的 Fisher 线性判别函数系数**

**Table 4　The coefficients of Fisher linear discriminant function of model M4**

| 变量 | 物质 | $F_1$ | $F_2$ | $F_3$ | $F_4$ | $F_5$ | $F_6$ | $F_7$ | $F_8$ |
|---|---|---|---|---|---|---|---|---|---|
| $X_4$ | 2-己酮 | 0.108 | 0.005 | −0.007 | −0.030 | 0.037 | 0.014 | 0.040 | −0.022 |
| $X_5$ | 丁醛 | −0.099 | 0.004 | −0.042 | 0.016 | 0.013 | −0.019 | −0.023 | 0.002 |
| $X_{13}$ | 2-丁酮 | −0.026 | 0.146 | 0.041 | −0.052 | 0.005 | 0.028 | −0.005 | −0.025 |
| $X_{14}$ | 丙酮 | 0.031 | −0.032 | −0.012 | −0.009 | −0.012 | 0.007 | 0.007 | 0.000 |
| $X_{15}$ | 未定物 109 | 0.044 | 0.112 | 0.056 | −0.135 | 0.014 | 0.023 | 0.005 | 0.035 |
| $X_{16}$ | 未定物 101 | −0.021 | 0.004 | 0.092 | 0.025 | −0.007 | 0.026 | −0.001 | 0.012 |
| $X_{19}$ | 正己酸乙酯 | −0.005 | 0.003 | −0.001 | 0.000 | −0.001 | 0.001 | 0.000 | 0.001 |
| $X_{21}$ | 丙酸乙酯 | −0.011 | 0.016 | 0.015 | 0.023 | 0.002 | 0.010 | −0.003 | 0.006 |
| $X_{22}$ | 未定物 129 | 0.135 | 0.056 | 0.015 | 0.002 | 0.015 | 0.002 | 0.009 | 0.002 |
| $X_{23}$ | 未定物 121 | 0.115 | −0.147 | −0.076 | 0.000 | −0.010 | 0.026 | 0.018 | 0.028 |
| $X_{24}$ | 异丁酸乙酯 | −0.001 | −0.003 | 0.029 | 0.007 | −0.006 | −0.006 | 0.002 | 0.000 |
| $X_{27}$ | 2-甲基丁酸甲酯 | 0.109 | −0.167 | −0.002 | 0.143 | 0.009 | −0.079 | 0.020 | 0.008 |
| $X_{28}$ | 未定物 126 | 0.046 | −0.063 | 0.008 | 0.037 | −0.011 | 0.018 | 0.002 | 0.000 |
| $X_{31}$ | 丙烯醛 | −0.021 | −0.013 | −0.103 | −0.011 | 0.000 | 0.025 | 0.000 | 0.008 |
| $X_{32}$ | 乙酸乙酯 | 0.008 | 0.005 | −0.006 | −0.004 | 0.002 | 0.002 | 0.002 | 0.000 |
| $X_{33}$ | 正辛醛 | −0.032 | 0.039 | 0.011 | −0.024 | −0.030 | 0.019 | 0.006 | 0.005 |
| $X_{37}$ | 未定物 140 | 0.023 | −0.012 | 0.009 | 0.006 | 0.012 | −0.001 | −0.007 | −0.002 |
| $X_{40}$ | 未定物 114 | −0.069 | 0.046 | 0.061 | 0.049 | 0.029 | 0.010 | 0.038 | −0.032 |

续表

| 变量 | 物质 | $F_1$ | $F_2$ | $F_3$ | $F_4$ | $F_5$ | $F_6$ | $F_7$ | $F_8$ |
|---|---|---|---|---|---|---|---|---|---|
| $X_{43}$ | 正己醇 | 0.026 | -0.044 | 0.054 | 0.033 | 0.006 | -0.003 | -0.016 | 0.002 |
| $X_{45}$ | 未定物 100 | -0.006 | -0.005 | 0.104 | 0.034 | 0.007 | 0.009 | -0.003 | 0.008 |
| $X_{46}$ | 未定物 108 | 0.030 | -0.029 | 0.004 | -0.013 | 0.002 | -0.010 | 0.007 | -0.002 |
| $X_{50}$ | 未定物 124 | 0.014 | 0.056 | -0.007 | 0.000 | 0.098 | -0.033 | -0.067 | 0.015 |
| $X_{51}$ | 未定物 134 | 0.206 | -0.089 | -0.048 | 0.132 | -0.059 | 0.099 | -0.056 | 0.001 |
| $X_{58}$ | 未定物 117 | 0.021 | -0.019 | -0.050 | -0.004 | 0.019 | -0.006 | 0.048 | -0.013 |
| $X_{59}$ | 未定物 115 | 0.083 | -0.044 | 0.049 | -0.076 | -0.006 | 0.041 | 0.010 | 0.023 |
| $X_{61}$ | 未定物 133 | -0.068 | 0.168 | 0.007 | -0.063 | -0.087 | 0.069 | 0.016 | 0.026 |
| $C$ | 常量 | 46.150 | -100.245 | -205.269 | 56.206 | 123.143 | -233.438 | -104.323 | -206.415 |

根据表 4 中的系数建立模型判别函数：

$$F_1 = 0.108X_4 - 0.099X_5 - 0.026X_{13} + \cdots\cdots - 0.068X_{61} + 46.150$$

$$F_2 = 0.005X_4 + 0.004X_5 + 0.146X_{13} + \cdots\cdots + 0.168X_{61} - 100.245$$

$$\vdots$$

$$F_8 = -0.022X_4 + 0.002X_5 - 0.025X_{13} + \cdots\cdots + 0.026X_{61} - 206.415$$

根据 Fisher 线性判别函数 $F_1 \sim F_8$，将未知酒样的 26 个特征数据代入函数中，计算函数值，即为样本坐标，然后分别计算与 9 个组质心的距离（$G$），并将其鉴别归入最近距离的组。模型 M4 对酒样鉴别正确率为 100%（表 5）。

**表 5　　酒样与模型 M4 中各组质心距离以及鉴别结果**

**Table 5　　The distance between liquor samples and the center of mass of each group in model M4 and identification results**

| 未知样 | $G_1$ | $G_2$ | $G_3$ | $G_4$ | $G_5$ | $G_6$ | $G_7$ | $G_8$ | $G_9$ | 预测 | 实际 |
|---|---|---|---|---|---|---|---|---|---|---|---|
| 1 | 5.85 | 53.19 | 73.88 | 80.19 | 126.27 | 118.07 | 155.22 | 164.54 | 202.60 | 1 | 1 |
| 2 | 11.26 | 56.74 | 75.41 | 81.68 | 126.53 | 119.05 | 156.94 | 165.63 | 202.33 | 1 | 1 |
| 3 | 65.28 | 18.33 | 48.50 | 62.99 | 100.46 | 76.41 | 113.07 | 128.14 | 170.36 | 2 | 2 |
| 4 | 42.90 | 14.25 | 57.41 | 69.53 | 113.99 | 95.49 | 134.03 | 139.44 | 182.98 | 2 | 2 |
| 5 | 48.20 | 9.60 | 43.48 | 56.56 | 100.63 | 81.71 | 121.02 | 129.20 | 171.70 | 2 | 2 |
| 6 | 79.06 | 58.11 | 12.56 | 22.66 | 54.13 | 44.95 | 80.24 | 105.89 | 144.31 | 3 | 3 |
| 7 | 73.82 | 48.24 | 7.06 | 25.17 | 62.18 | 47.12 | 84.82 | 104.92 | 146.96 | 3 | 3 |
| 8 | 66.46 | 43.35 | 9.70 | 26.83 | 66.59 | 53.13 | 92.30 | 107.73 | 149.87 | 3 | 3 |
| 9 | 81.74 | 64.84 | 19.95 | 4.47 | 50.15 | 48.50 | 82.48 | 105.99 | 147.84 | 4 | 4 |

续表

| 未知样 | $G_1$ | $G_2$ | $G_3$ | $G_4$ | $G_5$ | $G_6$ | $G_7$ | $G_8$ | $G_9$ | 预测 | 实际 |
|---|---|---|---|---|---|---|---|---|---|---|---|
| 10 | 79.23 | 71.55 | 31.27 | 14.26 | 55.14 | 61.36 | 92.27 | 113.74 | 155.07 | 4 | 4 |
| 11 | 120.43 | 98.26 | 51.72 | 46.19 | 16.96 | 36.91 | 53.95 | 78.63 | 121.00 | 5 | 5 |
| 12 | 139.39 | 117.40 | 70.12 | 64.01 | 19.97 | 41.39 | 39.18 | 98.33 | 130.57 | 5 | 5 |
| 13 | 107.00 | 69.85 | 39.37 | 47.89 | 54.40 | 19.15 | 56.72 | 94.95 | 139.73 | 6 | 6 |
| 14 | 117.37 | 87.70 | 45.00 | 46.86 | 32.18 | 8.55 | 43.19 | 89.50 | 131.22 | 6 | 6 |
| 15 | 116.95 | 81.03 | 47.42 | 53.19 | 50.29 | 11.27 | 49.29 | 91.16 | 135.78 | 6 | 6 |
| 16 | 145.27 | 114.13 | 73.18 | 72.37 | 39.77 | 33.37 | 11.52 | 90.73 | 127.48 | 7 | 7 |
| 17 | 150.57 | 119.71 | 78.28 | 76.66 | 42.13 | 38.32 | 7.08 | 93.54 | 128.44 | 7 | 7 |
| 18 | 157.42 | 127.33 | 100.34 | 104.06 | 87.83 | 85.45 | 95.90 | 11.93 | 62.95 | 8 | 8 |
| 19 | 168.25 | 136.21 | 107.13 | 110.11 | 87.91 | 86.37 | 89.88 | 9.93 | 59.14 | 8 | 8 |
| 20 | 165.77 | 135.57 | 105.84 | 107.12 | 86.55 | 88.12 | 92.13 | 8.91 | 61.92 | 8 | 8 |
| 21 | 201.49 | 175.38 | 147.73 | 150.79 | 126.49 | 132.27 | 129.91 | 61.88 | 5.22 | 9 | 9 |
| 22 | 197.09 | 171.58 | 141.41 | 143.08 | 117.13 | 125.46 | 121.39 | 58.07 | 12.73 | 9 | 9 |
| 23 | 200.64 | 172.25 | 145.92 | 149.80 | 126.47 | 129.23 | 126.06 | 60.33 | 8.88 | 9 | 9 |
| 正确率 | | | | | | | | | | | 100% |

综上，比较 M3 和 M4 两个模型发现，通过相关性分析提取出与酒鬼酒类别相关性大、低冗余度的特征后，经步进法建模，M4 只比 M3 多纳入一个特征（正辛醛），其余均相同。从散点图上能够观察到，增加一个特征后，能够将 52-6 和 52-7 明显区分，说明采用提取特征是高效的，可大大提高模型性能。从应用角度考虑，应优先选择模型 M4。

## 4 结论

不同档次的酒鬼酒系列样品直接顶空制样，经 GC-IMS 分析，获得的指纹图谱能够直观反映不同样品之间的相似性、差异性以及勾调批次的稳定性。54% vol 样品（湘泉酒）与其他样品差异较大，部分微量组分含量偏低。对所有特征进行拟合建模（模型 M3），在存在大量冗余特征时，模型容易产生较大偏差。在建模前对所有特征进行相关性分析，仅保留与鉴别目标（目的）相关程度显著的重要特征（模型 M4），筛除冗余和无关紧要的特征，在实现特征降维的同时，可提高模型准确性。因此，采用相关性分析提取特征，步进法建立 Fisher 判别模型更具优势，实用性更强。

采用 GC-IMS 方法无需对微量组分进行完全解析，依据各物质相对含量可提取酒样的主要特征，并建立模型实现白酒的鉴别。GC-IMS 检测方法简便易操作，可以为白酒生产过程中质量控制、市场监管及白酒鉴别提供技术支持。

## 参考文献

[1] Zhang Y, He K, Lu Z M, et al. Colorimetric artificial nose for *Baijiu* identification [J]. Flavour and Fragrance Journal, 2012, 27 (2): 165-170.

[2] Veronika U, Jana S. Determination of geographical origin of alcoholic beverages using ultraviolet, visible and infrared spectroscopy: a review [J]. Spectrochimica Acta Part A. Molecular and Biomolecular Spectroscopy, 2015, 148A: 131-137.

[3] Song X B, Hou M, Li Z, et al. Multi-element analysis of *Baijiu* (Chinese liquors) by ICP-MS and their classification according to geographical origin [J]. Food Quality and Safety, 2018, 2 (1): 43-49.

[4] Cheng P Y, Fan W L, Xu Y. Determination of Chinese liquors from different geographic origins by combination of mass spectrometry and chemometric technique [J]. Food Control, 2014, 35 (1): 153-158.

[5] Zhu Z W, Que L Z, Chen G Q, et al. Year discrimination of mild aroma Chinese liquors using three-dimensional fluorescence spectroscopy combined with parallel factor and neural network [J]. Spectroscopy and Spectral Analysis, 2015, 35 (9): 2573-2577.

[6] 李清亮，赵振宇，曾稳稳，等．基于无机元素的白酒聚类分析 [J]. 酿酒科技，2020 (8): 46-50.

[7] 杨雯懿，郝婧，田佳于，等．利用 ICP-MS/MS 测定白酒中无机元素的主成分分析及聚类分析 [J]. 食品与发酵工业，2020, 46 (3): 257-263.

[8] 李贺贺，胡萧梅，孙宝国，等．碳稳定同位素在白酒真实性中的应用 [J]. 中国食品学报，2019, 19 (1): 183-189.

[9] Zhang J, Tian Z Q, Ma Y Q, et al. Origin identification of the sauce-flavor Chinese *Baijiu* by organic acids, trace elements, and the stable carbon isotope ratio [J]. Journal of Food Quality, 2019. doi: 10.1155/2019/7525201.

[10] 姜涛，肖唐付，宁增平，等．黔川典型白酒多元素组成及其原产地判定研究 [J]. 地球与环境，2013, 41 (5): 529-535.

[11] Li Z, Wang P P, Huang C C, et al. Application of Vis/NIR spectroscopy for Chinese liquor discrimination [J]. Food Analytical Methods, 2014, 7 (6): 1337-1344.

[12] 李娜，程伟，张杰，等．基于紫外可见分析光谱法对金种子白酒的研究 [J]. 酿酒，2018, 45 (6): 63-65.

[13] Zhu Z W, Chen G Q, Wu Y M, et al. Discrimination of brands of strong aroma

type liquors using synchronous fluorescence spectroscopy and chemometrics methods [J]. Journal of Applied Spectroscopy, 2019, 85 (6): 1101-1106.

[14] 朱焯炜，阙立志，吴亚敏，等. 三维荧光光谱结合 PARAFAC 和 GA 对中国白酒品牌的鉴别 [J]. 中国激光, 2015, 42 (6): 315-320.

[15] 杨建磊，朱拓，武浩. 基于三维荧光光谱特性的白酒聚类分析研究 [J]. 光电子·激光, 2009, 20 (4): 495-498.

[16] Xu R Y, Zhu Z W, Hu Y J, et al. The discrimination of Chinese strong aroma type liquors with three-dimensional fluorescence spectroscopy combined with principal component analysis and support vector machine [J]. Spectroscopy and Spectral Analysis, 2016, 36 (4): 1021-1026.

[17] 霍丹群，张苗苗，侯长军，等. 基于主成分分析和判别分析的白酒品牌鉴别方法 [J]. 农业工程学报, 2011, 27 (S2): 297-301.

[18] 徐睿，谭红，何锦林，等. 金沙蓝钻酒近红外相似度匹配分析模型的建立 [J]. 食品科技, 2014, 39 (11): 315-318.

[19] 霍丹群，宋春霞，李俊杰，等. 一种可视化快速鉴别白酒的新方法研究 [J]. 现代食品科技, 2014, 30 (5): 267-272+250.

[20] Zeng H, Li Q, Gu Y. New pattern recognition system in the e-nose for Chinese spirit identification [J]. Chinese Physics B, 2016, 25 (2): 168-173.

[21] Wang Y F, Yin Y, Ge F, et al. A drift correction method of E-nose data based on wavelet packet decomposition and no-load data: case study on the robust identification of Chinese spirits [J]. Sensors and Actuators B: Chemical, 2019, 292: 217-224.

[22] Li J W, Yang P, Zhang J, et al. A metal ion-regulated colorimetric sensor array: discriminating Chinese *Baijiu* from other beverages [J]. Analytical Methods, 2019, 11 (41): 5274-5281.

[23] Wu X H, Zhu J, Wu B, et al. Discrimination of Chinese liquors based on electronic nose and fuzzy discriminant principal component analysis [J]. Foods, 2019, 8 (1): 38.

[24] Li Q, Gu Y, Jia J. Classification of multiple Chinese liquors by means of a QCM-based e-nose and MDS-SVM classifier [J]. Sensors, 2017, 17 (2): 272-286.

[25] 田婷，邱树毅，文聆吉，等. 电子鼻技术对不同轮次酱香型白酒的区分与识别 [J]. 中国酿造, 2017, 36 (10): 71-75.

[26] 鲁祥凯，杨彪，樊保民，等. 白酒地域特征鉴别技术研究进展 [J]. 食品科学, 2021, 42 (15): 278-284.

[27] He W, Ren F, Wang Y Q, et al. Application of GC-IMS in detection of food

flavor substances [C]. ICGCES 2020: 1-7.

[28] Witkiewicz Z, Perycz U, Maziejuk M, et al. Coupling gas chromatography with ion mobility spectrometry [J]. LCGC Europe, 2016, 29 (6): 294-303.

[29] Wang S Q, Chen H T, Sun B G. Recent progress in food flavor analysis using gas chromatography - ion mobility spectrometry (GC - IMS) [J]. Food Chemistry, 2020, 315. doi: 10. 1016/J. FOODCHEM. 2019. 126158.

[30] Chen T, Qi X P, Chen M J, et al. Discrimination of Chinese yellow wine from different origins based on flavor fingerprint [J]. Acta Chromatographica, 2019. doi: 10. 1556/1326. 2019. 00613.

[31] Zhou R, Chen X, Xia Y, et al. Research on the application of liquid-liquid extraction-gas chromatography-mass spectrometry (LLE-GC-MS) and headspace-gas chromatography-ion mobility spectrometry (HS-GC-IMS) in distinguishing the Baiyunbian aged liquors [J]. International Journal of Food Engineering, 2020, 17 (2): 83-96.

# 利用扫描探针显微镜对陈酿白酒微观形态的研究

文静，余东，杨泽明，王晓平，李佳鑫，廖丽，青倩
（舍得酒业股份有限公司，四川射洪 629200）

**摘 要：**白酒在贮存过程中发生的酯化、氧化、缔合等物理、化学反应，会直接影响酒体成分组成及物理结构特性。白酒由于原料或工艺等区别，会造成风味物质差异，从而呈现不同的微观形态。本研究采用扫描电子显微镜（Scanning Electron Microscope，SEM）和原子力显微镜技术（Atomic Force Microscopy，AFM）对不同陈酿年份的浓香型白酒和不同香型的白酒产品进行了感官、探针扫描试验，SEM 和 AFM 扫描图结果表明：①随着贮存年份的增加，浓香型白酒整体趋势是口味质量越来越好，堆积的颗粒越来越大，并且逐渐汇集，颗粒间连接越来越紧密。②不同厂家样本的微观形貌差异明显。

**关键字：**白酒；扫描电子显微镜；原子力显微镜；微观形态

# The Micromorphology of Aged Liquor Studied by Scanning Probe Microscope

WEN Jing, YU Dong, YANG Zeming, WANG Xiaoping,
LI Jiaxin, LIAO Li, QING Qian
(Shede Liquor Co., Ltd., Sichuan Shehong 629200, China)

**Abstract:** Physical and chemical reactions such as esterification, oxidation, and association that occur during liquor storage will directly affect the composition and physical structure of the liquor. Due to differences in raw materials or processes, liquor will cause differences in flavor substances and present different microscopic forms. In this paper, scan-

作者简介：文静，女，高级工程师，高级品酒师，高级酿酒师，主要从事酿酒技术研发及白酒品评。E-mail:651204349@ qq. com。

通信作者：余东，男，高级工程师，高级品酒师，高级酿酒师，主要从事生态酿酒及白酒产品研发。E-mail:656261287@ qq. com。

ning electron microscopy (SEM) and atomic force microscopy (AFM) were used to carry out sensory and probe scanning tests on Luzhou-flavor liquor of different aging years and liquor of different products. SEM and AFM scanning results show that: ①with the increase of storage years, the overall trend of Luzhou-flavor liquor is that the taste quality is getting better and better, the accumulated particles are getting bigger and bigger, and gradually converge, and the connection between particles is getting closer and closer. ②samples from different manufacturers have obvious differences in microscopic morphology.

**Key words**: Liquor, Scanning electron microscope, Atomic force microscopy, Microscopic morphology

## 1 前言

白酒在我国有几千年的发展历史，在世界各种蒸馏酒中，中国白酒具有香味组分复杂、微量物质种类繁多的特点[1-2]。白酒是含香味物质的高浓度酒精水溶液，其中占98%以上的都是酒精水溶液，不到2%的香味物质是微量成分[3]。据报道[4-5]，呈香呈味微量物质在白酒的水-乙醇体系中形成了微观形态。不同白酒由于原料、生产工艺等的不同，其呈香呈味微量物质会形成不同的微观形态。浓香型白酒在扫描探针显微镜扫描图中呈现出颗粒状微观形态，主要是因为形成了由乙醇、酯类、羰基化合物和脂肪酸等呈香呈味物质组成的聚集体，即溶胶[6]。

近年来，利用扫描电子显微镜（Scanning Electron Microscope, SEM）和原子力显微镜技术（Atomic Force Microscopy, AFM）对不同种类、不同酒精度白酒的微观形态进行的研究已有报道，如吴士业等[7]利用原子力显微镜技术对不同度数的白酒微观结构进行了分析，但结合人工品评、扫描电子显微镜、原子力显微镜技术，分析不同陈酿年份对白酒口味及微观结构的影响研究尚未见公开报道。本文探讨了不同年份白酒及不同产品白酒的微观形态，为“酒是陈的香”寻找科学依据。

## 2 材料与方法

### 2.1 材料与设备

#### 2.1.1 材料

典型浓香型白酒原酒、产品，酱香型白酒产品，乙醇，其中除酱香型白酒外其他样本用去离子蒸馏水降到相同酒精度，见表1。

#### 2.1.2 设备

Cypher VRS 原子力显微镜［牛津仪器科技（上海）有限公司］；Apreo S 扫描电

子显微镜（美国 ThermoFisher Scientific 公司）；OXFORD X-MAX 80 X 射线能谱仪［牛津仪器科技（上海）有限公司］；HTZ-6020L 真空干燥器（上海精密仪器仪表有限公司）。

表 1　试验样品
Table 1　Test samples

| 样品名 | 香型 | 贮存时间/年 | 原酒酒精度/%vol | 降度后检测样酒精度/%vol |
|---|---|---|---|---|
| N0 | 浓香 | 0 | 70.9 | 52 |
| N1 | 浓香 | 1 | 70.2 | 52 |
| N3 | 浓香 | 3 | 66.6 | 52 |
| N5 | 浓香 | 5 | 66.4 | 52 |
| N10 | 浓香 | 10 | 66.2 | 52 |
| C1 | 浓香 | 2 | 52.0 | 52 |
| C2 | 浓香 | 2 | 52.4 | 52 |
| C3 | 浓香 | 2 | 52.3 | 52 |
| J0 | 酱香 | 2 | 53.2 | 53 |
| 乙醇 | — | — | 52.2 | 52 |

注：由于原酒酒样酒精度不同，所以将原酒调到相同酒精度后再进行对比检测、分析。N 代表浓香型原酒，C 代表浓香型白酒产品，J 代表酱香型白酒产品。

## 2.2　试验方法

### 2.2.1　扫描电镜样品制备方法

首先将选择好的硅片清洗干净并光面向上，再通过毛细管移取一定样品于硅片上，干燥后在样品及样品托表面喷镀一层金膜（10~20nm），最后进行观察（从低倍数到高倍数）。

### 2.2.2　原子力显微镜样品制备方法

取酒液自然均匀铺盖在 1cm 直径的云母片上，真空干燥后进行 AFM 观察。

### 2.2.3　AFM 探针扫描

Tapping 成像模式：采用高频振动探针扫描样品，探针与样品瞬间接触并扫描，扫描速率为 1.0~2.0Hz。实验温度 25℃，相对湿度 50%~60%。

## 2.3　白酒感官盲评

由 9 名国家评委与省评委组成的白酒品评专业团队对样品进行感官盲评，并排序（口感质量排序 1~5 代表从好到次）。

# 3 结果与分析

## 3.1 感官品评结果

感官品评结果见表 2。

表 2 感官品评结果

Table 2 Sensory evaluation results

| 样品名 | 感官评语 | 口感质量排序 |
|---|---|---|
| N0 | 香浓、新酒气、口感燥辣、净爽 | 5 |
| N1 | 香气浓郁，醇甜、味长、爽净 | 4 |
| N3 | 有陈香，醇厚丰满、绵甜净爽 | 3 |
| N5 | 陈香舒适、自然谐调、醇厚细腻、回味绵长 | 2 |
| N10 | 陈香舒适、醇厚圆润、丰满细腻、回味绵长 | 1 |
| C1 | 陈香舒适、细腻圆润、层次丰满、绵甜净爽 | — |
| C2 | 陈香舒适、醇厚细腻、自然协调、绵甜净爽 | — |
| C3 | 香气浓郁舒适、绵甜净爽、丰满协调 | — |
| J0 | 酱香突出、酒体醇厚、诸位协调、回味悠长 | — |
| 乙醇 | 单一乙醇香气、干净、燥辣 | — |

## 3.2 酒样微观形态观察结果

### 3.2.1 乙醇溶液微观形态观察结果

图 1 和图 2 分别是乙醇的 SEM 图和 AFM 扫描图，从图中可知，乙醇微观结构中存在大量规则圆形颗粒，通过图像软件数据分析表明圆形颗粒粒径均<50nm。这可能是因为乙醇溶液成分简单，从而导致颗粒均一、较小。SEM 图和 AFM 扫描图结果相对应。

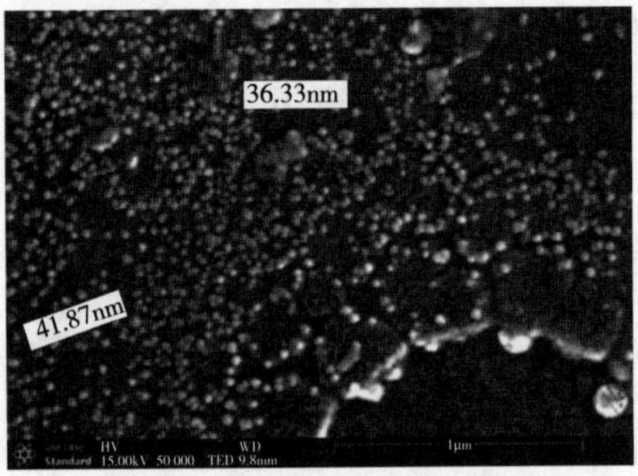


图 1 乙醇扫描电镜观察结果

Fig. 1 Scanning electron microscope observation result of ethanol

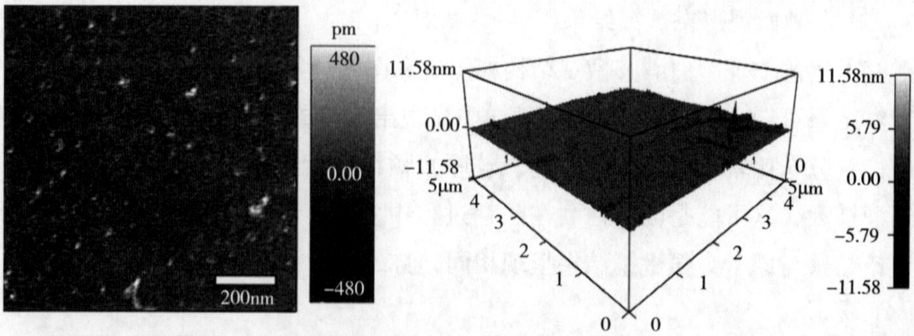


图 2　乙醇原子力显微镜观察结果

Fig. 2　Atomic force microscope observation results of ethanol

3.2.2　N0（新酒）微观形态观察结果

如图 3 和图 4 所示，SEM 图和 AFM 扫描图结果显示新酒中具有大量球形颗粒，分布较均匀，各自独立存在；且多数较暗，较薄，颗粒较小；粒径在 133.6～411.9nm，与乙醇溶液比，颗粒粒径明显较大，这主要是酿造酒中风味成分结构较为复杂所致。通过原子力显微镜平行验证，其结果与扫描电镜观察结果一致。

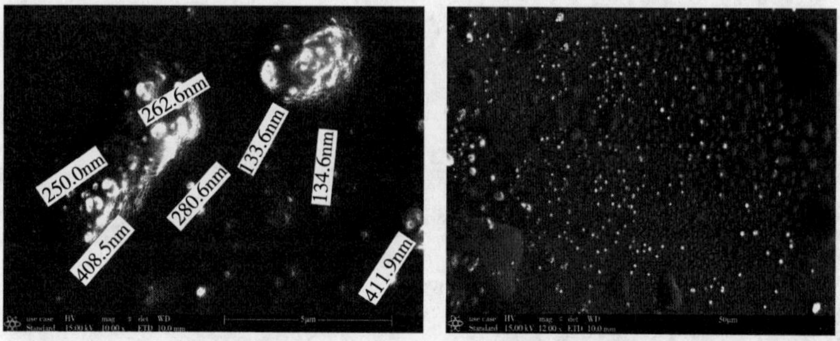


图 3　N0 扫描电镜观察结果

Fig. 3　Scanning electron microscope observation results of N0

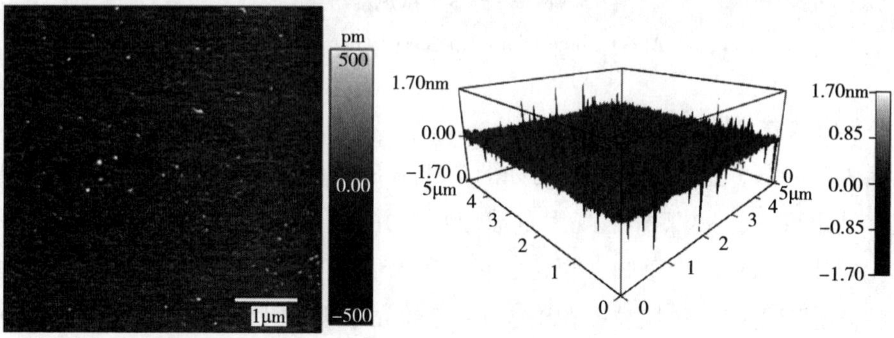


图 4　N0 原子力显微镜观察结果

Fig. 4　Atomic force microscope observation results of N0

3.2.3 N1 白酒微观形态观察结果

贮存 1 年的浓香型白酒其微观结构如图 5 和图 6 所示，由扫描电镜及原子力显微镜的观察结果可知，贮存 1 年的 N1 酒样中显现出大量的球形颗粒并且夹杂着许多微小颗粒，且分布比较均匀，多数较亮、较厚，颗粒较大，粒径在 167.4~1125nm，颗粒较新酒样大，这可能是因为白酒在贮存过程中发生了复杂的物理和化学反应所致。扫描电镜结果与原子力显微镜结果呈现相同趋势。

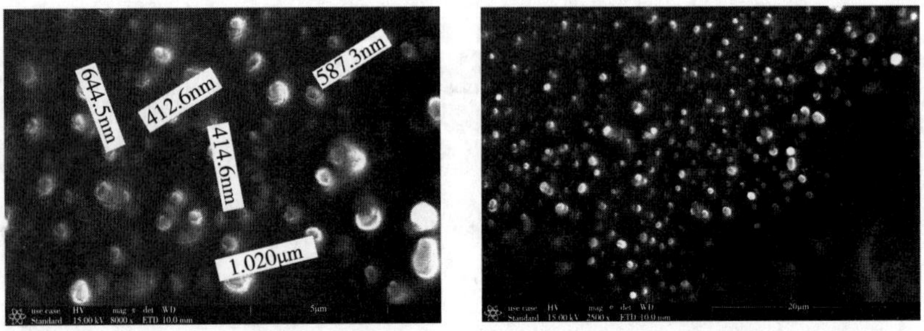


图 5 N1 扫描电镜观察结果

Fig. 5 Scanning electron microscope observation results of N1

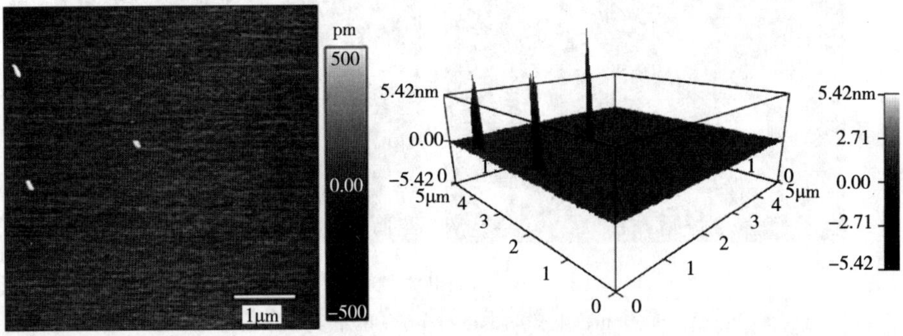


图 6 N1 原子力显微镜观察结果

Fig. 6 Atomic force microscope observation results of N1

3.2.4 N3 白酒微观形态观察结果

贮存 3 年的浓香型白酒微观结构如图 7 和图 8 所示，由扫描电镜及原子力显微镜的观察结果可知，N3 酒样显现大量球形颗粒并且夹杂着许多不同小型颗粒，整体分布比较均匀。从图中可知，颗粒之间存在大量堆积情况，颗粒边缘较亮，中间偏暗，整体亮度较高。颗粒粒径在 195.1~1389nm，颗粒明显比贮存 1 年的浓香型白酒（N1）大。

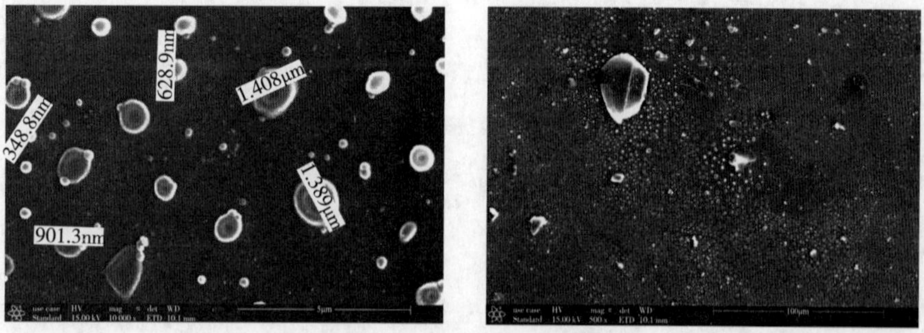


图 7　N3 扫描电镜观察结果

Fig. 7　Scanning electron microscope observation results of N3

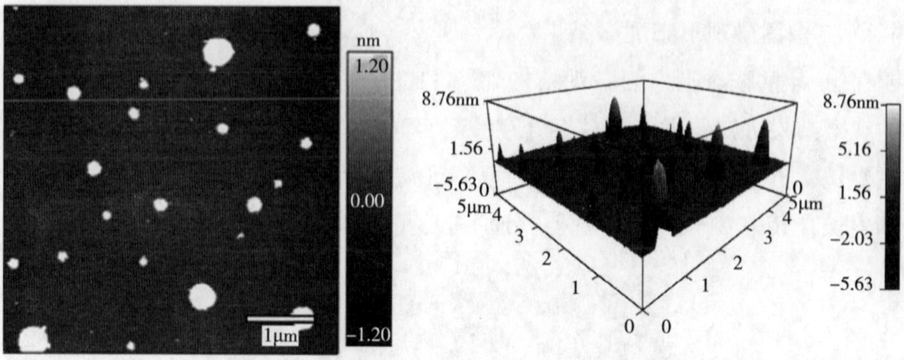


图 8　N3 原子力显微镜观察结果

Fig. 8　Atomic force microscope observation results of N3

### 3.2.5　N5 白酒微观形态观察结果

贮存 5 年的浓香型白酒微观结构如图 9 和图 10 所示，由扫描电镜及原子力显微镜观察结果可知，较多颗粒大量聚合在一起，整体分布不均匀，分布更为紧密，颗粒形态多样。单个存在的微粒粒径较小，在 56.23~163.8nm。

图 9　N5 扫描电镜观察结果

Fig. 9　Scanning electron microscope observation results of N5

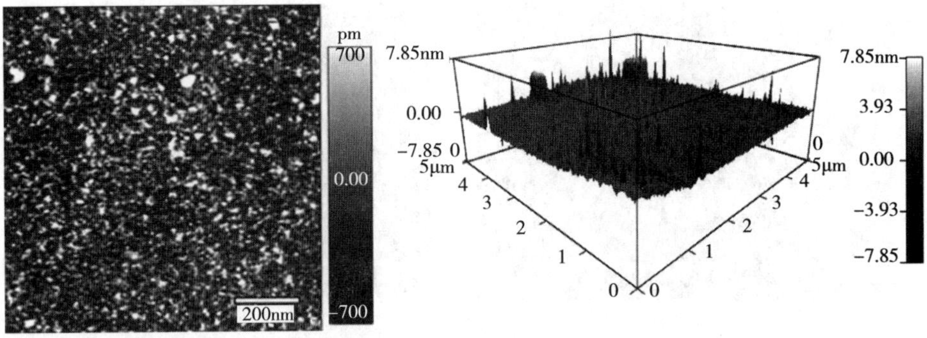


图 10　N5 原子力显微镜观察结果

Fig. 10　Atomic force microscope observation results of N5

### 3.2.6　N10 白酒微观形态观察结果

贮存 10 年的浓香型白酒微观结构如图 11 和图 12 所示，由扫描电镜及原子力显微镜的观察结果可知，大多颗粒聚合在一起，光亮，长度长，单个颗粒减少；能谱图显示主要是有机物，如图 13 所示，参考有机物反应，由此推测可能是有机化学反应的有序生长，其中 C、O 含量较高，分别占总量的 78.58% 和 19.30%，见表 3。

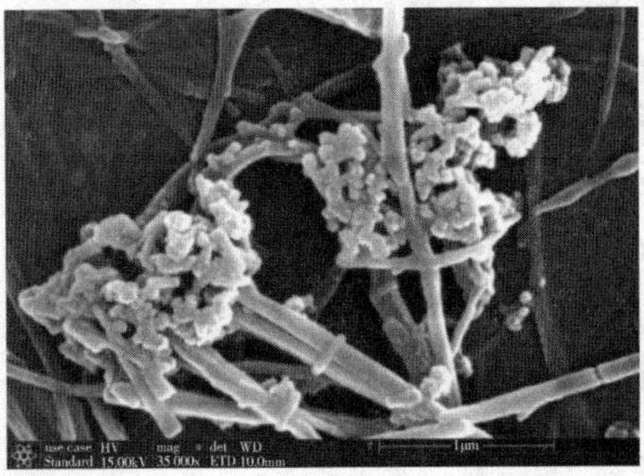

图 11　N10 扫描电镜观察结果

Fig. 11　Scanning electron microscope observation result of N10

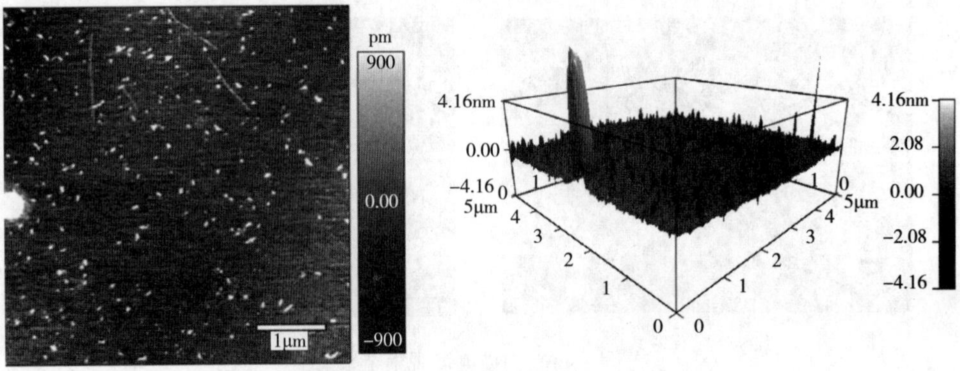


图 12　N10 原子力显微镜观察结果

Fig. 12　Atomic force microscope observation results of N10

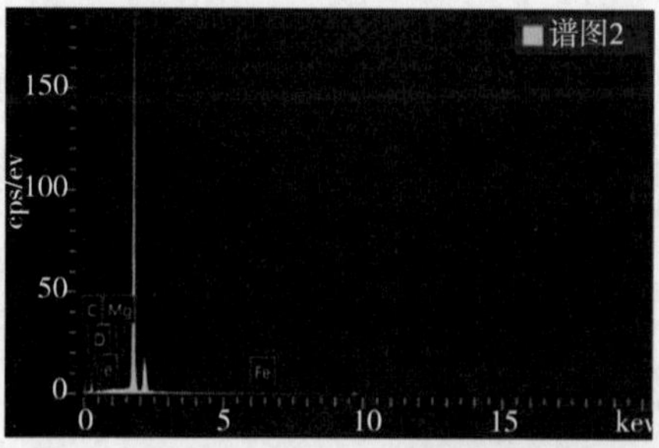


图 13　N10 能谱图

Fig. 13　Energy spectrum of N10

**表3　C、O及其他元素含量**

**Table 3　Contents of C, O, and other elements**

| 元素 | 含量/% | 原子百分比/% |
|---|---|---|
| C | 70.30 | 78.58 |
| O | 22.99 | 19.30 |
| 其他 | 6.71 | 2.12 |
| 总量 | 100 | 100 |

### 3.2.7　C1 白酒微观形态观察结果

C1 微观形态结构如图 14 和图 15 所示，由扫描电镜及原子力显微镜观察结果可知，C1 微观形态呈现大小不等、形状不一的颗粒状，且颗粒形态多样、颗粒堆积明显，微粒粒径在 34~318nm。

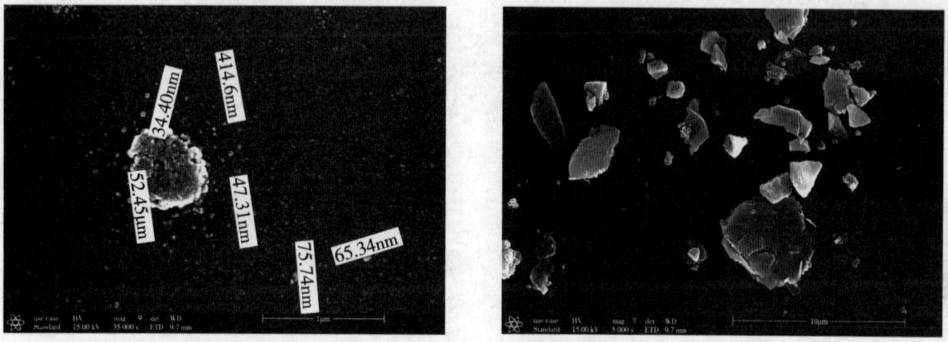


图 14　C1 扫描电镜观察结果

Fig. 14　Scanning electron microscope observation results of C1

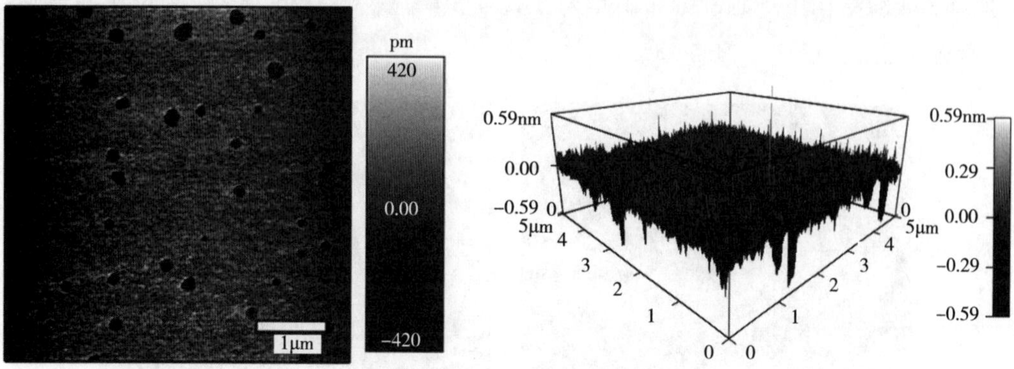


图 15　C1 原子力显微镜观察结果

Fig. 15　Atomic force microscope observation results of C1

3.2.8 C2 白酒微观形态观察结果

C2 微观形态结构如图 16 和图 17 所示，由扫描电镜及原子力显微镜观察结果可知，其堆积明显，堆积体无颗粒形态，颗粒非常少，大颗粒粒径在 1224~1777nm，小颗粒粒径在 138.2~160.5nm。

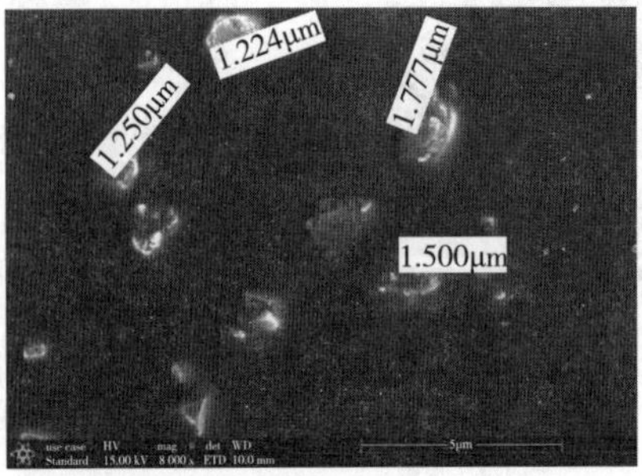


图 16 C2 扫描电镜观察结果

Fig. 16 Scanning electron microscope observation result of C2

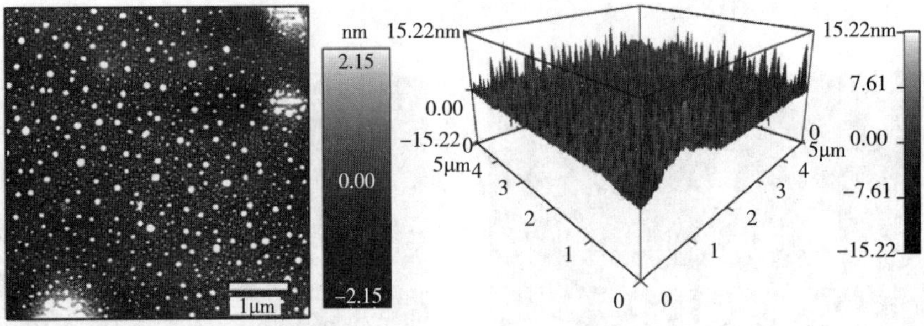


图 17 C2 原子力显微镜观察结果

Fig. 17 Atomic force microscope observation results of C2

3.2.9 C3 白酒微观形态观察结果

C3 微观形态结构如图 18 和图 19 所示，由扫描电镜及原子力显微镜观察结果可知，C3 颗粒结构不规则，分布不均匀，其堆积明显，颗粒很少，但颗粒状态清晰，小颗粒粒径在 75.93~174.5nm。

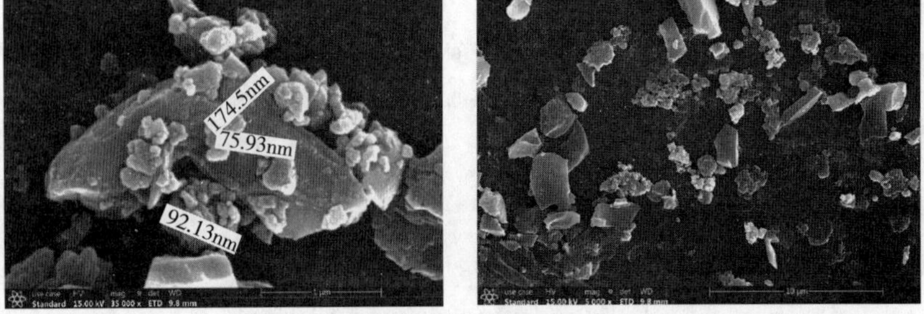


图 18 C3 扫描电镜观察结果

Fig. 18 Scanning electron microscope observation results of C3

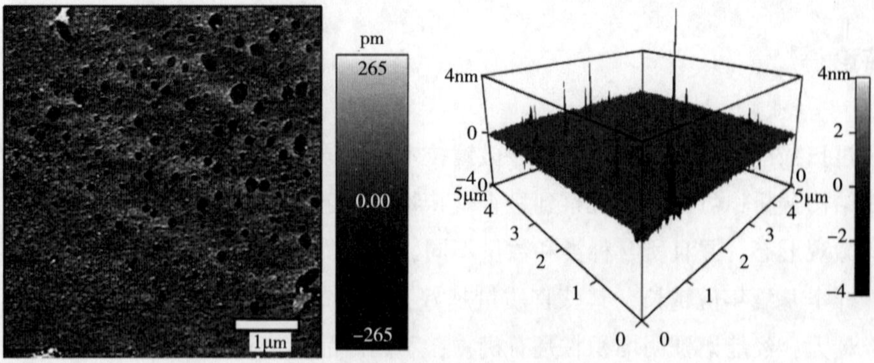


图 19　C3 原子力显微镜观察结果

Fig. 19　Atomic force microscope observation results of C3

3.2.10　J0（酱酒）微观形态观察结果

酱酒微观形态结构如图 20 和图 21 所示，由扫描电镜及原子力显微镜观察结果可知，酱酒呈现大小相等的颗粒状微观物质形态，且颗粒和堆积共存，小颗粒粒径在 124.0~163.1nm。

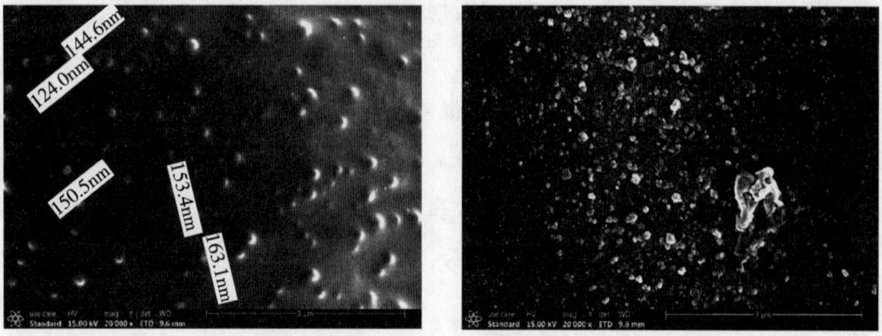


图 20　J0 扫描电镜观察结果

Fig. 20　Scanning electron microscope observation results of J0

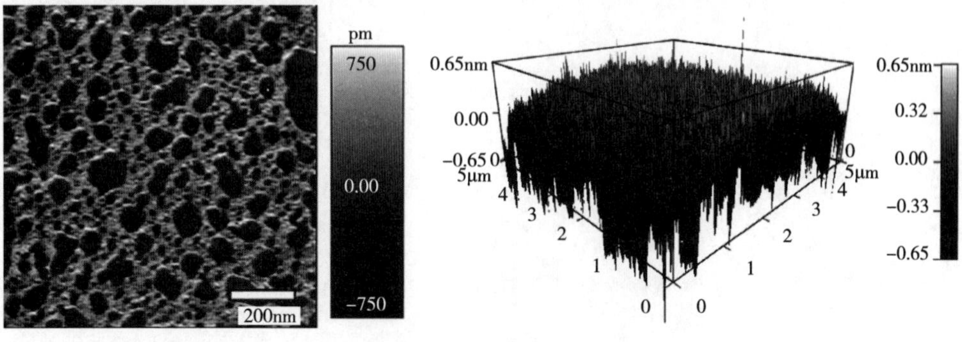


图 21　J0 原子力显微镜观察结果

Fig. 21　Atomic force microscope observation results of J0

## 4 结论

通过扫描电子显微镜和原子力显微镜技术对不同陈酿年份和不同香型白酒产品进行微观结构分析，可以明显观察到呈香呈味物质在乙醇-水体系中形成了大小不等的颗粒状微观形态，并且所含种类和数量不同，形成的微观形态也有所不同。试验结果表明，样本基酒年份越长，其感官质量越好，陈香越明显，颗粒越大，堆积越紧密，堆积粒越大；经能谱证明堆积粒是有机物；不同产品的微观形态差异明显。

### 参考文献

[1] 范文来，徐岩．中国白酒风味物质研究的现状与展望 [J]. 酿酒，2007，34 (4)：31-37.

[2] 程劲松．气相色谱法测定白酒中的香味组分研究进展 [J]. 酿酒科技，2006 (8)：104-107.

[3] 杨红文，潘大金．浅谈浓香型白酒陈酿 [J]. 酿酒科技，2008 (4)：78-79.

[4] 吴士业，冯治平．白酒微观形态形成机理探讨 [J]. 酿酒科技，2007 (12)：28-29+32.

[5] 吴士业，冯治平．几种白酒的微观形态探讨 [J]. 中国酿造，2008 (3)：64-65.

[6] 吴士业，张敬雨，钟世荣，等．基于扫描探针显微镜的几种洋酒 AFM 扫描图 [J]. 四川理工学院学报 (自然科学版)，2010，23 (2)：188-190.

[7] 吴士业，张敬雨，冯治平，等．不同度数五粮液成品酒的微观形态研究 [J]. 食品与发酵科技，2009，45 (4)：3-5.

# 传统大曲酱香型白酒与复糟酒的红外光谱性质差异及判别研究

王凡[1,2]，卢君[1,2]，唐平[1,2]，王丽[1,2]，山其木格[1,2]，毕荣宇[1,2]，李长文[1]

（1. 贵州国台酒业股份有限公司，贵州仁怀　564501；

2. 天士力研究院，天津　300410）

**摘　要**：本研究利用红外光谱技术对传统大曲酱香型白酒与复糟酒的工艺判别进行了分析研究：针对传统大曲酱香型白酒（坤沙工艺）与复糟酒（碎沙工艺、翻沙工艺、串沙工艺），分别采集了其红外光谱谱图并进行分析，发现坤沙酒与复糟酒在1737cm$^{-1}$附近特征峰表现为主要差异，在温度微扰下，不同工艺酱香型白酒在二维相关光谱上体现出不同的敏感性与分子间作用；进一步，采用偏最小二乘法（PLS）建立了基于红外光谱技术的工艺判别模型，$R^2_{Cal}$ = 0.9884，$R^2_{Val}$ = 0.9175，外部验证正确率90%。该方法操作简便，并规避了主观性与模糊性，对于治理酱香型白酒行业以次充好的乱象具有积极意义。

**关键词**：酱香型白酒；复糟酒；红外光谱；偏最小二乘；二维相关

# Study on Spectroscopic Properties of Traditional *Daqu* Jiangxiang *Baijiu* and Distiller's Grains Liquor

WANG Fan[1,2], LU Jun[1,2], TANG Ping[1,2], WANG Li[1,2],

SHAN Qimuge[1,2], BI Rongyu[1,2], LI Changwen[1]

(1. Guizhou Guotai Liquor Co., Ltd., Guizhou Renhuai 564501, China;

2. Tasly Academy, Tianjin 300410, China)

**Abstract**: Fourier transform infrared spectroscopy (FTIR) was applied for analysis and

基金项目：红外光谱结合风味组学技术鉴别不同工艺酱香型白酒的研究｛仁科支撑〔2020〕04号｝。

作者简介：王凡，女，硕士，中级工程师，主要从事白酒质量控制的研究工作。E-mail：wangfan_2016@163.com。

通信作者：卢君，男，博士，高级工程师，主要从事白酒酿造技术、白酒风味化学、酿酒微生物及代谢机理等方面的研究工作。E-mail：lujun951@tasly.com。

discrimination between traditional *Daqu* Jiangxiang *Baijiu* and distiller' s grains liquor (Suisha, Fansha, Chuansha). This is a main difference at $1731cm^{-1}$ on spectrum, and under the perturbation of temperature, samples of different process show different sensitivity and intermolecular interaction on the two-dimensional correlation spectrum. A rapid method for authenticity discrimination was developed by establishing model using FTIR combined with partial least squares (PLS). The identification model has a $R^2_{Cal}$ of 0. 9884, a $R^2_{Val}$ of 0. 9175, and an external validation accuracy of 90%. This method is convenient to operate, and avoids subjectivity and ambiguity to a degree. It is of positive significance for the management of chaos in Jiangxiang *Baijiu* industry.

**Key words**: Jiangxiang *Baijiu* , Distiller's grains liquor, FT-IR, PLS, 2D Corr.

## 1 前言

酱香型白酒，也称茅香型，是我国白酒的主要香型之一，酒体风格上呈现“酱香突出、幽雅细腻、酒体醇厚、回味悠长，空杯留香持久”的特点[1]。而目前市场上流通的酱香风味白酒，除了传统工艺大曲酱香型白酒，还有碎沙、翻沙、串沙等新型工艺复糟酒。

### 1.1 传统大曲酱香型白酒

坤沙酒，即“捆子酒”[2]，是严格按照传统酱香型白酒工艺生产的高品质酱香型白酒，也就是常说的传统大曲酱香型白酒。将破碎率为 15%~20% 的本地红缨子糯高粱加大曲，严格按照“一二九八七”工艺（一年一次生产周期，两次投料，九次蒸煮，八次发酵，七次取酒），再经过 3~5 年的储存，勾兑，出厂[3]。这种工艺出酒率低，口感细腻、丰满，是最好的酱香型白酒工艺。

### 1.2 酱香型复糟酒

由于传统工艺大曲酱香型白酒酿造、贮存周期长，导致产品稀缺；加之副产物白酒丢糟富含淀粉、蛋白质、维生素[4]、氨基酸和香味成分[5]，从而产生一些酱香风味新型工艺白酒[6]。翻沙酒、碎沙酒为酒糟再发酵酒[7]，以酱香明显，酒体干净、爽滑，价格实惠著称[8]。而“串沙酒”，则属于固液法白酒[9]，是被政府和协会明令禁止的一类[10]。

碎沙酒是将高粱完全粉碎，采用生产中第 7 次烤酒后的丢糟作配糟，加大曲、糖化酶，烤 2~4 次将所有的酒全部取完[11]。碎沙工艺利用丢糟中的残余淀粉和酱香型白酒香味成分，以及产香前体物质来提高出酒质量[12-13]。边投粮边丢糟，不受季节限制，成本较低；好入口，但酒体层次度不够，没有坤沙酒丰满，是中、低档酱香型白酒的主要生产源泉[14]。

翻沙酒是坤沙酒取完七次后剩下的糟醅，再加入新的粮食，一次性取完所有的酒，这种酒丰满度、细腻度不够，成本相对低[15]。

串沙酒是指用坤沙酒酿造工艺第9次蒸煮后丢弃的酒糟，加入食用酒精蒸馏后的产品。不同于只使用本工艺酒调味的坤沙酒，串沙酒可以添加非发酵物质及其他工艺发酵物质，甚至可以添加食用香精香料[16]。自20世纪60年代起全国便有多地、多厂家采用该工艺并进行不断改良[17,18]。该工艺利用食用酒精增大蒸汽中的乙醇浓度，最大限度地提取丢糟中的残留香味物质，操作简单方便，生产成本低[19,20]，是某些作坊式酱香型白酒企业生产低端酱香型白酒的主要生产工艺和手段[21]。

不同的生产工艺会直接影响产品的质量，进而反映在售价上，后者有着天壤之别。市场上有很多商家以碎沙酒、翻沙酒等复蒸酒冒充传统大曲酱香型白酒牟利，也有串沙酒厂家不敢大肆宣传甚至不敢在产品包装上明示[22]，导致酱香型白酒市场上存在着不规范现象。为了维护整个酱香型白酒行业共同的口碑和产品质量，防止市场上出现“劣币驱逐良币”的现象，对于坤沙酒与其他酒，亟待建立一种快速鉴别的技术。

目前，酱香型白酒市场上对于工艺的判别，有基于感官性质、总酯含量、气相色谱微量成分、固形物含量的判别[23]；也有使用气相色谱-燃烧-同位素质谱（GC-C-IRMS）联用技术鉴别固态法白酒与固液法白酒的方法[24]。这些方法或主观性强、模糊不确定，或操作繁琐，成本较高；且现有技术主要针对固态法白酒与固液法白酒的判别，研究对象不包含碎沙酒、翻沙酒等复糟酒。红外光谱法具有操作简便的特点，且无需耗费大量试剂，可提供一种快速、低成本且正确率较高的工艺判别方法。

本研究对不同工艺的酱香风味白酒进行了三级红外光谱分析[25]，并结合化学计量学建立了判别模型，指出了不同工艺酒的红外特征，并建立了一种便捷的判别坤沙酒与其他酒的方法。为科学、快速识别白酒工艺提供了新的思路，对于酱香风味白酒品质清晰化以及工艺溯源具有重要的意义。

## 2　材料与方法

### 2.1　材料

#### 2.1.1　样品

本研究采用的样品为贵州省仁怀市不同厂商生产的酱香风味白酒47个。其中，建模样本27个：传统大曲酱香酒13个，复糟酒14个（碎沙酒6个、翻沙酒3个、串沙酒5个）；验证样本20个：坤沙酒8个，碎沙酒6个，串沙酒6个。坤沙酒来自习酒、国台、珍酒、郎酒、钓鱼台的不同系列；复糟酒来自贵州茅台酒厂集团技术开发公司、缘龙酒业酱酒中心。

2.1.2 试剂

溴化钾（光谱级，上海阿拉丁生化科技有限公司）。

2.1.3 主要仪器

ME204T 分析天平（梅特勒-托利多公司）；Tensor 27 傅里叶变换红外光谱仪［布鲁克（北京）科技有限公司］。

## 2.2 方法

2.2.1 红外光谱采集

样品光谱的采集在 Tensor 27 傅里叶变换红外光谱仪上进行，随机软件为 OPUS 7.2。采集时室温控制在 25~30℃，湿度保持稳定。

（1）样品固形物的光谱采集 取 200mL 酒样于烧杯中，100℃水浴 2.5h，后置于 105℃烘箱烘干，干燥器冷却至室温后实验。以 KBr 为背景采集光谱数据。扫描区域：4000~600$cm^{-1}$，分辨率 2$cm^{-1}$，采集次数 32。

（2）样品二维相关光谱采集 样品固形物混合 KBr 后置于控温附件中，从 30℃升温至 120℃，每隔 10℃采集一次红外光谱数据。

2.2.2 数据处理与模型建立

（1）红外光谱三级分析 红外光谱的一维光谱图、二阶导数谱，在 OPUS 7.2 软件中进行处理与观察；二维相关红外光谱，将光谱数据矩阵导入清华大学二维相关红外光谱软件中分析。

（2）化学计量学建模判别

①模型建立：采用软件 The Unscrambler 10.4（挪威 CAMO 公司）进行数据处理与分析，包括光谱数据的预处理，偏最小二乘（Partial Least Squares，PLS）[26]模型建立和未知样本的验证。将坤沙酒赋值为 1，复糟酒赋值为-1，采用留一法交叉验证，建立 PLS 定量模型。

②模型预测：验证未知样品时，以中间值 0 作为两者判别界限，即模型预测值>0 的样品为坤沙酒，预测值≤0 的为复糟酒。正确率的统计方法为：判别正确的样品个数占总样本个数的百分数。

# 3 结果与分析

## 3.1 红外光谱三级分析

3.1.1 一维谱图分析

酱香型白酒是一个复杂的混合体系，其主要成分为乙醇与水，但影响风味、口感与质量的，主要是占比1%~2%的风味成分[27]。白酒固形物是白酒经沸水蒸发、烘干后，残留的不挥发性物质，包括在此温度下非挥发性物质及部分难挥发的高沸点物质，这与白酒的生产过程有关[28]。在白酒生产过程中，一些厂家由于发酵条件控制不严，生成过多乳酸、乙酸等酸类物质，在勾调时，其与水中的钙、镁离子反应，生成钙镁盐类；另外发酵时生成高级脂肪酸酯及高级醇类等高沸点物质，蒸馏时不按工艺操作，快火蒸馏，造成大部分高级脂肪酸酯及高级醇进入酒中[29]。这些都是影响白酒固形物的因素，是反映白酒工艺与品质的因素。

以酒体为对象的实验分析，未破坏样品整体性，较为全面地反映出样品全貌；相比之下，固形物排除了水与乙醇以及一些低沸点物质，聚焦微量成分，使差异更加明显地呈现。图1即为酱香型白酒固形物中各个成分红外吸收叠加而成的宏观指纹，吸收峰指认见表1。

**表1 白酒红外光谱主要吸收峰指认**

**Table 1 Identification of main absorption peaks in infrared spectra of liquor**

| 波数/$cm^{-1}$ | 指认 | 波数/$cm^{-1}$ | 指认 |
|---|---|---|---|
| 2980~2985 | $—CH_3$ 伸缩振动 | 1380~1385 | —C—H 变角振动 |
| 2930~2935 | $—CH_2$ 伸缩振动 | 1200~1250 | 1715~1740 酯关联峰 |
| 1715~1740 | 酯类或酸类 | 1125~1130 | 叔醇 |
| 1595~1605 | 羧酸酯 | 1040~1050 | 伯醇 |
| 1400~1470 | 羧酸酯关联峰 | | |

在2800~3000$cm^{-1}$区域内，不同工艺的$—CH_3$与$—CH_2$特征吸收是不同的。坤沙酒的$—CH_2$特征吸收在2933$cm^{-1}$；翻沙酒2927$cm^{-1}$与2855$cm^{-1}$处含有较强的$—CH_2$特征峰，而$—CH_3$不明显，可能含有长链脂肪烃类；碎沙酒、串沙酒峰则较弱，可以推断不同工艺酱香型白酒中分子的碳链是不同的[30]。传统大曲酱香型白酒，在1737$cm^{-1}$处展现出一个明显的强尖峰，此应归因于酯类 C═O 的伸缩振动（1220$cm^{-1}$处为 C—O 的伸缩振动）。此外，在1737$cm^{-1}$附近的低波数区域出现了一个接近“平台”形状的双峰，对应羧酸酯类中的酸类物质[31]，较弱的吸收峰进一步表明坤沙酒中此类物质含量通常相对较少。明显不同的是，碎沙酒、串沙酒在1620$cm^{-1}$附近的吸收峰强于坤沙酒，但在1737$cm^{-1}$处的特征峰却相对弱，串沙酒在1593$cm^{-1}$处为酸类—COOH振动峰，这种明显差异的产生说明复糟酒中可能含有较多酸类物质，酯类物质含量较低。而在1130$cm^{-1}$与1047$cm^{-1}$处关于杂醇油的吸收峰，4种工艺较为相似。

### 3.1.2 二阶导数分析

红外光谱经求导处理后，谱图分辨率提高。一阶导数光谱能够显示出原光谱中的吸收峰和肩峰。二阶导数光谱能够找出原光谱中吸收峰和肩峰的准确位置（中心位置）[30]。

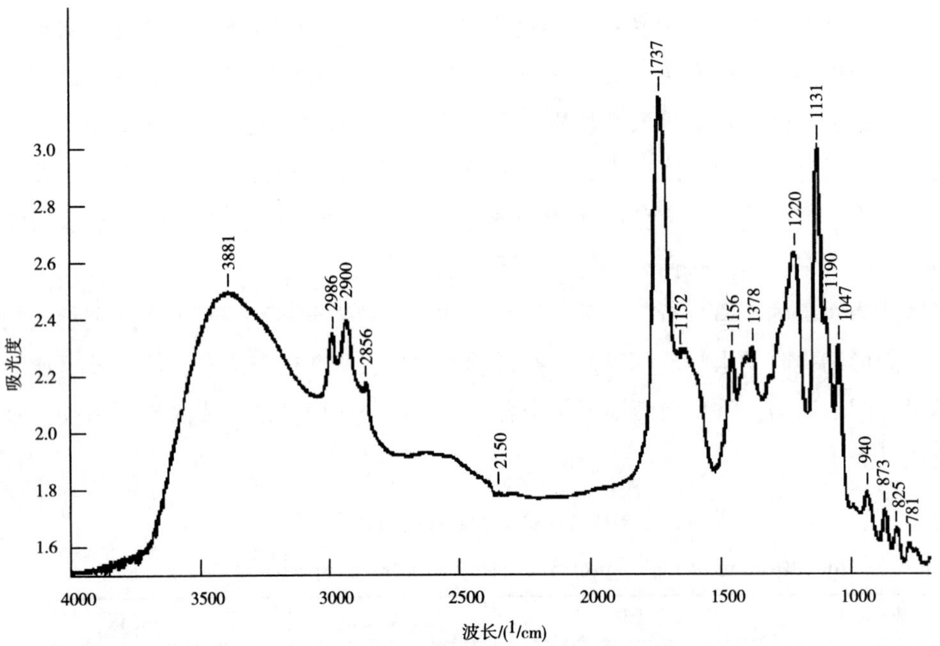


（1）传统大曲酱香型白酒工艺（坤沙酒）

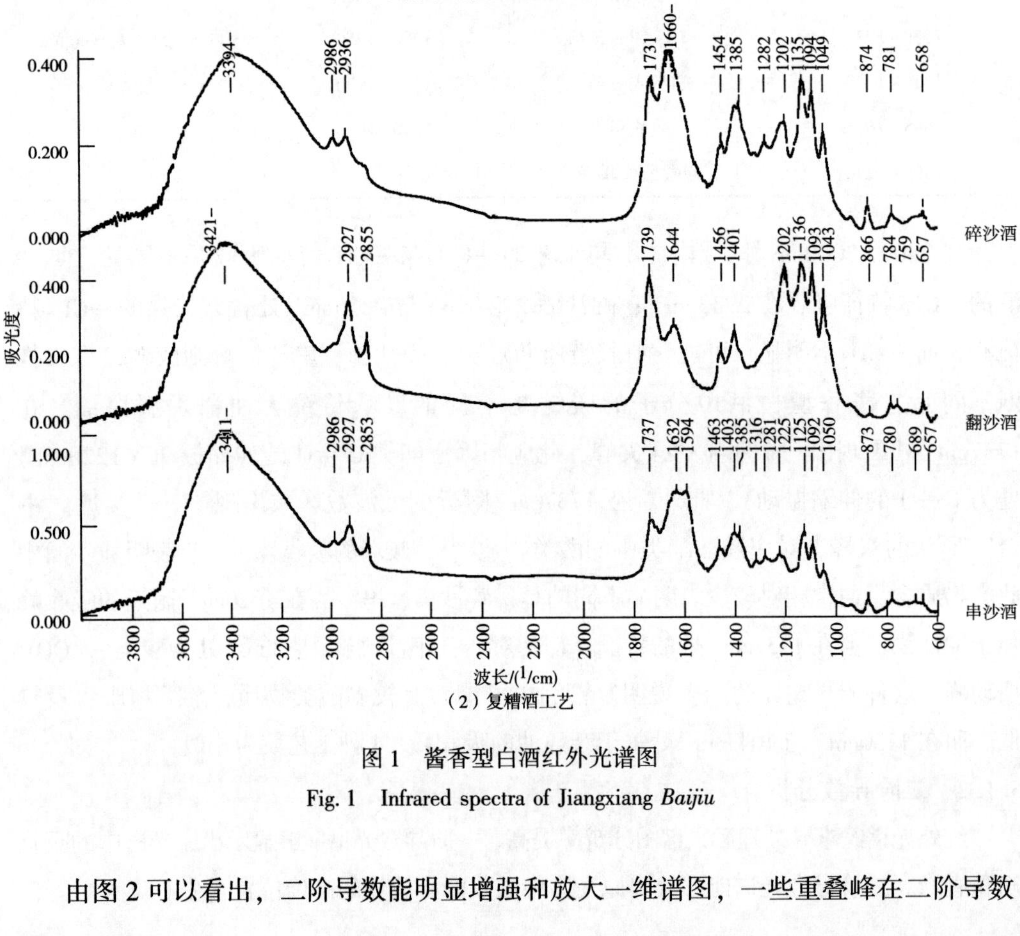


（2）复糟酒工艺

图 1 酱香型白酒红外光谱图

Fig. 1 Infrared spectra of Jiangxiang *Baijiu*

由图 2 可以看出，二阶导数能明显增强和放大一维谱图，一些重叠峰在二阶导数

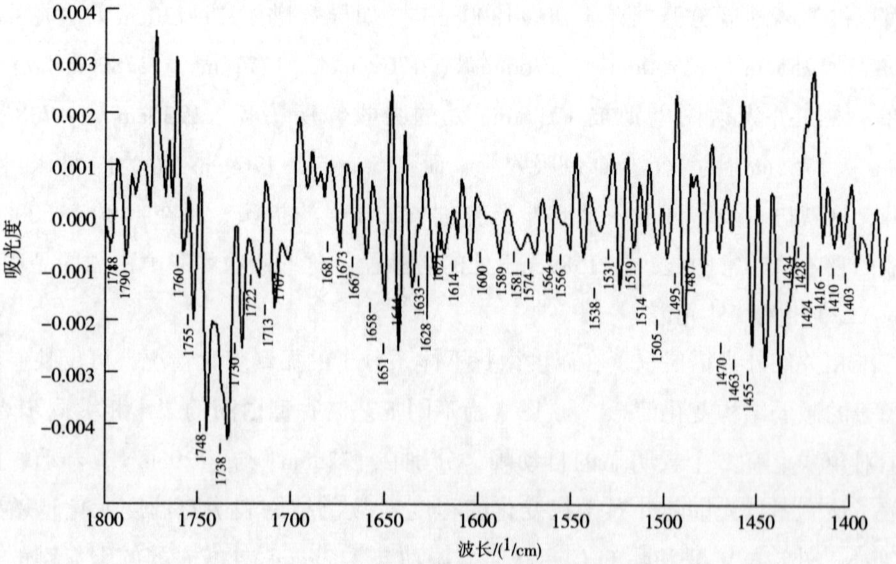


（1）传统大曲酱香型白酒（坤沙酒）

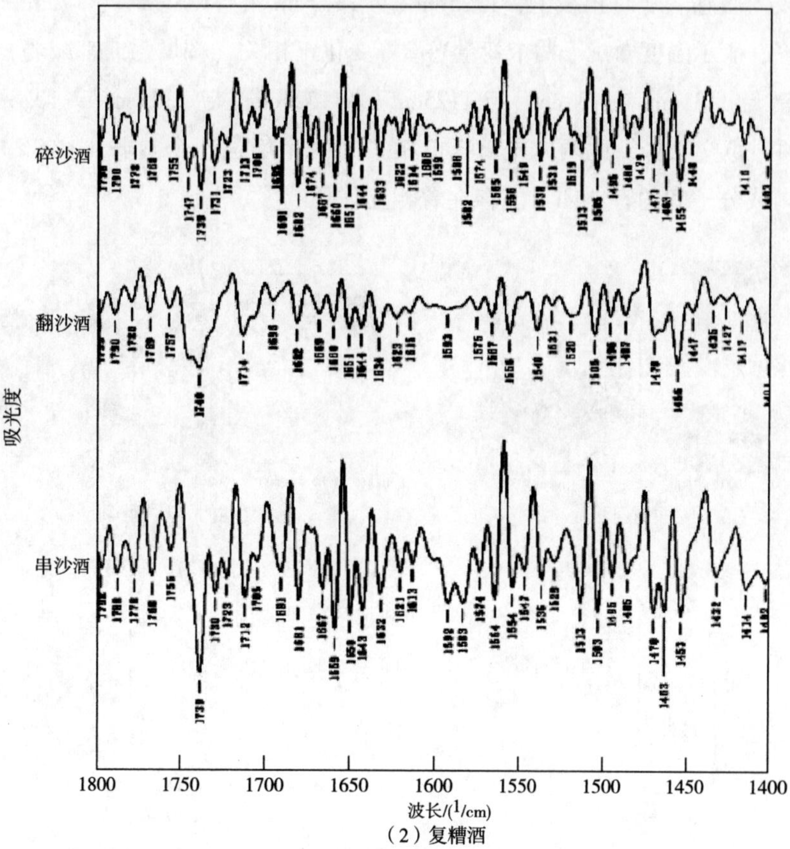


（2）复糟酒

图 2　酱香型白酒二阶导数谱

Fig. 2　Second derivative spectra of Jiangxiang *Baijiu*

谱上可以被清晰地区分开。在 1700~1800cm$^{-1}$，如导数谱图中 1730cm$^{-1}$、1738cm$^{-1}$、1748cm$^{-1}$、1755cm$^{-1}$、1760cm$^{-1}$、1766cm$^{-1}$、1769cm$^{-1}$、1777cm$^{-1}$、1789cm$^{-1}$ 处的吸收峰在一维红外光谱图上则被 1737cm$^{-1}$ 处的吸收峰所覆盖。1730cm$^{-1}$、1738cm$^{-1}$、1748cm$^{-1}$、1755cm$^{-1}$为酯 C ═O 的吸收峰，而 1766cm$^{-1}$、1769cm$^{-1}$处为内酯 C ═O 的吸收峰，这就进一步印证了一维红外光谱在 1737cm$^{-1}$的指认。而在 1400~1600cm$^{-1}$，羧酸盐的吸收峰非常明显，如 1589cm$^{-1}$处的乳酸盐。这些吸收峰影响白酒的品质。

3.1.3 二维相关红外光谱

二维相关红外光谱展示了在温度微扰下体系分子的振动变化情况，可反映一维光谱所覆盖的微弱结构变化信息[32]。图 3 为不同工艺酱香型白酒的二维相关同步光谱，坤沙酒对角线上有 2 个较明显的自动峰，分别在 1725cm$^{-1}$ 与 1129cm$^{-1}$。自动峰的强度代表了该变量处光谱随外界微扰变化的程度（颜色越深表明对温度变化越敏感），即 1725cm$^{-1}$处羧酸、醛和酯的 C ═O 伸缩振动与 1129cm$^{-1}$处酸、醇的碳氧键的伸缩振动对温度较为敏感。非对角线上，1725cm$^{-1}$与 1131cm$^{-1}$、1131cm$^{-1}$与 1725cm$^{-1}$处为一对正交叉峰，表示温度微扰下两个变量光谱峰变化正相关（都增强或都减弱），而交叉峰 1125cm$^{-1}$ 与 1131cm$^{-1}$、1131cm$^{-1}$ 与 1125cm$^{-1}$ 及 1725cm$^{-1}$ 与 1225cm$^{-1}$、1225cm$^{-1}$ 与 1725cm$^{-1}$为两对负交叉峰，此两处光谱峰负相关（一个增强一个减弱）。交叉峰的出现表明分子内或分子间的官能团可能存在着相互作用[33]。

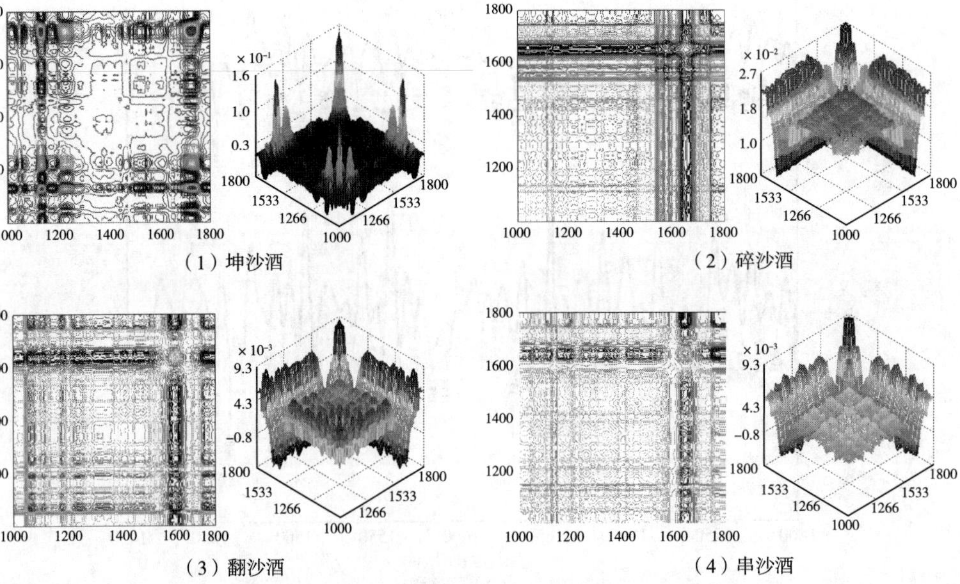


图 3 不同工艺酱香型白酒二维相关光谱

Fig. 3 Two-dimensional correlation spectra of Jiangxiang *Baijiu* with different processes

复糟酒中，翻沙酒、串沙酒在 1763$cm^{-1}$都有一个自动峰，翻沙在 1073~1254$cm^{-1}$还有三个自动峰、三对交叉峰，碎沙酒没有较强的自动峰。不同工艺酱香型白酒在二维相关红外光谱图上区分明显，特征突出，可作为表征物质性质的辅助依据。

利用红外光谱对 4 种工艺白酒进行可视化分析，可以看出不同工艺样本存在差异，因此进一步结合数理统计学聚类判别。

## 3.2 坤沙酒与复糟酒的聚类判别

### 3.2.1 相似度分析

以坤沙酒平均谱为标准谱，比对复糟酒的相关度，结果见表 2。碎沙酒、翻沙酒、串沙酒各样品与坤沙酒均表现出较大差异。

表 2 复糟酒与坤沙酒相似度分析

Table 2 Similarity analysis of Kunsha *Baijiu* and distiller's grains liquor

| 样品 | 与坤沙酒平均谱比对相关度 | 样品 | 与坤沙酒平均谱比对相关度 |
|---|---|---|---|
| 串沙酒 1 | 68.82% | 翻沙酒 3 | 78.89% |
| 串沙酒 2 | 37.62% | 碎沙酒 1 | 78.82% |
| 串沙酒 3 | 0.00% | 碎沙酒 2 | 61.81% |
| 串沙酒 4 | 79.08% | 碎沙酒 3 | 82.36% |
| 串沙酒 5 | 58.69% | 碎沙酒 4 | 67.11% |
| 翻沙酒 1 | 63.27% | 碎沙酒 5 | 49.29% |
| 翻沙酒 2 | 29.44% | 碎沙酒 6 | 56.44% |

### 3.2.2 PLS 判别分析

（1）模型建立　对光谱数据进行预处理，以坤沙酒、复糟酒的人为设定值（坤沙酒=1，复糟酒=-1）为响应值，选择最佳主成分数，建立偏最小二乘（PLS）模型，考察模型 $R^2$与校正均方根误差（Root Mean Square Error of Calibration，RMSEC）。

以不同的处理方式（表 3）对红外数据进行预处理，经“二阶导数+SNV”处理后的 PLS 模型，$R^2$最高，RMSECV 最低（表 4），坤沙酒样品与复糟酒样品在散点图（图 4）上呈现出聚类分布的趋势，坤沙酒均分布于 $Y$ 轴右侧，复糟酒分布于 $Y$ 轴左侧。对于 PLS 模型，随着用于建模的主成分个数的增加，模型逐渐变得复杂。当增加成分时，模型误差会降低；随着成分的不断增加，与估计回归参数有关的误差（统计的不确定性误差）逐渐增加，影响模型预测能力[34]。观察模型残差图（图 5），当 PC=6 时，验证集的 RMSE 值最小，校正集与验证集的累计贡献率分别达到 98% 与 91%，因此选取 PC=6 作为模型最佳主成分数，避免了 PC 太少、信息不全与 PC 过

表 3　主要光谱预处理方式

**Table 3　Main spectral preprocessing methods**

| 方式 | 作用 |
|---|---|
| Normalize[36] | 标准化 |
| SNV[37] | 使用各光谱的均值和标准差对光谱进行校正 |
| Baseline[38,39] | 校正基线 |
| De-trending[40] | 去散射 |
| Moving Average | 平滑谱图 |
| Derivative[41,42] | 提高分辨率，提高样品光谱差异性 |
| Spectroscopic | 吸光度与透过率的转换、ATR 校正 |
| Deresolve | 降低谱图分辨率 |

表 4　不同处理方式下的模型效果

**Table 4　Results of models under different processing methods**

| 处理方式 | PC | $R^2_{Cal}$ * | $R^2_{Val}$ ** | RMSEC | RMSECV |
|---|---|---|---|---|---|
| Derivative（$2^{nd}$）+SNV | 6 | 0. 9884 | 0. 9175 | 0. 1078 | 0. 2954 |
| Derivative（$1^{st}$）+SNV | 3 | 0. 9525 | 0. 8494 | 0. 2177 | 0. 4022 |
| SNV | 7 | 0. 9336 | 0. 6690 | 0. 2575 | 0. 6327 |
| Detrend+SNV | 4 | 0. 8648 | 0. 6295 | 0. 3675 | 0. 6196 |
| Normalize | 10 | 0. 9522 | 0. 6231 | 0. 2185 | 0. 6729 |
| SNV+Detrend | 5 | 0. 9256 | 0. 6025 | 0. 2726 | 0. 6022 |
| Spectroscopic | 7 | 0. 8847 | 0. 5713 | 0. 3393 | 0. 7048 |
| Derivative（$2^{nd}$） | 4 | 0. 9013 | 0. 491 | 0. 314 | 0. 6914 |
| Derivative（$1^{st}$） | 6 | 0. 9436 | 0. 324 | 0. 2374 | 0. 8064 |
| De-trending | 3 | 0. 5787 | 0. 2746 | 0. 6487 | 0. 9495 |
| 无 | 8 | 0. 9034 | 0. 2411 | 0. 3009 | 0. 9823 |

注：*代表校正集（Calibration Set）的 $R^2$；**代表验证集（Validation Set）的 $R^2$。

多而导致干扰信息太多出现过拟合[35]的现象。建立的 PLS 预测模型 $R^2_{Cal}=0.9884$，$R^2_{Val}=0.9175$（图6）。

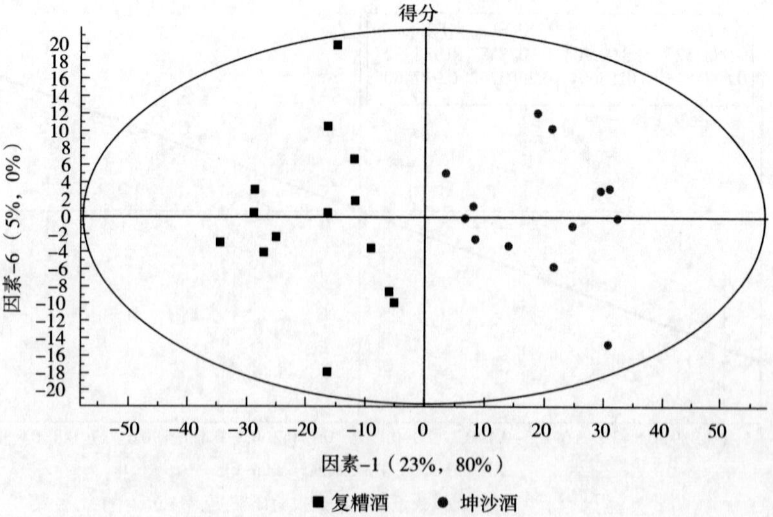


图 4　PLS 散点图

Fig. 4　PLS scores plot

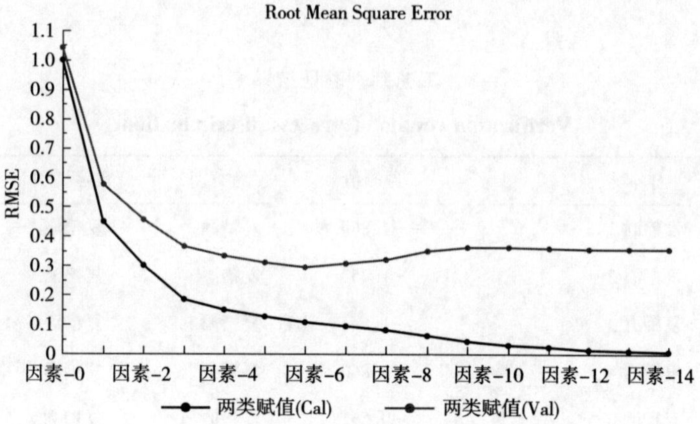


图 5　PLS 残差图

Fig. 5　PLS residual plot

（2）模型验证　外部验证样本，除市售产品以及通过酒厂之间标准酒样交换的方式获得的样品外，还自行配制部分样品，模拟了市场上坤沙酒与复糟酒复配售卖的产品。采集红外光谱数据后，经归一化（Center and Scale）处理后，以“3.2.2 PLS 判别分析（1）模型建立”的最优模型进行外部预测，验证结果如表 5 所示，判别正确率为 90%。判定错误的为混合样，这有可能是因为未能完全模拟市售酒样或样品缺少储存等环节。

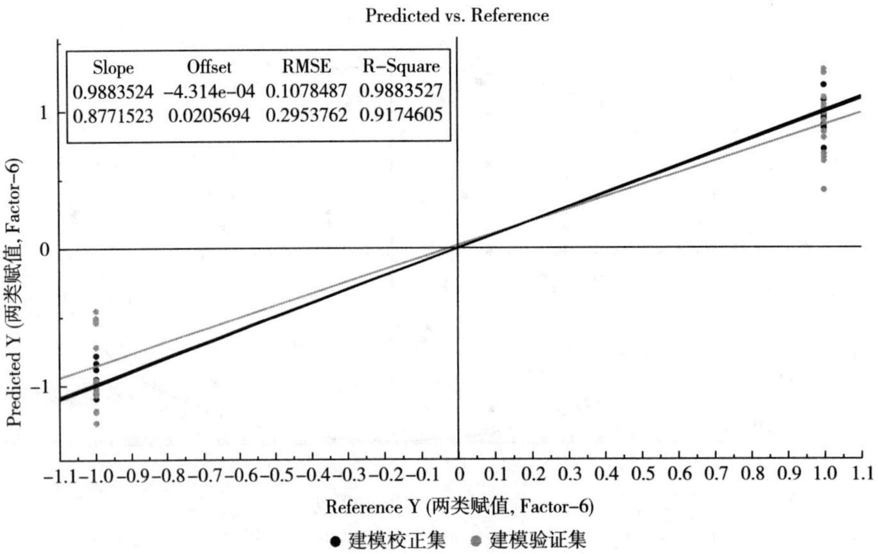


图 6 PLS 预测图

Fig. 6 PLS prediction plot

注：Predicted vs. Reference：预测值与参考值；Reference $Y$：参考值；Factor-6：6 个主成分；Predicted $Y$：预测值 $Y$；Slope：斜率；Offset：截距补偿；RMSE：均方根误差；$R$-Square：$R^2$。

**表 5 工艺判别验证结果**

**Table 5 Verification results of process discrimination**

| 样本 | 预测值 | 预测类别 | 实际类别 | 判别结果 |
|---|---|---|---|---|
| 复糟酒 1 | -1. 865 | 复糟酒 | 复糟酒 | 正确 |
| 复糟酒 2 | -1. 752 | 复糟酒 | 复糟酒 | 正确 |
| 复糟酒 3 | -1. 644 | 复糟酒 | 复糟酒 | 正确 |
| 复糟酒 4 | -0. 860 | 复糟酒 | 复糟酒 | 正确 |
| 复糟酒 5 | -0. 561 | 复糟酒 | 复糟酒 | 正确 |
| 复糟酒 6（混 30%坤沙酒） | 0. 090 | 坤沙酒 | 复糟酒 | 错误 |
| 复糟酒 7（混 20%坤沙酒） | -0. 140 | 复糟酒 | 复糟酒 | 正确 |
| 复糟酒 8（混 40%坤沙酒） | 0. 192 | 坤沙酒 | 复糟酒 | 错误 |
| 坤沙酒 1 | 0. 103 | 坤沙酒 | 坤沙酒 | 正确 |
| 坤沙酒 2 | 0. 149 | 坤沙酒 | 坤沙酒 | 正确 |
| 坤沙酒 3 | 0. 457 | 坤沙酒 | 坤沙酒 | 正确 |
| 坤沙酒 4 | 0. 022 | 坤沙酒 | 坤沙酒 | 正确 |
| 坤沙酒 5 | 0. 724 | 坤沙酒 | 坤沙酒 | 正确 |
| 坤沙酒 6 | 1. 077 | 坤沙酒 | 坤沙酒 | 正确 |

续表

| 样本 | 预测值 | 预测类别 | 实际类别 | 判别结果 |
|---|---|---|---|---|
| 坤沙酒 7 | 0.945 | 坤沙酒 | 坤沙酒 | 正确 |
| 坤沙酒 8 | 1.042 | 坤沙酒 | 坤沙酒 | 正确 |
| 坤沙酒 9 | 0.868 | 坤沙酒 | 坤沙酒 | 正确 |
| 坤沙酒 10（混 10%复糟酒） | 0.348 | 坤沙酒 | 坤沙酒 | 正确 |
| 坤沙酒 11（混 20%复糟酒） | 0.162 | 坤沙酒 | 坤沙酒 | 正确 |
| 坤沙酒 12（混 40%复糟酒） | 0.301 | 坤沙酒 | 坤沙酒 | 正确 |

## 4　讨论

### 4.1　PLS 与 SVM 方法的比较

本文选择通过 PLS 这种定量方法间接定性（模式识别），而非直接选用如支持向量机[43]（Support Vector Machine，SVM）的定性判别方法，主要原因是，一些非正宗大曲酱香型白酒的生产工艺并不十分规范，甚至非常随意；另外还有以传统大曲酱香工艺与碎沙酒酱香工艺生产出的原酒为基酒按不同比例勾调而成[44]，导致出现“不纯”的酱香型白酒。唐永芳[23]的研究表明，同一厂家、同一香型的酒样在碱性、加热条件下显色后，吸光度与固态发酵酒在样品中的体积百分数有良好的线性关系。而本研究试图通过 PLS 预测出的数值大致了解酒样的组成，或在一定程度上反映出其品质的优劣。

### 4.2　PLS 与 PLS-DA 方法的比较

PLS-DA 是基于 PLS 回归的一种判别分析方法，根据样本的实际类别特征赋予校正集样本的分类变量值[45]，这主要是通过对光谱数据的性质特征而赋值。而一些重要的宏观性质可能在红外光谱上并没有显示出较强的类别区分特征。当样品量足够大时，可对工艺进行细分。例如，经过提取固形物后，反映酒体感官的物质可能并没有作为特征反映在光谱信息上，此时可以由品酒师对典型性样品（或某类样品均值）进行感官评价，可根据实际需要，针对酱香风格、干净度、总体等不同指标打分（如串沙酒=-5，翻沙酒=-3，碎沙酒=-1，坤沙酒=5），后对 PLS 赋值建模，具有更强的可调节性，且可人为设定类别阈值，增加了可适应性。

## 5　结论

本研究采用红外光谱技术对传统大曲酱香型白酒与复糟酒进行了特征分析与判别

研究，三级红外光谱快速、直接；PLS 模型判别客观、有效，依据预测数值可快速判别白酒类别。这对于区分售价天壤之别的各类酱香风味白酒具有积极意义，有助于酱香型白酒的品质清晰化，也可为企业或监管部门提供一种快速判别品质和工艺溯源的方法，对于消费者理性选酒也具有积极意义。未来，考虑到市场上各类复糟酒品质差别较大，且存在大量的坤沙酒与复糟酒相互勾兑的产品，因此可考虑扩大样品量，扩增具体工艺判别模型，并建立适用于混合样品的坤沙酒浓度判别模型，进一步提升该技术的判别能力。

## 参考文献

[1] 沈怡方. 白酒生产技术全书 [M]. 北京：中国轻工业出版社，1998.

[2] 邹江鹏. 教你两分钟了解酱香型白酒 [N]. 企业家日报，2017-02-18 (A03).

[3] 胡鹏刚，邱树毅，李继杰. 酱香大曲酒生产工艺关键环节与其风格质量的关系 [J]. 酿酒科技，2010 (8)：36-39.

[4] 尹晓丽，欧雪，杨滨菱，等. 基于白酒酿造废物资源化利用的研究开发 [J]. 现代食品，2018 (5)：169-171.

[5] 杨艳，张宿义，易彬，等. 丢糟复式发酵工艺优化 (一)：不同发酵模式对白酒生产的影响 [J]. 酿酒科技，2012 (10)：69-73.

[6] 蔡建臻. 酱香型白酒的酿造工艺 [J]. 食品界，2018 (6)：157.

[7] 陈华明，付立业，沈晖. 一种酱香型复糟酒的生产方法 [P]. 中国专利：108220073A，2018. 06. 29.

[8] 穆建科. 以地面不锈钢窖箱生产酱香翻、碎沙白酒的研究 [J]. 轻工科技，2020，36 (5)：10-11+15.

[9] GB/T 15109—2008，白酒工业术语 [S].

[10] 仁怀市酒业协会. 严打"窜酒"！为营造良好环境，维护产区利益，仁怀酒协重拳出击！[EB/OL]. (2020-06-12) [2021-07-24]. http：//zysjyxh. cn/news/xhxw/2020-06-12/495. html.

[11] 赵益梅，唐佳代，江璐. 酿造工艺对酱香大曲酒的影响概述 [J]. 现代食品，2020，3 (5)：106-111.

[12] 张先良. 酱香碎沙大曲酒防夏秋掉排、提高产质的有效途径 [J]. 酿酒科技，2013 (2)：73-74+77.

[13] 王会军，刘民万，潘学森，等. 北方酱香大曲酒碎沙工艺生产实践与思考 [J]. 酿酒，2011，38 (1)：56-58.

[14] 吴广黔，娄咏，刘波，等. 提高酱香 (碎沙) 酒产质量的实验研究 [J]. 酿

酒科技, 2018 (8): 89-92.

[15] 谭军辉, 左垚. 简述酱香型白酒新型生产工艺 [J]. 酿酒, 2020, 47 (4): 32-35.

[16] 胡春. 固液法白酒生产技术探讨 [J]. 中小企业管理与科技 (下旬刊), 2012 (6): 299-300.

[17] 沈怡方. 我国新型白酒生产技术的发展 [J]. 酿酒科技, 2000 (4): 23-25.

[18] 李国红, 李国林, 李大和. 新型白酒生产技术 (十一) [J]. 酿酒科技, 2002 (1): 106-110.

[19] 何菲, 先春. 影响不同酱香酒总多酚含量的因素探讨 [J]. 中国酿造, 2020, 39 (1): 181-185.

[20] 杨孟涵. 提高门槛, 产区标准能否成为行业标杆 [N]. 华夏酒报, 2020-06-30 (A02).

[21] 钟方达. 酱香型白酒生产现状分析及思考 [J]. 酿酒科技, 2009 (11): 123-127.

[22] 彭全生, 刘春连. 固液结合法白酒的特点、发展趋势和目前面临的问题 [J]. 食品工程, 2007 (3): 30-32.

[23] 唐永芳. 固态法白酒的初步鉴别 [J]. 酿酒, 2008, 35 (1): 97-98.

[24] 钟其顶, 王道兵, 熊正河. 固态法白酒与固液法白酒的同位素鉴别技术 [J]. 质谱学报, 2014, 35 (1): 66-71.

[25] 刘岩, 李长文, 魏纪平, 等. 不同香型白酒红外宏观三级鉴别 [J]. 酿酒科技, 2007 (3): 48-50.

[26] 张琳, 张黎明, 李燕, 等. 偏最小二乘法在傅里叶变换红外光谱中的应用及进展 [J]. 光谱学与光谱分析, 2005, 25 (10): 1610-1613.

[27] 汤道文, 谢玉球, 朱法余, 等. 白酒中的微量成分及与白酒风味技术发展的关系 [J]. 酿酒科技, 2010 (5): 78-81.

[28] 胡名志. 白酒中固形物的形成解析 [J]. 酿酒科技, 2010 (7): 52-53.

[29] 吕玉军. 白酒固形物超标的原因及预防措施 [J]. 酿酒科技, 2002 (2): 45-46.

[30] 翁诗甫, 徐怡庄. 傅里叶变换红外光谱分析 (3版) [M]. 北京: 化学工业出版社, 2016.

[31] 张世明, 朱顺, 李莉. 控温水平衰减全反射-红外光谱快速鉴别茅台酒真假 [J]. 分析科学学报, 2016, 32 (1): 99-102.

[32] Noda I. Two-dimensional infrared (2D IR) spectroscopy: theory and

applications [J]. Applied Spectroscopy, 1990, 44 (4): 550-561.

[33] Noda I, Ozaki Y. Two-dimensional correlation spectroscopy: applications in vibrational and optical spectroscopy [M]. New Jersey: John Wiley & Sons Ltd., 2004.

[34] Lazraq A, Cléroux R. The PLS multivariate regression model: testing the significance of successive PLS components [J]. Journal of Chemometrics, 2001, 15 (6): 523-536.

[35] Hawkins D M. The problem of overfitting [J]. Journal of Chemical Information and Modeling, 2004, 44 (1): 1-12.

[36] 刘进, 邓家刚, 覃洁萍, 等. 基于红外光谱数据的中药药性识别研究 [J]. 时珍国医国药, 2010, 21 (3): 561-563.

[37] Candolfi A, De Maesschalck R, Jouan-Rimbaud D, et al. The influence of data pre-processing in the pattern recognition of excipients near-infrared spectra [J]. Journal of Pharmaceutical and Biomedical Analysis, 1999, 21 (1): 115-132.

[38] 陆婉珍. 现代近红外光谱分析技术 (2 版) [M]. 北京: 中国石化出版社, 2007.

[39] 郑咏梅, 张铁强, 张军, 等. 平滑、导数、基线校正对近红外光谱 PLS 定量分析的影响研究 [J]. 光谱学与光谱分析, 2004, 24 (12): 1546-1548.

[40] Wu W, Walczak B, Massart D L, et al. Spectral transformation and wavelength selection in near-infrared spectra classification [J]. Analytica Chimica Acta, 1995, 315 (3): 243-255.

[41] Liu Y D, Ying Y B, Fu X P. Prediction of valid acidity in intact apples with fourier transform near infrared spectroscopy [J]. Journal of Zhejiang University Science B, 2005, 6 (3): 158-164.

[42] Gorry P A. General least-squares smoothing and differentiation of nonuniformly spaced data by the convolution method [J]. Analytical Chemistry, 1991, 63 (5): 534-536.

[43] 丁世飞, 齐丙娟, 谭红艳. 支持向量机理论与算法研究综述 [J]. 电子科技大学学报, 2011, 40 (1): 2-10.

[44] 朱颉涛. 对酱香型白酒生产工艺相关问题的研究 [J]. 广东科技, 2014, 23 (8): 191-192.

[45] 郝勇, 孙旭东, 高荣杰, 等. 基于可见/近红外光谱与 SIMCA 和 PLS-DA 的脐橙品种识别 [J]. 农业工程学报, 2010, 26 (12): 373-377.

# 小曲清香型白酒蒸馏过程中不同馏分风味物质变化规律研究

汪茜[1]，张良[2]，黄志久[1,2,3]，罗广[3]，杨波[3]，赵金松[1,4]

（1. 四川轻化工大学 生物工程学院，四川自贡 643000；
2. 泸州老窖集团有限责任公司，四川泸州 646000；
3. 醉清风酒业股份有限公司，四川泸州 646000；
4. 四川省酒业集团有限责任公司，四川成都 610000）

**摘　要：**为了解小曲清香型白酒不同馏分原酒中各风味组分的馏出规律以及与酒精度间的相关性，以机械化生产的18个不同馏分的小曲清香型原酒为研究对象，采用气相色谱法（GC）对样品风味物质进行定性、定量分析，结合主成分分析（PCA）、聚类分析、Person相关性分析。主成分分析结果显示，前3个主成分累计贡献率达76.08%，主成分散点图中不同馏分酒可有效聚类；聚类分析结果显示，当标度距离为8.0，可将18个馏分酒有效区分为四大类；Person相关性分析结果显示，PC1与酒精度呈极显著相关。结合3种分析结果，总结各风味组分馏出规律，可将小曲清香型白酒馏酒过程分为四段取酒：头酒段（1~2馏分）、中前段（3~13馏分或3~12馏分）、中后段（14~16馏分或13~16馏分）、尾段（17~18馏分）。

**关键词：**机械化酿造；小曲清香型白酒；气相色谱；不同馏分；风味物质

---

作者简介：汪茜，女，硕士研究生，主要从事清香型白酒风味化学的研究。E-mail：1505203358@qq.com，联系电话：17828969190。

通信作者：赵金松，男，博士，教授，正高级工程师，主要从事酿酒技术、酒体设计、分析检测及食品安全的研究工作。E-mail：420940314@qq.com。

# Study on the Change Rules of Flavor Components in Different Distillates during the Distillation of *Xiaoqu* Qingxiang *Baijiu*

WANG Qian[1], ZHANG Liang[2], HUANG Zhijiu[1,2,3],
LUO Guang[3], YANG Bo[3], ZHAO Jinsong[1,4]
(1. College of Biological Engineering, Sichuan University of Science & Engineering, Sichuan Zigong 643000, China;
2. Luzhou Laojiao Group Co., Ltd., Sichuan Luzhou 646000, China;
3. Zuiqingfeng Liquor Co., Ltd., Sichuan Luzhou 646000, China;
4. Sichuan Liquor Group Co., Ltd., Sichuan Chengdu 610000, China)

**Abstract**: In order to understand the distillation rules of flavor components in different distillates of *Xiaoqu* Qingxiang *Baijiu* as well as the correlation between flavor components and alcohol content, the mechanized production of 18 different fractions of *Xiaoqu* Qingxiang *Baijiu* was used as the research objects. Gas chromatography (GC) was used to qualitatively and quantitatively analyze the flavor substances of the samples, combined with principal component analysis (PCA), cluster analysis, and Person correlation analysis. The results of principal component analysis showed that the cumulative contribution rates of the first 3 principal components reached 76.08%, and the different distillates in the main component dispersion chart could be effectively clustered. In the cluster analysis, when the scale distance is 8.0, the 18 distillates could be effectively divided into four categories. Person correlation analysis showed that PC1 was extremely significantly correlated with alcohol content. Combining the three analysis results and summarizing the distillation rules of each flavor component, the distillation process of *Xiaoqu* Qingxiang *Baijiu* could be divided into four stages to take the section, the first section (1~2 distillate), the middle and front section (3~13 distillate or 3~12 distillate), middle and late section (14~16 distillate or 13~16 distillate), and tail section (17~18 distillate).

**Key words**: Mechanized brewing, *Xiaoqu* Qingxiang *Baijiu*, Gas chromatography, Different distillates, Flavor components

## 1 前言

白酒是中华民族的传统食品，是世界六大蒸馏酒之一，按香型可分为 12 种，不同香型白酒有其独特的香气风格特征[1-2]。清香型白酒为其一，其又分为大曲清香、小曲清香和麸曲清香[1]。小曲清香型白酒酒体柔和，醇甜爽净，清香纯正[3-4]，具有以乙酸乙酯为主体的清雅、舒适、谐调的复合香气[5]，深受现代年轻人的喜爱。

小曲清香型白酒以小曲作糖化剂，主要采用培菌糖化、清蒸清烧的生产方式，广泛分布在我国西南地区[6-8]。传统川法小曲白酒生产工艺是小曲清香型白酒酿造工艺的典型代表[9]。在白酒酿造工艺中有“看花摘酒，分段摘酒”[10]的做法，可见摘酒酒精度与酒体质量息息相关。小曲清香型白酒传统工艺酿造中，采用“掐头去尾，中间整段摘酒”的方式取酒，缺乏分段摘酒、分级储存的概念[11-12]。随着白酒机械化生产的应用，摘酒工艺也趋向于机械化、自动化、智能化，现有的机械化摘酒大多数靠对酒精度的检测进行取酒[13-15]。随着馏酒的进行，酒精度不断变化，不同风味物质分先后流出，导致不同馏分酒质量及风味存在差异[16-18]。

近年来，对小曲清香型白酒的研究日益增多，在酒体风味、不同原料、微生物菌群、贮存方法等方面多有研究[19-26]。如孙细珍等[27]对现代和传统两种工艺酿造的小曲清香型白酒进行风味成分分析，结果表明，两种工艺生产的酒体在主要风味物质种类上差异较小，但呈香强度和香气活度值差异较大。樊杉杉等[28]结合箭型固相微萃取结合气相色谱-质谱联用技术和化学计量学对小曲清香型原酒进行等级判别研究，利用挥发性组分间的差异可以准确对白酒原酒样品的等级进行区分和鉴别。唐洁等[24]研究小曲清香型白酒新工艺中微生物和环境因子对酒体风味变化的影响，环境和微生物因素共同解释了酒醅风味物质 38.44% 的变化，酒醅风味物质的重要影响因素有水分含量、酵母总数、还原糖含量和淀粉含量。到目前为止，对小曲清香型白酒风味的影响因素研究较多，但对机械化酿造小曲清香白酒在不同馏分原酒风味组分的研究较少，找到不同馏分酒的风味组分规律与酒精度的相关性，则可根据酒精度对馏酒进行风味“可视化”摘酒，实现小曲清香机械化生产的分段摘酒，分级贮存。

本研究利用气相色谱法（Gas Chromatography，GC）检测小曲清香型白酒不同馏分酒中的风味组分，对风味组分进行主成分分析（Principal Component Analysis，PCA）、聚类分析（Hierarchical Cluster Analysis，HCA）、Person 相关性分析，以期找到风味组分的馏出规律以及与酒精度的相关性，为酒企自动摘酒、量质摘酒提供科学依据。

## 2　材料与方法

### 2.1　材料与试剂

酒样：泸州某公司小曲清香型白酒固态法机械化酿造车间生产原酒，从出酒开始计时，每 3min 取一次酒样，共 18 个酒样，每个酒样 1000mL，1 号（68% vol）、2 号（74% vol）、3 号（73% vol）、4 号（73% vol）、5 号（72% vol）、6 号（69% vol）、7 号

(67% vol)、8 号（65% vol)、9 号（62% vol)、10 号（59% vol)、11 号（56% vol)、12 号（53% vol)、13 号（50% vol)、14 号（48% vol)、15 号（44% vol)、16 号（42% vol)、17 号（40% vol)、18 号（38% vol)。

无水乙醇（分析纯)，乙醛、乙缩醛、糠醛、甲醇、仲丁醇、正丙醇、异丁醇、正丁醇、异戊醇、正戊醇、正己醇、β-苯乙醇、2-甲基丁醇、辛酸、乙酸、丙酸、异戊酸、己酸、庚酸、乙酸乙酯、丁酸乙酯、戊酸乙酯、己酸乙酯、乳酸乙酯、甲酸乙酯、乙酸异戊酯、辛酸乙酯、壬酸乙酯、乙酸丁酯、十六酸乙酯等 30 种标准物质(均为色谱纯，纯度>99.0%，天津光复化学试剂有限公司)。

## 2.2 仪器与设备

7820A 气相色谱仪，HP-5 毛细管柱（30m×0.32mm×0.25μm）均购自美国 Agilent Technologies 公司。

## 2.3 方法

### 2.3.1 常规理化指标检测

根据 GB/T 10345—2007《白酒分析方法》[29] 中的指示剂法测定总酸、总酯。

### 2.3.2 风味物质检测

定性分析：风味物质的保留时间结合标准品的保留时间进行定性分析。

定量分析：定量分析方法参照 GB/T 10345—2007《白酒分析方法》[29]。

气相色谱检测方法：GC 条件为：初始温度 35℃，保持 8min，以 3℃/min 的速率升高至 140℃，保持 1min，以 5℃/min 速率升高至 180℃，以 10℃/min 速率升高至 210℃，保持 10min；载气为氦气（He)；柱流速 1.0mL/min；进样口温度 240℃；分流比 40：1；进样量 1μL。

### 2.3.3 数据统计与分析

利用 SPSS 26.0 软件对数据进行主成分分析（PCA)、聚类分析（HCA)、Person 相关性分析；用 Excel 2015、Origin 2018 对试验数据进行整理和作图分析。

# 3 结果与分析

## 3.1 常规理化指标分析

白酒中的酸和酯是重要的呈香呈味物质，对酒体品质有着重大影响[9]。对不同馏分酒的酒精度、总酸和总酯进行检测，结果如表 1 所示。由表 1 可知，随蒸馏时间的延长，不同馏分酒的酒精度呈先上升后下降的趋势，在第 2 馏分酒处达到最高值 74% vol；总酸含量大致呈先下降后上升的趋势，在第 3 馏分酒处达到最低值 0.30g/L，随后逐渐上升，在酒尾处达到最高值 0.66g/L；总酯含量随馏酒进行持续下降，在前 4 个馏分酒中下降速度较快，后逐渐趋于平缓。部分接酒时间（3~9min）内的馏分酒总酸含量和总酯含量的差异性不显著，而接酒时间超过 9min 的馏分酒总酸含量和总酯含量差异显著，说明实行分段摘酒具有一定的实际意义。

表 1　不同馏分原酒中酒精度及总酸、总酯含量

Table 1 Alcohol contents, total acids and total esters contents of different distillates

| 酒样 | 酒精度/%vol | 总酸含量/(g/L) | 总酯含量/(g/L) |
|---|---|---|---|
| 1 | 68 | 0.36±0.01[c] | 3.22±0.01[a] |
| 2 | 74 | 0.31±0.01[a] | 2.18±0.01[b] |
| 3 | 73 | 0.30±0.01[a] | 1.44±0.01[c] |
| 4 | 73 | 0.33±0.01[b] | 1.06±0.02[e] |
| 5 | 72 | 0.33±0.01[b] | 0.98±0.02[f] |
| 6 | 69 | 0.36±0.01[c] | 1.12±0.03[d] |
| 7 | 67 | 0.42±0.01[d] | 0.96±0.01[f] |
| 8 | 65 | 0.37±0.01[c] | 0.77±0.01[g] |
| 9 | 62 | 0.49±0.01[ef] | 0.61±0.01[h] |
| 10 | 59 | 0.48±0.01[e] | 0.56±0.00[i] |
| 11 | 56 | 0.49±0.01[ef] | 0.55±0.01[ij] |
| 12 | 53 | 0.50±0.01[f] | 0.53±0.01[j] |
| 13 | 50 | 0.53±0.01[g] | 0.46±0.01[k] |
| 14 | 48 | 0.57±0.01[h] | 0.41±0.01[m] |
| 15 | 44 | 0.60±0.01[i] | 0.42±0.01[m] |
| 16 | 42 | 0.62±0.01[j] | 0.35±0.01[n] |
| 17 | 40 | 0.63±0.01[j] | 0.33±0.00[no] |
| 18 | 38 | 0.66±0.01[k] | 0.32±0.01[o] |

注：表中同列数据不同字母表示差异显著（$P<0.05$）；相同的字母表示差异不显著（$P>0.05$）。

## 3.2　风味物质分析

利用气相色谱对小曲清香白酒的 18 个馏分酒进行风味成分检测，共检测出 30 种物质，其中包括醛类 3 种，酯类 11 种，醇类 10 种，酸类 6 种。对各馏分酒中的风味成分进行标准化处理，为进一步探索不同馏分酒中各风味物质的差异，对 30 种风味物质采用热图分析，结果如图 1 所示。由图 1 可知，不同馏分酒中各风味成分的种类相似，但含量上存在较大差异。大部分醛类、酯类、醇类和小部分酸类（如庚酸、辛酸）大量分布在馏酒前期（1~5 馏分酒），随馏酒时间的推移逐渐减少，高级醇含

量对酒体品质影响很大，适宜浓度会提升酒体整体香气，浓度过高会产生异杂味[9]，损害酒质；乙酸乙酯为小曲清香型白酒的主体香气组分，在蒸馏前期含量最高，其含量很大程度上决定酒体风格特征。糠醛、乳酸乙酯、壬酸乙酯、β-苯乙醇、乙酸、丙酸、异戊酸等随蒸馏的进行逐渐增加，集中分布在馏酒后期（14~18 馏分酒）；戊酸乙酯、甲醇集中分布在馏酒中期（6~13 馏分酒），馏酒前期和后期含量少。酒体中各风味组分有其独特的风格特点，同时也相互作用而呈现不同的风味，如正丙醇与乙醛、乙缩醛等相互作用，构成小曲清香型白酒爽口带苦的味觉特点；丁酸乙酯与β-苯乙醇相互作用，赋予小曲清香型白酒以甜为底的风格特征，同时使呈香更持久[9]。

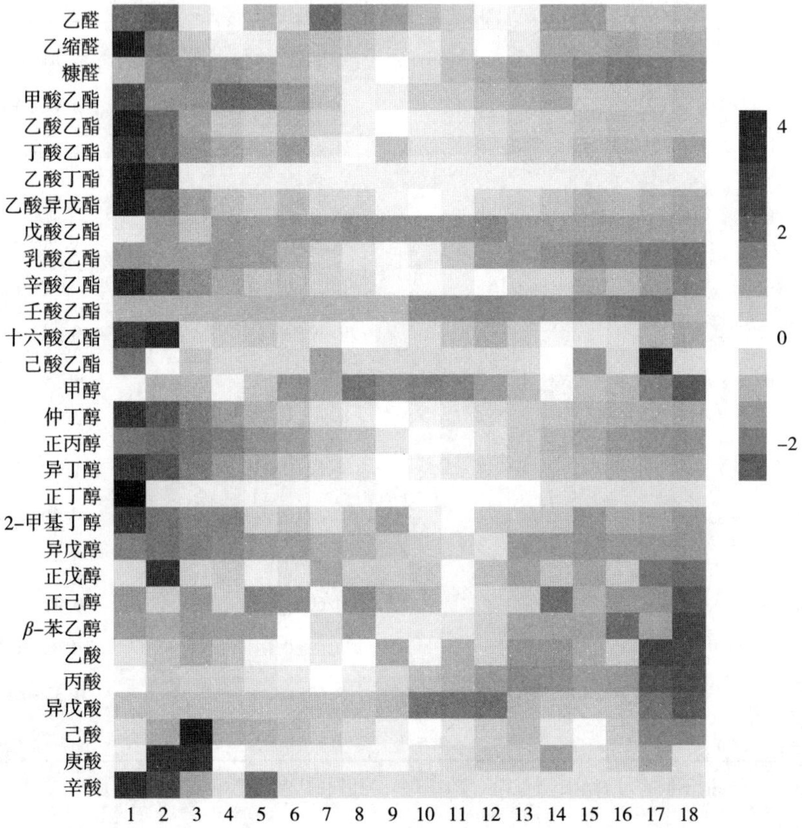


图 1　不同馏分原酒风味物质含量热图

Fig. 1　Heat map of flavor substance contents in different distillates

注：颜色的深浅程度代表物质含量的高低，颜色越深表示相对含量越高，颜色越浅表示相对含量越低。

### 3.2.1　主成分分析

对 18 个馏分原酒中的 30 种风味物质含量数据进行主成分分析，结果见表 2。由表 2 可知，前 3 个主成分累计方差贡献率达 76.08%，基本代表降维前原始数据的大量信息，因此提取前3个主成分进行主成分分析。各风味物质在前3个主成分中的载荷值见表3。结合表2和表3可知，PC1单独贡献率为55.02%，其代表物质有辛酸乙酯、异丁醇、仲丁醇、丁酸乙酯等，包括大部分的酯、醇、醛类物质；PC2单独贡献率为12.45%，其代表物质为甲醇、正戊醇、己酸乙酯等；PC3单独贡献率为8.60%，其代表物质有丙酸、戊酸乙酯、异戊酸、乙酸，多数为酸类物质。

**表2 不同馏分原酒风味物质PCA分析特征值及累计贡献率**

**Table 2 PCA analysis eigenvalues and cumulative contribution rate of flavor compounds in different distillates**

| 成分 | 初始特征值 | | |
|---|---|---|---|
| | 总计 | 方差百分数/% | 累计贡献率% |
| PC1 | 16.507 | 55.023 | 55.023 |
| PC2 | 3.736 | 12.453 | 67.476 |
| PC3 | 2.581 | 8.602 | 76.078 |
| PC4 | 2.007 | 6.692 | 82.770 |
| PC5 | 1.705 | 5.683 | 88.453 |
| PC6 | 1.232 | 4.107 | 92.560 |
| PC7 | 0.763 | 2.542 | 95.102 |
| PC8 | 0.525 | 1.750 | 96.851 |
| PC9 | 0.332 | 1.106 | 97.958 |
| PC10 | 0.258 | 0.860 | 98.818 |
| PC11 | 0.125 | 0.417 | 99.235 |
| PC12 | 0.074 | 0.246 | 99.480 |
| PC13 | 0.060 | 0.201 | 99.681 |
| PC14 | 0.050 | 0.166 | 99.847 |
| PC15 | 0.028 | 0.094 | 99.942 |
| PC16 | 0.014 | 0.046 | 99.988 |
| PC17 | 0.003 | 0.012 | 100.000 |

**表3 各风味物质主成分载荷**

**Table 3 Principal component loadings of flavor compounds**

| 名称 | 载荷值 | | |
|---|---|---|---|
| | PC1 | PC2 | PC3 |
| 辛酸乙酯 | 0.985 | 0.078 | -0.023 |
| 异丁醇 | 0.983 | 0.127 | -0.050 |
| 仲丁醇 | 0.981 | 0.157 | -0.050 |

续表

| 名称 | 载荷值 | | |
|---|---|---|---|
| | PC1 | PC2 | PC3 |
| 丁酸乙酯 | 0. 975 | 0. 112 | −0. 011 |
| 甲基丁醇 | 0. 967 | −0. 004 | 0. 077 |
| 乙酸异戊酯 | 0. 967 | 0. 191 | 0. 034 |
| 乙酸乙酯 | 0. 950 | 0. 256 | −0. 004 |
| 正丙醇 | 0. 948 | −0. 169 | 0. 017 |
| 乳酸乙酯 | −0. 922 | 0. 253 | −0. 044 |
| 乙缩醛 | 0. 911 | 0. 135 | 0. 266 |
| 异戊醇 | 0. 899 | −0. 210 | 0. 192 |
| 糠醛 | −0. 894 | 0. 229 | −0. 038 |
| 甲酸乙酯 | 0. 885 | 0. 027 | −0. 119 |
| 辛酸 | 0. 788 | 0. 430 | −0. 128 |
| 乙酸丁酯 | 0. 723 | 0. 569 | −0. 075 |
| 乙醛 | 0. 707 | −0. 004 | 0. 414 |
| 正丁醇 | 0. 694 | 0. 337 | 0. 133 |
| 壬酸乙酯 | −0. 687 | 0. 063 | −0. 110 |
| 十六酸乙酯 | 0. 669 | 0. 245 | 0. 014 |
| 正己醇 | 0. 648 | −0. 529 | −0. 079 |
| 苯乙醇 | −0. 564 | 0. 210 | −0. 215 |
| 庚酸 | 0. 490 | 0. 096 | −0. 011 |
| 甲醇 | 0. 236 | −0. 767 | 0. 460 |
| 正戊醇 | 0. 105 | 0. 683 | −0. 027 |
| 己酸乙酯 | −0. 050 | 0. 561 | −0. 009 |
| 己酸 | −0. 296 | 0. 304 | 0. 084 |
| 丙酸 | −0. 379 | 0. 462 | 0. 760 |
| 戊酸乙酯 | 0. 210 | −0. 591 | 0. 704 |
| 异戊酸 | −0. 558 | 0. 329 | 0. 671 |
| 乙酸 | −0. 488 | 0. 461 | 0. 651 |

18 个馏分原酒在前 3 个主成分的分布情况见图 2。从图 2(1) 可知，在 PC1 和 PC2 上，1 号和 2 号酒样分布在第一象限，17 号和 18 号酒样分布在第二象限，这 4 个酒样的 PC2 含量相对较高；3 号~16 号酒样全部分布在 PC2 的负半轴且较为集中，将 18 个馏分原酒很好地分为三个部分。由图 2(2) 可知，PC1 和 PC3 分布相对散乱，14、15、16 号酒样集中在一起，分布在第三象限，说明这 3 个酒样的 PC3 含量相似。

结合图2(1)、图2(2)可知，1~18号酒样在PC1的得分依次降低，所以PC1含量随蒸馏的进行逐渐减少。

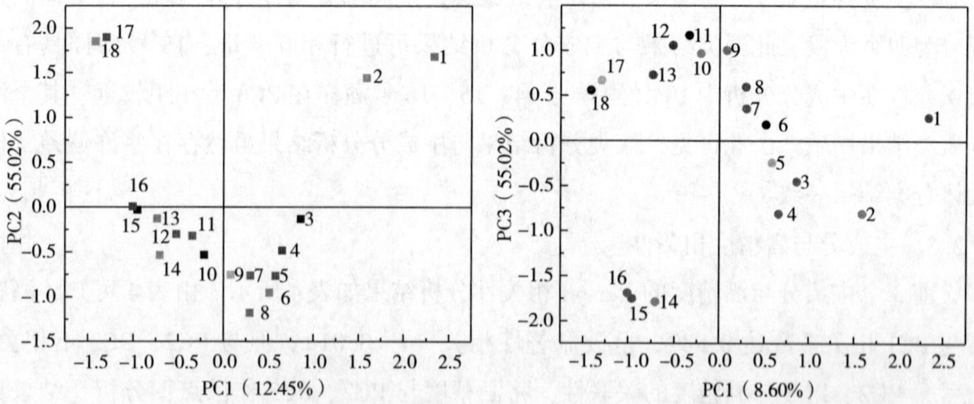


（1）PC1、PC2二维散点图　　（2）PC1、PC3二维散点图

图2　不同馏分原酒在前3个主成分的二维散点图

Fig. 2　Two-dimensional scatter plots of the distribution of the first 3 principal components of different fractions of different distillates

### 3.2.2　聚类分析

30种风味物质的聚类分析图见图3。由图3可知，当标度的距离为8.0时，可将

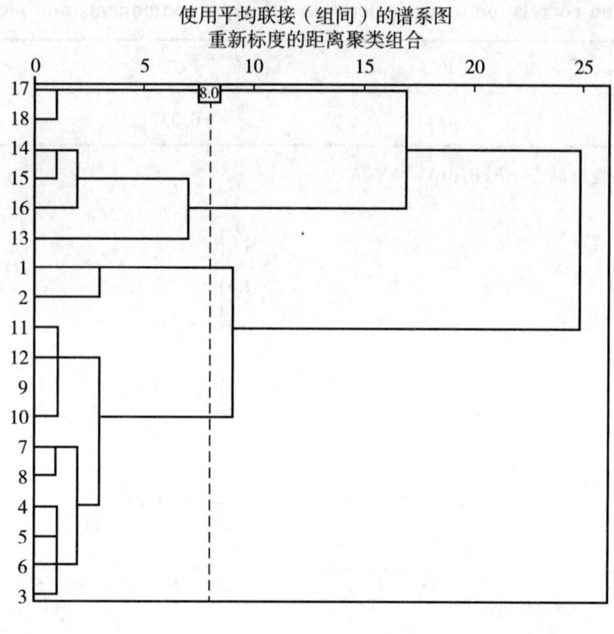


图3　不同馏分原酒聚类分析

Fig. 3　Cluster analysis of different distillates

18 个馏分酒样有效分为 4 类，聚类Ⅰ包括：17、18 号馏分酒；聚类Ⅱ包括：13~16 号馏分酒；聚类Ⅲ包括：1、2 号馏分酒；聚类Ⅳ包括：3~12 号馏分酒。根据其微量成分种类及含量差异，将酒头、酒尾有效聚类，中间部分酒样分为两段，整个馏酒过程分为四个大段。此聚类结果与主成分分析结果可进行相互验证，13 号酒样具有一定误差，在主成分分析中 13 号酒样与 14、15、16 号酒样在 PC3 上相距较远，其余酒样聚类结果一致。由此可见，聚类分析结果与主成分分析结果虽然存在些许偏差，但大体分类结果一致。

### 3.2.3 主成分与酒精度相关性

前 3 个主成分与酒精度的 Person 相关性分析结果如表 4 所示。由表 4 可知，酒精度与 PC1 相关系数达 0.887，呈极显著性相关（$P<0.01$）；但与 PC2、PC3 不相关。为考察 PC2、PC3 与酒精度的关联性，将酒精度与 PC2、PC3 作散点图分析，结果见图 5。由图 5 可知，不同酒精度的酒样，在 PC2、PC3 上的得分存在差异，1 号和 2 号、17 号和 18 号酒样在 PC2 得分中与其他酒样差异大，偏离总趋势较远；14 号、15 号、16 号酒样在 PC3 得分中与其他酒样差异大，严重偏离总趋势。根据相关性分析，按主成分分析和聚类分析结果进行四段分段接酒，四段酒的风味组分差异较大，可以达到量质摘酒的目的。

**表 4　　主成分与酒精度的 Person 相关性分析**

**Table 4　Person correlation analysis between principal components and alcohol content**

| 相关系数 | PC1 | PC2 | PC3 |
|---|---|---|---|
| 酒精度 | 0.887** | −0.337 | 0.076 |

注：**表示相关性极显著（$P<0.01$）。

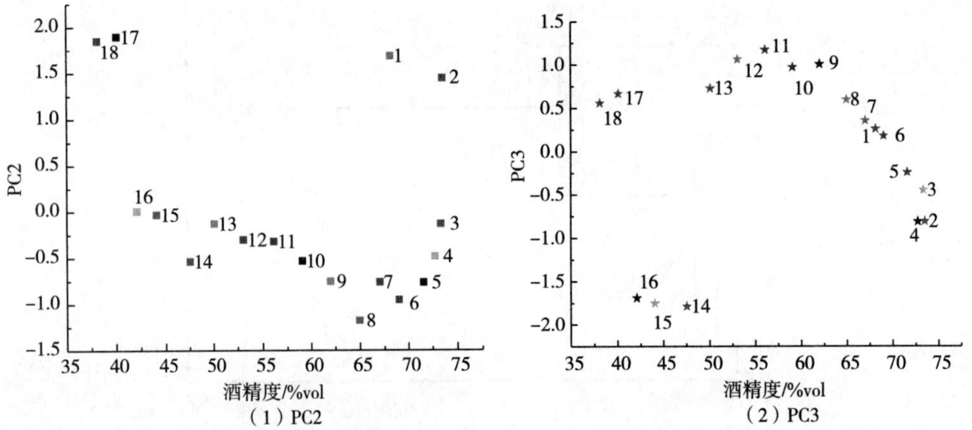


图 4　酒精度与 PC2、PC3 得分散点图

Fig. 4　Scatter plots of alcohol content and PC2, PC3

## 4　讨论

小曲清香型白酒在蒸馏过程中，酒精度变化呈抛物线趋势，在第2馏分酒时达到峰值，74%vol后逐渐下降。总酸含量随蒸馏的进行大致持续上升，在酒尾处含量达到最高，这与酸类物质沸点有关，酸类物质沸点相对较高[9]，所以多分布在蒸馏后期。总酯含量随馏酒时间的延长，含量逐渐降低，因为大部分酯类物质沸点较低，所以多集中于馏酒初期。

通过色谱检测，在18个馏分原酒中共检测出醇类10种、酯类11种、酸类6种、醛类3种等30种风味组分。在热图分析中发现，大部分酯类物质、醇类物质主要分布在蒸馏前期，大部分酸类物质分布在蒸馏后期，蒸馏中期各组分含量相对均衡。通过主成分分析提取出3个主成分，PC1（55.02%）、PC2（12.45%）和PC3（8.60%）累计贡献率为76.08%，可代表原始数据的大部分信息，对3个主成分作散点图观察各馏分原酒的主成分得分分布情况，可得出一个分类情况：类别Ⅰ包括：17号、18号2个馏分酒；类别Ⅱ包括：1号、2号2个馏分酒；聚类Ⅲ包括：3号~13号11个馏分酒；聚类Ⅳ包括：14号~16号3个馏分酒。在聚类分析标度距离为8.0时，同样可将所有馏分原酒分为4类，聚类Ⅰ包括：17号、18号2个馏分酒；聚类Ⅱ包括：13号~16号4个馏分酒；聚类Ⅲ包括：1号、2号2个馏分酒；聚类Ⅳ包括：3号~12号10个馏分酒。聚类分析与主成分分析可相互验证，两者分析结果存在些许偏差，13号馏分原酒的类别有所差异，其余酒样聚类一致。误差产生原因可能是，主成分分析是根据提取出的主成分进行归类，聚类分析是利用原始数据处理后进行聚类，所以存在一定误差。

最后，将主成分分析提取出的3个主成分与馏分原酒酒精度进行Person相关性分析，发现只有PC1与酒精度呈极显著相关，再通过散点图寻找PC2、PC3与酒精度的关联性，发现不同酒精度下，PC2、PC3得分具有断崖式割裂现象，且成段割裂。

## 5　结论

结合主成分分析、聚类分析、相关性分析，掌握酒体中主要风味物质的馏出规律，可将小曲清香型白酒整个馏酒时段分为四段：头酒段（1~2馏分）、中前段（3~13馏分或3~12馏分）、中后段（14~16馏分或13~16馏分）、尾段（17~18馏分）。每个酒样对应其酒精度，在全自动化机械生产中，接酒处装有酒精度检测仪[7]，则可根据馏酒酒精度进行分段接酒。此研究对实际生产中，实现小曲清香型白酒依靠酒精度进行掐头去尾、分段摘酒、分级储存具有重要意义，从而尽可能地剔除酒中的不良物质，保留有益风味组分，对提高酒体质量具有重要作用，为酒体勾调留出更大发挥空间。

## 参考文献


[1] 沈怡方．白酒生产技术全书 [M]. 北京：中国轻工业出版社，1998.

[2] Zheng X W, Yan Z, Han B Z, et al. Complex microbiota of a Chinese “Fen” liquor fermentation starter (Fen-Daqu), revealed by culture-dependent and culture-independent methods [J]. Food Microbiology, 2012, 31 (2): 293-300.

[3] 孙宝国，李贺贺，胡萧梅，等．健康白酒的发展趋势 [J]. 中国食品学报，2016, 16 (8): 1-6.

[4] 潘天全，程伟，张杰，等．安琪根霉曲在小曲清香型白酒酿造生产中的应用分析与探讨 [J]. 酿酒科技，2019 (10): 116-123.

[5] 张杰，程伟，彭兵，等．小曲清香型白酒研究概述 [J]. 酿酒科技，2017 (9): 91-95.

[6] 肖荣飞．苋粒发酵小曲清香型白酒工艺研究 [D]. 贵阳：贵州大学，2018.

[7] 黄志久，赵金松，刘莎，等．小曲清香白酒生产工艺现状及发展趋势 [J]. 酿酒，2018, 45 (6): 17-19.

[8] 崔海灏，李立行．清香型白酒生产技术及工艺探讨 [J]. 酿酒，2008, 35 (5): 48-49.

[9] 赵金松．小曲清香白酒生产技术 [M]. 北京：中国轻工业出版社，2018.

[10] 程平言，路虎，陆伦维，等．浓香白酒摘酒工艺探讨 [J]. 酿酒科技，2020 (4): 17-21.

[11] 童国强．清香型小曲酒蒸馏工艺的研究 [D]. 武汉：华中农业大学，2008.

[12] 焦二满，王丽，赵璐．北方清香小曲白酒酿造工艺的初步研究 [J]. 酿酒，2015, 42 (6): 35-37.

[13] 孙中理，蔡海燕，刘义会，等．基于量质摘酒工艺的自动化摘酒技术研究 [J]. 酿酒科技，2020 (1): 17-19+23.

[14] 张贵宇，庹先国，陈林，等．自动化酿造工艺在白酒生产中的应用研究 [J]. 食品工业，2018, 39 (9): 143-148.

[15] 周海燕，张宿义，敖宗华，等．白酒摘酒工艺的研究进展 [J]. 酿酒科技，2015 (3): 105-107.

[16] 胡景辉，尉嘉贻，刘永贵，等．不同馏分清香型白酒感官质量与风味构成相关性分析 [J]. 酿酒科技，2020 (5): 32-37.

[17] 张治刚，张彪，王永亮，等．贾湖原香型白酒主要风味物质馏出规律初探

[J]. 中国酿造, 2020, 39 (10): 193-197.

[18] 李利利, 马宇, 黄永光, 等. 酱香白酒机械化酿造轮次典型体基酒风味化合物解析 [J]. 食品科学, 2021, 41 (3): 1-10.

[19] 孙细珍, 杨强, 张帆, 等. 小曲清香型白酒中异嗅味-糠味和水嗅味物质研究 [J]. 酿酒科技, 2019 (11): 30-34.

[20] 李颖星. 清香型白酒香气成分研究 [D]. 太原: 山西大学, 2020.

[21] 肖荣飞, 陈旭峰, 郭娅, 等. 尾穗苋粒发酵小曲清香型白酒的研究 [J]. 中国酿造, 2018, 37 (7): 127-131.

[22] Shi J H, Xiao Y P, Li X R, et al. Analyses of microbial consortia in the starter of Fen Liquor [J]. Letters in Applied Microbiology, 2009, 48 (4): 478-485.

[23] 曲冠颐, 唐洁, 姜健, 等. 小曲清香型白酒发酵过程微生物菌群合成高级醇代谢特征 [J]. 食品与发酵工业, 2021, 47 (11): 32-37.

[24] 唐洁, 陈申习, 林斌, 等. 清香小曲白酒新工艺中微生物及环境因子对酒体风味变化的影响 [J]. 食品与发酵工业, 2019, 45 (17): 40-47.

[25] 管莹, 杨强, 童国强, 等. 不同香型中国传统白酒使用橡木桶陈酿的变化研究 [J]. 酿酒科技, 2020 (11): 46-50.

[26] 罗高建, 倪书干, 左可成, 等. 不同催陈方法对清香型小曲酒品质及微量成分的影响 [J]. 酿酒, 2021, 48 (1): 51-54.

[27] 孙细珍, 杜佳炜, 黄盼, 等. 现代工艺和传统工艺酿造小曲清香型白酒感官表征及风味成分分析 [J]. 食品科学, 2021, 42 (6): 282-290.

[28] 樊杉杉, 唐洁, 乐细选, 等. 基于 HS-SPME-Arrow-GC-MS 和化学计量学的小曲清香型原酒等级判别 [J]. 食品与发酵工业, 2021, 47 (13): 254-260.

[29] GB/T 10345—2007, 白酒分析方法 [S].

# 不同前处理方法结合 GC-MS/GC×GC-TOF/MS 测定馥郁香型白酒中的挥发性成分

陈盼盼[1,2,4]，闵楠楠[1,2]，刘岳[1,2]，赵湖[3]，杜静怡[1,2]，吴继红[1,2,4]，黄明泉[1,2]，孟楠[1,2]

（1. 北京工商大学，中国轻工业酿酒分子工程重点实验室，北京　100048；

2. 北京工商大学，食品质量与安全北京实验室，北京　100048；

3. 湖南酒鬼酒股份有限公司，湖南吉首　416000；

4. 北京工商大学，化学与材料工程学院，北京　100048）

**摘　要**：馥郁香型白酒以“前浓、中清、后酱”的风味特征在白酒行业中独树一帜，但目前关于其香气成分的报道相对较少。本研究采用直接进样法（DI）、顶空固相微萃取法（HS-SPME）、液液萃取法（LLE）结合气相色谱-质谱仪（GC-MS）对3种典型馥郁香型白酒商品酒（内参酒、酒鬼酒、湘泉酒）中的挥发性成分进行分析，共鉴定出180种化合物。采用二氯甲烷 LLE 结合全二维气相色谱-飞行时间质谱仪（GC×GC-TOF/MS）对3种酒中香气成分进行深入解析，共定性出1205种化合物。本研究首次在馥郁香型白酒中定性出74种风味化合物。采用主成分分析技术（PCA）剖析了不同物质对酒样香气风格的贡献，己酸、乳酸、丙酸己酯、丁酸乙酯、辛酸乙酯、异戊酸己酯、己酸己酯、乙偶姻、糠醇、异戊醇对内参酒的风味影响较显著；3-甲基丁醛、2-甲基丁醛、苯丙酸乙酯、癸酸乙酯对酒鬼酒风味影响较大；己酸乙酯、乳酸乙酯、乙酸己酯对湘泉酒的影响较明显。本研究对阐释馥郁香型白酒风味物质组成及不同品类产品的质量控制提供了数据支撑。

**关键词**：馥郁香型白酒；挥发性风味物质；气相色谱质谱联用；全二维气相色谱-飞行时间质谱技术；主成分分析技术

基金项目：国家自然科学基金项目（31901815）；北京工商大学研究生科研能力提升计划项目（19008021082）。

作者简介：陈盼盼，女，硕士研究生，主要从事白酒风味化学方面的研究。E-mail：chenpanpan0808@163.com。

通信作者：吴继红，女，博士，副教授，主要从事白酒风味化学及白酒健康因子方面的研究。E-mail：wujihomg12@126.com。

# Characterization of Volatile Components in Fuyu Flavor-type *Baijiu* by Different Pretreatment Methods Combined with GC-MS and GC×GC-TOF/MS Techniques

CHEN Panpan[1,2,4], MIN Nannan[1,2], LIU Yue[1,2], ZHAO Hu[3], DU Jingyi[1,2], WU Jihong[1,2,4], HUANG Mingquan[1,2], MENG Nan[1,2]

(1. Key Laboratory of Brewing Molecular Engineering of China Light Industry, Beijing Technology and Business University, Beijing 100048, China;
2. Beijing Laboratory of Food Quality and Safety, Beijing Technology and Business University, Beijing 100048, China;
3. Hunan Jiuguijiu Co., Ltd., Hunan Jishou 416000;
4. College of Chemistry and Materials Engineering, Beijing Technology and Business University, Beijing 100048, China)

**Abstract**: Chinese Fuyu Flavor-type *Baijiu* has three basic flavor characteristics of a strong beginning, a light middle and a sauce flavor last, which is a unique flavor type in *Baijiu* industry. However, there are relatively few reports on its aroma components. In this study, multiple preparation methods, including direct injection (DI), headspace solid phase microextraction (HS-SPME), and liquid-liquid extraction (LLE), combined with gas chromatography-mass spectrometry (GC-MS), were used to analyze the volatile compounds in three kinds of *Baijiu* samples, Neican (NC), Jiugui (JG) and Xiangquan (XQ). A total of 180 aroma compounds were extracted and identified by different pretreatment methods. The volatile aroma components were more comprehensively analyzed by liquid-liquid extraction combined with comprehensive two-dimensional gas chromatography- time-of-flight mass spectrometry (GC×GC-TOF/MS), and 1205 trace substances were totally identified. 74 aroma compounds were identified for the first time by one-dimensional and two-dimensional analysis. Finally, principal components analysis (PCA) was used to analyze the contribution of different substances to the aroma style of *Baijiu* samples. Hexanoic acid, lactic acid, hexyl propionate, ethyl butyrate, ethyl octanoate, hexyl isovalerate, hexyl hexanoate, acetoin, furfuryl alcohol and isopentanol had significant effects on the flavor of NC; 3-methylbutyraldehyde, 2-methylbutyraldehyde, ethyl phenylpropionate and ethyl decanoate had a great influence on the flavor of JG; The effects of ethyl caproate, ethyl lactate and hexyl acetate on XQ were obvious. This study provides data support for explaining the flavor composition and quality control of different flavor products in Fuyu Flavor-type *Baijiu* .

**Key words**: Fuyu Flavor-type *Baijiu* , Aroma compounds, Gas chromatography-mass spectrometry (GC-MS), Two-dimensional gas chromatography-time-of-flight mass spectrometry (GC×GC-TOF/MS), Principal components analysis (PCA)

## 1 前言

白酒是我国的传统蒸馏酒，为世界六大蒸馏酒之一。白酒常以粮谷为原料，以酒曲为糖化发酵剂，经蒸煮、糖化、发酵、蒸馏、贮藏、勾调而成[1]。白酒酿造史可追溯到2000年前[1-2]。馥郁香型白酒是我国白酒十二大代表香型之一，具有色清透明、诸香馥郁、入口绵甜、醇厚丰满、香味协调、回味悠长的特点[2]。由于其采用大曲、小曲结合多种微生物协同发酵的酿造工艺，造就了其独特的香气风格[3-5]。

近年来，随着白酒风味化学领域的深入发展，馥郁香型白酒中的香气成分研究也有了很多突破性的进展。王晓霞等[6]通过DI法在馥郁香型商品酒中定性出48种化合物，同时检测出四甲基吡嗪等含氮化合物，发现己酸乙酯、乙酸乙酯及有机酸含量较高。常宇桐等[7]采用HS-SPME结合GC-MS对馥郁香型白酒中挥发性成分进行定性定量分析，共定性出74种化合物，同时检测出己酸乙酯和乙酸乙酯含量突出，并通过GC×GC-TOF/MS，鉴定出馥郁香型白酒中的308种香气成分[8]。董文静等[9]采用HS-SPME结合GC-MS对馥郁香型白酒基酒进行了定性定量分析，定性了59种化合物，检测发现了$\alpha$-松油醇、雪松醇、壬酸、癸酸、$\alpha$-柏木烯等沸点较高的风味物质。

虽然已有很多关于馥郁香型白酒中香气成分的报道，但相比于其他十一大香型白酒[10-11]，目前对馥郁香型白酒中的挥发性物质研究并不深入，特征风味物质及酒中的健康因子少有报道，风味物质指纹图谱也不完善[12]。基于其独特的口感及香气，馥郁香型白酒在市场上受消费者垂青。而其中的挥发性香气组分及其量比关系十分复杂[13-16]，因此，为了更加全面地剖析馥郁香型白酒中的挥发性化合物的存在情况，对比不同品类白酒中的挥发性化合物组成及差异，同时也为研究馥郁香型白酒中香气活性化合物及关键香气物质提供研究基础，本研究在前期文献调研基础上，采用了不同种前处理方法（DI、LLE、HS-SPME）结合GC-MS、GC×GC-TOF/MS技术，对馥郁香型白酒中的挥发性物质进行更加全面、深入的分析。

## 2 材料与方法

### 2.1 材料与试剂

馥郁香型白酒商品酒：内参酒（NC，52% vol）、酒鬼酒（JG，52% vol）、湘泉酒

(XQ，54%vol)，取自湖南酒鬼酒股份有限公司。

实验所用的标准品均为色谱级（纯度≥99%），购买于百灵威科技有限公司；$C_7$~$C_{27}$正构烷烃混合物（色谱纯）用于测定保留指数（RI），购买于北京半夏科技发展有限公司。二氯甲烷、乙酸乙酯、正戊烷、乙醚、氯化钠、无水硫酸钠等均为分析纯，均购于中国北京国药集团化学试剂有限公司。

## 2.2　仪器与设备

BL-2200H 电子分析天平［岛津国际贸易（上海）有限公司］；7890 B-5977 A 气相色谱-质谱联用仪（美国 Agilent Technologies 公司）；7890 B-5977 A 全二维气相色谱-飞行时间质谱联用仪（美国 Agilent Technologies 公司）；DB-FFAP 色谱柱(60m×0.25mm×0.25μm，美国 Agilent Technologies 公司)；固相微萃取纤维头（50/30μm DVB/CAR/PDMS，美国 Supelco 公司）；OSB-2000 旋转蒸发仪（上海亚荣生化仪器厂）；移液枪［10μL、100μL、200μL、1000μL、5mL，Eppendorf（中国）有限公司］；DF-101S 恒温加热磁力搅拌器（河南省巩义市予华仪器有限公司）。

## 2.3　实验方法

### 2.3.1　直接进样法（DI）

用移液枪分别移取 1.0mL NC、JG、XQ 酒样于 2.0mL 进样瓶中，置于 4℃冰箱中冷藏，待 GC-MS 分析[17-18]。

### 2.3.2　液液萃取法（LLE）

分别取 30mL NC、JG、XQ 酒样于圆底烧瓶中，用重沸高纯水稀释酒样至 15%vol 酒精度，加入氯化钠至饱和状态，过滤后将 3 种酒样分别置于 250mL 分液漏斗中。以 90mL 二氯甲烷作为有机溶剂萃取酒样，收集下层有机相。重复萃取 3 次，合并 3 次萃取液，加入无水硫酸钠除水（无水硫酸钠需提前在高温马弗炉中干燥），于 4℃冰箱静置 24h 后用旋转蒸发仪浓缩至约 2mL，将浓缩液用 0.45μm 有机膜过滤后，氮吹至 0.5mL，于 4℃冰箱内存放，待 GC-MS 分析[19]。

### 2.3.3　顶空固相微萃取法（HS-SPME）

取 8mL 馥郁香型白酒样品于 20mL 顶空进样瓶中，加入适量氯化钠使其饱和。根据实验室前期研究[20]，本实验的参数设置如下：酒样在 45℃下保温平衡 20min，采用 SPME 萃取头（50/30μm，DVB/CAR/PDMS*）在 45℃下萃取 40min，萃取过程中保持磁力搅拌，萃取结束后在 GC 进样口（250℃）解析 5min，进入气相色谱柱中进行分离[21]。

注：*指固定相为二乙烯基苯（Divinylbenzene）/羧基（Carboxen）/聚二甲基硅氧烷（Polydimethylsiloxane）(DVB/CAR/PDMS) 的固相微萃取头。

2.3.4 仪器分析条件

(1) GC-MS 分析条件

①气相色谱条件：DB-FFAP 毛细管柱 (60m×0.25mm×0.25μm)；载气为 He (99.999%)；恒流，柱流速 1.0mL/min；进样口温度 250℃；进样体积 1.0μL；升温程序如下。

a. 直接进样：初温 40℃，以 10℃/min 升至 50℃，保持 5min；以 3℃/min 升至 80℃，保持 5min；再以 5℃/min 升至 240℃，保持 10min。不分流进样。

b. LLE：初温 40℃，以 10℃/min 升至 50℃，保持 5min；以 3℃/min 升至 80℃，保持 5min；再以 5℃/min 升至 240℃，保持 10min。分流比 20：1。

c. HS-SPME：初温 40℃，以 5℃/min 升至 80℃，保持 5min；以 2℃/min 升至 180℃，保持 5min；再以 6℃/min 升至 240℃，保持 5min。不分流进样。

②质谱条件：电子轰击 (EI) 源；电子能量 70eV；离子源 250℃；四级杆温度 150℃；传输管线温度 250℃；扫描模式为全扫描；扫描质量范围的 m/z 为 35~450amu。

(2) GC×GC-TOF/MS 分析条件

①气相色谱条件：(第一柱，DB-WAX，60m×0.25mm×0.25μm，美国安捷伦公司；第二柱，DB-17MS，1.0m×0.15mm×0.30μm，美国瓦里安公司)；进样口 250℃；分流比 30：1；载气为 He (99.99%)；恒流，流速 1.2mL/min。升温程序：50℃保持 3min，以 6℃/min 升至 240℃，保持 10min。

②质谱条件：电子轰击 (EI) 源；电子能量 70eV；离子源 250℃；四级杆温度 150℃；传输管线温度 250℃；扫描模式为全扫描；扫描质量范围的 m/z 为 40~450amu。

2.3.5 定性定量分析方法

采用 NIST11 谱库、酒类微量成分数据库 (BMET-Database，自建数据库)、标准品比对，并结合保留指数等手段进行定性分析。采用峰面积百分比法对 3 种白酒中的香气化合物进行半定量分析与对比分析。

2.3.6 数据处理

本研究中的所有试验均进行三次平行处理，数据显示为平均值。利用 Origin 2021 统计分析软件，对 3 种白酒样品的相对含量进行主成分分析，有统计学意义的水平为 5% ($P<0.05$)。

## 3 结果与分析

### 3.1 多种前处理方法结合 GC-MS 对 3 种白酒中挥发性成分的定性及定量分析结果

对白酒中挥发性化合物进行提取、分离以及鉴定，是探究白酒风味形成的关键前提[17, 22-24]。本研究旨在全面、系统地定性馥郁香型白酒中的香气化合物，根据DI、LLE、HS-SPME前处理方法所萃取到的挥发性成分不同[17]，本研究采用3种前处理方法结合GC-MS对馥郁香型3种白酒酒样（NC、JG、XQ）中的香气化合物进行定性分析，结果如表1所示。

经统计，采用3种不同的前处理方法结合GC-MS技术，在3种酒中共萃取并鉴定出180种化合物（如表1所示），包括酯类87种，醇类23种，酸类22种，缩醛类11种，醛类8种，酮类12种，含氮化合物1种，含硫化合物2种，酚类5种，呋喃类3种，其他类6种。其中，在NC、JG、XQ中分别定性出161、156、149种挥发性化合物，比文献报道定出的化合物数量和种类更为丰富[5-9,12]。3种酒中化合物的种类差异不大，但NC所含的挥发性化合物的种类、数量最多，这也在一定程度上从分子层面上证实了内参酒的馥郁香气最为突出。

通过调研文献中报道的健康因子[43]，可知3种酒样中共定性出22种健康因子，包括乙酸乙酯、己酸乙酯、乳酸乙酯、庚酸乙酯、亚油酸乙酯、乙酸、丁酸、己酸、庚酸、辛酸、正癸酸、糠醛、2-乙酰基呋喃、2,2-二（2-四氢呋喃基）丙烷、2,3,5-三甲基吡嗪、反式石竹烯、$\gamma$-己内酯、2,3-丁二醇、硫代丁酸甲酯、二甲基三硫、反式石竹烯以及甲硫醇。以上物质的定性也为下一步探究馥郁香型白酒的健康功效提供了支撑。

本研究对3种酒中的共有香气化合物进行主成分分析，以期探寻不同品类白酒中相同风味化合物的含量差异及各类化合物相对含量对白酒风格的贡献程度。由表1可知，酯类、醛类、醇类、酸类以及缩醛类化合物在不同酒（NC、JG、XQ）中的含量差异显著。酯类化合物在XQ中的含量最高，酸类和缩醛类化合物在NC中较其他两种酒含量稍高，而醇类和醛类则在JG中含量相对较高。在NC中，酯类化合物的含量明显高于其他种类化合物，其次是醇类、酸类、缩醛类化合物，含量最少的是醛类和其他类化合物；同样，在JG中酯类的含量也最高，其次是酸类和醇类，缩醛类化合物、醛类含量最低；XQ中的酯类化合物比其他两种酒含量都高，醇类、酸类以及缩醛类的化合物含量依次减少，化合物含量最低的是醛类。

### 3.2　LLE结合GC×GC-TOF/MS技术对馥郁香型白酒系列的全分析定性结果

在一维GC-MS分离及定性研究过程中，由于酒样中的微量成分较多，很多化合物有共出峰现象，因此无法准确对其进行定性分析。全二维气相色谱-飞行时间质谱技术（GC×GC-TOF/MS）能够有效地解决一维GC-MS低灵敏度、低分辨率及共出峰掩蔽的问题[44]，更有利于挥发性风味化合物的分离鉴定。目前GC×GC-TOF/MS技术已经被用于对酱香型[45]、浓香型[46-47]、清香型[48]、芝麻香型[49]白酒中挥发性组分的分析，极大地提高了白酒的分析检测水平。而该技术在馥郁香型白酒香气成分分析

**表1　3种前处理方法结合GC-MS对NC、JG、XQ酒样的定性分析结果**

**Table 1　The qualitative analysis results of NC, JG, XQ with three pretreatment methods combined with GC-MS**

| 序号 | CAS号 | 化合物 | NC | JG | XQ | 前处理方式 | 定性方式 | 相对含量/%[d] | | | RI（DB-FFAP） | |
|---|---|---|---|---|---|---|---|---|---|---|---|---|
| | | | | | | | | NC | JG | XQ | 计算值 | 文献值 |
| **酯类** | | | | | | | | | | | | |
| 1 | 105-46-4 | 乙酸仲丁酯 | √ | √ | √ | LLE | MS、RI | 0.006$^b$ | 0.009$^b$ | 0.003$^b$ | 970 | 974[25] |
| 2 | 140-88-5 | 丙烯酸乙酯 | — | — | √ | LLE | MS、RI | — | — | 0.002$^b$ | 997 | — |
| 3 | 110-19-0 | 乙酸异丁酯 | √ | √ | √ | LLE、DI、HS-SPME | MS、S、RI | 0.010$^b$ | 0.012$^b$ | 0.009$^b$ | 1008 | 1004[25] |
| 4 | 105-54-4 | 丁酸乙酯 | √ | √ | √ | LLE、DI、HS-SPME | MS、S、RI | 4.804$^a$ | 5.169$^a$ | 4.264$^a$ | 1034 | 1021[25] |
| 5 | 7452-79-1 | 2-甲基丁酸乙酯 | √ | √ | √ | LLE、DI、HS-SPME | MS、RI | 0.099$^a$ | 0.084$^a$ | 0.058$^a$ | 1060 | 1046[26] |
| 6 | 108-64-5 | 异戊酸乙酯 | √ | √ | √ | LLE、DI | MS、S、RI | 0.194$^a$ | 0.188$^a$ | 0.121$^a$ | 1066 | 1057[25] |
| 7 | 123-92-2 | 乙酸异戊酯 | √ | √ | √ | LLE、DI、HS-SPME | MS、RI | 0.059$^a$ | 0.064$^a$ | 0.106$^a$ | 1134 | — |
| 8 | 2445-69-4 | 异丁酸异戊酯 | √ | √ | √ | LLE、DI | MS、RI | 0.032$^a$ | 0.029$^a$ | 0.044$^a$ | 1136 | — |
| 9 | 819-97-6 | 丁酸仲丁酯 | √ | √ | √ | LLE | MS、S、RI | 0.003$^b$ | 0.005$^b$ | 0.002$^b$ | 1140 | — |
| 10 | 539-82-2 | 戊酸乙酯 | √ | √ | √ | LLE、DI、HS-SPME | MS、S、RI | 1.373$^a$ | 1.310$^a$ | 1.317$^a$ | 1152 | 1173[27] |
| 11 | 539-90-2 | 丁酸异丁酯 | √ | √ | √ | LLE | MS、S、RI | 0.134$^b$ | 0.147$^b$ | 0.004$^b$ | 1172 | — |
| 12 | 106-70-7 | 己酸甲酯 | √ | √ | √ | LLE | MS、RI | 0.032$^b$ | 0.034$^b$ | 0.026$^b$ | 1197 | — |
| 13 | 25415-67-2 | 异己酸乙酯 | √ | √ | √ | LLE、DI | MS、S、RI | 0.063$^a$ | 0.064$^a$ | 0.070$^a$ | 1203 | — |
| 14 | 2432-51-1 | 硫代丁酸甲酯 | √ | √ | √ | LLE、DI | MS、RI | 0.021$^a$ | 0.039$^a$ | 0.015$^a$ | 1207 | — |
| 15 | 109-21-7 | 丁酸丁酯 | √ | √ | √ | LLE、DI | MS、S、RI | 0.027$^a$ | 0.035$^a$ | 0.038$^a$ | 1222 | 1233[27] |
| 16 | 123-66-0 | 正己酸乙酯 | √ | √ | √ | LLE、DI、HS-SPME | MS、S、RI | 28.830$^a$ | 27.660$^a$ | 30.82$^a$ | 1229 | 1232[28] |

| | | | | | | | | | | | |
|---|---|---|---|---|---|---|---|---|---|---|---|
| 17 | 106-27-4 | 丁酸异戊酯 | √ | √ | √ | LLE | MS、S、RI | 0.045$^{b}$ | 0.053$^{b}$ | 0.054$^{b}$ | 1264 | 1369[29] |
| 18 | 142-92-7 | 乙酸己酯 | √ | √ | √ | LLE、DI、HS-SPME | MS、S、RI | 0.017$^{b}$ | 0.021$^{b}$ | 0.040$^{b}$ | 1270 | 1272[29] |
| 19 | 617-35-6 | 丙酮酸乙酯 | — | — | √ | LLE | MS、S、RI | — | — | 0.024$^{b}$ | 1279 | 1168[27] |
| 20 | 591-68-4 | 戊酸丁酯 | √ | √ | √ | LLE、DI、HS-SPME | MS、S、RI | 0.005$^{b}$ | 0.010$^{b}$ | 0.009$^{b}$ | 1317 | 1376[27] |
| 21 | 626-77-7 | 己酸丙酯 | √ | √ | √ | LLE、DI、HS-SPME | MS、RI | 0.050$^{a}$ | 0.056$^{a}$ | 0.076$^{a}$ | 1321 | — |
| 22 | 105-79-3 | 己酸异丁酯 | √ | √ | √ | LLE、DI、HS-SPME | MS、S、RI | 0.031$^{a}$ | 0.029$^{a}$ | 0.040$^{a}$ | 1331 | 1399[30] |
| 23 | 106-30-9 | 庚酸乙酯 | √ | √ | √ | LLE、DI、HS-SPME | MS、S、RI | 0.604$^{a}$ | 0.546$^{a}$ | 0.640$^{a}$ | 1338 | 1260[31] |
| 24 | 687-47-8 | L（-）-乳酸乙酯 | √ | √ | √ | LLE | MS、S、RI | 9.046$^{b}$ | 9.926$^{b}$ | 13.370$^{b}$ | 1342 | — |
| 25 | 2050-09-1 | 正戊酸异戊酯 | √ | √ | √ | LLE、DI、HS-SPME | MS、RI | 0.010$^{b}$ | 0.011$^{b}$ | 0.016$^{b}$ | 1367 | — |
| 26 | 106-32-1 | 辛酸乙酯 | √ | √ | √ | LLE、DI、HS-SPME | MS、S、RI | 0.641$^{a}$ | 0.587$^{a}$ | 0.603$^{a}$ | 1424 | 1338[32] |
| 27 | 2601-13-0 | 2-甲基丁基己酸酯 | √ | √ | — | LLE | MS、RI | 0.006$^{b}$ | 0.002$^{b}$ | — | 1437 | — |
| 28 | 52089-54-0 | 2-羟基正丁酸乙酯 | √ | √ | √ | LLE | MS、RI | 0.006$^{b}$ | 0.007$^{b}$ | 0.015$^{b}$ | 1441 | — |
| 29 | 626-82-4 | 己酸丁酯 | √ | √ | √ | LLE、DI、HS-SPME | MS、S、RI | 0.101$^{a}$ | 0.107$^{a}$ | 0.165$^{a}$ | 1444 | 1423[33] |
| 30 | 2639-63-6 | 丁酸己酯 | √ | √ | √ | LLE、DI | MS、S、RI | 0.027$^{a}$ | 0.020$^{a}$ | 0.044$^{a}$ | 1407 | 1413[29] |
| 31 | 2198-61-0 | 己酸异戊酯 | √ | √ | √ | LLE、DI、HS-SPME | MS、S、RI | 0.075$^{a}$ | 0.024$^{a}$ | 0.050$^{a}$ | 1454 | 1475 |
| 32 | 6938-26-7 | 2-羟基戊酸乙酯 | — | — | √ | LLE | MS、S、RI | — | — | 0.005$^{b}$ | 1495 | — |
| 33 | 1117-59-5 | 正戊酸己酯 | √ | — | — | LLE、DI、HS-SPME | MS、RI | 0.004$^{b}$ | 0.062$^{c}$ | 0.528$^{c}$ | 1499 | — |
| 34 | 540-07-8 | 己酸戊酯 | √ | √ | √ | LLE | MS、S、RI | 0.043$^{b}$ | 0.047$^{b}$ | 0.067$^{b}$ | 1504 | 1580[34] |
| 35 | 5405-41-4 | 3-羟基丁酸乙酯 | — | √ | — | LLE | MS、S、RI | — | 0.003$^{b}$ | — | 1518 | — |
| 36 | 138-22-7 | 乳酸丁酯 | √ | √ | √ | LLE | MS、S、RI | 0.013$^{b}$ | 0.019$^{b}$ | 0.027$^{b}$ | 1527 | 1525 |

续表

| 序号 | CAS 号 | 化合物 | NC | JG | XQ | 前处理方式 | 定性方式 | 相对含量/%[d] | | | RI (DB-FFAP) | |
|---|---|---|---|---|---|---|---|---|---|---|---|---|
| | | | | | | | | NC | JG | XQ | 计算值 | 文献值 |
| 37 | 123-29-5 | 壬酸乙酯 | √ | √ | √ | LLE、DI、HS-SPME | MS、RI | 0.008[b] | 0.426[c] | 0.503[c] | 1567 | 1611[32] |
| 38 | 10348-47-7 | DL-2-羟基-4-甲基戊酸乙酯 | √ | — | √ | LLE、DI、HS-SPME | MS、RI | 0.284[a] | 0.305[a] | 0.370[a] | 1580 | — |
| 39 | 6378-65-0 | 己酸己酯 | √ | √ | √ | LLE、DI、HS-SPME | MS、S、RI | 0.161[a] | 0.163[a] | 0.239[a] | 1619 | 1680[34] |
| 40 | 589-75-3 | 辛酸正丁酯 | — | √ | √ | LLE | MS、S、RI | — | 0.004[b] | 0.005[b] | 1624 | — |
| 41 | 539-88-8 | 乙酰丙酸乙酯 | — | √ | — | LLE | MS、RI | — | 0.005[b] | — | 1626 | — |
| 42 | 110-38-3 | 癸酸乙酯 | √ | √ | √ | LLE、DI、HS-SPME | MS、S、RI | 0.039[a] | 0.040[a] | 0.076[a] | 1651 | 1697[27] |
| 43 | 2035-99-6 | 辛酸异戊酯 | √ | √ | √ | LLE、HS-SPME | MS、S、RI | 0.020[b] | 0.101[b] | 0.010[b] | 1660 | — |
| 44 | 93-89-0 | 苯甲酸乙酯 | √ | √ | √ | LLE、DI、HS-SPME | MS、S、RI | 0.020[b] | 0.019[b] | 0.009[b] | 1682 | 1776[27] |
| 45 | 123-25-1 | 丁二酸二乙酯 | √ | √ | √ | LLE、DI、HS-SPME | MS、S、RI | 0.054[a] | 0.065[a] | 0.093[a] | 1687 | 1684[35] |
| 46 | 695-06-7 | γ-己内酯 | √ | — | √ | LLE | MS、S、RI | 0.002[b] | — | 0.004[b] | 1703 | 1698[36] |
| 47 | 101-97-3 | 苯乙酸乙酯 | √ | √ | √ | LLE | MS、S、RI | 0.041[a] | 0.034[a] | 0.044[a] | 1749 | 1555[27] |
| 48 | 103-45-7 | 乙酸苯乙酯 | √ | √ | √ | LLE、DI、HS-SPME | MS、RI | 0.004[b] | 0.005[b] | 0.011[b] | 1798 | 1820[35] |
| 49 | 106-33-2 | 月桂酸乙酯 | √ | √ | √ | LLE、DI、HS-SPME | MS、RI | 0.019[a] | 0.017[a] | 0.023[a] | 1832 | — |
| 50 | 39252-02-3 | 己酸糠酯 | — | √ | — | LLE | MS、RI | — | 0.002[b] | — | 1855 | — |
| 51 | 2021-28-5 | 3-苯丙酸乙酯 | √ | √ | √ | LLE | MS、S、RI | 0.106[a] | 0.010[a] | 0.138[a] | 1894 | 1876[37] |
| 52 | 124-06-1 | 十四酸乙酯 | √ | √ | √ | LLE、DI、HS-SPME | MS、S、RI | 0.017[a] | 0.038[a] | 0.046[a] | 2044 | — |

| | | | | | | | | | | | | |
|---|---|---|---|---|---|---|---|---|---|---|---|---|
| 53 | 41114-00-5 | 十五酸乙酯 | √ | √ | √ | LLE、HS-SPME | MS、S、RI | $0.004^{c}$ | $0.003^{c}$ | $0.007^{b}$ | 2071 | — |
| 54 | 628-97-7 | 棕榈酸乙酯 | √ | √ | √ | LLE、DI、HS-SPME | MS、S、RI | $0.135^{a}$ | $0.201^{a}$ | $0.296^{a}$ | 2071 | — |
| 55 | 54546-22-4 | 9-十六碳烯酸乙酯 | √ | √ | √ | LLE、HS-SPME | MS、RI | $0.018^{b}$ | $0.019^{b}$ | $0.016^{b}$ | 2286 | — |
| 56 | 1070-34-4 | 琥珀酸单乙酯 | √ | √ | √ | LLE | MS、RI | $0.022^{b}$ | $0.025^{b}$ | $0.014^{b}$ | 2389 | — |
| 57 | 6114-18-7 | 反油酸乙酯 | √ | √ | √ | LLE | MS、RI | $0.150^{b}$ | $0.161^{b}$ | $0.203^{b}$ | 2469 | — |
| 58 | 544-35-4 | 亚油酸乙酯 | √ | √ | √ | LLE、DI、HS-SPME | MS、S、RI | $0.180^{b}$ | $0.114^{b}$ | $0.066^{a}$ | 2560 | 2537 |
| 59 | 84-74-2 | 邻苯二甲酸二丁酯 | √ | √ | √ | LLE | MS、S、RI | $0.023^{b}$ | $0.019^{b}$ | $0.018^{b}$ | — | — |
| 60 | 111-62-6 | 油酸乙酯 | √ | — | — | LLE | MS、S、RI | $0.092^{b}$ | — | — | — | — |
| 61 | 109-94-4 | 甲酸乙酯 | √ | √ | √ | LLE、DI、HS-SPME | MS、S、RI | $0.126^{a}$ | $0.129^{a}$ | $0.104^{a}$ | 831 | 968[32] |
| 62 | 141-78-6 | 乙酸乙酯 | √ | √ | √ | LLE、DI、HS-SPME | MS、S、RI | $16.510^{a}$ | $17.440^{a}$ | $17.030^{a}$ | 909 | 868[25] |
| 63 | 97-62-1 | 异丁酸乙酯 | √ | √ | √ | LLE、DI、HS-SPME | MS、RI | $0.583^{a}$ | $0.733^{a}$ | $0.390^{a}$ | 971 | 944[37] |
| 64 | 97-64-3 | 乳酸乙酯 | √ | √ | √ | DI | MS、S、RI | $7.643^{a}$ | $7.578^{a}$ | $11^{a}$ | 1342 | 1345[35] |
| 65 | 105-37-3 | 丙酸乙酯 | √ | √ | √ | HS-SPME | MS、S、RI | $0.139^{c}$ | $0.032^{c}$ | $0.122^{c}$ | 942 | 945[25] |
| 66 | 10588-10-0 | 2-甲基丙基戊酸酯 | √ | — | — | HS-SPME | MS、RI | $0.037^{c}$ | — | — | 1214 | — |
| 67 | 109-19-3 | 异戊酸丁酯 | √ | — | — | HS-SPME | MS、RI | $0.010^{c}$ | — | — | 1267 | — |
| 68 | 10236-10-9 | 5-甲基己酸乙酯 | √ | √ | √ | HS-SPME | MS、S、RI | $0.250^{c}$ | $0.233^{c}$ | $0.203^{c}$ | 1280 | — |
| 69 | 659-70-1 | 异戊酸异戊酯 | √ | — | — | HS-SPME | MS、RI | $0.011^{c}$ | — | — | 1291 | — |
| 70 | 2396-83-0 | 3-己烯酸乙酯 | √ | — | √ | HS-SPME | MS、S、RI | $0.015^{c}$ | — | $0.031^{c}$ | 1238 | — |
| 71 | 2445-76-3 | 丙酸己酯 | √ | √ | √ | HS-SPME | MS、RI | $0.026^{c}$ | $0.020^{c}$ | $0.023^{c}$ | 1301 | — |

续表

| 序号 | CAS 号 | 化合物 | NC | JG | XQ | 前处理方式 | 定性方式 | 相对含量/%[d] | | | RI（DB-FFAP） | |
|---|---|---|---|---|---|---|---|---|---|---|---|---|
| | | | | | | | | NC | JG | XQ | 计算值 | 文献值 |
| 72 | 2349-07-7 | 异丁酸己酯 | √ | √ | √ | HS-SPME | MS、S、RI | $0.047^{c}$ | $0.092^{c}$ | $0.112^{c}$ | 1365 | — |
| 73 | 112-14-1 | 醋酸辛酯 | √ | √ | √ | HS-SPME | MS、RI | $0.018^{c}$ | $0.052^{c}$ | $0.067^{c}$ | 1497 | — |
| 74 | 5870-93-9 | 丁酸庚酯 | √ | √ | √ | HS-SPME | MS、RI | $0.007^{c}$ | $0.074^{c}$ | $0.053^{c}$ | 1516 | — |
| 75 | 624-13-5 | 辛酸丙酯 | √ | — | √ | HS-SPME | MS、S、RI | $0.081^{c}$ | — | $0.031^{c}$ | 1521 | — |
| 76 | 5461-06-3 | 辛酸异丁酯 | √ | √ | √ | HS-SPME | MS、RI | $0.054^{c}$ | $0.019^{c}$ | $0.030^{c}$ | 1561 | — |
| 77 | 13327-56-5 | 3-甲硫基丙酸乙酯 | √ | √ | — | HS-SPME | MS、RI | $0.040^{c}$ | $0.020^{c}$ | — | 1570 | — |
| 78 | — | 3-甲氧基乙酸丁酯 | √ | √ | √ | HS-SPME | MS、S、RI | $0.037^{c}$ | $0.024^{c}$ | $0.017^{c}$ | 1589 | — |
| 79 | 110-39-4 | 丁酸辛酯 | √ | √ | √ | HS-SPME | MS、RI | $0.042^{c}$ | $0.023^{c}$ | $0.022^{c}$ | 1630 | 1635[31] |
| 80 | 627-90-7 | 十一酸乙酯 | √ | √ | √ | HS-SPME | MS、S、RI | $0.020^{c}$ | $0.022^{c}$ | $0.034^{c}$ | 1709 | — |
| 81 | 7367-88-6 | 反式-2-癸烯酸乙酯 | √ | √ | √ | HS-SPME | MS、S、RI | $0.004^{c}$ | $0.003^{c}$ | $0.005^{c}$ | 1759 | — |
| 82 | 1117-55-1 | 辛酸己酯 | √ | √ | √ | HS-SPME | MS、S、RI | $0.115^{c}$ | $0.113^{c}$ | $0.111^{c}$ | 1792 | — |
| 83 | 28267-29-0 | 十三酸乙酯 | √ | √ | √ | HS-SPME | MS、S、RI | $0.025^{c}$ | $0.029^{c}$ | $0.021^{c}$ | 1890 | — |
| 84 | 103-52-6 | 丁酸苯乙酯 | √ | √ | √ | HS-SPME | MS、RI | $0.039^{c}$ | $0.029^{c}$ | $0.019^{c}$ | 1936 | — |
| 85 | 102-19-2 | 苯乙酸异戊酯 | √ | √ | √ | HS-SPME | MS、RI | $0.021^{c}$ | $0.024^{c}$ | $0.029^{c}$ | 1971 | — |
| 86 | 5457-70-5 | 辛酸-2-苯乙酯 | √ | √ | √ | HS-SPME | MS、S、RI | $0.095^{c}$ | $0.098^{c}$ | $0.080^{c}$ | 2112 | — |
| 87 | 624-17-9 | 壬二酸二乙酯 | √ | √ | √ | HS-SPME | MS、S、RI | $0.006^{c}$ | $0.005^{c}$ | $0.006^{c}$ | 2124 | — |

| | | | | | | | | | | | |
|---|---|---|---|---|---|---|---|---|---|---|---|
| **醇类** | | | | | | | | | | | |
| 1 | 78-92-2 | 仲丁醇 | √ | √ | √ | LLE、DI、HS-SPME | MS、S、RI | $0.966^{a}$ | $1.147^{a}$ | $0.637^{a}$ | 1018 | 1041[27] |
| 2 | 78-83-1 | 异丁醇 | √ | √ | √ | LLE、DI、HS-SPME | MS、S、RI | $1.335^{a}$ | $2.320^{a}$ | $1.070^{a}$ | 1110 | — |
| 3 | 6032-29-7 | 2-戊醇 | √ | √ | √ | LLE、DI | MS、S、RI | $0.097^{a}$ | $0.106^{a}$ | $0.073^{a}$ | 1129 | 1112[25] |
| 4 | 584-02-1 | 3-戊醇 | — | — | √ | LLE | MS、RI | — | — | $0.014^{b}$ | 1124 | 1113 |
| 5 | 565-67-3 | 2-甲基-3-戊醇 | — | — | √ | LLE | MS、RI | — | — | $0.001^{b}$ | 1147 | 1278[27] |
| 6 | 71-36-3 | 正丁醇 | √ | √ | √ | LLE、DI | MS、S、RI | $2.179^{a}$ | $2.366^{a}$ | $2.106^{a}$ | 1160 | 1083[34] |
| 7 | 123-51-3 | 异戊醇 | √ | √ | √ | LLE、DI、HS-SPME | MS、S、RI | $7.280^{a}$ | $6.677^{a}$ | $7.039^{a}$ | 1216 | 1207[35] |
| 8 | 71-41-0 | 1-戊醇 | √ | √ | √ | LLE、DI | MS、S、RI | $0.186^{a}$ | $0.177^{a}$ | $0.155^{a}$ | 1237 | 1240[25] |
| 9 | 626-89-1 | 4-甲基-1-戊醇 | √ | √ | √ | LLE | MS、RI | $0.006^{b}$ | $0.007^{b}$ | $0.006^{b}$ | 1306 | — |
| 10 | 589-35-5 | 3-甲基-1-戊醇 | — | — | √ | LLE | MS、S、RI | — | — | $0.006^{b}$ | 1327 | 1451[32] |
| 11 | 111-27-3 | 正己醇 | √ | √ | √ | LLE、DI、HS-SPME | MS、S、RI | $1.452^{a}$ | $1.395^{a}$ | $1.320^{a}$ | 1352 | 1354[29] |
| 12 | 13529-27-6 | 2-糠醛缩二乙醇 | √ | √ | √ | LLE | MS、RI | $0.673^{b}$ | $0.458^{b}$ | $0.569^{b}$ | 1461 | 1621[31] |
| 13 | 104-76-7 | 2-乙基己醇 | — | √ | — | LLE、HS-SPME | MS、RI | $0.026^{c}$ | $0.007^{b}$ | $0.330^{c}$ | 1487 | — |
| 14 | 513-85-9 | 2，3-丁二醇 | √ | √ | √ | LLE | MS、RI | $0.100^{b}$ | $0.065^{b}$ | $0.098^{b}$ | 1572 | — |
| 15 | 111-87-5 | 正辛醇 | √ | √ | √ | LLE | MS、S、RI | $0.040^{b}$ | $0.045^{b}$ | $0.032^{b}$ | 1585 | 1556[31] |
| 16 | 98-00-0 | 糠醇 | √ | — | √ | LLE、DI | MS、S、RI | $0.018^{a}$ | $0.014^{a}$ | $0.015^{a}$ | 1672 | 1690[38] |
| 17 | 60-12-8 | 苯乙醇 | √ | √ | √ | LLE、DI、HS-SPME | MS、S、RI | $0.077^{a}$ | $0.076^{a}$ | $0.086^{a}$ | 1924 | — |

续表

| 序号 | CAS 号 | 化合物 | NC | JG | XQ | 前处理方式 | 定性方式 | 相对含量/%$^{d}$ | | | RI（DB-FFAP） | |
|---|---|---|---|---|---|---|---|---|---|---|---|---|
| | | | | | | | | NC | JG | XQ | 计算值 | 文献值 |
| 18 | 67-56-1 | 甲醇 | √ | √ | — | DI | MS、RI | $0.256^{a}$ | $0.319^{a}$ | — | 903 | 916[39] |
| 19 | 71-23-8 | 正丙醇 | √ | √ | √ | DI | MS、S、RI | $2.447^{a}$ | $2.545^{a}$ | $1.939^{a}$ | 1035 | 1064[39] |
| 20 | 74-93-1 | 甲硫醇 | √ | √ | √ | HS-SPME | MS、S、RI | $0.003^{c}$ | $0.003^{c}$ | $0.002^{c}$ | 690 | — |
| 21 | 111-70-6 | 正庚醇 | √ | √ | √ | HS-SPME | MS、S、RI | $0.184^{c}$ | $0.952^{c}$ | $0.936^{c}$ | 1478 | 1108[27] |
| 22 | 36653-82-4 | 1-十六烷醇 | √ | √ | √ | HS-SPME | MS、S、RI | $0.222^{c}$ | $0.555^{c}$ | $0.621^{c}$ | 1352 | 1360 |
| 23 | 28231-03-0 | 柏木烯醇 | √ | √ | √ | HS-SPME | MS、S、RI | $0.016^{c}$ | $0.014^{c}$ | $0.015^{c}$ | 2082 | — |
| **酸类** | | | | | | | | | | | | |
| 1 | 106-31-0 | 丁酸酐 | — | — | √ | LLE | MS、S、RI | — | — | $0.001^{b}$ | 1143 | — |
| 2 | 79-33-4 | L-乳酸 | √ | √ | — | LLE | MS、RI | $0.015^{b}$ | $0.013^{b}$ | — | 1445 | — |
| 3 | 64-19-7 | 乙酸 | √ | √ | √ | LLE、DI | MS、S、RI | $3.063^{a}$ | $2.874^{a}$ | $2.348^{a}$ | 1448 | 1426[35] |
| 4 | 488-15-3 | 2-羟基-3-甲基戊酸 | √ | — | √ | LLE | MS、RI | $0.017^{c}$ | — | $0.024^{b}$ | 1511 | — |
| 5 | 79-09-4 | 丙酸 | √ | √ | √ | LLE | MS、S、RI | $0.096^{a}$ | $0.142^{a}$ | $0.117^{a}$ | 1561 | 1547[35] |
| 6 | 79-31-2 | 异丁酸 | √ | √ | √ | LLE、DI | MS、RI | $0.113^{a}$ | $0.111^{a}$ | $0.138^{a}$ | 1589 | 1573[35] |
| 7 | 107-92-6 | 丁酸 | √ | √ | √ | LLE | MS、S、RI | $1.775^{a}$ | $1.807^{a}$ | $1.678^{a}$ | 1642 | 1637[35] |
| 8 | 503-74-2 | 异戊酸 | √ | √ | √ | LLE | MS、S、RI | $0.286^{a}$ | $0.263^{a}$ | $0.327^{a}$ | 1677 | — |
| 9 | 109-52-4 | 正戊酸 | √ | √ | √ | LLE、DI、HS-SPME | MS、S、RI | $0.450^{a}$ | $0.424^{a}$ | $0.388^{a}$ | 1725 | — |

| | | | | | | | | | | | | |
|---|---|---|---|---|---|---|---|---|---|---|---|---|
| 10 | 2051-49-2 | 己酸酐 | √ | √ | √ | LLE、HS-SPME | MS、RI | $0.013^{b}$ | $0.019^{b}$ | $0.024^{b}$ | 1738 | — |
| 11 | 646-07-1 | 4-甲基戊酸 | √ | √ | √ | LLE、DI | MS、S、RI | $0.020^{a}$ | $0.027^{a}$ | $0.029^{a}$ | 1763 | — |
| 12 | 142-62-1 | 己酸 | √ | √ | √ | LLE、DI、HS-SPME | MS、S、RI | $11.700^{a}$ | $10.620^{a}$ | $9.101^{a}$ | 1820 | 1860[25] |
| 13 | 57-10-3 | 棕榈酸 | √ | √ | — | LLE、DI | MS、S、RI | $0.206^{a}$ | $0.170^{a}$ | $0.056^{a}$ | 1867 | — |
| 14 | 111-14-8 | 庚酸 | √ | √ | √ | LLE、DI、HS-SPME | MS、S、RI | $0.197^{a}$ | $0.164^{a}$ | $0.136^{a}$ | 1937 | — |
| 15 | 124-07-2 | 辛酸 | √ | √ | √ | LLE、DI、HS-SPME | MS、S、RI | $0.179^{a}$ | $0.172^{a}$ | $0.110^{a}$ | 2051 | 2048[31] |
| 16 | 112-05-0 | 壬酸 | √ | √ | √ | LLE | MS、S、RI | $0.006^{b}$ | $0.009^{b}$ | $0.005^{b}$ | 2089 | — |
| 17 | 334-48-5 | 正癸酸 | √ | √ | √ | LLE、HS-SPME | MS、S、RI | $0.025^{b}$ | $0.300^{b}$ | $0.200^{b}$ | 2250 | 2274[40] |
| 18 | 65-85-0 | 苯甲酸 | — | √ | — | LLE | MS、RI | — | $0.015^{b}$ | — | 2425 | 2480[31] |
| 19 | 103-82-2 | 苯乙酸 | √ | — | √ | LLE | MS、RI | $0.020^{b}$ | — | $0.020^{b}$ | — | — |
| 20 | 501-52-0 | 3-苯基丙酸 | √ | √ | √ | LLE、DI | MS、S、RI | $0.058^{a}$ | $0.062^{a}$ | $0.066^{a}$ | — | 2638[41] |
| 21 | 544-63-8 | 肉豆蔻酸 | — | √ | — | LLE | MS、S、RI | — | $0.005^{b}$ | — | — | 2701[40] |
| 22 | 50-21-5 | 乳酸 | √ | √ | √ | DI | MS、RI | $0.025^{a}$ | $0.022^{a}$ | $0.023^{a}$ | 1615 | — |
| 缩醛类 | | | | | | | | | | | | |
| 1 | 105-57-7 | 乙缩醛 | √ | √ | √ | LLE | MS、S、RI | $8.765^{b}$ | $7.788^{b}$ | $4.365^{b}$ | 900 | 900[37] |
| 2 | 3658-95-5 | 丁醛二乙缩醛 | √ | √ | √ | LLE、DI、HS-SPME | MS、RI | $0.114^{a}$ | $0.122^{a}$ | $0.106^{a}$ | 920 | 1050[34] |
| 3 | 3658-79-5 | 戊醛二乙基缩醛 | √ | √ | √ | LLE、DI | MS、RI | $0.077^{a}$ | $0.091^{a}$ | $0.079^{a}$ | 1072 | 1094[39] |
| 4 | 62373-79-9 | 间苯氧基苯甲醛二乙基缩醛 | √ | √ | √ | LLE、DI、HS-SPME | MS、RI | $0.457^{a}$ | $0.438^{a}$ | $0.345^{a}$ | 1101 | 1104 |

续表

| 序号 | CAS 号 | 化合物 | NC | JG | XQ | 前处理方式 | 定性方式 | 相对含量/%$^{d}$ | | | RI（DB-FFAP） | |
|---|---|---|---|---|---|---|---|---|---|---|---|---|
| | | | | | | | | NC | JG | XQ | 计算值 | 文献值 |
| 5 | 54484-73-0 | 乙醛乙基己基缩醛 | √ | √ | √ | LLE、DI、HS-SPME | MS、RI | $0.015^{b}$ | $0.017^{b}$ | $0.011^{b}$ | 1246 | 1271[27] |
| 6 | 774-48-1 | 苯甲醛二乙缩醛 | √ | √ | √ | LLE | MS、RI | $0.046^{b}$ | $0.038^{b}$ | $0.024^{b}$ | 1602 | — |
| 7 | 3658-95-5 | 丁醛二乙缩醛 | √ | √ | √ | LLE、DI、HS-SPME | MS、S、RI | $0.114^{a}$ | $0.122^{a}$ | $0.106^{a}$ | 982 | 1050[34] |
| 8 | 462-95-3 | 二乙醇缩甲醛 | √ | √ | √ | LLE、DI、HS-SPME | MS、RI | $0.116^{a}$ | $0.125^{a}$ | $0.042^{a}$ | 852 | — |
| 9 | 54815-13-3 | 1,1-二乙氧基壬烷 | — | √ | — | LLE | MS、RI | — | $0.001^{b}$ | — | 1533 | — |
| 10 | 86845-50-3 | 丁醛 3-（1-乙氧基乙氧基）-2-甲基 | — | √ | √ | HS-SPME | MS、S、RI | $0.006^{c}$ | $0.011^{c}$ | $0.007^{c}$ | 875 | — |
| 11 | 3842-03-3 | 二乙基缩醛 | √ | √ | √ | LLE、DI、HS-SPME | MS、RI | $0.457^{a}$ | $0.438^{a}$ | $0.345^{a}$ | 1072 | 1076[37] |
| **醛类** | | | | | | | | | | | | |
| 1 | 75-07-0 | 乙醛 | √ | √ | √ | LLE、DI、HS-SPME | MS、S、RI | $1.164^{a}$ | $1.114^{a}$ | $0.943^{a}$ | 738 | 709[39] |
| 2 | 78-84-2 | 异丁醛 | √ | √ | √ | LLE、DI、HS-SPME | MS、S、RI | $0.053^{a}$ | $0.064^{a}$ | $0.041^{a}$ | 817 | 820[37] |
| 3 | 66-25-1 | 正己醛 | √ | √ | √ | LLE | MS、S、RI | $0.003^{b}$ | $0.011^{b}$ | $0.003^{b}$ | 1104 | 1094[39] |
| 4 | 98-01-1 | 糠醛 | √ | √ | √ | LLE、DI、HS-SPME | MS、S、RI | $0.295^{a}$ | $0.223^{a}$ | $0.322^{a}$ | 1471 | 1460[35] |
| 5 | 100-52-7 | 苯甲醛 | √ | √ | √ | LLE、DI、HS-SPME | MS、S、RI | $0.031^{a}$ | $0.028^{a}$ | $0.040^{a}$ | 1554 | 1523[35] |
| 6 | 123-72-8 | 正丁醛 | √ | √ | — | DI | MS、RI | $0.004^{a}$ | $0.004^{a}$ | — | 837 | 877[39] |
| 7 | 96-17-3 | 2-甲基丁醛 | √ | √ | √ | LLE、DI、HS-SPME | MS、S、RI | $0.060^{a}$ | $0.099^{a}$ | $0.073^{a}$ | 915 | 913[26] |
| 8 | 590-86-3 | 异戊醛 | √ | √ | √ | LLE、DI、HS-SPME | MS、S、RI | $0.343^{a}$ | $0.496^{a}$ | $0.327^{a}$ | 918 | 919[39] |
| 1 | 107-87-9 | 2-戊酮 | √ | √ | — | LLE | MS、S、RI | $0.023^{b}$ | $0.023^{b}$ | — | 941 | 988[39] |

| | | | | | | | | | | | | |
|---|---|---|---|---|---|---|---|---|---|---|---|---|
| **酮类** | | | | | | | | | | | | |
| 2 | 110-43-0 | 2-庚酮 | √ | √ | √ | LLE | MS、S、RI | 0.010$^{b}$ | 0.011$^{b}$ | 0.008$^{b}$ | 1191 | 1154[25] |
| 3 | 60044-74-8 | 4-乙氧基-2-丁酮 | — | √ | — | LLE | MS、RI | — | 0.002$^{b}$ | — | 1258 | — |
| 4 | 513-86-0 | 3-羟基-2-丁酮 | √ | √ | √ | LLE、DI | MS、S、RI | 0.102$^{a}$ | 0.071$^{a}$ | 0.070$^{a}$ | 1284 | 1301[35] |
| 5 | 5704-20-1 | 2-羟基-3-戊酮 | — | √ | — | LLE | MS、RI | — | 0.006$^{b}$ | — | 1361 | — |
| 6 | 821-55-6 | 2-壬酮 | √ | — | — | LLE、DI、HS-SPME | MS、S、RI | 0.043$^{c}$ | 0.021$^{c}$ | 0.007$^{b}$ | 1430 | — |
| 7 | 78-59-1 | 异佛尔酮 | √ | √ | — | LLE | MS、S、RI | 0.022$^{b}$ | 0.013$^{b}$ | — | 1613 | — |
| 8 | 98-86-2 | 苯乙酮 | √ | √ | — | LLE | MS、S、RI | 0.003$^{b}$ | 0.003$^{b}$ | — | 1668 | — |
| 9 | 1071-73-4 | 5-羟基-2-戊酮 | √ | — | — | LLE | MS、RI | 0.004$^{b}$ | — | — | 1712 | — |
| 10 | 78-93-3 | 2-丁酮 | √ | √ | √ | DI | MS、RI | 0.030$^{a}$ | 0.387$^{a}$ | 0.282$^{a}$ | 906 | 908[39] |
| 11 | 112-12-9 | 甲基壬基甲酮 | √ | √ | √ | HS-SPME | MS、S、RI | 0.034$^{c}$ | 0.012$^{c}$ | 0.014$^{c}$ | 1601 | — |
| 12 | 2345-28-0 | 2-十五烷酮 | — | √ | √ | HS-SPME | MS、RI | — | 0.038$^{c}$ | 0.024$^{c}$ | 2004 | — |
| **含氮化合物** | | | | | | | | | | | | |
| 1 | 14667-55-1 | 2,3,5-三甲基吡嗪 | √ | √ | √ | LLE | MS、S、RI | 0.004$^{b}$ | 0.003$^{b}$ | 0.002$^{b}$ | 1412 | 1387[40] |
| **含硫化合物** | | | | | | | | | | | | |
| 1 | 4437-22-3 | 二糠基醚 | √ | √ | √ | LLE | MS、RI | 0.045$^{b}$ | 0.048$^{b}$ | 0.029$^{b}$ | 1291 | — |
| 2 | 3658-80-8 | 二甲基三硫 | √ | √ | √ | LLE、HS-SPME | MS、S、RI | 0.002$^{b}$ | 0.002$^{b}$ | 0.023$^{c}$ | 1381 | 1405[39] |
| **酚类** | | | | | | | | | | | | |
| 1 | 93-51-6 | 2-甲氧基-4-甲基苯酚 | √ | — | — | LLE | MS、RI | 0.002$^{b}$ | — | — | 1958 | 1851[31] |
| 2 | 108-95-2 | 苯酚 | √ | √ | √ | LLE、DI、HS-SPME | MS、S、RI | 0.008$^{a}$ | 0.012$^{a}$ | 0.010$^{a}$ | 1989 | 2028[25] |
| 3 | 106-44-5 | 对甲酚 | √ | √ | √ | LLE、DI、HS-SPME | MS、S、RI | 0.033$^{a}$ | 0.028$^{a}$ | 0.039$^{a}$ | 2060 | 2015[25] |

续表

| 序号 | CAS 号 | 化合物 | NC | JG | XQ | 前处理方式 | 定性方式 | 相对含量/%$^{d}$ |  |  | RI（DB-FFAP） |  |
|---|---|---|---|---|---|---|---|---|---|---|---|---|
|  |  |  |  |  |  |  |  | NC | JG | XQ | 计算值 | 文献值 |
| 4 | 96-76-4 | 2,4-二叔丁基苯酚 | — | √ | — | LLE、DI、HS-SPME | MS、S、RI | 0.060$^{c}$ | 0.004$^{b}$ | 0.068$^{c}$ | 2324 | — |
| 5 | 5875-45-6 | 2，5-二叔丁基酚 | √ | — | — | LLE | MS、RI | 0.010$^{b}$ | — | — | — | — |
| **呋喃类** |  |  |  |  |  |  |  |  |  |  |  |  |
| 1 | 1192-62-7 | 2-乙酰基呋喃 | √ | √ | √ | LLE | MS、S、RI | 0.001$^{b}$ | 0.001$^{b}$ | 0.001$^{b}$ | 1480 | 1490[42] |
| 2 | 89686-69-1 | 2，2-二（2-四氢呋喃基）丙烷 | √ | √ | — | LLE | MS、RI | 0.005$^{b}$ | 0.004$^{b}$ | — | 1692 | — |
| 3 | 110-00-9 | 呋喃 | √ | √ | √ | HS-SPME | MS、RI | 0.001$^{c}$ | 0.002$^{c}$ | 0.002$^{c}$ | 785 | — |
| **其他** |  |  |  |  |  |  |  |  |  |  |  |  |
| 1 | 87-44-5 | 反式石竹烯 | √ | — | — | LLE、HS-SPME | MS、S、RI | 0.002$^{b}$ | 0.574$^{c}$ | 0.700$^{c}$ | 1594 | — |
| 2 | 17066-67-0 | β-瑟林烯（11-桉叶二烯） | √ | √ | — | HS-SPME | MS、RI | 0.024$^{c}$ | 0.025$^{c}$ | — | 1716 | — |
| 3 | 91-20-3 | 萘 | √ | √ | √ | HS-SPME | MS、S、RI | 0.095$^{c}$ | 0.053$^{c}$ | 0.015$^{c}$ | 1725 | 1693[34] |
| 4 | 6314-97-2 | （2,2-二乙氧基乙基）苯 | √ | √ | √ | HS-SPME | MS、RI | 0.098$^{c}$ | 0.169$^{c}$ | 0.298$^{c}$ | 1732 | 1811[27] |
| 5 | 7789-92-6 | 1，3，3-三乙氧基丙烷 | √ | √ | √ | LLE | MS、RI | 0.011$^{b}$ | 0.014$^{b}$ | 0.017$^{b}$ | 1301 | — |
| 6 | 111-35-3 | 1，3-丙二醇单乙醚 | √ | √ | √ | LLE | MS、RI | 0.003$^{b}$ | 0.004$^{b}$ | 0.005$^{b}$ | 1372 | 1394[27] |

注：a. 前处理方式为 DI；b. 前处理方式为 LLE；c. 前处理方式为 HS-SPME；d. 相对含量采用面积百分比法；

定性方式：参考文献［27］、［31］、［32］、［34］是在 DB-FFAP（60m×0.25mm×0.25μm）色谱柱上的 RI 值；其余参考值在 DB-WAX 色谱柱或 DB-FFAP 色谱柱上进行 RI 比对；MS：通过 NIST11、BMET-Database 谱库检索；S：标准品比对定性；“—”表示未检出。

中的应用报道非常少。有研究[27]表明，以二氯甲烷为有机溶剂对白酒中挥发性香气成分的萃取效果较好。因此，本研究采用二氯甲烷 LLE 结合 GC×GC-TOF/MS 全面剖析 3 种酒样中的挥发性成分。

对 NC、JG、XQ 酒样中的香气成分进行进一步定性分析，所得的总离子流图（TIC 图）如图 1 所示（其中 D1 表示一维时间，D2 表示二维时间），首次检出的香气化合物如表 2 所示。

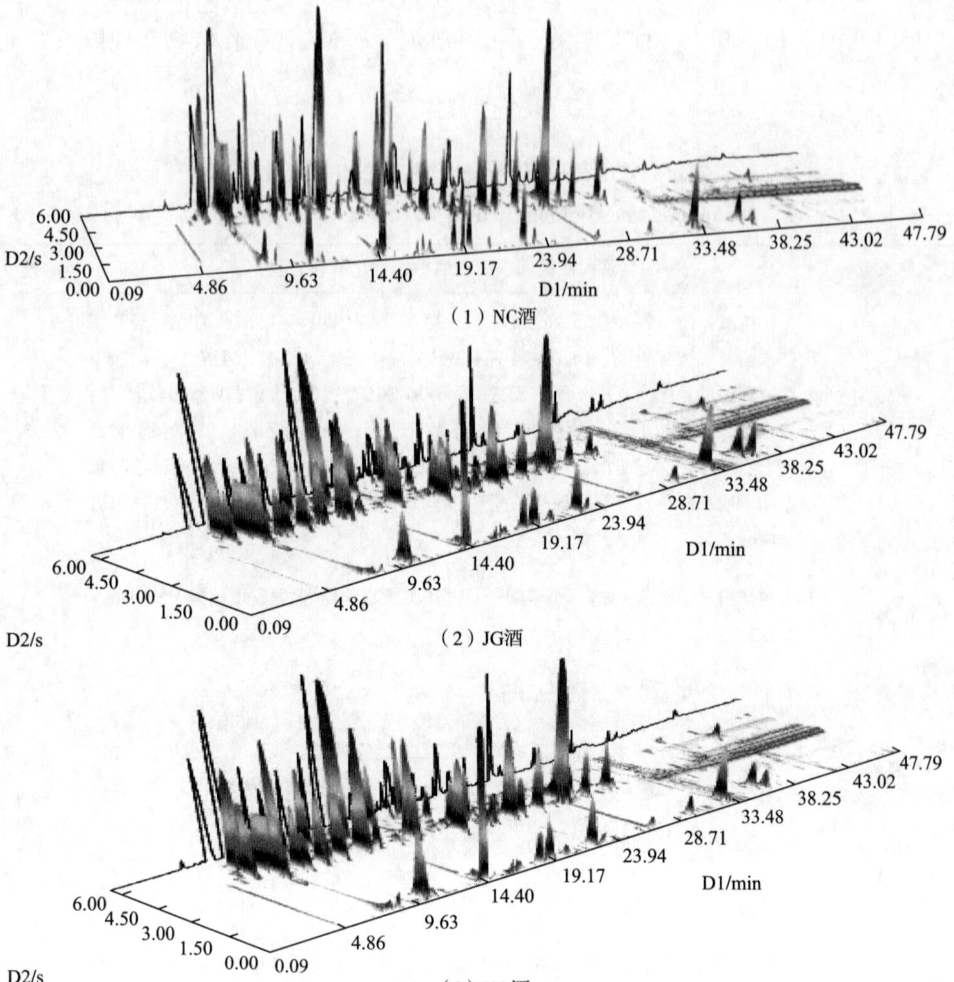


（1）NC酒

（2）JG酒

（3）XQ酒

图 1 LLE 法结合 GC×GC-TOF/MS 分析 NC、JG、XQ 酒的 3D 示意图

Fig. 1 3D schematic diagrams of LLE combined with GC×GC-TOF/MS to determine the volatile components in NC, JG, XQ *Baijiu* samples

本研究将全二维气相色谱-飞行时间质谱技术应用在馥郁香型白酒香气成分分析中，分别在 3 个酒样中检测到 580、523、529 个色谱峰，经过进一步的 MS 检索及保

留指数对比定性（RI ≥ 700），在 NC、JG 以及 XQ 酒中分别定性出 560、486、494 种物质。经统计，3 种酒共定性出 1205 种化合物，包括酯类 572 种、醇类 171 种、酸类 143 种、醛类 58 种、缩醛类 39 种、酚类 32 种、含硫化合物 19 种、酮类 66 种、呋喃类 41 种。NC 酒中的香气化合物数量居于 3 种馥郁香型白酒之首。

在与文献[5-9,12,22,50]所报道的馥郁香型白酒中挥发性成分进行分析对比后，本研究中通过 DI、LLE、HS-SPME 结合一维和二维气质分析，首次在馥郁香型白酒中定性出 74 种香气化合物，如表 2 所示。其中，酯类 32 种、醇类 7 种、醛类 3 种、缩醛类 8 种、酸类 4 种、酚类 2 种、酮类 7 种、呋喃类 2 种、含硫化合物 2 种以及其他类 7 种。

**表 2　本研究首次在馥郁香型白酒中定性出的化合物**

**Table 2　Compounds newly identified in Fuyu Flavor-type *Baijiu***

| 风味成分 | 首次在馥郁香型白酒中定性出的化合物 | 数量 |
|---|---|---|
| 酯类 | 棕榈酸乙酯、2-甲基丁基己酸酯、2-羟基戊酸乙酯、正戊酸己酯、3-羟基丁酸乙酯、丁酸仲丁酯、DL-2-羟基-4-甲基戊酸乙酯、辛酸正丁酯、异戊酸丁酯、丙酮酸乙酯、丁酸辛酯、反式-2-癸烯酸乙酯、苯乙酸异戊酯、辛酸-2-苯乙酯、乙酸仲丁酯、丙烯酸乙酯、乙酸异丁酯、异丁酸乙酯、2-甲基丁酸乙酯、乙酸辛酯、异丁酸己酯、乙酰丙酸乙酯、辛酸异戊酯、γ-己内酯、乙酸苯乙酯、琥珀酸单乙酯、反油酸乙酯、邻苯二甲酸二丁酯、辛酸异丁酯、3-甲硫基丙酸乙酯、甲氧基乙酯、3-甲基丁酯 | 32 |
| 醇类 | 3-戊醇、2-乙基己醇、正辛醇、1-十六烷醇、柏木烯醇、甲硫醇、3-甲基-1-戊醇 | 7 |
| 醛类 | 丁醛、2-甲基丁醛、3-甲基丁醛 | 3 |
| 缩醛类 | 苯甲醛二乙缩醛、丁醛二乙缩醛、戊醛二乙基缩醛、异丁醛二乙基乙缩醛、二乙基缩醛、乙醛乙基己基缩醛、1,1-二乙氧基壬烷、二乙氧基甲烷 | 8 |
| 酸类 | 3-苯丙酸、棕榈酸、L-乳酸、2-羟基-3-甲基戊酸 | 4 |
| 酚类 | 2，5-二叔丁基酚、2-甲氧基-4-甲基苯酚 | 2 |
| 酮类 | 2-羟基-3-戊酮、异佛尔酮、5-羟基-2-戊酮、甲基壬基甲酮、2-十五烷酮、2-丁酮、4-乙氧基-2-丁酮 | 7 |
| 呋喃类 | 2-乙酰基呋喃、2,2-二（2-四氢呋喃基）丙烷 | 2 |
| 含硫化合物 | 3-甲硫基丙酸乙酯、甲硫醇 | 2 |
| 其他 | 1，3-丙二醇单乙醚、二糠基醚、反式石竹烯、己酸酐、β-瑟林烯、（2,2-二乙氧基乙基）苯、2，4，5-三甲基-1，3-二氧戊环 | 7 |

### 3.3 3 种样品中香气组分相对含量差异性分析结果

主成分分析是一种常用的多元统计技术，可通过将复杂繁多的数据进行降维，获得几个主成分，根据主成分因子在不同样本中的贡献率来评价其表达数据的可靠性。这种分析技术能更加直观地表述不同样本间的挥发性成分物质差异[51,52]。由于每种前处理方法的优缺点不同，本研究将分别讨论。

采用 DI 法结合 GC-MS，将定性出的所有化合物进行分类对比，3 种酒样中各类物质的相对含量差异及存在情况如图 2 所示。由图 2 可知，PC1 与 PC2 的百分比总和等于 100%，XQ 样品位于 PC1 的正区间，而 NC 和 JG 样品位于 PC1 的负区间，通过第一主成分可以将 XQ 与 JG、NC 实现很好的区分。通过分析化合物对样品区分的影响发现，乙偶姻、糠醇、乳酸、异戊醇、辛酸乙酯对 NC 影响较显著，3-甲基丁醛和 2-甲基丁醛对 JG 影响较大。

同样的采用 LLE 和 HS-SPME 结合 GC-MS 分别对 3 种酒中的香气成分进行 PCA 分析，LLE 结合 GC-MS 的 PCA 分析结果显示己酸和丁酸乙酯对 NC 影响较显著，己酸乙酯和乳酸乙酯对 XQ 的影响较显著。HS-SPME 结合 GC-MS 的分析结果显示异戊酸己酯、丙酸己酯和己酸己酯对 NC 的影响较显著，苯丙酸乙酯和癸酸乙酯对 JG 的区分影响稍大，己酸乙酯和乙酸己酯对 XQ 的区分贡献相对较强。总之，3 种白酒可以通过 PCA 分析实现很好的区分，主要是基于这 3 种白酒中化合物的含量存在很大差异，这些差异化合物可能是酒体差异的原因，将对产品的酒体设计和质量控制提供参考。

## 4 结论

本研究采用 DI、LLE、HS-SPME 3 种不同前处理方法结合 GC-MS、GC×GC-TOF/MS 分离检测技术对馥郁香型白酒 3 种不同产品（NC、JG、XQ）中的香气成分进行了全面解析，共计定性出 1205 种化合物，与文献报道相比，首次定性出 74 种挥发性香气化合物，包括酯类 32 种、醇类 7 种、醛类 3 种、缩醛类 8 种、酸类 4 种、酚类 2 种、含硫化合物 2 种、酮类 7 种、呋喃类 2 种、其他类 7 种。此研究为科学解释馥郁香型白酒独特的风味特征提供了数据支撑。通过 PCA 主成分分析差异化表征技术呈现了不同酒样中化合物种类及含量的差异，并对酒样中所有化合物进行分析，可以对酒样风格实现很好的区分效果。

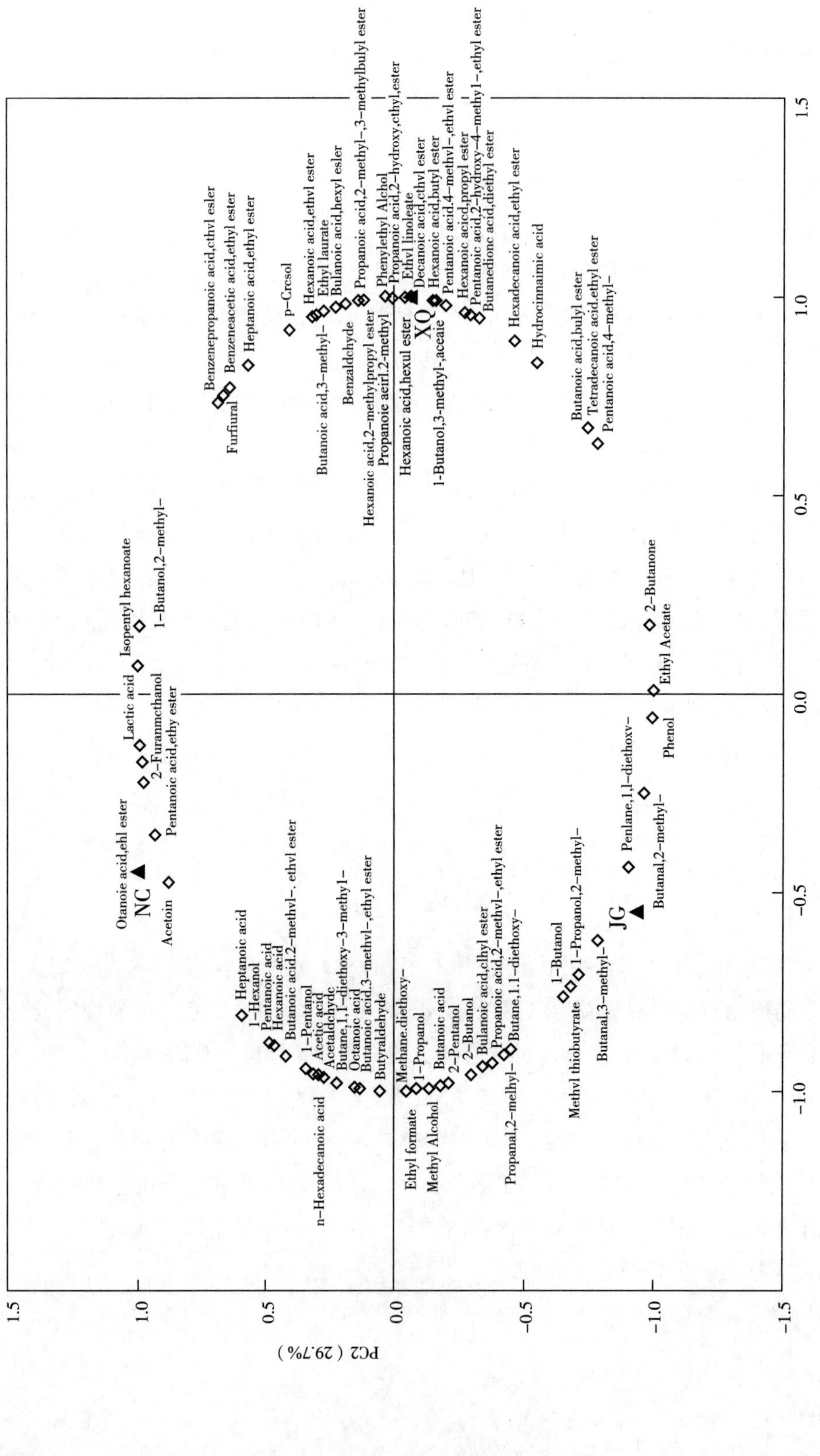


图 2 DI 结合 GC-MS 分析所有物质百分含量的 PCA 图

Fig. 2 The PCA chart of DI combined with GC-MS to analyze the substances in 3 *Baijiu* samples

注：图 2 中化合物中英文名称对应表

| 序号 | 化合物 | 英文名称 | 序号 | 化合物 | 英文名称 |
|---|---|---|---|---|---|
| 1 | 甲酸乙酯 | Ethyl formate | 34 | 正丁醇 | 1-Butanol |
| 2 | 乙酸乙酯 | Ethyl Acetate | 35 | 异戊醇 | 3-Methyl-1-butanol |
| 3 | 异丁酸乙酯 | Ethyl isobutyrate | 36 | 1-戊醇 | 1-Pentanol |
| 4 | 丁酸乙酯 | Ethyl Butanoate | 37 | 正己醇 | 1-Hexanol |
| 5 | 2-甲基丁酸乙酯 | Ethyl-2-Methylbutanoate | 38 | 糠醇 | Furfuryl alcohol |
| 6 | 异戊酸乙酯 | Ethyl-3-Methylbutanoate | 39 | 苯乙醇 | Phenethyl alcohol |
| 7 | 乙酸异戊酯 | Isoamyl acetate | 40 | 乙醛 | Acetaldehyde |
| 8 | 戊酸乙酯 | Ethyl pentanoate | 41 | 异丁醛 | Isobutyraldehyde |
| 9 | 异己酸乙酯 | Ethyl-4-Methylpentanoate | 42 | 2-甲基丁醛 | 2-Methylbutyraldehyde |
| 10 | 丁酸丁酯 | Butyl butyrate | 43 | 异戊醛 | 3-Methylbutanal |
| 11 | 正己酸乙酯 | Ethyl Hexanotate | 44 | 丁醛二乙缩醛 | 1，1-Diethoxybutane |
| 12 | 异丁酸异戊酯 | 2-Methylbutyl-2-methylpropanoate | 45 | 糠醛 | Furfural |
| | | | 46 | 苯甲醛 | Benzaldehyde |
| 13 | 己酸丙酯 | Propyl Hexanoate | 47 | 乙酸 | Acetic acid |
| 14 | 庚酸乙酯 | Ethyl Heptanoate | 48 | 异丁酸 | Isobutyric acid |
| 15 | 乳酸乙酯 | Ethyl lactate | 49 | 乳酸 | Lactic acid |
| 16 | 己酸异丁酯 | Isobutyl hexanoate | 50 | 丁酸 | Butanoic acid |
| 17 | 己酸丁酯 | Butyl Hexanoate | 51 | 异戊酸 | Isovaleric acid |
| 18 | 丁酸己酯 | Hexyl Butanoate | 52 | 正戊酸 | Pentanoic acid |
| 19 | 辛酸乙酯 | Ethyl Octanoate | 53 | 4-甲基戊酸 | 4-Methylpentanoic acid |
| 20 | 己酸异戊酯 | Isopentyl hexanoate | 54 | 己酸 | Hexanoic acid |
| 21 | DL-2-羟基-4-甲基戊酸乙酯 | DL-Ethyl-2-hydroxy-4-methylvalerate | 55 | 庚酸 | Heptanoic acid |
| | | | 56 | 辛酸 | Octanoic acid |
| 22 | 己酸己酯 | Hexyl Hexanoate | 57 | 3-苯丙酸 | 3-Phenylpropionic acid |
| 23 | 癸酸乙酯 | Ethyl decanoate | 58 | 棕榈酸 | Palmiticacid |
| 24 | 丁二酸二乙酯 | Diethyl Butanedioate | 59 | 硫代丁酸甲酯 | S-methyl thiobutanoate |
| 25 | 苯乙酸乙酯 | Ethyl phenylacetate | 60 | 苯酚 | Phenol |
| 26 | 月桂酸乙酯 | Ethyl laurate | 61 | 对甲酚 | p-Cresol |
| 27 | 3-苯丙酸乙酯 | Ethyl 3-phenylpropionate | 62 | 2-丁酮 | 2-Butanone |
| 28 | 十四酸乙酯 | Ethyl Tetradecanoate | 63 | 3-羟基-2-丁酮 | 3-Hydroxy-2-butanone |
| 29 | 软脂酸乙酯 | Ethyl palmitate | 64 | 1，1-二乙氧基-戊烷 | 1，1-Diethoxypentane |
| 30 | 仲丁醇 | Sec-Butanol | 65 | 亚油酸乙酯 | Ethyl linoleate |
| 31 | 正丙醇 | 1-Propanol | 66 | 戊醛二乙基缩醛 | 1，1-Diethoxy-pentan |
| 32 | 异丁醇 | 2-Methyl-1-propanol | 67 | 甲醇 | Methanol |
| 33 | 2-戊醇 | 2-Pentanol | 68 | 丁醛 | Butyraldehyde |
| | | | 69 | 二乙醇缩甲醛 | Diethoxymethane |

在后续的研究中，将会对不同品类白酒中的香气活性化合物、关键香气化合物等进行系统研究，以期科学揭示馥郁香型白酒的香气内涵，为馥郁香型白酒的风味质量调控起到重要作用。

## 参考文献

[1] 肖冬光，赵树欣，陈叶福，等．白酒生产技术（2 版）[M]. 北京：化学工业出版社，2011.

[2] Liu H L, Sun B G. Effect of fermentation processing on the flavor of *Baijiu* [J]. Journal of Agricultural and Food Chemistry, 2018, 66 (22): 5425-5432.

[3] 刘建新，刘晓方，刘凤晖，等．酒鬼酒馥郁香型风格的研究 [J]. 酿酒科技，2005 (10): 98-104.

[4] 杨立树．馥郁香型白酒工艺论述 [J]. 生物技术世界，2016 (3): 94.

[5] 刘璐．馥郁香型白酒工艺研究 [D]. 济南：山东轻工业学院，2012.

[6] 王晓霞．酒鬼酒香型成分的初步研究 [J]. 湖南城市学院学报（自然科学版），2011, 20 (3): 51-53.

[7] 常宇桐，罗云敬，钱承敬，等．顶空固相微萃取-气相色谱质谱法测定馥郁香型白酒中的挥发性香气成分 [J]. 食品安全质量检测学报，2018, 9 (17): 4618-4627.

[8] 常宇桐，罗云敬，钱承敬，等．全二维气质技术解析馥郁香型白酒风味与质量品评关系 [J]. 食品科学技术学报，2019, 37 (6): 64-70+93.

[9] 董文静，钱承敬，穆蕾，等．顶空固相微萃取-气相色谱-质谱法分析馥郁香型白酒风味物质 [J]. 食品安全质量检测学报，2018, 9 (10): 2362-2368.

[10] 李大和．白酒香型融合的典型范例 [J]. 酿酒，2008, 35 (3): 3-6.

[11] 杨柳．中国白酒香型划分回顾与反思 [J]. 酿酒科技，2016 (5): 115-116+120.

[12] 李源栋．馥郁香型酒鬼酒风味物质指纹图谱的研究 [D]. 长沙：湖南大学，2011.

[13] 李林．“酒鬼”，有了自家独立香型！——酒鬼酒馥郁香型研究科技成果通过鉴定 [J]. 酿酒，2005, 32 (5): 108.

[14] Wei Y, Zou W, Shen C H, et al. Basic flavor types and component characteristics of Chinese traditional liquors: a review [J]. Journal of Food Science, 2020, 85 (10/12): 4096-4107.

[15] 邵长军，李刚，李亮，等．白酒香型与香味成分探究 [J]. 酿酒科技，2005 (8): 92-93.

［16］ 徐岩，范文来，王海燕，等．风味分析定向中国白酒技术研究的进展［J］. 酿酒科技，2010（11）：73-78.

［17］ 郑杨．芝麻香型白酒关键香气成分研究［D］. 广州：华南理工大学，2017.

［18］ 乔翠红，仝佳平，欧婷婷，等．气相色谱-嗅闻-质谱联用分析兼香型白酒风味成分［J］. 食品研究与开发，2019，40（18）：160-165.

［19］ Zhao D R, Shi D M, Sun J Y, et al. Characterization of key aroma compounds in Gujinggong Chinese *Baijiu* by gas chromatography-olfactometry, quantitative measurements, and sensory evaluation［J］. Food Research International, 2018, 105（Mar.）：616-627.

［20］ Zheng Y, Sun B G, Zhao M M, et al. Characterization of the key odorants in Chinese Zhima aroma-type *Baijiu* by gas chromatography-olfactometry, quantitative measurements, aroma recombination, and omission studies［J］. Journal of Agricultural and Food Chemistry, 2016, 64（26）：5367-5374.

［21］ 乔敏莎，赵树欣，梁慧珍，等．固相微萃取-GC-MS 定量检测白酒中两种异嗅物质［J］. 食品科学，2015，36（16）：224-227.

［22］ Fan W L, Xu Y, Qian M C. Identification of aroma compounds in Chinese "Moutai" and "Langjiu" liquors by normal phase liquid chromatography fractionation followed by gas chromatography/olfactometry［M］. Washington：American Chemical Society, 2012.

［23］ Wang L L, Fan S S, Yan Y, et al. Characterization of potent odorants causing a pickle-like off-odor in Moutai-aroma type *Baijiu* by comparative aroma extract dilution analysis, quantitative measurements, aroma addition, and omission studies［J］. Journal of Agricultural and Food Chemistry, 2020, 68（6）：1666-1677.

［24］ Wang J, Ming Y Z, Huang M Q, et al. Characterization and comparative study of the key odorants in Caoyuanwang mild-flavor style *Baijiu* using gas chromatography-olfactometry and sensory approaches［J］. Food Chemistry, 2021, 347：129028.

［25］ Yasuhara A. Identification of volatile compounds in poultry manure by gas chromatography-mass spectrometry［J］. Journal of Chromatography A, 1987, 387：371-378.

［26］ Reiners J, Grosch W. Odorants of virgin olive oils with different flavor profiles［J］. Journal of Agricultural and Food Chemistry, 1998, 46（7）：2754-2763.

［27］ 李贺贺，柳金龙，梁金辉，等．2 种古井贡酒中挥发性成分的研究［J］. 食品科学技术学报，2016，34（1）：55-65.

［28］ Avsar Y K, Karagul-Yuceer Y, Drake M A, et al. Characterization of nutty flavor in cheddar cheese［J］. Journal of Dairy Science, 2004, 87（7）：1999-2010.

［29］ Ducruet V, Saillard P, Feigen ballm A, et al. Influence of packaging on the aroma stability of strawberry syrup during shelf life [J]. Journal of Agricultural and Food Chemistry, 2001, 49 (5): 2290-2297.

[30] Ortiz A, Echeverria G, Graell J. Calcium dips enhance volatile emission of cold-stored 'Fuji Kiku-8' apples [J]. Journal of Agricultural and Food Chemistry, 2009, 57 (11): 4931-4938.

[31] 郑杨, 赵纪文, 张锋国, 等. 扳倒井芝麻香型白酒香成分分析 [J]. 食品科学, 2014, 35 (4): 60-65.

[32] 秦丹, 何菲, 冯声宝, 等. 不同贮存时间青稞酒挥发性香气成分分析 [J]. 食品科学, 2021, 42 (16): 99-107.

[33] Lopez M L, Villatoro C, Fuentes T, et al. Volatile compounds, quality parameters and consumer acceptance of 'Pink Lady®' apples stored in different conditions [J]. Postharvest Biology and Technology, 2007, 43 (1): 55-66.

[34] Sun J Y, Zhao D R, Zhang F G, et al. Joint direct injection and GC-MS chemometric approach for chemical profile and sulfur compounds of sesame-flavor Chinese *Baijiu* (Chinese liquor) [J]. European Food Research and Technology, 2018, 244 (1): 145-160.

[35] Charles M, Martin B, Ginies C, et al. Potent aroma compounds of two red wine vinegars [J]. Journal of Agricultural and Food Chemistry, 2000, 48 (1): 70-77.

[36] Derail C, Hofmann T, Schieberle P. Differences in key odorants of handmade juice of yellow-flesh peaches (*Prunus persica* L.) induced by the workup procedure [J]. Journal of Agricultural and Food Chemistry, 1999, 47 (11): 4742-4745.

[37] Fritsch H T, Schieberle P. Identification based on quantitative measurements and aroma recombination of the character impact odorants in a Bavarian Pilsner-type beer [J]. Journal of Agricultural and Food Chemistry, 2005, 53 (19): 7544-7551.

[38] Ranau R, Steinhart H. Identification and evaluation of volatile odor-active pollutants from different odor emission sources in the food industry [J]. European Food Research and Technology, 2005, 220 (2): 226-231.

[39] Ott A, Fay L B, Chaintreau A. Determination and origin of the aroma impact compounds of yogurt flavor [J]. Journal of Agricultural and Food Chemistry, 1997, 45 (3): 850-858.

[40] Mebazaa R, Mahmoud A, Fouchet M, et al. Characterization of volatile compounds in Tunisian fenugreek seeds [J]. Food Chemistry, 2009, 115 (4): 1326-1336.

[41] Rychlik M, Bosset J O. Flavour and off-flavour compounds of Swiss Gruyère cheese. Evaluation of potent odorants [J]. International Dairy Journal, 2001, 11 (11/12):

895-901.

[42] Vernin G, Metzger J, Obretenov T, et al. GC/MS (EI, PCI, SIM) -data bank analysis of volatile compounds arising from thermal degradation of glucose-valine Amadori intermediates [J]. Developments in Food Science, 1988, 18 (16-20): 999-1028.

[43] 霍嘉颖, 黄明泉, 孙宝国, 等. 中国白酒中功能因子研究进展 [J]. 酿酒科技, 2017 (9): 17-23.

[44] 樊倩, 王新磊, 郑福平, 等. 老白干老五甑工艺和三排净工艺原酒的挥发性成分分析 [J]. 食品科学技术学报, 2019, 37 (5): 50-63.

[45] 洪泽淳, 熊含鸿, 李南, 等. 基于全二维气相色谱-飞行时间质谱对酱香型白酒风味成分的研究 [J]. 酿酒科技, 2018 (4): 121-125.

[46] Yao F, Yi B, Shen C H, et al. Chemical analysis of the Chinese liquor Luzhoulaojiao by comprehensive two-dimensional gas chromatography/time-of-flight mass spectrometry [J]. Scientific Reports, 2015, 5 (1): 7931-7938.

[47] 周庆伍, 李安军, 汤有宏, 等. 基于全二维气相色谱-飞行时间质谱对古井贡酒风味成分的剖析研究 [J]. 酿酒, 2016, 43 (2): 75-81.

[48] 季克良, 郭坤亮, 朱书奎, 等. 全二维气相色谱/飞行时间质谱用于白酒微量成分的分析 [J]. 酿酒科技, 2007 (3): 100-102.

[49] 陈双, 徐岩. 全二维气相色谱-飞行时间质谱法分析芝麻香型白酒中挥发性组分特征 [J]. 食品与发酵工业, 2017, 43 (7): 207-213.

[50] 陈同强, 李灿, 王亮亮, 等. 不同酒龄馥郁香型白酒成分指标变化规律研究 [J]. 食品安全质量检测学报, 2019, 10 (6): 1635-1638.

[51] 李翔, 聂青玉, 赵福奎, 等. 低温长时间熏制过程中香肠挥发性物质及脂肪氧化变化 [J]. 西南大学学报 (自然科学版), 2021, 43 (8): 57-64.

[52] 刘芳, 杨康卓, 张建敏, 等. 基于电子鼻和气质联用技术的浓香型白酒分类 [J]. 食品与发酵与工业, 2020, 46 (2): 73-78.

# 应用 GC-O-MS 技术分析天佑德青稞白酒中的香气化合物

叶晖春，张有香，赵生玉，孙海浪，赵国华，牛青青，冯声宝
（青海互助青稞酒股份有限公司，青海互助 810599）

**摘　要**：青稞酒是采用青稞和豌豆为主要原料，中低温大曲为糖化发酵剂，稻壳为辅料，采用清蒸清烧四次清工艺，在花岗岩窖池中发酵而成的清香型白酒。本研究采用顶空固相微萃取（HS-SPME）结合 GC-O 和 GC-MS 技术研究天佑德青稞原酒中的呈香化合物，通过 GC-O-MS 闻香技术共检测到 55 种香气物质，包括羰基化合物 7 种、酯类 29 种、酸类 2 种、醇类 6 种、萜烯类 3 种、呋喃类 2 种和杂环类 6 种。同时和其他香型白酒对比发现，青稞酒中除酯类香气外，萜烯类化合物和醇类化合物香气更明显，对青稞酒整体香气贡献要大于其他香型白酒。

**关键词**：青稞酒；顶空固相微萃取；GC-MS；GC-O

# Determination of Aroma Compounds in Tianyoude Highl and Barley *Baijiu* by GC-O-MS

YE Huichun, ZHANG Youxiang, ZHAO Shengyu, SUN Hailang,
ZHAO Guohua, NIU Qingqing, FENG Shengbao
(Huzhu Highland Barley *Baijiu* Co., Ltd., Qinghai Huzhu 810599, China)

**Abstract**: Highland barley *Baijiu* is a light aroma type liquor made from highland barley and peas as the main raw materials, medium and low temperature *Daqu* as saccharification and fermentation agent, rice husk as auxiliary materials, steamed and burned for four times cleaning process, and fermented in granite pits. In this study, headspace solid phase micro-extraction (HS-SPME) combined with GC-O and GC-MS technology was used to study the aroma compounds in Tianyoude highland barley *Baijiu* . A total of 55 aroma substances were

作者简介：叶晖春，女，本科，助理工程师，二级品酒师，主要从事酒体设计工作。E-mail：469659663@qq.com。

通信作者：冯声宝，男，博士，主要从事青稞酒品质提升研究。E-mail：fengshengbao@qk.com.cn。

detected by GC-O-MS smelling technology, including 7 kinds of carbonyl compounds, 29 kinds of esters, 2 kinds of acids, 6 kinds of alcohols, 3 kinds of terpenes, 2 kinds of furans and 6 kinds of heterocycles. At the same time, compared with other flavor *Baijiu* , it was found that in the highland barley *Baijiu* , in addition to the ester aroma compounds, the terpene compounds and alcohol compounds have more obvious aromas, and the contribution to the overall aroma of the highland barley *Baijiu* is greater than that of other flavor *Baijiu* .

**Key words**: Highland barley *Baijiu* , Headspace solid phase microextraction (HS-SMPE), Gas chromatography-mass spectrometry, Gas chromatography-olfactometry

## 1 前言

青稞酒是以青稞作为主要酿酒粮食，以青稞为主要大曲原料，采取“清蒸清烧四次清”的传统工艺酿造而成。青稞酒既是我国白酒中唯一使用“曲粮合一”工艺的代表，又是粮食产区和酿酒产区“高度合一”的代表，使其具有“酒香馥郁，甘甜柔顺，味复协调，余香悠长”的独特产品风格，被国家标准化委员会授予地理标志产品（GB/T 19331—2007）[1]。

白酒的香气是指人们利用其嗅觉器官（鼻腔）对白酒进行嗅闻后吸入的气味成分。它是挥发性的芳香物质分子在空气中扩散后，进入人的鼻腔内刺激嗅觉器官，通过神经信息的传递与整理，产生一种香感，我们利用这种技术对白酒的香气进行研究，即香气不同的白酒有着其独特的香气，而香气作为白酒产品的一种属性，也是白酒的感官质量指标之一。可通过对不同白酒香气的研究，找到对整体香气有重要贡献的香气物质，了解不同白酒的本质特征。GC-O 是一种可以对食品进行气味检测的技术。GC-O 技术的原理是在气相色谱柱末端添加一个分流装置，使进入色谱柱的化合物在色谱柱末端分流，其中一部分进入了色谱的检测器，而另一部分则进入气味检测器[2]，通过闻香来识别特征香气物质的分析方法。

气相色谱-嗅闻-质谱（Gas Chromatography-olfactometry-mass Spectrometry, GC-O-MS）联用[3]技术在白酒风味[4-7]的研究中得到应用，并且取得成效，GC-O-MS 常用的方法有香气萃取稀释分析、峰后强度分析、检测频率分析和时间强度分析[8]。食品中提取风味物质的方法有液-液萃取、液-液微萃取、固相萃取、固相微萃取（Solid Phase Microextraction, SPME）和搅拌棒吸附萃取等方法。SPME 现在已经广泛应用于食品中挥发性物质的测定[9-11]，本研究将嗅觉检测器（Olfactory detector port, ODP）与质谱分析结合起来，采用顶空固相微萃取（HS-SPME）技术研究天佑德青稞原酒中的呈香化合物，初步确定了天佑德青稞酒的主要香气成分，为指导天佑德青稞酒的酿造、勾兑提供重要科学依据。

## 2 材料与方法

### 2.1 仪器与设备

ODP-3 闻香仪（德国 Gerstel 公司）；GC7890A-MS 5975 C 气相色谱质谱联用仪（美国 Agilent Technologies 公司）；PAL G65093-CTC 自动进样器（美国 Agilent Technologies 公司）；顶空固相微萃取自动进样器（美国 Agilent Technologies 公司）；50/30μm DVB/CAR/PDMS 萃取头（美国 Agilent Technologies 公司）。

### 2.2 方法

2.2.1 样品前处理

将青稞原酒酒样用超纯水稀释至10% vol，取 8mL 置于 20mL 顶空瓶中，加入 2.5g NaCl 饱和[2]，再加入 20μL 内标（2-辛醇，终浓度为 1823.2mg/L），再进行 HS-SPME-GC-MS 分析。

2.2.2 闻香分析

挑选 3 名长期品评青稞酒的品酒人员进行闻香分析。应用时间强度法，记录香气出现时间和香气特征，香气强度分为 0~4 五个等级。其中，“0”表示未闻到，“1”表示该化合物香气强度很微弱，“2”表示该化合物香气强度较强，“3”表示化合物香气强度中等，“4”表示香气强度非常强。每人对每个组分闻香 3 次，每个化合物的香气强度为 9 次闻香结果的平均值[12-14]。

2.2.3 色谱试验条件

GC 条件：色谱柱：FFAP（60m×0.25mm×0.25μm）；升温程序：初始温度 50℃，保持 2min，然后以 6℃/min 的速率升至 230℃，保持 15min；进样量 1μL；不分流进样；进样口和检测器温度均为 250℃；载气为 He，流速 2mL/min，样品随载气一部分进入检测器，一部分进入闻香装置[15-17]。

MS 条件：EI 电离源；离子源温度：230℃；电子轰击能量：70eV；扫描范围为 35~350amu。

顶空固相微萃取的条件：三相萃取（DVB/CAR/PDMS，50/30μm），50℃ 预热 5min，萃取吸附 45min，GC 解吸 5min。GC 升温程序为：50℃保持 2min，以 4℃/min 的速率升至 230℃，保持 15min。酒中香气物质定量分析采用 2-辛醇为内标。

## 3 结果讨论与分析

### 3.1 GC-MS 分析和 ODP 闻香

ODP 闻香图中每个峰代表闻香人员感觉到的每种气味及其强度。通过 ODP 闻香技术在青稞酒原酒中共检测到 55 种香气物质，包括羰基化合物 8 种、酯类 29 种、酸类 2 种、醇类 6 种、萜烯类 3 种、呋喃类 1 种和杂环类 6 种，见图 1 和图 2。

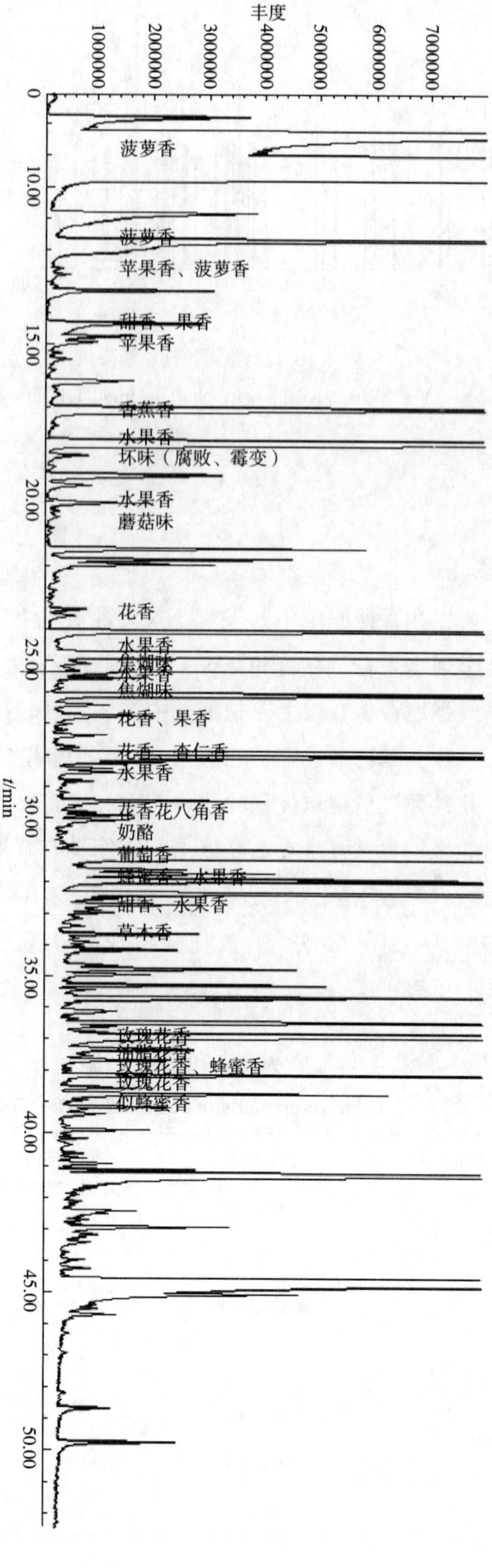


图1　青稞酒中 GC-MS 总离子流图

Fig. 1　GC-MS total ion current diagram in highland barley *Baijiu*

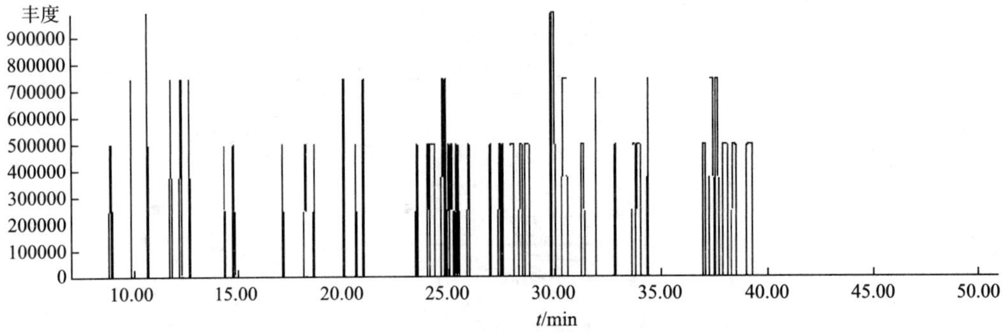


图 2　青稞酒中香气强度图

Fig. 2　Aroma intensity chart in highland barley *Baijiu*

## 3.2　结果分析

### 3.2.1　酯类化合物

通过闻香分析，在青稞原酒中共发现酯类呈香化合物 29 种，其中大部分为乙酯类化合物，主要呈现水果香、甜香和花香，其中乙酸乙酯、丁酸乙酯、己酸乙酯和辛酸乙酯的平均香气强度在 3.0 以上，是酯类中香气强度较高的化合物，它们具有菠萝香、甜香的怡人气味，苯乙酸乙酯、乙酸-2-苯基乙酯和 3-苯丙酸乙酯的平均香气强度在 2.6 以上，并且香气呈现出优雅的玫瑰花香和蜜香，乙酸异戊酯、戊酸乙酯、癸酸乙酯等化合物的平均香气强度在 2.0 以上，它们具有苹果香、葡萄香，对青稞酒的香气具有一定贡献，庚酸乙酯、辛酸异戊酯、十四酸乙酯等物质的平均香气在 2.0 以下，香气较微弱，其中月桂酸乙酯香气比较特殊，呈现出霉味和坏味，并且香气较强，持续时间长，见表 1。

**表 1　青稞酒中酯类化合物**

**Table 1　Ester compounds in highland barley *Baijiu***

| CAS 号 | 保留时间/min | 中文名称 | 香气描述 | 匹配度 | 香气强度 |
|---|---|---|---|---|---|
| 141-78-6 | 8.253 | 乙酸乙酯 | 菠萝香 | 87 | 3.2 |
| 105-54-4 | 11.72 | 丁酸乙酯 | 菠萝香 | 94 | 3.8 |
| 108-64-5 | 12.586 | 异戊酸乙酯 | 苹果香、菠萝香 | 60 | 2 |
| 123-92-2 | 14.337 | 乙酸异戊酯 | 甜香、果香 | 90 | 2.3 |
| 539-82-2 | 14.741 | 戊酸乙酯 | 苹果香 | 96 | 2 |
| 123-66-0 | 18.111 | 己酸乙酯 | 水果香、甜香 | 98 | 3 |
| 106-30-9 | 21.466 | 庚酸乙酯 | 水果香 | 98 | 1.5 |

续表

| CAS 号 | 保留时间/min | 中文名称 | 香气描述 | 匹配度 | 香气强度 |
|---|---|---|---|---|---|
| 687-47-8 | 21.819 | 乳酸乙酯 | 水果香 | 40 | 1.8 |
| 106-32-1 | 24.881 | 辛酸乙酯 | 水果香 | 50 | 3.4 |
| 2198-61-0 | 25.556 | 己酸异戊酯 | 香蕉香、苹果香、菠萝香 | 90 | 1.6 |
| 34495-71-1 | 26.418 | 顺式-4-辛烯酸乙酯 | 呈苹果似的香甜味 | 35 | 2 |
| 123-29-5 | 27.948 | 壬酸乙酯 | 花香、水果香 | 95 | 2.8 |
| 7367-82-0 | 28.548 | 反式-2-辛烯酸乙酯 | 水果香 | 98 | 1.8 |
| 614-99-3 | 30.872 | 2-糠酸乙酯 | 水果香、花香 | 58 | 1.5 |
| 110-38-3 | 31.269 | 癸酸乙酯 | 葡萄香 | 64 | 2.1 |
| 2035-99-6 | 31.775 | 辛酸异戊酯 | 菠萝香、椰子香 | 50 | 1.3 |
| 76649-16-6 | 31.951 | 反式-4-癸烯酸乙酯 | 梨香，皮革香气 | 99 | 1.4 |
| 93-89-0 | 32.398 | 苯甲酸乙酯 | 水果香 | 94 | 2.5 |
| 123-25-1 | 32.551 | 丁二酸二乙酯 | 水果香、甜香 | 38 | 2.4 |
| 627-90-7 | 34.163 | 十一酸乙酯 | 甜香、水果香 | 97 | 2.5 |
| 101-97-3 | 35.681 | 苯乙酸乙酯 | 花香、蜜香 | 91 | 2.5 |
| 103-45-7 | 36.487 | 乙酸-2-苯乙酯 | 玫瑰香、水果香、甜香 | 90 | 2.8 |
| 2021-28-5 | 38.152 | 3-苯丙酸乙酯 | 玫瑰、蜂蜜香 | 98 | 2.6 |
| 103-48-0 | 39.872 | 异丁酸苯乙酯 | 呈青香、水果及玫瑰似的香气 | 78 | 1.6 |
| 124-06-1 | 41.308 | 十四酸乙酯 | 甜香、花香 | 96 | 2.0 |
| 41114-00-5 | 42.957 | 十五酸乙酯 | 甜香、蜜香 | 98 | 1.0 |
| 628-97-7 | 44.719 | 十六酸乙酯 | 奶油香 | 91 | 1.0 |
| 544-35-4 | 49.757 | 亚油酸乙酯 | 水果香 | 99 | 1.0 |
| 106-33-2 | 36.93 | 月桂酸乙酯 | 发霉味 | 83 | 2.2 |

### 3.2.2　酸类和醇类化合物

在青稞酒中共检测到醇类化合物 6 种、酸类化合物 2 种，醇类化合物是在白酒中仅次于酯类化合物的一类物质，在白酒中有重要的风味贡献，本次研究中主要呈现出愉悦的水果香、花香、青草香，其中苯乙醇的平均香气强度值最高达到了 3.5，并呈现出玫瑰花香，此外，异丁醇（醇香）和异戊醇（水果香）具有中等偏强的香气，也是青稞酒中重要的呈香醇，也有一些表现出青草香、花香、木质香的醇类，如正庚醇、正壬醇，它们的香气强度值为 2.0，香气强度比较弱，酸类化合物主要为乙酸和丁酸，且香气强度在 2.0 以下，呈现出醋酸的香气和奶酪的酸香，见表 2。

**表 2　　青稞酒中醇、酸类化合物**

**Table 2　　Alcohol and acid compounds in highland barley *Baijiu***

| CAS 号 | 保留时间/min | 中文名称 | 香气描述 | 匹配度 | 香气强度 |
|---|---|---|---|---|---|
| 78-83-1 | 13.298 | 异丁醇 | 醇香 | 90 | 2.5 |
| 123-51-3 | 17.043 | 异戊醇 | 水果香 | 72 | 2.3 |
| 111-70-6 | 25.279 | 正庚醇 | 木质香 | 47 | 2.0 |
| 143-08-8 | 31.644 | 1-壬醇 | 青草香、花香 | 86 | 2.0 |
| 10340-23-5 | 35.449 | 顺-3-壬烯-1-醇 | 蜜香 | 92 | 1.5 |
| 60-12-8 | 38.748 | 苯乙醇 | 玫瑰香 | 95 | 3.5 |
| 64-19-7 | 25.388 | 乙酸 | 酸味、醋酸 | 72 | 2.0 |
| 107-92-6 | 30.774 | 丁酸 | 奶酪香气 | 38 | 1.5 |

### 3.2.3　羰基类化合物

在青稞酒中共检测到羰基类化合物 7 种，包括 3 种醛类物质和 4 种酮类物质，从表 3 的闻香结果可见，羰基类化合物的香气强度并不高，仅有 3-辛酮的香气强度在 3.0，该化合物呈现出蘑菇香、发霉的气味，此外在青稞酒中检测到反式-2,4-癸二烯醛，这个化合物之前在与江南大学合作时也有所检出，呈现出脂肪的油脂香气，平均香气强度为 1.4，它对青稞酒的整体风味影响较弱，2-十三烷酮是青稞酒中新检测到的化合物，呈现出微弱的花香。

**表 3　　青稞酒中羰基类化合物**

**Table 3　　Carbonyl compounds in highland barley *Baijiu***

| CAS 号 | 保留时间/min | 中文名称 | 香气描述 | 匹配度 | 香气强度 |
|---|---|---|---|---|---|
| 66-25-1 | 13.137 | 正己醛 | 苹果、青草香气 | 59 | 2.0 |
| 106-68-3 | 18.876 | 3-辛酮 | 蘑菇、发霉味，水果香 | 53 | 3.0 |
| 821-55-6 | 23.401 | 2-壬酮 | 花香 | 80 | 1.5 |
| 100-52-7 | 28.068 | 苯甲醛 | 杏仁气味 | 97 | 1.4 |
| 112-12-9 | 29.916 | 2-十一（烷）酮 | 花香、八角香 | 97 | 2.0 |
| 2363-88-4 | 36.356 | 反式-2,4-癸二烯醛 | 脂肪香 | 64 | 1.4 |
| 593-08-8 | 36.101 | 2-十三烷酮 | 花香 | 87 | 1.5 |

### 3.2.4　萜烯、呋喃类化合物

在青稞酒中共检测到萜烯类化合物3种，呋喃类化合物2种，大马士酮具有很强的花香和蜂蜜香，平均香气强度为3.5，是萜烯类化合物中香气强度最高的一种，国内的研究报道[17]指出，该化合物首次发现于汾酒，后被认为是清香型白酒中共有的特征风味成分，反式石竹烯和（+）-柠檬烯呈现出花香和果香，香气强度较弱。本次检测到的2-正丁基呋喃，呈现出水果香、甜香，并且香气强度较弱，见表4。

**表4　青稞酒中萜烯、呋喃类化合物**

**Table 4　Terpenes and furan compounds in highland barley *Baijiu***

| CAS号 | 保留时间/min | 中文名称 | 香气描述 | 匹配度 | 香气强度 |
|---|---|---|---|---|---|
| 87-44-5 | 30.077 | 反式石竹烯 | 丁香花 | 90 | 2.0 |
| 5989-27-5 | 33.001 | （+）-柠檬烯 | 橙子香气 | 74 | 1.0 |
| 23726-93-4 | 36.607 | 大马士酮 | 玫瑰、蜂蜜香 | 74 | 3.5 |
| 4466-24-4 | 20.008 | 2-正丁基呋喃 | 水果香、甜香 | 59 | 1.0 |
| 98-01-1 | 26.115 | 糠醛 | 焦煳香 | 97 | 2.2 |

### 3.2.5　杂环类化合物

在青稞酒中共检测出杂环类化合物6种，大多数为负面的香气，香气强度微弱，主要呈现出油腻的油脂香、泥土香和霉味等，见表5。

**表5　青稞酒中杂环类化合物**

**Table 5　Heterocyclic compounds in highland barley *Baijiu***

| CAS号 | 保留时间/min | 中文名称 | 香气描述 | 匹配度 | 香气强度 |
|---|---|---|---|---|---|
| 91-57-6 | 37.672 | 2-甲基萘 | 油性芳香剂 | 97 | 2.2 |
| 939-27-5 | 39.756 | 2-乙基萘 | 油腻的香气 | 91 | 2.0 |
| 92-52-4 | 40.611 | 联苯 | 天然植物香气 | 93 | 1.2 |
| 581-40-8 | 40.941 | 2,3-二甲基萘 | 泥土的香气 | 97 | 1.5 |
| 571-58-4 | 41.623 | 1，4-二甲基萘 | 发霉气味 | 89 | 1.0 |
| 2245-38-7 | 42.721 | 1，6，7-三甲基萘 | 泥土的香气 | 94 | 1.7 |

### 3.2.6　未知类化合物

在闻香的过程中发现一部分无法准确鉴定的化合物，这些化合物仅能在闻香口探测到香气，却不能在色谱图对应的保留时间处找到色谱峰，可能是由于这些化合物含量极低的缘故。但这些未知化合物都表现出一定的香气强度，可能对青稞酒的风味具有贡献作用，不容忽视，其中呈现出坏草味的这个香气可能和青稞酒中的糠味物质有关，并且它的香气持续时间长，由浓到淡，可能是多种物质的组合，后期研究中将继续关注，见表 6。

**表 6　青稞酒中未知化合物**

**Table 6　Unknown compounds in highland barley *Baijiu***

| CAS 号 | 保留时间/min | 中文名称 | 香气描述 | 匹配度 | 香气强度 |
|---|---|---|---|---|---|
| 未知 1 | 20. 54 | — | 蘑菇香 | — | 2. 6 |
| 未知 2 | 25. 07 | — | 焦煳香 | — | 3 |
| 未知 3 | 33. 65 | — | 青草香 | — | 1. 2 |
| 未知 4 | 36. 62 | — | 坏草味 | — | 3. 2 |

## 3. 3　青稞酒与其他香型白酒中香气化合物比较分析

对青稞酒和其他香型白酒中的香气化合物进行比较，其中包括酯类化合物、醇类化合物、酸类化合物、羰基类化合物、萜烯类化合物、杂环类化合物和内酯类化合物。对这些化合物进行比较分析，具体对比结果见表 7。

**表 7　青稞酒与其他香型白酒香气化合物比较分析[14-16]**

**Table 7　Comparative analysis of aroma compounds in highl and barley *Baijiu* and other flavor *Baijius***

| 化合物 | 香气描述 | 香气强度 | | | |
|---|---|---|---|---|---|
| | | 青稞酒 | 浓香 | 酱香 | 清香 |
| **酯类化合物** | | | | | |
| 乙酸乙酯 | 菠萝香 | 3. 2 | 2. 67 | ND | 3. 2 |
| 丁酸乙酯 | 菠萝香 | 3. 8 | 3. 67 | 4 | 2. 2 |
| 异戊酸乙酯 | 苹果香、菠萝香 | 2. 0 | ND | ND | ND |
| 乙酸异戊酯 | 甜香、果香 | 2. 3 | 2. 17 | ND | ND |
| 戊酸乙酯 | 苹果香 | 2. 0 | 3. 67 | 3. 33 | 3. 0 |
| 己酸乙酯 | 水果香、甜香 | 3. 0 | 4. 0 | 4. 8 | 2. 5 |
| 庚酸乙酯 | 水果香 | 1. 5 | 2. 33 | 2. 5 | 2. 1 |
| L-(-)-乳酸乙酯 | 水果香 | 1. 8 | 1. 33 | ND | 2. 5 |
| 辛酸乙酯 | 水果香 | 3. 4 | 2. 33 | 2. 3 | 3. 0 |

续表

| 化合物 | 香气描述 | 香气强度 | | | |
|---|---|---|---|---|---|
| | | 青稞酒 | 浓香 | 酱香 | 清香 |
| 己酸异戊酯 | 香蕉香、苹果香、菠萝香 | 1.6 | ND | ND | ND |
| 顺式-4-辛烯酸乙酯 | 呈苹果似的香甜味 | 2.0 | ND | ND | 2.0 |
| 壬酸乙酯 | 花香、水果香 | 2.8 | 1.33 | ND | ND |
| 反式-2-辛烯酸乙酯 | 水果香 | 1.8 | ND | ND | ND |
| 2-糠酸乙酯 | 水果香、花香 | 1.5 | 1.67 | ND | ND |
| 癸酸乙酯 | 葡萄香 | 2.1 | 1.33 | 3.2 | 2.2 |
| 辛酸异戊酯 | 菠萝香、椰子香 | 1.3 | ND | ND | ND |
| 反式-4-癸烯酸乙酯 | 梨香、皮革香气 | 1.4 | ND | ND | ND |
| 苯甲酸乙酯 | 水果香 | 2.5 | 2 | 2.2 | 2.0 |
| 丁二酸二乙酯 | 水果香、甜香 | 2.4 | 1.33 | 2 | 3.0 |
| 十一酸乙酯 | 甜香、水果香 | 2.5 | ND | ND | ND |
| 苯乙酸乙酯 | 花香、蜜香 | 2.5 | 1.67 | ND | 3.2 |
| 乙酸-2-苯乙酯 | 玫瑰香、水果香、甜香 | 2.8 | 1.83 | 2.5 | 3.0 |
| 3-苯丙酸乙酯 | 玫瑰蜂蜜香 | 2.6 | ND | ND | ND |
| 异丁酸苯乙酯 | 呈青香、水果香及玫瑰似的香气 | 1.6 | ND | ND | ND |
| 十四酸乙酯 | 甜香、花香 | 2.0 | ND | ND | ND |
| 十五酸乙酯 | 甜香、蜜香 | 1.0 | ND | ND | ND |
| 十六酸乙酯 | 奶油香 | 1.0 | ND | ND | ND |
| 亚油酸乙酯 | 水果香 | 1.0 | ND | ND | ND |
| 月桂酸乙酯 | 发霉味 | 2.2 | ND | ND | ND |
| 己酸丙酯 | 甜香 | ND | 1.33 | 1.6 | ND |
| 己酸丁酯 | 水果香 | ND | 3.33 | ND | ND |
| 己酸己酯 | 水果香 | ND | 2.33 | ND | ND |
| 己酸糠酯 | 烘焙香 | ND | 2.33 | ND | ND |
| 苯丙酸乙酯 | 水果糖香 | ND | 2.17 | ND | 2.5 |
| 乙酸苯甲酯 | 花香 | ND | ND | ND | 2.8 |
| **醇类化合物** | | | | | |
| 异丁醇 | 醇香 | 2.5 | 0.83 | 2.6 | 3.0 |
| 正丁醇 | 水果香 | ND | 0.83 | 2.0 | 1.7 |
| 异戊醇 | 水果香 | 2.3 | 3.5 | 3.0 | 4.5 |

续表

| 化合物 | 香气描述 | 香气强度 | | | |
|---|---|---|---|---|---|
| | | 青稞酒 | 浓香 | 酱香 | 清香 |
| 正戊醇 | 水果香 | ND | 2 | 1.8 | 2.2 |
| 正庚醇 | 木质香 | 2.0 | ND | 2.8 | 3.3 |
| 1-壬醇 | 青草香、花香 | 2.0 | ND | 2.0 | 2.0 |
| 顺-3-壬烯-1-醇 | 蜜香 | 1.5 | ND | ND | ND |
| 苯乙醇 | 玫瑰香 | 3.5 | 2.67 | 2.0 | ND |
| 糠醇 | 焦糖香 | ND | 1.33 | 3.0 | 2.6 |
| **酸类化合物** | | | | | |
| 乙酸 | 酸味、醋酸 | 2.0 | 1.83 | 4.3 | 4.3 |
| 丁酸 | 奶酪香 | 1.5 | 3.3 | 3.5 | 4.0 |
| 辛酸 | 油脂臭 | ND | 1.33 | 2.3 | 3.2 |
| 庚酸 | 酸臭 | ND | 1.67 | 2.0 | 0.3 |
| **羰基类化合物** | | | | | |
| 正己醛 | 苹果、青草香 | 2.0 | ND | ND | ND |
| 3-辛酮 | 蘑菇、发霉味，水果香 | 3.0 | ND | ND | 2.5 |
| 2-壬酮 | 花香 | 1.5 | ND | ND | ND |
| 苯甲醛 | 杏仁气味 | 1.4 | ND | 2.0 | 2.8 |
| 2-十一（烷）酮 | 花香、八角香 | 2.0 | ND | ND | ND |
| 反式-2,4-癸二烯醛 | 脂肪香 | 1.4 | ND | ND | ND |
| 2-十三烷酮 | 花香 | 1.5 | ND | ND | ND |
| **萜烯类化合物** | | | | | |
| 反式石竹烯 | 丁香花 | 2.0 | ND | ND | ND |
| （+）-柠檬烯 | 橙子香气 | 1.0 | ND | ND | ND |
| 大马士酮 | 玫瑰、蜂蜜香 | 3.5 | ND | ND | ND |
| **杂环类化合物** | | | | | |
| 2-正丁基呋喃 | 水果香、甜香 | 1.0 | ND | ND | ND |
| 糠醛 | 焦煳香 | 2.2 | 2.67 | 3.0 | 2.8 |
| 2-戊基呋喃 | 焦糖香 | ND | ND | 3.0 | ND |
| 2,6-二甲基吡嗪 | 烘焙香 | ND | 0.7 | ND | ND |
| 2,3,5,6-四甲基吡嗪 | 烘焙香 | ND | 1.7 | ND | ND |
| 四甲基吡嗪 | 焙烤香 | ND | ND | 4.0 | 3.0 |
| **内酯类化合物** | | | | | |
| γ-壬内酯 | 奶油香 | ND | 1.67 | ND | 2.3 |

酯类化合物主要呈现水果香、甜香和花香，其中青稞酒中乙酸乙酯、丁酸乙酯、己酸乙酯和辛酸乙酯的平均香气强度在3.0以上，是酯类中香气强度较高的化合物；浓香型酒中己酸乙酯、戊酸乙酯、丁酸乙酯、已酸丁酯的平均香气强度在3.0以上；酱香型酒中已酸乙酯、丁酸乙酯、戊酸乙酯、癸酸乙酯的平均香气强度在3.0以上；清香型酒中的乙酸乙酯、戊酸乙酯、辛酸乙酯、丁二酸二乙酯、乙酸-2-苯乙酯的平均香气强度在3.0以上，酯类是白酒中的一类重要香气化合物，但对比浓香型白酒、酱香型白酒发现，青稞酒和清香型白酒中的主要酯类化合物乙酸乙酯、丁酸乙酯、已酸乙酯、辛酸乙酯对整体香气的贡献程度小于浓香型酒和酱香型酒。

醇类化合物是白酒中醇甜和助香的重要来源，是酯类化合物的前体物质，香气特征主要为花香、水果香和青草香，其中在青稞酒中苯乙醇的平均香气强度值最高达到了3.5，并呈现出玫瑰花香。异戊醇呈现水果香，是其他香型白酒醇类中香气强度最高的化合物，在浓香型白酒中香气强度为3.5，酱香型白酒中香气强度为3.0，清香型白酒中香气强度为4.5，青稞酒中香气强度为2.3。糠醇呈现焦糖香，在浓香型白酒中香气强度为1.33，酱香型白酒中香气强度为3.0，清香型白酒中香气强度为2.6，青稞酒中未闻到。

羰基类化合物呈现出水果香、蘑菇香，其中在青稞酒中3-辛酮的平均香气强度为3.0，呈现蘑菇香，浓香型白酒和酱香型白酒中均未闻到，在清香型白酒中香气强度为2.5。

萜烯类化合物呈现出花香、蜜香、果香，其中在青稞酒中大马士酮具有很强的花香和蜂蜜香，平均香气强度为3.5，其他香型白酒中均未闻到。

杂环类化合物呈现出焦煳香和烘焙香，其中糠醛呈现焦煳香，在酱香型白酒中香气强度为3.0，在青稞酒、浓香型白酒、清香型白酒中香气较弱。γ-壬内酯呈现奶油香，在清香型白酒中香气强度为2.3，浓香型白酒中香气强度为1.67，青稞酒和酱香型白酒中未闻到。

## 4　结论

对青稞酒中的风味成分进行提取，进行ODP闻香分析，共检测到55种香气成分，这些呈香化合物主要包括羰基化合物、酯类、酸类 、醇类 、萜烯类 、呋喃类和杂环类。其中香气强度较高的有乙酸乙酯（菠萝香）、丁酸乙酯（菠萝香）、已酸乙酯（水果香、甜香）、辛酸乙酯（水果香）、壬酸乙酯（花香、水果香）、苯乙酸乙酯（花香、蜜香）、乙酸-2-苯乙酯（玫瑰花香、甜香）、3-苯丙酸乙酯（玫瑰香、蜜香）、异丁醇（醇香）、苯乙醇（玫瑰花香）、3-辛酮（蘑菇香、发霉味）和大马士酮（玫瑰香、蜜香），这些物质的香气贡献更大一些。

通过比较青稞酒和其他香型白酒，从香气强度和化合物种类发现，青稞酒、浓香型白酒、酱香型白酒和清香型白酒是有区别的。酯类化合物香气在白酒中占主导地位，青稞酒中除酯类香气外，萜烯类化合物和醇类化合物香气更明显，对青稞酒整体香气贡献要大于其他香型白酒。从香气强度来看，青稞酒中的主要香气化合物为丁酸乙酯、辛酸乙酯、乙酸乙酯、苯乙醇、3-辛酮、大马士酮；浓香型白酒中的主要香气化合物为己酸乙酯、丁酸乙酯、戊酸乙酯、己酸丁酯、异戊醇、丁酸；酱香型白酒中的主要香气化合物为己酸乙酯、丁酸乙酯、戊酸乙酯、癸酸乙酯、丁酸、四甲基吡嗪；清香型白酒中的主要香气化合物为乙酸乙酯、戊酸乙酯、辛酸乙酯、丁二酸二乙酯、异戊醇、乙酸。

## 参考文献

[1] GB/T 19331—2007，地理标志产品　互助青稞酒 [S].

[2] Van Ruth S M. Methods for gas chromatography-olfactometry: a review [J]. Biomolecular Engineering, 2001, 17 (4/5): 121-128.

[3] Qiao Y, Xie B J, Zhang Y, et al. Characterization of aroma active compounds in fruit juice and peel oil of Jinchen sweet orange fruit [*Citrus sinensis* (L.) Osbeck] by GC-MS and GC-O [J]. Molecules, 2008, 13 (6): 1333-1344.

[4] Fan W L, Qian M C. Identification of aroma compounds in Chinese 'Yanghe Daqu' liquor by normal phase chromatography fractionation followed by gas chromatography/olfactometry [J]. Flavour and Fragrance Journal, 2006, 21 (2): 333-342.

[5] 范文来，徐岩．中国白酒风味物质研究的现状与展望 [J]. 酿酒，2007 (4): 31-37.

[6] Pryde J, Conner J, Jack F, et al. Sensory and chemical analysis of 'Shackleton' s' mackinlay scotch whisky [J]. Journal of the Institute of Brewing, 2011, 117 (2): 156-165.

[7] Fan H Y, Fan W L, Xu Y. Characterization of key odorants in Chinese Chixiang aroma-type liquor by gas chromatography-olfactometry, quantitative measurements, aroma recombination, and omission studies [J]. Journal of Agricultural and Food Chemistry, 2015, 63 (14): 3660-3668.

[8] Griglione A, Liberto E, Cordero C, et al. High-quality Italian rice cultivars: Chemical indices of ageing and aroma quality [J]. Food Chemistry, 2015, 172 (Apr. 1): 305-313.

[9] Dong L, Hou Y M, Li F, et al. Characterization of volatile aroma compounds in different brewing barley cultivars [J]. Journal of the Science of Food and Agriculture, 2015,

95（5）：915-921.

[10] Pino J A. Characterization of rum using solid-phase microextraction with gas chromatography-mass spectrometry [J]. Food Chemistry, 2007, 104（1）：421-428.

[11] 郭俊花. 大曲清香宝丰糙次酒及其大曲香气物质研究 [D]. 无锡：江南大学, 2010.

[12] 高文俊. 青稞酒重要风味成分及其酒醅中香气物质研究 [D]. 无锡：江南大学, 2014.

[13] 柳军，范文来，徐岩，等. 应用 GC-O 分析比较兼香型和浓香型白酒中的香气化合物 [J]. 酿酒, 2008（3）：103-107.

[14] 王晓欣，范文来，徐岩. 应用 GC-O 和 GC-MS 分析酱香型习酒中挥发性香气成分 [J]. 食品与发酵工业, 2013, 39（5）：154-160.

[15] 王勇，徐岩，范文来，等. 应用 GC-O 技术分析牛栏山二锅头白酒中的香气化合物 [J]. 酿酒科技, 2011（2）：74-76+79.

[16] 范海燕，范文来，徐岩. 应用 GC-O 和 GC-MS 研究豉香型白酒挥发性香气成分 [J]. 食品与发酵工业, 2015, 41（4）：147-152.

[17] 范文来，徐岩. 清香类型原酒共性与个性成分 [J]. 酿酒, 2012, 39（2）：14-22.

# 基于化学计量学的四川不同产区浓香型原酒判别分析

黄婷[1]，杨亚娇[2]，刘茗铭[2]，黄河[2]，冯方剑[2]，王媚[2]，赵金松[1,2]

（1. 四川轻化工大学生物工程学院，四川宜宾　644000；

2. 四川省酒业集团有限责任公司川酒研究院，四川成都　610000）

**摘　要**：为了实现对四川不同产区浓香型原酒的快速鉴别和分类，本研究以 3 个不同产区的浓香型原酒为试验对象，采用气相色谱法对样品的共有挥发性风味组分进行了定量研究，并结合聚类分析（HCA）、主成分分析（PCA）及偏最小二乘判别分析（PLS-DA）等化学计量学手段对不同产区浓香型原酒进行了识别和分类。结果表明：不同产地的浓香型原酒间部分风味物质的含量存在显著差异（$P<0.05$）；聚类分析、主成分分析和偏最小二乘判别分析均能将三个产区的酒样进行有效聚类和区分；利用 PLS-DA 判别分析模型，预测结果准确率达到 100%。综上所述，结合化学计量分析手段，并利用挥发性风味组分含量差异性可快速、准确地对四川不同产区浓香型原酒酒样的产区进行区分和鉴别，旨在为四川浓香型原酒的溯源及识别提供一定技术支撑。

**关键词**：浓香型原酒；挥发性组分；聚类分析；主成分分析；偏最小二乘判别分析

作者简介：黄婷，女，硕士研究生，主要从事酿酒技术方面的研究。

通信作者：赵金松，男，博士，教授，正高级工程师，主要从事酿酒技术、酒体设计、分析检测及食品安全的研究工作。E-mail：420940314@qq.com。

# Discriminant Analysis of Luzhou-flavor Original Liquor from Different Producing Areas in Sichuan Based on Chemometrics Methods

HUANG Ting[1], YANG Yajiao[2], LIU Mingming[2], HUANG He[2], FENG Fangjian[2], WANG Mei[2], ZHAO Jinsong[1,2]

(1. School of Biological Engineering, Sichuan University of Science & Engineering, Sichuan Yibin 644000, China;

2. Sichuan Liqueur Industry Group Co., Ltd., Research Institute of Sichuan Liqueur, Sichuan Chengdu 610000, China)

**Abstract**: In order to realize the rapid identification and classification of Luzhou-flavor original liquor from different producing areas in Sichuan, which were used as the test subjects in this study, the common volatile flavor components of the samples were accurately and quantitatively studied by gas chromatography, and combined with hierarchical cluster analysis (HCA), principal component analysis (PCA) and partial least square discriminant analysis (PLS-DA) and other chemometric methods to identify and classify Luzhou-flavor liquor from different producing areas. The results showed the significant differences in the content of some flavor substances among the Luzhou-flavor original liquor from different producing areas ($P<0.05$); HCA, PCA and PLS-DA can effectively cluster and distinguish original liquor samples from the three producing areas; the accuracy of prediction results reached 100% by using the PLS-DA discriminant analysis model. In summary, combined with chemometrics methods and the use of volatile flavor component content differences can quickly and accurately distinguish and identify the liquor-producing regions of Luzhou-flavor original liquor from different production areas in Sichuan. It aims to provide certain theoretical support for the traceability and identification of Sichuan Luzhou-flavored original liquor.

**Key words**: Luzhou-flavor original liquor, Volatile components, HCA, PCA, PLS-DA

## 1　前言

浓香型原酒是指以粮谷为原料，以浓香型大曲等作为糖化发酵剂，经泥窖固态发酵、续糟配料、混蒸混烧、固态蒸馏而制成，也可作为浓香型基酒和调味酒使用的白酒，其酒精度一般在60%vol以上。不同产区原酒质量差异主要是由原酒中1%~2%

的微量呈香、呈味风味组分的量比关系和种类决定的[1-3]。四川省是我国重要的浓香型原酒生产基地之一，主要包括泸州、宜宾、邛崃和绵竹四个产区，由于不同产区地质环境、水源及温度等因素影响[4]，各产区浓香型原酒中挥发性风味组分含量及种类存在一定差异性。目前已有研究表明，利用色谱法对浓香成品酒不同品牌[5]、不同等级[6]间挥发性风味组分进行含量差异性分析，通过聚类分析、主成分分析等化学计量分析手段，可将不同品牌、不同等级的浓香型白酒进行有效分类和鉴别，可见利用现代分析检测技术手段，探究快速、高效、准确的白酒分类及鉴别方法日渐成为白酒领域的一个研究热点[7-8]，但利用现有条件结合化学计量分析手段对四川不同产区浓香型原酒分类和鉴别的研究还相对较少。

本研究目的是利用气相色谱方法对四川不同产区酒样中挥发性风味组分含量差异性进行表征，进一步应用聚类分析（HCA）、主成分分析（PCA）、偏最小二乘判别分析（PLS-DA）及多元方差分析（MANOVA）等化学计量分析手段，评价共有挥发性风味组分在不同产区浓香型原酒分类和鉴别中的可行性与有效性，为四川省浓香型原酒溯源提供一定理论和参考价值。

## 2　材料与方法

### 2.1　试验材料

供试材料为泸州（1-LZ）、宜宾（2-YB）和成都邛崃（3-CD）三个主产区的浓香型原酒，储藏年限均为 4 年以上，样品具体信息见表 1。

**表 1　　浓香型原酒酒样信息**

**Table 1　　The details of Luzhou-flavor original liquor samples**

| 产地 | 样品编号 | 酒精度/%vol | 企业名称 | 采样地址 |
|---|---|---|---|---|
| 1-LZ | C14-1 | 64.5 | 泸州生源酒厂 | 泸州市龙马潭区 |
| 1-LZ | C13-6 | 65.4 | 泸州生源酒厂 | 泸州市龙马潭区 |
| 1-LZ | C7-3 | 64.7 | 泸州华明酒业集团有限公司 | 泸州市纳溪区大渡口镇 |
| 1-LZ | C7-4 | 64.7 | 泸州华明酒业集团有限公司 | 泸州市纳溪区大渡口镇 |
| 1-LZ | C17-4 | 67.0 | 泸州羽丰酒业有限责任公司 | 泸州市合江县佛荫镇 |
| 2-YB | B3-2 | 68.0 | 宜宾高洲酒业有限责任公司 | 宜宾市高县文江镇 |
| 2-YB | B7-1 | 68.0 | 宜宾高洲酒业有限责任公司 | 宜宾市高县文江镇 |
| 2-YB | B19-4 | 68.0 | 宜宾竹海酒业有限公司 | 宜宾市长宁县竹海镇 |
| 3-CD | A1-4 | 63.0 | 邛崃高宇酒业 | 邛崃市临邛镇 |

续表

| 产地 | 样品编号 | 酒精度/% vol | 企业名称 | 采样地址 |
|---|---|---|---|---|
| 3-CD | A16-4 | 67.0 | 邛崃高宇酒业 | 邛崃市临邛镇 |
| 3-CD | A2-4 | 67.0 | 邛崃曲酒二厂 | 邛崃市南河土地坡 |
| 3-CD | A7-1 | 67.0 | 邛崃曲酒二厂 | 邛崃市南河土地坡 |
| 3-CD | A12-4 | 67.0 | 邛崃曲酒二厂 | 邛崃市南河土地坡 |

## 2.2　试剂

内标物质（叔戊醇、2-乙基丁酸、乙酸正戊酯）；白酒风味组分标准品（甲酸乙酯、甲醇、丁酸乙酯、仲丁醇、乙酸丁酯、异丁醇、乙酸异戊酯、正丁醇、2-甲基丁醇、正戊醇、庚酸乙酯、正己醇、辛酸乙酯、壬酸乙酯、癸酸乙酯、$\beta$-苯乙醇、乙酸乙酯、乙缩醛、正丙醇、戊酸乙酯、3-甲基丁醇、己酸乙酯、乳酸乙酯、乙酸、丙酸、丁酸、异戊酸、戊酸、己酸、庚酸、辛酸、十六酸乙酯、糠醛、乙醛）均为色谱纯（纯度≥99%，上海麦克林生化科技有限公司）；无水乙醇（色谱纯，成都市科隆化学品有限公司）；超纯水符合 GB/T 6682—2008 规定的一级水。

## 2.3　主要仪器

MIX-2500 涡旋振荡仪（杭州佑宁仪器有限公司）；KS-500VDV/2 液晶超声波清洗器（昆山洁力美超声仪器有限公司）；7890B 气相色谱仪，ALS 自动进样器（美国 Agilent Technologies 有限公司）；UPT-I-10T 超纯水系统（四川优普超纯科技有限公司）；AX224ZH 电子天平（常州奥豪斯仪器有限公司）。

## 2.4　试验方法

### 2.4.1　色谱条件

色谱柱：CP-Wax 57 CB（50m×0.25mm×0.2mm，美国 Agilent Technologies 有限公司）；GC 条件：初始温度为 35℃，保持 3min，以 3℃/min 的速率升高至 70℃；以 1.5℃/min 速率升高至 80℃；以 2℃/min 速率升高至 105℃；以 20℃/min 速率升高至 210℃，保持 10min。载气为 $N_2$（纯度≥99.999%）；柱流量 1.0mL/min；进样口温度：250℃；FID 检测器温度：250℃；进样量：1mL；分流比 20∶1。

### 2.4.2　浓香型原酒风味组分定量分析

该方法参考国家标准《固态法浓香型白酒原酒》T/CBJ 002—2016，将待测风味组分的标准物质精确量取并用 60% 乙醇溶液定容于 10mL 容量瓶中，以 2-乙基丁酸、乙酸正戊酯、叔戊醇作为酸类、酯类、醇类及其他类别风味成分的内标物。在酒样分析前，首先要进行系列标准曲线的绘制（内标标准曲线法），即利用安捷伦仪器自带的数据分析系统，通过计算各组分分别与内标峰面积及浓度的比值构建各挥发性组分的定量标准曲线，从而计算酒样中各挥发性风味组分的含量。

### 2.5 方法学考察[9]

#### 2.5.1 精密度试验

取配制好的混合标准溶液，按 2.4.1 色谱条件连续进样 6 次，记录其色谱图，测定统计任意一个风味成分保留时间和峰面积的相对标准偏差（RSD）。

#### 2.5.2 加标回收试验

选取一个酒样（A1-4）置于 6 个带塞的 10mL 的容量瓶中，分别加入 100μL 的混合内标物，按 2.4.1 色谱条件进样测定，计算平均加标回收率。

#### 2.5.3 稳定性试验

选取同 2.5.2 酒样（A1-4），分别于 0、2、4、6、8、12、16、24h 进样测定，计算风味成分含量的相对标准偏差（RSD）。

### 2.6 数据统计与分析

利用 SPSS 22.0 软件对数据进行化学计量学分析，利用 SIMCA 13.0、MetaboAnalyst 5.0、Origin 2018 软件对测定数据进行整理统计和画图分析。

## 3 结果与分析

### 3.1 方法学考察结果

分析试验酒样前，需进行仪器稳定性及方法可行性的考察。取配制好的混合标准溶液连续 6 次平行测试，统计任意一个风味成分的保留时间和峰面积，结果显示峰面积的相对标准偏差（RSD）低于 3%。在样品风味成分定量结果的基础上进行加标回收试验，加标回收率在 90.21%~102.63%，RSD 低于 5%，表明试验仪器稳定且根据本试验方法测得的结果可信。

### 3.2 挥发性风味成分的定性定量分析

酒样均采用 GC 方法，以 ALS 自动进样器直接进样的方式，进行 3 个产区挥发性风味组分的定性和定量研究，在 50min 内共检测到 33 种骨架风味组分，其中有酯类 13 种，醇类（除乙醇外）9 种，酸类 8 种和醛类物质 3 种。浓香型原酒气相色谱图如图 1 所示（以 C14-1 为例），己酸乙酯、乙酸乙酯、乳酸乙酯和丁酸乙酯相对含量较高，占所测酯类总含量的 95.75%，与之对应的己酸和乙酸含量占所测酸类物质总量的87.84%，其中酯类和醛类在不同产区的酒样中含量差异较大，这些风味成分差异共同构成了不同产区浓香型原酒独特的风味和口感。因此，不同产区浓香型原酒不仅具有地域差异，而且其原酒品质也导致当地不同品牌产品的经济效益具有一定差异性。

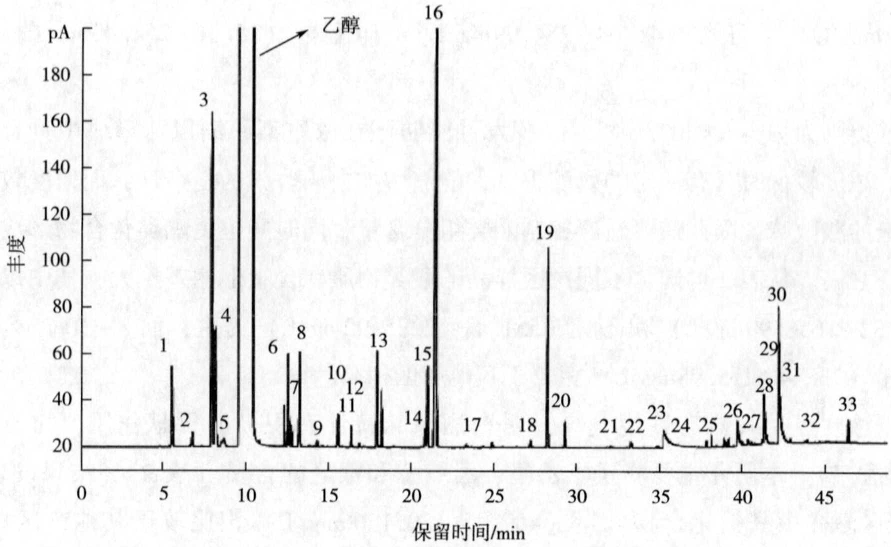


图1　浓香型原酒酒样中33种挥发性组分色谱图

Fig. 1　Chromatograms of 33 volatile components in the Luzhou-flavor original liquor

目前对浓香型原酒主要风味成分研究可分为四类：酯类、醇类、酸类和醛类。酯类是浓香型原酒风味组分中最关键的成分，白酒中酯类的生成途径主要是酸类化合物与醇类化合物在多种酶协同催化下发生的酯化反应，且大多数酯类为乙酯类化合物[10]（发生酯化反应的醇类多为乙醇）。酯类化合物一般具有怡人的花果香，其种类和含量差异赋予浓香型白酒风味的特征性及多样性，己酸乙酯是浓香型原酒的特征香味成分，具有曲香、菠萝香及甜味；乙酸乙酯微带果香（浓度过高则产生刺激性气味，令人不愉快），丁酸乙酯稀释后也有水果香，两类酯构成白酒风味的特征性；乳酸乙酯具有强烈的酒香，在稳定白酒风味特性方面起着重要作用[11]。通过对四川三个产区的浓香型原酒酒样挥发性成分分析（表2），3-CD和2-YB产区中己酸乙酯（1202.68~5647.86mg/L，2246.54~5629.50mg/L）相较于1-LZ产区（1236.42~2949.45mg/L）稍高；2-YB产区中乙酸乙酯（2562.93~2753.86mg/L）、甲酸乙酯（103.16~1048.07mg/L）和乳酸乙酯（990.47~1880.50mg/L）略高于1-LZ和3-CD产区，且3-CD产区的丁酸乙酯含量（176.78~483.62mg/L）相较其他产区稍高，所有样品其他8种酯类含量差异不大，但3-CD产区5个酒样中壬酸乙酯均未检出。试验结果表明，3-CD 产区总酯类含量较高，而 1-LZ 和 2-YB 产区总酯含量总体差异不大。

醇类为发酵过程中氨基酸脱氨或糖脱羧反应的结果[12]，是酒类产品中含量最高的组分，在 3 个产区中 2-YB 产区样品中的醇类物质含量相较于 1-LZ、2-YB 产区稍高，且三个产区均未检出 $\beta$-苯乙醇。部分醇类具有指甲油味和酸败味，如高浓度的 3-甲基丁醇。在本研究中，3-甲基丁醇（133.81~319.42mg/L）、正丙醇（53.69~480.30mg/L）、异丁醇（41.64~284.09mg/L）和正己醇（15.36~251.43mg/L）含量相对较高。

酸类则为糖类发酵的产物[13]，挥发性脂肪酸在浓香型原酒风味形成中具有重要作用。浓度较低时具有一定的奶酪香气，能够增加白酒香气的复杂性，而浓度较高具有明显的酸败味，因此需要适当控制酸类组分含量，同时酸也是酯类化合物形成的前体物质之一。从表 2 可知，不同产区样品的酸类物质在含量上相差不大，其中以乙酸（318.32~1658.99mg/L）和己酸（551.41~2275.92mg/L）为主，而 3-CD 产区中戊酸含量（23.44~215.98mg/L）相较于其他产区稍高。

低浓度醛类（具有愉悦气味）对白酒风味特性有积极的贡献作用，如乙缩醛（奶酪香气）。本研究主要测定了乙醛、乙缩醛和糠醛的含量（表 2），结果发现 3-CD 产区酒样中醛类化合物含量（407.15~2051.66mg/L）相比较于其他产区略高，其中乙缩醛含量为 98.32~446.48mg/L，乙醛含量为 303.83~1551.21mg/L，糠醛含量为 5.00~53.97mg/L。然而，从测试结果统计来看单一或者多种共有挥发性风味组分的含量及量比关系并不能实现对浓香型原酒的区分和鉴别，因此，需要借助其他数据统计分析手段（SPSS 22.0、Origin 2018、MetaboAnalyst 5.0、SIMCA 13.0）对定量结果进行深入挖掘以获得更多的可用信息来得到更好的分类效果，如主成分分析、层次聚类分析、偏最小二乘判别分析等化学计量学手段。

**表 2　　不同产区浓香型原酒样品风味物质成分及含量**

**Table 2　　Range of volatile components in Luzhou-flavor original liquor samples from different producing areas**

| 编号 | CAS 号 | 风味物质名称 | 风味物质含量/（mg/L） | | |
|---|---|---|---|---|---|
| | | | 1-LZ | 2-YB | 3-CD |
| 1 | 75-07-0 | 乙醛（Acetaldehyde） | 241.96~661.48 | 295.47~669.51 | 303.83~1551.21 |
| 2 | 109-94-4 | 甲酸乙酯（Ethyl methanoate） | 102.43~413.99 | 103.16~1048.07 | 62.39~176.47 |
| 3 | 141-78-6 | 乙酸乙酯（Ethyl acetate） | 1090.12~1769.47 | 2562.93~2753.86 | 581.38~1755.80 |

续表

| 编号 | CAS 号 | 风味物质名称 | 风味物质含量/（mg/L） | | |
|---|---|---|---|---|---|
| | | | 1-LZ | 2-YB | 3-CD |
| 4 | 105-57-7 | 乙缩醛<br>（Acetal） | 90.11~210.89 | 120.30~203.14 | 98.32~446.48 |
| 5 | 67-56-1 | 甲醇<br>（Methanol） | 125.94~190.97 | 250.84~262.47 | 49.87~128.88 |
| 6 | 105-54-4 | 丁酸乙酯<br>（Ethyl butyrate） | 189.70~297.78 | 176.78~483.62 | 156.56~957.45 |
| 7 | 78-92-2 | 仲丁醇<br>（Sec-butanol） | 11.56~72.50 | 22.21~80.54 | 0.00~46.07 |
| 8 | 71-23-8 | 正丙醇<br>（*n*-propanol） | 170.58~233.93 | 425.63~480.30 | 53.69~625.51 |
| 9 | 123-86-4 | 乙酸丁酯<br>（Butyl acetate） | 2.69~3.78 | 6.12~7.72 | 0.00~4.65 |
| 10 | 78-83-1 | 异丁醇<br>（Isobutanol） | 53.71~98.23 | 92.74~122.24 | 41.64~284.09 |
| 11 | 123-92-2 | 乙酸异戊酯<br>（Isoamyl acetate） | 3.58~5.67 | 5.05~7.21 | 2.56~17.40 |
| 12 | 539-82-2 | 戊酸乙酯<br>（Ethyl valerate） | 6.49~68.55 | 107.79~157.21 | 32.52~303.78 |
| 13 | 71-36-3 | 正丁醇<br>（*n*-butanol） | 166.50~237.05 | 461.72~548.37 | 59.18~636.72 |
| 14 | 137-32-6 | 2-甲基丁醇<br>（2-methyl butanol） | 16.05~27.02 | 15.23~36.23 | 14.55~37.31 |
| 15 | 123-51-3 | 3-甲基丁醇<br>（3-methyl butanol） | 154.62~223.46 | 151.25~319.42 | 133.81~271.87 |
| 16 | 123-66-0 | 己酸乙酯<br>（Ethyl caproate） | 1236.42~2949.45 | 2246.54~5629.50 | 1202.68~5647.86 |
| 17 | 71-41-0 | 正戊醇<br>（*n*-pentanol） | 11.28~13.55 | 32.15~46.46 | 0.10~34.30 |
| 18 | 106-30-9 | 庚酸乙酯<br>（Ethyl heptanoate） | 17.40~38.46 | 43.60~60.65 | 11.90~75.63 |
| 19 | 97-64-3 | 乳酸乙酯<br>（Ethyl lactate） | 908.49~1162.25 | 990.47~1880.50 | 1077.84~1548.02 |

续表

| 编号 | CAS 号 | 风味物质名称 | 风味物质含量/（mg/L） | | |
|---|---|---|---|---|---|
| | | | 1-LZ | 2-YB | 3-CD |
| 20 | 111-27-3 | 正己醇<br>(*n*-hexanol) | 59.98~105.29 | 113.88~251.43 | 15.36~151.31 |
| 21 | 106-32-1 | 辛酸乙酯<br>(Ethyl caprylate) | 13.29~39.66 | 27.85~33.15 | 7.70~50.09 |
| 22 | 98-01-1 | 糠醛<br>(Furfural) | 7.25~35.09 | 13.50~18.64 | 5.00~53.97 |
| 23 | 64-19-7 | 乙酸<br>(Acetic acid) | 773.80~1054.93 | 1272.30~1548.64 | 318.32~1658.99 |
| 24 | 123-29-5 | 壬酸乙酯<br>(Ethyl nonanoate) | 2.19~3.27 | 2.18~2.93 | — |
| 25 | 79-09-4 | 丙酸<br>(Propionic acid) | 15.81~32.14 | 14.85~30.34 | 19.42~66.49 |
| 26 | 110-38-3 | 癸酸乙酯<br>(Ethyl decanoate) | 3.04~4.87 | 2.99~3.77 | 0.00~2.91 |
| 27 | 107-92-6 | 丁酸<br>(Butyric acid) | 85.28~171.48 | 109.32~233.77 | 87.52~876.55 |
| 28 | 503-74-2 | 异戊酸<br>(Isovaleric acid) | 2.06~20.40 | 26.96~29.33 | 1.87~132.59 |
| 29 | 109-52-4 | 戊酸<br>(Valeric acid) | 16.63~41.83 | 49.76~77.74 | 23.44~215.98 |
| 30 | 142-62-1 | 己酸<br>(Caproic acid) | 551.41~721.88 | 568.14~1675.39 | 573.30~2275.92 |
| 31 | 111-14-8 | 庚酸<br>(Enanthate) | 6.13~11.95 | 0.00~17.28 | 3.06~32.10 |
| 32 | 124-07-2 | 辛酸<br>(Octoic acid) | 0.00~7.28 | 0.00~0.812 | 2.50~20.56 |
| 33 | 628-97-7 | 十六酸乙酯<br>(Ethyl-hexadecanoate) | 13.58~33.30 | 16.57~32.47 | 16.66~22.72 |

注："—" 表示未检出。

## 3.3 聚类分析

聚类分析（HCA）是将样本数据按照相似度进行自然聚集的一种化学计量学手

段，为一种无监督模式识别方法，是将研究对象分为相对同质的群组的统计分析技术[14-15]。采用 MetaboAnalyst 5.0 对泸州（1-LZ）、宜宾（2-YB）和成都（3-CD）三个主产区的浓香型原酒进行层次聚类分析。以 33 种风味物质含量为变量，对样品数据进行标准化处理，其目的是消除数据数值相差较大所引起的误差[16]。以欧氏距离为度量，采用 Ward 法进行聚类分析，在本试验中，其聚类分析结果显示见图 2，四川 3 个主产区的 13 个浓香型原酒被聚集成 2 大类和 3 个小类，相同产区酒样可基本单独聚集为一类，不同产区间样品具有明显差异，说明聚类分析对不同产地浓香型原酒区分具有一定的指导意义。

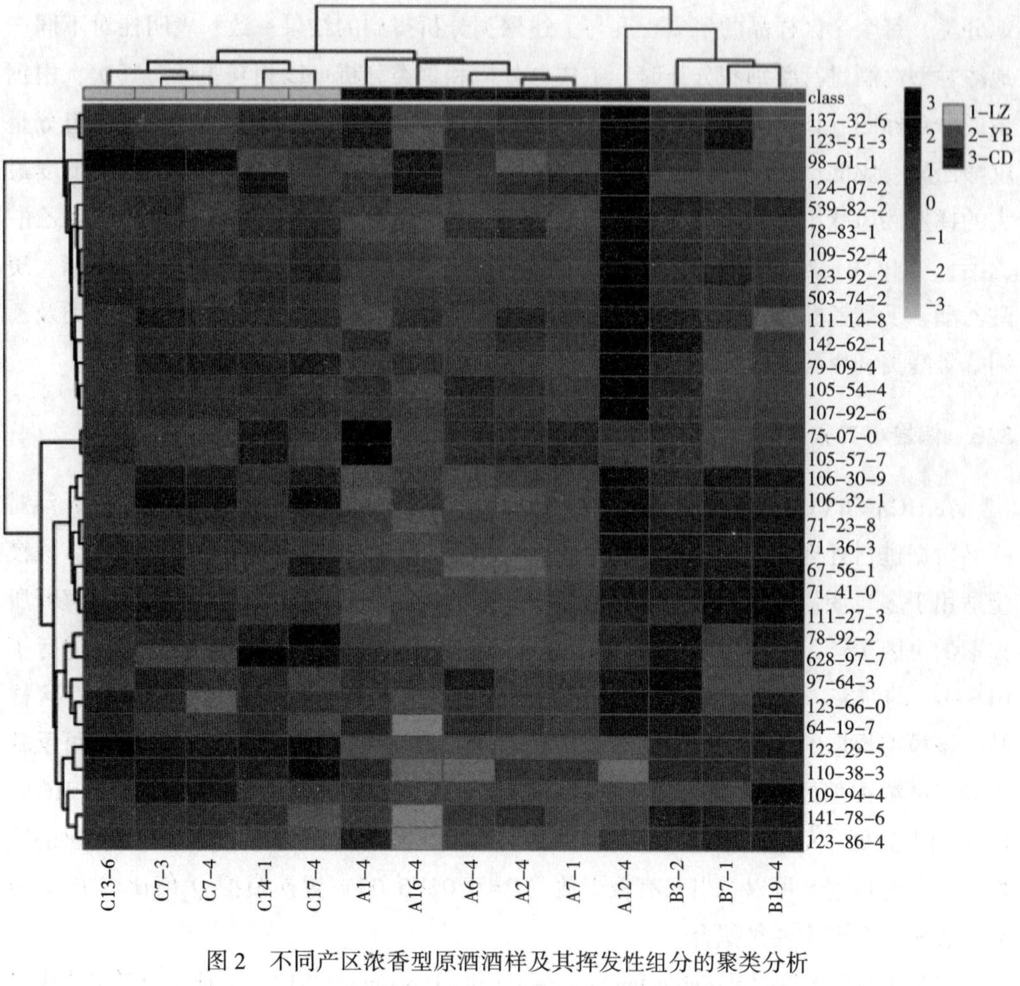


图 2　不同产区浓香型原酒酒样及其挥发性组分的聚类分析

Fig. 2　HCA of Luzhou-flavor original liquor samples and their volatile components in different producing areas

注：图中各风味组分中文名称见表 2。

### 3.4 主成分分析

PCA 可将具有一定相关性的初始变量（挥发性风味组分含量）重新组合成一组不相关的指标变量，并能保持数据集的总方差，亦是一种无监督模式识别方法[17]。利用 MetaboAnalyst 5.0 将上述标准化的数据再用于主成分分析（PCA），见图 3(1)，第一主成分（PC1）的贡献率为 48.6%，第二主成分（PC2）的贡献率为 20.7%，第三主成分（PC3）的贡献率为 11.7%，累积贡献率为 81.0%，表明其能较全面地反映样品间的差异性。图 3 显示，由 PC1、PC2、PC3 的得分构建的三维和二维散点图［图 3(1)，图 3(2)，图 3(4)］可以看到，四川 3 个不同产区的浓香型原酒能被较好地分类，每个产区样品的聚集程度与上述聚类分析得到的结果一致，表明在对不同产地浓香型白酒进行鉴别和分类时，主成分分析和聚类分析可以相互验证。其次，根据主成分双标图［图 3(3)，图 3(5)］可知，对 PC1 贡献度最大的挥发性风味组分是戊酸乙酯、戊酸、乙酸异戊酯、异戊酸、异丁醇、正丙醇和己酸；对 PC2 贡献度最大的挥发性风味组分是甲醇、壬酸乙酯、正己醇、甲酸乙酯、辛酸、癸酸乙酯和乙酸乙酯；对 PC3 贡献度最大的挥发性风味组分是乙缩醛、乙醛、糠醛、辛酸乙酯、庚酸乙酯、壬酸乙酯和正己醇。综合主成分分析结果，壬酸乙酯、戊酸乙酯等酯类及乙缩醛等醛类和甲醇等醇类为导致不同产区浓香型原酒差异性的主要挥发性组分。

### 3.5 偏最小二乘判别分析

在 HCA 和 PCA 的分析结果上，进一步利用偏最小二乘判别分析（PLS-DA）对样品数据进行处理。PLS-DA 是一种基于偏最小二乘回归算法的线性分类方法，该模型适用于多自变量并且强线性情况的分析和预测，能从数据内部的本质角度来解释所提取的主因子[18]。为了提取对不同产区原酒区分有重大贡献的挥发性组分，进行了 PLS-DA 的研究，如图 4 所示，通过可靠的 PLS-DA 模型可以很好地区分 3 个产区样品。该模型提取的 3 个主成分解释了 76.5% 的原始变量信息，表明这 3 个成分可反映不同产区浓香型原酒中风味物质的总体情况。再者，PLS-DA 的分类结果与 HCA、PCA 结果相似，都能对不同产区样品进行有效鉴别和分类。此外，进行了 100 次的置换检验，通过图 5 可以看出只有极少数（$P=0.02<0.05$）置换模拟 $Q_2$值比当前 $Q_2$值大，表明该模型未通过拟合。

变量投影重要度（Variable Importance for the Projection，VIP）表征了分类过程中各个变量的重要性，通常 VIP 值大于 1 的变量在不同样本组之间的区分中起着重要作用[19]。通过 VIP 值筛选出 11 个差异标记物（结果见图 6，表 3），按 VIP 值大小依次为：壬酸乙酯、癸酸乙酯、辛酸、乙醛、乙缩醛、2-甲基丁醇、丁酸乙酯、仲丁醇、辛酸乙酯、3-甲基丁醇、丁酸，这 11 种物质是引起不同产区酒体差异性的主要变量，其

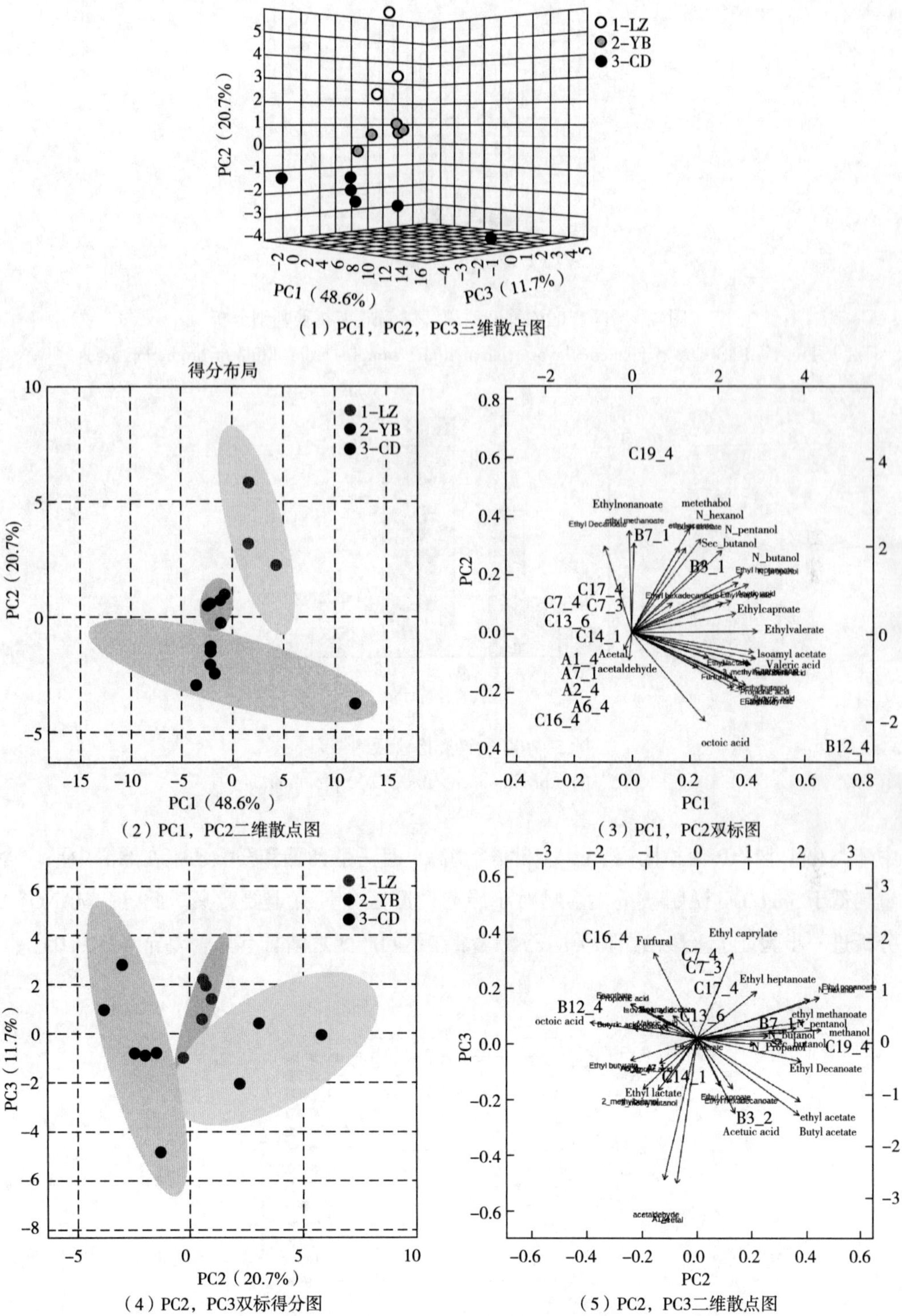

（1）PC1，PC2，PC3三维散点图

（2）PC1，PC2二维散点图

（3）PC1，PC2双标图

（4）PC2，PC3双标得分图

（5）PC2，PC3二维散点图

图3　不同产区浓香型原酒酒样主成分分析

Fig. 3　PCA of Luzhou-flavor original liquor samples from different producing areas

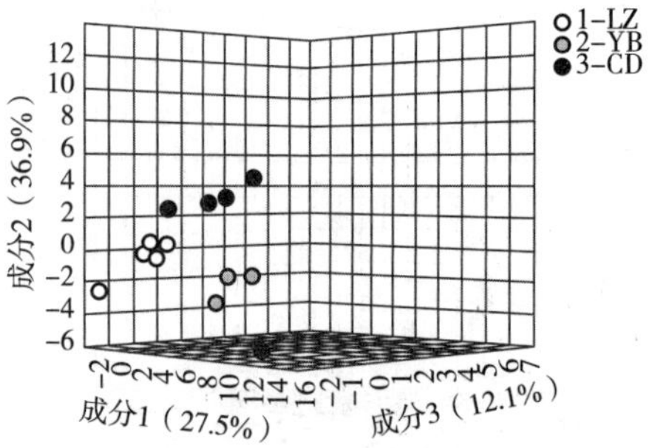


图 4　不同产区浓香型原酒酒样偏最小二乘判别分析

Fig. 4　PLS-DA of Luzhou-flavor original liquor samples from different producing areas

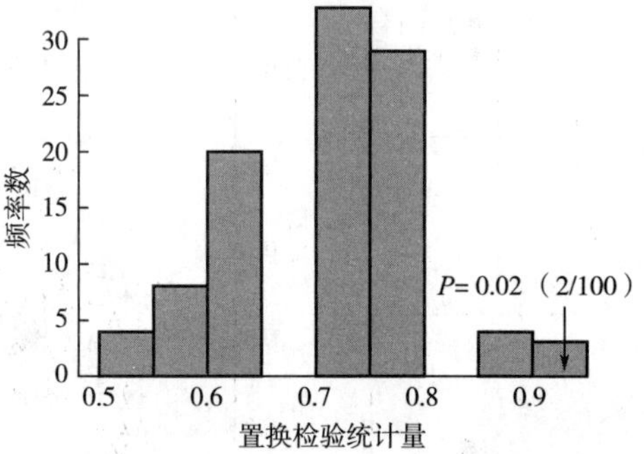


图 5　100 次置换检验预测结果

Fig. 5　The prediction results of 100 permutation

中酯类和醛类 VIP 值相比较于醇类和酸类稍高，且壬酸乙酯和癸酸乙酯在原酒中平均含量均低于 5mg/L，说明微量化合物对于原酒产区区分具有重要意义。此外，MANOVA 分析进一步验证了壬酸乙酯和癸酸乙酯含量在不同产区之间具有显著差异（$P<0.05$）。

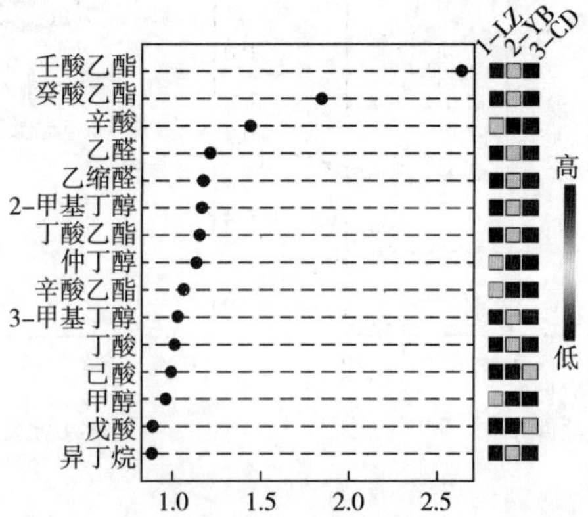


图 6　三个产区酒样中前 15 个差异风味组分的 VIP 值

Fig. 6　VIP scores of the first 15 different flavor components in the samples from three producing regions

表 3　　基于 PLS-DA 筛选不同产区浓香型原酒差异标记物

Table 3　　The volatile markers in three producting areas of Luzhou-flavor original liquor samples based on PLS-DA analysis

| 编号 | 标记物 | VIP 值 | *F* 值 | *P* 值 |
|---|---|---|---|---|
| 24 | 壬酸乙酯 | 2.6313 | 22.684 | 0.000 |
| 26 | 癸酸乙酯 | 1.8466 | 16.418 | 0.000 |
| 33 | 辛酸 | 1.4383 | 2.376 | 0.139 |
| 1 | 乙醛 | 1.2150 | 0.998 | 0.400 |
| 4 | 乙缩醛 | 1.1765 | 0.926 | 0.427 |
| 14 | 2-甲基丁醇 | 1.1695 | 1.417 | 0.283 |
| 6 | 丁酸乙酯 | 1.1578 | 1.982 | 0.184 |
| 7 | 仲丁醇 | 1.1395 | 0.655 | 0.539 |
| 21 | 辛酸乙酯 | 1.0319 | 1.496 | 0.266 |
| 15 | 3-甲基丁醇 | 1.0696 | 1.176 | 0.345 |
| 27 | 丁酸 | 1.0107 | 1.417 | 0.283 |

PLS-DA 除了对样本矩阵特征进行更深入分析外，在降维的同时结合了回归模型，并利用一定的判别阈值对回归结果进行判别分析[20]。为了建立一个快速准确的等级判别模型，以 11 个样本为训练集，以各个样本的 25 个差异标记物的含量为变量，提供各个样本的产区信息，使用 SIMCA 13.0 软件自动拟合 PLS-DA 判别模型[21]。模型构建好后，以 3 个样本为测试集对模型进行验证，图 7 为模型对不同产区 3 个样本进行判别分析的结果，测试采样样本的预测结果准确率为 100%，能够对不同产区的浓香型原酒进行有效分类和鉴定。

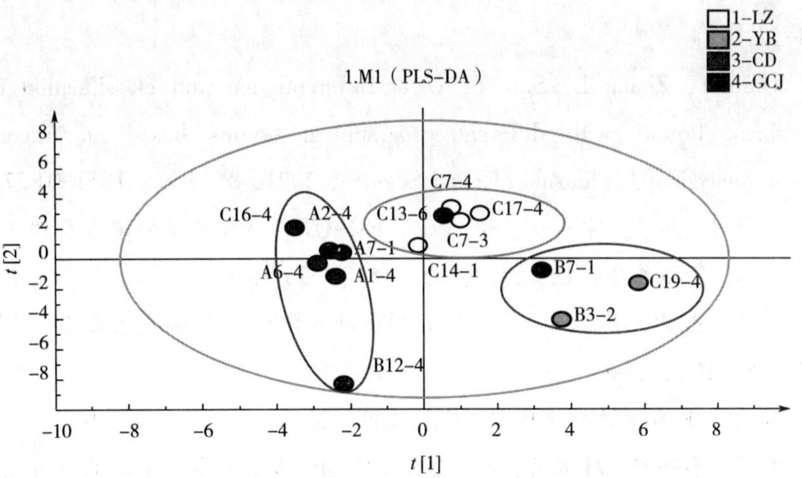


图 7　PLS-DA 判别模型测试集判别结果

Fig. 7　The classification results of PLS-DA model for samples in validation set

注：1-LZ，2-YB，3-CD 均为训练集；4-GCJ 为观测集。

## 4 结论

本研究对四川三个产区（1-LZ、2-YB 和 3-CD）浓香型原酒样品的共有挥发性组分进行了全面解析，分析了不同产区浓香型原酒中 33 种挥发性组分的精确含量。通过对 33 种共有挥发性组分在所有样品中的含量测定，进一步对不同产区浓香型原酒进行了聚类分析、主成分分析和偏最小二乘判别分析，结果显示：上述 3 种化学计量学方法均可将不同产区的酒样进行有效分离，其中 PLS-DA 判别分析通过 VIP 值，筛选出 11 个产区差异标记物，其中大部分挥发性组分属于浓香型原酒中的酯类和醛类化合物，对原酒品质具有一定影响。此外，MANOVA 分析进一步验证了壬酸乙酯和癸酸乙酯含量（0.00～3.27mg/L，0.00～4.87mg/L）在不同产区之间具有显著差异（$P<0.0 5$）。因此，本文以四川不同产区酒样中共有挥发性风味组分含量差异性为研究基础，利用 HCA、PCA 及 PLS-DA 等多种化学计量分析手段，旨在将四川不同产区的浓香型原酒进行有效区分和鉴别，为四川浓香型原酒溯源及判别提供一定技术支撑。

### 参考文献

［1］SB/T 10713—2012，白酒原酒及基酒流通技术规范［S］.

［2］T/CBJ 002—2016，固态法浓香型白酒原酒［S］.

［3］沈怡方．白酒生产技术全书［M］. 北京：中国轻工业出版社，1998.

［4］李大和．浓香型白酒生产工艺与质量关系的思考［J］. 酿酒科技，2001（5）：28-31.

［5］Qian Y，Zhang L，Sun Y，et al. Differentiation and classification of Chinese Luzhou - flavor liquors with different geographical origins based on fingerprint and chemometric analysis［J］. Journal of Food Science，2021，86（5）：1861-1877.

［6］栗新峰，张良，李芳芳，等．基于 GC-QTOF MS 技术的浓香型白酒原酒质量等级评价［J］. 食品工业科技，2019，40（15）：235-241.

［7］陈飞，张良，霍丹群，等．浓香型白酒基酒的现状和发展趋势［J］. 中国酿造，2017，36（10）：5-8.

［8］杨柳．中国原酒产业展望［J］. 酿酒，2012，39（6）：8-10.

［9］胡雪，李锦松，唐永清，等．基于 GC-MS 结合化学计量学的浓香型白酒分类方法［J］. 食品与发酵工业，2021，47（8）：212-217.

［10］王嫣斐．白酒中酯类化合物稳定性分析［J］. 食品安全导刊，2019（6）：153.

[11] 李丽，李莹，冯莉，等．酿酒酵母单倍体的分离及其产高级醇和乙酯类化合物的特性［J］. 中国食品学报，2018，18（6）：83-92.

[12] Zhang W Y, Zhang L, Xu C P, et al. Chemical and volatile composition of jujube wines fermented by *Saccharomyces cerevisiae* with and without pulp contact and protease treatment [J]. Food Science and Technology (Campinas), 2016, 36 (2): 204-206.

[13] Tufariello M, Capone S, Siciliano P, et al. Volatile components of Negroamaro red wines produced in Apulian Salento area [J]. Food Chemistry, 2012, 132 (4): 2155-2164.

[14] Bodor K, Bodor Z, Szép A, et al. Classification and hierarchical cluster analysis of principal Romanian bottled mineral waters [J]. Journal of Food Composition and Analysis, 2021, 100. doi: 10. 10161j. jfca. 2021. 103903.

[15] Qin H, Huo D Q, Zhang L, et al. Colorimetric artificial nose for identification of Chinese liquor with different geographic origins [J]. Food Research International, 2012, 45 (1): 45-51.

[16] 曾广周．论数据标准化在聚类分析中的应用［J］. 山东工业大学学报，1988（1）：21-26.

[17] Zheng J, Liang R, Zhang L Q, et al. Characterization of microbial communities in strong aromatic liquor fermentation pit muds of different ages assessed by combined DGGE and PLFA analyses [J]. Food Research International, 2013, 54 (1): 660-666.

[18] Lin P, Chen Y M, He Y, et al. Identification of geographical origin of olive oil using visible and near-infrared spectroscopy technique combined with chemometrics [J]. Food and Bioprocess Technology, 2012, 5 (1): 235-242.

[19] 郑振兴，胡瀚文，曾利，等．基于 HPLC 指纹图谱结合化学计量学评价不同产地佛手药材质量［J］. 中国实验方剂学杂志．［2021-4-21］. http://gffiya5911374163c4ac6s0x0wn9fofu0b60qb. fffb. suse. cwkeji. cn: 999/10. 13422/j. cnki. syfjx. 20211551.

[20] Perez E M, Tenenhaus M. Prediction of clinical outcome with microarray data: a partial least squares discriminant analysis (PLS-DA) approach [J]. Human Genetics, 2003, 112 (5/6): 581-592.

[21] 薛磊．黄酒品质近红外光谱模型优化研究［D］. 杭州：中国计量学院，2014.

# 以风味为导向酒体设计的研究

高传强

（安徽宣酒集团股份有限公司江南小窖酿造工艺研究所，安徽宣城 242000）

**摘　要：**以风味为导向进行酒体设计是现代白酒的发展方向。白酒的制作工序烦琐、工艺传统，风格更是五花八门，产品多样。本文从消费者的心智认知出发，以风味为导向，基于对白酒制造系统工程学的思考，提出了好酒的标准，并总结阐述了“大酒体设计”的概念与研究成果。最后，以“浓、清、酱”三大主体香型创新酒体设计为例，描述了白酒制造食品链的全过程（包括原料、酿造、勾调）的系统设计，主体香与背景香的组合设计等，以期为现代白酒的转型升级提供一定的借鉴。

**关键词：**白酒；酒体设计；风味导向；主体香；背景香

# Research on Flavor-Oriented Liquor Body Design

GAO Chuanqiang

(Xuanjiu Group Co., Ltd., Jiangnan Institute of Small Pit Brewing Technology, Anhui Xuancheng 242000)

**Abstract**: Flavor-oriented liquor body design is the development direction of modern *Baijiu*. The production process of *Baijiu* is cumbersome, the technology is traditional, the flavor style is even more various, and the products are diversified. This study took flavor as the orientation based on consumers' mental cognition, and proposed the standard of good liquor based on the thinking of liquor manufacturing system engineering, and summarized the concept and research results of "big liquor design". Finally, the three main flavors of "Luzhou favor, Mild flavor, and Maotai-flavor" were taken as an example to describe the system design of the whole process (including raw materials, brewing, and blending) of the food chain

作者简介：高传强，男，硕士，白酒国家评委，教授级正高级工程师，安徽宣酒集团总酿酒师，主要从事白酒酿造工艺与酒体设计及白酒风味的研究工作。E-mail：549252486@qq.com。

of liquor manufacturing. Aimed at providing a certain reference for the transformation and upgrading of modern liquor.

**Key words**: *Baijiu*, Liquor body design, Flavor-oritented, Main flavor, Background flavor

## 1　前言

中国传统白酒主要是以高粱等谷类为原料，大曲为糖化发酵剂，开放式生产，固态发酵，甑桶固态蒸馏，陶坛贮存，再经勾调而成。这些典型的工艺特征决定了白酒风味组分的复杂性，据统计，目前中国白酒中已被发现的风味物质有2400多种，然而这仍不能代表白酒的全部，仍无法准确地把风味组分与感官特征对应起来，因此仍然需要充分利用专业人员的感官能力去鉴别白酒的质量优劣。酒体设计是从消费需求或消费者的心智出发，利用企业自身的酿造能力去形成具有自主个性特色且风格特征一致，同时符合食品安全相关要求的产品。酒体设计分为广义与狭义两种，前者内涵更为丰富，从地域气候出发，选择合适的粮食、制曲工艺、窖池、工艺、贮存、勾调等，从而形成独具风格特征的产品；而后者则是从现有库存酒或者外源酒出发，根据市场或某一标样，形成一定风格的产品。一般情况下，企业所说的酒体设计即是指后者。

一个企业独特优美并被消费者认可与喜爱的风格特征是企业生存的唯一根本所在，特别是在当前形势下，白酒总消费量在进一步降低，“少喝酒、喝好酒”成为一种新的主流消费理念，头部企业独特的产品个性魅力更加彰显，中小企业的生存空间被进一步压缩。在这样的背景条件下，酒体的风格设计更是一个企业生存与发展的根本所在。

如何做好酒体设计，就像营销的定义一样，必须从消费的需求与心智出发，以企业资源可以满足的方式来把产品的风格设计好，去满足目标消费群体的需求。然而现在我们很多做法却是相反的，从自我出发，跟风或者想当然地把几种风格的酒拼凑一下，甚至出现了稀奇古怪的各种香型。这种所谓的创新，绝大多数是一种一厢情愿的自娱自乐，对于企业所介绍的产品个性特点（如一口三香、前浓、中清、后酱等），消费者往往一头雾水甚至根本无从感知。香型的划分是从1979年第三届全国评酒会开始的，现在白酒已有的国家标准有十二个香型，实际上市场上消费者对于香型的辨识只有浓香型、清香型、酱香型三种。虽说中国白酒是各美其美、美美与共，然而事实表明只有最典型的这三个香型酒走向了全国，成长为全国性品牌，其他最多只是一个区域性品牌。

如何做好酒体风格的设计，首先从认知上明确这是一个企业战略的最重要的组成部分，而非几个评委通过勾调反复组合一下，遴选一个感觉不错的配方。在具体的实施上，需要系统全面地考量，从喝酒人对酒的理解与心智出发，结合自身资源，明确要达到的风格特征，然后再进一步明确主体香是什么，烘托香是什么，做到主次分明，最后再从原料的选择、制曲工艺、窖池、接酒、贮存、勾调等进行系统的设计与研究，这样才是一个完整而有效的酒体设计。

## 2 白酒的基本属性

白酒具有精神与物质的双重属性，作为食品的一种，其并不提供必需的营养物质，但千百年来，它伴随着中华民族五千年的文化得以传承光大，自然有其合理存在的因素。关于白酒功能与酒文化方面的研究有很多，在此不做赘述。

### 2.1 人们喝酒最根本的目的

人们喝酒最根本的目的当然不是为了营养，也不是为了治病，而是为了满足精神的愉悦。喝酒微醺，令人兴奋，可以解决人的精神需求。

### 2.2 好酒的标准

对这个问题的讨论好像很难一致，也有各种各样的说法，用“存在即合理”来解释，能够成为全国品牌的代表好像只有浓香型、清香型、酱香型这三种香型，每种香型的代表也就是一至两个品牌。从这些品牌酒的特征分析共性，不难得出一定的结论。

#### 2.2.1 基础标准

不辣嘴、不刺喉，上头慢、醒得快，不口干、不难受、不烧胃等，这是消费者可以亲身直接体验到的，因此这些要求也成为一杯好酒最基础的标准。当然还要符合国家食品安全法的相关要求。

#### 2.2.2 美味的要求

白酒作为食品的一种，仅仅是做到基础标准，还是远远不够的，对感官良好的刺激成为一种美好的享受，这就要求做到风味的优美。

#### 2.2.3 富有个性特征

没有个性特征的产品，是没有生命力的。优质的产品与品牌，必须有鲜明的个性特征，也可以称之为风味基因。

白酒要做到富有个性，则必须在香气特征上表现出个性特征，因为它比味感更易显现、识别与记忆，尽管有人称现在白酒消费是一个以味为主的时代，但是个性仍需香气特征来呈现。

要设计出一个优秀的白酒酒体，除了要达到上述的基础标准外，还要有突出的主体香、优雅而丰富的背景香，从而形成鲜明而优美的个性特征。

## 3　明确酒体的主体香

嗅觉（Smell，Olfaction）是人和动物最基本的感觉。从进化论的观点看，嗅觉是最古老的感觉之一。嗅觉使脊椎动物和其他有机体能够利用嗅觉感受器辨别食物、配偶或掠夺者，能提供感觉的愉悦（如花香和香水）和危险的警告（如腐败的食物、化学危险品）。嗅觉可以辨别低浓度下极少量的化学物质，人的嗅觉区域大约有 $2.5cm^2$，含有大约 5 亿个嗅觉感受细胞。一般情况下，饮酒者很少单独闻香，但同样能感受到挥发性的香气特征，这就是后鼻嗅，是在下吞的过程中，气流反串到鼻腔的嗅细胞而得到的感觉[1]。

味觉是化学刺激物对口腔中的“味觉感受器细胞”进行刺激而引起的反应。传统的味觉包括酸、甜、苦、咸，目前鲜味已成为第五种味觉。当然在人的感觉系统中，有一类感觉不属于味觉，这类感觉是由化学物质刺激口腔黏膜引起的，这类现象称为触觉（或三叉神经的响应），最新的概念称为化学觉，主要包括麻辣感、凉爽感、热感和收敛感。在白酒中表现为醇厚、绵柔、细腻、刺喉、热辣等。

风味的严格定义是口腔的化学感应（味——分为化学刺激和味觉）和鼻腔的化学感应（嗅——分为化学刺激和嗅觉）。

从以上的风味化学理论我们可以得知，嗅觉要比味觉灵敏得多，一种酒最易被人记住的特点是嗅觉方面，一种酒的风格特征也是由嗅觉（包括后鼻嗅）来决定，我想这也是中国白酒之所以以“香”来区别风格的原因所在。实质上中国白酒主要是浓香型、清香型、酱香型这三种香气嗅觉特征，其他香型只是在此基础上两种、三种香型的组合，再辅以一定的辅助香而形成的。只有香气特征才是区别或决定酒质是否优质的最重要标志。

从现代白酒酒体设计的思路与做法来看，一方面从企业角度，通过不断地创新，细化香型，希望能走出一条差异化之路；另一方面，现实很骨感，从消费角度而言，整个趋势是向少数大类香型集中归类的，那就是浓香型、酱香型、清香型。

要做好一个酒体的设计，必须从消费者的心智出发，而不是从自我出发，按照消费者的心智，能够有效区分或归类的仅是浓香型、清香型、酱香型，当然这是就全国性品牌而言，并不否认个别区域性产品风格的存在。

在上述认识的基础上，做好酒体设计首先是要明确主体香是什么，如窖香、酱香、清香，而不是某一种风味物质，做到主体香突出，辅香协调，主次分明。尽管有人认为现在是一个吃“味”的时代，但是香气特征仍是最重要的。

## 3.1 窖香

窖香是浓香型白酒所特有的香气特征，主要是由窖泥微生物代谢糟醅而产生的特有香气，长期以来把窖香定义为以己酸乙酯为主体的复合香，由此导致长期的对产己酸菌的研究与应用，把己酸乙酯的提高作为提高浓香型白酒质量的重要措施，这在一定程度也推动了对窖泥微生物群的研究，普遍地提升浓香型白酒的质量，推动了浓香型白酒在全国的普及。但在当今“不缺酒、缺好酒”的年代，我们重新认识一下“窖香”，它和己酸乙酯的香气可以完全不相关，我们通过己酸乙酯的缺失试验，发现己酸乙酯不影响窖香特征的显现。

### 3.1.1 窖香的风味特征

窖香显然是由一种或多种浓度极低的风味物质所构成，所以把它与己酸乙酯画等号则是完全错误的，目前对于窖香这类物质的研究则需要利用风味组学进行系统地研究，这方面的进展现在还很小，不同区域、不同原料、不同工艺、不同窖池、不同大曲、不同糟醅其窖香在香气方面的特征不同，有的幽雅怡人，有的则臭气过大而令人厌恶。笔者根据所接触到的窖香的特点，初步做以下等级的划分，见表 1。

**表 1　　窖香香气分级特征**

**Table 1　　Aroma characteristics of Luzhou-flavor in different levels**

| 序号 | 窖香香气特征 | 等级 |
|---|---|---|
| 1 | 微有臭气，伴有花香、果香、奶香、鲜香等 | 优 |
| 2 | 有显著臭气，伴有花香、果香、鲜香等 | 一 |
| 3 | 有显著臭气，伴有花香、粮香、糟香等 | 二 |
| 4 | 有显著臭气，伴有粮香、曲香、糟香等 | 三 |
| 5 | 有显著臭气，伴有糟香、粮香、焦煳香等 | 四 |

窖香的幽雅度直接决定了浓香型白酒的品质优劣，受上述及多种因素的影响，显然不是每个区域或每个企业都能形成优级的窖香，这也最终决定了企业的产品在市场中的位置所在。

对于从消费者心智出发，一般情况感受到较明显的窖香，就会把这个酒定义为浓香，或者是不一样的浓香，因此凡是采用泥窖发酵的酒，大多会被判定为浓香，其质量优劣的判断视香气愉悦与厌恶程度而定。

### 3.1.2 窖香为主体香的酒的优缺点

以窖香为主体香的酒的最大优势是口感的绵甜、爽净、适口性好，另一方面，其低度酒的口感仍可以保持很好的感觉，适应于更多的消费群体，这也是浓香型之所以能成为第一大香型的重要原因。优质的窖香其微臭中有鲜香、幽雅的花香、果香、奶香与甜香；然而有问题的窖香呈现恶臭、腥臭、阴沟臭，不同窖香臭的程度与类型决定着浓香型酒品质的高低。

3.1.3　窖香的产生及相应的风味物质

窖香是窖泥中的土壤微生物与糟醅长期交互作用的结果，其构成绝不是一种或一类物质所决定的，有已酸乙酯、丁酸乙酯等传统上早已识别的物质，还有酚类、醛类、含硫化合物等最新识别的物质。其幽雅与否除了与原料、曲、生产工艺、窖泥制作及窖泥微生物有关外，还与产区息息相关。

浓香型白酒的酿造与研究工作不能仅仅盯着已酸乙酯，而应用风味组学技术或从感官上围绕窖香的幽雅、怡人，控制令人厌恶的异嗅。当我们欣赏泸州老窖与五粮液的窖香时，那是一种美的享受，这也是它们能支撑起高端价位的原因所在。

3.1.4　控制异嗅

在以窖香为主体的白酒中，当然不一定都能酿造出最好的产品，这就要求我们控制异嗅类风味组分，如恶臭、异嗅等不正常的臭气，还有糠杂味、黄水味、糟霉味、泥臭味、糟煳味、生粮味，这些都是白酒生产过程由于工艺不当所产生的内源性物质，同时，严格把控外源性物质的污染。

## 3.2　酱香

酱香型白酒是当下最热门的香型，虽说原因多种多样，但主要是茅台的引领，是茅台数十年来对于传统品质的坚守。在茅台的系列中没有酒精参与组合的新工艺白酒，即使在历史上最困难的时期，茅台一直坚守着纯粮、纯固态、纯传统的工艺，为其品质在消费者心目中的良好印象打下了坚实的基础，笔者个人认为茅台今日的成就是实至名归的。而浓香型的新工艺白酒大行其道了很多年，包括一些名优酒厂都不断地被曝出“酒精门”事件，还有的在企业内部都建有酒精厂，这些做法造就了一些企业的快速发展，但也为浓香型白酒品质在消费者心目中的“勾兑酒”的形象埋下阴影，因此短时间内，浓香型酒价位超过茅台是不可能的。

酱香型白酒对于制曲及酿酒原料都有独特的要求，红缨子糯高粱、软质小麦是其使用的两种原料，“重阳下沙、端午制曲”把中国白酒开放式生产所要求的“天人共酿”做到极致，“四高两长”、两次投料、九次蒸煮、八次发酵、七次取酒的独特工艺，将其酒体的丰满度做到了中国白酒的极致。

3.2.1　酱香型的风味特征

酱香型白酒最典型的特征是酱香突出，在闻香与后鼻嗅能感受到一种类似甜酱、酱油等发酵食品的香气，同时辅以一定的复合果香、焙烤香、焦香、奶油香、鲜香、甜香，而陈香是助鲜剂，酒越陈，香气越鲜。这种独特的香气随着产区、原料、工艺、制曲、贮存、勾兑等的不同而呈现一定程度的差异。

酱香突出是酱香型酒最重要的特征，没有酱香就不能称之为酱香型酒，它与其他辅香的复合程度决定了香气的幽雅度，也就是酒的档次。从消费的角度必须简化地表达出产品所具有的最重要的特征，而不是故弄玄虚，那样得到的结果恰恰相反，不会赢得消费者的喜爱。笔者根据所接触到的酱香型酒的特点，初步做以下等级的划分，见表 2。

**表 2　　　　酱香香气分级特征**

**Table 2　　Aroma characteristics of Jiang-flavor in different levels**

| 序号 | 酱香香气特征 | 等级 |
| --- | --- | --- |
| 1 | 酱香突出，辅以果香、花香、奶香、焙烤香、咖啡香、陈香、鲜香 | 优 |
| 2 | 酱香突出，辅以果香、花香、焦香、粮香，焙烤香、鲜香 | 一 |
| 3 | 酱香较突出，辅以粮香、清香、果香、焦煳香 | 二 |
| 4 | 酱香较突出，辅以粮香、清香、焦煳香、甜香 | 三 |
| 5 | 有酱香，辅以粮香、糠醛香、乙酸乙酯香、酸冲味、焦煳味、霉菜味等香气 | 四 |

酱香的突出与幽雅度直接决定了酱香型酒的品质高低，尽管当下是酱香型酒“热”，但不是每个企业都能酿造出幽雅的酱香，除上述影响因素外，还需要对传统工艺的敬畏与长期的坚守，不可能一蹴而就，以所谓的创新之名行投机取巧之事。

### 3.2.2　酱香型的优缺点

每个典型风格的酒都会有自己的受众，酱香型白酒以其突出的酱香、辅以幽雅细腻的复合香气，成为中国白酒最高品质的代表，其风味的优美度随着时间而发生正向的变化，这种变化是消费者可感知的，时间越久，其陈香越鲜美，口感极具味觉冲击的美妙，入口的丰满度与浓厚感是所有中国白酒中最强的，后鼻味的美妙刺激，让人越喝越想喝，因此也造就了茅台酒为代表的酱香型白酒的极高收藏价值。

其缺陷主要表现在味感中的酸感，有部分群体对后尾的酸感不适应，质量不好的还有焦苦感、苦涩感、刺激酸、粮杂感等，由于高温堆积与高温发酵，后尾味的干净很难把握。另一方面，酱香型在做低度酒方面效果较差，酒精度 50% vol 以下的酒，由于水的增加，苦酸味提高，影响口感的舒适度[2]。

### 3.2.3　酱香的产生及相应的风味物质

酱香的主体香自 20 世纪提出起，历经数十年几代人的努力，仍没有一致的结论，现在看来酱香这种主体香绝不是一种或某一类物质所形成，而是由独特的环境、原料、大曲、工艺、窖池、贮存、勾调等共同形成的，其中最重要的是高温大曲的作用。对于酱香的产生，现已形成成熟的酿造工艺，然而对其机理的研究，还有大量的未解之谜，这有待我们应用微生物组学、风味组学技术去进一步地研究。

酱香型的典型工艺特征就是高温，制曲温度最高达65~67℃，发酵时高温堆积温度达到50~52℃，窖内发酵温度最高达40~42℃，明显高于其他香型酒的温度，这就造成了不同的微生物种群、不同的化学反应以及不同的代谢产物，这是酱香形成最重要的特征。酱香型酒七次取酒，每轮次酒的风格特点各不相同，如下所述。

一轮次酒：闻香有生粮香、酸香比较明显，口感酸、涩味明显。

二轮次酒：闻香有生粮香，伴有米饭甜香，乙酸乙酯香（类似香蕉香气）突出，口感有酸涩感，后味干净。

三轮次酒：微带生粮香，酱香初显，伴有哈密瓜、白茶花的复合香，味略酸，口感醇和，后味长而干净。

四轮次酒：酱香明显，有曲香、青草香的复合香，口感厚实丰满，后味甜、干净、较长。

五轮次酒：酱香突出，有曲香、烘焙咖啡香，微带焦香，口感醇厚，后味长。

六轮次酒：闻香有酱香和焦香，有似烤面包和炒芝麻的香气，口感醇和，后味长，稍有苦味。

七轮次酒：焦香明显，有煳香，入口有类似杏仁的口感，较枯燥，后味较苦。

最后要把一至七轮酒经过盘勾，才能形成风格较全面的酒体。关于酱香典型风格物质的研究也有很多，Fan 等[3]采用 SB SE-GC-MS 联用技术对白酒进行香气分析。从 14 种白酒中共鉴定出 76 种挥发性化合物，其中酯类 25 种、醇类 10 种、醛酮类 9 种、芳香类 8 种、呋喃类 5 种、含氮类 3 种、酸 6 种、酚 4 种、萜烯类 3 种、含硫化合物 1 种、内酯 1 种、缩醛 1 种。但对于构成酱香这种香气成分典型物质的认识之谜，至今尚未解开。

无论是在酿酒的实践，还是今后的理论研究上，都要围绕酱香的突出和花香、果、奶香、咖啡香、焙烤香等基础香的幽雅与协调展开。

#### 3.2.4 控制异嗅物质

在突出酱香主体香的同时，控制异嗅物质的显现，如糠味、生粮香、焦煳或焦苦香、盐菜香、糟香味、煳苦味、霉味、臭泥味、突出的乙酸乙酯香、尖酸味等，必须解析其形成机理，在酿造实践中加以控制。

## 3.3 清香型

清香型白酒作为白酒中最古老、最受欢迎的香型之一，因其明显的花香和果香而深受消费者的喜爱。根据现行国家标准 GB/T 15109—2021[4]，清香型白酒是指以粮谷为原料，经缸、池等容器固态发酵，固态蒸馏、陈酿、勾调而成，不直接添加食用酒精及非白酒发酵产生呈色、呈香、呈味物质的白酒。具有清香纯正、口味醇和、爽口回甜、余味悠长等风格特点。“曲乃酒之骨”，所用酒曲的不同是导致各品牌的清香型白酒风味成分不同的重要原因之一。按照酒曲的不同，可将清香型白酒分为大曲清香型、麸曲清香型和小曲清香型白酒。大曲以小麦、大麦、豌豆为主要原料，经粉碎、加水、压制成曲饼，在曲房里进行微生物的自然培养和富集，大曲基酒的质量一般较高。麸曲是以麸皮为原料，蒸熟后接入纯种曲霉菌或者其他霉菌，经人工培养得到的酒曲，这种曲酿造出的酒一般称为麸曲清香型，其质量一般差于大曲清香型。小曲又称为米曲、白曲，是用米粉或者米糠为原料，添加少量中草药为辅料，加入一定量母曲和适量的水制成坯，在自然条件下或控制温度湿度的条件下培养而成，小曲清香型一般采用整粒高粱为原料，经小曲培菌糖化，再入池发酵，发酵期短，出酒率高，一般而言，质量较差，价格低廉。

典型的清香型白酒生产工艺的主要特点是“清蒸二次清”。其中，“清蒸”是指一次性投料的碎高粱单独进行蒸煮；“二次清”是指原料蒸煮、冷却后加曲两次，发酵两次，蒸馏两次后丢糟，酒糟可作饲料等用途。清香型白酒多采用地缸发酵，在整个酿造过程中主要突出“清”“净”二字，其在蒸馏时不混料，原辅料清蒸和酒醅蒸馏分别进行，对卫生质量要求较高[5]。

3.3.1 清香型白酒的风味突出特征

以汾酒为代表的清香型大曲酒近几年来的强势表现，说明了守正创新的重要性，具有清雅纯正的清香，伴随着鲜明的花香和果香，其“优雅、飘逸”的香气、“纯净、清雅”的口感、“恬静、淡爽”的风格，造就了它“闻香雅”“入口净”“落喉爽”的独特品质。最典型的香气特征是纯正、幽雅的清香，伴有清花香和果香、甜香的感官相较于其他风味来说更为丰富。

清香纯正及幽雅与否决定了清香型白酒的典型性及品质高低，优质的清香型白酒与乙酸乙酯的关系并不大，而是鲜明的花香、果香、清雅的粮香、鲜美的陈香。根据所接触到的清香的特点，初步做以下的等级划分，见表3。

**表3　清香香气分级特征**

**Table 3　Aroma characteristics of Mild-flavor in different levels**

| 序号 | 清香香气特征 | 等级 |
|---|---|---|
| 1 | 清香纯正，伴有花香、果香、清雅粮香、陈香、鲜香，无其他杂香 | 优 |
| 2 | 清香纯正，伴有花香、果香、粮香，无其他杂香 | 一 |
| 3 | 清香较纯正，有乙酸乙酯香、花果香、粮香 | 二 |
| 4 | 有清香、酯香、粮香、麸皮或辅料香 | 三 |
| 5 | 有清香、酯香、粮香、糠杂味、土味、霉味 | 四 |

3.3.2 清香型白酒的优缺点

清香型白酒的最大优点是清雅纯正而不失丰富的花果香，酒体爽净，这种酒饮用舒适，没有浓香的泥臭，没有酱香的酸涩与厚重，这是它的受众喜爱它的重点所在。

当然上述优点是好酒才能做到的，要做到上述优级酒所具有的特点是十分困难的，不是每个企业或每批酒都能做到的，在酿造过程中易出现杂味。因为清香型白酒的香气是在清雅的背景条件下，任何微小的杂味都极易显现出来。

清香型白酒的香气丰富度不及浓香及酱香，口感的刺激度相对较大，尾味易出现苦味，随着贮存时间的延长，其品质幽雅度的提升程度不及酱香型白酒，其贮存价值不及酱香型白酒高，而且在做低度酒时效果较差。

3.3.3 清香的产生及相应的风味物质

清香型白酒的突出典型香气特征是由其产区、原料、大曲、发酵容器、贮存工艺及勾调工艺所决定的，决定其品质优劣的并非仅是乙酸乙酯的高低，原有的认识把乙酸乙酯作为其主体香，并围绕其含量的提高进行工艺的改进，并不完全正确。高质的清香型大曲酒应围绕如何提高酒体的花香、果香、甜香以及贮存形成的陈香与鲜香的丰富程度。

清香型白酒的香气主要以果香、花香为主，其中酯类、醇类化合物在这两种香气上表现最为突出。其中，通过嗅闻，乙酸乙酯、乙酸苯乙酯、苯乙酸乙酯、丁酸乙酯、丁二酸二乙酯、2-甲基丁酸乙酯、戊酸乙酯、己酸乙酯、庚酸乙酯、乳酸乙酯、辛酸乙酯、癸酸乙酯、月桂酸乙酯、苯甲酸乙酯、苯丙酸乙酯、γ-壬内酯、乙酸异戊酯、1-丙醇、1-丁醇、仲丁醇、1-戊醇、1-己醇、1-辛烯-3-醇、苯乙醇、异丁醇、异戊醇、乙酸、丙酸、丁酸、戊酸、己酸、辛酸、异戊酸、糠醛、己醇、苯甲醛、苯乙醛、4-甲基愈创木酚、4-乙基愈创木酚在大曲、小曲和麸曲清香型白酒中都有发现，说明这几种物质是清香型白酒中较为常见的香气活性化合物，在整个清香型白酒的风味组成上占有重要地位。它们的形成很可能与某些相同的工艺或者微生物的代谢有关。

3.3.4 控制异嗅

清香型白酒最大的优点是清雅纯正，在此背景下，令人不快的杂味物质极易显现，常见的异嗅物质有糠杂味、麸皮味、霉味、土腥味、生粮味，还有臭味。

## 4 确定背景香

主体香是消费者对白酒类型的基本判断，从目前的消费认知来看，尽管我们有定型的12个香型，但是消费者能有效识别的只有浓香型、清香型、酱香型，有些组合兼香型尽管从专业角度有差别，但是从消费者的认知出发，大多还是划分到此三大香型中去。尽管每个企业都想通过创新来寻求发展、寻求差异化，也有不少的企业提出更多的香型，但这些香型从近年的状况看，最多只能是区域性或是小众的，只有三大主体香型才会被消费者更广泛地接受。

我们在确定主体香后，如何给消费者提供富有个性特征的美酒，则需要在主体香突出的基础上，做好背景香。

## 4.1 背景香的定义

背景香是为主体香提供支撑与烘托作用的香气组分，如中国白酒中常见的果香、花香、坚果香、焙烤香、粮香、曲香、椰子香、奶香、甜香、鲜香。

## 4.2 常见的背景香

### 4.2.1 果香

果香是优质白酒最重要的背景香，包括：梨香、杏香、椰子香、香蕉香、菠萝香、苹果香、甜瓜香等，主要是由中短碳链的脂肪酸酯所形成的香气，中国白酒尤以酯类物质丰富见长，不仅种类多，而且含量高，阈值低，其占风味总量的 35% ~ 60%，香气活力值（OAV）高，丰富的果香给白酒提供一种优美的背景香，在清、浓、酱香型酒中都有。

### 4.2.2 花香

花香也是优质白酒重要的背景香，包括：玫瑰花香、茉莉花香、风信子花香、丁香花香等，主要由醇类、内酯类等化合物组成，这种香气一般在优质清香、浓香、酱香型白酒中都能呈现出来，给人非常优美愉悦的感官享受。

### 4.2.3 甜香

在中国白酒的背景香中也有甜香的出现，主要包括：蜂蜜香、奶酪香、椰子香等，这种香气非常优美，一般在优质酱香、清香型白酒中能呈现。

### 4.2.4 坚果香

坚果香一般包括：苦杏仁干香、核桃香、杏仁香等，一般在酱香型酒中能呈现，其他香型酒中很少。

### 4.2.5 焙烤香

焙烤香主要包括烤麦、烤肉、烤面包、咖啡香、烤坚果、炒芝麻的香气，一般在采用高温大曲、高温堆积、高温发酵工艺的酒中才能呈现出，大多在酱香型酒中呈现，这类香气非常诱人，香气非常细腻。

### 4.2.6 鲜香

鲜香只有在非常优质的白酒中才能显现出来，浓、清、酱香型都会有，是一种极为优美的香气，它常常伴着花果香与陈香同时出现，不同的主体香有着不同的鲜香体现，一般只有在贮存足够长的真正年份酒中才能显现出来。

4.2.7　发酵香

中国白酒主要是一类固态发酵后，通过蒸馏所形成的含有酒精的饮料，曲香、豆豉香、糟香都不可避免，对于优质的白酒，这类香气只能作为很淡的背景香，香气强度越大，等级越低。

### 4.3　其他背景香

除上述的背景香之外，在现在“大兼香”的背景下，很多企业都在走香型融合之路，浓香、清香、酱香、芝麻香等主体香之间也可互为背景香。

4.3.1　酱香

酱香可以作为浓香、清香、芝麻香的背景香，一般通过与酱香型酒进行勾调，也可在工艺上调整，浓香、芝麻香贮存久了经常会有一定的酱香出现，不仅风格优美，而且具有一定的个性特色。

4.3.2　芝麻香

芝麻香是以粮谷为主要原料，或配以麸皮，以大曲、麸曲等为糖化发酵剂，经堆积、固态发酵、固态蒸馏、陈酿、勾调而成的，不直接或间接添加食用酒精及非自身发酵产生的呈色呈香呈味物质，具有芝麻香风格的白酒[4]。

芝麻香是中华人民共和国成立后通过学创结合而创立的两大香型之一，曾在山东的呼声最高，但是一直没有被消费者认可，也造成这个香型很小众的尴尬局面，尽管原因多种多样，但是芝麻香型酒最大的优点是细腻的芝麻香和焙烤香，贮存久了的芝麻香还有酱香与幽雅的陈香，这种香气作为背景香是非常幽雅的。

清香、浓香、酱香都可以以芝麻香作为背景香，来提升酒体的丰富度，以及典型的个性特征。

4.3.3　清香

清香分为大曲清香、小曲清香、麸曲清香，清雅的花果香是典型的背景香，在具体的实践中，以清香为背景香的不太常见，主要是兼容性不好。可以在酱香中辅以一定的清香作背景香，但往往会拉低酱香的美感。也有的从成本考虑出发，把小曲清香应用于浓香或酱香的组合中，可以降低成本，但一般而言，品质都会下降，主要原因是美感不足。

## 5　全流程设计

从消费者认知出发，找准市场定位后，明确企业所希望达到的风格特色，再进一步确定主体香，这是最重要的，明确三大主体香中的其一，突出中心，这是消费者识别白酒是何种风格的最清晰的标志。即使香型创新，也需要明确主体香，而不能是没有主体的混杂之物。其次，进一步明确背景香气是什么，或有哪些组成。在此基础上，进行原料及原料组合、大曲、发酵工艺、窖池、贮存工艺、其他香型酒、勾调工艺等选择。

## 5.1 原料

白酒的酿造原料一般以高粱为主，辅以一定的大米、糯米、小麦、玉米等粮谷类作物，以稻壳为填充剂，不同的原料选择，就会有不同的背景香。

### 5.1.1 浓香型

浓香型多以高粱为主要原料，有单粮型与多粮型之分，前者以高粱为原料，后者除高粱外，还需配入不同比例的大米、糯米、小麦、玉米。近十年来，以多粮型为多，这也是为了丰富酒体的背景香，增加酒体丰富度做出的选择。不同的原料及原料组合，会构成不同的背景香。

### 5.1.2 清香型

清香型白酒一般以纯高粱为原料，采用清蒸二次清工艺，辅料用料少，要求原料新鲜、饱满、杂质少，以防不良气味影响清香的纯正。

### 5.1.3 酱香型

酱香型则必须以红缨子糯高粱为原料，才能保证满足九次或多次蒸煮的需求，要求原料耐煮，支链淀粉含量高。

## 5.2 大曲

大曲是白酒酿造的糖化发酵剂，不仅对主体香，而且对背景香有着极其重要的影响，有“菌系、酶系、物系”三系之称。除了糖化发酵功能外，其自身会带入丰富的风味物质，从而呈现不同的背景香。

### 5.2.1 低温大曲

清香型白酒一般以低温大曲为糖化发酵剂，采用小麦、大麦、豌豆为原料，不同的原料配比，以及不同的培养温度，会形成不同的背景香。

### 5.2.2 中温及中高温大曲

浓香型白酒一般以此类曲为糖化发酵剂，有平板曲、包包曲不同形状大小，也有以纯小麦（或再配以大麦、豌豆）为原料，培养温度 55~60℃，不同的区域及新老曲房，都会形成不同的曲香，从而构成不同的背景香。

### 5.2.3 高温大曲

以纯软质小麦为原料，培养温度 62~65℃，曲块变形，主要以黄曲为主，表面及里面呈黄褐色，有焦煳香、豆豉香等，是酿造酱香型大曲酒所不可缺少的糖化发酵剂。

## 5.3 发酵容器

白酒一般采用固态发酵这一古老的发酵方式，发酵容器的选择对主体香及背景香均有影响，有泥窖、石窖、陶缸、不锈钢等。

## 5.4 发酵工艺

浓、清、酱三种香型分别有着成熟的工艺路线，当然随着区域的不同，或者对风味选择的不同，工艺路线会有一定的不同，这些不同的工艺路线对酒体的主体香及背景香有着重要的影响，因此，需要什么样的风味，就需要选择、研究或设计相应的工艺。

## 5.5 贮存工艺

贮存对白酒主体风味及背景香的形成具有重要的影响，是白酒生产所不可缺少的工艺环节，过去对这方面重视程度不够，随着喝好酒时代的到来，这一工序尤为重要，对资金的占用量极高，一般贮存期 1~5 年，有的更长达 5~10 年，所以现在称白酒为重资产行业一点不为过。

新酒通过贮存，低沸点的杂质得到挥发，醛类、含硫化合物、醚类等不良气味得以去除，贮存过程中最重要的化学变化为：原来没有的陈香、鲜香通过贮存而产生，这些陈味物质以现有的分析设备尚无法明确，但人的感官实实在在地能感觉到，特别是酱香为主体香的酒，时间越久，陈香、鲜香越明显。

### 5.5.1 贮存容器

贮存容器的选择是贮存工艺的重要组成部分，一般有传统陶坛、500~1000kg 现代陶坛、100~2000t 不等的不锈钢罐，还有少量的木酒海等，主要以现代陶坛与不锈钢罐为主。

实践与研究表明，白酒采用陶坛贮存老熟最佳，当然其挥发或渗漏的损失率每年达 2%~3%，但老熟速度快，口感风味优于不锈钢罐。

### 5.5.2 贮存时间

原酒的贮存时间越久，质量越好，这是不争的事实，但也要根据酒体设计的要求，选择恰当的贮存时间，优质长贮、低质短贮，选有价值的优质好酒进行长期贮存，而价值低的不太好的酒则作为低端酒尽快使用，从而实现价值最大化。

### 5.5.3 贮存工艺

一般都采用陶坛与不锈钢的组合，前期若干年采用陶坛贮存，在勾调前再组合到不锈钢大罐进行贮存均质，为后期的勾调打下基础。

### 5.6 骨架成分及采标的设计

白酒中除乙醇与水外，风味物质只占总量的 1%～2%，风味物质的种类、含量及相互之间的比例决定了白酒的风格特征。我们把白酒中含量≥50mg/L 的风味物质称为骨架成分，其含量占白酒风味物质总量的 95%以上，对白酒的风味特征及标准的符合性具有重要的影响，但不是决定品质高低及风格优美与否的关键因素。骨架成分由于含量较高，容易检测，一般应使之处于受控状态，结合感官品评，以保证品质的稳定性。

5.6.1 骨架成分设计

白酒中骨架成分一般为含量较高的酯类、酸类、醛类、高级醇类，其种类一般在 50 种以内。一次进样，通过 GC-MS 都可以检测出来，对这些成分的含量应设计一定的控制范围，在酒体设计与大样结合时加以控制，有利于感官品质的稳定。

5.6.2 采标设计

白酒目前有 12 个香型的国家标准，还有中国酒业协会的团体标准，对于这些推荐性的标准，在做酒体设计时，必须同时考虑，采用什么样的标准更能体现产品的特色与消费者的诉求表达，尽量不要搞一些故弄玄虚的消费者不知所云的香型。

### 5.7 勾调工艺

勾调是指以贮存后的基酒为原料，按照设计的或想要达到的目标酒体风格进行反复的试调，再经过一系列的过滤除浊后，达到目标风格特点与理化指标要求的过程。

5.7.1 基酒选择

按照设计的主体香与背景香选择基酒，通过反复调试与品评，结合理化分析后，确定是否达到目标酒体的风格特征，如没有达到则反复进行，达到则确定比例组合。

5.7.2 过滤与除浊

为了保证白酒的透明度，灌装前的酒必须经过过滤与除浊，一般都是采用物理方法，50%vol 以下的酒要去除高级脂肪酸酯，有活性炭吸附与冷冻过滤法，各有特点，过滤有硅藻土过滤、微孔过滤、膜过滤等，这些都能进行有效的选择。

5.7.3 贮存

勾调与过滤后的半成品酒仍需要贮存，应全部采用食品级不锈钢输送管道，由于水的加入及各种基酒的组合，打破了原有的平衡体系，必须经过贮存才能进行包装，一般 6～12 个月，高度酒时间宜长些。

### 5.8 舒适度试验

舒适度是指饮酒时、过程中、过后直至第二天饮酒者的身体生理舒适体验。这种体验是消费者直接的身体反应，作为个体其有着明显的评价标准，只是作为企业很难把握与控制，但是这项体验直接决定了产品的生命力，而且具有一票否决权。随着酒体设计研究的不断深入，每个优秀的品牌都有着各自独到的控制标准。

## 6　结束语

现代酒体设计是一项系统的工程，应纳入企业的战略范畴，而不是仅凭几个评委把酒库的酒或外源酒做一定的勾调，这是远远不够的，也是无法形成个性特色的。应从消费者认知出发，采用风味导向技术系统加以考虑，明确主体香是什么，背景香是哪些，然后从原料、制曲、工艺、贮存、勾调进行全过程的系统设计，浓香型、清香型、酱香型是现阶段全国公认的主流香型，一般的酒体设计应以这三大主体香型为主体香，辅以一定的背景香加以创新，才能更好地适应消费者需求，跟上消费升级的步伐。

### 参考文献

[1] 徐岩，范文来．酒类风味化学［M］．北京：中国轻工业出版社，2013.

[2] 蔡天虹，徐海燕，曹石燕，等．贵州酱香型白酒的品评分析［J］．酿酒科技，2021（5）：65-69.

[3] Fan W L，Shen H Y，Xu Y. Quantification of volatile compounds in Chinese soy sauce aroma type liquor by stir bar sorptive extraction and gas chromatography-mass spectrometry［J］. Journal of the Science of Food and Agriculture，2011，91（7）：1187-1198.

[4] GB/T 15109—2021，白酒工业术语［S］.

[5] Wei Y，Zou W，Shen C H，et al. Basic flavor types and component characteristics of Chinese traditional liquors：a review［J］. Journal of Food Science，2020，85（10/12）：4096-4107.

# 中国白酒国际市场营销研究现状

冯方剑[1]，赵金松[1,2]，刘茗铭[1]，唐维川[2]，黄婷[2]
（1. 四川省酒业集团有限责任公司，四川成都　610000；
2. 四川轻化工大学生物工程学院，四川自贡　643000）

**摘　要**：中国白酒历史文化源远流长，并在中国酒类市场独占鳌头。可由于国内外文化差异、相关政策等因素，中国白酒在海外市场的品牌推广和产品铺货仍然任重而道远。在如今中国白酒国际化的大趋势下，海外推广已在所难免。为让白酒被世界所认可，与政府合作、市场细分、白酒普及和完善标准是白酒“出海”的第一步。

**关键词**：海外市场；白酒文化；营销策略

# The Analysis and Marketing Strategy of Chinese *Baijiu* in International Market

FENG Fangjian[1], ZHAO Jinsong[1,2], LIU Mingming[1],
TANG Weichuan[2], HUANG Ting[2]
(1. Sichuan Liquor Group Co., Ltd., Sichuan Chengdu 610000;
2. College of Bioengineering, Sichuan University of Science & Engineering, Sichuan Zigong 643000)

**Abstract**: The history of Chinese *Baijiu* culture is long and sustainable, occupying the dominate alcoholic beverage market domestically. Considering the difference of consumption culture, influence of liquor policy etc, the establishment of brand and distribution of product is important but difficult for Chinese *Baijiu*. Apparently, the oversea promotion of *Baijiu* is necessary on the fact of the trend of Chinese *Baijiu* globalization currently. The cooperation of government, market distribution, the education of *Baijiu* knowledge, and improvement of

作者简介：冯方剑，男，硕士，四川省酒业集团有限责任公司质量及生产岗，主要从事白酒科研质量相关工作。E-mail：fengfangjian@qq.com。

production system is priority that the Chinese *Baijiu* is acceptable by foreign customers.

**Key words**: Oversea market, *Baijiu* Culture, Marketing strategy

## 1　中国白酒市场现状分析

### 1.1　中国白酒文化

中国白酒主要以粮谷为主要原料，以大曲、小曲或麸曲及酒母等作为糖化发酵剂，经过蒸煮、糖化、发酵、蒸馏等流程而生产出来的一种酒精饮料。因为其固态双边发酵、甑桶蒸馏等独特的工艺特点，不同于威士忌、金酒、朗姆酒、伏特加等世界其他蒸馏酒，中国白酒可被誉为世界上风格独特、别具一格的蒸馏酒。中国白酒文化历史源远流长，自问世以来便是许多文人雅士、英雄豪杰的寄情之物，也是当今社会人们宣泄情绪、商务宴请的重要媒介。诚然，从古至今，白酒在中国都扮演着不可或缺的重要角色。尽管在日益全球化而导致各种海外蒸馏酒、葡萄酒逐渐在中国酒类市场安营扎寨的今天，中国白酒凭借着它深厚的文化底蕴和卓越的品质在国民心中的地位丝毫没有动摇。

### 1.2　国内白酒市场现状分析

据不完全统计，在37000多家中国白酒生产企业中，就有3000余家属于品牌白酒[1]。从2012年国家政策管控开始，白酒行业在经历了4年的“寒冬”之后，终于在2015年开始整体回暖复苏，并开始逐年稳步上升，可由于受白酒安全质量事故、政府加大打击贪污腐败消费的力度和多项相关政策颁布的影响，白酒总产量虽未整体滑坡但也一直保持着稳步不前的状态。在2020年“新冠”肺炎疫情的影响下，整个白酒行业又再度受挫，这对于本来就竞争激烈的白酒市场来说，无疑是雪上加霜。

白酒行业在经历了多次重组洗牌后，中高端白酒市场寡头垄断、两极分化和行业集中化现象日趋明显。世界白酒看中国，中国白酒看四川。以四川省为例，作为四川省的支柱性产业，高档浓香型白酒市场份额基本被五粮液、泸州老窖等传统大型酒企占据，其余中小酒企所占份额不足1%。另外，位于“中国白酒金三角”核心区域的泸州市和宜宾市的白酒产量超过全省总产量的一半，进一步表明全国白酒产业逐渐集中化现象。除此之外，除6朵金花、10朵小金花等规模上企业，四川省白酒企业普遍存在着“小、散、乱”的现象，这些企业由于品牌影响力、风险应急措施、年产能力的欠缺在竞争如此激烈的白酒市场中举步维艰[2]。但是从全国来看，中国白酒产业仍然存在地域分布广、产业集中度低的现象，虽在一定程度上避免了行业同质化，但是白酒市场的中高端化依然是全国所有中小酒企面临的危机。

## 2 国际白酒市场

随着全球化进程，中国进口的酒类产品如啤酒、葡萄酒等呈爆发式增长，这将进一步压缩中国白酒市场，对于中小酒企乃至全国白酒行业来看都将是一轮新的挑战[3]。不得不承认，寡头垄断市场虽然利于某些独立个体的发展，但是却不利于整个行业的发展。正所谓行业兴才会企业兴，要想打破这一局面，中国白酒“出海”似乎刻不容缓。

### 2.1 起步晚，规模小

虽然白酒产业在国内已发展数千年，但是在海外市场却刚刚起步。目前，中国大多数酒企在海外市场还停留在文化拓展阶段：近年，泸州老窖接连推出了泸州老窖·国窖 1573 封藏大典、“让世界品味中国”全球文化之旅、国际诗酒文化大会等活动；贵州茅台也不甘示弱，在非洲和旧金山分别举办了“香遇金色非洲”品牌推介、“贵州茅台日”等活动[4]。就整体而言，中国白酒市场具有内销为主、海外出口规模小的特点。据海关数据显示，2020 年中国白酒出口量为 1424.6 万升，产量为 140.7 万千升，出口占比只有 1% 左右。因此，中国白酒的国际化进程还处于“启蒙阶段”，虽然白酒国际化前路漫漫，但是世界其他蒸馏酒如威士忌、伏特加等全球化推广的成功也给中国白酒提供了有益借鉴。

### 2.2 电商渠道限制

随着国内互联网平台以及电商渠道的迅速发展，网购已成为国民购物的主流趋势[5]。国内白酒消费也正逐渐从餐厅、超市等传统消费渠道向线上消费渠道转变，不难发现，随着国家相关政策造成的白酒市场需求变化和各种新媒体介入对白酒消费习惯的影响，有关白酒的广告正充斥着各大互联网平台，而中国物流的高效性也拉进了商家与消费者之间的距离[6]。国外互联网虽然起步较早，但电商平台却没有国内的普及性高。与国内主流的线上购物模式相比，国外更倾向于线上选择、线下购买的模式，即 O2O 模式。这表明中国白酒要想在海外推广品牌需首先在线下进行铺货，再在线上进行广告投送，这无疑增加了品牌推广成本。

### 2.3 政策阻碍

中国把酒列为普通消费品，而其他国家则将酒列为特殊产品。这种不对等的关系造成了中国酒类市场“易进难出”的局面。因此，国内酒企在海外市场面临着成本高、利润低的尴尬局面，这也间接导致了国内白酒“出不去”的窘境。

### 2.4　文化差异

由于中国白酒度数普遍偏高，且在饮用时不加入其他非酒精饮料，因此海外消费者在饮用白酒时会误认为是“酒精”，这种白酒认知度的欠缺致使他们对中国白酒的接受程度并不高。此外，与国内餐饮文化不同，国外特别注重餐酒搭配，且餐食大多与度数比较低的葡萄酒搭配，面对高度白酒，许多国际消费者都会“敬而远之”。尽管部分白酒企业在海外推广时，为适应白酒国际化，尝试加浆降度。然而由于缺乏与白酒相匹配的消费环境和文化，即便“走出去”了，中国白酒在国外仍属于“非主流酒精饮料”[7]。

## 3　中国白酒出口 SWOT 分析

### 3.1　优势（Strengths）

中国白酒底蕴深厚，其起源可追溯到西汉时期，既是一种饮品，也是文化输出的载体。海外消费者可以通过白酒产品充分了解中国古文化，并且可与中国传统宗教——道教文化互相结合，以此来满足海外消费者对中国华夏文化的诉求和好奇心。

### 3.2　劣势（Weaknesses）

世界六大蒸馏酒中白酒占其一，理应与其他蒸馏酒一样在国际市场占据同等地位，可事实却是与威士忌、伏特加这些热门烈酒相比，中国白酒只能被归纳为其他烈性酒，可见白酒在国际市场上目前仍不被看好，其主要原因是中国白酒的口感让许多国际消费者接受不了。从工艺上来讲，中国白酒对比其他蒸馏酒要相对复杂，并且大多采用纯粮固态发酵，因此中国白酒无论从气味上和口感上来讲都会比其他蒸馏酒浓烈，不符合海外消费者的饮用习惯。再者，其他蒸馏酒因口感轻盈因此大多都可用作预调酒、配制酒、鸡尾酒的基酒，并逐渐演变成了一种鸡尾酒文化，而白酒因为其味道太过霸道作为基酒有太多的局限性，这也导致了中国白酒在海外市场无法成功“出圈”。

### 3.3　机会（Opportunities）

由于国内白酒消费者群体的“更新换代”、白酒消费市场逐渐升级、酒类饮品逐渐国际化等因素，中国白酒正逐步向“国际化”转变。工艺的不断升级和酒体的不断创新都为白酒推向海外市场提供更多可能，且白酒的鸡尾酒文化也在逐步兴起，为白酒“出海”“出圈”提供更多助力。

### 3.4 威胁 (Threats)

目前世界其他蒸馏酒的市场表现力特别是伏特加和威士忌依然强劲，且国际消费者已形成独有的饮酒文化体系，并在短时间内无法改变，白酒的高酒精度也正面临各国严格的准入条件。因此，白酒“出海”之路依然任重而道远。

## 4 白酒海外推广策略建议

中国白酒“出海难”最根本的原因是白酒进关税率太高从而导致了白酒海外市场利润被进一步压缩，这就导致了许多酒企对海外市场只是观望状态，有些虽然已经踏出了进军海外市场的第一步但也属于“启蒙阶段”，还未大量铺货。因此，为解决这一情况，中国政府可以积极与其他国家建立贸易合作，参考澳大利亚、新西兰、智利等国与中国签订的关于葡萄酒零关税的协议，可通过签订长期合作协议的模式降低白酒进关关税，减少国内酒企出口压力。

作为酒企，应该对国外市场进行深耕细分，因为像欧美国家、中东国家以及东南亚国家的消费水平、酒文化、消费习惯等都是千差万别的。例如，中东大多数国家受伊斯兰教影响，因此在出口这些国家时需要考虑宗教因素；韩国大多数消费者都对价格比较敏感，因此在出口到韩国时需要详细规划价格策略；少部分欧美国家禁止在网上交易酒精饮料，在出口到这些国家时需要进行 O2O 的方案规划。因此，酒企不能笼统地将其他国家都总结为“海外市场”，要根据自身产品特点、抗风险能力等实际情况对目标出口国酒类产品市场进行细挖，再完成品牌推广。

2019 年，英国葡萄酒及烈酒教育基金会（WSET）首次将中国白酒纳入其烈酒三级课程，标明着白酒国际化的进一步发展。但是海外对于中国白酒的认知度依然不够，鉴于这种情况，中国酒业协会等相关组织可在海外开设白酒课程，提高国际消费者的白酒相关知识，因为只有充分了解才能逐渐接受。

最后，国内须建立一套完善的从原料种植到产品特征的白酒标准体系，目前中国关于白酒生产的标准体系还未完善，相关国际标准也还未建立，这就导致了国际消费者对白酒产品的不信任。因为他们根本不知道他们喝进去的是什么，不像葡萄酒，他们可以从一款旧世界的酒标上清楚地知道这款酒的等级、储存年份、品质等。因此，白酒生产制度体系的完善是白酒产品被国际消费者接受的关键所在。

## 5 结论

中国白酒国际化虽是大势所趋，但是离真正被世界接受还有相当长的一段路要走。为达到这一目标，政府、酒企和酒类协会组织要精诚合作，抱团取暖，让中国白酒早日出现在国际友人的餐桌上。

## 参考文献

[1] 叶天宏. 中国白酒产业现状与发展对策研究 [J]. 产业与科技论坛, 2017, 16 (10): 12-14.

[2] 何林, 任勇, 谢江, 等. 四川省白酒行业发展现状及绿色发展路径探讨 [J]. 资源节约与环保, 2019 (3): 113-115+132.

[3] 杨柳, 郭丹, 高佳羽, 等. 中国白酒国际化策略分析 [J]. 酿酒科技, 2018 (12): 134-141.

[4] 熊柳. 中国白酒企业国外市场现状分析及对策 [J]. 智库时代, 2019 (49): 272-273.

[5] 赵皓星, 张宁. 浅析中国未来网购模式的主流趋势 [J]. 中国经贸, 2011 (22): 15.

[6] 莹菲. 互联网白酒消费势力崛起撬动白酒行业网络营销 [J]. 广告大观 (综合版), 2013 (5): 88-89.

[7] 牟红. 中国白酒品牌国际化现状与对策分析 [J]. 现代商贸工业, 2018, 39 (28): 51-52.

# 以庄园形式推动白酒国际化的探索

沈毅[1,2]，王西[1,2]，张亚东[1,2]，罗茂果[1]，杨庆[1]
（1. 四川郎酒股份有限公司，四川成都　646523；
2. 四川省酱香型白酒生态酿造工程技术研究中心，四川成都　646523）

**摘　要**：白酒是我国一种重要的食品，更是一种独特的文化。为推动白酒的国际化进程，让世界感受白酒的美好，本文围绕优质化和民族化是中国白酒国际化的根基，阐述中国白酒优质化和民族化的有效路径、白酒庄园的建设理念。通过科学设计白酒庄园，推进中国白酒的优质化和民族化，中国白酒将自然而然地被世界所认可。

**关键词**：白酒庄园；白酒；国际化

# Exploration of Promoting the Internationalization of *Baijiu* in the Form of *Baijiu* Chateau

SHEN Yi[1,2], WANG Xi[1,2], ZHANG Yadong[1,2],
LUO Maoguo[1], YANG Qing[1]
(1. Sichuan Langjiu Group Co., Ltd., Sichuan Chengdu 646523, China;
2. Sichuan Ecological Brewing Engineering Technology Research Center for Jiangxiang *Baijiu*, Sichuan Chengdu 646523, China)

**Abstract**: *Baijiu* , as a significant food in our country, represents a unique culture. In order to promote the process of its internationalization and let the world feel the beauty of *Baijiu*, this article focuses on the foundation of Chinese *Baijiu* internationalization is high

基金项目：2020年四川省科技计划项目（2020ZHCG0049）；2020年四川大学泸州市人民政府战略合作项目（2020CDLZ-3）。

作者简介：沈毅，男，教授级高级工程师，中国首席白酒品酒师，郎酒股份公司副总经理、常务副总工程师，郎酒厂公司常务副总经理，主要从事白酒酿造、质量检测、酒体设计、勾调尝评等方面的研究。E-mail：shenyi@ langjiu. cn。

通信作者：王西，男，本科，工程师，主要从事白酒酿造的研究。E-mail：274612002@ qq. com。

quality and nationalization, expounding the effective paths and the construction concepts of *Baijiu* chateau. Through the scientific design of *Baijiu* chateau, the high quality and nationalization of *Baijiu* will be advanced, *Baijiu* will be recognized by the world naturally.

**Key words**: *Baijiu* chateau, *Baijiu*, Internationalization

在全球经济一体化的背景下，世界上的物品和文化都在不断流通。随着 2001 年中国加入 WTO 以来，我国经济迅猛腾飞，对外开放不断推进，中国元素悄无声息地渗入国外土壤，而作为我国传统文化的特别载体——白酒也逐步登上国际舞台，但相比国外烈酒在我国的普及程度，中国白酒的国际化任重而道远。本文通过分析优质化和民族化对白酒国际化的作用，阐述基于优质化和民族化下的白酒庄园的设计理念，为中国白酒国际化提供了一条尝试性路径。

## 1　优质化、民族化是白酒走向国际化的根基

近年来，随着中国经济发展，人们对美好生活的需求愈加强烈，高品质、个性化、不可复制性的消费主张，正成为如今的价值新表达和新内涵。品质不断升级、产品不断优质化才是消费者真正选择的理由，才是走向国际市场的重要突破口。国际上绝大多数知名产品均是通过优质化产品逐步打开了国际消费市场，让产品知名度和品牌价值得以升级，诸如我国高铁技术、架桥技术、5G 技术等在国际中的优秀口碑，均离不开优质化产品的推动，优质化是企业发展壮大的根本，是企业迈向国际的基石。中国白酒的发展，需要遵循事物发展的客观规律，以美好生活为导向，不断服务于人们日益增长的品质需要，以优质化的产品征服人心，才能走得好、走得稳，才能在国内和国际消费市场上落地生根。

中国白酒的国际化绝不是改变自身的本质，迎合外国市场；也不是单纯意义上地在国家之间进行买卖交易。中国白酒的国际化从深层次来看，实际上也是酒文化的传播。中国文化、白酒文化传承千年，历经无数的朝代更迭和民族交融，但依然得到了传承与发展，其中必定有着其优越性。带着中国文化的白酒才是最真实、最有内涵的白酒，从业者应当坚定白酒文化自信，讲好白酒故事，让具有民族文化特点的白酒走向世界。如今我国已成长为世界第二大经济体、第一制造业大国和最大的货物贸易国，在“中国红利”的推动下，各种中国符号在国际化中的影响力不断加深，中国预计到 2035 年基本实现社会主义现代化，那时中华文化对世界的影响更加广泛，坚定不移地走好民族化道路的中国白酒，也将在“中国红利”的推动下自然地融入国际市场。

## 2 白酒庄园是一条实现白酒优质化、民族化的尝试路径

中国白酒发展史，从农耕时代的家庭作坊式小规模生产，历经计划经济时代的集中化生产，到市场经济时代的工业化大规模生产。如今，我们需要尝试白酒庄园的精益化体验模式。酒庄，作为一种白酒体系化、规模化发展形态，是集原粮种植、白酒酿造、科研创新、旅游观光、文化赋能、品质透明度建设等于一体的组合模型[1]，或将成为一条实现白酒优质化、民族化的有效尝试路径，进一步加快中国白酒国际化的进程。

加强供给侧结构性改革，提升产品质量，满足人们日益增长的物质文化需求，是未来发展的方向。庄园具有独特的生态环境、优质的酿酒资源、古老的酿史回忆、高技能的人才，共同构成了稀缺、不可复制的核心生产要素，这些要素是实现白酒优质化的充分保障。

品质一词，有实际品质和感受品质之分，由于市场对产品信息掌握的不同，其感受到的品质与实际品质之间也存在差距。白酒庄园具备拉近酒企与消费者之间距离的作用，通过实地考察、品质表达、现场体验等方式提升产品品质透明度，增强互信，增加感情，使产品的优质化不打折扣。

文化是酒的灵魂，酒类商品的竞争也是文化的竞争。酒与礼仪、酒与诗乐、酒与情感、酒与权力、酒与历史等在短时间内通过书本和网络是很难理解其中的韵味的，需要真正在场景中耳濡目染才能懂得。白酒庄园具有弘扬、传播民族文化的功能，在实地用一砖一瓦讲述酒的故事、一景一物融入酒的文化，充分调动消费者感官和情感，感染消费者，可更有效地将中国白酒文化植入消费者内心。

## 3 白酒庄园的建设理念

酒庄作为一种白酒体系化发展形态，是多版块内容交织的整体，其建设理念中所确立的主导思想将赋予庄园不同的文化内涵和风格特点，它不仅决定着庄园外在形象，也揭示了庄园个性、专业与格局。

白酒庄园的建设理念，需要以人为本，紧紧围绕优质化和民族化两个核心不动摇。设计理念可以品质为根基，文化为旗帜，融合国人的白酒情怀，并体现现代白酒的科学性，在做好品质的同时，给予消费者细致入微的白酒体验，培育出白酒行业走向国际化进程中一种新的消费业态。从 2008 年开始，郎酒以“正心正德，敬畏自然，崇尚科学，酿好酒”为建设理念，经过 13 年的努力，郎酒庄园已初步建成，对外开放一年多以来，在品质、品牌、品位等方面都获得了较好的口碑，更加坚定了郎酒走

白酒庄园化道路的信心。

## 3.1　提升白酒品质

感官品质是风味性食品的核心竞争力，确保白酒风味的优质，是白酒庄园必修的“内功”。白酒庄园不仅仅是参观体验，还是优质化产品落地的根本，庄园建设需要不断完善白酒庄园品质体系，从整个大体系下去设计我们的产品品质，其中包含了原料种植环境到白酒消费场景全链条的品质设计。

注重原料品质，从质量标准到品种选择，从原料基地建设到种植区域、环境的优选是白酒庄园品质提升的第一道关卡；白酒庄园应传承古法酿制技艺，融入科学技术，发挥自身特色，将优质和特色相融合；在设备设施方面，庄园需要科学布局和设计厂房，同时将发酵、蒸馏、储存等设备设施科学化、精细化，提升开放式生产的可控性和优质率；老酒是品质升级的关键战略物资，加大老酒的储存时间和储存数量，可为未来的竞争蓄力；最后白酒庄园需要有大师、有人才队伍、有工匠精神，让有信念、有能力的匠人，将上述的各个环节有机地串联起来，形成系统的品质路线。

## 3.2　讲述白酒文化

酒文化、酒文明、酒文脉，与人类共生，与民族共进，而白酒文化是中国白酒的灵魂，也是中华民族的骄傲。白酒庄园可展现出中华民族文化特点和自信，建立“白酒文化窗口”，讲述、传承和繁荣白酒文化。

庄园在物质文化建设方面，可依托历史文献和影像等资料，运用现代全息投影技术，融合影像、动画等技术，复原古老作坊和建设展览馆，展示不同年代工具、设备，讲述白酒的岁月沧桑；同时，中国白酒是典型的非物质文化遗产传承的传统产业，在非物质文化建设方面，庄园建设应当着重体现出中国白酒的独特酿制技艺，通过对酒的历史、酒的故事、产区分布、香型分布、工艺演变、时令特点、工艺特点等进行展示，讲述中国白酒独特的文化与故事。

白酒庄园需凸显“物质文化和非物质文化”特色，展现内涵丰富、形式多样的白酒庄园文化[2]，结合不同企业的独特生产体系，讲好白酒文化故事。郎酒庄园也在尝试和创新讲述白酒文化的方式，目前已在金樽堡景区展示山谷光影秀，通过大型实景光影的形式，用50分钟展现了白酒起源、五行与酒、酒与诗歌、美酒劳军等内容，讲述了中国文化、白酒文化和自身地域文化。

## 3.3　揭示白酒生命

“酒如人生”，中国白酒不仅是饮品，它还是活的，有生命的，白酒庄园需要将白酒的优质生命活性彰显出来。

白酒的“生存”环境是有生命的。为了揭示白酒酿造环境生态活性，酿制更为优质的产品，白酒庄园建设讲究科学的地理选址，适宜的地理经纬度、海拔和地势决定着酿造生态空气、气候的状态；优良的水源、土壤、微生物群落状态是酿造优质美酒的基本生态条件，庄园环境选择显得尤为重要，生机盎然和生气勃勃的生态环境是白酒生命诞生的摇篮，是酿造优质白酒的基石。

白酒的酿造储存过程是有生命的。白酒生产的制曲和酿酒过程，实际上是科学管理微生物生命活动的过程。根据微生物生长需要的环境因素和营养元素，用最佳的工艺措施构建起白酒酿制过程生命保证体系，是白酒生产的关键。

白酒储存老熟环节更是白酒生命力的生动体现。庄园建设离不开酒体储存体系的搭建，良好的储存体系利于白酒的理化反应，促进陈化生香老熟和品质提升。

白酒生产从生态环境、酿造到原酒储存的全过程都是动态的，具有活力的，富有生命的。科学合理设计的庄园，是国际化白酒庄园的核心要素之一。在行业内已有郎酒“生长养藏”、沱牌“生态酿酒”等展现白酒生命的案例，市场上也兴起了喝老酒的氛围，这些都将进一步诠释白酒的生命力。

### 3.4 赋予白酒情怀

相逢时饮酒、离别时亦饮酒；得意时饮酒，失意时亦饮酒，这是只有中国人才有的独特情怀。感官享受往往是短暂的，情愫的记忆往往能长存。白酒庄园的建设应当承接白酒所寄托的独特情怀，这是白酒庄园不同于世界上其他烈酒庄园的独特之处。

这种独特的情怀可以表现为多个方面。以诗中的意象与历史典故打造庄园的特色景观，并赋予文化内涵，让今人可以领略前人的筋骨血肉，感受前人的悲欢离合，体验前人的潇洒酣畅。同时庄园通过名人大家的故事、精益求精的工匠精神、冲击性事件等，讲述具有中华民族特性的情怀故事或事件，引起酒类爱好者的共鸣与思考，深刻记忆白酒感性特点，促进白酒长久扎根于人们心底。

## 3.5 展现白酒科技

传承古法酿造技艺、遵循传统生态酿造法则，使中国白酒蒙着一层神秘面纱。随着白酒科学技术不断进步，白酒庄园作为一种规模化、专业化的农业形态，肩负着展现白酒酿造科技、做好优质美酒科普服务的使命[3]。

中国白酒从原料的科学选取，微生物的剖析，生化反应的解析，到风味物质探索和感官科学等研究不断加深，国内白酒行业已经取得了大量科技成果。因而白酒庄园有充足的信心酿明白酒、讲明白酒，引导消费者懂酒而喝酒，会喝而爱酒，让人真正了解中国白酒的科技价值，树立科技自信。

可借助 VR、可视化展示墙等现代技术，建立专门的白酒知识平台，用拟人化、趣味性的方式为消费者翔实生动地讲述酿造、储存、老熟、勾调等各道工艺的原理，如微生物的生长代谢机理、酒精发酵、淀粉糖化等生化反应过程，以及不同企业的独特生产体系。此外，引入先进科研体系建设白酒科研中心，依托科技研发促进白酒优质化，提高庄园科研与创新能力，让世界看到白酒生产的先进性和科学性，让中国白酒以立体昂扬的姿态迈向世界舞台。

### 3.6　给予白酒体验

白酒庄园体验不只是看酒与品酒，而是酒文化和美好生活体验的完美结合[4]。庄园应主动适应消费者的个性化需求，拓展沉浸式消费体验场景，提供给来宾良好的参观、品饮、消费、度假体验，让美好生活情趣、生活艺术、白酒理念、价值观认同融入美酒体验体系。

首先，庄园规模和布局令人震撼。立足于当地特色，依托酒城、酒镇、酒村的建设，白酒庄园打造“白酒+旅游+文化”，推进产业链协同和酒旅融合[5]。打造独具特色的、引人入胜的景点，既包括庄园本身具有的河、江、山、沟、谷、峰、洞等天然景观，又包括符合现代审美的人造景观。让不喝白酒的人也能充分融入庄园优雅的建筑、景观、气氛之中。

其次，庄园带给来访者极致的体验，目前大部分的酒企采用的是打卡式的工业旅游，上车睡觉、下车拍照、停车喝酒的模式，很难带来高端、极致的体验。白酒庄园需要集白酒酿造、品鉴勾调、老酒储存、私人订制、旅游观光、体验营销、休闲娱乐等多功能为一体，让消费者远离污染和喧嚣，脱离快节奏的生活，充分感受自然风光，同时享受顶级的品质和文化服务。

目前，郎酒庄园建立了两种体验式服务体系：一是由天宝峰、问天台、青云阁、红运阁、天宝洞度假酒店、酒歌广场等组成的观光体验与休闲度假为一体的市政服务体系；二是以红花郎、青花郎等标准产品的原产地体验式订购服务体系，以仁和私藏、金樽堡、洞仙别院组成的 VIP 私藏定制服务体系，通过运行发现消费者的庄园体验需求，开启了其对白酒新的认知。

## 4　结论

中国白酒在国际市场中具有极大的开发潜力，国际化是未来的趋势，白酒庄园或将在这条道路上扮演着重要角色。白酒庄园建设，需要我们慢下来、静下来、沉下来，紧紧围绕白酒优质化和民族化，稳扎稳打，持之以恒。相信随着白酒庄园体系的不断壮大，将拉开中国白酒再次腾飞的篇章。

## 参考文献


[1] 陶柏林．中国白酒酒庄标准化之路初探——“标准化+”推动泸州纳溪白酒酒庄高质量发展．第十五届中国标准化论坛论文集［C］．北京：中国建筑工业出版社，2018.

[2] 黄丹．中国白酒文化国际化发展策略研究［J］．酿酒科技，2014（6）：120-122.

[3] 崔利．文化、酒文化、郎酒文化解析［J］．酿酒，2021，48（2）：129-132.

[4] 徐岩．酒庄酒对中国白酒发展的启发［J］．酿酒科技，2014（7）：1-3.

[5] 卜建东．中国白酒旅游研究综述及展望［J］．中国酿造，2019，38（10）：193-196.

# 第四篇

# 现代化酿造工艺与装备

# pH 对黄水发酵特性的影响

何宏魁[1,2]，王艳丽[2]，曹润洁[1,2]，李静心[2]，马金同[2]，汤有宏[1]

（1. 安徽古井贡酒股份有限公司，安徽亳州　236820；

2. 安徽瑞思威尔科技有限公司，安徽亳州　236800）

**摘　要**：本研究尝试向浓香型白酒老窖池黄水中添加酿酒用水，于 5.0，7.0，9.0 初始 pH 进行封闭静置发酵，分析其发酵 1、3、6 周时的理化性质和原核菌群组成，并对两者进行冗余分析（Redundancy Analysis，RDA）。pH5 的加水黄水经 6 周发酵，其平均 pH 降为 4.27，淀粉、还原糖、铵态氮、$PO_4^{3-}$、乙醇、乳酸、丁酸和乙酸含量等变化幅度微弱，其原核菌群多样性参数总操作分类单元数（Operational Taxonomic Units，OTUs）、Chao1 和 Shannon 约降至原 50%，*Lactobacillus* 为唯一优势菌属（98.00%~99.96%）。pH7 和 pH9 的加水黄水经 6 周发酵，其平均 pH 分别降为 6.52 和 7.04，铵态氮均显著升高，淀粉、还原糖、乳酸、丁酸、乙酸和 $PO_4^{3-}$ 浓度均显著降低，己酸浓度总体增加显著（ANOVA，$P<0.05$），而乙醇变化幅度很小，其菌群多样性参数 OTUs、Chao1 和 Shannon 约递增一倍，其中 *Caproicproducens*，*Clostridium*，*Caldicoprobacter* 等与老窖泥菌群共有优势菌属的相对丰度大幅度提高。初始 pH7.0 的黄水发酵液菌群组成更接近于老窖泥。RDA 表明：pH 和乳酸与黄水发酵液中原核菌群相关性最强。在老窖池黄水中加入等量酿酒用水条件下，与 pH5 和 pH9 相比，初始 pH7.0 更适合黄水中固有菌群的繁殖生长。本研究为改造黄水为“液体窖泥”提供了理论基础。

**关键词**：浓香型白酒；黄水；理化性质；原核菌群；液体窖泥

---

作者简介：何宏魁，男，硕士，高级工程师，主要从事酿酒微生物及发酵工程的研究。E-mail：hehongkui@gujing.com.cn。

通信作者：王艳丽，女，硕士，工程师，主要从事酿酒微生物及发酵工程的研究。E-mail：m15156728795@163.com。

# The Effect of pH on the Fermentation Characteristics of Huangshui

HE Hongkui[1,2], WANG Yanli[2], CAO Runjie[1,2], LI Jingxin[2], MA Jintong[2], TANG Youhong[1]

(1. Anhui Gujing Gongjiu Co.,Ltd., Anhui Bozhou 236820, China;
2. Anhui Rise Well Technology Co.,Ltd., Anhui Bozhou 236800, China)

**Abstract**: In this paper, the physicochemical properties and prokaryotic communities of water-added Huangshui(HS) from old strong-flavor *Baijiu* pits under initial pH 5.0, 7.0, and 9.0 were analyzed after fermentation for 1, 3, and 6 weeks respectively, and the Redundancy Analysis (RDA) between physicochemical properties and prokaryotic communities were analyzed. After 6 weeks, the average pH of pH5 broth was reduced to 4.27, the value of physicochemical properties, such as starch, reducing sugar, ammonium nitrogen, $PO_4^{3-}$, ethanol and organic acids, changed slightly; the value of prokaryotic diversity parameters, such as Operational Taxonomic Units (OTUs), Chao1 and Shannon, decreased by half; and *Lactobacillus* was only dominant bacteria (98.00% ~99.96%). After 6 weeks, the average pH of pH7 and pH9 broth decreased to 6.52 and 7.04 respectively, the ammonium nitrogen increased significantly(ANOVA, $P<0.05$), the physicochemical properties, such as starch, reducing sugar, lactic acid, butyric acid, acetic acid and phosphate ions ($PO_4^{3-}$), decreased significantly, the caproic acid overall increased significantly, while the ethanol showed subtle fluctuation, the value of prokaryotic diversity parameters, such as OTUs, Chao1 and Shannon, almost doubled, and the relative-abundance of pit mud (PM)-coexisted genus, such as *Caproicproducens*, *Clostridium*, *Caldicoprobacter*, et al, increased by a large margin. Relatively, the prokaryotic compositions of pH7 broth was more close to the old PM. The RDA indicated that the pH and lactic acid were most related to the prokaryotic compositions. Compared with pH5 and pH9, the same volume water-added HS under initial pH7.0 was more proper for the growth of HS-inherent bacteria. This study provided theoretical basis for improving HS as liquid-PM.

**Key words**: Strong-flavor *Baijiu*, Huangshui, Physicochemical properties, Prokaryotic Communities, Liquid-pitmud

## 1　前言

浓香型白酒的生产是以窖池为基础，窖池越老，窖泥老熟程度越高，产酒酒质越好[1]。窖池窖泥中丰富的菌群对浓香型白酒呈香呈味物质的形成具有重要作用。窖泥老熟本质上是窖泥菌群的老熟[2]。目前已知，窖泥菌群的老熟，至少需要 25 年[1]。窖泥菌群的老熟过程长年累月受发酵过程中黄水浸润的影响。黄水对窖泥浸润的过程同时也是向窖泥传递菌群的过程，使窖泥菌群在发酵过程中不断实现自我更新和驯化。所谓“千年老窖万年糟，酒好全凭窖池老”，也离不开黄水对窖泥菌群的传送、更新及驯化作用[3]。同时黄水作为窖泥和酒醅之间微生物交换的媒介[4]，其中富集了窖泥和酒醅丰富的菌群[5]。特别是老窖池黄水中包含很多窖泥老熟菌[6]，如 *Clostridium*、*Sedimentibacter*、*Caproiciproducens*、*Aminobacterium*、*Cupriavidus*、*Caldicoprobacter* 和 *Methanoculleus* 等。基于此，黄水常被业界称为“液体窖泥”[7]，作为菌种用于窖泥养护及培养人工老窖泥等[8]。但是，黄水中的 *Lactobacillus* 为绝对优势菌，其相对丰度大于 95%，而窖泥中老熟菌属的相对丰度普遍低于 1%[2]。因此，有必要采取一定方法，提高黄水中窖泥老熟菌群的丰度。

本研究尝试直接对老窖池黄水进行 5 个月的封闭静置培养，发现其中大部分对窖泥老熟具有关键作用的菌属相对丰度有一定增加，但增加幅度微弱，而 *Lactobacillus* 的相对丰度明显降低，但相对丰度仍占 70% 左右[2]。推测黄水作为酿酒发酵过程中产生的液体代谢物和游离水[5]，虽然其中含有丰富的有机酸、还原糖、淀粉、醇、酯等物质，可作为其中菌群生长的天然营养物质。但黄水中乳酸含量和酒精度分别高达 79.31g/L 和 11.48%vol，不利于其中窖泥老熟菌群的生长，且黄水黏度较大，水活度偏低，为 0.859，低于大多数细菌的最低水活度 0.90~0.99[9]。基于此，本研究尝试向黄水中额外添加酿酒用水以降低乳酸和酒精度，同时提高黄水水活度。另外，黄水 pH 低达 3.5 左右，而其中的窖泥老熟菌属 *Clostridium*（生长 pH 5.0~8.0）、*Sedimentibacter*（生长 pH 6.0~8.5）、*Caproiciproducens*（生长 pH 6.0~8.0）、*Aminobacterium*（生长 pH 6.0~8.4）、*Cupriavidus*（生长 pH 4.0~9.0）、*Caldicoprobacter*（生长 pH 5.7~8.9）和 *Methanoculleus*（生长 pH 7.5~7.8）等[10-11]的最适生长 pH 偏中性 5.0~9.0。因此，本研究调节加水黄水的 pH 分别为 5.0、7.0 和 9.0，研究该条件下黄水发酵过程中理化性质和菌群组成的变化，以探究将黄水培养成为“液体老窖泥”的可能性。

## 2 材料与方法

### 2.1 材料与试剂

黄水样本采自安徽北部某知名浓香型白酒企业；D5625 土壤 DNA 提取试剂盒(美国 Omega Bio-Tek 公司)；AP-GX-50 凝胶回收试剂盒（美国 AXYGEN 公司)；其他试剂均为国产分析纯。

### 2.2 仪器与设备

FE20 pH 计［梅特勒-托利多仪器（上海）有限公司］6890 气相色谱仪［配 CP-WAX 57 CB 色谱柱（50m×0.25mm×0.2μm)，美国 Agilent Technologies 公司］；Acquity 超高效液相色谱［配 PDA 二极管阵列检测器和 Waters HSS T3 色谱柱(100mm×2.1mm×1.8μm)，美国 Waters 公司］；TU-1810S 紫外可见分光光度计（北京普析通用分析仪器有限公司)；ICS 5000+离子色谱仪（配 ICS 5000+DC 电导检测器，美国 Thermotisher Technologies 公司)。

### 2.3 方法

#### 2.3.1 样本采集与试验方法

选取连续正常使用 50 年以上的老窖池，发酵结束时抽取新鲜黄水。新鲜黄水与等量酿酒用水充分混匀，利用氢氧化钠溶液（10%，g/mL）分别调节 pH 为 5.0、7.0 和 9.0。然后，置于三角瓶中封闭静置发酵，并于发酵 1、3、6 周时在厌氧环境下取样，检测黄水发酵液理化性质与菌群组成的变化。黄水发酵液样本的名称用 pH 和发酵时间组合标记，如 pH5-1W、pH5-3W 和 pH5-6W 分别表示初始 pH 5.0，封闭静置发酵 1、3、6 周的黄水发酵液样本。总共 9 个样本，每个样本设三个重复。

#### 2.3.2 理化性质检测

黄水发酵液的 pH 直接利用 pH 计（FE20）检测。氨基态氮采用紫外分光光度法检测[2]。淀粉和还原糖采用标准葡萄糖液反滴定法检测[12]。挥发性有机酸和乙醇通过气相色谱仪检测[2]。将黄水发酵液与超纯水按照 1：9（体积比，mL/mL）混匀，0.22μm 无机滤膜过滤，用液相色谱仪检测其中乳酸含量：进样量 1μL，流动相为 $KH_2PO_4$（0.02mol/L)，柱流速 0.1mL/min，检测波长 208nm，柱温 30℃。磷酸根离子（$PO_4^{3-}$）浓度用离子色谱仪检测[10]。

#### 2.3.3 DNA 提取与 Illumina 高通量测序

使用 ω-DNA 提取试剂盒（D5625）提取样本 DNA，并进行 Illumina MiSeq 高通量测序 16S rDNA V4 可变区。引物：520F（5′～7bp 编码区：+ GCACCTAAYT-

GGGYDTAAAGNG-3′）和 802R（5′-TACNVGGGTATCTAATCC-3′）。25μL PCR 扩增体系：0.25μL Q5 高保真 DNA 聚合酶，5μL 5×PCR Buffer，5μL 5×High GC Buffer，2μL dNTP（2.5mmol/L），2μL DNA 模板，1μL 上下游引物（10μmol/L），8.75μL 双蒸水。PCR 扩增程序：98℃完全变性 2min；25 个循环扩增：98℃变性 20s，55℃退火 30s，72℃延伸 15s；72℃完全延伸 5min。PCR 扩增产物经纯化后，用 Quant-iT PicoGreen dsDNA Assay Kit 荧光定量，构建克隆文库（TruSeq Nano DNA LT Library Prep Kit，Illumina），经 Agilent 2100 生物芯片分析系统检验 DNA 文库合格后，Illumina MiSeq 双向测序（MiSeq Reagent Kit V3），以上测序由上海派森诺生物科技股份有限公司完成。

2.3.4　测序数据处理与统计学分析

菌群多样性指数计算与 UPGMA 聚类分析，均是通过 Qiime 软件（v1.8.0）实现。聚类分析可视化通过 R 软件（R3.3.2）实现。差异显著性分析通过 SPSS（24.0）方差分析（ANOVA）实现。冗余分析（Redundancy Analysis，RDA）通过 Canoco 5 实现。

## 3　结果与分析

### 3.1　黄水发酵液的理化性质

初始 pH 不同的黄水发酵液随发酵时间理化性质的变化见表 1。

如表 1 所示，pH5、pH7 和 pH9 三组黄水发酵液中的理化性质，随发酵时间的增加，均有不同程度的变化。pH5 的黄水发酵液，最终（发酵 6 周）平均 pH 降为 4.27，淀粉、乙酸和 $PO_4^{3-}$ 显著降低，还原糖、乳酸变化不显著，氨基态氮、丁酸、己酸和乙醇显著增加。pH7 和 pH9 黄水发酵液，最终（发酵 6 周）平均 pH 更接近中性，分别为 6.52 和 7.04；氨基态氮、己酸均显著升高（ANOVA，$P<0.05$）；淀粉、还原糖、乳酸、丁酸、乙酸和 $PO_4^{3-}$ 均呈显著降低，而乙醇变化不显著。但是，与 pH5 相比，pH7 和 pH9 黄水发酵液的理化性质变化幅度较大。尤其是乳酸，随发酵进行，pH5 黄水发酵液的乳酸几乎无变化，一直保持在 30g/L 以上；而 pH7 和 pH9 的黄水发酵液中乳酸逐渐降低，并于发酵 3 周时降低至检测限以下。同时与 pH5 相比，pH7 和 pH9 黄水发酵液的己酸增幅也较大，增加 7.3~13.7 倍。Zhu 等[13]发现接种新鲜老窖泥于 5 倍稀释的黄水中，通过发酵可将乳酸转化为己酸的功能一致。推测黄水中有大量可降解乳酸生成己酸的菌属，如 *Clostridium* Ⅳ[14-15]。

推测黄水静置发酵过程中，其理化性质的变化与其中菌群的代谢有关：①淀粉、还原糖是菌群生长的碳源，推测其含量降低与菌群生长有关。②黄水发酵液中氨基态氮的增加，可能与产生氨基态氮的菌属有关。③乳酸、丁酸、乙酸和己酸是浓香型白

表 1 初始 pH 不同的黄水发酵液随发酵时间理化性质的变化

Table 1 Changes of physicochemical properties of HS samples with different initial pH with fermentation durations

| 理化性质 | pH5-1W | pH7-1W | pH9-1W | pH5-3W | pH7-3W | pH9-3W | pH5-6W | pH7-6W | pH9-6W |
|---|---|---|---|---|---|---|---|---|---|
| pH | 5.28±0.03$^{E}$ | 6.97±0.02$^{B}$ | 6.94±0.01$^{B}$ | 4.45±0.03$^{F}$ | 6.62±0.02$^{C}$ | 6.95±0.04$^{B}$ | 4.27±0.05$^{G}$ | 6.52±0.02$^{D}$ | 7.04±0.04$^{A}$ |
| 淀粉/% | 0.46±0.02$^{B}$ | 0.52±0.02$^{A}$ | 0.53±0.06$^{A}$ | 0.44±0.02$^{B}$ | 0.25±0.02$^{D}$ | 0.32±0.01$^{C}$ | 0.32±0.01$^{C}$ | 0.14±0.01$^{E}$ | 0.17±0.02$^{E}$ |
| 还原糖/% | 0.19±0.02$^{B}$ | 0.20±0.02$^{B}$ | 0.23±0.06$^{A}$ | 0.19±0.02$^{B}$ | 0.13±0.02$^{C}$ | 0.14±0.01$^{C}$ | 0.18±0.01$^{B}$ | 0.07±0.01$^{D}$ | 0.07±0.02$^{D}$ |
| 氨基态氮/(mg/L) | 855.00±5.00$^{I}$ | 1218.33±10.41$^{E}$ | 1165.00±5.00$^{F}$ | 911.67±7.64$^{G}$ | 1571.67±7.64$^{C}$ | 1546.67±11.55$^{D}$ | 924.00±3.46$^{H}$ | 1660.00±17.32$^{B}$ | 1790.00±10.00$^{A}$ |
| 乳酸/(g/L) | 30.54±0.13$^{A}$ | 14.56±0.20$^{C}$ | 24.13±0.07$^{B}$ | 31.28±1.61$^{A}$ | Nd | Nd | 30.51±0.47$^{A}$ | Nd | Nd |
| 己酸/(mg/L) | 191.43±4.70$^{G}$ | 256.60±14.04$^{F}$ | 292.39±20.86$^{F}$ | 404.67±43.62$^{E}$ | 3515.67±154.89$^{B}$ | 3870.32±142.54$^{A}$ | 366.28±35.88$^{E}$ | 1952.24±124.77$^{D}$ | 2710.19±1.29$^{C}$ |
| 丁酸/(mg/L) | 118.44±5.69$^{I}$ | 5027.13±146.91$^{C}$ | 5726.8±132.09$^{A}$ | 166.69±9.77$^{H}$ | 5421.17±134.30$^{B}$ | 4345.13±194.95$^{D}$ | 252.64±12.64$^{G}$ | 2874.87±191.44$^{F}$ | 3582.75±189.10$^{E}$ |
| 乙酸/(g/L) | 8.77±0.21$^{A}$ | 3.94±0.21$^{B}$ | 3.06±0.07$^{C}$ | 3.27±0.15$^{C}$ | 3.23±0.09$^{C}$ | 2.54±0.07$^{D}$ | 2.54±0.11$^{D}$ | 2.17±0.08$^{E}$ | 2.02±0.17$^{E}$ |
| 乙醇/%vol | 7.67±0.25$^{EF}$ | 7.50±0.10$^{F}$ | 7.33±0.31$^{F}$ | 9.67±0.12$^{A}$ | 8.73±0.15$^{C}$ | 9.10±0.10$^{B}$ | 8.37±0.15$^{D}$ | 7.97±0.06$^{E}$ | 7.80±0.20$^{EF}$ |
| $PO_4^{3-}$/(mg/L) | 3381.52±45.29$^{A}$ | 2761.11±360.50$^{B}$ | 910.69±7.17$^{F}$ | 1825.38±15.05$^{C}$ | 1189.42±53.01$^{E}$ | 804.87±33.58$^{G}$ | 1694.91±5.03$^{D}$ | 759.67±25.87$^{G}$ | 612.95±1.28$^{H}$ |

注：同行标注的无相同英文字母的两者之间具有显著性差异（ANOVA，$P<0.05$，方差分析）；参数值为（平均值±标准差，$n=3$）；Nd 代表未检测到。

酒发酵过程中的“四大酸”[16]，同时也是黄水中的主要有机酸[17]，推测黄水发酵液中四大酸的变化与菌群代谢有直接关系。表 1 数据表明，与 pH5 相比，pH7 和 pH9 的黄水发酵液中乳酸、乙酸降低以及己酸、丁酸的增加更显著，说明 pH7 和 pH9 中代谢四大酸的菌群生长更旺盛。④乙醇含量变化，推测与黄水中菌群对“四大酸”的合成与分解代谢有关，如 *Clostridium kluyveri* [18]可以乙醇和乙酸为底物，生成丁酸、己酸；*Caproiciproducens* [19]可代谢产乙醇、乙酸、丁酸和己酸。⑤磷酸根离子（$PO_4^{3-}$）中的磷是菌群生长代谢所必要的养分[20]，其为菌群生长提供了所需要的磷源。

## 3.2　黄水发酵液原核微生物群落的 α 多样性

通过 Illumina Miseq 高通量测序，共得到 1090021 条平均长度为 207bp 的优质序列，29084～55137 条序列/样本。抽平后为 26097～26173 条序列/样本，具体分析数值如表 2 所示。各黄水发酵液的测序覆盖率均>99.7%，说明测序数目足够，测序序列可以代表其菌群组成。序列的注释度（门、纲、目、科、属）>99%，说明样本菌群充分实现了系统分类。在发酵各阶段，pH5 黄水发酵液的 OTUs 数目、Chao1 指数和 Shannon 指数均显著小于 pH7、pH9（ANOVA，$P<0.05$）。pH5 黄水发酵液的 3 个参数随着发酵进行均呈递降趋势，约递降至原 50%。表明初始 pH 为 5.0 的黄水发酵液，在发酵过程中，其原核菌群丰度和多样性呈降低趋势，推测 pH 5.0 不利于黄

表 2　各组黄水发酵液的细菌群落丰度和多样性参数

Table 2　The bacterial community richness and diversity indices of HS samples in each group

| 样本 | 优质序列数 | 覆盖率/% | OTUs 数目 | Chao1 指数 | Shannon 指数 |
|---|---|---|---|---|---|
| pH5-1W | 39992±4137 | 99.97±0.01 | 39.0±9.5$^{E}$ | 41.5±12.3$^{E}$ | 0.22±0.11$^{F}$ |
| pH7-1W | 34344±5050 | 99.91±0.01 | 135.7±18.7$^{D}$ | 138.3±23.1$^{D}$ | 3.30±0.14$^{D}$ |
| pH9-1W | 35236±2552 | 99.91±0.02 | 127.7±10.0$^{D}$ | 132.4±9.0$^{D}$ | 2.28 ±0.04$^{E}$ |
| pH5-3W | 37711±4111 | 99.99±0.01 | 24.3±27.4$^{EF}$ | 25.5±29.0$^{EF}$ | 0.13±0.16$^{F}$ |
| pH7-3W | 31823±4328 | 99.79±0.05 | 242.3±13.9$^{C}$ | 246.0±19.1$^{C}$ | 4.17±0.11$^{C}$ |
| pH9-3W | 38467±3488 | 99.79±0.04 | 309.3±33.8$^{B}$ | 330.9±44.4$^{B}$ | 3.49±0.17$^{D}$ |
| pH5-6W | 44899±6569 | 99.96±0.01 | 11.0±3.6$^{F}$ | 12.7±5.1$^{F}$ | 0.13±0.03$^{F}$ |
| pH7-6W | 51304±4275 | 99.89±0.02 | 321.3± 9.0$^{B}$ | 334.7±15.1$^{B}$ | 4.42±0.03$^{B}$ |
| pH9-6W | 49563±7514 | 99.84±0.02 | 406.3±7.4$^{A}$ | 431.1±12.6$^{A}$ | 4.65±0.11$^{A}$ |

注：同列标注无相同英文字母的两者之间具有显著性差异（ANOVA，$P<0.05$，方差分析）；参数值为（平均值±标准差，$n=3$）。

水发酵液中原核菌群的生长。pH7、pH9 黄水发酵液的 3 个多样性参数值，随着发酵进行均呈显著递增趋势，约递增一倍，表明两组黄水发酵液的原核菌群丰度和多样性显著增加。推测初始 pH 7.0~9.0 有利于黄水发酵液中菌群的生长。

### 3.3 黄水发酵液原核微生物群落的 β 多样性

对 OTU 注释，共得到 9 个门，如图 1 所示。将相对丰度>0.1% 的门定义为优势菌门。在所有样本中，厚壁菌门（Firmicutes）均为绝对优势菌门（94.81% ~ 99.99%），其他菌门的相对丰度非常稀少，如变形菌门（Proteobacteria，0% ~ 5.17%）、放线菌门（Actinobacteria，0% ~ 0.19%）和绿弯菌门（Chloroflexi，0% ~ 0.20%）。初始 pH 为 5.0 的黄水发酵液中 Firmicutes 的相对丰度逐渐增强，于发酵 6 周时为唯一优势菌门（99.99%）。初始 pH 为 7.0 和 9.0 的黄水发酵液中 Firmicutes 的相对丰度在发酵后期（6 周）小幅下降（94.81%，96.99%）；同时，Proteobacteria 的相对丰度逐渐增加，于发酵 6 周时分别升高到 5.18% 和 2.95%。上述 pH7 和 pH9 黄水发酵液中优势菌门的变化，与张会敏等[2]研究黄水经 5 个月的封闭静置发酵后，Firmicutes 和 Proteobacteria 相对丰度的变化结果一致。

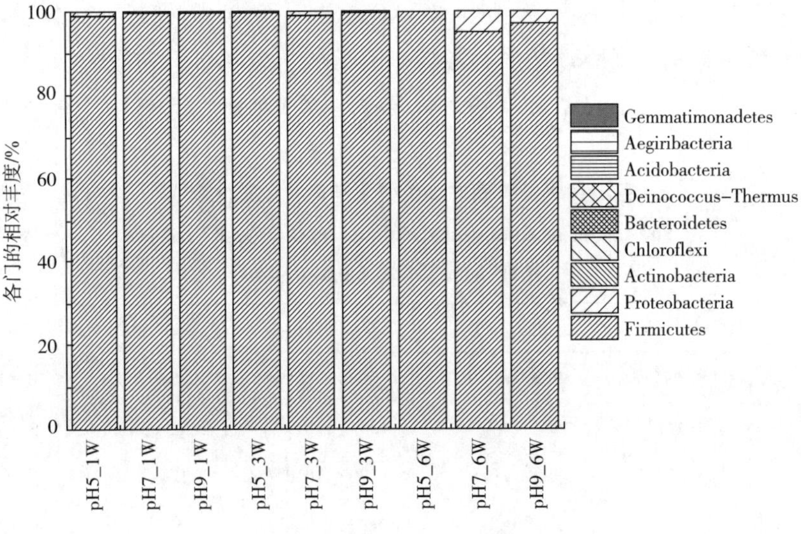


图 1 黄水发酵液中 9 个门的相对含量

Fig. 1 Relative abundances of the 9 phyla of HS samples

对 OTU 注释，共得到 123 个属，注释度为 94.74%。定义相对丰度>1% 的属为优势菌属，20 个优势菌属的组成如图 2 所示。初始 pH 为 5.0 的黄水发酵液，在发酵周期内（1~6 周），乳酸杆菌（*Lactobacillus*）始终为唯一优势菌属，且相对丰度呈增加趋势（98.0% ~ 99.96%）。与表 2 数据相结合可知，pH5 黄水发酵液菌群的多样性参数（OTUs、Chao1 和 Shannon）呈递降趋势，菌群丰度和多样性均降低。推测与其余菌属相比，在初始 pH 5.0 的黄水发酵液中，*Lactobacillus* 的生存占竞争优势。这与 *Lactobacillus* 耐酸性较强及其能代谢产生抑菌素有关，已知 *Lactobacillus* 可在 pH 低至 2.5 的条件下生存[21]，并且 *Lactobacillus* 代谢产生的抑菌素可抑制 *Clostridium*、*Bacillus* 等菌属的生长繁殖[22]。与 pH5 黄水发酵液相比，pH7 和 pH9 黄水发酵液中优势菌属组成更丰富。随着发酵时间延长，pH7（11、11、14 个）和 pH9（8、12、13 个）样本组的优势菌属数目均呈增加趋势，其中优势菌属组成及相对丰度都逐渐发生变化。最终（发酵 6 周）pH7 和 pH9 的两组黄水发酵液中的主要优势菌属为 *Caproicproducens*（24.98%，11.08%）、*Haloimpatiens*（17.13%，1.89%）、*Clostridium*（13.95%，49.97%）、*Caldicoprobacter*（5.88%，2.53%）、*Tepidimicrobium*（2.79%，5.59%）、*Acinetobacter*（5.11%，2.63%）、*Garciella*（1.53%，3.49%）和 *Sedimentibacter*（1.01%，1.14%）等。结合表 1，整个发酵周期（1~6 周）中，pH7 和 pH9 黄水发酵液的 pH 保持在 6.52~7.04，说明偏中性条件更适合黄水菌群的生长繁殖，使黄水中固有的众多非优势菌属得以生长繁殖，相对丰度逐渐增加。已知上述菌属同为老窖泥优势菌属[23]，且与浓香型白酒的主体风味物质的形成相关。如 *Caproicproducens*[19]和 *Clostridium*[24]通过厌氧发酵可以产生 $H_2$、$CO_2$、乙酸、丁酸和已酸。*Caldicoprobacter* 可以通过厌氧发酵产生 $H_2$、$CO_2$、乙酸、乙醇和乳酸，*Sedimentibacter*[25-26]可降解氨基酸生成乙酸、丙酸、丁酸和氨基态氮等。而氨基态氮的生成，与表 1 中氨基态氮的增加趋势相一致，且氨基态氮可作为其他菌群生长的氮源。氨基态氮也被认为是评价浓香型白酒窖

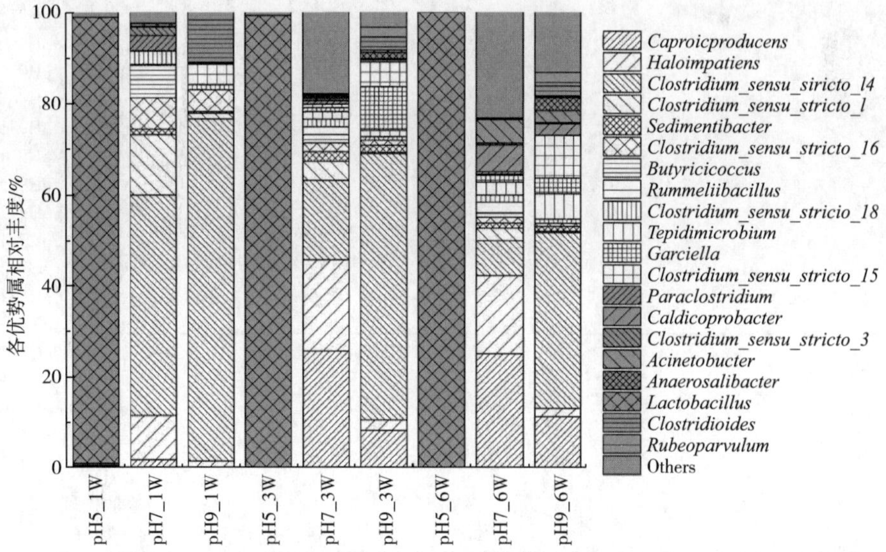


图 2 黄水发酵液中 20 个优势菌属的相对含量

Fig. 2 Relative abundances of the 20 dominant genera of HS samples

注："其他"包括其余属和未注释到属的 OTU。

泥质量的关键指标，在一定范围内氨基态氮含量越高，窖泥质量越好[27]。因此，基于 pH7 和 pH9 黄水发酵液中菌群的组成及其代谢功能，进一步说明黄水通过添加酿酒用水和调节适宜的 pH 并经培养后，更利于窖泥养护和人工老窖泥培养。不过，与 pH9 黄水发酵液相比，最终（发酵 6 周）pH7 黄水发酵液中的优势菌属组成更丰富且相对丰度与老窖泥更接近[10]。但三组黄水发酵液中均没有甲烷菌的检出，推测可能与发酵过程中未能达到完全厌氧[28]及发酵时间不够长[29]有关，未能满足甲烷菌的生长所需条件。

对 27 个黄水发酵液基于 Weighted Unifrac 距离矩阵进行非加权组平均法（Unweighted Pair-group Method with Arithmetic Means，UPGMA）聚类分析，如图 3 所示。黄水发酵液比较明显地聚类为两组：pH5 的黄水发酵液聚类为一组，pH7 和 pH9 的黄水发酵液聚类为另一组。这表明：pH5 与 pH7、pH9 黄水发酵液相比，菌群结构差异较大，而 pH7 和 pH9 的黄水发酵液中菌群结构较相似。进一步分析发现 pH5 黄水发酵液在发酵各时间段样本均存在交叉，并聚类在一起。而发酵 1 周的 pH7 和 pH9 黄水发酵液与发酵 3~6 周的 pH9 黄水发酵液聚类在一起；发酵 3~6 周的 pH7 黄水发酵液

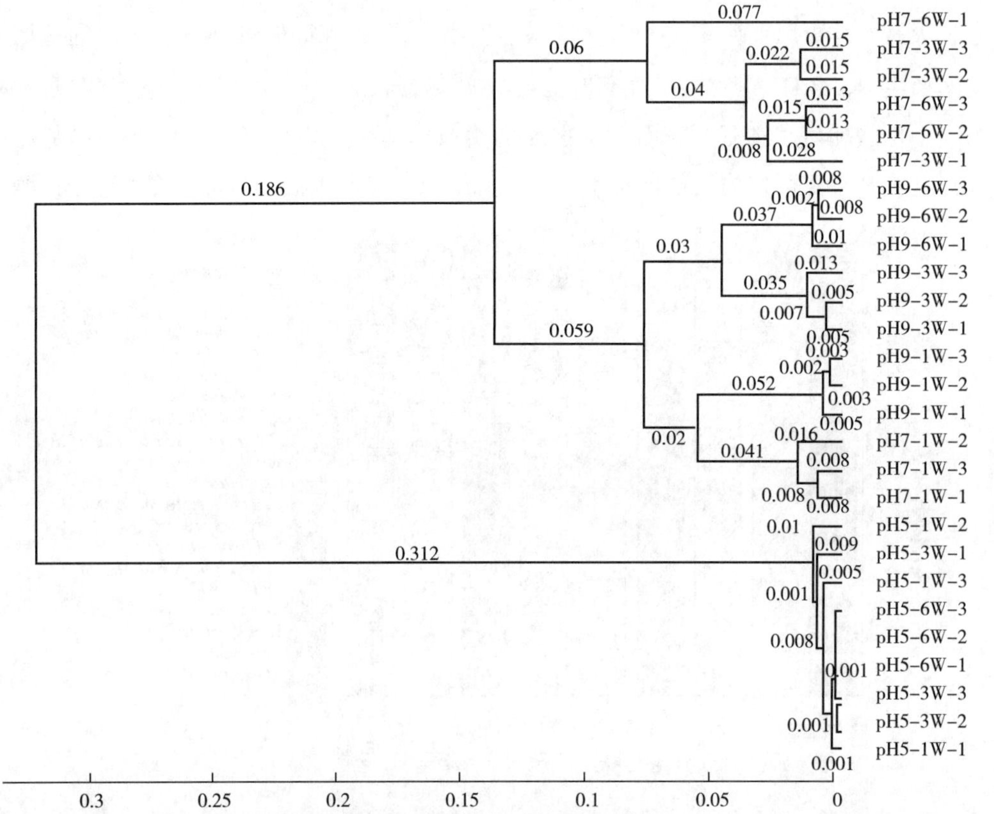


图 3　黄水发酵液菌群 Weighted Unifrac UPGMA 聚类图

Fig. 3　Cluster analysis of the OTU composition of HS samples based on weighted unifrac UPGMA

单独聚类在一起。由此表明，经过 1～6 周的培养，与 pH5 和 pH9 相比，pH7 黄水中菌群结构变化更大。

### 3.4　黄水发酵液理化性质与原核菌群的 RDA 分析

黄水发酵液的理化性质与原核菌群之间的冗余分析（RDA）如图 4 所示。图中的箭头长度表示相关性的大小，原核菌群与理化因子之间的夹角代表原核菌群与理化因子间的正、负相关关系，锐角表示黄水菌群与理化性质呈正相关，夹角越小相关性越强，钝角表示负相关[30]。图中两个主成分的总解释度为 96.60%，主要集中在横坐标轴（82.80%）。以纵轴为分界点，左侧为 pH7 和 pH9 的黄水发酵液，右侧为 pH5 的黄水发酵液，表明 pH7 与 pH9 的黄水发酵液分布更集中，与图 3 结论一致。由图 4 可知，pH、丁酸、氨基态氮、己酸与 pH7 和 pH9 的黄水发酵液原核菌群呈强烈正相关；而淀粉、还原糖、乳酸、$PO_4^{3-}$、乙酸以及乙醇与 pH5 的黄水发酵液原核菌群呈强烈正相关。与表 1 结论一致，表明 pH7 与 pH9 黄水发酵液中丁酸、氨基态氮和己酸含量相对更高，说明两者中菌群对丁酸、氨基态氮和己酸代谢较旺盛。与老窖泥菌

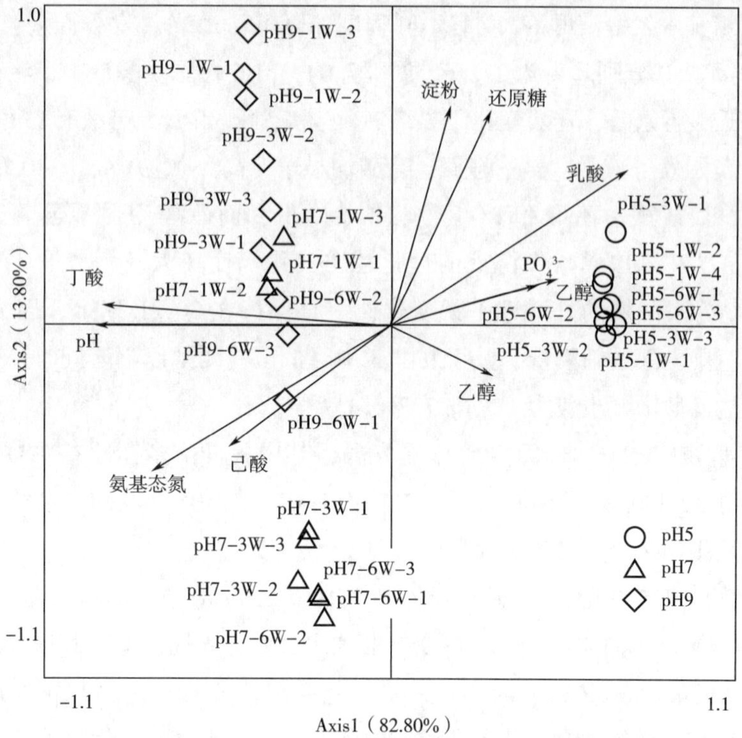


图 4　黄水理化性质与原核菌群之间的 RDA 关系图

Fig. 4　RDA of the HS samples physicochemical factors and the HS samples prokaryotic communities

注：箭头表示理化因子与微生物群落结构之间关联性的方向与大小。

群的代谢主要集中在丁酸、氨基态氮和已酸的结论一致[31]，进一步说明将黄水初始pH调节至7.0~9.0培养后更适合于窖泥养护和人工老窖泥培养。使用互动向前选择程序验收表1中的10个理化因子，发现pH（77.6%）对相关性的解释度最高，其次为乳酸（8.6%）、乙酸（4.9%）、已酸（3.0%）、丁酸（2.6%）、$PO_4^{3-}$（1.4%）和氨基态氮（0.7%），均具有极显著贡献（$P<0.01$）。其余3个理化因子对相关性的解释度（≤0.1%）均不具有显著性（$P>0.05$）。已知pH与有机酸含量有关，尤其是乳酸$pK_a$最小（3.86），对pH影响最大[31]。因此，本研究的结果表明，老窖池黄水在加入等量酿酒用水的前提下，pH与黄水发酵液中原核菌群的相关性最高，再次证明调节pH对黄水培养过程中菌群变化具有重要作用。

## 4 讨论

本研究将新鲜老窖池黄水加入等量酿酒用水，分别调节初始pH为5.0、7.0和9.0并封闭静置发酵1、3和6周，分析了其在发酵过程中的理化性质和原核菌群组成变化，并建立了黄水发酵液理化性质和原核菌群组成之间的RDA分析。

（1）三组黄水发酵液的pH均有不同程度的降低，最终（发酵6周）pH从初始值5.0、7.0和9.0分别降为4.27、6.52和7.04；pH5黄水发酵液中，淀粉、乙酸和$PO_4^{3-}$显著降低，还原糖、乳酸变化不显著，氨基态氮、丁酸、已酸和乙醇显著增加；pH7和pH9黄水发酵液中，氨基态氮、已酸均显著升高（ANOVA，$P<0.05$）；淀粉、还原糖、乳酸、丁酸、乙酸和$PO_4^{3-}$均呈显著降低，而乙醇变化不显著。但是，与pH5相比，pH7和pH9黄水发酵液的理化性质变化幅度较大。尤其是乳酸，随发酵进行，pH5黄水发酵液的乳酸几乎无变化，一直保持在30g/L以上；而pH7和pH9的黄水发酵液中乳酸逐渐降低，并于发酵3周降低至检测限以下。同时，pH7和pH9黄水发酵液的已酸增幅也较大，增加7.3~13.7倍。

（2）初始pH 5.0的加水黄水经6周发酵，其中各群落多样性参数OTUs、Chao1和Shannon均呈递降趋势，递降至原50%；而初始pH 7.0、9.0的加水黄水经6周发酵，其发酵液中的3个参数均呈显著递增趋势，约递增一倍。

（3）初始pH 5.0的加水黄水经6周发酵，*Lactobacillus*始终为唯一优势菌属（98.0%~99.96%）。而初始pH 7.0、9.0的加水黄水经6周发酵，其发酵液中*Caproicproducens*，*Clostridium*，*Caldicoprobacter*等与老窖泥菌群共有优势菌属的相对丰度大幅度提高，尤其是初始pH7.0黄水发酵液中菌群组成更丰富，且优势菌群组成也更接近于老窖泥。

（4）RDA分析表明，pH与黄水发酵液原核菌群组成的相关性（77.6%）最高。

综上，加入等量酿酒用水的黄水发酵液，初始pH对其理化性质和菌群组成均有重要影响。与初始 pH5.0 和 pH9.0 相比，初始 pH7.0 的黄水发酵液中菌群组成更丰富，其中包括老窖泥中的优势菌属。本研究为改造黄水为“液体老窖泥”以及黄水中有机酸的转化应用提供了一定理论基础。

## 参考文献

[1] Tao Y, Li J B, Rui J P, et al. Prokaryotic communities in pit mud from different-aged cellars used for the production of Chinese strong-flavored liquor [J]. Applied and Environmental Microbiology, 2014, 80 (7): 2254-2260.

[2] 张会敏，孟雅静，王艳丽，等．新老窖池黄水的差异性及静置培养对其影响 [J]. 食品科学，2020，41 (2)：215-222.

[3] Zou W, Zhao C, Luo H. Diversity and function of microbial community in Chinese strong-flavor *Baijiu* ecosystem: a review [J]. Frontiers in Microbiology, 2018, 9: 671.

[4] 王艳丽，孟雅静，何宏魁，等．不同品质浓香型窖泥理化因子与细菌总量的相关性 [J]. 食品与发酵工业，2019，45 (3)：89-94.

[5] Ding X F, Wu C D, Huang J, et al. Interphase microbial community characteristics in the fermentation cellar of Chinese Luzhou-flavor liquor determined by PLFA and DGGE profiles [J]. Food Research International, 2015, 72 (Jun.): 16-24.

[6] Li H, Huang J, Liu X P, et al. Characterization of interphase microbial community in Luzhou-flavored liquor manufacturing pits of various ages by polyphasic detection methods [J]. Journal of Microbiology and Biotechnology, 2017, 27 (1): 130-140.

[7] 吴清莲．乙醇和乳酸引导的碳链增长技术生产中链羧酸的研究 [D]. 哈尔滨：哈尔滨工业大学，2019.

[8] 刘璐，王君高，隋祎，等．黄浆水在白酒生产中的应用 [J]. 中国酿造，2012，31 (3)：153-156.

[9] 赵君哲．食品的水分活度与微生物菌群 [J]. 肉类工业，2014 (7)：51-54.

[10] Zhang H M, Meng Y J, Wang Y L, et al. Prokaryotic communities in multidimensional bottom-pit-mud from old and young pits used for the production of Chinese strong-flavor *Baijiu* [J]. Food Chemistry, 2020, 312 (May 15): 126084.1-126084.10.

[11] Yokoyama H, Wagner I D, Wiegel J. Caldicoprobacter oshimai gen nov., sp nov., an anaerobic, xylanolytic, extremely thermophilic bacterium isolated from sheep faeces, and proposal of Caldicoprobacteraceae fam. nov. [J]. International Journal of Systematic and Evolutionary Microbiology, 2010, 60 (1): 67-71.

[12] 沈怡芳．白酒生产技术全书 [M]. 北京：中国轻工业出版社，1998.

[13] Zhu X Y, Tao Y, Liang C, et al. The synthesis of $n$-caproate from lactate: a new efficient process for medium-chain carboxylates production [J]. Scientific Reports, 2015, 5 (1). doi: 10.1038/srep/4360.

[14] Zhu X Y, Zhou Y, Wang Y, et al. Production of high-concentration $n$-caproic acid from lactate through fermentation using a newly isolated Ruminococcaceae bacterium CPB6 [J]. Biotechnology for Biofuels, 2017, 10 (1). doi: 10.1186/s13068-017-0788-y.

[15] Tao Y, Zhu X, Wang H, et al. Complete genome sequence of Ruminococcaceae bacterium CPB6: a newly isolated culture for efficient $n$-caproic acid production from lactate [J]. Journal of Biotechnology, 2017, 259: 91-94. doi: 10.1016/j.jbiotec.2017.07.036.

[16] 刘凡，周新虎，陈翔，等．洋河浓香型白酒发酵过程酒醅微生物群落结构解析及其与有机酸合成的相关性 [J]. 微生物学报，2018，58 (12)：2087-2099.

[17] 白鹏凯，许萍，付景鑫．白酒酿造副产物黄水资源化利用技术方案研究 [J]. 给水排水，2019，55 (3)：71-77.

[18] Seedorf H, Fricke W F, Veith B, et al. The genome of *Clostridium kluyveri*, a strict anaerobe with unique metabolic features [J]. Proceedings of the National Academy of Sciences of the United States of America, 2008, 105 (6): 2128-2133.

[19] Kim B-C, Jeon B S, Kim S, et al. *Caproiciproducens galactitolivorans* gen. nov., sp nov., a bacterium capable of producing caproic acid from galactitol, isolated from a wastewater treatment plant [J]. International Journal of Systematic Evolutionary Microbiology, 2015, 65 (Pt. 12): 4902-4908.

[20] Carrino-Kyker S R, Coyle K P, Kluber L A, et al. Fungal and bacterial communities exhibit consistent responses to reversal of soil acidification and phosphorus limitation over time [J]. Microorganisms, 2019. doi: 10.3390/microorganisms 8010001.

[21] Šeme H, Gjuračić K, Kos B, et al. Acid resistance and response to pH-induced stress in two *Lactobacillus plantarum* strains with probiotic potential [J]. Beneficial Microbe, 2015, 6 (3): 369-379.

[22] Cintas L, Casaus M, Herranz C, et al. Bacteriocins of lactic acid bacteria [J]. Food Science Technology International, 2001, 7 (4): 281-305.

[23] Liu M K, Tang Y M, Guo X J, et al. Deep sequencing reveals high bacterial diversity and phylogenetic novelty in pit mud from Luzhou Laojiao cellars for Chinese strong-flavor *Baijiu* [J]. Food Research International, 2017, 102 (Dec.): 68-76.

[24] Hu X L, Du H, Ren C, et al. Illuminating anaerobic microbial community and cooccurrence patterns across a quality gradient in Chinese liquor fermentation pit muds [J].

Applied and Environmental Microbiology, 2016, 82 (8): 2506-2515.

[25] Obst M, Krug A, Luftmann H, et al. Degradation of cyanophycin by *Sedimentibacter* hongkongensis strain KI and *Citrobacter amalonaticus* strain G isolated from an anaerobic bacterial consortium [J]. Applied Environmental Microbiology, 2005, 71 (7): 3642-3652.

[26] Imachi H, Sakai S, Kubota T, et al. *Sedimentibacter acidaminivorans* sp nov., an anaerobic, amino-acid-utilizing bacterium isolated from marine subsurface sediment [J]. International Journal of Systematic Evolutionary Microbiology, 2016, 66 (Pt. 3): 1293-1300.

[27] 罗雯，张倩颖，廖作敏，等．基于高通量测序技术的不同性状窖泥微生物组成研究 [J]. 食品与发酵工业, 2017, 43 (9): 9-14.

[28] 承磊，郑珍珍，王聪，等．产甲烷古菌研究进展 [J]. 微生物学通报, 2016, 43 (5): 1143-1164.

[29] 崔晓光．沼气池中产甲烷菌的分离鉴定及其分布的研究 [D]. 大连：大连理工大学, 2007.

[30] 孟雅静，张会敏，王艳丽，等．浓香型白酒窖泥的真核菌群结构分析 [J]. 现代食品科技, 2020, 36 (5): 96-103.

[31] 张会敏，王艳丽，孟雅静，等．浓香型白酒新、老窖池池壁泥与池底泥原核菌群结构分析 [J]. 食品科学, 2020, 41 (18): 180-187.

# 不同处理对浓香型白酒窖外发酵糟醅香气成分和理化的影响研究

王媚[1]，潘玲玲[2]，罗明有[3]，黄河[1]，黄婷[4]，冯学愚[5]，赵金松[1]

（1. 四川省川酒集团科技开发有限公司，四川成都　610000；

2. 泸州职业技术学院郎酒学院，四川泸州　646000；

3. 四川省宜宾市叙府酒业股份有限公司，四川宜宾　644000；

4. 四川轻化工大学生物工程学院，四川宜宾　644000；

5. 成都师范学院化学与生命科学学院，四川成都　611130）

**摘　要**：对入窖粮糟进行不同处理，在玻璃坛中常温发酵60d，初步探讨窖泥、黄水中微生物和化学成分对窖外发酵糟醅香气成分和理化的影响。研究发现，添加窖泥、黄水或窖泥+黄水（灭菌）的发酵糟醅，香味成分种类和含量都有增加。与入窖糟相比，添加窖泥能促进酯类、酸类、异丁醛、乙缩醛物质的生成，添加黄水可以促进酯类、醇类、双乙酰的生成，添加灭菌（窖泥+黄水）可促进醇类、酸类、糠醛的生成。不同处理对发酵糟醅理化中酸度、还原糖含量、酒精度影响较小。添加黄水的发酵糟醅水分明显高于其他3种糟醅，达到58.8%，而淀粉明显低于其他3种糟醅，含量仅8.95%。该研究揭示了黄水、窖泥对窖外发酵糟醅的影响，可为糟醅窖外发酵提供理论基础。

**关键词**：窖泥；黄水；窖外发酵；糟醅；香气成分；理化

作者简介：王媚，女，硕士，工程师，主要从事酒类检测、研究工作。E-mail：2724224848@qq.com。

通信作者：赵金松，男，博士，教授，正高级工程师，主要从事酿酒技术、酒体设计、分析检测及食品安全的研究工作。E-mail：420940314@qq.com。

# Effects of Different Treatments on Aroma Components and Physicochemical Properties of Luzhou Flavor *Baijiu* Fermented Grains

WANG Mei[1], PAN Lingling[2], LUO Meingyou[3], HUANG He[1], HUANG Ting[4], FENG Xueyu[5], ZHAO Jinsong[1]

(1. Sichuan Chuanjiu Group Technology Development Co., Ltd., Sichuan Chengdu 610000, China; 2. Langjiu College, Luzhou Vocational & Technical College, Sichuan Luzhou 646000, China; 3. Sichuan Yibin XuFu Wine Industry Co., Ltd., Sichuan Yibin 644000, China; 4. School of Biological Engineering, Sichuan University of Science and Engineering, Sichuan Yibin 644000, China; 5. School of Chemistry and Life Sciences, Chengdu Normal University, Sichuan Chengdu 611130, China)

**Abstract**: The grains were treated differently and fermented in glass jar for 60 days, preliminary discussion the effects of microbial and chemical components in pit mud and yellow water on the aroma components and physicochemical properties of fermented grains were studied. It was found that the kinds and contents of aroma components in fermented grains with pit mud, yellow water or sterile (pit mud + yellow water) were increased. Compared with pit entry grains, adding pit mud can promote the formation of esters, acids, isobutyraldehyde and acetals, adding yellow water can promote the formation of esters, alcohols and diacetyls, adding sterilization (pit mud + yellow water) can promote the formation of alcohols, acids and furfural. The different treatments had a little influence on the acidity, reducing sugar and alcohol content in the physical and chemical process of fermented grains. The moisture content of fermented grains with yellow water was 58.8% higher than that of the other three fermented grains, while the starch content was only 8.95% lower than that of the other three fermented grains. This study revealed the effects of yellow water and pit mud on the fermented grains outside the pit, and provided a theoretical basis for the fermentation of fermented grains outside the pit.

**Key words**: Pit mud, Yellow water, Fermentation outside cellar, Fermented grains, Aroma components, Physicochemical

## 1 前言

浓香型白酒在中国白酒市场具有较高占有率，但其以泥窖为发酵容器，自然接种

(多数为未培养微生物[1]) 的多菌种密闭发酵，为发酵的机械化、标准化带来很大困难，实现糟醅的窖外发酵是解决问题的关键。“千年老窖万年糟，酒好还需窖池老”[2]的传统经验说明糟醅和窖池在浓香型白酒酿造过程中至关重要的作用。另外，浓香型白酒续糟发酵工艺，糟醅经过长时间的循环发酵，累积了大量的风味成分，这些风味成分经过蒸馏直接带入酒体，对白酒酒质具有重要的贡献[3]。

糟醅香气成分研究中，舒代兰等[4]跟踪调查了浓香型白酒发酵过程中，糟醅香气成分的变化趋势，发现糟醅中乙酸、丁酸、己酸和乳酸变化趋势与对应的乙酯的生成趋势大体一致。胡沂淮等[5]分析双轮底糟醅香气成分，鉴定出 19 种主要香味物质，其中 10 种属于酯类化合物，占总数的 52.6%。应静等[6]研究温度对实验室窖外发酵出坛糟醅挥发性风味物质的影响，高、中、低温发酵出坛糟醅中高级醇含量分别为 7.74mg/100g、7.42mg/100g、9.72mg/100g。中、低温发酵糟醅中未检测出糠醛，高温发酵糟醅中糠醛含量为 1.90mg/100g，中温（30℃）发酵糟醅与对照窖池出池糟醅风味组分构成更为接近。雷学俊等[2]研究多粮浓香白酒糟醅中香气成分的空间分布规律，表明酯类和酸类是糟醅的主要香气成分，其含量的分布规律为：下层>中层≥上层，同层糟醅距离窖壁越近含量越高且呈扩散递减趋势，窖边糟（0cm）的酸类和酯类化合物含量最高分别为 899.57μg/g 和 2792.91μg/g。醇类、芳香族、醛酮类成分的总含量并未呈现显著的空间异质性，部分物质如正己醇、正丁醇、正戊醇、邻甲酚、对甲酚、苯酚表现为：下层 > 中层≥上层，同层糟醅中 0cm 处含量最高。窖边糟醅中较高含量的物质包括己酸、丁酸、己酸乙酯、丁酸乙酯、己酸己酯和己酸丁酯等。以往研究中，未见不同处理对窖外发酵糟醅香气成分的影响研究。

窖泥和黄水中含有丰富的功能性微生物和醇、酸、酯等风味成分，本研究对入窖粮糟进行 4 种不同处理，包括直接入坛、添加窖泥入坛、添加黄水入坛，添加灭菌（黄水+窖泥）入坛，在玻璃坛中常温发酵 60d，初步探讨窖泥、黄水中微生物和化学成分对发酵糟醅中香味成分及理化的作用，为窖外发酵的进一步研究与实现提供基础。

## 2 材料与方法

### 2.1 实验试剂

白酒 49 组分标样（色谱纯，郑州谱析科技有限公司）。

### 2.2 实验材料

入窖粮糟（已添加 20%的曲粉）取自四川宜宾某知名多粮浓香型白酒企业；黄水为入窖糟窖池上一轮发酵黄水；窖泥为入窖糟窖池同一位置的窖泥。

## 2.3　实验仪器

实验所需仪器及相关信息见表 1。

表 1　实验所需仪器及相关信息

Table 1　Test instruments and related information

| 仪器名称 | 仪器型号 | 生产厂家 |
|---|---|---|
| 高效气相色谱检测仪 | 7890A | 安捷伦科技有限公司 |
| 顶空进样系统 | 7697A | 安捷伦科技有限公司 |
| 电子天平 | AR2130 | 赛多利斯 |
| 高温灭菌锅 | LDZX-75KBS | 上海申安医疗器械厂 |
| 玻璃坛 | — | 四川省泸县海罗玻璃厂 |

## 2.4　实验方法

### 2.4.1　糟醅模拟发酵

在四川宜宾某知名多粮浓香型白酒企业车间内，用精确天平称取 0.833kg 入窖糟醅装入 1L 的无菌玻璃坛中，并对糟醅进行以下 4 种不同处理，且不同处理做 3 个重复。

处理①：入窖糟发酵。用戴手套的手挤压抹平装入玻璃坛中的糟醅，用筷子在上面均匀地插 10 个洞，封口（封口材料自内到外依次为灭菌窖皮泥、坛盖、保鲜膜）发酵。

处理②：入窖糟+黄水发酵。在①的基础上，用灭菌的量筒准确地量取 30mL 未灭菌的黄水于装有 10mL 无菌水的三角瓶中摇匀，然后将其全部均匀地导入 10 个筷洞里，封口发酵（同上）。

处理③：入窖糟+窖泥发酵。在①的基础上，在玻璃坛中装入半径为 3cm、厚度为 3cm 的窖泥（窖泥的表面贴一张和窖泥周长相等的滤纸），封口发酵（同上）。

处理④：入窖糟+灭菌黄水+灭菌窖泥发酵。在玻璃坛中先装入窖泥（同处理③），灭菌。然后按处理②装入糟醅和灭菌的黄水，封口发酵（同上）。

发酵条件和时间：室温发酵 60d。

### 2.4.2　糟醅香气成分检测

发酵结束后，玻璃坛剥去封口的窖皮泥等材料后，在无菌条件下混匀糟醅后，分别取发酵糟醅 40g、2g 检测。

有机酸的检测：取发酵后的糟醅 40g，加入 100mL 无菌水，过夜。6000r/min 离心 10min，用 0.45μm 细菌滤膜过滤后进行 GC 检测。

其他组分检测：取发酵后的糟醅 2g 在顶空瓶中，加入 8mL 的无菌水，顶空进样后进行 GC 检测。

色谱条件：Lzp-930 白酒专用毛细管柱（30m×0.32mm×0.5μm）、柱温 50℃（保持 3min），后以 3.5℃/min 的速率升温至 150℃（保持 1min），以 10℃/min 升温至 200℃（保持 30min）；进样口温度 220℃；进样量 0.4μL；分流比 3∶1。

不同处理糟醅的 3 个重复均单独取样检测，取平均值。

2.4.3 糟醅理化检测

水分含量测定：烘干法[7]；酒精度测定：蒸馏法结合酒精计法[7]；酸度测定：酸碱中和滴定法[7]；还原糖含量测定：斐林试剂法[8]；淀粉含量测定：酸水解结合斐林试剂法。

## 3 结果与分析

### 3.1 不同处理方式对糟醅香气成分种类的影响

由图 1 可知，入窖糟发酵后可以检测出 32 种组分，其他 3 个不同处理后可检测出 35 种组分。与入窖糟醅相比，不同处理方式都可以增加糟醅中香气成分的种类，这与窖泥、黄水中微生物、化学成分有密切关系，说明在糟醅窖外发酵过程中，添加黄水、窖泥有利于糟醅香气成分的生成。

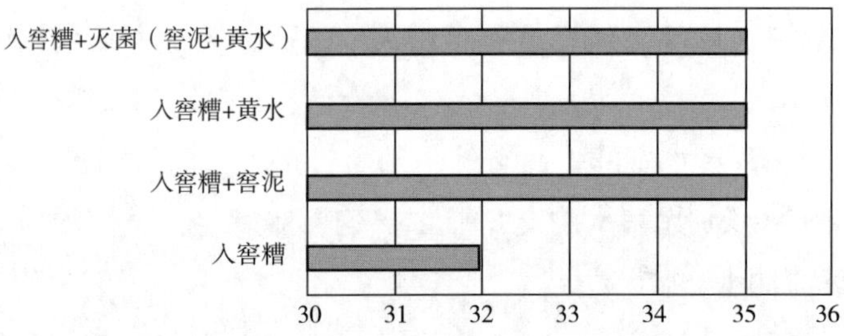


图 1 不同处理发酵糟醅香气成分种类比较（单位：种）

Fig. 1 Comparison of aroma components in fermented grains of different treatments (unit: species)

### 3.2 不同处理方式对糟醅香气成分的影响

3.2.1 不同处理方式对糟醅酯类物质的影响

酯类成分是浓香型白酒发酵糟醅中主要的微量香气成分[9]。由表 2 可知，4 种不同处理糟醅中酯类物质的种类和含量都有差异，入窖糟发酵糟醅检测的酯类种类最少为 13 种，其他 3 种糟醅为 14 种。4 种处理糟醅都不能检测到异戊酸乙酯、乙酸异戊酯、己酸-2-苯乙酯；入窖糟发酵糟醅中还不能检测到己酸丁酯；入窖糟+黄水发酵糟醅不能检测到苯甲酸乙酯，却能检测到戊酸乙酯，说明黄水对戊酸乙酯的合成可能有促进作用。

入窖糟+窖泥与入窖糟+黄水发酵糟醅酯类物质中，大多数物质的含量都高于入窖糟发酵糟醅。入窖糟+黄水发酵糟醅中乙酸乙酯、乙酸丙酯、辛酸乙酯含量明显高于其他 3 种发酵糟醅，分别为其他 3 种发酵糟醅的 2~3 倍、2~6 倍、2~3 倍，说明黄水对乙酸乙酯、乙酸丙酯、辛酸乙酯的生成有促进作用。入窖糟+窖泥发酵糟醅中庚酸乙酯含量明显高于其他 3 种发酵糟醅，为其他 3 种发酵糟醅的 2~4 倍，表明窖泥对庚酸乙酯的生成有促进作用。

**表 2　　不同处理发酵糟醅酯类物质比较**

**Table 2　　Comparison of esters in fermented grains of different treatments**

| 香气成分 | CAS 号 | 含量/(mg/100mL) | | | |
|---|---|---|---|---|---|
| | | 入窖糟 | 入窖糟+窖泥 | 入窖糟+黄水 | 入窖糟+灭菌（黄水+窖泥） |
| 乙酸乙酯 | 141-78-6 | 0.37±0.05 | 0.17±0.10 | 0.74±0.06 | 0.23±0.09 |
| 乙酸丙酯 | 109-60-4 | 0.06±0.02 | 0.03±0.00 | 0.16±0.00 | 0.02±0.01 |
| 乙酸异丁酯 | 110-19-0 | 0.01±0.00 | 0.01±0.00 | 0.01±0.01 | 0.01±0.00 |
| 丁酸乙酯 | 105-54-4 | 0.08±0.02 | 0.04±0.01 | 0.03±0.01 | 0.06±0.02 |
| 乙酸丁酯 | 123-86-4 | 42.40±1.58 | 47.38±2.16 | 5.66±1.00 | 39.57±0.98 |
| 异戊酸乙酯 | 108-64-5 | 0.00±0.00 | 0.00±0.00 | 0.00±0.00 | 0.00±0.00 |
| 乳酸乙酯 | 97-64-3 | 8.36±0.42 | 8.77±2.00 | 9.75±0.65 | 9.34±1.02 |
| 乙酸异戊酯 | 123-92-2 | 0.00±0.00 | 0.00±0.00 | 0.00±0.00 | 0.00±0.00 |
| 戊酸乙酯 | 539-82-2 | 0.00±0.00 | 0.00±0.00 | 0.02±0.01 | 0.00±0.00 |
| 己酸乙酯 | 123-66-0 | 1.35±0.24 | 1.26±0.09 | 1.65±0.06 | 1.30±0.05 |
| 庚酸乙酯 | 106-30-9 | 27.07±1.24 | 54.62±3.12 | 10.65±1.98 | 25.99±2.12 |
| 己酸丁酯 | 626-82-4 | 0.00±0.00 | 0.01±0.00 | 0.01±0.00 | 0.02±0.01 |
| 辛酸乙酯 | 106-32-1 | 0.01±0.00 | 0.01±0.01 | 0.02±0.01 | 0.01±0.00 |
| 己酸异戊酯 | 2198-61-0 | 0.01±0.00 | 0.01±0.01 | 0.01±0.00 | 0.01±0.01 |
| 苯甲酸乙酯 | 93-89-0 | 0.04±0.02 | 0.05±0.02 | 0.00±0.00 | 0.08±0.00 |
| 苯乙酸乙酯 | 101-97-3 | 0.03±0.00 | 0.02±0.01 | 0.04±0.02 | 0.04±0.00 |
| 乙酸-2-苯乙酯 | 103-45-7 | 0.08±0.03 | 0.07±0.02 | 0.04±0.00 | 0.06±0.01 |
| 己酸-2-苯乙酯 | 6290-37-5 | 0.00±0.00 | 0.00±0.00 | 0.00±0.00 | 0.00±0.00 |

### 3.2.2　不同处理方式对糟醅醇类物质的影响

醇类物质是由葡萄糖和氨基酸降解产生，是酯类的前体物质[10]。由表 3 可知，入窖糟和入窖糟+黄水发酵糟醅可检测出 8 种醇类，入窖糟+窖泥和入窖糟+灭菌（黄水+窖泥）发酵糟醅可以检测到 9 种醇类。不同处理发酵糟醅都不能检测到甲醇、异丙醇、2,3-丁二醇和苯甲醇，入窖糟发酵糟醅还检测不到仲丁醇，表明黄水、窖泥对仲丁醇的生成是有利的，而入窖糟+黄水发酵糟醅还不能检测到β-苯乙醇，说明黄水可能对糟醅中β-苯乙醇的生成有抑制作用。

表 3　　不同处理方式发酵糟醅醇类物质比较

Table 3　　Comparison of alcohols in fermented grains of different treatments

| 香气成分 | CAS 号 | 含量/(mg/100mL) | | | |
|---|---|---|---|---|---|
| | | 入窖糟 | 入窖糟 +窖泥 | 入窖糟+黄水 | 入窖糟+灭菌（黄水+窖泥） |
| 甲醇 | 67-56-1 | 0. 00±0. 00 | 0. 00±0. 00 | 0. 00±0. 00 | 0. 00±0. 00 |
| 异丙醇 | 67-63-0 | 0. 00±0. 00 | 0. 00±0. 00 | 0. 00±0. 00 | 0. 00±0. 00 |
| 正丙醇 | 71-23-8 | 0. 10±0. 24 | 0. 04±0. 01 | 0. 28±0. 05 | 0. 03±0. 01 |
| 仲丁醇 | 78-92-2 | 0. 00±0. 00 | 0. 05±0. 02 | 0. 02±0. 01 | 0. 02±0. 00 |
| 异丁醇 | 78-83-1 | 0. 19±0. 08 | 0. 22±0. 00 | 0. 44±0. 07 | 0. 12±0. 06 |
| 正丁醇 | 71-36-3 | 5. 87±0. 26 | 5. 15±1. 24 | 3. 53±0. 58 | 10. 21±2. 00 |
| 异戊醇 | 123-51-3 | 0. 12±0. 04 | 0. 13±0. 05 | 0. 05±0. 00 | 0. 04±0. 00 |
| 2,3-丁二醇 | 513-85-9 | 0. 00±0. 00 | 0. 00±0. 00 | 0. 00±0. 00 | 0. 00±0. 00 |
| 苯甲醇 | 100-51-6 | 0. 00±0. 00 | 0. 00±0. 00 | 0. 00±0. 00 | 0. 00±0. 00 |
| β-苯乙醇 | 60-12-8 | 0. 01±0. 00 | 0. 01±0. 01 | 0. 00±0. 00 | 0. 02±0. 01 |
| 乙醇 | 64-17-5 | 719. 67±5. 23 | 926. 24±4. 20 | 764. 55±8. 16 | 203. 66±3. 21 |
| 正己醇 | 111-27-3 | 4. 14±1. 00 | 4. 53±0. 65 | 4. 38±0. 86 | 4. 23±0. 00 |
| 糠醇 | 98-00-0 | 5. 29±0. 00 | 5. 22±0. 46 | 4. 30±0. 52 | 8. 66±0. 85 |

4 种糟醅中醇类物质含量大多数较相近，但是入窖糟+黄水发酵糟醅中正丙醇、异丁醇含量明显高于其他 3 种发酵糟醅，为其他 3 种发酵糟醅的 2~7 倍、2~3 倍，表明黄水有益于正丙醇和异丁醇的生成。但是入窖糟+灭菌（黄水+窖泥）发酵糟醅的乙醇含量明显低于其他 3 种发酵糟醅，说明微生物对乙醇的生成有较大的影响。

### 3. 2. 3　不同处理方式对糟醅酸类物质的影响

由表 4 可知，4 种不同处理方式糟醅中酸类物质的种类和含量都有差异，入窖糟发酵糟醅检测的酯类种类最少为 6 种，其他 3 种发酵糟醅为 7 种。4 种不同处理方式的发酵糟醅都不能检测到 2-乙基丁酸、异丁酸、庚酸，入窖糟发酵糟醅还不能检测到辛酸，表明黄水、窖泥可能对糟醅中辛酸的生成有促进作用。

入窖糟+窖泥和入窖糟+灭菌（黄水+窖泥）发酵糟醅中所有酸类物质的含量都高于入窖糟发酵糟醅。入窖糟+灭菌（黄水+窖泥）发酵糟醅辛酸含量明显高于其他 3 种糟醅，为其他 3 种发酵糟醅的 2 倍左右，入窖糟+黄水发酵糟醅丙酸、二乙基丁酸、己酸含量明显低于其他 3 种糟醅，为其他 3 种糟醅的 30% ~50%。

**表 4　不同处理方式发酵糟醅酸类物质比较**

**Table 4　Comparison of acids in fermented grains of different treatments**

| 香气成分 | CAS 号 | 含量/(mg/100mL) | | | |
| --- | --- | --- | --- | --- | --- |
| | | 入窖糟 | 入窖糟 +窖泥 | 入窖糟+黄水 | 入窖糟+灭菌（黄水+窖泥） |
| 2-乙基丁酸 | 88-09-5 | 0. 00±0. 00 | 0. 00±0. 00 | 0. 00±0. 00 | 0. 00±0. 00 |
| 乙酸 | 64-19-7 | 73. 25±9. 24 | 78. 73±6. 35 | 57. 32±5. 26 | 95. 89±5. 44 |
| 丙酸 | 79-09-4 | 2. 15±1. 22 | 2. 32±0. 99 | 0. 70±0. 25 | 2. 84±1. 00 |
| 异丁酸 | 79-31-2 | 0. 00±0. 00 | 0. 00±0. 00 | 0. 00±0. 00 | 0. 00±0. 00 |
| 丁酸 | 107-92-6 | 12. 39±2. 46 | 14. 73±4. 36 | 7. 62±5. 71 | 14. 52±3. 27 |
| 异戊酸 | 503-74-2 | 0. 42±0. 08 | 0. 50±0. 21 | 0. 44±0. 12 | 0. 91±0. 16 |
| 戊酸 | 6089-09-4 | 0. 00±0. 00 | 0. 00±0. 00 | 0. 00±0. 00 | 0. 00±0. 00 |
| 二乙基丁酸 | 88-09-5 | 1. 07±0. 09 | 1. 27±0. 07 | 0. 31±0. 12 | 1. 26±0. 57 |
| 己酸 | 142-62-1 | 10. 56±2. 04 | 13. 31±3. 76 | 5. 30±1. 78 | 13. 98±3. 67 |
| 庚酸 | 111-14-8 | 0. 00±0. 00 | 0. 00±0. 00 | 0. 00±0. 00 | 0. 00±0. 00 |
| 辛酸 | 124-07-2 | 0. 00±0. 00 | 1. 30±0. 86 | 1. 43±0. 32 | 2. 69±0. 85 |

3. 2. 4　不同处理方式对糟醅其他物质的影响

由表 5 可知，不同处理的发酵糟醅都不能检测到对甲酚，而入窖糟+黄水发酵糟醅中能检测到双乙酰，说明黄水可能对双乙酰的生成有促进作用。

**表 5　不同处理方式发酵糟其他类物质比较**

**Table 5　Comparison of other substances in fermented grains of different treatments**

| 香气成分 | CAS 号 | 含量/(mg/100mL) | | | |
| --- | --- | --- | --- | --- | --- |
| | | 入窖糟 | 入窖糟 +窖泥 | 入窖糟+黄水 | 入窖糟+灭菌（黄水+窖泥） |
| 乙醛 | 75-07-0 | 0. 02±0. 01 | 0. 02±0. 00 | 0. 01±0. 01 | 0. 02±0. 01 |
| 异丁醛 | 78-84-2 | 0. 01±0. 00 | 0. 02±0. 01 | 0. 01±0. 00 | 0. 01±0. 00 |
| 乙缩醛 | 105-57-7 | 0. 65±0. 21 | 0. 73±0. 08 | 0. 19±0. 07 | 0. 64±0. 24 |
| 对甲酚 | 106-44-5 | 0. 00±0. 00 | 0. 00±0. 00 | 0. 00±0. 00 | 0. 00±0. 00 |
| 4-乙基愈创木酚 | 2785-89-9 | 0. 08±0. 01 | 0. 08±0. 01 | 0. 10±0. 00 | 0. 07±0. 03 |
| 双乙酰 | 431-03-8 | 0. 00±0. 00 | 0. 00±0. 00 | 0. 1980±0. 0008 | 0. 00±0. 00 |
| 糠醛 | 98-01-1 | 2. 58±0. 32 | 1. 60±0. 32 | 1. 48±0. 41 | 5. 67±0. 86 |

入窖糟+窖泥和入窖糟+黄水发酵糟醅中大多数物质含量都高于入窖糟发酵糟醅，

但糠醛含量明显低于入窖糟发酵糟醅，表明黄水、窖泥对糟醅中的大多数其他类物质的合成是有利的，但可能会抑制糠醛的生成。入窖糟+黄水发酵糟醅中乙缩醛的含量明显低于入窖糟发酵糟醅，说明黄水可能抑制乙缩醛的生成。同时入窖糟+灭菌（黄水+窖泥）发酵糟醅中糠醛的含量明显高于其他 3 种糟醅，表明黄水+窖泥中的化学成分能促进糟醅中糠醛的生成。

进一步由聚类图可知（图 2），除入窖糟+黄水发酵糟醅外，其他 3 种发酵糟醅化合物信息表达相近，且与入窖糟+黄水发酵糟醅香气成分之间存在互补。在化合物聚类上，总体可分为 2 类，第 1 类为醇类和酯类，第 2 类为酸类和其他物质类。

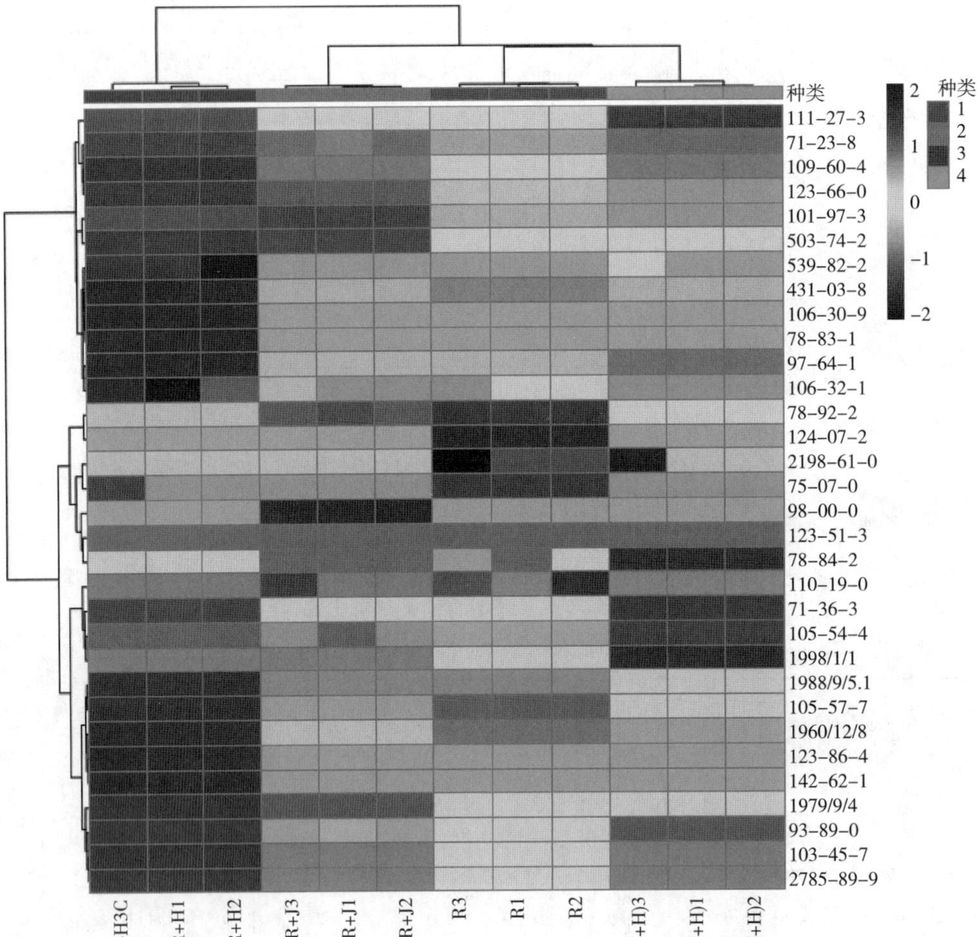


图 2 不同处理方式对糟醅香气成分影响的热图

Fig. 2 Heat map of the effects of different treatments on aroma components of fermented grains

注：R—入窖糟，R+J—入窖糟+窖泥，R+H—入窖糟+黄水，

R+M（J+H）—入窖糟+灭菌（窖泥+黄水）。

### 3.3　不同处理方式对糟醅理化的影响

由表6可知，3种不同处理方式的糟醅水分和酸度都较入窖糟醅高，入窖糟+黄水发酵糟醅水分最高，达到58.8%，酸度达到2.98mmol/10g，这可能与初始黄水渗透到糟醅以及黄水本身相关物质含量有关。4种不同处理方式糟醅中，入窖糟+黄水和入窖糟+窖泥发酵糟醅中淀粉含量较低，可能与窖泥和黄水中丰富的微生物相关。4种不同处理糟醅中还原糖含量差异较小，在0.98%~1.35%。入窖糟+灭菌（黄水+窖泥）发酵糟醅酒精度低于其他3种处理糟醅，最低达到2.9%vol，见图3。

**表6　不同处理方式发酵糟醅理化比较**

**Table 6　Comparison of physicochemical properties of fermented grains from different treatments**

| 参数 | 入窖糟 | 入窖糟+窖泥 | 入窖糟+黄水 | 入窖糟+灭菌（黄水+窖泥） |
|---|---|---|---|---|
| 水分/% | 53.60±0.40 | 53.90±0.60 | 58.80±0.40 | 57.50±0.50 |
| 酸度/（mmol/10g） | 1.95±0.04 | 2.23±0.05 | 2.98±0.10 | 2.42±0.08 |
| 淀粉含量/% | 13.95±0.12 | 9.85±0.16 | 8.95±0.15 | 11.38±0.17 |
| 还原糖含量/% | 1.34±0.02 | 0.98±0.05 | 1.02±0.03 | 1.35±0.05 |
| 酒精度/%vol | 3.60±0.30 | 4.90±0.50 | 3.80±0.50 | 2.90±0.20 |

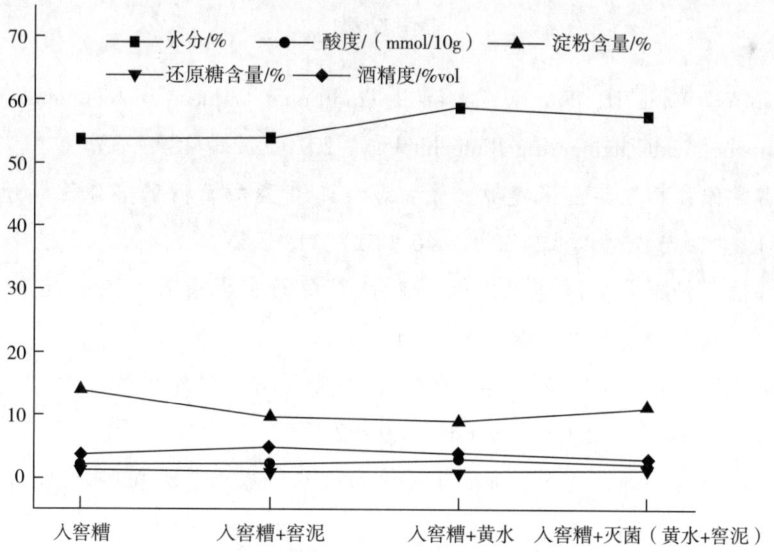


图3　不同处理方式对糟醅理化性质的影响

Fig. 3　Effects of different treatments on physicochemical properties of fermented grains

注：□入窖糟+灭菌（黄水+窖泥）▩入窖糟+黄水 ■入窖糟+窖泥 ▨入窖糟

## 4 结论

4.1 窖泥和黄水对窖外发酵糟醅香味成分的种类和含量都有影响。4 种不同处理方式的发酵糟醅中，入窖糟发酵糟醅检测到的组分最少为 32 种，其余发酵糟醅可检测到的组分为 35 种。与入窖糟发酵糟醅比较，添加了窖泥的发酵糟醅中酯类物质、酸类物质含量都较高；添加黄水的发酵糟醅中大多数酯类物质和大多数醇类物质含量较高，而酸类物质含量较低；而添加 了灭菌（黄水+窖泥）发酵糟醅中酸类物质和其他类物质含量较高。

4.2 窖泥对糟醅中的己酸丁酯、辛酸、仲丁醇含量有明显的促进作用，黄水对糟醅中的戊酸乙酯、乙酸丙酯、辛酸乙酯、辛酸、仲丁醇、正丙醇、异丁醇、双乙酰有明显的促进作用，而对苯甲酸乙酯、$\beta$-苯乙醇的生成有一定抑制作用。

4.3 不同处理方式对糟醅酸度、还原糖、酒精度含量影响较小，添加黄水的发酵糟醅水分明显高于其他 3 种糟醅，达到 58.8%，而淀粉含量明显低于其他 3 种糟醅，仅 8.95%。

总之，玻璃坛发酵糟醅中添加窖泥、黄水或灭菌（黄水+窖泥）都能使发酵糟醅中的物质种类和含量增加。因此，在窖外发酵过程中应该考虑窖泥、黄水的添加，可以通过中试试验进一步验证黄水和窖泥对发酵糟醅及酒质的影响。

### 参考文献

[1] Xu Y, Wang D, Fan W L, et al. Traditional Chinese biotechnology [J]. Advances in Biochemical Engineering Biotechnology, 2010, 122: 189-233.

[2] 雷学俊，杨康卓，张建敏，等．多粮浓香型白酒糟醅中香气成分的空间分布规律 [J]. 食品与发酵工业，2020，46（21）：48-54.

[3] 郑佳，杨康卓，张建敏，等．浓香型白酒窖泥香气成分的空间分布规律 [J]. 食品与发酵工业，2020，46（1）：11-15.

[4] 舒代兰，张丽莺，张文学，等．浓香型白酒糟醅发酵过程中香气成分的变化趋势 [J]. 食品科学，2007，28（6）：89-92.

[5] 胡沂淮，戴源，姜勇，等．浓香型白酒双轮底酒醅香气成分分析 [J]. 酿酒科技，2013（12）：103-104.

[6] 应静，游玲，邱树毅，等．温度对浓香型白酒发酵的影响 [J]. 中国酿造，2018，37（8）：75-81.

[7] 沈怡方．白酒生产技术全书 [M]. 北京：中国轻工业出版社，1998.

[8] 泸州老窖集团有限责任公司．泸型酒技艺全书 [M]. 北京：中国轻工业出

版社，2011.

[9] Zhao Y，Xu Y，Li J，et al. Profile of volatile compounds in 11 brandies by headspace solid－phase microextraction followed by gas chromatography－mass spectrometry [J]. Journal of Food Science，2009，74（2）：C90-C99.

[10] 李恒，孙夏冰，陆震鸣，等. 白酒窖池中不同部位窖泥挥发性化合物的差异性分析 [J]. 食品与发酵工业，2013，39（3）：158-162.

# 微窖香调味酒的研究与开发

吴生文，林培，祝云飞，彭辉，曾婷婷
（四特酒有限责任公司，江西樟树 331200）

**摘 要：**特香型白酒的窖池由窖泥和红褚条石构成。当发酵周期较长时，优质的窖泥微生物容易使特香型基酒浓香风味明显，造成基酒风味迁移。本研究采用无窖底泥工艺，开发微窖香调味酒。结果表明，无窖底泥工艺对基酒产量没有影响，但无窖泥基酒的总酸与丙酸乙酯、丁酸乙酯、正丙醇、正丁醇等色谱骨架成分明显高于对照基酒。品评结果也表明无窖底泥调味酒窖香淡雅、香气纯正，甜糟香明显，酒体干净、醇甜柔和、特点突出。总体而言，以无窖底泥工艺生产微窖香调味酒具有可行性。

**关键词：**特香型；白酒；无窖底泥；微窖香

# Research and Development of Micro Jiao-aroma Flavoring Liquor

WU Shengwen, LIN Pei, ZHU Yunfei, PENG Hui, ZENG Tingting
(Site Liquor Co., Ltd., Jiangxi Zhangshu 331200, China)

**Abstract:** The pit of the Te-flavor liquor is composed of pit mud and red strip stone. When the fermentation period is long, high-quality pit mud microorganisms are easy to make the strong-flavor style of the base liquor stand out, causing Te-flavor base liquor to be deviant flavour style. At the same time, it is also easy to bring muddy odor, which affects the quality of the base liquor. In this research, the process without mud at the bottom of the pit is used to develop micro jiao-aroma flavored liquor. The results showed that the process without mud at the bottom of the pit had no effect on the yield of base liquor. However, the total acid

作者简介：吴生文，男，硕士，教授级高级工程师，副总经理，主要从事白酒酿造及生产管理的研究工作。E-mail：jsb@sitejiu.com。
通信作者：林培，男，硕士研究生，工程师，技术部经理，主要从事白酒酿造研发工作。E-mail：13720712@qq.com。

and chromatographic skeleton components of ethyl propionate, ethyl butyrate, *n*-propanol and *n*-butanol of the base liquor without mud at the bottom of the pit were significantly higher than those of the control base liquor. The sensory evaluation results also show that the flavored liquor without mud at the bottom of the pit has thin jiao-aroma, pure aroma, obvious sweet glutinous aroma, clean and soft body, and outstanding characteristics. In general, it is feasible to produce micro jiao-aroma flavored liquor by the process without mud at the bottom of the pit.

**Key words**: Te-flavor type, *Baijiu*, No mud at the bottom of pit, Micro Jiao-aroma

## 1　前言

"红褚条石垒酒窖"，以泥底、红褚条石为壁建造窖池是特香型白酒酿造工艺特点之一[1]。窖底泥含有极为丰富的厌氧或兼性厌氧菌群，以产已酸为主要功能，已酸进一步生成已酸乙酯，使特香型白酒具有浓香（窖香）风味[2]。"千年老窖万年糟，酒好还需窖池老"，随着窖龄的延长，特别是当前的长发酵期（54~60d）模式，底层糟基酒浓香风味越发凸显，给酒体设计带来一些挑战。本研究的目的是长发酵期模式下，丰富特香风味成分，控制已酯含量。本研究尝试通过去掉窖底泥、分层摘酒等方式，改变窖池环境，以开发微窖香调味酒。

## 2　材料与方法

### 2.1　材料

试验在四特酒酿造车间进行，由车间提供酿造窖池、大曲、稻壳、大米等材料。糟醅理化、基酒理化与色谱检测均由公司技术部化验室完成。

Agilent LC1200 液相色谱仪：VWD 检测器（美国 Agilent Technologies 有限公司）；Agilent GC7890 气相色谱仪：Agilent GC7820 FID 检测器（美国 Agilent Technologies 有限公司）；白酒标准品（中国食品发酵工业研究院）；乙酸、L-乳酸标准品（西格玛公司）。

### 2.2　方法

#### 2.2.1　试验设计

在同一车间由生产 1 班选择 16 个连续的窖池，去掉窖底泥为无窖底泥试验组，窖底采用条石，另由生产 3 班选择 16 个以同一天出池的窖池为正常对照组。

试验组与对照组投粮、大曲用量、稻壳用量与发酵期都一致，即投粮 500kg，大曲用量 126kg，稻壳用量 200kg，发酵期 54d。按照糟醅出窖顺序将窖池内糟醅分为上层的踩糟（面糟）、中间层的原料糟（粮糟）、底层糟 3 部分，所取酒样即为踩糟基酒、原料糟基酒和丢糟基酒[3]。摘取底层糟醅酒样贮存，去除酒头酒尾，进行感官品评、理化检测和色谱分析。

2.2.2 试验跟踪与取样检测

入池、出池取糟醅化验：水分：105℃烘干法；酸度：酸碱滴定法；淀粉：斐林试剂法；酒精度：蒸馏法。

出池取基酒品评：由 7 位专业品酒员进行评分，去掉最高、最低分，取平均值。

基酒理化检测：酒精度：酒精计法；总酸：酸碱滴定法；总酯：回流皂化滴定法。

基酒组成成分检测：甲醇利用气相色谱法进行检测[4]，乳酸、乙酸采用液相色谱法，其他微量风味物质成分的测定采用气相色谱法[5]。

### 2.3 数据处理

实验数据采用 SPSS 16.0 统计软件进行统计分析，当比较组个数为 3 及 3 以上时，组间均值比较采用 Duncan 多重比较进行方差分析；当比较组个数为 2 时，采用独立样品 $t$ 检验进行平均数检验，数据分析中采用的显著性水平为 $\alpha=0.05$，以 $P<0.05$ 表示差异有统计学意义，图表采用 Excel 2007 软件进行绘制。

## 3 结果与分析

### 3.1 无窖底泥调味酒出酒率与糟醅检测数据分析

从表 1 可以看出，与对照相比，在入池酒醅参数基本一致的条件下，无窖底泥试验组出池酒醅关键参数水分、酸度、淀粉含量差异不显著，且出酒率也相差不大，说明无窖底泥对糟醅的发酵影响较小，无明显差别。

**表 1 不同处理方式对出池、入池酒醅理化和出酒率的影响**

**Table1 Effect of different treatments on the physicochemical properties of vinasse and yield rate of liquor**

| 项目 | | 正常对照组 | 无窖底泥试验组 |
|---|---|---|---|
| 出池 | 水分/% | 68.0±1.5$^a$ | 67.3±1.7$^a$ |
| | 酸度/mmol/10g | 3.8±0.1$^a$ | 4.4±0.7$^a$ |
| | 淀粉含量/% | 9.3±1.1$^a$ | 10.2±0.8$^a$ |
| | 酒精度/%vol | 4.1±0.4$^a$ | 3.8±0.6$^a$ |

续表

| 项目 | | 正常对照组 | 无窖底泥试验组 |
|---|---|---|---|
| 入池 | 水分/% | 61±1.7[a] | 61.5±3.1[a] |
| | 酸度/mmol/10g | 2.1±0.1[a] | 2.3±0.2[a] |
| | 淀粉含量/% | 16.9±0.7[a] | 17.5±1.4[a] |
| | 出酒率/% | 50.8±1.3[a] | 50.1±2.5[b] |

注：同一行不同小写字母表示差异显著（$P<0.05$）。

### 3.2　无窖底泥调味酒理化与色谱数据分析

由表2分析总酸与“五大酸”含量，可以看出无窖底泥调味酒总酸含量更高，乙酸、乳酸、丁酸含量均高于正常对照组，而己酸、丙酸含量差异不显著。酸类成分是白酒中重要的呈香、呈味物质，酸类物质除了对酒的主体香具有烘托作用，对酒的后味起缓冲、平衡的作用外，还是形成酯类的重要前体物质——酸类物质[6-7]。有研究表明，在己酸菌培养基中添加乙酸、丙酸、丁酸可以增加己酸产量，己酸可以代谢多种酸类[8]。因此，无窖底泥调味酒总酸含量更高可能与去除了窖底泥有关。

表2　不同处理方式对基酒理化与色谱检测的结果　单位：g/L

Table 2　Effect of different treatments on the physicochemical and chromatographic results of base liquor　unit：g/L

| 项目 | | 正常对照组 | 无窖底泥试验组 |
|---|---|---|---|
| 总酸 | | 1.39±0.26[b] | 1.96±0.13[a] |
| 总酯 | | 5.78±0.65[a] | 5.96±0.13[a] |
| “五大酸” | 乙酸 | 1.20±0.08[b] | 1.48±0.15[a] |
| | 乳酸 | 0.14±0.02[b] | 0.26±0.06[a] |
| | 己酸 | 0.30±0.11[a] | 0.31±0.14[a] |
| | 丁酸 | 0.19±0.06[b] | 0.42±0.14[a] |
| | 丙酸 | 0.35±0.14[a] | 0.27±0.11[a] |
| “五大酯” | 乙酸乙酯 | 2.36±0.15[a] | 2.03±0.30[b] |
| | 乳酸乙酯 | 3.77±0.31[a] | 4.06±0.58[a] |
| | 己酸乙酯 | 0.26±0.06[a] | 0.42±0.21[a] |
| | 丁酸乙酯 | 0.07±0.02[b] | 0.26±0.09[a] |
| | 丙酸乙酯 | 0.01±0.00[b] | 0.05±0.01[a] |
| 醛类 | 乙醛 | 0.09±0.04[a] | 0.08±0.02[a] |
| | 异戊醛 | 0.06±0.03[a] | 0.06±0.02[a] |
| | 乙缩醛 | 0.04±0.01[a] | 0.05±0.02[a] |

续表

| 项目 | | 正常对照组 | 无窖底泥试验组 |
|---|---|---|---|
| 高级醇 | 正丙醇 | 0.63±0.05[b] | 1.81±0.42[a] |
| | 正丁醇 | 0.15±0.02[b] | 0.62±0.24[a] |
| | 仲丁醇 | 0.05±0.01[b] | 0.38±0.07[a] |
| | 异丁醇 | 0.08±0.01[a] | 0.08±0.01[a] |
| | 异戊醇 | 0.22±0.02[a] | 0.19±0.03[a] |
| | 正戊醇 | 0.01±0.00[a] | 0.04±0.04[a] |
| | 正己醇 | 0.04±0.01[b] | 0.07±0.03[a] |
| 高级醇合计 | | 1.18±0.98[b] | 3.12±0.52[a] |
| 其他 | 甲醇 | 0.2±0.01[b] | 0.30±0.02[a] |
| | 2,3 丁-二醇（左） | 0.02±0.029[a] | 0.05±0.02[a] |
| | 2,3-丁二醇（右） | 0.01±0.00[a] | 0.01±0.00[a] |
| | 戊酸 | 0.03±0.01[a] | 0.06±0.05[a] |
| | 异戊酸 | 0.02±0.01[a] | 0.02±0.01[a] |
| | 戊酸乙酯 | 0.02±0.01[a] | 0.05±0.03[a] |

注：同一行不同小写字母表示差异显著（$P<0.05$）。

由表 2 分析总酯与“五大酯”含量，可以看出总酯含量差异不显著，无窖底泥调味酒丁酸乙酯、丙酸乙酯含量更高，乳酸乙酯、己酸乙酯差异不显著，乙酸乙酯含量则更低，但除丁酸乙酯、丙酸乙酯含量，平均值相差不大。丁酸乙酯具有菠萝的香气，适量爽口，过量则脂肪臭明显，同时丙酸乙酯是特香型白酒的主体香之一。无窖底泥调味酒丁酸乙酯、丙酸乙酯含量平均值是正常对照组的数倍，这可能是使得试验组酒体风味具有突出特点的原因之一。

白酒中的醛类物质主要包括乙醛、乙缩醛、异戊醛等，其中乙醛是形成缩醛的前体物质，白酒中的缩醛主要是乙缩醛，缩醛能够赋予白酒清香柔和感[9]。从表 2 醛类物质检测结果可以看出，无窖底泥实验组醛类物质与对照相比无显著差别，说明无窖底泥对醛类物质的代谢无显著影响。

醇类物质是白酒中醇甜感和助香剂的主要物质来源，是白酒中重要的芳香成分和呈味物质。高级醇对白酒的酒质有很大的影响，适量的高级醇能够赋予白酒醇厚、丰满的口感，并且能够增加酒体的协调性，例如正己醇具有一定的水果香和椰香[10]。从表 2 高级醇数据可以看出，无窖底泥实验组的高级醇含量明显高于正常对照组，尤其是正丙醇、正丁醇和仲丁醇含量远高于对照组。由此说明无窖底泥对高级醇代谢有较大影响，进而影响基酒感官质量。

其他各风味成分含量差异不显著，且平均值相差不大。

### 3.3　无窖底泥调味酒品评结果分析

从表3基酒评分数据可以看出，无窖底泥实验组基酒评分（67.1±0.6）略小于正常对照组（67.2±0.4），但在统计学上差异不显著（$P>0.05$）。从感官评语（表3）和品评记录看，无窖底泥调味酒窖香淡雅，香气纯正，甜糟香明显，酒体干净、醇甜、柔和，特香风味特点突出。

**表3　不同处理方式基酒品评结果的影响**

**Table 3　Effect of different treatments on sensory evaluation of base liquor**

| 组别 | 样本 | 评分 | 感官评语 |
|---|---|---|---|
| 无窖底泥实验组 | A1 | 67.2 | 无色透明，香气尚纯正，窖香淡雅，稍糟香，入口稍甜，回味稍冲辣 |
| | A2 | 67.5 | 无色透明，香较纯正，窖香淡雅，稍糟香，入口稍甜，回味稍冲，后味涩 |
| | A3 | 67.2 | 无色透明，香气纯正，稍有烧糟味，入口稍甜，回味稍冲，口感略显单一 |
| | A4 | 67.0 | 无色透明，香气纯正，窖香淡雅，稍有烧糟味，入口稍甜冲辣，后味略涩 |
| | A5 | 67.5 | 无色透明，闻香稍带糟香，入口稍涩，回味稍冲，后味较苦涩 |
| | A6 | 66.5 | 无色透明，闻香稍带糟味，窖香淡雅，入口稍涩，回味稍冲，后味较苦涩 |
| | A7 | 67.5 | 无色透明，香气纯正，入口较醇甜，味较长，带糟香，后味稍涩 |
| | A8 | 66.8 | 无色透明，闻香稍带焦煳味，入口稍涩，回味稍冲，后味稍带糟味，涩大 |
| | A9 | 67.5 | 无色透明，香气较纯正，窖香淡雅，稍带糟香，入口较醇甜，回味稍冲，后味涩 |
| 正常对照组 | B1 | 67.8 | 无色透明，香较纯正，窖泥味明显，入口醇甜较好，后味略涩 |
| | B2 | 67.8 | 无色透明，香较纯正，稍有糟香，带曲香，味较醇甜，后味稍冲，稍涩 |
| | B3 | 67.1 | 无色透明，香气较纯正，稍有窖泥味，入口稍甜，回味稍冲，后味稍显杂 |
| | B4 | 66.5 | 无色透明，香气较纯正，稍有窖泥味，略带糠香、曲香，入口稍冲、稍杂，后味略涩 |
| | B5 | 67.0 | 无色透明，香气较纯正，稍带烧糟味，入口稍冲、稍甜，后味糙涩稍带窖香 |
| | B6 | 66.0 | 无色透明，闻香稍带糠香，窖泥味明显，入口稍酸，回味稍甜，后味辣涩 |
| | B7 | 67.3 | 无色透明，香气较纯正，稍带糟香，入口稍醇甜，稍冲，后味较涩 |

续表

| 组别 | 样本 | 评分 | 感官评语 |
|---|---|---|---|
| 正常对照组 | B8 | 67.0 | 无色透明，闻香有糟香，窖泥味明显，入口稍冲，回味稍甜，后味辣涩 |
| | B9 | 67.4 | 无色透明，香气较纯正，稍带窖泥味，入口稍醇甜，后味略显淡、薄、涩 |

## 4 结论

从实验结果来看，本研究的无窖底泥工艺会对基酒产生一定的影响，其中无窖底泥基酒产量与对照基本一致，但无窖底泥基酒的总酸与丙酸乙酯、丁酸乙酯、正丙醇、正丁醇等色谱骨架成分含量明显高于对照基酒。品评结果也表明，无窖底泥基酒窖香淡雅，香气纯正，甜糟香明显，酒体干净、醇甜、柔和，特香特点突出。总体而言，通过去除窖底泥工艺生产微窖香调味酒具有可行性，但对于去除窖底泥后窖池与基酒的长期变化需要进一步探究，通过加强生产管理，以期获得质量、产量双丰收。

### 参考文献

[1] 吴生文. 解码特香型白酒的独特生产工艺 [J]. 酿酒科技，2020 (11)：65-70.

[2] 程伟，吴丽华，徐亚磊，等. 浓香型白酒酿造微生物研究进展 [J]. 中国酿造，2014，33 (3)：1-4.

[3] GB/T 15109—2008，白酒工业术语 [S].

[4] GB 5009.266—2016，食品安全国家标准　食品中甲醇的测定 [S].

[5] GB/T 10345—2007，白酒分析方法 [S]

[6] 谢方安. 谈白酒香气成分和作用 [J]. 酿酒，2006，33 (5)：52-55.

[7] 贾智勇. 中国白酒勾兑宝典 [M]. 北京：化学工业出版社，2017.

[8] 傅金泉. 中国酿酒微生物研究与应用 [M]. 北京：中国轻工业出版社，2008.

[9] 肖冬光，赵树欣，陈叶福，等. 白酒生产技术 (2 版) [M]. 北京：化学工业出版社，2011.

[10] 郑兵福，徐睿烜，蒋立文. 油炸对臭豆腐中挥发性风味物质的影响 [J]. 中国酿造，2019，38 (3)：14-17.

# 牟平薯香型白酒的传承发展及工艺优化研究进展

王珺燕，王淑秀，赵成江
（烟台恒邦酒业有限公司，山东烟台　264100）

**摘　要**：本文以薯香型白酒为研究对象，追溯了烟台恒邦酒业有限公司采用甘薯酿酒的历史渊源，分析了目前薯香型白酒酿造中存在的问题及原因，总结出烟台恒邦酒业有限公司对于这些问题的工艺突破和研究进展，以期为薯香型白酒生产企业提供理论及实践指导的依据。

**关键词**：薯干；薯香型白酒；产品风格；生产工艺

# Research Progress on the Inheritance and Development of Muping Shuxiang *Baijiu* and its Process Optimization

WANG Junyan, WANG Shuxiu, ZHAO Chengjiang
(Yantai Humon Liquor Co., Ltd., Shandong Yantai 264100, China)

**Abstract**: This article takes sweet potato flavor *Baijiu* as the research object, traces the history of making *Baijiu* with sweet potato in our factory, analyzes the problems and causes in the production of sweet potato flavor *Baijiu* , and summarizes the technological breakthroughs and research progress in these aspects, in order to provide theoretical and practical guidance for the production of sweet potato flavor *Baijiu* .

**Key words**: Dried sweet potato, Sweet potato flavor *Baijiu* , Product style, Production process

作者简介：王珺燕，女，硕士，主要从事白酒酿造的研究工作。E-mail：417635452@qq.com。
通信作者；王淑秀，女，高级工程师，主要从事白酒勾调方面的研究工作。E-mail：zhaochengjiang15518@163.com；赵成江，男，国家级白酒评酒委员、国家一级品酒师，主要从事白酒质量品评的研究工作。E-mail：zhaochengjiang15518@163.com。

## 1 前言

甘薯又称番薯、红薯等，是我国重要的粮食作物。甘薯中含有淀粉、膳食纤维、蛋白质、维生素、矿物质等多种营养元素，营养价值很高。在我国，使用甘薯酿酒古已有之。新中国成立后的第二届品酒会上，以麸曲法酿造的薯干酒（即采用红薯干为原料、以麸曲法酿造的白酒，以下简称“薯干酒”）在九大优质白酒中占两席。20 世纪 60~80 年代是薯干酒的辉煌时代，其以低粮耗的优势和甘爽甜净的口感征服了大江南北。之后，人们生活水平不断提高，甘薯从代粮变为保健食品，薯干酒也逐渐销声匿迹。今天，随着人们消费观念升级、消费需求多元化，各色各样的“地瓜烧”“瓜干酒”又开始遍布商超酒馆，薯香型白酒（即采用红薯为原料、以大曲固态法酿造的，符合 Q/370600HJ001—2020 产品标准的白酒，以下简称“薯香酒”）更新换代后重新回到人们的视野。使用甘薯酿酒不仅使消费者享受到与众不同的风味，符合健康饮酒的理念，还可以帮助老百姓解决甘薯储存难、丰产不丰收的问题，增加了老百姓的收入。

烟台恒邦酒业有限公司从 1958 年建厂以来就坚持采用甘薯酿酒，不断研究甘薯特性，立志于用优良品种的优质甘薯，酿造全新风味的、属于新时代的薯香酒。目前，我厂已研制出薯香型高端白酒，产品一经上市就得到了不少消费者的好评，并在 2020 年和 2021 年分别获得“高端鲁酒优质产品奖”和“齐鲁白酒酒体设计创新奖”。经过多年经营，凭借绵甜、醇香、爽净的独特口感和轻松舒适的饮后体验，薯香酒的消费市场不断扩大。现在喜爱薯香系列酒的不仅是“怀旧一代”，还有当今的“中坚一代”、新生代，未来市场潜力巨大。本文追溯烟台恒邦酒业有限公司（以下简称“恒邦酒业”）采用甘薯酿酒的历史渊源，梳理薯香酒酿造中可能产生的工艺问题，以及目前恒邦酒业的工艺突破和研究进展，以期进一步扩大薯香酒的影响力，为同行企业生产薯香酒、提升酿酒品质提供理论依据。

## 2 牟平薯香酒的历史渊源和发展现状

### 2.1 千年古县牟平是红薯之乡

牟平，位于山东省胶东半岛东端，北临黄海、南靠昆嵛山，新石器时代就有人类居住，自汉初设东牟县距今已有近 2000 年。2005 年 7 月，经国家民政部批准，牟平被列为中国地名文化遗产“千年古县”。牟平之地占尽“山海岛泉河”，境内物产丰富，除了是“胶东海鲜”和“烟台苹果”的主产区——拥有“中国苹果第一镇”称号，也是著名的红薯种植基地。牟平境内有约占 90% 的山地和丘陵地貌，非常适合种植不挑地形、生命力极强的红薯，以至于在很长一段时间红薯都作为当地百姓的主食而存在——在牟平，百姓们亲切地称其为“地瓜”。

牟平人不仅爱吃红薯，也研究种红薯。1998 年，武宁、龙泉两镇红薯示范田亩产破万斤，分别获“全国高产竞赛一等奖”“创北方红薯单产最高纪录”。目前，牟平已打造“万亩红薯小镇”，开发出富硒红薯等名优品种，通过加工红薯干、红薯粉、冰烤薯、红薯酒等延伸红薯产业链，走出了“红薯富民”的振兴之路。

红薯产业大受欢迎，源于红薯较高的营养价值。《本草纲目》《本草纲目拾遗》等记载：“补虚乏，益气力，健脾胃，强肾阴”，使人“长寿少疾”。《中华本草》中记载：“主治脾虚水肿、疮疡肿毒、肠燥便秘。”现代科学研究认为，红薯中营养物质丰富，除了淀粉含量高，还含有膳食纤维、蛋白质、维生素以及钾、铁、铜、硒、钙等 10 余种微量元素，被营养学家们称为“营养均衡的天然保健食品”[1]。红薯中的维生素极其丰富，其中维生素 $B_1$ 和维生素 $B_2$ 的含量远超过大米，是面粉的 2 倍[2]；维生素 C 的含量是苹果、葡萄的 10~30 倍，维生素 E 含量为小麦的 9.5 倍[3]。红薯中还含有脱氢表雄甾酮（DHEA）、黏液蛋白、黄酮、绿原酸等生物活性物质。

## 2.2 牟平人用红薯酿酒的历史源远流长

“千年古县”牟平酿酒的历史可追溯至汉代，元代之后开始烧制蒸馏酒。在牟平，民间自酿黄酒、自烧蒸馏酒蔚然成风，“自酿自用，几乎每村皆有”[4]。明代甚至有村名为“酒馆”，系由“东烧锅”“西烧锅”两村合并而来。据《牟平县志》记载，到 20 世纪 30 年代，“全县有烧锅 10 余家，用高粱、甘薯干酿烧酒 500 担（约 25000kg），同时，境内南部山区农村酿烧酒者多。”可知，有确切记载的薯干烧酒在牟平已经有近百年历史。

1958 年，国营牟平酿酒厂成立后，仍致力于薯干白酒的研发。一方面，薯干沿用民间传统进行固态法酿造；另一方面，在传承的基础上创新发展，先后提出以酸配料、以酒醅情况配料、以糠代醅、以水解酸的“四以”和糊化时间、入池水分、糖度、温度、酒母曲量合理的“五合理”等新措施。1976 年，产品中杂醇油和甲醇低于省规定的薯干酒质量标准，被评为地区一类酒。1985 年，产品已销往国内 18 个省、市、自治区。

2012 年，牟平酿酒厂改制为烟台恒邦酒业有限公司，新公司的成立为全新薯干酒的研发注入了活力，进而提出了选料、备料、拌料、蒸料、配糠、配曲、温度“七精准”措施，大幅提高了薯干酒品质，适应了市场需求的变化。每一种酿酒原料都有其独有的营养结构和香气，恒邦酒业全新研发的薯干酒使用纯薯干作为生产原料，以中高温大曲发酵，具有不同于高粱酒和多粮酒的独特风味，同时也区别于其他麸曲法、液态法酿造的薯干酒，因而将其命名为“薯香酒”，并申请了“薯香”香型白酒企业标准。经专家品评，薯香酒具有红薯蜜香、玫瑰香、醇酯香，是一种薯干香、清香、老白干香相融合的复合香气，入口甘甜、圆润丰满、落口爽净、回味怡人。

## 3　薯香酒生产中存在的问题

任何一种香型酒的诞生都不是一帆风顺的。薯香酒所采用的薯干原料有着独特的结构和特性，在赋予薯香酒别样风味的同时，也给酿造生产带来一些困难。

### 3.1　薯干品种繁多，如采购不当，影响生产稳定性

近年来我国培育成功的甘薯品种繁多，研究发现，不同品种的甘薯、不同播种季节的甘薯在淀粉结构、成分和糊化特性上有所不同[5]。以传统常见的徐薯 18 为例，干率约为 35.02%、淀粉率 24.10%、糊化温度需要 80℃；而高淀粉品种济薯 06210 干率约为 40.81%、淀粉率 29.13%、糊化温度只需 75.18℃[6]。生产中还发现，有些甘薯品种糖分高、水分大、食用品质高，但晒成薯干后淀粉含量不高，使用这种薯干酿酒损失很大，其中的糖分在蒸煮糊化过程中大部分被炭化，影响出酒率。此外，春天种植的甘薯，因生长时间长，淀粉含量高，结构疏松，容易糊化和糖化，出酒率就高；而夏天种植的甘薯生长时间短，淀粉含量低，结构紧密，糊化时间长，出酒率相对低，出酒率能相差 2%。如果对不同品种的甘薯原料套用相同的粉碎粒度、糊化时间，要么达不到糊化要求，要么增加了糟醅的黏度。而目前通货采购的现状是，从散农户手中收上来的薯干品种五花八门，如果不对薯干品种加以挑选，很难保证生产质量的稳定。

### 3.2　薯干原料黏性大，带来操作困难，影响发酵

薯干的淀粉含量高，理论上讲出酒率应较高，但薯干中可溶性糖和果胶的含量也较高，加热后黏度大。在固态法操作中发现，薯干原料粉碎后易成团，并且由于蒸料后黏性大，容易造成操作困难、拌料不匀，进而导致发酵不彻底，糟醅中残糖、残余淀粉含量高，影响出酒率。

### 3.3　易有糠味、苦涩等不愉悦风味

从工艺上来讲，因为薯干糟醅黏性大，在操作上容易采用多加糠的办法来解决，结果导致酒中糠杂味重，严重影响本来的薯香风味。如果操作不当，用曲量大、发酵温度高、有杂菌入侵也会导致杂醇油偏高，产生苦味，并且使酒体发黄。从原料来讲，薯干本身也可能含有一些苦味物质，如薯干中含有 0.3% 的紫茉莉苷，虽然紫茉

莉苷能够缓解便秘，但是它也具有苦味[7]。如果甘薯受病虫害后患黑斑病，会产生苦味物质甘薯酮，同时，甘薯酮还会抑制酒精发酵，所以必须选用新鲜、无病、大片的薯干。

### 3.4　易有甲醇超标的隐患

白酒中的甲醇主要由原料中的果胶分解而来。果胶是一种天然高分子多糖化合物，几乎存在于所有的植物中，是植物细胞壁的成分之一。果胶本身是一种高档的天然食品添加剂和保健成分，但是它在酸、碱或酶的作用下，甲氧基被分解就会生成甲醇。甲醇具有毒性，会损害人的神经系统和血液系统。GB 2757—2012《食品安全国家标准　蒸馏酒及其配制酒》中规定："粮谷类"原料的蒸馏酒中甲醇含量不能高于0.6g/L（按100%vol酒精度折算），薯类、水果、乳类等"其他"原料的蒸馏酒中甲醇含量不能高于2.0g/L（按100%vol酒精度折算）。一般薯干中的果胶含量约为3.4%[8]，且固态发酵所使用的谷糠、稻壳等填充料中也含有一定量的果胶，使得薯香酒中的甲醇含量常常高于粮谷酒。如果使用某些糖化发酵剂（如黑曲），也会使成品酒中的甲醇含量上升[9]。因此，控制甲醇含量是在薯香酒生产中需要尤为注意的。

## 4　薯香酒生产工艺优化研究

以上问题在传统麸曲法、液态法薯干白酒的酿造中也出现过，多采用增加酶制剂、精馏等方式解决，但是在大曲酒的酿造中，使用酶制剂不利于香味物质积累，增加精馏将明显提高成本，因此，必须进行工艺研究与创新。目前，恒邦酒业已采取以下几个方面措施，基本控制了上述问题。

### 4.1　从选择、研究原料入手，解决薯干生产稳定性问题

原料的不确定性直接造成生产的不稳定性，为解决薯干品种差异的影响，恒邦酒业从原料的挑选入手，首先选定薯干的型号进行深入研究，通过蒸煮实验确定适宜的粉碎粒度和糊化时间，其次在采购中纯化薯干品种，与专业甘薯种植基地、合作社建立战略合作关系，从源头上进行薯干品种的筛选和限定。

### 4.2　备料、拌料、蒸料务求"精准"，解决发酵异常问题

薯干原料不同于高粱、玉米，它的结构较为疏松，粉碎后细粉多、表皮包裹部分小，并且薯干中本身含有7%的可溶性糖，造成粉碎后的薯干一经接触水分，极易黏连抱团。因此，备料环节要精准掌握粉碎粒度，避免细粉过多。在是否润料的问题上，恒邦酒业经过对比试验，认为润料不是保证原料蒸熟的必要条件。润料后反而使

薯干颗粒抱团甚至结块，造成拌料不匀，而且薯干在润料堆积中易升温过快，影响后续发酵。其次，拌料须精准掌握拌料标准，先拌粮、再拌糠，规定必需的翻拌遍数，务必拌匀。之后，在蒸料环节则须精准掌握加水量和糊化时间，切忌过度加水、过度糊化。

### 4.3 精准配料、缓慢发酵，解决生产中的苦味、杂味问题

精准配料，首先要精准配糠。一方面要控制用糠总量，不允许随意加糠；另一方面，在不同层次的糟醅中合理分配用糠量，如上层糟醅含水量较小，则少拌糠，下层糟醅含水量较大，则相对增加用糠量。精准配糠，也要保证糠壳质量，拌料所用糠壳必须提前蒸透。已有研究[10]表明，未蒸过的糠壳含有 175 种气味成分，其中气味明显的醛、酮、醇、酯、芳香族以及杂环类化合物占到了 80% 以上，并发现了具有土霉味或糠味的土味素（Geosmin），而清蒸处理后的糠壳只检出 51 种气味成分，且没有检出土味素。稻壳受热时，除了由五碳糖生成的焦苦味的物质糠醛，还会产生具有生糠味的物质［3,3,1］壬二烯-3,7-二酮[11]。因此，用糠大、蒸糠不透危害极深，必须严格制定蒸糠时间、建立有效的糠壳检验机制，确保糠壳清蒸合格后才能投入使用。此外，有研究[12]认为土味素主要来自微生物代谢，在土壤、制曲过程中都发现了该化合物，未来需进一步研究制曲过程中的污染控制。

还要注意精准配曲和坚持低温入池。所谓“曲大酒苦”、高温酒苦，皆是因为发酵速度过快，糖化和发酵双边不协调，过剩的蛋白质生成苦味物质——酪醇等。在固态法薯香酒的生产中，尚未发现因异戊醇等高级醇含量偏高而产生苦味的现象。恒邦酒业经过试验，认为须坚持低温入池，但不应盲目追求低温。恒邦酒业所在牟平地区为北温带季风性大陆气候，年平均气温 11.6℃，因受海洋环境调节，表现出夏凉、冬温的特点，通过调节班组生产时间，全年入池温度保持在 21～22℃ 即可达到生产要求。

### 4.4 合理选配糖化发酵剂，控制甲醇含量

在薯香酒的生产中发现，曲大不仅带来苦味，还容易使甲醇含量偏高。采用自然制曲工艺生产的大曲，因为网罗了来自原料、水、空气、场地中的微生物，形成了复杂的微生物菌系。微生物中的细菌、放线菌、酵母菌和霉菌都能代谢合成果胶酶[13]。有研究[14]从大曲中分离出了 20 株细菌和真菌，全都能产果胶酶；其中高产果胶酶的微生物有鹑鸡肠球菌、嗜热子囊菌。这些微生物参与发酵后，势必导致更多的果胶被分解成果胶酸和甲醇。

恒邦酒业因此进行了不同糖化发酵剂的发酵试验，选取原出酒率稳定且相近的 4

个试验池，前3个试验池分别使用中温曲30%、中温曲20%、中温曲15%，出酒后先按常规分段接酒，再按各段比例混合后进行甲醇含量检测，之后由恒邦酒业5名品酒师（含1名国家评委、2名省评委、2名省资格评委）进行质量品评。试验发现，随着用曲量减少，甲醇含量降低，但是出酒率和酒质的醇厚度也随之降低。后追加4#试验池，用中温曲和恒邦酒业高温曲按1∶1的混合曲25%，发现甲醇含量得到控制，比1#池降低36%，出酒率高于2#池，且经过酒质品评，比2#池有所提升，最终确定以混合曲25%作为生产用曲。结果见表1，表中数据均为每个试验池前两排出酒结果的平均值，甲醇含量已按100%vol酒精度折算。

表1 使用不同糖化发酵剂对薯香酒甲醇含量和酒质的影响

Table 1 Effect of different *Daqu* on methanol content and quality of sweet potato flavor *Baijiu*

| 实验池 | 糖化发酵剂及用量 | 平均出酒率/% | 甲醇含量/（g/L） | 酒质评分 | 品评结果 |
|---|---|---|---|---|---|
| 1# | 中温曲30% | 49.5 | 1.21 | 93.2 | 薯香、曲香复合，酒体醇厚，绵甜，回味悠长 |
| 2# | 中温曲20% | 47.7 | 0.88 | 91.5 | 薯香突出，有曲香，酒体醇厚，绵甜，回味长 |
| 3# | 中温曲15% | 46.8 | 0.75 | 90.5 | 薯香突出，酒体较醇厚，绵甜，尾净 |
| 4# | 混合曲25% | 48.1 | 0.77 | 93.1 | 薯香、曲香、酱香复合，酒体醇厚，绵甜，回味悠长 |

## 5 讨论

薯香酒的身上带着曾经薯干酒的历史感、怀旧感与文化感，又是在新时代背景下对不同香型工艺与风味的融合、创新与发展。恒邦酒业对薯香酒的工艺研究有利于新型的薯干大曲酒的质量提升和质量保证，总结出在薯干选料、备料、拌料、蒸料过程中保证精准性、严谨性的重要性，强调了合理配料、缓慢发酵，尤其应注意配曲量对甲醇含量的影响，希望能对同行生产企业提供理论和借鉴依据。

为持续提高薯香酒的品质，除杂味、增风味仍将是未来薯香酒的重点研究方向。恒邦酒业将持续开展新型甘薯品种的研究试验，分析薯香酒大曲微生物菌系和薯香酒独特微量成分，进行酿造工艺的创新和酒体设计的研发等。希望与酿酒同仁们共同努力，探索、发展出更多、更先进的经验技术。

## 参考文献

[1] 吴广辉，毕韬韬．红薯营养价值及综合开发利用研究进展［J］．食品研究与

开发，2015，36（20）：189-192.

［2］张嘉欣，张嘉琪，李育军，等．甘薯营养与加工研究进展［J］．长江蔬菜，2019（2）：31-34.

［3］郭祖锋，李哲斌，安亚平．甘薯的营养价值与保健功能［J］．农产品加工，2012（8）：61-63.

［4］王本世．牟平县志［M］．北京：科学普及出版社，1991.

［5］靳艳玲，何素兰，李育明，等．不同品种甘薯淀粉产量及糊化特性的比较研究［J］．江苏师范大学学报（自然科学版），2018，36（1）：17-20+79.

［6］郑建利，刘桂玲，刘中良，等．甘薯不同品种田间产量与淀粉糊化特性的比较研究［J］．中国农学通报，2014，30（9）：192-197.

［7］熊子书．薯干原料酿制白酒的甲醇和苦味问题［J］．食品与发酵工业，1979（3）：42-44+57.

［8］李维青．如何降低薯干白酒中的甲醇含量［J］．酿酒科技，1987（1）：36.

［9］钟国辉，邹海晏．白酒卫生指标甲醇标准为何发生大转变？——写完“毒酒、假酒之真相”一文后的浮想［J］．中国酿造，2011（10）：189-190.

［10］谢正敏，练顺才，李杨华，等．酿酒用糠壳中糠味物质的研究［J］．酿酒科技，2016（1）：47-49.

［11］李泽霞，姜东明，单凌晓，等．GC-O-MS 对白酒中的糠味物质的研究［J］．酿酒，2020，47（1）：44-50.

［12］房海珍，闫宗科，付万绪，等．传统凤型大曲中异嗅味物质——土味素的研究［J］．酿酒，2016，43（6）：56-60.

［13］田英华，刘晓兰，郑喜群，等．果胶酶及其在食品加工中的应用研究进展［J］．中国酿造，2017，36（3）：10-13.

［14］马美玉．大曲中产果胶酶微生物的分离鉴定及其产酶活力评价研究［J］．科技风，2020（9）：251.

# “333”操作法酿造清香型百姓梦酒的工艺研究

钱国友，李荣强，孙凤融，崔明凤，赵玉刚
（唐山百姓梦酒业有限公司，河北唐山 064102）

**摘 要**：本文阐述了清香型百姓梦酒的生产工艺，以当地种植的 3 种粮食：高粱、小麦和大米为原料，采用“清蒸三次清”酿造工艺，又根据不同的季节和气温变化，而使用相应品温的 3 种大曲为糖化发酵剂。确保了百姓梦酒四季生产的顺利进行，提高了酒体品质，增强了酒体风格。

**关键词**：清香型白酒；百姓梦酒；工艺研究

# Process Study on Mild-flavour Style Baixingmeng *Baijiu* Made by “333” Operation Method

QIAN Guoyou, LI Rongqiang, SUN Fengrong, CUI Mingfeng, ZHAO Yugang
(Tangshan Baixingmeng Wine Co., Ltd., Hebei Tangshan 064102, China)

**Abstract**: The paper describes the production technology of mild-flavour style Baixingmeng *Baijiu*. Three kinds of locally grown grains—sorghum, wheat, and rice, are used as raw materials, threefold separating distilling raw and fermented material. According to different seasons and temperature, the three corresponding kinds of *Daqu* was selected as the sacchariferous and fermentative agent to keep production running smoothly, to improve the quality and style of Baxingmeng *Baijiu*.

**Key words**: Mild-flavour Chinese spirits, Baixingmeng *Baijiu*, Manufacturing technique

通信作者：钱国友，男，本科，唐山百姓梦酒业有限公司技术总监，中国酒业协会会员，中国陈年白酒鉴定师，工程师，高级品酒师，高级酿酒师，食品安全高级管理师，职业生涯培训师，生涯规划师，河北省第五、六届评酒委员，中国酒业工匠之星，2020 年度河北省食品行业年度人物，中国酒业（华北产区）产学研科技带头人，河北科技师范学院食品科技学院客座教授，主要从事白酒香型的融合酿造工艺的研究工作。E-mail：88358976@qq.com。

## 1 前言

自2007年4月26日，由中国酿酒工业协会白酒分会技术委员会组织，在江苏无锡召开“中国白酒169计划”成立大会以来[1-2]，2021年已经是第十五个年头。在这十几年中，关于中国白酒的健康成分、特征香味成分，及其形成的机理研究，取得了突破性成果[3-4]。特别是关于清香型白酒的风味物质的研究，让我们耳目一新，豁然开朗。清香型白酒除乙酸乙酯与乳酸乙酯外，发现了一大批的萜烯类化合物，这类化合物是首次在清香型白酒也是中国白酒中检测到，包括反-里哪醇氧化物、$\alpha$-萜品油烯、$\alpha$-龙脑胶萜烯、刺柏烯等。这些化合物与乙酸乙酯、乳酸乙酯等共同构成了清香型白酒的特征香气成分。更为重要的是，范文来教授指出，在清香类型白酒中，检测到$\beta$-石竹烯、橙花叔醇等，是清香型白酒所共有的香气化合物[5]。有资料[5]表明，萜烯类化合物大量存在于植物中，是植物生长过程中为对付天敌而产生的一类化合物。大部分萜烯类化合物具有抗炎、抗衰老和抗癌的功能。由此，唐山百姓梦酒业有限公司对清香型百姓梦酒的生产充满信心。

百姓梦酒业自2014年建厂以来，在清香型白酒的酿造过程中，潜心研究，不断探索，一直专注于生产工艺的改进和酒体品质的提高。“333”操作法的运用，使得清香型百姓梦酒风格典型，独树一帜。“333”操作法中的第一个“3”是指该工艺采用的原料为3种粮食：高粱、小麦和大米。唐山百姓梦酒业有限公司（以下简称“百姓梦酒业”）所处的玉田辖区，土地肥沃，盛产粮食，素有“冀东粮仓”之称，高粱、小麦、水稻为骨干作物，年产粮食可达40多万t，为清香型白酒的生产提供坚实的可靠保障；第二个“3”，是指清蒸“三次清”工艺，百姓梦酒业自2014年投产以来，以水泥池为发酵容器，惯以采用“清蒸两次清”的传统工艺。2020年初，百姓梦酒业让出部分发酵池进行“三次清”工艺的研发，收到满意效果；第三个“3”，是指3种大曲，按其顶火温度不同分为低温、中温和高温，在不同季节随着气温的变化，采用不同的大曲发酵，酿造清香型百姓梦酒。百姓梦酒业所在辖区地处河北省东北部，为北纬39°31′~39°51′和东经117°31′~117°56′，四季平均气温变化明显，所以，与之相应的分别采用3种大曲：低温大曲、中温大曲、高温大曲。本文在此将“333”操作法的生产实践做一简述，与同仁共勉。

## 2 材料设备与方法

### 2.1 材料与设备

2.1.1 原料：高粱、小麦、大米；辅料为稻壳，均为百姓梦酒业所在辖区玉田县当地种植生产。

2.1.2　发酵池：201个，长×宽×深为3.3m×1.9m×1.6m，容积10.03$m^3$。

2.1.3　大曲：山东省梁山县徐曙生物工程有限公司（百姓梦酒业制曲基地）生产。

2.1.4　甑桶：6个，高：0.79m，甑口直径：2.03m，甑底直径：1.77m，容积：2.25$m^3$；冷凝器（自制）：3个；扬冷机，3个均为大城县得洋钢铝容器有限公司制造。

2.1.5　粮食粉碎机、大曲粉碎机，均无型号，均为山东曲阜市众鑫酿酒设备有限公司制造。

2.1.6　GC-6890B气相色谱仪（辽宁东科分析仪器有限公司）；SPH-300A氢气发生器（北京中惠普分析技术研究所）；SPN-300A氮气发生器及SPB-3空气发生源，均为北京中惠普分析技术研究所制造；GHCS-1000谷物电子容重器（浙江伯利仪器设备有限公司）；JJ124BC电子天平（江苏常熟市双杰测试仪器厂）；电热干燥箱，规格35cm×35cm×35cm，最高温度250℃（天津市琨达实验仪器厂）；精密酒精计，10支组，规格0~100%vol，分度值0.1%vol（河北省冀州市耀华器械仪表厂）；双列四孔仪表恒温水浴锅（上海市树立仪器仪表有限公司）；硫酸标准溶液，标准物质编号GBW（E）081664，浓度0.1000mol/L（广东深圳市博林达科技有限公司）；氢氧化钠标准溶液，标准物质编号GBW（E）081126，浓度0.1000mol/L（广东深圳市博林达科技有限公司）；酚酞指示剂（天津市致远化学试剂有限公司）；邻苯二甲酸氢钾（天津市欧博凯化工有限公司）。

## 2.2　方法

### 2.2.1　工艺流程

工艺流程见图1。

### 2.2.2　工艺说明

2.2.2.1　配料

单个发酵池投料：高粱1700kg，占比72%；大米340kg，占比14%；小麦340kg，占比14%。依据不同季节气温变化，投料量适当增减（夏季减少5%，冬季增加5%）。

2.2.2.2　粉碎

辊式粉碎机粉碎为2、4瓣，其中能通过1.2mm筛孔的细粉占20%，粗粉占80%，整粒原料不超过30%。同时要根据气候变化调节粉碎度，冬季稍细、夏季稍粗，以利于发酵升温。

2.2.2.3　大曲

大茬发酵用曲，可粉碎成大的如豌豆大小、小的如绿豆大小，能通过1.2mm筛

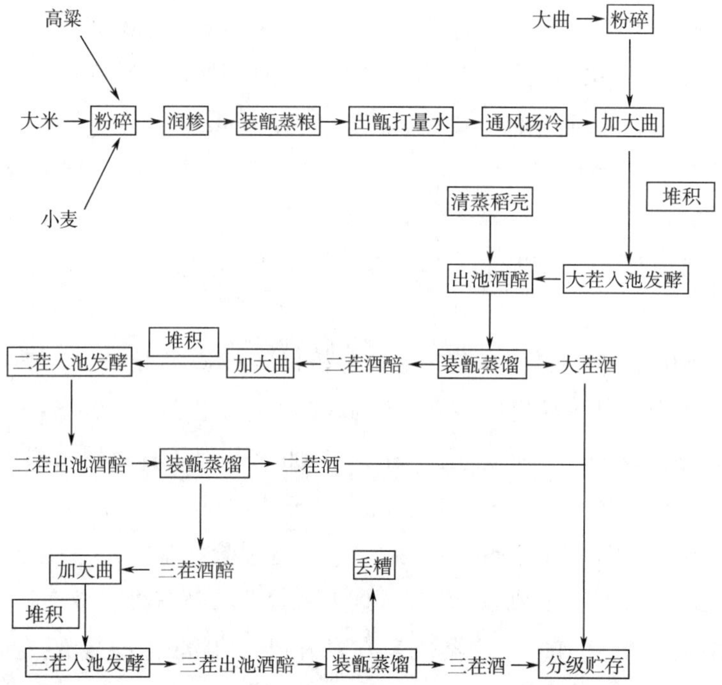


图1　工艺流程

Fig. 1　Technological process

孔的细粉不超过30%；二茬发酵用的大曲粉，要求大的如绿豆大小，小的如小米大小，能通过1.2mm筛孔的细粉不超过40%；三茬用的曲粉，能通过1.2mm筛孔的细粉不超过50%。

2.2.2.4　润糁

用水温度夏季75~85℃，冬季85~90℃。加水量为原料量的55%~60%，堆积时间为16~18h，中间翻堆2次，若发现糁皮过干，可补加原料量2%~3%的水。

2.2.2.5　装甑蒸粮

蒸气压力一般为0.01~0.02MPa。整个蒸煮时间约需80min，初期品温在98~99℃，以后加大蒸汽，品温会逐步升高，出甑前可达105℃左右。红糁经过蒸煮后，要求达到“熟而不黏、内无生心，有粮食香味，无异杂味”。

2.2.2.6　大茬入池发酵

水泥池在使用前应清扫干净。首先用清水洗净，再用0.8%的花椒水（7.5kg开水加60g花椒）洗净备用，使池内留下一种愉快的香气。掌握大茬的入池条件（表1），是保证发酵过程温度变化达到“前缓、中挺、后缓落”的重要基础。同时也为二茬、三茬的再次发酵创造有利条件。封池用清蒸稻壳撒匀，加盖塑料薄膜，四边压进10~20cm，然后用沙袋将窖池的四周压紧压实，插入电子温度计，发酵期为 28d。

表 1　冬季“清蒸三次清”入池工艺控制参数

Table 1　Process control parameters of steaming for three times for pit entry in the winter

| 入池酒醅 | 淀粉浓度/% | 酸度 | 水分/% | 温度/℃ | 用曲量/% |
|---|---|---|---|---|---|
| 大茬 | 32~35 | 0.2~0.6 | 50~52 | 12~14 | 11~13 |
| 二茬 | 15~20 | 1.0~1.4 | 54~58 | 17~19 | 9~11 |
| 三茬 | 13~15 | 1.7~2.0 | 56~62 | 20~23 | 7~9 |

2.2.2.7　酒醅出池、装甑蒸馏

发酵后的大茬酒醅出池后，运到甑边，加辅料稻壳 20%~24%（对投料量占比），翻拌均匀，装甑蒸馏，开始的馏出液为酒头，含有较多的低沸点物质，口味冲辣，应单独接取存放，可回入醅中重新发酵，摘取量为每甑 1.0~2.0kg。

2.2.2.8　二茬酒醅出甑、扬冷加曲、入池发酵及蒸馏、贮存

将蒸完酒的大茬酒醅出甑，趁热加入投料量 2%~4% 的热水（80℃以上），扬冷降温，加曲拌匀（表 1），继续降温至入池要求温度后，即可入池封盖发酵。

由于二茬酒醅酸度较大，因此其发酵温度变化应掌握“前紧、中挺、后缓落”的原则。所谓“前紧”即要求酒醅必须在入池后第 4 天即达到顶温，“中挺”为达到顶温后要保持 3~4d。从第 8 天开始，发酵温度缓慢下降，即为后缓落。

由于二茬含糠量大且疏松，故入池后可将其踩紧，并喷洒一些酒尾，为“回酒发酵”。

2.2.2.9　三茬酒醅扬冷、加大曲、入池发酵

将蒸完酒的二茬酒醅出甑，趁热加入投料量 3%~5% 的水，扬冷降温，加曲拌匀（表 1），继续降温至入池要求温度后，即可入池封盖发酵。

三茬酒醅发酵温度变化亦应掌握“前紧、中挺、后缓落”的原则。在入池后第 3 天即达到顶温，“中挺”保持 2~3d，后缓慢下降。

2.2.2.10　酒醅堆积

这里所说的“堆积”，是指在夏季生产中，以高温大曲为糖化发酵剂，在入池之前进行的工艺过程，堆积时长控制在 24~48h，当堆积温度达到 45~50℃ 时，方可破堆入池。

## 3　工艺分析

本试验所用色谱分析数据源于辽宁东科分析仪器有限公司制造的 GC-6890B 气相

色谱仪。色谱正常工作时的柱头氮气压力为：0.045MPa（氮气源由 SPN-300A 氮气发生器提供）；氢气压力为：0.08MPa（氢气源由 SPH-300A 氢气发生器提供）；空气压力为：0.12MPa。

柱室初始温度为 50℃，保持时间 7min 后，以 3.5℃/min 程序升温，至 200℃后再保持 10min；汽化室温度：200℃；氢火焰检测器温度：230℃。

酒样配置：取 10mL 酒样，加入 5μL 乙酸正丁酯（内标），混匀。用微量进样器取 0.2μL 配置好的样品，注入进样口，拔出后按采集按钮和启动按钮，工作站开始采集数据，色谱启动程序升温分析完成后在电脑上可预览或打印分析报告。

### 3.1 三粮共酵

百姓梦酒业所在辖区玉田县有耕地面积 110 万亩，其中水浇地 80 多万亩。气候条件适宜，四季分明，气候怡人，属东部季风性及大陆性气候。该辖区土地肥沃，盛产粮食，素有“冀东粮仓”之称，高粱、小麦、水稻为骨干作物，年产粮食可达 40 多万 t，为三粮共酵、酿造清香型百姓梦酒提供充足的原料保障。

当地盛产的粳性高粱是本工艺所采用的主要原料，这里的粳性高粱带来了酒体坚挺的骨感和浓郁的芳香[6-7]。其含有的微量单宁及花青素等色素成分，经蒸煮和发酵后，其衍生物为香兰酸等酚类化合物，能赋予白酒特殊的芳香[8]。

大米的淀粉含量较高，蛋白质及脂肪含量较少，故有利于低温缓慢发酵，成品酒也较纯净[8]。另外，大米中含有较多的苯丙氨酸，它在发酵过程中受酵母菌的氨基转移、脱羧后还原等作用而生成 β-苯乙醇，属带有似玫瑰蜜香的香味物质，当其浓度达到 25mg/L 时，就微带甜味，这对保持酒体独特的风味具有不可缺少的特殊地位[9]。

小麦中的碳水化合物，除淀粉外，还有少量的蔗糖、葡萄糖等。小麦蛋白质的组分以麦胶蛋白和麦谷蛋白为主，这些蛋白质可在发酵过程中形成香味成分。但小麦的用量要得当，以免发酵时产生过多的热量。

此“三粮共酵”正是利用粮食间营养互补、作用互补，为感官层次上的丰富提供了较为全面的物质基础，在与单粮发酵的原酒共同对比中，我们深有体会。以冬季生产的一次清大茬酒为例，将贮存期在一年以上的单粮与三粮的酒体感官风味比较，见表 2。

此三个酒体的感官风味比较，参考了中国国家标准化管理委员会编制的《白酒感官品评术语》(GB/T 33405—2016)，采用的是九点标度。单粮与三粮酿造所得原酒的酒精度分别为 68.5%vol 和 68.2%vol，酒体均为无色透明。三粮原酒具有舒适的复合香，回甜感较好，醇厚甘冽，谐调丰满。

表 2　单粮与三粮酿造的原酒感官风味比较

Table 2　Flavour comparison of base liquor made from single-grain and three-grain

| 原酒 | 香气 | | | 口味 | | | | | 口感 | | | | |
|---|---|---|---|---|---|---|---|---|---|---|---|---|---|
| 不同轮次 | 原料香 | 发酵香 | 陈酿香 | 鲜 | 咸 | 苦 | 酸 | 甜 | 柔和度 | 丰满度 | 谐调度 | 纯净度 | 持久度 |
| 单粮酿造 | 5 | 7 | 6 | 3 | 2 | 2 | 3 | 4 | 4 | 5 | 5 | 7 | 5 |
| 三粮酿造 | 7 | 7 | 6 | 4 | 3 | 0 | 4 | 7 | 5 | 7 | 6 | 6 | 7 |

注：九点标度的满分为 9 分。

## 3.2　清蒸三次清

传统的清香型白酒酿造工艺为“清蒸两次清”[10-11]，而关于“三次清”工艺的应用，邹海宴等在 1990 年就早有报道。1950 年，中国台湾的高粱烧酒源于中国内地并移植了日本清酒的生产技术，以架子曲为糖化发酵剂，采用了“三遍清”工艺[12]。衡水老白干酒采用中温大曲发酵，也进行了“三排净”工艺的研究[13]。

本文所述“三次清”与上述“三遍清”和“三排净”皆为同一内涵。在执行过程中，我们在相关文献研究成果的基础上，对入池淀粉浓度、酸度、水分、温度和用曲量等控制参数进行了实践总结，以冬季使用低温大曲为糖化发酵剂的“三次清”工艺为例，见表 1。

适当增加大茬入池淀粉浓度、降低高粱和大曲的粉碎度，是“三次清”工艺顺利进行的关键所在。每轮次的发酵期均为 28d，随着轮次的增加，入池的淀粉浓度降低，酸度增加，相应的入池水分和温度增加，用曲量减少。以冬季正常生产的同一水泥池低温大曲发酵为例，每轮次所得优级原酒的感官风格各有不同，如表 3 所示。

表 3　不同轮次优级原酒感官风格比较

Table 3　Comparison of sensory style of optimal level base liquor in different rounds

| 原酒 | 酒精度 | 颜色 | 香气 | | | 口味 | | | | | 口感 | | | | |
|---|---|---|---|---|---|---|---|---|---|---|---|---|---|---|---|
| 不同轮次 | 酒精计法 | 九点标度 | 原料香 | 发酵香 | 陈酿香 | 鲜 | 咸 | 苦 | 酸 | 甜 | 柔和度 | 丰满度 | 谐调度 | 纯净度 | 持久度 |
| 大茬酒 | 74.1%vol | 9 | 7 | 7 | 6 | 4 | 3 | 0 | 4 | 7 | 5 | 7 | 6 | 6 | 6 |
| 二茬酒 | 66.2%vol | 7 | 6 | 8 | 7 | 5 | 5 | 1 | 5 | 6 | 6 | 7 | 5 | 6 | 7 |
| 三茬酒 | 52.6%vol | 4 | 5 | 9 | 8 | 6 | 7 | 2 | 7 | 5 | 7 | 8 | 4 | 5 | 8 |

注：九点标度的满分为 9 分。

从大茬到三茬，优级原酒的酒精度逐渐降低，酒体颜色加深，三茬酒的颜色已出现浅黄色，因此，在九点标度中我们给出的数值是4。三茬酒的发酵香、陈酿香以及咸、酸口味已经突显，其丰满度和持久度增强。从其理化分析数据中可略见一斑，如表4所示。

**表4　不同轮次优级原酒数据分析　单位：g/L**

**Table 4　Data analysis of optimal level base liquor in different rounds　Unit：g/L**

| 不同轮次优级原酒 | 总酸 | 总酯 | 甲醇 | 正丙醇 | 乙酸乙酯 | 仲丁醇 | 异丁醇 | 正丁醇 | 异戊醇 | 丁酸乙酯 | 乳酸乙酯 | 己酸乙酯 |
|---|---|---|---|---|---|---|---|---|---|---|---|---|
| 大茬酒 | 0.76 | 8.94 | 0.11 | 0.25 | 6.36 | 0.04 | 0.35 | 0.06 | 0.60 | 0.07 | 1.86 | 0.01 |
| 二茬酒 | 0.96 | 6.53 | 0.14 | 0.68 | 4.41 | 0.17 | 0.17 | 0.17 | 0.74 | 0.07 | 1.80 | 0.02 |
| 三茬酒 | 1.76 | 5.96 | 0.26 | 0.61 | 3.43 | 0.27 | 0.21 | 0.24 | 0.80 | 0.08 | 1.12 | 0.03 |

如表4所示，随着轮次的增加，总酯降低，作为清香型白酒的主体香味物质乙酸乙酯和乳酸乙酯也有所降低，而高级醇和总酸含量增加，显示了酒体复杂程度的增加，这也正是酒体的发酵香、陈酿香以及咸、酸味产生的根本原因。

### 3.3　三曲分用

三曲分用，即冬季采用低温大曲为糖化发酵剂，春季和秋季用中温大曲，夏季用高温大曲。也就是说，随着入池温度的变化，我们采用与之相应的不同顶火温度的大曲为糖化发酵剂。以2020年酿造车间第二班组的生产用曲为例，如表5所示。

**表5　不同季节采用的大曲参数**

**Table 5　Different *Daqu* starter indexes in different seasons**

| 季节 | 大曲 | 水分/% | 糖化力/［mg/(g·h)］ | 发酵力/［g/(0.5g·72h)］ | 酸度/(mmol/10g) | 淀粉/% |
|---|---|---|---|---|---|---|
| 冬季 | 低温 | 13.2 | 873 | 0.083 | 0.80 | 54.7 |
| 春秋 | 中温 | 12.5 | 830 | 0.066 | 0.83 | 54.5 |
| 夏季 | 高温 | 11.5 | 105 | 0.032 | 1.56 | 56.7 |

不同的季节采用不同的大曲，主要还是依据当地的气温和入池温度。百姓梦酒业地处河北省东北部，气候温和，年平均气温11.2℃[14]。2020年，每月日均最高气温和最低气温变化如图2所示。

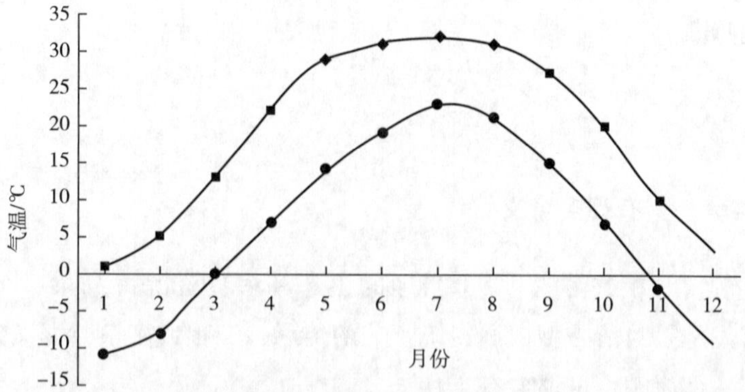


图 2　2020 年百姓梦酒业每月日均气温变化曲线

Fig. 2　Monthly temperature curve of Baixingmeng distillery in 2020

注：◆为每月日均最高气温；●为每月日均最低气温。

依据图 2 所示，我们控制入池温度，并以顶火温度的不同采用相应的大曲类型及其用量，不仅可使生产顺利进行，更提高了原酒质量，增加了清香型调味酒的产量。以百姓梦酒业酿造车间第二班组所产的三次清优级原酒为例，以不同品温大曲、不同入池温度对酒体（大茬酒、二茬酒、三茬酒）数量和质量的影响做了对比研究，如表 6 所示。

**表 6　不同品温的大曲和入池温度对三次清原酒的影响**

**Table 6　The influence of different temperature *Daqu* starter and temperature of entering pit on base liquor from threefold separating distilling raw and fermented material**

| 大曲种类 | 顶火温度/℃ | 酒醅入池温度/℃ | | | 大曲用量/% | | | 总出酒率/% | 原酒持久度（九点标度） | | |
|---|---|---|---|---|---|---|---|---|---|---|---|
| | | 大茬 | 二茬 | 三茬 | 大茬 | 二茬 | 三茬 | | 大茬 | 二茬 | 三茬 |
| 低温 | 45 | 10~12 | 11~13 | 12~14 | 12 | 10 | 8 | 47 | 2 | 3 | 4 |
| 中温 | 55 | 15~17 | 17~19 | 19~21 | 20 | 15 | 12 | 40 | 3 | 4 | 5 |
| 高温 | 65 | 25~27 | 27~30 | 30~35 | 26 | 22 | 18 | 22 | 5 | 6 | 7 |

注：九点标度的满分为 9 分。

由于糖化力和发酵力的影响，随着大曲顶火温度的降低，虽用量增加，出酒率却下降。在对三次清所得原酒质量鉴评中，由于图表篇幅有限，本文仅就有代表性的原酒持久度（九点标度）进行了比较，关于口感的其他四度（柔和度、纯净度、谐调度、丰满度）以及酒体的口味、香气和颜色，在此表中并未体现。随着发酵轮次、大曲品温、入池温度的增加，所得清香型白酒的颜色逐渐加深（由无色转向浅黄），酒体的发酵香、丰满度增强。经两年的贮存，持久度在 4 以上的优级原酒均可作为清香型白酒的调味酒。

## 4 讨论

### 4.1 “三粮共酵”具有现实意义

本文所述的“三粮共酵”，缘于当地的生态和粮食资源（高粱、小麦和大米）。我们认为单粮发酵是对清香型白酒传统工艺的传承，三粮或多粮共酵又为清香型白酒的风格树起了一面旗帜，可谓各有千秋。

早在 2012 年，张东平[15]和寇晨光[16]先后对清香型牛栏山二锅头酒进行了多粮发酵的研究，采用高粱、大米、玉米和糯米为原料续茬发酵，效果显著。内蒙古的地理标志产品开鲁老白干酒采用了当地盛产的红高粱、玉米、大米、小麦为原料，以大曲、小曲、多微曲作为糖化发酵剂，采用传统的固态发酵、蒸馏、贮存、勾兑而成，具有自然谐调的复合香气，醇厚甘洌，回味悠长[17]。我们期待未来会有更多品种的原料以其科学的配比参与清香型白酒的发酵流程。

可以肯定地说，三粮共酵赋予了清香型百姓梦酒风格的独特性。由此，“多粮共酵”为中国白酒的“大清香”体系增加了新的内涵，多粮工艺已非浓香酒所独有。

### 4.2 “清蒸三次清”具有很大潜力

衡水老白干酒的中温大曲“三排净”工艺已运行多年，并在肖冬光老师的指导下，具体分析了酒醅的温度、淀粉含量、水分、酸度等理化参数季节变化规律[18]。在三排净工艺原酒中，呋喃类、内酯类和萜烯类化合物分别为老五甑工艺原酒的 1.31 倍、1.65 倍和 1.57 倍，使得三排净工艺原酒中甜香、水果香更为突出[13]。2020 年 10 月 21 日，在河北省食品工业协会召开的衡水品酒会上，53.9%vol 的衡水老白干酒独占鳌头，其幽雅细腻的典型风格让我们深受启发。据衡水老白干副董事长张煜行先生介绍，这款酒体的高雅品质离不开老白干酒“三排净”工艺的多年研究和科学实践。由此，我们说清香型白酒的“三次清”工艺已趋于成熟。

百姓梦酒业“三次清”中的三茬酒，酒体颜色已趋于浅黄，其发酵香、陈酿香、丰满度和持久度明显增强。由上所述，我们合理推测，若进一步调整大曲和粮食的粉碎度，增加整粒粮食的占比，把握每次的入池淀粉浓度、酸度和温度，“四次清”“五次清”甚至“七次清”的延续是完全可能的。

互助青稞酒的“四次清”工艺为我们提供了更好的见证[19]。两种大曲按比例混合使用，大茬和二茬发酵时间各 25d，三茬和回糟各 15d，整个发酵遵循“养大茬、保二茬、挤三茬，追回糟”的原则。所得酒体香气怡悦馥合，口味醇厚丰满，回味怡畅。

2004 年 7 月 5~10 日，“华北地区清香型类白酒发展战略研讨会”在山西杏花村汾酒集团隆重召开。会议[20]指出，清香型白酒的技术创新要在坚持清香型酒传统工艺精华的基础上，积极借鉴和学习“浓香”“酱香”等其他香型白酒的先进技术特长，为己所用。高酸高酯调味酒、晾堂堆积回酒回醅调味酒、高温曲香调味酒等，在技术上取得的重大突破，标志着清香型白酒已出现了“质”的飞跃。由此，可以说“8 次发酵，7 次取酒”工艺亦非坤沙酱香酒所独有。

### 4.3 “三曲分用”遵循自然规律

长期以来，低温大曲酿造清香型白酒，中温大曲酿造浓香型白酒，高温大曲酿造酱香型白酒，这一说法已被广泛认同。然而，我们却不能否认另外一种观点，中温大曲、高温大曲亦可酿造清香型白酒。内蒙古骆驼酒业股份有限公司张占河以高粱、大米、小麦和黄米为原料，高温曲 20%，中温曲 20%，清香专用曲 5%，大茬发酵用中温曲发酵，二茬和三茬用混合曲发酵，取得较好的效果[21]。

由此，我们认为“曲定酒型”的观点值得商榷。四川省食品发酵工业研究设计院李大和认为，白酒香型并不取决于制曲工艺，更与制曲品温的高低没有必然的正相关性，只与酿造工艺密切相关，大曲只是酿造工艺的一个重要元素。事实上，先有曲，后有大曲酒，并且由于水土、气候、土壤、空气、生物链等自然环境条件以及酿酒原料、工艺等因素的差异，可酿造出不同风味的白酒[22]。

本文所述“三曲”并非混用，而是根据当地四季气候变化、入池温度的变化，采用相应品温的大曲为糖化发酵剂。需要指出的是，百姓梦酒业酿造车间秋季的气温要略高于春季。为适应这一气温的变化，我们在秋季气温较高的时段里采用了中高温大曲为糖化发酵剂。其顶火温度 60℃，糖化力 550mg/(g·h)，发酵力 0.042g/(0.5g·72h)。酒醅的入池温度和用曲量均高于中温大曲，低于高温大曲。

不拘泥于节气，而要遵循的是气温变化规律。从表 6 数据可以看出，在清香型百姓梦酒的生产实践中，我们推断酒醅的入池温度（$T_r$/℃）与大曲的顶火温度（$T_d$/℃）有潜在的正比线性关系，如下式所示。

$$T_r/℃ = T_d/℃ - [35,\ 40]℃$$

这一经验的推断还需要大量的数据去验证，更需要在不断的实践中去求是、修正。在此恳请各位专家和同仁多多给予批评指正！相信将来会有更准确的关系式用以表达。

## 5 结语

由于我们的检测设备和检测能力实属有限，不能对“三次清”的复杂成分[23]

(如呋喃、吡嗪和萜烯等）进行定性定量分析，在此深表歉意！还望各位同仁多多批评指正。

## 参考文献

[1] 中国白酒 169 计划项目办公室．“中国白酒 169 计划”成立大会会议纪要[J]. 酿酒科技，2007（5）：146.

[2] 玉舒．“中国白酒 169 计划”成立大会在无锡召开 [J]. 酿酒，2007（3）：115.

[3] 杨亮，陈双，徐岩．LLE 和 HS-SPME 与 GC-MS 联用分析酱香型盐菜味缺陷酒中挥发性物质 [J]. 食品与发酵工业，2019，45（17）：221-226.

[4] 丁云连，范文来，徐岩，等．老白干香型白酒香气成分分析 [J]. 酿酒，2008，35（4）：109-113.

[5] 范文来，徐岩．清香类型原酒共性与个性成分 [J]. 酿酒，2012，39（2）：14-22.

[6] 李振海．中国白酒　清香大回归 [J]. 中国酒，2011（7）：52-56.

[7] 张东平．多粮型续糙清香型白酒生产技术初探 [J]. 酿酒，2012，39（1）：68-70.

[8] 沈怡方．白酒生产技术全书 [M]. 北京：中国轻工业出版社，1998.

[9] 冯志强，邱晓红．豉香型白酒香型研究 [J]. 酿酒，1995（4）：75-84.

[10] 雷振河，吴淑英．汾酒蒸馏过程的物理化学（上）[J]. 酿酒，1992（2）：62-64.

[11] 雷振河．汾酒大二（糙）原酒的一年四季 [J]. 酿酒，1991（2）：29-30+63.

[12] 邹海晏，程志娟，程立昆．用科学技术为老白干酒正名 [J]. 酿酒科技，1990（4）：37-39.

[13] 樊倩，王新磊，郑福平，等．老白干老五甑工艺和三排净工艺原酒的挥发性成分分析 [J]. 食品科学技术学报，2019，37（5）：50-63.

[14] 夏庆明，吴尔亮．玉田县志 [M]. 北京：中国大百科全书出版社，1993.

[15] 张东平．多粮型续糙清香型白酒生产技术初探 [J]. 酿酒，2012，39（1）：68-70.

[16] 寇晨光．多粮发酵在清香型白酒生产中的应用 [J]. 酿酒科技，2012（11）：72-75.

[17] DB15/T 1885—2020，地理标志产品 开鲁老白干 [S].

[18] 朱会霞，李泽霞，佟兰欣，等．衡水老白干酒发酵过程理化参数变化规律

研究［J］. 酿酒科技，2016（1）：37-40+46.

［19］GB/T 19331—2007，地理标志产品 互助青稞酒［J］.

［20］杨志琴．华北地区清香型类白酒发展研讨会举行［J］. 酿酒科技，2004（5）：112.

［21］张占河，周亚辉．多粮酿造及高温大曲在清香型白酒生产中的应用［J］. 酿酒，2010，37（2）：79-81.

［22］李大和．改革开放白酒四十年记（上）［J］. 酿酒，2018，45（4）：5-12.

［23］陈益钊．中国白酒的嗅觉味觉科学及实践［M］. 成都：四川大学出版社，1996.

# 舍得酒冬曲培菌期曲皮与曲心指标差异性探究

郭辉祥，邹永芳，张明，刘英，苏小华
（舍得酒业股份有限公司，四川射洪　629209）

**摘　要**：以冬季生产的大曲为研究对象，将单个大曲坯料分为坯皮和坯心两部分，从进入培养室到离开培养室，在微生物培养的整个过程中，对大曲的曲皮和曲心的理化指标进行跟踪测试，包括酸度、水分、淀粉、还原糖、液化力、糖化力、酯化力和氨基态氮，同时检测挥发性风味物质的含量。结合培菌期温度变化趋势，探寻曲坯不同部位各项指标变化规律，为制曲工艺中的提质“降糖”调控提供理论支撑。

**关键词**：冬曲；培菌期；曲皮；曲心

# Study on the Difference of Indexes on the Surface of *Daqu* and the Core of *Daqu* during Microorganism Culture Periods of Shede Wine Winterly *Daqu*

GUO Huixiang, ZOU Yongfang, ZHANG Ming, LIU Ying, SU Xiaohua
(Shede Distillery Co.,Ltd., Sichuan Shehong 629209, China)

**Abstract**: Taking *Daqu* produced in winter as the research object, a single *Daqu* billet is divided into two parts: billet skin and billet core. From entering to leaving the culturing house, during the whole process of microorganism culture, the physical and chemical indexes of the starter skin and core were tracked and tested, including acidity, moisture, starch, reducing sugar, liquefaction force, saccharification force, esterification force and ammoniacal nitrogen. The contents of volatile flavor compounds were detected simultaneously. Combined with the temperature change trend during the culture period, the change rules of indexes in differ-

基金项目：四川省科技厅重点项目（2019YFS0518）；中国生态酿酒产研院开放基金（ST-SD-002）。
作者简介：郭辉祥，男，本科，高级工程师，遂州工匠，主要从事固态白酒酿造工艺技术研发，发表论文20余篇。E-mail：1604207662@qq.com。

ent parts of the billet were explored, theoretical support for the regulation of quality improvement and reduces saccharifying power in the *Daqu* making process.

**Key words**: *Daqu* produced in winter, Microorganism culture periods, Surface layer of Daqu billet, Core of *Daqu* billet

## 1 前言

曲乃酒之骨，欲酿好酒必先培制好曲。作为固态白酒糖化发酵剂，曲药质量的优劣对曲粮配比、窖内升温、酒体风味等会产生决定性影响。大曲培菌一般采用开放式生产和生料自然接种，其生产过程调控与季节性存在密切关联[1]，故衍生出“桃花曲”“月桂曲”等说法[2]。因冬天环境温度低，汗房培菌过程中升温、挺温较难，以前行业内提倡制伏曲[3-6]。舍得酒业通过多年工艺调控和实践验证，推行“保温保湿、揭排揭回、合小堆大堆”等工艺，培制出感官和理化俱优的冬季大曲。

不同酒企大曲生产的时间长短不一，有的只需 3~6 个月，有的则要求 1 年，但其关键核心调控都在汗房培菌的 28~30d。本轮冬季曲培菌检测，旨在分别对培菌期汗房中部曲坯、边角曲坯的曲皮、曲心各项指标进行追踪，为制曲工艺中对曲药指标调控提供理论依据。

## 2 材料与方法

### 2.1 材料与试剂

材料：小麦，草帘，水，稻壳。

试剂：氢氧化钠标准溶液（0.1mol/L），乙酸-乙酸钠缓冲溶液（pH4.6），葡萄糖标准溶液（2.5g/L），可溶性淀粉溶液（20g/L），盐酸溶液（盐酸：水=1：4），无水乙醇、甲醛、次甲基蓝指示剂均购自西陇科学股份有限公司；己酸（分析纯，成都市科隆化学品有限公司）。

### 2.2 仪器与设备

曲坯成型机（宜宾岷江机械厂）；04-1627 9911 型果浆机（上海福滕宝商业有限公司）；101-3AB 电热鼓风干燥箱（北京中兴伟业世纪仪器有限公司）；AL204 电子天平（梅特勒-托利多公司）；DZKW-4 水浴锅（北京中兴伟业仪器有限公司）；ZD-2 电位滴定仪（无锡雷磁仪器仪表有限公司）；SWSN-T7-HD 在线测温仪（南京盛亿科技有限公司）；7890A-5975B 气相色谱-质谱联用仪（美国 Agilent Technologies 有限公司）；DB-WAX 毛细管色谱柱（60.0m×0.25mm×0.25μm）等。

### 2.3 试验方法

2.3.1 培菌期湿曲标记取样

曲坯成形后保温转入曲房，按“曲挨曲”安放培菌。整个培菌时间控制在 27～30d，前 15d 曲坯理化指标变化较大，逐日定时定点取样，在 15d 后则间隔 1～2d 取样。每间曲房放曲 1000 块，因检测取样较多，为避免取样后出现较大坯间空隙影响后续培菌，将曲房划为 4 个区域，每次取样时同步取其室中曲和对应室角曲。

2.3.2 曲皮与曲心划区剥离

每个曲坯样品按曲皮、曲心划区分成 2 层检测。曲坯规格长 30cm、宽 20cm、主体高 6cm、曲包高 6cm。曲皮是指从曲表开始厚 1～2cm 的曲坯外壳；曲心是指曲坯整体剥去 1～2cm 厚曲外壳后剩余的全部曲料。

2.3.3 湿曲坯检测的细碎措施

曲坯培菌期的水分较高，在前期曲坯、中期曲心等较柔软时，直接采用果浆机搅碎；在曲坯合堆后，曲坯硬度增高，需先用榔头将曲样敲碎，再用果浆机快速粉碎，然后称量检测。

## 3 结果分析

### 3.1 湿曲检测法验证

培菌期汗房内的曲坯，其水分为 12%～40%，在湿曲前期检测中，因水分含量高，难以有效粉碎而采用压碎搓散浸泡法。经测定，汗房培菌第 2 天的曲坯指标对照检测见表 1。

**表 1 汗房培菌第 2 天的曲坯指标对照检测**

**Table 1 Comparison test of indexes of billet cultured in perspiration room on day 2**

| 曲样 | 水分/% | 酸度/(mmol/10g) | 淀粉含量/% | 绝干淀粉含量/% | 糖化力/[mg/(g·h)] | 液化力/[g/(g·h)] | 还原糖含量/% |
|---|---|---|---|---|---|---|---|
| 曲皮（捏压） | 38.7 | 0.8 | 42.1 | 68.7 | 915 | <0.004 | 1.16 |
| 曲皮（机粉） | 38.6 | 0.8 | 43.1 | 70.2 | 928 | <0.004 | 1.29 |
| 曲心（捏压） | 40.8 | 1.0 | 41.2 | 69.6 | 1032 | <0.004 | 1.05 |
| 曲心（机粉） | 40.9 | 1.0 | 41.69 | 70.4 | 970 | <0.004 | 1.20 |

实验表明，湿曲质地柔软，经压碎搓散和搅拌浸泡后，相关成分可有效溶出，其与机器粉碎后的检测结果无明显差距，可应用于湿曲粉碎检测。

### 3.2　培菌期曲心及坯间温度

舍得酒业的冬季浓香大曲，在培菌过程中采取系列保温排潮措施，其培菌全程品温实现了前缓-中挺-后缓落，最高品温达到60℃，每2min在线测定1次温度。如图1所示，温度趋势表明工艺控制上实现了制曲培菌的最佳效果。

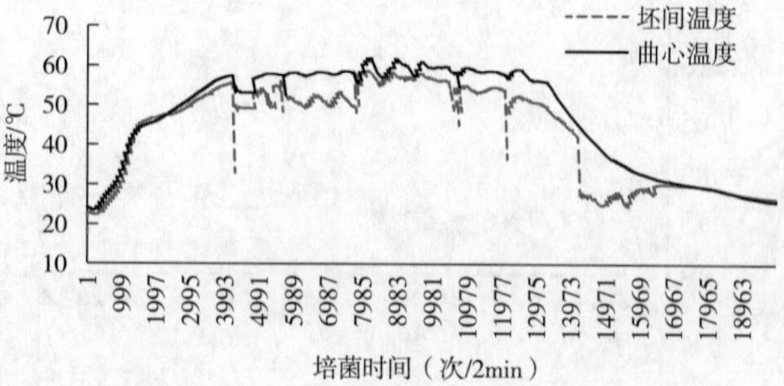


图1　培菌期曲心-曲皮（坯间）温度差异

Fig. 1　Temperature difference between core and skin (between billets) during culture period

### 3.3　培菌期曲心及曲皮水分

曲坯培菌期的前10~12d主要是曲皮水分快速下降，见图2，此后采取了合堆、翻堆等工艺措施，促使曲心水分快速下降，合堆5~6d后，曲皮和曲心水分均各自保持相对稳定，直至曲坯出汗房时，曲皮与曲心的水分平均相差5%~6%。

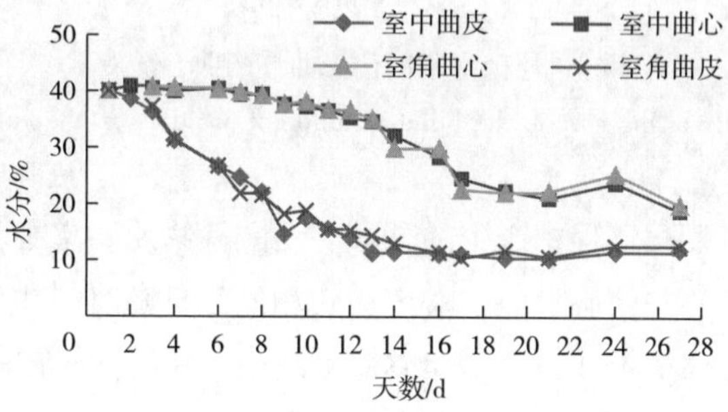


图2　培菌期曲皮-曲心水分变化

Fig. 2　Moisture changes between the skin and core during culture period

在培菌期，不管汗房中部或者曲房边角位置的曲药，其水分变化曲线全程紧密黏合，表明同一汗房内不同位置的曲坯，培菌期的散水速率非常接近，采取的工艺控制措施是有效的。

### 3.4 培菌期曲心及曲皮酸度

曲坯入室安放后，前期具有明显酸味，且在不同时期的酸味浓度发生交替变化。经测定，不同培菌期的曲坯，以及同一曲坯不同部位的酸度变化见图 3、图 4。

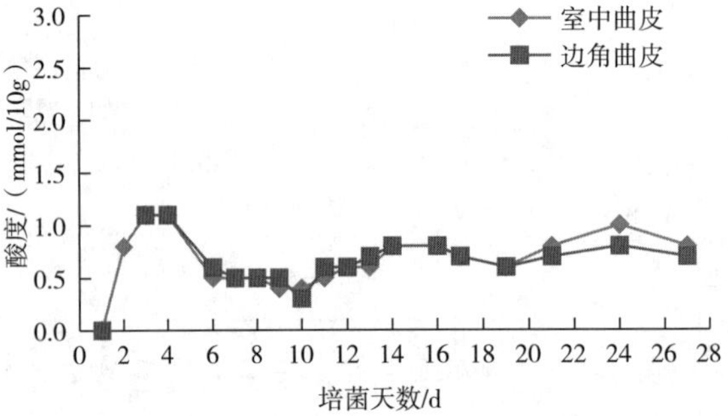


图 3　培菌室不同位置曲坯的曲皮酸度

Fig. 3　Acidity of the skin of the billet at different positions in the culture chamber

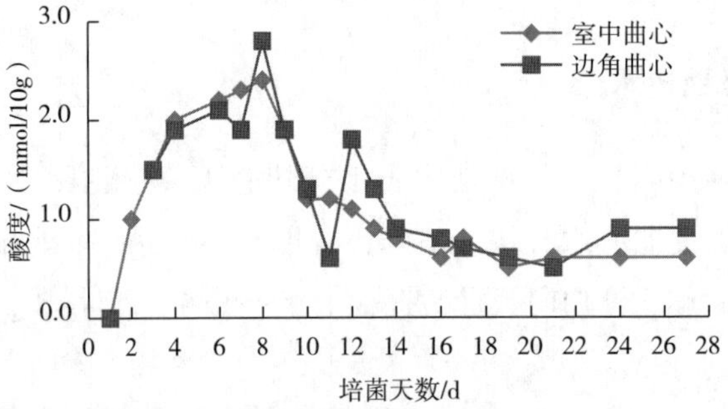


图 4　培菌室不同位置曲坯的曲心酸度

Fig. 4　Acidity of the core of the billet at different positions in the culture chamber

酸度主要来源于发酵过程中产生的乳酸、乙酸等物质。室中和室角的曲坯样，其曲皮与曲皮之间、曲心与曲心之间，酸度大致相同，且随时间变化曲线高度重合。培菌过程中，曲皮酸度峰值 1.0~1.2，曲心酸度峰值 2.5~2.8，同一曲坯，曲心酸度最高时是曲皮酸度 5 倍。

在发酵前 3 天，酸度呈直线上升趋势，曲皮酸度高达 1.0~1.2mmol/10g，曲心生酸速度较曲皮更快。此后酸度上升速度放缓，曲皮酸度在第 4 天开始下降，曲心酸度则继续上升。酸度大小与微生物数量变化有很密切的关系，尤其与芽孢杆菌数量变化成正相关，此时间段，芽孢杆菌丰富，酸度维持较高水平。随着温度上升，不耐热微生物大量死亡，曲心酸度在第 7 天高达 2.5~2.8mmol/10g，自第 8 天开始快速递减。经合堆工艺后，曲皮与曲心酸度值则快速趋于一致。

### 3.5　培菌期曲心-曲皮糖化力

糖化力是反映曲药质量的一个重要指标。以前浓香型大曲糖化力在 800mg/(g·h)左右，目前行业普遍维持在 400~500mg/(g·h)，“降糖化力”成为行业内提升酒质的重要标志。

粉碎前的纯小麦本身具有极高糖化力，可达 1000mg/(g·h)，而曲坯在刚成型时糖化力最高达到 900mg/(g·h)以上。待入室培菌后，曲皮糖化力缓慢下降，曲心糖化力从入室培菌第 4 天起，伴随温度上升而迅速降至 0mg/(g·h)，直待合堆后才开始缓慢上升，见图 5。可见，培菌期曲坯糖化力下降，主要归因在曲心上，而曲皮比例将直接影响曲坯整体糖化力高低，也即培菌过程能否有效降“糖”，关键取决于成品曲的曲皮厚度。

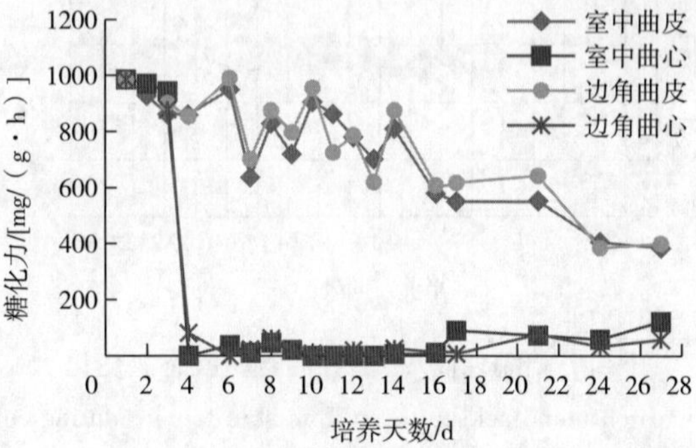


图 5　培菌期曲皮-曲心糖化力

Fig. 5　Saccharification power of billet skin and billet core during culture stage

### 3.6　培菌期曲心-曲皮液化力

酒曲中液化型淀粉酶主要来源于枯草芽孢杆菌、米曲霉、白曲霉、黑根霉等微生物。在培菌过程中，曲皮液化力呈急升缓降趋势，见图 6；曲心液化力则呈从无到有缓慢增加的趋势，在培菌前 1~12d 曲心液化力均接近 0，出曲房时曲心液化力仍较低，仅 0.1U 左右。大曲液化力主要来源于曲皮，在汗房培菌期的曲心液化力可以忽略。

### 3.7　培菌期曲心-曲皮氨基态氮

原料中氨基态氮为 0.5g/100g 左右，在发酵前 7 天氨基态氮指数逐渐上升，在第 7~12 天维持基本稳定，合堆后出现大幅度升高，达到 4.40g/1000g。待出曲房时，曲心中氨基态氮含量达到 4.5~4.9g/100g，曲皮中氨基态氮含量约 3.2g/100g，见图 7。

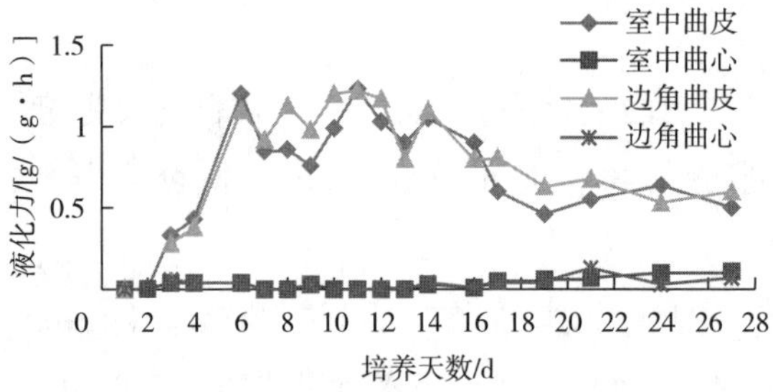


图 6　培菌期曲皮-曲心液化力

Fig. 6　Liquefaction force of billet skin and core during culture period

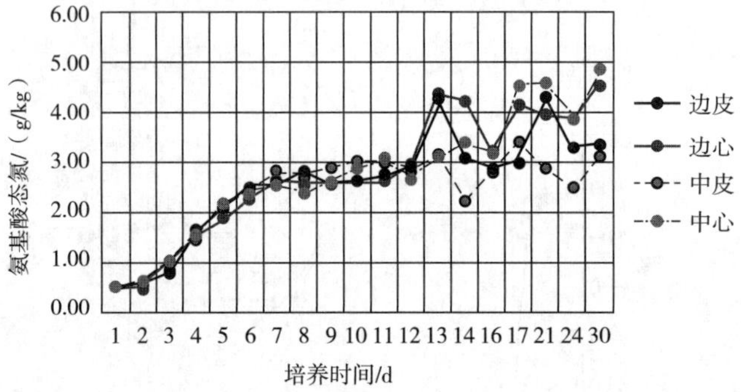


图 7　培菌期曲皮-曲心的氨基酸态氮变化

Fig. 7　Changes of amino acid nitrogen from skin to core during culture period

## 3.8　培菌期曲坯的还原糖

残糖是曲坯中淀粉被微生物代谢的一个表征指标，其在培菌期的变化见图 8，不同位置曲坯的残糖含量变化趋势一致，同一曲坯中，其曲皮与曲心的残糖差异不是很明显，且在整个增菌期中，残糖含量的波动幅度值较小。

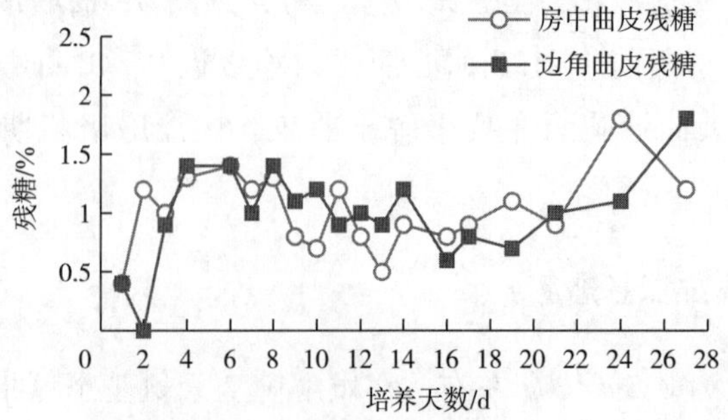


图 8　培菌期曲皮的残糖变化

Fig. 8　Changes of reducing sugar from skin to core during culture period

## 3.9　培菌期曲坯的淀粉

图9中曲线趋势表明，培菌期的曲心常规实测淀粉含量呈上升趋势，出现误差原因在于受到水分含量影响较大；其绝干淀粉曲线表明，曲心的绝干淀粉含量伴随培菌时间增加会缓慢下降，生产检测中具有实用价值的是曲坯绝干淀粉含量。

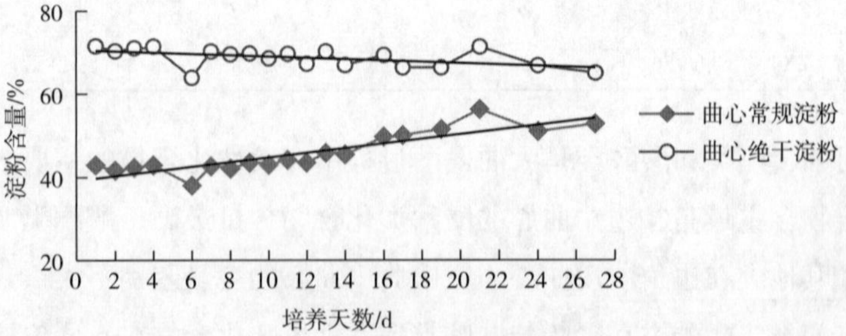


图9　培菌期曲皮淀粉变化

Fig. 9　Changes of dried starch in the skin and core during culture period

## 3.10　培菌期曲皮-曲心挥发性风味物质

采用SPME-GC-MS技术，对曲坯中挥发性化合物进行检测分析，曲房中部及边角位置曲皮-曲心风味物质相对丰度见图10。

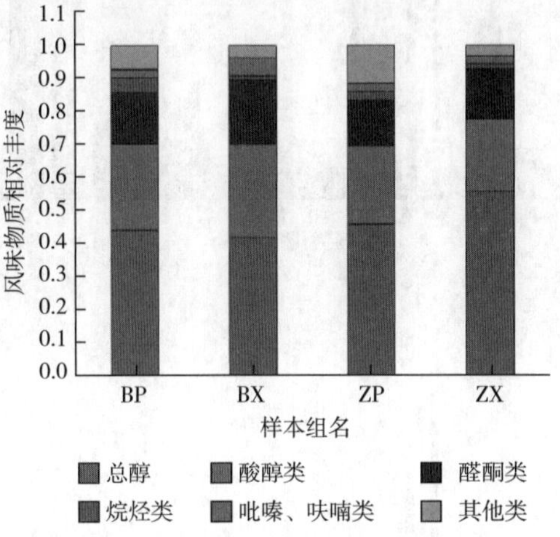


图10　曲皮-曲心风味物质相对丰度

Fig. 10　Relative abundances of flavor substances in the skin and core

曲房边角曲皮（BP）、曲心（BX），曲房中心曲皮（ZP）、曲心（ZX）分别检测出75、84、81、74种风味物质。将不同位置曲皮、曲心发酵过程中的风味物质分为6大类，即酯类、酸醇类、醛酮类、烷烃类、吡嗪与呋喃类和其他类，占比见表2。

表 2　　曲室不同部位曲坯的曲皮-曲心风味物质占比

**Table 2　The ratios of flavoring substances in different parts of the billet chamber**

| 曲房 | 曲坯部位 | 酯类% | 酸醇类% | 醛酮类% | 烷烃类% | 吡嗪与呋喃类% | 其他类% |
|---|---|---|---|---|---|---|---|
| 边角 | 曲皮（BP） | 44 | 26 | 16 | 4 | 2 | 7 |
| | 曲心（BX） | 42 | 28 | 19 | 1 | 5 | 4 |
| 室中 | 曲皮（ZP） | 46 | 24 | 14 | 3 | 2 | 12 |
| | 曲心（ZX） | 56 | 22 | 15 | 1 | 2 | 3 |

由表 2 可知，酯类和酸醇类是大曲发酵过程中挥发性化合物的主要成分，室中曲心的酯类化合物含量最高，边角曲心的酸醇类化合物含量最高。醛酮类、烷烃类、吡嗪与呋喃类和其他类在边角曲皮曲心、室中曲皮曲心的含量差别不大。

酯类、酸醇类、醛酮类和吡嗪与呋喃类挥发性风味化合物在不同位置曲皮、曲心中随着发酵时间变化趋势见图 11。总体来看，边角曲皮同中心曲皮、边角曲心同中心曲心的挥发性化合物变化差异较大，这与不同位置曲皮曲心微生物多样性及其代谢活动密切相关。

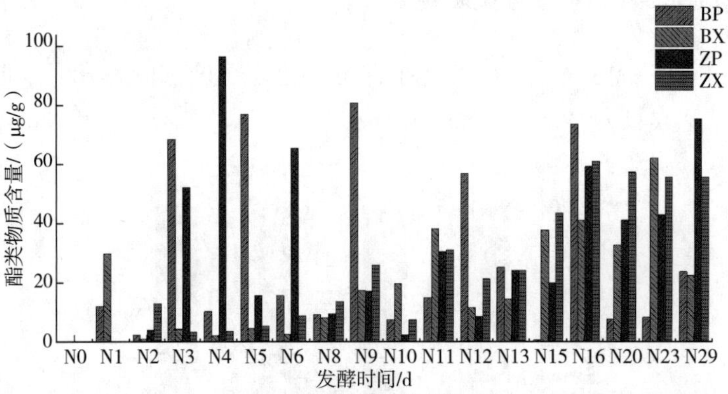


（1）酯类物质含量变化

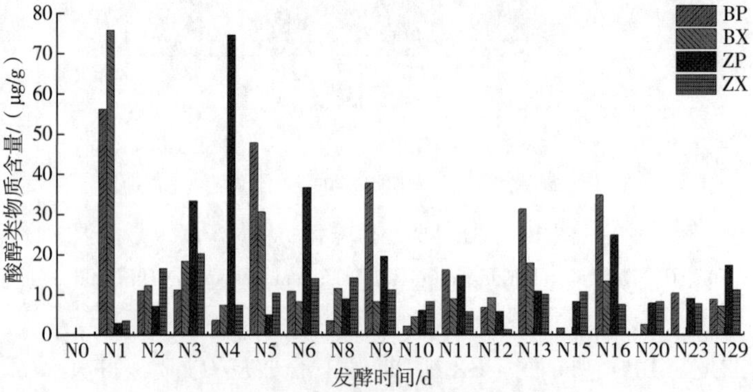


（2）酸醇类物质含量变化

图 11　培菌过程中各类风味物质的变化

Fig. 11　Changes of various flavor substances in the process of culture

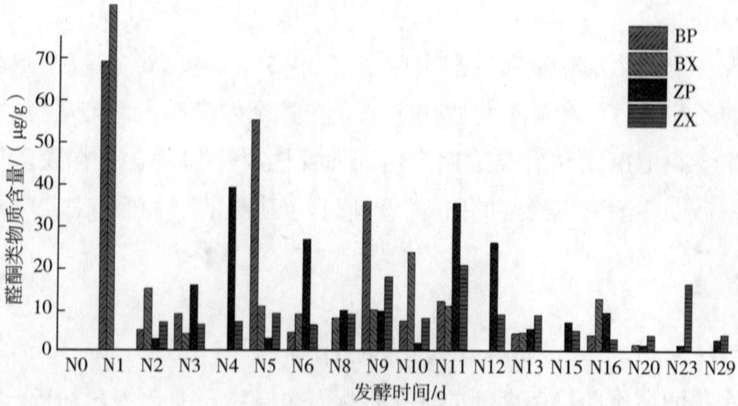


（3）醛酮类物质含量变化

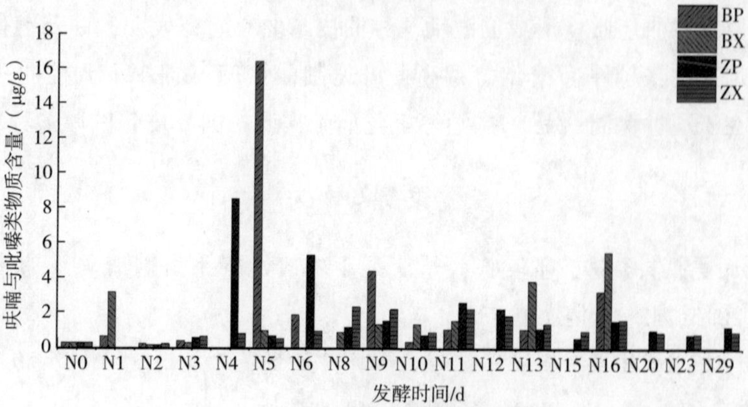


（4）呋喃与吡嗪类物质含量变化

图 11　培菌过程中各类风味物质的变化（续）

Fig. 11　Changes of various flavor substances in the process of culture

发酵过程中边角曲皮的酯类化合物含量不断波动，第 3、5、9、12、16 天含量较高，其中第 9 天最高；室中曲皮酯类化合物含量呈现先上升后下降最后上升的趋势，在发酵第 4 天含量最高；边角曲心和中心曲心酯类含量大致呈现不断上升的趋势。

边角曲皮酸醇类化合物在整个发酵过程中呈现波动趋势，在第 1、5、9、13、19 天含量相对较高，在发酵第 1 天含量最高；而室中曲皮的酸醇类化合物含量先上升后下降，最后趋于平缓，在发酵第 4 天达到最高含量；边角曲心的酸醇类物质在发酵第 1 天含量最高，之后的发酵过程含量相对较低且变化较小；室中曲心的酸醇类物质在整个发酵过程中含量较低，波动幅度也不大。

从醛酮类物质含量变化来看，边角曲皮曲心在发酵第 1 天都为最高含量，之后不断波动并且发酵后期第 20~29 天持续低含量；室中曲皮醛酮类物质含量随发酵过程来回波动，在第 4、6、11、12 天含量相对较高，而室中曲心的醛酮类物质含量变化不大且相对较低。

总体来说，酯类物质含量在发酵中后期（16~29d）较高，以高沸点酯类十六酸乙酯和亚油酸乙酯为主；酸醇类物质均匀分布在整个发酵阶段，醛酮类物质和呋喃、吡嗪类物质主要在中挺期和后发酵期产生。挥发性风味物质含量在发酵后期比较稳定，说明发酵后期逐渐形成稳定的曲香，即感官上明显的“曲香味”。

## 4 结论

通过对舍得酒冬季曲培菌期间的理化指标及风味物质变化规律剖析，发现不管是曲房中部或者边角，曲坯指标变化曲线均高度粘合，表明通过工艺调控，有效缩减了曲房内不同位置对曲坯质量形成的波动。经曲皮与曲心研究表明，曲药糖化力的高低由曲皮所决定，皮张越厚，糖化力越高，可见制曲培菌过程中，调控曲药糖化力高低，其关键在于通过保温-保湿-排潮等工艺措施，调控曲坯皮张的厚薄程度。

### 参考文献

[1] 涂向勇，宋瑞滨，邵泽良，等．关于不同季节生态制曲与成曲质量的研究[J]．酿酒，2015，42（4）：69-73.

[2] 汤有宏，刘国英，李安军，等．古井贡酒桃花曲发酵过程微生物和理化指标变化规律研究［J］．酿酒，2019，46（1）：43-47.

[3] 王世宽，侯华，张强，等．伏曲培养过程中微生物及理化指标的研究［J］．酿酒科技，2009（4）：39-42.

[4] 彭智辅，张霞，乔宗伟，等．五粮液中温曲培曲过程理化指标变化规律研究[J]．酿酒科技，2015（9）：46-48.

[5] 乔宗伟，张霞，施思，等．不同感官质量曲药在培曲过程中理化指标变化规律研究［J］．中国酿造，2016，35（10）：116-119.

[6] 张振科，杨方玉，樊建辉，等．大曲曲皮厚度对大曲质量的影响研究［J］．酿酒科技，2019（3）：38-43.

# 提高米香型白酒乳酸乙酯的工艺优化

张龙[1]，梁振荣[1]，郝俊光[2]，罗丹[1]，叶静萱[1]，万瑞杰[1]，吴金燕[1]，黎婷[2]，李官连[1]

（1. 劲牌广西天龙泉酒业有限公司，广西河池　546400；2. 钦州市食品风味分析与调控重点实验室，北部湾大学食品工程学院，广西钦州　535011）

**摘　要**：为了解决传统工艺转变至现代机械化工艺后乳酸乙酯含量有所降低的问题，采用不同的发酵条件进行发酵，通过气相色谱法，对米香型白酒中乳酸乙酯的含量进行检测与分析。经发酵温度、酒曲添加量、酒曲比例单因素试验与三因素三水平正交试验进行优化，得出发酵温度为29℃，酒曲添加量为0.5%，酿酒酵母与米根霉比例为0.1∶10。以上述发酵条件重复3次的试验结果的乳酸乙酯平均值为0.335g/L，是初始条件发酵得到的基酒中乳酸乙酯的4倍。该研究对米香型白酒今后的乳酸乙酯的调控有一定的启示，为今后提高米香型白酒的品质和香气等提供技术基础。

**关键词**：米香型白酒；气相色谱；乳酸乙酯

# Process Optimization of Improving Ethyl Lactate in Rice-Flavor Liquor

ZHANG Long[1], LIANG Zhenrong[1], HAO Junguang[2], LUO Dan[1], YE Jingxuan[1], WAN Ruijie[1], WU Jinyan[1], LI Ting[2], LI Guanlian[1]

(1. Guangxi Tian Long Quan Wine Industry Co., Ltd., of Jin Liquor Group, Guangxi Hechi 546400, China;

2. Qinzhou Key Laboratory of Food Flavor Analysis and Control, College of Food Science and Engineering of Beibu Gulf University, Guangxi Qinzhou 535011, China)

**Abstract**: To understand how to improve the content of ethyl lactate after the transfor-

---

基金项目：河池市科技计划项目（AB198802）。

作者简介：张龙，男，工程师，主要从事白酒酿造的生产与研发。E-mail：313374373@qq.com。

通信作者：郝俊光，男，教授级高级工程师，主要从事酒类风味分析与调控的研究。E-mail：hjgkwzhrq@163.com。

mation from traditional koji-making process to modern pure breed mechanization process, the effects of different fermentation conditions on ethyl lactate in raw wine were analyzed under small scale laboratorial condition. The optimum conditions for the production of ethyl lactate were obtained by single factor test and three-factor-three-level orthogonal test, fermentation temperature was 29℃, additive amount of distillery yeast was 0.5%, and the ratio of *Saccharomyces cerevisiae* and *Rhizopus* is 0.1 : 10. The average content value of ethyl lactate under the above optimized fermentation conditions was 0.335g/L, which was 4 times higher than that in the base wine fermented from the initial conditions. This research provides an enlightenment for the regulation of ethyl lactate of rice-flavored liquor in the future and a technical basis for improving the quality and aroma of rice-flavored liquor in the future.

**Key words**: Rice-flavored liquor, Gas chromatography, Ethyl lactate

## 1 前言

白酒由多种风味物质组成，已报道的有 1874 种[1]。米香型白酒主体香型较为简单，由 β-苯乙醇、乙酸乙酯以及乳酸乙酯构成[2-3]。以大米为原料，通过添加小曲进行糖化与发酵，通过蒸馏得到原酒[4]。其生产周期较短，入口柔和，米香纯正，口感绝佳[5]。白酒的发酵是由多种微生物共同作用而成的，而酿造的主要功能微生物可分为三大类：酵母菌[6-7]（如酿酒酵母 *Saccharomyces cerevisiae*）、霉菌（如米根霉 *Rhizopus oryzae*）和细菌（如巴氏醋杆菌 *Acetobacter pasteurianus*）。

酯类物质具有呈香作用，同时还与乙醇等物质发生反应而使乙醇在人体内停留的时间减少[8]。米香型白酒中乳酸乙酯、乙酸乙酯等主要香气物质合成的主要途径有两条[9-11]：一是由酯酶（Esterase）的催化而产生；二是在醇酰基转移酶（Alcohol Acyltransferase，AATFase）的作用下生成的。酵母菌代谢产生的乙醇和乳酸菌代谢产生的乳酸构成乳酸乙酯的前体，再经过酯化成为乳酸乙酯[12]。影响酯类形成的因素较多，包括 pH、温度、微生物菌落、溶解氧、设备尺寸等。发酵过程中 pH 不仅影响酿酒酵母的增殖，也会促进酿酒酵母对风味物质的生成[13]。发酵温度可通过影响微生物一系列生理生化过程从而对酒质产生影响，如高温提高杂醇油的产生[14-16]。较低的贮藏温度对沸点较低的物质影响较大[17]。地域导致的微生物差异也是影响白酒香型的一大因素[18]。Pires 等通过降低发酵液中的溶氧量、降低发酵罐静压、提高发酵温度等途径，可有效增加酯类的含量[19]。将扣囊覆膜酵母（*Saccharomycopsis fibuligera*）与酿酒酵母以及米根霉混合后进行发酵，可增加短链酯类的含量[20-21]。

传统的米香型白酒酿造是基于天然微生物的经验管理发酵模式，而现代机械化酿造则是基于纯种制曲的大容器发酵。鉴于大容器酿造乳酸乙酯含量低的问题，通过比对不同发酵温度、酒曲添加量、酒曲比例三个条件，利用气相色谱-氢离子火焰检测器（Gas Chromatography-flame Ionization Detector，GC-FID）进行乳酸乙酯的检测，优选出高产乳酸乙酯的发酵条件，以期为提升米香型白酒品质提供有效途径。

## 2　材料与方法

### 2.1　材料

#### 2.1.1　原材料

主要原料：晚稻大米，淀粉含量75%（南宁市欣和福粮油有限公司）；根霉曲，糖化力34g/100g（广西天龙泉酒业有限公司）；酵母菌，发酵力37%vol（广西天龙泉酒业有限公司）。

#### 2.1.2　试剂

乙酸异戊酯（纯度99.5%）、糠醛（纯度99%）、辛酸乙酯（纯度99%）、叔戊醇（纯度99.5%）、棕榈酸乙酯（纯度99%）、乙醛（纯度40%）、甲醇（纯度99.9%）、乳酸乙酯（纯度98%）、乙酸乙酯（纯度99.9%）、正丁醇（纯度99.5%）、壬酸乙酯（纯度99%）、甲酸（纯度99%）、乙酸正丁酯（纯度99.5%）、苯乙醇（纯度99.7%）、己醛（纯度99%）、乙酸（纯度99.9%）、异丁醇（纯度99.9%）、正丙醇（纯度99.5）、己酸（纯度99.5%）、异戊醇（纯度99%）、正戊酸（纯度99%）、1，3-丁二醇（纯度99.5%）、癸酸乙酯（纯度99%）、正丁酸（纯度99.5%），均购自上海麦克林科技有限公司。

#### 2.1.3　仪器

INNOVA 43R低温摇床（上海巴玖实业有限公司）；Agilent 7890B气相色谱仪（美国Agilent Technologies有限公司）；QL-3空气发生器（山东赛克赛斯能源有限公司）；QL-300氢气发生器（山东赛克赛斯能源有限公司）。

### 2.2　方法

#### 2.2.1　米香型白酒的工艺过程

称取挑选过的大米100g，将称好的大米用清水清洗，不可过度清洗，两次即可。以大米与水比例为1∶1，加入清水。蒸米时要适当搅拌米粒，不要粘锅底，米饭要求内无生心、熟而不烂、手感柔软，将淀粉糊化。米饭蒸好后要趁热将米粒打散，米饭迅速降温到30℃方可加曲；加曲比例为1%。加曲之后的米饭盖上盖子，放入30℃的恒温箱进行糖化，时间持续24h。米饭糖化到适宜程度后，按大米130%（质量比）迅速加入纯水。将加好纯水的醪液放入恒温培养箱，发酵时间为12d，发酵温度28℃。

2.2.2 米香型白酒发酵过程的单因素试验

发酵温度的优化：以温度为 22℃、24℃、26℃、28℃、30℃进行发酵，用气相色谱仪检测基酒乳酸乙酯的含量。

酒曲添加量的优化：以酒曲添加量为 0.25%、0.5%、1%、2%、4%进行发酵，用气相色谱仪检测基酒乳酸乙酯的含量。

酒曲比例的优化：以酿酒酵母与根霉比例为 0.25∶10、0.5∶10、1∶10、2∶10、4∶10 进行发酵，用气相色谱仪检测基酒乳酸乙酯的含量。

2.2.3 米香型白酒发酵过程的正交试验

通过单因素试验，得出白酒中酯类物质含量范围较为合适的条件，见表 1，对发酵温度（A）、酒曲添加量（B）、酿酒酵母与根霉比例（C）进行三因素三水平正交试验，检测乳酸乙酯的含量，并对最终的最优结果进行验证试验。以多数工厂的发酵条件（发酵温度 30℃，酒曲添加量 1%，酿酒酵母与米根霉比例 1∶10），发酵 12d 做对照试验。

**表 1　因素水平**

**Table 1　Factor level**

| 水平 | 发酵温度/℃<br>A | 酒曲添加量/%<br>B | 酿酒酵母与根霉比例<br>C |
|---|---|---|---|
| 1 | 27 | 0.4 | 0.1∶10 |
| 2 | 28 | 0.5 | 0.25∶10 |
| 3 | 29 | 0.6 | 0.4∶10 |

2.2.4 乳酸乙酯的测定

利用气相色谱法[22]检测乳酸乙酯的含量，色谱条件参考 GB/T 10345—2007《白酒分析方法》[23]。

## 3 结果与分析

### 3.1 发酵温度的优化

发酵温度与乳酸乙酯含量紧密相关，温度过低或过高都不利于微生物生长。由图 1 可得，发酵温度为 28℃时，乳酸乙酯含量最高，而当发酵温度达到 30℃时，乳酸乙酯含量反而下降，说明太高的发酵温度不适合微生物生长繁殖。为了进一步研究，决定选用 27℃、28℃、29℃这三个温度水平做正交试验。

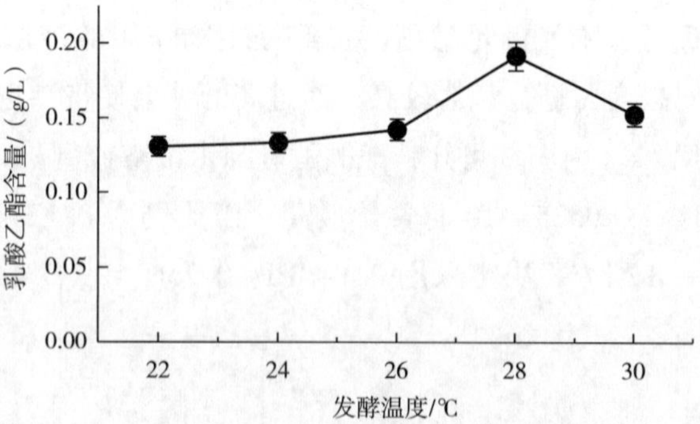


图 1 不同发酵温度对乳酸乙酯含量的影响

Fig. 1 The effect of different fermentation temperatures on the content of ethyl lactate

## 3. 2 加曲量的优化

发酵醪液中，乳酸菌将糖发酵得到的产物与乙醇反应得到乳酸乙酯，酒曲添加量影响发酵醪液中微生物的体系平衡。酒曲添加量过低时，发酵醪液容易被环境中的杂菌污染，从而影响酒质。酒曲添加量过高时，菌种自身的生长与繁殖会消耗过多的养分，从而不利于乳酸乙酯等风味物质的合成[24]。由图 2 可知，酒曲添加量在 0. 25%～0. 5%乳酸乙酯含量在增加，0. 5%时乳酸乙酯含量最高，加曲量达到 1%以上乳酸乙酯含量减少。为了进一步研究，决定采用 0. 4%、0. 5%、0. 6%这三个酒曲添加量来进行正交试验。

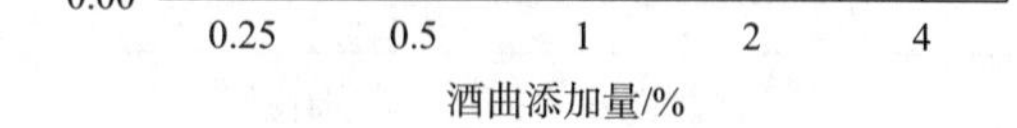


图 2 不同酒曲添加量对乳酸乙酯含量的影响

Fig. 2 The effect of different distiller's *koji* additions on the content of ethyl lactate

## 3. 3 曲比例的优化

发酵醪液中，酵母菌与乳酸菌等微生物存在相互促进作用，同时也有抑制作用[25]。糖化期间，米根霉将淀粉转化为糖，供酿酒酵母等微生物作用。米根霉含量过低时，糖化程度过低，不能满足酿酒酵母等微生物作用的需求。米根霉含量过高时，糖化程度会相对较大，糖分相对较高，而过高的糖会使得渗透压过高，不利于酿酒酵母等微生物作用[26]。由图 3 可知，酿酒酵母与米根霉比例从 2∶10 到 0.25∶10，乳酸乙酯含量逐渐增高，0.25∶10 时含量最高，当比例为 0.125∶10 时，乳酸乙酯含量降低。为了进一步研究，决定采用 0.1∶10、0.25∶10、0.4∶10 这三个比例来进行正交试验。

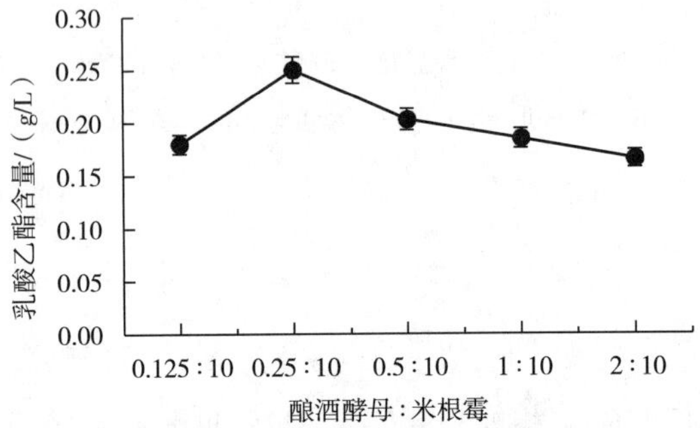


图 3 不同酒曲比例对乳酸乙酯含量的影响

Fig. 3 The influence of different proportions of koji on the content of ethyl lactate

## 3.4 米香型白酒发酵过程的正交试验

试验结果见表 2。通过对极差 $R$ 进行比较，可以发现影响因素中，B 占主要影响作用，A 次之，C 影响最小，即酒曲添加量在发酵过程中的影响作用最大，温度的影响作用次之，而酿酒酵母与根霉比例影响较小。试验的最优方案为 $B_2A_3C_1$，即当酒曲添加量为 0.5%、发酵温度为 29℃、酿酒酵母与根霉比例为 0.1∶10 时为最优方案。

**表 2 正交试验结果分析**

**Table 2 Analysis of orthogonal test results**

| 试验号 | 温度/℃<br>A | 加曲量/%<br>B | 曲比例<br>C | 空列 | 乳酸乙酯/<br>(g/L) |
|---|---|---|---|---|---|
| 1 | 1 (27) | 1 (0.40%) | 1 (0.1∶10) | 1 | 0.189 |
| 2 | 1 (27) | 2 (0.50%) | 2 (0.25∶10) | 2 | 0.266 |
| 3 | 1 (27) | 3 (0.60%) | 3 (0.4∶10) | 3 | 0.174 |
| 4 | 2 (28) | 1 (0.40%) | 2 (0.25∶10) | 3 | 0.215 |
| 5 | 2 (28) | 2 (0.50%) | 3 (0.4∶10) | 1 | 0.288 |

续表

| 试验号 | 温度/℃<br>A | 加曲量/%<br>B | 曲比例<br>C | 空列 | 乳酸乙酯/<br>(g/L) |
|---|---|---|---|---|---|
| 6 | 2（28） | 3（0.60%） | 1（0.1∶10） | 2 | 0.222 |
| 7 | 3（29） | 1（0.40%） | 3（0.4∶10） | 2 | 0.236 |
| 8 | 3（29） | 2（0.50%） | 1（0.1∶10） | 3 | 0.321 |
| 9 | 3（29） | 3（0.60%） | 2（0.25∶10） | 1 | 0.189 |
| $K_1$ | 0.629 | 0.641 | 0.732 | 0.667 | |
| $K_2$ | 0.725 | 0.874 | 0.670 | 0.723 | |
| $K_3$ | 0.746 | 0.585 | 0.699 | 0.710 | |
| $k_1$ | 0.210 | 0.214 | 0.244 | 0.222 | |
| $k_2$ | 0.242 | 0.291 | 0.223 | 0.241 | |
| $k_3$ | 0.249 | 0.195 | 0.233 | 0.237 | |
| 极差 $R$ | 0.039 | 0.096 | 0.021 | 0.019 | |
| 因素主→次 | | B A C | | | |
| 最优方案 | | $B_2A_3C_1$ | | | |

### 3.5　最优方案的验证试验

对正交试验的最优方案进行验证，设置发酵温度为29℃、酒曲添加量为0.5%、酿酒酵母与米根霉比例为0.1∶10，发酵时间为12d，进行试验。重复三次试验后得出的结果，乳酸乙酯含量的平均值为0.335g/L。乳酸乙酯含量均大于正交试验中任意组合的乳酸乙酯含量，即正交试验所得出的最优方案有可行性。以大多数工厂发酵条件进行试验得到的基酒中乳酸乙酯的含量为0.082g/L，最优方案的乳酸乙酯对比初始值提高了0.253g/L。

## 4　结论

对米香型白酒的发酵条件采用三因素三水平正交试验，结果表明酒曲添加量占主要作用，即对发酵结果影响最大。最优条件为发酵温度为29℃、酒曲添加量为0.5%、酿酒酵母与米根霉比例为0.1∶10作为发酵条件。该研究说明了特定发酵条件对酯类高产起决定性因素，为提升现代化米香型白酒的酒质、香气等提供技术基础。

当然本研究基于特定的曲种，结论仅适用于所用菌株。同时，米香型白酒的风味受多风味物质共同作用，尚需对其进行协同研究。

## 参考文献

[1] Liu H L, Sun B G. Effect of fermentation processing on the flavor of *Baijiu* [J]. Journal of Agricultural and Food Chemistry, 2018, 66 (22): 5425-5432.

[2] 米常友. 气相色谱法在白酒分析中的应用分析及研究 [J]. 化工管理, 2017 (32): 90.

[3] 吴广黔. 气相色谱技术在白酒分析中的应用 [J]. 酿酒, 2008, 35 (1): 39-41.

[4] 胡志平, 梁振荣, 柯锋. 米香型白酒酒曲的研究与应用 [J]. 轻工科技, 2015, 31 (11): 9-11.

[5] 夏义雄. 米香型白酒的生产工艺及其风格特点 (下) [J]. 酿酒, 1989 (3): 63-64+20.

[6] Zheng X W, Tabrizi M R, Nout M J R, et al. *Daqu*——a traditional Chinese liquor fermentation starter [J]. Journal of the Institute of Brewing, 2011, 117 (1): 82-90.

[7] 邢钢, 敖宗华, 邓波. 大曲中微生物研究和检测进展 [J]. 酿酒科技, 2012 (12): 86-89.

[8] 余华, 王卫, 张佳敏, 等. 醉酒度及其在白酒品质评价中的意义 [J]. 酿酒科技, 2013 (1): 120-123.

[9] Rojas V, Gil J V, Manzanares P, et al. Measurement of alcohol acetyltransferase and ester hydrolase activities in yeast extracts [J]. Enzyme and Microbial Technology, 2002, 30 (2): 224-230.

[10] Inoue Y, Fukuda K, Izawa S, et al. Roles of esterase and alcohol acetyltransferase on production of isoamyl acetate in *Hansenula mrakii* [J]. Journal of Agricultural and Food Chemistry, 1997, 45 (3): 644-649.

[11] Suomalainen H. Yeast esterases and aroma esters in alcoholic beverages [J]. Journal of the Institute of Brewing, 1981, 87 (5): 296-300.

[12] 孟东, 梁辉. 浓香型白酒乳酸乙酯的产生及控制方法 [J]. 江苏食品与发酵, 2003 (2): 21-22.

[13] 李光辉. 白酒酵母的 pH 种群研究 [J]. 酿酒, 2005, 32 (1): 25-27.

[14] 潘玲玲, 罗明有, 王媚, 等. 发酵温度对浓香型白酒杂醇油含量的影响 [J]. 中国酿造, 2021, 40 (3): 106-110.

[15] 应静, 游玲, 邱树毅, 等. 温度对浓香型白酒发酵的影响 [J]. 中国酿造, 2018, 37 (8): 75-81.

［16］ Graves T, Narendranath N V, Dawson K, et al. Interaction effects of lactic acid and acetic acid at different temperatures on ethanol production by *Saccharomyces cerevisiae* in corn mash［J］. Applied Microbiology and Biotechnology, 2007, 73 (5): 1190-1196.

［17］ 陈路露，赵颖，徐君，等．时间及温度对白酒骨架成分影响的初步探究［J］. 酿酒, 2018, 45 (1): 31-33.

［18］ 李娜，程伟，张杰，等．白酒原产地分析鉴别技术研究进展［J］. 酿酒科技, 2018 (6): 116-121.

［19］ Pires E J, Teixeira J A, Brănyik T, et al. Yeast: the soul of beer's aroma——a review of flavour-active esters and higher alcohols produced by the brewing yeast［J］. Applied Microbiology and Biotechnology, 2014, 98 (5): 1937-1949.

［20］ Son E Y, Lee S M, Kim M, et al. Comparison of volatile and non-volatile metabolites in rice wine fermented by Koji inoculated with *Saccharomycopsis fibuligera* and *Aspergillus oryzae*［J］. Food Research International, 2018, 109 (Jul.): 596-605.

［21］ 王居伟，韩培杰，王雪薇，等．白酒发酵过程中常见酵母菌扣囊复膜酵母的研究进展［J］. 广西科学, 2020, 27 (1): 1-9.

［22］ 孙细珍，张帆，杜佳炜，等．基于毛细管气相色谱法和主成分分析的白酒真假酒判别分析［J］. 酿酒, 2021, 48 (1): 42-50.

［23］ GB/T 10345—2007, 白酒分析方法［S］.

［24］ 叶林林，杨娟，陈通，等．红提和糯米复合发酵葡萄酒工艺优化及香气成分分析［J］. 食品科学, 2019, 40 (18): 182-188.

［25］ 段小果，李博，贺银凤．乳酸菌与酵母菌共生机理的研究进展［J］. 微生物学通报, 2017, 44 (8): 1988-1995.

［26］ 韩建春，魏婧，姜帆，等．米酒发酵工艺条件对香气成分的影响［J］. 东北农业大学学报, 2013, 44 (8): 6-13.

# 固态法白酒连续蒸馏技术与应用

刘天成，王德斌，李仲龙，田俊斌，王小伟，王乃军，张坤
（北京红星股份有限公司，北京　101400）

**摘　要**：为实现酿造原过程的清洁化、机械化、自动化及智能化，本研究通过设计开发了固态法白酒连续蒸馏技术，重点研究了固态法白酒连续蒸馏装置及工作原理，采用固态法白酒连续蒸馏技术进行酿酒试验，对蒸酒、能源、酒质情况及理化成分与传统酒甑进行对比分析。结果表明固态法白酒连续蒸馏技术可以改善酿酒车间的生产、环境条件，实际提高劳动生产力 2.66 倍，提高出酒率 0.5%，扩大生产规模，节能减排，蒸酒能源消耗减少了 85.6%，提高经济效益，具有很高的推广应用价值。

**关键词**：固态法白酒；连续蒸馏；节能减排

# Technology and Application of Continuous Distillation of *Baijiu* by Solid Fermentation

LIU Tiancheng, WANG Debin, LI Zhonglong, TIAN Junbin,
WANG Xiaowei, WANG Naijun, ZHANG Kun
(Beijing Red Star Co., Ltd., Beijing 101400, China)

**Abstract**: In order to realize the cleanness, mechanization, automation, and intelligence of the original brewing process, the aim of the study developed a solid-state continuous distillation technology for *Baijiu*, focusing on the solid-state continuous distillation device and working principle of *Baijiu*, and adopts the solid-state continuous distillation technology for *Baijiu*. The winemaking experiment was conducted to compare the steamed wine, energy, wine quality, and physical and chemical composition with the traditional retort. The results

作者简介：刘天成，男，本科，酿造研发专员，主要从事白酒酿造的研究。E-mail：bjltc@163.com。
通信作者：张坤，女，硕士，北京红星股份有限公司酿造副总经理，主要从事白酒酿造的研究，国家级高级酿酒师，一级品酒师。E-mail：zk@redstarwine.com。

showed that the continuous distillation technology of solid fermentation liquor can improve the production and environmental conditions of the brewing workshop, increase the actual labor productivity by 2.66 times, increase the liquor yield by 0.5%, expand the production scale, save energy and reduce emissions, and save 14.4% of energy for steaming liquor, and increase economic benefits. It has a high value for promotion and application in wide industry.

**Key words**: Solid fermentation *Baijiu*, Continuous distillation, Energy saving and emission reduction

## 1 前言

一直以来，我国固态法白酒蒸馏一直采用传统甑锅进行间歇式蒸馏[1]，存在以下弊端：蒸馏装置数量多且分散；生产能力小；劳动强度大；辅助操作时间长；设备使用效率低；工作环境差；能源浪费严重；原酒质量一致性差，质量控制全凭经验，不稳定[2]。

随着科学技术的不断革新，越来越多的现代科技、设备融入白酒的生产过程中[3]，机械化白酒酿造模式正在逐步取代传统的手工酿造模式[4]。广东省九江酒厂郭梅君等[5]，设计了一套在-80~0kPa真空度下工作的连续蒸馏设备，并开发了一种连续蒸馏方法，减少了蒸汽和冷却水的用量；天津科技大学赵义序等[6]设计了一种固态连续蒸馏装置，可以从固态发酵甜高粱秸秆中连续蒸馏制取乙醇的方法，但蒸馏条件相对苛刻，难以推广。

固态发酵法白酒连续蒸馏技术旨在通过连续蒸馏甑及连续蒸煮设备的应用，打破原有固态法白酒酿造工艺间歇性生产现状，实现固态法麸曲清香白酒生产的连续化、自动化及智能化；同时实现酿酒车间劳动强度轻量化、关键工艺定量化。

本技术以连续蒸馏为核心，涉及整个酿造生产配套过程，包括酒醅出池、输送、蒸馏、原辅料预处理、定量添加及搅拌、润料、蒸粮、摊凉及加曲的全部过程。重点内容为连续蒸馏甑的自动化连续进出料及智能控制系统，包括连续蒸馏甑的整体设计及蒸馏参数控制，同时还包括原辅料的定量供给，麸曲及酒母的定量配比等技术细节。

## 2 技术方案

### 2.1 固态法白酒连续蒸馏装置结构

固态法白酒连续蒸馏装置主要由缓存定量系统、连续酒甑、粮糟混合系统、蒸粮系统、摊凉系统、加曲系统、发酵系统组成。

（1）缓存定量系统由三部分组成：酒醅缓存斗、酒醅定量斗、稻壳定量斗。

（2）连续酒甑基于传统甑、一体化蒸馏设备及精馏理论对连续蒸馏酒甑参数进行设计。

(3) 粮糟混合系统由配糟混合链板、粮食定量斗、稻壳定量斗三部分组成。具体见表 1。

**表 1　连续蒸馏酒甑结构设计**

**Table 1　Structural design of continuous distilled liquor**

| 项目 | 设计依据 | 设计参数 |
|---|---|---|
| 酒甑高度（*h*） | 厂房高度/一体化蒸酒机参数 | 6. 5m |
| 酒甑直径（*R*） | 一体化蒸酒机参数 | 1. 86m |
| 上料结构 | 自行设计 | Y 式布料结构 |
| 下料结构 | 一体化蒸酒机参数 | 刮板结构 |
| 控制方案 | 理论计算 | 温度与酒精度关系 |
| 料位高度 | 传统酒甑结构 | 0. 9~1. 1m |

固态蒸馏、精馏原理及释义见图 1 及表 2。

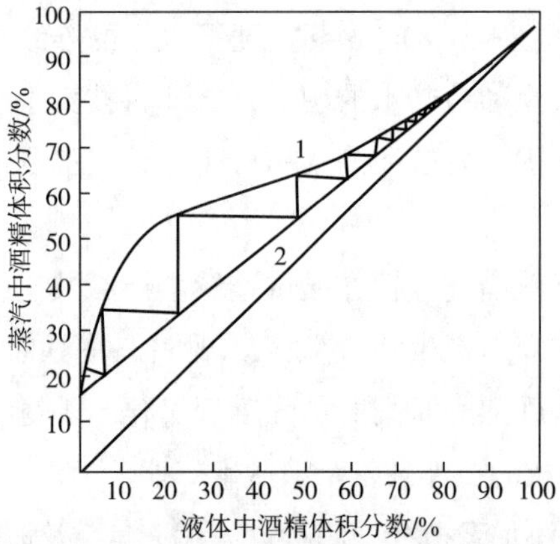


图 1　精馏效率图[7]

Fig. 1　The chart of distillation efficiency

**表 2　不同酒精度的蒸发系数**

**Table 2　Evaporation coefficient of various alcohol concentrations**

| 混合液中的酒精度/% vol | 混合蒸汽中的酒精度/% vol | 蒸发系数（$K_a=\psi_a/\psi_A$） |
|---|---|---|
| 10 | 51 | 5. 1 |
| 20 | 66 | 3. 31 |
| 30 | 69. 2 | 2. 31 |
| 40 | 71. 95 | 1. 8 |

续表

| 混合液中的酒精度/%vol | 混合蒸汽中的酒精度/%vol | 蒸发系数（$K_a=\psi_a/\psi_A$） |
|---|---|---|
| 50 | 74.95 | 1.5 |
| 60 | 78.17 | 1.3 |

注：蒸发系数：酒精和水加热沸腾时，设液相中酒精的体积分数为 $\psi_a$，气相中酒精的体积分数为 $\psi_A$，则 $\frac{\psi_a}{\psi_A}$即为酒精蒸发系数。

$$酒精蒸发系数\ K_a=\frac{气相中酒精的体积分数（\%）}{沸腾液相中酒精的体积分数（\%）}=\frac{\psi_a}{\psi_A}$$

由表 2 和图 1 可知，只要将酒醅酒精度浓缩至 18%vol 然后经过固态蒸馏，蒸汽酒精浓度即可达到 60%vol。因此通过控制发酵条件，将酒醅酒精度控制在 5%vol 以上，控制酒醅浓缩倍数降低理论塔板数，就可以蒸馏出 60%vol 以上的酒。

## 2.2　主要技术参数

连续蒸馏装置的运行主要具备连续蒸馏酒甑设计和酿造生产线装置两方面技术参数，见表 3、表 4。

表 3　连续蒸馏酒甑主要设备技术参数

Table 3　Technical parameters of equipment for continuous distilled retort

| 设备名称 | 数量 | 单位 | 设备名称 | 数量 | 单位 |
|---|---|---|---|---|---|
| 酒醅接纳斗 | 2 | 台 | 稻壳定量斗 | 1 | 台 |
| 酒醅出料链板 | 2 | 台 | 上甑提升链板 | 1 | 台 |
| 酒醅汇合链板 | 1 | 台 | 双轴混合机 | 1 | 台 |
| 酒醅提升链板 | 1 | 台 | 连续蒸馏酒甑 | 1 | 台 |
| 酒醅定量斗 | 1 | 台 | 风冷冷却器 | 1 | 台 |

表 4　酿造生产线装置主要操作技术参数

Table 4　Operating technical parameters of the brewing production line devices

| 设备名称 | 数量 | 单位 | 设备名称 | 数量 | 单位 |
|---|---|---|---|---|---|
| 蒸酒控料链板 | 1 | 台 | 糟醅提升链板 | 1 | 台 |
| 出甑提升链板 | 1 | 台 | 焖糟进料链板 | 1 | 台 |
| 配糟汇合链板 | 1 | 台 | 糟醅散料机 | 1 | 台 |
| 粮食定量斗（配糟） | 1 | 台 | 焖糟蒸粮一体机 | 1 | 台 |
| 稻壳定量斗（配糟） | 1 | 台 | 摊凉机 | 1 | 台 |
| 双轴混合机 | 1 | 台 | 定量加曲机 | 1 | 台 |
| 糟醅连通链板 | 1 | 台 | 扬茬机 | 2 | 台 |

# 3 材料与方法

## 3.1 材料及设备

材料：糟醅、高粱、稻壳，取样于北京红星股份有限公司六曲香分公司酿酒车间。

设备：自主设计连续蒸馏生产线（北京红星股份有限公司）；10t 行车（中原圣起工业有限公司）；酒精计（青县燕河仪器仪表有限公司）；蒸汽流量计（上海肯特仪表股份有限公司）；GC-2010 plus 气相色谱仪（日本岛津公司）；水表（宁波巨生水表阀门有限公司）。

连续蒸馏设备见图 2。

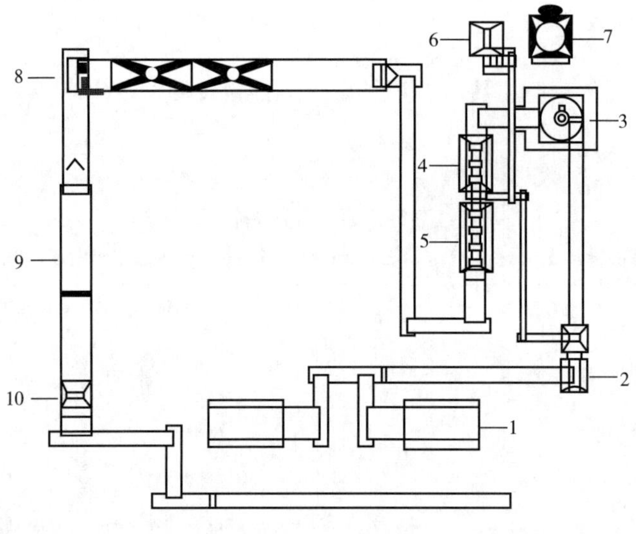


图 2 连续蒸馏设备

Fig. 2 Continuous distillation device

1—酒醅接纳斗 2—酒醅定量斗 3—连续蒸馏酒甑 4—粮食缓存斗
5—稻壳缓存斗 6—提升机 7—冷却器 8—蒸粮机 9—摊凉机 10—加曲斗

## 3.2 实验方法

### 3.2.1 清香型固态麸曲白酒连续蒸馏发酵工艺

清香型固态麸曲发酵白酒工艺流程图见图 3。

将窖池内酒醅使用行车抓至酒醅接纳斗，通过酒醅输送链板输送到酒醅定量斗，通过智能控制系统控制输送参数将酒醅输送至连续蒸馏甑上方的缓存斗中满足布料要

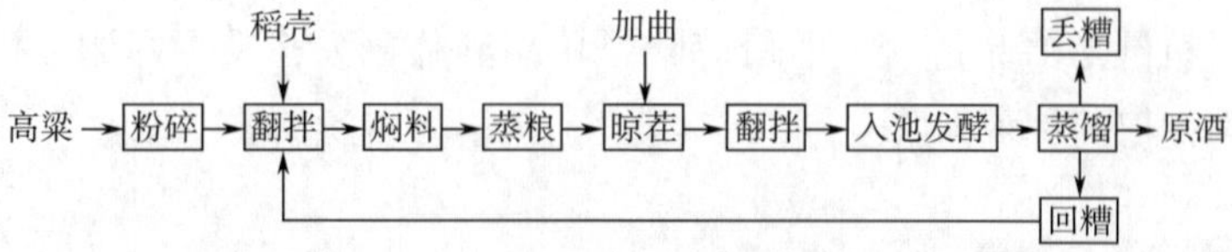


图 3　清香型固态麸曲发酵白酒工艺流程图

Fig. 3　Flow chart of of fragrant solid-state bran koji fermentation liquor

求。通过智能控制系统实现甑锅内进出料平衡，从而达到酒甑内部形成高度 0.9～1.1m 动态平稳且向下运动的料层，实现相对稳定的精馏填料结构，形成进出料平衡、稳定流酒的动态平衡蒸酒模式。

蒸馏结束后的酒糟通过粮糟混合链板时，粮食、稻壳定量斗按照系统参数进行配粮配稻壳，通过双轴混合机翻拌后进焖糟蒸粮一体机进行蒸粮，蒸熟后的粮醅经过链板运输达到摊凉机，通过控制系统进行加曲，保证酒醅入池的稳定性，最后经过扬茬机进入周转池，使用行车抓至酵池完成入池。

3.2.2　对照试验

连续蒸馏甑班组和传统酒甑班组同时进行清香型固态麸曲白酒发酵，其中传统酒甑班为对照，用上甑操作技术好的装甑工进行装甑蒸馏，每班进行一个窖池的蒸馏。保证每个酵池的投料量相同，发酵天数等参数基本一致。连续追踪各 20 个酵池的蒸酒情况，记录每窖池的出酒率、酒精度、工作时间、用工人数、蒸酒所用蒸汽量、锅底水量，测定每酵池所产原酒的微量成分，对原酒质量进行盲评。

3.2.3　测定方法

酒精度：参照 GB/T 10345—2007 测定[8]。

出酒率：基酒产量除以投粮量计算而得。

基酒产量：根据收酒间地秤读数结合酒精度换算酒精度为 65%vol 时的质量。

工作时间：蒸酒、蒸粮总用时。

用工人数：每班实际工作人数。

蒸酒所用蒸汽量：每班开始、结束前记录连续蒸馏甑锅和传统甑锅蒸汽流量计读数，开始和结束的差值为当班蒸酒所用蒸汽量。

锅底水量：记录每班开始、结束时传统甑锅锅底排水管路水表读数，差值为每班锅底水量。

微量成分：利用气相色谱仪测定，GC-2010 plus 色谱条件为气相色谱（日本岛津公司）；FID 检测器；色谱柱为 LZP-930（50m×0.32mm×1.00μm）石英毛细管柱；检测器温度：230℃；进样口温度：250℃；升温程序：50℃保持 3min，以 6℃/min 速度升至 130℃，再以 20℃/min 速度升至 180℃保持 1min；载气为氮气；吹扫流量：

3mL/min；分流比：1∶30；内标物：乙酸正戊酯。

原酒感官质量：由北京红星股份有限公司品酒师盲评，其中国酒业协会国家级白酒评委 7 人，根据酒样的色泽、香气、口味、风格进行综合评分。

## 4 结果与分析

### 4.1 连续蒸馏甑锅与传统甑锅蒸酒情况对比

通过对 20 个窖池由连续蒸馏酒甑蒸酒和 20 个窖池由传统酒甑进行蒸酒的跟踪，记录每窖池出酒率、酒精度、工作时间、用工人数。其中每窖池出酒率及基酒的产量及收酒间地秤质量读数结合酒精度换算为酒精度为 65% vol 的质量除以投粮量计算而得，酒精度参照 GB/T 10345—2007 测定，工作时间为蒸酒、蒸粮总用时，用工人数为每班实际工作人数，见表 5。

表 5 连续蒸馏酒甑和传统酒甑蒸酒情况对比

Table 5 Comparison of continuous distilled liquor retort and traditional retort steaming

| 蒸馏方式 | 出酒率/% | 酒精度/% vol | 工作时间/h | 用工人数/人 |
|---|---|---|---|---|
| 连续蒸馏酒甑 | 45.30 | 60~62 | 6 | 6 |
| 传统酒甑 | 44.80 | 64~66 | 8 | 12 |

由表 5 可知，连续蒸馏酒甑班比传统酒甑班出酒率要高 0.5%，相当于提高了基酒产量 1%。主要原因为连续蒸馏生产线为连续生产设备，整个酿酒过程通过链板连续运输，减少了酒醅在操作场地的停留时间，同时蒸酒的连续性和甑锅的密闭性提高了酒精回收率，从而增加了酒精度。

同时由于连续蒸馏酒甑的连续性以及机械化程度高，单班工作用时要比传统甑锅班缩短 2h，用工人数仅为传统甑锅班用工人数的一半，实际劳动生产率提高 2.66 倍，使原酒基酒的生产成本大大降低。

### 4.2 连续蒸馏酒甑和传统酒甑单班能源情况对比

通过对 20 个窖池由连续蒸馏酒甑蒸酒和 20 个窖池由传统酒甑进行蒸酒的跟踪，记录每个窖池蒸酒所用蒸汽量、甑锅锅底水用量、吨酒酒尾量，计算吨酒蒸酒耗汽量。其中蒸汽量为每班开始、结束时记录连续蒸馏甑锅和传统甑锅蒸汽流量计读数的差值，甑锅锅底水用量为每班开始、结束时传统甑锅锅底排水管路水表读数，吨酒酒尾量为实际产生的酒尾重量按吨酒生产折算，吨酒蒸酒耗汽量为蒸酒总用汽量/基酒产量，具体情况见表 6。

表 6　　连续蒸馏酒甑和传统酒甑单班能源情况对比

Table 6　　Comparison of the energy situation of continuous distilled liquor retort and traditional retort in a single class

| 蒸馏方式 | 蒸汽用量/t | 锅底水量/kg | 吨酒酒尾量/kg | 吨酒蒸酒蒸汽用量/t |
|---|---|---|---|---|
| 连续蒸馏酒甑 | 4.48 | 0 | 40 | 2.14 |
| 传统酒甑 | 5.06 | 1000 | 400 | 2.5 |

由表 6 可知，连续蒸馏酒甑吨酒蒸酒蒸汽用量比传统酒甑蒸汽用量少 0.36t，蒸汽用量下降至原 85.6%，吨酒酒尾量减少至原 10%，酒尾回蒸量减少至原 10%。目前每吨蒸汽价格约为 300 元/t，每吨酒可省 108 元，按照一个车间年产量 3500t/年计算，每年一个车间可以省 37.8 万元。同时由于连续蒸馏甑锅为连续生产，不需要使用锅底水，因此单班可以减少 1000kg 污水排放，每年一个车间可以减少 1750t 污水排放。

## 4.3　连续蒸馏酒甑和传统酒甑基酒感官质量对比

将连续蒸馏酒甑酒样和传统酒甑酒样进行编样后，由北京红星股份有限公司品酒师盲评，具体情况见表 7。

表 7　　连续蒸馏酒甑和传统酒甑酒样盲评结果对比

Table 7　　Comparison of liquors blind evaluation of the distilled liquor retort and the traditional retort in a single class

| 蒸馏方式 | 品评结论 |
|---|---|
| 连续蒸馏酒甑 | 清香纯正，口感协调，余味爽净，较短淡 |
| 传统酒甑 | 清香纯正，口感较协调，余味较爽净 |

由表 7 可知，经品酒师盲评后，连续蒸馏酒甑酒样与传统酒甑酒样相比更加协调、清、净，但较短淡。

## 4.4　理化成分比较

理化成分采用气相色谱仪测定，具体理化成分比较见表 8。

表 8　　连续蒸馏酒甑和传统酒甑理化指标情况对比

Table 8　　Comparison of physical and chemical indexes between continuous distillation and traditional retort

| 化合物名称 | 连续蒸馏酒甑/（mg/L） | 传统酒甑/（mg/L） |
|---|---|---|
| 乙酸乙酯 | 1272.35±261.94 | 1265.15±216.48 |
| 乳酸乙酯 | 1281.68±525.59 | 1136.95±504.78 |

续表

| 化合物名称 | 连续蒸馏酒甑/（mg/L） | 传统酒甑/（mg/L） |
|---|---|---|
| 总酯（除乙酯和高级脂肪酸乙酯） | 1955.54±645.75 | 1809.93±621.55 |
| 高级脂肪酸乙酯 | 96.93±7.64 | 95.72±8.89 |
| 总醛 | 754.90±277.90 | 823.54±383.74 |
| 甲醇 | 129.51±17.41 | 130.98±16.13 |
| 正丙醇 | 177.42±26.06 | 164.88±21.38 |
| 总高级醇 | 860.80±162.79 | 834.90±168.89 |
| 酸类化合物总量 | 608.47±157.19 | 611.65±158.24 |
| 酮类化合物总量 | 107.34±31.26 | 107.88±43.73 |

由表 8 可知，连续蒸馏酒甑乳酸乙酯提取效率高，乙酸乙酯含量及醛类含量偏低。从成分来看，连续蒸馏酒与甑锅酒有一定差异，主要差异在于头级物质含量低，尾级物质含量偏高，适当减少水溶性物质含量是后续连续蒸馏需改进的方向。

从理化指标分析结果看，连续蒸馏诠释了白酒“掐头去尾”的本质，控制好酒精度就控制好了“酒身”成分，这是连续蒸馏酒甑突破传统的理论基础。

## 5 结论

（1）通过固态法白酒连续蒸馏装置，将蒸馏操作从传统间歇式改为连续式，辅助操作时间变短，生产能力增大，用工人数降低，传统酒甑出酒是在同一设备中按时间先后顺序进行不同操作，而连续蒸馏酒甑则是在同一时间不同工位完成加料、出酒等不同操作，辅助操作时间短，显著提高蒸馏阶段甑锅的生产能力和工作效率，实际劳动生产率提高 2.66 倍，为固态法白酒酿造企业扩大原酒生产能力提供条件。

（2）固态法白酒连续蒸馏装置采用大量机械化设备，使用智能化控制系统控制蒸酒、蒸粮、摊凉、加曲等各个工艺环节的参数，减少对人的依赖，减少了人为因素对蒸馏、加曲等工艺操作的影响，从而提高了原酒的一致性，提高了原酒的品质。

（3）通过机械化链板运输，酒甑密闭条件下蒸馏，不仅蒸酒能源节约至原 85.6%，同时大幅改善了白酒酿造车间的工作环境，保证酿造环节的清洁性、连续性，节能减排，减少了环境污染，出酒率提高了 0.5%。

（4）固态法白酒连续蒸馏装置所产原酒符合食品安全指标要求；理化指标与传统甑锅蒸馏酒无显著性差异；酒精度较传统酒精度偏低；感官评价为连续蒸馏酒酒体协调、清、净，较短淡，但更符合当下消费者对白酒的需求趋势。

## 参考文献

[1] 沈怡方. 白酒生产技术全书 [M]. 北京：中国轻工业出版社，1998.

[2] 林一雄. 米香型白酒的工艺改革之路 [J]. 广西轻工业，2011，27（4）：10+87.

[3] 宋书玉，赵建华. 中国白酒机械化酿造之路 [J]. 酿酒科技，2010（11）：99-104.

[4] 李玉彤，齐士朋，邱利华，等. 白酒机械化酿造研究进展与探讨 [J]. 酿酒科技，2016（10）：82-84.

[5] 郭梅君，刘幼强，曹荣冰，等. 液态发酵法白酒的连续蒸馏方法研究 [J]. 酿酒科技，2020（1）：34-37.

[6] 赵义旭，李占勇，叶京生，等. 甜高粱秸秆固态连续蒸馏制取乙醇的实验研究 [J]. 化工机械，2010，37（4）：409-411+456.

[7] 洪涛. 白酒生产与调勾新技术新工艺及配方优化设计实用手册 [M]. 吉林：银声音像出版社，2005.

[8] GB/T 10345—2007，白酒分析方法 [S].

# 酱香型白酒润粮工艺的改良与实践探索


陈建新[1]，云岭[1]，邱声强[1]，文成兵[1]，唐维川[2]，云飞[1]，陈刚[1]，杨杰[1]

（1. 四川省川酒集团酱酒有限公司，四川泸州 646500；

2. 四川轻化工大学生物工程学院，四川宜宾 644000）



**摘　要**：润粮是酱香型白酒生产工艺中必不可少的一道工序，能够为原料蒸煮糊化创造条件。本文通过多批次的生产实践，总结出了一种特殊的润粮工艺，通过两次用水喷淋、翻拌润粮、多次补水、延长堆积等方法使高粱快速吸收水分，以达到提高优质酒出酒率、减轻劳动强度等目的，对有效、安全地优化酱香型白酒润粮工艺具有一定参考意义。



**关键词**：酱香型白酒；润粮工艺；工艺优化


# Improvement and Practical exploration of Grain Moisturizing Technology in the Production of Soy Sauce-Aroma Type *Baijiu*


CHEN Jianxin[1], YUN Ling[1], QIU Shengqiang[1], WEN Chengbing[1], TANG Weichuan[1], YUN Fei[1], CHEN Gang[1], YANG Jie[1]

(1. Jiangjiu Co.,Ltd., of Sichuan Liquor Group, Sichuan Luzhou 646500, China;

2. School of Biotechnology, Sichuan University of Science & Engineering, Sichuan Yibin 644000, China)



**Abstract**: Moisturizing grain is an indispensable process in the traditional liquor production process, which can create conditions for the cooking and gelatinization of raw materials. Through the practice of multiple batches of production, this article summarized a special grain moisturizing process. By spraying twice with water, mixing the moisturizing grain, re-



作者简介：陈建新，男，国家高级酿酒师，生产管理员，主要从事酱香型白酒酿造工艺研究。E-mail：1023510005@qq.com。

通信作者：文成兵，男，国家高级酿酒师，主要从事白酒酿造工艺的研究。

plenishing water multiple times, and prolonging the accumulation, the sorghum can quickly absorb water to improve its quality. Purposes such as liquor yield rate and reducing labor intensity. It has certain reference significance for the convenient, effective and safe optimization process of soy sauce-aroma type *Baijiu*.

**Key words**: Soy sauce-aroma type *Baijiu*, Wetting grains mixture, Process optimization

酱香型白酒的代表性企业与核心产区集中在赤水河两岸，通常按照“12987”的传统工艺进行酿造，经过酒企不断的总结和改良，不同酒企之间的生产工艺形成了一定差异，结合自身条件形成了不同特点[1-3]。本文描述的是一种高粱不经任何破碎的状况下，以完整颗粒进行投粮的生产工艺。这就要求生产过程中必须具有特殊的润粮工艺才能使原料吸收水分达到蒸煮糊化的目的。

润粮也称为润料，即在原料蒸煮前用95℃以上的热水对其浸润，使原料先进行糊化，防止上甑蒸煮不透，有利于提高淀粉利用率，同时有利于上甑蒸煮时母糟香味物质的提取。酱香型白酒生产中润粮操作大同小异，总润粮时间16~24h，根据润粮次数的不同，润粮方法可细分为二道润粮法（润粮2次）、三道润粮法（润粮3次）[4-5]。高粱吸水量（即润粮净增的高粱含水量）是判断润粮结果好坏的主要依据。

本文根据几个批次的生产实践与探索，总结出了一种特殊的润粮工艺，既减小了劳动强度又保证了粮食糊化效果，旨在为同类型生产企业优化生产工艺提供参考依据和思路。

## 1　润粮的目的与意义

在酱香型白酒生产过程中，需要对进入车间的高粱进行润粮，即在蒸煮前对原料进行润水，使原料中淀粉颗粒均匀吸收一定水分，实现淀粉初步膨胀、淀粉粒的细胞壁破裂，为原料蒸煮糊化创造条件。在整批生产中，使高粱吸收水分的方法和环节较多，但润粮环节是效果最为明显且是最有效的环节。可以说，润粮环节是整个酱香型白酒生产的基础性工作。润粮环节的好坏直接影响整个批次产酒是否正常进行，影响整个批次产酒比例的分布。

## 2　润粮工艺生产条件

### 2.1　生产设备

#### 2.1.1　烧水缸

润粮时要求润粮水的温度达到95℃以上，需准备蒸汽烧水容器，容器大小需根据生产实际用水量进行制作。一般可按照一甑粮食 1t 水的用量设计。建议采用不锈钢罐作为烧水容器。容器必须具备进水管、溢流口、蒸汽管、蒸汽出口、出水阀门。各管道的安装工作要求牢固、方便、协调。在设计制作时必须考虑：①回水装置，方便利用冷却缸内的热水进行润粮降低能源消耗；②容器的放置高度，应离地面 1~1.5m，这样就可以形成自流，而不需要对输送提供动力。

2.1.2 行车

行车在整个润粮过程中主要用于高粱的运输。同时也是一个良好的计量器具，每排润粮的质量可以根据行车抱斗的大小进行细分。每一抱斗高粱进行一次润料，保证润粮的均匀与实效。

## 2.2 工用具及其用途

工用具根据生产场地的具体布局来准备，主要包括以下工用具。

2.2.1 回水离心泵

主要用于将冷却缸内的热水抽回烧水缸内，减少能源的消耗，提高烧水的效率，缩短烧水所需时间。

2.2.2 不锈钢软管

主要用于将烧水缸内的热水通过管道自流到润粮堆上和补水桶内，减少人工提水的劳动量，并提高润粮工艺过程中的安全系数。

2.2.3 铁锹

主要用于润粮过程中的高粱翻拌，使每颗高粱都能均匀吸水，并将粮堆底部的水分翻拌至粮堆顶部。

2.2.4 地漏及管道

主要用于集中过滤出随润粮水流出的高粱颗粒。

2.2.5 箩筐

主要用于集中过滤出随润粮水流出的高粱颗粒，可采用竹制箩筐，不仅效果较好且经济便宜。

2.2.6 标识牌

主要用于标识每一次润粮的时间段区分，标识内容可为“一道粮”“二道粮”“三道粮”“上甑粮”。

# 3 润粮的具体步骤

整个润粮环节主要通过两次用水润粮、多次补水、延长堆积等方法使高粱快速吸水。大致可分为第一次润粮、第二次润粮及间歇补水、堆积吸水几个大的工序，具体操作步骤包括以下几个方面。

### 3.1　淋水

每一抱斗高粱在进入润粮区域时，必须先用不锈钢软管将95℃以上的热水对粮堆进行大面积的喷淋，使整个粮堆高粱湿润，以流出水的温度达到45℃为标准。这一操作步骤具有重要意义：第一可以洗去高粱表皮灰尘、杂质等；第二可以对高粱颗粒产生预处理作用以利于下一步的翻拌工序；第三可以迅速提高高粱堆的温度，促进高粱颗粒快速吸水。

### 3.2　翻拌

粮堆在经过喷淋后，操作人员用铁锨将整个粮堆翻拌，尽量使润粮水保持在粮堆内。当流出水温达到45℃以上时，需分前、中、后三组对整个粮堆进行翻拌。每两个人为一组，对立而站，两人将粮堆翻拌一次为一道，前、中、后三组，不间断进行三次翻拌。翻拌的同时不锈钢软管保持一定输水量，对前面一组翻拌过程中部分未沾热水的高粱进行喷淋，时刻保持充足的润粮水喷淋在粮堆之上。

### 3.3　收堆

粮堆在经过三次翻拌之后即可进行收堆，一道粮润完后可原地不动，但二道粮需用行车抱斗移至指定的堆粮区，便于后期的堆积吸水。在堆积过程中要经常检查粮堆的水分变化和温度变化。根据不同的粮食品种确定不同的堆积吸水时间，一般从润粮到上甑在16~24h即可。

### 3.4　补水

在收堆完成后1h，粮堆多余水分已经被高粱完全吸收，感官鉴定高粱表皮干燥无余水且粮堆温度下降时，即可进行补水。补水量的多少必须与润粮数量多少相对应，且补水所用的水，同样必须满足在95℃以上。主要目的是保持粮堆的水分充足，粮堆温度在60℃以上，达到高粱吸收水分的最佳条件。

### 3.5　标识

在每次润完粮后，需对粮堆进行标识，标识清楚何时润粮、已完成几次润粮、堆积时间、距离上甑时间。每个粮堆都必须标识，避免粮堆混乱，影响其蒸煮糊化效果。

## 4 润粮过程中理化指标及感官变化

### 4.1 水分变化

如图 1 所示，高粱水分的变化趋势总体是逐步增长，每增加一次润粮或补水，高粱水分会有一个明显的增长。但在第二次润粮补水后，水分增长明显缓慢。

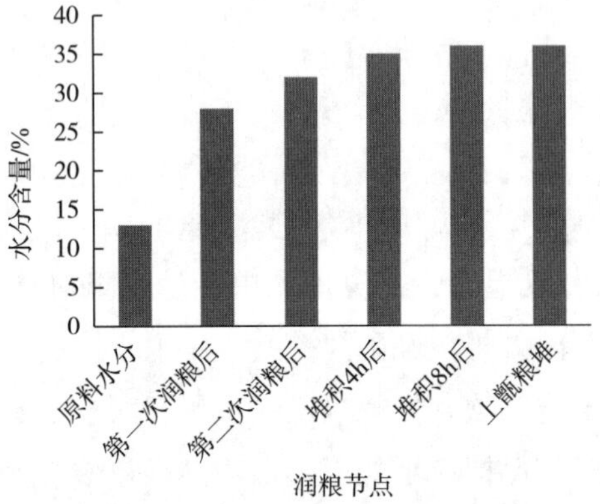


图 1 水分含量变化

Fig. 1 The change of moisture content

### 4.2 温度变化

如图 2 所示，高粱在润粮前至上甑前这一时间段内，呈现出起伏不定的状况，主要是因为在润粮后高粱的温度会迅速上升，但在堆积过程中又会缓慢下降。其次是堆积过程中的补水同样会促使高粱升温。最后在上甑前 8h 内，没有增加用水量，故高粱的温度呈缓慢下降趋势。

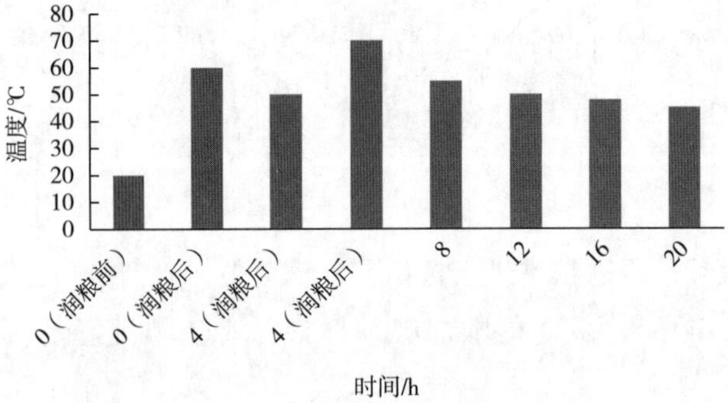


图 2 润粮温度变化

Fig. 2 Temperature change of infiltrating grain

### 4.3　形态变化

高粱颗粒在经过两次润粮之后，会有明显的膨胀效果，体积增大 1.2 倍。从外观上看颗粒圆润、饱满，胚芽处的凹陷基本消失。

### 4.4　颜色变化

因高粱表皮内含有 1%~2%的单宁，经过润粮水的高温喷淋，会促使高粱颗粒的颜色逐渐加深，呈暗红色。

### 4.5　出酒变化

在酱香型白酒生产过程中，由于一、二次酒粮食糊化程度低，大曲投入量少，酒体生粮味重，酸涩味较明显，后味微苦，在所有轮次酒中酒体质量相对较差，常作为调味酒使用。三、四、五次酒（又称大回酒）酒体质量最好，酱香突出、香味协调、酒体较醇厚、丰满细腻、后味绵长，是生产优质成品酒的基础酒。

通过近几批次的生产实践，完全将一、二轮次的出酒率控制在较低的范围内，占总体出酒量的 18%（质量比）左右，同时保证了大回酒较高的出酒率，如图 3(1) 所示。未优化润粮方法时，大回酒出酒量约占总出酒量的58%；优化后，大回酒出酒量占比提高到了 65% [图 3(2)]，显著提高了整批产酒的原酒质量，确保了整批生产的正常有序进行。

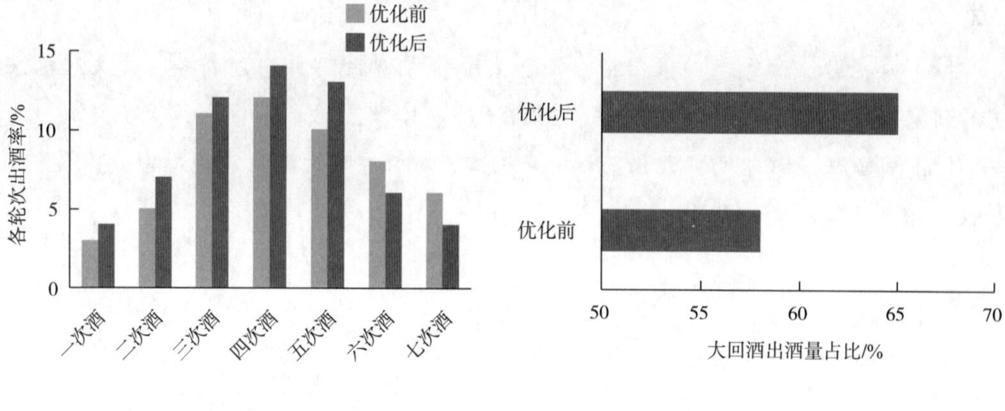


(1) 优化前后各轮次出酒率变化　　(2) 大回酒出酒量占比变化

图 3　优化后各轮次出酒率分布图

Fig. 3　Distribution map of liquor yield rate in a round

注：累计出酒率为 60%，以高粱用量计。

## 5 该润粮工艺实践的意义

第一，满足粮食糊化需求。此种润粮工艺，通过多次翻拌和喷淋，长时间的堆积吸水保证了高粱的水分充足且较为均匀，完全满足蒸煮糊化的要求。

第二，显著提高优质酒出酒率。优化润粮工艺后，一、二次酒出酒率较好地控制在较低范围，大回酒产出的优质酱香型原酒出酒率得到显著提高。

第三，减轻劳动强度，提高安全系数。此种润粮工艺，改变了传统工艺中用小水桶提水进行计量的方式，采用管道输送热水，大大减轻了操作人员的劳动强度，并且有效降低了烫伤事故的发生概率，提高了润粮操作工艺的安全系数。

综上所述，润粮的目的在于使原料吸收水分，利于蒸煮糊化，润粮的工艺也是多种多样的，控制点也是比较复杂的。这里只是介绍了一种经过探索实践出来的润粮工艺，其中有许多不足之处，望更多同行、专家、学者们不吝指正。

### 参考文献

[1] 孙时光，左勇，张晶，等. 酱香型白酒中的风味物质及功效 [J]. 中国酿造，2017，36（12）：10-13.

[2] 李大鹏，卢红梅，龙则河，等. 酱香型白酒研究进展 [J]. 酿酒科技，2013（3）：82-85.

[3] 沈怡方. 试论酱香型白酒的工艺特点与发展前景 [J]. 酿酒，2012，39（3）：3-5.

[4] 李长江，沈才洪，张宿义，等. 武陵酱香型白酒工艺创新——特殊润粮工艺的研究（第一报）[J]. 酿酒科技，2009（7）：40-42.

[5] 邓皖玉，许永明，程伟，等. 润粮工艺对酱香型白酒生产的影响 [J]. 酿酒科技，2021（1）：36-41+49.

# 第五篇

# 发酵食品安全性研究

# 白酒窖泥气味物质 4-甲基苯酚的发现与确认

范文来，杨诗琪，朱燕
（酿造微生物学与应用酶学研究室，工业生物技术教育部重点实验室，
江南大学，江苏无锡 214122）

**摘　要**：白酒是我国产量最大的蒸馏酒，具有曲香、发酵香、糟香、窖香和陈酿香等多种香气。其中窖泥气味是与窖泥接触白酒所具有的一种独特香气，喜欢的人觉得是窖香，不喜欢的人感觉到的是窖泥臭。当窖泥臭突出时，对白酒风味和品质产生不良影响。本文综述了白酒中窖泥气味物质——4-甲基苯酚的发现与确认过程，包括窖泥气味物的分离、鉴定、阈值测定、不同香型白酒中的分布以及与白酒中脂肪酸（丁酸、己酸和3-甲基丁酸）的相互作用。本文为窖泥气味物质的相关研究和白酒品质控制提升提供参考。

**关键词**：白酒；窖泥；窖泥气味；4-甲基苯酚；丁酸；己酸；3-甲基丁酸；相互作用

# Discovery and Confirmation of Odor Compound from Earth Cellar of *Baijiu*——4-methylphenol

FAN Wenlai，YANG Shiqi，ZHU Yan
（Lab of Brewing Microbiology and Applied Enzymology，Key Laboratory of Industrial Biotechnology of Ministry of Education，Jiangnan University，Jiangsu Wuxi 214122，China）

**Abstract**：*Baijiu*，a Chinese liquor，is the most produced distilled liquor in China，contains many aromas，such as aromas of *Daqu*，grains，earth cellar and aged-like. Among

作者简介：杨诗琪，女，硕士，主要从事白酒酿造中活性物质的研究。E-mail：7210201027@stu. jiangnan. edu. cn。
通信作者：范文来，男，硕士，教授，主要从事酿酒工程和酒类风味化学的研究。E-mail：wenlaifan@jiangnan. edu. cn。

these, earth cellar odor is unique, which comes from the earth cellar existing surface inside of fermentor. Those who like it feel it is the aroma, or those who don't like it feel it is the foul odor. When the liquor gives foul smelling, it has a bad effect on liquor flavor and quality. This paper reviewed the discovery of earth cellar odor compound in *Baijiu*, including the separation, characterization, identification, threshold determination, and existence in some variety of liquors, and interaction with fatty acids (butanoic acid, hexanoic acid, and 3-methylbutanoic acid). This paper provides a reference for the related research of earth cellar odor compound, and quality control and improvement of the liquor.

**Key words**: *Baijiu*, Fermented mud, Earth cellar odor, 4-methylphenol, Butanoic acid, Hexanoic acid, 3-methylbutanoic acid, Interaction

## 1 前言

白酒是世界六大蒸馏酒之一，也是我国主要的蒸馏酒种，历史悠久、工艺独特、风格典型，是中华民族宝贵的文化遗产。

按发酵容器类型，白酒可以分为三类：第一类是全泥发酵酒，发酵过程中酒醅与泥接触，发酵容器（长方体）四面和底部全部是窖泥，封窖也是用泥，这类酒主要包括浓香型、凤香型和药香型白酒[1]，这类酒的特征是含有较高（几十到几百 mg/L）的己酸、丁酸、丙酸和戊酸[2]；第二类是陶坛发酵酒，发酵过程中酒醅与泥不接触，使用不与泥（窖泥）接触的发酵容器生产白酒，这类发酵容器包括陶缸、水泥池内贴陶板或瓷砖或石材、不锈钢槽等，这类酒主要包括大曲清香型和小曲清香型、老白干香型、米香型和豉香型白酒，这类酒基本不含有己酸、丁酸、丙酸和戊酸（含量大部分在 μg/L 级到 mg/L 级），但含有较多的所有中国白酒均含有的乙酸和乳酸[2]；第三类是半泥发酵酒，发酵容器（长方体）四周是石材，但窖底部是窖泥，通常是用泥封窖，这类酒主要是酱香型、兼香型、芝麻香型和特香型白酒，这类酒的己酸、丁酸、丙酸和戊酸含量居于前二类酒之间，但有的乙酸和乳酸含量并不低。生产过程中酒醅与泥接触的白酒占整个白酒产量的 80% 左右。

凡是生产过程与泥接触的白酒，通常都会带有窖泥气味，不少专家称为“窖泥臭”，早期推测这种气味是由丁酸、己酸或硫化物等产生的[3-6]，研究人员也曾经研究过窖泥挥发性化合物成分[7]，另外一些研究人员认为是多种化合物共同作用的结果[8-9]，但这些研究结果与推论均没有得到实验验证。从 21 世纪初开始，气相色谱-闻香技术（Gas Chromatography Olfactometry，GC-O）结合气相色谱-质谱（Gas Chromatograph-Mass Spectrometer，GC-MS）等技术在我国白酒生产中得到应用[10-12]，使得这一气味物质的解析成为可能。2009 年，本课题组发现了窖泥臭是 4-甲基苯酚

(4-methylphenol, MP, 4-MP; *p*-cresol, PC) 引起的，并于2011年形成硕士毕业论文《中国白酒中一种“陈味”物质的发现与确认》[13]。本文拟对窖泥气味物质4-甲基苯酚的发现、鉴定、阈值测定、与其他气味物质的相互作用等方面进行综述，以期推动对白酒异嗅的研究。

## 2 白酒中窖泥气味物质的发现与确认

运用现代科学方法对白酒中的窖泥气味从化学本质并结合感官分析来进行系统地研究，才能真正地认识浓香型白酒中这一独特的香气成分。采用液液萃取 (Liquid-Liquid Extraction, LLE)、分馏 (Fractionation)、柱色谱分离等技术对窖泥气味突出的白酒样品进行预处理[14]，通过GC-O分析结合GC-MS检测首次确认了中国白酒中窖泥气味物质，即4-甲基苯酚 (PC, 4-MP)[13]。通过添加标准品，结合保留指数定性和感官品评等多种方法系统科学地进行验证，并测定窖泥气味物质在模拟白酒 (46%vol酒精水溶液) 中的嗅觉阈值，研究PC在不同香型白酒中的分布情况。

### 2.1 窖泥气味物质的分离

LLE是最经典的香气物质提取方法[15]。选择具有明显窖泥气味的白酒样品，采用LLE将其中的香气物质进行提取，得到的萃取物质进一步分成酸性、碱性、水溶性和中性四个组分。对窖泥气味突出的中性组分氮吹浓缩后进行正相色谱分馏[16]，进一步对色谱柱洗脱下来的具有强烈窖泥气味的F4组分，用DB-Wax毛细管柱进一步分离，并同时进行GC-O和GC-MS分析，F4组分的闻香结果见表1。

**表1 运用GC-O分析F4组分中的主要香气成分[13]**

**Table 1 Main aroma compounds in F4 fraction detected by GC-O**

| No. | 香气物质 | $RI_{DB-Wax}$ | 香气描述 | 香气强度[a] | 确定方法[b] |
|---|---|---|---|---|---|
| 1 | 丁酸 | 1602 | 酸臭 | M | MS, aroma, RI |
| 2 | 3-甲基丁酸 | 1655 | 酸臭，干酪 | VS | MS, aroma, RI |
| 3 | 己酸 | 1846 | 汗臭，干酪 | S | MS, aroma, RI |
| 4 | 庚酸 | 1955 | 汗臭 | M | MS, aroma, RI |
| 5 | 4-甲基愈创木酚 | 1974 | 烟熏 | S | MS, aroma, RI |
| 6 | 邻甲酚 | 2008 | 酚 | VW | MS, aroma, RI |
| 7 | 苯酚 | 2007 | 酚，药物 | VW | MS, aroma, RI |
| 8 | 4-乙基愈创木酚 | 2031 | 丁香 | M | MS, aroma, RI |
| 9 | 辛酸 | 2060 | 汗臭，干酪 | S | MS, aroma, RI |

续表

| No. | 香气物质 | $RI_{DB-Wax}$ | 香气描述 | 香气强度[a] | 确定方法[b] |
|---|---|---|---|---|---|
| 10 | 4-甲基苯酚 | 2089 | 动物臭，马厩臭 | M | MS，aroma，RI |
| 11 | 4-乙基苯酚 | 2185 | 烟熏 | M | MS，aroma，RI |
| 12 | 癸酸 | 2282 | 脂肪臭 | W | MS，aroma，RI |

注：a：香气强度分为5个等级，VW为香气很弱，W为香气较弱，M为香气中等，S为香气较强，VS为香气很强；b：MS，成分通过和标准物质的质谱比对进行定性；aroma，成分通过和标准物质的香气描述比对进行定性；RI，成分通过和标准物质的保留指数比对进行定性；RIL，成分通过和参考文献中报道的相应物质保留指数（RI）进行定性。

F4组分中的主要香气成分是挥发性酚类化合物和有机酸类（表1）。这些酸类主要呈酸臭、干酪等气味。这些挥发性酚类在多数葡萄酒和啤酒中表现出异嗅，被描述为“酚”“皮革”和“马厩臭”等异嗅[17]。

## 2.2 窖泥气味物质初步定性

对具有强烈窖泥气味的F4组分反复闻香，发现在29.64min（图1）处有较为明显的动物臭和马厩臭，这种臭味与萃取前的白酒样品中的窖泥气味较为相似。

文献记载，3-甲基吲哚（恶臭，粪便臭）和4-甲基苯酚（粪便臭，马厩臭）[18]具有这种气味。通过计算并与文献记载的这些物质保留指数（Retention Index，RI）比较，发现此处化合物的RI（2089）与4-甲基苯酚的RI（ 2080）最为接近[10]。为进一步确认，将该化合物色谱峰的MS离子碎片图谱与MS标准图谱（NIST Mass Spectral Database）比较，其匹配度达到97%。稀释标准品4-甲基苯酚至F4组分中相似浓度，通过GC-MS检测，比较标准品和F4组分色谱图（图2），出峰时间一致。初步判定白酒中的窖泥气味物质是4-甲基苯酚。

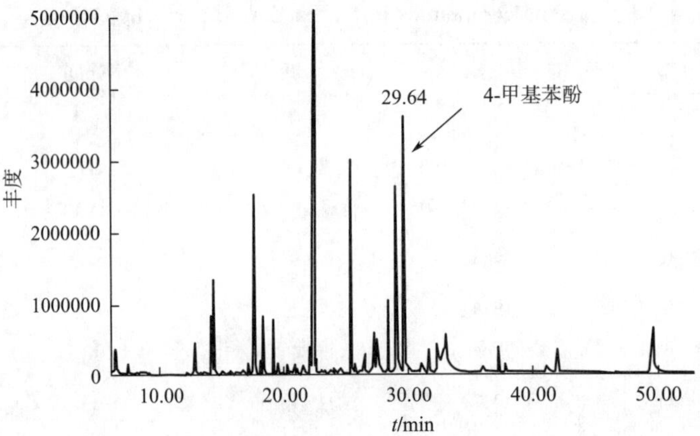


图1　F4组分在DB-Wax柱中的总离子流色谱图（TIC）[13]

Fig. 1　GC-MS TIC of aroma compounds of F4 fraction detected by DB-Wax column

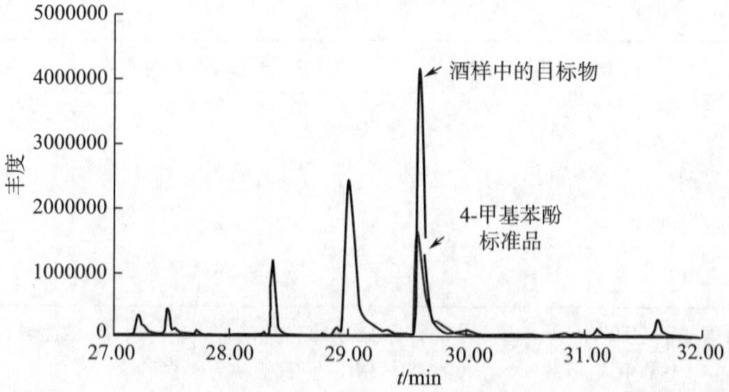


图 2　F4 组分与 4-甲基苯酚标准品的 MS 图谱重叠比较[13]

Fig. 2　Overlay comparision of GC-MS TIC of F4 fraction and PC standard reagent

## 2.3　窖泥气味物质确认

通过闻香、保留指数和质谱图初步确认窖泥气味物质是 4-甲基苯酚后，向成品酒中添加 4-甲基苯酚，比较添加前后酒样窖泥气味强弱程度。选用 10 个不同香型的成品白酒，分别向其中添加一定浓度的 4-甲基苯酚（终浓度为 1.2mg/L）。由 8 人组成的评酒小组通过三杯二品法闻香，发现添加 PC 后的白酒中，窖泥气味均有不同程度的增强。

添加 4-甲基苯酚会对酒样的整体香气产生怎样的影响？实验后发现，绝大多数白酒添加 4-甲基苯酚后，窖泥气味更加明显；有些酒主体香气强度上升或减弱；有些使刺激感增强或减弱。这说明 PC 对酒体基质的气味有一定的影响[13]。

4-甲基苯酚在不同基质中呈现的气味有所不同（表 2）。其中 XF 的差异性较为显著，GBC 和 NLS 次之，然后是 JSY/JNC、KZJ 和 GJG。而 YH、LJ、LBG 和 FJ 添加 4-甲基苯酚前后的差异不明显。

**表 2　　添加 4-甲基苯酚对不同香型白酒香气的影响[13]**

**Table 2　　The impact of PC on the flavor of different aroma type liquors**

| 实验编号 | 添加 4-甲基苯酚[a] | 能辨别出气味不同的人数[b] | 三角试验差异显著性[c] |
|---|---|---|---|
| 1 | JSY/JNC[d] | 5 | * |
| 2 | YH | 2 | — |
| 3 | GJG | 6 | * |
| 4 | GBC | 7 | ** |
| 5 | LJ | 0 | — |
| 6 | KZJ | 6 | * |

续表

| 实验编号 | 添加 4-甲基苯酚[a] | 能辨别出气味不同的人数[b] | 三角试验差异显著性[c] |
|---|---|---|---|
| 7 | XF | 8 | * * * |
| 8 | LBG | 3 | — |
| 9 | FJ | 4 | — |
| 10 | NLS | 7 | * * |

注：a：不同白酒品牌名缩写；b：由 8 个品评人员进行感官品评；c：*，轻微差异，* *，中等差异，* * *，明显差异；d：JSY 中 4-甲基苯酚浓度稍高于 JNC，同属于浓香型白酒。

之后对 YH、LJ 和 LBG 这三组单独进行感官品评，嗅觉品闻还是能细微地区别出来，味觉品尝发现添加 4-甲基苯酚后的 LJ 明显有窖泥气味，其他两种白酒的异杂味也较明显。窖泥气味具有后鼻嗅，故入口后后鼻嗅区别更为显著。因此验证了 4-甲基苯酚确实为窖泥气味物质。

4-甲基苯酚是一种挥发性酚类化合物，在国外文献中大都被作为食品中的异嗅进行报道。在白胡椒粉提取物中，4-甲基苯酚对其强烈的“粪便味”“牛舍味”起很大贡献[18]；在脱脂乳粉中表现出“牛膻味”[19]；在干酪中随着浓度的增加展现出“橡胶”和“塑料气味”[20,21]；运用台湾省传统工艺发酵制备的竹笋嫩枝中重要气味物质也是 4-甲基苯酚（“牲口棚味”）[22]。

4-甲基苯酚是酪氨酸发酵的主要副产物，而酪氨酸是竹笋嫩枝中主要的游离氨基酸[23]。国外极少研究 4-甲基苯酚在不同酒精饮品中的产生途径，因葡萄酒、啤酒以及其他蒸馏酒中 4-甲基苯酚的含量一般很低，在那些具有典型性酚类异嗅的酒精饮品中绝大多数是高含量的乙烯基酚类和乙基酚类[23]。

## 2.4 PC 在 46% vol 酒精水溶液中的嗅觉阈值

阈值对于计算白酒香味物质的香气活力值（OAV）必不可少，而香气化合物在不同介质中往往具有不同的嗅觉阈值[24]。中国白酒绝大部分产品酒精度在 40% ~ 50% vol，因此，选择 46% vol 酒精度作为测定的基准酒精度。参照 ASTM E-679 标准的 3-AFC 法[25]，对 4-甲基苯酚在 46% vol 酒精水溶液中的嗅觉阈值进行测定。

通过 15 位感官品酒员对 7 杯盛有不同浓度标准品的模拟白酒和一杯空白（不添加标准品）酒样进行品评后，最终计算出 4-甲基苯酚在模拟白酒（46% vol 酒精水溶液）中的嗅觉阈值为 167μg/L[13, 24, 26]。

## 2.5 不同香型白酒中 PC 含量

在对不同香型白酒进行感官品评时，往往能明显感受到窖泥气味的差异。其中，药香型和浓香型白酒中的窖泥气味是最明显的，有时甚至呈现窖泥臭；而清香型和老白干香型的酒中没有觉察到此气味。进一步对不同香型白酒中4-甲基苯酚的含量进行测定。采用浸入式-固相微萃取（DI-SPME）和GC-MS联用技术，以PC标准品与内标物（3,4-二甲基苯酚，最终浓度为29.684μg/L）特征离子峰的峰面积之比为横坐标［$x$，S（$x$）/S（I.S.）］，标准品与内标物的浓度之比为纵坐标［$y$，C（$x$）/C（I.S.）］绘制标准曲线（图3）。并对18种不同香型成品白酒中4-甲基苯酚的含量进行测定，结果如图4所示，PC平均含量结果见表3。

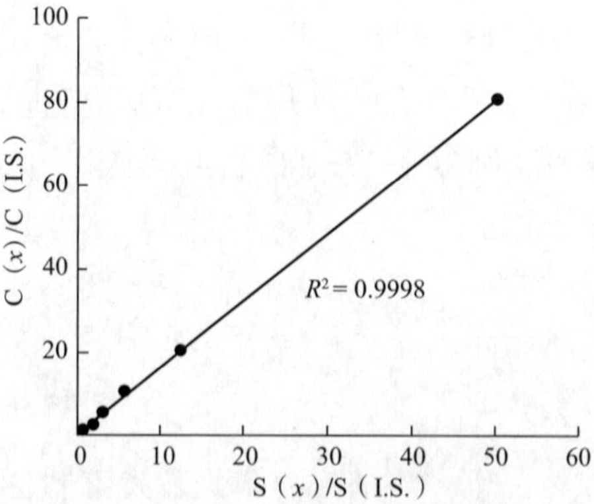


图3　4-甲基苯酚的标准曲线[13]

Fig. 3　Calibration curves of 4-methylphenol

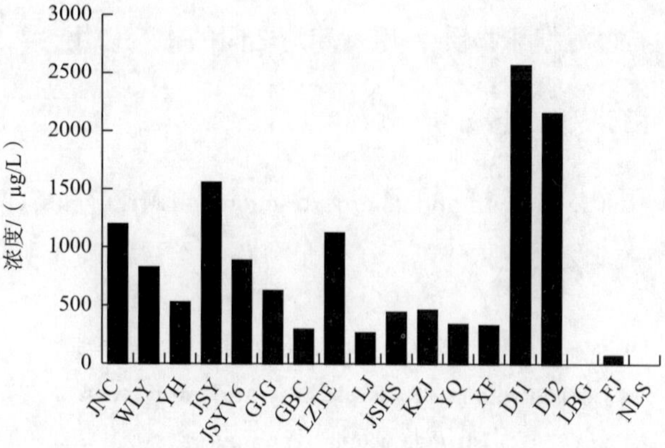


图4　18种成品白酒中4-甲基苯酚含量的比较[13]

Fig. 4　The concentrations of PC in 18 types of Chinese liquor on sale

注：字母缩写代表不同白酒品牌名。

**表3　　不同香型白酒中4-甲基苯酚的平均含量**

**Table 3　　Average contents of 4-methyl phenol in different flavor liquors**

| 物质 | 平均含量/（μg/L） | | | | | |
|---|---|---|---|---|---|---|
| | 浓香型 | 酱香型 | 兼香型 | 清香型 | 药香型 | 凤香型 |
| 4-甲基苯酚 | 876.8 | 352.1 | 398.6 | 72.30 | 2362 | 329.2 |

在18种成品酒中，药香型白酒DJ中4-甲基苯酚含量最高，高达2mg/L以上（图4）。浓香型白酒JSY、JNC和LZTE中4-甲基苯酚含量次之，在1mg/L以上。兼

香型、酱香型和凤香型白酒中 4-甲基苯酚含量稍低，为 250~500μg/L。这些酒中 4-甲基苯酚的含量都高于其嗅觉阈值（167μg/L）。FJ、NLS、LBG 这三种属于清香型白酒，几乎没有检测到 4-甲基苯酚。这一结果与生产中是否使用窖泥密切有关，药香型和浓香型白酒生产工艺中使用窖泥，而清香型和老白干香型白酒生产过程中的酒醅是在地缸中发酵，不存在窖泥，也不接触泥。

## 3 挥发性脂肪酸与 PC 的相互作用

PC 与挥发性脂肪酸之间可能相互影响。Fu 等[22]在研究竹笋嫩枝发酵制备过程时，认为 4-甲基苯酚与乙酸以协同方式增强了 PC 气味，两个化合物相互影响比每个化合物单独感知到的气味要明显得多。Steinhaus 等[18]应用香气稀释分析（AEDA）技术研究白胡椒粉提取物质气味，结果显示 4-甲基苯酚与丁酸、3-甲基丁酸、戊酸和己酸等相互作用，使得“粪便味”“牛舍味”等异嗅更加明显。白酒微量成分中包括戊酸、异丁酸、丁酸、庚酸等脂肪酸，通过对白酒挥发性脂肪酸进行定量，进一步分析挥发性脂肪酸与窖泥气味物质 4-甲基苯酚之间的相互作用。

### 3.1 白酒中挥发性脂肪酸定量分析

采用液液微萃取（Liquid-Liquid Microextraction，LLME）和 GC-MS 联用技术对 9 种成品浓香型白酒中挥发性脂肪酸进行了定量分析，结果如表 4 所示。

**表 4　9 种不同浓香型成品白酒中挥发性脂肪酸定量结果[13]**　单位：mg/L

**Table 4　Concentrations of volatile fatty acids in 9 types of stronge aroma type liquors**　Unit：mg/L

| 挥发酸 | GJG | | JNC | | YS | | LZTO | | LZTE | |
|---|---|---|---|---|---|---|---|---|---|---|
| | 平均值 | RSD/% | 平均值 | RSD/% | 平均值 | RSD/% | 平均值 | RSD/% | 平均值 | RSD/% |
| 乙酸 | 568.7 | 5.20 | 351.8 | 2.41 | 289.4 | 6.32 | 385.5 | 2.25 | 575.6 | 5.05 |
| 丙酸 | 8.24 | 2.74 | 12.88 | 3.49 | 5.55 | 4.40 | 8.74 | 2.63 | 10.54 | 4.84 |
| 2-甲基丙酸 | 6.84 | 1.37 | 10.37 | 3.00 | 4.04 | 6.98 | 7.21 | 6.14 | 9.88 | 13.16 |
| 丁酸 | 82.69 | 8.04 | 138.4 | 0.66 | 122.5 | 1.85 | 127.2 | 0.27 | 199.7 | 1.93 |
| 3-甲基丁酸 | 6.17 | 3.96 | 8.63 | 0.47 | 3.52 | 1.97 | 6.31 | 2.52 | 9.56 | 3.73 |
| 戊酸 | 13.65 | 7.78 | 35.74 | 0.96 | 15.54 | 2.14 | 10.81 | 1.35 | 32.71 | 0.93 |
| 己酸[a] | 363.2 | — | 1166 | — | 364.8 | — | 274.8 | — | 548.3 | — |
| 庚酸 | 9.92 | 2.65 | 14.61 | 0.76 | 6.40 | 3.62 | 2.86 | 0.69 | 8.74 | 4.11 |
| 辛酸 | 13.07 | 2.30 | 12.81 | 1.77 | 3.92 | 9.28 | 2.49 | 3.93 | 7.68 | 5.00 |

续表

| 挥发酸 | YH | | GBC | | JSYV6 | | JSY | |
|---|---|---|---|---|---|---|---|---|
| | 平均值 | RSD/% | 平均值 | RSD/% | 平均值 | RSD/% | 平均值 | RSD/% |
| 乙酸 | 574.4 | 2.32 | 323.7 | 3.57 | 367.3 | 3.55 | 616.6 | 10.05 |
| 丙酸 | 11.88 | 5.12 | 5.29 | 1.99 | 17.13 | 14.69 | 16.32 | 6.92 |
| 2-甲基丙酸 | 7.64 | 2.61 | 4.46 | 0.82 | 16.40 | 11.20 | 10.97 | 1.45 |
| 丁酸 | 107.9 | 1.47 | 109.7 | 1.78 | 162.3 | 9.49 | 215.4 | 3.17 |
| 3-甲基丁酸 | 5.32 | 1.86 | 3.54 | 1.44 | 14.91 | 3.86 | 10.56 | 5.37 |
| 戊酸 | 18.18 | 0.91 | 15.80 | 1.85 | 21.17 | 5.33 | 32.76 | 1.40 |
| 己酸[a] | 682.2 | — | 434.0 | — | 578.1 | — | 712.7 | — |
| 庚酸 | 10.13 | 1.04 | 4.94 | 3.57 | 7.98 | 5.52 | 15.21 | 2.44 |
| 辛酸 | 11.76 | 4.77 | 4.82 | 5.48 | 8.60 | 5.67 | 20.95 | 4.04 |

注：a：该化合物的定量方法为单点外标法。

在定量的9个挥发性脂肪酸中（表5），己酸和乙酸的含量最高，分别占酸总含量的46.38%和36.68%。由于乙酸的嗅觉阈值较高（160000μg/L）[24]，因此它在浓香型白酒中的香气相对较弱。除己酸和乙酸外，丁酸在浓香型白酒中的含量也较高，平均含量达到140.6mg/L。其他挥发酸平均含量均在8~22+mg/L。

**表5　浓香型成品白酒中挥发性有机酸含量及其OAV值**

**Table 5　Concentrations and OAVs of volatile fatty acids of stronge aroma type liquors**

| 挥发酸 | 阈值[a]/(μg/L) | 最大含量[b]/(mg/L) | 最小含量[b]/(mg/L) | 平均含量[b]/(mg/L) | OAV[c] |
|---|---|---|---|---|---|
| 乙酸 | 160000 | 616.6 | 289.4 | 450.3 | 3 |
| 丙酸 | 18200 | 17.13 | 5.29 | 10.73 | <1 |
| 2-甲基丙酸 | 1580 | 16.40 | 4.04 | 8.65 | 5 |
| 丁酸 | 964 | 215.4 | 82.69 | 140.6 | 146 |
| 3-甲基丁酸 | 1050 | 14.91 | 3.52 | 7.61 | 7 |
| 戊酸 | 389 | 35.74 | 10.81 | 21.82 | 56 |
| 己酸[d] | 2520 | 1166 | 274.83 | 569.4 | 226 |
| 庚酸 | 13300 | 15.21 | 2.86 | 8.98 | <1 |
| 辛酸 | 2700 | 20.95 | 2.49 | 9.57 | 4 |

注：a：阈值全部来源于文献[24]；b：含量来源于文献[13]；c：OAV值是由平均含量计算；d：该化合物定量方法为单点外标法。

理论上，当化合物的含量超过其嗅觉阈值（OAV>1）时，才会对整体香气有贡献[15-16]。己酸在浓香型白酒中 OAV 值最高（表5），是香气强度最大的挥发酸，它具有类似汗臭和干酪的香气特征；丁酸和戊酸的香气强度仅次于己酸，其风味特征也与己酸相似，还带有酸臭。

## 3.2 挥发性脂肪酸与 4-甲基苯酚组合对窖泥气味的影响

将浓香型白酒中定量出的主要挥发性脂肪酸，按照它们的阈值和在浓香型白酒中的浓度分为二组，即脂肪酸Ⅰ（6 种：乙酸、2-甲基丙酸、丁酸、3-甲基丁酸、戊酸、己酸）和脂肪酸Ⅱ（3 种：丙酸、庚酸、辛酸）。

将两大类酸（脂肪酸Ⅰ和脂肪酸Ⅱ）与 4-甲基苯酚进行不同组合的添加，共 8 个组合。以具典型窖泥气味的某浓香型白酒为对照，品评人员按照 1~9 共 9 个等级对模拟酒样品进行相似度打分，从 1（非常不同）到 9（非常相似），结果见表 6。

表 6　不同组合的脂肪酸类和 4-甲基苯酚对模拟酒中窖泥气味的影响[13]

Table 6　Impact of different combinations of fatty acids and PC on earth cellar odor

| 模拟酒编号 | 添加物质 | 平均得分[a] | SD[b] | 样品自然 pH |
|---|---|---|---|---|
| 1 | 脂肪酸类Ⅰ+4-甲基苯酚 | 8.30 | 0.67 | 3.96 |
| 2 | 脂肪酸类Ⅰ | 6.30 | 0.82 | 3.94 |
| 3 | 脂肪酸类Ⅱ+4-甲基苯酚 | 3.80 | 1.32 | 4.80 |
| 4 | 脂肪酸类Ⅱ | 1.91 | 0.54 | 4.80 |
| 5 | 脂肪酸类Ⅰ+脂肪酸类Ⅱ+4-甲基苯酚 | 8.55 | 0.69 | 3.94 |
| 6 | 脂肪酸类Ⅰ+脂肪酸类Ⅱ | 6.70 | 0.82 | 3.92 |
| 7 | 4-甲基苯酚 | 4.50 | 1.08 | 6.57 |
| 8 | 对照（模拟酒样） | 1.18 | 0.40 | 6.82 |

注：a：由 11 个品评人员进行感官品评，1（非常不同）到 9（非常相似）。b：SD：标准偏差。

由表 6 可知，5 号和 1 号样品分值最高且窖泥气味最为明显，6 号和 2 号样品次之，然后是 7 号和 3 号样品。加与不加 4-甲基苯酚样品的对比说明，无论 PC 和哪类脂肪酸进行组合，都比模拟酒样品分值高，窖泥气味明显。加不同酸类样品的对比说明，挥发性脂肪酸的加入对窖泥气味有明显影响，尤其是脂肪酸Ⅰ类。这类脂肪酸主要是挥发性短链脂肪酸，且在浓香型白酒中浓度较高，本身带有强烈的酸臭。

脂肪酸的加入，会对基质的 pH 产生影响。到底是脂肪酸Ⅰ类与 4-甲基苯酚之间存在气味相互作用，以协同方式增强了窖泥气味？还是由于脂肪酸的加入使模拟酒基质 pH 降低，更多的 4-甲基苯酚以分子态存在并挥发出来？因此，需进一步考察体系

pH 变化对 4-甲基苯酚的影响。

### 3.3　模拟酒 pH 变化对 4-甲基苯酚呈嗅影响

乳酸为白酒中常见酸类，且无气味，使用 10g/L 的乳酸溶液（色谱纯）调整模拟酒基质的 pH。以具典型窖泥气味的某浓香型白酒为对照，品评人员按照 1~9 共 9 个等级对模拟酒样品进行相似度打分，1（非常不同）到 9（非常相似），结果见表 7。

表 7　模拟酒 pH 变化对 4-甲基苯酚呈窖泥气味的影响

Table 7　Effect of pH change of simulated liquor on earth cellar odor of 4-methylphenol

| 模拟酒编号 | 添加物质 | 样品 pH | 平均得分[a] | SD[b] | 闻香结果 |
|---|---|---|---|---|---|
| 1 | 脂肪酸类Ⅰ+4-甲基苯酚 | 3.96 | 8.56 | 0.88 | 似窖泥气味 |
| 2 | 乳酸+4-甲基苯酚 | 3.94 | 6.56 | 1.33 | 咸菜臭 |
| 3 | 4-甲基苯酚 | 6.57 | 5.44 | 0.88 | 动物臭 |
| 4 | 乳酸 | 3.94 | 3.56 | 0.88 | 酒精气味 |
| 5 | 对照（模拟酒样） | 6.82 | 2.44 | 0.88 | 酒精气味 |

注：a：由 9 个品评人员进行感官品评，1（非常不同）到 9（非常相似）。b：SD：标准偏差。

由表 7 可知，当只添加或不添加乳酸，但不添加脂肪酸和 4-甲基苯酚时，5 号和 4 号样品分值最低，且均无窖泥气味。说明添加乳酸并未对基质的气味产生影响，乳酸在模拟酒中主要起到调节 pH 的作用。

2 号比 3 号样品气味较明显，其中 2 号主要呈咸菜臭，3 号呈动物臭，与 1 号样品所体现出的窖泥气味有所区别。可见基质 pH 的变化对 PC 呈嗅有较大影响，并且这种影响已经影响到呈嗅的本质，即添加乳酸改变 pH 后，PC 呈现不同的气味，用乳酸降低 pH，PC 呈现咸菜臭，否则呈现动物臭。

从强度与相似度上比较，1 号样品更接近于窖泥气味，可见挥发性脂肪酸与 PC 气味相互作用更占主导地位。1 号样品这种强烈的窖泥气味可能是由 4-甲基苯酚和脂肪酸类Ⅰ的共同作用（推测是协同作用）所导致的，两类化合物以协同方式增强了窖泥气味强度，比每类化合物单独感知到的气味明显得多。

### 3.4　单体脂肪酸单独或与 PC 混合对窖泥气味贡献

由于挥发性短链脂肪酸本身具有酸臭，气味较浓。这种酸臭是否有别于白酒窖泥气味？需考察确认 4-甲基苯酚与挥发性脂肪酸哪个在感官上对窖泥气味起主导地位。

选择丁酸、己酸、3-甲基丁酸和戊酸这 4 种在浓香型白酒中含量较高的挥发性脂肪酸，4 种酸分成 4 个组，每个组再分为 3 个样品。每组 3 个样品都添加某一种酸，其中一个样品再添加 4-甲基苯酚，另外两个不添加 4-甲基苯酚。品评人员进行三杯二品法，并简单描述气味，结果见表 8。

**表 8　模拟酒中单体脂肪酸或与 4-甲基苯酚混合呈嗅比较[13]**

**Table 8　Comparison the smell of monomer fatty acids or mixed with 4-methyl phenol in simulated liquor**

| 实验编号 | 4-甲基苯酚添加到含某酸的模拟酒 | 能辨别出气味不同的人数[a] | 三角试验差异显著性[b] |
|---|---|---|---|
| 1 | 丁酸 | 6 | * |
| 2 | 3-甲基丁酸 | 8 | * * * |
| 3 | 戊酸 | 9 | * * * |
| 4 | 己酸 | 7 | * * |

注：a：由 9 个品评人员进行感官品评；b：*，轻微差异；* *，中等差异；* * *，明显差异。

根据差异显著性分析，4 种不同的脂肪酸都在添加 4-甲基苯酚前后显示出气味差异。添加 4-甲基苯酚后的样品被品评人员描述为气味更浓、具动物臭和更接近于窖泥气味，而不加 4-甲基苯酚的样品只是酸臭较重。酸臭有别于白酒窖泥气味，可见 4-甲基苯酚为窖泥气味的重要香气物质。

4 种酸中，丁酸和己酸的差异性没有戊酸和 3-甲基丙酸的差异性显著。丁酸和己酸在浓香型白酒中的浓度很高且其阈值较低，具强烈的酸臭。可能是它们本身的气味太大，对 4-甲基苯酚的气味有所干扰。

## 3.5　增强窖泥气味的重要挥发酸

进一步考察哪几种酸与 4-甲基苯酚之间的相互作用对窖泥气味影响最大。已知脂肪酸 I 与 4-甲基苯酚气味的相互作用影响较大，进一步分析脂肪酸 I 中 6 种不同挥发酸分别与 4-甲基苯酚气味的相互作用影响。以模拟酒中添加脂肪酸 I 和 4-甲基苯酚的样品为对照——窖泥气味模型酒，品评人员按照 1~9 共 9 个等级对模拟酒样品进行相似度打分，1（非常不同）到 9（非常相似），结果见表 9。

**表 9　不同单体酸与 4-甲基苯酚组合对模拟酒中窖泥气味的影响[13]**

**Table 9　Impact of combination of different mono-acids and PC on earth cellar odor**

| 模拟酒编号 | 添加物质 | 平均得分[a] | SD[b] |
|---|---|---|---|
| 1 | 乙酸 + 4-甲基苯酚 | 3. 33 | 1. 32 |
| 2 | 2-甲基丙酸 + 4-甲基苯酚 | 3. 22 | 1. 39 |

续表

| 模拟酒编号 | 添加物质 | 平均得分[a] | SD[b] |
|---|---|---|---|
| 3 | 丁酸 + 4-甲基苯酚 | 7.78 | 1.39 |
| 4 | 3-甲基丁酸 + 4-甲基苯酚 | 6.88 | 1.25 |
| 5 | 戊酸 + 4-甲基苯酚 | 4.25 | 1.39 |
| 6 | 己酸 + 4-甲基苯酚 | 8.33 | 1.00 |

注：a：由9个品评人员进行感官品评，1（非常不同）到9（非常相似）。b：SD，标准偏差。

脂肪酸Ⅰ主要为挥发性短链脂肪酸，且在浓香型白酒中浓度均较高，本身也带有一定的酸臭。由表9可知，添加己酸样品的分值最高，它与4-甲基苯酚组合时窖泥气味最明显。其次是丁酸和3-甲基丁酸，其中3-甲基丁酸阈值最低且气味较浓。乙酸和2-甲基丙酸与4-甲基苯酚的气味相互作用不太明显。

在0.05的显著性水平下，6个样品可以分成同质的2个组，第一组包括1号、2号和5号样品，即分别添加乙酸、2-甲基丙酸和戊酸的；第二组包括3号、4号和6号样品，即分别添加丁酸、3-甲基丁酸和己酸的。结果表明，添加乙酸、2-甲基丙酸和戊酸的样品差异不显著，与4-甲基苯酚的气味相互作用不太明显（表10）。添加丁酸、3-甲基丁酸和己酸的样品，均与4-甲基苯酚的气味相互作用较明显，且这三个酸的样品之间差异不显著。

**表10　添加不同单体酸样品的均值多重比较结果[a][13]**

**Table 10　Results of mean multiple comparisons of samples added different mono-acids**

| 编号 | $N^b$ | 子集为 $\alpha=0.05$ | |
|---|---|---|---|
| | | 1 | 2 |
| 2 | 9 | 3.22 | |
| 1 | 9 | 3.33 | |
| 5 | 8 | 4.25 | |
| 4 | 8 | | 6.88 |
| 3 | 9 | | 7.78 |
| 6 | 9 | | 8.33 |
| 显著性 | | 0.237 | 0.061 |

注：a：采用SPSS软件的One-Way ANOVA方差分析中SNK检验；b：*N*代表实验次数。

## 3.6　窖泥气味模拟酒的缺失实验

由于脂肪酸Ⅰ和4-甲基苯酚之间的相互影响，需要进行缺失实验进一步验证对窖泥气味起重要贡献的单个脂肪酸。每个样品中只缺少某一种酸，共 7 个样品。以模拟酒中添加脂肪酸 I 和 4-甲基苯酚为对照——窖泥气味模型酒，品评人员按照 1~9 共 9 个等级对模拟酒样品进行相似度打分，1（非常不同）到 9（非常相似），结果见表 11。

表 11　缺失某种物质对窖泥气味模型酒香气的影响[13]

Table 11　Odor of the model synthetic liquor affected by the absence of one component

| 模拟酒编号 | 缺失物质 | 平均得分[a] | SD[b] |
|---|---|---|---|
| 1 | 乙酸 | 8.00 | 1.00 |
| 2 | 2-甲基丙酸 | 8.13 | 1.36 |
| 3 | 丁酸 | 1.86 | 1.07 |
| 4 | 3-甲基丁酸 | 4.57 | 0.98 |
| 5 | 戊酸 | 6.14 | 1.35 |
| 6 | 己酸 | 4.71 | 0.95 |
| 7 | 4-甲基苯酚 | 2.29 | 1.25 |

注：a：由 8 个品评人员进行感官品评，1（非常不同）到 9（非常相似）。b：SD；标准偏差。

缺失 4-甲基苯酚和丁酸的样品分值最低（表 11），说明这两个化合物的缺失对窖泥气味模型酒香气的影响最为明显。其次是 3-甲基丁酸和己酸，而戊酸、乙酸和 2-甲基丙酸的缺失对窖泥气味模型酒香气的影响不大。结果说明 4-甲基苯酚和丁酸对窖泥气味的贡献最大，影响作用较为明显，而 3-甲基丁酸和己酸次之。这一结果再次确认了 4-甲基苯酚为窖泥气味的重要香气物质。

在 0.05 的显著性水平下，7 个样品可以分成同质的 4 个组。第一组包括 3 号和 7 号样品（分别为缺失丁酸和 PC 组）；第二组包括 4 号和 6 号样品（分别为缺失 3-甲基丁酸和己酸）。说明分别缺失丁酸和 4-甲基苯酚样品之间的差异不显著（表 12），但它们的缺失对窖泥气味模型酒香气的影响最明显。3-甲基丁酸和己酸之间的差异也不显著，它们的缺失对窖泥气味模型酒香气影响次之。

表 12　缺失某种物质样品的均值多重比较结果[a][13]

Table 12　Results of mean multiple comparisons of samples without one component

| 编号 | $N^b$ | 子集为 $\alpha=0.05$ | | | |
|---|---|---|---|---|---|
| | | 1 | 2 | 3 | 4 |
| 3 | 7 | 1.86 | | | |
| 7 | 7 | 2.29 | | | |

续表

| 编号 | $N^b$ | 子集为 $\alpha=0.05$ | | | |
|---|---|---|---|---|---|
| | | 1 | 2 | 3 | 4 |
| 4 | 7 | | 4.57 | | |
| 6 | 7 | | 4.71 | | |
| 5 | 7 | | | 6.14 | |
| 1 | 7 | | | | 8.00 |
| 2 | 8 | | | | 8.13 |
| 显著性 | | 0.487 | 0.816 | 1.000 | 0.839 |

注：a：采用 SPSS 软件的 One-Way ANOVA 方差分析中 SNK 检验；b：*N* 代表实验次数。

## 3.7　正交设计 4-甲基苯酚和 3 种重要酸在模拟酒中的浓度

通过前面的实验得知，4-甲基苯酚、丁酸、3-甲基丁酸和己酸对窖泥气味的贡献较大。以样品窖泥气味相似度得分为考察指标，4 种物质的不同浓度为考察因素，确定样品窖泥气味最为明显时的浓度组合条件。正交试验的因素与水平见表 13。

**表 13　正交试验的因素与水平[13]**

**Table 13　Factors and levels of orthogonal design test**

| 水平[a] | A | B | C | D |
|---|---|---|---|---|
| | 4-甲基苯酚/(μg/L) | 丁酸/(mg/L) | 异戊酸/(mg/L) | 己酸/(mg/L) |
| 1 | 300 | 70 | 8 | 350 |
| 2 | 850 | 130 | 15 | 600 |
| 3 | 1600 | 200 | 25 | 950 |

注：a：以浓香型白酒中各物质的平均值作为水平 2，最低值作为水平 1，最高值作为水平 3。

设计正交实验表，共有 9 个不同浓度组合的模拟酒样品。以具典型窖泥气味的某浓香型白酒为对照，品评人员按照 1~9 共 9 个等级对模拟酒样品进行相似度打分，1（非常不同）到 9（非常相似），结果见表 14。

**表 14　$L_9$（$3^4$）正交试验结果分析[13]**

**Table 14　Result of $L_9$（$3^4$）orthogonal experiment**

| 实验编号 | 因素 | | | | 得分[a] | SD | 样品 pH |
|---|---|---|---|---|---|---|---|
| | A | B | C | D | | | |
| 1 | 1 | 1 | 1 | 1 | 1.64 | 1.08 | 4.36 |
| 2 | 1 | 2 | 2 | 2 | 4.31 | 1.89 | 4.24 |

续表

| 实验编号 | 因素 | | | | 得分[a] | SD | 样品 pH |
|---|---|---|---|---|---|---|---|
| | A | B | C | D | | | |
| 3 | 1 | 3 | 3 | 3 | 3. 23 | 1. 74 | 4. 05 |
| 4 | 2 | 1 | 2 | 3 | 5. 45 | 2. 02 | 4. 25 |
| 5 | 2 | 2 | 3 | 1 | 6. 69 | 1. 75 | 4. 30 |
| 6 | 2 | 3 | 1 | 2 | 4. 36 | 1. 29 | 4. 13 |
| 7 | 3 | 1 | 3 | 2 | 6. 58 | 1. 38 | 4. 19 |
| 8 | 3 | 2 | 1 | 3 | 7. 23 | 1. 79 | 4. 21 |
| 9 | 3 | 3 | 2 | 1 | 6. 38 | 1. 69 | 4. 34 |
| Ⅰ | 3. 06[b] | 4. 56[b] | 4. 41[b] | 4. 90[b] | | | |
| Ⅱ | 5. 50[c] | 6. 08[c] | 5. 38[c] | 5. 08[b] | | | |
| Ⅲ | 6. 73[d] | 4. 66[b] | 5. 50[c] | 5. 31[b] | | | |
| *R* | 3. 67 | 1. 52 | 1. 09 | 0. 40 | | | |

注：a：由 14 个品评人员进行感官品评，品评人员对样品进行相似度打分，1（非常不同）到 9（非常相似）；b-d：为运用 SPSS 软件中 Univariate 方差分析对数据进行差异显著性分析，同一列中数字后面字母相同表示数据间没有显著性差异（$P>0.05$），字母不同则表示数据间有显著性差异（$P \leqslant 0.05$）。

表 14 中样品的 pH 均在 4. 05～4. 36，变化不大。而 JNC 白酒的 pH 为 3. 68，46% vol酒精水溶液的 pH 为 6～7。可见样品的 pH 较接近白酒的 pH，比白酒略高。表 14 中还显示了各因素不同水平的平均值，从结果直观分析，各因素水平对实验结果影响如下：$A_3$均数最大，$A_3>A_2>A_1$，且 $A_1$、$A_2$、$A_3$之间均存在显著性差异。说明 4-甲基苯酚的浓度越大，则样品的窖泥气味强度越大。$B_2$均数最大，且 $B_2$与 $B_1$、$B_3$之间存在显著性差异，$B_1$、$B_3$之间不存在显著性差异。说明丁酸只有在适合的浓度时，样品的窖泥气味强度最明显。而丁酸浓度过低或过高，都会降低样品的窖泥气味强度。$C_3$均数最大，$C_3>C_2>C_1$，且 $C_1$与 $C_2$、$C_3$之间存在显著性差异，$C_2$、$C_3$之间不存在显著性差异。说明 3-甲基丁酸的浓度越大，则样品的窖泥气味强度越大。但是达到一定浓度后，再增大 3-甲基丁酸的浓度，并不能明显增加样品的窖泥气味强度。$D_3>D_2>D_1$，但是它们之间不存在显著性差异，即己酸浓度在一定范围内变化对样品的窖泥气味强度无明显影响。

表 15 结果中显示了 A、B 两因素对实验结果的影响都极为显著（$P>0.001$），但 A>B。C 因素有较为显著性影响（$P<0.05$），D 因素无显著性影响（$P\geqslant 0.05$）。故影响因素主次顺序为：4-甲基苯酚>丁酸>3-甲基丁酸>己酸。说明 4-甲基苯酚和丁酸对窖泥气味整体强度的影响较大，其次是 3-甲基丁酸。

表 15　方差分析结果[13]

Table 15　Result of analysis of variance

| 方差来源 | 离均差平方和 | 自由度 | 均方 | $F$ | 显著性 |
|---|---|---|---|---|---|
| A | 253.231 | 2 | 126.615 | 46.871 | 0.000 |
| B | 53.732 | 2 | 26.866 | 9.946 | 0.000 |
| C | 26.275 | 2 | 13.137 | 4.863 | 0.010 |
| D | 2.829 | 2 | 1.414 | 0.524 | 0.594 |
| 误差 | 267.433 | 99 | 2.701 | | |

确定窖泥气味最为明显的浓度组合为 $A_3B_2C_3D_3$，实验中 8 号样品与之最接近，其分值最高，与结果一致。气味描述时，7 号、8 号、9 号等分值较高的样品，其窖泥气味突出，均不同程度上表现出异嗅。根据结果分析认为，当浓香型白酒中丁酸、3-甲基丁酸和己酸这三种挥发性有机酸含量在正常水平范围内，能对白酒中整体风味以及窖泥气味有很好的促进作用。4-甲基苯酚为窖泥气味的重要香气物质，浓度在 0.85mg/L 左右能与挥发酸较好地相互作用，形成窖泥气味；它的浓度一旦达到 1.6mg/L，就会破坏白酒中窖泥气味的协调感，使之呈现出一种带“窖泥臭”的异嗅。

## 4　结论

窖泥气味是白酒生产过程中与窖泥接触而产生的一种特有气味，在酒体中含量突出时往往被认为是窖泥臭。运用现代风味化学方法对白酒中的“窖泥气味”从化学本质结合感官分析来进行系统研究。通过液液萃取、分馏和柱色谱技术对白酒样品进行前处理，采用 GC-O 与 GC-MS 初步鉴定，再以添加标准品、感官品评、保留指数定性等方法最终确认白酒中窖泥气味物质的化学本质为 4-甲基苯酚（PC，4-MP），自此，浓香型白酒中窖泥气味物质得以确认。

4-甲基苯酚在46%vol酒精水溶液中的嗅觉阈值为 167μg/L。浓香型、清香型、药香型、兼香型、酱香型、凤香型和老白干香型成品酒中 4-甲基苯酚含量具有差异，药香型和浓香型白酒中 4-甲基苯酚的含量高于其他香型，清香型或老白干香型白酒中几乎没有检测到 4-甲基苯酚。这与生产中酒醅是否与窖泥接触情况相一致，凡接触窖泥的，PC 含量高，接触面积越大，含量越高。

挥发性脂肪酸与 4-甲基苯酚之间存在相互作用，两者以协同方式增强窖泥气味强度，其中丁酸、3-甲基丁酸和己酸这三种脂肪酸对 PC 呈窖泥气味的贡献较大。当 4-甲基苯酚浓度达到 1.6mg/L，且与挥发酸相互作用后，在白酒中呈现出一种带泥臭的异嗅。

## 参考文献

[1] 范文来. 浓香型大曲酒窖池设计初探 [J]. 酿酒, 1994 (3): 26-30.

[2] 范文来, 龚舒蓓, 徐岩. 白酒有机酸谱 [J]. 酿酒, 2019, 46 (1): 37-42.

[3] 周恒刚. 老窖泥讲座 (五) 第五节 谈臭 [J]. 酿酒, 1988 (6): 53-58.

[4] 张灿. 中国白酒中异嗅物质研究 [D]. 无锡: 江南大学, 2013.

[5] 张灿, 徐岩, 范文来. 不同吸附剂对白酒异嗅物质去除的研究 [J]. 食品工业科技, 2012, 33 (23): 60-65.

[6] 杜海, 范文来, 徐岩. 中国白酒中异味物质的研究状况及展望. 第七届国际酒文化学术研讨会论文集 [C]. 北京: 中国纺织出版社, 2010: 90-94.

[7] 范文来, 徐岩. 白酒窖泥挥发性成分研究 [J]. 酿酒, 2010, 37 (3): 24-31.

[8] 刘琼, 张跃廷, 张雁平. 浅析中国传统蒸馏白酒基础酒生产中出现的异味、缺陷的成因及其解决的技术措施 [J]. 酿酒, 2002, 29 (6): 18-22.

[9] 杜连启. 论新型白酒生产中产生异味和沉淀的原因及防止措施 [J]. 食品工业, 2006 (4): 29-31.

[10] Fan W L, Qian M C. Characterization of aroma compounds of Chinese "Wuliangye" and "Jiannanchun" liquors by aroma extract dilution analysis [J]. Journal of Agricultural and Food Chemistry, 2006, 54 (7): 2695-2704.

[11] Fan W L, Qian M C. Identification of aroma compounds in Chinese 'Yanghe Daqu' liquor by normal phase chromatography fractionation followed by gas chromatography/olfactometry [J]. Flavour and Fragrance Journal, 2006, 21 (2): 333-342.

[12] Fan W L, Qian M C. Headspace solid phase microextraction and gas chromatography-olfactometry dilution analysis of young and aged Chinese "Yanghe Daqu" liquors [J]. Journal of Agricultural and Food Chemistry, 2005, 53 (20): 7931-7938.

[13] 朱燕. 中国白酒中一种 "陈味" 物质的发现与确认 [D]. 无锡: 江南大学, 2011.

[14] Fan W L, Xu Y. Methodology for aroma compounds in *Baijiu* [J]. Journal of Food Science and Technology, 2018, 36 (2): 1-10.

[15] 范文来, 徐岩. 白酒香气物质研究的方法学 [J]. 食品科学技术学报, 2018, 36 (3): 1-10.

[16] 范文来, 徐岩. 酒类风味化学 [M]. 北京: 中国轻工业出版社, 2014.

[17] Coghe S, Benoot K, Delvaux F, et al. Ferulic acid release and 4-vinylguaiacol formation during brewing and fermentation: indications for feruloyl esterase activity in *Sac-*

*charomyces cerevisiae* [J]. Journal of Agricultural and Food Chemistry, 2004, 52 (3): 602-608.

[18] Steinhaus M, Schieberle P. Characterization of odorants causing an atypical aroma in white pepper powder (*Piper nigrum* L.) based on quantitative measurements and orthonasal breakthrough thresholds [J]. Journal of Agricultural and Food Chemistry, 2005, 53 (15): 6049-6055.

[19] Karagul-Yuceer Y, Cadwallader K R, Drake M. Volatile flavor components of stored nonfat dry milk [J]. Journal of Agricultural and Food Chemistry, 2002, 50 (2): 305-312.

[20] Suriyaphan O, Drake M A, Chen X Q, et al. Characteristic aroma components of British farmhouse cheddar cheese [J]. Journal of Agricultural and Food Chemistry, 2001, 49 (3): 1382-1387.

[21] Sadecka J, Sakova N, Pangallo D, et al. Microbial diversity and volatile odour-active compounds of barrelled ewes' cheese as an intermediate product that determines the quality of winter bryndza cheese [J]. Lwt - Food Science and Technology, 2016, 70: 237-244.

[22] Fu S G, Yoon Y, Bazemore R. Aroma-active components in fermented bamboo shoots [J]. Journal of Agricultural and Food Chemistry, 2002, 50 (3): 549-554.

[23] Rapp A. Volatile flavour of wine: Correlation between instrumental analysis and sensory perception [J]. Nahrung-Food, 1998, 42 (6): 351-363.

[24] Fan W L, Xu Y, Qian M. Current practice and future trends of aroma and flavor research in Chinese *Baijiu*. in sex, smoke, and spirits: The role of chemistry [M]. Washington DC: American Chemical Society, 2019.

[25] ASTM E 679-2004, Standard practice for determination of odor and taste thresholds by a forced-choice ascending concentration series method of limits [S].

[26] 范文来, 徐岩. 白酒 79 个风味化合物嗅觉阈值测定 [J]. 酿酒, 2011, 38 (4): 80-84.

# 白酒中氰化物检测方法研究进展

王金梦，范文来
（酿造微生物学与应用酶学研究室，工业生物技术教育部重点实验室，
江南大学，江苏无锡 214122）

**摘　要**：氰化物既是蒸馏酒中的有毒有害物，也是致癌物氨基甲酸乙酯（Ethyl Carbamate，EC）的重要前体物质，因此测定酒中氰化物具有极其重要的意义。本文综述了白酒中传统的和最新开发的氰化物的分析方法，包括光谱法、电化学方法和色谱法，通过分析各方法的主要特征，明确它们的内在优势和劣势，使研究人员根据样品的特性和研究目的，更好地了解如何确定和改进与合适的样品预处理程序相匹配的氰化物检测技术。为白酒中氰化物测定技术的开发、改进和优化提供新思路。

**关键词**：白酒；氰化物；检测方法

# Research Progress of Cyanide Detection Methods in *Baijiu*

WANG Jinmeng, FAN Wenlai
(Lab of Brewing Microbiology and Applied Enzymology, Key Laboratory of Industrial Biotechnology of Ministry of Education, Jiangnan University, Jiangsu Wuxi 214122, China)

**Abstract**: Cyanide is not only a toxic and harmful substance in distilled spirits, but also an important precursor of carcinogen ethyl carbamate (EC). Therefore, the determination of cyanide in liquor is extremely important. This paper reviewed the traditional and newly developed analytical methods for cyanide in *Baijiu*, including spectroscopic, electrochemical, and chromatographic methods. The main analytical features were summarized and their inher-

基金项目："十三五"国家重点研发计划项目"传统发酵食品加工过程中内源性危害物控制技术的应用示范（2018YFC1604102）"。
作者简介：王金梦，女，硕士研究生，主要从事酿酒科学与工程的研究。E-mail：2297492045@qq.com。
通信作者：范文来，男，硕士，教授，主要从事酿酒工程和酒类风味化学的研究。E-mail：wenlai.fan@gmail.com。

ent strengths and weaknesses were highlighted to enable researchers to better understand how to determine and improve cyanide detection techniques that match the appropriate sample pretreatment procedures according to the characteristics of samples and the purpose of study. It provides a new idea for the development, improvement, and optimization of cyanide determination technology in *Baijiu* .

**Key words**: *Baijiu*, Cyanide, Detection methods

## 1 前言

白酒是中国传统的蒸馏酒之一，氰化物是广泛存在于蒸馏酒中的一种有害物质。氰化物是通过酶促作用和热裂解酿酒原料中的生氰糖苷（Cyanogenic Glucosides）形成的[1-6]。世界上有超过2000种植物可以产生生氰糖苷[7-9]，生氰糖苷通过相应的酶促反应生成葡萄糖和氰醇（Cyanohydrin），氰醇在一定的条件下能迅速分解产生氰化物[4,10-12]。氨基甲酸乙酯（Ethyl Carbamate，EC）是一种广泛存在于蒸馏酒中的多位点动物基因毒性致癌物[13-15]，它是发酵、蒸馏和储存过程中自然形成的副产物[16-19]。已有研究证明，EC主要是在非酶的条件下由乙醇和尿素、氨基甲酰磷酸和瓜氨酸等氨基甲酰化合物（Carbamoyl Compound）或氰化物（Cyanide）反应形成[13,16,18]。而氰化物是蒸馏酒中最重要的EC前体物质[20]。氰化物生成EC的反应可以由$Cu^{2+}$催化[1,20]。氰化物与$Cu^{2+}$络合形成氰醇，然后氧化[20]，后续的歧化作用导致生成氰酸盐和氰化物，然后氰酸盐与乙醇反应形成EC[1,20]。影响氰化物形成EC的因素有pH、光、乙醇含量、温度和金属离子浓度等[12]。

谷物是发酵白酒的原料[21]，其中高粱是最常用的原料之一。高粱中含有的生氰糖苷是蜀黍氰苷（Dhurrin）[22]。现有关于降低EC的研究主要集中在前体物质的控制上，因此快速而准确地测定白酒中的氰化物含量显得尤为重要。

化学结构式中含有氰根的化合物称为氰化物[23]，其存在形式有氰酸、氢氰酸以及含氰基的化合物等，上述任何一种存在形式都有可能与乙醇反应生成EC[24]。总氰化物由所有氰化物组成，包括游离态氰化物和结合态氰化物[4,9,25]。游离态氰化物是指在水中能释放出氰根的化合物，氢氰酸是最常见的一种游离态氰化物[26]。结合态氰化物是指在一定的条件下才能释放出游离氰根的化合物，包括生氰糖苷、氰醇、金属氰化物络合物等[26]。

氰化物除了是EC的主要前体物质外，其本身就是一种作用迅速的剧毒化学物质[27-29]。它主要干扰呼吸作用的过程，导致细胞缺氧甚至死亡[27,30-34]。GB 2757—2012《食品安全国家标准 蒸馏酒及其配制酒》规定蒸馏酒及配制酒中氰化物含量不得超过8.0mg/L。

氰化物除了广泛存在于酿酒原料及蒸馏酒中外，其广泛的工业用途使得其还大量存在于各种环境因素中[27-28,31-32,35]。近年来有很多研究饮用水、废水、香烟烟雾、血液、尿液和唾液等基质中氰化物的测定方法，目前许多测定白酒中氰化物的方法都由此改进而来。由于白酒的成分比较复杂，氰化物的测定会受到这些成分的影响，所以需要经过一些前处理或者特异性的反应来去除白酒中成分基质的干扰。

酒精饮料中存在的氰化物不仅本身具有极端毒性，它还能与乙醇反应生成同样具有毒性的 EC，因此开发简便而灵敏的氰化物测定方法具有重要意义[28,36]。本文主要概述了白酒中传统的和最新开发的氰化物分析方法，分析了各种测定方法的优缺点，以便能为白酒中氰化物技术的开发和改进提供新思路。

## 2 氰化物测定方法

测定氰化物的方法包括分光光度法（Spectrophotometry）[37-42]、原子吸收光谱法（Atomic Absorption Spectrophotometry，AAS）[43-44]、荧光光度法（Fluorometry）[45]、毛细管电泳法（Capillary Electrophoresis，CE）[46]、流动注射法（Flow Injection Analysis Method，FIA）[47]、电化学方法（Electrochemical Method）[48]、顶空气相色谱法（Headspace-Gas Chromatography，HS-GC）[49-50]、气相色谱-质谱法（Gas Chromatography-Mass Spectrometry，GC-MS）[35,51-54]、高效液相色谱法（High Performance Liquid Chromatography，HPLC）[55-56]、离子色谱法（Ion Chromatography，IC）[25,57-63]等。大多数程序要求提取或衍生氰化物，但由于干扰较多和缺乏特异性而受到影响[31]。用于测定氰化物最常用的分析技术是分光光度法和色谱法[32]。与分光光度法相比，色谱技术的特点是检测限低、精密度高[32]。

### 2.1 光谱法

#### 2.1.1 分光光度法

分光光度法被广泛用于氰化物检测，利用其选择性，可通过各种检测方法形成有色加合物[30]。Aldridge[41]早在 1944 年提出吡啶-联苯胺分光光度法，由于联苯胺具有致癌性且吡啶气味较难闻[29]，而后又出现了更多的替代方法，如吡啶-吡唑啉酮分光光度法、吡啶-巴比妥酸分光光度法、异烟酸-巴比妥酸分光光度法、异烟酸-吡唑啉酮分光光度法。目前，我国 GB 5009.36—2016《食品安全国家标准　食品中氰化物的测定》采用异烟酸-吡唑啉酮法测定氰化物含量。

在此基础上出现了很多改进方法。范文来等[64]开发了一种利用吡啶-巴比妥酸法快速定量白酒中氰化物的方法，采用 *N*-氯代琥珀酰亚胺-琥珀酰亚胺作为氧化剂，巴比妥酸-吡啶作为显色剂。白酒样品只需简单稀释到一定的酒精度即可加入氧化剂和显色剂进行显色反应。该方法的检出限为7.1μg/L，可满足不同香型白酒中氰化物的检测。周韩玲等[38]采用强碱固定白酒中的氰化物，将酒样在95℃水浴蒸干后利用异烟酸-巴比妥酸进行显色测定。该方法可以消除白酒中其他物质的干扰，精密度和加标回收率都满足要求。

分光光度法操作简便，所涉及的试剂便宜易得，广泛应用于各种基质中氰化物的测定[9]。尽管如此，分光光度法不完全与高碱性溶液兼容，并且容易受到氧化剂、含硫化合物和一些金属氰化物配合物的干扰[9,35]。

2.1.2 原子吸收光谱法（AAS）

AAS是分析氰化物的间接方法[8,48]。氰化物与过渡金属形成金属络合物，随后沉淀或被萃取到有机溶剂中，通过测定该金属络合物含量来间接测定氰化物含量[48]，或者根据测定过量金属离子浓度来分析氰化物的浓度[25]，但该法受到萃取效率及其灵敏度的限制[25]。李会涛[43]利用汞离子与氰化物离子形成较稳定的汞氰络合物，硫酸肼在pH 1.6~2.9下能还原汞离子，而已形成络合物的汞离子则不能被还原，通过测定过量的汞离子从而间接测定白酒中的氰化物。向双全等[44]利用氰化物与铜离子、十六烷基三甲基溴化铵（Hexadecyl Trimethyl Ammonium Hromide，CTAB）生成稳定的$Cu^{2+}$-$CN^{-}$-CTAB三元络合物，再通过石墨炉原子吸收法测定所得络合物中铜的含量，从而间接测定白酒中氰化物的含量。该法检出限为0.24μg/L，加标回收率为96.4%~103%。

2.1.3 荧光光度法

荧光光度法测定氰化物的原理是基于邻苯二甲醛（*O*-phthalaldehyde，OPA）和醌类化合物等物质能与氰化物发生戊烯二醛（König反应）生成荧光物质[65]。与分光光度法一样，荧光法通常需要提取技术来分离氰化物和消除干扰[48]。武建军等[45]采用M-850型荧光分光光度计测定酒和空气中的氰化物。在铜离子存在的条件下，通过无色荧光素发生的氧化还原反应测定氰化物。该方法操作简单，检出限为0.5mg/L，线性范围为0.8~600mg/L，RSD为10.8%。

2.1.4 毛细管电泳法（CE）

CE是一类以毛细管为分离通道，以高压直流电场为驱动力的新型液相分离技术[65]。液相分离技术毛细管电泳具有分离效率高、样品和电解液需求量小、废液产生量小等优点[8]。在毛细管电泳中，光学吸收是最常用的检测方法，但氰化物的吸收不强[8]。Papežová等[46]建立了毛细管电泳用硫代硫酸盐为电解质测定氰化物的方法，在毛细管内氰化物与迁移驱动的硫氰酸酶发生反应，将氰化物转化为在200nm处吸收更强的硫氰酸盐后再进行测定。该方法的检测限为78μg/L，线性范围为0.39~13mg/L。

### 2.1.5 流动注射法（FIA）

FIA 由于其高精度、高采样率以及能自动化进行样品制备和分析而受到越来越多的关注[66]。FIA 类似于标准的酸化、蒸馏和检测程序，有毒的氰化氢被封闭在仪器中，然后被吸收到碱性溶液中[25]。游离氰化物与比色或荧光试剂以单步或两步过程进行反应，然后在规定的波长下检测[25]。FIA 方法具有较高的通量，但如果不进行多次蒸馏，则无法将游离氰化物与总氰化物区分开，并且会受到硫氰酸盐、硫化物和硫代硫酸盐的干扰[25]。康妍等[47]采用间隔流动分析仪测定白酒中的氰化物，采用在线蒸馏后用异烟酸-巴比妥酸测定。该方法操作简便、工作强度低、精密度高，并且加标回收率达到 95%～105%。

## 2.2 电化学方法

电化学方法具有灵敏度高、分析时间快、重复性高、便携性好以及相对廉价等优点，因此越来越多地被用于许多物质的检测[28,48]。许多目标分析物已被利用电化学方法在一系列介质中进行特定的定量分析检测[28]。然而，它们可能受到许多有机和无机离子的多重干扰，包括 $S^{2-}$、$ClO_4^-$、$NO_2^-$、$N_3^-$和 $I^-$等[48]。电化学方法也可能因工作浓度范围窄而受到阻碍，并且可能需要较大的样品量[48]。

### 2.2.1 离子电极法

离子选择性电极（Ion-selective Electrode，ISE）使用方便、不涉及化学成分、响应时间快，因此得到广泛应用[48]。ISE 中的聚合物膜包含与分析物有选择性相互作用的离子载体[48]。通常通过在离子载体中使用与分析物离子有强烈相互作用的金属来增强这种相互作用[48]。已开发出用于氰化物分析的 ISE，但很少用于分析生物样品中的氰化物[48]。因为氰化物选择性电极检测容易受到基质的严重影响[35,48]。如果可以消除这些干扰，则可以使用 ISE 方法测定生物样品中的氰化物[48]。蔺岩等[67]采用氰电极测定酒中的氰化物，酒样不需预处理，检出限为 0.5mg/L。该方法的检出限较高，只适合氰化物含量较高的酒样。

### 2.2.2 极谱法

极谱法（Polarography）是通过测定电解过程中所得到的极化电极的电流-电位曲线来确定溶液中被测物质浓度的一类电化学分析方法[65]。微分脉冲极谱法非常灵敏，检测限低至 0.5μg/L，但极谱法未得到广泛使用，可能是因为劳动强度大、毒性强、废物管理和汞的回收成本高[25]。

郭忠等[68]采用单扫示波极谱法测定酒样、杏仁露饮料和水样中的氰化物。方法的线性范围为 0～0.05mg/L，酒样、杏仁露饮料、水样检出限分别为 0.005、0.0006、0.00006mg/L。加标回收率为 85.8%～102.0%，RSD 为 3.0%～6.7%。

## 2.3 色谱法

### 2.3.1 气相色谱法（GC）

GC是分析氰化物的最常用方法之一[48]，用于分析氰化物或其代谢物的常用检测器是电子捕获检测器（Electron Capture Detector，ECD）、氮磷检测器（Nitrogen-Phosphorus Detector，NPD）和质谱（MS）检测器[48]。其中MS的使用可以克服与经典方法的选择性和特异性有关的大多数问题，并具有允许使用同位素标记的内部标准进行高精度定量的优势[35,69-70]。然而，氰化氢在普通GC色谱柱上的保留能力较差，其低摩尔质量限制了MS的检测性能[35]，并且它与空气中大量存在的$N_2$（$m/z=28$）的分子质量相似，即使在高真空条件下，也不可避免地存在对质谱法的干扰[53]。为了克服这些缺点，应将氰化物衍生为高质量分子，可在良好的质量范围内用GC-MS检测到[35]。

顶空气相色谱法（HS-GC）常用于氰化物的测定，其通常是通过酸化实现萃取的，然后顶空气体被注入气相色谱系统进行检测[30]。Valentour等[71]首次将气相色谱法应用于氰化物的测定，报道了一种灵敏的气相色谱法，用于将生物样品中的氰化物转化为氯化氰，从而确定其含量。李南等[72]对酒样进行碱解前处理后利用顶空气相色谱法进行测定，结果表明该法和国家标准中第一法的测定结果相近，并且该法操作简单、准确度和灵敏度较好。

非顶空气相色谱法是利用衍生化试剂将氰化物衍生成另一个可以被检测到的分子[30]。五氟苄基溴（Pentafluorobenzyl Bromide，PFB-Br）是常用于无机阴离子GC分析的烷基化剂，可将氰化物转化为适用于GC-MS测定的衍生物[35]。采用PFB-Br进行烷基化是一种直接、快速的过程，无需液液萃取分析物[35]。PFB-Br能够在溶液中与游离的氰化物离子反应，而不与金属氰化合物，如$[Fe(CN)_6]^{3-}$和$[Fe(CN)_6]^{4-}$反应[35]。Bhandari等[69]建立了一种利用化学电离结合GC-MS测定血浆中氰化物和硫氰酸盐的分析方法。用于该分析的样品制备基本上需要一个步骤，将氰化物和硫氰酸盐与PFB-Br的反应合并，并在相转移催化剂硫酸四丁铵的作用下，将产物同时萃取到乙酸乙酯中，然后利用GC-MS进行测定[69]。Zhang等[4]在此方法基础上，运用衍生化结合GC-MS-MS测定白酒及酒醅中的氰化物。该方法测定的线性范围为0.10~12.80mg/L，检出限为2μg/L。

### 2.3.2 高效液相色谱法（HPLC）

HPLC也需要将氰化物衍生成大分子物质进行测定。Sano等[55]发现在碱性条件下2,3-萘二甲醛（2,3-naphthalenedicarboxaldehyde）和牛磺酸（Taurine）在氰化物存在时能生成一种高质量的荧光物质。Tracqui等[73]利用该原理建立了一种高效液相色谱-质谱法（HPLC-MS）测定全血中氰化物的方法。采用微扩散和衍生化过程的结合，所以样品制备特别简单和快速。采用 HPLC-MS 检测人血液中的氰化物，用 $Na^{13}C^{15}N$ 作内标。由于衍生化反应和质谱检测的选择性，使该方法具有极强的特异性[73]。邹伟[26]利用该方法的衍生化原理建立了测定黄酒及其原料中游离态氰化物和总氰化物的方法。采用乳酸酸化将游离态的氰化物以氰化氢的形式释放，并和衍生化试剂反应后进行测定，而总氰化物采用蒸馏的方式进行测定。该方法操作简便、灵敏度高、耗时少，线性范围内具有良好的线性关系，检出限为 0.01μg/L，满足黄酒中微量氰化物的分析检测要求。

2.3.3 离子色谱法（IC）

HCN 的 $pK_a$ 为 9.21，氰化物的电导率检测信号非常微弱，导致检出限很高[31,59]。电化学检测的发展和应用赋予了这种方法高选择性和更高的准确性，最终使它们能够广泛应用于 IC[74]。氰化物的 IC 方法采用直流安培检测或脉冲安培检测（Pulsed Amperometric Detection，PAD）[25]。直流安培检测器由于施加恒定电压会随着时间的推移出现结垢问题，必须拆卸电池以清洁电极[25,35]。而 PAD 使用频繁循环的一系列电位(即波形)，该电位不仅能检测到目标化合物，而且能清洗并恢复工作电极表面[25]。PAD 的长期稳定性和出色的重现性已使其成为液相色谱系统中使用最广泛的检测方法之一，被广泛应用于氰化物的测定[58]。近年来，IC-PAD 被广泛用于测定饮用水[25,60,75]、白酒[57]、卷烟烟雾[74]、生物基质[61-63]和食物[59]中的氰化物。Pihlar 等[76]首次用银电极对形成可溶银络合物的游离氰化物进行了安培分析。随后越来越多的研究将银电极用于测定不同基质中的氰化物。Wu 等[57]采用 IC-PAD 对配制酒中游离氰化物的测定进行了研究，讨论了洗脱液浓度、干扰剂评价和方法性能。结果表明，优化后的 IC-PAD 法可以快速测定配制酒中的游离氰化物。样品只需要 1∶100 稀释和简单的过滤，然后再进行 IC-PAD 分析，线性范围为 1～5000μg/L，检出限为 1μg/L。这项研究已被证明具有重要意义，并在酒类分析应用中有很大的潜力。

## 3 总结与展望

白酒中的氰化物本身属剧毒物质，且是致癌物质 EC 的重要前体物质，两者都是影响白酒品质的重要有害物质。为了尽量降低和有效控制白酒中的氰化物和 EC，应该不断开发更优良的检测技术，提升检测能力，且加强对生产过程和产品的监管。近年来，测定白酒中氰化物的方法不断发展和完善，灵敏度和准确度均不断提高。但是为了更好地控制白酒的品质和安全，应开发白酒生产过程中氰化物在线监测设备，以便更好地了解白酒生产过程中氰化物和 EC 的含量变化，并根据监测情况及时调整生产工艺以降低氰化物和 EC 的含量。

## 参考文献

[1] Gowd V, Su H, Karlovsky P, et al. Ethyl carbamate: an emerging food and environmental toxicant [J]. Food Chemistry, 2018, 248 (May 15): 312-321.

[2] Chen W, Xu Y, Zhang L X, et al. Blackberry subjected to *in vitro* gastrointestinal digestion affords protection against ethyl carbamate - induced cytotoxicity [J]. Food Chemistry, 2016, 212 (Dec. 1): 620-627.

[3] Zhao X R, Du G C, Zou H J, et al. Progress in preventing the accumulation of ethyl carbamate in alcoholic beverages [J]. Trends in Food Science & Technology, 2013, 32 (2): 97-107.

[4] 张顺荣. 白酒中氨基甲酸乙酯形成的氰化物途径研究 [D]. 无锡: 江南大学, 2016.

[5] Jones D A. Why are so many food plants cyanogenic? [J]. Phytochemistry, 1998, 47 (2): 155-162.

[6] Leça J M, Pereira V, Pereira A C, et al. Rapid and sensitive methodology for determination of ethyl carbamate in fortified wines using microextraction by packed sorbent and gas chromatography with mass spectrometric detection [J]. Analytica Chimica Acta, 2014, 811: 29-35.

[7] Kuyueak N, Akdl A. Cyanide and removal options from effluents in gold mining and metallurgical processes [J]. Minerals Engineering, 2013, 50/51: 13-29.

[8] Jian M, Dasgupta P K. Recent developments in cyanide detection: a review [J]. Analytica Chimica Acta, 2010, 673 (2): 117-125.

[9] Anning C, Wang J X, Chen P, et al. Determination and detoxification of cyanide in gold mine tailings: a review [J]. Waste Management & Research, 2019, 37 (11): 1117-1126.

[10] Francisco I A, Pinotti M H P. Cyanogenic glycosides in plants [J]. Brazilian Archives of Biology and Technology, 2000, 43 (5): 487-492.

[11] Haque M R, Bradbury J H. Total cyanide determination of plants and foods using the picrate and acid hydrolysis methods [J]. Food Chemistry, 2002, 77 (1): 107-114.

[12] Weber J V, Sharypov V I. Ethyl carbamate in foods and beverages: a review [J]. Environmental Chemistry Letters, 2009, 7 (3): 233-247.

[13] Chen D W, Ren Y P, Zhong Q D, et al. Ethyl carbamate in alcoholic beverages from China: levels, dietary intake, and risk assessment [J]. Food Control, 2017, 72 (Pt. B): 283-288.

[14] Jiao Z H, Dong Y C, Chen Q H. Ethyl carbamate in fermented beverages: presence, analytical chemistry, formation mechanism, and mitigation proposals [J]. Comprehensive Reviews in Food Science and Food Safety, 2014, 13 (4): 611-626.

[15] Xia Q, Yang C J, Wu C D, et al. Quantitative strategies for detecting different levels of ethyl carbamate (EC) in various fermented food matrices: an overview [J]. Food Control, 2018, 84: 499-512.

[16] Park S R, Ha S D, Yoon J H, et al. Exposure to ethyl carbamate in alcohol-drinking and nondrinking adults and its reduction by simple charcoal filtration [J]. Food Control, 2009, 20 (10): 946-952.

[17] Choi B, Koh E. Changes of ethyl carbamate and its precursors in Maesil (*Prunusmume*) extract during one-year fermentation [J]. Food Chemistry, 2016, 209 (Oct. 15): 318-322.

[18] Zhou K, Patrignani F, Sun Y M, et al. Inhibition of ethyl carbamate accumulation in soy sauce by adding quercetin and ornithine during thermal process [J]. Food Chemistry, 2020, 343 (May 1): 128528. 1-128528. 9.

[19] Fang F, Qiu Y Y, Du G C, et al. Evaluation of ethyl carbamate formation in Luzhou-flavor spirit during distillation and storage processes [J]. Food Bioscience, 2018, 23: 137-141.

[20] Aresta M, Boscolo M, Franco D W. Copper (Ⅱ) catalysis in cyanide conversion into ethyl carbamate in spirits and relevant reactions [J]. Journal of Agricultural and Food Chemistry, 2001, 49 (6): 2819-2824.

[21] Li G H, Zhong Q D, Wang D B, et al. Determination and formation of ethyl carbamate in Chinese spirits [J]. Food Control, 2015, 56: 169-176.

[22] Johansen H, Rasmussen L H, Olsen C E, et al. Rate of hydrolysis and degradation of the cyanogenic glycoside, dhurrin, in soil [J]. Chemosphere: Environmental toxicology and risk assessment, 2007, 67 (2): 259-266.

[23] 王涵. 污水处理厂出水中氰化物测定方法及影响因素分析 [D]. 西安: 西安科技大学, 2014.

[24] 仇钰莹. 浓香型白酒中氨基甲酸乙酯形成途径解析 [D]. 无锡: 江南大学, 2016.

[25] Christison T T, Rohrer J S. Direct determination of free cyanide in drinking water by ion chromatography with pulsed amperometric detection [J]. Journal of Chromatography A, 2007, 1155 (1): 31-39.

[26] 邹伟. 中国黄酒酿造过程中的氰化物分析 [D]. 无锡: 江南大学, 2017.

[27] Bhadra S, Zhang Z L, Zhou W H, et al. Analysis of potential cyanide antidote, dimethyl trisulfide, in whole blood by dynamic headspace gas chromatography-mass spectroscopy [J]. Journal of Chromatography A, 2019, 1591: 71-78.

[28] Randviir E P, Banks C E. The latest developments in quantifying cyanide and hydrogen cyanide [J]. TrAC: Trends in Analytical Chemistry, 2015, 64: 75-85.

[29] Egekeze J O, Oehme F W. Cyanides and their toxicity: a literature review [J]. Veterinary Quarterly, 1980, 2 (2): 104-114.

[30] Lindsay A E, Greenbaum A R, O'Hare D. Analytical techniques for cyanide in blood and published blood cyanide concentrations from healthy subjects and fire victims [J]. Analytica Chimica Acta, 2004, 511 (2): 185-195.

[31] Destanoğlu O, Yilmaz G G. Determination of cyanide, thiocyanate, cyanate, hexavalent chromium, and metal cyanide complexes in various mixtures by ion chromatography with conductivity detection [J]. Journal of Liquid Chromatography and Related Technologies, 2016, 39 (9/12): 465-474.

[32] Jaszczak E, Polkowska Ż, Narkowicz S, et al. Cyanides in the environment-analysis-problems and challenges [J]. Environmental Science and Pollution Research, 2017, 24 (19): 15929-15948.

[33] Tanaka T, Kimura K, Kan K, et al. Quantification of amygdalin, prunasin, total cyanide and free cyanide in powdered loquat seeds [J]. Food Additives & Contaminants Part A, 2020, 37 (9): 1503-1509.

[34] 仲崇波, 王成功, 陈炳辰. 氰化物的危害及其处理方法综述 [J]. 金属矿山, 2001 (5): 44-47.

[35] Campanella B, Biancalana L, D'Ulivo L, et al. Determination of total cyanide in soil by isotope dilution GC/MS following pentafluorobenzyl derivatization [J]. Analytica Chimica Acta, 2017, 961: 74-81.

[36] Felby S. Determination of cyanide in blood by reaction head-space gas chromatography [J]. Forensic Science, Medicine, and Pathology, 2009, 5 (1): 39-43.

[37] Sun B T, Noller B N. Simultaneous determination of trace amounts of free cyanide and thiocyanate by a stopped-flow spectrophotometric method [J]. Water Research: A Journal of the International Water Association, 1998, 32 (12): 3698-3704.

[38] 周韩玲, 练顺才, 李杨华, 等. 白酒中微量氰化物检测方法的比对与探讨 [J]. 酿酒科技, 2015 (3): 90-92.

[39] 张文德, 张光仲, 郭忠, 等. 酒中微量氰化物的测定方法研究 [J]. 中国食品卫生杂志, 2004, 16 (3): 232-235.

[40] 林杰，刘立，史潜玉，等．异烟酸-吡唑啉酮分光光度法测定白酒中氰化物的含量 [J]. 食品与发酵工业，2015，41 (7)：182-184.

[41] Aldridge W N. The estimation of microquantities of cyanide and thiocyanate [J]. The Analyst, 1945, 70：474.

[42] Joseph E. Estimation of microquantities of cyanide [J]. Anal Chemistry, 1946, 19 (4)：272-274.

[43] 李会涛．间接测定白酒中氰化物 [J]．河南预防医学杂志，2000，11 (1)：57.

[44] 向双全，张志刚．原子吸收石墨炉法测定白酒中的氰化物 [J]. 酿酒科技，2015 (3)：127-129.

[45] 武建军，池新民．酒中和空气中氰化物的荧光测定 [J]. 分析化学，1989 (3)：4.

[46] Papežová K, Glatz Z. Determination of cyanide in microliter samples by capillary electrophoresis and in-capillary enzymatic reaction with rhodanese [J]. Journal of Chromatography A, 2006, 1120 (1/2)：268-272.

[47] 康妍，张镅，李靖．间隔流动分析仪测定白酒中的氰化物 [J]. 酿酒，2006，33 (2)：45-46.

[48] Logue B A, Hinkens D M, Baskin S I, et al. The analysis of cyanide and its breakdown products in biological samples [J]. Critical Reviews in Analytical Chemistry, 2010, 40 (2)：122-147.

[49] Marton D, Tapparo A, Di Marco V B, et al. Ultratrace determination of total and available cyanides in industrial wastewaters through a rapid headspace-based sample preparation and gas chromatography with nitrogen phosphorous detection analysis [J]. Journal of Chromatography A, 2013, 1300：209-216.

[50] Zhang C S, Zheng H, Ouyang J, et al. Cyanide distribution in human tissue, determined by GC/ECD/HS [J]. Analytical Letters, 2005, 38 (2)：247-256.

[51] Murphy K E, Schantz M M, Butler T A, et al. Determination of cyanide in blood by isotope-dilution gas chromatography-mass spectrometry [J]. Clinical Chemistry, 2006, 52 (3)：458-467.

[52] Dumas P, Gingras G, LeBlanc A. Isotope dilution-mass spectrometry determination of blood cyanide by headspace gas chromatography [J]. Journal of Analytical Toxicology, 2005, 29 (1)：71-75.

[53] Liu G J, Liu J T, Hara K, et al. Rapid determination of cyanide in human plasma and urine by gas chromatography-mass spectrometry with two-step derivatization

[J]. Journal of Chromatography B, 2009, 877 (27): 3054-3058.

[54] Paul B D, Smith M L. Cyanide and thiocyanate in human saliva by gas chromatography-mass spectrometry [J]. Journal of Analytical Toxicology, 2006, 30 (8): 511-515.

[55] Sano A, Takezawa M, Takitani S. Fluorometric determination of cyanide with 2, 3-naphthalenedialdehyde and taurine [J]. Talanta, 1987, 34 (8): 743-744.

[56] Sano A, Takezawa M, Takitani S, et al. Spectrofluorimetric determination of cyanide in blodd and urine with naphthalene-2,3-dialdehyde and taurine [J]. Analytica Chimica Acta, 1989, 225 (1): 351-358.

[57] Wu W L, Xiao Q W, Zhang P, et al. Rapid measurement of free cyanide in liquor by ion chromatography with pulsed amperometric detection [J]. Food Chemistry, 2015, 172 (Apr. 1): 681-684.

[58] Giuriati C, Cavalli S, Gorni A, et al. Ion chromatographic determination of sulfide and cyanide in real matrices by using pulsed amperometric detection on a silver electrode [J]. Journal of Chromatography A, 2004, 1023 (1): 105-112.

[59] Ding M, Wang K. Determination of cyanide in bamboo shoots by microdiffusion combined with ion chromatography-pulsed amperometric detection [J]. Royal Society Open Science, 2018, 5 (4): 1-9.

[60] Meher A K, Labhsetwar N, Bansiwal A. An improved method for direct estimation of free cyanide in drinking water by ion chromatography-pulsed amperometry detection (IC-PAD) on gold working electrode [J]. Food Chemisty, 2018, 240 (Feb. 1): 131-138.

[61] Jaszczak E, Kozioł K, Kiełbratowska B, et al. Application of ion chromatography with pulsed amperometric detection for the determination of trace cyanide in biological samples, including breast milk [J]. Journal of Chromatography B, 2019, 1110/1111: 36-42.

[62] Jaszczak E, Narkowicz S, Namieśnik J, et al. Determination of cyanide in urine and saliva samples by ion chromatography with pulsed amperometric detection [J]. Monatshefte Fur Chemie, 2017, 148 (9): 1645-1649.

[63] Jaszczak E, Ruman M, Narkowicz S, et al. Development of an analytical protocol for determination of cyanide in human biological samples based on application of ion chromatography with pulsed amperometric detection [J]. Journal of Analytical Methods in Chemistry, 2017 (1). doi: 10.1155/2017/7157953.

[64] 范文来，徐岩，张庄英．一种快速定量白酒中氰化物的方法：中国专利，CN201410215706X [P]. 2014. 05. 21.

[65] 李悦, 李彦懿, 肖得力. 氰化物定量检测方法应用研究进展 [J]. 药物分析杂志, 2016, 36 (12): 2075-2083.

[66] Dadfarnia S, Shabani A M H, Tamadon F, et al. Indirect determination of free cyanide in water and industrial waste water by flow injection-atomic absorption spectrometry [J]. Microchimica Acta, 2007, 158 (1/2): 159-163.

[67] 蔺岩, 王丹. 用氰电极测定酒中氰化物 [J]. 食品研究与开发, 2004, 25 (3): 131-132.

[68] 郭忠, 张文德, 孙仕萍, 等. 单扫示波极谱法测定氰化物的方法研究 [J]. 分析科学学报, 2005, 21 (1): 109-110.

[69] Bhandari R K, Oda R P, Youso S L, et al. Simultaneous determination of cyanide and thiocyanate in plasma by chemical ionization gas chromatography mass-spectrometry (CI-GC-MS) [J]. Analytical and Bioanalytical Chemistry, 2012, 404 (8): 2287-2294.

[70] Lindsay A E, O'Hare D. The development of an electrochemical sensor for the determination of cyanide in physiological solutions [J]. Analytica Chimica Acta, 2006, 558 (1/2): 158-163.

[71] Valentour J C, Aggarwal V, Sunshine I. Sensitive gas chromatographic determination of cyanide [J]. Analytical Chemistry, 1974, 46 (7): 924-925.

[72] 李南, 何海茵, 郑悦珊, 等. 顶空气相色谱法测定白酒中氰化物含量 [J]. 食品安全质量检测学报, 2019, 10 (1): 240-244.

[73] Tracqui A, Raul J S, Geraut A, et al. Determination of blood cyanide by HPLC-MS [J]. Journal of Analytical Toxicology, 2002, 26 (3): 144-148.

[74] Zhang Z W, Xu Y B, Wang C H, et al. Direct determination of hydrogen cyanide in cigarette mainstream smoke by ion chromatography with pulsed amperometric detection [J]. Journal of Chromatography A, 2011, 1218 (7): 1016-1019.

[75] Cengiz M F, Durak M Z, Nilufer S, et al. Ion chromatographic determination of free cyanide in different classes of bottled natural mineral water consumed in turkey [J]. International Journal of Food Properties, 2015, 18 (4): 746-756.

[76] Pihlar B, Kosta L. Determination of cyanides by continuous distillation and flow analysis with cylindrical amperometric electrodes [J]. Analytica Chimica Acta, 1980, 114 (1): 275-281.

# 东北大酱中乳酸菌、酵母菌的安全性及生产性能评价

郭琳洁，顾金红，妥彦峰

（大连工业大学食品学院，辽宁大连　116034）

**摘　要**：从东北传统大酱中筛选出16株乳酸菌和15株酵母菌，并对菌株的安全性和生产性能进行评价，以便更好地应用于发酵食品。通过高效液相色谱法对乳酸菌和酵母菌的产生物胺能力以及降解生物胺能力进行测定，结果发现菌株D43、K142、K9对生物胺有着较高的降解率，溶血性实验结果显示所有菌株均不溶血。将具有较高生物胺降解能力的三株菌进行药敏实验，结果显示D43和K142两株菌对各种抗生素更为敏感。通过生产性能评价测定了乳酸菌、酵母菌的α-淀粉酶、蛋白酶和脂肪酶活力，各筛选出了三株高酶活的乳酸菌和酵母菌，分别是乳酸菌K16、M43、D43，酵母菌O2-6、K13、K1。根据安全性评价和生产性能评价及菌株鉴定结果，选择了一株降解生物胺能力强且生产性能好的植物乳杆菌DPUL-J8以及一株安全性高且酶活高的库德里阿兹威毕赤酵母DPUY-J8，用于大酱的发酵。

**关键词**：大酱；生物胺；安全性；生产性能

# Safety and Production Performance Evaluation of *Lactobacillus* and Yeast in Northeast Soybean Paste

GUO Linjie，GU Jinhong，TUO Yanfeng

（School of Food Science and Technology，Dalian Polytechnic University，Liaoning Dalian 116034，China）

**Abstract**：16 strains of lactic acid bacteria and 15 strains of yeast were screened from the traditional soybean paste in Northeast China，and the safety and production performance

基金项目："十三五"国家重点研发计划项目"传统发酵食品加工过程中内源性危害物控制技术的应用示范（2018YFC1604102）"。

作者简介：郭琳洁，女，硕士研究生，主要从事大酱的研究工作。E-mail：962447637@qq.com。

通信作者：妥彦峰，男，博士，副教授，主要从事食品微生物的研究工作。E-mail：tyfjq@aliyun.com。

of the strains were evaluated for better application in fermented food. The ability of producing amines and degrading biogenic amines of lactic acid bacteria and yeast was determined by high performance liquid chromatography. The results showed that strains D43, K142 and K9 had high degradation rate of biogenic amines, and the hemolytic test showed that all strains did not hemolyze. Three strains with high biogenic amine degradation ability were tested for drug sensitivity. The results showed that D43 and K142 strains were more sensitive to various antibiotics. The enzyme activities of lactic acid bacteria and yeast were determined by production performance evaluation, and three strains of lactic acid bacteria and yeasts with high enzyme activities were screened out, which were *Lactobacillus* K16, M43, and D43, and yeast O2-6, K13, and K1. According to the results of safety evaluation, production performance evaluation and strain identification, a *Lactobacillus plantarum* DPUL-J8 with strong capability of degrading biogenic amines and good production performance, and a *Pichia kudriavzevii* DPUY-J8 with high safety and high enzyme activity were selected for the fermentation of soy sauce.

**Key words**: Soybean paste, Biogenic amines, Security, Production performance

## 1 前言

大酱是以大豆为原料，利用环境中的微生物自然发酵而成的半流动状态的发酵食品，在中国具有悠久的历史，因其具有很高的营养成分以及独特的风味口感而深受人们的喜爱。大豆中蛋白质含量在 38% 以上，蛋白质在大酱发酵过程中被分解为氨基酸、小分子的肽等，同时大豆中还存在异黄酮、维生素和矿物质等成分[1]。

大酱采用传统的发酵方法，从制曲到发酵成熟，是多种微生物共同作用的结果，其中乳酸菌是大酱中主要的细菌，酵母菌是主要的真菌[2]。乳酸菌在大酱发酵的过程中直接或间接参与脂质的代谢，可以将大豆中的蛋白质分解成氨基酸，有助于大酱独特鲜味的形成[3]。酵母菌在豆酱发酵过程中对大酱风味的形成有很大的影响[4]，不仅代谢产生大酱独特的香味物质，还对大酱颜色的稳定和原料利用率的提高起着重要作用[5,6]。由于大酱是在开放的环境下采用自然发酵的方法生产，生产周期较长，微生物体系复杂，所以在发酵过程中往往导致多种物质生成，其中包含一些有毒物质，如生物胺等。为了保障食品安全，需要对大酱中的微生物进行安全性评价。

在本研究中，评价了从大酱中筛选出来的 16 株乳酸菌和 15 株酵母菌的安全性及生产性能，包括 α-淀粉酶活性、蛋白酶活性和脂肪酶活性，采用高效液相色谱法检测了乳酸菌和酵母菌的生物胺产量以及对生物胺的降解能力，又通过溶血性及药敏性对菌株安全性进行验证，最终筛选出安全性高且生产性能好的乳酸菌和酵母菌用于大酱的发酵。

## 2　材料与方法

### 2.1　材料与试剂

大酱样品来自于黑龙江和辽宁地区农家自然发酵的大酱。

生物胺标准品：色胺、酪胺、亚精胺、苯乙胺、腐胺、尸胺、组胺、精胺，均购自源叶生物试剂有限公司。

前体氨基酸：色氨酸、鸟氨酸、赖氨酸、酪氨酸、苯丙氨酸、组氨酸、精氨酸，均购自上海阿拉丁试剂有限公司。

丹磺酰氯（色谱纯，美国 Sigma-Aldrich 公司）；无水碳酸钠（分析纯，天津市瑞金特化学品有限公司）；氨水（分析纯，天津大茂化学试剂厂）；乙腈（色谱纯，美国 Sigma-Aldrich 公司）；

### 2.2　仪器与设备

S6000 高效液相色谱仪（广东华普科技股份有限公司）；KQ5200DE 超声清洗仪（昆山市超声仪器有限公司）；WP-250 微生物培养箱（上海精密实验设备有限公司）；DK-S22 电热恒温水浴锅（上海精宏仪器公司）；SX-500 自动高压灭菌锅（Tomy 公司）。

### 2.3　试验方法

2.3.1　生物胺标准曲线的绘制及测定方法

采用高效液相色谱法测定生物胺含量[7-10]。

2.3.1.1　试剂配制

（1）8 种生物胺标准储备液　分别取色胺、苯乙胺、腐胺、尸胺、组胺、酪胺、亚精胺、精胺的标准品 100mg 于 100mL 烧杯中，加入 0.1mol/L 盐酸溶液溶解，置于 100mL 容量瓶中，定容至刻度，配制成浓度为 1000mg/L（以生物胺单体计）的标准储备溶液，在-20℃冰箱储存。

（2）丹磺酰氯　准确称取 1.0g 丹磺酰氯置于 100mL 棕色容量瓶中，定容至刻度，混合均匀配制质量浓度为 10mg/L 的生物胺衍生试剂，存于 4℃冰箱中避光保藏。

分别取 8 种标准储备液 1.0mL 于 10mL 的容量瓶中，用 0.1mol/L 的盐酸稀释定容，然后再稀释制备成浓度为 0.5mg/L、1.0mg/L、2.0mg/L、5mg/L、10mg/L、25mg/L、50mg/L 的 8 种生物胺标准系列溶液。

2.3.1.2　生物胺标准溶液中生物胺的衍生化[11-13]。

取 750μL 的生物胺标准储备液于 2mL EP 管中，加入 750μL 的丹磺酰氯溶液和

150μL 饱和碳酸钠溶液，振荡混匀，45℃水浴 30min 后加入 150μL 氨水混匀，45℃水浴 15min，用 0.22μm 孔径的滤膜过滤后待分析[14]。

2.3.1.3 采用华普高效液相色谱（HPLC）

色谱条件：流动相：A 相：水，B 相：乙腈；色谱柱：华普 C18 柱（150mm×250mm×4.6mm，填料粒径 5.0μm），或相当者；流速：1.0mL/min，柱温：40℃；进样体积：30μL；紫外检测波长：235nm。

洗脱梯度程序见表 1。

**表 1 洗脱梯度程序**

**Table 1 Elution gradient program**

| 洗脱时间/min | 流动相 A/% | 流动相 B/% |
|---|---|---|
| 0 | 45 | 55 |
| 10 | 45 | 55 |
| 15 | 35 | 65 |
| 20 | 20 | 80 |
| 25 | 20 | 80 |
| 30 | 10 | 90 |
| 33 | 10 | 90 |
| 35 | 45 | 55 |

2.3.2 乳酸菌、酵母菌产生物胺产量的测定[15]

在 MRS 液体培养基和 YPD 液体培养基中分别加入 8 种 0.1%的前体氨基酸和 0.005%的磷酸吡哆醛，将配制好的 MRS 液体培养基和 YPD 液体培养基分装于 15mL 离心管中，121℃灭菌 20min，将活化好的乳酸菌接种到上述 MRS 液体培养基中（接种量），置于 37℃恒温培养箱中培养 48h，酵母菌接种到上述 YPD 培养基中（接种量），置于 28℃恒温培养箱中培养 48h。

菌株上清液中生物胺的衍生化同“2.3.1.2 生物胺标准溶液中生物胺的衍生化”。

2.3.3 生物胺降解菌株的筛选[16-19]

在 MRS 液体培养基中分别加入 1‰的 8 种生物胺标准溶液，调节 pH 为 5.5，作为生物胺降解菌株的筛选培养基。

将乳酸菌活化三代，按照 2% 的接种量接种到生物胺降解菌的筛选培养基中，37℃培养 48h，用未接种微生物的 MRS 培养基作为对照，培养结束后 5000r/min 离心 10min，取上清液进行生物胺衍生化，HPLC 测定生物胺含量，计算菌株的降解率。

$$降解率=\frac{对照组生物胺含量-处理组生物胺含量}{对照组生物胺含量}\times 100\%$$

2.3.4　乳酸菌、酵母菌溶血性验证

在超净工作台中向灭菌后的哥伦比亚培养基加入5%的绵羊血，摇匀后进行倒板划线，置于37℃ 培养箱中培养48h，观察菌株周围是否有透明圈。出现草绿色环是$\alpha$溶血性；出现透明的溶血环是$\beta$溶血性，未出现变化则是不溶血。

2.3.5　菌株抗生素敏感性测定

采用药敏纸片法对菌株耐药性进行检测。通过Shi等[20]的方法进行修改，来确定菌株对所选抗生素的敏感性。从常用抗生素中选取氨苄西林、氯霉素、环丙沙星、卡那霉素、庆大霉素、青霉素、四环素、万古霉素、克林霉素、左氧氟沙星10种抗生素进行药敏试验。配制RCA培养基，灭菌后将待测菌株倾注在平板上，倒平板后在平板上贴上10种药敏片，使抗生素扩散0.5 h，然后在37℃培养48h。用抑菌圈直径区分菌株对抗生素的敏感程度[21]。

2.3.6　乳酸菌、酵母菌酶活力测定

粗酶液的制备：称取5g黄豆于锥形瓶中，加入50mL 2.5mol/L的NaCl溶液，将待测的菌株按2%接种于发酵培养基中，乳酸菌37℃培养48h，酵母菌28℃培养48h。发酵培养48h后转移至离心管中离心（10000r/min，4℃，20min），收集上清液即为待测粗酶液。

2.3.6.1　乳酸菌、酵母菌$\alpha$-淀粉酶活力测定[22]

将上述粗酶液依据北京索莱宝科技有限公司试剂盒（BC0615）说明书对15株酵母菌和16株乳酸菌的$\alpha$-淀粉酶活力进行测定。在上述条件下每毫升样本每分钟催化产生1mg还原糖定义为1个酶活力单位。

2.3.6.2　乳酸菌、酵母菌蛋白酶活力测定

粗酶液制备方法同“2.3.6　乳酸菌、酵母菌酶活力测定”。将处理好的粗酶液依据上海钰博生物科技有限公司总蛋白酶试剂盒（YBE-1819）说明书对16株乳酸菌和15株酵母菌的蛋白酶活力进行测定。

2.3.6.3　乳酸菌、酵母菌脂肪酶活力测定

将上述粗酶液依据北京索莱宝科技有限公司试剂盒（BC2340）说明书对15株酵母菌的脂肪酶活力进行测定。在上述条件下37℃每克样本每分钟水解橄榄油生成1μmol脂肪酸为1个酶活力单位。

2.3.7　乳酸菌、酵母菌的16S rDNA序列分析

根据细菌16S rRNA基因的V3-V4区设计了引物338F（A C T C C T A C G G G A G G C A G C A G）和806R（G G A C T A C H V G G G T W T C T A A T），真菌ITS基因设计引物ITS1F（C T T G G T C A T T T A G A G G A A G T A A）和ITS2R（G C T G C G T T C T T C A T C G A T G C）通过PCR扩增，进行16S rDNA序列分析，这项工作由上海生工生物工程有限公司完成。

2.3.8 数据分析

所有试验均重复 3 次以上，所有数据均以平均值±标准差表示。选用 SPSS 软件对单因素方差分析进行评估，以验证样本之间的显著差异。当 $P<0.05$ 时，结果被认为是显著的。选用 Origin 8.5 软件绘图。

# 3 结果与讨论

## 3.1 8 种生物胺回归方程

由表 2 可以看出，8 种生物胺的峰面积与其对应的浓度分别呈良好的线性关系。相关系数均大于 0.992，表明采用上述的方法可以对生物胺含量进行准确的测定。

**表 2 生物胺回归方程及决定系数**

**Table 2 Regression equations and determinants of biogenic amines**

| 生物胺 | 回归方程 | 相关系数 |
|---|---|---|
| 色胺 | $y=60.206x+5.8267$ | 0.9996 |
| 苯乙胺 | $y=1.5154x-9.0866$ | 0.9994 |
| 腐胺 | $y=630.31x+473.7$ | 0.9995 |
| 尸胺 | $y=176.56x+225.71$ | 0.9986 |
| 组胺 | $y=171.67x+216.97$ | 0.9995 |
| 酪胺 | $y=123.08x-126.52$ | 0.9979 |
| 亚精胺 | $y=107.11x+0.5945$ | 0.9920 |
| 精胺 | $y=89.861x+58.064$ | 0.9995 |

## 3.2 东北大酱中乳酸菌、酵母菌产生物胺含量

3.2.1 东北大酱中乳酸菌产生物胺含量

共检测了 16 株乳酸菌的生物胺产量，其中包括 14 株杆菌、2 株球菌。除 K142、K16 两株菌株外，其余菌株均有生物胺检出。总生物胺产量在（1.19±0.01）~（13.58±0.22）mg/kg，腐胺、色胺的含量相对较高，苯乙胺和酪胺在所有菌株中都未检测到。其中 K17 菌株生物胺产量最多，总胺含量达到（13.58±0.22）mg/kg。从表 3 中可以看出，空白组生物胺含量为（1.38±0.22）mg/kg，部分菌株生物胺含量低于空白组，可能具有降解生物胺的作用，可以考虑作为大酱发酵剂来使用。

表 3　东北大酱中乳酸菌的生物胺含量　单位：mg/kg

Table 3　Biogenic amine content of *Lactobacillus* in northeast soybean paste　Unit：mg/kg

| 菌株编号 | 腐胺 | 组胺 | 色胺 | 尸胺 | 苯乙胺 | 酪胺 | 亚精胺 | 精胺 | 总胺 |
|---|---|---|---|---|---|---|---|---|---|
| 空白 | 0.47±0.16 | ND | 0.91±0.06 | ND | ND | ND | ND | ND | 1.38±0.22 |
| K3 | 1.61±0.03 | ND | ND | ND | ND | ND | ND | ND | 1.61±0.03 |
| M2-2 | 1.87±0.01 | 0.25±0.02 | ND | ND | ND | ND | ND | ND | 2.12±0.04 |
| K14 | 1.03±0.03 | 0.16±0.01 | ND | ND | ND | ND | ND | ND | 1.19±0.01 |
| O10 | 1.49±0.24 | 0.06±0.04 | ND | ND | ND | ND | ND | ND | 1.55±0.28 |
| M16 | 1.81±0.02 | 0.27±0.07 | ND | ND | ND | ND | ND | ND | 2.08±0.10 |
| M44 | 2.21±0.05 | ND | 5.66±0.14 | ND | ND | ND | ND | ND | 7.87±0.20 |
| K4 | 2.63±0.14 | ND | 6.78±0.38 | ND | ND | ND | ND | ND | 9.41±0.52 |
| K6 | 1.20±0.06 | 0.94±0.03 | ND | ND | ND | ND | ND | ND | 2.15±0.10 |
| D43 | 1.34±0.01 | ND | ND | ND | ND | ND | ND | ND | 1.34±0.01 |
| M43 | ND | ND | 2.22±0.04 | ND | ND | ND | ND | ND | 2.22±0.04 |
| K17 | ND | ND | 2.22±0.06 | 1.83±0.02 | ND | ND | 9.16±0.11 | 0.35±0.02 | 13.58±0.22 |
| D2-6 | ND | ND | 5.05±0.49 | ND | ND | ND | ND | ND | 5.05±0.49 |
| WZ | ND | ND | ND | 1.49±0.29 | ND | ND | ND | ND | 1.49±0.29 |
| K9 | ND | ND | ND | 1.86±0.01 | ND | ND | ND | ND | 1.86±0.01 |
| K142 | ND | ND | ND | ND | ND | ND | ND | ND | ND |
| K16 | ND | ND | ND | ND | ND | ND | ND | ND | ND |

注：数值范围表示为（均值±SD）；ND：未检测到，余同。

#### 3.2.2　东北大酱中酵母菌产生物胺含量

对东北大酱中筛选出来的 15 株酵母菌产生物胺情况进行检测。从表 4 中可以看出，大部分菌株均不产生物胺，K11 和 M1 分别有少量的组胺和尸胺产生，含量分别为（2.80±0.10）mg/kg 和（1.10±0.12）mg/kg。其余菌株均是安全的，可用于大酱的发酵。

表 4　东北大酱中酵母菌的生物胺含量　单位：mg/kg

Table 4　Biogenic amine content of yeast in northeast soybean paste　Unit：mg/kg

| 菌株编号 | 腐胺 | 组胺 | 色胺 | 尸胺 | 苯乙胺 | 酪胺 | 亚精胺 | 精胺 | 总胺 |
|---|---|---|---|---|---|---|---|---|---|
| K11 | ND | 2.80±0.10 | ND | ND | ND | ND | ND | ND | 2.80±0.10 |
| K8 | ND | ND | ND | ND | ND | ND | ND | ND | ND |

续表

| 菌株编号 | 腐胺 | 组胺 | 色胺 | 尸胺 | 苯乙胺 | 酪胺 | 亚精胺 | 精胺 | 总胺 |
|---|---|---|---|---|---|---|---|---|---|
| K10 | ND | ND | ND | ND | ND | ND | ND | ND | ND |
| M4-1 | ND | ND | ND | ND | ND | ND | ND | ND | ND |
| K1 | ND | ND | ND | ND | ND | ND | ND | ND | ND |
| D4-1 | ND | ND | ND | ND | ND | ND | ND | ND | ND |
| K5 | ND | ND | ND | ND | ND | ND | ND | ND | ND |
| M5 | ND | ND | ND | ND | ND | ND | ND | ND | ND |
| M1 | ND | ND | ND | 1. 10±0. 12 | ND | ND | ND | ND | 1. 10±0. 12 |
| D4-3 | ND | ND | ND | ND | ND | ND | ND | ND | ND |
| M4-2 | ND | ND | ND | ND | ND | ND | ND | ND | ND |
| O2-1 | ND | ND | ND | ND | ND | ND | ND | ND | ND |
| K13 | ND | ND | ND | ND | ND | ND | ND | ND | ND |
| M2 | ND | ND | ND | ND | ND | ND | ND | ND | ND |
| O2-6 | ND | ND | ND | ND | ND | ND | ND | ND | ND |

## 3.3 东北大酱中乳酸菌对生物胺的降解作用

对 16 株乳酸菌的降解生物胺能力进行检测，如表 5 所示，从表中可以看出，所有的菌株都具有一定的降解能力。不同菌株对不同种生物胺的降解能力不同。图 1 是对生物胺降解能力较高的三株菌，从图中可以看出菌株 K142、K9 对亚精胺的降解率超过 80%，菌株 D43、K142 对腐胺的降解率达到 100%，显著高于其他菌株，菌株 D43、K142、K9 对尸胺的降解率均大于 90%，其中菌株 K142 对苯乙胺的降解率达到（71. 624±0. 006）%。菌株 K142 对 7 种生物胺均有降低，且对色胺、苯乙胺、腐胺、尸胺、组胺的降解率显著高于其他菌株，酪胺、亚精胺也均有较高的降解率，故菌株 D43、K142、K9 对生物胺有着较高的降解率。

**表 5　乳酸菌对生物胺的降解作用**　单位：%

**Table 5　Degradation of biogenic amine by *Lactobacillus***　Unit：%

| 菌株编号 | 腐胺 | 组胺 | 色胺 | 尸胺 | 苯乙胺 | 酪胺 | 亚精胺 |
|---|---|---|---|---|---|---|---|
| K3 | 46. 41±0. 03 | 58. 24±0. 089 | 48. 09±0. 09 | 51. 57±0. 04 | 51. 94±0. 09 | 62. 45±0. 03 | 13. 65±0. 58 |
| K14 | 56. 80±2. 21 | 68. 45±0. 36 | 52. 79±0. 37 | 57. 84±0. 33 | 56. 61±0. 40 | 57. 44±1. 45 | 17. 63±0. 72 |

续表

| 菌株编号 | 腐胺 | 组胺 | 色胺 | 尸胺 | 苯乙胺 | 酪胺 | 亚精胺 |
|---|---|---|---|---|---|---|---|
| M2-2 | 51. 40±0. 45 | 68. 86±0. 14 | 61. 35±0. 26 | 56. 50±0. 52 | 63. 80±0. 05 | 74. 82±0. 28 | 52. 35±1. 00 |
| O10 | 49. 61±0. 79 | 61. 33±0. 99 | 60. 70±0. 46 | 51. 44±1. 23 | 62. 16±0. 04 | 73. 07±0. 53 | 50. 19±4. 89 |
| M16 | 87. 07±0. 63 | 53. 32±0. 19 | 49. 46±0. 24 | 83. 96±0. 72 | 51. 41±0. 19 | 79. 03±1. 01 | 28. 00±3. 10 |
| M44 | 60. 19±0. 69 | 50. 45±0. 11 | 53. 15±0. 14 | 48. 77±0. 79 | 55. 73±0. 12 | 48. 49±0. 37 | 53. 00±0. 44 |
| K4 | 49. 42±0. 98 | 45. 56±0. 85 | 50. 27±0. 31 | 49. 85±0. 76 | 51. 03±0. 32 | 67. 85±0. 66 | 42. 59±0. 55 |
| K6 | 42. 90±0. 43 | 63. 73±0. 051 | 75. 08±0. 03 | 46. 90±0. 42 | 58. 14±0. 06 | 71. 45±0. 35 | 19. 94±1. 5 |
| D43 | 100 | 78. 91±0. 43 | 71. 88±0. 22 | 98. 37±0. 90 | 74. 75±0. 18 | 18. 33±0. 63 | 79. 67±0. 20 |
| M43 | 41. 34±1. 06 | 61. 24±0. 36 | 54. 37±0. 56 | 46. 91±1. 01 | 57. 86±0. 56 | 68. 72±0. 61 | ND |
| K17 | 49. 41±0. 25 | 50. 92±0. 08 | 55. 95±0. 11 | 49. 23±1. 37 | 55. 60±0. 08 | 52. 86±0. 37 | 35. 53±0. 61 |
| D2-6 | 70. 44±0. 82 | 74. 80±0. 15 | 76. 49±0. 07 | 84. 28±0. 16 | 72. 56±0. 17 | 76. 43±2. 18 | 77. 44±1. 54 |
| WZ | 46. 39±0. 55 | 54. 34±0. 54 | 53. 15±0. 14 | 47. 46±0. 91 | 57. 89±0. 02 | 47. 99±0. 04 | 35. 39±0. 01 |
| K9 | 96. 78±0. 11 | 58. 93±0. 08 | 65. 46±0. 05 | 94. 57±0. 11 | 65. 14±0. 05 | 79. 91±1. 10 | 86. 37±0. 52 |
| K142 | 100 | 73. 11±0. 04 | 69. 67±0. 57 | 96. 77±0. 09 | 71. 62±0. 06 | 57. 93±0. 75 | 90. 04±2. 21 |
| K16 | 48. 65±0. 17 | 65. 62±0. 23 | 49. 52±0. 10 | 52. 73±0. 16 | 54. 97±0. 09 | 61. 99±0. 24 | 39. 63±0. 56 |

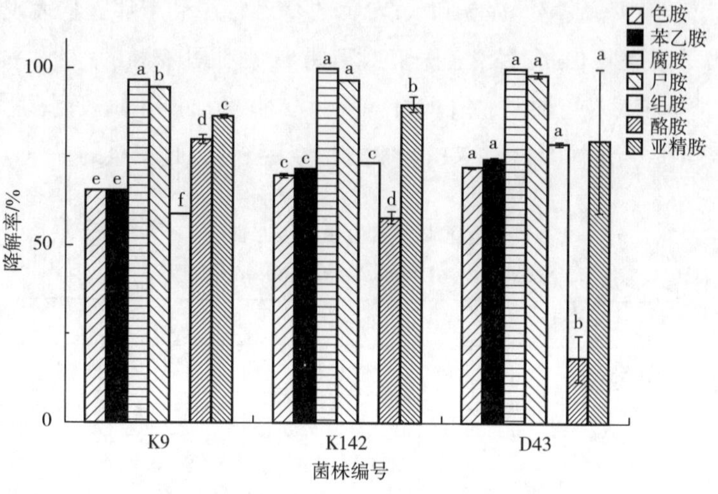


图 1　菌株 D43、K142、K9 对生物胺的降解作用

Fig. 1　Degradation of biogenic amine by strain D43、K142、K9

## 3. 4　东北大酱中菌株溶血性检测

溶血性是评价菌株安全性的重要指标。对东北大酱中乳酸菌和酵母菌溶血性进行

检测，结果如图 2 所示，(1) 为单增李斯特菌株，作为本实验的阳性对照菌株，可以明显看出菌株周围有透明光圈，具有 $\beta$ 溶血性。而乳酸菌和酵母菌周围均没有出现透明或草绿色的光圈，说明本实验中乳酸菌和酵母菌不具有溶血性，是安全的。这一结果与 Do-Won Jeong 等[23]的研究结果一致。

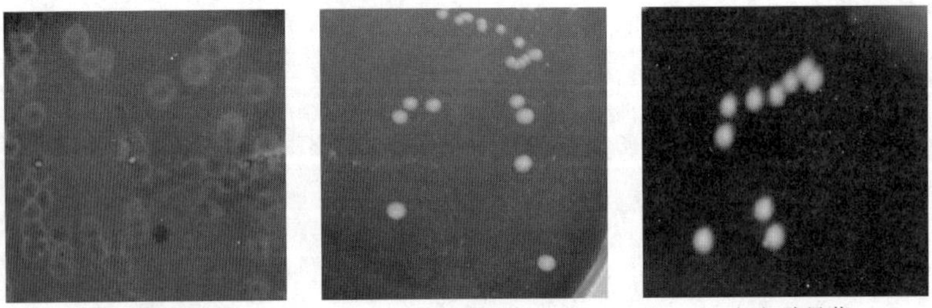

(1) 单增李斯特菌　　(2) 乳酸菌　　(3) 酵母菌

图 2　菌株溶血性检测结果

Fig. 2　Hemolysis test results of strains

## 3.5　东北大酱中乳酸菌抗生素耐药性结果

表 6 显示除万古霉素外，三株菌对常规的抗生素基本都表现出敏感性。菌株 D43 和 K142 对氯霉素、克林霉素、红霉素以及氨苄西林都表现出敏感，而 K9 对氨苄西林和红霉素表现出中等敏感。D43 和 K142 对左氧氟沙星和卡那霉素表现出中度敏感，而 K9 对卡那霉素表现出抗性。三株菌对万古霉素都具有抗性，这一发现与 Teles 等[24]的研究结果相对应。通常，乳酸杆菌对万古霉素都具有一般耐药性。根据抗生素敏感性结果评估，菌株 D43 和 K142 对抗生素无抗性，是安全的。

表 6　乳酸菌对抗生素的敏感性

Table 6　Sensitivity of *Lactobacillus* to antibiotics

| 抗生素种类 | D43 | | K9 | | K142 | |
|---|---|---|---|---|---|---|
| | 抑制区直径/mm | 抗生素敏感性 | 抑制区直径/mm | 抗生素敏感性 | 抑制区直径/mm | 抗生素敏感性 |
| 氯霉素 | 35. 28±0. 40 | S | 26. 18±0. 82 | S | 33. 64±1. 64 | S |
| 克林霉素 | 20. 64±1. 53 | S | 30. 22±0. 54 | S | 43. 84±0. 96 | S |
| 红霉素 | 33. 44±0. 79 | S | 23. 54±1. 61 | S | 31. 20±0. 51 | S |
| 氨苄西林 | 26. 76±1. 19 | S | 18. 98±1. 16 | I | 25. 24±1. 07 | S |
| 四环素 | 24. 40±1. 36 | S | 12. 68±1. 30 | I | 16. 26±0. 14 | I |
| 庆大霉素 | 19. 56±1. 36 | I | 18. 40±0. 85 | I | 20. 48±0. 11 | S |

续表

| 抗生素种类 | D43 | | K9 | | K142 | |
|---|---|---|---|---|---|---|
| | 抑制区直径/mm | 抗生素敏感性 | 抑制区直径/mm | 抗生素敏感性 | 抑制区直径/mm | 抗生素敏感性 |
| 左氧氟沙星 | 15. 28±0. 74 | I | 13. 26±0. 82 | I | 15. 70±0. 42 | I |
| 卡那霉素 | 19. 22±1. 16 | I | 9. 98±1. 10 | R | 14. 40±0. 91 | I |
| 万古霉素 | ND | R | ND | R | ND | R |

注：S，敏感；I，中度敏感；R，抗性；ND：未检测到。

## 3. 6　乳酸菌、酵母菌淀粉酶活力检测结果

试验对从东北大酱中筛出来的酵母菌和乳酸菌进行了淀粉酶活力检测。乳酸菌的淀粉酶活力较低，故此处未列出。共测定了 15 株酵母菌的淀粉酶活力，如表 7 所示，菌株酶活力在（2. 07±0. 07）～（22. 05±0. 08）U/mL，O2-6 淀粉酶活力最高，达到了（22. 05±0. 08）U/mL，D4－3、K13、M1、M2、K11 次之，其余菌株酶活力均不高。

**表 7　酵母菌淀粉酶活力**

**Table 7　Amylase activity of yeast**

| 菌株编号 | 淀粉酶活力/(U/mL) | 菌株编号 | 淀粉酶活力/(U/mL) |
|---|---|---|---|
| M4-1 | 2. 08±0. 13$^{d}$ | K8 | 19. 56±0. 28$^{ab}$ |
| D4-1 | 2. 30±0. 23$^{d}$ | K11 | 21. 00±0. 16$^{ab}$ |
| M4-2 | 2. 07±0. 07$^{d}$ | O2-1 | 20. 75±0. 16$^{ab}$ |
| D4-3 | 21. 16±0. 08$^{ab}$ | K1 | 19. 11±1. 03$^{b}$ |
| K13 | 21. 23±0. 95$^{ab}$ | K5 | 15. 73±0. 08$^{c}$ |
| M1 | 21. 80±0. 68$^{a}$ | K10 | 20. 41±0. 01$^{ab}$ |
| M5 | 19. 03±0. 41$^{b}$ | O2-6 | 22. 05±0. 08$^{a}$ |
| M2 | 21. 78±0. 27$^{a}$ | | |

注：表中数据为（均值±SD），同一列数字右上角标示不同的小写字母表示显著差异（$P<0.05$）。

## 3. 7　酵母菌、乳酸菌蛋白酶活力检测结果

对从东北大酱中筛选出来的酵母菌和乳酸菌进行了蛋白酶活力检测。从表 8 和表 9 中可以看出乳酸菌的蛋白酶活性整体高于酵母菌的蛋白酶活力。共测定了 15 株酵母菌的淀粉酶活力，菌株酶活力在（4. 46±0. 64）～（343. 55±1. 93）U/L，K13 蛋白

酶活力最高，达到了 343.55±1.93U/L，其余菌株酶活力均不高。在 16 株乳酸菌中，M43 有较高的蛋白酶活力。

**表 8　乳酸菌蛋白酶活力**

**Table 8　Protease activity of *Lactobacillus***

| 菌株编号 | 蛋白酶酶活力/(U/L) | 菌株编号 | 蛋白酶酶活力/(U/L) |
|---|---|---|---|
| K9 | 71.27±5.14[j] | M43 | 319.00±5.79[a] |
| K3 | 152.64±9.64[g] | O10 | 269.46±3.86[b] |
| K17 | 202.18±10.29[e] | K16 | 121.27±2.57[h] |
| K14 | 94.00±9.00[i] | D43 | 124.46±1.93[h] |
| M16 | 114.46±3.21[h] | K4 | 154.46±4.50[g] |
| WZ | 150.36±10.29[g] | M2-2 | 174.46±7.07[f] |
| D2-6 | 119.91±1.93[h] | K142 | 234.00±2.57[d] |
| K6 | 222.64±7.07[d] | M44 | 252.18±0.00[c] |

注：表中数据为（均值±SD），同一列数字右上角标示不同的小写字母表示显著差异（$P<0.05$）。

**表 9　酵母菌蛋白酶活力**

**Table 9　Protease activity of yeast**

| 菌株编号 | 蛋白酶酶活力/(U/L) | 菌株编号 | 蛋白酶酶活力/(U/L) |
|---|---|---|---|
| K1 | 274.91±10.29[b] | M2 | 4.46±0.64[j] |
| K13 | 343.55±1.93[a] | M5 | 20.82±4.50[hi] |
| K11 | 29.46±2.57[gh] | K8 | 5.8180±1.29[j] |
| O2-6 | 119.46±10.29[d] | K5 | 39.00±7.07[g] |
| M4-1 | 204.46±8.36[c] | O2-1 | 28.09±5.79[gh] |
| D4-3 | 13.55±3.21[ij] | K10 | 30.36±5.14[gh] |
| M1 | 59.91±5.79[f] | M4-2 | 80.36±1.29[e] |
| D4-1 | 69.91±1.93[ef] | | |

注：表中数据为（均值±SD），同一列数字右上角标示不同的小写字母表示显著差异（$P<0.05$）。

## 3.8　酵母菌、乳酸菌脂肪酶活力检测结果

对从大酱中筛出来的酵母菌和乳酸菌进行了蛋白酶活力检测。如表 10 和表 11 所示。共测定了 15 株酵母菌的脂肪酶活力，菌株酶活力在（2.762±0.435）～（3.723±0.686）U/g，O2-6 脂肪酶活力最高。在 16 株乳酸菌中，D43 有着较高的脂肪酶活力，为（5.146±0.218）U/g。

表 10　乳酸菌脂肪酶活力

Table 10　Lipase activity of *Lactobacillus*

| 菌株编号 | 脂肪酶酶活力/(U/g) | 菌株编号 | 脂肪酶酶活力/(U/g) |
|---|---|---|---|
| D43 | 5.146±0.218[a] | M16 | 3.300±0.109[de] |
| M43 | 2.531±0.218[g] | M2-2 | 3.531±0.218[cd] |
| D2-6 | 3.685±0.435[c] | WZ | 3.146±0.109f |
| O10 | 3.300±0.435d[e] | K4 | 3.185±0.163[f] |
| K3 | 3.492±0.054[d] | K14 | 3.069±0.326[f] |
| K16 | 4.415±0.033[b] | K142 | 3.223±0.218[e] |
| K6 | 3.377±0.109[d] | K17 | 3.146±0.326[f] |
| M44 | 3.608±0.653[c] | K9 | 3.146±0.109[f] |

注：表中数字为（均值±SD），同一列数字右上角标示不同的小写字母表示显著差异（$P<0.05$）。

表 11　酵母菌脂肪酶活力

Table 11　Lipase activity of yeast

| 菌株编号 | 脂肪酶酶活力/(U/g) | 菌株编号 | 脂肪酶酶活力/(U/g) |
|---|---|---|---|
| O2-1 | 3.608±0.218[a] | M5 | 2.877±0.381[c] |
| K11 | 3.415±0.598a[b] | K5 | 2.762±0.435[c] |
| M1 | 2.954±0.490[c] | K13 | 2.762±0.218[c] |
| M2 | 3.146±0.218[b] | M4-2 | 3.185±0.163[b] |
| K8 | 3.262±0.272[b] | M4-1 | 2.992±0.109[bc] |
| K1 | 3.531±0.435[a] | O2-6 | 3.723±0.686[a] |
| D4-1 | 3.223±0.109[b] | K10 | 2.954±0.163[c] |
| D4-3 | 2.838±0.544[c] | — | — |

注：表中数字为（均值±SD），同一列数字右上角标示不同的小写字母表示显著差异（$P<0.05$）。

## 3.9　乳酸菌、酵母菌菌株的鉴定

### 3.9.1　菌落形态特征鉴定

根据安全性和生产性能的评价结果，选取乳酸菌 D43 和酵母菌 O2-6 作为大酱的发酵菌株。把安全性较高、生产性能较好的两株菌株 D43 和 O2-6 分别在 MRS 和 YPD 固体培养基中 37℃下培养 48h，肉眼观察固体培养基上面的菌落形态，菌体经革兰染色后在 100 倍油镜下观察菌株的个体形态，结果见表 12，并对这两株菌进行分子生物学鉴定。

表 12　　菌株的菌落形态和菌体形态

Table 12　　Colony morphology and thallus morphology of strains

| 菌株编号 | 菌落形态 | 个体特征 |
|---|---|---|
| 乳酸菌 D43 | 乳白色菌落，圆形隆起，表面光滑 | 革兰染色阳性，短杆状 |
| 酵母菌 O2-6 | 乳白色小菌落，梭状，表面光滑 | 革兰染色阳性，梭状 |

3.9.2　菌株的 16S rDNA 序列分析结果

鉴定结果（表 13）表明，乳酸菌 D43 为植物乳杆菌（*Lactiplantibacillus plantarum*），酵母菌 O2-6 鉴定为库德里阿兹威毕赤酵母（*Pichia kudriavzevii*），因此命名乳酸菌 D43 为植物乳杆菌 DPUL-J8，酵母菌 O2-6 为库德里阿兹威毕赤酵母 DPUY-J8。

表 13　　乳酸菌和酵母菌的鉴定结果

Table13　　Identification results of *Lactobacillus* and yeast

| 菌株编号 | 鉴定结果 | 同源性/% |
|---|---|---|
| 乳酸菌 D43 | 植物乳杆菌（*Lactiplantibacillus plantarum*） | 100 |
| 酵母菌 O2-6 | 库德里阿兹威毕赤酵母（*Pichia kudriavzevii*） | 100 |

## 4　结论

在本试验通过高效液相色谱测定从大酱中筛出来的 16 株乳酸菌和 15 株酵母菌的产生物胺量以及能够降解生物胺的菌株，并通过溶血性实验以及菌株对抗生素的敏感性来检测菌株安全性，又通过测定乳酸菌和酵母菌的 α-淀粉酶活力、蛋白酶活力、脂肪酶活力来检测菌株的生产性能，试验结果如下。

（1）高效液相色谱测定结果显示乳酸菌的总生物胺含量在（1.19±0.01）~（13.58±0.22）mg/kg，酵母菌基本没有生物胺产生，有三株菌（乳酸菌 D43、K142、K9）对生物胺有着较高的降解率。溶血性实验结果显示所有菌株都没有溶血性，即是安全的。将具有较高生物胺降解能力的三株菌进行药敏实验，结果显示 D43 和 K142 两株菌对各种抗生素更为敏感。

（2）通过生产性能评价测定了乳酸菌、酵母菌的淀粉酶活力、蛋白酶活性和脂肪酶活力，根据酶活力测定结果筛选出了三株高酶活力的乳酸菌和酵母菌，分别是乳酸菌 K16、M43、D43，酵母菌 O2-6、K13、K1。

（3）根据菌株安全性评价和生产性能评价结果，选择了一株降解生物胺能力强且生产性能好的植物乳杆菌 DPUL-J8 以及一株安全性高且酶活力高的库德里阿兹威毕赤酵母 DPUY-J8，用于大酱的发酵。

## 参考文献

[1] 汤慧娟，韩翠萍，刘洋，等．传统发酵豆酱的养分变化分析［J］．食品与发酵工业，2013，39（4）：64-67.

[2] 张鹏飞，乌日娜，张平，等．酱醅与豆酱微生物关系研究［J］．食品工业科技，2019，40（7）：101-106+113.

[3] 李志明，郭洁，崔希勇，等，黄豆酱类食品的微生物状况分析［J］．中国调味品，2008，33（12）：75-76+87.

[4] 刘晶晶．风味酵母与米曲霉协同制曲酿造酱油的研究［D］．武汉：湖北工业大学，2015.

[5] 李彦．酵母和乳酸菌共同作用对酱油风味影响的研究［D］．天津：天津科技大学，2019.

[6] 张珊．耐盐酵母的添加对高盐稀态酱油的影响［D］．天津：天津科技大学，2018.

[7] Moratalla M L，Cid S B. Control of biogenic amines in fermented sausages：role of starter cultures［J］. Frontiers in Microbiology，2012，3：1-9.

[8] Moret S，Smela D，Populin T，et al. A survey on free biogenic amine content of fresh and preserved vegetables［J］. Food Chemistry，2005，89（3）：355-361.

[9] Naila A，Flint S，Fletcher G，et al. Control of biogenic amines in food——existing and emerging approaches［J］. Journal of Food Science，2010，75（7）：139-150.

[10] Hao Y，Sun B. Analysis of bacterial diversity and biogenic amines content during fermentation of farmhouse sauce from Northeast China［J］. Food Control，2020，108：106861.

[11] 朱天傲，刘春凤，王金晶，等．国产酱类产品中的生物胺［J］．食品与发酵工业，2017，43（10）：220-227.

[12] Mishra H N，Das C. A review on biological control and metabolism of aflatoxin［J］. Critical Reviews in Food Science and Nutrition，2003，43（3）：245-264.

[13] Mohamed R，Livia S S，Hassan S. et al. Changes in free amino acids and biogenic amines of egyptian salted-fermented fish（feseekh）during ripening and storage［J］. Food Chemistry，2009，115（2）：635-638.

[14] 杜雪，妥彦峰．生物胺降解菌株的筛选与鉴定［J］．食品与机械，2020，36（5）：64-69.

[15] Nie X H，Zhang Q L，Lin S L. Biogenic amine accumulation in silver carp sau-

sage inoculated with *Lactobacillus plantarum* plus *Saccharomyces cerevisiae* [J]. Food Chemistry, 2014, 153 (Jun. 15): 432-436.

[16] Yceer O, Tuncer B O. Determination of antibiotic resistance and biogenic amine production of lactic acid bacteria isolated from fermented turkish sausage (sucuk) [J]. Journal of Food Safety, 2015, 35 (2): 276-285.

[17] Tosukhowong A, Visessanguan W, Pumpuang L, et al. Biogenic amine formation in Nham, a Thai fermented sausage, and the reduction by commercial starter culture, *Lactobacillus plantarum* BCC 9546 [J]. Food Chemistry, 2011, 129 (3): 846-853.

[18] 佟婷婷. 四川泡菜细菌多样性分析及降生物胺菌株筛选 [D]. 无锡: 江南大学, 2015.

[19] 吴燕燕, 钱茜茜, 陈玉峰, 等. 咸鱼中生物胺降解菌的筛选与降解特性研究 [J]. 食品工业科技, 2016, 37 (18): 173-179.

[20] Shi Y F, Zhai M K, Li J L, et al. Evaluation of safety and probiotic properties of a strain of *Enterococcus faecium* isolated from chicken bile [J]. Journal of Food Science and Technology, 2020, 57 (2): 578-587.

[21] Yasmin I, Saeed M, Khan WA, et al. *In vitro* probiotic potential and safety evaluation (hemolytic, cytotoxic activity) of *Bifidobacterium* strains isolated from raw camel milk [J]. Journal of Rapid Methods & Automation in Microbiology, 2020, 8 (3): 354.

[22] 孙晓东, 吕国忠, 栾雨时, 等. 传统发酵豆酱中产 α-淀粉酶菌株的筛选 [J]. 中国酿造, 2015, 34 (5): 40-42.

[23] Jeong D W, Heo S, Lee J H. Safety assessment of *Tetragenococcus halophilus* isolates from doenjang, a Korean high-salt-fermented soybean paste. [J]. Food Microbiology, 2017, 62: 92-98.

[24] Teles S T, Santos O R M, Borges A L, et al. Characterization of *Lactobacilli* strains derived from cocoa fermentation in the south of Bahia for the development of probiotic cultures [J]. LWT-Food Science & Technology, 2016, 73: 259-266.

# 酒中氨基甲酸乙酯含量受光照影响探讨

颜世昕，袁晓惠，孔书慧，王安京

（孔府家酒业有限公司，山东曲阜　273100）

**摘　要**：氨基甲酸乙酯是一种能对试验动物造成多位点致癌，并且对人类具有潜在致癌性的物质，普遍存在于发酵食品和饮料酒中，本文针对酒中氨基甲酸乙酯的形成途径、检测方法进行了系统综述，通过检测新勾调的基酒不同储存时间、不同储存条件（遮光、见光）下的氨基甲酸乙酯含量，并分析其含量变化规律，判定影响因素。

**关键词**：氨基甲酸乙酯；新勾调基酒；氨基甲酸乙酯形成途径；检测方法；影响因素

# Discussion of Light Effect on the Content of Ethyl Carbamate in Liquor

YAN Shixin, YUAN Xiaohui, KONG Shuhui, WANG Anjing

(Confucius Family Liquor Co., Ltd., Shandong Qufu 273100, China)

**Abstract**: Ethyl carbamate (EC) is a kind of substance that is able to cause multiple carcinogenic mutations in experimental animals and has potential carcinogenicity effect on human beings, which generally exists in fermented food and beverage wine. In this paper, the formation pathway and detection methods of ethyl carbamate in *Baijiu* were systematically summarized. In addition, by detecting the content of ethyl carbamate in the new blending basic liquor at different storage time and under different storage conditions (under shading or visible light environment), the change rule of the content of ethyl carbamate was analyzed,

作者简介：颜世昕，男，本科，高级工程师、高级品酒师、高级酿酒师、高级食品检验师，主要从事白酒技术研究。E-mail：1042482964@qq.com。

通信作者：袁晓惠，女，专科，化验专员，主要从事白酒检验的研究。E-mail：1042482964@qq.com。

and the influencing factors of the content of ethyl carbamate in the liquor were determined.

**Key words**: Ethyl carbamate (EC), New blending basic liquor, Formation pathway of ethyl carbamate, Detection method, Influencing factors

氨基甲酸乙酯（又称：尿烷、乌来坦、胺甲酸乙酯，英文名：Ethyl carbamate，EC），是由氨基甲酸形成的一种酯，它是一种可导致啮齿类动物患肺癌、淋巴癌、肝癌和皮肤癌等疾病的多位点致癌物，并且乙醇能促进氨基甲酸乙酯的致癌性[1-2]。2007 年，国际癌症研究机构（International Agency for Research on Cancer，IARC）将氨基甲酸乙酯归为 2A 类致癌物[3]。EC 是食品发酵和储藏过程中天然产生的污染物，国内外均有报道[4-7]在酒精饮料中检测出较高含量的氨基甲酸乙酯，相关研究[8]表明，酒精饮料是膳食摄入氨基甲酸乙酯的主要来源，其次为谷物类和豆类发酵食品。1985 年，加拿大首先规定了酒精饮料中氨基甲酸乙酯的限量标准[9]。随后美国、法国、捷克共和国、巴西、日本等国也规定了酒精饮料中 EC 的最高限量[2,8,10]，我国尚未制定酒精饮料中 EC 含量的限量标准。但随着人们对食品安全认知的提高，EC 污染被认为是食品中继黄曲霉毒素之后的又一重要问题[11]。

基酒勾调就是把具有不同风格特点、不同储存时期、不同发酵周期的酒，采用物理方法，按恰当比例相互掺和，使之相互取长补短、协调平衡，改善酒质，在色、香、味、格诸方面均达到既定酒样的质量，形成符合标准的成品酒[12]。

## 1　氨基甲酸乙酯的形成途径

研究[13]表明，酒精饮料中 EC 的形成主要有两方面：一是与尿素循环有关的物质，如尿素、瓜氨酸及氨甲酰磷酸等；二是氰化物。

### 1.1　尿素循环有关物质途径[14-18]

尿素循环有关物质途径见图 1。

### 1.2　氰化物途径

该途径首先在威士忌酒生产过程中予以揭示[4]，氰化物是与中国白酒同属世界六大蒸馏酒的威士忌、白兰地酒中公认的 EC 前体物质[16]。相关研究[19]表明，世界上有 2000 多种植物中含有氰苷，在酶或加热的条件下氰苷分解成氰化物，氰化物中氰离子及氰酸离子的光化学氧化会生成 EC。酒的 pH、光照、乙醇浓度、温度和催化剂含量等条件均会影响氰化物生成 EC 的速率和数量。也有报道[20-21]在白酒中检出氰化物。

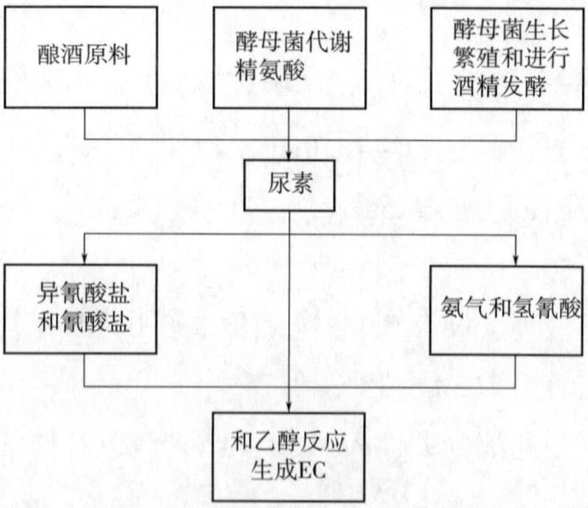


图1 尿素循环有关物质途径

Fig. 1 Related substance pathway of urea cycle

在检测新勾调基酒中的氨基甲酸乙酯含量时，不同储存时间检测结果产生明显偏差，但仪器各项参数正常，试剂材料都在有效期内，后来考虑到酒中氨基甲酸乙酯在储存过程中的形成途径及影响因素，结合检测样品的储存环境，初步估计可能是光线照射加快了氰化物向氨基甲酸乙酯的转化，对此做了对比、跟踪试验，证实了光照确实可以加快新勾调基酒中氨基甲酸乙酯含量的增加速率，现报道如下。

## 2 材料与方法

### 2.1 仪器与试剂

仪器：岛津 QP2010SE 气相色谱质谱联用仪（日本岛津公司）、氮吹仪、固相萃取仪。

试剂：$D_5$-氨基甲酸乙酯（纯度>98.0%）、氨基甲酸乙酯（纯度>99.0%）。正己烷、乙酸乙酯、乙醚、甲醇均为色谱纯。碱性硅藻土固相萃取柱：填料 4000mg，柱容量 12mL，购于 Bonna-Agela Technologies 公司。

### 2.2 方法

#### 2.2.1 色谱条件

气相色谱条件：DB-WAX 毛细管色谱柱（30m×0.32mm×0.25μm）；色谱柱温度：50℃；进样口温度：220℃；进样方式：不分流；进样时间：1min；柱流速：2.0mL/min。

质谱条件：电子电离离子源：70eV；离子源温度：230℃；接口温度：260℃；溶剂延长时间：8min。

2.2.2 标准溶液配制

$D_5$-氨基甲酸乙酯储备液（1g/L）：准确称取 0.01g（精确到 0.0001g）$D_5$-氨基甲酸乙酯标准品，用甲醇溶解，定容至 10mL，4℃以下保存。

$D_5$-氨基甲酸乙酯使用液（2mg/L）：准确吸取 $D_5$-氨基甲酸乙酯（1g/L）0.1mL，用甲醇定容至 50mL，4℃下保存。

氨基甲酸乙酯储备液（0.984g/L）：准确称取 0.0492g（精确到 0.0001g）EC 标准品，用甲醇溶解，定容至 50mL，4℃下保存。

氨基甲酸乙酯标准中间液（9.84mg/L）：准确吸取 EC 储备液 1.00mL，用甲醇定容至 100mL，4℃下保存。

氨基甲酸乙酯中间液（0.492mg/L）：准确吸取 EC 中间液（9.84mg/L）5.00mL，用甲醇定容至 100mL，现配现用。

2.2.3 标准曲线

分别准确吸取氨基甲酸乙酯中间液（0.492mg/L）20、50、100、200、400μL 和氨基甲酸乙酯标准中间液（9.84mg/L）40、100μL 于 7 个 1mL 容量瓶中，各加 2mg/L $D_5$-氨基甲酸乙酯使用液 100μL，用甲醇定容至刻度，得到 9.84、24.60、49.20、98.40、196.80、393.60、984.00μg/L 的标准曲线工作液，现配现用。

2.2.4 样品制备

准确吸取 2mL 样品，加 100μL 2mg/L 的 $D_5$-氨基甲酸乙酯使用液，混匀后，加样到碱性硅藻土固定相萃取柱上，在真空条件下，将样品溶液缓慢渗入萃取柱中，并静置 10min。经正己烷淋洗后，用 10mL 5% 乙酸乙酯-乙醚溶液以 1mL/min 流速进行洗脱，收集于 10mL 刻度试管中，室温下用氮气缓缓吹至约 0.5mL，用甲醇定容至 1mL，制成测定液。

## 3 结果与分析

$D_5$-氨基甲酸乙酯、氨基甲酸乙酯出峰时间以及特征碎片相对分子质量见表 1。

**表 1 $D_5$-氨基甲酸乙酯、氨基甲酸乙酯出峰时间、特征碎片相对分子质量**

**Table 1 Peak time and relative molecular mass of characteristic fragments of $D_5$-ethyl carbamate and ethyl carbamate**

| 名称 | 保留时间/min | 化学分子式 | 特征碎片相对分子质量 |
|---|---|---|---|
| $D_5$-氨基甲酸乙酯 | 11.851 | $C_3H_2D_5NO_2$ | 64、76 |
| 氨基甲酸乙酯 | 11.937 | $C_3H_7NO_2$ | 44、62、74、89 |

## 3.1 样品测定

分别处理棕色瓶（遮光）、透明瓶（见光）的酒样，采用 GC-MS 测定其中氨基甲酸乙酯含量增加量，测定结果见表 2，对比折线图见图 1。

表 2 样品测定结果

Table 2 Measurement results of samples

| 检测时间 | 遮光瓶中氨基甲酸乙酯含量增加量/(μg/L) | 见光瓶中氨基甲酸乙酯含量增加量/(μg/L) |
|---|---|---|
| 取样第 2 天检测 | 48.0 | 62.4 |
| 取样第 7 天检测 | 3.5 | 28.5 |
| 取样第 11 天检测 | 8.2 | 12.3 |
| 取样第 21 天检测 | 10.6 | 20.2 |
| 取样第 26 天检测 | 10.7 | 11.6 |
| 取样第 31 天检测 | 12.8 | 29.4 |
| 取样第 36 天检测 | 7.4 | 14.1 |
| 取样第 42 天检测 | 4.4 | 5.5 |
| 取样第 49 天检测 | 1.5 | 6.0 |
| 取样第 55 天检测 | 1.5 | 1.5 |
| 取样第 61 天检测 | -4.0 | -2.9 |

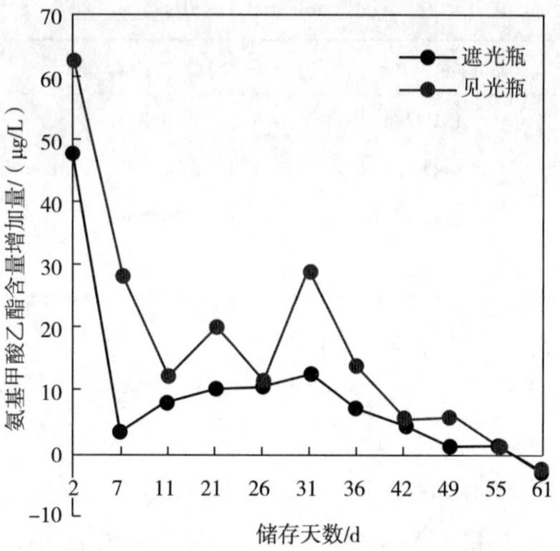


图 2 遮光瓶、见光瓶中氨基甲酸乙酯含量增加量

Fig. 2 Increasing amount of ethyl carbamate in shading bottle and visible bottle

### 3.2 精密度与准确度试验

根据试验方法测定不同储存时间的相同酒样，参照国家标准中对氨基甲酸乙酯检测精密度的要求为：样品中的氨基甲酸乙酯含量大于20μg/kg时，在重复性条件下获得的两次独立测定结果的绝对差值不得超过算术平均值的15%；含量小于20μg/kg时，在重复性条件下获得的两次独立测定结果的绝对差值不得超过算术平均值的20%。以同一样品、不同时间检测的两次独立测定结果为例，结果分析中相对误差均能满足精密度要求，结果见表3。选择已知样品进行加标试验，验证试验方法的准确性，平均回收率为96.7%~100.5%，结果表明该方法的精密度以及准确度均能满足试验要求，结果见表4。

表3 精密度试验结果

Table 3 Precision test results

| 样品编号 | 同一样品两次独立检测的氨基甲酸乙酯含量/(mg/L) | | 相对误差/% |
|---|---|---|---|
| 1# | 0.1703 | 0.1739 | 1.0 |
| 2# | 0.2270 | 0.2308 | 1.7 |
| 3# | 0.2812 | 0.2879 | 2.4 |
| 4# | 0.3235 | 0.3189 | -1.4 |
| 5# | 0.3437 | 0.3451 | 0.4 |
| 6# | 0.4119 | 0.4127 | 0.2 |

表4 准确性试验结果

Table 4 Accuracy test results

| 试样中含量/(mg/L) | 加标量/(mg/L) | 测得总量/(mg/L) | 平均回收率/% |
|---|---|---|---|
| 0.1201 | 0.09284 | 0.2112 | 99.18 |
| 0.1202 | 0.09284 | 0.2132 | 100.10 |
| 0.1200 | 0.09284 | 0.2058 | 96.70 |
| 0.1199 | 0.09284 | 0.2127 | 99.90 |

## 4 讨论

本试验参照国标方法GB 5009.223—2014检测同一酒样在不同储存条件、时间的氨基甲酸乙酯含量，截至最后一次检测，遮光瓶中增加103.7%，见光瓶中增加157.7%，证实新勾调基酒中氨基甲酸乙酯不稳定，光照可以加快新勾调基酒中氨基甲酸乙酯的形成，观察遮光瓶、见光瓶的结果对比图发现，在储存第55天时开始趋于稳定，建议提前勾调成品酒。

## 5 展望

从生产原料、生产工艺上深入研究蒸馏酒中EC的来源，争取从源头上进行控制，从而最终控制白酒中的EC水平；深入研究蒸馏后馏分酒可测量氰化物与EC的变量关系，建立白酒中EC含量的估算公式。

### 参考文献


[1] Tannenbaum A. Contribution of urethan studies to the understanding of carcinogenesis [J]. National Cancer Institute Monograph, 1964, 14: 341-356.

[2] Lachenmeier D W, Lima M C, Nóbrega I C, et al. Cancer risk assessment of ethyl carbamate in alcoholic beverages from Brazil with special consideration to the spirits cachaça and tiquira [J]. BMC Cancer, 2010, 10 (1): 1-15.

[3] Weber J V, Sharypov V I. Ethyl carbamate in foods and beverages: a review [J]. Environmental Chemistry Letters, 2009, 7 (3): 233-247.

[4] Nóbrega I C C, Pereira J A P, Paiva J E, et al. Ethyl carbamate in pot still cachaças (Brazilian sugar cane spirits): influence of distillation and storage conditions [J]. Food Chemistry, 2009, 117 (4): 674-680.

[5] Hasnip S, Crews C, Potter N, et al. Survey of ethyl carbamate in fermented foods sold in the United Kingdom in 2004 [J]. Journal of Agricultural and Food Chemistry, 2007, 55 (7): 2755-2759.

[6] Liu J, Xu Y, Zhao G A. Rapid determination of ethyl carbamate in Chinese rice wine using headspace solid - phase microextraction and gas chromatography - mass spectrometry [J]. Journal of the Institute of Brewing, 2012, 118 (2): 217-222.

[7] Lachenmeier D W, Schehl B, Kuballa T, et al. Retrospective trends and current status of ethyl carbamate in German stone-fruit spirits [J]. Food Additives and Contaminants, 2005, 22 (5): 397-405.

[8] European Food Safety Authority (EFSA). Ethyl carbamate and hydrocyanic acid in food and beverages-Scientific Opinion of the Panel on Contaminants [J]. EFSA Journal, 2007, 5 (10): 551.

[9] Lim H S, Lee K G. Development and validation of analytical methods for ethyl carbamate in various fermented foods [J]. Food Chemistry, 2011, 126 (3): 1373-1379.

[10] Lachenmeier D W, Kanteres F, Kuballa T, et al. Ethyl carbamate in alcoholic

beverages from Mexico (tequila, mezcal, bacanora, sotol) and Guatemala (cuxa): market survey and risk assessment [J]. International Journal of Environmental Research and Public Health, 2009, 6 (1): 349-360.

[11] 吴世嘉, 王洪新. 发酵食品中氨基甲酸乙酯的研究进展 [J]. 化学与生物工程, 2009, 26 (9): 15-19.

[12] 王瑞明, 来安贵, 信春晖, 等. 白酒勾兑技术 (2 版) [M]. 北京: 化学工业出版社, 2015.

[13] 李加友, 陆筑凤, 吴丹, 等. 发酵食品中氨基甲酸乙酯的形成与控制 [J]. 食品科技, 2013, 38 (6): 310-312.

[14] Schehl B, Senn T, Lachenmeier D W, et al. Contribution of the fermenting yeast strain to ethyl carbamate generation in stone fruit spirits [J]. Applied Microbiology and Biotechnology, 2007, 74 (4): 843-850.

[15] Whitney P A, Magasanik B. The induction of arginase in *Saccharomyces cerevisiae* [J]. The Journal of Biological Chemistry, 1973, 248 (17): 6197-6202.

[16] Bruno S N F, Vaitsman D S, Kunigami C N, et al. Influence of the distillation processes from Rio de Janeiro in the ethyl carbamate formation in Brazilian sugar cane spirits [J]. Food Chemistry, 2007, 104 (4): 1345-1352.

[17] Riffkin H L, Wilson R, Howie D, et al. Ethyl carbamate formation in the production of pot still whisky [J]. Journal of the Institute of Brewing, 1989, 95 (2): 115-119.

[18] Schaber P A, Colson J, Higgins S, et al. Thermal decomposition (pyrolysis) of urea in an open reaction vessel [J]. Thermochimica Acta, 2004, 424 (1/2): 131-142.

[19] Lichtfouse E. Climate Change, Intercropping, Pest Control and Beneficial Microorganisms [M]. Dordrecht: Springer, 2009.

[20] 阎冠洲, 钟其顶, 李国辉, 等. 顶空气相色谱测定白酒中氰化物方法研究 [J]. 酿酒科技, 2013 (3): 89-92.

[21] 王慧, 张静, 武瑾瑜, 等. 白酒中氰化物测定方法的改进 [J]. 酿酒科技, 2013 (9): 59-60.

# 食品中氰化物检测方法的研究进展

朱晓春，徐岩，陈双

（酿造微生物与应用酶学实验室，工业生物技术教育部重点实验室，
江南大学，江苏无锡 214122）

**摘 要**：氰化物是一类广泛存在于植物及食品中的有害物质，其含量对食品的质量安全有重要影响，氰化物定量检测一直以来都受到广泛重视。本文主要归纳了目前应用于不同食品基质中的氰化物检测分析方法，并对这些方法所测定的氰化物形式及含量结果进行分类与比较。此外，综述并整理了化学分析法、光谱法、色谱法等不同的检测方法应用基质、优缺点和检出限。最后，对氰化物检测方法在食品中的发展趋势进行讨论和展望。

**关键词**：氰化物；氰苷；氰离子；检测方法

# Research Progress on Determination Methods of Cyanide in Food

ZHU Xiaochun，XU Yan，CHEN Shuang

（Lab of Brewing Microbiology and Applied Enzymology，Key Laboratory of Industrial Biotechnology of Ministry of Education，Jiangnan University，Jiangsu Wuxi 214122，China）

**Abstract**：Cyanide is classified as a toxic substance，was widespread in plants and foods. And determination of cyanide has been a cause of concern because of its content has an important impact on the quality and safety of food. This article summarizes the detection methods of cyanide in various foods，and the cyanide form and content results of these detec-

基金项目：“十三五”国家重点研发计划项目“传统发酵食品加工过程中内源性危害物控制技术的应用示范（2018YFC1604102）”。

作者简介：朱晓春，女，硕士研究生，主要从事酒类风味化学的研究。E-mail：1783049028@qq.com。

通信作者：徐岩，男，博士，教授，主要从事酿造微生物学与应用酶学的研究。E-mail：yxu@jiangnan.edu.cn；陈双，男，副教授，主要从事酒类风味化学与酿造技术的研究。E-mail：shuangchen@jiangnan.edu.cn。

tion are classified and compared. Different detection methods such as chemical analysis, spectroscopy and chromatography are reviewed. Moreover, the application, advantages, and disadvantages and detection performance parameters of these methods are listed. Finally, the development trend of cyanide detection methods in food was discussed and prospected.

**Key words**: Cyanide, Cyanogenic glycoside, Cyanide ion, Detection method

## 1 前言

氰化物是一类剧毒物质，在自然界以不同的形式广泛存在，其毒性在很大程度上取决于存在的形式，毒性最小的是复杂的氰化物，而游离的氰离子是毒性最强的[1]。目前，已在 2500 多种植物中发现了氰苷形式的氰化物，如表 1 所示的木薯、高粱和杏仁等。

**表 1　　植物中的氰苷**

**Table 1　　Cyanogenic glycosides in plant**

| 植物 | 主要氰苷 | 参考文献 |
|---|---|---|
| 高粱<br>麦子<br>小米 | 蜀黍氰苷（Dhurrin）<br>红豆杉氰苷（Taxiphyllin） | [2] |
| 亚麻<br>木薯<br>棉豆<br>芋头 | 亚麻苦苷（Linamarin）<br>百脉根苷（Lotaust）<br>莱豆氰苷（Vicianin） | [3, 4] |
| 桃金娘<br>苹果<br>樱桃<br>桃<br>杏<br>李 | 苦杏仁苷（Amygdalin）<br>野黑樱苷（Prunasin） | [4, 5] |

植物和植物源性食品中本身没有毒性的氰苷是氰离子的天然来源，当人进食含氰食物，氰苷会经人体消化系统发生酶促水解反应释放氰离子。以木薯中的亚麻苦苷为例，如图 1 所示，在体内 $\beta$-葡萄糖苷酶的作用下，亚麻苦苷会水解生成碱性条件下不稳定的氰醇（丙酮氰醇），然后进一步分解释放氰离子；氰离子可逆地抑制含铁的细胞酶，特别是细胞色素氧化酶 $a_3$，使电子转移受阻，三羧酸循环“瘫痪”，呼吸作用停止[6]。据报道，人体口服氢氰酸致死量为 0.7~3.5mg/kg，人体血液中氢氰离子浓度上限为 26mmol/L[7,8]。氰化物中毒会对人体神经、呼吸、心血管、消化系统和皮肤产生严重影响，甚至危及生命[6,9]。

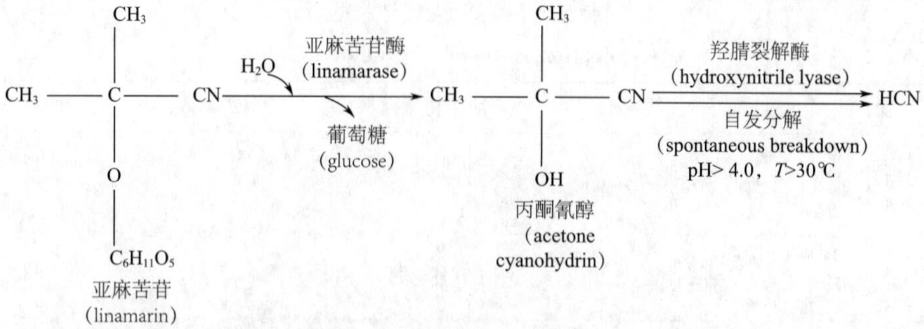


图 1 一种在木薯中发现的主要氰苷——亚麻苦苷的降解

Fig. 1 Degradation of linamarin, a major cyanogenic glycoside found in cassava

许多含氰植物常被用作食品加工的原材料，在食品的加工原料、生产过程和最终产品中，氰化物的定量检测都受到了广泛关注。食品中存在着不同形式的氰化物，且含量变化范围较广。已经开发多种分析方法检测不同形式的氰化物，例如在食品基质中的氰苷形式氰化物的测定，有直接检测和间接检测两种方式，直接检测通常是通过液相色谱和质谱等方法直接定量食品基质中的一种或多种氰苷，间接检测则是通过前处理（通常是酸解或者酶解）转化为游离氰化物的形式进行定量检测。

近年来，随着分析化学学科的发展，产生了一些简便、精密、灵敏的检测分析方法。本文主要归纳目前应用于不同食品基质中的氰化物检测分析方法，对这些方法所测定的氰化物形式及含量结果进行分类与比较，并综述了这些检测方法的应用基质、优缺点和检出限。以期为研究者在食品体系下选择适宜的氰化物定量检测方法提供思路。

## 2 食品中氰化物的检测方法

### 2.1 化学分析法

#### 2.1.1 滴定法

滴定法是常见而又简便的一种化学分析方法。如表 2 所示，在氰化物检测分析中常采用硝酸银滴定法，其基本原理是使用硝酸银标准溶液滴定氰化物溶液，以试银灵试液作为指示剂，当氰离子与银离子反应完全生成氰化银后，再滴加过量的银离子与指示剂反应，生成有色化合物，溶液颜色由黄色变为橙红色；根据颜色的突变可以判断滴定终点，从而计算出氰化物的含量。此法因其简便、快速、成本低等优点，起初广泛地应用于水体中氰化物含量的检测[10]。1998 年，高玉梅应用滴定法测定了蒸馏酒中的氰化物[11]，而后郑翠玲[12]采用滴定法进一步定量白酒中的氰化物，得到的最低检出浓度为 0.10mg/L。

表 2　食品中氰化物的测定方法

Table 2　Determination methods of cyanide in food

| 方法 | 优缺点 | 应用检测样本 | 检出限 | 参考文献 |
|---|---|---|---|---|
| 滴定法（Titration） | 操作简单，准确度低 | 蒸馏酒 | 0.10mg/L | [11, 12] |
| | | 白果 | 5μg/L | [13] |
| 苦味酸法（Picrate） | 操作简单，耗时，准确度低 | 亚麻籽、竹笋 | * | [14, 15] |
| 分光光度法（Spectrophotometry） | 仪器成本低，操作简单，应用广泛，基质干扰多 | 杏仁油 | * | [16] |
| | | 蒸馏酒 | 0.1mg/L；0.015mg/L；0.1mg/L；7.10μg/L | [17-21] |
| | | 木薯 | * | [22-26] |
| | | 豆酱 | * | [27] |
| | | 多种果籽 | 8μg/L | [5] |
| 流动注射分析法（FIA） | 分析简便速度快，线性范围宽，试剂用少，仪器成本高 | 木薯 | 0.05mg/kg | [28] |
| | | 白酒、红酒 | 2.1μg/L；0.04μg/L | [29-31] |
| | | 鲜木薯、苦杏仁油、亚麻籽 | 0.014mg/kg | [3] |
| | | 卷烟烟雾 | 10.8μg/L | [32] |
| 酶联免疫吸附法（ELISA） | 分析简便速度快，基质干扰多 | 杏仁 | 200pg/mL | [33] |
| 气相色谱法（GC） | 灵敏度高，干扰少，仪器成本高 | 白酒、啤酒 | 0.56μg/L | [34, 35] |
| | | 核桃奶 | 0.56μg/L | [36] |
| | | 苦杏仁 | 1mg/kg | [37] |
| 气相色谱-质谱法（GC-MS） | 灵敏度高，干扰少，仪器成本高 | 白酒 | 0.01mg/L | [38] |
| 气相色谱-串联质谱法（GC-MS/MS） | 灵敏度高，干扰少，仪器成本高 | 白酒 | 0.002mg/L | [39] |
| 选择离子流管质谱法（SIFT-MS） | 灵敏度高，干扰少，仪器成本高 | 坚果 | 2.775ppbv | [40] |
| 离子色谱法（IC） | 灵敏，受基质干扰影响较小，仪器成本高 | 白酒 | 0.8μg/L；1μg/L | [41, 42] |
| | | 卷烟烟气 | 3μg/L | [43] |
| 高效液相色谱法（HPLC） | 灵敏度高，检测限低，仪器成本高 | 桃仁配方颗粒 | * | [44] |
| | | 酒精饮料 | 0.5μg/L | [45] |
| | | 苹果籽、苹果汁 | 0.1μg/mL | [46] |

续表

| 方法 | 优缺点 | 应用检测样本 | 检出限 | 参考文献 |
| --- | --- | --- | --- | --- |
| 高效液相色谱-质谱法（HPLC-MS/MS） | 灵敏度高，检测限低，仪器及技术人员要求高 | 高粱 | 0.178μg/L | [47] |
| 液相色谱-串联质谱法（LC-MS/MS） | 灵敏度高，检测限低，仪器及技术人员要求高 | 黄酒 | 0.01μg/L | [48] |
| | | 卷烟烟气 | 4.1ng/支 | [49] |
| 超高效液相色谱-串联质谱法［UHPLC-（ESI）QqQ MS/MS］ | 灵敏度高，检测限低，仪器及技术人员要求高 | 木薯、亚麻籽、竹笋、高粱、杏仁、棉豆 | 1~25μg/kg | [4] |
| | | 枇杷粉 | 0.022mg/kg，0.015mg/kg | [50] |
| | | 杏仁 | 0.1ng/mL | [51] |

注：＊表示文献中未明确写出检出限。

### 2.1.2　苦味酸法

苦味酸法是经典的检测氰化物的方法，国家标准推荐检测食品中氰化物的定性方法就是苦味酸试纸法，其原理是氰化物遇酸产生氢氰酸，氢氰酸与苦味酸钠作用，生成红色异氰酸紫酸钠[52]。1999 年，Bradbury 等[15]采用苦味酸法测定了木薯粉中的游离氰离子，2002 年，采用酸水解法前处理后，再用苦味酸法测定亚麻籽和竹笋等植物中的总氰化物含量[14]。苦味酸法虽然使用简单，但其反应缓慢、耗时，反应检测的结果通常不够精确。

## 2.2　光谱法

### 2.2.1　分光光度法

分光光度法是氰化物检测应用最为广泛的方法。如表 2 所示，其被应用于木薯、蒸馏酒以及各种含氰植物源性食品中氰化物的检测。因分光光度法操作简单，灵敏稳定，仪器设备要求低等优势，在国内外常作为法定标准方法。如表 3 所示，我国现行的食品标准中氰化物的测定方法，便采用了异烟酸-吡唑啉酮和异烟酸-巴比妥酸分光光度法，检出限能达到 0.02mg/L。这种分析氰化物经典方法是基于 könig 反应，由 Aldridge 在 20 世纪 40 年代中期报道[53]。氰化物通过氯胺 T 转化为氯化氰，然后，氯化氰与显色剂生成有色的络合物；通常显色剂组合有吡啶/吡唑啉酮[22,54]、异烟酸/巴比妥酸[23]、异烟酸/吡唑啉酮、吡啶/巴比妥酸[24]、异烟酸/1,3-二甲基巴比妥酸[25]。

表 3　　食品标准中氰化物的测定方法

Table 3　　Determination methods of cyanide in national food standards

| 标准名称 | 氰化物的分析方法 | 分光光度法显色剂特点 |
| --- | --- | --- |
| GB/T 5009.48—2003《蒸馏酒与配制酒卫生标准的分析方法》[55]<br>GB/T 5009.36—2003《粮食卫生标准的分析方法》[56]<br>GB 5009.36—2016《食品安全国家标准　食品中氰化物的测定》[52] | 异烟酸-吡唑啉酮分光光度法 | 异烟酸-吡唑啉酮显色剂：25～35℃显色 40min，生成蓝色化合物 λ=638nm |
| GB 8538—2016《食品安全国家标准　饮用天然矿泉水检验方法》[57] | 异烟酸-巴比妥酸分光光度法 | 异烟酸-巴比妥酸显色剂：25℃显色 15min，生成紫蓝色化合物 λ=600nm |

分光光度法起初常应用于木薯中氰化物的研究。1978 年，Cooke[22]采用吡啶-吡唑啉酮分光光度法测定木薯中的总氰化物含量，其提出的酶法前处理手段是食品中氰化物检测方法学上的重大进展。该方法可区分总氰化物（糖苷、氰醇和 HCN）、非糖苷氰化物（氰醇和 HCN）和游离的 HCN。而后，O' Brien 等[54]对此法的前处理进行改进，采用 25%乙醇/0.1mol/L 磷酸萃取介质代替 0.1mol/L 磷酸，提高了方法的回收率。Bradbury 等[24]在 1991 年，采用酸水解前处理，吡啶/巴比妥酸显色剂也成功地对木薯粉中的不同形式氰化物进行了检测分析。2014 年，Tivana 等[26]引入了 ACCA 显色剂，一种 Co（Ⅲ）金属络合物，在含有 6～200mg 的各种木薯样品上测试，并与 1993 年 Essers 等[25]引入的异烟酸/1，3-二甲基巴比妥酸分光光度法测定进行比较。比较结果显示，ACCA 显色剂的反应快速、选择性高、灵敏度高，且有良好的溶解性和稳定性的优势，方法的标准偏差为 0.03～0.06，精度较高（93%～96%）。

此外，分光光度法近年来还被多次改进以适用于蒸馏酒中氰化物的分析，例如，针对异烟酸/吡唑啉酮分光光度法白酒中氰化物测定过程中，因白酒中醛类和高级醇丰富而出现的检测过程白色浑浊干扰的现象，王慧等[21]增加离心前处理步骤，蔡灵利等[17]采用碱固定水浴，李雪春[20]采用滤头直接过滤来消除干扰。2015 年，范文来等[19]则采用两步反应法前处理后再分光光度法测定，建立了“一种快速定量白酒中氰化物的方法”（专利号：CN103954619A），该法操作简单，检测结果得到的检出限可低至 7.10μg/L。

2.2.2　流动注射分析

流动注射分析（FIA）是在非平衡的动态条件下进行化学分析法，在氰化物的快速连续监测分析上发挥着重要的作用，其程序是基于用气体间隔连续流动的样品溶液，然后按比例和顺序加入试剂，在通过的混合圈的过程中完成反应，最后进行分光光度检测[7]。该方法具有分析速度快、线性范围宽、试剂用量少等一系列优点。

流动注射分析常应用于液态样品的氰化物快速检测，张强等[31]使用 AA3 连续流动分析仪测定白酒中的氰化物，检出限可达 2.1μg/L，加标回收率为 85.96%～101.81%。而陈琨等[29]改进 AA3 连续流动分析仪，用于测定红葡萄酒中的氰化物，检出限能达到 0.04μg/L。在食品固态基质的应用中，常需要通过不同的前处理提取基质中的氰化物再进行测定，韦小烨等[28]采用 NaOH 溶液超声提取鲜木薯中的氰化物，再用流动注射分析仪测定，方法的检出限为 0.05mg/kg，加标回收率 96.8%～97.8%。而马兴等[3]采用快速水蒸气蒸馏仪提取木薯、杏仁油、亚麻籽等食品样品中的氰化物，经流动注射分析仪测定馏出液中氰化物含量，结果显示，该方法在 0～0.500μg/mL 范围内线性良好，检出限为 0.014mg/kg。此外，对于卷烟中源于蛋白质、氨基酸、硝酸盐和其他含氮化合物在燃烧过程中产生的氰化氢，Liu 等[32]采用连续流动分析仪测定氢氧化钠乙醇-水溶液收集的卷烟燃烧后的烟气中的氰化物，回收效果良好，检出限可达 0.0108μg/mL。

## 2.3　色谱法

### 2.3.1　气相色谱法和质谱法

色谱法经过多年的发展，因其高灵敏度、高选择性等优越的分析性能，被广泛应用于氰化物的分离检测。它利用样品中不同组分与固定相作用力的大小不同，在流动相推动作用下将不同组分分离，经过不同的检测器进行测定。

GB 5009.36—2016 食品中氰化物的测定第二法推荐的气相色谱法[52]，便是采用气相色谱所配置的电子俘获检测器（ECD）对氰离子衍生后的挥发性氯化氰进行定量检测，该方法操作简便，抗干扰能力强，样品用量小，在较宽浓度范围内线性关系良好。2013 年，阎冠洲等[35]对顶空气相色谱测定白酒中氰化物进行了研究，伏笑丽等[34]也采用此法对 15 种不同品牌啤酒样品中的氰化物含量进行分析检测，并对衍生剂用量、衍生 pH、顶空平衡时间和平衡温度等条件进行优化，该方法在 0.001～0.1mg/L 线性关系良好，最低检出限为 0.56μg/L，相对标准偏差值低于 10%，回收率在 86.9%～91.8%。郭文辉等[36]则是利用该法检测了 20 种不同品牌乳制品中的氰化物含量，结果表明，该方法具有良好的准确度和灵敏度，最低检出限可达 0.56μg/L。吴晨等[37]也应用此方法对苦杏仁中氰苷进行了间接检测，发现建立的方法可明显降低本底值，回归方程相关系数 $R^2$>0.999，检出限为 1mg/kg。

此外，气相色谱还常与质谱联用测定氰化物，当采用质谱时，由于氰离子太小，所以常将氰离子衍生处理。何海茵等[38]采用氯胺 T 将白酒中的氰离子衍生为氯化氰，以顶空进样的方式，注入气相色谱质谱联用仪进行分离检测，实验优化了平衡温度、时间、pH、氯胺 T 加入量。结果显示，方法在 0.001~0.2mg/L 线性关系良好，检出限为 0.01mg/L，加标回收率在 71.6%~116.2%，相对标准偏差为 1.3%。而张顺荣[39]则采用五氟苄基溴（PFB-Br）作为衍生化试剂，将白酒里的氰化物衍生为五氟苄基溴的单烷基衍生物后结合气相质谱串联技术，检测白酒中氰化物的含量，该方法所用的衍生化试剂五氟苄基溴可直接快速地衍生化且无需液-液萃取分析物。该方法具有检测限低、灵敏度高、所用试剂较少等优势。结果显示，该方法检出限为 0.002mg/L，在 0.1~12.8mg/L 线性关系良好，相关系数 $R^2$ 为 0.9953，回收率在 92%~96%。

2.3.2 离子色谱法

离子色谱法是一种较为成熟的氰化物测定方法，目前在司法领域的氰化物检测中得到广泛应用[58]。由于配备安培检测器的离子色谱可直接检测 μg/L 级的氰离子，而且方法受基质干扰影响较小，所以相对于化学滴定和分光光度法，离子色谱安培法的检测更加灵敏而快速[59]。

Wu 等[42]将白酒样品直接稀释，采用离子色谱脉冲安培检测器进行氰化物检测，得到的结果表明氰化物浓度为 1~5000μg/L，方法的线性关系良好，对于 25μL 进样圈，检出限为 1μg/L。该方法的相对标准差小于 5%，回收率在 98.1%~105.0%。罗文业等[41]同样将白酒样品直接稀释后选择离子色谱仪电化学检测器测定氰化物，在 1.6~200μg/L，线性关系良好，对于 25μL 进样圈，检出限为 0.8μg/L，样品加标回收率在 99.0%~100.8%。而 Zhang 等[43]采用离子色谱脉冲安培检测法直接测定氢氧化钠乙醇-水溶液收集的卷烟烟气中的氰化物含量，线性范围为 0.0147~2.45μg/mL，对于 25μL 进样圈，检出限为 3μg/L。该方法总体相对标准偏差小于 5.20%，回收率为 94.3%~101.0%。

2.3.3 液相色谱法和质谱法

高效液相色谱法（HPLC）、液相色谱-串联质谱法（LC-MS/MS）、高效液相色谱-质谱法（HPLC-MS/MS）以及超高效液相色谱-串联质谱法［UHPLC-（ESI）QqQ MS/MS］都是选择性高、灵敏精密的化学检测方法，在氰化物的检测研究中，含氰样品常通过梯度洗脱或者衍生化，可以不同形态氰化物依次通过色谱柱，进入检测器分离测定。而结合的串联质谱则是将第一次质谱检测的离子碎裂后进行二次质谱检测，这种方式可最大限度地排除基质干扰，进一步提高选择性和灵敏度[59]。

何维为等[45]采用柱前衍生-高效液相色谱法测定酒精饮料中的总氰化物，酒样在碱性条件下加热除去酒中高沸点有机物后，用氯胺 T 将氰化物转变为氯化氰，异烟酸-巴比妥酸作为衍生试剂，最后采用高效液相色谱分离后测定，结果显示在 0.5~40μg/L 线性关系良好，仪器检出限为 0.5μg/L，白酒、啤酒与葡萄酒中氰化物的平均回收率分别为 96.7%、95.7%和 96.3%。Bolarinwa 等[46]则采用等梯度洗脱高效液相色谱紫外检测法测定了多种苹果籽、苹果汁中的苦杏仁苷含量。结果显示，方法具有良好的线性关系（$R^2=0.9999$），检出限为 0.1μg/mL。未经任何预处理，苦杏仁苷峰与其他物质完全分离，苦杏仁苷的回收率大于 98%。

周韩玲等[47]建立了定量高粱中蜀黍氰苷的高效液相色谱-串联质谱法，在浓度 10.1~202μg/L，蜀黍氰苷含量与其峰面积呈良好线性关系，检出限为 0.178μg/L，定量限为 0.593μg/L，高粱样品在低、中、高 3 个加标水平的加标回收率分别为 96.1%、97.9%和 90.7%。

根据氰离子易与 2,3-萘基二缩醛（NDA）和牛磺酸发生衍生化反应生成一种苯环衍生物（*N*-substituted 1-cyano-benzoisoindole，CBI）的原理[60]，邹伟等[48]将黄酒中的氰化物在柱前衍生化为 CBI 再结合液相色谱-串联质谱（LC-MS/MS）来检测其中总氰化物含量，得到检测限和定量限分别为 0.01μg/L 和 0.05μg/L。Mottier 等[49]同样将收集的卷烟烟气，利用此原理衍生化再进行液相色谱-串联质谱分析，得到的结果显示在 2.4~331ng/mL 呈线性相关，相关系数大于 0.999，检出限为 4.1ng/支。

Zhong 等[4]开发和验证了一种超高效液相色谱-串联质谱法同时检测多种含氰农产品中的 8 种氰苷，结果显示 8 种氰苷的校准曲线都具有良好的线性关系（5~200μg/L，$R^2>0.9990$），检出限在 1~25μg/kg。Tanaka 等[50]采用高效液相色谱-串联质谱测定枇杷粉中苦杏仁苷和野黑樱桃苷的方法，苦杏仁苷和野黑樱桃苷的检出限分别为 0.022 和 0.015mg/kg，定量限分别为 0.072 和 0.048mg/kg。该方法在 1.0~100ng/mL 线性关系良好。苦杏仁苷和野黑樱桃苷的平均加标回收率分别为 102.8%~107.9% 和 103.3%~106.7%，相对标准差分别低于 2.0%、1.2%。Lee 等[51]同样采用高效液相色谱-串联质谱法定量不同苦度杏仁产品中的苦杏仁苷，得到的结果显示方法的检出限低于 0.1ng/mL，定量限为 0.33ng/mL。

## 3　总结与展望

综上所述，国内外出现了多种氰化物的检测方法。这些检测方法各有优点与缺点，被发挥优势或被改进后用于测定含氰食品中不同形式的氰化物，本文整理了应用这些方法测定的不同类型食品中不同形式氰化物的检出含量结果（见表 4），为研究者在食品体系下选择适宜的氰化物定量检测方法提供参考。研究如何测量含氰食品基质中不同形式的氰化物，可以监测和控制食品原材料、生产过程和最终产品中的氰化物含量，有利于保障食品生产质量安全，并有助于做出食品安全的相关管制决定。因此，之后如何克服这些方法的缺点，开发更简便、高效、灵敏、准确地测定食品基质中的不同形式氰化物具有重要意义，将会成为未来的研究方向。

表 4　　食品中不同形式氰化物的含量及测定方法

Table 4　　Content results and determination methods of different forms of cyanide in food

<table>
<tr><th>样本类型</th><th>检测氰化物的形式</th><th>基质 & 氰化物含量</th><th>检测方法</th><th>参考文献</th></tr>
<tr><td rowspan="13">饮料类</td><td rowspan="6">总氰化物</td><td>白酒：3.987~4.051mg/L</td><td>分光光度法（Spectrophotometry）</td><td>[18]</td></tr>
<tr><td>白酒：0.063~0.134mg/L</td><td>流动注射分析法（FIA）</td><td>[31]</td></tr>
<tr><td>白酒：0.1171mg/L</td><td rowspan="3">高效液相色谱法（HPLC）</td><td rowspan="3">[45]</td></tr>
<tr><td>啤酒：0.2206mg/L</td></tr>
<tr><td>葡萄酒：0.1287mg/L</td></tr>
<tr><td>黄酒：低于 30μg/L</td><td>液相色谱-串联质谱法（LC-MS/MS）</td><td>[48]</td></tr>
<tr><td rowspan="4">游离氰化物</td><td>白酒：0.108~1.344mg/L</td><td>离子色谱脉冲安培法（IC-PAD）</td><td>[42]</td></tr>
<tr><td>白酒：0.032~0.060mg/L</td><td>顶空气相色谱-质谱法（GC-MS）</td><td>[38]</td></tr>
<tr><td>啤酒：0.00011~0.00095μg/L</td><td rowspan="2">气相色谱法（GC）</td><td>[34]</td></tr>
<tr><td>核桃奶：0.13~22μg/L</td><td>[36]</td></tr>
<tr><td>氰苷（直接）</td><td>苹果汁：1~40mg/L</td><td>高效液相色谱法（HPLC）</td><td>[46]</td></tr>
<tr><td rowspan="15">植物类</td><td>总氰化物 & 非糖苷氰化物 & 游离氰化物</td><td>木薯：总氰 206~231mg/kg<br>非糖苷氰 29~33mg/kg、游离氰*</td><td>分光光度（Spectrophotometry）</td><td>[25]</td></tr>
<tr><td rowspan="10">总氰化物</td><td>亚麻籽：140~370mg/kg</td><td rowspan="2">苦味酸法（Picrate）</td><td rowspan="2">[14, 15]</td></tr>
<tr><td>竹笋：100~1600mg/kg</td></tr>
<tr><td>木薯：70~200mg/kg</td><td rowspan="5">分光光度法（Spectrophotometry）</td><td>[26]</td></tr>
<tr><td>李子籽：470mg/kg</td><td rowspan="4">[5]</td></tr>
<tr><td>苹果籽：1080mg/kg</td></tr>
<tr><td>亚麻籽：73mg/kg</td></tr>
<tr><td>杏仁：0.074mg/kg</td></tr>
<tr><td>鲜木薯：48.3mg/kg</td><td rowspan="3">流动注射分析法（FIA）</td><td rowspan="3">[3]</td></tr>
<tr><td>杏仁油：2.75mg/kg</td></tr>
<tr><td>亚麻籽：10.4mg/kg</td></tr>
<tr><td>氰苷（间接）</td><td>杏仁：amygdalin（1100g/kg）</td><td>气相色谱法（GC）</td><td>[37]</td></tr>
<tr><td rowspan="3">氰苷（直接）</td><td>杏仁：amygdalin（40~152mg/kg）</td><td>酶联免疫吸附法（ELISA）</td><td>[33]</td></tr>
<tr><td>苹果籽：amygdalin（1000~4000mg/kg）</td><td>高效液相色谱法（HPLC）</td><td>[46]</td></tr>
<tr><td>高粱：dhurrin 1.73mg/L~2.39mg/L</td><td>高效液相色谱-质谱法（HPLC-MS/MS）</td><td>[47]</td></tr>
</table>

续表

| 样本类型 | 检测氰化物的形式 | 基质 & 氰化物含量 | 检测方法 | 参考文献 |
|---|---|---|---|---|
| 植物类 | 氰苷（直接） | 木薯：Linamarin（190.25～921.13mg/kg）、lotaustralin（25.15～92.54mg/kg）<br>亚麻籽：Linamarin（19.46～26.76mg/kg）、lotaustralin（2.99～12.26mg/kg）、linustatin（222.73～2828.31mg/kg）、neolinustatin（300.59～3650.65mg/kg）<br>竹笋：taxphyllin（5～463.76mg/kg）<br>高粱：dhurrin（44.5～547.71mg/kg）<br>杏仁：amygdalin（368.64～1845.62mg/kg）prunasin（14.34～72.52mg/kg） | 超高效液相色谱-串联质谱法［UHPLC-（ESI）QqQ MS/MS］ | ［4］ |
| | | 枇杷粉：amygdalin（3.1～19000mg/kg）、prunasin（1.5～1800mg/kg） | 超高效液相色谱-串联质谱法［UHPLC-（ESI）QqQ MS/MS］ | ［50］ |
| | | 杏仁：prunasin（63.13～40060.34mg/kg） | | ［51］ |
| 烟草烟气 | 游离氰化物 | 烟气：20～150μg/支 | 流动注射分析法（FIA） | ［32］ |
| | | 烟气：102.8～178.2μg/支 | 离子色谱法（IC） | ［43］ |
| | | 烟气：4～180ng/支 | 液相色谱-串联质谱法（LC-MS/MS） | ［49］ |

## 参考文献


［1］Donato D B，Nichols O，Possingham H，et al. A critical review of the effects of gold cyanide-bearing tailings solutions on wildlife［J］. Environment International，2007，33（7）：974-984.

［2］Vetter J. Plant cyanogenic glycosides［J］. Toxicon，2000，38（1）：11-36.

［3］马兴，张密密，肖亚兵，等. 快速水蒸气蒸馏-流动注射分析仪联用测定食品中氰化物［J］. 食品研究与开发，2020，41（19）：162-165.

［4］Zhong Y H，Xu T，Chen Q，et al. Development and validation of eight cyanogenic glucosides via ultra-high-performance liquid chromatography-tandem mass spectrometry in agri-food［J］. Food Chemistry，2020，331（Nov. 30）：127305.1-127305.7.

［5］Surleva A，Drochioiu G. A modified ninhydrin micro-assay for determination of total cyanogens in plants［J］. Food Chemistry，2013，141（3）：2788-2794.

［6］Vale A. Cyanide［J］. Medicine，2016，44（3）：157.

[7] 李悦, 李彦懿, 肖得力. 氰化物定量检测方法应用研究进展 [J]. 药物分析杂志, 2016, 36 (12): 2075-2083.

[8] Moriya F, Hashimoto Y. Potential for error when assessing blood cyanide concentrations in fire victims [J]. Journal of Forensic Sciences, 2001, 46 (6): 1421-1425.

[9] Jaszczak E, Polkowska Ż, Narkowicz S, et al. Cyanides in the environment-analysis-problems and challenges [J]. Environmental Science and Pollution Research, 2017, 24 (19): 15929-15948.

[10] 李腾, 黄桂兰, 袁铃, 等. 氰化物分析研究进展 [J]. 化学分析计量, 2017, 26 (2): 115-119.

[11] 高玉梅. 滴定法快速测定蒸馏酒中的氰化物 [J]. 邯郸医专学报, 1998 (4): 318-319.

[12] 郑翠玲. 滴定法快速测定白酒中的氰化物 [J]. 理化检验 (化学分册), 2002, 38 (7): 369+377.

[13] 杨剑婷, 吴彩娥, 贾韶千, 等. 不同方法测定白果中氰化物的研究 [J]. 食品科技, 2010 (12): 286-290.

[14] Haque M R, Bradbury J H. Total cyanide determination of plants and foods using the picrate and acid hydrolysis methods [J]. Food Chemistry, 2002, 77 (1): 107-114.

[15] Bradbury M G, Egan S V, Bradbury J H. Picrate paper kits for determination of total cyanogens in cassava roots and all forms of cyanogens in cassava products [J]. Journal of the Science of Food and Agriculture, 1999, 79 (4): 593-601.

[16] 王志玲, 赵忠, 朱海兰. 异烟酸-巴比妥酸分光光度法测定苦杏仁油氰化物含量的不确定度评定 [J]. 西北农业学报, 2010, 19 (10): 174-177.

[17] 蔡灵利, 许晶冰. 蒸馏酒及配制酒中氰化物测定方法的改进 [J]. 酿酒科技, 2017 (6): 74-76.

[18] 程银棋, 郑欣, 周陶鸿, 等. 异烟酸-巴比妥酸光谱法测定白酒中氰化物方法探讨 [J]. 中国酿造, 2019, 38 (8): 183-186.

[19] 范文来, 徐岩, 张庄英. 一种快速定量白酒中氰化物的方法 [P]. 中国专利: 103954619A, 2014. 7. 30.

[20] 李雪春. 蒸馏酒及其配制酒中氰化物测定方法的改进 [J]. 广州化工, 2020, 48 (16): 88-90.

[21] 王慧, 张静, 武瑾瑜, 等. 白酒中氰化物测定方法的改进 [J]. 酿酒科技, 2013 (9): 59-60.

[22] Cooke R D. An enzymatic assay for the total cyanide content of cassava (Manihot esculentacrantz) [J]. Journal of the Science of Food and Agriculture, 1978, 29 (4):

345-352.

［23］ Nagashima S. Spectrophotometric determination of cyanide with sodium isonicotinate and sodium barbiturate ［J］. Analytica Chimica Acta, 1978, 99 (1): 197-201.

［24］ Bradbury J H, Egan S V, Lynch M J. Analysis of cyanide in cassava using acid hydrolysis of cyanogenic glucosides ［J］. Journal of the Science of Food and Agriculture, 1991, 55 (2): 277-290.

［25］ Essers S A J A, Bosveld M, Der Van Grift R M, et al. Studies on the quantification of specific cyanogens in cassava products and introduction of a new chromogen ［J］. Journal of the Science of Food and Agriculture, 1993, 63 (3): 287-296.

［26］ Tivana L D, Francisco J D C, Zelder F, et al. Straightforward rapid spectrophotometric quantification of total cyanogenic glycosides in fresh and processed cassava products ［J］. Food Chemistry, 2014, 158 (Sep. 1): 20-27.

［27］ Tsutsumi T, Ishii R, Matsuda R. Evaluation of an analytical method for cyanogenic compounds in bean paste and its application for surveillance of real samples ［J］. Food Hygiene and Safety Science, 2013, 54 (4): 345-350.

［28］ 韦小烨, 黄一帆, 陈桂莺, 等. 流动注射法测定鲜木薯中氰化物 ［J］. 化学分析计量, 2018, 27 (3): 20-23.

［29］ 陈琨, 夏春, 王之明, 等. 流动注射法测定红酒中总氰化物的不确定度评定 ［J］. 广州化工, 2013, 41 (21): 119-121+124.

［30］ 康妍, 张锢, 李靖. 间隔流动分析仪测定白酒中的氰化物 ［J］. 酿酒, 2006, 33 (2): 45-46.

［31］ 张强, 李冰川, 唐昆, 等. AA3 连续流动分析仪测定白酒中氰化物的方法研究 ［J］. 酿酒科技, 2018 (10): 85-89.

［32］ Liu X Y, Ma L, Zhou J, et al. The influence of nitrogen dioxide on the determination of hydrogen cyanide in mainstream and sidestream cigarette smoke and the improvement of the determination method by continuous flow analyzer ［J］. Analytical Methods, 2014, 6 (24): 9841-9849.

［33］ Bolarinwa I F, Orfila C, Morgan M R. Development and application of an enzyme-linked immunosorbent assay (ELISA) for the quantification of amygdalin, a cyanogenic glycoside, in food ［J］. Journal of Agricultural and Food Chemistry, 2014, 62 (27): 6299-6305.

［34］ 伏笑丽, 洪霞, 袁彩霞, 等. 啤酒中氰化物的快速检测 ［J］. 食品研究与开发, 2018, 39 (20): 122-126.

［35］ 阎冠洲, 钟其顶, 李国辉, 等. 顶空气相色谱测定白酒中氰化物方法研究

[J]. 酿酒科技, 2013 (3): 89-92.

[36] 郭文辉, 袁彩霞, 洪霞, 等. 乳制品中氰化物的快速检测 [J]. 中国乳品工业, 2019, 47 (2): 61-64.

[37] 吴晨, 夏俊鹏, 杨骅, 等. 气相色谱法快速测定食品中的氰化物 [J]. 江苏预防医学, 2019, 30 (2): 222-223.

[38] 何海茵, 李南, 熊含鸿, 等. 顶空气相色谱-质谱法测定白酒中的氰化物含量 [J]. 食品安全质量检测学报, 2019, 10 (13): 4068-4073.

[39] 张顺荣. 白酒中氨基甲酸乙酯形成的氰化物途径研究 [D]. 无锡: 江南大学, 2016.

[40] Castada H Z, Liu J Y, Barringer S A, et al. Cyanogenesis in macadamia and direct analysis of hydrogen cyanide in macadamia flowers, leaves, husks, and nuts using selected ion flow tube-mass spectrometry [J]. Foods, 2020, 9 (2): 174.

[41] 罗文业, 沈毅, 周艳, 等. 离子色谱仪-电化学检测器法分析白酒中的氰化物 [J]. 酿酒科技, 2020 (1): 71-74.

[42] Wu W L, Xiao Q W, Zhang P, et al. Rapid measurement of free cyanide in liquor by ion chromatography with pulsed amperometric detection [J]. Food Chemistry, 2015, 172 (Apr. 1): 681-684.

[43] Zhang Z W, Xu Y B, Wang C H, et al. Direct determination of hydrogen cyanide in cigarette mainstream smoke by ion chromatography with pulsed amperometric detection [J]. Journal of Chromatography A, 2011, 1218 (7): 1016-1019.

[44] 张晓男, 魏惠珍, 金浩鑫, 等. HPLC 法测定桃仁配方颗粒中苦杏仁苷及其不确定度评价 [J]. 江西中医药大学学报, 2019, 31 (1): 78-82.

[45] 何维为, 徐灿辉, 何超, 等. 柱前衍生-高效液相色谱法测定酒中的氰化物 [J]. 食品与药品, 2021, 23 (2): 128-132.

[46] Bolarinwa I F, Orfila C, Morgan M R A. Determination of amygdalin in apple seeds, fresh apples and processed apple juices [J]. Food Chemistry, 2015, 170: 437-442.

[47] 周韩玲, 安明哲, 李杨华, 等. 高效液相色谱-串联质谱法测定高粱中蜀黍苷的含量 [J]. 酿酒科技, 2020 (5): 78-82+86.

[48] 邹伟, 王栋, 徐岩. 黄酒及其原料中微量氰化物的测定 [J]. 食品与发酵工业, 2017, 43 (9): 189-194.

[49] Mottier N, Jeanneret F, Rotach M. Determination of hydrogen cyanide in cigarette mainstream smoke by LC/MS/MS [J]. Journal of AOAC International, 2010, 93 (3): 1032-1038.

［50］ Tanaka T, Kimura K, Kan K, et al. Quantification of amygdalin, prunasin, total cyanide and free cyanide in powdered loquat seeds ［J］. Food Additives & Contaminants: Part A, 2020, 37 (9): 1503-1509.

［51］ Lee J, Zhang G, Wood E, et al. Quantification of amygdalin in nonbitter, semi-bitter, and bitter almonds (prunus dulcis) by UHPLC- (ESI) QqQ MS/MS ［J］. Journal of Agricultural and Food Chemistry, 2013, 61 (32): 7754-7759.

［52］ GB 5009.36—2016, 食品安全国家标准　食品中氰化物的测定 ［S］.

［53］ Aldridge W N. A new method for the estimation of micro quantities of cyanide and thiocyanate ［J］. Analyst, 1944, 69 (822): 262-265.

［54］ O'Brien G M, Taylor A J, Poulter N H. Improved enzymic assay for cyanogens in fresh and processed cassava ［J］. Journal of the Science of Food and Agriculture, 1991, 56 (3): 277-289.

［55］ GB/T 5009.48—2003, 蒸馏酒与配制酒卫生标准的分析方法 ［S］.

［56］ GB/T 5009.36—2003, 粮食卫生标准的分析方法 ［S］.

［57］ GB 8538—2016, 食品安全国家标准　饮用天然矿泉水检验方法 ［S］.

［58］ Huang D Y, Peng Y K, Yan J T. Detection of cyanide in pollution-free livestock product breeding water by ion chromatography ［J］. Asian Agricultural Research, 2018, 10 (1): 34-36.

［59］ 祖新, 杨玲娟, 李羽翡, 等. 氰化物检测技术研究进展 ［J］. 工业水处理, 2020, 40 (3): 11-16.

［60］ Tracqui A, Raul J S, Geraut A, et al. Determination of blood cyanide by HPLC-MS ［J］. Journal of Analytical Toxicology, 2002, 26 (3): 144-148.

# 第六篇

# 发酵食品的健康价值

# 4-甲基愈创木酚对肝损伤的保护评价

吴翠芳[1]，陈杉彬[2]，陆玮[1]，姚逸萍[2]，刘国英[1]，
王德良[2]，汤有宏[1]，韩兴林[2]，郝飞克[2]
（1. 安徽古井贡酒股份有限公司，安徽亳州　236820；
2. 中国食品发酵工业研究院有限公司，北京　100015）

**摘　要**：采用不同浓度的4-甲基愈创木酚处理小鼠，研究4-甲基愈创木酚（4-MG）对小鼠肝损伤的潜在保护作用。结果表明，与对照组比较，模型组小鼠肝组织可见明显炎性改变和脂肪颗粒堆积，血清中ALT和AST显著上升（$P<0.05$），TC、TG、LDL-C水平出现明显升高（$P<0.05$），而HDL-C水平明显下降（$P<0.05$），肝组织中炎症因子（NF-$\kappa$B、TNF-$\alpha$、IL-1$\beta$和IL-6）的表达量亦显著上升（$P<0.05$）。不同剂量4-甲基愈创木酚处理的小鼠以上指标均不同程度改善，且与4-甲基愈创木酚灌胃剂量相关（$P<0.05$或$P<0.01$）。结论：4-甲基愈创木酚可以减轻因四氯化碳导致的小鼠肝损伤，对小鼠肝损伤有保护作用。

**关键词**：多酚类化合物；4-甲基愈创木酚；白酒；肝损伤；炎性因子

# Protective Effect of 4-methylguaiacol on Liver Injury

WU Cuifang[1], CHEN Shanbin[2], LU Wei[1], YAO Yiping[2], LIU Guoying[1],
WANG Deliang[2], TANG Youhong[1], HAN Xinglin[2], HAO Feike[2]
(1. Anhui Gujing Gongjiu Co.,Ltd., Anhui Bozhou 236820, China; 2. China National Research Institute of Food and Fermentation Industries, Beijing 100015, China)

**Abstract**: To explore the protective effect of 4-methylguaiacol on liver injury, we treated mice with different concentrations of 4-methylguaiacol. Compared with blank control, inflammatory changes and accumulation of fatty granules were significantly observed in the

作者简介：吴翠芳，女，硕士，工程师。主要从事酿酒微生物和白酒健康性方面的研究工作。E-mail: wucuifang@gujing.com.cn。

hepatic of mice in model group. And it remarkbly increased the alanine aminotransferase (ALT), aspartate aminotransferase (AST) activities ($P<0.05$), up-regulated the expression of TC, TG and LDL-C($P<0.05$), and down-regulated the expression of HDL-C ($P<0.05$). The expression of inflammatory factors(NF-$\kappa$B、TNF-$\alpha$、IL-1$\beta$ and IL-6) were also enhanced. All above items were improved to some extent in the mice treated with different dose of 4-methylguaiacol, and associated with the dose of intragastrically injection of 4-methylguaiacol. Conclusion: 4-methylguaiacol pretreatment alleviate the CCL4-induced liver injury in mice, furthermore, 4-methylguaiacol could effectively protect mice against liver injury.

**Key words**: Polyphenolic compounds, 4-methyl guaiacol, *Baijiu*, Liver injury, Inflammatory factors

## 1 前言

多酚类化合物广泛存在于植物体内，是一类具有一个或多个酚羟基的化合物[1-3]。人体自身不能合成多酚类化合物，需要从食物中摄取。越来越多的研究证实多酚类化合物具有较强的抗氧化作用，还具有抗肿瘤、保护肝脏、抗感染、增强免疫力、降低胆固醇及预防心血管疾病等作用[4-7]。

4-甲基愈创木酚是一种天然存在于咖啡、可可、啤酒、雪莉酒中的多酚类化合物，具有辛香、药香、丁香、香荚兰等香气，多用于调配食用香精，也可作为威士忌的增香剂使用。近年来，随着检测方法的不断改进与国内学者对白酒健康价值的重视，在中国白酒中也检测到4-甲基愈创木酚的存在[8-9]。进一步研究表明，4-甲基愈创木酚在体外培养的 HepG2 细胞中，具有抗氧化、抗衰老、抑制炎症、抑制肿瘤的产生等功效[10]；此外，动物实验研究表明，4-甲基愈创木酚具有抗氧化的生物活性[11-12]。

乙醇在人体内的代谢主要依赖于肝脏，长期过量饮酒易导致肝脏脂肪变性、纤维化乃至肝硬化等乙醇性肝损伤病变[13-14]。过量摄入乙醇导致的乙醇性肝损伤发生机制复杂，致病机理尚未完全厘清。目前主要认为与氧化应激、线粒体功能障碍、细胞自噬紊乱、细胞凋亡、脂肪变性、炎性因子增加、转铁蛋白缺乏等[15-20]因素有关。其中，乙醇摄入后的代谢过程中导致的脂肪性肝炎是乙醇性肝损伤形成过程中的必要进程，所以炎症可能是引起乙醇性肝损伤的主要原因之一[21]。炎症因子能够改变造血干细胞的分化和增殖，进而导致细胞死亡或对炎症产生反应，导致肝脏超负荷工作，并最终引起肝细胞发生病变、坏死或者其他病变，引发肝脏损伤[22]。基于此，本研究通过腹腔注射四氯化碳制备肝损伤动物模型，研究 4-甲基愈创木酚在肝损伤动物模型中的抗炎作用，为4-甲基愈创木酚在健康饮酒中的应用提供依据。

## 2　材料与方法

### 2.1　实验材料

实验动物由斯贝福生物技术有限公司提供，为49~56日龄雄性C57BL/6J小鼠，50只，体重18~22g/只，动物的饲养温度为（23±2）℃，相对湿度为（50%±5%）RH，光照时间12h/d，自由饮食，5只/笼，合笼饲养，实验动物的相关处理均严格遵守实验动物福利伦理与保护相关规定，并随时接受实验动物伦理委员会的监督与检查；四氯化碳（$CCl_4$≥99.5%，CAS No：56-23-5，天津福晨化学试剂有限公司），使用前用花生油配成体积分数为20%的油溶液；4-甲基愈创木酚（4-MG）[分析纯，纯度大于95%，吉尔生化（上海）有限公司]。

### 2.2　方法

#### 2.2.1　实验动物分组与造模

本实验先适应性喂养动物一周，之后将50只小鼠随机分成5组，分别为空白组、模型组、4-甲基愈创木酚低剂量组、4-甲基愈创木酚中剂量组、4-甲基愈创木酚高剂量组，10只/组。除空白组和模型组小鼠灌胃等量生理盐水外，其余各组分别灌胃不同剂量4-甲基愈创木酚。空白组小鼠腹腔注射等剂量花生油，其余各组小鼠腹腔注射20%四氯化碳油溶液［1.25mL/(kg体重)］，2次/周，连续8周，实验具体分组见表1。实验第1天，记录各组小鼠体重，实验过程中每隔两周记录一次体重。灌胃第56天末次给药后，小鼠禁食不禁水12h，眼球取血，颈椎脱臼处死小鼠。迅速取出肝脏并称重，计算肝脏指数（肝重/体重×100%）；同时取右半部肝脏组织，10%中性多聚甲醛固定制备石蜡切片，肝脏组织病理学变化采用HE染色后观察；其余肝脏于-80℃低温冰箱保存备用。

**表1　各组小鼠实验处理**

**Table 1　Treatment of mice in each group**

| 组别 | 损伤处理 | 给药类别 |
|---|---|---|
| 空白组 | 等剂量花生油 | 0.9%生理盐水5mL/kg |
| 模型组 | 20%四氯化碳油溶液1.25m/(kg体重) | 0.9%生理盐水5mL/kg |
| 药物低剂量组 | 20%四氯化碳油溶液1.25mL/(kg体重) | 4-甲基愈创木酚0.05mg/mL |
| 药物中剂量组 | 20%四氯化碳油溶液1.25mL/(kg体重) | 4-甲基愈创木酚0.1mg/mL |
| 药物高剂量组 | 20%四氯化碳油溶液1.25mL/(kg体重) | 4-甲基愈创木酚0.2mg/mL |

2.2.2 小鼠肝脏组织病理学检查

肝脏组织用10%中性多聚甲醛固定24h后转入70%乙醇溶液中脱水处理24h，常规石蜡包埋后制作厚度约4μm的切片，使用$C_8H_{10}$进行脱蜡处理，乙醇梯度（95%、90%、80%、75%）脱水；苏木精染色；盐酸醇分化；0.5%伊红染色后常规梯度乙醇（75%、80%、90%、95%）脱水后经100%乙醇一次脱水（10min），100%乙醇二次脱水（10min）；最后经二甲苯透明后用中性树胶封片，在Nikon光学显微镜Eclipse Ci-L下，选取不同的视野拍照并分析肝脏组织病理学变化。

2.2.3 小鼠肝脏指数和肝功能的检测

末次给药后，小鼠眼球取血，静置时间30min，3000r/min离心10min，得到血清，并将其转移至-80℃进行低温保存。通过赖氏法检测血清转氨酶AST和ALT水平，具体操作步骤严格按照试剂盒使用说明书进行。

2.2.4 小鼠血脂水平的检测

小鼠体内血清中总胆固醇（TC）水平、血清中甘油三酯（TG）水平、高密度脂蛋白胆固醇（HDL-C）和低密度脂蛋白胆固醇（LDL-C）的水平分别通过COD-PAP法、GPO-PAP酶法、直接检测法进行测定。具体操作步骤严格按照试剂盒使用说明书进行。

2.2.5 RT-PCR法

按Invitrogen试剂盒提取肝组织总RNA，并根据NF-κB、TNF-α、IL-1β、IL-6基因mRNA序列设计PCR引物，NF-κB引物（上游5′-CCCTGACAACTTCCTTCCTG-3′、下游5′-GTGGCTTCTCTCTGCTGGTC-3′）；TNF-α引物（上游5′-CAGGCGGTGCCTATGTCTC-3′、下游5′-CGATCACCCCGAAGTTCAGTA-3′）；IL-6引物（上游5′-CTGCAAGAGACTTCCATCCAG-3′、下游5′-AGTGGTATAGACAGGTCTGTTGG-3′）；IL-1β引物（上游5′-GAGCACCTTCTTTTCCTTCATCTT-3′、下游5′-AGTGGTATAGACAGGTCTGTTGG-3′）；阳性内参采用GAPDH，引物（上游5′-CTCAACTACATGGTCTACATGTTCCA-3′、下游5′-TCACACACCAGCAGGTTATCATC-3′）。引物合成由上海生工生物工程有限公司完成。RT-PCR反应体系严格按照Vazyme试剂盒说明书进行。

2.2.6 数据分析

用SPSS 23.0分析软件处理数据，所有实验数据均为3个平行实验的平均值，用平均值±标准误（S. E. Mean）表示；图表由Origin 2018软件绘制。

## 3 结果与分析

### 3.1 4-甲基愈创木酚对肝损伤小鼠体重、肝脏指数的影响

实验期间，小鼠体重每两周称量一次。如表2所示，在实验前4周，与空白组小

鼠相比，各组小鼠体重基本无明显变化；从实验第6周开始，模型组小鼠与其他组小鼠相比较，体重有降低的趋势，尤其在实验结束后体重明显与其他组小鼠相比较更低，且呈现显著性差异（$P<0.05$），模型组小鼠肝脏质量也较空白组较高，其肝脏指数明显增加（$P<0.05$）。4-甲基愈创木酚干预可明显降低小鼠的肝脏指数，4-甲基愈创木酚低剂量组和高剂量组小鼠的肝脏质量与模型组相比，均高于模型组，且呈现显著性差异（$P<0.05$），且4-甲基愈创木酚各剂量组小鼠的肝脏指数分别降低了7.3%（$P<0.01$）、12.7%（$P<0.01$）和14.5%（$P<0.01$），表明四氯化碳确实对小鼠的生长产生了一定的影响，造模成功，而随着4-甲基愈创木酚剂量的提升，确实可以明显减缓四氯化碳带来的影响，使得小鼠体重和肝脏指数回归正常，趋向于正常生长。

表2　各组小鼠体重与肝脏指数

Table 2　Body weight and liver index of mice in each group

| 组别 | 体重/g | | | | | 肝重/g | 肝脏指数/% |
|---|---|---|---|---|---|---|---|
| | 1周 | 2周 | 4周 | 6周 | 8周 | | |
| 空白组 | 20.4±1.0 | 20.5±1.5 | 21.0±1.4 | 22.8±1.5 | 23.7±1.6 | 1.07±0.1 | 4.5±0.5 |
| 模型组 | 20.4±1.7 | 20.9±1.9 | 21.3±1.5 | 20.8±1.3 | 20.5±1.4* | 1.12±0.2 | 5.5±0.4* |
| 4-甲基愈创木酚低剂量组 | 20.5±1.2 | 20.5±1.4 | 21.1±1.5 | 22.3±1.7 | 23.1±1.8 | 1.17±0.2* | 5.1±0.3 |
| 4-甲基愈创木酚中剂量组 | 20.3±1.5 | 20.5±1.6 | 21.1±1.9 | 22.0±1.6 | 24.0±1.6 | 1.17±0.4* | 4.8±0.4## |
| 4-甲基愈创木酚高剂量组 | 20.4±1.3 | 20.9±2.0 | 21.6±1.9 | 22.4±1.8 | 23.7±1.7 | 1.13±0.3 | 4.7±0.7## |

注：与空白组相比，* $P<0.05$，** $P<0.01$；与模型组相比，# $P<0.05$，## $P<0.01$，余同。

### 3.2　4-甲基愈创木酚对肝损伤小鼠肝脏组织病理形态的影响

肝损伤的组织学特征主要包括肝细胞脂肪滴空泡的积累、脂肪肝（脂肪变性和炎性细胞浸润）及肝硬化。通过HE染色，由图1(1) 小鼠肝组织病理形态图可知，空白组小鼠肝组织结构明显，肝组织被膜由厚薄均匀的富含弹性纤维致密结缔组织构成，肝小叶分界明显，排列规则，肝细胞圆润、饱满；肝板排列规则、整齐，相邻肝小叶之间的门管区无明显异常；未见明显的炎性改变。与之相比，模型组小鼠肝组织结构、肝细胞排列紊乱，组织边缘多见肝细胞轻度水样变性，细胞肿胀，胞质疏松淡染，出现肝细胞灶状坏死、核碎裂或溶解，伴有结缔组织增生，出现脂肪滴空泡，淋巴细胞浸润且伴有炎性细胞浸润［图1(2)］；4-甲基愈创木酚低剂量、中剂量组小鼠肝组织结构、肝细胞排列较整齐，肝细胞水肿现象、肝组织内炎性细胞、脂肪滴空泡较模型组有所减轻［图1(3)、图1(4)］；4-甲基愈创木酚高剂量组小鼠肝组织结构清晰，肝细胞排列整齐、大小均一，炎性细胞、脂肪滴空泡较4-甲基愈创木酚中、低剂量组减轻［图1(5)］。本实验模型组小鼠的肝组织发现有炎性细胞和脂肪滴空泡，在使用4-甲基愈创木酚给药后此现象显著减轻，炎性细胞逐渐随4-甲基愈创木酚的浓度提升而逐渐消失，说明4-甲基愈创木酚可能对肝脏具有保护作用，能够改善因四氯化碳引起的肝损伤。

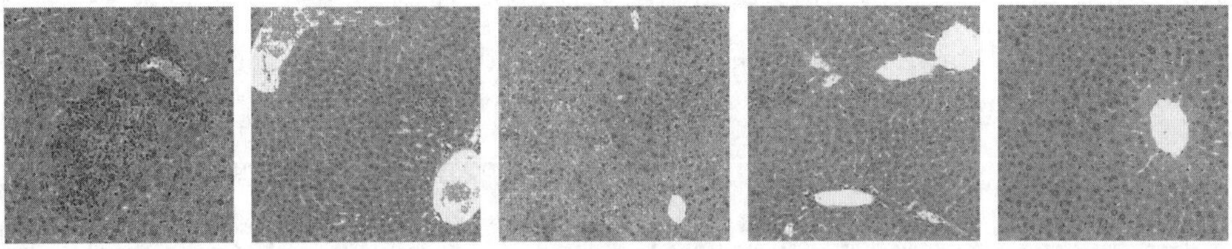

（1）空白组　（2）模型组　（3）4-甲基愈创木酚低剂量组　（4）4-甲基愈创木酚中剂量组　（5）4-甲基愈创木酚高剂量组

图1　各组小鼠肝组织病理形态

Fig. 1　Hepatic histological morphology of mice in each group

## 3.3　4-甲基愈创木酚对肝损伤小鼠肝脏功能的影响

如图2结果所示，与空白组相比较，模型组小鼠血清中AST、ALT水平明显增高，且呈显著性差异（$P<0.05$），分别是空白组的1.18倍、1.3倍；而4-甲基愈创木酚各剂量组随着4-甲基愈创木酚的浓度升高，AST、ALT水平明显下降。与模型组相比较，4-甲基愈创木酚的低、中剂量组小鼠血清中的AST水平降低，在高剂量组小鼠血清中AST水平降低更为明显，20%左右（$P<0.05$），与空白组相当；ALT水平在4-甲基愈创木酚低剂量组小鼠血清中较模型组小鼠降低，在中、高剂量组小鼠血清中降低得较为明显，分别为15%（$P<0.05$）和35%（$P<0.05$）。上述结果提示，4-甲基愈创木酚在一定程度上缓解了四氯化碳导致的肝损伤。

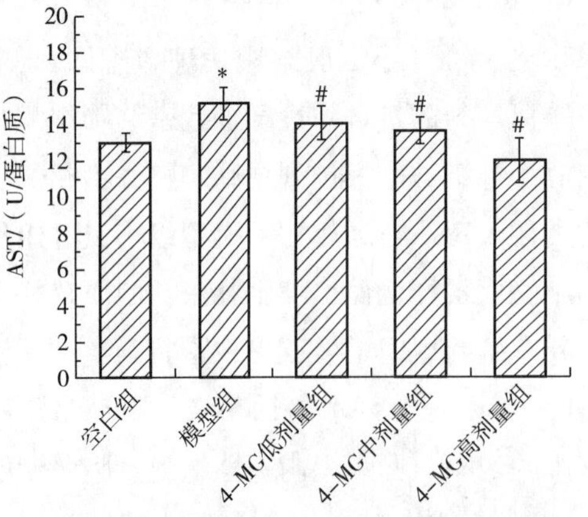


（1）4-甲基愈创木酚对小鼠血清中AST的影响

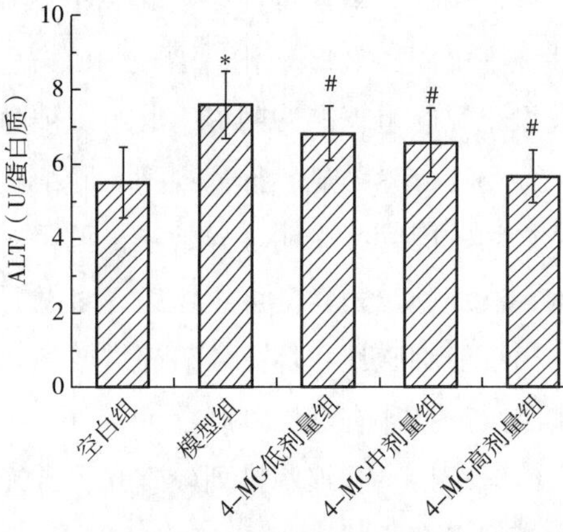


（2）4-甲基愈创木酚对小鼠血清中ALT的影响

图2　4-甲基愈创木酚对小鼠血清中AST和ALT活性的影响

Fig. 2　Effect of 4-methyl guaiacol on serum AST and ALT activity in mice

### 3.4 4-甲基愈创木酚对肝损伤小鼠血脂水平的影响

由图3结果可知，与空白组相比较，模型组小鼠血清中TC、TG、LDL-C水平明显升高（*P*<0.05），分别为对照组的1.2倍、1.15倍、1.6倍，而HDL-C水平明显下降，约15%（*P*<0.05）；与模型组比较，4-甲基愈创木酚低、中、高剂量组小鼠血清中TC水平分别降低了18%（*P*<0.05）、20%（*P*<0.05）和30%（*P*<0.05）；TG水平分别降低了15%（*P*<0.05）、45%（*P*<0.05）和65%（*P*<0.05）；提示用4-甲基愈创木酚灌胃后，改善了实验小鼠TC和TG水平；而LDL-C水平分别降低了58%（*P*<0.05）、53%（*P*<0.05）和20%（*P*<0.05），HDL-C水平分别升高了30%（*P*<0.05）、31%（*P*<0.05）和75%（*P*<0.05）。

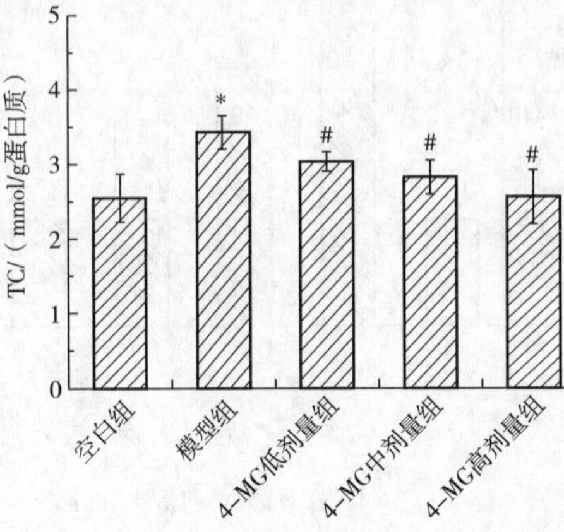


（1）4-甲基愈创木酚对小鼠血清中TC的影响

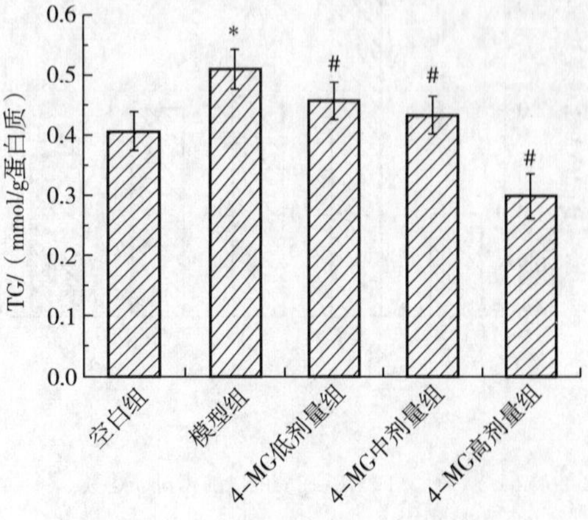


（2）4-甲基愈创木酚对小鼠血清中TG的影响

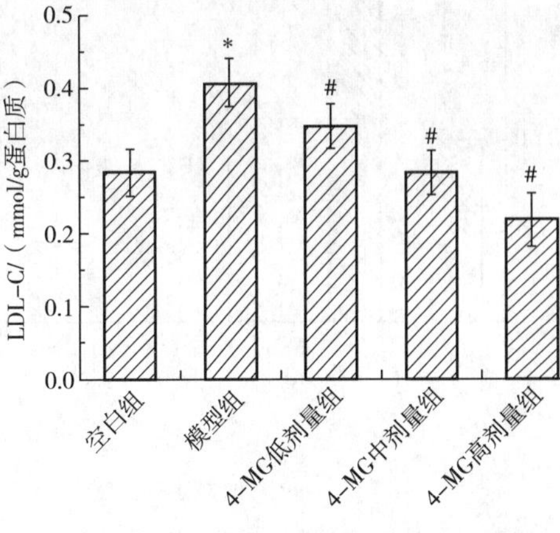


（3）4-甲基愈创木酚对小鼠LDL-C的影响

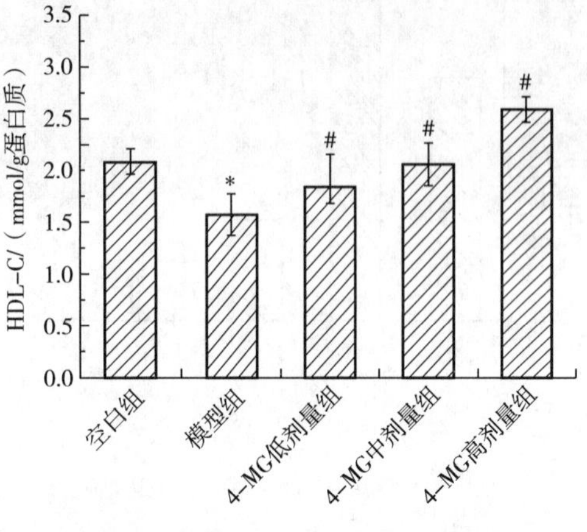


（4）4-甲基愈创木酚对小鼠HDL-C的影响

图3 4-甲基愈创木酚对小鼠TC、TG、LDL-C和HDL-C的影响

Fig. 3 Effect of 4-methylguaiacol on serum TC, TG, LDL-C and HDL-C in mice

### 3.5 4-甲基愈创木酚对慢性肝损伤小鼠炎症反应通路相关分子 mRNA 表达水平的影响

NF-$\kappa$B 在细胞的炎症反应中起到关键性作用，最早响应炎症刺激；TNF-$\alpha$、IL-1$\beta$ 和 IL-6 是典型的促炎性细胞因子。由图 4 可知，与空白组相比较，模型组小鼠的 NF-$\kappa$B、TNF-$\alpha$、IL-1$\beta$ 和 IL-6 水平相较于空白对照组明显提高，是空白组的 3.15 倍、2.9 倍、1.2 倍和 1.9 倍（$P<0.05$），提示四氯化碳导致实验小鼠炎症的发生；与模型组相比，4-甲基愈创木酚给药后其水平降低，并与 4-甲基愈创木酚使用剂量相关，表明 4-甲基愈创木酚可以一定程度减缓实验小鼠炎症的发生。

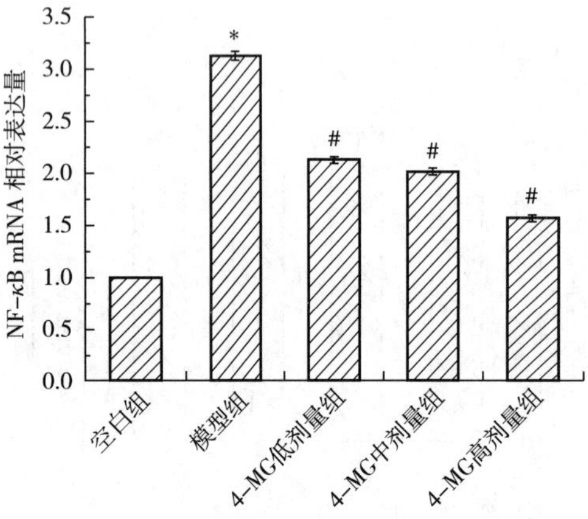


（1）NF-$\kappa$B mRNA的相对表达量

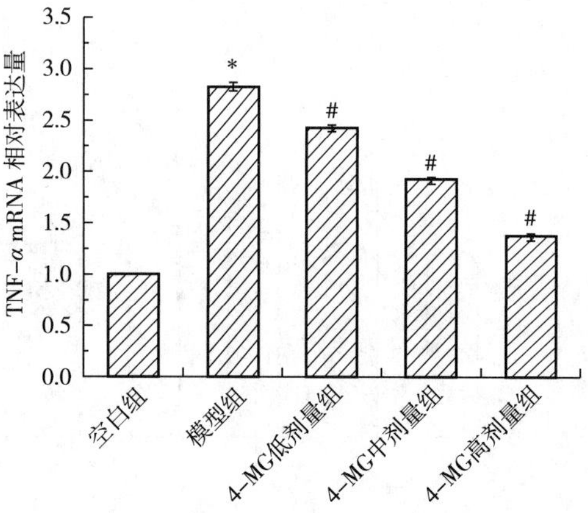


（2）TNF-$\alpha$ mRNA的相对表达量

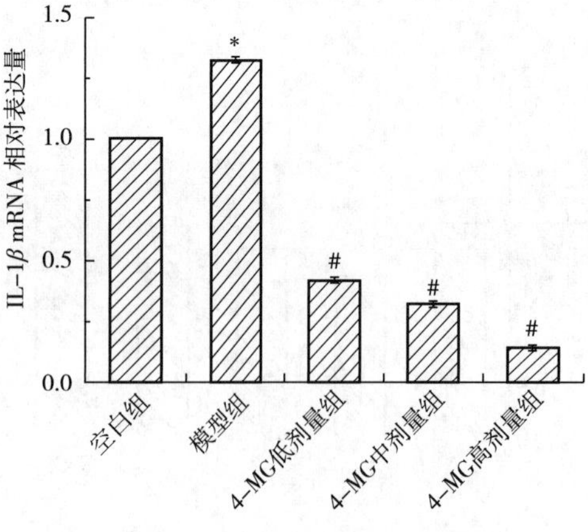


（3）IL-1$\beta$ mRNA的相对表达量

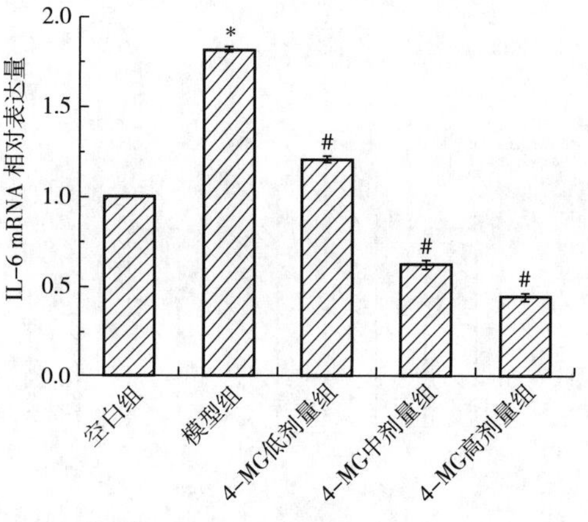


（d）IL-6 mRNA的相对表达量

图 4 NF-$\kappa$B mRNA，TNF-$\alpha$ mRNA，IL-1$\beta$ mRNA 和 IL-6 mRNA 的相对表达量

Fig. 4 The relative expression of NF-$\kappa$B mRNA, TNF-$\alpha$ mRNA, IL-1$\beta$ mRNA and IL-6m RNA

## 4　结论

为评价 4-甲基愈创木酚对肝脏的保护作用，我们利用腹腔注射四氯化碳诱导小鼠肝损伤的发生。模型组小鼠与其他组小鼠相比较，体重降低且有显著性差异（$P<0.05$），其肝脏指数明显增加（$P<0.05$），病理切片显示模型组肝组织结构紊乱，肝细胞灶状坏死，伴有结缔组织增生，出现脂肪滴空泡，伴有炎性细胞，表明四氯化碳肝损伤小鼠模型造模成功。通过不同剂量的 4-甲基愈创木酚干预，明显降低小鼠的肝脏指数，有效地减少了肝脏内细胞坏死、炎症部位的出现和脂肪颗粒的堆积，并且随着 4-甲基愈创木酚的剂量由 0.05mg/mL 增加到 0.2mg/mL，肝损伤小鼠的 ALT、AST 和 TC、TG、LDL-C 水平明显降低，HDL-C 水平明显升高（$P<0.05$），表明 4-甲基愈创木酚对四氯化碳引起的肝脏损伤具有一定保护作用。

利用四氯化碳建立肝损伤小鼠模型，小鼠体内炎症通路相关炎性因子 NF-$\kappa$B、TNF-$\alpha$、IL-1$\beta$ 和 IL-6 的表达水平明显升高，提示肝损伤小鼠炎症反应的发生。4-甲基愈创木酚处理后，分别下调了炎症通路相关炎性因子的 mRNA 水平，提示 4-甲基愈创木酚改善了四氯化碳导致的小鼠肝组织的炎症水平。上述结果表明 4-甲基愈创木酚可以通过改善四氯化碳诱导的肝组织内炎症反应，达到对肝组织的保护作用。

综上所述，4-甲基愈创木酚可以通过改善肝功能，调节肝脏脂代谢，下调炎性因子表达，降低肝组织炎症水平，缓解由四氯化碳诱导的肝损伤，达到肝脏保护作用。但是 4-甲基愈创木酚肝脏保护的分子作用机制仍需进一步的实验验证。

### 参考文献

[1] Manach C, Scalbert A, Morand C, et al. Polyphenols: food sources and bioavailability [J]. The American Journal of Clinical Nutrition, 2004, 79 (5): 727-747.

[2] Maniglia B C, Rebelatto E A, Andrade K S, et al. Polyphenols [M]. Sao Paulo: Food Bioactives and Health, 2021.

[3] Li X P, Liu C K, Wang J X, et al. Tea polyphenols affect oxidative modification and solution stability of myofibrillar protein from grass carp (*Ctenopharyngodon idellus*) [J]. Food Biophysics, 2020, 15 (4): 397-408.

[4] Gomez-Cadena A, Urueña C, Prieto K, et al. Immune-system-dependent anti-tumor activity of a plant-derived polyphenol rich fraction in a melanoma mouse model [J]. Cell Death & Disease, 2016, 7 (6): e2243.

[5] Pojero F, Poma P, Spanò V, et al. Targeting multiple myeloma with natural polyphenols [J]. European Journal of Medicinal Chemistry: Chimie Therapeutique, 2019, 180:

465-485.

[6] González-G J, García-M M V, Sánchez-C S, et al. Fruit polyphenols, immunity and inflammation [J]. The British Journal of Nutrition, 2010, 104 (Suppl. 3): S15-S27.

[7] Carvalho J, Baldivia D, Castro D, et al. The immunoregulatory function of polyphenols: implications in cancer immunity [J]. The Journal of Nutritional Biochemistry, 2020, 85: 108428.

[8] Zhao D R, Shi D M, Sun J Y, et al. Quantification and cytoprotection by vanillin, 4-methylguaiacol and 4-ethylguaiacol against AAPH-induced abnormal oxidative stress in HepG2 cells [J]. RSC Advances, 2018, 8: 35474-35484.

[9] Shi D M, Wang S, Zhao D R, et al. Determination of 6 phenols in 103 kinds of Chinese *Baijiu* by GC-MS/SIM [J]. Journal of Chinese Institute of Food Science and Technology, 2019, 8 (10): 143-148.

[10] Zhao D R, Sun J Y, Sun B G, et al. Intracellular antioxidant effect of vanillin, 4-methylguaiacol and 4-ethylguaiacol: three components in Chinese *Baijiu* [J]. RSC Advances, 2017, 7 (73): 46395-46405.

[11] Sun X T, Wang Z Y, Liu M, et al. Determination of tetramethylpyrazine-4-methyl guaiacol and 4-ethyl guaiacol in 67 Chinese *Baijiu* samples by vortex assisted liquid-liquid microextration combined with gas chromatography-mass spectrometry [J]. Food Science, 2017, 38 (18): 73-79.

[12] 张曕飞, 姜欣, 李一澍, 等. 4-甲基愈创木酚对酒精性肝损伤小鼠保护作用 [J]. 食品与发酵工业, 2021, 47 (18): 92-98.

[13] Liu X, Wang Y N, Wu D, et al. Magnolol prevents acute alcoholic liver damage by activating PI3K/Nrf2/PPARγ and inhibiting NLRP3 signaling pathway [J]. Frontiers in Pharmacology, 2019, 10 (12): 1424-1428.

[14] Wang C X, Zheng L Y, Liu S N, et al. A novel acidic polysaccharide from the residue of *Panax notoginseng* and its hepatoprotective effect on alcoholic liver damage in mice [J]. International Journal of Biological Macromolecules, 2020, 149: 1084-1097.

[15] Volpato S, Pahor M, Ferrucci L, et al. Relationship of alcohol intake with inflammatory markers and plasminogen activator inhibitor-1 in well-functioning older adults: the health, aging, and body composition study [J]. Circulation, 2004, 109 (5): 607-612.

[16] Peng H, Qin X, Chen S N, et al. Parkin deficiency accentuates chronic alcohol intake-induced tissue injury and autophagy defects in brain, liver and skeletal muscle [J]. Acta Biochimica et Biophysica Sinica, 2020, 52 (6): 665-674.

[17] Levine B S, Caplan Y H, Jones A W. Alcohol [M]. Boston: Principles of Forensic Toxicology, 2020.

[18] Xu J F, Lu J J, Cao Y, et al. Sulforaphane alleviates ethanol-mediated central inhibition and reverses chronic stress-induced aggravation of acute alcoholism via targeting Nrf2-regulated catalase expression [J]. Neuropharmacology, 2020, 176: 108235.

[19] Haag F, Janicova A, Xu B L, et al. Reduced phagocytosis, ROS production and enhanced apoptosis of leukocytes upon alcohol drinking in healthy volunteers [J]. European Journal of Trauma and Emergency Surgery, 2021. doi: 10.1007/s00068-021-01643-X.

[20] Liang S S, He Y, Huang Z G, et al. Evaluation of the diagnostic utility of carbohydrate-deficient transferrin in chronic alcoholism: results from southwest China [J]. Medicine, 2021, 100 (4): e24467.

[21] Ruiten B, Anne M, Swieten V, et al. Alcohol consumption and risk of dementia: the Rotterdam study [J]. Lancet, 2002, 9 (8): 189.

[22] Najafi S, Ghanavat M, Shahrabi S, et al. The effect of inflammatory factors and their inhibitors on the hematopoietic stem cells fate [J]. Cell Biology International, 2021, 45 (5): 900-912.

# 白酒中生物活性成分研究进展

李红娇[1]，陈杉彬[1]，李安军[2]，韩兴林[1]，王德良[1]，郝飞克[1]，吴翠芳[2]
（1. 中国食品发酵工业研究院有限公司，北京 100015；
2. 安徽古井贡酒股份有限公司，安徽亳州 236820）

**摘 要**：白酒作为中国特有的一种蒸馏酒，具有近2000年的酿造历史。白酒是一种固态发酵酒精饮料，富含2000多种微量化合物，其中有多种功能组分，包括多酚类、萜烯类、吡嗪类、多肽等活性成分。越来越多的研究证实，上述功能组分具有抗氧化、抗炎等生物学效应。基于此，我们就国内外近期报道的白酒中生物活性成分及其潜在健康功效，做一个简单归纳总结。

**关键词**：白酒；生物活性成分

# Research Progress of Bioactive Components in *Baijiu*

LI Hongjiao[1], CHEN Shanbin[1], LI Anjun[2], HAN Xinglin[1],
WANG Deliang[1], HAO Feike[1], WU Cuifang[2]
(1. China National Research Institute of Food and
Fermentation Industries, Beijing 100015, China;
2. Anhui Gujing Gongjiu Co., Ltd., Anhui Bozhou 236820, China)

**Abstract**: *Baijiu*, also known as a traditional liquor in China, has around 2000 years of production history. *Baijiu* is a solid-state fermented alcoholic beverage which has more than 2000 kinds of trace compounds. It contains phenols, organic acids, terpenes, esters and other components. Recent studies have suggested that some polyphenols or peptides in *Baijiu* play a positive role in anti-inflammatory or antioxidant. In this context, we summarize the re-

作者简介：李红娇，女，硕士，工程师，主要从事合成生物学和发酵工艺研究。E-mail：LiHongjiao666@outlook.com。

通信作者：郝飞克，男，博士，高级工程师，主要从事生物化学、生物工程与白酒健康工作研究。E-mail：haofeike@outlook.com。

ported bioactive components in *Baijiu* and their potential benefits to health.

**Key words**: *Baijiu* , Bioactive components

白酒作为中国传统酒精饮料，是中国的国酒，已具有近 2000 年的酿造历史[1]。白酒与白兰地、威士忌、朗姆酒、伏特加和金酒并列世界六大蒸馏酒，与其他蒸馏酒不同，白酒一般以粮谷为原料，包括高粱、玉米、大米、小麦、小米、荞麦、青稞等[2]，并采用独一无二的固态发酵、固态蒸馏而成[3]，即先将预制的酒曲与原料混合，进行固态发酵，再进一步进行固态蒸馏。正是由于这种古老而独特的酿造方法，相较于其他蒸馏酒，中国白酒中含有更为丰富的风味物质。白酒中风味成分占总质量的 2% ~3%[4]，然而种类繁多，已报道检测出的微量成分超 2000 种，其中有很多具有潜在生物学效应的功能组分，包括多酚类、萜烯类、吡嗪类、多肽等活性成分。白酒中检测到的多酚类成分被证实对培养的细胞具有一定的抗炎作用[5-6]；此外，一种在白酒中检测到的四肽（Ala-Lys-Arg-Ala）具有显著的抗氧化作用[7]。中国传统医学认为“酒为百药之长”，自古以来都认为白酒与中药具有良好的协同作用，有行药势、促药效的作用。因此，为了探讨近年来健康白酒研究的发展趋势，本文将近年来国内外报道的白酒中生物活性成分及其潜在健康功效做简单综述。

## 1　酚类化合物

酚类化合物被认为是葡萄酒中具有保健功能的主要成分。白藜芦醇是葡萄酒中一种重要的酚类化合物，具有抗氧化、预防心血管疾病、延长人体器官寿命的功能[8-9]。同样地，酚类化合物也是白酒中的重要成分，对白酒的香气、口感和稳定性都有一定的影响。4-乙基愈创木酚是近年来在古井贡酒中检测出的香气化合物，研究发现，4-乙基愈创木酚可通过调控促炎信号通路、减少炎性细胞因子的产生在 THP-1 人单核细胞中发挥抗炎作用[6]。此外，古井贡酒中检测到的 4-甲基愈创木酚与 4-乙基愈创木酚在 HepG2 细胞中具有显著的抗氧化作用[10]。作为一种酚类化合物，4-乙基愈创木酚可以在酒精或非酒精饮料中产生熏肉、香料、丁香或烟熏的香味[11]。人体自身不能合成多酚类化合物，需要从食物中摄取。因此，不断发现并深入挖掘白酒中存在的酚类化合物及其潜在的生物学活性，或许能为健康白酒的开发提供思路和物质基础。

## 2　有机酸类

白酒中含有各种各样的有机酸，虽然含量微小，但是正是由于它们的存在才会有不同香型、不同风格的白酒[12]。白酒中的有机酸主要有乙酸、乳酸和丁酸。乙酸是一种挥发性酸，适量的乙酸能够使白酒具有爽口感，而含量过多则增强刺激性，就可能使酒体略显粗糙。乳酸是白酒中比较重要的有机酸，其含量也相对较高，是白酒中的主要呈味物质，乳酸的含量不仅直接影响白酒的口感和风味，也间接反映了白酒在发酵过程中是否正常。丁酸是白酒中基本都存在的一大类有机酸，具有提高肠道免疫力[13]、预防肠炎和肠癌发生的作用。此外，研究发现丁酸还可以通过抑制肿瘤细胞的增殖达到抑制肿瘤的功效[14]。

## 3 萜烯类化合物

萜烯类化合物普遍具有较高的抑菌活性和抗凝血性[15]。张倩等[16]研究发现牛栏山原酒、二锅头和其他商品酒中含有香叶基丙酮（GAT）、$\beta$-石竹烯（BCP）、$\beta$-大马酮、$\beta$-杜松烯和反式-橙花叔醇这五种萜烯类化合物，其中GAT为二锅头酒中首次检测出来。并且证明了GAT和BCP能够清除氧化损伤细胞内的活性氧（ROS），提高机体内非酶系统抗氧化剂谷胱甘肽（GSH）的浓度，同时提高细胞的抗氧化能力。

## 4 脂肽类化合物

脂肽类化合物是近年来在白酒中新发现的功能活性成分。徐岩等[17]在中国白酒中首次报道了脂肽类化合物，如枯草素、丰原素、地衣素等。研究发现，地衣素具有抑菌活性，它可以通过破坏细菌细胞膜的完整性进而表现出显著的抑菌活性。丰原素(Fengycin）则表现出显著的抗真菌作用。除此之外，这些脂肽类化合物还有一定的抗癌、抗病毒和纤溶活性。

## 5 吡嗪类化合物

酱香型白酒中检测到较高含量的四甲基吡嗪[18]。四甲基吡嗪又称为川芎嗪，研究证实，它可以增加脑血管血流量，已经被广泛应用到脑血管和心脏血管疾病的治疗当中[19]。国际上的研究还表明，四甲基吡嗪能够通过调节中枢神经来改善学习障碍[20]。

## 6 核苷类活性物质

浓香型白酒中含有核苷类似物，研究表明，核苷类似物是一种重要的抗肿瘤化学药物，其结构为嘌呤或者嘧啶核苷的衍生物，主要是通过在细胞内磷酸化后干扰细胞中DNA的复制、RNA的转录和蛋白质的合成过程，进而抑制肿瘤细胞的分裂增殖，最终导致肿瘤细胞死亡[21]。除此之外，核苷类似物已被证明可以保护肝脏免受损伤，延缓肝硬化，降低患肝癌的风险[22]。

## 7 结论和展望

随着检测技术的发展，白酒中已鉴定出各种成分多达2000种。其中，报道较多的功能性组分主要为多酚类和萜烯类。上述两类功能性组分具有抗氧化、抗炎和抗衰老的生物学效应，其浓度在不同的白酒中存在较大差异。然而，仍然有许多未知的生物活性物质有待进一步研究。在今后的研究中有几点值得重点关注，首先是继续检测以发现白酒中未知的生物活性成分并深入挖掘其产生机制；其次是探讨并阐明各种生物活性成分和其他成分之间的潜在协同作用；最后是工艺创新，调控生物活性成分生成的同时减少有害成分的产生，最终应用于白酒的生产，不断提升白酒的健康价值。

### 参考文献

[1] 刘德和，赵志如，衣瑞彬，等. 酒在药中的应用［J］. 中国酒，2002（5）：32-33.

[2] 张倩，谢正敏，安明哲，等. 酿酒粮食发酵蒸馏乙醇碳稳定同位素的变化［J］. 酿酒科技，2020（3）：47-51.

[3] 肖冬光，赵树欣，陈叶福，等. 白酒生产技术（2版）［M］. 北京：化学工业出版社，2011.

[4] 陈果忠，李世锋，陈佳文，等. 白酒微量香气成分分析与样品处理应用研究［J］. 中国酿造，2018，37（4）：1-6.

[5] Zhao D R, Jiang Y S, Sun J Y, et al. Amelioration of 4-methylguaiacol on LPS-induced inflammation in THP-1 cells through NF-κB/IκBα/AP-1 and Nrf2/HO-1 signaling pathway [J]. Journal of Functional Foods, 2019, 55: 95-103.

[6] Zhao D R, Jiang Y S, Sun J Y, et al. Anti-inflammatory mechanism involved in 4-ethylguaiacol-mediated inhibition of LPS-induced inflammation in THP-1 cells [J]. Journal of Agricultural and Food Chemistry, 2019, 67 (4): 1230-1243.

[7] Wu J H, Huo J Y, Huang M Q, et al. Structural characterization of a tetrapeptide from sesame flavor-type *Baijiu* and its preventive effects against AAPH-induced oxidative stress in HepG2 cells [J]. Journal of Agricultural and Food Chemistry, 2017, 65 (48): 10495-10504.

[8] Li H, Chen J, Huang S A, et al. Cardioprotective effect of resveratrol, a natural antioxidant derived from grapes [J]. Cardiovascular Research, 2000, 47 (3): 549-555.

[9] Nakagawa H, Kiyozuka Y, Uemura Y, et al. Resveratrol inhibits human breast cancer cell growth and may mitigate the effect of linoleic acid, a potent breast cancer cell stimulator [J]. Journal of Cancer Research & Clinical Oncology, 2001, 127 (4): 258-264.

[10] Zhao D R, Shi D M, Sun J Y, et al. Quantification and cytoprotection by vanillin, 4- methylguaiacol and 4-ethylguaiacol against AAPH-induced abnormal oxidative stress in HepG2 cells+ [J]. RSC Advances, 2018, 8 (62): 35474-35484.

[11] Caboni P, Sarais G, Cabras M, et al. Determination of 4-ethylphenol and 4-ethylguaiacol in wines by LC-MS-MS and HPLC-DAD-fluorescence [J]. Journal of Agricultural and Food Chemistry, 2007, 55 (18): 7288-7293.

[12] Liu H L, Sun B G. Effect of fermentation processing on the flavor of *Baijiu* [J]. Journal of Agricultural and Food Chemistry, 2018, 66 (22): 5425-5432.

[13] Corrêa-Oliveira R, Fachi J L, Vieira A, et al. Regulation of immune cell function by short-chain fatty acids [J]. Clinical & Translational Immunology, 2016, 5 (4): e73.

[14] Siregar C, Wasito E B, Sudiana I K. Effect of butyric acid on p53 expression and apoptosis in colon epithelial cells in mice after treated with 9, 10-dimethyl-1, 2-benz (a) anthracene [J]. Procedia Chemistry, 2016, 18: 141-146.

[15] Wang C Y, Chen Y W, Hou C Y. Antioxidant and antibacterial activity of seven predominant terpenoids [J]. International Journal of Food Properties, 2019, 22 (1): 230-238.

[16] 张倩, 朱婷婷, 黄明泉, 等. 白酒中两种萜烯类化合物的细胞内抗氧化活性 [J]. 食品科学, 2020, 41 (9): 66-73.

[17] 徐岩, 张荣, 吴群, 等. 白酒中生物活性物质脂肽类化合物的鉴定及其功能的研究 [J]. 酿酒科技, 2014 (12): 1-4+7.

[18] Fan W L, Xu Y, Zhang Y H. Characterization of pyrazines in some Chinese liquors and their approximate concentrations [J]. Journal of Agricultural and Food Chemistry, 2007, 55 (24): 9956-9962.

[19] 孙宝国, 李贺贺, 胡萧梅, 等. 健康白酒的发展趋势 [J]. 中国食品学报, 2016, 16 (8): 1-6.

[20] Liu J, Cheng M L, Shi J Z, et al. Differential effects between maotai and ethanol on hepatic gene expression in mice: Possible role of metallothionein and heme oxygenase-1

induction by maotai [J]. Experimental Biology and Medicine, 2006, 231 (9): 1535-1541.

[21] 李国友, 陈翔, 米娇, 等. 洋河大曲产核苷功能菌的研究 [J]. 酿酒科技, 2017 (10): 24-27.

[22] 江清浩, 林兵, 李勇, 等. 外源性5′-核苷酸促进大鼠酒精性肝损伤的修复 [J]. 营养学报, 2011, 33 (4): 349-353.

# 藜麦肽对中国固态酒与酒精的健康作用初探

何冰[1]，赵彤[2]，杨久斌[3]，廖祖跃[4]，秦书友[5]

（1. 吉林省蛟河市委党校，吉林蛟河 132500；

2. 黑龙江省轻工科学研究院，黑龙江哈尔滨 150010；

3. 吉林省农产品质量安全学会，吉林长春 130000；

4. 广西桂林湘山酒业有限公司，广西全州 541500；

5. 贵州仁怀三渡酒业有限公司，贵州遵义 564500）

**摘 要**：近几年来，植物肽为食品加工企业所逐渐重视，藜麦肽和人参肽技术被我国科学家广泛掌握和应用，一举打破少数国家对肽的国际价格垄断。大健康国家战略下，藜麦肽与人参对中国固态酒与酒精的作用凸显，或许可成为改变酒业的“神奇作物”和“天使配方”，有效降低酒精对饮酒人士的伤害。有藜麦肽和人参肽参与的中国酒是快速走向全球市场的后发优势，是21世纪中国酒的创新贡献。

**关键词**：藜麦肽；人参肽；固态酒；酒精

作者简介：何冰，男，本科，党校教师，主要从事新能源和酒类全产业研究。E-mail：13944669818@163.com。

通信作者：杨久斌，男，本科，教授，主要从事藜麦肽研究，中国藜麦肽专家，“中国藜麦肽创始人之一”。E-mail：longxinghzi@163.com。

# Preliminary Study on Health Effects of Quinoa Peptide on Chinese Solid-fermented Liquor and Alcohol

HE Bing[1], ZHAO Tong[2], YANG Jiubin[3], LIAO Zuyue[4], QIN Shuyou[5]

(1. Party School of Jiaohe Municipal Committee of C. P. C of Jilin Province, Jilin Jiaohe 132500, China;

2. The Scientific Research Institute of Light Industry of Heilongjiang Province, Heilongjiang Haerbin 150010, China;

3. Society of Agricultural Products Quality and Safety of Jilin Province, Jilin Changchun 130000, China;

4. Guangxi Guilin Xiangshan Liquor Industry Co., Ltd., Guangxi Quanzhou 541500, China;

5. Guizhou Renhuai Sandu Liquor Industry Co., Ltd., Guizhou Zunyi 564500, China)

**Abstract**: Plant peptides have been gradually valued by food processing companies. In recent years, quinoa peptide and ginseng peptide technologies have been widely mastered and applied by Chinese scientists, breaking the international price monopoly of peptides by a few countries at one fell swoop. Under the great health national strategy, the effects of quinoa peptide and ginseng on solid-fermented liquor and alcohol are prominent, they may become "magic crops" and "angel formulas" that changes the liquor industry, effectively reducing the harm of alcohol to liquor lovers. Chinese liquor with quinoa peptides and ginseng peptides will have new advantages for Chinese liquor to catch up in entering the global market quickly, and is the innovative contribution of Chinese liquor in this century.

**Key words**: Quinoa peptide, Ginseng peptide, Solid-fermented liquor, Alcohol

## 1　藜麦肽为食品加工企业逐渐重视

随着我国社会经济的飞速发展，居民的生活方式和疾病谱不断发生变化，吸烟、过量饮酒、缺乏锻炼、不合理膳食等不健康生活习惯普遍存在，引发的慢性疾病问题日益增加，由此引起人们对营养保健食品的关注和需求日益强烈。随着功能多肽独特的营养特性和生理功能，以及在生物代谢调控中的重要作用被逐渐发现，特别是植物来源的多肽，更因其天然、无毒副作用受到国内外研究者普遍关注[1]。

自酒诞生以来，在不同的文化和不同的时期，一直是人类相互交往的主要方式。酒精越来越被视为一个医学问题，但酒精滥用只是人类广泛饮酒社会模式的一小部分。一方面，它为饮酒者敲响了警钟；但另一方面，酒精（乙醇）自发现以来，就被美酒爱好者所喜欢和热捧。英国埃克塞特大学保护科学高级讲师 Dr. Kim Hockings 和牛津大学进化心理学教授 Dr. Robin Dunbar 在《酒精和人类：一个漫长且社会性的事件》中甚至认为：人类的类人猿祖先之所以能够避免灭绝，可能是因为他们能够在过熟、发酵的水果中汲取并耐受低水平的酒精。尤为重要的是，饮酒后的放松娱乐使紧张的神经得以轻松。科学发现，人们在放松愉悦中身体里释放出缩胺酸、多巴胺等物质，既可抗病毒也可增加自我幸福感，所以说“小饮愉悦，多饮伤身”。

“烧酒非古法也，自元时始创其法。用浓酒和糟入甑。蒸令气上，用器承取滴露。”从自然发酵到固态蒸馏，白酒诞生至今已有上千年历史，经过几十代匠人在中国不同地域的优选，迄今 12 大香型的固态酒（除浓香型和米香型外）的主要酒曲和酿酒原料包括小麦、高粱、玉米、大米等作物，浓香型则以五粮为主。

藜麦是一种无麸质谷物，蛋白质含量较高，无限制性氨基酸的存在，氨基酸构成比例合理，藜麦蛋白与牛乳酪蛋白的氨基酸模式相当，是一种优质蛋白质来源[2]。试验发现：采用酸性蛋白酶、碱性蛋白酶、木瓜蛋白酶和中性蛋白酶对藜麦蛋白提取液进行酶解制得抗氧化肽，通过单因素试验筛选出最佳蛋白酶，结果表明，藜麦抗氧化肽的最佳制备工艺为选用木瓜蛋白酶。藜麦抗氧化肽中共含有 18 种氨基酸，其中丝氨酸的含量最高，为 65. 46%[3]。

藜麦源自南美洲的安第斯山脉，被联合国称为“超级食物”。联合国大会确定 2013 年为“国际藜麦年”，美国国家航空航天局曾称藜麦是“宇航员在太空的最佳食物”。藜麦作为新型、健康粮食已经在餐饮界崭露头角，食品加工企业也开始使用这个新食材，我国现已成为除原产国之外藜麦种植面积最大的国家之一。

能否藜麦将作为固态酒的酿酒原料，通过肽的产生，在愉悦身心的同时，将固态酒对人体的伤害降到最低？目前，网络上已经有肽酒的售卖，主要是动物肽的参与。但以藜麦酿酒的试验论文迄今没有发表。2015—2020 年，本课题组开始对藜麦参与清香型、米香型、酱香型酿酒进行试验，本文主要以米香型为主，通过翔实数据，为藜麦参与固态酒酿造提供一条可探索的路径[4]。

## 2 以米香型为例的藜麦参与酿酒实验

### 2.1 目的

藜麦原产南美洲安第斯山区，是印加土著居民的传统食物，是一种健康食品，俗称“粮食之母”。湘山酒业拟将利用有健康因子的藜麦作为原料，采用企业标准，开发一些差异化、健康型产品，引领发展新潮流。

## 2.2　生产工艺

湘山酒业科研小组通过以藜麦酿酒小试，确定藜麦与米共酿比例，现已在车间进行了大生产，具体生产工艺与要求如下。

### 2.2.1　工艺流程图

工艺流程图见图1。

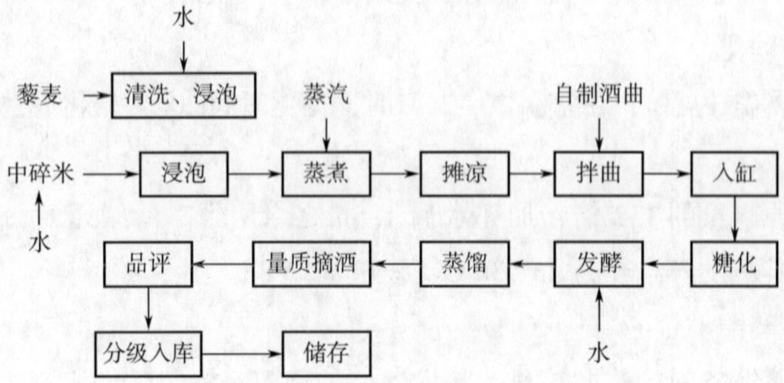


图1　工艺流程图

Fig. 1　Technological Process

### 2.2.2　工艺标准

2.2.2.1　原料

酿酒用水符合GB 5749—2006《生活饮用水卫生标准》，酿酒用米符合Q/ XJY-FLBZ 001碎米的质量要求，酿酒用曲符合Q/XJBCPBZ 001酒曲的质量要求。

2.2.2.2　浸泡

2.2.2.2.1　藜麦先用水润湿，装入尼龙袋用水清洗，捆扎袋泡入池中30min，拆开尼龙袋装入箩筐，用水清洗，沥干待用。

2.2.2.2.2　将中碎米倒入池中扒平，用水浸泡，水开始从溢流口流出时将米池底部的米向上翻动三次，淘出糠壳和灰分等杂质后关水，浸泡30min。

2.2.2.3　蒸煮

见汽撒米，先装甑四周，再装中间，先撒一层米后，边撒米边撒藜麦，装完甑将米、藜麦摊平，混合蒸料，待蒸汽全面透出饭面，圆汽后加盖均匀上汽蒸5~6min，第一次喷淋水200kg，翻饭后开汽冲净甑底水后关排水阀，用铲撬松饭层、打散饭团，待圆汽后加盖蒸5min；第二次喷淋水80kg，翻饭后打散饭团，加盖蒸饭5min；第三次喷淋水50kg，翻饭后打散饭团，加盖蒸5min，要求饭蒸熟，米饭熟而不烂、不夹生、不稀烂。

2.2.2.4　摊凉

将蒸熟的米饭及时舀入不锈钢筐内倒入饭床，用风机吹凉米饭，扒松米饭，搓散饭团，迅速将品温降到下曲温度 30~35℃。

2.2.2.5 拌曲

将自制的酒曲用粉碎机粉碎，以能过 20 目筛为准。称取酒曲，用曲量为原料量的 0.7%。将酒曲均匀撒在饭堆表面，用手翻拌混合，搓散饭团，要求曲饭混合均匀。

2.2.2.6 入缸

曲饭混合均匀后及时入缸，入缸量为 6kg/缸（以米计），每缸中央挖一凹洞，开口直径≥8cm，深度≥8cm，入缸温度 28~33℃。

2.2.2.7 糖化

及时用麻袋盖好缸口，在室温 20~24℃时，糖化时间 20h，糖化成熟应及时泡水。

2.2.2.8 发酵

加水量为原料量的 1.2 倍，加完水后 1.5h 之内用干净薄膜密封缸口，严格监测发酵温度，使其主发酵温度为 33~36℃，发酵周期 8d。

2.2.2.9 蒸馏

采用立式蒸馏釜间歇蒸馏工艺，将发酵好的酒醅经输料管倒入锅中，地缸应倒干净，缸内酒醅残渣≤0.1kg/个，将缸用清水洗净沥干待用。

蒸馏过程：严格控制冷却水量，做到节约用水，冷却水出口处水温 75~90℃，出锅时酒精度<4% vol，出锅时先关汽，后关水，打开手动空气阀，待没有蒸汽排出时，打开煮酒锅人孔，用水冲洗锅内壁酒糟，最后打开排糟阀，酒糟流完后将锅洗净。

2.2.2.10 量质摘酒

蒸馏接出头酒 10kg，摘酒气压为 0.01~0.02MPa，酒精度≥62% vol。入库基酒摘酒气压为 0.02~0.10MPa，边品边摘，要求兑成酒精度 56%~58% vol。尾酒摘酒气压为≤0.14MPa，本次试验生产不回锅复蒸，摘至酒精度为 2% vol 时，其酒精度以实际测量为准，出锅酒糟。

流酒速度 8~12kg/min，流酒温度为 25~35℃。流酒时不得溢锅，摘酒员合理控制气阀，不定期测量酒精度、酒温，品评酒体质量。

2.2.2.11 品评

由湘山酒业国家评委、省级评委、三级评委组成品评小组进行品评。

2.2.2.12 入库、储存

质管部出具检验报告单，库管员称量入库，试验生产基酒单独储存、尾酒留样储存。

## 2.3 试验生产时间

2018 年 10 月 25~26 日，在酿酒车间指定的手工班进行藜麦和大米混合酿酒试验，有关的试验数据如下。

2.3.1　投料

采取藜麦单独浸泡淘洗，去除藜麦表皮的皂角苷，降低苦涩味，装甑时边撒米边撒藜麦，混合均匀蒸饭。其饭的含水量与车间 9~11 月测试的手工班饭的含水量平均值 55.68%略有偏差。投料参数见表 1。

**表 1　投料**
**Table 1　Feeding**

| 投料时间 | 大米质量/kg | 藜麦质量/kg | 藜麦比例/% | 米饭含水量/% |
|---|---|---|---|---|
| 2018 年 10 月 25 日 | 1800 | 90 | 5 | 54.64 |
| 2018 年 10 月 26 日 | 1500 | 300 | 20 | 56.80 |

2.3.2　糖化发酵

如表 2 所示，20%藜麦样本糖化温度偏高，试验的糖化时间与该班试验前后两天糖化时间 24h 比，缩短约 4h。发酵 24h 酒醅酵母数与该班 9~11 月监测的平均数 1.24 亿/mL 比，5%藜麦酒醅样本基本持平，20%的藜麦酒醅样本酵母数量增加较多。藜麦酿酒试验糖化时间缩短与酵母数量增加，可能与饭粒的疏松度、有氧情况有关。

**表 2　糖化发酵**
**Table 2　Saccharification and fermentation**

| 样本 | 糖化时间/h | 糖化最高温度/℃ | 发酵时间/d | 发酵最高温度/℃ | 发酵第 24h 酵母数/(亿/mL) |
|---|---|---|---|---|---|
| 5%藜麦 | 20 | 39.8 | 8 | 34.0 | 1.26 |
| 20%藜麦 | 20 | 43.1 | 8 | 34.4 | 1.82 |

不同原料，同一楼层（温度、湿度、环境）、酒曲、发酵容器等相同条件，对比酒醅发酵结果，见表 3。

**表 3　酒醅检验、与同一楼层班组相同投料日期、室内温度时对比**
**Table 3　Examination of fermented grains, the same feeding date and indoor temperature comparison with the same floor class**

| 样本 | 酒精度/%vol | 酸度/(g/L) | 淀粉/(g/L) | 还原糖/(g/L) |
|---|---|---|---|---|
| 5%藜麦 | 11.1 | 11.35 | 6.73 | 1.42L |
| 对比酒醅 | 11.6 | 15.53 | 3.83 | 0.25 |
| 20%藜麦 | 10.7 | 17.17 | 7.38 | 1.33 |
| 对比酒醅 | 11.5 | 6.53 | 4.52 | 14.73 |

如表 3 所示，试验酒醅酒精度，还原糖及淀粉无异常，20% 藜麦样本酒醅酸度超过 14g/L 标准上限。

### 2.3.3 蒸馏

2018 年 11 月 3 日、4 日蒸馏，蒸馏时没有加上一轮复蒸尾酒，基酒和尾酒分别计重检验入库，与该班试验前后正常生产及酿酒小试有差异，出酒率差异较大，偏低近 10%（该班 11 月 1、2、5、6 日四天的平均出酒率为 61.92%），见表 4。主要原因是试验期间酒醅与该班原酒醅存在原料、酒曲质量搭配的因素有关。

**表 4　蒸馏**

**Table 4　Distillation**

| 样本 | 煮料/kg | 来酒酒精度/% vol | 入库基酒酒精度/% vol | 折 56% vol 质量/kg | 尾酒酒精度/% vol | 折 56% vol 质量/kg | 折 56% vol 出酒率/% |
|---|---|---|---|---|---|---|---|
| 5% 藜麦 | 1890 | 58 | 51.8 | 421.77 | 22.7 | 531 | 50.41 |
| 20% 藜麦 | 1800 | 57 | 55.8 | 298.83 | 21.8 | 441 | 41.10 |

### 2.3.4 基酒检验

如表 5 所示，基酒理化检测指标正常，感官评定与传统米香型白酒有一定差异。色谱分析数据见表 6。

**表 5　基酒检验**

**Table 5　Basic alcohol test**

| 样本 | 酒精度/% vol | 总酸/(g/L) | 总酯/(g/L) | 级别 | 感官评定结果 |
|---|---|---|---|---|---|
| 5% 藜麦基酒 | 51.8 | 0.63 | 2.12 | 优级 | 透明，米香欠纯正，入口较干净，后味较苦 |
| 20% 藜麦基酒 | 55.8 | 0.84 | 2.54 | 优级 | 透明，米香不纯正，带异香，入口较刺，后味微苦 |
| 5% 藜麦尾酒 | 22.7 | — | 2.64 | 优级 | 米香欠纯正，入口干净，与湘山尾酒口味不一样 |
| 20% 藜麦尾酒 | 21.8 | — | 2.94 | 优级 | 米香不纯正带有异香，后味有特殊藜麦原料味，微苦 |

如表 6 所示，乙醛、甲醇、乙酸、乙酸乙酯、乳酸乙酯、丁酸乙酯随着藜麦比例的增加而增加，而醇类物质随着藜麦比例的增加而减少。

表 6　　藜麦基酒与普通酿酒基酒的色谱分析对比结果

Table 6　　Analysis and comparison results of chromatographic analysis of quinoa-based liquor and normal based liquor

| 序号 | 名称 | 一级入库基酒 76# | 二级入库基酒 301115# | 优级基酒 75# | 5%藜麦基酒 1103 | 5%藜麦尾酒 1103 | 5%藜麦活性炭处理尾酒 1103 | 20%藜麦基酒 1104 | 20%藜麦尾酒 1104 | 20%藜麦活性炭处理尾酒 1104 |
|---|---|---|---|---|---|---|---|---|---|---|
| 1 | 乙醛 | 63.32 | 524.58 | 61 | 176.28 | 22.19 | 20.74 | 209.28 | 29.06 | 30.61 |
| 2 | 甲醇 | 20.74 | 21.74 | 22.58 | 28.04 | 28.04 | 18.82 | 93.69 | 74.84 | 53.83 |
| 3 | 正丙醇 | 236.54 | 259.63 | 233.68 | 303.79 | 95.09 | 70.67 | 204 | 71.76 | 56.15 |
| 4 | 乙酸乙酯 | 435.32 | 11600.12 | 323 | 1236 | 89.98 | 85.24 | 1745 | 134.51 | 150.69 |
| 5 | 仲丁醇 | 0 | 40.95 | 0 | 1.294 | 0 | 0 | 0 | 0 | 0 |
| 6 | 异丁醇 | 665.28 | 866.41 | 631.21 | 907 | 142.71 | 113.12 | 561.68 | 94.89 | 84.12 |
| 7 | 正丁醇 | 8.277 | 11.93 | 8.845 | 11.46 | 5.567 | 3.767 | 8.273 | 4.649 | 3.676 |
| 8 | 乙缩醛 | 105.76 | 12.27 | 105.51 | 223.89 | 9.074 | 0 | 302.51 | 7.899 | 0 |
| 9 | 乙酸 | 333.62 | 4714 | 302.11 | 542.49 | 633.61 | 437.11 | 350.91 | 982 | 601.12 |
| 10 | 异戊醇 | 641.26 | 835.91 | 588.69 | 987 | 132.22 | 116.31 | 768.72 | 168.39 | 116.91 |
| 11 | 丁酸乙酯 | 0 | 0 | 0 | 0 | 0 | 0 | 0 | 0 | 0 |
| 12 | 乙酸正丁酯 | 342 | 342 | 342 | 342 | 342 | 342 | 342 | 342 | 342 |
| 13 | 乳酸乙酯 | 2591 | 984.8 | 2066 | 2715 | 3590 | 3539 | 3082 | 3865 | 3951 |
| 14 | 戊酸乙酯 | 4.285 | 3.441 | 0 | 4.417 | 7.212 | 6.89 | 0 | 21.41 | 0 |
| 15 | 丁酸 | 0 | 0 | 0 | 0 | 0 | 0 | 0 | 0 | 0 |
| 16 | 己酸乙酯 | 0 | 0 | 4.079 | 1.905 | 0 | 0 | 0 | 0 | 0 |
| 17 | 2-乙基丁酸 | 355.73 | 355.71 | 355.71 | 355.68 | 355.71 | 355.69 | 355.67 | 355.73 | 355.67 |
| 18 | 己酸 | 0 | 0 | 0 | 0 | 0 | 0 | 0 | 0 | 0 |
| 19 | 庚酸乙酯 | 0 | 0 | 3.727 | 0 | 0 | 0 | 0 | 0 | 0 |
| 20 | β-苯乙醇 | 32.74 | 20.62 | 30.54 | 22.85 | 39.83 | 38.23 | 19.32 | 35.38 | 34.46 |

## 2.4　结果分析

2.4.1　藜麦与稻米共酿，藜麦比例越大，基酒后味原料味越突出，但藜麦比例越大，出酒率会有一定的影响。

2.4.2　其基酒还有待检测分析其健康因子含量，若含量较高，则研发健康饮料型白酒是今后的发展方向。

2.4.3　其基酒在经过 1 月、3 月、6 月、9 月、1 年、2 年等不同的储存期，通过品评、理化分析、色谱分析等方面的相关数据分析，为今后生产提供指导、帮助。

## 3　藜麦肽可有效降低酒精对人体的伤害

2019 年，藜麦肽生产技术被我国科学家成功攻克，一举打破少数国家对肽的国际价格垄断。大健康国家战略下，藜麦肽对中国固态发酵酒与酒精的作用凸显，或许可成为改变中国和世界酒的“神奇作物”和“天使配方”，有效降低酒精对身体的伤害。

### 3.1　酒精（乙醇）怎样伤害人体？

酒精（乙醇）进入胃里后有 90% 左右通过胃进入肝脏，肝脏分泌出乙醇脱氢酶迅速将酒精（乙醇）变成乙醛，继而在乙醛脱氢酶作用下变成乙酸，然后转化为 $CO_2$ 和水完成代谢。在酒精（乙醇）代谢的过程中，对人体伤害最大的是乙醛，它是造成机体和细胞损坏的始作俑者，因为将乙醇代谢成乙醛已经耗费了肝脏中的绝大多数多肽，再将乙醛代谢成乙酸时肝脏便显得力不从心，使得乙醛代谢成乙酸的时间大大延长，一个正常人大约需 10h，这就会给肝脏、血管、心脏等器官造成伤害。

### 3.2　肽酒的发明最大限度地减少酒精对人体的伤害

江苏洋河酒厂股份有限公司科研团队，从大曲中分离鉴定出高产蛋白酶的枯草芽孢杆菌，该菌株经组合诱变、发酵条件优化制成高活性产肽曲；产肽曲以一定比例与中高温大曲混合，经发酵蒸馏，酒中小分子肽含量达 1.88mg/L，较传统发酵提高了 38 倍，该类物质具有保肝-护肝和降低胆固醇等生物活性[4]。小分子肽能加快乙醇转化为乙醛、乙酸和乙酸乙酯的过程，从而减少了对饮酒者的伤害，将具有氨基酸近似组分的蛋白质经酶解得到小分子肽并在酱香型白酒酿造和勾调过程中溶入乙醇中，增大了乙醛脱氢酶形成的物质浓度，为肝脏提供了分泌乙醛脱氢酶的物质基础，另外小分子肽也会快速修复肝脏和器官受损细胞，从而在源源不断创造乙醛脱氢酶的同时对血管和器官进行保护，实现了饮酒少伤身或将伤害降到最低。通过对 200 多人进行了跟踪调查，饮者平均酒量为每天 150~200mL，每天晚上饮用肽酒 250~300mL（酱香型 53%vol 白酒），连续 3d，平均饮后 2~3h 身体基本恢复到没有饮酒的状态，没有出现头晕、恶心、呕吐等现象，说明乙醛脱氢酶已经大比例地将乙醇代谢。

## 4　以吉林省为例，打造“酒精+肽”百亿产业项目的思考

2021 年是我国“十四五”开局之年，在这个承上启下的关键时刻，东北食品如

何以国内大循环为主体，形成国内和国际双循环相互促进的新发展格局？

以吉林省为例，大健康产业下“酒精+肽”百亿产业项目，高质量融入“两个循环”振兴吉林省，是优选路径之一。

吉林省是我国酿酒高粱和保健酒原料长白山人参的主要产区，也是食用酒精大省和白酒生产大省。统计结果显示，2020 年吉林省酒精完成产量 220.2 万 kL，约占全国酒精总量的 22% 左右，但吉林省近 80% 的酒精销往外省，约 50% 销往四川和贵州，这其中大部分采用串蒸工艺高价返销东北三省，一部分在超市销售，一部分被白酒企业作为调味酒使用。吉林省外销酒精售价每吨 6500 元左右，经过串蒸工艺返回吉林省的价格为每吨 3 万~6.6 万元，增值 5~10 倍。统计显示，吉林省多年来人参产量稳占全国的 85%、世界的 70% 以上。国内销量第一的保健酒品牌“劲酒”的主要原料——人参、鹿茸等多在吉林省采购，以此为品质诉求的核心产品销售额近 100 亿，税收逾 20 亿。

酒是高税赋产业。只要政策稳定、品质稳定，文化差异、企业财税贡献就会逐年增加。2019 年，贵州省白酒产业以占比全国 3.5% 的产量，实现了全国白酒 43% 的利润总额，四川省白酒产量、销售收入均占全国总量的 40% 以上。2020 年，中国 GDP 首次突破 100 万亿元，其中酒行业销售收入超 1 万亿元，“十四五”末期，全国酒业销售有望增至 12130 亿元，增幅达 41.2%。但目前，全国白酒已经形成 1000 亿级、100 亿级、10 亿级、1 亿级、1000 万级规模。吉林省白酒企业仅处于 1 亿和 1000 万级规模水平，从企业固定资产、品牌、品质、市场、窖池数量等核心竞争力来看，“十四五”时期能跻身 10 亿级规模企业群的白酒企业仅有数家。造成我国今天白酒行业现状的原因有很多，从市场规律看，龙头企业已经确立了近乎垄断的“技术标准”，像贵州茅台酒已经开始了文化输出。

吉林白酒能否高质量实现 100 亿、1000 亿规模？答案是通过原料和技术创新努力实现，实现路径是“酒精+肽”，核心是藜麦肽、人参肽。

藜麦是联合国向全世界推广的功能性食物。2019 年，吉林省人参产量约 3.6 万 t。自 2015 年以来，吉林省科学家主持、指导在长白山高海拔地区和白城等盐碱地区大面积种植藜麦成功，并拥有多项藜麦转化肽和人参转化肽专利。经过近三年在吉林、广西、贵州等白酒和酒精企业试验，已经成功研发出藜麦肽酒与人参肽酒，由于产品保健功能强、口感柔顺，具有广阔的市场前景。

据测算，吉林省可种藜麦 10 万亩，年产量 1500 万~2500 万 kg，可以转化肽 5 万 kg，可以生产肽酒或肽酒精 5000 万 kg；吉林省年人参产量约 3.6 万 t，按 2% 计算，年产可提取人参肽的人参须 0.72 万 t，可转化肽 36 万 kg，可以生产肽酒或肽酒精 3.6 亿 kg，两项合计可生产肽酒或肽酒精 4 亿 kg，按每千克增收 50 元计算，两项增收 200 亿元，按 20% 税收计算，每年可增加税收 40 亿元。

大健康产业下，以酒精为主体的藜麦肽和人参肽酒，不仅可以满足我国人民日益增长的美好生活需要，更是韩国、日本等亚洲发达国家以及欧洲发达国家消费者喜爱的保健酒饮。建议吉林省高度重视藜麦和人参的肽产业化推进，在中韩（长春）国际合作示范区设立“肽化科技园”，鉴于科技创新和创新驱动发展是供给侧结构性改革的重中之重，需要进一步完善创新激励体系，加强知识产权保护和知识产权激励，加强产业技术研发和创新领域的国际合作，更好地利用国际上最优秀的研发资源，形成更具激励性的“藜麦和人参肽”产业技术创新和研发环境，以及推进研发“藜麦和人参肽”成果商业化的天使投资、创业投资和股权投资环境。如果吉林与黑龙江省成立“酒精联盟”，以藜麦肽与人参肽对优质酒精进行改造，可形成“南固态、北藜肽”的固态酒与藜肽酒格局，对东北食品高质量融入国内、国际两个循环起到先导作用。

## 参考文献


[1] 朱梦媛，李冲伟．植物源功能肽在保健食品开发及应用的研究进展 [DB/OL]．[2021-07-05]. http：//kns. cnki. net/kcms/detail/11. 2206. TS. 20201015. 1136. 018. html.

[2] 李赫，周浩纯，张健，等．藜麦蛋白及肽的研究进展 [J]．食品科技，2020，45（3）：43-48.

[3] 和继刚，杨庆华，李文道，等．藜麦抗氧化肽制备工艺研究 [J]．现代农业科技，2019（14）：230-232.

[4] 江苏洋河酒厂股份有限公司．固态发酵酒醅中生物活性物质小分子肽的研究及应用 [Z]. 2018-08-16.

# 白酒丢糟有机肥对两种蔬菜产量的影响

简晓平[1]，潘婉舒[2]

（1. 四川省宜宾高洲酒业有限责任公司，四川宜宾　644000；

2. 固态发酵资源利用四川省重点实验室，宜宾学院，四川宜宾　644000）

**摘　要：** 为拓宽白酒丢糟的应用范围，开发出具有较高经济环保价值的丢糟有机肥。以新鲜丢糟、菜籽饼、发酵菌剂及牛粪为原料开发出 4 种不同配方的发酵丢糟有机肥，针对小白菜和莴笋开展肥效实验，以采收时生物量为主要评价指标，探究 4 种有机肥的应用效果，并对采收后的土壤进行成分评估。结果表明：发酵结束后丢糟有机肥有机质含量均高于 54%、腐殖质的总碳含量均大于 7%，总营养物质大于 4%，符合农业标准 NY/T 525—2021《有机肥》。4 种有机肥处理组较空白组蔬菜生物量均有不同程度的增长，其中小白菜增长量均大于 145%，莴笋最高增长量为 176.17%，具有良好的肥效。对采收后的土壤分析发现，4 种有机肥均能增加土壤的有机质含量，促进土壤腐殖化程度，提升土壤的速效钾含量，增加其保肥能力。

**关键词：** 丢糟；有机肥；小白菜；莴笋

# Effect of *Baijiu* Distiller's Grains Organic Fertilizer on the Yield of Two Kinds of Vegetables

JIAN Xiaoping[1], PAN Wanshu[2]

(1. Sichuan Yibin Gaozhou Liquor Co., Ltd., Sichuan Yibin 644000, China;

2. Key Laboratory of Sichuan Province for the Utilization of Solid State Fermentation Resources, Yibin University, Sichuan Yibin 644000, China)

**Abstract**: In order to broaden the application scope of distiller's grains, a preparation

基金项目：宜宾学院创新团队项目：固态发酵技术研究与产品开发（2018ZRTD01）。

作者简介：简晓平，男，高级工程师，主要从事酒体设计、白酒酿造技术研究。E-mail：461518079@qq.com。

process of organic fertilizer for distiller's grains with higher economic and environmental value has been developed. Four different formulas of fermented grains organic fertilizer were developed by using fresh distiller's grains, rapeseed cake, microorganism inoculants, and cattle manure as raw materials. To explore the application effects of these four organic fertilizers, biomass at harvest of Chinese cabbage and lettuce was used as main indicator to evaluate the fertilizer efficiency, and the composition of soil after harvest was also analyzed. The results showed that the organic matter content of organic fertilizer after fermentation was higher than 54%, the total carbon content of humus was more than 7%, and the content of total nutrients was more than 4%, all of them in accordance with the agricultural standard NY/T 525—2021 "*Organic fertilizer*". The experimental results of the field experiments of Chinese cabbage and lettuce presented that biomass in four organic fertilizer treatment groups had different degrees of growth compared to blank group, and all increment of cabbage was more than 145%, the maximum growth of lettuce was higher than 176.17%, suggesting that these four organic fertilizers have a good fertilizer efficiency. For the harvesting soil analysis, we found that all these four organic fertilizers could increase the organic matter content of soil and promote soil humification as well as improve the available potassium content and increase fertility preservation of soil.

**Key words**: Distiller's grains, Organic fertilizer, Chinese cabbage, Lettuce

## 1 前言

我国每生产 1t 白酒就会产生 3t 白酒丢糟，据此估算，2020 年我国白酒产量约 700 万 t，可产生丢糟 2100 万 t[1-4]。白酒丢糟作为白酒生产的主要副产物，也是主要污染物[5]，具有水分含量大、酸度高、堆积存放易发生霉变腐烂的特点，处理不当会造成严重的环境污染[6-8]。目前酒糟的利用可以概括为以下几个方面：提取复合氨基酸及微量元素、培养食用菌[9]、提取植酸和植酸钙镁（菲汀）[10]、利用白酒糟制取高蛋白多酶菌体饲料[3,11]、酒糟酿醋[12]、白酒糟制青贮饲料[13-15]等。

生物有机肥是以畜禽粪便、城市生活垃圾、秸秆、农产品加工中产生的有机废弃物为底料，接入功能性菌剂使有机物料发酵腐熟，无害化处理后制作而成的一种具有高有机质，能改善土壤，提高作物产量，兼具微生物肥料和有机肥功效的肥料[16]。

丢糟有机肥的肥效能够保持土壤肥力，促进蔬菜生长，提高蔬菜产量，不会对土壤造成危害，能够促进蔬菜种植的可持续发展[17,18]。同时通过有机肥料的使用，能够确保蔬菜的营养价值，增加蔬菜产量和提升蔬菜质量，对整个蔬菜种植过程具有积极的意义。因此，本研究根据白酒丢糟原料的特点，以化肥和农家肥作对照，采用 4

种不同丢糟有机肥栽培小白菜和莴笋的田间实验方法，研究丢糟有机肥对小白菜和莴笋生长、对土壤养分的影响，并对施用丢糟有机肥可能引起的环境风险进行风险评估。

## 2　材料与方法

### 2.1　实验材料

供试白酒丢糟由宜宾某白酒厂提供；供试莴笋苗、小白菜种子为市售；试验菌种，由宜宾学院生物技术与产业研究院保藏。田间试验在宜宾学院校内科研基地进行。石灰、酵母膏、蛋白胨、氯化钠、葡萄糖（均为分析纯，购自成都市科隆化学品有限公司）。

### 2.2　实验方法

#### 2.2.1　丢糟有机肥制备

配料：丢糟有机肥 1 堆（512kg 鲜丢糟+12. 5kg 生石灰，pH5）、丢糟有机肥 2 堆（512kg 鲜丢糟+12. 5kg 生石灰+菜籽饼 15kg，pH5）、丢糟有机肥 3 堆（512kg 鲜丢糟+12. 5kg 生石灰+4L 混合菌剂，pH5）和丢糟有机肥 4 堆（512kg 鲜丢糟+12. 5kg 生石灰+牛粪 25kg，pH5）。

建堆：将 4 种物料分别装入 100cm×100cm×100cm 用竹板制作且底层和表面用塑料布包裹的堆肥箱中，间隔 12cm 左右插入 4 支温度计，监测发酵过程发酵箱中心温度到边缘的温度变化趋势。

堆积发酵：发酵 5d 和 20d 进行翻堆，发酵期间保持水分在 50%左右。检测发酵过程温度、外观变化情况，当堆肥内部温度下降到 37℃且不再变化时发酵完成，取混合的丢糟有机肥样品待检。

#### 2.2.2　丢糟有机肥成品质量分析

有机质、腐殖质采用铬酸钾-硫酸消化法测定；全氮采用硫酸催化剂-凯氏定氮测定；全磷采用酸溶-磷钼蓝比色法测定；全钾采用火焰光度法测定[19-20]。

#### 2.2.3　丢糟有机肥对小白菜、莴笋产量的影响

田间实验面积以 1m$^2$为 1 个单元，在土壤表层内施肥，混合均匀。供试菜为小白菜、莴笋。小白菜种子与泥土混匀播种，莴笋苗每单元 4×3 棵播种。设置四种丢糟有机肥作为实验组，施肥量 0. 75kg/m$^2$；农家肥、普通化肥作为阳性对照组，施肥量 0. 75kg/m$^2$；不添加肥料作为阴性对照组。每个处理组设置 3 次重复，施肥之后均匀洒上水，之后不进行任何处理，一个月之后对其进行生物量的测量。

2.2.4 丢糟有机肥对土壤品质的影响

对不同施肥情况采收后土壤进行成分分析，有机质、腐殖质、全氮、全磷测定方法见“2.2.2 丢糟有机肥成品质量分析”，速效钾采用 NY/T 889—2004《土壤速效钾和缓效钾含量的测定》方法[21]。

2.2.5 数据处理

田间实验所有处理组均设计 3 次重复，所有数据指标测定设计 3 次重复。所有数据均采用 Microsoft Excel 2019 进行统计，采用 SPSS 22.0 进行显著性分析，采用 Origin 2019 对数据进行分析作图。

## 3 结果与分析

### 3.1 丢糟有机肥堆积过程中理化指标变化

3.1.1 丢糟过程中丢糟外观变化

在翻堆时，对照堆无明显的气味变化，水分较多；添加菜籽饼堆积有淡油香味，较干燥；接种菌剂堆积有淡硫化氢味，水分无明显变化；添加牛粪堆积有淡淡的硫化氢味、牛粪味，水分无明显变化。

3.1.2 堆积过程中温度变化

由图 1 可知，丢糟有机肥堆积发酵期间温度变化比较平缓，因此，可以认为发酵温度受外界温度的影响较小，各堆的温度变化差异也主要是翻堆造成的。从图 1 可以看出，仅添加牛粪的处理组温度变化与对照组及其他两个处理组差异较大，体现在添加牛粪堆积的中部（1）位置明显维持高温，牛粪中的微生物对发酵温度的影响较大。发酵堆的外部温度最接近环境温度，甚至出现了比环境温度还要低的情况，说明发酵箱的隔热能力较优，能承担发酵任务。图中温度明显下降主要是由于翻堆导致，且发酵堆会在半天至 1 天的时间里迅速回温继续发酵。内部温度到中部温度（1）受环境温度影响小，温度半径为 24cm。

### 3.2 丢糟有机肥成分分析

4 种丢糟有机肥发酵前后有机质含量和腐殖质含碳总量如图 2(1) 所示。不同组别发酵结束后有机质含量由大到小依次为有机肥 4 组（60.14%）、有机肥 2 组（59.91%）、有机肥 1 组（54.35%）、有机肥 3 组（54.04%），分别较发酵前提高了 10.93%、10.71%、5.14%、4.83%，明显高于农业标准 NY/T 525—2021《有机肥》中有机肥技术指标大于 30% 的要求。由于丢糟中含有较多稻壳填充物，富含大量纤维素，经过发酵分解部分转化为有机质，所以出现发酵后有机质不减反增的现象。如图 2(1) 所示，发酵结束时有机肥 2 组（8.06%）的腐殖质含量最高，3 组（7.66%）

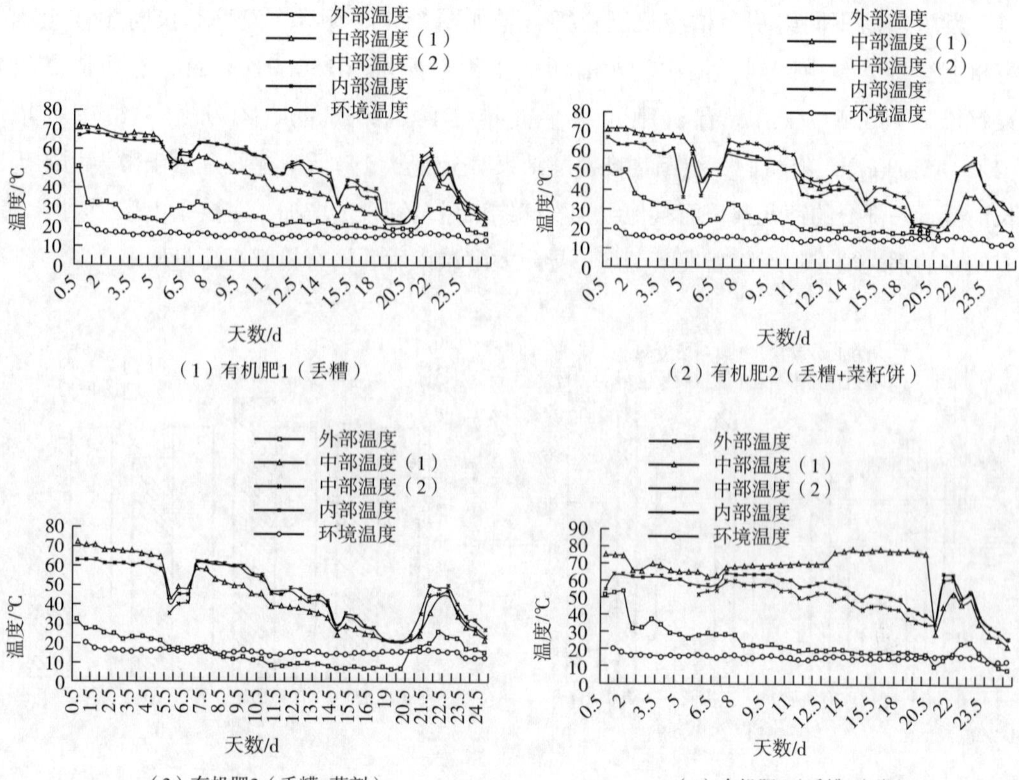


（1）有机肥1（丢糟）　（2）有机肥2（丢糟+菜籽饼）

（3）有机肥3（丢糟+菌剂）　（4）有机肥4（丢糟+牛粪）

图 1　4 种有机肥堆积温度变化趋势

Fig. 1　Changes of temperature of 4 organic fertilizer

次之，说明添加高效分解纤维素的功能菌对提高腐殖质含量的能力不强，可能是因为发酵环境初始温度 60℃高于菌株生长适温度 38℃，菌株生长受到了抑制，进而导致菌株分解能力降低。

4 种丢糟有机肥全氮含量如图 2(2) 所示。发酵结束时不同处理组全氮含量存在差异，其中有机肥 2 组菜籽饼堆含量最高为 41.75g/kg，较发酵前增长了 11.73%；主要是由于菜籽饼的全氮含量较多，改善了有机肥碳氮比，促进微生物的生长，同时使有机肥成品中氮含量提高、肥效增高[22]。3 组菌剂堆和 4 组牛粪堆较发酵前含氮量均有不同程度的下降，分别为 12.58%、26.16%。4 组牛粪堆发酵过程中消耗了较多的氮元素，可能是堆肥过程中氨气挥发量大导致。

不同组别丢糟有机肥全磷含量如图 2(3) 所示。发酵结束时，不同组别全磷含量分别为：有机肥 1 组对照堆 19.75g/kg、有机肥 2 组菜籽饼堆 19.19g/kg、有机肥 3 组菌剂堆 18.85g/kg、有机肥 4 组牛粪堆 18.21g/kg。有机肥 1 组、2 组全磷含量增加主要是由于丢糟中稻壳含磷物质分解导致，因此实际使用过程中可以用一般化肥来复配出高效的有机肥。

发酵前后不同组别丢糟有机肥全钾含量如图 2(4) 所示。发酵结束时不同组别有机肥全钾含量由高到低依次为：有机肥 1 组对照堆（150. 01g/kg）、有机肥 2 组菜籽堆（146. 67g/kg）、有机肥 4 组牛粪堆（141. 20g/kg）、有机肥 3 组菌剂堆（135. 40g/kg ）。有机肥 3 组菌剂堆发酵结束时全钾含量降低，主要是由于微生物的生长消耗了一部分的钾元素，而其他组别发酵结束后全钾含量增加，主要是由于丢糟中含有较多的稻壳填充物，随着发酵分解，导致发酵结束后丢糟有机肥钾含量增多。

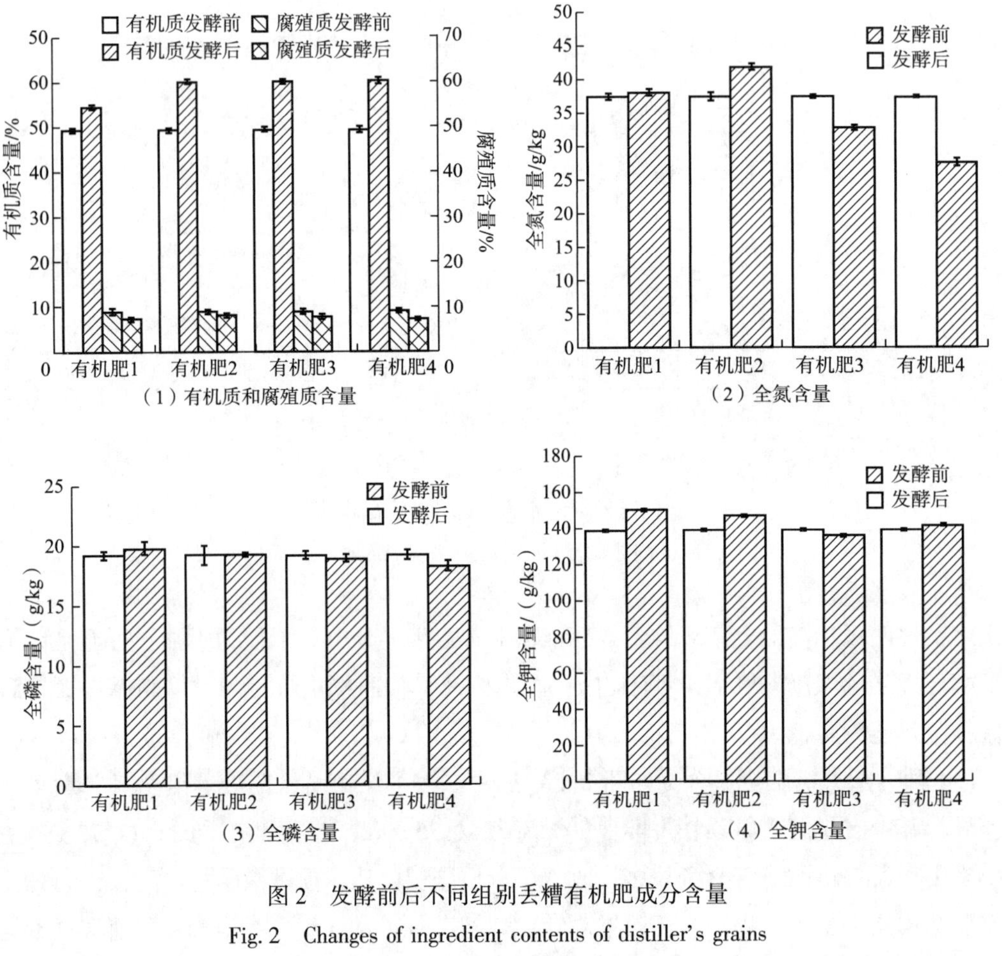


图 2　发酵前后不同组别丢糟有机肥成分含量

Fig. 2　Changes of ingredient contents of distiller's grains organic fertilizer before and after fermentation

### 3.3　丢糟有机肥对小白菜、莴笋生长的影响

由图 3 可以看出，不同处理组小白菜的生物量存在差异，不同丢糟有机肥处理组较空白组小白菜产量均有不同程度的提高，小白菜增产量由高到低依次为：有机肥 4（183. 33%）、有机肥 3（178. 33%）、有机肥 2（169. 17%）、有机肥 1（145. 83）。如

图 4 所示，不同处理组莴笋的生物量有明显差异。农家肥处理与其他处理组差异显著。对比空白组，4 种丢糟有机肥对莴笋产量都有不同程度的提升作用。莴笋增产量由高到低分别为：有机肥 2（176.19%）、有机肥 3（124.29%）、有机肥 4（123.81%）、有机肥 1（110.48%），特别是有机肥 2 的施肥效果已经与化肥组持平。这也与有机肥 2 中添加一定比例的菜籽饼含有较高 N、P 等元素和油脂有关。不同处理组的小白菜与莴笋生物量有所差异，说明小白菜所需的主要营养元素与莴笋存在差异。

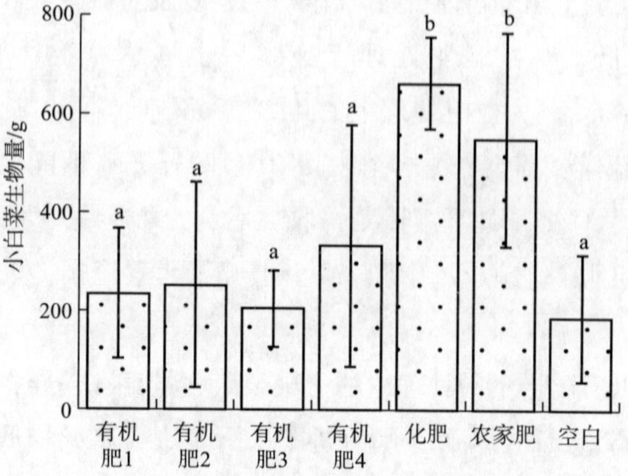


图 3　不同施肥条件下小白菜产量

Fig. 3　Effects of different fertilization conditions on the biomass yield of Chinese cabbage

注：标注不同字母的处理具有显著差异（$P<0.05$），余同。

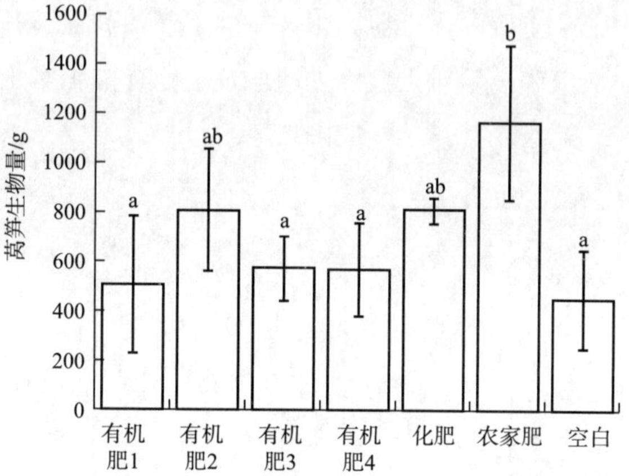


图 4　不同施肥条件下莴笋产量

Fig. 4　Effects of different fertilization conditions on the biomass yield of lettuce

## 3.4　丢糟有机肥对土壤成分的影响

由图 5(1) 可知，6 种施肥处理组的土壤有机质含量均减少，对比不同处理组的蔬菜生物量发现，种植一季蔬菜后土壤的有机质含量与蔬菜生物量成反比，这也是施肥后土壤中有机质含量降低的主要原因。4 种有机肥处理组土壤中有机质含量均高于化肥组，并且由图 5(2) 可知，施用 4 种丢糟有机肥后土壤中腐殖质总碳含量存在差异，均高于施化肥、农家肥和不施肥处理。说明 4 种丢糟有机肥均能提高采收后土壤的有机碳含量，促进土壤腐殖化程度[23,24]，提升蔬菜产量和品质。

如图 5(3) 所示，不同处理组施肥后土壤的全氮含量均低于空白对照组，可能是由于施肥增加了土壤营养含量，促进了农作物生长以及对氮的吸收，进而导致处理组比空白组全氮含量低。有机肥 4 处理组施肥后土壤总氮量最低分别为：小白菜 0.30%、莴笋 0.163%，仅为空白处理组的 44.82% 和 19.44%。说明有机肥 4 施肥后如果需要二次栽培蔬菜，需要注意土壤中氮元素的补充，不能单独施用。有机肥 1（丢糟）、2（丢糟-菜籽饼）处理组蔬菜采收之后，土壤全氮含量均高于农家肥和化肥处理组，说明有机肥 1、2 的使用可以减少土壤氮元素流失，进而降低土壤氮元素流失对环境的危害[25]。

从图 5(4) 可以看出，不同处理组的土壤全磷含量存在差异，施用化肥的阳性对照组采收后土壤含磷量最高。4 种丢糟有机肥采后土壤含磷量均低于农家肥和化肥处理组，其中有机肥 3（丢糟-菌剂）处理组含磷量最低分别为：小白菜 0.57g/kg、莴笋 0.49g/kg，说明不同有机肥施用过后土壤全磷含量减少，需要与磷肥复配施用。

图 5(5) 中，6 种施肥处理组的土壤速效钾含量均大于空白处理组，其中施农家肥的土壤速效钾含量最高分别为：空白组 1.42 倍（小白菜）、1.18 倍（莴笋），说明不同肥料的施用均增强了土壤的保肥能力[7]，并且丢糟有机肥施用在增强土壤保肥能力的同时还促进了小白菜和莴笋对土壤钾的吸收。4 种有机肥对土壤速效钾含量的影响效果相近。

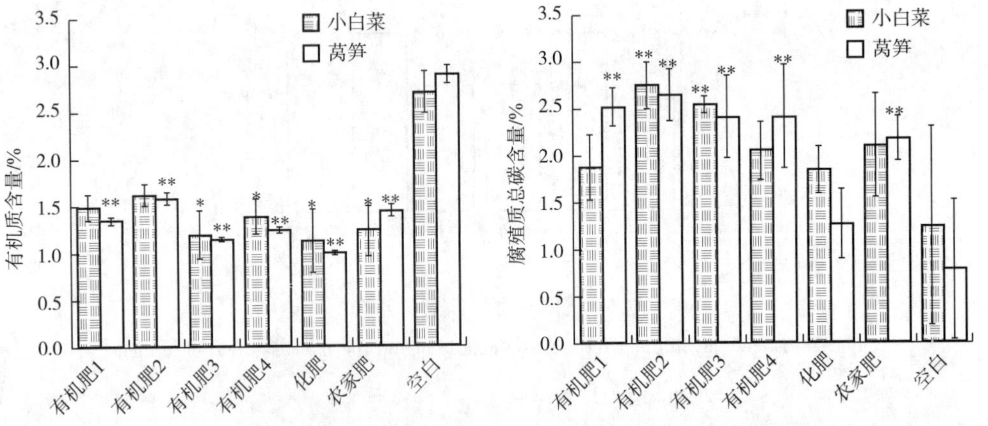


（1）有机质含量　　（2）腐殖质总碳含量

图 5　不同丢糟有机肥对土壤成分含量的影响

Fig. 5　Effects of different distiller's grains organic fertilizers on soil ingredient content

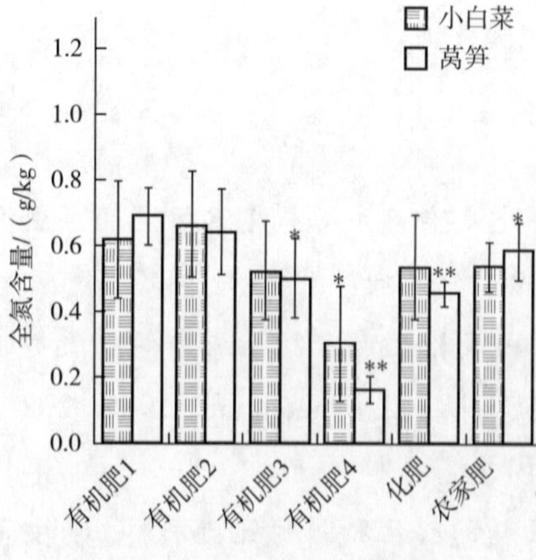


（3）全氮含量

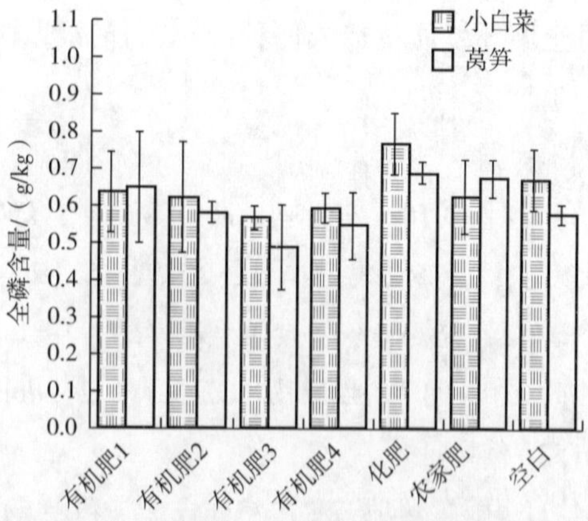


（4）全磷含量

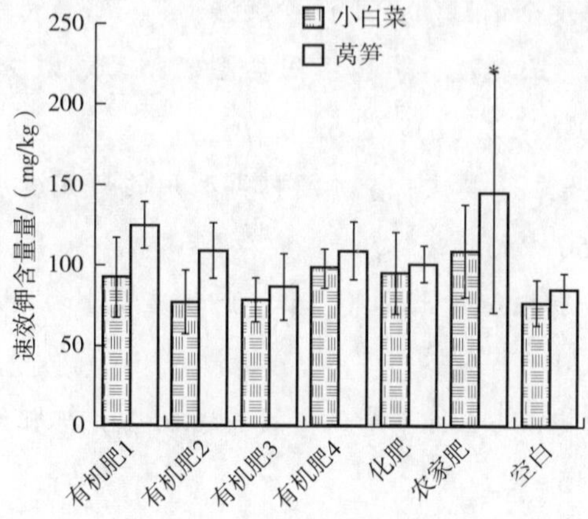


（5）速效钾含量

图5　不同丢糟有机肥对土壤成分含量的影响（续）

Fig. 5　Effects of different distiller's grains organic fertilizers on soil ingredient content

注："*"表示与空白比较存在显著差异；"**"表示与空白比较存在极显著差异。

## 4　结论

以白酒丢糟作为主要原材料制备出不同配方的发酵丢糟有机肥，发酵结束后丢糟有机肥的有机质含量均高于54%，腐殖质总碳含量均大于7%，总营养物质大于4%，符合农业标准NY/T 525—2021《有机肥》。以小白菜和莴笋为研究对象，丢糟有机肥田间实验结果可知，4种有机肥处理组较空白组蔬菜生物量均有不同程度的增长，其中小白菜增长量均大于145%，莴笋最高增长量为176.17%，具有良好的肥效。对采收后的土壤分析发现，4种有机肥均能够增加土壤的有机质含量，促进土壤腐殖化程度，提升土壤的速效钾含量，增加其保肥能力，并且有机肥1（丢糟）和有机肥2

(丢糟-菜籽饼) 能够有效减少土壤的氮元素流失。但对丢糟有机肥连续长期施用会对土壤环境质量造成何种影响，还需要多年的研究和评估。

## 参考文献

[1] 刘阳，安明哲，张富勇，等．好氧堆肥法处置酿酒丢糟与废水污泥的原料配比 [J]. 食品与发酵工业，2019，45 (20)：190-196.

[2] 范恩帝，蒋梦迎，冯敏雪，等．混菌发酵白酒糟生产含功能成分饲料发酵条件的优化 [J]. 生物技术通报，2021. doi：10. 13560/j. cnki. biotech. bull. 1985. 2021-0153.

[3] 高铭坤，温广宇，钱芳．微生物对白酒酒糟的转化利用研究进展 [J]. 食品与机械，2018，34 (2)：191-194.

[4] 晓文. 2020 年度全国酿酒产业产量数据 [J]. 酿酒科技，2021 (2)：96.

[5] 李倩，裴朝曦，王之盛，等．不同类型酒糟营养成分组成差异的比较研究 [J]. 动物营养学报，2018，30 (6)：2369-2376.

[6] 张丽华，王小媛，李昌文，等．酒糟再利用的研究进展 [J]. 食品与发酵工业，2017，43 (11)：250-256.

[7] 魏晓兰．生物有机肥对土壤氮、磷、钾供应及小白菜养分吸收的影响 [D]. 合肥：安徽农业大学，2016.

[8] 杨子杲，明红梅，马世源，等．白酒丢糟制备有机肥的研究进展 [J]. 中国酿造，2021，40 (6)：15-18.

[9] 任羽，王松，王涛．酒糟栽培食用菌研究现状 [J]. 中国酿造，2017，36 (3)：5-9.

[10] 田小海，崔洪艳．酒糟提取物菲汀制备植酸的工艺化研究 [J]. 安徽农业科学，2015 (30)：230-232.

[11] 陈颀，包显颖，苏云，等．白酒糟酿酒酵母培养物营养成分分析及其在猪饲料中的应用价值评估 [J]. 动物营养学报，2017，29 (8)：2826-2835.

[12] 罗乐，姚福荣，刘微．固态发酵酒糟醋与传统醋的比较研究 [J]. 中国调味品，2009，34 (4)：82-84.

[13] 寇江涛，程钰，张海波，等．不同酶制剂对水稻秸秆和白酒糟混合青贮品质的影响 [J]. 草地学报，2021，29 (2)：396-401.

[14] 张煜镓，马莉，徐艺萌，等．酿酒废弃物的资源化利用及其废水的处理研究 [J]. 环境保护与循环经济，2019，39 (2)：12-14.

[15] 李觅，刘念，王超凯，等．固态酿造废弃物规模化利用研究 [J]. 酿酒科技，2018 (2)：113-116.

［16］张迎春，颉建明，李静，等．生物有机肥部分替代化肥对莴笋及土壤理化性质和微生物的影响［J］．水土保持学报，2019，33（4）：196-205.

［17］刘林培，管秀琼，王洪，等．食用菌菌渣和白酒丢糟共堆肥过程中氮素变化及腐熟进程［J］．食品与发酵工业，2020，46（21）：188-194.

［18］殷勇，张林，刘阳，等．丢糟有机肥配施化肥对高粱产量的影响［J］．安徽农业科学，2019，47（23）：177-179.

［19］王海燕，朱永恒，毛文权，等．庐山山地垂直自然带土壤腐殖质与土壤动物分布特征［J］．土壤通报，2021，52（3）：620-628.

［20］张鑫，谷会岩，陈祥伟．择伐干扰对小兴安岭阔叶红松林土壤磷吸附解吸的影响［J］．应用生态学报，2018，29（1）：11-17.

［21］NY/ T 889—2004，土壤速效钾和缓效钾含量的测定［S］.

［22］范肖龙，文素芸，陈佳，等．碳氮比对白三叶和小麦秸秆堆肥的肥力影响［J］．西北农业学报，2018，27（9）：1322-1327.

［23］孙莹，侯玮，迟美静，等．氮肥与有机肥配施对设施土壤腐殖质组分的影响［J］．土壤学报，2019，56（4）：940-952.

［24］李阳，王继红．长期施肥土壤腐殖质变化及其与土壤酸度变化的关系［J］．南京农业大学学报，2016，39（1）：114-119.

［25］曲芝旭，韩玉国，郭虎林，等．不同肥料类型及用量对坡面氮素流失的影响［J］．水土保持学报，2021，35（6）：1-6.

# 牛蒡提取液的澄清工艺探索

曹润洁[1,2]，芮君君[2]，牛培育[2]，高翠苹[2]，马金同[2]，刘晓静[2]，冯婉杰[2]

（1. 安徽古井贡酒股份有限公司，安徽亳州　236800；

2. 安徽瑞思威尔科技有限公司[2]，安徽亳州　236800）

**摘　要**：为比较壳聚糖、斯丹比速、ZTC1+1Ⅱ、ZTC1+1Ⅲ 4 种絮凝澄清剂对牛蒡提取液的澄清效果，本研究以粗多糖保留率、总多酚保留率、感官品评和透光率为评判指标，先对 4 种絮凝澄清剂添加量开展摸索试验，分别得到 1%壳聚糖溶液的较适添加量为提取液体积的 10%，ZTC1+1Ⅲ和 ZTC1+1Ⅱ溶液的较适添加量为提取液体积的 4%，斯丹比速溶液的较适添加量为 0.1%，后进行各絮凝澄清剂的对比试验，最后发现 ZTC1+1Ⅲ溶液以提取液体积的 4%的添加比例对牛蒡提取液的澄清效果较好。

**关键词**：牛蒡提取液；壳聚糖；斯丹比速；ZTC1+1Ⅱ；ZTC1+1Ⅲ；澄清

# Study on Clarification Technology of Burdock Extract

CAO Runjie[1,2], RUI Junjun[2], NIU Peiyu[2], GAO Cuiping[2],

MA Jintong[2], LIU Xiaojing[2], FENG Wanjie[2]

(1. Anhui Gujing Gongjiu Co., Ltd., Anhui Bozhou, 236800, China;

2. Anhui Rise Well Technology Co., Ltd., Anhui Bozhou, 236800, China)

**Abstract**: In order to compare the clarifying effects of four kinds of flocculating clarifiers, including chitosan, Stabisol, ZTC1+1Ⅱ and ZTC1+1Ⅲ, on the extract of burdock, this paper first conducted a grop test on the addition amount of four kinds of flocculating clarifiers, using the retention rate of crude polysaccharide, the retention rate of total polyphenols, sensory evaluation and light transmittance as the evaluation indexes, and respec-

作者简介：曹润洁，女，硕士，工程师，主要从事酿酒微生物及白酒酿造工艺的研究。E-mail：caorunjie@gujing.com.cn。

通信作者：芮君君，女，硕士，工程师，主要从事酒类创新产品开发的研究。E-mail：ruijunjun@gujing.com.cn。

tively obtained the optimal addition amount of 1% chitosan solution was 10% of extraction volume, the optimal addition amount of ZTC1+1Ⅲ and ZTC1+1Ⅱ was 4% of extraction volume, and the optimal addition amount of Stabisol solution was 0.1% of extraction volume, finally, it was found that ZTC1+1Ⅲ solution with the added proportion of 4% of extraction volume had a better clarifying and decolorizing effect on the extract of burdock.

**Key words**: Burdock extract, Chitosan, Stabisol, ZTC1+1Ⅱ, ZTC1+1Ⅲ, Clarification

## 1　前言

牛蒡（*Arctium lappa* L.），又名：恶实、大力子、东洋参。属桔梗目，菊科二年生草本植物[1]，有中国人参、韩国高丽参之美誉。在《国卫办食品函〔2013〕83号》文件中，牛蒡根被批作为普通食品管理。牛蒡根富含菊糖及挥发油、牛蒡酸、多种多酚类物质及醛类，并富含纤维素和氨基酸，具有清除自由基[2]、增强免疫力[3]、降血脂[4]、改善心血管疾病[5]等功效。

新鲜牛蒡根具有独特的清雅风味，深受消费者喜爱，但因含有大量多酚类化合物，在加工处理过程中极易褐化，使得提取汁液呈黑红色，影响产品感官品质，故本研究对鲜牛蒡提取液的澄清和脱色工艺进行探索，以得到清亮、透明且能最大程度保持原有成分及风味不变的牛蒡提取液。

## 2　材料与方法

### 2.1　材料与仪器

#### 2.1.1　材料

新鲜牛蒡：亳州市酿造关键技术重点实验室提供；壳聚糖（国药集团化学试剂有限公司）；ZTC1+1Ⅱ澄清剂（武汉正天成生物科技有限公司）；ZTC1+1Ⅲ澄清剂（武汉正天成生物科技有限公司）；斯丹比速（德国斯丹比克 Stabifix 公司），以上均为食品添加剂。

无水葡萄糖（国药集团化学试剂有限公司）；无水乙醇（国药集团化学试剂有限公司）；冰乙酸（国药集团化学试剂有限公司），以上试剂均为分析纯；没食子酸（安谱实验 CDAA-280763-20mg）；蒸馏水为实验室自制。

#### 2.1.2　仪器

HH-S 型恒温水浴锅（江苏国胜实验仪器厂）；ME204E /02 电子天平（梅特勒-托利多公司）；SHB-Ⅲ循环水式多用真空泵（郑州长城科工贸有限公司）；UV-9000 紫外-可见分光光度计（上海元析仪器有限公司）。

2.1.3　试剂的配制

①1%壳聚糖溶液：精确称取壳聚糖 1g，溶于 50mL 蒸馏水中，再加入 1mL 冰乙酸，放入 80～90℃的恒温水浴锅中，搅拌至溶解，再用蒸馏水定容至 100mL，于 85℃保温 45min 即可使用。

②ZTC1+1Ⅱ[①]澄清剂溶液：1% A 组分配制：先用少量蒸馏水搅拌成糊状，然后加入需要量的蒸馏水振荡溶胀 12h；1% B 组分配制：先配成 1%的乙酸，然后用 1%乙酸溶解 B 组分并搅成糊状，振荡溶胀 12h。

③ZTC1+1Ⅲ澄清剂溶液：1% A 组分配制：先用少量蒸馏水搅拌成糊状，然后加入需要量的蒸馏水振荡溶胀 12h，即得 1%黏胶液。1% B 组分配制：先用少量蒸馏水搅拌成糊状，然后加入需要量的蒸馏水振荡溶胀 24h，即得 1%黏胶液。

④斯丹比速[②]溶液无需配制，可直接使用。

## 2.2　试验方法

2.2.1　絮凝澄清试验

①壳聚糖絮凝澄清脱色试验：取牛蒡提取液，分别加入体积比为 5%、10%、15%、20%、25%的 1%壳聚糖溶液，用 0.2mol/L NaOH 溶液调 pH 至 5.00，于 45℃恒温水浴锅中搅拌 20min，静置保温 40min，进行抽滤处理 2～3 次。对滤液进行透光率、粗多糖保留率、总多酚保留率和感官风味对比分析。

②ZTC1+1Ⅱ澄清脱色试验：取牛蒡提取液，先加入体积比为 2%、4%、6%、8%、10%的 1% A 组分搅拌 10min，再加入体积比为 2%、4%、6%、8%、10%的 1% B 组分搅拌 2～3min，于室温下静置 6h，抽滤处理 2～3 次。对滤液进行透光率、粗多糖保留率、总多酚保留率和感官风味对比分析。

③ZTC1+1Ⅲ澄清脱色试验的设计方法与 ZTC1+1Ⅱ相同。

④斯丹比速澄清脱色试验：取牛蒡提取液，分别加入体积比为 0.05%、0.10%、0.20%、0.30%、0.40%的斯丹比速溶液，摇匀，室温下放置 24h，抽滤处理 2～3 次。对滤液进行透光率、粗多糖保留率、总多酚保留率和感官风味对比分析。

2.2.2　透光率的测定

将澄清的过滤液稀释 25 倍，再分别加入 1cm 的比色杯中，进行吸收波长的全扫描，发现在 360nm 处存在吸收值拐点，故以蒸馏水作参比，在 360nm 波长附近测其透光率，每组试验重复 3 次。

---

注：①ZTC1+1 为从天然食品中提取的天然高分子物质，以天然多糖等为原料，经科学工艺技术制作而成的纯天然碳水化合物类复合澄清剂，主要用于食品、医药、化工、环保等的澄清分离工艺。

②斯丹比速是一种硅溶液，建议添加量：1000～4000g/t 酒，具体添加量取决于酒体的初始浊度以及预期的澄清度。

2.2.3　粗多糖保留率的测定

参照马宁等[6]文献中采用的苯酚-浓硫酸比色法测得的总糖含量为粗多糖含量。

粗多糖保留率/% =脱色后粗多糖含量/脱色前粗多糖含量×100%

2.2.4　总多酚保留率的测定

参考 T/AHFIA 005—2018《植物提取物及其制品中总多酚含量的测定　分光光度法》中的方法进行总多酚的检测。

总多酚保留率/% =脱色后总多酚含量/脱色前总多酚含量×100%

2.2.5　感官风味品评

将澄清过滤液稀释 10 倍，聚集 10 名感官品评员，设定原液过滤液的风味为 10 分，并以此为对照，对其他样品的牛蒡风味保留情况进行感官品评并打分。

## 3　结果与分析

### 3.1　壳聚糖澄清脱色试验结果

本试验探讨了 1%壳聚糖溶液添加量对牛蒡提取液的澄清脱色效果。由图 1 至图 4 可以看出，随着 1%壳聚糖溶液添加量的增加，粗多糖保留率呈缓慢下降趋势；总多酚保留率在壳聚糖溶液添加量 5% ~15% 时下降缓慢，添加量 15% 之后迅速下降；感官品评得分在≤10% 的添加量时，得分在 5 分以上，添加量>10% 时得分快速下降；透光率在壳聚糖溶液添加量 5% ~10% 时有较大上升幅度，添加量>10% 后，透光率上升速度缓慢。综合四项评判指标，相比较而言，10% 的 1%壳聚糖溶液添加量能够较大程度地保留牛蒡提取液的有效成分、风味，并使得提取液澄清透明。

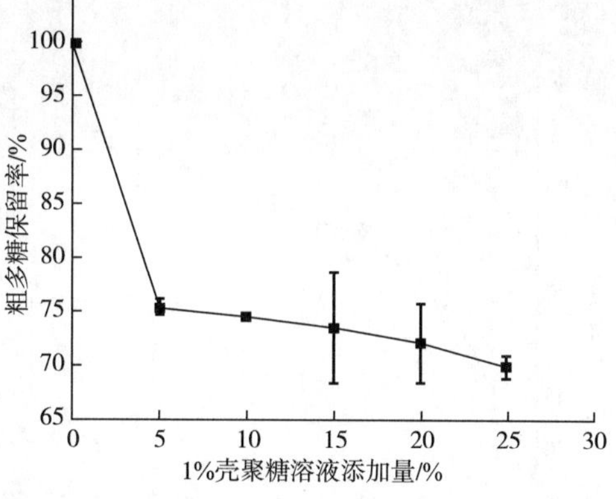


图 1　不同梯度 1%壳聚糖溶液添加量下粗多糖保留率的变化情况

Fig. 1　Changes of retention rate of crude polysaccharides in 1% chitosan solution with different dosage gradients

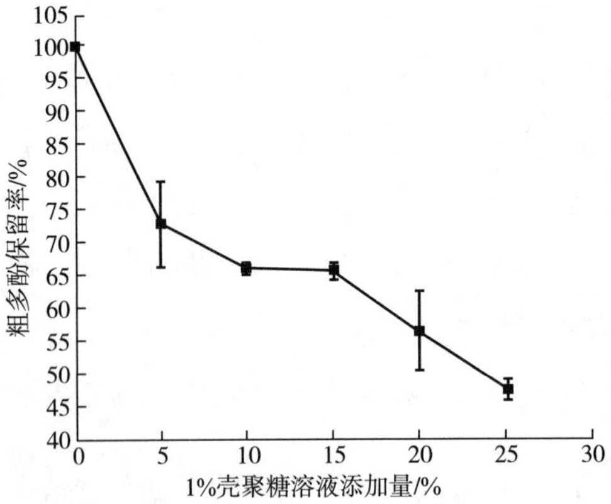


图 2　不同梯度 1%壳聚糖溶液添加量下总多酚保留率的变化情况

Fig. 2　Changes of total polyphenols retention rate in 1% chitosan solution with different dosage gradients

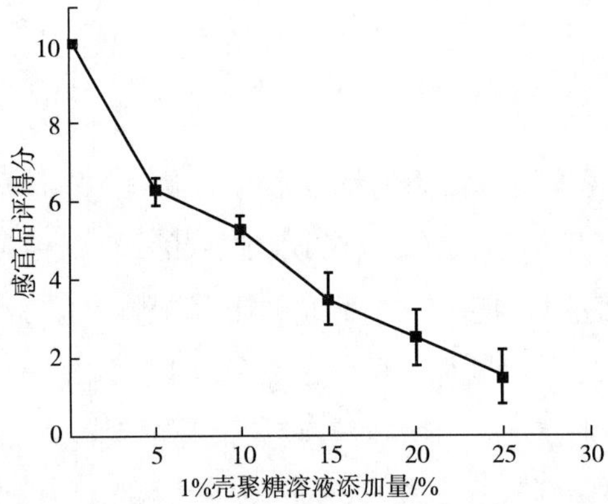


图 3　不同梯度 1%壳聚糖溶液添加量下感官品评的得分情况

Fig. 3　Sensory evaluation scores in 1% chitosan solution with different dosage gradients

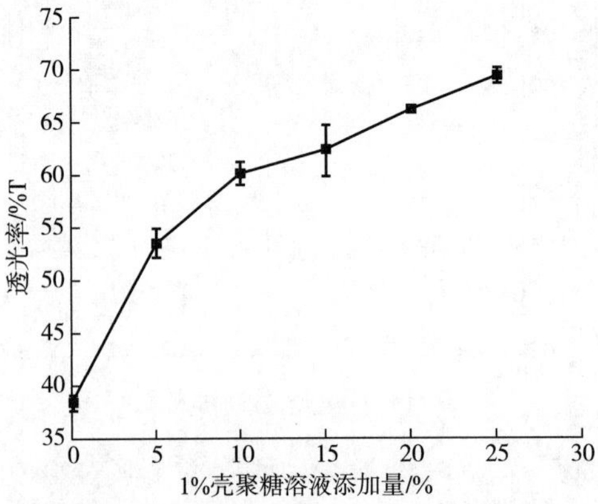


图 4　不同梯度 1%壳聚糖溶液添加量下透光率的变化情况

Fig. 4　Changes of light transmittance in 1% chitosan solution with different dosage gradients

### 3.2　ZTC1+1Ⅲ澄清脱色实验结果

本研究探讨了ZTC1+1Ⅲ溶液的添加量对牛蒡提取液的澄清脱色效果。由图5至图8可知，在2%~4%的添加量，粗多糖保留率快速下降；总多酚保留率在添加量2%~6%时下降迅速，>6%之后下降缓慢；感官品评得分在4%~6%的添加量时存在大幅度下降；透光率在2%~6%有较大上升幅度，>6%的添加量后，透光率上升速度缓慢。综合考虑四项评判指标，最终确定4%的ZTC1+1Ⅲ溶液添加量比较适合牛蒡提取液的澄清脱色。

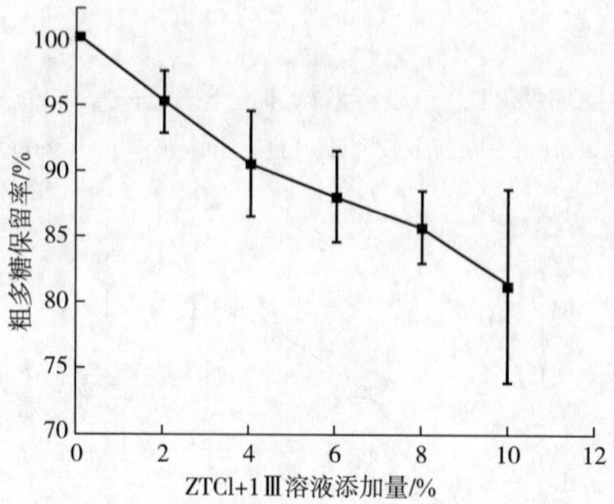


图5　不同梯度ZTC1+1Ⅲ溶液添加量下粗多糖保留率变化情况

Fig. 5　Changes of retention rate of crude polysaccharides in ZTC1+1Ⅲ solution with different dosage gradients

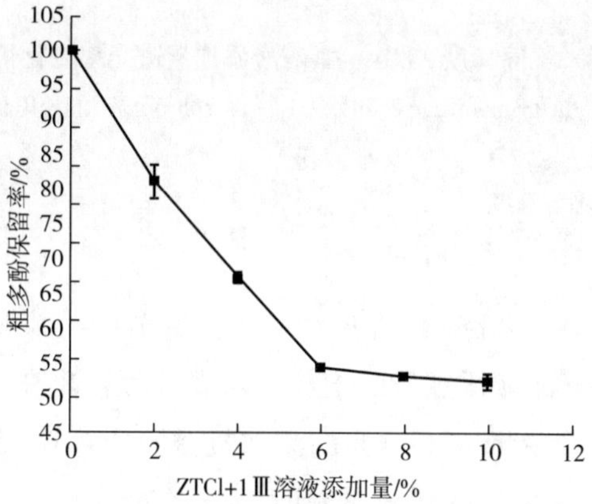


图6　不同梯度ZTC1+1Ⅲ溶液添加量下总多酚保留率变化情况

Fig. 6　Changes of total polyphenols retention rate in ZTC1+1Ⅲ solution with different dosage gradients

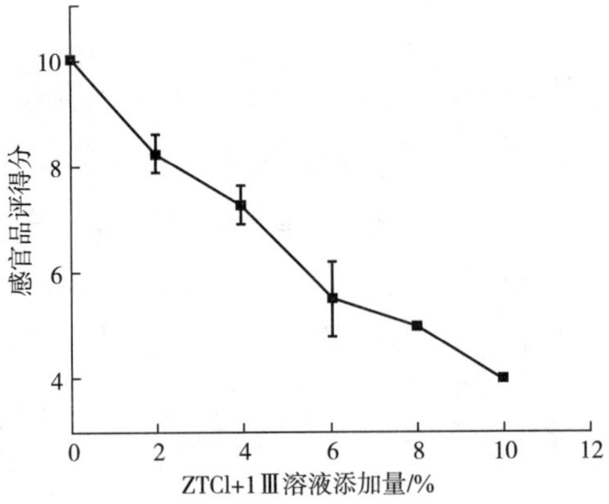


图 7　不同梯度 ZTC1+1Ⅲ溶液添加量下感官品评得分变化情况

Fig. 7　Sensory evaluation scores in ZTC1+1Ⅲ solution with different dosage gradients

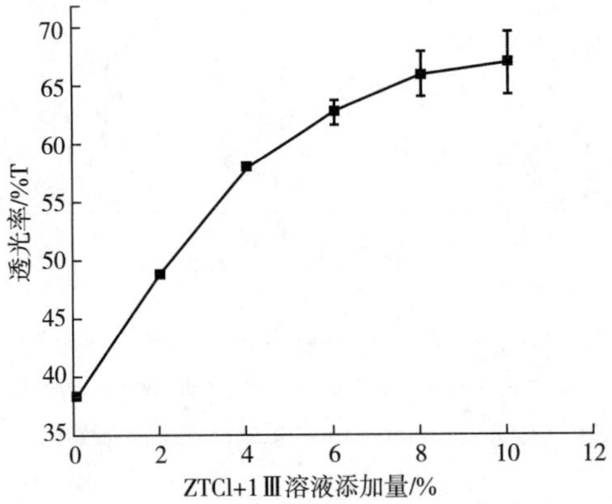


图 8　不同梯度 ZTC1+1Ⅲ溶液添加量透光率变化情况

Fig. 8　Changes of light transmittance in ZTC1+1Ⅲ solution with different dosage gradients

### 3.3　ZTC1+1Ⅱ澄清脱色试验结果

本试验探讨了 ZTC1+1Ⅱ溶液添加量对牛蒡提取液的澄清脱色效果。由图 9 至图 12 可知，随着 ZTC1+1Ⅱ溶液添加量的增加，粗多糖保留率在 4%～6% 的添加量时有断崖式下降；总多酚保留率在 4%～6% 的添加量时同样存在较大幅度下降，6% 之后下降缓慢；感官品评得分在≤4% 的添加量时，得分在 5 分以上；透光率在 2%～4% 的添加量时有较大上升幅度。综合四项评判指标，最终确定 4% 的 ZTC1+1Ⅱ溶液添加量比较适合牛蒡提取液的澄清脱色。

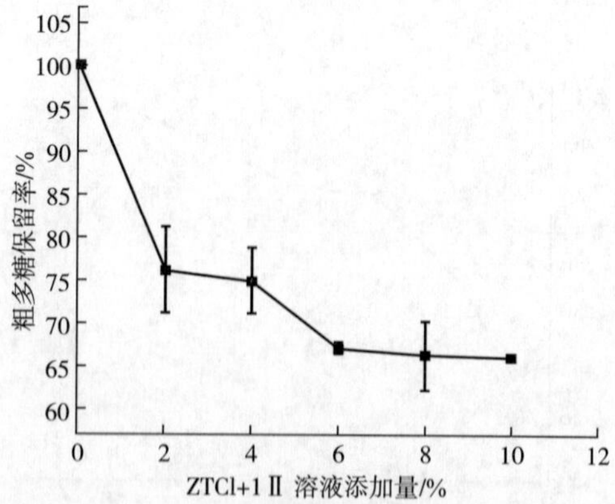


图 9　不同梯度 ZTC1+1Ⅱ溶液添加量下粗多糖保留率变化情况

Fig. 9　Changes of retention rate of crude polysaccharides in ZTC1+1Ⅱ solution with different dosage gradients

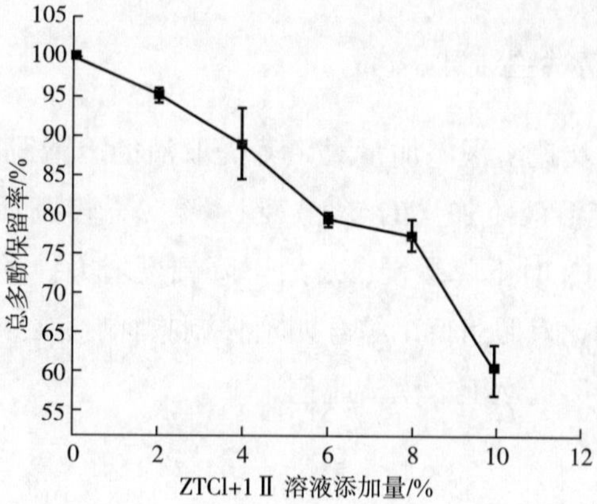


图 10　不同梯度 ZTC1+1Ⅱ溶液添加量下总多酚保留率变化情况

Fig. 10　Changes of total polyphenols retention rate in ZTC1+1Ⅱ solution with different dosage gradients

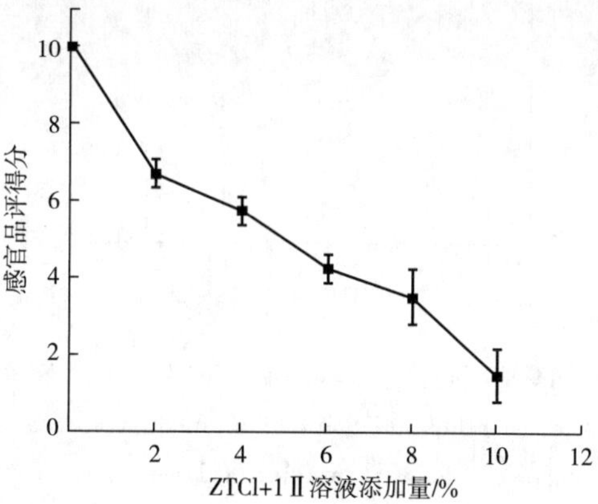


图 11　不同梯度 ZTC1+1Ⅱ溶液添加量下感官品评得分变化情况

Fig. 11　Sensory evaluation scores in ZTC1+1Ⅱ solution with different dosage gradients

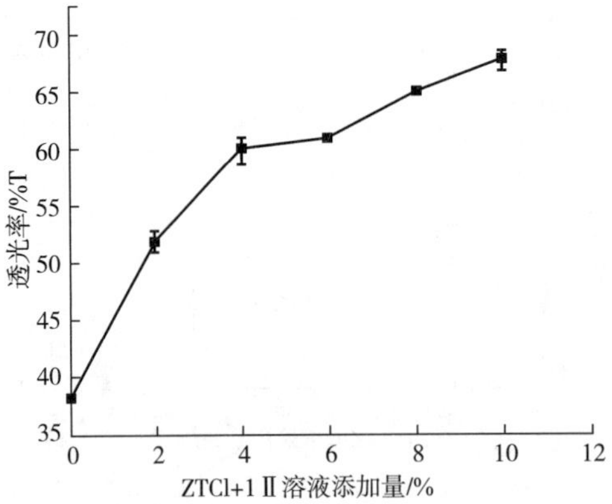


图 12　不同梯度 ZTC1+1Ⅱ溶液添加量透光率变化情况

Fig. 12　Changes of light transmittance in ZTC1+1Ⅱ solution with different dosage gradients

## 3.4　斯丹比速絮凝澄清试验结果

本试验探讨了斯丹比速溶液添加量对牛蒡提取液的澄清脱色效果。由图 13 至图 16 可知，随着斯丹比速溶液添加量的增加，粗多糖、总多酚保留率和品评得分均是在添加量为 0.05%~0.1%时下降缓慢，之后下降幅度增大；透光率在 0.05%~0.4%的添加量变化平稳，均比对照组低。综合四项评判指标，最终确定 0.1%的斯丹比速溶液添加量比较适合牛蒡提取液的澄清脱色。

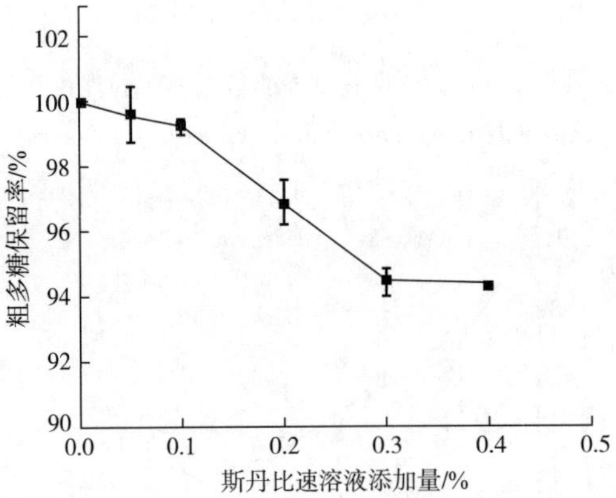


图 13　不同梯度斯丹比速溶液添加量下粗多糖保留率变化情况

Fig. 13　Changes of retention rate of crude polysaccharides in Stabisol solution with different dosage gradients

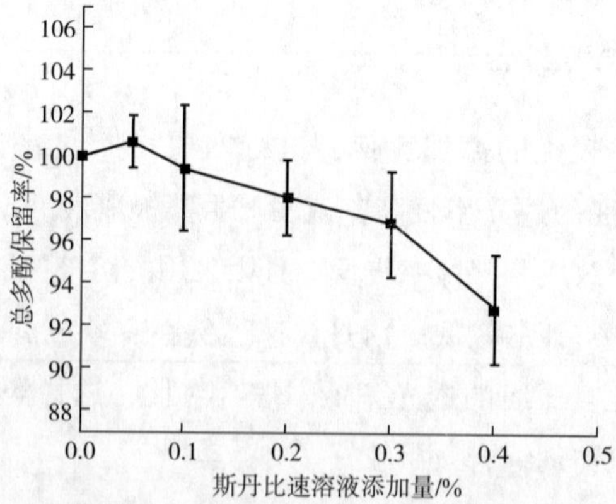


图 14　不同梯度斯丹比速溶液添加量下总多酚保留率变化情况

Fig. 14　Changes of total polyphenols retention rate in Stabisol solution with different dosage gradients

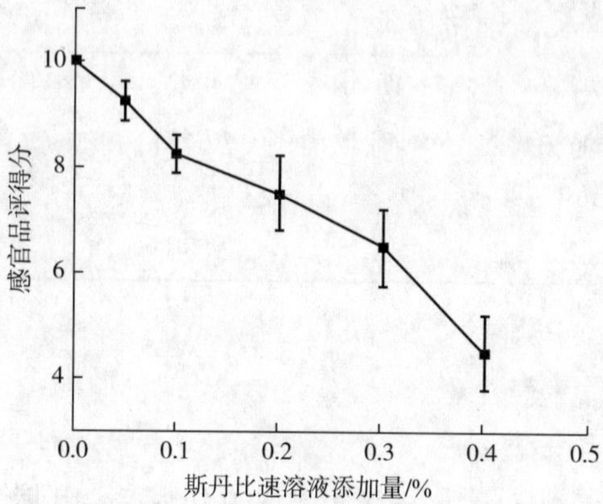


图 15　不同梯度斯丹比速溶液添加量下感官品评得分变化情况

Fig. 15　Sensory evaluation scores in Stabisol solution with different dosage gradients

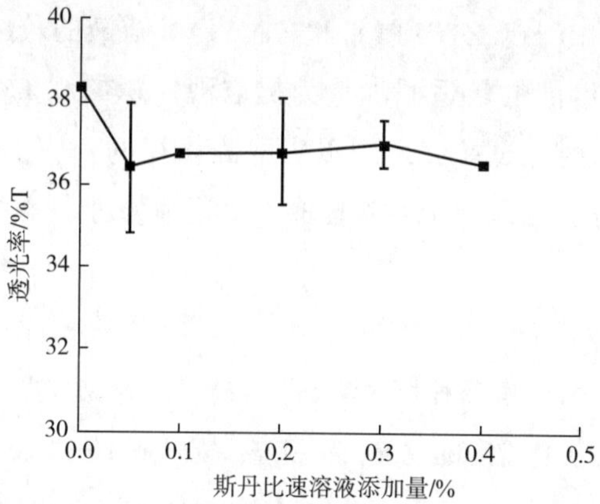


图 16　不同梯度斯丹比速溶液添加量透光率变化情况

Fig. 16　Changes of light transmittance in Stabisol solution with different dosage gradients

### 3.5 四种絮凝澄清剂效果综合对比

选择各脱色剂上述较优的添加比例，进行四项指标的综合对比（表 1），发现 10%壳聚糖和 ZTC1+1 Ⅱ 的透光率较高，说明对牛蒡提取液的澄清絮凝效果较好，但是粗多糖和总多酚的有效成分保留率较低，且因采用酸溶液配制导致牛蒡提取液的风味发生较大改变，故感官评分较低。斯丹比速虽然在有效成分和风味保留方面较好，但澄清效果差，甚至比对照组的透光率低。综合对比，选择 4% 的 ZTC1+1 Ⅲ 溶液作为牛蒡提取液的絮凝澄清剂综合效果较好。

**表 1　　4 种絮凝澄清剂的 4 项指标对比**

**Table 1　　Comparison of four indexes of four kinds of flocculant clarifiers**

| 指标 | 对照组 | 10%壳聚糖添加量 | 4% ZTC1+1 Ⅲ 添加量 | 4% ZTC1+1 Ⅱ 添加量 | 0.1%斯丹比速添加量 |
|---|---|---|---|---|---|
| 粗多糖保留率/% | 100 | 74.49 | 90.42 | 75.08 | 99.23 |
| 总多酚保留率/% | 100 | 65.93 | 67.29 | 89.00 | 99.33 |
| 感官品评得分 | 10 | 5.25 | 7.25 | 5.75 | 8.25 |
| 透光率/(%T) | 38.2 | 60.15 | 57.95 | 59.85 | 36.75 |

## 4 结论

絮凝澄清剂的选择应根据需要综合考虑多方面因素，开展牛蒡提取液的絮凝澄清试验，即要求鲜牛蒡自然风味和有效成分得到最大程度的保留，也追求液体澄清透明。通过对 4 种絮凝澄清剂添加量的摸索试验，分别得到 1%壳聚糖溶液的较适添加量分别为提取液体积的 10%，ZTC1+1 Ⅲ 和 ZTC1+1 Ⅱ 溶液的较适添加量分别为提取液体积的 4%，斯丹比速溶液的较适添加量为提取液体积的 0.1%，最后各絮凝澄清剂以最优的添加比例进行对比试验，发现以提取液体积的 4% 的添加 ZTC1+1 Ⅲ 对牛蒡提取液的澄清效果较好，可以用于牛蒡提取液的澄清处理。

## 参考文献

[1] 王月多，蒋学杰．牛蒡种植方法［J］．特种经济动植物，2018，21（11）：39.

[2] Liu W，Wang J J，Zhang Z Z，et al. *In vitro* and *in vivo* antioxidant activity of a fructan from the roots of *Arctium lappa* L.［J］. International Journal of Biological Macromolecules，2014，65：446-453.

[3] He Y，Wu C F，Li J H，et al. Inulin-type fructans modulates pancreatic-gut in-

nate immune responses and gut barrier integrity during experimental acute pancreatitis in a chain length-dependent manner [J]. Frontiers in Immunology, 2017, 8: 1209.

[4] Kumar S A, Ward L C, Brown L. Inulin oligofructose attenuates metabolic syndrome in high-carbohydrate, high-fat diet-fed rats [J]. British Journal of Nutrition, 2016, 116 (9): 1502-1511.

[5] Fava F, Tuohy K M. Gut microbiota: Inulin regulates endothelial function: a prebiotic smoking gun? [J]. Nature Reviews Gastroenterology & Hepatology, 2017, 14 (7): 392-394.

[6] 马宁，杨培君．苯酚-硫酸法测定石参多糖工艺条件的优化 [J]. 陕西理工大学学报（自然科学版），2013 (5): 64-70.

# 灵芝多糖三萜混合提取工艺研究

李安军[1]，何宏魁[1,2]，秦黎明[2]，曹润洁[2]，马金同[2]，王艳丽[2]，杜成龙[2]，刘智慧[2]
（1. 安徽古井贡酒股份有限公司，安徽亳州　236800；
2. 安徽瑞思威尔科技有限公司，安徽亳州　236800）

**摘　要**：以灵芝子实体为原料，采用负压热回流的方法对其进行多糖和三萜的混合提取，在单因素实验的基础上，通过响应面实验优化提取工艺。结果表明，负压热回流提取灵芝多糖和三萜的最佳工艺为提取温度为68℃、酒精度为65.1%vol、料液比为1∶36.8（质量体积比）。在此条件下，灵芝多糖平均提取率为1.20%，灵芝三萜平均提取率为2.21%。该方法具有同时提取、操作简单、提取率高等优点，可为灵芝系列产品开发应用提供一定的理论依据。

**关键词**：灵芝子实体；灵芝多糖三萜；负压热回流；响应面实验

# Study on the Mixed Extraction Technology of *Ganoderma lucidum* Polysaccharides and Triterpenes

LI Anjun[1], HE Hongkui[1,2], QIN Liming[2], CAO Runjie[2], MA Jintong[2],
WANG Yanli[2], DU Chenglong[2], LIU Zhihui[2]
(1. Anhui Gujing Gongjiu Co., Ltd., Anhui Bozhou 236800, China;
2. Anhui Rise Well Technology Co., Ltd., Anhui Bozhou 236800, China)

**Abstract**: Using *Ganoderma lucidum* fruiting bodies as raw materials, the mixture of polysaccharides and triterpenes was extracted by negative pressure heat reflux. On the basis of single factor experiments, the extraction process was optimized through response surface experiments. The results showed that the best process for extracting polysaccharides and triter-

作者简介：李安军，男，硕士，教授级高级工程师，主要从事酿酒技术研究与管理工作。E-mail：lianjun@gujing.com.cn。
通信作者：秦黎明，男，硕士，助理工程师，主要从事白酒健康成分研究及新产品研发工作。E-mail：qinliming@gujing.com.cn。

penes from *Ganoderma lucidum* under negative pressure and heat reflux was the temperature of 68℃, the ethanol concentration of 65.1%vol, and the ratio of material to liquid 1∶36.8 (g/mL). Under these conditions, the average extraction rate of *Ganoderma lucidum* polysaccharides was 1.20%, and the average extraction rate of *Ganoderma lucidum* triterpenes was 2.21%. This method has the advantages of simultaneous extraction, simple operation and high extraction rate, which can provide a certain theoretical basis for the development and application of *Ganoderma lucidum* series products.

**Key words**: *Ganoderma lucidum* fruiting bodies, *Ganoderma lucidum* polysaccharides and triterpenes, Negative pressure heat reflux, Response surface experiments

## 1　前言

灵芝为多孔菌类真菌，是一种珍贵的药用菌，具有滋补强壮、扶正固本之功效[1]。现代医学研究证明：灵芝具有改善血糖、调节血脂、抗肿瘤、抗病毒、提高免疫功能、抗氧化、保肝、解毒、止咳、化痰、平喘、改善记忆、抗疲劳、强心、镇静、抗缺氧及抗惊厥等多方面的药理作用[2]；其中灵芝中的多糖、三萜成分是灵芝药效的物质基础[3]。灵芝对人体的防病、治病作用得到了许多中外学者的认可。

目前提取灵芝多糖的方法主要有热水浸提法、超声辅助提取法、微波辅助提取法、酶辅助提取法等[4]。但这些方法或多或少都有一定的缺点，如：热水浸提操作成本低、操作简单，但提取效率低、时间长[5]；超声提取能够提高多糖提取效率，但会破坏多糖结构[4]；微波提取法效率高，但对热敏性物质的提取效果较差[6]；酶法提取耗能低、温和、提取率较高，但酶的作用条件过于苛刻，使得难以大规模使用；而对于灵芝三萜，目前主要的提取方法有：传统热提取[7]、索氏提取[8-9]、微波辅助提取[10-11]、超临界萃取[12]、超声波辅助提取[13-14]和微波-超声波协同提取[15]等，但这些方法同样具有诸多不足，如操作复杂、时间长、提取率低等。此外，目前对灵芝有效成分的提取主要为分开提取，对其进行混合提取的报道较少，而混合提取所得的混合浓缩液对于灵芝系列产品的开发具有极大的便利。因此，探求灵芝子实体多糖和三萜复合提取的方法，对于较大限度地提高其有效成分的含量具有重要意义。本研究以安徽省旌德县栽培的灵芝为原料，在单因素试验的基础上，通过响应面试验优化负压热回流的方法，获得灵芝多糖和三萜的复合提取工艺，为开发灵芝系列产品提供理论支撑。

## 2　材料与方法

### 2.1　原料

灵芝子实体（购自安徽省旌德县）。

## 2.2 仪器与设备

HZ-DTNG100L 防爆吊篮提取机（上海辉展实验设备有限公司）；TU-1901/UV-9000 紫外可见分光光度计（上海元析仪器有限公司）；ME204E 分析天平（梅特勒-托利多公司）；小型破碎机（青州精诚医药装备制造有限公司）；涡流振荡器［艾卡（广州）仪器设备有限公司］；网筛（绍兴上虞华丰五金仪器有限公司）。

## 2.3 试验方法

灵芝子实体洗涤烘干至恒重→破碎，过网筛，装入物料袋→加入乙醇浸泡→负压热回流提取浓缩→检测总多糖和三萜含量

### 2.3.1 灵芝多糖检测

标准曲线的绘制：精确移取 0、20、40、80、120、160μL 的 1.00mg/mL 的葡萄糖标准溶液置于具塞试管中，用蒸馏水定容至 2.00mL，分别精确加入 5% 的苯酚试剂 1.00mL，摇匀，然后迅速精确滴加浓硫酸 5.00mL，以涡流振荡器快速混匀，放置 10min，后在 40℃ 水浴中加热 15min，取出后迅速放冷至室温，另以蒸馏水 2.00mL 与上述操作同法加入苯酚溶液和浓硫酸，作为空白对照。于波长 490nm 处测定吸光度。标准曲线线性回归方程见式（1）。

$$Y = 0.0491 + 0.732 \times X,\ (R^2 = 0.9962) \tag{1}$$

$$\text{灵芝多糖提取率} = C_{\text{多糖}} \times 1000 / M_{\text{灵芝}}$$

式中 $C_{\text{多糖}}$——分光光度计算所得灵芝多糖浓度

$M_{\text{灵芝}}$——烘干至恒重后灵芝子实体的质量

### 2.3.2 灵芝三萜检测

标准曲线的绘制：精确移取 0、0.05、0.10、0.20、0.25mL 齐墩果酸于 10mL 比色管中，置于沸水浴中挥发至干，冷却至室温，加 0.30mL 5% 香草醛-冰醋酸溶液和 0.80mL 高氯酸，混匀，置于 80℃ 水浴 20min，取出，冰浴冷却 3min，放置至室温，加 4.00mL 乙酸乙酯，振荡混匀，测量吸光度，对应总三萜含量为 0.00、0.20、0.40、0.80、1.00mg。

最大吸收波长的选择：选取上述标准溶液进行波长扫描，得出最佳吸收波长为：552nm。调节紫外分光光度计波长为 552nm，测定吸光值。绘制的标准曲线线性回归方程见式（2）。

$$Y = -0.0655 + 1.3622 \times X,\ R^2 = 0.9972$$

$$\text{灵芝三萜提取率} = C_{\text{三萜}} \times 1000 / M_{\text{灵芝}} \tag{2}$$

式中 $C_{\text{三萜}}$——分光光度计算所得灵芝三萜浓度

$M_{\text{灵芝}}$——烘干至恒重后灵芝子实体的质量

2.3.3　提取温度对提取效率的影响

准确称取10.00g灵芝子实体，料液比为1∶30（g/mL），以60%vol乙醇为提取溶剂，改变提取温度50、60、70、80和90℃，提取时间为3h，考察提取温度对提取效率的影响。

2.3.4　乙醇浓度对提取效率的影响

准确称取10.00g灵芝子实体，料液比为1∶30（g/mL），提取温度为70℃，配制40%、50%、60%、70%和80%vol浓度的乙醇溶液，提取时间为3h，考察乙醇浓度对提取效率的影响。

2.3.5　料液比对提取效率的影响

准确称取10.00g灵芝子实体，以60%vol乙醇溶液为提取溶剂，提取温度为70℃，改变料液比为1∶10、1∶20、1∶30、1∶40、1∶50（g/mL），提取时间为3h，考察料液比对提取效率的影响。

2.3.6　响应面优化实验

根据单因素实验结果，运用Design-Expert软件，设计BoX-Behnken实验，采用三因素三水平响应面分析实验结果，因素水平见表1。

**表1　响应面设计因素及水平**

**Table 1　Response surface design factors and levels**

| 水平 | 提取温度/℃ | 乙醇浓度/%vol | 料液比/(g/mL) |
|---|---|---|---|
| -1 | 65 | 60 | 1∶30 |
| 0 | 70 | 65 | 1∶35 |
| 1 | 75 | 70 | 1∶40 |

## 3　结果与分析

### 3.1　单因素实验结果与分析

3.1.1 提取温度对多糖和三萜提取率的影响

图1表明，随着提取温度的增加，灵芝三萜提取率逐渐增加，当温度达到70℃时，三萜提取率达到最大，为1.95%，之后随着提取温度的增加，其提取效率略有降低，但变化范围较小；对于多糖，随着提取温度的增加，其提取率呈先增加后降低的趋势，在提取温度为70℃时达到最大，之后随着提取温度的增加其提取率迅速降低，这可能是高温破坏了其多糖结构所致。综合考虑，响应面提取温度水平应选择65℃、70℃、75℃进行实验。

3.1.2　乙醇浓度对多糖和三萜提取率的影响

图2表明，随着乙醇浓度的增加，灵芝三萜的提取率逐渐增加，当乙醇浓度为

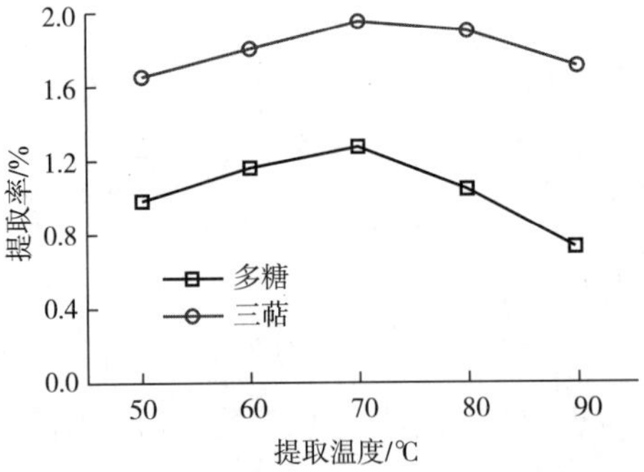


图 1　提取温度对多糖和三萜提取率的影响

Fig. 1　Effect of extraction temperature on the extraction rate of polysaccharides and triterpenes

70% vol 时，三萜的提取率达到最大，为 2. 05%，之后随着乙醇浓度的增加，提取率有所降低，而对于多糖，其提取率随着乙醇浓度的变化，在 60% vol 时达到最大，为 1. 22%，在 50% vol 和 70% vol 时有所降低。综合考虑，响应面乙醇浓度水平应选择 60% vol、65% vol、70% vol 进行实验。

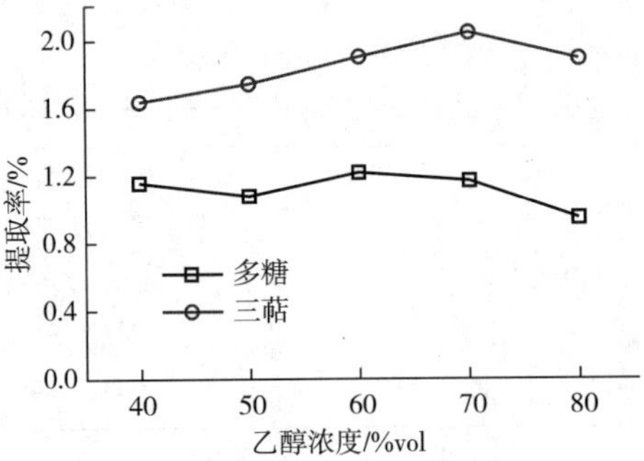


图 2　乙醇浓度对多糖和三萜提取率的影响

Fig. 2　Effect of ethanol concentration on the extraction rate of polysaccharides and triterpenes

3. 1. 3　料液比对多糖和三萜提取率的影响

图 3 结果表明，随着料液比的降低，三萜提取率逐渐增加，在料液比达到 1∶40 时，三萜提取率达到最大，为 1. 97%，继续降低料液比，三萜提取率略有降低；多糖提取率随着料液比的降低呈现出先增加后降低的趋势，在 1∶30 时，其提取率达到最大，为 1. 18%，之后继续降低料液比，提取率则逐渐降低。综合考虑，响应面料液比水平应选择 1∶30、1∶35、1∶40 进行实验。

## 3. 2　响应面实验结果与分析

在单因素实验结果的基础上，根据 Box-Behnken 中心组合实验设计原理，对负压

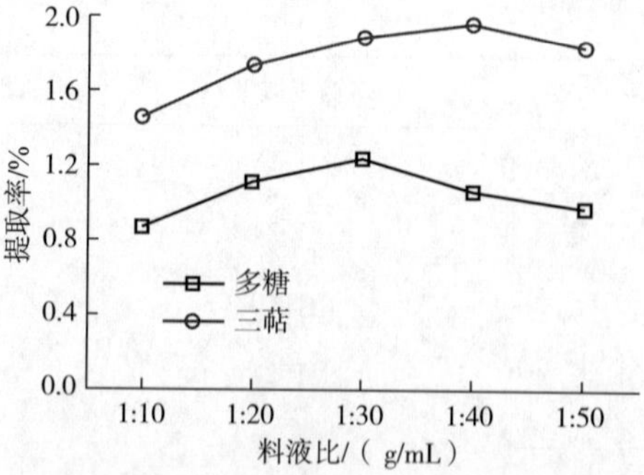


图 3　料液比对多糖和三萜提取率的影响

Fig. 3　Effect of material-liquid ratio on the extraction rate of polysaccharides and triterpenes

热回流提取灵芝多糖和三萜进行响应面优化实验，每个实验 3 个平行，取平均值，各个指标均标准化为 0~1 的归一值[16]，采用 Hassan 法，分别进行转换求得归一值，计算式见式（3）。

$$D_{max} = (d_i - d_{min})/(d_{max} - d_{min}) \tag{3}$$

式中　$D_{max}$——归一值

$d_i$——每个实验的平均值

$d_{min}$——整个响应面实验结果的最小值

$d_{max}$——整个响应面实验结果的最大值

多糖和三萜的权重分别为 0.3 和 0.7，各指标的归一值乘以其权重后相加，得到综合值（$Y$），见式（4）。

$$\text{综合值}(Y) = \text{多糖归一值} \times 0.3 + \text{三萜归一值} \times 0.7 \tag{4}$$

实验设计与测定结果见表 2。利用 Design-Expert 软件对表 2 数据进行多元回归拟合和显著性分析，结果见表 3。响应面分析的二次回归方程见式（5）。

$$Y = 0.86 - 0.086A + 0.038B + 0.076C - 0.026AB + 0.056AC + 0.071BC - 0.15A^2 - 0.17B^2 - 0.13C^2 \tag{5}$$

式中　$A$、$B$、$C$——分别为提取温度、乙醇浓度和料液比

**表 2　　响应面实验设计与测定结果**

**Table 2　　Response surface experimental design and measurement results**

| 实验号 | $A$ | $B$ | $C$ | 多糖提取率/% | 三萜提取率/% | $Y$ 综合值 |
|---|---|---|---|---|---|---|
| 1 | 1 | −1 | 0 | 1.15 | 1.69 | 0.4553 |
| 2 | 1 | 1 | 0 | 1.21 | 2.13 | 0.4684 |
| 3 | −1 | 0 | 1 | 1.05 | 1.65 | 0.7562 |
| 4 | 0 | 0 | 0 | 1.22 | 1.95 | 0.9295 |

续表

| 实验号 | A | B | C | 多糖提取率/% | 三萜提取率/% | Y 综合值 |
|---|---|---|---|---|---|---|
| 5 | −1 | 1 | 0 | 1. 15 | 1. 54 | 0. 6713 |
| 6 | 1 | 0 | 1 | 1. 24 | 1. 79 | 0. 6724 |
| 7 | 0 | −1 | −1 | 1. 10 | 1. 69 | 0. 5721 |
| 8 | 0 | 0 | 0 | 1. 27 | 2. 18 | 0. 7981 |
| 9 | 0 | 0 | 0 | 1. 22 | 2. 02 | 0. 8687 |
| 10 | −1 | −1 | 0 | 1. 21 | 1. 82 | 0. 5531 |
| 11 | −1 | 0 | −1 | 1. 18 | 1. 72 | 0. 5900 |
| 12 | 0 | 1 | −1 | 1. 22 | 1. 83 | 0. 5157 |
| 13 | 0 | 0 | 0 | 1. 21 | 2. 08 | 0. 8544 |
| 14 | 1 | 0 | −1 | 1. 01 | 1. 41 | 0. 2832 |
| 15 | 0 | −1 | 1 | 1. 18 | 1. 69 | 0. 4585 |
| 16 | 0 | 1 | 1 | 1. 06 | 1. 66 | 0. 6844 |
| 17 | 0 | 0 | 0 | 1. 21 | 2. 15 | 0. 8269 |

**表 3　　响应面结果方差分析**

**Table 3　　Analysis of variance of response surface results**

| 方差来源 | 平方和 | 自由度 | 均方 | F 值 | P 值 |
|---|---|---|---|---|---|
| 模型 | 0. 4700 | 9 | 0. 0521 | 8. 67 | 0. 0047 |
| A | 0. 0600 | 1 | 0. 0603 | 9. 90 | 0. 0162 |
| B | 0. 0110 | 1 | 0. 0111 | 1. 87 | 0. 2133 |
| C | 0. 0470 | 1 | 0. 0474 | 7. 72 | 0. 0274 |
| AB | 0. 0028 | 1 | 0. 0028 | 0. 46 | 0. 5205 |
| AC | 0. 0120 | 1 | 0. 0121 | 2. 06 | 0. 1943 |
| BC | 0. 0200 | 1 | 0. 0203 | 3. 30 | 0. 0054 |
| $A^2$ | 0. 0950 | 1 | 0. 0952 | 15. 77 | 0. 0054 |
| $B^2$ | 0. 1200 | 1 | 0. 1201 | 19. 72 | 0. 0032 |
| $C^2$ | 0. 0710 | 1 | 0. 0710 | 11. 74 | 0. 0113 |
| 残差 | 0. 0420 | 7 | 0. 0060 | — | — |
| 失拟项 | 0. 0320 | 3 | 0. 0111 | 4. 44 | 0. 0921 |
| 总和 | 0. 5100 | 16 | — | — | — |
| | | $R^2$ = 0. 9177 | | $R^2_{adj}$ = 0. 8118 | |

根据表 3 可知，模型 $P<0.01$，表明回归方程模型极为显著，失拟项 $P>0.05$，且相关系数 $R^2=0.9177$，表明该模型能够反映响应值的变化，实验拟合好，失拟较小，预测值与实际值具有高度的相关性，可直接采用回归方程对提取灵芝多糖和三萜的工艺进行分析和预测，在各因素之中，A 和 C 的 $P<0.05$，说明对实验结果影响显著，B 的 $P>0.05$，说明对实验结果影响一般，二次项 $A^2$ 和 $B^2$ 的 $P<0.01$，影响极其显著，$C^2$ 的 $P<0.05$，影响显著。根据 F 值的大小可判断各因素对实验结果的影响顺序为：A>C>B，即提取温度>料液比>乙醇浓度，响应面优化所得最佳提取条件为提取温度为 68℃、乙醇浓度为 65.1%vol、料液比为 1∶36.8（g/mL），Y 综合值为 0.8701。

3D 响应面可以直观反映出各变量之间的相互作用关系，通过判断 2D 等高线图是圆形还是椭圆形可以看出各变量之间的显著水平[17]。等高线的形状可以反映交互效应的强弱大小，圆形表示两因素交互作用不显著，而椭圆形则表示两因素交互作用显著[18]。3D 响应曲面坡度的平缓与陡峭程度，表明处理条件变化对响应值影响的大小[14]。图 4 至图 6 分别是由多元回归方程得到的温度-乙醇浓度、乙醇浓度-料液比和温度-料液比三个因素之间的交互作用对 Y 综合值影响的响应面图及等高线图。可以看出，图 5 的 3D 响应面图陡峭程度最高，而图 4 和图 6 陡峭程度较低，表明乙醇浓度和料液比的交互作用对响应值影响最大；而图 4 至图 6 右侧 2D 等高线均为椭圆形，表明三个因素之间的交互作用显著。综合分析，三个三维响应面图均为向上凸的曲线，表明在这三个因素下灵芝复合提取率有最大值。

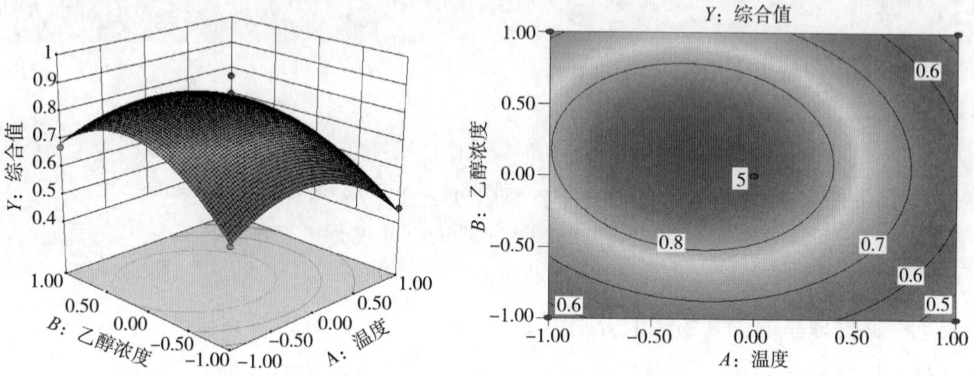


图 4　温度和乙醇浓度交互作用对综合值（Y）影响的响应面及等高线

Fig. 4　Response surface and contour lines of the interaction of temperature and ethanol concentration on the comprehensive value of Y

## 3.3　最佳工艺验证实验

灵芝复合提取率通过回归因素获得各影响因素的最值分别为：提取温度 68℃、乙醇浓度为 65.1%vol、料液比为 1∶36.8（质量体积比），提取时间为 3h，得到灵芝多糖

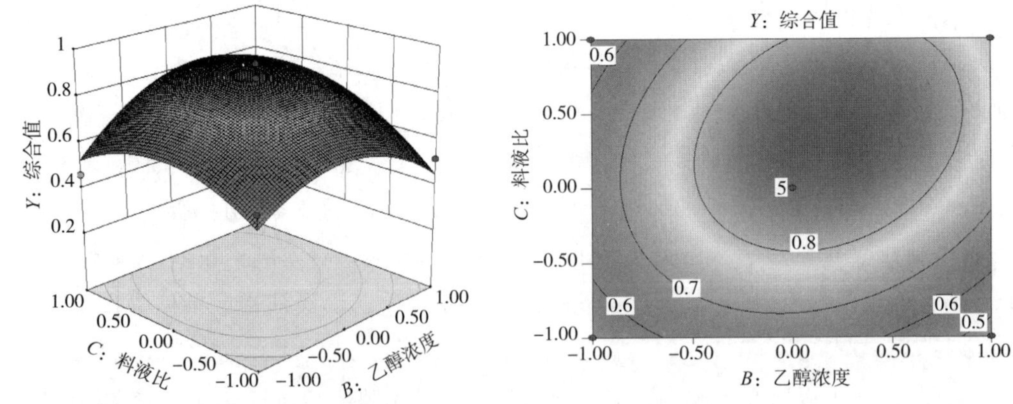


图 5　乙醇浓度和料液比交互作用对综合值（Y）影响的响应面及等高线

Fig. 5　Response surface and contour lines of the interaction of ethanol concentration and material-to-liquid ratio on the comprehensive value of Y

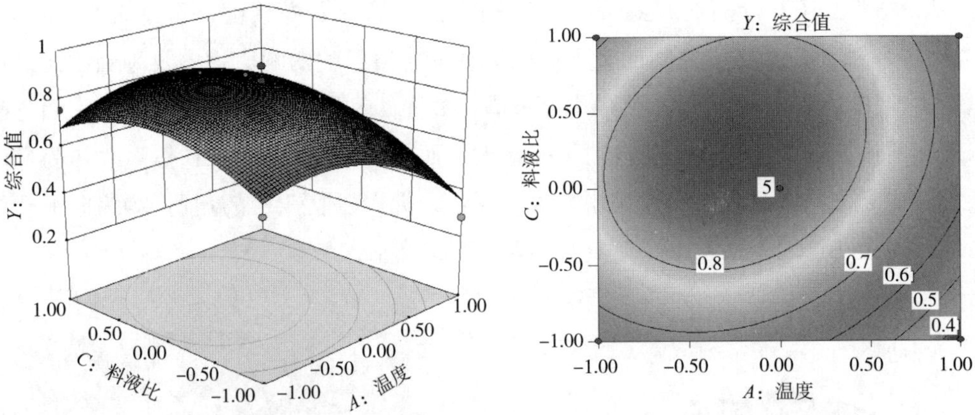


图 6　温度和料液比交互作用对综合值（Y）影响的响应面及等高线

Fig. 6　Response surface and contour lines of the interaction of temperature and material-to-liquid ratio on the comprehensive value of Y

和灵芝三萜提取率的最大预测值分别为 1. 21% 和 2. 23%。考虑到实际操作，确定最佳工艺条件为提取温度 68℃、乙醇浓度为 65% vol、料液比为 1 ∶ 37（质量体积比），提取时间为 3h，利用上述因素最优值进行验证实验，实验重复 5 次，结果见表 4。

**表 4　　最优值验证实验结果**

**Table 4　　Optimal value verification experiment results**

| 实验编号 | 多糖得率/% | 三萜得率/% |
|---|---|---|
| 1 | 1. 19 | 2. 16 |
| 2 | 1. 21 | 2. 25 |

续表

| 实验编号 | 多糖得率/% | 三萜得率/% |
|---|---|---|
| 3 | 1.24 | 2.21 |
| 4 | 1.21 | 2.24 |
| 5 | 1.17 | 2.19 |
| 均值 | 1.20 | 2.21 |

表 4 结果表明，验证实验中灵芝多糖和三萜的平均得率分别为 1.20% 和 2.21%，验证值与理论预测值结果比较接近，提取率高，工艺合理。因此，采用上述最佳提取工艺是可行有效的。

## 4　结论

本研究采用负压热回流的方法对灵芝子实体中多糖和三萜进行混合提取，在单因素实验的基础上，确定提取温度、乙醇浓度和料液比为影响因素，通过响应面方差分析，提取温度和料液比两个因素对 $Y$ 综合值的影响具有显著作用，根据 $F$ 值的大小可得各因素对实验结果的影响顺序为：提取温度>料液比>乙醇浓度；Box-Behnken 响应曲面实验得到最佳提取条件为：提取温度为 68℃、乙醇浓度为 65.1% vol、料液比为 1∶36.8（质量体积比），提取时间为 3h，在最佳预测条件下进行验证实验，得到灵芝多糖和三萜的平均得率分别为 1.20% 和 2.21%，与预测值比较接近。该方法具有同时提取、操作简单、提取率高等优点，可为灵芝系列产品的开发应用提供一定的理论依据。

### 参考文献

[1] 刘维，虎掳真，朱莉，等．灵芝三萜的研究与应用进展 [J]．食品科学，2019，40（5）：309-315.

[2] 才晓玲，何伟，杨国琴．灵芝多糖生物活性研究进展 [J]．食用菌，2018，40（3）：1-4.

[3] 王宏勋，张雯，颜克亮，等．复合枸杞灵芝菌丝体多糖体外抗氧化作用初步研究 [J]．中国食用菌，2007，26（3）：38-40.

[4] 田淑雨，鹿士峰，吴杨洋，等．灵芝多糖不同提取方式的比较研究 [J]．食品安全质量检测学报，2018，9（18）：4921-4928.

[5] 毛健，马海乐．灵芝多糖的研究进展 [J]．食品科学，2010，31（1）：295-299.

[6] 陈伟，马飞，张琳，等．灵芝有效成分提取及药理活性研究进展［J］．安徽农业科学，2016（8）：147-149+202.

[7] Lin S B，Li C H，Lee S S，et al. Triterpene-enriched extracts from *Ganoderma lucidum* inhibit growth of hepatoma cells via suppressing protein kinase C，activating mitogen-activated protein kinases and G2-phase cell cycle arrest［J］. Life Sciences，2003，72（21）：2381-2390.

[8] Taofiq O，Heleno S A，Calhelha R C，et al. The potential of *Ganoderma lucidum* extracts as bioactive ingredients in topical formulations，beyond its nutritional benefits［J］. Food and Chemical Toxicology，2017，108（Pt. A）：139-147.

[9] 余志坚，陈传红，高凌飞，等．5 种中草药水提取液对灵芝三萜含量的影响［J］．时珍国医国药，2006，17（9）：1645-1646.

[10] 黄霄云，何晋浙，王静，等．微波提取灵芝中三萜类化合物的研究［J］．中国食品学报，2010，10（2）：89-96.

[11] 黄霄云．灵芝中微量元素分析和三萜类化合物的分离提取及指纹图谱的研究［D］．杭州：浙江工业大学，2010.

[12] 章慧，张劲松，贾薇，等．超临界 $CO_2$ 萃取灵芝子实体三萜工艺优化及其与醇提法比较研究［J］．食用菌学报，2011，18（3）：74-78.

[13] 康同辉，张一凡，解婉莹，等．超声波辅助提取灵芝三萜工艺研究［J］．农业科技与装备，2017（6）：41-43.

[14] 周晓，王成忠，李双，等．响应面法优化超声辅助提取灵芝三萜的工艺研究［J］．食品工业，2015，36（6）：136-140.

[15] 梁磊，黄清铧，王庆福，等．响应面优化微波-超声波协同提取灵芝三萜工艺及其清除自由基活性［J］．菌物学报，2017，36（4）：512-521.

[16] 吴伟，崔光华，陆彬．实验设计中多指标的优化：星点设计和总评“归一值”的应用［J］．中国药学杂志，2000，35（8）：530-533.

[17] Jin L，Guan X，Liu W. Characterization and antioxidant activity of a polysaccharide extracted from *Sarcandra glabra*［J］. Carbohydrate Polymers，2012，90（1）：524-532.

[18] 郑士彬，韩阳，韩静，等．响应面法优化灵芝三萜回流提取工艺［J］．中南药学，2015，13（4）：378-382.

# 8050LC-MS定性分析保健酒中七种成分

王佳雯[1]，唐雪[2]，李双成[1]，张强[1]，邓骏[1]，王燕军[3]，李冰川[1]

[1. 四川剑南春酒厂有限公司，四川绵竹 618200；
2. 岛津企业管理（中国）有限公司成都分析中心，四川成都 610000；
3. 四川省公安厅，四川成都 610000]

**摘 要：**分别对神酒、健身酒、海马酒这三种保健酒中是否含有红景天苷、鲁斯可皂苷元、人参皂苷 $Rb_1$、腺苷、紫丁香苷、羟基红花黄色素和山柰素这七种成分进行定性研究。用8050LC-MS分别对三种保健酒中的七种成分及对应标准品进行分析，并对所得结果进行了比较总结。结果表明，三种保健酒中均检测出红景天苷、人参皂苷 $Rb_1$、腺苷和紫丁香苷；三种保健酒中均未检测出鲁斯可皂苷元和山柰素；健身酒和神酒中检测出羟基红花黄色素。

**关键词：**保健酒；红景天苷；人参皂苷 $Rb_1$；腺苷；紫丁香苷

# 8050LC-MS Qualitative Analysis of Seven Ingredients in Health Liquor

WANG Jiawen[1], TANG Xue[2], LI Shuangcheng[1], ZHANG Qiang[1], DENG Jun[1], WANG Yanjun[3], LI Bingchuan[1]

[1. Sichuan Jiannanchun Co., Ltd., Sichuan Mianzhu 618200, China;
2. Shimadzu Enterprise Management (China) Co., Ltd., Chengdu Analysis Center, Sichuan Chengdu 610000;
3. Sichuan Provincial Public Security Department, Sichuan Chengdu 610000, China]

**Abstract**: Regarding whether the three health liquor of Shenjiu, Fitness wine and Hip-

作者简介：王佳雯，女，本科，助理工程师，主要从事白酒分析检测技术研究工作。E-mail：1096077120@qq.com。

通信作者：李冰川，男，硕士，高级工程师，主要从事白酒分析检测及酿酒生产技术研究工作。E-mail：lbc3935@aliyun.com。

pocampus wine contain seven types of salidroside, ruscogenin, ginsenoside $Rb_1$, adenosine, syringin, hydroxysafflor yellow and kaempferol. The ingredients were qualitatively studied. 8050LC-MS was used to analyze three kinds of health liquor and seven kinds of standard ingredients, and the results were compared and summarized. The results showed that salidroside, ginsenoside $Rb_1$, adenosine and syringin were detected in the three health liquor; the ruscogenin and kaempferol were not detected in the three health liquor; the Fitness wine and the Shenjiu hydroxysafflor yellow were detected.

**Key words**: Health liquor, Salidroside, Ginsenoside $Rb_1$, Adenosine, Syringin

## 1 前言

保健酒已有数千年的历史，是中国传统医药科学的重要组成部分。中国的历代医药著作中几乎无一例外地都有药酒治疾健身的记载。随着科学技术的进步，从中药浸酒的传统工艺基础上已发展到利用萃取、浸提和生物工程等现代化手段来提取中药中的有效成分，制成高含量的功能药酒[1]。当人们的保健意识日趋增强，一些中草药成为食用保健品时，保健酒这一新名词便开始普及。

海马酒、健身酒和神酒主要使用的药材有：人参、红花、红景天、枸杞、冬虫夏草、刺五加、红参、海马、鹿茸等药材。为了确保保健酒中是否有益于人体的功效成分存在，通过对《中华人民共和国药典》（2020 年版），以下简称“中国药典”，查找，了解到海马酒、健身酒和神酒这三种保健酒中可能含有红景天苷、鲁斯可皂苷元、人参皂苷 $Rb_1$、腺苷、紫丁香苷、羟基红花黄色素和山柰素这七种成分[2]。通过运用 8050 液相色谱质谱仪（LC-MS）在这三种保健酒中对这七种成分进行定性检测[3-4]。

## 2 材料与方法

### 2.1 材料、试剂及仪器

材料：神酒、海马酒、健身酒。

试剂：红景天苷标准品（上海信帆生物科技有限公司）；鲁斯可皂苷元标准品（南京森贝伽生物公司）；人参皂苷 $Rb_1$ 标准品（南京森贝伽生物公司）；腺苷标准品（南京森贝伽生物公司）；紫丁香苷标准品（南京海克尔生物科技有限公司）；羟基红花黄色素标准品（南京森贝伽生物公司）；山柰素标准品（南京森贝伽生物公司）；甲醇［韩国德山药品工业（株），纯度 99.9%］；纯水。

仪器设备：8050LC-MS［岛津（上海）实验器材有限公司］；Milli-Q A10 超纯

水系统。

### 2.2　试验方法

#### 2.1.1　样品处理

样品以纯水稀释 1000 倍，滤膜过滤后，直接测定[5]。

#### 2.1.2　标准品处理

以甲醇为溶剂，准确称取标准品粉末，制成浓度为 1μg/L 的溶液[6]。

#### 2.1.3　液相色谱分析条件

色谱柱：Shim-pack GIST［50mm×2.1mm×2.0μm，P/N：227-30001-02，岛津（上海）实验器材有限公司］；流动相：A-水；B-甲醇；流速：0.4mL/min；柱温：40℃；进样量：5μL；洗脱方式：梯度洗脱时间程序见表 1，B 相初始浓度为 10%[7]。

表 1　梯度洗脱时间程序

Table 1　Gradient time program

| 时间/min | 模块 | 程序 | 赋值/% |
|---|---|---|---|
| 2.00 | 泵 | Pump B Conc. | 95 |
| 4.00 | 泵 | Pump B Conc. | 95 |
| 4.10 | 泵 | Pump B Conc. | 10 |
| 5.00 | 泵 | 停止 | |

#### 2.1.4　质谱条件

离子源：ESI 源，正负模式同时测定；加热气流速：10.0 L/min；雾化气流速：3.0 L/min；干燥气流速：10.0 L/min；加热模块温度：400℃；DL 温度：250℃；接口温度：300℃；扫描模式：多反应监测（MRM），其参数见表 2[8]。

表 2　MRM 参数

Table 2　MRM parameters

| 名称 | 前体离子相对分子质量 | 产物离子相对分子质量 | Q1 Pre Bias/V | CE/V | Q3 Pre Bias/V |
|---|---|---|---|---|---|
| 红景天苷 | 318.15 | 121.05 | -11.00 | -15.00 | -23.00 |
| | | 145.00 | -14.00 | -14.00 | -26.00 |
| 鲁斯可皂苷元 | 431.25 | 287.20 | -12.00 | -17.00 | -30.00 |
| | | 269.15 | -11.00 | -23.00 | -29.00 |

续表

| 名称 | 前体离子相对分子质量 | 产物离子相对分子质量 | Q1 Pre Bias/V | CE/V | Q3 Pre Bias/V |
|---|---|---|---|---|---|
| 人参皂苷 $Rb_1$ | 1131. 50 | 365. 05 | −30. 00 | −54. 00 | −25. 00 |
| | | 789. 35 | −32. 00 | −55. 00 | −22. 00 |
| 腺苷 | 268. 05 | 136. 00 | −23. 00 | −45. 00 | −25. 00 |
| | | 92. 00 | −11. 00 | −45. 00 | −16. 00 |
| 紫丁香苷 | 395. 10 | 232. 00 | −10. 00 | −25. 00 | −24. 00 |
| | | 233. 05 | −14. 00 | −20. 00 | −25. 00 |
| 羟基红花黄色素 | 611. 10 | 491. 15 | 20. 00 | 26. 00 | 25. 00 |
| | | 119. 10 | 20. 00 | 55. 00 | 11. 00 |
| 山柰素 | 299. 10 | 151. 10 | 14. 00 | 29. 00 | 14. 00 |
| | | 107. 00 | 14. 00 | 33. 00 | 10. 00 |

# 3 结果与分析

## 3.1 标准品与样品 MRM 色谱图

### 3.1.1 标准品（10μg/L）MRM 色谱图

MRM 色谱图见图 1 至图 7。

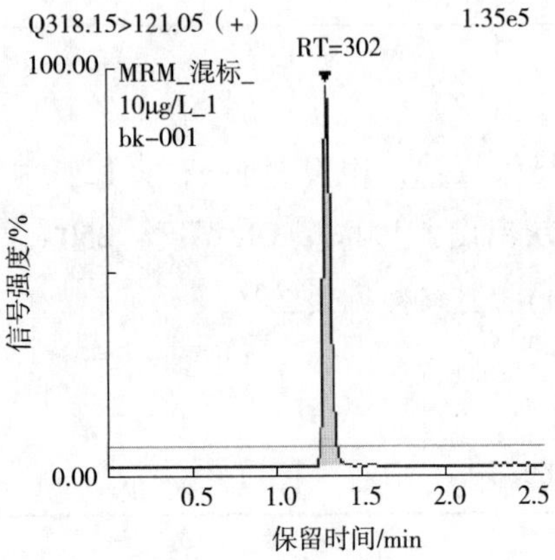


图 1 红景天苷

Fig. 1 Salidroside

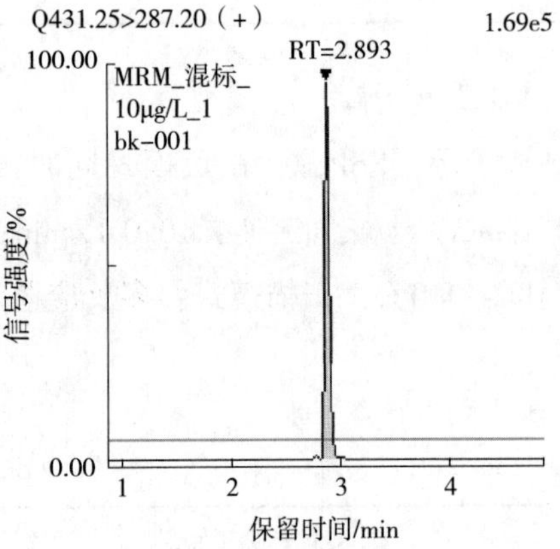


图 2 鲁斯可皂苷元

Fig. 2 Ruscogenin

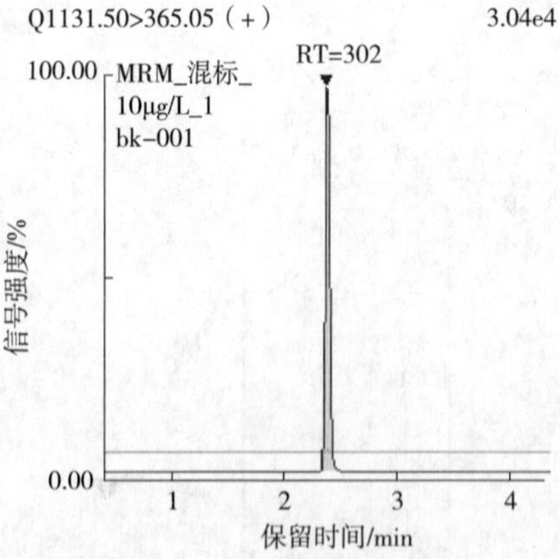


图 3　人参皂苷 $Rb_1$

Fig. 3　Ginsenoside $Rb_1$

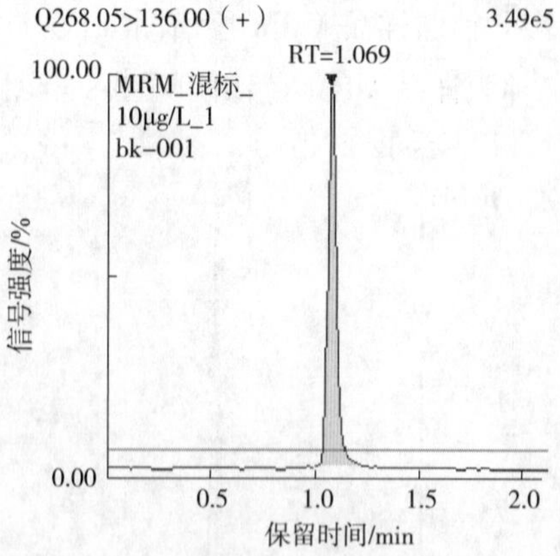


图 4　腺苷

Fig. 4　Adenosine

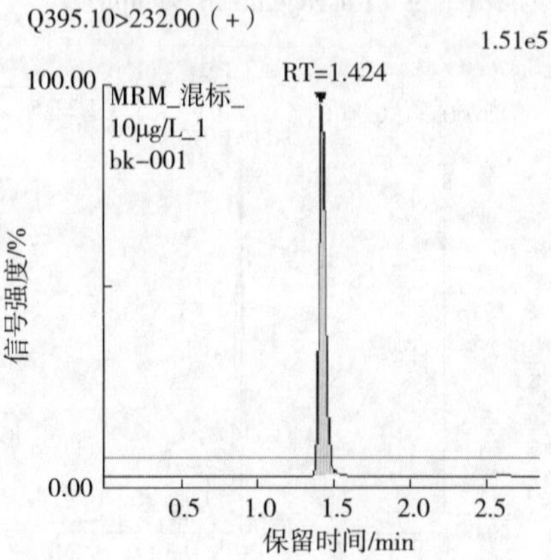


图 5　紫丁香苷

Fig. 5　Syringin

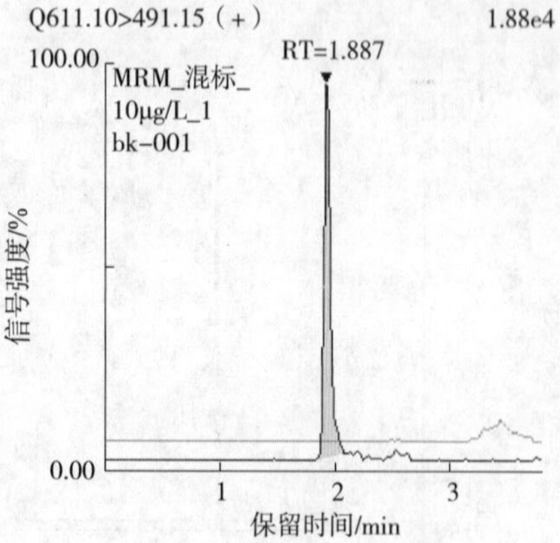


图 6　羟基红花黄色素

Fig. 6　Hydroxysafflor yellow

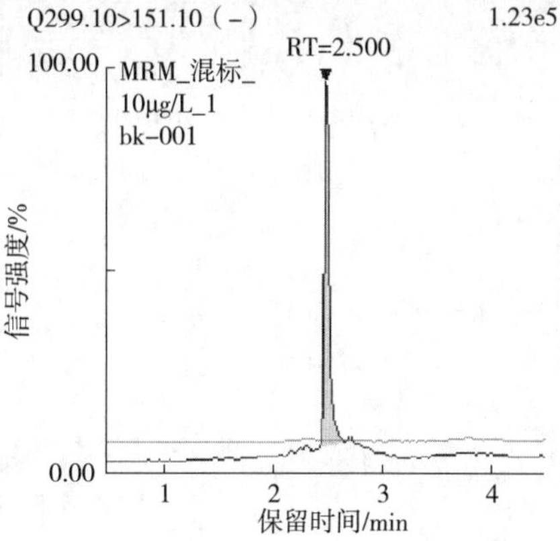


图 7　山柰素

Fig. 7　Kaempferol

3.1.2 神酒样品 MRM 色谱图

神酒样品 MRM 色谱图见图 8 至图 14。

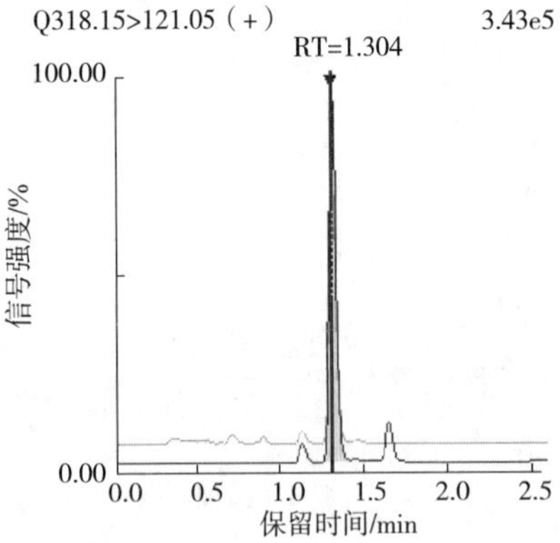


图 8 神酒中的红景天苷

Fig. 8 Salidroside in Shenjiu

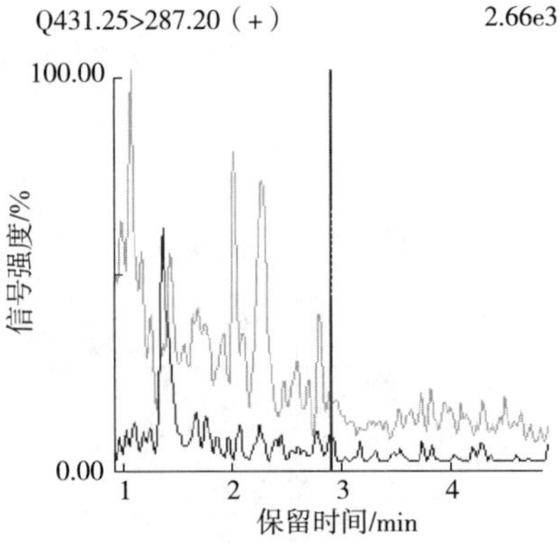


图 9 神酒中的鲁斯可皂苷元

Fig. 9 Ruscogenin in Shenjiu

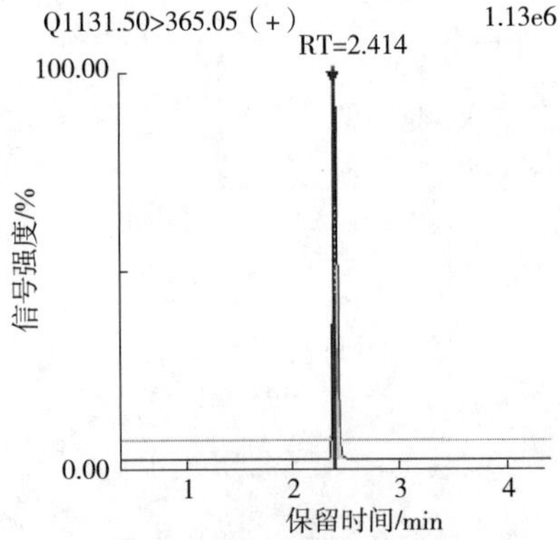


图 10 神酒中的人参皂苷 $Rb_1$

Fig. 10 Ginsenoside $Rb_1$ in Shenjiu

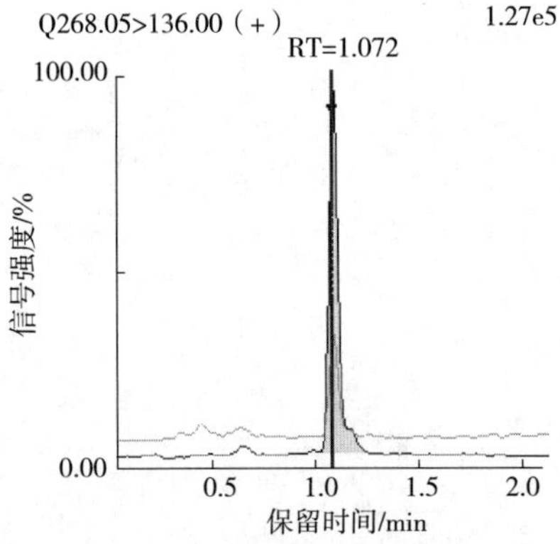


图 11 神酒中的腺苷

Fig. 11 Adenosine in Shenjiu

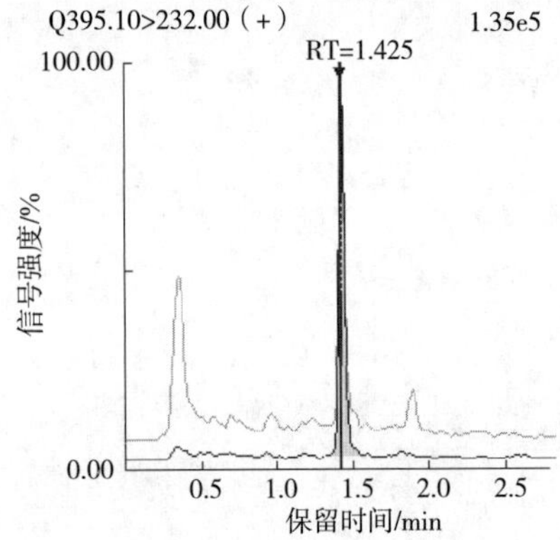


图 12 神酒中的紫丁香苷

Fig. 12 Syringin in Shenjiu

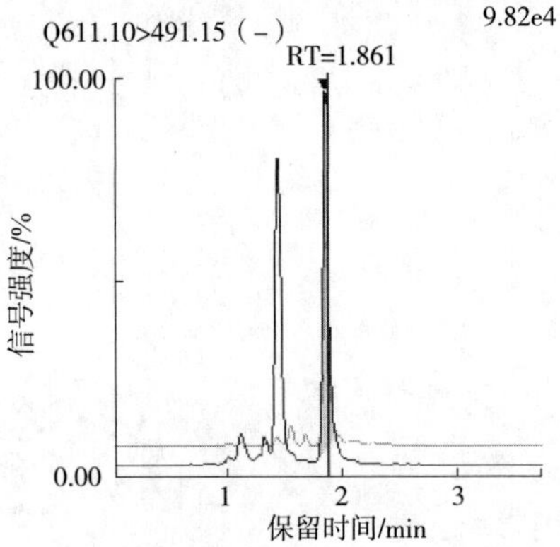


图 13 神酒中的羟基红花黄色素

Fig. 13 Hydroxysafflor yellow in Shenjiu

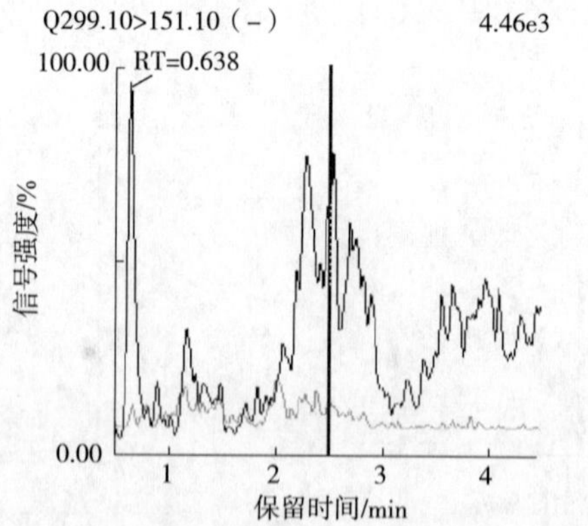


图 14　神酒中的山柰素

Fig. 14　Kaempferol in Shenjiu

3.1.3　健身酒样品 MRM 色谱图

健身酒样品 MRM 色谱图见图 15 至图 21。

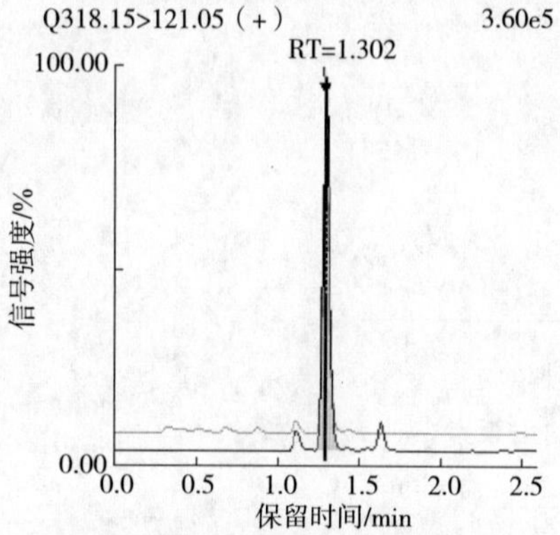


图 15　健身酒中的红景天苷

Fig. 15　Salidroside in Fitness wine

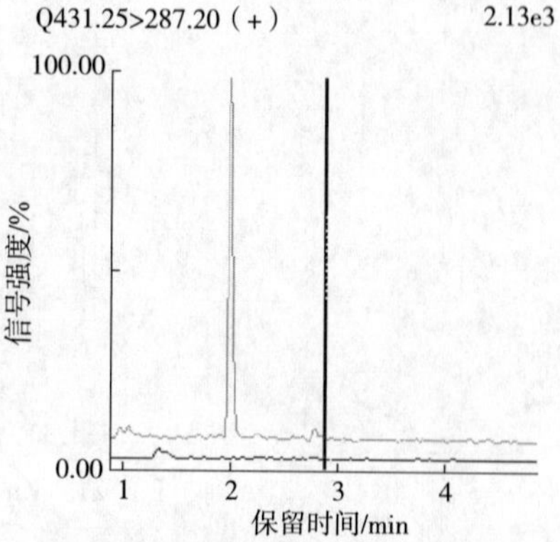


图 16　健身酒中的鲁斯可皂苷元

Fig. 16　Ruscogenin in Fitness wine

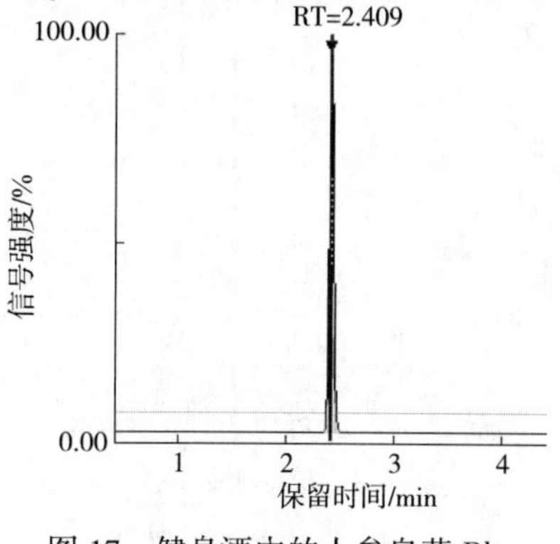


图 17　健身酒中的人参皂苷 $Rb_1$

Fig. 17　Ginsenoside $Rb_1$ in Fitness wine

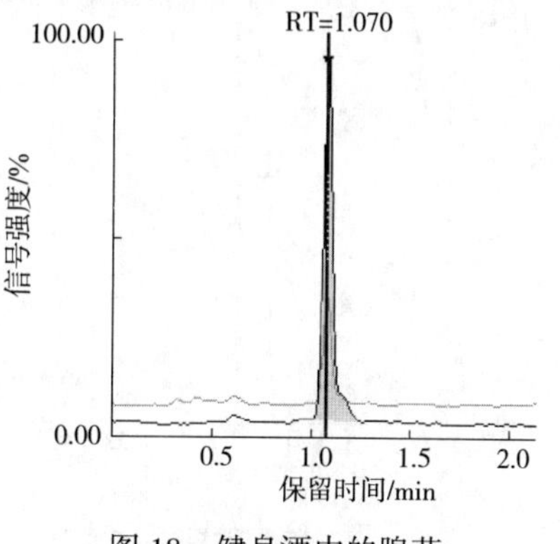


图 18　健身酒中的腺苷

Fig. 18　Adenosine in Fitness wine

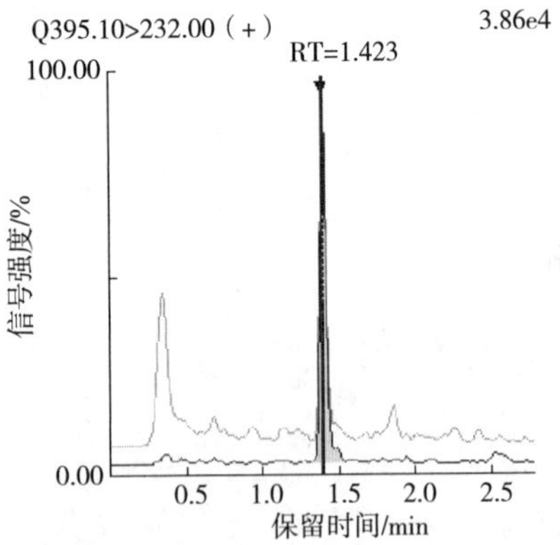


图 19 健身酒中的紫丁香苷

Fig. 19 Syringin in Fitness wine

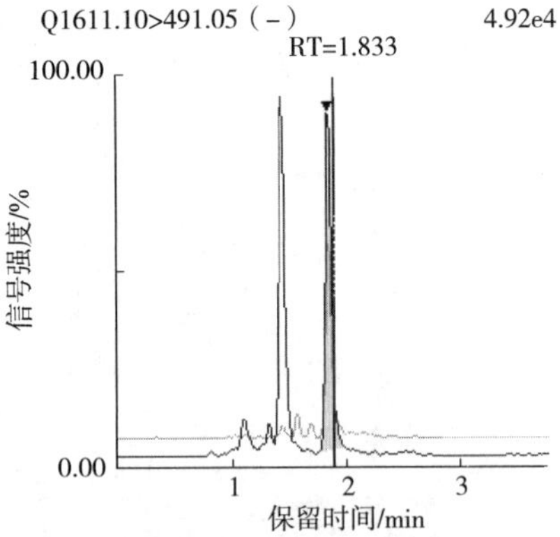


图 20 健身酒中的羟基红花黄色素

Fig. 20 Hydroxysafflor yellow in Fitness wine

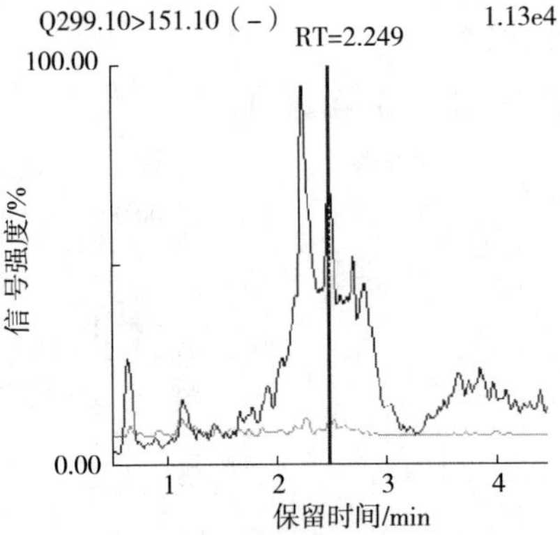


图 21 健身酒中的山柰素

Fig. 21 Kaempferol in Fitness wine

### 3. 1. 4 海马酒样品 MRM 色谱图

海马酒样品 MRM 色谱图见图 22 至图 28。

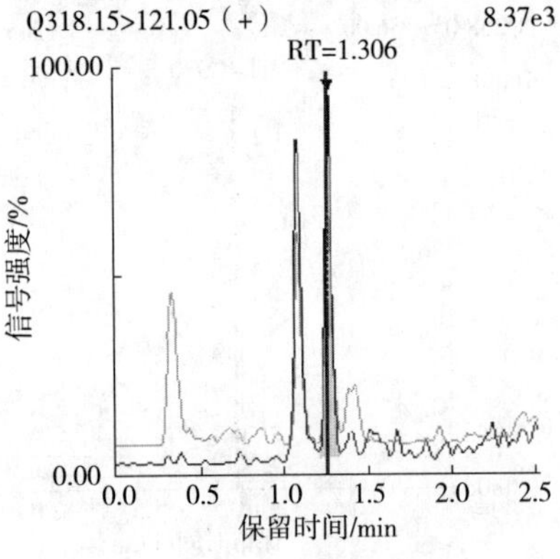


图 22 海马酒中的红景天苷

Fig. 22 Salidroside in Hippocampus wine

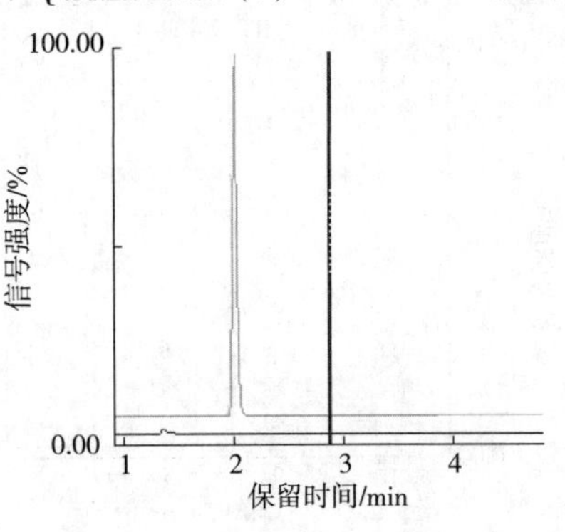


图 23 海马酒中的鲁斯可皂苷元

Fig. 23 Ruscogenin in Hippocampus wine

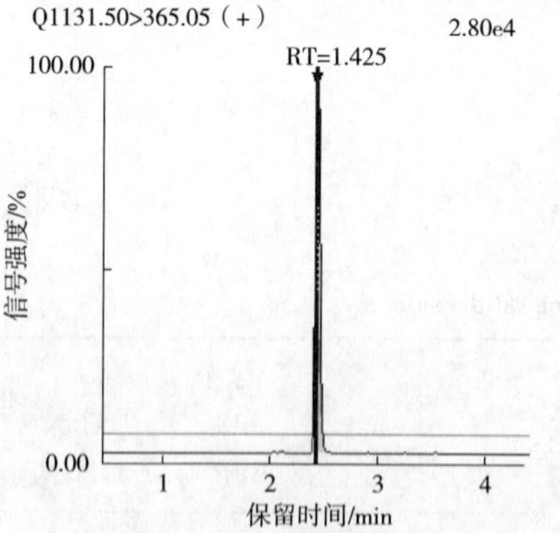


图 24 海马酒中的人参皂苷 $Rb_1$

Fig. 24 Ginsenoside $Rb_1$ in Hippocampus wine

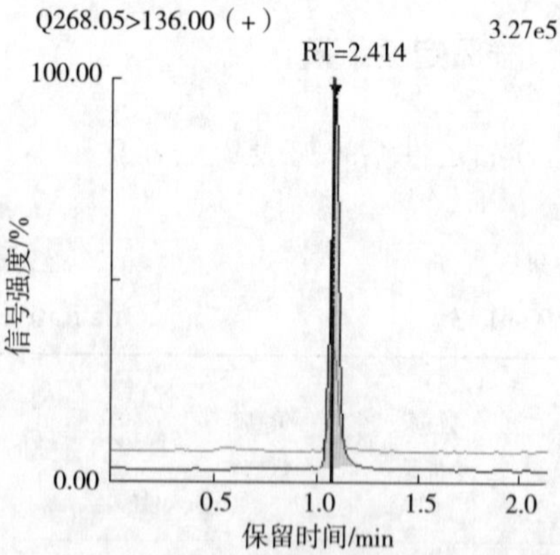


图 25 海马酒中的腺苷

Fig. 25 Adenosine in Hippocampus wine

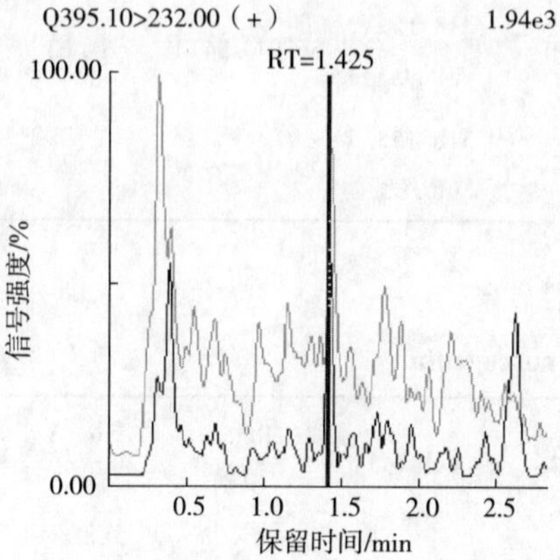


图 26 海马酒中的紫丁香苷

Fig. 26 Syringin in Hippocampus wine

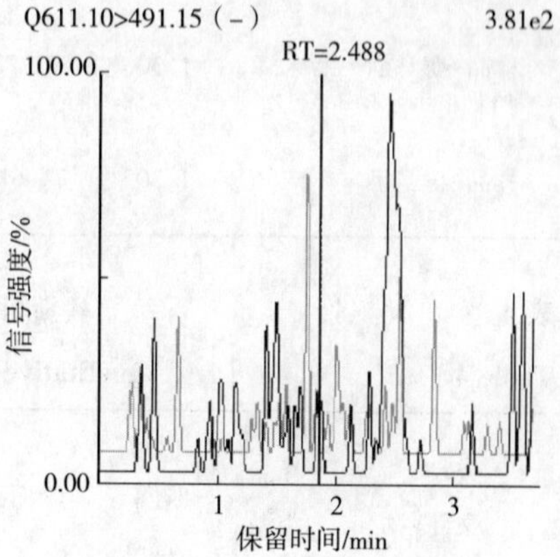


图 27 海马酒中的羟基红花黄色素

Fig. 27 Hydroxysafflor yellow in Hippocampus wine

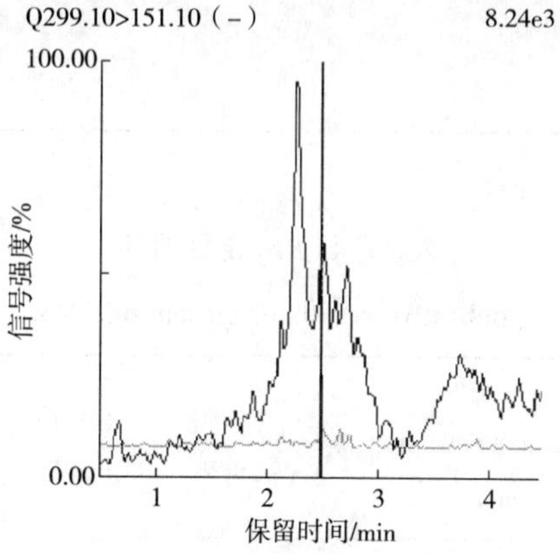


图 28 海马酒中的山柰素

Fig. 28 Kaempfero in Hippocampus wine

## 3.2 样品定性结果

样品定性结果见表 3 至表 9。

表 3 红景天苷定性结果

Table 3 Qualitative results of salidroside

| 编号 | 数据文件名 | 样品类型 | 保留时间/min | 峰面积 | 信噪比(S/N) | Ref. 1/(m/z) | Ref. 1 识别范围/% | Ref. 1 测定数值/% | Ref. 1 结果 |
|---|---|---|---|---|---|---|---|---|---|
| 1 | MRM-混标-10μg/L-5mL | 标准(校准点) | 1.302 | 379582 | 472.57 | 318.15>145.00 | 56.01~84.01 | 70.01 | Pass |
| 2 | 样品-神酒 | 未知 | 1.304 | 963479 | 684.22 | 318.15>145.00 | 56.01~84.01 | 68.44 | Pass |
| 3 | 样品-海马酒 | 未知 | 1.306 | 22778 | 21.00 | 318.15>145.00 | 56.01~84.01 | 64.22 | Pass |
| 4 | 样品-健身酒 | 未知 | 1.302 | 749615 | 492.44 | 318.15>145.00 | 56.01~84.01 | 69.72 | Pass |

表 4 鲁斯可皂苷元定性结果

Table 4 Qualitative results of ruscogenin

| 编号 | 数据文件名 | 样品类型 | 保留时间/min | 峰面积 | 信噪比(S/N) | Ref. 1/(m/z) | Ref. 1 识别范围/% | Ref. 1 测定数值/% | Ref. 1 结果 |
|---|---|---|---|---|---|---|---|---|---|
| 1 | MRM-混标-10μg/L-5mL | 标准(校准点) | 2.893 | 486292 | 849.72 | 431.25>269.15 | 29.60~49.34 | 39.47 | Pass |
| 2 | 样品-神酒 | 未知 | — | — | — | — | — | — | — |
| 3 | 样品-海马酒 | 未知 | — | — | — | — | — | — | — |
| 4 | 样品-健身酒 | 未知 | — | — | — | — | — | — | — |

注：—表示未检出，余同。

表 5 人参皂苷 $Rb_1$ 定性结果

Table 5 Qualitative results of ginsenoside $Rb_1$

| 编号 | 数据文件名 | 样品类型 | 保留时间/min | 峰面积 | 信噪比(S/N) | Ref. 1/(m/z) | Ref. 1 识别范围/% | Ref. 1 测定值/% | Ref. 1 结果 |
|---|---|---|---|---|---|---|---|---|---|
| 1 | MRM-混标-10μg/L-5mL | 标准(校准点) | 2.412 | 81197 | 684.98 | 1131.50>789.35 | 16.54~27.56 | 21.07 | Pass |

续表

| 编号 | 数据文件名 | 样品类型 | 保留时间/min | 峰面积 | 信噪比（S/N） | Ref. 1/（m/z） | Ref. 1 识别范围/% | Ref. 1 测定值/% | Ref. 1 结果 |
|---|---|---|---|---|---|---|---|---|---|
| 2 | 样品-神酒 | 未知 | 2.414 | 3078332 | 3291.46 | 1131.50>789.35 | 16.54~27.56 | 26.98 | Pass |
| 3 | 样品-海马酒 | 未知 | 2.415 | 77912 | 490.54 | 1131.50>789.35 | 16.54~27.56 | 26.25 | Pass |
| 4 | 样品-健身酒 | 未知 | 2.409 | 1173383 | 1707.58 | 1131.50>789.35 | 16.54~27.56 | 21.16 | Pass |

**表 6　腺苷定性结果**

**Table 6　Qualitative results of adenosine**

| 编号 | 数据文件名 | 样品类型 | 保留时间/min | 峰面积 | 信噪比（S/N） | Ref. 1/（m/z） | Ref. 1 识别范围/% | Ref. 1 测定值/% | Ref. 1 结果 |
|---|---|---|---|---|---|---|---|---|---|
| 1 | MRM-混标-10μg/L-5mL | 标准（校准点） | 1.069 | 1026079 | 533.42 | 268.05>92.00 | 20.33~33.89 | 27.12 | Pass |
| 2 | 样品-神酒 | 未知 | 1.072 | 386296 | 174.82 | 268.05>92.00 | 20.33~33.89 | 27.24 | Pass |
| 3 | 样品-海马酒 | 未知 | 1.074 | 966007 | 451.71 | 268.05>92.00 | 20.33~33.89 | 27.82 | Pass |
| 4 | 样品-健身酒 | 未知 | 1.070 | 351618 | 136.55 | 268.05>92.00 | 20.33~33.89 | 27.49 | Pass |

**表 7　紫丁香苷定性结果**

**Table 7　Qualitative results of syringin**

| 编号 | 数据文件名 | 样品类型 | 保留时间/min | 峰面积 | 信噪比（S/N） | Ref. 1/（m/z） | Ref. 1 识别范围/% | Ref. 1 测定值/% | Ref. 1 结果 |
|---|---|---|---|---|---|---|---|---|---|
| 1 | MRM-混标-10μg/L-5mL | 标准（校准点） | 1.424 | 444998 | 938.73 | 395.10>233.05 | 59.97~89.95 | 74.96 | Pass |
| 2 | 样品-神酒 | 未知 | 1.425 | 138035 | 109.35 | 395.10>233.05 | 59.97~89.95 | 72.22 | Pass |
| 3 | 样品-海马酒 | 未知 | 1.425 | 5295 | 4.34 | 395.10>233.05 | 59.97~89.95 | 67.88 | Pass |
| 4 | 样品-健身酒 | 未知 | 1.423 | 109843 | 74.45 | 395.10>233.05 | 59.97~89.95 | 83.60 | Pass |

表 8　　羟基红花黄色素定性结果

Table 8　　Qualitative results of hydroxysafflor yellow

| 编号 | 数据文件名 | 样品类型 | 保留时间/min | 峰面积 | 信噪比(S/N) | Ref. 1/(m/z) | Ref. 1 识别范围/% | Ref. 1 测定值/% | Ref. 1 结果 |
|---|---|---|---|---|---|---|---|---|---|
| 1 | MRM-混标-10μg/L-5mL | 标准(校准点) | 1. 887 | 72832 | 93. 75 | 611. 10>119. 10 | 42. 12~63. 18 | 52. 65 | Pass |
| 2 | 样品-神酒 | 未知 | 1. 861 | 342032 | 165. 68 | 611. 10>119. 10 | 42. 12~63. 18 | 56. 20 | Pass |
| 3 | 样品-海马酒 | 未知 | — | — | — | — | — | — | — |
| 4 | 样品-健身酒 | 未知 | 1. 833 | 166552 | 103. 37 | 611. 10>119. 10 | 42. 12~63. 18 | 57. 25 | Pass |

表 9　　山柰素定性结果

Table 9　　Qualitative results of kaempferol

| 编号 | 数据文件名 | 样品类型 | 保留时间/min | 峰面积 | 信噪比(S/N) | Ref. 1/(m/z) | Ref. 1 识别范围/% | Ref. 1 测定值/% | Ref. 1 结果 |
|---|---|---|---|---|---|---|---|---|---|
| 1 | MRM-混标-10μg/L-5mL | 标准(校准点) | 2. 500 | 1698561 | 470. 3 | 299. 10>151. 10 | 15. 79~26. 31 | 21. 05 | Pass |
| 2 | 样品-神酒 | 未知 | — | — | — | — | — | — | — |
| 3 | 样品-海马酒 | 未知 | — | — | — | — | — | — | — |
| 4 | 样品-健身酒 | 未知 | — | — | — | — | — | — | — |

## 3. 3　定性结果汇总

定性结果汇总见表 10。

表 10　　定性结果汇总

Table 10　　Summary of qualitative results

| 样品＼化合物 | 红景天苷 | 鲁斯可皂苷元 | 人参皂苷 $Rb_1$ | 腺苷 | 紫丁香苷 | 羟基红花黄色素 | 山柰素 |
|---|---|---|---|---|---|---|---|
| 神酒 | √ | N. D | √ | √ | √ | √ | N. D |
| 健身酒 | √ | N. D | √ | √ | √ | √ | N. D |
| 海马酒 | √ | N. D | √ | √ | √ | N. D | N. D |

注：√ 表示检出；N. D 表示未检出。

## 4　结论

本研究建立了 8050LC－MS 定性测定保健酒中七种成分的分析方法，方法可在 5min 内完成各化合物的分离和检测。

样品用纯水稀释 1000 倍后进行分析，通过对保留时间、信噪比和参比离子的相对丰度比进行定性识别，得出了如下结果：神酒中检测出含有红景天苷、人参皂苷 $Rb_1$、腺苷、紫丁香苷和羟基红花黄色素；健身酒中检测出含有红景天苷、人参皂苷 $Rb_1$、腺苷、紫丁香苷和羟基红花黄色素；海马酒中检测出含有红景天苷、人参皂苷 $Rb_1$、腺苷和紫丁香苷。

### 参考文献

[1] 王玉洁，王倩，胡正伟，等．浅析中国保健酒市场的现状及应用前景 [J]. 农产品加工（上半月）2019（6）：89-90+93.

[2] 国家药典委员会．中华人民共和国药典（第一部）[M]. 北京：化学工业出版社，2020.

[3] 江长源，王勤，黄玮岚，等．传统保健酒中功效成分的检测和稳定性研究 [J]. 酿酒科技，2008（3）：78-80.

[4] 郭建博，宋莉，吕卓，等．保健食品中人参皂苷类成分的快速检测及应用 [J]. 食品安全质量检测学报，2019，10（1）：117-122.

[5] 章银良，李鑫，蔡亚玲．保健酒液有效成分提取与脱色工艺优化研究 [J]. 轻工学报，2018，33（6）：55-62+91.

[6] 朱宏伟，赵京锴，王静．保健酒的检测分析 [J]. 山东工业技术，2013（6）：8-10.

[7] 杨秀芳，马养民，张影珍．保健食品活性成分的主要检测方法 [J]. 食品科学技术学报，2013，31（3）：4-6.

[8] 陈平燕，陈海明．保健食品中功效成分检测方法研究 [J]. 中国市场，2010（35）：132-140.